枸杞

曹有龙　闫亚美　禄璐　**主编**

中国林業出版社
CFPH China Forestry Publishing House

图书在版编目(CIP)数据

枸杞 / 曹有龙, 闫亚美, 禄璐主编. -- 北京 : 中国林业出版社, 2024.6

ISBN 978-7-5219-2513-5

Ⅰ. ①枸… Ⅱ. ①曹… ②闫… ③禄… Ⅲ. ①枸杞—研究 Ⅳ. ①R282.71

中国国家版本馆CIP数据核字(2024)第003927号

策划编辑：肖静

责任编辑：肖静　邹爱

装帧设计：北京八度出版服务机构

————————————————

出版发行：中国林业出版社

（100009，北京市西城区刘海胡同 7 号，电话 83143577）

电子邮箱：cfphzbs@163.com

网址：https://www.cfph.net

印刷：北京雅昌艺术印刷有限公司

版次：2024 年 6 月第 1 版

印次：2024 年 6 月第 1 次印刷

开本：889mm×1194mm　1/16

印张：44.5

字数：1025 千字

定价：580.00 元

《枸杞》
编委会

主　编

曹有龙

国家枸杞工程技术研究中心　研究员

1963年8月生，博士，现任国家枸杞工程技术研究中心主任、原宁夏农林科学院枸杞科学研究所所长、国家枸杞产业技术创新联盟首席专家、宁夏“枸杞种质创新与遗传改良研究团队”首席专家。长期从事枸杞新品种选育工作，建立了世界唯一的枸杞种质资源圃；培育了枸杞新品种3个，即‘宁杞5号’‘宁杞7号’‘宁农杞9号’；申请国家新品种保护10个，其中，‘宁杞7号’累计推广种植面积达50万亩，产值120亿。先后主持国家863项目、国家科技支撑计划项目、国家自然科学基金、宁夏回族自治区育种专项等项目40余项。获得宁夏回族自治区科学技术重大贡献奖1项，重大创新团队奖1项，宁夏回族自治区科学技术进步奖一等奖3项、二等奖3项、三等奖3项；获批国家发明专利15项；主编专著6部；发表学术论文300余篇。先后获得全国优秀共产党员、全国劳动模范、全国优秀科技工作者、国家林业个人突出贡献奖、宁夏创新争先奖、塞上英才、塞上农业专家、宁夏回族自治区60年感动宁夏人物等荣誉；享受宁夏回族自治区政府和国务院特殊津贴，入选宁夏首批院士后备人才。

闫亚美

宁夏农林科学院枸杞科学研究所　研究员

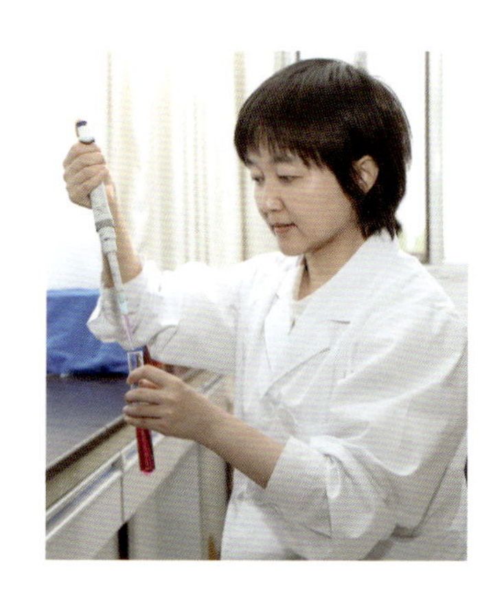

博士，宁夏农林科学院枸杞科学研究所副所长、宁夏回族自治区“功效物质基础研究与深加工”科技创新团队负责人、宁夏回族自治区农产品加工产业岗位首席专家、宁夏农林科学院“枸杞精深加工”学科带头人，兼任中国青年科技工作者协会理事、宁夏回族自治区第十二届政协常委、宁夏青年科技工作者协会理事及宁夏女科技工作者协会理事。入选宁夏回族自治区首批“青年拔尖人才”计划，获得宁夏回族自治区“国内外312引才计划”“三八红旗手”等荣誉称号。担任宁夏回族自治区科学技术厅、农业农村厅专家库入库专家及多个科学引文索引/工程索引（SCI/EI学术）期刊审稿专家。主持、参与项目20余项。发表学术论文50余篇，编著英文专著1部。完成成果登记9项。获得国家发明专利8项。获省级科学技术重大贡献奖1项、科学技术进步奖一等奖1项、三等奖1项。主持开发了保健胶囊、片剂、酒、饮料等10个枸杞深加工系列产品，转让转化相关成果或技术7项。

禄　璐

宁夏农林科学院枸杞科学研究所　助理研究员

硕士，主要从事枸杞加工/贮藏过程中活性成分变化及精深加工产品研发，主持宁夏自然科学基金、宁夏农林科学院科技攻关及对外合作专项，参与国家自然科学基金及自治区重点研发项目10余项，研发枸杞鲜颗粒冲剂、枸杞花粉多糖片剂、黑果枸杞果酒等枸杞精深加工产品6个，登记科技成果10项，授权国家发明专利5项，以第一作者发表论文10余篇，参编枸杞专著1部，起草标准3项。

参编人员

万 如

宁夏农林科学院枸杞科学研究所　助理研究员

1990年6月生，硕士，入选第六批“宁夏回族自治区青年科技人才托举工程”。主要从事枸杞种质资源鉴定及栽培措施与品质关系的研究，在资源鉴定及品种配套栽培技术方面取得一定科技成果。主持区级项目课题2项，参加国家级项目2项、宁夏回族自治区级项目3项、院级项目4项，参加平台建设项目3项。获得宁夏回族自治区科学技术进步奖三等奖1项，登记科技成果18项，获得发明专利1项，实用新型专利72项，发表论文10篇（2篇SCI），出版专著2部（主编1部），参与制定地方标准1项，获得植物新品种权1项。

王亚军

宁夏农林科学院枸杞科学研究所　研究员

1979年8月生，甘肃定西人，博士，宁夏农林科学院枸杞科学研究所枸杞栽培与良种快繁研究室主任、宁夏回族自治区高层次人才、青年拔尖人才。致力于黄果枸杞新品种选育及良种生态栽培技术研究，建立杂交群体3000余份，保护了枸杞新品种8个，制定了优质枸杞育苗技术规程。主持和参与国家及自治区级项目20余项，获自治区科学技术进步奖4项，登记科技成果15项，获批专利15项，制定地方标准4项，参编专著4部，发表学术论文40余篇论文。

尹 跃

宁夏农林科学院枸杞科学研究所　助理研究员

博士，主要从事枸杞种质资源鉴定与评价、重要性状功能基因挖掘与机理解析等领域的研究。先后入选“宁夏回族自治区青年科技人才托举工程”和宁夏回族自治区青年拔尖人才。先后主持国家自然科学基金项目1项、自治区重点研发项目1项、宁夏自然科学基金优秀青年项目1项。获得宁夏回族自治区科学技术进步奖一等奖1项、三等奖1项。主编出版专著1部，参编3部。以第一或通讯作者发表论文10篇，其中，SCI论文6篇。授权国家发明专利3件，获批软件著作权2项。

石志刚

宁夏农林科学院枸杞科学研究所　研究员

1976年4月生，获宁夏五一劳动奖章，宁夏首批科技创新领军人才，宁夏枸杞专家团成员。长期从事枸杞育种及配套栽培技术等方面的研究与示范工作。主持国家和自治区级课题26项，获国家科技进步二等奖1项，宁夏回族自治区重大创新团队奖1项，宁夏回族自治区重大创新贡献奖1项，宁夏回族自治区科学技术进步奖一等奖1项、二等奖4项、三等奖5项，宁夏回族自治区标准创新二等奖1项、三等奖1项，全国科技工作者创新创业大赛银奖1项。登记科技成果21项，研制枸杞专用机械30台（套），授权专利84个。制定国家标准1部、地方标准5部。参与审定新品种3个，获国家林木新品种保护权5个。主持出版专著8部，发表论文26篇。

刘兰英

宁夏农林科学院枸杞科学研究所　副研究员

1980年8月生，硕士，宁夏农林科学院枸杞科学研究所枸杞产品加工研究室副主任。主要从事植物学中活性成分的提取、分析与检测，食品加工过程中活性成分的变化以及植物学产品加工技术的研究。主持研发了8种枸杞深加工产品、软包装枸杞芽、枸杞鲜果汁饮料、枸杞花青素胶囊、枸杞花青素面膜、枸杞功能性乳霜等。获得宁夏回族自治技重大科技贡献奖1项、三等奖1项。登记科技成果10项。获授权发明专利8项、软件著作权3项、外观设计专利2项。颁布实施省级标准1项。发表论文15篇，其中，SCI论文3篇。

刘　静

全国枸杞气象服务中心　首席专家

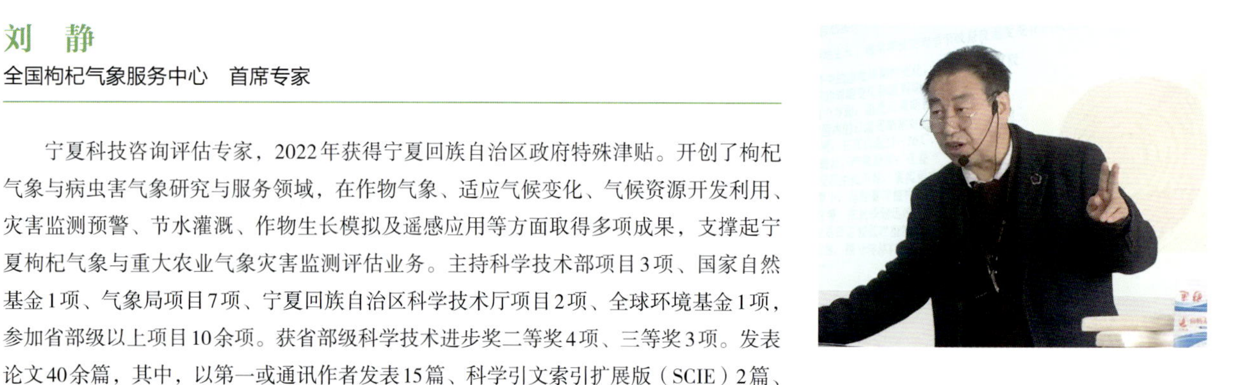

宁夏科技咨询评估专家，2022年获得宁夏回族自治区政府特殊津贴。开创了枸杞气象与病虫害气象研究与服务领域，在作物气象、适应气候变化、气候资源开发利用、灾害监测预警、节水灌溉、作物生长模拟及遥感应用等方面取得多项成果，支撑起宁夏枸杞气象与重大农业气象灾害监测评估业务。主持科学技术部项目3项、国家自然基金1项、气象局项目7项、宁夏回族自治区科学技术厅项目2项、全球环境基金1项，参加省部级以上项目10余项。获省部级科学技术进步奖二等奖4项、三等奖3项。发表论文40余篇，其中，以第一或通讯作者发表15篇、科学引文索引扩展版（SCIE）2篇、EI1篇，主笔参编著作2部，制定颁布2项气象行业标准。

安　巍

宁夏农林科学院枸杞科学研究所　研究员

1970年5月生，学士，原宁夏农林科学院枸杞工程技术研究所副所长、宁夏回族自治区枸杞产业专家服务组成员。长期从事枸杞资源鉴定评价及育种工作。首次完成并建立了枸杞种质资源性状描述规范及信息化管理平台，探索并推广良种繁育技术、园区建设规划技术、整形修剪技术、病虫害防治技术、土肥水管理等规范化技术体系。获得国家科学技术进步奖二等奖1项，宁夏回族自治区突出贡献奖1项，宁夏回族自治区创新团队奖1项、二等奖3项、三等奖9项。登记科技成果47项。发表论文百余篇。

米　佳

宁夏农林科学院枸杞科学研究所　助理研究员

1989年12月生，硕士，宁夏农林科学院枸杞科学研究所枸杞产品加工研究室工作人员，入选“宁夏回族自治区青年科技人才托举工程”。主要从事枸杞活性成分及其质量评价方面的研究，主持宁夏回族自治区重点研发计划1项，参与国家自然基金项目、宁夏回族自治区重点研发计划等项目10余项。登记科技成果9项，获国家发明专利4项。以第一作者发表论文10余篇，其中，SCI、EI各3篇。参与开发了6个枸杞深加工产品。

祁　伟

宁夏枸杞产业发展中心　高级林业工程师

宁夏枸杞产业发展中心副主任、中国枸杞研究院专家咨询委员会委员、宁夏回族自治区枸杞产业专家指导组专家。主持完成国家及自治区级项目30余项。获得宁夏回族自治区科学技术进步奖二等奖2项、三等奖3项，发表论文25篇，出版著作7部，制定地方标准25部。获国家植物新品种保护2个，2个经济林品种被审定为自治区级良种。宁夏“十三五”“十四五”枸杞产业发展规划和扶持政策的主要起草人。

巫鹏举

宁夏农林科学院枸杞科学研究所　助理研究员

1982年8月生，学士，宁夏农林科学院枸杞科学研究所工作人员、2010年宁夏回族自治区专家服务团优秀成员、宁夏回族自治区党委组织部第二批“宁夏赴外访学研修青年人才”。主要从事枸杞表型与遗传性状相关性研究，以及基于人工智能的图像识别分析与应用方面的研究。先后主持完成科研项目8项，参加国家科学技术支撑、国家发展和改革委员会、国家农业成果转化、宁夏回族自治区育种专项、科技惠民、农业国际合作交流等国家、省部级项目10余项。获宁夏回族自治区科学技术进步奖二等奖1项、三等奖2项。出版专著3部、参编5部，发表研究论文10余篇。

李晓莺

宁夏农林科学院枸杞科学研究所　副研究员

1979年5月生，学士，从事枸杞贮藏保鲜及深加工。主持宁夏回族自治区级各类科研项目5项，参与国家及自治区级项目10余项。围绕枸杞贮藏加工领域，开发了黑果枸杞芽茶、枸杞花叶饮料等产品。获宁夏回族自治区科学技术进步奖5项，其中，重大科学技术进步奖1项，宁夏回族自治区科学技术进步二等奖2项、三等奖2项。参与授权发明专利6项。参与编写专著4部，发表科研论文20余篇。

李越鲲

宁夏农林科学院枸杞科学研究所　副研究员

1978年4月生，理学硕士，主要从事枸杞品质及其影响因子的研究。主持国家自然科学基金项目1项，主持宁夏回族自治区自然科学基金、重点研发项目等3项，参加国家及自治区级项目15项。获宁夏回族自治区科学技术进步奖一等奖2项。完成成果登记13项，获批国际专利1项，参与获批专利8项，获新品种保护3个。参编专著2部，发表论文12篇，其中，SCI 5篇、一级学报1篇。

何　军

宁夏农林科学院枸杞科学研究所　研究员

1978年2月生，硕士，宁夏农林科学院枸杞科学研究所枸杞栽培与良种快繁研究室副主任、2021年入选宁夏回族自治区青年拔尖人才。长期从事枸杞耕作栽培研究。近5年，主持和参与国家及自治区级项目10余项；获宁夏回族自治区科学技术进步奖2项；完成成果登记17项，获授权国家发明专利3项、实用新型专利32项、新品种保护6个，参与良种审定2个；发表学术论文10余篇，出版专著1部，参编专著5部。

何昕孺

宁夏农林科学院枸杞科学研究所　助理研究员

1988年11月生，硕士，主要从事枸杞育种栽培，特别是枸杞整形修剪技术研究。主持或参与国家及自治区科研项目10余项。审（认）定宁夏回族自治区良种3个、新品种保护9个，制（修）定地方标准5个，获得科技成果10项，国家发明专利6件。出版专著1部，发表学术论文10篇。

张　波

宁夏农林科学院枸杞科学研究所　助理研究员

1984年3月出生，理学硕士，主要从事枸杞育种及其成花研究。主持国家自然基金项目1项、宁夏重点研发计划项目1项及其他项目4项。获得枸杞新品种权6项。发表学术论文9篇。制定地方标准1项。

张曦燕

宁夏农林科学院枸杞科学研究所　副研究员

1976年12月生，先后从事生物农药、枸杞保鲜、枸杞品种选育及栽培工作。主持或参加宁夏回族自治区重点研发、宁夏农林科学院农业科技自主创新、国家自然科学基金、原国家林业局林木种质资源库建设、原农业部重大种子提升工程建设、宁夏回族自治区重大育种专项等20余项科研项目。获省级重大创新团队奖1项以及科学技术进步奖一等奖1项、三等奖2项。获授权发明专利5项。制定地方标准4项。参编专著2部。

罗　青

宁夏农林科学院枸杞科学研究所　研究员

1964年6月生，学士，主要从事枸杞遗传育种与组织培养研究工作。主持或参与科研项目20余项，创制出枸杞单倍体（‘宁农杞10号’）、黑果枸杞单倍体，为枸杞全基因组测序提供了必需的研究材料。获宁夏回族自治区科学技术重大贡献奖1项，宁夏回族自治区科学技术进步奖一等奖1项、二等奖2项、三等奖1项。完成成果登记7项。获国家发明专利8项，获新品种保护1个。发表学术论文20余篇。

赵建华

宁夏农林科学院枸杞科学研究所　副研究员

1977年7月生，理学博士，国家枸杞种质资源圃主要负责人，2017年入选宁夏回族自治区科技创新领军人才，宁夏回族自治区首批群体基金获得者。长期从事枸杞种质资源遗传改良研究。牵头组织实施我国枸杞种质资源中长期规划，建成世界上枸杞种类与数量保存最多的种质资源圃。主持国家自然基金项目4项，获得省部级科学技术进步奖二等奖、三等奖4项。发表学术论文50余篇。获授权专利7项。

段淋渊

宁夏农林科学院枸杞科学研究所　助理研究员

1990年9月生，硕士，主要从事枸杞新品种选育。参与国家自然科学基金、宁夏回族自治区枸杞育种专项、宁夏农林科学院科技创新项目10余项。修订‘宁杞7号’‘宁农杞9号’栽培技术规程2项。获发明专利4项、实用新型专利2项。发表论文12篇。

欧阳仪

宁夏职业技术学院商学院　讲师

1993年3月生，研究生学历，毕业于澳大利亚悉尼大学，目前就职于宁夏职业技术学院商学院。主要研究方向为金融管理、互联网金融、市场营销等。

秦　垦

宁夏农林科学院枸杞科学研究所　研究员

1971年11月生，学士，宁夏农林科学院枸杞科学研究所种质创新研究室主任、宁夏回族自治区青年拔尖人才。主持选育的‘宁杞7号’在2010—2020年全国累计示范推广100万亩，占枸杞新增面积的70%以上，成为继‘宁杞1号’之后的当家品种，直接和间接经济效益10亿元以上。‘宁杞7号’的选育与示范推广获2014年度宁夏回族自治区科学技术进步奖一等奖。主持的“枸杞自交亲和突变个体‘宁杞1号’的自交亲和性遗传与分子机制研究”确立了突变材料苗期分子鉴别方法，为丰产稳产分子辅助育种技术体系建立奠定了基础。

黄　婷

宁夏农林科学院枸杞科学研究所　副研究员

1984年3月生，硕士，先后从事枸杞育种、枸杞保藏栽培、枸杞鲜果产品开发。致力于枸杞新品种选育和果实品质研究，深入研究影响枸杞保鲜干燥品质的内在因素，为优质枸杞鲜果和干果的选育提供指导。参与品种保护申请10余项，主持相关科研项目10余项，获批国家发明专利1项。在核心期刊发表论文10余篇，发表SCI论文2篇。

曹梦川

宁夏职业技术学院软件学院　讲师

2016年获得美国马歇尔大学计算机科学硕士学位，现任宁夏职业技术学院软件学院专职教师，入选“宁夏回族自治区青年科技人才托举工程”、人工智能技术与应用专业带头人。主要从事人工智能相关课程的教学，目前研究方向为机器学习在农业场景的应用、植物生长预测等。

梁晓婕

宁夏农林科学院枸杞科学研究所　助理研究员

女，农学博士，入选2023年度“宁夏回族自治区青年科技托举人才培养项目”。主持宁夏回族自治区重点研发计划项目课题1项（2021BEF02004）、宁夏自然科学基金项目1项（2020AAC03286）、一二三产业融合发展科技创新示范项目课题1项（YES-16-05-08）。主要参与国家自然科学基金、宁夏农业育种专项、宁夏回族自治区科技惠民专项等科研项目10余项。参与完成成果登记15项，获得植物新品种权证书5个。参与制定地方标准2部。获批专利6项。发表论文20余篇（其中，第一作者16篇），出版《枸杞主栽品种识别图鉴》一书。

曾晓雄

南京农业大学食品科技学院　教授

博士生导师，1996年1月至2007年3月在静冈大学、岐阜大学和日本产业技术综合研究所学习与工作，2004年8月作为高层次人才被引进到南京农业大学食品科技学院工作。目前，主要从事食品碳水化合物、功能食品与食品纳米技术等方面的教学与科研工作。主持和参与了多项国家自然科学基金、“十三五”国家重点研究计划、教育部博士点基金、江苏省科技支撑计划等项目的研究工作。已在*Journal of Advanced Research*、*Food Hydrocolloids*、*Carbohydrate Polymers*、*Journal of Agricultural and Food Chemistry*等杂志上发表SCI论文250多篇，论文被引用14000多次，其中，15篇论文入选了基本科学指标数据库（ESI）高被引论文，入选“爱思唯尔中国高被引学者”（2020、2021、2022和2023年）；指导的研究生学位论文中有2篇论文获得了江苏省优秀博士学位论文、5篇论文获得了江苏省优秀硕士学位论文。担任国际著名期刊*International Journal of Biological Macromolecules*的主编、*Food Materials Research*的副主编。

温淑萍

宁夏农林科学院农业经济与信息技术研究所　研究员

长期从事农业软科学研究工作。主要研究方向为乡村产业振兴、品牌农业及新型农业经营主体发展政策等，特别关注枸杞产业品牌化及国内外市场信息。先后主持国家自然科学基金项目、科技部软科学项目、宁夏科技攻关计划软科学项目等31项，主持和参与的各类调研课题40余项。参编图书10余部。获得宁夏回族自治区科学技术进步奖一等奖、二等奖、三等奖8项等。

樊云芳

宁夏农林科学院枸杞科学研究所　副研究员

1981年3月生，硕士，宁夏农林科学院枸杞科学研究所功能成分研究室主任。主要从事枸杞细胞学及分子生物学研究。曾主持和参与国家及自治区级科研项目10余项，获宁夏回族自治区科学技术进步奖2项。完成成果登记10项。制定行业标准1项。获授权国际专利1项。发表论文10余篇。

戴国礼

宁夏农林科学院枸杞科学研究所　副研究员

1984年4月生，硕士，宁夏农林科学院枸杞科学研究所种质创新研究室副主任、入选首批“宁夏回族自治区青年科技人才托举工程”、宁夏农林科学院青年科技骨干。主要从事枸杞新品种选育与种质创新工作。建立了杂交与分子辅助相结合的育种技术体系。获得宁夏回族自治区重大科技贡献奖1项，宁夏回族自治区科学技术进步奖一等奖1项、三等奖1项。参与完成宁夏回族自治区林木良种审定2个，获得国家林木新品种权7项。参与完成成果登记12项。起草颁布地方标准5部。获得实用新型专利3项。参编专著2部，发表科研论文10余篇。

序

枸杞是茄科（Solanaceae）枸杞属（*Lycium* L.）植物。医学巨著《神农本草经》和《本草纲目》记载：枸杞子甘平而润，性滋补，能补肾、润肺、生精、益气，乃中药上品。现代医学研究表明，枸杞富含多糖、甜菜碱、类胡萝卜素等多种有益于机体健康的活性成分，具有调节免疫、保肝护肝、延缓衰老、调节肠道菌群等作用。

枸杞在全球呈现离散分布，有80多个种，大多数分布在南美洲和北美洲。中国境内有7个种及3个变种。其中，宁夏枸杞（*Lycium barbarum* L.）是唯一载入《中国药典》的枸杞种。甘肃、青海、新疆、宁夏、内蒙古、河北等是我国枸杞主产省（自治区）。以国家枸杞工程技术研究中心为代表的枸杞科研和生产推广工作者在种质资源收集与评价、新品种选育、病虫害防控、栽培技术、规模化种植、贮藏加工、经营管理、市场营销等方面不断创新和改革，取得了一系列具有时代性的新成果，并在生产实践中得到广泛应用，为特色枸杞产业发展起到了强有力的科技支撑，为枸杞产业高质量发展发挥了引领作用。

近年来，各主产省（自治区）以高质量发展为目标，不断完善产业扶持政策，推进绿色生产、加强品牌建设、拓展销售渠道，使全国枸杞产业走上了标准化种植、规范化生产、品牌化引领的现代产业发展道路，呈现种植端标准化基地建设提质增效，加工端扩链、延链、补链不断转型升级，销售端线上线下持续发力，融合发展新业态。2023年，全国枸杞种植面积在181.3万亩，干果总产量24.15万t，精深加工转化率10%左右，年综合产值437.6亿元。其中，宁夏作为道地核心产区，种植面积达32.5万亩，精深加工转化率达35%，综合产值290万元。但其深加工技术水平不高、产业链条较短、附加值较低等瓶颈，制约产业提质升级。

因此，国家枸杞工程技术研究中心组织科技人员总结和借鉴国内外有关枸杞的先进科研成果，编写《枸杞》专著，从资源、品种、栽培、功效物质作用机理和产品深加工等方面作了详细介绍。我受主编曹有龙研究员委托，为《枸杞》写序，一方面是让广大消费者对枸杞的科研与生产有全面、系统的认知和了解，让这一“小红果”为人类健康作出更大贡献；另一方面是满足科研人员与生产者对枸杞的基础理论和产业技术系统性认知的需求。相信本书的出版，对保护枸杞生物遗传多样性、提升品牌效应、改进枸杞生产方式、提升枸杞质量与产量具有积极的推动作用。

中国工程院院士

目 录

第一章
枸杞起源及其产业发展现状

第一节 枸杞

枸杞，属于茄科（Solanaceae）枸杞属（*Lycium* L.），是起源较古老的植物种类之一，广泛分布于亚洲、非洲、美洲和欧洲等地区。作为一种经济植物、中草药材，枸杞因具有很强的耐盐性和生物排水（biological drainage）能力被认为是良好的防风固沙和中国西北土地盐碱化的先锋植物。其主产区则主要集中在宁夏等中国西北地区，具有2300多年的栽种历史。

枸杞全身是宝。中国历代医书均对其果实“益精明目，滋肝补肾，强筋健骨，延年益寿”的功效有详尽记述。现代研究表明，枸杞具有多种生物活性和药理作用，如预防糖尿病、高脂血症、血栓形成、癌症、肝炎，提高免疫力及治疗不孕等。随着人们回归自然、注重保健的意识不断提升，枸杞消费不断突破“中华文化圈”，作为“超级水果”受到欧美消费者青睐。

除果实外，其根、叶、花也有较高的药用和食用价值。中国宋代苏轼在《小圃六记》赞枸杞“根茎与花实，收拾无弃物”。明代药学家李时珍在《本草纲目》中称“春采枸杞叶，名天精草；夏采花，名长生草；秋采子，名枸杞子；冬采根，名地骨皮”。

除了入药外，枸杞还可制成各种加工品，如枸杞汁、枸杞原浆、枸杞粉、枸杞酒、枸杞果酱等，或提取其活性成分加工生产具有功效针对性的保健产品、化妆品等。枸杞的副产品（如枸杞渣可用于提取枸杞籽油，枸杞枝条可研发成生物饲料），带动了种植、食品、医药、化工、服务、旅游等行业的发展，形成了独具特色的“小红果、大产业”模式，显示出其强有力的发展前景。

目前，中国在枸杞研究和产业开发方面均处于世界领先地位，是世界上枸杞的研发和生产大国。其中，宁夏作为枸杞的道地产区，近10年来，通过科技合作及产学研联合攻关，在枸杞育种、高效栽培、绿色植保、功效物质基础研究、功能产品研发、生产机械装备研制、保鲜物流和标准体系构建等全产业链技术攻关与产业化示范推广方面，取得了系列原创性科技成果，并在各创新领域处于领跑地位。

第二节 枸杞的起源与分布

枸杞是起源较古老的植物种类之一，曹有龙等通过全基因组三倍化（Whole-genome triplication，WGT）研究发现：枸杞基因组发生过2次基因组重复事件，在13亿年前与双子叶植物共享一次γWGT事件，在6亿9千万年前与茄科植物共享一次WGT事件。枸杞属植物在全球呈离散性分布，或称作“间断分布”，约有80种，其中，欧亚大陆约有10种，中亚种类较多，非洲南部20余种，北美洲南部20余种，南美洲南部30余种，热带地区未发现分布。

枸杞属物种在中国分布广泛，环境适应性极强，分布区域包括高原草甸、荒漠、丘陵，多数种类分布于中国西北和华北地区，只有一个种——云南枸杞（*Lycium yunnanense* Kuang et A. M. Lu）分布于中国南方各地。种质分布具有代表性的有长江与黄河流域、天山的南北麓、柴达木与准噶尔盆地、塔克拉玛干沙漠边缘，乃至我国东部舟山群岛嵊泗岛整个岛屿，无不分布有大量的野生枸杞群落。中国科学院植物研究所将中国分布的枸杞属植物分为7种3变种，即：中国枸杞（*Lycium chinense* Mill. L.），其变种为北方枸杞［*Lycium chinense* Mill. var. *potaninii*（Pojark.）A. M. Lu］；云南枸杞（*Lycium yunnanense* Kuang et A. M. Lu）；截萼枸杞（*Lycium trancatum* Y. C. Wang）；黑果枸杞（*Lycium ruthenicum* Murr.）；新疆枸杞（*Lycium dasystemum* Pojark.），其变种为红枝枸杞（*Lycium dasystemum* var. *rubricaulium* A. M. Lu）；柱筒枸杞（*Lycium cylindricum* Kuang et A. M. Lu）；宁夏枸杞（*Lycium barbarum* Linn.），其变种为黄果枸杞（*Lycium barbarum* Linn. var. *auranticarpum* K. F. Ching）。

温美佳通过全球物种分布数据库得到枸杞（*Lycium*）、宁夏枸杞（*Lycium barbarum* L.）、黑果枸杞（*Lycium ruthenicum* Murr.）的分布数据，采用美国地质调查局（USGS）EROS数据中心发布的全球DEM（数字高层模型），用变异系数计算出枸杞、宁夏枸杞、黑果枸杞适宜的气候要素值，得出枸杞的植物地理分布特征如下。

一是黑果枸杞与宁夏枸杞分布差异性很大，中国枸杞和宁夏枸杞主要分布在欧洲、北美洲、亚洲、南美洲、大洋洲，而黑果枸杞主要分布在中亚地区。

二是中国枸杞和宁夏枸杞全球分布具有很明显的地域特点，呈现明显的两条带分布，主要分布在南纬60°～20°、北纬20°～60°的区域，这两个区域属于典型的温带气候，受西风带和副热带的影响，夏季炎热多雨，冬季温和干燥。黑果枸杞分布没有明显的地域特点，主要分布在北纬27°～42°、东经47°～85°，属于典型的亚热带气候，该区域属副热带高压带控制的干旱区，冬温夏热、四季分明，季节分配比较均匀。

三是中国枸杞和宁夏枸杞野生资源在低海拔地区分布很广，在高海拔地区分布较少，而黑果枸杞在海拔0～4000 m内均匀分布。

第三节　枸杞的栽培及食药历史

一、先秦及周时期

中国古代夏商时期的甲骨文卜辞中最早以文字记载“枸杞”，上部是“木”，下部是“己”。西周金文开始，“杞”字已为左“木”右“己”的形式，并沿袭到了现代汉语。此外，卜辞中有“田”“黍”“稷”“麦”“稻”“杞”等农作物的丰歉占卜记载，表明枸杞在先秦时期就已是农田人工栽培果木。

《诗经》中有7个地方写到了枸杞，其中，6首诗全部在《小雅》，对枸杞生产的情景进行描述：《小雅·四牡》“翩翩者骓，载飞载止，集于苞杞”则间接说明枸杞分布较多且集中；《小雅·杕杜》和《小雅·北山》的“陟坡北山，言采其杞”则记录了采收枸杞的劳动场景；《小雅·四月》“山有蕨薇，隰有杞荑和《小雅·南山有台》“南山有杞，北山有李，南山有枸，北山有喻”等记录则反映了枸杞的生长区域。《小雅·湛露》“湛湛露斯，在彼杞棘，显允君子，莫不令德”则是通过以枸杞比兴，颂扬君子高贵的身份、显赫的地位、敦厚的美德和英武潇洒的气质，这也充分说明了枸杞在当时人们心中所占有的地位。另一首在《国风·将仲子》中“无折我树杞”表明，枸杞已经作为一种具有特殊性的树种被保护。

《山海经》的《西山经》称枸杞为“荆杞”：“又西八十里，曰小华之山，其木多荆杞……西次三经之首，曰崇吾之山，在河之南……有木焉，员叶而白柎，赤华而黑理，其实如枳，食之宜子孙。”有考证分析，“崇吾之山”即是现在宁夏中宁县东南部的红梧山。

二、秦汉时期

《神农本草经》最早定名记载“枸杞”：“枸杞，味苦，寒。主五内邪气，热中消渴，周痹。久服，坚筋骨、轻身不老……生常山平泽，及诸邱陵阪岸”，常山，即今河北曲阳一带。中国最古老的医学方书——西汉《五十二病方》有了枸杞根入药的记载。

三、魏晋南北朝时期

枸杞被誉为“仙人之杖”：《抱朴子·仙药篇》记载“象紫，一名托卢是也，或名仙人杖，或云西王母杖，或名天门精，或名却老，或名地骨，或名枸杞也。”《名医别录》曰：“枸杞，生常山。平泽及诸丘陵阪岸。冬采根，春、夏采叶，秋采茎、实，阴干”，即枸杞的根、茎、叶均可作为药材。

《本草经集注》云：“今出堂邑，而石头烽火楼下最多。其叶可做羹，味小苦。世谚云：去家千里，勿食萝摩，枸杞，此言其补益精气，强盛阴道也……枸杞根、实，为服食家用，其说乃甚美，仙人之杖，远自有旨乎也。”堂邑，在南朝梁代时相当于今天江苏六合区一带。

四、隋唐时期

唐甄权所著《药性论》记载枸杞“补精气诸不足，易颜色、变白、明目安神，令人长寿”，且枸杞叶可以“作饮代茶，能止渴、清烦热、益阳事”。刘禹锡方剂辑《传信方》亦载“枸杞叶粥治五劳七伤，豉汁和米煮”，即枸杞叶煮粥可治疗劳损。《食疗本草》云：“叶及子：并坚筋能老，除风，补益筋骨，能益人，去虚劳。根：主去骨热，消渴。”对枸杞叶、果、根的功效进行了分别表述。

此外，唐代大量的诗文形容和赞美枸杞。白居易《和郭侠君题枸杞》曰：“不知灵药根成狗，怪得时闻吠夜声。”据传枸杞根有似狗者，最灵，故名枸杞。刘禹锡《楚州开元寺北院枸杞临井繁茂可》：“僧房药树依寒井，井有香泉树有灵。翠黛叶生笼石甃，殷红子熟照铜瓶。枝繁本是仙人杖，根老新成瑞犬形。上品功能甘露味，还知一句可延龄。”孟郊《井上枸杞架》：“深锁银泉甃，高叶架云空。不与凡木并，自将仙盖同。影疏千点月，声细万条风。迸子邻沟外，飘香客位中。花杯承此饮，椿岁小无穷。”皎然“《湛处士枸杞架歌》天生灵草生灵地，误生人间人不贵。独君井上有一根，始觉人间众芳异。”

唐代枸杞栽培有详细记载。《千金翼方》曰“拣好地，熟加粪讫，然后逐长开，深七八寸令宽，乃取枸杞连茎锉长四寸许，以草为索慢束，束如羹碗许大，于中立种之。每束相去一尺。下束讫，别调烂牛粪稀如面糊，灌束子上令满，减则更灌。然后以肥土拥之满讫。土上更加熟牛粪，然后灌水。不久即生，乃如剪韭法，从一头起首割之。得半亩[①]，料理如法，可供数人。其割时与地面平，高留则无叶，深剪即伤根。割仍避热及雨中，但早朝为佳。又法……又法……又法……且更不要煮炼，每种用二月，初一年但五度剪，不可过此也。凡枸杞生西南郡谷中及甘州者，其子味过于蒲桃。今兰州西去邺城、灵州、九原并多，根茎尤大。”之后的

《山居要术》《四时纂要》也载有枸杞的种植方法。且在《四时纂要》还首次对“收枸杞子”进行了专门记载，指出“九日收子，浸酒饮，不老，不白，去一切风”，即唐代对枸杞的无性枝条栽种、修剪、采收及使用具有系统的归纳和总结。

《雷公炮炙论》论述枸杞的炮制为：“凡使根，掘得后，使东流水浸，以物刷上土，了，然后待干，破去心，用熟甘草汤浸一宿，然后焙干用。其根若似物命形状者上。春食叶，夏食子，秋、冬食根并子也。”又提出以枸杞为辅料来炮制巴戟天：“凡使，须用枸杞子汤浸一宿，待稍软，漉出，却，用酒浸一伏时，又漉出，用菊花同熬，令焦黄，去菊花，用布拭令干用。”

五、宋元时期

宋代药物学家苏颂的中草药经典著作《图经本草》记载“今处处有之。春生苗，叶如石榴叶而软薄堪食，俗呼为甜菜；其茎干高三，五尺，作丛；六月、七月生小红紫花；随便结红实，形微长如枣核；其根名地骨。春夏采叶，秋采茎实，冬采根”，并提及“今枸杞极有高大者，其入药极神良”，与前代所用枸杞叶、果、根均可入药一致。

《梦溪笔谈》云：“枸杞，陕西极边生者，高丈余，大可作柱，叶长数寸，无刺，根皮如厚朴，甘美异于他处者。《千金翼方》云：‘甘州者为真，叶厚大者是。’大体出河西诸郡。其次江池间圩埂上者。实圆如樱桃，全少核。暴乾如饼，极膏润有味”，即宋代种植枸杞已由单纯采摘茎叶和果实，转向全草兼收，应用范围进一步扩大。如苏东坡在《小圃五咏》所述枸杞“根茎与花实，收拾无弃物。”

大约自元朝初年开始，枸杞利用的重点已经发生了转变。从鲁明善《农桑衣食撮要》中“春间嫩芽叶可做菜食”的记载说明，种植枸杞主要是为了采摘其果实，苗叶只是在“春间”作为蔬菜食用。

金元之际的官修农书《务本新书》记载：“枸杞，宜故区畦种。叶作菜食，子根入药”，即在人工栽培的园圃之中，根、茎、叶、花和果实均作为食或药材料。

六、明清时期

明代徐光启所著《农政全书》中枸杞栽培技术有了新的突破，“秋收好子，至春畦种，如种菜法。又三月中,苗出时,移栽如常法。伏内压条，特为滋茂。”新添了小苗移栽和伏天直接由枸杞植株压条育苗两项新技术。采用这两种方法，培育出的种苗肥壮而高大，移栽成活率高。同时，还简化了扦插的复杂工序，直接将枸杞茎“截条长四五指许，掩于湿土地中，亦生”，形成了可以推广的壮苗繁育和移栽技术。至此，传统的枸杞栽培技术全部形成。

《本草纲目》载：“古者枸杞、地骨取常山者为上，其他丘陵阪岸者皆可用。后世惟取陕西者良，而又以甘州者为绝品。今陕之兰州、灵州、九原以西枸杞，并是大树，其叶厚根粗。河西及甘州者，其子圆如樱桃，暴干紧小少核，干亦红润甘美，味如葡萄，可做果食，异于他处者。”河西，泛指黄河上游流域以西的广大地区，即今陕西、甘肃、宁夏等地。兰州，即今兰州一带。九原，即内蒙古后套地区、黄河南岸的鄂尔多斯北部。这表明枸杞种植规模进一步扩大，产区已从汉唐时代的华北、华东及宋代的川北地区进一步扩展到了我国的西北地区陕西、甘肃、宁夏、内蒙古等地。明人方以智在《物理小识》中记载“惠安堡枸杞遍野，秋实最盛。”此“惠安堡”为今天宁夏境内。宁夏《中宁县志》记载：“宁安

（今宁夏中宁县）一带，家种杞园。各省入药甘枸杞，皆宁产也。”可见，明代以来，在宁夏所产枸杞享有盛誉。

同时，《本草纲目》述“春采枸杞叶，名天精草；夏采花，名长生草；秋采子，名枸杞子；冬采根，名地骨皮”，即枸杞因组织部位不同，其性味和功效均有显著差别：“枸杞，苗叶味苦甘而气凉，根味甘淡气寒，子味甘气平，气味既殊，则功用当别。”该记载所讲枸杞子为滋补药、地骨皮为清热药的主张得到后世的认同与传承。

七、“中华民国”及新中国成立后的枸杞发展

中华民国时期《朔方道志》记载：“枸杞宁安堡者佳。”宁安堡为当时甘肃中卫沙坡头区，今属宁夏中宁县。民国初年，枸杞销售除皮抽税。加之后来逐年战乱，茨农负担加重，枸杞种植一度衰落。根据相关资料记载，1918年中国宁夏的枸杞总产量达12万kg，到1949年枸杞总产量缩至2.5万kg，1949年中华人民共和国成立后至20世纪70年代，枸杞的生产虽有所发展，但进展不大，产量不稳。特别是1961年，宁夏枸杞总产量仅4.75万kg。

新中国成立后随着进一步挖掘整理中医药工作的开展，枸杞的重要地位得到了提高，宁夏的科技工作者选育出新品种，并对传统的枸杞栽培技术进行改进，改变了传统分散栽培模式和高大树冠树型，采用大冠矮干和大行距的栽培模式，引入农业机械化作业，提高了管理效率，降低了劳动成本，实现了枸杞连片、集约化的种植栽培格局。

枸杞规范化栽培阶段始于20世纪末期。随着科技的进步和市场对产品质量要求的不断提高，进入20世纪90年代，中国的枸杞科技工作者按照枸杞产品质量“安全、有效、稳定、可控”的技术要求，从枸杞品种、苗木繁育、规范建园、整形修剪、配方施肥、节水灌溉、病虫防治、适时采收、鲜果制干、拣选分级、储藏包装、档案管理等生产环节进行规范，形成了枸杞规范化（GAP）种植技术体系，并在中国其他枸杞产区推广应用示范。在此期间，枸杞的生产技术随着市场要求不断改进，经历了1999—2003年的无公害种植、2002—2008年绿色生产和2006年至今有机枸杞3个历程。

自20世纪60年代后期，通过广泛引种栽培，中国逐步形成了宁夏、内蒙古、新疆、河北、湖北、青海、西藏等枸杞种植区，同时也辐射到东北三省、华中、华南等地区。随着气候条件的变化和栽培技术的改进创新，枸杞的道地产区范围有所扩大：由原来传统的中国宁夏中宁产区扩展到以宁夏为道地产区的核心区，内蒙古、陕（陕西）甘（甘肃）青（青海）新（新疆）为两翼的大枸杞产区，宁夏自2010年开始至今，逐步形成并完善了全产业链发展模式，2015—2017年，在中国有枸杞产量统计的、连续种植的地区至少有14个，主要包括宁夏、青海、甘肃、新疆、内蒙古、河北等地。经过各地长期探索实践，全国枸杞种植区不断优化布局，宁夏形成了以中宁县为核心、清水河流域产业带和银川平原产业带为两翼的“一核二带”产业布局。截至2022年，宁夏枸杞核心产区中宁县枸杞种植面积达13.8万亩，年产干果2.6万t，农民人均来自枸杞产业的可支配收入达4000元，占农民人均可支配收入的1/3以上，产业综合产值120亿元。甘肃形成了以酒泉玉门市、瓜州县，白银市靖远县、景泰县，武威市民勤县为主的枸杞产区；玉门市枸杞生产基地达39万亩，占全省枸杞种植面积的一半，年产干果8万t，产值26亿元。青海形成了以海西、海南为主的枸杞产区；仅海西都兰县枸杞种植面积就达21.8万亩。新疆打造了博尔塔拉县、北疆的

北屯市、阿勒泰地区的福海县、塔城地区的乌苏市、巴音郭楞的尉犁县等新兴产区；精河县枸杞种植面积达 10万亩以上。内蒙古乌拉特前旗也是枸杞种植相对集中的地方。甘肃、青海、宁夏三地的枸杞种植面积已占全国枸杞种植总面积的90%以上。

第四节　基于当代文献基础的枸杞研究与综合利用现状

通过Web of Science和中国知网（1950年1月1日至2023年5月31日），对近71年不同国家和地区有关枸杞研究与开发的文献进行计量研究，包括文献语种、年度趋势、主题分布、研发领域、资助机构、作者等，以期综合分析枸杞在不同国家和地区综合利用现状，为促进枸杞生产研发交流合作与产业发展提供信息参考。

一、枸杞在不同国家和地区的研究概况

以“Goji”“*Lycium barbarum*”“*Lycium chinense*”为主题词，从Web of Science查询1950—2023年5月文献分别为713篇、2253篇和623篇，统计分析在枸杞研发利用方面，来自不同国家及所采用语言报道所占比例及其差异。

以“Goji”为主题词查询文献报道共计713篇，分别按照国家和语言统计，如图1-1和图1-2所示，来自的中国（含台湾地区）文献约占42.08%，其次是美国、意大利、土耳其、巴西、波兰、西班牙、瑞士、韩国、罗马尼亚、澳大利亚等国家，分别占13.46%、9.96%、4.49%、4.07%、4.07%、3.79%、2.66%、2.52%、2.1%和1.96%。英文、韩语及俄语分别占94.356%、3.907%和0.145%。

以“*Lycium barbarum*”为主题词查询文献报道共计2253篇（1950—2023年），分别按照国家和语言统计，如图1-3和图1-4所示，来自包括台湾等地区的中国文献约占69.2%，其他依次是

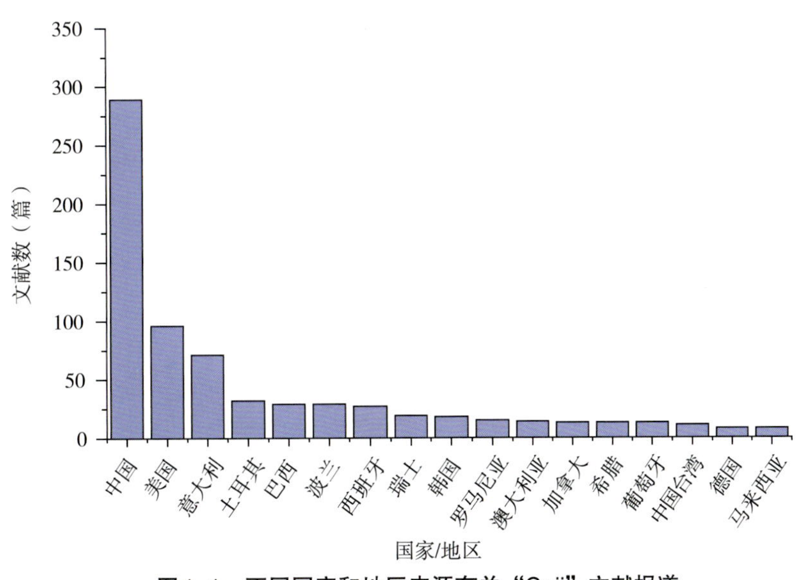

图1-1　不同国家和地区来源有关“Goji”文献报道

美国、意大利、韩国、土耳其、波兰等国家，分别占8.34%、3.77%、2.22%、1.73%、1.28%。英文、中文及韩语分别占94.88%、5.49%和0.23%。

以“*Lycium chinense*”为主题词从Web of Science查询文献报道共计623篇（1950—2023年），分别按照国家和语言统计，如图1-5和图1-6所示，来自中国的文献约占49.28%，其次是韩国、美国、日本、印度、澳大利亚等国家，分别占21.19%、5.00%、4.65%、1.77%和1.44%。英文、韩语及中文分别占84.185%、15.980%和1.812%。

因此，综合分析1950—2023年有关枸杞文献报道可知，中国是枸杞研发利用最多的国家。在亚洲，韩国和日本是继中国之后栽培利用枸杞最多的国家，也是将枸杞进行栽培利用较早的亚洲国家，且更多地使用“*Lycium chinense*”表述，或许可以认为在韩国及日本更多地栽培中华枸杞

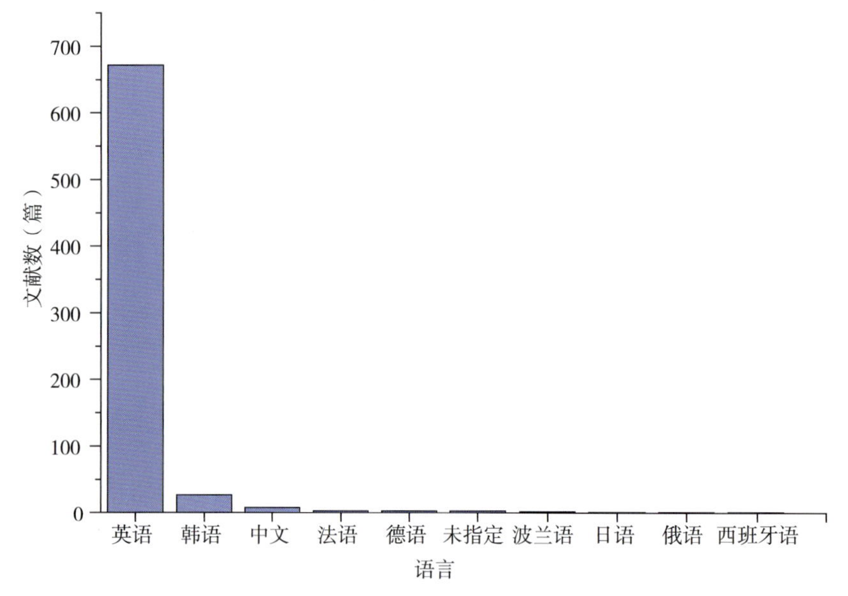

图1-2　不同语言来源有关“Goji”文献报道

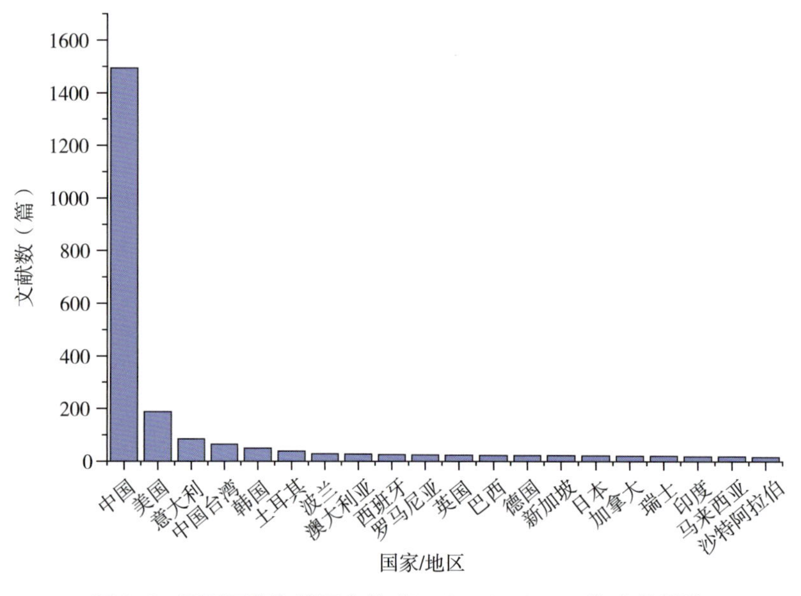

图1-3　不同国家和地区有关“*Lycium barbarum*”文献报道

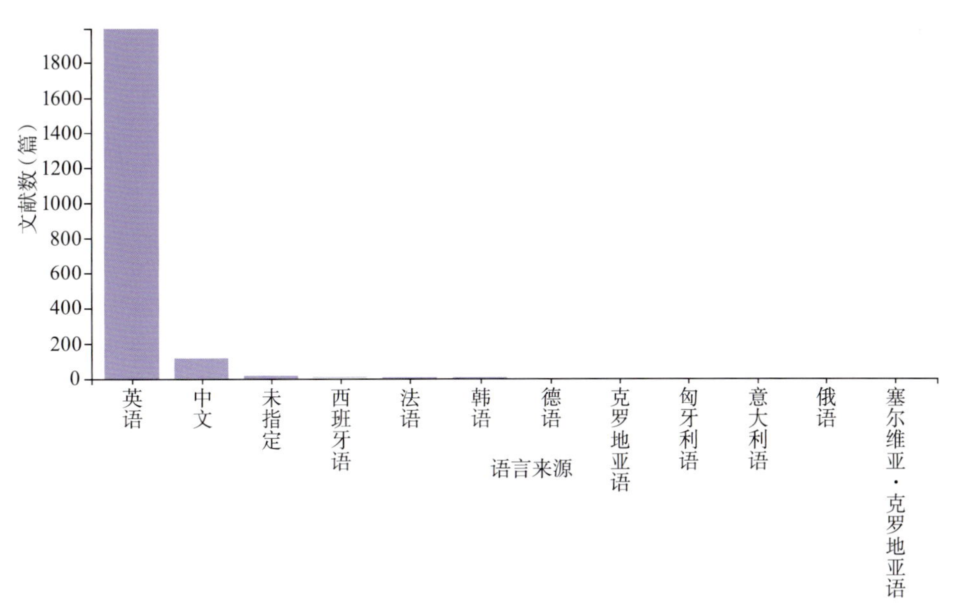

图1-4　不同语言来源有关“*Lycium barbarum*”文献报道

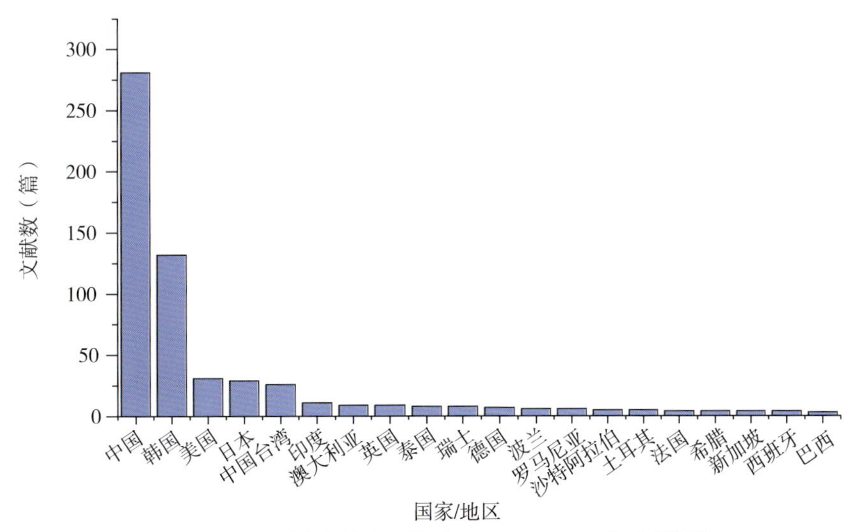

图1-5　不同国家和地区有关“*Lycium chinense*”文献报道

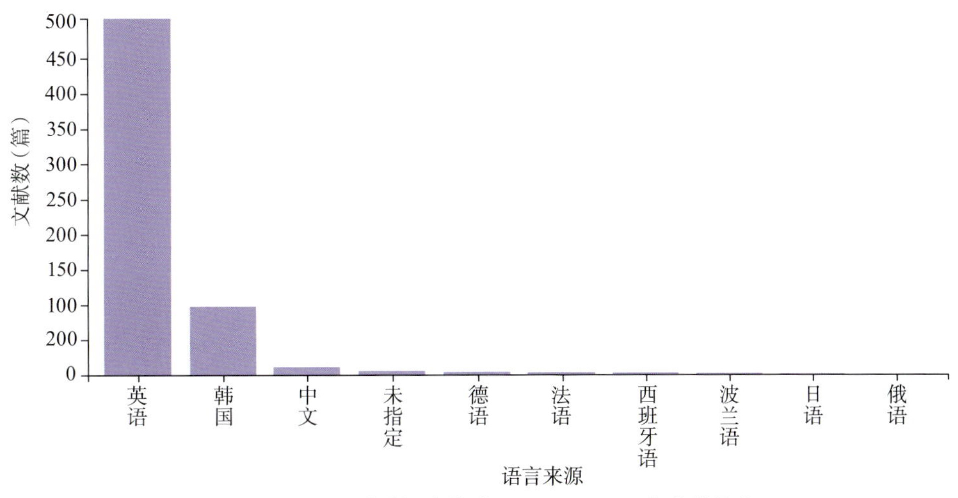

图1-6　不同语言来源有关“*Lycium chinense*”文献报道

种及其变种。欧洲和美洲也有较多的枸杞栽培利用，且更多地使用“Goji”或“*Lycium barbarum*”表述，或许可以认为在欧洲或美洲更多地栽培宁夏枸杞种及其变种。

二、枸杞在中国的研发现状

从中国知网以“枸杞”为主题词查询相关文献，共查到相关文献17822条（1957年1月至2023年5月），如图1-7所示，其中，枸杞多糖及LBP（枸杞多糖简写）合计报道文献占到了23.66%，其次是以“黑果枸杞”及“宁夏枸杞”为研究对象的文献，此外，枸杞汁和枸杞酒在加工领域文献占较大的比例。

中国有关枸杞研发利用的文献数量的年度变化趋势如图1-8所示，1982—1993年，枸杞研发

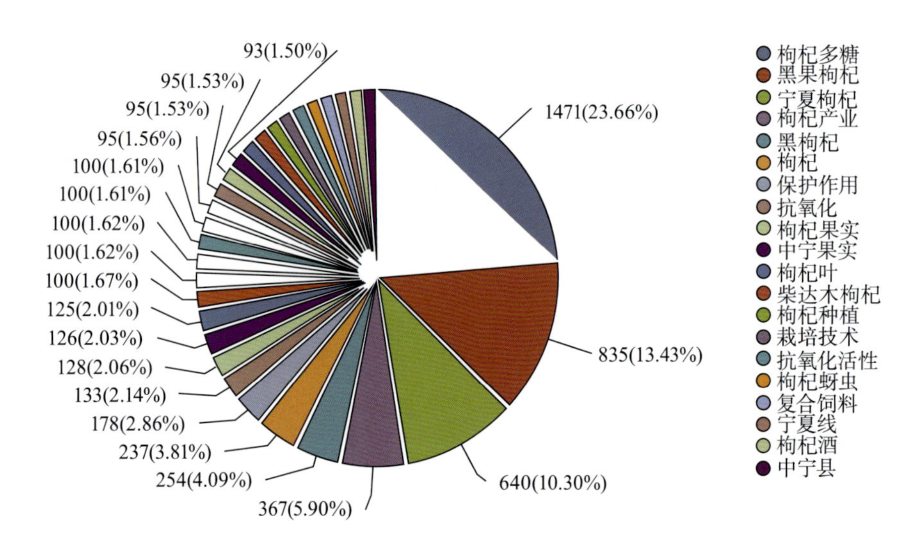

图1-7　中国对枸杞研发利用文献发表的主题情况（1950—2023年）

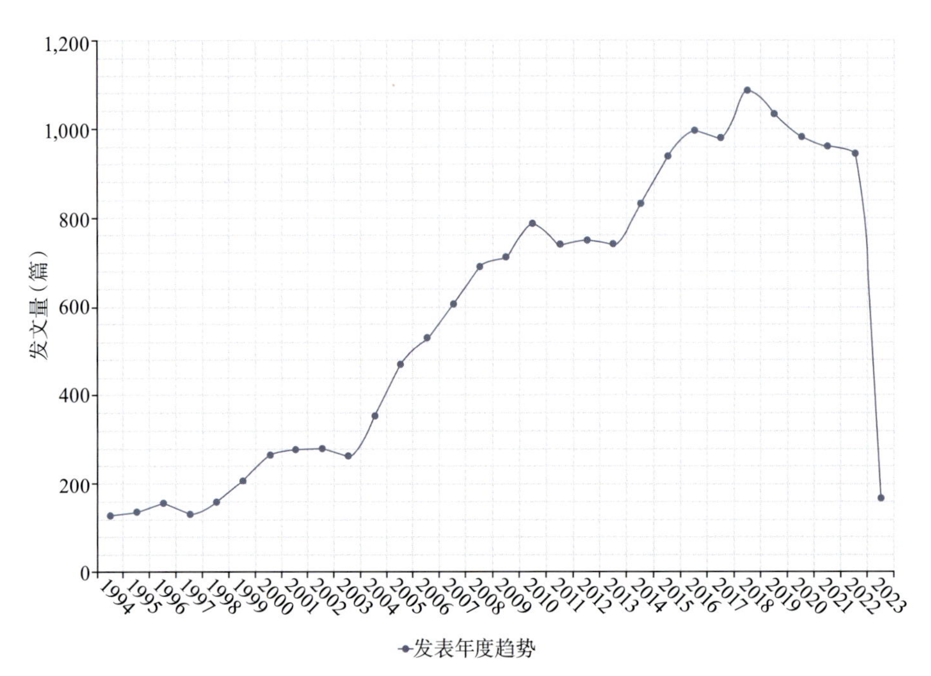

图1-8　中国对枸杞研发利用文献发表年度趋势（1994—2023年）
（统计时间截至2023年5月30日。）

具有一定量的报道，但每年的报道量增幅不大；1993年以后，特别是2003年以来，枸杞研究基本上呈逐年大幅度递增趋势；2019年后略有减少。

分析中国有关枸杞研发利用文献的机构来源，结果如图1-9所示，文献研究机构来源以宁夏大学和宁夏农林科学院及各研究所为首，分别为966篇和932篇，其次是宁夏医科大学、青海大学、甘肃农业大学、西北农林科技大学、北方民族大学、内蒙古农业大学、兰州大学、新疆农业大学、宁夏医学院、上海海洋大学、华中农业大学、中国科学院西北高原生物研究所、北京林业大学、中国农业大学、天津科技大学、北京中医药大学、宁夏医科大学总医院、石河子大学、南京农业大学、甘肃省治沙研究所、青海师范大学、宁夏红枸杞产业（集团）、甘肃中医药大学、青海省农林科学院、中国科学院大学等。数据表明，宁夏各院校及各研究所对枸杞开发利用研究最多，其次是甘肃、青海、内蒙古、新疆等枸杞的产区。此外，发达地区的部分科研院所对枸杞的研究报道也较多。这可能与近年来东西部合作力度增大有关。

中国对枸杞研发利用基金支持来源情况如图1-10所示，支持数量依次为国家自然科学基金、宁夏自然科学基金、国家科技支撑计划、国家重点研发计划、宁夏科技攻关计划、甘肃省自然科学基金、宁夏高等院校科技基金等项目。可见，除国家层面的科技支持外，宁夏在枸杞科技研发领域给予了大力度的资金支持。

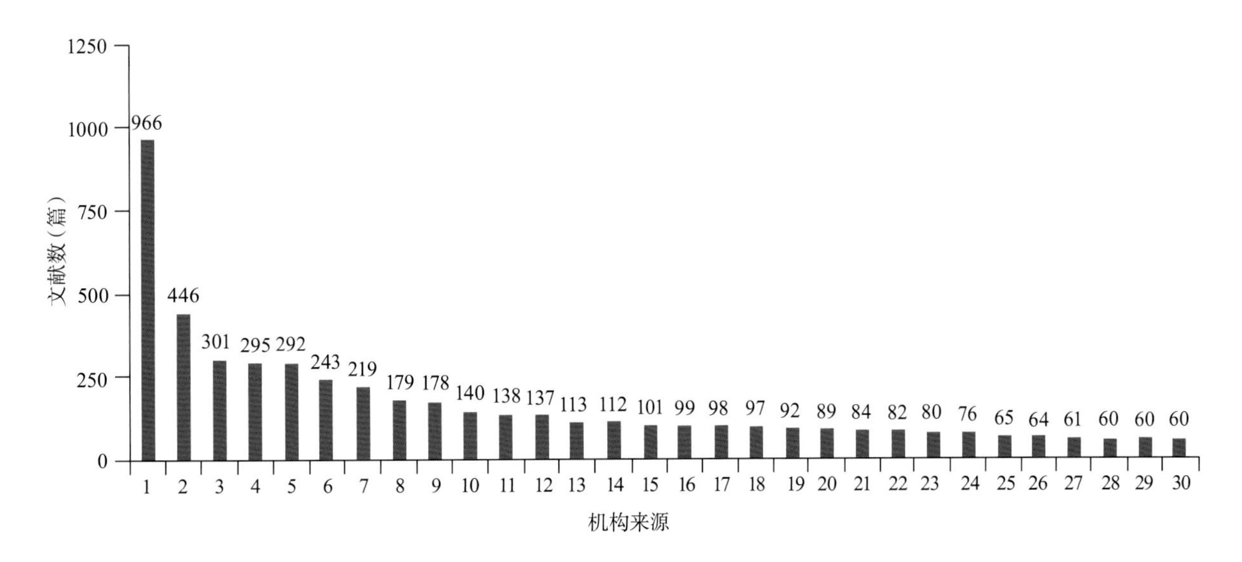

1.宁夏大学；2.宁夏医科大学；3.青海大学；4.甘肃农业大学；5.宁夏农林科学院；6.宁夏农林科学院枸杞发展工程技术研究中心；7.宁夏农林科学院枸杞研究所；8.西北农林科技大学；9.宁夏农林科学院植物保护研究所；10.北方民族大学；11.内蒙古农业大学；12.兰州大学；13.新疆农业大学；14.宁夏医学院；15.上海海洋大学；16.华中农业大学；17.中国科学院西北高原生物研究所；18.北京林业大学；19.中国农业大学；20.天津科技大学；21.北京中医药大学；22.宁夏医科大学总医院；23.石河子大学；24.南京农业大学；25.甘肃省治沙研究所；26.青海师范大学；27.宁夏红枸杞产业（集团）；28.甘肃中医药大学；29.青海省农林科学院；30.中国科学院大学。

图1-9　中国对枸杞研发利用文献机构来源（1950—2023年）

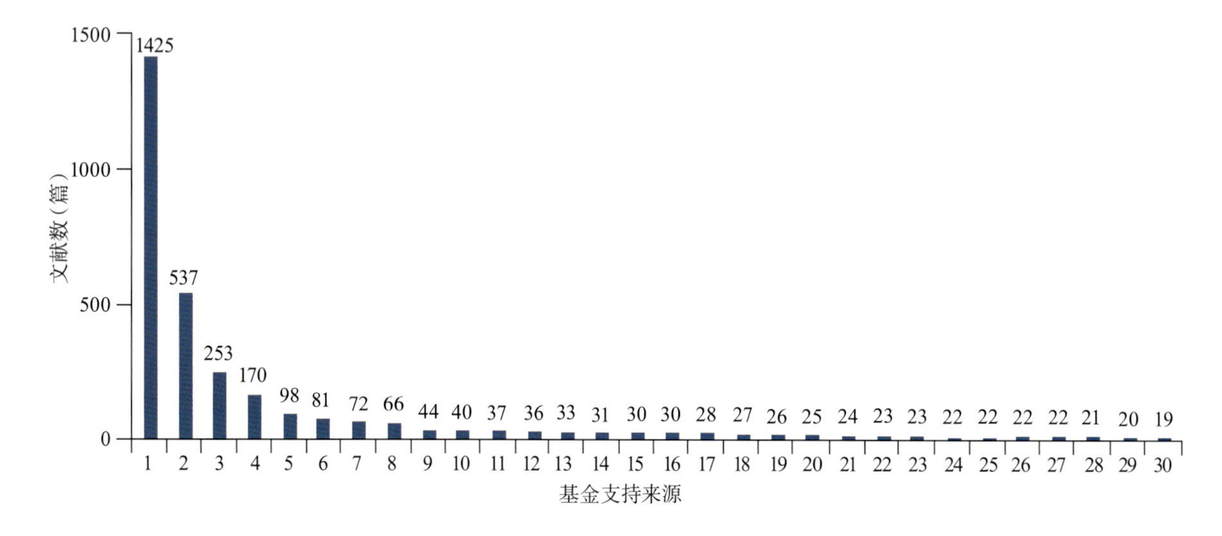

1.国家自然科学基金；2.宁夏自然科学基金；3.国家科技支撑计划；4.国家重点研发计划；5.宁夏科技攻关计划；6.甘肃省自然科学基金；7.宁夏高等学校科学技术研究项目；8.国家重点基础研究发展计划（973计划）；9.宁夏大学科学研究基金；10.国家高技术研究发展计划（863计划）；11.国家科技攻关计划；12.现代农业产业技术体系建设专项资金；13.新疆维吾尔自治区自然科学基金；14.中国科学院"西部之光"人才培养计划；15.河南省科技攻关计划；16.中国博士后科学基金；17.青海省自然科学基金；18.青海省科技计划；19.湖北省自然科学基金；20.中央高校基本科研任务费专项资金项目；21.国家星火计划；22.广东省自然科学基金；23.中国科学院知识创新工程项目；24.国家农业科技成果转化资金；25.甘肃省科技计划项目；26.湖南省自然科学基金项目；27.教育部科学技术研究项目；28.吉林省科技发展技术项目；29.高等学校博士学科点专项科研基金；30.国家大学生创新创业训练计划。

图1-10　中国对枸杞研发利用基金支持来源情况（1950—2023年）

三、除中国外其他国家和地区的枸杞研发利用现状

（一）韩国枸杞栽培利用

以"Goji""*Lycium barbarum*""*Lycium chinense*"为主题词，从Web of Science分析自1951年以来，韩国有关枸杞的162篇文献（161篇英文、3篇韩文）可知，以1997年以来的报道居多。如图1-11所示，韩国对枸杞的研究利用具有可持续性。

韩国对枸杞研究文献涉及领域分析如图1-12

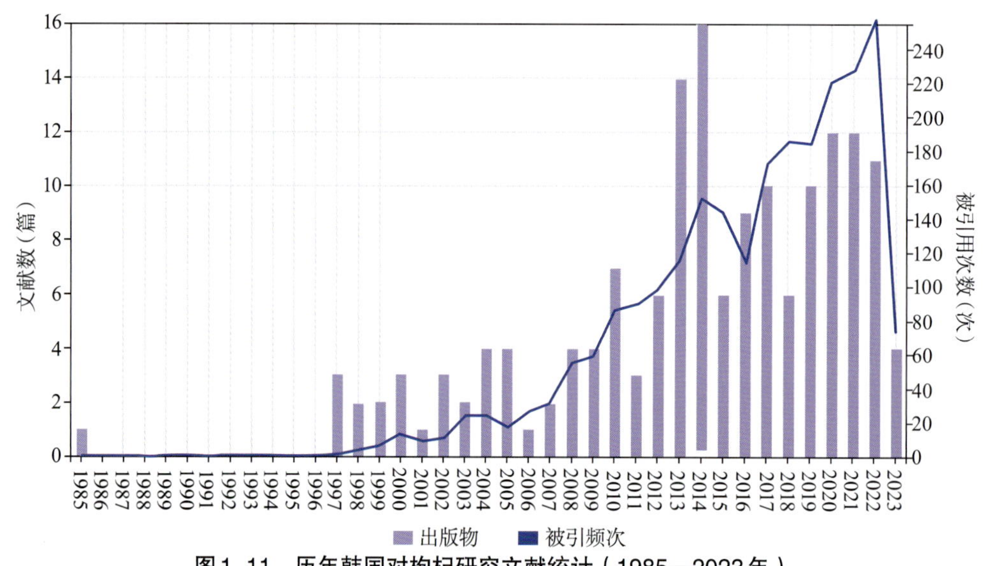

图1-11　历年韩国对枸杞研究文献统计（1985—2023年）

所示，韩国的枸杞研究与利用涉及药理评价、化学、农业等多个领域。除了功效及化学成分研究外，基于产量、抗病性、自交亲和性等指标，有育种、组织培养、病虫害防治（炭疽病）、智慧化栽培技术、机械装备研制（采摘机）、果实烘干设备、质量安全等研究与开发报道及少量的市场营销文献报道。

韩国有专门的枸杞研究机构，位于忠南的枸杞研究所（Goji Berry Research Institute），相继开展了枸杞的引种保存、品种选育以及配套栽培研究，培育出自交亲和性强，产量高，适合在防雨温室栽培的杂交品种‘Whasu’、叶用品种‘Myeongan’等。

截至2019年，韩国枸杞栽种面积为95 hm^2，涉及764个农场。与韩国其他作物相比，枸杞是适合小面积种植的高收入作物。因韩国多雨，为防止枸杞裂果和黑果病，枸杞多栽种于温室之内。韩国枸杞种植模式采用120 cm × 50 cm的定植模式，在树形培养方面，采用单主干，株高90 cm，枸杞结果枝条着生于顶部。对于叶用品种‘Myeongan’栽培技术优化为：新梢生长到约60 cm时收叶，叶子一年可以收获4次，且种植密度为60 cm × 30 cm时，干叶产量最高。1991—1993年，忠南青阳郡和全罗南道两地种植面积约占韩国总枸杞种植面积的79%。不同地形和坡度的枸杞种植面积依次为洪积阶地 > 山脚坡 > 谷地 > 丘陵，7%～15%>15%～30%>7%坡度。

受汉医学的影响，在功效作用研究方面，韩国有大量的枸杞（果实）与其他药材复配，发挥解酒，视保健，调节糖脂代谢，保肝护肝，改善骨质增生、男性生殖功能和记忆如认知功能，美容护肤等包括临床试验在内的研究报道。

除了水提取物的功效研究外，韩国对枸杞果实、茎叶、根皮等枸杞组织提取物及其化学成分进行了大量的分析评价。研究表明，枸杞果实及其组织中含有的功效成分有甜菜碱、类胡萝卜素、酰胺、2-*O*-*β*-D-吡喃葡萄糖基-L-抗坏血酸（AA-2*β*G）等。

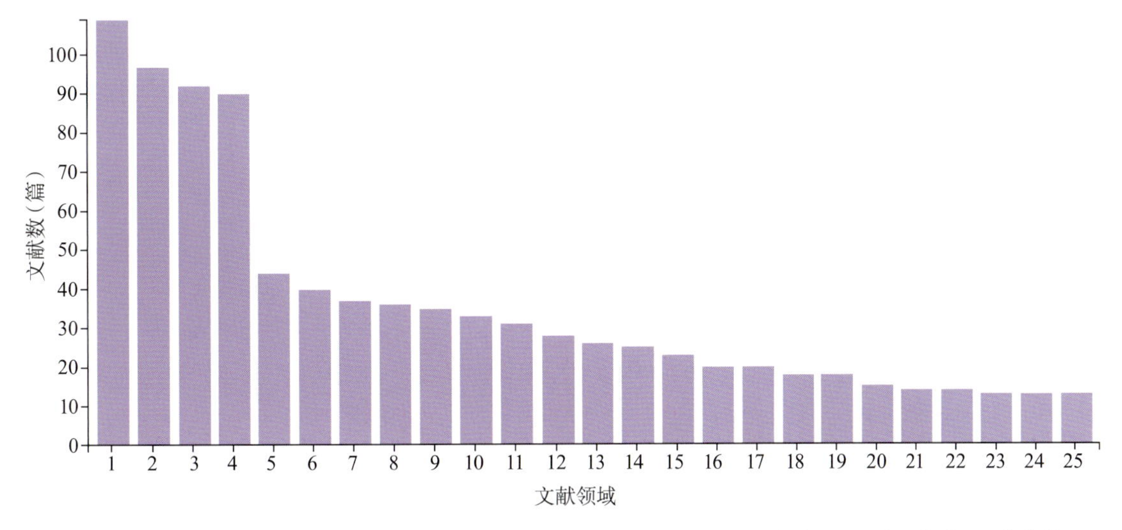

1.药理评价；2.植物科学；3.生物分子生物学；4.农业；5.毒理学；6.化学；7.食品科学技术；8.细胞生物学；9.营养学；10.遗传学；11.病理学；12.综合补充医学；13.免疫学；14.科学技术其他主题；15.内分泌代谢；16.肠胃肝脏科；17.卫生保健科学服务；18.环境科学生态学；19.生理；20.林业；21.生物技术应用微生物学；22.微生物学；23.血液学；24.传染性疾病；25.神经科学。

图1-12　韩国对枸杞研究文献涉及领域（1950—2023年）

（二）日本枸杞研发现状

以“Goji”“*Lycium barbarum*”“*Lycium chinense*”为主题词，从Web of Science分析自1951年以来，日本有关枸杞的48篇文献（47篇英文和1篇德文）。如图1-13所示，以1993年以来的报道居多，且部分研究为与中国等国家的合作研究。日本对枸杞的研究较韩国而言较少，但具有可持续性。

日本对枸杞研究文献涉及领域分析如图1-14所示，日本在枸杞研究与利用涉及药理评价、植物科学、化学、生物学、食品科学等多个领域。多数的研发基于枸杞果实、叶、根的提取物及其活性成分的分离、纯化鉴定及其功效评价研究，主要包括生物碱、2-*O*-*β*-D-吡喃葡萄糖基-L-抗坏血酸（AA-2*β*G）、黄酮类化合物、肽等，具有较高的原创性。少量关于枸杞分子生物学、病虫害等方面的报道。

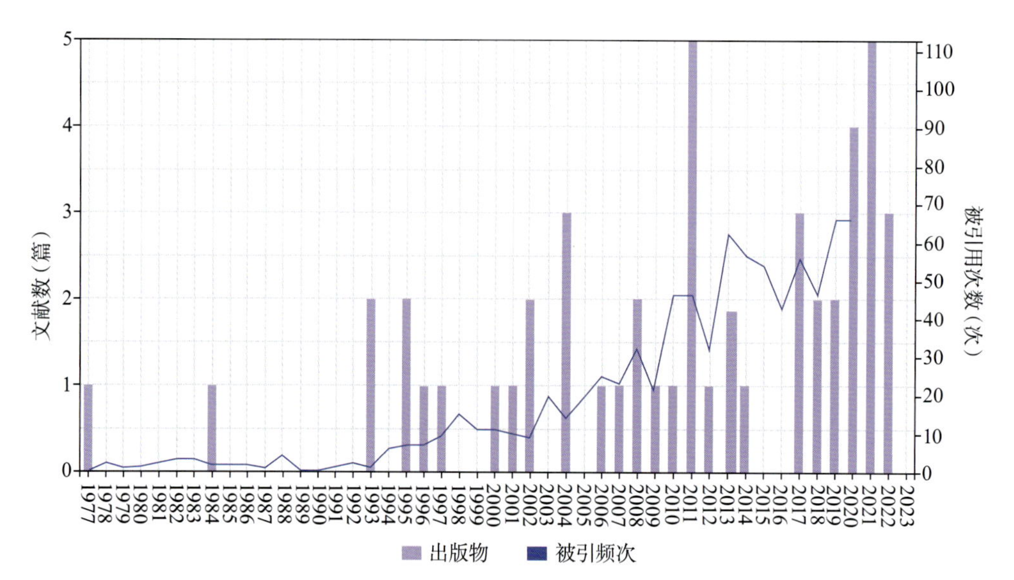

图1-13　日本历年来对枸杞研究文献统计（1977—2023年）

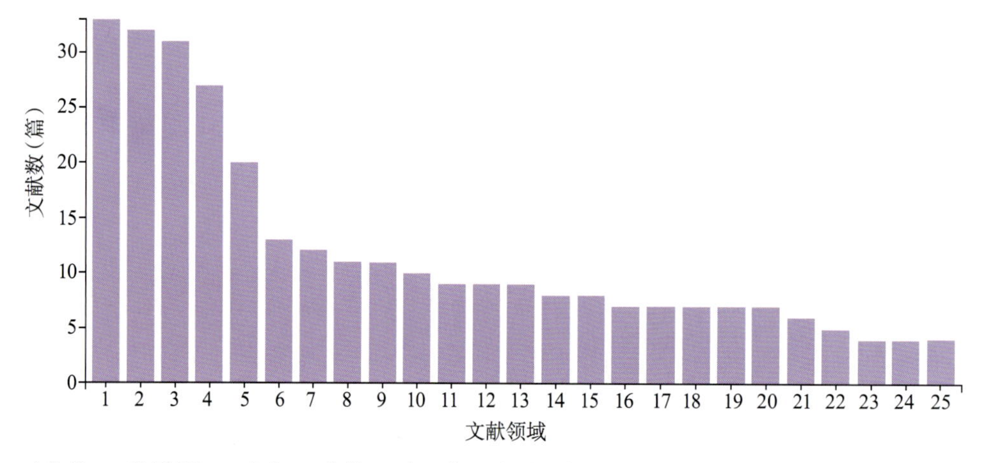

1.植物科学；2.生物学；3.药理评价；4.农业；5.化学；6.毒理学；7.细胞生物学；8.营养学；9.科学技术其他主题；10.食品科学技术；11.环境科学生态学；12.免疫学；13.病理学；14.林业；15.遗传学；16.肠胃肝脏科；17.卫生保健科学服务；18.综合补充医学；19.神经科学；20.生理；21.内分泌代谢；22.人类学；23.行为科学；24.生物技术应用微生物学；25.进化生物学。

图1-14　日本对枸杞研究文献涉及领域（1950—2023年）

（三）欧洲枸杞栽培利用现状

欧洲枸杞的栽培利用主要在地中海沿岸，作为中药材种植在意大利、罗马尼亚等国家和地区。以“Goji”“*Lycium barbarum*”“*Lycium chinense*”为主题词，从Web of Science分析自1951年以来，欧洲不同国家及地区有关枸杞的438篇文献，如图1-15所示，来自意大利的文献最多，共计97篇，其次是波兰、西班牙、德国、罗马尼亚、瑞士、希腊、葡萄牙和法国等，分别为42、38、31、30、29、27、18、15和14篇。1995年以来即有较为持续的枸杞研究报道，特别是2010年后，相关研究报道呈迅速递增趋势（图1-16）。

欧洲对枸杞研究文献涉及领域分析如图1-17所示，欧洲对枸杞研究与利用在植物科学、食品科学技术、农业、药理评价、生物学、营养学、化学等多个领域分别占62.233%、57.957%、55.344%、45.131%、42.755%、41.093%和37.530%。可见，欧洲对枸杞的研究分布领域较广泛。特别是意大利，在基础研究方面，除了大

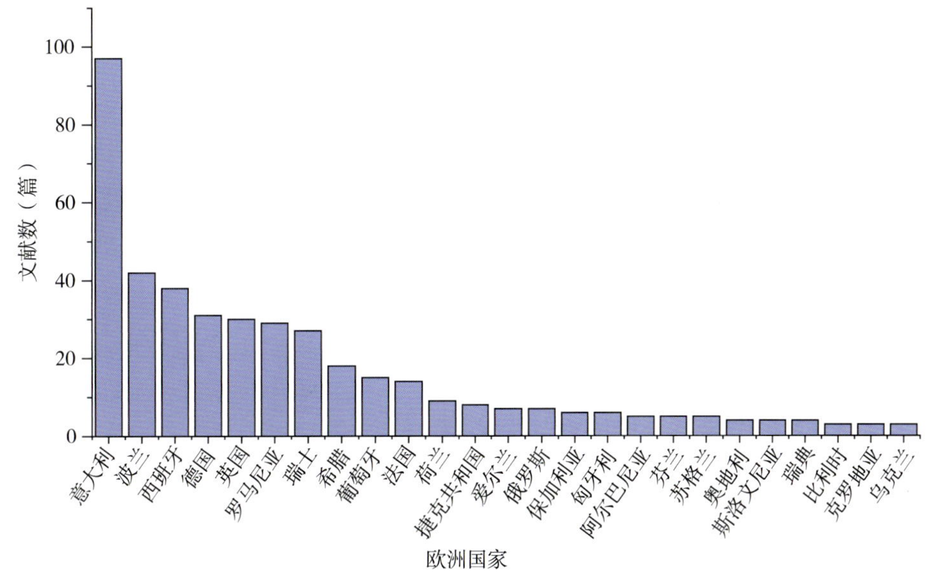

图1-15 欧洲不同国家和地区对枸杞的研发利用文献

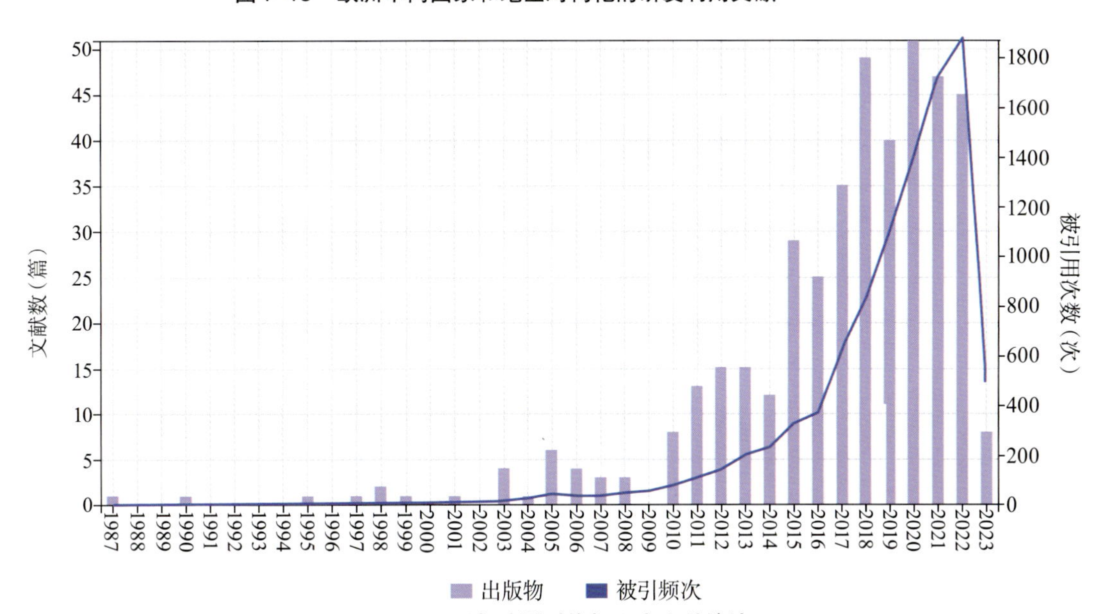

图1-16 历年欧洲对枸杞研究文献统计

量如N-阿魏酰酪胺二聚体、类胡萝卜素等化学成分与功效作用挖掘、野生及人工栽培品种品质差异性分析研究外，较早地开展了枸杞蛋白组学研究和根腐病研究。在应用研究方面，制干方式及鲜果贮藏保鲜工艺与品质评价有大量探讨。此外，枸杞作为功能性生物饲料的应用研究也较多。

在欧洲，枸杞研究的研究机构集中在意大利、罗马尼亚、波兰、瑞士、英国等国家，排名前25的机构如图1-18所示。其中，以意大利佩鲁贾大学发文量最高，其次为罗马尼亚克卢日·纳波卡农学与兽医大学、罗马尼亚鲁里欧·哈提甘努医药大学、瑞士雀巢公司、英国伦敦大学、意大利博洛尼亚大学、意大利米兰大学，文献数量分别为52、25、23、19、17、16、16篇。

按照作者发表数量多少分布（前25名）如图1-19所示，均为非华人作者，表明欧洲非华裔是枸

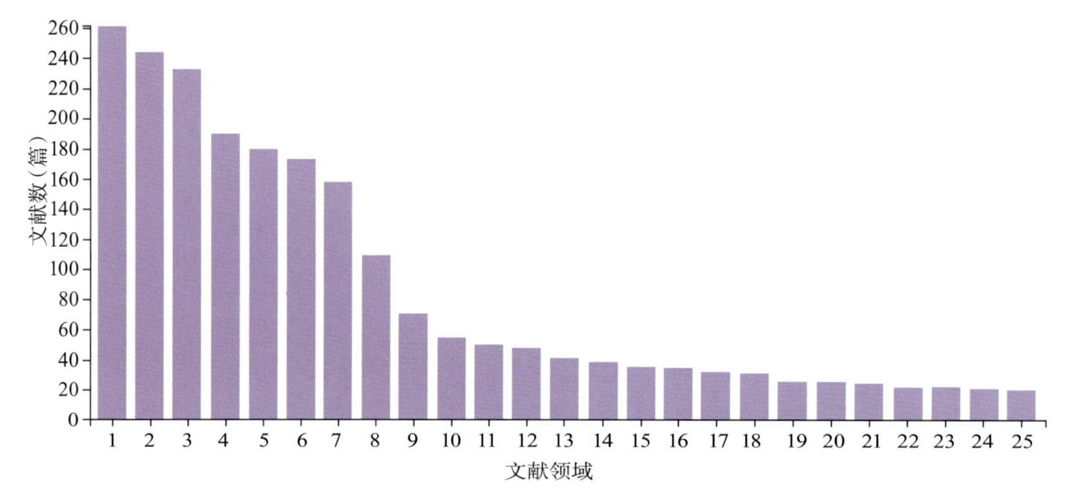

1.植物科学；2.食品科学技术；3.农业；4.药理评价；5.生物学；6.营养学；7.化学；8.科学技术其他主题；9.环境科学生态学；10.病理学；11.遗传学；12.毒理学；13.免疫学；14.细胞生物学；15.传染性疾病；16.生理；17.工程；18.生命科学生物医学其他主题；19.商业经济学；20.仪器仪表；21.内分泌代谢；22.生物技术应用微生物学；23.微生物学；24.林业；25.肠胃肝脏科。

图1-17　欧洲对枸杞研究文献涉及领域（1950—2023年）

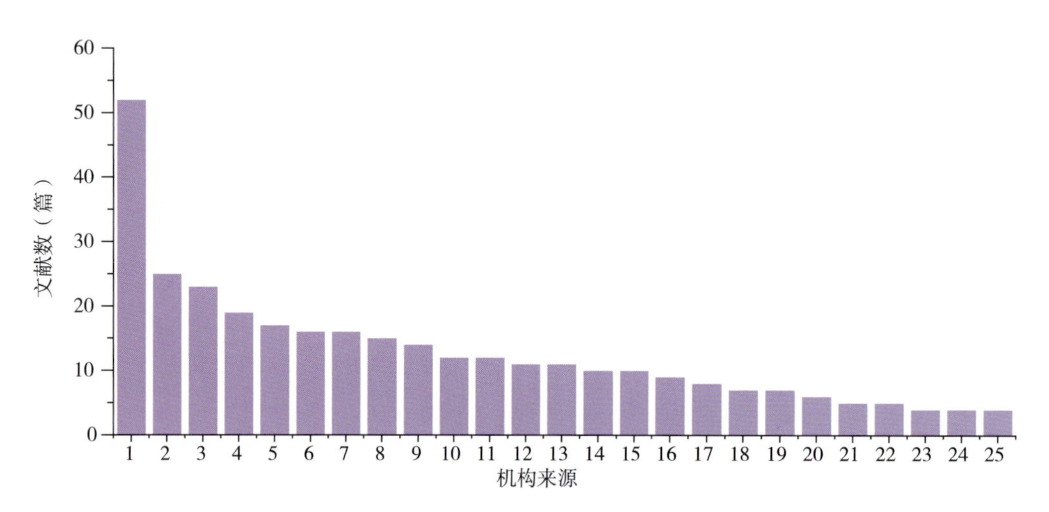

1.意大利佩鲁贾大学；2.罗马尼亚克卢日·纳波卡农学与兽医大学；3.罗马尼亚鲁里欧·哈提甘努医药大学；4.瑞士雀巢公司；5.英国伦敦大学；6.意大利博洛尼亚大学；7.意大利米兰大学；8.意大利国家研究理事会；9.意大利圣心天主教大学；10.西班牙瓦伦西亚大学；11.波兰波兹南理工大学；12.意大利基耶帝-佩斯卡拉大学；13.意大利那不勒斯腓特烈二世大学；14.罗马尼亚巴比什-波雅依大学；15.意大利卡拉布里亚大学；16.波兰罗兹科技大学；17.波兰波兹南农学院；18.意大利罗马大学；19.波兰居里夫人大学；20.希腊色萨利大学；21.意大利都灵大学；22.瑞士苏黎世大学；23.法国农业科学研究院；24.葡萄牙布拉干萨理工大学；25.波兰雅盖隆大学。

图1-18　欧洲对枸杞研究文献的主要机构分布

杞研究的工作者。来自意大利的佩鲁贾大学食品科学与营养学系Montesano D对枸杞的研发文献高达15篇，居于首位。Mocan A（罗马尼亚）、Blasi F（意大利）、Cossignani L（意大利）、Crisan G（罗马尼亚）、Brecchia G（意大利）等次之。这进一步表明，意大利是欧洲对枸杞开发利用较多的国家和地区。

（四）美洲枸杞栽培利用现状

分析来自美洲的有关枸杞的研究报道412篇，其中，美国、巴西、加拿大和墨西哥分别为100篇、28篇、8篇和3篇。对枸杞研究文献涉及领域分析如图1–20所示，美洲在枸杞研究与利用领域中，药理评价、植物科学的文献居多，分别有171篇和140篇，其次是生物学、农业、食品科学技术、营养学等多个领域。历年美洲对枸杞研究文献统计如图1–21所示，且以2001年以来的报道居多，整体而言，具有可持续性。

按照作者发表数量多少分布（前25名）如图1–22所示，其中有9名为华裔。这表明，除华人外，其他种族的科研工作者对枸杞也具有较大的兴趣。来自美国的Amagase H对枸杞的研究文献高达56篇，居于首位。Handel R和Nance DM次之。进一步表明，美洲特别是美国对枸杞开发利用的连续性。

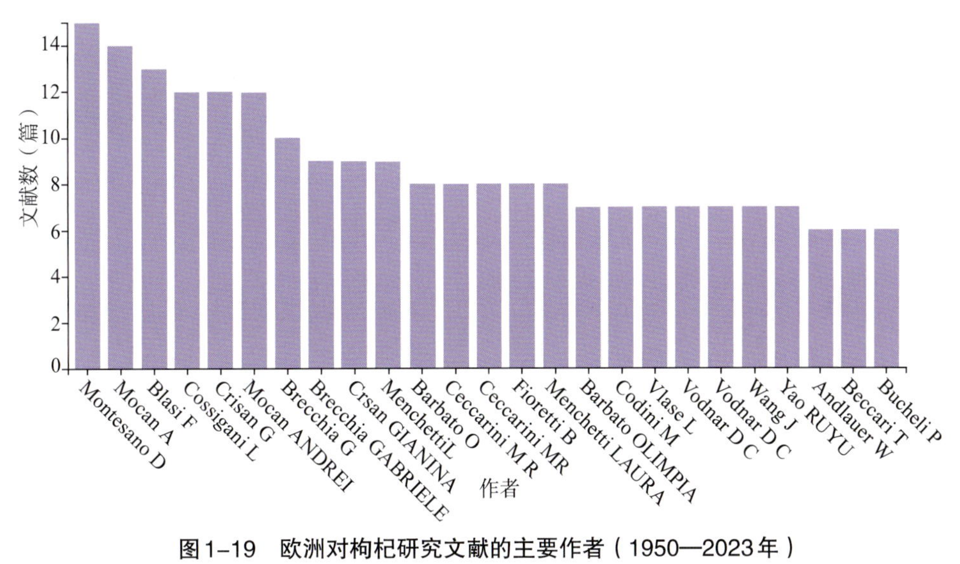

图1–19　欧洲对枸杞研究文献的主要作者（1950—2023年）

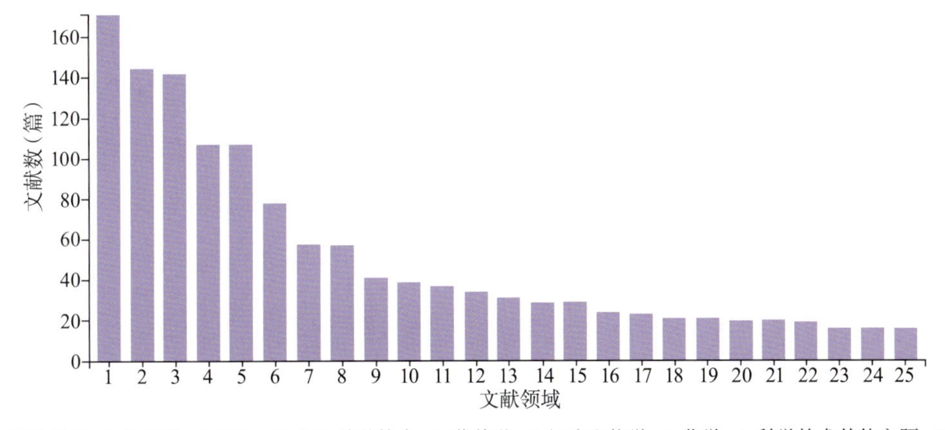

1.药理评价；2.植物科学；3.生物学；4.农业；5.食品科学技术；6.营养学；7.细胞生物学；8.化学；9.科学技术其他主题；10.内分泌代谢；11.遗传学；12.生命科学；13.免疫学；14.肿瘤；15.病理学；16.综合补充医学；17.肠胃肝脏科；18.生理；19.环境科学；20.渔业；21.毒理学；22.一般内科；23.卫生保健科学服务；24.血液学；25.传染性疾病。

图1–20　美洲对枸杞研究文献的主要领域分布（1950—2023年）

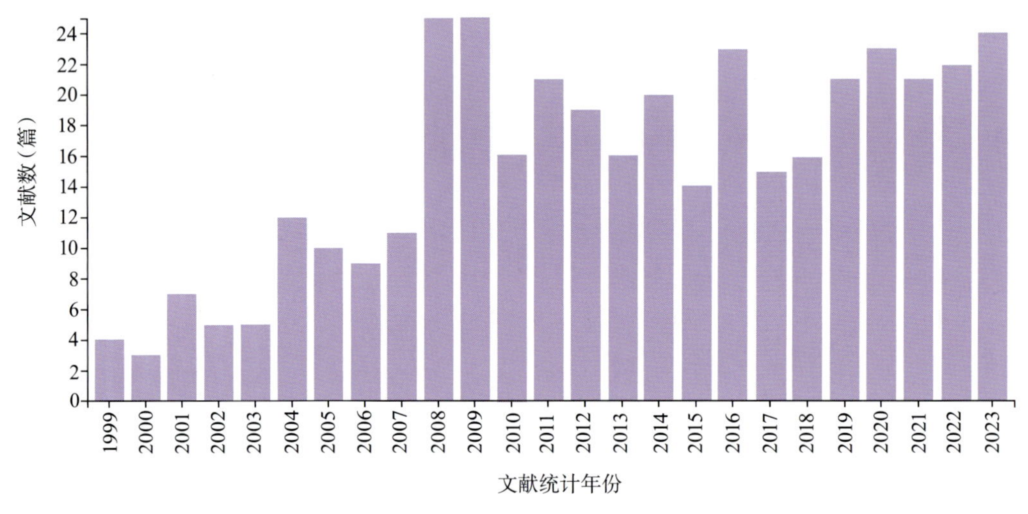

图1-21　历年美洲对枸杞研究文献统计（1999—2023年）

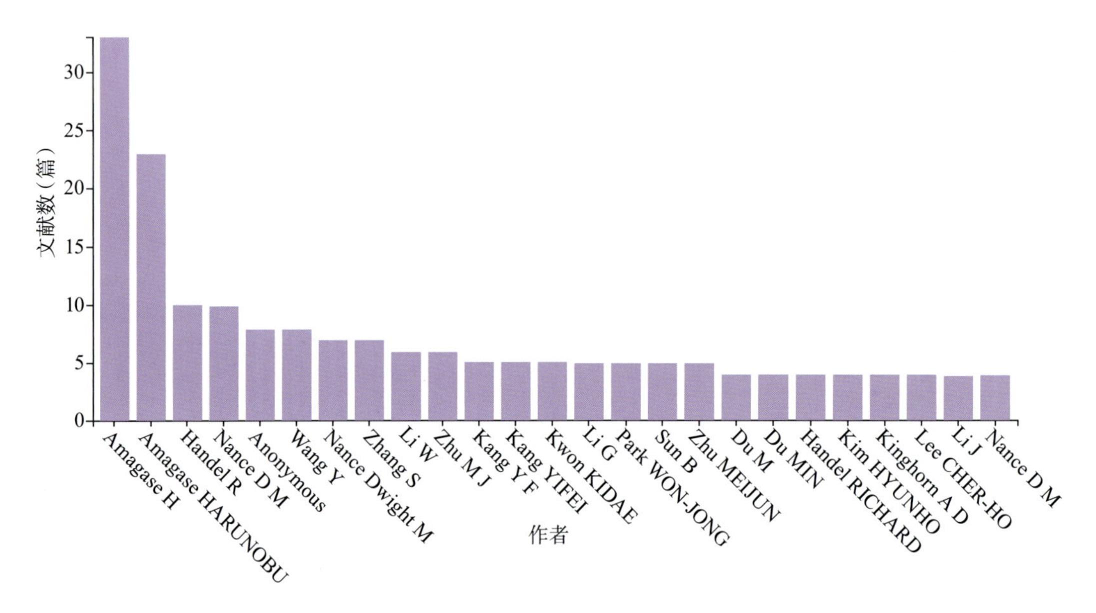

图1-22　美洲对枸杞研究文献的主要作者（1950—2023年）

美洲对枸杞的研究项目资助机构多达100个（图1-23），其中以巴西的综合设施协调中心、巴西国家科学技术委员会最多，分别为15和14篇，其次是美国国立卫生研究院、美国人类卫生服务部，均为7篇。

在美洲，枸杞的大规模种植主要在北美洲的Ontario和California。且通过无性繁殖方式，在苗圃行业有中国的‘宁杞1号’及本土品种Sweet Lifeberry® 和Big Lifeberry® 的生产销售。互联网研究枸杞种植发现，小规模种植者和家庭庄园式的枸杞种植遍布美国，但缺乏有效的栽培技术。美洲西部的怀俄明州进行的枸杞生产试验表明，枸杞在美国农业部3b区具有耐寒性，萌芽发生在3～5月，7～11月开花和结果，能够经受住每日温度的大幅波动，并且与葡萄等浆果作物相比，其生产季节更长。此外，除功效作用的报道外，在制干、作为食品添加剂或辅料的应用研究等方面较多，另有少量的关于枸杞分子生物学的报道。

因此，基于当代文献分析结果可知，中国是枸杞研发利用最多的国家。在中国，宁夏各科研院所及高校对枸杞开发利用研究最多，科技资助

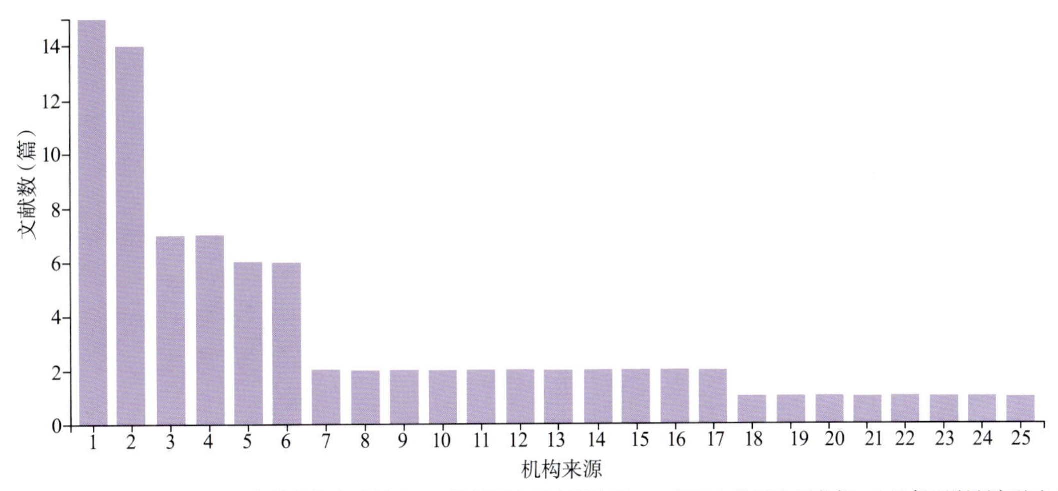

1.巴西综合设施协调中心；2.巴西国家科学技术委员会；3.美国国立卫生研究院；4.美国人类卫生服务部；5.圣保罗洲研究基金会；6.美国农业部；7.巴西国家科学技术委员会；8.巴西综合设施协调中心；9.自由生活报；10.国际自由生活协会；11.圣保罗佩斯普宪法保障基金会；12.加拿大自然科学与工程研究委员会；13.中国台湾科技部；14.美国国家癌症研究所；15.美国国家研究资源中心；16.美国农业部农业研究局；17.美国农业部国家食品和农业研究所；18.艾伯塔省创新机构；19.美国医药教育基金会；20.美国安利公司；21.哥伦比亚波哥大；22.巴西南里奥格兰德洲保护研究基金会；23.加利福尼亚州立大学；24.加拿大研究机构；25.加拿大卫生研究所。

图1-23　美洲对枸杞研究文献的主要机构（1950—2023年）

力度最大。其次是甘肃、青海、内蒙古、新疆、河北等枸杞的产区的科研院所。此外，东南部发达地区的部分科研院所近年来对枸杞的研发力度也有增加趋势。在枸杞加工方面，中国对枸杞多糖、枸杞汁、枸杞酒研发利用最多。

在亚洲，除中国外，韩国和日本是研发利用枸杞最多的国家，韩国是继中国之后对枸杞进行利用栽培较早、较多的亚洲国家。日本在枸杞深加工特别是功效成分挖掘方面的研究具有更多的创新性，也有较多的国家间合作研究。日韩两国更多地使用“*Lycium chinense*”表述，或许可以认为在韩国及日本更多地栽培中华枸杞种及其变种。

欧洲和美洲也有较多的枸杞栽培利用，且对枸杞的研究领域较广，特别是欧洲的意大利、土耳其等国家对枸杞的种植与应用研究呈递增趋势。欧美地区，更多地使用“Goji”或“*Lycium barbarum*”表述，或许可以认为在欧洲或美洲更多地栽培宁夏枸杞种及其变种。

第五节　枸杞在中国的产业发展现状

中国是世界枸杞的主要栽培利用国家。因兼具生态效益和经济效益等优势，在一定阶段，一些地方政府将枸杞产业确定为农民增收致富的“朝阳产业”和“支柱产业”。2003年，宁夏将枸杞产业规划为本区的战略性主导产业，加以大力发展。宁夏枸杞产业的成功发展与技术示范，也带动了甘肃、青海、新疆、内蒙古及西藏等西部地区发展枸杞产业。在中国，枸杞种植形成了以西部种植区为主，东北、华北及华中部分地区零星种植的格局，主要产区分布在宁夏、甘肃、青海、新疆及内蒙古等地。2011年，枸杞种植产量大于500 t的地区有10个。2015—2017年，在中国有枸杞产量统计的、连续种植的地区至少有14个，主要包括宁夏、青海、甘肃、新疆、内蒙古、河北等地。据不完全统计，2020年，中国枸杞种植面积近14.7万hm^2，干果总产量36.59万t。作为道地产区的宁夏的枸杞产业发展，对中国枸杞产业的发展具有深刻影响。

本节主要阐述中国枸杞产业发展，包括枸杞产业的规模、产区特点、价格与消费、主要产品、品牌与进出口贸易等发展与展望。

一、中国枸杞产业发展

（一）整体趋势

在20世纪50年代以前漫长的历史中，中国枸杞虽有种植，但作为地方重要特色优势产业发展，却始于距今50多年前。1961年，宁夏中宁县被国务院确定为全国唯一枸杞中药材生产基地县。此后，枸杞在宁夏多次被扩大种植，但因为缺乏优良的品种苗木，总产量未能实现大的提升。20世纪80年代以来，以'宁杞1号'新品种的育成推广为契机，宁夏枸杞总产量迅速跃升。中国枸杞产业经历了"野生—野生苗人工栽植—新品种育成—宁夏推广面积增长—加工技术进步—宁夏周边地区推广面积增长—加工技术配套—中国种植面积增长—新品种再育成—推广面积再增长—加工产品升级"的发展模式，生产规模逐步扩大。

特别是进入21世纪后，随着品种、栽培与加工技术的进步及其对产业支撑能力的提升，中国枸杞产业规模快速增长。2007—2017年，中国枸杞干果产量连续保持了正增长，产量规模从2007年的9.74万t增长到2017年的41.06万t，增长了4.2倍，年均增长15.7%；增幅较大的年份是2011年和2015年，分别增长了27.53%和27.71%；增幅较小的年份是2012和2014年，分别增长了7.54%和3.73%；2018年受不良气候条件等因素影响，产量较上年下降了11.9%，2019年和2020年又恢复了正增长，分别增长7.5%和5.0%（图1-24）。

2007年，中国枸杞主产区宁夏的枸杞产量占全国总产的58%以上，达5.71万t。随着甘肃、青海及新疆等地产业结构调整，其枸杞产量迅速增长，到2017年，中国枸杞主产区已形成宁夏、甘肃、青海、新疆4地并行格局，宁夏总产量为10.85万t，占中国总产量26.4%；甘肃为10.58万t，占25.8%；青海为9.5万t，占23.1%；新疆为6.66万t，占21.5%。

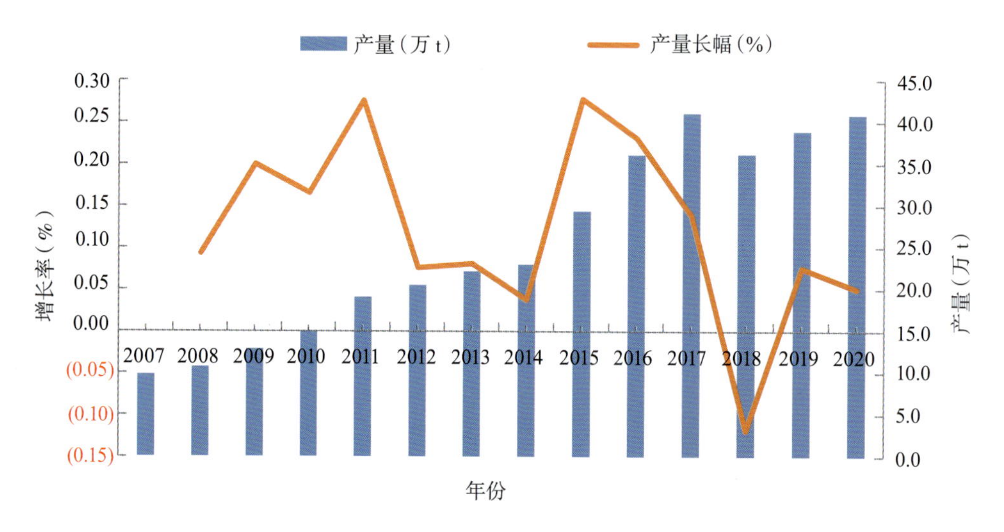

图1-24　2007—2020年中国枸杞总产量规模
（数据来源：《中国林业统计年鉴》及调查数据。）

（二）宁夏枸杞产业发展

1. 产量规模

宁夏枸杞产业的发展经历了漫长的过程。在1952年，宁夏枸杞产量仅为141 t，1980年增加到418 t，1986年达853 t。

随着首个枸杞新品种‘宁杞1号’的育成与推广，以及枸杞栽培与加工技术的不断进步，特别是枸杞种植面积和单位面积产量的增加，枸杞产量才逐步实现了数量级的增长。1987年，宁夏枸杞产量达到了1098 t；1996年，增加到1155 t；2001年以后，产量突破了万吨级的跃增。2011—2020年，宁夏枸杞产量从8.3万t增长到了9.8万t，增长了18%，年平均增长3.1%（图1-25）。

2. 面积规模

枸杞在宁夏的种植范围比较广泛，从北部的惠农区到银川平原，从中部的中宁县到南部的原州区，22个县区都有分布。2016—2020年，枸杞种植面积保持在3万hm^2左右，2018年宁夏全区枸杞保有面积为3.18万hm^2，比2007年的2.33万hm^2增加了1.4倍，年均增长3%。

二、主要产区

（一）宁夏产区

随着枸杞资源价值的不断挖掘，宁夏先后成立了许多从事枸杞生产经营与产品开发的企业。一些企业建立了规模化种植基地。继“百瑞源”“早康”和“沃福百瑞”等企业自建高标准生产基地之后，2010年，在中宁启动建设了占地40 hm^2的枸杞加工城，其中引进了区内外枸杞深加工企业入园建厂，并组建了中宁枸杞产业集团。到2018年，宁夏从事枸杞加工、营销的企业有278家；2019年，宁夏有国家级产业化龙头企业6家，有宁夏龙头企业30家；同时发展的还有枸杞农民专业合作社、枸杞种植家庭农场，以及社会服务组织等经营主体。“龙头企业+合作社+基地+品牌”的产业模式，带动了枸杞绿色生产与加工能力提升，也促进了枸杞产业的规模化发展。

2018年，宁夏枸杞种植面积3.18万hm^2，总产量9.77万t，总出口额2.1亿元。种植区域主要集中在中宁县、西夏区、惠农区、平罗县、海原

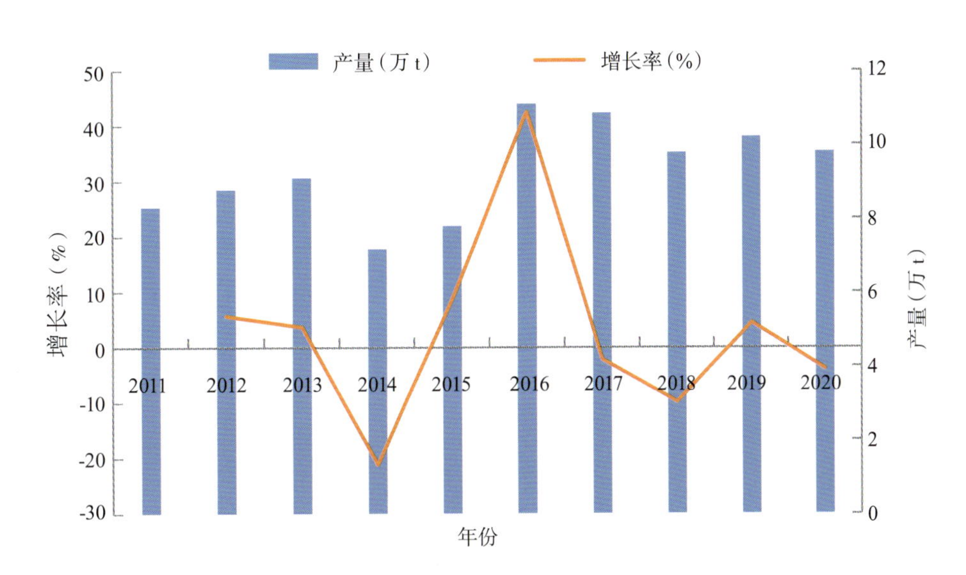

图1-25　2007—2020年宁夏枸杞产业规模发展情况
（数据来源：《中国林业统计年鉴》及宁夏统计数据。）

县、原州区、同心县等，形成了以中宁为核心，清水河流域和银川北部为两带的“一核、两带、十产区”的产业发展格局。

地处宁夏中部的中卫市中宁县是中国枸杞的正宗原产地之一，享有“天下黄河富宁夏，中宁枸杞甲天下”的美誉，1995年被国务院命名为“中国枸杞之乡”，2000年又被命名为“中国特产之乡”，2009年“中宁枸杞”被国家工商行政管理总局评为中国驰名商标。2011年，“宁夏回族自治区中宁县枸杞基地”进入商务部“第一批国家外贸转型升级专业型示范基地名单”。“中宁枸杞”2017年被农业部批准为中国农产品地理标志产品；获“2017最受消费者喜爱的中国农产品区域公用品牌”和“2017中国百强农产品区域公用品牌”称号。2018年，中宁县入围第一批中国良好农业规范（GAP）认证示范县；以“规模经营、标准种植、节水灌溉、配方施肥、统防统、设施烘干”产业模式，建设标准化枸杞示范园区13个；通过院地（企）合作、枸杞创新研究院等创新平台，开发了枸杞糖肽等深加工产品。中宁枸杞甄品溯源监管服务系统投入运营，实现种植、加工、销售全产业链可追溯，以线上线下相结合的模式服务市场，产品供不应求。2017年，中宁县枸杞产业综合产值39.7亿元，实现品牌价值161.56亿元，位列全国农业区域品牌价值榜第四位。全县有机枸杞认证、GAP认证和出口质量安全示范区面积分别达165.5 hm^2、4066.7 hm^2和3000 hm^2。

（二）青海产区

青海在产业结构调整、经济发展及生态保护过程中，调整枸杞产业加快发展。在青海，枸杞种植主要分布在海西蒙古族藏族自治州（简称“海西州”）柴达木盆地、海南藏族自治州（简称“海南州”）共和县。2011年，青海枸杞面积为1.3万 hm^2，总产1.8万t；2014年面积增加到2.3万 hm^2；2018年面积为3.5万 hm^2，总产量由2014年的5.3万t，增加到2018年的8.6万t，增长1.6倍，干果产值近30亿元。

海西州自2008年以来，每年以0.2万～0.3万 hm^2 的规模推进枸杞产业。2015年，海西州枸杞产量达到5.8万t，枸杞产值占到了该州农牧业总产值的50.4%。2016年12月，原国家质量监督检验检疫总局（简称国家质检总局）批准对“柴达木枸杞”实施地理标志产品保护。到2017年年底，该州枸杞种植面积已达3万 hm^2。

（三）甘肃产区

在甘肃，枸杞种植主要分布在酒泉市瓜州县、白银市靖远县与景泰县、武威市民勤县和玉门市。

位于河西走廊的武威市民勤县，包括昌宁乡、蔡旗乡、重兴乡等18个乡镇，均有枸杞种植。截至2015年，民勤县累计发展枸杞面积0.68万 hm^2，干果总产量近1.5万t。2016年11月，原国家质检总局对“民勤枸杞”实施地理标志产品保护。酒泉市瓜州县以综合措施，推进枸杞产业规模化、产业化发展。2017年，瓜州县瓜州乡种植面积累达333 hm^2。到2019年，酒泉市枸杞面积达2.7万 hm^2，占甘肃全省枸杞种植面积的51.3%。

玉门市枸杞基地规模不断扩大，已形成“一体两翼”产业带，即花海镇片区为主体，下西号乡和柳河乡为两翼。由公司流转农户土地建园，通过新品种引进，推广安全生产等技术，促进枸杞规模经营。解决部分农村劳动力就地就业，增加农民收入。

白银市靖远县紧邻宁夏海原县。2018年5月，国家市场监督管理总局批准“靖远枸杞”为地理标志产品保护。2018年，靖远县枸杞种植乡镇14个，面积达1.6万 hm^2，年产干果3.23万t，产值为14.8亿元；建成枸杞加工龙头企业6家，加工产品有枸杞蜂蜜、枸杞茶等。景泰县西和村以“农业+文旅创意+新农村”的模式发展农业综合体，枸杞种植面积200 hm^2，占全村耕地总面积的60%以上。

（四）新疆产区

新疆枸杞种植面积近 1.78 万 hm^2，年产量近 4.95万t。其中，最大种植基地位于博州精河县，种植枸杞 0.91 万 hm^2，占全疆总面积的1/2，干果总产2.5万t，占全疆的51%。枸杞产值超5亿元，占当地农业总产值35%，在农民纯收入中，来自枸杞的收益为2016元，占18%。枸杞成为该县防沙固沙和农民增收的主导产业。2002年，'精河枸杞'获国家工商行政管理总局原产地证明商标保护。位于北疆片区的北屯市、阿勒泰地区的福海县、塔城地区的乌苏市、巴音郭楞蒙古自治州（简称"巴州"）的尉犁县、阿克苏市、阿拉尔市等地也进行枸杞种植。巴州是新疆枸杞产业发展重点区域之一，2017年，巴州种植面积5580 hm^2，实现产值2.14亿元。其中，尉犁县2019年种植枸杞2066 hm^2，产量近2000 t，产值约1.2亿元。

（五）其他产区

除上述四大产区之外，枸杞在内蒙古与河北也有较多种植，2016年，两地的产量分别约为1.52万t和1.44万t。在中国的河南、湖北、辽宁、吉林、重庆、贵州、陕西等地有小规模种植，年产量由高到低在299～100 t。

三、价格

（一）价格分析

影响枸杞市场价格的因素有很多。外部因素包括产地、品牌、品种、品相与粒级、加工与包装处理方式、销售渠道、当期产量、往期库存等。内部因素主要有生产成本、产地环境与内在品质等，如种植生产过程中投入的肥料与农药的品种和数量；机械作业方式与动力成本，人工和土地等种植生产成本；加工生产技术与设备设施投入的标准与方式；质量控制体系及品质检验标准等。此外，国际农产品价格、国际石油价格通过影响生产成本而间接影响枸杞的市场价格。

近年来，枸杞价格波动较大。分析各种渠道采集的枸杞价格数据，结果表明：2014年枸杞价格快速上涨，2015年达到历史最高点，2016年下半年以来连续下跌，2019年开始回升。如安国中药材市场，280粒宁夏枸杞子的价格，在2014年8～11月，涨到了80元/kg，农户扩种热情高涨，当年秋季增加种植，2017—2018年进入盛果期，产量提升，价格下跌。目前，业界普遍认识到，与其增加产量，不如提高品质更有利于枸杞的生产经营。因此，枸杞产业正进入了产品升级与产业转型发展的新时期。高品质枸杞生产需要较高成本投入的同时，也将带动枸杞消费层次的提升。

（二）宁夏枸杞本地市场的价格波动

分析宁夏农村经济态势调查数据，结果显示：2005—2016年，除2014年外枸杞价格总体保持了较为明显的上涨趋势，但2018年的平均价格降到最低值，2019年虽然有回升（图1-26），但尚未高于2016年的平均价格，与2015年的最高价相比还有相当差距。从流通市场的商品价格来看，优质品牌的高档枸杞，因生产与加工过程执行了较为严格的质量控制标准、实行有机种植或达到出口要求的470多项质检标准，售价一般在普通枸杞田头价格的10倍以上。

宁夏农村经济态势调查结果显示，在2005—2014年的10年内，宁夏未分级的枸杞田头批发价最高价出现在2014年的5月和6月，达到了55.66元/kg，比2005年20元/kg，增加了2.8倍。在2009—2018年的10年内，宁夏未分级的枸杞田头批发价在2018年比2009年降低了1.85元/kg，价格下降了5%，最低价与最高价之差达22.66元/kg。过低的市场价格致使枸杞生产主体出现亏损经营。2019年宁夏枸杞价格同比增长近10元/kg，但仍未高于生产盈亏平衡点的平均价格。

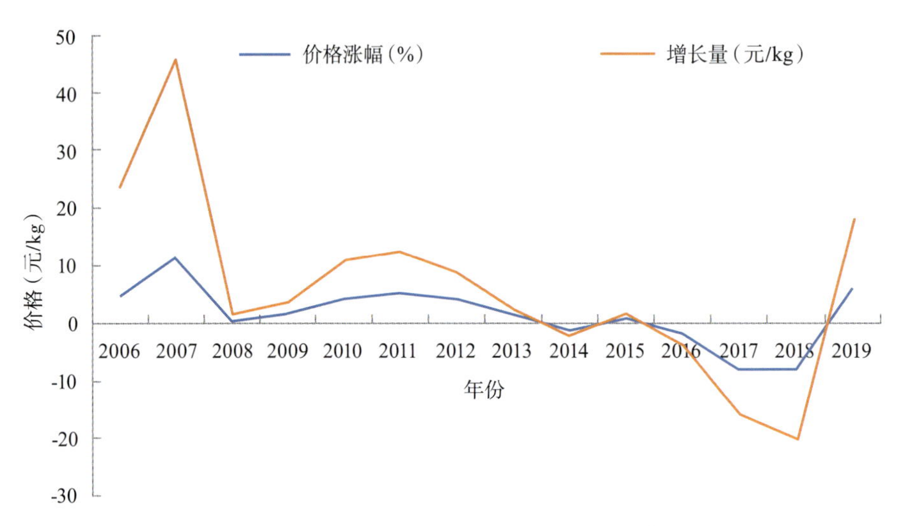

图1-26　2006—2019年宁夏枸杞价格增长情况

（数据来源：宁夏农村经济态势调查数据。）

（三）枸杞在中药材市场上的价格波动

根据采自安国中药材市场发布的产自中国各地的枸杞价格数据，2014年1月至2019年10月，该药市出售的280粒级宁夏枸杞的价格变化情况是：2014年到2015年11月，价格几乎是单向上涨；2015年12月到2017年4月，价格几乎是单向下跌；2017年5月到2019年5月，价格处于低价位波动的徘徊期，最低价位出现在2018年7～8月；2019年6月以来，价格波动加剧，反弹趋势明显。

从2019年的价格来看，宁夏280粒级枸杞，与2014年相比，月度下跌幅度在7～23元/kg，下跌幅度最小的月份在1～5月，每千克下降了7元；下跌幅度最大的月份出现在8月和9月，每千克下降了23元。与价格最高的2015年相比，月度下跌幅度在10～28元/kg，下跌幅度最大的还是在8月和9月，每千克下降了28元；下跌幅度最小的在7月和12月，每千克分别下降10元和14元；另外，除6月下降18元外，其他月份下跌幅度均在20元以上，如图1-27所示。

与图1-28变化趋势相近，2014—2019年，安

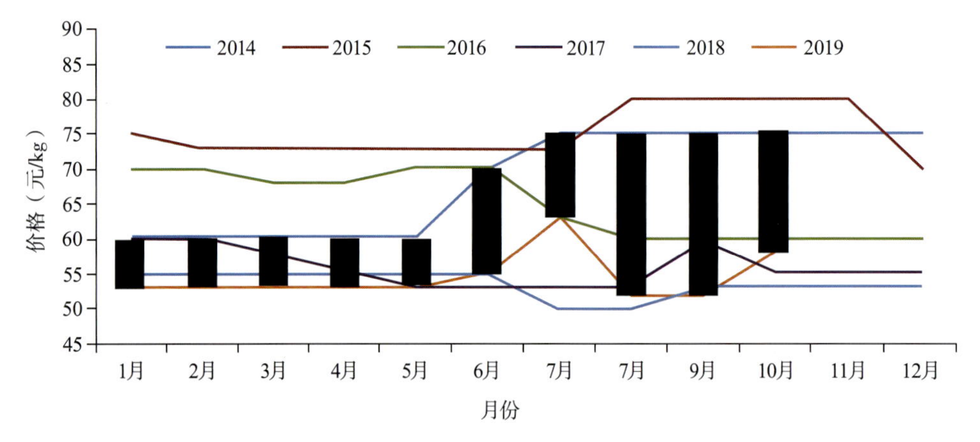

图1-27　2014—2019年安国药市280粒级宁夏枸杞逐月价格对比

（数据来源：《中药材天地网》。）

国药市的380粒级宁夏枸杞、新疆及河北枸杞的逐月价格变化也显示相似趋势，如图1-27。由图1-28可知：2019年，除河北枸杞外，宁夏280粒和380粒级枸杞与新疆枸杞的价格均低于2016年的价格水平。

四、主要产品、品牌与出口贸易

（一）主要产品与品牌

经过40年的发展，宁夏的枸杞加工企业经历了由数量增长到质量提升的过程。深加工产品种类不断增加。枸杞龙头企业的加工技术标准处于国内领先水平，系列产品出口欧美、日本及东南亚地区等。截至2018年12月，宁夏有枸杞加工企业209家，总产值32亿元。以沃福百瑞、全通、宁夏红、百瑞源、早康、中杞、杞泰等品牌龙头企业为引领，开发的枸杞加工产品达十多个系列百余个品种，除干果、籽油、果酒、果汁等饮品外，还开发了枸杞糖肽、酵素、枸杞红酒、枸杞鲜果原浆、枸杞+石榴等复合饮品与枸杞黄酮、枸杞类胡萝卜素等深加工产品。2019年，宁夏枸杞综合产值约180亿元。今后，高质量发展仍将是宁夏枸杞产业发展的主题。以市场需求为导向，生产适应不同消费需求的枸杞深加工产品，是技术创新进步的方向，也是宁夏枸杞品牌提升的需要。

宁夏枸杞凝聚了世世代代的创新成果，久负盛名。早在2001年，“中宁枸杞”取得国家工商行政管理总局商标局的证明商标注册。“宁夏枸杞”于2003年获中国地理标志产品保护；2009年被国家工商行政管理总局评为中国驰名商标、农业部“地理标志农产品”；获“2017最受消费者喜爱的中国农产品区域公用品牌”和“2017中国百强农产品区域公用品牌”称号，并且被中国农业部批准为中国农产品地理标志产品。在“2018中国区域农业品牌影响力排行榜”中，“宁夏枸杞”位居中国中药材类品牌榜首位。到2018年，宁夏获得绿色产品认证的枸杞制品达91个品种。

2014年，宁夏红枸杞产业集团有限公司生产的“宁夏红金色传奇枸杞干红2013”，获第六届亚洲葡萄酒质量大赛银奖。2016年12月，宁夏推进枸杞产业发展提升领导小组，分别授予宁夏百瑞源、宁夏红、早康、沃福百瑞、杞动力和福寿果等6个品牌为首批“宁夏枸杞知名品牌”。百瑞源标准化枸杞示范基地、宁夏杞泰农业科技有限公司枸杞基地、宁夏农林科学院枸杞研究所枸杞基地、宁夏源乡玺赞生态枸杞庄园和宁夏润德庄

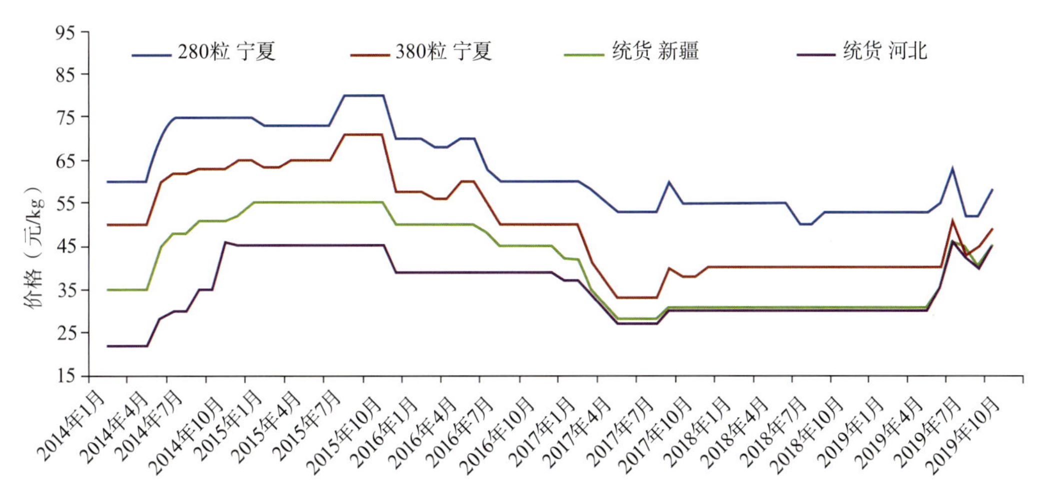

图1-28　2014—2019年安国中药材市场各粒级宁夏的与新疆及河北的枸杞价格
（数据来源：《中药材天地网》。）

园等6个基地为首批“宁夏枸杞优质基地”。2016年，在河南驻马店举办的第十九届中国农产品加工业投资贸易洽谈会上，宁夏源乡枸杞产业发展有限公司的“玺赞”枸杞以生态绿色、庄园量产、环保节能等优势，被评为中国农产品“金质产品奖”。在第十一届中国国际商标品牌节——2019中华品牌商标博览会上，“沃福百瑞”获2019中华品牌商标博览会金奖。

（二）枸杞出口贸易

1. 宁夏出口情况

宁夏枸杞在1990年后，形成稳定外贸出口。出口增长最快的年份是2013年。2015年，区内有枸杞出口企业31家，其中，出口量超过500万元的企业有：宁夏沃福百瑞生物食品工程有限公司、宁夏乐杞生物科技发展有限公司、宁夏顺元堂汉方生物科技有限公司、宁夏博瑞源贸易有限公司等。2016年以后，随着出口贸易市场多元化发展，由宁夏海关出口的枸杞的数量和金额出现了徘徊状况（图1-29）。

2019年1～5月，宁夏枸杞出口量1712 t，出口货值达9179万元，同比分别增长35.9%、26.5%。其中，出口美国货值为2508万元、增长57.4%；出口欧盟4224万元，增长42.2%，占同期出口总值的46%。东盟及“一带一路”沿线国家等新兴市场也有来自宁夏的枸杞贸易。出口的枸杞深加工产品包括：枸杞提取物、枸杞籽油、枸杞汁、枸杞粉等。

2. 中国出口情况

在2008—2017年，中国枸杞出口总量与总值，分别为 8.2万t和7亿美元。通过产地或转口贸易地的31个省（自治区、直辖市），经35个海关口岸，出口到全球105个国家和地区。亚洲和欧美为主要出口地区。输出产品的主要地区是宁夏，天津海关是最大输出口岸。10年间，枸杞进口量不及出口量的3%，主要由朝鲜经吉林长春海关进口到国内市场，存在国货复进口情况。

随着供给侧结构性改革的深入，枸杞产业进一步向品牌化高质量方向发展，枸杞干果品质与深加工产品档次不断提升。同时，伴随中国大健康产业的兴起，枸杞的保健功效不断被各地研究者挖掘和发现，并被推广到国内外相关市场，枸杞进一步受到了各类消费者的青睐，中国市场消费量不断增加，同时，出口贸易更加活跃。

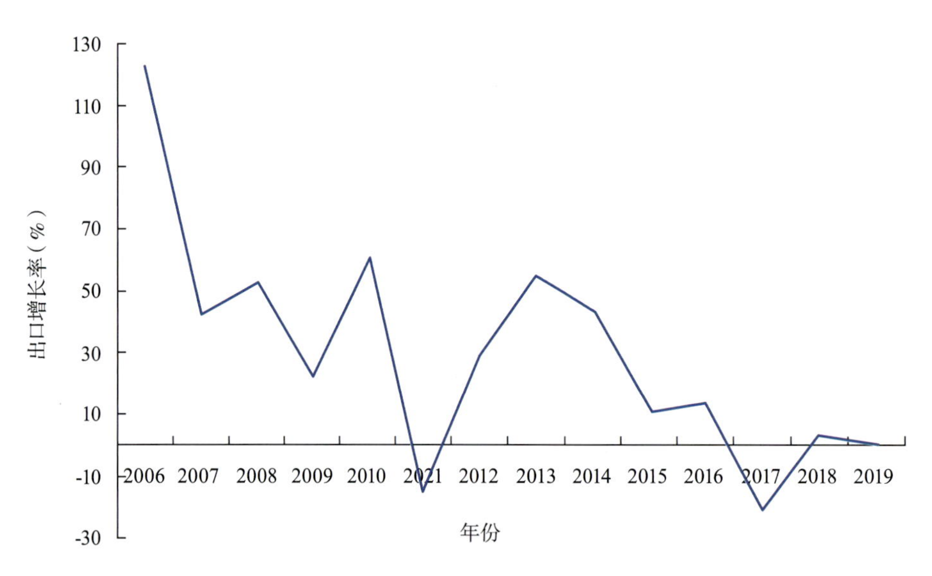

图1-29　2006—2018年宁夏枸杞出口增长率变化
（数据来源：宁夏海关调查数据。）

2020年，中国枸杞出口总量达到1.28万t，为历史新高。在2016—2020年，枸杞出口市场虽有波动（图1-30），但总体稳定，5年平均出口量为1.2万t/年，与上一个5年相比，年平均增加4000 t，国际市场对枸杞的需求量呈明显上升趋势。

五、生产经营中存在的主要问题及原因

（一）天然属性导致产量稳定性差

枸杞在无性繁殖情况下，虽然有的植株当年即可结果，但产量很低，前两年均不能形成有效产量，第三年的产量收益亦不足成本投入，第四年以后产量提升，但能否取得收益还要取决于市场价格及当年产量等诸多因素。以银川市枸杞生产为例，1999—2017年，宁夏银川市进入结果期枸杞的面积占总种植面积的比例平均为81%，最低的2014年占比仅为53%，如图1-31所示。同时，由于各地枸杞不同树龄组合结构的随机性，增加了枸杞产量年际间的波动性。1999—2017年，银川市枸杞总产量增加变化幅度如图1-32。

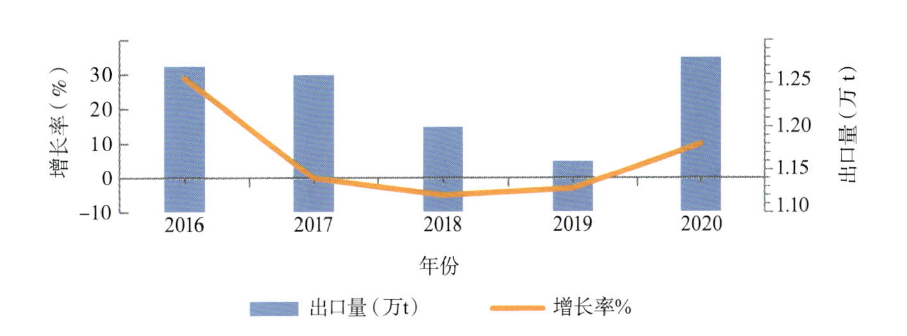

图1-30　2016—2020年中国枸杞出口情况
（数据来源：中国海关调查数据。）

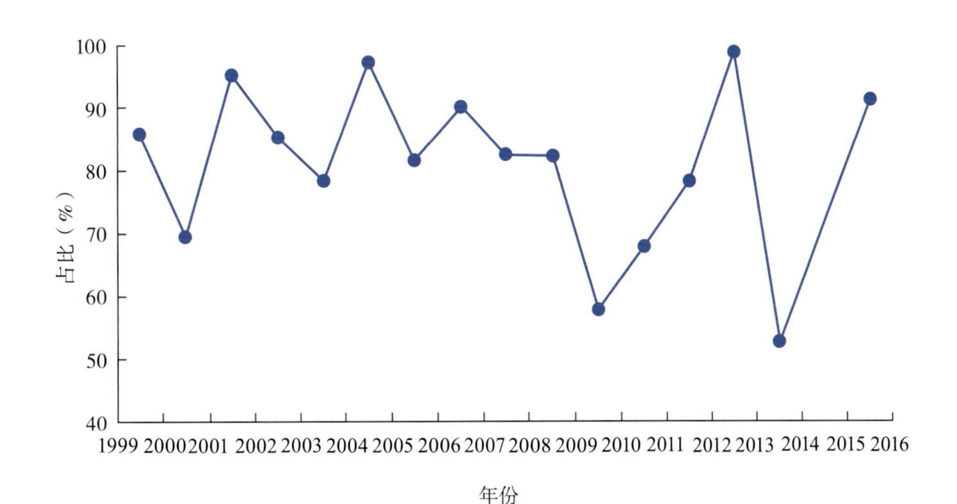

图1-31　1999—2016年银川市结果枸杞面积占总种植面积比例
（数据来源：2000—2018年《银川统计年鉴》。）

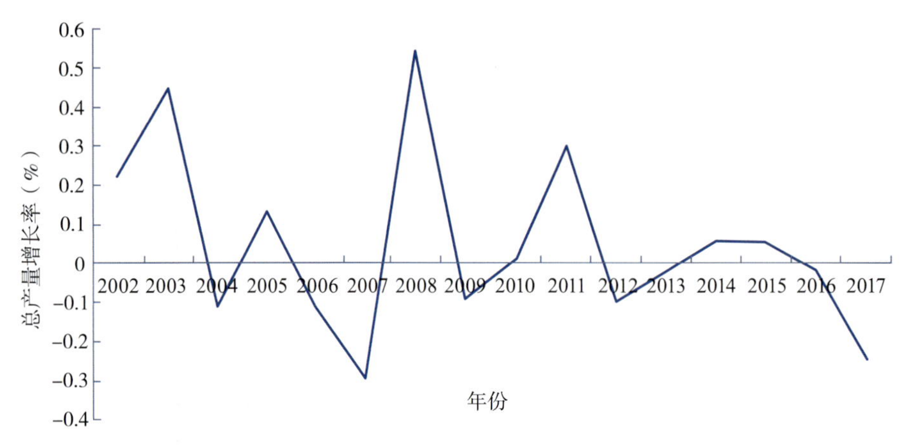

图1–32　2001—2017年银川市枸杞总产量年增长率

（数据来源：2002—2018年《银川统计年鉴》。）

（二）自然灾害影响产业稳定性

枸杞生产容易受到气温、降水与病虫鸟害等发生情况的影响。首先，随着枸杞种植面积扩大、树龄增加及品质口感的改善，病虫害种类增多，加大了枸杞绿色生产的成本。其次，鸟害、暴雨或冰雹等灾害造成产量损失，有的年份高达50%。

（三）新型枸杞生产经营主体难以实现正常营收，生产积极性减低

作为劳动密集型产业，枸杞生产管理过程中需要大量的人工劳动力，如修剪、除草、植保及采摘、分拣等。特别是采摘期，需要大量人工投入，随着人力成本的不断提升，在盛果期枸杞园，枸杞采摘成本占生产总成本的50%以上。如果枸杞市场价格不振，枸杞生产经营主体难以实现盈利，影响其生产积极性。

（四）产地品牌竞争激烈

因枸杞干果品质极易受气候与生产加工等条件的影响，其生产、加工和储存环境选择性强，形成了道地产区与非道地产区的品质差异。一般道地产区与非道地产区的中药材在价格上有成倍的差异。宁夏作为药材枸杞产区已形成了道地枸杞的品牌效应，市场认可度高，在市场上销路好、价格高，因此，市场上难免会有假冒宁夏枸杞的现象。但随着各地枸杞品牌化建设水平的提升，以及市场监管数字化技术手段的应用，枸杞市场秩序将日趋好转。

六、产业发展展望

（一）消费情况

伴随市场需求的增加，枸杞产量不断增加，市场消费量稳定增加。增长最快的阶段是2014—2017年，枸杞消费量从21.7万t增加到39.8万t，增长183%，2018年比上年减少了9%，2019年后保持正增长，产销基本平衡（图1–33）。在2019年“双十一”，宁夏知名品牌“百瑞源”中、高端品质枸杞10个小时的销售额，均已超过去年同日。宁夏“沃福百瑞”的鲜枸杞原浆等深加工产品也受到消费者追捧。

随着枸杞深加工技术与产品的不断开发、伴随人们整体消费水平和对健康养生重视程度的提升，枸杞消费市场依然看好。主要表现在以下几方面：一是枸杞深加工能力提升，原料需求量随之增大。二是枸杞作为著名滋补类中药材，其独特性味及功效受到人们喜爱，在医药市场的消费依然稳定。三是枸杞的各种养生保健产品及食品

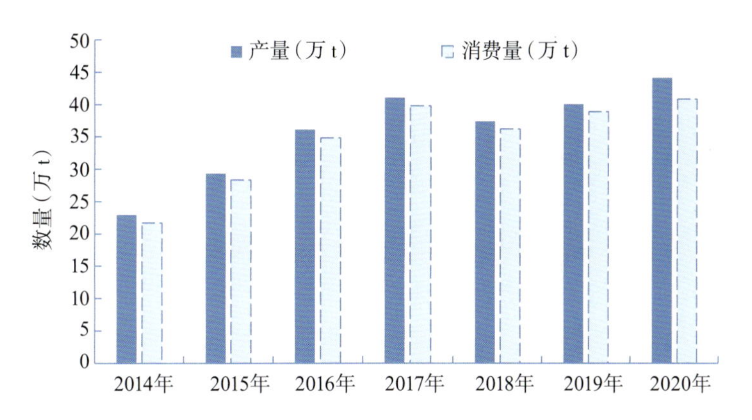

图1-33　2014—2020年中国枸杞产量与消费量变化

（数据来源：《中国林业统计年鉴》与调查数据。）

的消费市场不断扩大，在药品、保健品、食品、饮品、调味品等加工领域，其消费量将保持增长。近5年来，宁夏枸杞深加工率增长了近5个百分点。四是随着药膳餐饮的开发，枸杞干果及枸杞粉需求增加，枸杞在餐饮市场上的消费空间将进一步扩大。五是作为日化产品，如洗发护发产品及面膜、面霜等生产原料的消费亦将有增加趋势。

（二）产地与规模

果实用枸杞具有既喜水又怕水的特性。生育期如果缺水将影响植株与果实的正常生长发育，成熟期如果雨水过多易造成裂果和霉变。因此，枸杞对产地有着很强的选择性。

在原产地宁夏，由于干旱少雨、昼夜温差大、引（扬）黄灌溉条件又能及时满足枸杞生长对水分的需要，不但满足了高品质枸杞生产的环境条件，而且干燥凉爽的气候也特别适合枸杞的加工生产及其贮存和运输。所以，从近期来看，宁夏以药用为主的枸杞种植将继续保持适度规模。在降水偏多的地方，可发展一定规模的鲜食枸杞及菜用枸杞等。在降水少于300 mm且无灌溉条件的地方，枸杞宜作为生态产业发展。

从长远来看，由于育种技术、设施控制栽培技术的突破和自然气候的变化，以及不同专用品种的育成推广，改变枸杞分布格局、扩展枸杞种植范围将成为可能。但受到土地规模和人工劳动力等限制，加上大面积单一种植的风险，枸杞种植规模大幅度增加的概率较小。

（三）产量与价格

影响枸杞产量的因素较多，如种植模式、品种及其纯度；生育期降水数量和时间、修剪技术、水肥管理水平；成熟期采收的及时性与损伤程度；制干加工方式及全生育期有害生物侵害程度等。

自20世纪80年代以来，枸杞产量不断增加。在2014—2018年，中国枸杞产量从22.96万t，增加到2018年的45.1万t，5年增长近2倍。虽然枸杞单产稳定性不高，年际之间产量波动，但总产量持续保持了增长趋势。随着枸杞产品供给侧结构性调整及枸杞产业高质量发展的驱动，中国枸杞产量将保持相对稳定的小幅增长态势。

（四）不确定因素

1.气候变化的不确定性

枸杞大多为露地种植，受气候等自然条件影响较大。枸杞增产需要充足的水分保障，但在采果期6～9月，不需要过多水分。枸杞产区雨季一般在7～9月，如果降水过多会导致果实不能及时采收而胀裂、落果等。生育期如果遭遇低温天气或持续干旱，会导致生长发育不良、花芽分化不充分、果实发育迟缓膨大受阻、新陈代谢缓慢、干物质和糖分积累受影响，不但影响产量，也影响品质和品相。冬季温暖则容易加重病虫害的发生等。这些都造成了枸杞生产的不确定性。

2. 国内枸杞生产与供给的不确定性

在枸杞的产业体系中，由于各产区的生产主体、加工主体、市场主体以及消费主体的多元性、分散性与复杂性，各地枸杞的流通渠道与市场模式即表现出多种多样、难以测度等特点，也形成了供给与市场的不确定性。

3. 国际贸易环境的不确定性

21世纪初，宁夏枸杞外销市场主要在马来西亚、新加坡、日本和香港等，在其他国家的市场表现为时进时退，缺乏稳定性。主要原因：一是有些国家和地区对于枸杞的用途及作用了解不够。二是绿色贸易壁垒，降低了中国枸杞出口的稳定性。三是相对于国内市场，枸杞出口的价格低，降低了生产者与经销商的积极性。2014年，宁夏枸杞产品的出口量整体处于上涨趋势，当年出口量价都创出了历史新高。其中，对美国的枸杞出口量为109 t，同比增长25.98%，出口价格14.94美元/kg，同比上涨4.85%，出口额1629.60万美元，同比增长32.09%。进入2019年以来，出口美欧的优质枸杞制品增加，美国成为宁夏枸杞最大出口国，仅1～5月的出口货值达2508万元，同比增长了57.4%。欧美和中亚等新兴市场的消费需求也在增加。

虽然，枸杞国际贸易市场存在着波动和不确定性，但总体上表现为增长趋势。2020年初，新型冠状病毒肺炎在世界范围流行至广，在导致全球经济衰退的同时，也强化了人们要提高自身免疫力的意识，对枸杞产业而言，既是挑战，也是机遇。

参考文献

曹有龙，何军. 枸杞栽培学[M]. 北京：阳光出版社，2016.

陈洋，工商行政管理 注册商标专用权保护. 宁夏年鉴，北京：方志出版社，2018.

甘肃日报. “靖远枸杞”成为地理标志证明商标[N/OL]. 人民日报，2018-05-14[2023-03-26]. https://baijiahao.baidu.com/s?id=1600416904680634858&wfr=spider&for=pc

郭洁. 中宁年鉴[M]. 银川：黄河出版传媒集团宁夏人民出版社，2017: 204.

国家林业局. 中国林业统计年鉴[M]. 北京：中国林业出版社，2017.

国家林业局. 中国林业统计年鉴[M]. 北京：中国林业出版社，2012.

国家林业局. 中国林业统计年鉴[M]. 北京：中国林业出版社，2008.

国家林业局. 中国林业统计年鉴[M]. 北京：中国林业出版社，2016.

海西要闻. 柴达木枸杞产业带动农牧民增收致富[EB/OL]. (2017-11-18)[2023-8-9]. https: //www. sohu. com/a/205157270_100017691.

胡冬梅. 宁夏枸杞出口货值2019年前五月位居中国第一[EB/OL]. (2019-06-21)[2023-9-10]. https://baijiahao.baidu.com/s?id=1636954595206012801&wfr=spider&for=pc

刘艳楠，魏秀红，李晓娟，等. 酒泉市枸杞有害生物绿色防治技术[J]. 防护林科技，2019(10): 90.

宁夏回族自治区林业和草原局，国家林业和草原局发展研究中心. 中国枸杞产业蓝皮书：中国现代枸杞产业高质量发展报告2022[M]. 银川宁夏人民出版社，2022. 6.

宁夏回族自治区统计局. 宁夏统计年鉴[M]. 北京：中国统计出版社，1988.

宁夏回族自治区统计局. 宁夏统计年鉴[M]. 北京：中国统计出版社，2097.

钱丹等. 我国枸杞的国际贸易情况及问题分析[J]. 中国中药杂志，2019, 44(13): 2882.

青海日报. “柴达木枸杞”通过国家地理标志产品保护申请技术审查[N/OL]. 中国政府网，2016-12-24[2023-5-24]. https://www.gov.cn/xinwen/2016-12/24/content_5152432.htm

青海省统计局，国家统计局青海调查总队. 青海统计年鉴2014年[M]. 北京：中国统计出版社，2014.

青海省统计局，国家统计局青海调查总队. 青海统计年鉴2019年[M]. 北京：中国统计出版社，2019.

温美佳. 基于气候特征的不同产地枸杞品质及生态适宜性区划研究[D]. 太原：山西大学，2013.

吴兴鑫. 酒泉市瓜州县瓜州乡：又到枸杞收获时[N/OL]. 中国甘肃网－酒泉日报，(17-8-7)[2022-3-28]. http://gansu.gscn.com.cn/system/2017/08/07/011774726.shtml

杨新才. 枸杞栽培历史与栽培技术演进[J]. 古今农业，2006, 03: 49-54.

赵英，殷传杰. 新疆枸杞产业发展的意见和建议[J]. 新疆林业，

2014(04): 28.

中国绿色时报．宁夏中宁县枸杞产业向现代农业进军[EB/OL].(2008-7-15) [2023-7-20]. http: //www. forestry. gov. cn/

中宁枸杞有了证明商标[N/OL]. 光明日报, 2001-4-10 [2023-8-20]. https://www.gmw.cn/01gmrb/2001-08/29/07-B6D7F8F43FC0B85A48256AB7000076D8.htm

朱宁霞. 中宁县枸杞产业[J]. 中卫年鉴, 2018: 81-82.

ANDONI E, CURONE G, AGRADI S, et al. Effect of Goji Berry (Lycium barbarum) Supplementation on Reproductive Performance of Rabbit Does [J]. Animals, 2021, 11(6): 1672.

AYVAZ C N. A multiple criteria decision analysis for agricultural planning of new crop alternatives in Turkey [J]. Journal of Intelligent & Fuzzy Systems, 2021, 40: 10737-10749.

BAE S M, KIM J E, BAE E Y, et al. Anti-inflammatory effects of fruit and leaf extracts of Lycium barbarum in lipopolysaccharide-stimulated RAW264. 7 cells and animal model [J]. Journal of Nutrition and Health, 2019, 52: 129-138.

CAO Y L, LI Y L, FAN Y F, et al. Wolfberry genomes and the evolution of Lycium (Solanaceae) [J]. Communications biology, 2021, 4(1): 671.

CARIDDI C, MINCUZZI A, SCHENA L, et al. First report of collar and root rot caused by Phytophthora nicotianae on Lycium barbarum. Journal of Plant Pathology, 2018, 100: 361-361.

CASTRICA M, MENCHETTI L, BALZARETTI C M, et al. Impact of Dietary Supplementation with Goji Berries (Lycium barbarum) on Microbiological Quality, Physico-Chemical, and Sensory Characteristics of Rabbit Meat [J]. Foods, 2020, 9(10): 1480.

CHANG B Y, BAE J H, KIM D E, et al. Evaluation of Clinical Usefulness of Herbal Mixture HO-Series for Improving Hangover [J]. Korean Journal of Pharmacognosy, 2020, 51: 278-290.

CHO G, PARK H M, JUNG W M, et al. Identification of candidate medicinal herbs for skincare via data mining of the classic Donguibogam text on Korean medicine [J]. Integrative Medicine Research , 2020, 9(4): 100436.

CHOI E H, CHUN Y S, KIM J, et al. Modulating lipid and glucose metabolism by glycosylated kaempferol rich roasted leaves of Lycium chinense via upregulating adiponectin and AMPK activation in obese mice-induced type 2 diabetes [J]. Journal of Functional Foods, 2020, 72: 104072.

CHOI J G, KHAN Z, HONG S M, et al. The Mixture of Gotu Kola, Cnidium Fruit, and Goji Berry Enhances Memory Functions by Inducing Nerve-Growth-Factor-Mediated Actions Both In Vitro and In Vivo [J]. Nutrients, 2020, 12(5): 1372.

CHUNG I M, ALI M, KIM E H, et al. New tetraterpene glycosides from the fruits of Lycium chinense [J]. Journal ofAsian Natural Products Research, 2013, 15: 136-144.

DAMATO A, ESTEVE C, FASOLI E, et al. Proteomic analysis of Lycium barbarum (Goji) fruit via combinatorial peptide ligand libraries [J]. Electrophoresis, 2013, 34: 1729-1736.

DONNO D, MELLANO M G, RAIMONDO E, et al. Influence of applied drying methods on phytochemical composition in fresh and dried goji fruits by HPLC fingerprint [J]. European Food Research and Technology, 2016, 242: 1961-1974.

FORINO M, TARTAGLIONE L, DELLA C, et al. NMR-based identification of the phenolic profile of fruits of Lycium barbarum (goji berries). Isolation and structural determination of a novel N-feruloyl tyramine dimer as the most abundant antioxidant polyphenol of goji berries [J]. Food Chemistry, 2016, 194: 1254-1259.

FRATIANNI A, NIRO S, ALAM M D R, et al. Effect of aphysical pre-treatment and drying on carotenoids of goji berries (Lycium barbarian L.) [J]. Lwt-Food Science and Technology, 2018, 92: 318-323.

JIANG G, TAKASE M, AIHARA Y, et al. Inhibitory activities of kukoamines A and B from Lycii Cortex on amyloid aggregation related to Alzheimer's disease and type 2 diabetes [J]. Journal of Natural Medicines, 2020, 74(1): 247-251.

MORITA H, YOSHIDA N, Takeya K, et al. Configurational and conformational analyses of a cyclic octapeptide, lyciumin A, from Lycium chinense Mill [J]. Tetrahedron, 1996, 52(8): 2795-2802.

HAM I K, PARK S K, LEE B C, et al. Plant Regeneration through Leaf Explant Culture of Boxthorn (Lycium chinense Mill.) [J]. Tetrahedron, 2007, 20(3): 251-254.

HORI M, NAKAMURA, H, Y FUJ, et al. Chemicals affecting the feeding preference of the Solanaceae-feeding lady beetle Henosepilachna vigintioctomaculata (Coleoptera: Coccinellidae) [J]. Journal of Applied Entomology, 2010,135(1-2): 121-131.

JO J, LEE S H, YOON S R, et al. The effectiveness of Korean herbal medicine in infertile men with poor semen quality: A prospective observational pilot study [J]. Andrologia, 2019, 9(4): 100436.

JOSHEE N, DHEKNEY S, PARAJULI P. Medicinal Plants: from Farm to Pharmacy, Springer Nature Switzerland AG [J]. Switzerland, 2019, 134-135.

JUN I, YUN T S, KIM S D, et al. A Tetraploid, Self-compatible Goji Berry (Lycium chinense Miller) Cultivar, 'Whasu', Adaptable to Rain Shelter Greenhouse [J]. Korean Journal of Breeding Science, 2020, 52: 165-171.

KIM C, et al. Occurrence of Weed Flora in Lycium chinense Upland Field of Minor Crop in Korea [J]. Weed & Turfgrass Science, 2016, 5: 60-64.

KIM D H, KIM S M, LEE B, et al. Effect of betaine on hepatic insulin resistance through FOXO1-induced NLRP3 inflammasome [J]. Journal of Nutritional Biochemistry, 2017, 45: 104-114.

KIMYOUNGSUN Y E, YOON E S, et al. Induction of Hariy Root and Bioreactor Culture of Lycium chinense [J]. Journal of Plant Biotechnology, 2004, 31: 295-300.

KWON K, CHUNG L C, A Study on the Relationship between Relational Benefits, Cheong, Loyalty and Intent to Relationship Continuity : The Supplier's Perspective [J]. Korean Journal ofAgricultural Management and Policy, 2008, 35: 581-602.

LEE B, KWON S Y, LEE H, et al. High Frequency Shoot Formation and Plant Regeneration from Cotyledonary Hypocotyl Explants of Boxthorn (Lycium chinense Mill.) Seedlings [J]. Journal of Plant Biotechnology, 2004, 31: 203-207.

LEE H, KIM M H, CHOI L Y, et al. Ameliorative effects of Osteo-F, a newly developed herbal formula, on osteoporosis via activation of bone formation [J]. Journal of Ethnopharmacology, 2021, 268.

LEE S K, KIM W, HAN J, et al. Determination of Boxthorn Drying conditions and using Agricultural Dryer [J]. Journal of Biosystems

Engineering, 2011, 36: 273–278.

MAEDA M, NAKAO M, FUKAMI H. 2–O– (beta–D–glucopyranosyl) ascorbic acid, process for its production, and foods and cosmetics containing compositions comprising it. Official Gazette of the United States Patent and Trademark Office Patents: EP1461347B8[P]. 2009–7–28.

MENCHETTI L, VECCHIONE L, FILIPESCU I, et al. Effects of Goji berries supplementation on the productive performance of rabbit [J]. Livestock Science, 2019, 220: 123–128.

MOCAN A, MOLDOVAN C, ZENGIN G, et al. UHPLC–QTOF–MS analysis of bioactive constituents from two Romanian Goji (Lycium barbarum L.) berries cultivars and their antioxidant, enzyme inhibitory, and real–time cytotoxicological evaluation [J]. Food and Chemical Toxicology, 2018, 115: 414–424.

MOCAN A, ZENGIN G, SIMIRGIOTIS M, et al. Functional constituents of wild and cultivated Goji (L–barbarum L.) leaves: phytochemical characterization,biological profile, and computational studies [J]. Journal of Enzyme Inhibition and Medicinal Chemistry, 2017, 32: 153–168.

MONTESANO D, JUAN G A, MANES J, et al. Chemoprotective effect of carotenoids from Lycium barbarum L. on SH–SY5Y neuroblastoma cells treated with beauvericin [J]. Food and Chemical Toxicology, 2020, 141.

OH C H. Multi residual pesticide monitoring in commercial herbal crude drug materials in South Korea [J]. Bulletin of Environmental Contamination and Toxicology, 2007, 78: 314–318.

OO M M, TWENEBOAH S, OH S K. First Report of Anthracnose Caused by Colletotrichum fioriniae on Chinese Matrimony Vine in Korea. Mycobiology, 2016, 44: 325–329.

PALUMBO M, CAPOTORTO I, CEFOLA M, et al. Modified atmosphere packaging to improvethe shelf–life of Goji berries during cold storage [J]. Advances in Horticultural Science, 2020: 34, 21–26.

SO J D, Vibratory harvesting machine for boxthorn (Lycium chinense mill) berries [J]. Transactions of the Asae, 2003, 46: 211–221.

SPANO M, MACCELLI A, DI M G, et al. Metabolomic Profiling of Fresh Goji (Lycium barbarum L.) Berries from Two Cultivars Grown in Central Italy: A Multi–Methodological Approach [J]. Molecules, 2021, 26(17): 5412.

TERAUCHI M, KANAMORI H, NOBUSO M, et al. Detection and determination of antioxidative components in Lycium chinense [J]. Natural Medicines, 1997, 51(5): 387–391.

TERAUCHI M, KANAMORI H, NOBUSO M, et al. New acyclic diterpene glycosides, lyciumoside IV–IX from Lycium chinense Mill [J]. Natural Medicines, 1998, 52(2): 167–171.

Y L CAO, Y L LI, Y F FAN, et al. Wolfberry genomes and the evolution of Lycium (Solanaceae) [J]. Communications Biology, 2021, 4(1): 671.

第二章
枸杞植物分类与资源评价

枸杞种质资源是枸杞育种和种业发展的物质基础，是枸杞产业高质量发展和枸杞产业转型升级不可或缺的战略资源，是实现枸杞产业可持续发展的重要保障，为了更加有效地保护和利用枸杞种质资源，农业农村部与国家林业和草原局批复建设了国家枸杞种质资源圃。

第一节　枸杞种质资源研究的主要内容和方法

深入开展种质资源研究是科学利用种质资源的基础。枸杞种质资源研究的主要内容包括种质资源起源与分布、遗传多样性与分类、调查与收集、保存评价与创新利用、种质资源描述规范和数据标准等。

一、种质资源学的基本概念

1. 种质

决定生物性状并将其遗传信息从亲代传递给后代的遗传物质，在遗传学上称基因。

2. 种质资源

携带种质的载体，可以是一个植株或植株器官，如根、胚芽或种子等。它们都具有遗传潜能，包含个体的全部遗传物质。

3. 枸杞种质资源

携带枸杞种质的载体，包括枸杞的野生种、栽培种、品系和单株等。

4. 种质资源学

研究种质资源起源、演化、传播及其分布和分类，并对种质资源进行考察、收集、保存、评价、研究、创新和利用的科学。

二、枸杞种质资源学研究的主要内容

1. 起源与分布

研究枸杞原产地及古今分布范围。枸杞树生长的地区，虽有特定地域性限制，但受人类活动影响，分布情况会有局部改变。探索枸杞起源，对资源引种、创新及持续利用影响深远。同时，枸杞种质资源的分布问题也是枸杞种质资源学的重要研究内容，对今后引种和利用指导作用明显。

2. 遗传多样性及分类

遗传多样性是指存在于生物个体、单个物种内或物种之间的基因多样性。一个物种的遗传组成决定了它的表型特点，包括其对特定环境的适应性，以及被人类利用的可能性。任何单一个体和物种均保有大量遗传信息，就此而言，它们均可被看作单独的基因库。基因多样性包括分子、细胞和个体3个水平上的遗传变异度，也为生命进化和物种分化提供了基础。1个物种的遗传变异越丰富，它对生存环境的适应能力便越强；而1个物种的适应能力越强，其进化的潜力也越大。

多样化的枸杞种质资源，需要按照其属性进行相应的分类，也是资源深度利用的基础。其主要包括传统的植物分类学，即植物新种的鉴定、命名与归并，不同种的系统分组及品种学分类（按品种亲缘关系，结合栽培属性等，对不同品种予以区分）等。

3. 收集与保存

枸杞种质资源的有效收集与保存，不但可以防止种质资源的流失，而且便于集中评价和利用。

枸杞种质资源收集的主要研究内容包括收集对象和时期的选择。正确的收集对象包括两方面含义：一方面指含有不同遗传信息的资源类型（如种、亚种、变种、品种、单株）；另一方面指携带这些遗传信息的载体（如个体、器官、染色体、基因等）。只有收集适当才能做到经济节约，不会遗漏，同时也便于以后利用。对于不同枸杞资源，收集的最适时期有所不同，需要分别加以解决。

枸杞种质资源的主要保存方法包括田间种植保存、组织培养保存、超低温保存等。没有可靠有效的保存方法，对多样资源的保存就是空谈，其他工作也就无从开展。

第二节　枸杞属植物种质资源及其分类

枸杞属（*Lycium*）植物是茄科（Solanaceae）中唯一的多年生落叶灌木植物。全世界约有80个种。我国分布最广泛的3种枸杞属植物为宁夏枸杞（*Lycium bararum* L.）、中国枸杞（*Lycium chinense* Miller）和黑果枸杞（*Lycium ruthenicum* Murray）。

一、世界枸杞属植物种的数量及分布

枸杞属植物是世界性分布物种。关于枸杞属中种的数量研究相对较少，Tatsuya Fukuda认为全世界大约有80种，在分布上有个有趣的特征，即该属在温带和亚热带之间间断分布：南美洲（约30种）、非洲南部（约20种）、北美洲（约20种）、欧亚大陆（从欧洲到中国和日本，约10种）、澳大利亚（1种）。

二、枸杞属植物在中国的分布

我国枸杞属植物有7个种3个变种，各植物资源特点如下。

1. 宁夏枸杞（*Lycium barbarum* L.）

灌木或因人工栽培整枝而成的大灌木，高0.8～2 m，栽培者茎粗直径达10～20 cm（图2–1）；分枝细密，野生时多开展而略斜升或弓曲，栽培

图2–1　宁夏枸杞（‘宁杞1号’）

时小枝弓曲而树冠多呈圆形，有纵棱纹，灰白色或灰黄色，无毛而微有光泽，有不生叶的短棘刺和生叶、花的长棘刺。叶互生或簇生，披针形或长椭圆状披针形，顶端短渐尖或急尖，基部楔形，长2～3 cm，宽4～6 mm，栽培时长达12 cm，宽1.5～2 cm，略带肉质，叶脉不明显。花在长枝上1～2朵生于叶腋，在短枝上2～6朵同叶簇生；花梗长1～2 cm，向顶端渐增粗。花萼钟状，长4～5 mm，通常2中裂，裂片有小尖头或顶端又2～3齿裂；花冠漏斗状，紫堇色，筒部长8～10 mm，自下部向上渐扩大，明显长于檐部裂片，裂片长5～6 mm，卵形，顶端圆钝，基部有耳，边缘无缘毛，花开时平展；雄蕊的花丝基部稍上处及花冠筒内壁生一圈密茸毛；花柱像雄蕊一样由于花冠裂片平展而稍伸出花冠。浆果红色或在栽培类型中也有橙色，果皮肉质，多汁液，形状及大小由于经长期人工培育或植株年龄、生境的不同而多变，广椭圆状、矩圆状、卵状或近球状，顶端有短尖头或平截，有时稍凹陷，长8～20 mm，直径5～10 mm。种子常20余粒，略肾形，扁压，棕黄色，长约2 mm。花果期较长，一般5～10月开花结果，采摘果实时成熟一批采摘一批。

原产我国北部，包括河北（北部）、内蒙古、山西（北部）、陕西（北部）、甘肃、宁夏、青海，新疆有野生，由于果实可入药而栽培。现在除以上地区有栽培外，我国中部和南部不少地区也已引种栽培，尤其是宁夏及天津地区栽培多、产量高。本种栽培在我国有悠久的历史。现在欧洲及地中海沿岸国家则普遍栽培并成为野生。常生于土层深厚的沟岸、山坡、田埂和宅旁，耐盐碱、沙荒和干旱，因此可作为水土保持和造林绿化的灌木。

果实中药称枸杞子，性味甘平，有滋肝补肾、益精明目的作用。根据理化分析，它含甜菜碱、酸浆红色素、隐黄质、玉米黄素双棕酸酯及胡萝卜素（维生素A）、硫胺素（维生素B_1）、核黄素（维生素B_2）、抗坏血酸（维生素C），并含烟酸、钙、磷、铁等。可见，它含人体所需要的多种营养成分，因此作为滋补药畅销国内外。另外，根皮也可作药用，中药称地骨皮；果柄及叶还是猪、羊的良好饲料。

本种和中国枸杞（*L. chinense*）在鉴定时容易发生错误，其区别是：宁夏枸杞的叶通常为披针形或长椭圆状披针形；花萼通常为2中裂，裂片顶端常有胼胝质小尖头或每裂片顶端有2～3小齿；花冠筒明显长于檐部裂片，裂片边缘无缘毛；果实甜，无苦味；种子较小，长约2 mm。而中国枸杞的叶通常为卵形、卵状菱形、长椭圆形或卵状披针形；花萼通常为3裂或有时不规则4～5齿裂；花冠筒部短于或近等于檐部裂片，裂片边缘有缘毛；果实甜而后味微苦；种子较大，长约3 mm。

2. 宁夏黄果（*Lycium barbarum* var. *auranticarpum* K. F. Ching）

本变种（宁夏黄果）与原变种（宁夏枸杞）的区别：叶狭窄，条形、条状披针形、倒条状披针形或狭披针形，具肉质；果实橙黄色，球状，直径4～8 mm，仅有2～8粒种子（图2-2）。

产自宁夏银川地区。生于田边和宅旁。

3. 中国枸杞（*Lycium chinense* Miller）

多分枝灌木，高0.5～1 m，栽培时可达2 m多。枝条细弱，弓状弯曲或俯垂，淡灰色，有纵条纹，棘刺长0.5～2 cm，生叶和花的棘刺较长，小枝顶端尖锐成棘刺状（图2-3）。叶纸质或栽培者质稍厚，单叶互生或2～4枚簇生，卵形、卵状菱形、长椭圆形、卵状披针形，顶端急尖，基部楔形，长1.5～5 cm，宽0.5～2.5 cm，栽培者较大，可长达10 cm以上，宽达4 cm；叶柄长0.4～1 cm。花在长枝上单生或双生于叶腋，在短枝上则同叶簇生；花梗长1～2 cm，向顶端渐增粗；花萼长3～4 mm，通常3中裂或4～5齿裂，裂片多少有缘毛；花冠漏斗状，长9～12 mm，淡紫色，筒部向上骤然扩大，稍短于或近等于檐部

图2-2 宁夏黄果

图2-3 中国枸杞（‘LC-01’）

裂片，5深裂，裂片卵形，顶端圆钝，平展或稍向外反曲，边缘有缘毛，基部耳显著；雄蕊较花冠稍短，或因花冠裂片外展而伸出花冠，花丝在近基部处密生一圈茸毛并交织成椭圆状的毛丛，与毛丛等高处的花冠筒内壁亦密生一环茸毛；花柱稍伸出雄蕊，上端弓弯，柱头绿色。浆果红色，卵状，栽培者可呈长矩圆状或长椭圆状，顶端尖或钝，长7～15 mm，栽培者长可达2.2 cm，直径5～8 mm。种子扁肾脏形，长2.5～3 mm，黄色。花果期6～11月。

分布于我国东北、河北、山西、陕西、甘肃（南部）及西南、华中、华南和华东各地区；朝鲜、日本，欧洲有栽培或野生。常生于山坡、荒地、丘陵、盐碱地、路旁及村边宅旁。在我国除普遍野生外，各地也有作药用、蔬菜或绿化栽培。

果实的药用功能与宁夏枸杞相同；根皮，有解热止咳之效用；嫩叶可作蔬菜；种子油可制润滑油或食用油；由于它耐干旱，可生长在沙地，因此可作为水土保持的灌木。

苏联勃伽科瓦（A. Pojarkova）在《中亚和中国产枸杞属植物种类》（1950年）一文中，将我国所产的该种植物分为3种：就分布而论，她将采于内蒙古、河北、山西、甘肃和新疆的标本定为一新种，即*L. potaninii*；将东北、山东、河南、湖北、云南的标本及河北、四川和福建的部分标本定为枸杞*L. chinense*；而将广西、贵州、湖南、江苏的标本及四川和福建的部分标本定为另一种，起用1819年Roemer和Schultes的名称*L. trewianum*。但是，从她对3个种的描述中，则找不出其实质性的种间区别，在她的描述中只有叶的形状和大小似乎是有差别的，以及*L. potaninii*的花冠裂片基部不具耳、雄蕊通常显著比花冠长而不像*L. chinense*那样花冠裂片基部常具耳、雄蕊短于花冠或有1～2枚与之等长。笔者研究了我国现存的大量植物标本材料，并对野生类型和栽培类型进行野外观察发现，这个种叶的形状和大小变异是很大的，在同一植株上，往往枝条下部的叶子较为宽大，上部者则窄狭；生长在土壤肥沃、水分充足的条件下，枝叶必然茂盛、叶宽大而肥厚，而生长在土壤贫瘠、干旱的条件下则叶子窄小而质薄。因此，只根据叶子形状和大小区分显然是不行的。而花的结构却是较为稳定的，即花萼通常为3中裂或4～5齿裂；花冠筒稍短于檐部裂片，裂片边缘有缘毛；花丝基部稍上处密生茸毛并交织成椭圆状的毛丛，在同一水平的花冠内壁亦密生一环茸毛，以及种子比其他种的都大，长2.5～3 mm。因此，笔者认为它们是一个自然的种而不是3种。*L. trewianum*无疑应作为*L. chinense*的异名；而*L. potaninii*笔者作为*L. chinense*的变种处理，主要根据以下综合症状，因为每一特征都存在着不可分割的过渡。这些症状是：叶通常为披针形、矩圆状披针形或条状披针形；雄蕊稍长于花冠；花冠裂片边缘缘毛稀疏、基部的耳不显著；分布在河北（北部）、山西（北部）、陕西（北部）、内蒙古、甘肃（西部）、宁夏、青海（东部）及新疆。另外A. Pojarkova根据吉尔吉斯斯坦（伊塞克湖附近）的标本建立了一个新种，即*L. flexicaule*，同时在该种下引证了我国新疆伊宁附近所采的一号标本，从描述和附图看极接近于*L. chinense*，是否能成立为一个独立种，尚有疑问。由于笔者尚未看到这一类型的材料，暂作存疑处理。

4.北方枸杞［*Lycium chinense* var. *potaninii*（Pojark.）A. M. Lu, grad. nov.］

与中国枸杞的区别：叶通常为披针形、矩圆状披针形或条状披针形；花冠裂片的边缘缘毛稀疏、基部耳不显著；雄蕊稍长于花冠（图2-4）。

分布在河北（北部）、山西（北部）、陕西（北部）、内蒙古、宁夏、甘肃西部、青海（东部）和新疆，常生于向阳山坡、沟旁。

5. 云南枸杞（*Lycium yunnanense* Kuang et A. M. Lu）

直立灌木，丛生，高50 cm。茎粗壮而坚硬，灰褐色，分枝细弱，黄褐色，小枝顶端锐尖成针刺状（图2-5）。叶在长枝和棘刺上单生，在极短的瘤状短枝上数枚簇生，狭卵形、矩圆状披针形或披针形，全缘，顶端急尖，基部狭楔形，长8～15 mm，宽2～3 mm，叶脉不明显；叶柄极短。花通常由于节间极短缩而同叶簇生，淡蓝紫色，花梗纤细，长4～6 mm。花萼钟状，长约2 mm，通常3裂或有4～5齿，裂片三角形，顶端

图2-4　北方枸杞（'BF-01'）

图2-5　云南枸杞（'Ly-01'）

有短茸毛；花冠漏斗状，筒部长3～4 mm，裂片卵形，长2～3 mm，顶端钝圆，边缘几乎无毛；雄蕊插生花冠筒中部稍下处，花丝丝状，显著高出于花冠，长5～7 mm，基部稍上处生一圈茸毛，而在花冠筒内壁上几乎无毛，花药长0.8 mm；子房卵状，花柱明显长于花冠，长7～8 mm，柱头头状，不明显2裂。果实球状，直径约4 mm，黄红色，干后有一明显纵沟，有20余粒种子。种子圆盘形，淡黄色，直径约1 mm，表面密布小凹穴。

产自云南（禄劝县和景东县）。生于海拔1360～1450 m的河旁沙地潮湿处或丛林中。

本种的特点是：叶小型，长8～15 mm，宽2～3 mm；花小，花冠长5.5～7 mm，花冠筒稍长于裂片，雄蕊和花柱显著长于花冠，花冠筒内壁几乎无毛；果实小，直径约4 mm，但有20粒以上的种子；种子仅长1 mm，易于同其他种区分。在采自景东县的一张标本的记录上写道花白色，笔者检查其所有其他症状都和禄劝县的标本不能区分。因此，它们必然是一个自然的种，花白色是否记录有误存疑，即使是正确的也只是一个微小变异而已。

（6）黑果枸杞（*Lycium ruthenicum* Murray）

多棘刺灌木，高20～50 cm。多分枝；分枝斜生或横卧于地面，白色或灰白色，坚硬，常成"之"字形曲折，有不规则的纵条纹，小枝顶端渐尖成棘刺状，节间短缩，每节有长0.3～1.5 cm的短棘刺；短枝位于棘刺两侧，在幼枝上不明显，在老枝上则成瘤状，生有簇生叶或花、叶同时簇生，更老的枝则短枝成不生叶的瘤状凸起（图2-6）。叶2～6枚簇生于短枝上，在幼枝上则单叶互生，肥厚肉质，近无柄，条形、条状披针形或条状倒披针形，有时成狭披针形，顶端钝圆，基部渐狭，两侧有时稍向下卷，中脉不明显，长0.5～3 cm，宽2～7 mm。花1～2朵生于短枝上；花梗细瘦，长0.5～1 cm；花萼狭钟状，长4～5 mm，果时稍膨大成半球状，包围于果实中下部，不规则2～4浅裂，裂片膜质，边缘有稀疏缘毛；花冠漏斗状，浅紫色，长约1.2 cm，筒部向檐部稍扩大，5浅裂，裂片矩圆状卵形，长为筒部的1/3～1/2，无缘毛，耳片不明显；雄蕊稍伸出花冠，着生于花冠筒中部，花丝离基部稍上处有疏茸毛，同样在花冠内壁等高处亦有稀疏茸毛；花柱与雄蕊近等长。浆果紫黑色，球状，有时顶端稍凹陷，直径4～9 mm。种子肾形，褐色，长1.5 mm，宽2 mm。花果期5～10月。

分布于陕西（北部）、宁夏、甘肃、青海、新疆和西藏；中亚、高加索和欧洲亦有。耐干旱，常生于盐碱土荒地、沙地或路旁，可作为水土保持的灌木。

图2-6 黑果枸杞（'Lr-01'）

7. 新疆枸杞（*Lycium dasystemum* Pojarkova）

多分枝灌木，高达1.5 m。枝条坚硬，稍弯曲，灰白色或灰黄色，嫩枝细长，老枝有坚硬的棘刺；棘刺长0.6～6 cm，裸露或生叶和花（图2-7）。叶形状多变，倒披针形、椭圆状倒披针形或宽披针形，顶端急尖或钝，基部楔形，下延到极短的叶柄上，长1.5～4 cm，宽5～15 mm。花多2～3朵同叶簇生于短枝上或在长枝上单生于叶腋；花梗长1～1.8 cm，向顶端渐渐增粗；花萼长约4 mm，常2～3中裂；花冠漏斗状，长9～1.2 cm，筒部长约为檐部裂片长的2倍，裂片卵形，边缘有稀疏的缘毛；花丝基部稍上处同花冠筒内壁同一水平上都生有极稀疏茸毛，由于花冠裂片外展而花药稍露出花冠；花柱亦稍伸出花冠。浆果卵圆状或矩圆状，长7 mm左右，红色，种子可达20余粒，肾脏形，长1.5～2 mm。花果期6～9月。

分布于新疆、甘肃和青海；中亚。生于海拔1200～2700 m的山坡、沙滩或绿洲。

过去，我国一些植物分类工作者常将本种鉴定为土库曼枸杞 [*L. turcomanicum* Turcz. ex Boiss.（= *L. depressum* Stocks）]；苏联A. Pojarkova（1950）根据花丝基部和花冠筒内壁同一水平上有短毛，浆果有较多（10～22粒）种子，种子小、直径1.5～2 mm，将哈萨克斯坦、吉尔吉斯斯坦、乌兹别克斯坦和塔吉克斯坦的南部，以及我国新疆西部的标本定为一个新种，即 *L. dasystemum*（模式标本产自哈萨克斯坦南部）。而认为土库曼枸杞 *L. turcomanicum* 分布于伊朗、阿富汗、苏联、土库曼、乌兹别克斯坦、塔吉克斯坦西南部，以及高加索南部，模式标本产自土库曼斯坦。它不同于黑果枸杞在花丝基部和花冠筒内壁无毛，种子（2）5～15粒、直径2～3 mm，叶矩圆状倒披针形或狭铲形。而且将该两种放置在不同的系中，从其区别特征看主要是根据花丝基部和花冠筒内壁有毛还是无毛，前者有稀疏的短毛而黑果枸杞和新疆枸杞都有疏毛，种子的多少及大小特征从以上看仅仅是量的不同而且是交叉的，它们的分布区也是连在一起的。因此，对此两种是否为不同的种还有待进一步研究其变异规律并加以确定。而我国的现有材料中，两者花

图2-7　新疆枸杞（'Ld-01'）

丝基部和花冠内壁都有稀疏的短毛，因此，笔者鉴定为*L. dasystemum* Pojark.。

8. 红枝枸杞（*Lycium dasystemum* var. *rubricaulium* A.M. Lu）

本变种（红枝枸杞）和原变种（新疆枸杞）的区别：老枝褐红色，花冠裂片无缘毛（图2-8）。

产自青海诺木洪。生于海拔2900 m的灌丛中。

9. 柱筒枸杞（*Lycium cylindricum* Kuang et A. M. Lu）

灌木，分枝多“之”字状折曲，白色或带淡黄色。棘刺长1～3 cm，不生叶或生叶。叶单生或在短枝上2～3枚簇生，近无柄或仅有极短的柄，披针形，长1.5～3.5 cm，宽3～6 mm，顶端钝，基部楔形（图2-9）。花单生或有时2朵同叶簇生，花梗长约1 cm，细瘦。花萼钟状，长和直径均约3 mm，3中裂或有时2中裂，裂片有时具不规则的齿；花冠筒部圆柱状，长5～6 mm，直径约2.5 mm，裂片阔卵形，长约4 mm，顶端圆钝，边缘有缘毛；雄蕊生于花冠筒的中部稍上处，花丝基部稍上处生一圈密茸毛且交织成卵球状的毛丛；子房卵状，花柱长约8 mm，柱头2裂。果实卵形，长约5 mm，仅具少数种子。

10. 截萼枸杞（*Lycium truncatum* Y. C. Wang）

灌木，高1～1.5 m。分枝圆柱状，灰白色或灰黄色，少棘刺。叶在长枝上通常单生，在短枝上则数枚簇生，条状披针形或披针形，顶端急尖，基部狭楔形且下延成叶柄，长1.5～2.5 cm，宽2～6 mm，中脉稍明显。花1～3朵生于短枝上，同叶簇生；花梗细瘦，向顶端接近花萼处稍增粗，长1～1.5 cm（图2-10）；花萼钟状，长3～4 mm，直径约3 mm，2～3裂，裂片膜质，花后有时断裂而使宿萼成截头状；花冠漏斗状，下部细瘦，向上渐扩大，筒长约8 mm，裂片卵形，长约为筒部的一半，无缘毛；雄蕊插生于花冠筒

图2-8　红枝枸杞（‘HZ-01’）

图2-9　柱筒枸杞（'ZT-01'）

图2-10　截萼枸杞（'JE-01'）

中部，稍伸出花冠，花丝基部被稀疏茸毛；花柱稍伸出花冠。浆果矩圆状或卵状矩圆形，长5～8 mm，顶端有小尖头。种子橙黄色，长约2 mm。花果期5～10月。

产于我国山西、陕西（北部）、内蒙古和甘肃。常生于海拔800～1500 m的山坡、路旁或田边。

11.‘LYQ05H14Z0089’

多年生灌木，植株矮小，株高约80 cm（图2-11）。叶形为窄披针形，叶色深绿色。果色为褐色，果形近圆形。枝条黄褐色，新枝灰白色，枝条细弱，楔生。叶片棒状或条状披针形，肉质。花瓣5，花萼2裂，花筒长约1 cm,花丝基部有一圈茸毛。果实黄色，圆球形。

12.‘LYQ05H01Z0071’

多年生灌木，植株矮小，株高80 cm。叶形为条状，深绿色（图2-12）。果色为橙色，果形近圆形。枝条黄褐色，新枝灰白色，枝条细弱，楔生。叶片棒状或条状披针形，肉质。花瓣5，花萼2裂，花筒长约1 cm，花丝基部有一圈茸毛。

13.‘LYQ05H01Z0097’

原生于河北，灌木。老枝灰褐色或褐色，新枝黄绿色，呈“之”字形生长，新枝梢部呈扭曲状，枝条粗壮，斜生或弧垂生（图2-13）。叶宽披针形，平展或呈槽状，叶边缘有皱缩，叶基部楔形；叶脉清晰，叶色绿色，叶簇生或互生；平均叶长6.4 cm，叶宽1.77 cm，叶柄长0.65 cm。花呈紫色，花瓣5，花萼5裂，柱头高于雄蕊，花柱弓弯，花丝中下部有一圈茸毛，花冠喉部有放射状黄色条纹，花单生果色为红色，鲜亮，果形为短圆柱形，近卵圆形。

14.‘LYQ05H14Z0057’

原生于四川，多年生灌木，株高约1.2 cm。枝条灰褐色或黄褐色，新枝上有4条紫色纵棱，基部黄绿色，中上部紫色，枝条粗壮；长枝上分出细弱的短枝，长枝可达50～60 cm，长枝上着生短棘刺（图2-14）。叶形为卵圆形，叶色深绿

图2-11　‘LYQ05H14Z0089’

图2-12　‘LYQ05H01Z0071’

图2-13 ‘LYQ05H01Z0097’

图2-14 ‘LYQ05H14Z0057’

色，叶缘有波纹状皱缩，叶脉明显，叶脉基部呈紫色，叶色深绿，叶簇生；叶长4.5 cm左右，叶宽1.2 cm左右，叶柄长0.58 cm左右。花2～3枚簇生或单生，呈紫色，花柄呈紫色，雄蕊5，柱头低于雄蕊，花萼呈4裂，花冠喉部呈五星形，花丝下部有一圈细密茸毛，花筒较短。果实卵圆形，红色。

第三节　枸杞种质资源描述规范和数据标准

一、基本术语及其定义

（一）形态特征和生物学特性

研究枸杞种质资源植物学形态、结构及生长发育规律等特性。

（二）品质性状

枸杞种质产品器官的商品品质、感官品质、营养品质性状。商品品质性状主要包括果实耐储藏性；感官品质性状包括果实色泽、嫩茎叶风味和鲜果风味等；营养品质性状包括枸杞总糖含量、枸杞多糖含量、蛋白质含量、维生素C含量和灰分含量。

（三）抗逆性

枸杞种质资源对各种非生物胁迫的适应或抵抗能力，包括耐寒性、耐热性、耐旱性、耐涝性等。

（四）抗病虫性

枸杞种质资源对各种生物胁迫的适应或抵抗能力，包括枸杞黑果病、枸杞根腐病、枸杞蚜虫、枸杞红瘿蚊、枸杞瘿螨、枸杞木虱、枸杞负泥虫等。

二、描述的基本信息和方法

基本信息如下。

1. 全国统一编号

种质的唯一标识号。枸杞种质资源的全国统一编号是由“WF”加4位顺序号组成的6位字符串，如“WF0001”。其中“W”代表枸杞种质资源，“F”代表国家枸杞种质资源圃，后4位为顺序码，从“0000”到“9999”，代表具体枸杞种质的编号。

2. 种质圃编号

枸杞种质在国家枸杞种质资源圃中的编号。种质圃编号是由“W”加4位顺序号组成的5位字符串，如“W0101”，第一位是“W”代表枸杞，后4位为顺序号，从“0001”到“9999”，代表具体枸杞种质的编号。每份种质具有唯一的种质圃编号。

3. 引种号

枸杞种质从国外引入时赋予的编号。引种号是由年份加4位顺序号组成的8位字符串，如“19990024”，前4位是表示种质引进年份，后4位为顺序号，从“0001”到“9999”每份引进种质具有唯一的引种号。

4. 采集号

枸杞种质在野外采集时赋予的编号。采集号一般由年份加2位省代码再加4位顺序号组成。

5. 种质名称

枸杞种质的中文名，国内种质的原始名称和国外引进种质的中文译名。如果有多个名称，可以放在英文括号内用英文逗号分隔，如“种质名称1（种质名称2，种质名称3）”。国外引进种质如果没有中文译名，可直接填写种质的外文名。

6. 种质外文名

国外引进种质的外文名或国内种质的汉语拼音。国内种质每个汉字的汉语拼音之间不能留空格，首字母大写。国外引进种质的外文名应注意大小写和空格。

7. 科名

茄科（Solanaceae）。科名由拉丁名（正体）

加英文括号内的中文名组成，如“Solanaceae（茄科）”，如果没有中文名，直接填写拉丁名。

8. 属名

枸杞属（*Lycium* Linn.）。属名由拉丁名（斜体）加括号内的中文名组成，如*Lycium* Linn.（枸杞属）。如果没有中文名，直接写拉丁名。

9. 学名

宁夏枸杞学名为*Lycium bararum* Linn.。学名由拉丁名（属名、种加词和定名人，其中，属名和种加词斜体，定名人正体）加括号内的中文名组成，如“*Lycium bararum* Linn.（宁夏枸杞）”。如果没有中文名，直接填写拉丁名。

10. 原产国家或地区

枸杞种质原产国家名称、地区名称或国际组织名称。国家和地区名称参照ISO 3166和GB/T 2659。若该国家已不存在，如“苏联”，国际组织名称用该组织的外文名缩写，如IPGRI。

11. 原产省（自治区、直辖市）

国内枸杞种质原产省（自治区、直辖市）的名称。省（自治区、直辖市）名称参照GB/T 2260；国外引进种质原产省（自治区、直辖市）用原产国家一级行政区的名称。

12. 原产地

国内枸杞种质的原产地。较为清楚地明确到县、乡、村。县参照GB/T 2260。不详的注明“不详”。

13. 海拔

枸杞种质原产地的海拔高度。单位为m。

14. 经度

枸杞种质原产地经度。单位为（°）和（′）。格式为DDDFF，其中，DDD为度，FF为分。东经为正值，西经为负值。例如，“12125”代表东经121°25′，“−10209”代表西经102°9′。

15. 纬度

枸杞种质原产地的纬度。单位为（°）和（′）。格式为DDFF，其中，DD为度，FF为分。北纬为正值，南纬为负值。例如，“3208”代表北纬32°8′，“−2524”代表南纬25°42′。

16. 来源地

国内枸杞种质的来源省（自治区、直辖市）、县（市、区）名称，国外基因种质的来源国家、地区名称或国际组织名称。国家、地区和国际组织名称同第10项，省（自治区、直辖市）和县（市、区）名称参照GB/T 2260。

17. 保存单位

枸杞提交国家枸杞种质资源圃前的原保存单位名称。单位名称应写全称，例如“宁夏农林科学院枸杞科学研究所”。

18. 保存单位编号

枸杞种质原保存单位赋予的种质编号。保存单位编号在同一单位应具有唯一性。

19. 系谱

枸杞选育品种（系）的亲缘关系。

20. 选育单位

选育枸杞品种（系）的单位或个人。单位名称应写全称，如“宁夏农林科学院枸杞科学研究所”。

21. 育成年份

枸杞品种（系）的育种年份，例如“2010”等。

22. 选育方法

枸杞品种（系）的育种方法，例如“杂交”等。

23. 种质类型

枸杞种质类型分为6类：野生资源、地方品种、选育品种、品系、遗传材料、其他。

24. 图像

枸杞种质的图像文件名，图像格式为“.jpg”。图像文件名由统一编号加半连号“-”和序号再加“.jpg”。如有2个及以上图像文件，图像文件名用英文分号分隔，如“WF0010-1.jpg; WF0010-2.jpg”。图像对象主要包括植株、花、果实、特异性状等。图像要清晰，对象要突出。

第四节　枸杞种质资源多样性与评价利用

目前，枸杞属植物种质资源遗传多样研究方法主要有形态学标记、细胞学标记、生化标记和分子标记4种类型。

一、形态学标记

形态学标记是标记与目标性状紧密联系且表型上可识别的等位基因突变体，是指利用植物的外部特征性的一种标记方法。枸杞的形态学标记主要运用枸杞的果实大小、果形等性状对枸杞种质资源进行研究。

赵建华等对60份枸杞种质（品种）资源的平均新梢日生长量、落果率、花径、叶片长度、叶片宽度、叶片厚、叶柄长、节间长和第一花序长等9项植物学数量性状指标进行研究和统计分析。结果表明，9项指标变异系数均在18%以上，分布图均为正态分布。根据分布状况，提出5级分级指标，其中3级作为中间级，是概率分布最高的范围。每个性状的每个等级有1～2个公认或广泛栽培的品种作为参照品种，为后续开展枸杞数量性状标记提供研究基础。张益芝等以42份宁夏枸杞（*Lycium barbarum*）为材料，对其中5个品系来自3个不同采集日期样品的花部性状进行了观察，同时对宁夏枸杞42个品系的16项花器官形态学指标进行了测定，并采用组间单因素方差分析法、主成分分析法和聚类分析法对宁夏枸杞种内的花部形态差异进行了研究。结果表明，宁夏枸杞花器官性状差异较大且多样性丰富；组间单因素方差分析表明，宁夏枸杞花部性状在不同时间内采集无显著差异，即宁夏枸杞的花器官形态具有一定稳定性。因此，可选用花器官形态作为区分宁夏枸杞种内不同品系的鉴别指标。主成分分析表明，有关花瓣外缘色泽、花瓣正背面脉络、花瓣形状、花瓣背部色泽、花喉色泽、雌雄蕊位置6个花部性状的累积贡献率达到84.791%，在宁夏枸杞品系的分类中起到了主要作用。聚类分析表明，在欧式距离为7.5处可将枸杞的42个品系分成5类，能将宁夏枸杞进行区分。该研究筛选出了能反映宁夏枸杞花器官形态差异的6个主要指标，并将42份宁夏枸杞分为5类，初步建立了宁夏枸杞种内品系间的形态学鉴别方法，可为宁夏枸杞的形态学研究及品系鉴定等提供依据。刘桂英等以柴达木盆地野生黑果枸杞分布区域的3个野生群体为研究对象，对其19个表型性状进行比较分析。结果表明，野生黑果枸杞表型性状除浆果性状在群体间存在显著性差异外，其他13个表型性状在群体间和群体内中均不存在显著性差异；通过聚类分析将3个野生黑果枸杞分为2类，第一类为格尔木和德令哈，第二类为诺木洪。戴国礼等对26个生态区野生黑果枸杞形态学的调查发现，树体和果实性状的变异程度高于叶片和花性状，可考虑选择花青素含量、单株产量果数、果柄长度、平均单果质量、株高5个性状作为黑果枸杞类型划分的主要指标。其将黑果枸杞自然类型初步归纳为：大果高秆集中成熟型、小果高秆集中成熟型、大果矮秆集中成熟型、小果矮秆集中成熟型、大果高秆分批成熟型、小果矮秆分批成熟型、大果矮秆分批成熟型、小果矮秆分批成熟型8个自然变异类型和特异种质白果枸杞2个自然变异类型。樊云芳等对枸杞属（*Lycium* L.）7种3变种及3个种间杂交后代植株的花粉形态进行了扫描电子显微镜观察。研究结果表明，13份枸杞属供试材料花粉为长球形或近球形，极面观均为3裂片圆形；具3孔萌发沟，直达两极，沟的深浅、孔膜是否明显外凸各种间存在差异；外壁条状纹饰作纵向排列，不同的条状纹饰、条纹表面的不规则细横纹，以及表面的穿孔是不同种间花粉的区别点；花粉的大小在各种间也有不同程度的差异。樊云芳等根据花粉形态建立了7种3变种的分类检索表。

形态学标记是最早被使用和研究的一类遗传标记的方法，具有简单直观、易于识别和掌握、经济方便等优点，被广泛用于遗传变异检测、杂交后代幼苗检测、枸杞分类研究等方面。但由于表型性状与其基因型之间存在着基因表达、调控、个体发育等复杂的中间环节，所以易受环境条件、人为因素及基因显性或隐性等因素的影响，存在标记数量少、遗传表达不稳定等缺点，使得枸杞形态学标记的应用具有一定的局限性。

二、细胞学标记

细胞学标记主要是根据细胞染色体核型及带型特征进行的一种标记方法。核型是植物体细胞染色体所有可测定的表征的总称，主要指染色体的数目和形态特征（包括染色体长度、着丝点、次溢痕及随体数目和位置等）。赵东利等报道了中宁枸杞的核型，核型公式为$K(2n)=2x=24=22m(4SAT)+2sm$，核型类型为1A，为较为原始的对称核型。葛传吉等对枸杞（*Lycium chinense*）核型进行了分析，在12对染色体中，其中部着丝点的有8对，近中部着丝点的有4对，第1、5、10这3对为随体染色体。染色体核型公式为$K(2n)=24=12m+4m(SAT)+6sm+2m(SAT)$。何丽娟等研究了不同种质类枸杞。其主要研究结果如下：①不同种类的枸杞中，‘宁杞1号’、朝鲜枸杞、北方枸杞、金果、玳瑁枸杞、清水河枸杞、诺木洪黑果枸杞的染色体核型公式分别为$2n=2x=24=18m+6sm$、$2n=2x=24=14m(2SAT)+10sm$、$2n=2x=24=22m+2sm$、$2n=2x=24=14m+10sm$、$2n=2x=24=20m(2SAT)+4sm$、$2n=2x=24=14m+10sm$、$2n=2x=24=20m(2SAT)+4sm$，‘宁杞1号’、清水河枸杞的核型为“2A”型，朝鲜枸杞的核型为“2B”型，其他均为“1A”型。朝鲜枸杞、金果、清水河枸杞核型不对称系数较大，为较不对称类型，其他核型都比较对称。不同种类枸杞从进化到原始的顺序为朝鲜枸杞＞清水河枸杞＞金果＞诺木洪黑果枸杞＞玳瑁枸杞＞‘宁杞1号’＞北方枸杞，金果、诺木洪黑果枸杞、清水河枸杞亲缘关系较近，‘宁杞1号’、北方枸杞、玳瑁枸杞亲缘关系较近，与朝鲜枸杞的亲缘关系都较远。②不同种源的黑果枸杞中，民勤黑果枸杞、玉门黑果枸杞、诺木洪黑果枸杞、白碱滩黑果枸杞、额济纳旗黑果枸杞的染色体核型公式分别为$2n=2x=24=20m+4sm(2SAT)$、$2n=2x=24=18m(2SAT)+6sm$、$2n=2x=24=20m(2SAT)+4sm$、$2n=2x=24=18m(2SAT)+6sm$、$2n=2x=24=20m+4sm$，核型类型都为“1A”型。从进化到原始的顺序为额济纳旗黑果枸杞＞诺木洪黑果枸杞＞白碱滩黑果枸杞＞玉门黑果枸杞＞民勤黑果枸杞。

细胞学标记虽然克服了形态学标记的某些不足，能进行一些重要基因的染色体或染色体区域定位，但这类标记材料的生产需要较多的人力和花费较长时间来培育。而且，植物染色体的分带技术仍不够完善成熟，研究者的制片技术及分析方法、栽培条件或地理位置的变化都可能影响分析结果。其技术本身仍缺乏相对的稳定性，染色体内部基因变化细节难以被发现，对于染色体数目等形态特征一致、植物外观形态相似的品种或种群难以分辨。此外，基于枸杞染色体带型的遗传标记数目有限，因此，细胞学标记的应用受到了限制。

三、生化标记

生化标记是以基因表达的直接产物——蛋白

质为特征的遗传标记，它包括同工酶标记和储藏蛋白标记。同工酶是指同一种属中功能相同但结构不同的一组酶，它是由不同基因位点或等位基因编码的多肽链单体、纯聚体或杂聚体。它与基因进化和物种的演变有关，因此，同工酶可作为遗传标记在生物体的遗传进化和分类研究中应用。储藏蛋白与种子的萌发等发育过程有关，也具有生物种属的特异性，可以作为遗传标记。侯杰和程广有检测了中国产枸杞属（*Lycium* L.）3个药用种（枸杞、宁夏枸杞、新疆枸杞）6个居群过氧化物酶，对酶谱进行了分析，计算出基因频率、多态位点比例（P）、各位点等位基因平均数（A）、期望杂合度（He）、固定指数（F）、遗传一致度（I）并进行了聚类分析和遗传多样性分析。结果表明：枸杞过氧化物同工酶谱带显示5个位点，每个位点平均等位基因数量为1.4、1.6、1.25；3种枸杞多态位点比例分别为60%、80%、60%；平均杂合度分别为0.5728、0.3249、0.2594。枸杞和宁夏枸杞之间遗传一致度较低（0.5718～0.5988）；宁夏枸杞和新疆枸杞、河北枸杞的遗传一致度却比较高（0.6815～0.8197）。3种枸杞居群遗传变异类型为HT=0.6555，GST=0.3178，即总的基因变异的31.78%来自居群间，68.22%来自居群内。

与形态学标记和细胞学标记不同，生化标记能直接反映基因代谢产物差异，受环境影响较小，从而比较不同研究对象之间的基因代谢产物差异，其准确性优于形态学标记和细胞学标记。另外，生化标记具有简便、经济、快捷等优点。但同工酶标记易受植物生长环境、栽培条件和生长阶段的影响，并且有些酶的染色方法和电泳分离技术具有一定难度，同样存在标记数目有限的缺点。因此，生化标记的实际应用受到限制。

四、分子标记

DNA分子标记是基于DNA分子多态性建立起来的一类标记方法。DNA水平的数据能更好地反映植物的遗传多样性，是一种较为理想的遗传标记形式，近年来发展迅速，从1974年第一代DNA分子标记技术RFLP的诞生至今，已发展了几十种标记方法（图2-15）。与前3种遗传标记相比较，DNA分子标记具有诸多优点：能对生物各发育时期的个体、组织、器官和细胞进行检测，直接以DNA形式表现，不受环境影响，不存在基因表达与否的问题；数量丰富，遍及整个基因组；遗传稳定；多态性高；操作简便，快捷等。这些优点使其广泛应用于植物遗传育种、基因作图、

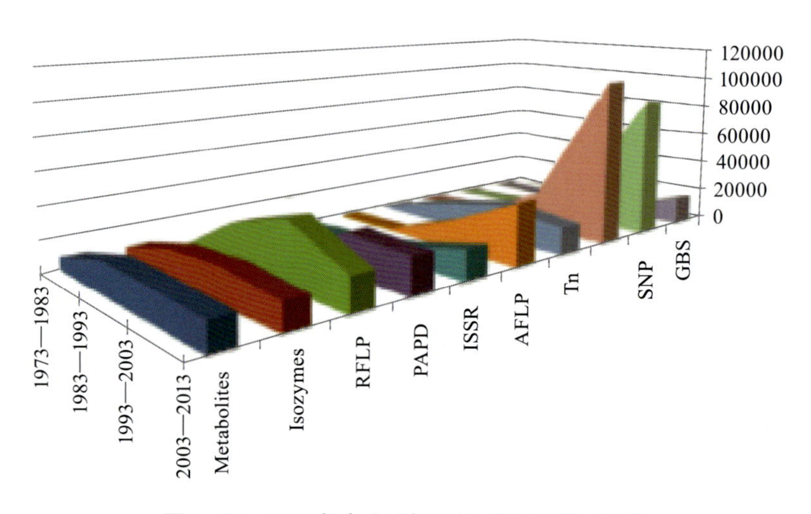

图2-15 近40年来分子标记技术的发展与应用

基因定位、物种亲缘关系鉴别，基因库构建、基因克隆等方面。目前，枸杞已开发出来RAPD、AFLP、SRAP、SCoT、ISSR、iPBS等多种分子标记技术。

分子标记技术在枸杞种质资源遗传多样性研究方面也应用较为广泛。

李彦龙等应用DNA-AFLP分子标记技术对15份枸杞种质（包括7种3变种，5品种品系）进行种质聚类分析。研究结果表明，8对引物共扩增出432条带，其中，多态性条带为360条，多态性比率达83.3%。NTSYS类平均法聚类结果显示，以0.72、0.79和0.85的相似系数可将全部受试枸杞种质分为9种、5种和3种聚合类群。在分子水平上枸杞种间的遗传多样性十分丰富；雄性不育枸杞YX-1与白花枸杞和圆果枸杞亲缘关系较近，而与宁夏枸杞栽培品种的亲缘关系较远；3个变种的聚类结果与传统的形态学分类存在着明显不同。王锦楠等采用扩增片段长度多态性（AFLP）分子标记技术对青海柴达木地区5个野生黑果枸杞（*Lycium ruthenicum*）种群的120份样品的遗传多样性进行分析。结果表明，柴达木地区野生黑果枸杞具有很高的遗传多样性，9对选扩引物共得到1691条清晰的条带，其中，多态性条带1678条，多态性变异率为99.23%，种群间的有效等位基因数为1.4712。Nei's基因多样性为0.3245，Shannon信息指数为0.4367。分子方差分析（AMOVA）结果表明，柴达木地区5个黑果枸杞种群的遗传变异主要存在于种群内部（92%），种群间的遗传分化较小（8%，遗传分化系数0.08）。黑果枸杞种群间的遗传相似系数介于0.9709～0.9922，平均值为0.9835。种群间的聚类及Mantel检验（$\gamma=0.3368$，$p=0.8064$）均表明柴达木地区黑果枸杞种群地理距离与遗传距离之间的相关性不明显；黑果枸杞个体间的聚类表明同一种群的个体不能完全聚在一起。对同一种源的遗传多样性分析发现，诺木洪奥斯勒草场的种源内部的遗传变异更为丰富，这或许可以推断诺木洪可能为柴达木地区野生黑果枸杞种质资源的中心产区。

阿力同·其米克等采用ISSR分子标记对新疆南部黑果枸杞6个自然居群及甘肃2个自然居群共115个样品进行了DNA多态性分析。从60个随机引物中筛选出7个有效引物，共产生64条DNA片段，其中，50条为多态性条带，多态位点百分率（PPL）为78.1%。相比较而言，黑果枸杞在物种水平上具有较高的遗传多样性，Nei's基因多样性（H）和Shannon多样性指数（I）分别为0.29和0.43。对黑果枸杞8个居群的AMOVA分析结果表明，其遗传变异主要存在于居群内（77%），而居群间的遗传分化较小（23%，FST=0.23）。黑果枸杞各居群间的遗传距离在0.0570～0.1913变化。居群间的聚类及Mantel检验（$r=0.3602$，$p=0.91$）均表明新疆黑果枸杞居群地理距离与遗传距离之间的相关性不明显；黑果枸杞个体间非加权组平均法（UPGMA）聚类结果表明，同一居群的个体不能完全聚在一起，来自新疆和甘肃两区域的黑果枸杞材料也不能完全分开。阿力同·其米克等探讨了可能造成上述居群遗传结构模式的主要因素，同时提出了今后对新疆南部黑果枸杞保护工作中需进一步解决的问题。

马利奋等采用SCoT分子标记对17个枸杞品种进行遗传多样性分析。从80条引物中筛选出19条重复性好、条带清晰的引物进行PCR扩增，共扩增到96个条带，其中，多态性条带71条，多态性比率为73.96%。多态信息含量（PIC）变化范围为0.055（SCoT-29）～0.239（SCoT-66），平均为0.132。聚类分析和主坐标分析结果表明，供试的17个枸杞品种遗传相似系数为0.43～1.00，在遗传相似系数为0.87处可将所有品种分为3个类群。

尹跃等以12个枸杞栽培品种为材料，利用SSR荧光标记进行DNA指纹图谱的构建和遗传关系分析。11对SSR引物在12个品种中共检测到34个等位变异，平均每个位点为3.1个，位点平均有效等位变异数（Ne）、观测杂合度（Ho）、Shannon's信息指数（I）和多态信息含量（PIC）分别为2.025、0.439、0.776和0.391。其中，4对引物SF1、SF30、SF63和SF92可区分所有的供试品种，为品种鉴别提供依据。NtSYSY-pc2.10软件聚类表明，12个枸杞品种遗传相似系数变化范围是0.57～0.91，平均为0.68，表明枸杞品种间存在丰富的遗传多样性。SSR荧光标记技术可以有效地用于枸杞品种资源指纹图谱构建及遗传关系研究。樊云芳等利用一种基于荧光测序技术的高通量低成本分析技术体系TP-M13-SSR对29份枸杞种质资源进行遗传多样性研究。13对引物共检测到78个等位基因，平均每个位点6个等位基因。群体平均的主等位基因频率（MAF）、有效等位基因（Ne）、观测杂合度（Ho）、期望杂合度（He）、Shannon's信息指数（I）和多态信息含量（PIC）分别为0.625、2.684、0.401、0.514、1.103和0.487。聚类分析表明，29份枸杞种质间相似系数为0.66～0.97，平均相似系数为0.81；供试材料可分为5大类7亚类。尹跃等以16个枸杞品种为材料，利用SSR标记构建枸杞分子身份证，为枸杞品种鉴定和保护提供参考。从600对SSR引物中筛选出多态性高、稳定性好、均匀分布在枸杞12条染色体上的24对引物对16个枸杞品种进行扩增，共检测到等位基因155个，每对引物检测到等位基因数在3～10，平均为6.5个；共检测到基因型208个，每对引物检测到基因型在3～14个，平均为8.7个；多态信息含量（PIC）变幅在0.461～0.848，平均为0.682；Shannon's信息指数变幅在0.939～2.055，平均为1.487。基于最少引物鉴定最多种质的原则，筛选出等位基因数、基因型数和PIC值均大于平均值，且Shannon's信息指数＞1.7引物，最终确定出引物LBSSR0052和LBSSR0423组合可区分全部供试品种。把根据这两对引物对所有品种扩增获得的等位基因按照由小到大排序，然后将每个品种在这两个SSR位点的赋值依次组合，构建16个枸杞品种的分子身份证。

尹跃等利用iPBS分子标记对34份枸杞种质资源进行遗传多样性分析。从83个iPBS引物中筛选出11个扩增条带清晰、多态性高的引物。11个iPBS引物在34份种质共检测到91个条带，其中，89个为多态性条带，平均多态性比率为97.8%；每条引物可扩增出条带数变幅在4～12个，平均为8.27个；每个引物可扩增出多态性条带数在3～12个，平均为8.09个；多态信息含量PIC值变化范围在0.38～0.5，平均为0.46，说明供试种质遗传多样性较低。聚类分析表明，34份材料遗传相似系数分布在0.56～0.93，在遗传相似系数为0.65时可将34份供试种质分成5大类群，反映出栽培品种与野生种质遗传差异大，亲缘关系较远。iPBS分子标记可有效用于枸杞种质资源遗传多样性分析，为枸杞种质资源科学管理和利用提供理论和技术支撑。

第五节　国家枸杞种质资源圃基本情况

一、基本情况

国家枸杞种质资源圃（National Field Genebank for Wolfberry）挂靠单位为宁夏农林科学院枸杞科学研究所，位于宁夏银川市西夏区芦花台宁夏农林科学院现代农业科研基地（图2-16）。该圃建于1986年，资源圃占地225亩，划分为种质保存区、品比试验区、良种示范区、种质创新区、核心种质区和良种繁育区。国家枸杞种质资源圃收集保存枸杞属的15个种3个变种，2万余株种内

图2-16 国家枸杞种质资源圃

种间杂交群体；经过30多年的建设，在资源收集数量和保存规模上是目前国内外该属植物遗传多样性涵盖量最大、种质资源最丰富的基因库，于2016年获批升级成为国家枸杞种质资源库。该圃建有组织培养室、大棚、种子低温保存库等设施，购置了先进仪器设备高效液相色谱仪、气相色谱、氨基酸仪、荧光定量PCR、光合仪及梯度PCR仪等，为深入开展种质评价和创新提供了设施条件。

二、主要任务

（1）收：收集枸杞及其近源野生种质资源。

（2）存：资源圃保存、离体保存和DNA保存。

（3）评：对种质资源进行植物学和生物学性状的评价。

（4）筛：筛选一批特异性状的种质资源。

三、主要服务方向

建立枸杞种质的特异性数据库，向科研，科普及教学提供信息和实物共享；筛选优异、特异资源及可直接推广应用的优良品种，为产业服务；为高校学生提供相关的实践平台，向社会提供共享服务。

建库以来，先后承担国家科技支撑计划、国家863计划、国家自然科学基金、国家重点研发项目等各类科研项目200余项；培育枸杞新品种8个，新品系50个，尤其是‘宁杞1号’和‘宁杞7号’示范推广面积占全国种植面积的95%，为枸杞产业高质量发展提供优异良种。

参考文献

阿力同·其米克，王青锋，杨春锋，等．新疆产药用植物黑果枸杞遗传多样性的ISSR分析[J]．植物科学学报，2013, 31(5): 517-524.

戴国礼，秦垦，曹有龙，等．野生黑果枸杞资源形态类型划分初步研究[J]．宁夏农林科技，2017, 58(12): 21-4+47.

樊云芳，安巍，曹有龙，等．枸杞属(*Lycium* Linn.)13份供试材料花粉形态研究[J]．自然科学进展，2008(4): 470-474.

樊云芳，尹跃，安巍，等．TP-M13-SSR技术在枸杞遗传多样性研究中的应用[J]．西北农业学报，2017, 26(6): 890-896.

葛传吉，李岩坤，周月．枸杞染色体数目和核型的分析[J]．中草药，1987, 18(8): 37-38.

何丽娟．不同种类及种源枸杞染色体核型分析[D]．兰州：甘肃农业大学，2016.

侯杰，程广有．3种药用枸杞过氧化物同工酶遗传多样性研究[J]．北华大学学报(自然科学版)，2006(6): 556-559.

刘桂英，祁银燕，朱春云，等．柴达木盆地野生黑果枸杞的表型多样性[J]．经济林研究，2016, 34(4): 57-62.

李彦龙，樊云芳，戴国礼，等．枸杞种质遗传多样性的AFLP分析[J]．中草药，2011, 42(4): 770-773.

王晓宇，陈鸿平，银玲，等．中国枸杞属植物资源概述[J]．中药与临床，2011, 2(5): 1-3+50.

王锦楠，陈进福，陈武生，等．柴达木地区野生黑果枸杞种群遗传多样性的AFLP分析[J]．植物生态学报，2015, 39(10): 1003-1011.

杨玉珍，彭方仁．遗传标记及其在林木研究中的应用[J]．生物技术通讯，2006(5): 788-791.

尹跃，安巍，赵建华，等．枸杞品种SSR荧光指纹图谱构建及遗传关系分析[J]．西北林学院学报，2017, 32(1): 137-141.

尹跃，赵建华，安巍，等．利用SSR标记构建枸杞品种分子身份证[J]．生物技术通报，2018, 34(9): 195-201

尹跃，安巍，赵建华，等．枸杞种质资源遗传多样性的iPBS分析[J]．福建农林大学学报(自然科学版)，2017, 46(6): 612-617.

赵建华，安巍，石志刚，等．枸杞种质资源若干植物学数量性状描述指标的探讨[J]．园艺学报，2008(2): 301-306.

张益芝，戴国礼，秦垦，等．宁夏枸杞(*Lycium barbarum*)花器官形态多样性与品系间识别研究[J]．广西植物，2018, 38(9): 1205-14.

赵东利，徐红梅，胡忠，等．中宁枸杞(*Lycium barbarum* L.)的核型分析[J]．兰州大学学报，2000, 6: 97-100.

周延清．遗传标记的发展[J]．生物学通报，2000(5): 17-18.

FUKUDA T, YOKOYAMA J, OHASHI H. Phylogeny and biogeography of the genus *Lycium* (Solanaceae): inferences from chloroplast DNA sequences [J]. Molecular Phylogenetics and Evolution, 2001, 19(2): 246-258.

GROVER A, SHARMA P C. Development and use of molecular markers: past and present [J]. Critical Reviews in Biotechnology, 2016, 36(2): 290-302.

LATEEF D D. DNA Marker technologies in plants and applications for crop improvements [J]. Journal of Biosciences and Medicines, 2015, 3(5): 7-18.

第三章
枸杞基因组

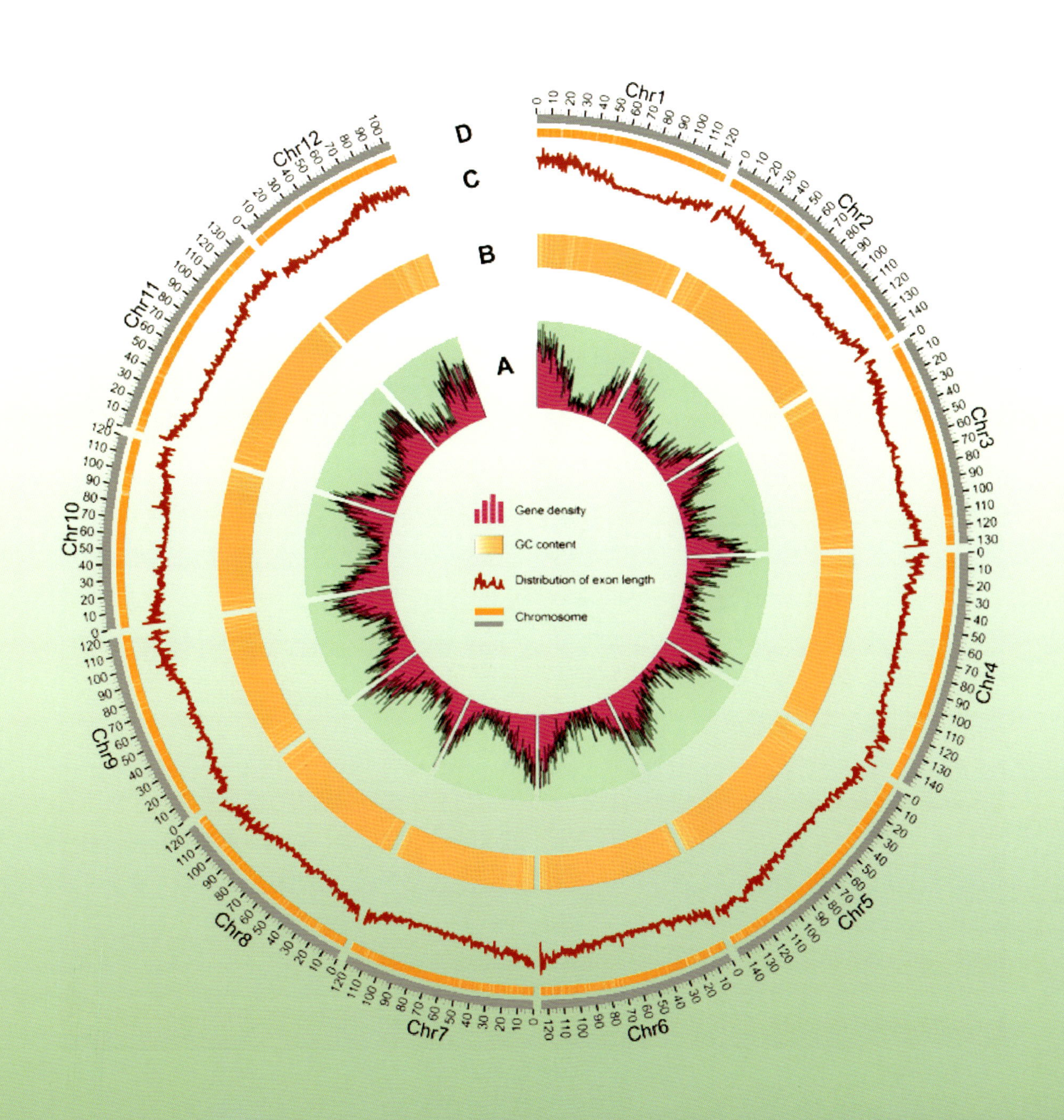

Chr1
Chr2
Chr3
Chr4
Chr5
Chr6
Chr7
Chr8
Chr9
Chr10
Chr11
Chr12
A
B
C
D
Gene density
GC content
Distribution of exon length
Chromosome

一个生物体的基因组是指一套完整染色体DNA序列。如果生物个体是二倍体，体细胞中的二倍体由2套染色体组成，其中一套DNA序列就是一个基因组。也就是说，基因组是指一个细胞或者生物体所携带的一套完整的单倍体序列。单倍体序列包括蛋白质编码和非编码序列在内的全部DNA序列。“基因组”一词可以特指整套核DNA（如核基因组），也可以包含细胞器基因组，如线粒体基因组和叶绿体基因组。一个有性生殖物种的基因组，通常是指一套常染色体和两种性染色体的序列。

全基因组测序对全面了解一个物种的分子进化，基因组成，基因调控等方面有着非常重要的意义。基因组测序的完成对加速该物种功能基因组学研究、该物种的遗传改良和分子育种工作会产生深远的影响。

第一节　基因组特征与进化

一、基因组特征

2021年，宁夏农林科学院曹有龙研究员领衔的研究团队联合国内外多个研发团队，以宁夏枸杞（*L. barbarum*）为主要材料，同时，选取了黑果枸杞（*L. ruthenicum*），以及来自南美洲、北美洲、中东和中国等国家和地区的14份枸杞属代表性物种进行了基因组测序。宁夏枸杞含有24条染色体（$2n=2x=24$），初期评估枸杞的基因组大小为1.8Gb，杂合度高达1%。为了克服枸杞基因组高度杂合而影响组装质量的难题，研究人员通过花药培养的方法培育获得了宁夏枸杞的单倍体植株（$n=12$）。采用三代PacBio测序技术对单倍体植株进行了全基因组测序，枸杞基因组大小1.67Gb, contigN50为10.75Mb。通过BUSCO对基因组质量进行评估，结果表明，宁夏枸杞基因组的完整度为97.75%，说明宁夏枸杞单倍体基因组的组装是比较完整的，组装质量比较好。最后，采用染色体构象捕获（Hi-C）技术将枸杞基因组组装到了染色体水平，12条染色体的长度在106.53～172.84 Mb。利用Illumina和PacBio技术对黑果枸杞二倍体进行测序，组装了一个基因组草图，scaffold N50为155.39 Kb，contig N50为16.14 Kb。BUSCO评估显示，黑果枸杞基因组的完整度为96.80%。为了分析间断分布模式，对枸杞属的其他11个种进行了30X低覆盖度的基因组测序。

在宁夏枸杞和黑果枸杞中分别注释了33581和32711个蛋白编码基因。BUSCO评估显示，宁夏枸杞和黑果枸杞基因组注释的完整度分别为93.16%和89.38%，这两个基因组的注释可以作为枸杞属的参考基因组。在宁夏枸杞和黑果枸杞中分别注释了33581和32711个蛋白质编码基因。BUSCO评估表明，宁夏枸杞和黑果枸杞基因组注释的完整性分别为93.16%和89.38%。此外，在宁夏枸杞基因组中鉴定出151个mRNAs、1255个tRNAs、2361个rRNAs和1243个sRNAs，在黑果枸杞基因组中鉴定出165个mRNAs、1602个tRNAs、1728个rRNAs和1736个snRNAs。

二、基因组进化与茄科植物的进化

（一）基因家族的进化

研究团队根据259个单拷贝基因家族的序列构建了一个高置信度的系统发育树，并估计了19个物种的分化时间，发现宁夏枸杞和黑果枸杞聚为一类，关系最近（图3-1）。茄科与咖啡（茜草科）的分化时间估计为82.8万年。基因家族扩张和收缩分析发现，茄科有887个基因家族扩张，

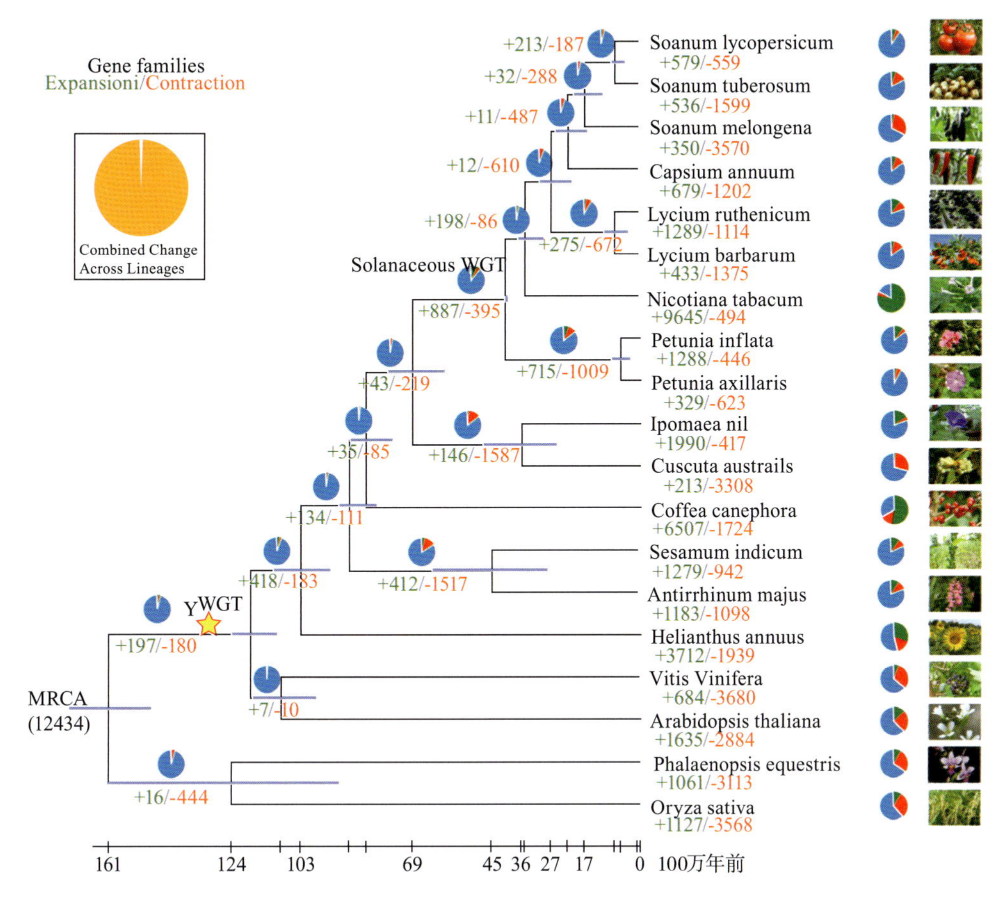

图3-1　显示分化时间和基因家族大小演化的系统发育树

注：分支上的数字代表基因家族的扩张和收缩。黄色的五角星表示与植物共有的γWGT事件，发生在130百万年前。红色的五角星表示，在69百万年前与茄科植物共享1次WGT事件。

395个基因家族收缩。在茄科植物中，枸杞275个基因家族（12个显著）扩张，牵牛花715个基因家族（24个显著）扩张，烟草9645个基因家族（487个显著）扩张，辣椒679个基因家族（40个显著）扩张，马铃薯32个基因家族（3个显著）扩张。同时，枸杞中672个（9个显著）基因家族收缩，矮牵牛中1009个（11个显著）基因家族收缩，烟草中494个（2个显著）基因家族收缩，辣椒中1202个（15个显著）基因家族收缩，马铃薯中288个（12个显著）基因家族收缩。

茄科显著扩张的基因家族（Gene Ontology）分析显示，主要富集在“光合作用、光捕获”和“代谢过程”等方面；有232个独特的基因家族主要富集在包括“ADP结合”“甘油酯生物合成过程”“干旱反应”“转录调控区DNA结合”和“双加氧酶活性”等方面；926个独特的枸杞基因在“去烯基化–核转录信使核糖核酸的独立去帽”和“核糖核蛋白颗粒”中特异性富集。在宁夏枸杞中433个扩张的基因家族（34个显著），主要富集在“转移酶活性”“转移含磷基团”“激酶活性”和“催化活性”等方面。KEGG分析主要富集在“光合作用”“RNA聚合酶”“花青素生物合成”和“苯丙烷生物合成”等方面。

枸杞属植物在热带地区没有分布，在亚热带至温带高海拔地区呈碎片化分布。为了鉴定与强光照、干旱和盐碱相关的基因，比较了枸杞与其他茄科植物，发现枸杞的三磷酸糖/磷酸转运子（TPT）基因家族显著扩张。在光合作用过程中，三糖从叶绿体输出到细胞质，并用于蔗糖合成。TPT是一种可塑转运体，它用磷酸盐交换三磷酸糖。拟南芥TPT功能缺失突变体，叶绿体中积累了淀粉，光合作用和生长速率均下降。叶绿体通过TPT输出光合产物对于维持高速率的光合电子传递至关重要。枸杞中该基因家族的高拷贝数和N端结构域的特异性缺失可能与其对强光的抗性有关。

植物激素脱落酸（ABA）在植物响应环境胁迫方面起着重要作用，尤其是干旱和盐碱环境。笔者鉴定了宁夏枸杞和黑果枸杞ABA信号转导通路中所涉及的基因，玉米黄质环氧化酶（ZEP）是ABA信号转导通路的第一个酶；它将玉米黄质转化为环氧玉米黄质，继而转化为紫黄质。该基因在枸杞中有一个特异的扩张，并产生了一个额外的亚分支，该亚分支与其他具有特殊基序的茄科同源植物关系较近（图3-2）。ABA2是另一个参与ABA信号转导通路的基因。它编码黄嘌呤氧化酶，黄嘌呤氧化酶转化为黄嘌呤，这是ABA和ABA醛的前体。黑果枸杞和宁夏枸杞在ABA2拷贝数和序列结构上存在差异，表明两种枸杞的ABA信号转导通路不同。

（二）茄科植物的六倍化事件

目前，识别全基因组加倍事件比较通用的方法是同义突变率Ks方法，这种方法的背景是认为Ks值在某种程度上反映了同源基因的产生时间。而全基因组加倍事件会产生大量的同源基因，反映在Ks值上便是会有大量的Ks值接近的同源基因对的产生，这样通过绘制Ks值的分布图便可以发现明显的Ks值峰，而这些峰也就对应了全基因组加倍事件。

宁夏枸杞和黑果枸杞中重复基因Ks分析发现在Ks=0.65处两者都有一个峰，表明宁夏枸杞和黑果枸杞基因组都存在一个古老的多倍化事件（图3-3）。相似的Ks峰值，在其他茄科物种Ks分

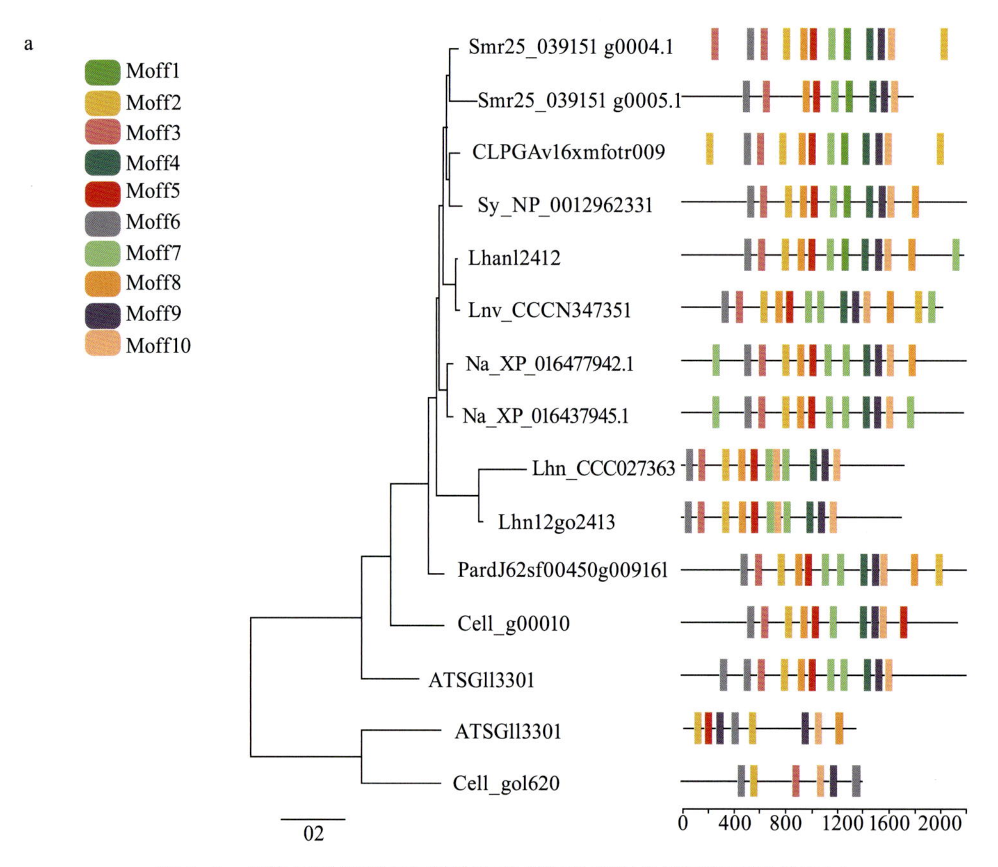

图3-2　茄科玉米黄质环氧化酶和黄质氧化酶相关基因的系统发育树

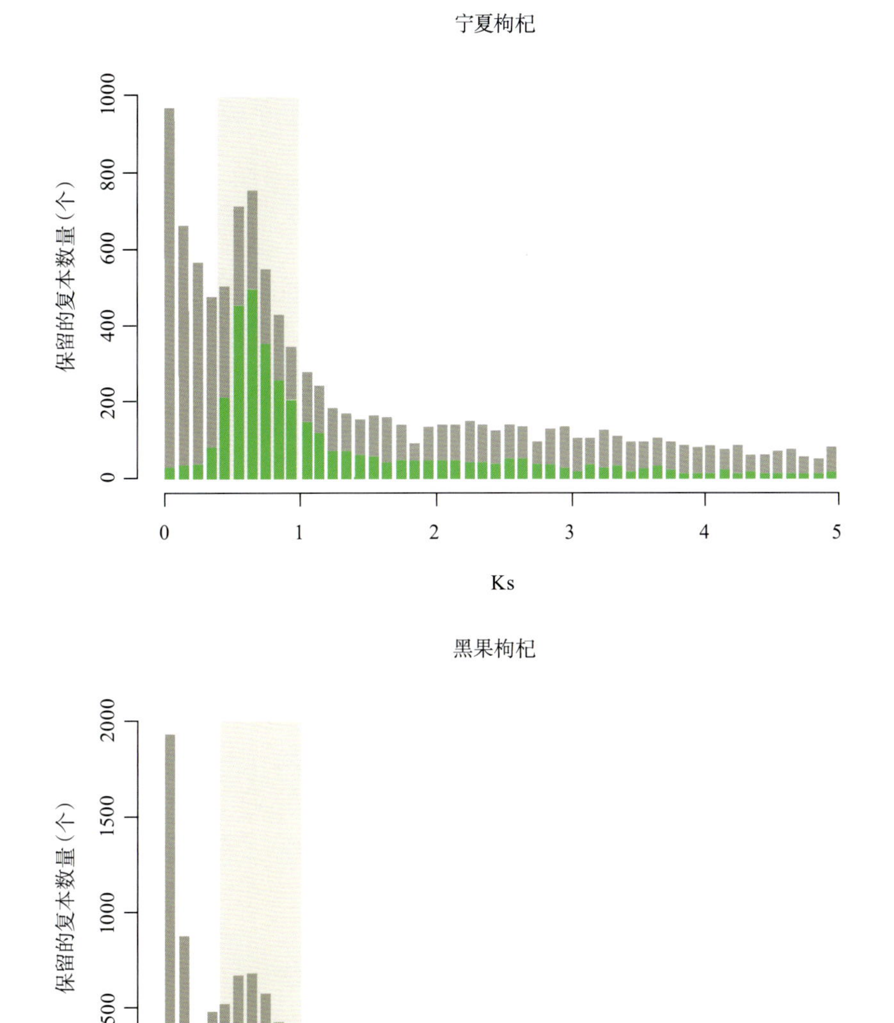

图3-3　宁夏枸杞和黑果枸杞重复基因（灰色）和共线性区块基因（绿色）的Ks分布

布中也被鉴定到，例如番茄、烟草及碧冬茄，还有旋花科植物牵牛花。比较基因组分析结果显示，宁夏枸杞和葡萄的共线性模式与2次六倍化事件一致，近期有1次，早期有1次（图3-4）。同样，在番茄基因组和番薯基因组中也发现类似的六倍体化事件。为进一步验证大多数近期的六倍化事件是否与茄科和旋花科共享，利用1对1直系同源Ks分布比较茄科和旋花科物种的同义替代率，以及宁夏枸杞、番茄、烟草、碧冬茄等物种形成的信息。茄科与旋花科物种Ks距离与中果咖啡相似，表明他们有相似的同义替代率（图3-5）。因此，宁夏枸杞与其他物种的直系同源Ks分布可以用于比较宁夏枸杞旁系同源Ks分布，而不需要校正不同的同义替代率。宁夏枸杞中Ks分布峰较枸杞属和番薯属代表Ks峰更晚，但是比枸杞属和茄科其他物种代表Ks峰更早。因此，确认了枸杞属基因组和其他已测序茄科物种共享了六倍化事件，此事件发生于茄科与旋花科分化之后。

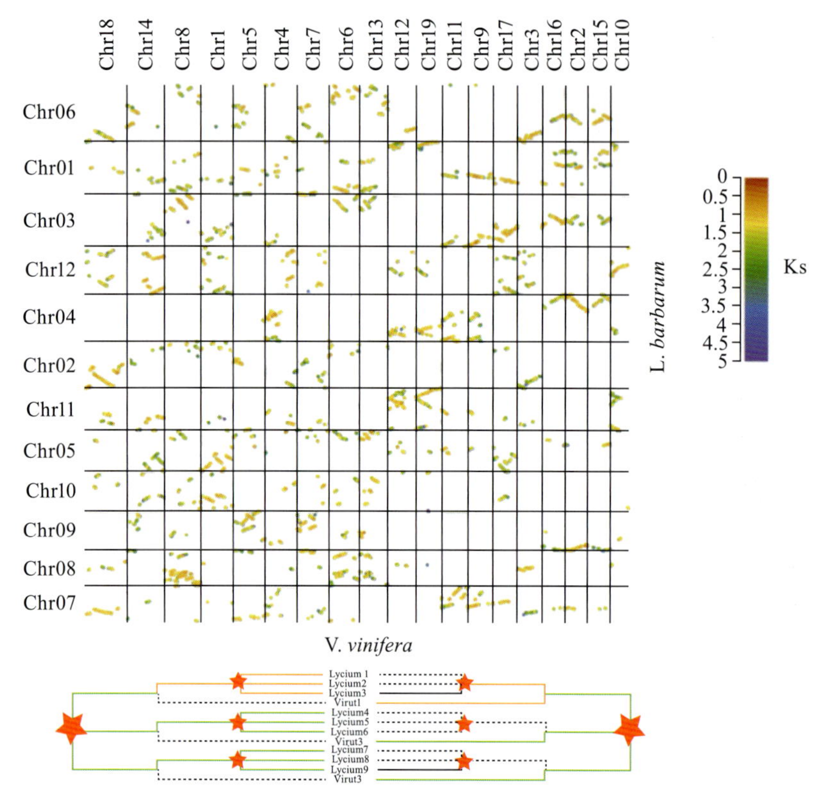

图3-4　宁夏枸杞和葡萄基因组之间的点状图

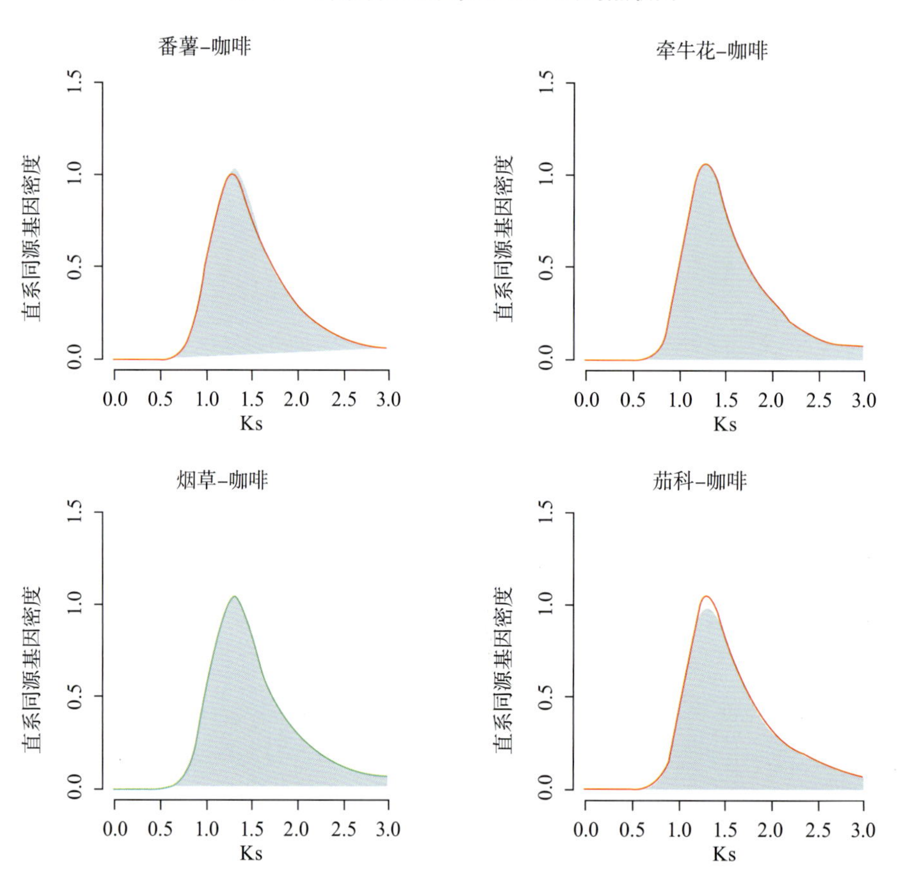

图3-5　茄科、旋花科和咖啡间一对一同源物同义位替换的分布

第二节　枸杞基因组功能与利用

一、自交不亲和基因

茄科植物中，S-RNase介导的配子体自交不亲和（GSI）阻止了自花受精。S-RNase属于T2型RNase（RNase - T2），在茄科植物中负责自花花粉识别和排斥。在枸杞基因组中鉴定了枸杞的S-RNase同源基因。为了寻找可能参与枸杞GSI的基因，通过同源性搜索和系统发育树构建，将RNase-T2基因划分为3个亚家族，即I类RNase-T2、II类RNase-T2和S-RNase。S-RNase可进一步细分为蔷薇科S-RNase、金鱼草S-RNase、茄科S-RNase I和茄科S-RNase II 4类。在宁夏枸杞中鉴定到的17个RNaseT2型基因，其中2个和15个基因分别聚为I类RNase-T2和S-RNase。后者包括茄科S-RNase II中的14个基因和茄科S-RNase I中的1个基因（*Lba02g01102*）。*Lba02g01102*基因与Miller等人报道的枸杞S-RNase基因聚集在一起（图3-6），进一步证实了其S-RNase活性。基因家族分析表明*Lba02g01102*可能是控制枸杞GSI的最有可能的候选基因。此外，在2号染色体上搜索到了49个F-box基因。其中，有10个位于*Lba02g01102*基因的S位点连锁区（图3-7），推测这是枸杞候选S位点。

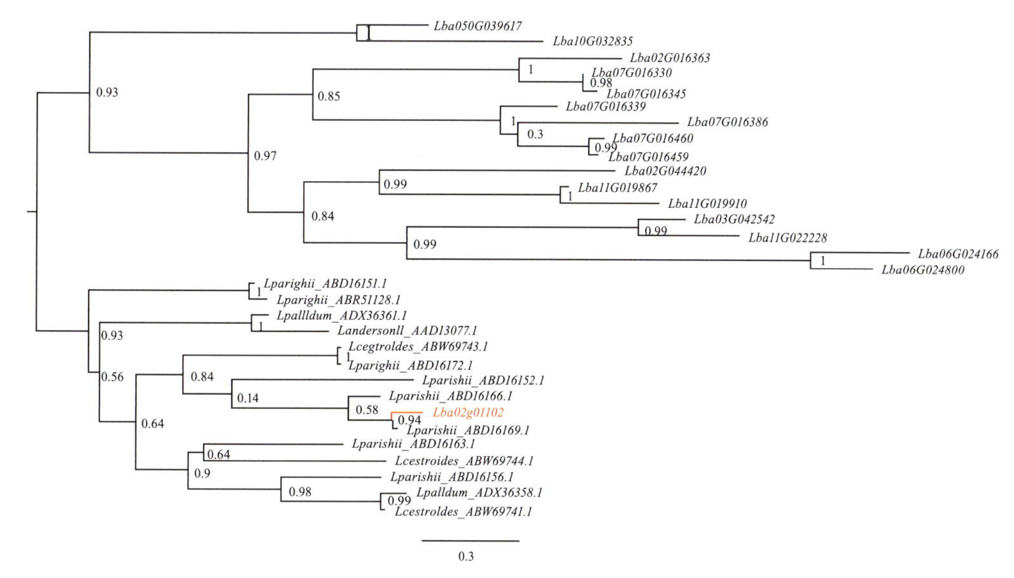

图3-6　宁夏枸杞的RNase-T2基因和S-RNase基因的系统发育树

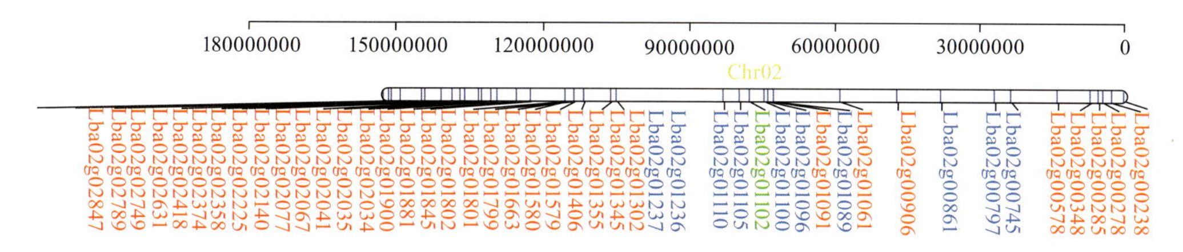

图3-7　2号染色体（SI候选基因*Lba02g01102*所在染色体）F-box基因分布

注：绿色代表SI候选基因*Lba02g01102*；红色代表F-box基因；蓝色代表S位点连锁S-locus基因。

SI基因通常有助于维持自交不亲和物种的遗传变异和高的杂合度，从而维持杂种优势。二倍体枸杞基因组具有高度的杂合性（1.0%），可能是由SI基因来维持的。为了进一步研究它们之间的关系，以及RNase-T2基因是否主要位于杂交热点并有助于枸杞基因组的高杂合性，笔者使用滑动窗口方法在枸杞基因组的12条染色体上寻找杂交热点（图3-8），鉴定到了2782个杂交热点，它们在整个基因组中不是随机分布的，占整个基因组杂合位点的60.03%。2号染色体杂合位点的分布模式与其他染色体不同，在染色体中间40～100 Mb区域显示出较高的杂合率。2号染色体也显示出每个热点的杂合位点数量最多（图3-9），这表明2号染色体的重组频率最高。

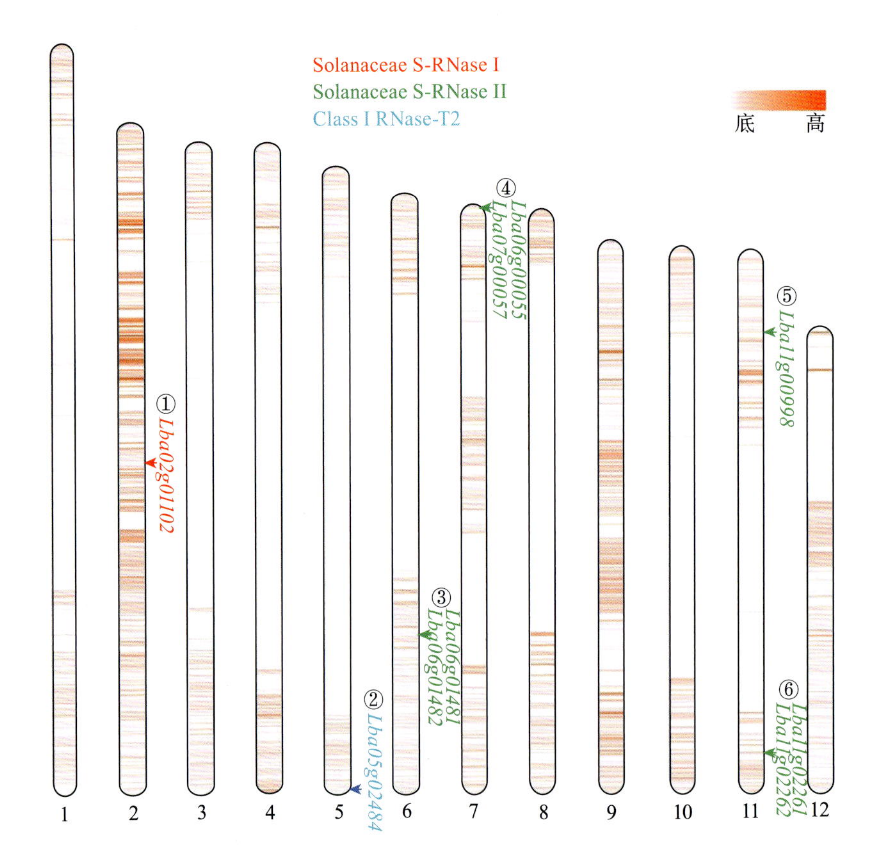

图3-8　枸杞基因组各染色体上的杂交热点

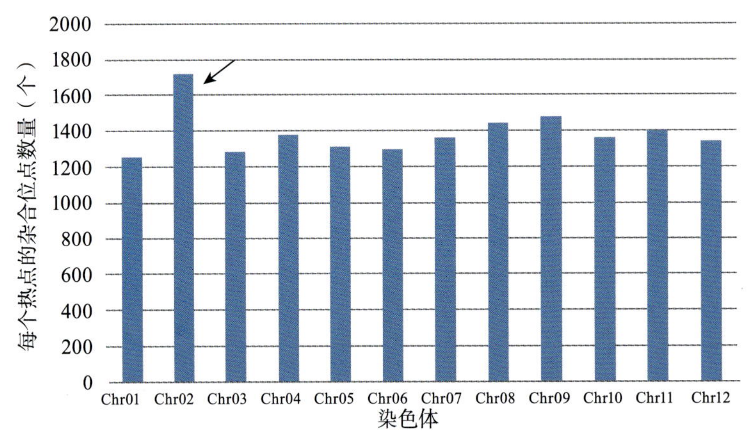

图3-9　每条染色体上每个热点的杂合位点数量

GO分析，这2782个热点区域的基因主要富集于氨基酸和硫化合物代谢过程（生物过程；$P<0.05$），液泡和膜结合细胞器（细胞组分；$P<0.05$），氧化还原酶活性（分子功能；$P<0.05$；图3-10）等方面。在这些基因中，有9个存在于染色体2、5、6、7和11的6个杂交热点中，主要作用于RNase-T2活性（图3-8）。

上述结果表明，S-RNase Ⅰ型SI候选基因（*Lba02g01102*）可能是控制枸杞GSI的最有可能的候选关键基因。此外，该SI基因可能维持了2号染色体上的频繁重组，其直接作用是提高了SI枸杞的杂合率。然而，该候选基因引起重组升高的分子机制有待进一步研究。

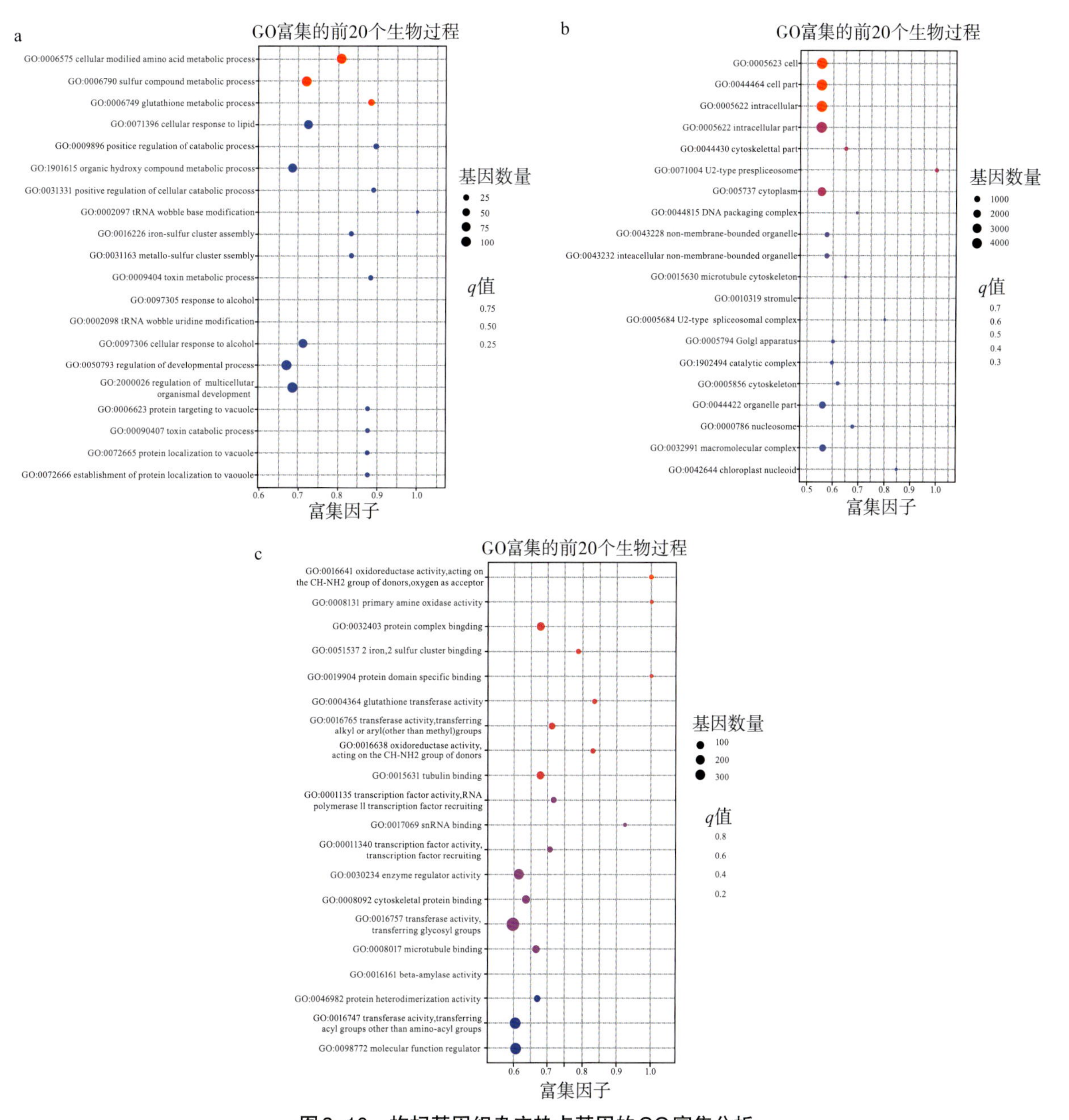

图3-10　枸杞基因组杂交热点基因的GO富集分析

注：a.生物过程；b.细胞成分；c.分子功能。

二、参与次级细胞壁生长的基因

宁夏枸杞是一种多年生落叶灌木种，具有木质茎。到目前为止，茄科中已经测序的物种如番茄、烟草、土豆、辣椒、茄子和矮牵牛，都是草本植物。高等植物木本茎的发育与次生细胞壁（SCW）有关，SCW主要由纤维素、半纤维素和木质素组成。宁夏枸杞中推测的纤维素和木质素生物合成基因中，许多串联重复基因被发现，特别是肉桂醇脱氢酶（CAD）和漆酶（LAC）基因家族，它们是参与木质素生物合成途径的最后两个环节。分析了这些串联重复基因从茎基部到茎尖区域四个转录组表达情况，这些基因大多在茎的4个顶端区域表达量相对较高，这两个区域可能经历了SCW形成和木质素化，表明它们在木质素生物合成中可能发挥着重要作用。枸杞是一种生长在中国干旱和半干旱地区极端条件下，特别是盐碱和干旱环境下的盐生植物。木质素提供了植物的硬度和有效的机械屏障抵御病原体的攻击。另外，它的不透水特性可以减少水分蒸腾作用，并使其在干旱条件下保持正常的膨胀压力。一些植物的根系木质素沉积与耐旱性之间的相关性已经得到证实。枸杞中这些串联重复基因是否参与了枸杞对干旱环境的适应性有待进一步研究。

三、开花和花发育相关基因

MADS-box转录因子是植物花发育中最重要的调控因子之一，也是调节花转化的一类重要调控因子。宁夏枸杞基因组编码80个MADS-box基因，其中，I型MADS-box基因25个，II型MADS-box基因55个，MADS-box基因的数量大于无油樟和原始兰花，但低于茄科植物番茄（131个）和马铃薯（153个）；值得关注的是，在I型MADS-box基因中，与枸杞的基因数量（25个）相比，番茄（81个）和马铃薯（114个）分别是它的3.24倍和4.56倍。串联基因重复似乎有助于I型MADS-box基因数量的增加（I型Mα），而且I型MADS-box基因主要是通过较小规模和较近的重复来复制的。除了OsMADS32亚家族，大多数II型MADS-box基因亚家族存在于番茄、马铃薯和宁夏枸杞中（图3-11），OsMADS32亚家族在现有的双子叶植物中已经不存在。另外，发现宁夏枸杞在开花位点C（FLC）分支中有更多的成员（9个成员），它比番茄（3个成员）和马铃薯（2个成员）都多一些。拟南芥FLC基因研究比较清楚了，它是一种重要的花发育抑制因子，抑制拟南芥开花，直到经历了冬天低温、春化作用。前人研究表明，FLC位点的等位基因变异对拟南芥、阿拉伯高山芥和甘蓝的开花变异有重要影响。高山莲营养组织春化后，FLC转录的调控对于多年生开花植物生命周期中花期的持续时间以及第二年开花的营养枝的维持具有重要意义。笔者推断枸杞FLC基因序列变异可能与枸杞多年生开花周期有关，其在枸杞开花、花发育中的作用有待进一步研究。

在枸杞基因组发现了大量与番茄和马铃薯花器官识别相关的同源基因。a类基因*Lba01g02228*和*Lba03g02360*，B-AP3基因*Lba12g01999*和*Lba02g02684*，B-PI基因*Lba01g01562*和*Lba04g01347*，e类基因*Lba12g02569*和*Lba05g01643*主要在花发育过程中表达（图3-12）。

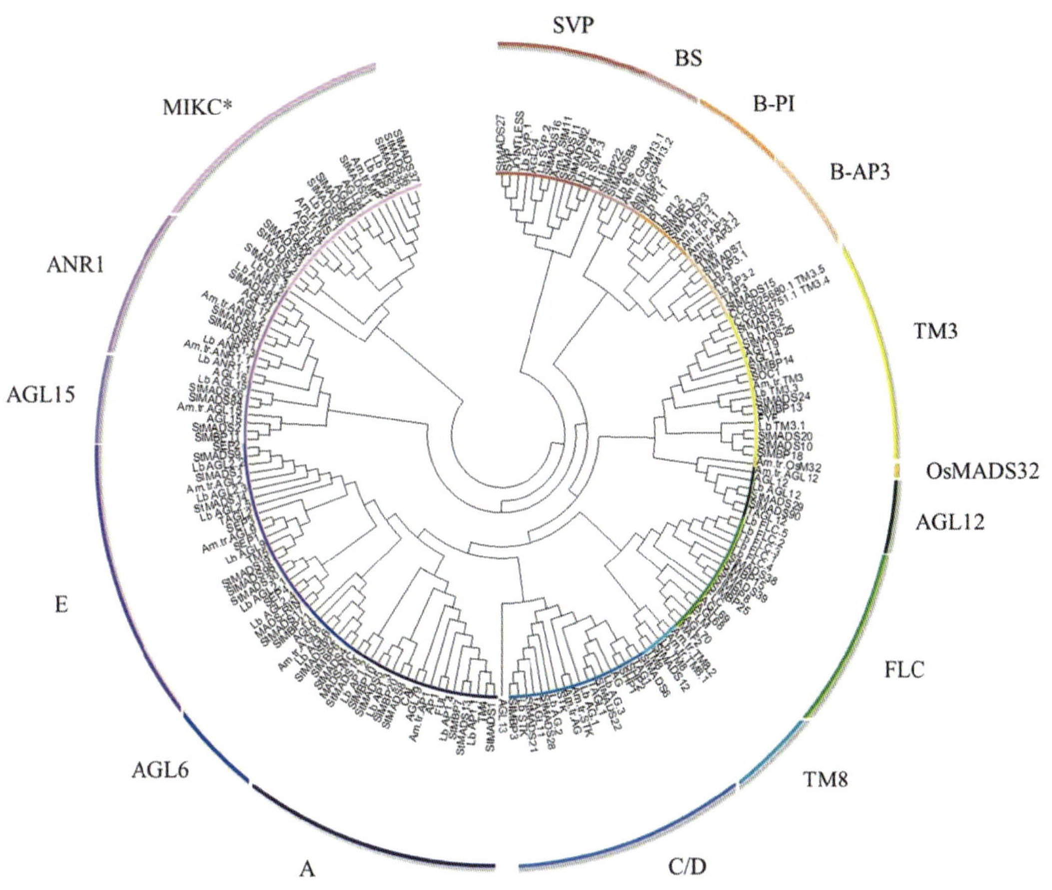

图3-11　Ⅰ型MADS-box基因的系统发育分析

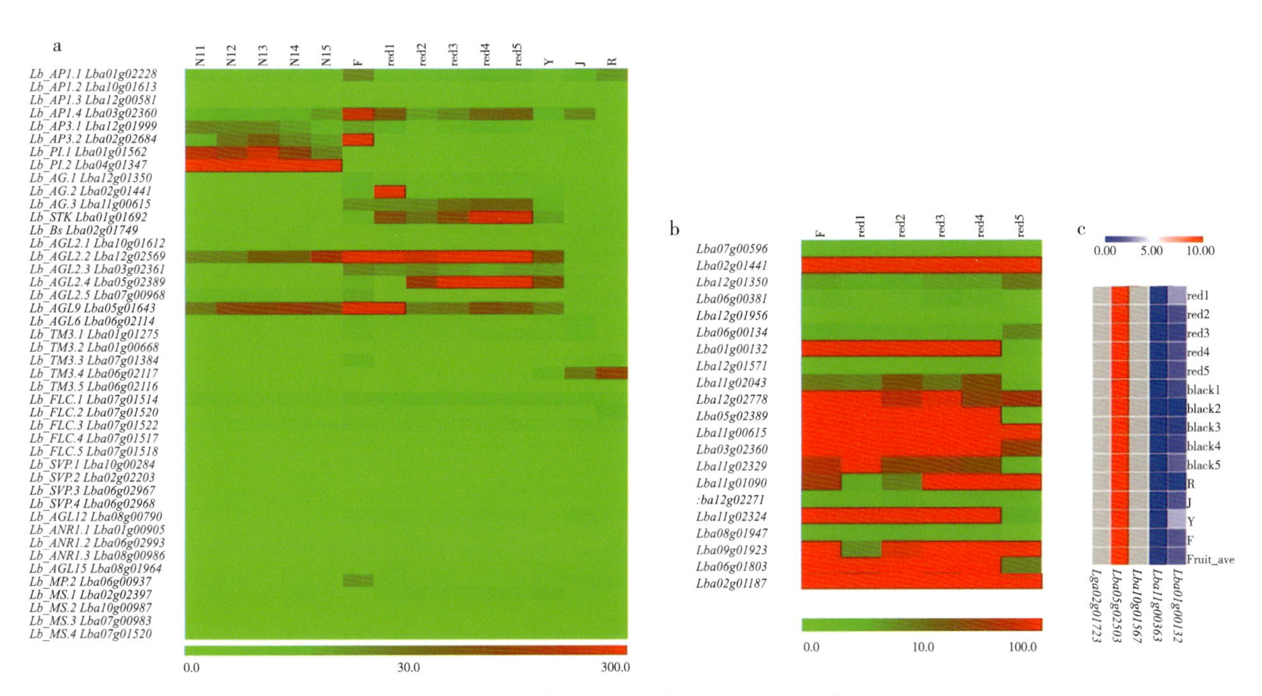

图3-12　宁夏枸杞花和果实发育的基因表达谱分析

四、果实发育和成熟相关基因

果实的发育和成熟是一个复杂的过程，经历了巨大的变化。这些变化主要包括风味、颜色和质地，进而影响果实品质。有关枸杞果实发育和成熟的遗传调控研究很少。作为茄科植物，枸杞具有类似于番茄的肉质果实。基于对番茄果实发育的研究，已经有很多研究报道其生化变化和分子调控过程，如软化、颜色变化和成熟调控，并且在某些方面与枸杞相似（图3-13）。植物激素乙烯调控果实的成熟过程，一系列番茄成熟突变体已经被分离出来，并阐明了果实的成熟机制。大多数与肉质果实发育和成熟有关的转录因子都在枸杞基因组中被鉴定出来。这些基因的表达模式与番茄肉质果实发育和成熟过程中的表达模式是一致的，表明番茄和枸杞之间的调控机制高度保守。值得关注的是，在果实发育的不同阶段，基因表达存在一定的差异性：c类基因*Lba02g01441*主要在果实发育早期表达，而*Lba11g00615*转录本主要在成熟阶段积累（图3-12a）。此外，a类基因*Lba01g02228*和*Lba03g02360*，d类基因*Lba01g01850*，e类基因*Lba12g02569*和*Lba05g01643*在果实发育过程中表达量较高（图3-12b）。不同器官发育中基因表达也存在差异性：e类基因*Lba05g02389*在花和果发育阶段表现出差异表达，主要在果实发育阶段2表达。此外，LOCULE NUMBER（LC）是控制番茄果实心房数的同源结构域转录因子基因。COLORLESS NON-RIPENING（CNR）是一个SBP-box转录因子基因，被认为是番茄果实成熟的主要调控因子之一。LC同源基因*Lba12g01956*和CNR同源基因*Lba12g01571*（图3-14至图3-17）在果实发育和成熟过程中几乎检测不到（图3-12b）。LC和CNR同源基因在枸杞果实发育和成熟过程中的极低表达表明，这两个基因可能在枸杞中受到其他过程的调控，并可能与枸杞果实大小和形状与番茄的差异有关。

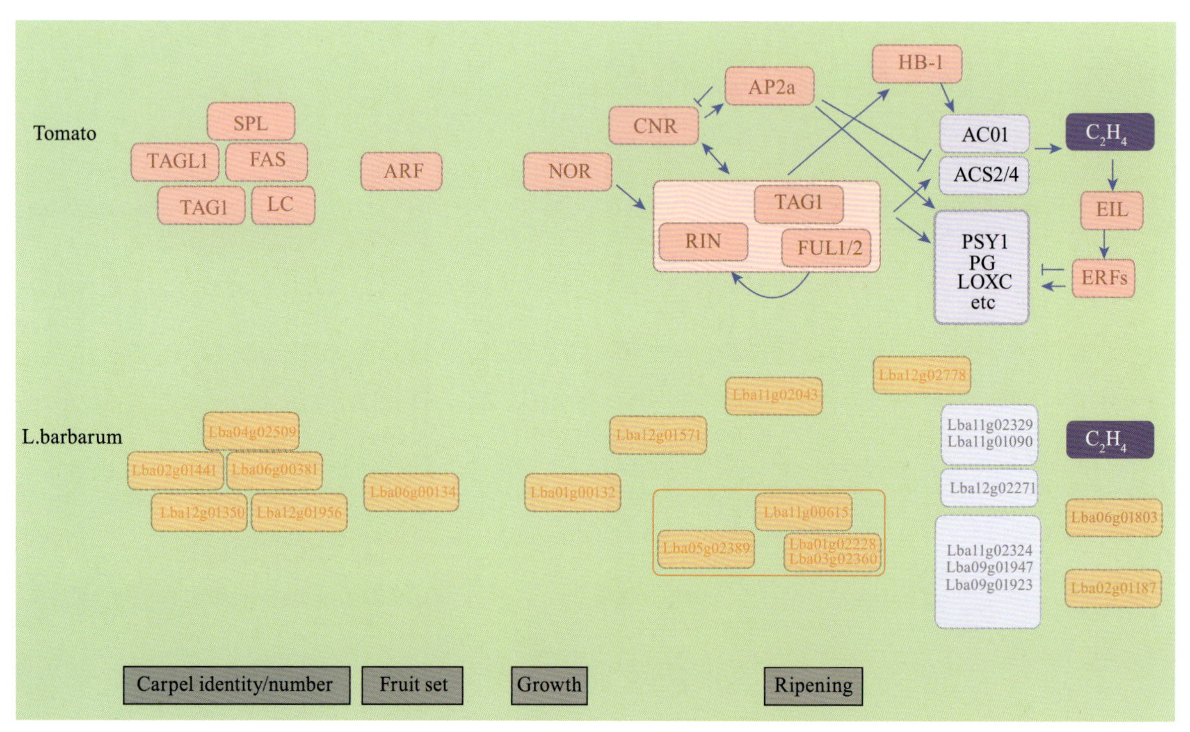

图3-13　宁夏枸杞和番茄果实发育和成熟转录调控因子的比较分析

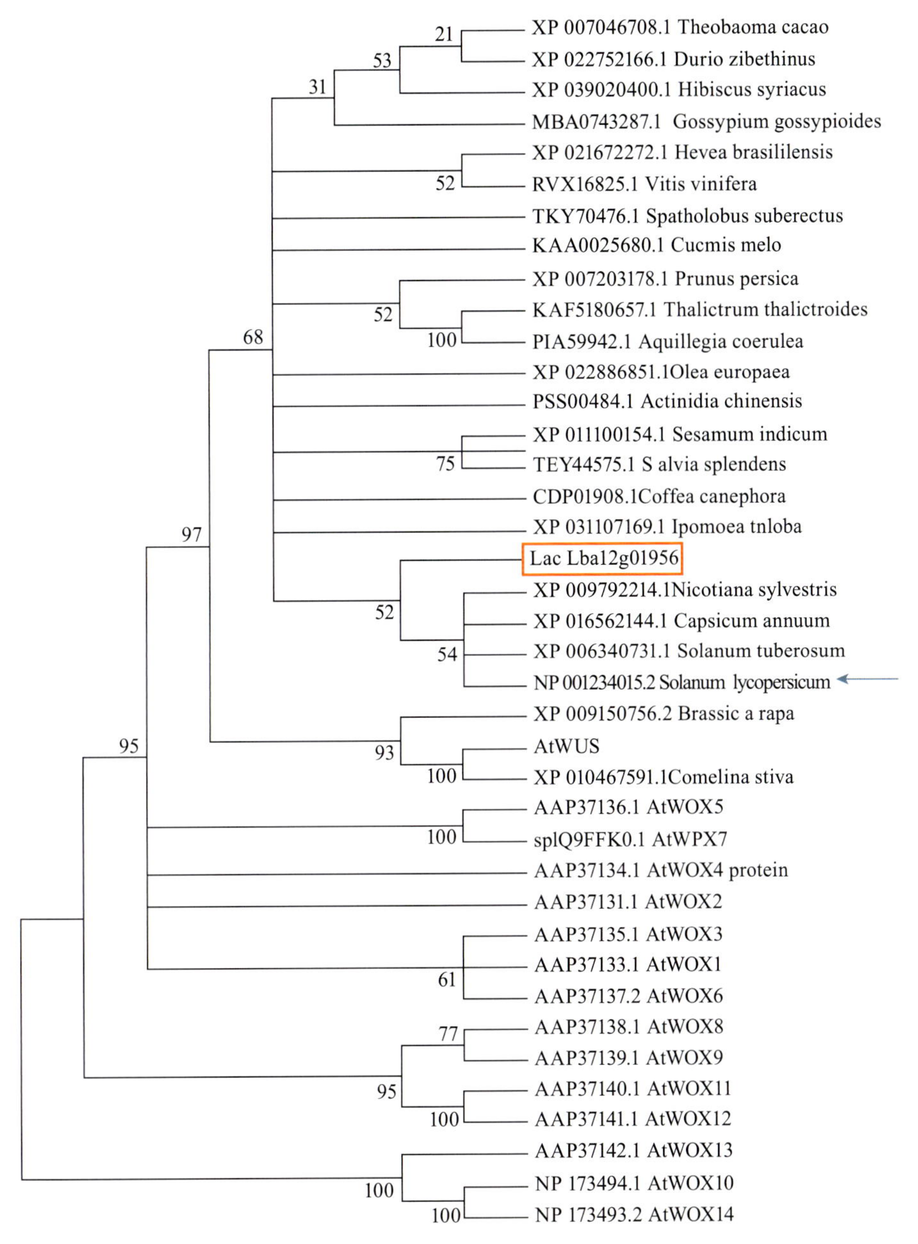

图3-14 枸杞LC基因的系统发育分析

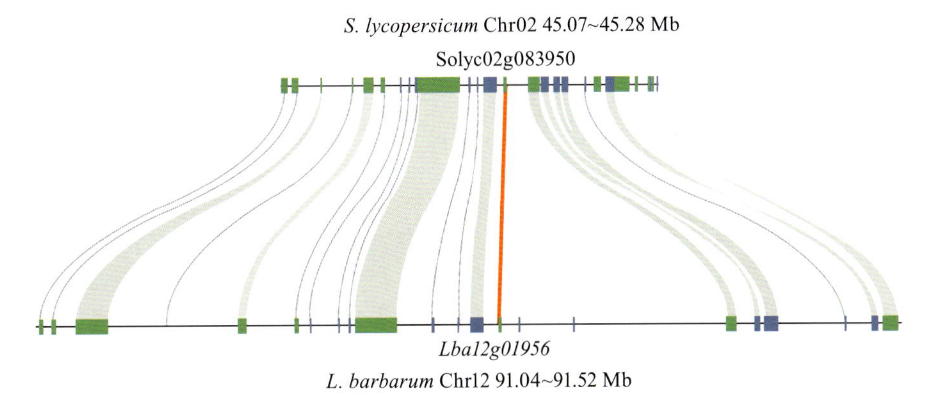

图3-15 枸杞与番茄的共线性分析

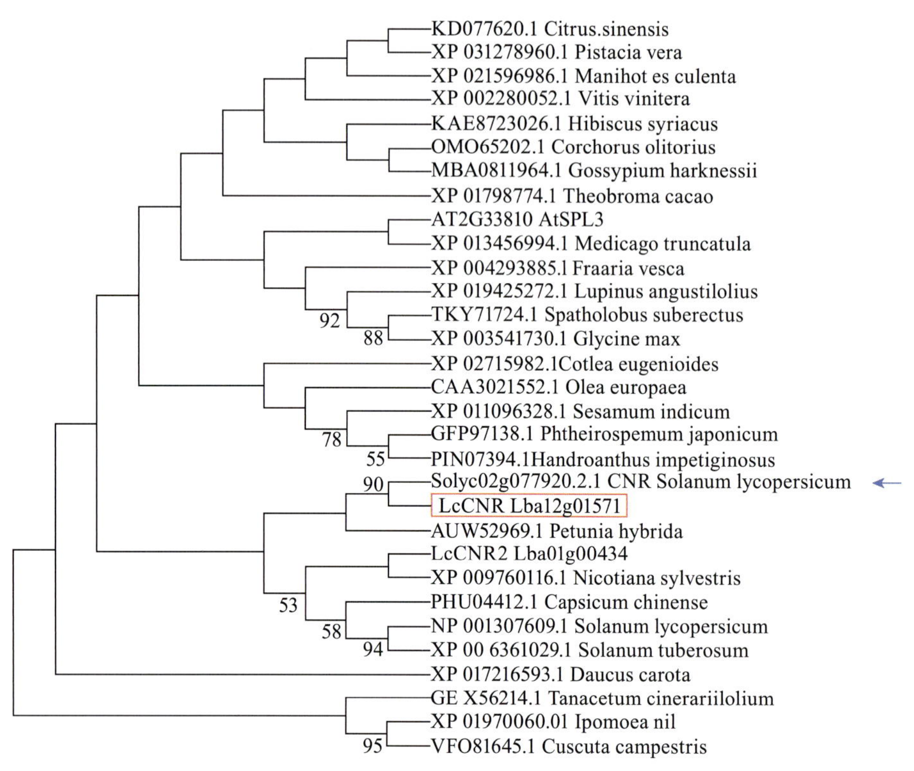

图3-16　枸杞CNR基因及其同源基因的系统发育分析

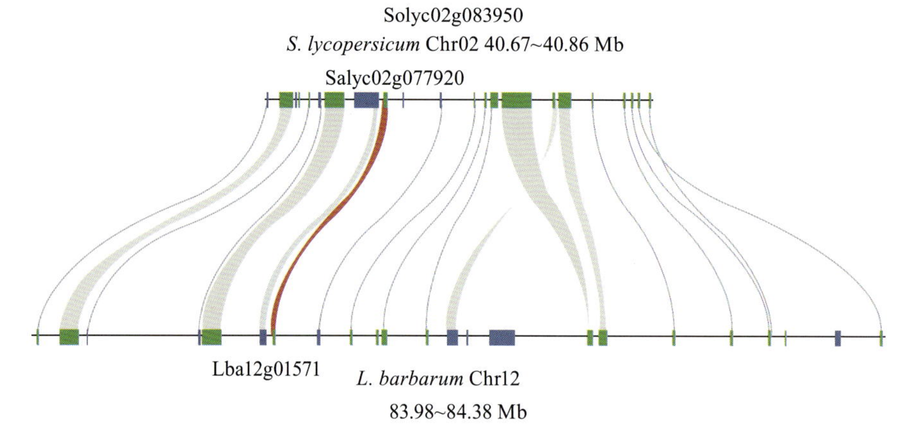

图3-17　枸杞与番茄的共线性定位

注：红色标注的基因表示番茄的CNR和枸杞的CNR。

NOR突变体阐明了其对番茄果实成熟的显著影响，该基因被鉴定为编码NAC转录因子家族成员的转录因子，该家族由大量旁系基因组成。其他与成熟相关的NAC编码基因SlNAC4（*Solyc11g017470.1.1*）和NOR-like1（*Solyc07g064320.2.1*）在果实成熟开始时积累较多，抑制基因表达导致番茄果实成熟延迟。在枸杞转录组分析中，检测到了部分成熟相关的NAC家族基因的表达。在枸杞基因组中鉴定出*Lba02g00132*（NOR）、*Lba02g01723*（SlNAC4）、*Lba05g02503*（NOR-like1），这些关键成熟因子的转录本在根、茎、叶以及果实发育的各个阶段均有积累，值得关注的是枸杞中*Lba05g02503*（NOR-like，*Solyc05g007770.2.1*），而不是NOR，表达量远远超过其他基因的表达量（图3-12a），可能枸杞中基因*Lba05g02503*在果实成熟中起着更重要的作用。通过对枸杞和番茄基因表达模式的比较，揭示了枸杞和番茄在果实发育和成熟控制方面的基因表达和功能差异。

五、与多糖合成相关的基因

枸杞果实具有多种抗癌症、炎症、糖尿病、疲劳、氧化应激、辐射和衰老的生物学效应。功效成分主要包括多糖、类黄酮、类胡萝卜素、玉米黄质、甜菜碱等。其中，枸杞多糖（LBP）是主要活性成分，具有广泛的药理活性。虽然许多LBP已被分离并鉴定，但其详细的结构特征尚未完全确定。据报道，LBP是果胶分子，并提出了它们的假设结构。果胶是3种关键的细胞壁多糖之一，主要由3个结构域组成，包括直线型高半乳糖酸（HG）区和支链鼠李糖半乳糖酸I型（RG-I）和RG-II区。RG-I通常由几个侧链连接，如阿拉伯半乳聚糖（AG）I型和II型，而RG-II结构更复杂。与其他植物中典型的果胶结构类似，LBP已被证明含有HG、RG和AG区域（图3-18）。拟南芥果胶合成所需的基因，包括糖基转移酶（GTs）和甲基转移酶（MTs），已经被鉴定出。因此，根据拟南芥相关基因，来鉴定枸杞LBP生物合成基因（图3-18）。HG和AG合成所需的一些GT和MT基因也被用作查询，包括编码QUASIMODOs QUAs）、棉花Golgi-related 3（CGR3）、羟脯氨酸O-半乳糖基转移酶（hpgt）、岩藻糖转移酶（FUTs）、β-葡萄糖醛酸基转移酶（GlcAT14A、B、C）和半乳糖基转移酶（GALTs）的基因。将宁夏枸杞中鉴定到的LBP生物合成基因的数量与其他茄科植物进行了比较。为寻找潜在的候选基因，转录组分析发现，果实发育阶段许多基因的表达模式与LBP积累一致，在LBP含量较高的初始阶段达到显著表达高峰，如*Lba01g02635*、*Lba04g00011*、*Lba12g00767*、*Lba08g01208*、*Lba07g00975*、*Lba03g02350*和*Lba01g02220*（图3-19）。它们的拟南芥同源基因GALT29A、GALT31A、GALS3、GAUT7和RRT1是HG、RG-I和AG51合成的关键酶基因，表明这些候选基因可能在LBP生物合成中发挥着重要作用。此外，在拟南芥研究的基础上，提出了一种可能的LBP生物合成途径模型（图3-18a），并通过与拟南芥基因的同源性，鉴定了可能参与该途径的枸杞基因。在枸杞基因组中鉴定出SWEET17的串联基因重复序列（*Lba06g02490*和*Lba06g02491*）。这些重复的基因是否有助于枸杞中LBP的生物合成，有待研究。此外，笔者还将枸杞中该生物合成基因的数量与其他茄科植物进行了比较，没有显著差异。然而，除了矮牵牛外，枸杞基因组中SWEET家族基因的数量高于本研究分析的所有茄科植物。枸杞基因组37个SWEET基因中，23个是来自7组串联重复。它们的功能，以及这些基因的串联重复是否是适应极端环境的机制，有待后续的研究。

六、花色苷合成相关的基因

花色苷是一种水溶性色素，广泛存在于植物花瓣、果实、茎和叶中。由于其强大的抗氧化和清除自由基的能力，花色苷常被用作营养食品添加剂。黑果枸杞中富含花青素，其花青素含量是蓝莓果实的1.7倍，矮牵牛素-3-O-芸香糖苷（反-对香豆酰）-5-O-葡萄糖苷是最丰富的花青素，占总花青素的60%。黑果枸杞和宁夏枸杞果实发育和成熟过程中花色苷生物合成途径（ABP）相关基因的表达谱比较分析，结果显示，这些基因在黑果枸杞果实中的表达显著高于宁夏枸杞，这些基因的转录本主要在果实成熟的第3至第5时期积累（图3-20）。ABP结构基因的表达模式与黑果枸杞果实颜色的积累一致。4个R2R3-MYB转录因子（*Lba04g02548*、*Lba05g02024*、*Lba08g01154*和*Lba05g02025*）在两种枸杞果实之间的表达水平也存在显著差异（图3-20c），它们可能参与了枸杞花色苷合成的调控。

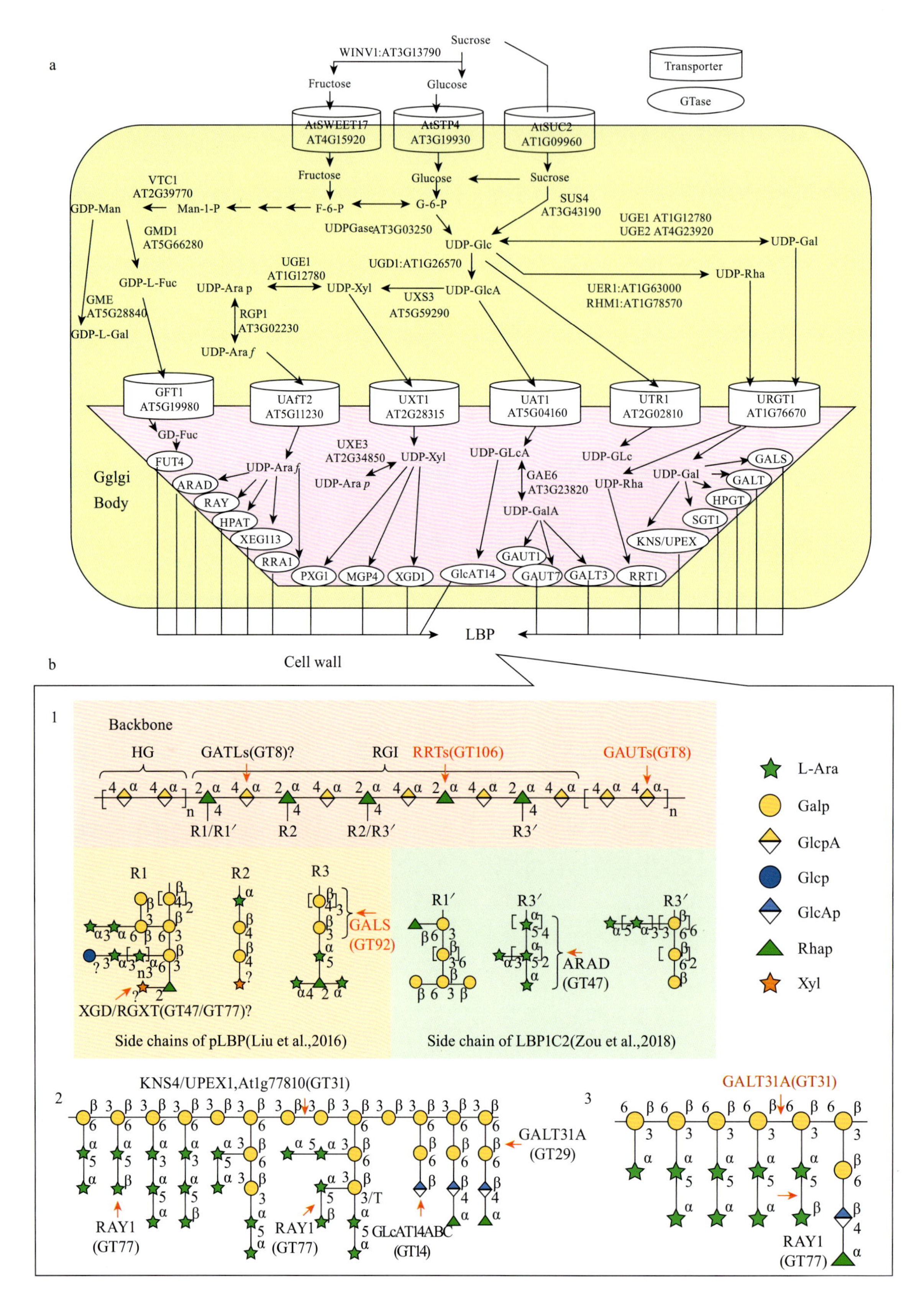

图3-18　枸杞果实中枸杞多糖（LBP）生物合成的候选基因

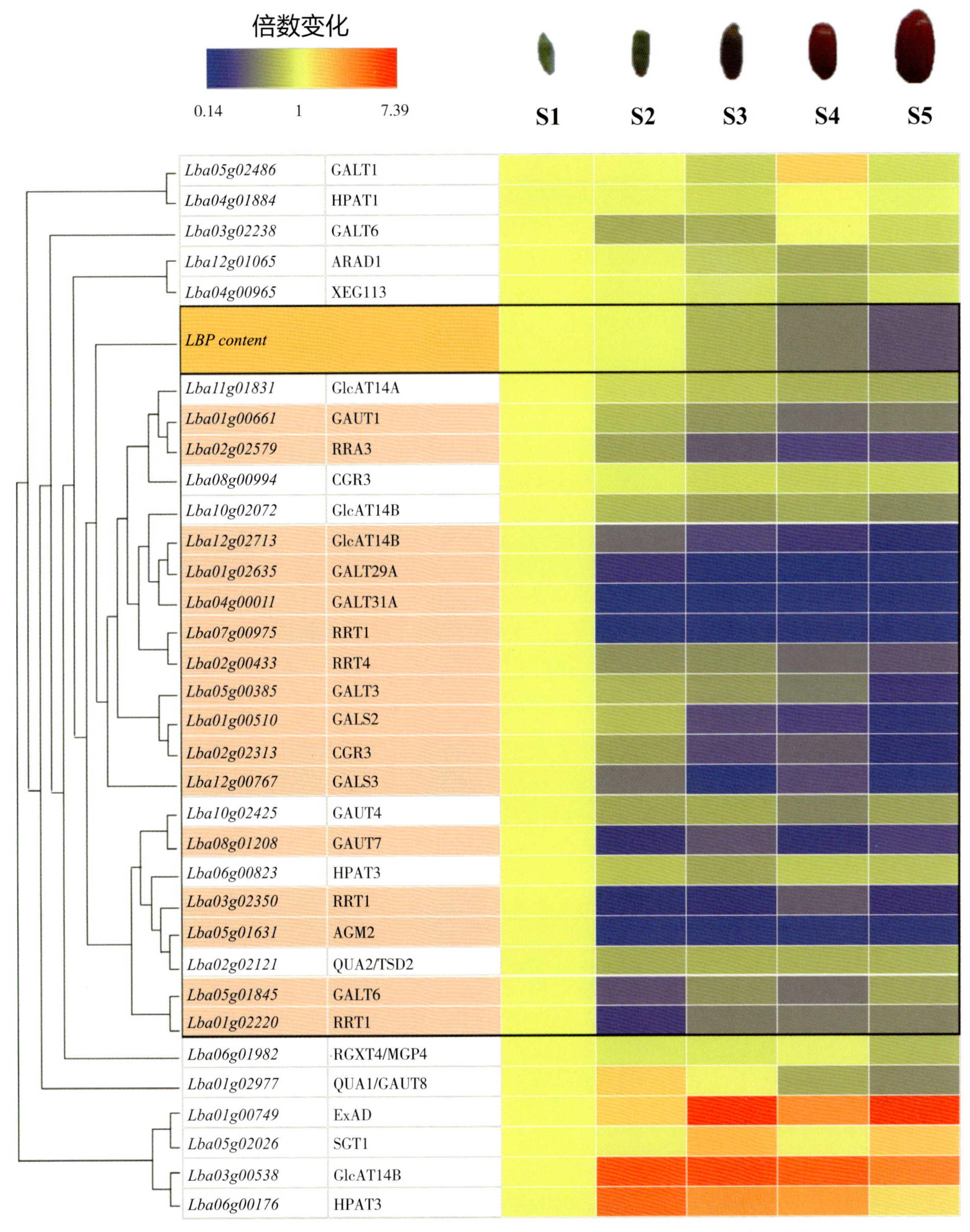

图3-19　枸杞果实发育过程中枸杞多糖（LBP）生物合成相关基因的表达谱热图

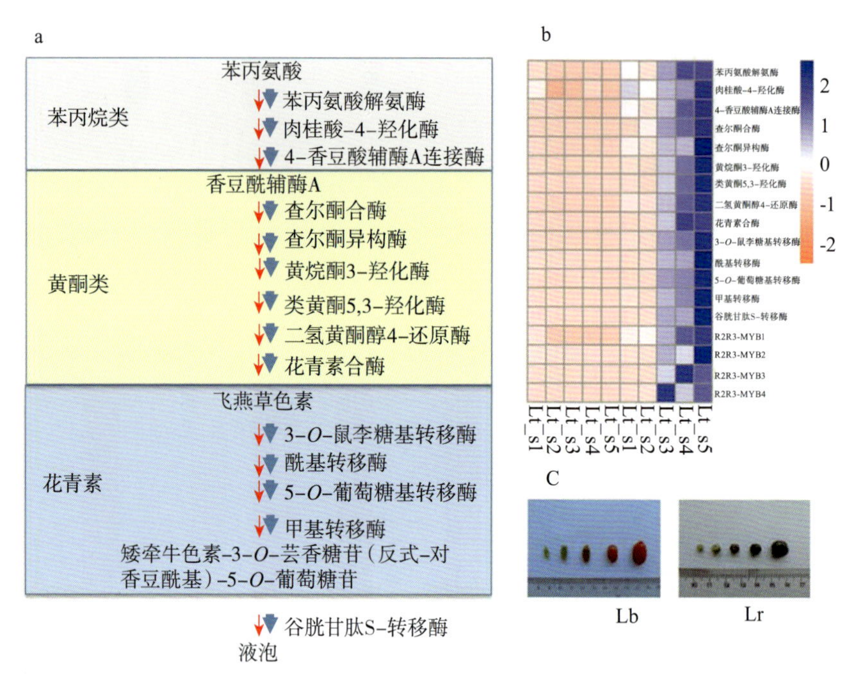

图3-20　花青素生物合成

七、类胡萝卜素合成基因

鉴定了类胡萝卜素生物合成途径相关的基因，并比较了它们在宁夏枸杞和黑果枸杞果实中的表达模式。如图3-21所示，ZISO（*Lba07g02021*）、LCYB（*Lba05g00383*）、CHYB（*Lba03g01505*）、PDS（*Lba03g03127*）、PSY（*Lba11g02324*）和ZDS（*Lba06g01695*）在宁夏枸杞中的表达水平远高于黑果枸杞，这与前人的报道一致；降解类胡萝卜素的类胡萝卜素裂解双加氧酶（CCDs）（*Lba03g01270*）的表达水平在黑果枸杞果实发育的第3至第5个时期增加，然而，在宁夏枸杞果实中只在第1个时期检测到（图3-21b）。这些结果表明，枸杞果实中类胡萝卜素含量的积累，是受类胡萝卜素的生物合成和降解共同调控的。全基因组检测分析发现，枸杞*LbaR2R3-MYB*基因分为31个亚组，并鉴定到*Lba11g0183*和*Lba02g01219*是调节枸杞类胡萝卜素生物合成的关键候选基因；同样，还发现了*LbaBBX2*和*LbaBBX4*可能在玉米黄质和花药花素生物合成的调控中起关键作用。

玉米黄素双棕榈酸酯（ZD）是宁夏枸杞中类胡萝卜素的主要成分，但玉米黄质棕榈酸酯化所需的酶尚不清楚。棕榈酸酯是一种16碳脂肪酸。在笔者的研究中发现，随着宁夏枸杞果实的成熟，*Lba07g02085*基因的表达显著增加。通过NCBI CD-Search的进一步分析表明，该基因（*Lba07g02085*）编码了一个含有ttLC_FACS_AEE21_like结构域的蛋白质。含有ttLC_FACS_AEE21_like结构域的酶家族可以激活中、长链脂肪酸，因此该基因（*Lba07g02085*）被命名为FACS（脂肪酰基辅酶A合成酶）。在拟南芥中，9种长链酰基辅酶a合成酶（ACS）能与16碳脂肪酸和不饱和18碳脂肪酸结合，但不能与20碳烯酸（20：1）和硬脂酸（18：1）结合。这表明16碳不饱和脂肪酸棕榈酸酯是ACS的最佳底物。转录组比较分析发现，在宁夏枸杞中FACS的表达水平几乎是黑果枸杞的10倍。因此，推测FACS（*Lba07g02085*）可能在催化ZD的生物合成中发挥着重要作用。

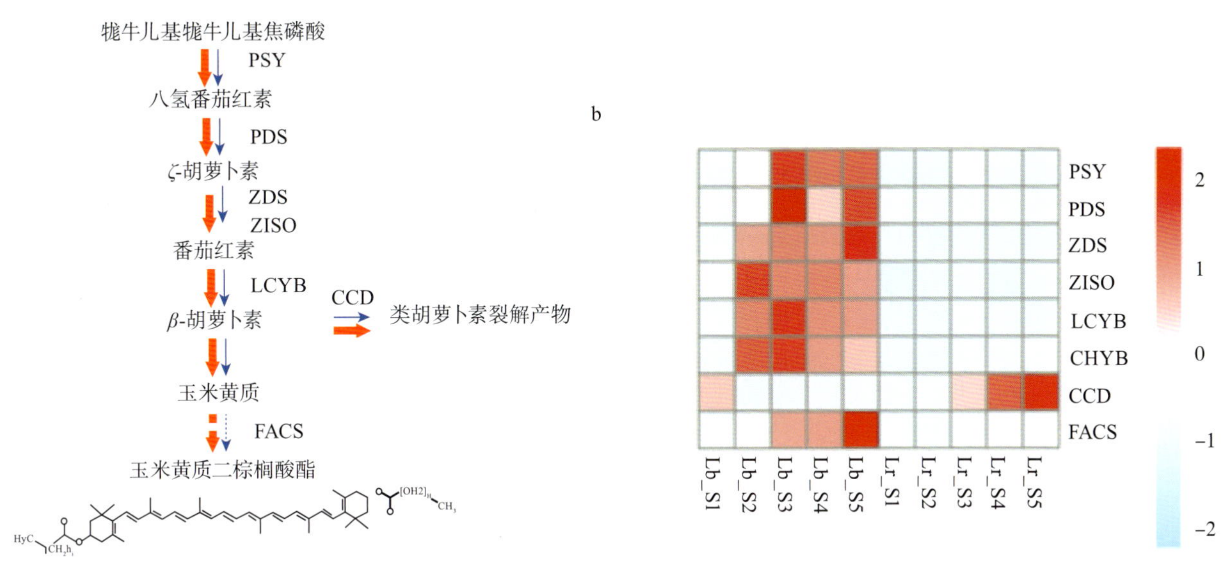

图3-21　宁夏枸杞类胡萝卜素合成途径

参考文献

ATMODJO M A, HAO Z, MOHNEN D. Evolving views of pectin biosynthesis[J]. Annu Rev Plant Biol, 2013, 64: 747–79.

BOMBARELY A, MOSER M, AMRAD A, et al. Insight into the evolution of the Solanaceae from the parental genomes of *Petunia hybrida*[J]. Nat Plants, 2016, 2 (6): 16074.

CAI J, LIU X, VANNESTE K, et al. The genome sequence of the orchid Phalaenopsis equestris[J]. Nat Genet, 2015, 47(1): 65–72.

DILOKPIMOL A,POULSEN C P,VEREB G, et al. Galactosyltransferases from Arabidopsis thaliana in the biosynthesis of type II arabinogalactan: molecular interaction enhances enzyme activity[J]. BMC Plant Biol, 2014, 14: 90.

EBERT B, BIRDSEYE D, LIWANAG A J M, et al. The three members of the Arabidopsis glycosyltransferase Family 92 are functional *β*–1,4–galactan synthases[J]. Plant Cell Physiol,2018, 59(12): 2624–2636.

GIOVANNONI J J. Fruit ripening mutants yield insights into ripening control[J]. Curr Opin Plant Biol, 2007, 10(3): 283–9.

GIOVANNONI J J. Genetic regulation of fruit developmentand ripening[J]. The Plant Cell, 2004, 16: 170–180.

JIANG Y, CHAN C H,CRONAN J E. The soluble acyl–acyl carrier protein synthetase of Vibrio harveyi B392 is a member of the medium chain acyl–CoA synthetase family[J]. Biochemistry, 2006,45(33): 10008–19.

KARIOT A, BERGONZI M C, VINCIERI F F, et al. Validated method for the analysis of goji berry, a rich source of zeaxanthin dipalmitate[J]. J Agric Food Chem, 2014, 62(52): 12529–35.

KONG Y, ZHOU G, YIN Y, et al. Molecular analysis of a family of Arabidopsis genes related to galacturonosyltransferases[J]. Plant Physiol, 2011, 155(4): 1791–805.

LI X, GUO C, AHMAD S, et al. Systematic analysis of MYB Family genes in potato and their multiple roles in development and stress responses[J]. Biomolecules, 2019, 9(8): 371–392.

LIU W, LIU Y, ZHU R, et al. Structure characterization，chemical and enzymatic degradation, and chain conformation of an acidic polysaccharide from *Lycium barbarum* L[J]. Carbohydr Polym, 2016, 147: 114–124.

LIU Y, ZENG S, SUN W, et al. Comparative analysis of carotenoid accumulation in two goji (*Lycium barbarum* L. and *L. ruthenicum* Murr.) fruits[J]. BMC Plant Biol, 2014, 14: 269.

MILLER J S,KOSTYUN J L. Functional gametophytic self–incompatibility in a peripheral population of *Solanum peruvianum* (Solanaceae)[J].Heredity(Edinb), 2011, 107 (1): 30–9.

MING R, VAN B R, WAI C M, et al. The pineapple genome and the evolution of CAM photosynthesis [J]. Nat Genet, 2015,47(12): 1435–42.

SU S,HIGASHIYAMA T. Arabinogalactan proteins and their sugar chains: functions in plant reproduction, research methods,and biosynthesis[J]. Plant Reprod, 2018, 31(1): 67–75.

SHOCKEY J M, FULDA M S, BROWSE J A. Arabidopsis contains nine long–chain acyl–coenzyme a synthetase genes that participate in fatty acid and glycerolipid metabolism[J]. Plant Physiol, 2002, 129(4): 1710–22.

SEYMOUR G B, ØSTERGAARD L, CHAPMAN N H, et al. Fruit development and ripening[J]. Annu Rev Plant Biol ,2013, 64: 219–41.

TAKENAKA Y, KATO K, OGAWA O M, et al. Pectin RG–

Irhamnosyltransferases represent a novel plant-specific glycosyltransferase family[J]. Nat Plants, 2018, 4 (9): 669–676.

WEIMAR J D, DI R C C, DELIO R, et al. Functional role of fatty acyl–coenzyme A synthetase in the transmembrane movement and activation of exogenous long–chain fatty acids. Amino acid residues within the ATP/AMP signature motif of Escherichia coli FadD are required for enzyme activity and fatty acid transport[J]. J Biol Chem, 2002, 277(33): 29369–76.

ZHAO Q, DIXON R A. Transcriptional networks for ligninbiosynthesis: more complex than we thought? [J]. Trends Plant Sci, 2011, 16(4): 227–33.

ZHOU L, LIAO W, ZENG H, et al. A pectin from fruits of Lycium barbarum L. decreases β–amyloid peptide production through modulating APP processing[J]. Carbohydr Polym, 2018, 201: 65–74.

ZHONG R, YE Z H. Secondary cell walls: biosynthesis, patterned deposition and transcriptional regulation[J]. Plant Cell Physiol, 2015, 56(2): 195–214.

第四章 枸杞育种

第一节　枸杞育种概述

宁夏枸杞以药立以食兴，近30年间，枸杞子用量从3000 t增长到42.85万t，全国枸杞主要产区种植面积突破218.3万亩，经济总产值达到183.83亿元，2011—2020年，全国枸杞总产量由19.05万t增长到55.5万t，增长了1.9倍。

枸杞已成为西北地区乡村振兴的主导产业。随着枸杞产业的进一步发展，品种作为枸杞产业的源头保障，越来越受到业内人士的关注。‘大麻叶’‘宁杞1号’‘宁杞5号’‘宁杞7号’等良种的示范推广，在枸杞产业发展壮大的历程中起到了极大的推动作用。1949年以来，中国学者在枸杞种质资源收集、评价及育种方法与技术创新等领域做了大量的研究工作，创制出了大量的育种中间材料，并取得了一定的成果，推进了枸杞新品种选育的进程。回顾这些历史，对于确定今后枸杞育种目标和阶段性育种工作重点具有指导作用。

一、枸杞品种选育第一阶段——乡土品种选育

宁夏枸杞品种选育的最早记录出现在清朝光绪二十年（1894年），中宁地区的茨农根据枸杞果实形状对枸杞品种进行分类，分为长粒与圆粒。此后，在长达百年的人工栽培历史进程中，又选育出‘大麻叶’‘小麻叶’‘圆果枸杞’‘黄果枸杞’‘白条枸杞’等诸多农家品种。‘大麻叶’‘小麻叶’这两个乡土品种，首先被秦国峰以书面的形式提出并被行业公认，但从郭普（1964年）“枸杞种植技术的初步调查”来看，“宁夏枸杞经长期培育有许多品种，按果形分有钻头果（两头尖）、圆果、长圆果、大马牙、小马牙等名称，按叶型叶色分有小黑叶茨、大黑叶茨、黄叶茨等名称，按树型分有软条茨和硬架茨”。张佐汉（1910—2001年），中宁县舟塔乡上桥村人，中宁枸杞种植户中的行家里手，青年时期就开始注意新品种培育。在1944年，他就拿出多年积蓄购买了贺永泰枸杞园中370颗‘大麻叶’，通过不断优化提纯，形成了以‘大麻叶’为主的栽培群体。

1961年，中华人民共和国国务院将中宁确定为枸杞生产基地县，同时提高了收购价格，使枸杞与小麦的收购比价上升至1∶29，同时，宁夏回族自治区人民政府也决定大力加强枸杞科研工作，1961年宁夏回族自治区科学技术委员会组织宁夏农林科学研究所（现宁夏农林科学院）森林系科技人员对中宁枸杞的管理技术进行系统总结，同年安排在宁夏农林科学院芦花台园林试验场引种。1961年3月，宁夏农林科学院林学系选派秦国峰、王培蒂等一批知识青年来到中宁，奠定了宁夏枸杞规范科研的基础。

秦国峰通过走访结识一大批枸杞种植能手，其中最主要的就是张佐汉。张佐汉老人不但枸杞种得好，而且还善于学习和归纳总结，把自己所有种植经验总结为歌诀，通过长期交心与技术交流，秦国峰和张佐汉成了忘年交，邀请张佐汉带着他的品种和技术到银川芦花台园林试验场试种了0.31 hm^2，次年扩种至0.43 hm^2，在秦国峰妻子王培蒂的精心管护下，获得成功。1965年产量达到2280 kg/hm^2，上等货出成率高于中宁地区。

秦国峰将生产实践经验与经果林理论体系相融合，按照枸杞植株的农艺性状、植物学形态、果实形态等指标，对已有的农家品种进行了系统归类与整理，筛选出了22个代表性农家品种，其中‘大麻叶’‘小麻叶’被确定为最佳品

种，通过3次扩种，银川芦花台园林试验场枸杞种植面积发展到48 hm^2；1975年，7.2 km^{2}丰产期枸杞，平均产量达到5654.25 kg/hm^2，在淡灰钙土地区树立起了中宁枸杞丰产稳产旗帜，首次实现了枸杞走出中宁。‘大麻叶’较之其他品系最大的特点是果粒大且均匀，2008年前后对当时收集的几个主要农家品种的自交亲和水平测试结果表明，除‘大麻叶’外，其他农家品种均自交不亲和，唯‘大麻叶’有着一定的自交亲和水平，从而揭示了这个品系确保稳产丰产的主要原因。

秦国峰等对农户传统枸杞栽培技术进行总结与理论性提升，并结合国有农场盐碱地利用，将宁夏枸杞由中宁推向全区，而后推向整个西北地区。随着种植面积的急速扩大，根蘖苗建园已经无法满足生产需要，且当时枸杞扦插育苗技术不成熟，宁夏枸杞在品种推广过程中采用了种子育苗的方法，因此80年代枸杞品种虽称之为‘大麻叶’，其实质是‘大麻叶’的实生群体，单株间差异很大，具体表现为植株形态各异、果实大小各异、产量时高时低，经济收益极不稳定。这一育苗技术在造成经济收益不稳定的同时，却最大程度保留了‘大麻叶’优异基因，为后续‘宁杞1号’等品种的选育奠定了群体选优基础。

二、枸杞品种选育第二阶段——人工杂交实生选育

1.‘宁杞1号’‘宁杞2号’和‘宁杞3号’的选育

1965年，因工作需要，组织抽调秦国峰回银川主持工作，钟鉎元接替秦国峰来到中宁新堡（东方红）公社刘营大队蹲点，同时开展走村串户的大田技术调查工作。在第八生产队选0.1 km^{2}做生产试验田，在长期工作过程中，钟鉎元发现，丰产茨园首先是品种相对比较好，多采用优树根蘖苗建园，根蘖苗建园虽慢，但产量稳定；低产茨园通常多用种子苗建园，育苗虽然快，但很难保持原始母树的品种特性。根据上述现象，判定宁夏枸杞是常异花授粉植物，如要想解决产量的问题，首先要解决良种和良种无性繁育的问题。在育种手段方面，如要聚合品种优点，需要通过“杂交育种”的技术手段；如要快速选优，在当时以种子育苗为主的大前提下，可选用“选择育种”（自然群体选优）的技术手段；如要实现种质资源创新，可选用“倍性育种”“远缘杂交”的技术手段。

在杂交育种方面：1972年他以‘圆果枸杞’为母本，‘小麻叶’为父本配置杂交组合中筛选出‘72007’（白花枸杞），该品种树形开张，长势旺，枝条粗且长，千粒重达到了744.7 g，超过两亲本中最优者‘小麻叶’62%，合理修剪产量也较两亲本有所提高，但由于该品种果实偏圆，制干后油果率过高，未投放生产，这一品种后来被育种者作为育种中间材料广泛使用。

在选择育种方面：1973年，通过选丰产园，初选优树，3株优势树比对，2年优势树数据比对确定复选优树，无性繁殖后的品比试验与区域试验进行决选，规模以上面积示范6个步骤，最终确定新堡刘营三队的‘73002’为最优株系，该品系1987年通过宁夏回族自治区科学技术委员会的良种鉴定，定名为‘宁杞1号’。依托大量群体和漫长严苛的选育与示范过程，‘宁杞1号’以其“广适、稳产、多抗、优质”的综合优势，很快被生产单位认可。

在倍性育种方面：通过对‘宁杞1号’种子进行0.8%秋水仙碱+二甲基亚砜（DMSO）处理，获得了2个四倍体植株‘88023’与‘88028’，以‘88028’为母本，“北方枸杞”为父本，杂交获得了3倍体无籽枸杞‘9001’。

在1973—1974年复选优树后，钟鉎元便将

工作重点转向枸杞扦插育苗研究工作，由于枸杞育苗通常在成龄优树性状稳定后开展，繁育所选枝条均为结果枝，如不进行特殊处理极难生根（生根率仅为1%～10%），很难应用于生产。通过5年反复试验与实践，最终确定了扦插插穗粗0.4～0.8 cm、长13.0～15.0 cm，15.6 ppm①α-萘乙酸处理24 h，结果枝扦插成活率40%以上，徒长枝扦插成活率可达40%以上，自此，枸杞种苗繁育进入了无性繁殖的新时代。

钟銈元利用选优群体又先后在中宁（1978年）和内蒙古（2001年）筛选出了‘宁杞2号’（78081）和‘宁杞3号’（0105）2个新品种。这2个品种均因单一品种种植落花落果严重，未找到准确原因，而未能得到大面积推广。

钟銈元在枸杞育种方面从方法、中间材料到繁育技术都为后辈打下了坚实基础，为宁夏农林科学院留下了大量育种中间材料，培养了李健、王锦绣、焦恩宁、秦垦；为中宁培养了胡忠庆、谢施怡，为内蒙古培养了雷志荣、张文卿等一大批育种技术骨干。较为系统地制定了枸杞品比试验、区域试验的实验设计与数据采集规范。虽有‘宁杞2号’与‘宁杞3号’的挫折，但是，行业内鉴于钟老先生在枸杞育种方面所作的卓越原创性工作与取得的大量成就，公认他为宁夏枸杞育种之父，‘宁杞1号’也被看作是“宁夏枸杞”600年人工驯化过程中品种选育过程的最终总结。

2.‘宁杞4号’的选育

在配合钟銈元选育‘宁杞1号’的过程中，中宁县枸杞管理局胡忠庆、谢施怡与区林业局周全良掌握了枸杞群体选优技术手段，自1985年开始在全县按钟銈元的方法开展了枸杞品种的选优工作，自全县266.66 hm^{2}的生产园中优选出216块丰产枸杞园，1986年确定1576个优选单株，通过2年的产量、等级率、落花落果率等数据的观察，确定了30个复选优树，1988—1992年以‘大麻叶’为对照开展品比试验，最终筛选出‘单30’为最优品种，1993—1996年在中宁古城子和宋营两地开展品比试验，1996年通过初步鉴定，定名为‘宁杞4号’。1996—2003年在中宁、同心、惠农三地开展区域试验示范，2004年通过成果鉴定，同年荣获宁夏科技进步二等奖。

3.‘宁杞5号’的选育

2005年6月20日，钟銈元带领助手秦垦来到了银川西夏区的育新公司，见到了一筹莫展的老友刘元恒，刘元恒讲述了自己生产园里发现的‘育新1号’（‘YX-1’），该品种发现于1994年定植的‘宁杞1号’6 hm^{2}生产园。发现时2株，与‘宁杞1号’相比，突出表现为果粒超大、成熟早、口感甘甜。经钟銈元鉴定，两变异株形态一致，具宁夏枸杞典型特征，2001—2002年进行了种苗繁育，2002—2003年公司自行定植2.666 hm^2，2004年通过宁夏林业厅经果林中心协调，在中宁、同心安排了区域示范，但各点在单一品种连片定植后，均表现出落花落果、基本绝产。

面对‘YX-1’这个品种混植时经济性状良好，单一品种种植却落花落果严重的问题，秦垦利用2005年6～9月这3个月的时间，对该优系进行观察比较，最终发现，该品种最大的差异在于“花器官的雌蕊柱头显著超高，具有雌雄蕊异位的特点”，2004年前后，通过花药散粉试验、花粉粒染色试验、套袋试验，秦垦初步判定‘YX-1’具有雄性不育性。在宁夏回族自治区林业厅经济林中心唐慧锋、育新公司刘元恒的支持与配合下，以‘宁杞1号’为授粉树，采用1∶3株间混植和放养蜜蜂等生产措施，通过银川、惠农、中宁同心3年的试验与示范点，2008年‘YX-1’通过宁夏林木良种审定，定名为‘宁杞5号’。

4.‘宁杞6号’与‘宁杞8号’的选育

1998年3月，钟銈元到内蒙古枸杞主产区巴

注：①1 ppm=0.0001%。以下同。

彦淖尔，开始‘宁杞1号’繁殖与推广工作，在此期间钟鉎元培养出了内蒙古枸杞育种技术骨干雷志荣。由于内蒙古还没有大规模推广‘宁杞1号’，因此还存在着大量的‘大麻叶’种子苗丰产园，存在大量新优种质资源。

2004年，雷志荣在‘宁杞1号’种苗销售过程中结识了乌拉特前旗先锋乡郝登云，通过郝登云收集到了‘寸杞’‘扁果’‘枣树’3份新种质，通过2005—2006年2年数据采集与种苗繁育，雷志荣和内蒙古园艺所王建民联合对‘寸杞’完成了林木良种审定，同期，宁夏农林科学院林业研究所王锦绣、李健也通过中宁枸杞管理局胡明星了解到了这3个品种的信息，并开展了材料的收集和研究工作，通过多年多点数据积累，2010年，‘枣树’通过宁夏林木良种委员会审定，定名为‘宁杞6号’，2015年‘寸杞’宁夏林木良种委员会审定，定名为‘宁杞8号’。

5.‘宁杞7号’的选育

‘宁杞5号’雄性不育的特点给育种家带来方便的同时，混植这一生产措施给种植者带来了极大的不便，由于宁夏枸杞本身就是杂合体，因此未经多代自交纯化的不育系也很难应用于制种环节，利用‘宁杞5号’进行杂交育种就成为了枸杞育种者的新任务。

2006年，‘宁杞3号’在推广过程中因落花落果被生产单位放弃，经过花药散粉试验和花粉粒活性检测试验，与‘宁杞3号’同时参评的品系，除对照‘宁杞1号’外，8个品系均有大量花粉粒散出，花粉粒2,3,5-氯化三苯基四氮唑（TTC）染色均具活性，却均表现为自交不结实，为什么有这样的具体表现，也成为每一个育种者急切想知道的问题。

2006—2007年，秦垦与焦恩宁一起走访了宁夏、内蒙古、新疆3个主产区，开始搜寻‘宁杞5号’的适宜父本，两人共寻找到9个适宜亲本，2007年配置9个组合，2008年定植，2014年‘宁杞5号’的杂交子代‘宁农杞1号’‘宁农杞2号’‘宁农杞3号’获得国家林木品种保护授权。

为了揭开宁夏枸杞诸多品系自交不结实的问题，秦垦等通过2007—2008年的系统工作，终于揭示了这一困扰枸杞育种界近30年的问题，宁夏枸杞种内存在着广泛的自交不亲和性，‘宁杞1号’可以单一品种种植的原因是自交亲和，诸多品种单一品种建园落花落果的原因是自交不亲和，2006—2007年在固原黑城余守乾家再次寻找到的亲本‘0207’被确定为该批次优树中唯一的自交亲和品系，通过2007年的种苗繁育，2008—2010年，‘宁杞7号’通过惠农、中宁、银川、兴仁4地3年的区域试验，以其优异的表现顺利通过宁夏林木良种审定，2010—2016年，全国推广种植2万hm^2，占7年内全国枸杞新植面积的70%以上，成为‘宁杞1号’之后的又一主栽品种。

6.‘宁农杞9号’的选育

2009年6月，张文卿、雷志荣通知曹有龙、秦垦在前旗又发现一个枸杞新品种，果粒超大，7月，曹有龙、秦垦、焦恩宁一道诚恳地拜访了张诚，见到枸杞园中优树表现出果粒超大，叶大、叶色浓绿，对高温具有较好抗性，通过2010—2014年的区域试验与示范，该品种获得广泛认可，于2014年通过宁夏林木良种委员会审定，定名为‘宁农杞9号’。

7.‘宁杞10号’的选育

2006年、2007年，中宁枸杞局胡忠庆、陈清平等，以‘宁杞5号’为母本配置了大量杂交组合，定植于中宁县林场，2010年前后因后续研究资金缺乏不得不放弃了杂交群体的管理，大量的杂交子代遗失，郭玉琴、朱金忠长期在中宁县林场东侧从事枸杞种植和林木苗木繁育工作，对当时的杂交群体中的较优单株进行了再次筛选，选育出了‘宁杞10号’。

8.‘宁杞菜1号’的选育

中宁茨农春秋抹芽时均有取食枸杞嫩梢和嫩

叶的习惯，南方地区更是如此，有用枸杞芽做汤的习惯，培育一个生长快、生长量大、更为可口的菜用枸杞品种，成为育种工作者的夙愿。

李润淮与安巍就此问题在已有种质资源中进行了筛选，发现钟銈元用‘88028’与‘北方枸杞’杂交的子代‘9001’具有这一特点，虽然口感有改善，但还不能完全满足生产需要，于是他们继续使用‘88028’作母本，开展了更大数量的杂交工作，自其中筛选出了‘宁杞菜1号’，该品种的口感得到了广大食客的极大好评。该品种2000年入选中南海蔬菜种植基地，2002年通过宁夏回族自治区科学技术委员会组织的成果鉴定。该品种后来被作为菜用、茶用来使用，2012年成果转化被中宁县政府使用。宁夏杞芽公司使用的无果枸杞芽茶大多使用该品种进行生产。

9.‘宁杞9号’的选育

‘宁杞9号’（‘99-3’）是以‘宁杞1号’同源四倍体‘98-2’与‘河北枸杞’杂交获得的三倍体枸杞。最初是按无籽枸杞的选育方向进行的，但由于在推广过程按1∶3行间配置授粉树，落花落果严重被最终放弃作为果用品种使用。

宁夏农林科学院林业研究所的李健、王锦秀于2010年开始茶用、叶用枸杞方向研究，2012年通过国家林木品种保护定名为‘宁杞9号’，2015年通过宁夏林木良种委员会审定，定名为‘宁杞9号’。

10.宁夏枸杞育种取得的主要成就

从表4-1、4-2中可以看出，审定后‘宁杞7号’是所有品种中推广最快的，符合良种不推自广的特点。

表4-1　宁夏已审定枸杞良种全国推广面积与获奖情况（2017年）

品种	起始研究	审定年份	现种植面积（万hm^2）	第一选育单位	选育人	获奖情况
‘宁杞1号’	1973	1987	10	宁夏农林科学院	钟銈元等	宁夏回族自治区科学技术进步奖一等奖 国家科技进步二等奖
‘宁杞2号’	1978	1987	0.007	宁夏农林科学院	钟銈元等	
‘宁杞3号’	2001	2010	0.002	宁夏农林科学院	钟銈元等	
‘宁杞4号’	1995	2004	—①	中宁县枸杞管理局	胡忠庆等	宁夏回族自治区科学技术进步奖二等奖
‘宁杞5号’	2004	2008	0.2	宁夏农林科学院	秦垦等	
‘宁杞6号’	2005	2011	0.0001	宁夏农林科学院	王锦秀等	
‘宁杞7号’	2008	2010	2.05	宁夏农林科学院	秦垦等	宁夏回族自治区科学技术进步奖一等奖
‘宁杞8号’	2005	2015	0.001	宁夏林业研究所	王锦绣等	
‘宁农杞9号’	2009	2014	0.04	宁夏农林科学院	曹有龙等	
‘宁杞10号’	2008	2016		宁夏治沙学院	郭玉琴等	
‘宁杞菜1号’	1993	1997	0.04②	宁夏农林科学院	李润淮等	宁夏回族自治区科学技术进步奖三等奖
‘叶用枸杞1号’	1996	2015	0.02	宁夏林业研究所	沈效东等	

注：①‘宁杞4号’形态易与‘宁杞1号’混淆而无准确面积，生产单位统称为1、4号，面积记入‘宁杞1号’；②‘宁杞菜1号’人工种植面积较小，约为0.04万hm^2，但近年来以杂苗出现的面积极大，在0.07万hm^2以上。

表4-2　面积超过0.03万hm^2品种的优缺点（2016年）

品种	生殖学特征	单一品种建园	平均单果重（g）	盛果产量（kg/hm^2）	干果售价元（kg）	主要病虫害抗性
‘宁杞1号’	自交亲和	可	0.56	5250	40	综合抗性强
‘宁杞5号’	雄性不育	不可	0.89	3750	55	不耐热，瘿螨、白粉病低抗
‘宁杞7号’	自交亲和	可	0.72	4500	50	白粉病低抗、耐热性差
‘宁农杞9号’	自交不亲和	不可	1.02	4950	55	耐热，瘿螨、白粉病低抗

注：综合比较，‘宁杞7号’是种植收益较‘宁杞1号’提高15%以上，且种植技术最简单的品种。

三、枸杞品种选育第三阶段——分子辅助育种

枸杞分子辅助育种工作开始于2000年前后，宁夏农林科学院枸杞科学研究所曹有龙研究员带领团队，建成国家级枸杞种质资源库，活体保存国内外枸杞属植物中的15个种3个变种以及宁夏枸杞种内特异性种质资源2660份，搭建了涵盖200余项评价指标的种质资源信息采集平台，系统性完成了500余份枸杞种质资源农艺、品质、抗性等性状的综合评价，自500余份种质中筛选出61份核心种质、12份骨干亲本。

按“药用、鲜食、加工、茶菜”4个育种目标，明确了“自交亲和”可单一品种建园是规模化生产过程中丰产稳产的关键科学问题，建立了枸杞*S*基因鉴定技术体系和主要种质的*S*基因数据库，确立了枸杞自交亲和品种的选育方法体系；构建了枸杞花药培养与植物遗传转化技术体系，对应自交亲和、高光效、枸杞红素含量、病虫害抗性、糖分、果型、果色等关键农艺性状配置杂交组合120个，获得群体30000份单株的基础数据。基于枸杞全基因组数据库，开发了630974个Simple Sequence Repeats位点，建立了枸杞品种指纹图谱，搭建了枸杞SSR标记数据库；利用重测序技术，通过杂交群体开发出10446个Single Nucleatide Polymorphism，构建了枸杞高密度遗传图谱构建，进一步定位到叶果性状相关Quantitative Trait Locus 55个。利用种质鉴定评价体系，筛选出高抗种质12份，高活性成分种质14份；利用基因组研究成果，开发出自交亲和性特异性标记，筛选出高自交亲和种质6份。创制高产优质新品系5份，国家植物新品种权保护5个，新品系在规模化种植生产得到广泛应用。

第二节　枸杞育种目标

一、品种选育现状

近年来，随着枸杞大面积种植，国内科技工作者通过采用群体选优法从生产园中筛选了一批具有特殊性状的枸杞品种，分别是宁夏自主选育的‘宁杞1号’‘宁杞2号’‘宁杞3号’‘宁杞5号’‘宁杞6号’‘宁杞7号’‘宁杞10号’等；青海选育的‘柴杞1号’‘青杞1号’等；内蒙古选育的‘蒙杞1号’等；新疆选育的‘精杞1号’‘精杞2号’等；中国科学院武汉植物园选育的‘中科绿川1号’。

上述品种中，由于受自交不亲和因素制约，目前在生产中得到大面积应用与推广的品种仅有1985年选育的‘宁杞1号’和2012年通过审定的‘宁杞7号’。这2个品种均具备以下特点：生殖生长势强，耐肥水、稳产、丰产，病虫害综合抗性好、果实制干容易、树冠紧凑、较高的自交亲和性（自交亲和指数超过10）；其鲜果千粒重分别达到580 g和720 g。值得一提的是，自交不亲和是被子植物预防近亲繁殖和保持遗传变异的一种重要机制，在被子植物的早期进化中起重要作用，同时也在一定程度上给农林业生产带来不便。目前，在经果林的育种中自交亲和是一个非常重要的育种指标。

二、新品种选育目标

利用群体选优、杂交育种、花药培养、分子标记辅助育种（SSR、SNP）等多种技术，以优异野生资源、地方品种、突变体等为供体，以功能

性活性物质（多糖、类胡萝卜素、花青素、黄酮等）为主因子，综合考虑枸杞优良株系的鲜果千粒重、单株产量、抗病性、株型、生长优势等综合性状，培育枸杞新品种：鲜食型、加工型，药用枸杞，建立枸杞育种理论和技术体系。

（一）丰产优质枸杞新品种选育

以功能性成分（多糖、类胡萝卜素、花青素、黄酮等）为主因子，综合考虑抗性、株形、生长势等性状，筛选出具有树冠紧凑、生长势中庸、物候期早、自交亲和性指数>20、多糖含量>3%、抗病虫性好的亲本，培育丰产优质枸杞新品种1～2个，单株干果产量1 kg，鲜果千粒重>0.85 kg，自交亲和指数>20，其他主要功效成分含量不低于对照‘宁杞7号’。

（二）枸杞双倍体（DH）系构建

针对枸杞高度杂合、遗传背景复杂、纯系构建困难的问题，以黑果枸杞、中国枸杞、宁夏枸杞为实验材料，利用花药离体培养技术，优化培养体系，诱导获得再生植株，经SSR、流式细胞、根尖细胞染色体制片等技术进行倍性鉴定，创制黑果枸杞单倍体，并对其抗性、营养成分、栽培管理等方面进行深入研究，构建DH系群体，为枸杞育种提供研究材料。

（三）黄果枸杞新品种选育

以高出汁率、易采摘、耐储运、鲜食型为选育目标，开展资源收集和杂交群体及家系构建，选育加工型黄果枸杞新优品种（系），立足黄果枸杞的营养成分特点，深度解析黄果枸杞特异性成分，为黄果枸杞深加工产品研发提供理论依据。

（四）黑果枸杞新品种选育

针对黑果枸杞果实小、棘刺多，不易采摘等问题，利用群体选优、杂交育种、分子辅助育种等技术，以第一阶段筛选的优系构建杂交群体，以平均单果质量≥0.30 g，鲜果单株产量≥500 g为目标，综合考量花青素含量、鲜干比和果实成熟一致性开展黑果枸杞优系的筛选，培育黑果枸杞新品种（系）。

（五）新优品系区域试验

从形态学（根、枝条、花、叶、果实）、细胞学（叶片的组织结构、染色体）、生理生化（耐旱性、耐盐性以及主要功效成分）以及修剪反应特性等4个方面对已经获得的新优品系开展研究，完成区域试验及品种审定。

第三节　枸杞实生选种

选择育种就是从现有的品种或类型中，根据育种目标，筛选出具有优良性状的个体，经过比较、鉴定、培育和繁殖而育成新品种的一种方法。

一、实生选种的特点

枸杞的选种方式多样，与其他选育种方法相比，实生选种具有以下明显的特点。

（一）变异普遍

通常在枸杞实生后代中，几乎找不到2个遗传性完全相同的个体；而在无性系后代中，除个别枝芽或植株发生遗传变异外，大多数个体遗传型相同。

（二）变异性状多，变异幅度大

实生后代几乎所有性状都发生不同程度的变异，而无性系后代的变异常局限于少数几个性状。对数量性状的变异幅度来说，实生变异也常常显著超越无性系变异。因此，在选育新品种方面，实生选种则利用实生后代变异性状多且变异幅度大而潜力无限。

（三）变异性状适应性强

变异及其类型是在当地自然生态环境条件下发生、形成的，其经受了当地各种不良、恶劣自然生态环境的长期考验。一般而言，其适应了当地水、土壤、温度、雨量等自然生态环境条件。

（四）投资少，收效快

与杂交育种相比，实生选育有效地利用自然变异，节省人工创造及变异过程中人力、财力、物力的投入。鉴于其变异适应性佳，故实生选育选出的新类型，可在较短的时间内，在原产地区繁殖，推广直至形成一定或较大的生产规模，因此，其具投资少，收效快的特点。

二、实生选种的意义

枸杞在实生（种子播种）繁殖情况下，常常会产生复杂多样的变异，其对商品性生产来说，是一个不利因素，但对枸杞育种而言，却是一个选拔优良变异的源泉。

实生选种是历史最为悠久、应用最为广泛的一种选育种途径，早在18世纪，我们的祖先就掌握了这一技术，并通过此途径把野生种类演变成了栽培种类。在漫长的岁月中，几乎所有枸杞都只进行实生繁殖。那时，从实生群体中选拔出的优株，一般遗传上杂合程度较高，群体间单株之间借助风、虫媒自由传粉，由此导致优良性状不易在实生后代中保持，故对优良类型进行迅速而有效的增殖很不容易。因此，就改进群体的遗传组成来讲，进展缓慢。

随着人类文明的进步，选种由无意识选择发展为有目的地选择。经过无数世代实生选种的反复积聚与增进累加，目前，枸杞产业中具有举足轻重、产区栽培广泛的一些优异（良）品种，或在当地枸杞生产和产业中发挥良好作用的地方品种，或具相当生产规模或有一定栽培面积的农家品种，大多来自实生选种的结果，如我国著名的‘大麻叶’‘小麻叶’‘宁杞1号’‘宁杞7号’等。

三、实生繁殖下的遗传与变异

枸杞属异花授粉植物，在遗传上杂合程度较高，因此在实生繁殖情况下，常产生复杂而多样的变异。枸杞实生群体内个体的变异主要由基因重组、突变和饰变3种因素所导致。

（一）基因重组

基因重组是枸杞实生个体间遗传型变异的主要来源。由于绝大多数枸杞杂合程度较高，而且又都是异花授粉的类型，因此每一次有性繁殖都发生基因重组。假定一种枸杞在100个位点上各有2个相对的等位基因，通过自然授粉后由基因重组可产生的基因型将有3^{100}。因此，基因重组是实生后代遗传变异无穷的来源。

实生选种中选拔出表现优异的基因型，可能包括基因重组产生的2类不同效应:①基因的加性效应，由来自不同亲本控制同一经济性状的有利基因累加，从而产生加性效应优于亲本的遗传型。②基因的互作效应。由基因间显性、上位性等互作效应而产生的超亲新特性，也就是由新的、有利的非加性效应所导致。具有这双重效应的优良单株，在无性繁殖下都可以保持和利用，但在实生繁殖下，则只能遗传其加性效应，而不能保持其非加性效应。

（二）突变

突变是产生新的遗传变异的唯一来源。没有突变造成的基因多样性，就不会有由基因重组而产生的多样性类型。然而，在正常情况下，突变频率是很低的。广义的突变还包括染色体数量和结构变异。

（三）饰变

饰变是由环境条件改变而引起表现型变异，属于非遗传变异，有时会造成个体间显著差异，从而干扰对基因型优劣的正确选择。如枸杞实生群体中有些高产单株，在很大程度上是由于它们所处的环境条件优越所造就，而它们的后代，在一般营养条件下，都不能保持母株的高产水平。通常环境因素对质量性状的饰变作用显著小于数量性状。如枸杞鲜果果面蜡质层多少、果肉颜色等质量性状，受环境饰变的影响远远小于果实大小、产量等数量性状。

综上所述，基因重组是枸杞实生前后代以及同代个体间遗传变异的主要来源。然而，基因重组并不是群体变异的主要来源。因为根据群体遗传平衡规律，在随机交配的大群体里，在没有选择、迁移等因素干扰的情况下，基因型频率和基因频率均保持不变。枸杞实生群体遗传的变异，主要在于对重组类型的逐代选择，使样体内基因型频率和基因频率向着选择方向变化。

四、实生选种的方法

枸杞实生选种主要采用株选法，株选法是各地实生选种均采用的方法。广大茨农和技术干部在总结实生选种经验的基础上，明确了枸杞“三选”（选母株、选果实、选幼苗）中关键在于对母株的选择。

（一）选种目标

选种目标因所在地区、枸杞种类及需着重解决的问题不同而异。故除考虑抗逆性之外，应以高产、稳产为主，适当关注果实大小、品质等。总之，在拟定选种目标时，应抓住主要矛盾，考虑主要需求，项目不宜过多，否则会降低主要选择目标，影响选择效果。同时，拟定目标时应力求切合实际，且便于调查。

（二）选种标准

选种标准应力求简明扼要，如丰产性方面应提出结果初期、盛果期的平均株产；而抗逆性并非近期的抗逆性，要提出病虫害及逆境周期的抗逆性。但对专业人员开展初选、复选时，则应提出比较具体的选种标准。如在单项选种时，应以单株产量、单位或面积产量作为选择的主要依据，其他项目如品质等作为参考指标。

五、实生选种的程序

当前，枸杞群体实生选种的主要原则是筛选优树，以建立其无性系品种，结合推广可以较快地实现良种化。根据各地实生选种的经验和生产上迫切要求，提出了“优种就地利用和边利用、边鉴定，在利用中求提高”的选种原则，同时根据这一原则亦制定了选种程序。

（一）群体筛选与现场调查观察记载相结合

为尽快筛选出优良单株，要及时到生产样地现场进行调查核实，剔除那些明显不符合选种要求的单株后，对剩余单株造册登记，记录具体地址、方位、行株号和单株所有人等信息，并进行标记编号，以作为预选树（即初选的候选树），同时，根据早已拟定好的观测记载表，对其进行初步调查观察记载。

（二）初选

筛选出预选树后，除专业科技人员根据早已拟定好的主要观测记载项目，对其进行必要的果实外观质量、产量和抗逆性等观察记载外，还需从其树上采集果实样品带回实验室进行内质详细分析测试鉴定，并对所记载的资料信息进行整理和分析对比。经连续2～3年对预选树的果实外观和内在品质、产量及抗逆性等项目的复核鉴定、观察评价后，依据选种标准，将性状表现优异且稳定的预选树确定为初选优良单株，同时对初选优良单株及时扩繁育苗30～50株，以作为选种圃和多点生产鉴定的实验树。在观察母株的同时，还要调查无性系后代的表现，此举可消除环境误差，提高鉴定效果。

（三）复选

枸杞实生单株结果后经2～3年主要经济性状、产量、抗逆性的比较鉴定，连同母株和多点生产鉴定实验树上述性状系统调查结果，经群众和专业科技人员对初选优株做进一步的评价。优中选优，将各地初选优株中相关性状更为突出、优异的单株确定为复选优株，并迅速建立能提供大量插穗的母树园。

（四）决选

在上述复选的基础上，应对复选优株进一步扩繁育苗，并扩大苗木试栽范围。在枸杞适宜栽培省份建立试栽基点，进行复选优株的适应性试验与区域试验，必要时亦可以原品种为对照进行品种对比试验，在此阶段，扩繁苗木，应开展复选优株植物学特征、生物学特性、物候期、适应性与抗逆性等主要经济性状观察研究评价；扩繁苗木结果后，应对其与结果有关的如结果习性等生物学特性、果实物候期、产量、结果后的适应性与抗逆性等主要经济性状观察研究评价；同时，以原品种为对照进行品种对比试验，详细记录原品种与复选优株历年以资比对情况，经3年以上观察研究评价，在复选优株中优中选优，将性状表现尤为突出、优异且稳定的品系确定为决选优系。

（五）品种审定

在决选的前提下，被确定的决选优系最终应通过省级品种审定，才能在生产上应用推广。需审定的优系，选种单位应事先向省品种审定委员会提出品种审定申请，并提供完整资料和实物（同芽变品种审定要求）。

第四节　枸杞诱变育种

一、诱变育种的特点、意义和种类

（一）诱变育种的概念和特点

人为地利用物理和化学的因素，诱发植物体产生遗传物质的变异，从变异体及其后代中经选择鉴定，培育出新品种的方法被称为诱变育种。诱变育种与其他育种方法一样是开发新种质、培育新品种的重要途径，其方法简单、速度快，对枸杞的无性繁殖具有重要的意义。其特点主要体现在以下几点。

1. 提高突变率，扩大突变谱

在自然条件下，由于外界环境的变化和遗传结构的不稳定性，植物本身会发生自发突变，只是不同的基因和植物种类会有所差异，但是这类突变发生的概率极低。一般来说，单个植株发生突变的频率介于10^{-4}～10^{-3}，单个基因则介于10^{-6}～10^{-5}，因此，物种表现为相对稳定和一致，而自然界中大量存在的遗传差异是物种内变异长期积累的结果。从20世纪以来，人类逐渐掌握了各种创造植物突变的手段，利用物理、化学和生物因素诱导植物发生突变，以此来提高变异频率，扩大变异范围，增加选择范围，丰富了育种的遗传物质基础，与自然突变相比较更能开发新类型。

2.适于进行个别性状的改良

即使是优良品种往往也存在个别不良性状，如果通过杂交育种进行改良，常会因基因的重组，导致优良性状的基因组合解体，或者由于基因的紧密连锁，常规的育种方法难以打破这种连锁关系。利用诱变育种产生的“点突变”就可在改变个别不良性状的基础上保持原品种的总体优良性状。因此，诱变育种能比较有效地改良品种的某些个别性状，例如，改变品种的抗病、抗逆性、成熟期以及诱变品种成为短枝型、多倍体等。

3.诱发的变异比较容易稳定，可缩短育种年限

对于无性繁殖的枸杞，常采用枝条诱变，待插穗芽萌发后进行诱变效应的观察，从而省去了杂交、播种、实生苗培养等过程。当诱发的变异性状表现优良，即可通过无性繁殖把优良的突变快速固定下来，同化了育种程序，缩短了育种时间。

4.变异的方向和性质难以掌握

虽然人工诱发能产生大量的变异，但变异的方向和性质目前尚难以控制，往往有效变异少，无效变异多。此外，近期研究还表明，诱变处理在改变植物育性，克服杂交不亲和性，实现外源基因转移等方面具有其特殊作用和效果。如果能与其他育种方法相结合，如植物组织培养、杂交育种、分子辅助育种，无疑会产生更大的作用。

（二）诱变育种的意义

从20世纪30年代开始至今，经过80多年的发展，枸杞诱变的方法、诱变剂的选择、变异体的分离筛选和鉴定技术不断完整和发展。近年来，除常规处理的电离辐射和化学诱变外，激光诱变、低能离子诱变和太空诱变以及复合诱变也成为诱变育种研究的热点，我国在枸杞诱变育种方面也开展了大量的工作，取得了一些进展。

二、诱变剂的种类和机理

（一）诱变剂的种类

诱变育种按所使用的诱变剂的不同而分为辐射诱变育种和化学诱变育种。

1.辐射诱变

辐射诱变是利用X射线、γ射线、紫外线（UV）、β粒子和中子等作为诱变剂对植物材料进行辐照处理。X射线是由X光机产生的，γ射线是由放射性同位素核衰变产生的，目前应用最普通的γ射线源是^{60}Co和^{137}Cs；中子则来自核反应堆。其中，紫外线的能量不足以使被照射材料的原子电离，只能产生激发作用，故被称为非电离辐射。除紫外线外的其他各种辐射在通过有机体时都能使原子产生直接或间接的电离现象，故被称为电离辐射。

近年来，激光、离子束、微波等新的诱变剂也开始应用到植物育种中。激光诱变除光效应外还伴随着热效应、压力效应、电磁场效应以及多光子吸收的非线性效应，所以它是多效应并存的一种诱变手段。离子束注入诱变技术，由于在具体的操作过程中，荷能离子束的注入射程具有可控性、集束性和方向性，在损伤程度较轻的情况下可以获得比较高的突变率和比较宽的突变谱，因此，也具有很大的应用前景，另外，近几

年发展的太空诱变又开辟了一条诱变育种新途径。太空诱变是利用太空技术，通过高空气球、返回式卫星、飞船等航天器将诱变材料搭载到200～400 km高的宇宙空间，利用强辐射、高真空、低重力、弱磁场等宇宙空间特有环境因子的诱变作用，诱导遗传物质发生变异，回到地面后再通过选择鉴定，培育新品种。

2. 化学诱变

化学诱变是以化学药剂作为诱变剂进行植物材料的诱变处理。化学诱变剂的种类很多，常用的有烷化剂、碱基类似物、抗生素，叠氮化物、亚硝酸、羟胺、吖啶和秋水仙素等。按其诱变机制可分为4类:①碱基类似物诱变剂，如5-溴尿嘧啶（5-BU），2-腺嘌呤（AP）。②直接诱变脱氧核糖核酸（DNA）结构的变剂，如烷化剂、亚硝酸。③诱发移码突变的诱变剂，如吖啶类、抗生素。④诱导染色体加倍的诱变剂，如秋水仙素、奈嵌戊烷、富民农等。而在园艺植物育种中应用较广泛的是甲基磺酸乙酯（EMS）、叠氯化钠（NaN_3）、平阳霉素（PYM）、秋水仙素，其中，尤以秋水仙素处理效果最好。这4种诱变剂的特性见表4-3。

表4-3　常用化学诱变剂的诱变机制及其特点（引自徐小万等，2009）

化学试剂	试剂类型	诱变机理	作用位点	诱变特性	特点
甲基磺酸乙酯（EMS）	烷化剂	直接诱变DNA结构	DNA的鸟嘌呤N-7的位置	效率高、频率高和范围广	突发频率高，且多为显性突变，易于突变体的筛选
叠氮化钠（NaN_3）	点突变剂	以碱基替换方式影响DNA正常合成	复制中的DNA	在酸性环境中对形态突变很有效	高效、无毒、便宜及使用安全
平阳霉素（PYM）	抗生素	诱发移码突变	维持生命中重要意义的结构的特殊部位	高度选择性、能抑制细胞的生长	安全、高效、诱变频率高、范围大
秋水仙素	生物碱	以碱基替换方式影响DNA正常合成	破坏纺锤体，使细胞停顿在分裂期	阻碍了复制的染色体向两级移动	淡黄色结晶，剧毒，易溶冷水和酒精

（二）诱变作用机理

1. 电离辐射的效应

电离辐射的遗传效应从分子水平来说是改变了遗传分子的结构，即基因突变，包括真正的位点突变和移码突变。从细胞水平来说，主要是引起染色体畸变和染色体数量的变化。染色体畸变包括断裂、缺失、倒位、易位、重复和双着丝点等。染色体数量的变化包括染色体整倍的增减产生的多倍体和单倍体，以及染色体零星增减产生的非整倍体。

辐射对生物体的效应包括直接效应和间接效应。直接效应指射线直接击中生物大分子，使其发生电离或激发所引起的原发反应。间接效应是射线作用于水，引起水的解离，并进一步反应产生自由基、过氧化基、过氧基等，再作用于生物大分子，从而导致突变的发生。实际上，各种诱变剂（源）对生物体的作用方式也不相同。但不论何种方式，最终都是通过对染色体和DNA的作用实现诱变功能。

生物体本身对辐射诱变造成的DNA损伤具有自我修复能力，使其或多或少地恢复原有结构。通常DNA结构损伤后，并不可能立即引发突变，而是引起一系列修复过程。只有当修复无效或出现修复误差时，才表现为突变或死亡。可见，生物体的突变效应是由损伤和修复共同作用的结果。

2. 化学诱变机理

（1）烷化剂类诱变剂

这类诱变剂具有一个或多个活性烷基，如甲

基碳酸乙酯、乙烯亚胺等，这些烷基能够通过置换DNA分子内的氢原子，使DNA在复制时错误地将G-C碱基对转换为A-T碱基对，或者将A-T碱基对转换为G-C碱基对；或者这些被烷基化的碱基自动降解，在DNA链上出现空位，使DNA链断裂、易位其致使细胞死亡。在鸟嘌呤上置换最容易发生于N_7位上，而腺嘌呤则容易发生在N_3位上。两个功能基的烷化剂性突变，而染色体畸变相对较少。但化学诱变剂的效应比较迟缓，诱发的断裂保持一个较长的潜伏期。也有人认为，烷化剂诱变不如电离射线有效，特别是应用到植物的营养体部分作用不明显。其原因可能是药剂处理不是在分生细胞发育的最适合的时期，因此达不到预期的结果。

（2）多倍体诱变剂

秋水仙素是常用的诱导植物细胞加倍的化学诱变剂之一，是由百合科植物秋水仙中提取出来的一种植物碱，其毒性极强，易溶于冷水和酒精中。当秋水仙素与正在分裂状态的细胞接触后，它抑制和破坏细胞分裂时纺锤体的形成，致使已经分裂的染色体停留在赤道板上，不向两极移动，细胞中间也不形成核膜，使核分裂的中期延长或停止。因而，使分裂了的染色体留在一个细胞核中，致使染色体加倍。如果处理适当，秋水仙素对植物染色体的结构很少有影响，对细胞的毒害作用不大。细胞经过秋水仙素处理后，在一定时期内即可恢复正常，重新进行分裂，在遗传上很少发生其他不利变异。有时在处理后的生长初期，植株会出现茎、叶的变态，但在以后除表现与多倍性相应的性状变化外，变态会逐渐消失。

三、诱变的方法

（一）辐射诱变

1. 诱变方法

辐射诱变处理的方式有以下3种。

（1）外照射

放射性元素不进入植物体内，而是利用其射线（X射线、γ射线、中子）由外部照射植物各个器官。根据照射时间的长短又可分为急照时（即采用较高的剂量率进行短时间处理）和慢照射（即低剂量率的长时间照射）。

（2）内照射

将配成一定比例强度的放射性同位素32P、35S经浸种法、注射法、涂抹法或施肥法等引入植物体内，由它放出的射线在体内进行照射。

（3）间接照射

用射线照射纯水培养液或培养基，然后将萌发的种子或其他植物材料放入其中处理，或先照射种子或其他植物组织，在低温下提取其浸出液，再以此提取液浸渍未经照射的种子或其他植物材料而引起细胞速传性变异。

在枸杞上，主要是采用外照射的方式，照射的材料一般为种子、花粉、枝条、苗木和离体培养的细胞、组织和试管苗等。方法有以下几种：①种子照射，干种子、湿种子萌动的种子均可作为辐照的材料。用于照射的种子要求纯度较高，不含杂质。照射后及时播种，以免产生贮藏效应。照射种子注意避免种子过度失水影响生活力。种子照射操作简单，体积小，处理数量多，并易于贮存和运输。但从播种到开花结果时间长，植株占地面积大。②花粉照射。有两种方法，一是将花粉收集于容器内，经照射后立即授粉；二是采集待开放的花枝，水插照射。但时间不宜过长，以免花药开裂散粉影响花粉收集。照射完成后，尽快收集花粉授粉。③营养器官照射。对枝条、实生苗、扦插苗等材料进行照射处理，是枸杞辐射诱变最常用的方法。与照射花粉和种子相比，开花结果早、鉴定快，更能缩短育种时间。用于照射的材料一定要组织充实，生长健壮、芽眼饱满，以利于照射后扦插成活。④离体培养的细胞、组织和试管苗照射。这是近年来结合植物离体培养开展的一种诱变方法，离体条件下的诱变更利于变异的表现和分离。

2. 辐射量的单位

（1）照射量和照射剂量率

照射量只适用于X射线和γ射线。它是指X射线和γ射线在空气中任意一点处产生电离大小的一个物理量。

照射量的国际单位是C/kg（库伦/千克），照射剂量率是指单位时间内的照射量，其单位是C/（kg·s）。

（2）吸收剂量和吸收剂量率

辐射对任何物质的作用过程，实质上是能量转移和传递过程。例如，射线作用于种子其能量就被种子吸收。单位质量被照射物质吸收的辐射能量值被称作吸收剂量（D）。它适用于γ、β、中子等任何电离辐射。

吸收剂量的国际单位是Gy（戈瑞），其定义为1 kg任何物质吸收电离辐射的能量为1 J（焦耳）时称为1 Gy，即1 Gy=1 J/kg。原专用吸收剂量单位rad（拉德）与Gy的换算关系是1 Gy=100 rad。

吸收剂量率是指单位时间内的吸收剂量，其单位有Gy/h、Gy/min、Gy/s。

（3）放射性强度

它是一个表征放射源的物理量，是表示一个放射源在单位时间内有多少原子衰变，即放射性物质在单位时间内发生的核衰变数目越多，其放射强度就越大。放射强度国际单位为贝克雷尔（Becquerel，Bq），1 Bq表示放射性元素在1 s发生1次核衰变。

3. 辐射敏感性及适宜剂量和剂量率的选择

（1）辐射敏感性

辐射敏感性是指植物的组织、细胞或生物大分子等，在一定剂量射线作用下其结构、机能和形态上发生相应变化的大小。辐射敏感性在枸杞属植物不同种之间、同一个种不同品种之间以及同一植株不同组织，器官之间和不同生长发育阶段均存在明显差异。一般栽培种较野生种敏感；染色体倍性低的比倍性高的敏感，单倍体最敏感；杂交选育的品种比传统的地方品种敏感；幼龄植株比老龄植株敏感，生长中的绿枝比休眠枝敏感。不同组织、器官之间，一般认为，根比茎敏感，茎比种子敏感；生殖器官较营养器官敏感，分生组织比成熟组织和较老的组织敏感；性细胞比体细胞敏感，小孢子母细胞比小孢子敏感，卵母细胞比花粉敏感，在细胞内，不同细胞器之间也存在剂量感性差异，以细胞核最为敏感。总之，生理代谢活动处于比较活跃状态的组织和细胞，由于作为辐照作用的靶分子的DNA常处于复制等代谢过程，受射线辐照后易于产生各种辐射损伤，所以要比处于不活跃的、休眠的组织和细胞的辐射敏感性高。同时，植物组织或细胞的辐射敏感性与器官、组织和细胞分化程度密切相关，一般认为，分化程度越低，对辐射越敏感。

细胞核体积，染色体体积、DNA含量和内生保护剂等的不同是引起植物种间辐射敏感性差异的主要原因，而品种间的辐射敏感性差异是与DNA损伤的自身修复能力和一些生物分子的化学基团，如蛋白质分子的硫基（-SH）等有关。水分、氧气、温度以及辐射保护剂和敏化剂是影响植物辐射敏感性的几个重要的外界因素。

（2）适宜剂量和剂量率的选择

适宜的辐射剂量常因品种、照射器官、植物生长期和所处的生理状态以及其他许多内外因素的不同而不同。辐射诱变的随机性很大，因此对固定的靶标，一般随着辐射剂量的增加，引起的变异率增加，同时电离辐射对植物的损伤和抑制作用也增大，死亡率增加。在照射剂量相同，而剂量率不同的情况下，效果也是不一样的，照射时要同时兼顾。可根据“活、变、优”三原则灵活掌握。活是指后代有一定的成活率；变是指在成活个体中有较大的变异效应；优是指产生的变异中有较多的有利突变。实践中多以临界剂量

（即被照射材料的成活率为40%的剂量）或半致死剂量（即被照射材料的成活率为50%的剂量）作为选择适宜剂量的标准。

（二）化学诱变

1.染色体结构诱变剂处理方法

目前，较常用的处理方法是采用种子或枝芽浸泡，使诱变剂吸收到组织内产生诱变作用。

（1）浸泡预处理

在诱变处理前预先用水进行浸泡，可以提高细胞膜透性，加速诱变剂的吸收；同时使细胞代谢活跃，促进DNA的合成，即细胞的水合作用，从而提高细胞对诱变的敏感性。

浸泡的时间依处理的材料和浸泡的温度的不同而异，主要依据不同材料到达组织的水合阶段所需的时间。细胞的发育在水合阶段对烷化剂的处理最为敏感，其染色体的畸变率最高。具体浸泡时间的确定，可以在同一诱变剂量下通过设置不同的预处理时间观察其诱变效率来确定。

（2）药剂处理

当材料经过预处理进入水合阶段后便可进行药剂处理，处理药液的温度和pH会影响处理效果。温度对化学诱变剂的水解速度有很大的影响，而诱变剂的扩速度却很少受影响。由于在低温下水解速度减慢，所以诱变剂能较长时间地保持其稳定性，从而保证了它同靶的亲核中心的反应能力，这尤其对半衰期短的诱变剂更为重要，因此，处理液要现用现配，在处理时间长的情况下要每隔一定时间更换新的处理液。

由于烷基磺酸及烷基硫酸酯在配制的溶液中及细胞内部水解后会产生强酸，这些强酸产物会显著加剧生理损伤，从而降低诱变材料的成活率。这种水解酶产物的生理伤可以通过应用缓冲液而大大减轻。有研究表明，乙烯亚胺、氮芥以及亚硝基化合物必须溶于pH＜7的缓冲液中，叠氮化钠（NaN_3）要溶在pH=3的缓冲液中才能诱发较高的突变频率。但缓冲液本身对植物体也有影响，因此使用时要注意选择适当种类和浓度的缓冲液，一般认为磷酸缓冲液为好。

（3）处理后漂洗

药剂处理后的材料必须用清水进行漂洗使诱变剂残留量降到最低。如果是种子，要立即进行播种，如果是枝条要尽快扦插为宜，以免因贮藏而增加生理伤。在特殊情况下，不能立即播种或扦插需短期贮存时，应放在低温（0～4℃）下降低细胞代谢，避免损伤的增加。

（4）处理浓度

化学诱变剂的使用浓度与处理的时间、处理时的温度密切相关。同时溶液的pH、处理材料的遗传特性、组织结构和生理生化特性以及浸泡预处理的程度和处理后冲洗时间等均明显地影响诱变效果。枸杞上未见相关的研究报道，在苹果上有用亚硝基甲基脲（NMH）和二甲基嗾酸盐处理接穗，其使用浓度为0.05%，处理时间为24 h。

2.秋水仙素处理方法

（1）原始材料的选择

选择主要经济性状都优良且染色体组数少的品种类型，尽量选取多个品种来进行处理。

（2）处理部位

细胞分裂活跃的组织，所以通常是萌动或萌发的种子，幼苗或生产旺盛的茎尖以及离体培养的细胞、组织和试管苗。

（3）处理的方法

常用的浓度为0.01%～1%，以0.2%最为常用。药剂处理的方法主要有水溶液处理法，包括种子浸渍法、腋芽浸液法、滴液法、注射法等，实际采用的浓度和方法取决于处理材料的特性，一般用临界范围内的高浓度和短时间处理法。

多倍体是植物物种进化的一种表现，生产上常因多倍体的特点如器官巨大性（花大果大、叶大），抗逆性强，育性低（无籽）以及特殊物质含量的变化而备受人们的关注。但不是倍性越高其优势越明显，每个种、品种都有其最适的倍性。枸杞中也有多倍化的现象，自然存在的多倍体主要是3X。所以，要注意秋水仙素处理时间，一般以一个秋水仙素分裂周期为宜。

四、突变体的鉴定、培育和选择

经过人工诱变得到的突变体，需要经过选择鉴定和培育才能成为新品种，新类型，其方法和程序与选择育种相似。

（一）诱变材料的鉴定

1. 植物损伤的鉴定

（1）萌芽力与存活率调查

不管是种子还是枝条，诱变处理对其生活力的影响是显而易见的。一般在播种或扦插后4～6周，调查田间发芽株数。也可以将诱变处理的枝条插于营养液中，置于20℃的室温中，3～4周后调查萌芽数，在苗木种植后经过一定的缓苗期，进入正常生长后，统计存活株数。

（2）幼苗高度和新生长量的测定

这能在一定程度上反映诱变因素处理的效应，且简单、迅速。一般是在扦插苗或新梢第一次停止生长时统计其平均值。对于扦插繁殖的枸杞来说，很多因素如气候条件、枸杞种类和生长状况、扦插技术等都能影响诱变的存活率和幼苗高度或新梢生长量的测定。因此，在试验中尽可能在人工控制的环境条件下进行，每处理要有一定数量扦插株数，以未处理做对照进行比较才能得出正确的结论。

2. 细胞学效应的鉴定

诱变处理引起一系列的生物学效应的基础是细胞，而细胞学效应是多方面的，包括了染色体变异及由此引起的细胞形态学变异。可以借助细胞学和组织学的方法以及现代仪器分析手段如流式细胞仪等对细胞的形态、染色体数目、遗传物质含量、细胞减数分裂时染色体行为等进行直接的观察和鉴定。例如，利用多倍体与二倍体在细胞组织结构上进行细胞倍性方面变异的鉴定。多倍体一般表现为气孔增大，气孔密度下降；叶片的栅栏组织和海绵组织均明显比二倍体发达，且多倍体栅栏组织细胞超微结构中的细胞叶绿体基粒小，片层肿胀，细胞膜和核膜有轻微断裂，线粒体损伤面大；多倍体植株的花粉粒大，萌发孔多，并且多倍体花粉粒大小不均匀，畸形花粉粒较多。当然也可以直接进行染色体数目的鉴定，常用的方法有去壁低渗-火焰干燥法、压片法等。另外，通过检测梢端分生组织L_1、L_2、L_3三层的细胞、细胞核及核仁的大小，可以鉴定芽变材料倍性嵌合体的类型。对于染色体结构变异可以通过观察减数分裂时有无到位、易位等染色体行为来判断。

3. 分子标记鉴定

分子标记是以核酸的多态性为基础的遗传标记，目前较广泛应用的分子标记有RFLP、RAPD、AFLP、SSR、SNP、ISSR、STS、SCAR、SRAP等，可以利用这些分子标记的方法对诱变材料发生的变异进行鉴定。如韩继成等（2005）用RAPD分析了γ射线辐射处理红安久的诱变效应；王妍炜等（2010）用RAPD分析了γ射线辐射处理砀山酥枸杞的诱变效应。

4. 突变体性状鉴定

通过无性繁殖将诱变处理后代产生的各种遗传性变易固定下来并进一步鉴定其产量、品质、成熟期、株型、抗性等方面的经济价值，鉴定方法同常规育种。

（二）突变体培育和选择

1. 四倍体枸杞的诱导

用秋水仙碱诱导四倍体枸杞的方法有多种，但主要有浸根法、浸茎尖法及滴生长点法。现分别介绍如下。

（1）浸根法

①材料：‘宁杞1号’枸杞已发芽种子。

②方法：将种子置培养皿中进行发芽。发芽后取出放入秋水仙碱溶液中浸根处理。

③药剂浓度：用0.2%、0.4%、0.5%、0.6%、0.8%和1.0%六种秋水仙碱浓度，分别加入4%二甲基亚砜（1：1）或（2：1）。试验中看到，在相同的处理时间内，诱变剂浓度不同，幼苗成活率不一样，见表4-4。

表4-4　药剂浓度对幼成活率的影响

药剂浓度（%）	处理数量（个）	成活苗（珠）	成活率（%）	备注
0.2	50	11	2.0	各处理24 h。秋水仙碱：DMSO除0.8%浓度为（1：1），其余均为（2：1）
0.4	100	5	5.0	
0.5	60	1	1.7	
0.8	130	1	0.8	
1.0	50	0	0.0	

从表4-4中看到，随着药剂浓度增大，成苗率下降，可能高浓度的秋水仙碱对幼芽有毒害作用，但在试验中看到，随着浓度的增大，变异苗数有增多的趋势。

④处理时间：同样浓度的药剂，连续处理材料的时间不同，幼苗成活率也不一样，见表4-5。

表4-5　处理时间对幼苗成活率的影响

处理时间（h）	处理数量（株）	成活数（株）	成活率（%）	备注
16	85	7	8.2	药浓度为0.5%秋水仙碱+4%DMSO（2：1）
24	60	1	1.7	
48	190	3	1.6	
72	60	0	0.0	
7.5	40	6	15.0	药浓度为0.4%秋水仙碱+4%DMSO（2：1）
24	100	5	5.0	
48	68	0	0.0	
60	50	0	0.0	

在16～70 h随着处理时间的延长，幼苗成活率降低，说明在同样浓度的药剂作用下，处理时间长，对幼苗的毒害作用增加。

⑤处理时的温度：处理时的温度高低对成活率的影响大。处理时温度、药剂浓度及处理时间长短，三者之间有密切关系。一般温度高，药剂浓度小些，处理时间短些；若温度低，则所用浓度高，处理时间长些。

⑥四倍体枸杞‘88023’和‘88028’的诱变：发芽种子浸泡在0.8%的秋水仙碱+4%DMSO（1：1）溶液中，在气温18～29℃阴凉处处理24 h后将发芽种子用清水洗净播于盆中，长成幼苗是‘88023’，成活率0.77%。发芽种子浸泡在0.4%秋水仙碱+4%DMSO（1：1）溶液中，在气温18～29℃的阴凉处处理30 h后将发芽种子用清水洗净播于盆中，长成幼苗是‘88028’，成功率0.5%。注意材料处理后的管理。因处理后的发芽种子顶土能力很差，所以播种后覆土应浅，只需把材料篮住就可以，然后把它放在阴处，喷水后盖塑料薄膜，以后还要注意经常喷水，给予良好的生长条件。

⑦四倍体枸杞‘88023’和‘88028’植株的形态特征：在同样栽培条件下，四倍体枸杞在幼苗初期生长慢，叶片粗糙、肥厚，有些叶片尖端开裂。以后生长加快，枝条粗壮，叶色深，生长较旺，见表4-6。

四倍体枸杞花大，‘88023’和‘88028’花绽开直径分别为1.83 cm和1.8 cm，而二倍体为1.75 cm。‘88028’花丝基部绒毛特别稠密，二倍中等。‘88023’和‘88028’的花粉粒比二倍体大，长分别增加19.5%和27.9%，宽分别增加18.9%和18.57%；果实矩形，顶端圆或具一钝尖，大小中等，千粒果重分别为667.1 g和362.5 g。

⑧四倍体枸杞开花结果习性：四倍体植株生长旺盛，二次枝条结果良好，花果期迟，结果节位较高。‘88023’和‘88028’的结果节位分别平

均是2.8节和4.7节开始开花结果。比对照‘宁杞1号’第2.2个节分别高0.6个节和2.5个节。每节花果数为1.1个和1.9个，比对照2.5个分别少1.4个和0.6个。四倍体和二倍体杂交的果实种子含量一般比二倍体少，尤其饱满种子更少，约为种子总数的3.49%，有的组合未得到饱满种子，见表4–7。

表4–6 四倍体枸杞与二倍体枸杞株形态比较

材料	苗高（m）	根颈（cm）	叶长（cm）	叶宽（cm）	叶厚（μm）	气孔长/宽（μm）	叶色
二倍体 $2n=2x=24$	0.75	0.55	7.75	2.06	681.6	40.6/32.1	绿
‘88023’ $2n=4x=48$	0.99	1.26	9.63	3.19	958.3	51.5/44.6	深绿
‘88023’ $2n=4x=48$	1.56	0.87	8.76	2.59	1127.2	64.2/42.6	深绿

注：均为一年生苗。

表4–7 四倍体与二倍体杂交的果实种子含量

杂交组合	果实数（个）	饱种子（粒）	秕种子（粒）	平均	
				饱	秕
‘宁杞1号’×80028	10	38	175	3.8	17.55
‘80028’×‘宁杞1号’	20	1	464	0.05	23.2
‘黄果’×‘80028’	7	0	66	0	9.4
‘80028’×‘北方’	21	6	360	0.39	17.1
‘北方’×‘80028’	21	2	166	0.1	7.9
‘80028’×‘宁杞2号’	6	4	155	0.67	25.8
‘宁杞2号’×‘80028’	13	0	27	0	3.6
‘80023’×‘宁杞1号’	2	0	30	0	15
二倍体	32	473	240	14.78	7.5

⑨四倍体枸杞‘88023’和‘88028’与二倍体杂交的亲和性

四倍体与二倍体杂交的亲和性强，据试验，四倍体与二倍体杂交坐果率很高，一般在87%以上，与二倍体间杂交坐果率近似，见表4–8。

表4–8 四倍体与二倍体杂交坐果率统计

组合方式	杂交组合	授粉花数（朵）	坐果数（个）	坐果率（%）
四倍体与二倍体	‘8028’×‘黄果’	21	21	100
四倍体与二倍体	‘黄果’×‘88028’	47	41	87.2
四倍体与二倍体	‘80028’×‘宁杞1号’	36	32	88.9
四倍体与二倍体	‘80028’×‘北方’	8	8	100
四倍体与二倍体	‘80023’×‘宁杞1号’	6	6	100
二倍体间	‘72007’×‘小麻叶’	39	34	87.15
二倍体间	‘小麻叶’×‘宁杞2号’	36	34	94.44

（2）浸茎尖法

①材料：宁夏枸杞的茎尖。

②药剂浓度：0.15%、0.10%、0.05%、0.025%的秋水仙碱分别加1.5%二甲基亚砜（1∶1）。

③处理方法：取1 cm长的新鲜枸杞茎尖，在解剖镜下立即去掉老叶片，保留2～3片叶原基浸泡于0.15%、0.10%、0.05%和0.025%的秋水仙碱同1.5%二甲基亚砜混合液中24 h，并用气泵通气。取出用清水冲洗3～4次，再用0.5%的氯化汞消毒6 min，无菌水冲洗3～4次，在无菌条件下，将材料茎尖朝上，接种在诱导茎尖分化的培养基MS+6-BA 1 mg+NAA 0.5 mg/L上，培养温度20℃，每天光照10 h，光照强度2000 lx。继代培养基是MS+6-BA 0.3 mg/L+2,4-D 0.01 mg/L，然后在MS+IAA 2 mg/L+IBA 1.5 mg/L培养基上生根。诱导生根时的温度和光照条件与诱导分化时相同。

④处理结果：经不同浓度秋水仙碱处理的茎尖，在MS+6-BA 1 mg/L+NAA 0.5 mg/L的培养基上，培养1 d后，茎尖都由绿色变为浅灰色。第三天后，一部分由于药物毒害，由灰色变为灰褐色而死亡。而另一部分由浅灰色逐渐变为绿色，占71%。培养20 d后，每个存活的茎尖基部直接生出绿色芽点，一个月后长成3～5个芽的芽丛。

在几种不同浓度的秋水仙碱处理后看到：当秋水仙碱浓度为0.025%时，处理的存活率最高为60%，加倍率3.7%；当用0.15%浓度处理时，存活率为4.44%，加倍率25%；最理想的处理浓度是0.1%，存活率22.22%，加倍率25%，其次是0.05%的处理浓度，加倍率10.52%。

对上述不同浓度的秋水仙碱处理后加倍的小苗进行染色体检查，共得到12株加倍苗，其中3株四倍体苗，细胞染色体数为$2n=4x=48$。在这3株四倍体苗中，有2株是经0.1%秋水仙碱处理后得到的，另一株是经0.05%浓度处理得到的。其他两个处理未检查出四倍体。

（3）滴生长点法

把种子放在发芽皿内发芽，当芽长到1～2 cm长时，栽在花盆内，分别用0.1%和0.2%的秋水仙碱溶液拌碳纳米角（CNH）吸附剂滴生长点。处理24 h后，用清水将吸附剂冲洗干净让其生长。经过处理后，长出的幼茎比对照粗，诱变率100%，但成功率不高。在0.2%秋水仙碱溶液处理后，只有6.7%的植株为同源四倍体，而经0.1%秋水仙碱溶液处理的未得到四倍体植株。

也可用种子直播在盆里，当出土的幼苗还未长真叶，或刚长出真叶约1 mm大小时，分别用0.2%和0.5%的秋水仙碱水溶液，在罩薄膜的干净花盆中，连续处理72 h或间歇处理39 h后（早晨6时滴药液至下午6时洗去药液），用清水冲洗干净，任其生长。从试验中看到，经0.5%秋水仙碱处理的幼苗变异率13%～20%。其中经36 h间歇处理的成功率最大，为20%，而经0.2%秋水仙碱处理的幼苗未得到变异苗。

2.三倍体枸杞育种

宁夏枸杞果实种子含量多，不易除去，也不易加工。如能育成三倍体无籽枸杞，将会有利于枸杞加工利用产业的发展。三倍体枸杞育种的方法有杂交法和胚乳诱导法两种。现分别进行介绍。

（1）杂交法

在获得四倍体枸杞的基础上，1989年开始了四倍体枸杞与二倍体枸杞杂交，1990年得到一株三倍体植‘9001’，其选育过程如下。

①选育材料

和杂交育种一样，要选择优良单株（品种）做亲本，选择原则请参阅本章第一节。‘9001’所用亲本是‘88028’和‘北方枸杞’。‘88028’是同源四倍体枸杞，由‘宁杞1号’经染色体加倍而成。它生长健旺，果粒中等大小，果长1.37 cm，粗0.93 cm。结果多，5年生树株产鲜果2.8 kg，每节有花果1.9个，每个果实含饱种子5.44粒。

‘北方枸杞’是枸杞（*L. chinense* Mill.）的变种，果粒大，果长2.2 cm，果粗0.6 cm，鲜果千粒重600 g，丰产性好，产量高，种子少，每粒果实含饱种子6.6粒。

②选育程序

见图4-1。

③操作方法

亲本选定后，配置杂交组合，‘88028’和“北方枸杞”杂交得到种子，播种在花盆里。花盆盛轻壤土，表面铺1～1.5 cm厚的细沙。播种深度0.5 cm，用壶洒水，盖薄膜保墒，遮阳，供给良好的生长条件。

当幼苗生长到5～6 cm高度，采其幼嫩心叶，进行染色体检查（方法同四倍体检查），确定是三倍体（$2n=3x=36$），编号“0001”。

④三倍体枸杞“9001”的性状

结果习性：定植一年生扦插苗，当年结果，但果量少。结果节位高，一般第26.2个节以上开始结果，一个节着花果1～3个。结果少是三倍体的共同缺点，改进的办法，应进行品种间杂交，从中选出结果量多的优良单株。

鲜果大小：用千分卡尺测定12粒鲜果，平均纵径1.47 cm，横径0.58 cm。鲜果千粒重：10月6日测其秋季鲜果，千粒重为560.0 g。果实总糖含量为67.75%

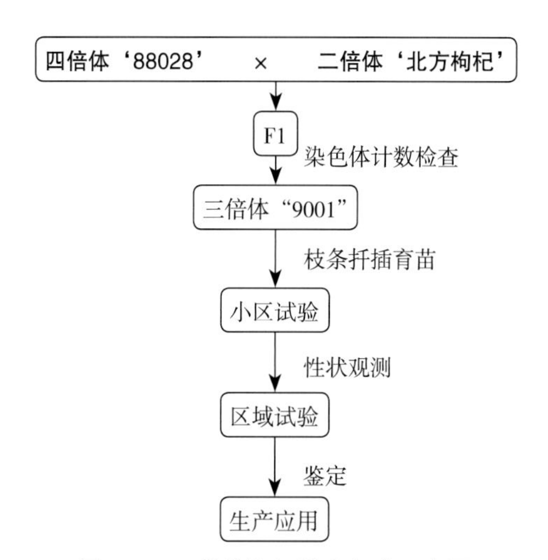

图4-1　三倍体枸杞选育程序示意图

鲜果饱种子含量：剥开18粒果检查，其中7粒果都无饱种子，占总果数的38.39%；有7粒果各含1粒饱种子；另有4粒果各含2粒饱种子。平均每粒果含饱种子0.83粒，比亲本饱子数少4.61～5.78粒，更比二倍体宁夏枸杞的饱种子少18.45粒。生长快，发枝多，长势旺：1年生树高1.2 m，平均冠幅82 cm。枝条扦插繁殖率高：用生根剂处理后，硬枝生根成活率63.64%，嫩枝为54.46%，最高达100%。

（2）胚乳诱导法

根据胚乳细胞具有一般植物细胞全能性以及大多数被子植物的胚乳都是三倍体的特点，顾淑荣等人对枸杞胚乳组织进行了培养研究，1987年报道了关于枸杞胚乳植株的诱导及染色体倍性观察结果。

试验以‘北方枸杞’变色期果实作材料，用70%酒精消毒几秒钟，再用10%安替福民消毒7～8 min或用0.1%氯化汞水溶液消毒5～6 min，在无菌条件下，用无菌水冲洗3次，在解剖镜下取出种子，剥掉种皮，根据试验要求保留或去掉胚，然后接种培养。试验表明，变色期或红果期果实的胚乳培养诱导率较高，而青果期的胚乳诱导愈伤组织的频率较低。另外，外源激素对愈伤组织的产生也有影响。把胚乳接种在3种不同激素配比的培养基上：①MS+1 mg/L 2,4-D+0.5 mg/L KT；②MS+1 mg IAA+0.5 mg/L 玉米素；③MS+1 mg/L IAA+0.5 mg/L 6-BAP。结果表明，在这三组培养基上都能产生愈伤组织，但以2,4-D和KT配合使用的诱导频率最高，为17.6%。进一步试验看到，在2,4-D与KT的配比中，尤以2,4-D与KT之比为1∶1时，即2,4-D和KT都为0.5 mg/L时，诱导愈伤组织的频率最高，为10.2%。蔗糖浓度对胚乳愈伤组织的诱导频率也有影响，在培养基中添加相同激素情况下，蔗糖浓度为5%时诱导频率最高。把胚乳接种到诱导愈伤组织的培养基上，当愈伤组织长到蚕豆大小时，把愈伤组织切成直径

0.5 cm大小的块，分两组：一组转到分化培养基上，另一组转到原诱导愈伤组织的新配制的培养基上。经过连续3次继代培养，每次1个月，看到分化培养基上的愈伤组织分化出苗的频率是：第一次分化频率为80%，第二次继代的分化频率为60%，第三次为77.8%，各次根形成的差别不明显。

根的形成，用IBA水溶液浸泡，或加入适当的NAA到培养基中，把小苗从茎基切下来，转到诱导生根的培养基上，2个星期后生根。不论浸泡还是加入培养基的方法，根的诱导率都在85%以上。对胚乳植株根尖进行固定、染色和制片，作染色体检查，在观察的15株根尖细胞的染色体中，其倍数很不一致，染色体数从几条到40多条，其中有二倍体的$2n=2x=24$，有非整倍体的，染色体数为9，也有三倍体的$2n=3x=36$，而有11株根尖细胞的染色体数目表现出相对稳定的三倍体，占观察植株的73.3%。对此进一步研究，很有可能从中选出纯的优良三倍体植株供生产上应用。

3. 多倍体枸杞的鉴定

植物组织经秋水仙碱处理后，是否都变成多倍体了，还需按一定标准进行鉴定。

鉴别多倍体与二倍体的方法，有间接和直接方法两种。间接鉴定，是根据多倍体形态和生理特征来加以区别，此法简单易行，可靠性也大。直接鉴定，就是检查花粉母细胞或根尖细胞的染色体数是否增多了，这是最基本、最可靠的方法。

①根、叶外表形态的变化

枸杞发芽种子，经秋水仙碱处理后，同二倍体（对照）比较，它的幼根尖端发生膨大，播种后的幼苗子叶变得肥厚、粗糙，茎变粗，节间短，有的真叶边缘有开裂，等等。这些现象都可看作是多倍体的预兆，作为判别多倍体的初步根据。

②气孔的大小

经过根和叶形态检查后，对外表变化小或无变化的植株就可淘汰。因这些植株在早期虽有变化，但在生长过程中，变化逐渐消失，看不出同二倍体的区别，经检查还是二倍体。对于变化大、有苗头的植株，可进一步做气孔大小测定，这样既省工又是决定诱导的组织是否变成多倍体最简单的方法。因为气孔保卫细胞是以染色体数量多少来增减体积的。四倍体的气孔一般比二倍体大，如四倍体枸杞‘88028’气孔长64.2 μm，宽42.6 μm，分别比二倍体（对照）增大56.13%和32.71%。

检查气孔时，取叶片背面一层表皮放在载玻片上，加上一滴清水或铁醋酸洋红染色液。它的配制方法是将50%醋酸50 mL，用酒精加热，快要沸腾时加入洋红，直至不能再溶解为止。冷却后，滤去沉淀物，即成醋酸洋红染色剂。若制作暂时用片子，则在载玻片上加一滴染色剂，将镊子尖端插入2%的硫酸亚铁（$FeSO_4$）中浸湿后取出，搅动染色剂，使染色剂由红色变为紫黑色，再取1个花药，放在染色剂中压碎。经2～3 min后，除去碎片花药壳，加上盖玻片，用吸水纸吸去多余染色液。随后放酒精灯上加热至烫手，再用手指压玻片，放在显微镜下检查。

由于气孔增大，使单位面积上的气孔数目相对减少，所以单位面积的气孔数，也可作为鉴别多倍体和二倍体的依据。但应注意，气孔数易受外界条件影响，如暴露在外的叶子，它的气孔数比荫蔽处的多，初期叶的气孔数比后期叶的少等。所以只能在同一发育时期，取同一条件下的叶，其气孔数才能用来作为鉴定四倍体的依据。

③花粉粒的大小

用叶片气孔的大小来测定多倍体，方法虽简单，但不如用花粉粒的大小来测定可靠。因为植物顶端的生长组织是由数层细胞组成的，最外一层细胞发育成为表皮细胞，第三层发育成为花粉粒及卵原细胞。因此表皮细胞和性器官的组织来源不同。只有当生长点细胞的第一层和第三层细胞同时都受到秋水仙碱作用而产生多倍性细胞时，才能把气孔大小作为测多倍体的可靠标准。因花粉粒细胞和气孔的保卫细胞一样都是以染色体数量的多少来增大体积的，所以染色体加倍了，一般细胞也应增大。据测定，四倍体‘88028’和‘89023’的花粉粒分别比二倍体增长19.5%和27.9%，宽度增加18.9%和18.57%，三倍体‘9001’的花粉粒宽29.62 μm，比二倍体20.88 μm增宽8.33%。通过带测微尺的显微镜可清楚看出它们的区别。

通过花粉粒大小的测定，一般可以比较正确地判断是否是多倍体。但须指出，有的花粉粒染色体加倍了，但体积增加程度不一样，有的增幅大，有的增幅小。

测定花粉粒时，取成熟花粉粒，放在带测微尺的显微镜下观察。若加上一小滴醋酸洋红染色剂或改良卡宝品红染色剂，会使其颜色更加清楚。

④细胞染色体计数检查

细胞内染色体计数检查是鉴别多倍体最直接、最可靠的方法。

检查细胞染色体数目有两种方法：一是观察生殖细胞分裂时期的花粉细胞；二是观察细胞分裂中的叶尖细胞或根尖细胞。

A.叶（根）尖细胞染色体观察

选材：上午9～11 h，用小镊子取生长旺盛的枝端幼嫩小心叶，或发芽种子为检查材料。

预处理：将取下的小嫩叶或根尖，立即投入0.2%的秋水仙碱溶液中，处理3～4 h时，然后用清水洗2～3次。

固定：将预处理后的材料放入固定液（固定液是用95%酒精3份加冰醋酸1份）中固定12～24 h（也可不固定），然后用清水洗2～3次，再放在95%酒精中洗净醋酸味，而后移入70%酒精中保存，供以后观察用。

解离：取出经固定后的材料，放在盐酸酒精解离液内5～15 min（盐酸酒精解离液是用95%酒精1份加浓盐酸1份，配制时，将酸慢慢倒入酒精中），以便染色体分散。

镜检：从解离液中取出材料，用清水洗2～3次。将洗净的材料放在载玻片上，切取尖端1～2 mm长，加1滴改良卡宝品红染色剂，然后用玻璃棒压碎，盖上盖玻片，在其上垫一张吸水纸，用皮头铅笔在盖玻片上轻轻敲击，使材料压成均匀的薄层，然后放在显微镜下观察。可看到四倍体枸杞的体细胞染色体数为48条。

如果需要制永久片，可把观察到的理想切片放到冰箱内冰冻。待切片结冰后取出，用刀片将盖玻片揭开。在载玻片的位置滴一小滴加拿大胶，将盖玻片按原位置放回载玻片上，稍加压力使它同载玻片紧紧贴着。让其自然风干后，可供永久观察用。

附：改良卡宝品红染色液的配制

1.苯酚（石炭酸）品红染液的配制

母液A：称3 g碱性品红+100 mL 70%的酒精溶解，可长期保存。

母液B：取母液A10 mL+90 mL的5%苹酚水溶液，在两星期内用。

苯酚品红染液：取55 mL B液+6 mL冰醋酸+6 mL 37%的甲醛。

2.改良苯酚（石炭酸）品红染液：取2～10 mL的苯酚品红染液，加98～90 mL 45%醋酸和1～1.3 g山梨醇。此液2周后用效果更好。

B.花粉母细胞染色体观察

取材与固定：上午8～9 h，采1～2 mm长幼蕾，放在固定液中固定12～24 h（临时观察可不固定），取出用清水洗2～3次，用70%酒精洗1次，取出材料放在70%酒精中保存。

观察：取出经固定的小幼蕾，用解剖针剥开花萼片、花瓣，取出花药，放在载玻片上，再用另一载玻片呈“十”字形盖上，手指捏住载玻片，挤出花粉母细胞，除去残渣后，加1滴改良卡宝品红染色剂，盖上盖玻片，再垫1张吸水纸，吸去多余染色剂，在其上面再用皮头铅笔轻轻敲击，使细胞均匀分散开，最后放置显微镜下检查。可看到四倍体枸杞花粉细胞染色体数为n=24（是四倍体体细胞染色体数目的一半）

五、枸杞单双倍体（DH系）的诱导

（一）单倍体诱导的方法与意义

1. 植物单倍体概念

单倍体植物是进行植物遗传分析及开展育种工作的理想材料，已经在多个研究领域得以成功应用，无论在植物生物学，还是遗传学研究方面都有着重大而深远的意义。

单倍体是指只包含单套染色体的细胞个体或植株个体。来源于二倍体的单倍体称为一倍体，来源于多倍体的单倍体称为多元单倍体。高等植物的孢子体多为二倍体，其单倍体只含有1套染色体，是进行基因、生理、遗传研究的好材料，且无等位基因而染色体成单，不存在基因显隐性关系，很多优良的隐性性状能够得以表达，丰富了选择育种的材料。但这类植株配子高度不育，几乎完全不能产生种子，且细胞、组织、器官及植株一般都比它的二倍体和双单倍体弱小。因此，在育种应用中常由单倍体植株染色体加倍获得纯合二倍体植株（DH系），这种二倍体称为双单倍体。单倍体植株加倍得到的加倍单倍体和双单倍体自交后代不发生分离，大大节省了育种的年限。另外，DH植株也是分子定位和遗传图谱绘制的好材料，因此它在植物育种中发挥着重要的作用。然而，自然产生单倍体的频率仅为0.001%～0.01%，难以应用于育种实践中，故催生了植物学家对人工诱导单倍体的研究。

2. 人工诱导单倍体产生的方法

人工诱导产生单倍体的方法主要有雌核发育（子房和花培养）和雄核发育（花药和小孢子培养）等。其中，应用最广、最高效的诱导方法为花药离体培养。

花药培养是利用植物组织培养技术，把发育到一定阶段的花药，通过无菌操作接种到培养基上，以改变花药内花粉粒的发育程序，诱导其分化，一种途径是直接分化成胚状体，另一种途径是先形成一团愈伤组织，使愈伤组织再分化形成完整的植株。花药培养的外植体是植物雄性生殖器官的一部分，由此产生的小植株，多数是由花药内处于一定发育阶段的花粉发育而来，经过减数分裂的花粉粒（小孢子），可以看作是处于特定阶段的雄性生殖细胞。因此花药培养也可以看作是花粉培养或孤雌生殖。

花粉培养又称小孢子培养，是将花粉从花药中分离出来成为分散的或游离的状态，通过培养使花粉粒脱分化，进而发育成完整植株的过程。花粉培养比花药培养的难度大，成功率低，只能作为单倍体育种的辅助方法。

3. 枸杞花药培养诱发单倍体的意义

随着农业生产的快速发展，市场对农作物品种的要求也越来越高，不仅要培育优质、丰产的品种，同时也要培育生长快、抗逆性强、抗病虫害、鲜食等适应不同市场需求的新品种。枸杞是二倍体植物，基因杂合度高，普通栽培种的基因库比较狭窄，因此，开展枸杞花药培养研究对于枸杞遗传研究和品种选育具有重要的意义。

（二）枸杞花药培养

枸杞花药培养有两种途径。一种是胚状体诱导途径，另一种是愈伤组织诱导途径。把花粉发育到一定阶段的花药接种到培养基上，通过改变花粉的发育程序，诱导其分化，直接分化成胚状体的过程，被称为胚状体诱导途径；花药接种后先形成愈伤组织，愈伤组织再分化发育成完整的植株的过程，被称为愈伤组织诱导途径。通过花药培养可获得单倍体植株（图4–2）。

1. 花药培养流程

（1）材料的选择与预处理

通过花药培养获得单倍体植株最多的是茄科植物，其次是十字花科和百合科植物等。即使是在这些植物中，不同植物类型和同一类型的不同品种对花药培养的反应也是不同的。在花药培养中，花粉的发育时期对于培养的成功与否是至关重要的。一般而言，单核后期的花药对培养的反应较好，比较容易诱导成功。选择合适的花粉发育时期，是提高花粉植株诱导成功率的重要因素。被子植物的花粉发育时期可分为四分体期、单核期（小孢子期）、二核期和三核期（雄配子期）4个时期。单核期和二核期又可分为前、中、晚期。对于大多数植物而言，花粉发育的适宜时期是单核期，尤其是单核中晚期。此时花粉中形成的大液泡已将核挤向一侧，因此又叫单核靠边期。接种前首先将采集的花蕾进行花粉发育时期的检测，具体方法是：将花药置于载玻片上压碎，加1～2滴醋酸洋红染色，再进行镜检，以确定花粉发育时期。枸杞花粉发育时期与花蕾或幼蕾的大小、颜色等特征有一定的对应关系。其次，将采集的花蕾放置到4℃冰箱中预处理1～5 d，目的就是从形态上改变极性分布，改变分裂方式和发育途径。对于枸杞而言，采集到的新鲜花蕾也可以不进行预处理。

（2）材料的消毒

花药培养时，一般消毒程序比较简单。由于花蕾未开放时，花药处于无菌状态之中，枸杞5月盛花期采回新鲜的花蕾，用醋酸洋红压片法镜检鉴定花粉发育时期，选取花粉发育处于单核中后期的花蕾。花蕾消毒先用75%的乙醇溶液浸

图4–2　枸杞花药胚状体形成和再生植株

注：1.花粉发育时期处于单核靠边期的花蕾；2.具有完整根茎叶的胚状体；3.具有2片子叶的胚状体；4.具有根系的棒状胚；5.一个花药上分生出胚；6.转接后生长健壮的再生植株；7.移栽到大田的单倍体植株；8.单倍体n=12；9.二倍体n=24。

泡30 s后，再用0.1% $HgCl_2$溶液浸泡并充分振荡10 min，无菌水冲洗3～4次，然后将消毒花蕾放在覆有滤纸的灭菌培养皿内。

（3）接种

在无菌条件下，用镊子将花药从花蕾中完整剥离取出，接种到胚状体诱导分化培养基上，注意不要直接夹花药，以免花药受损，因为花药受伤后可能刺激花药壁细胞形成二倍体的愈伤组织，因此受伤的花药应去掉，同时也要把花丝去掉，因为花丝也是二倍体组织。花药的接种密度宜高，以促进“集体效应”的发挥，有利于提高诱导率。枸杞花药固体培养时50～100 mL三角瓶一般接种25～30枚/瓶，9 cm平皿一般接种35～40枚/皿。

（4）培养

一种植物的花药可以在一种培养基上能生长出多种类型的胚状体，而在另一种培养基上则形成愈伤组织。枸杞花药培养以MS为基本培养基，蔗糖的浓度为5%，添加的外源激素有细胞分裂素（2,4-D）、萘乙酸（NAA），细胞分裂素6-苄氨基腺嘌呤（6-BA）、激动素（KT），还可以再添加活性炭。将接种花药放置于温度25～28℃，光照强度3500～4000 lx，光照时间12 h/d的培养室中进行培养。

（5）再生植株的诱导与生根

培养20 d后，枸杞花药壁开裂，长出胚状体或愈伤组织，及时将胚状体转接到MS培养基上，愈伤组织转接到含有6-BA、NAA，蔗糖浓度为3%的MS分化培养基上。培养温度25～28℃，光照强度3500～4000 lx，光照时间12 h/d。

待再生芽长到1～2 cm高，转入含有NAA、蔗糖浓度为3%的1/2MS生根培养基上。10～20 d后小苗长出4～5条健壮的根。

（6）再生植株的移栽

再生苗高6～7 cm高，根系强壮时打开瓶口在室内炼苗，3～4 d后移栽到温室。待小苗缓活生长健壮后，再移栽到大田。单倍体植株苗期瘦弱，根系发育不良，成活率低。

2. 枸杞花药培养的影响因素

（1）供体基因型的影响

供体植株的遗传背景对花药培养诱导率影响很大，不同基因型的植株其胚状体或愈伤组织的诱导率有显著差异。本研究所经过多年对枸杞花药培养的研究，发现不同的品种胚状体诱导率不同。

（2）花粉发育时期的影响

花粉发育时期与胚状体诱导、愈伤组织诱导有着极为密切的关系。花粉在接种时所处的发育时期可能比培养基的成分更重要。对于大多数植物而言，花粉发育的适宜时期是单核期，尤其是单核中晚期。此时，花粉中形成的大液泡已将核挤向一侧，又叫单核靠边期。

（3）培养基的影响

基本培养基的组成对花药培养成功率有明显的影响。不同的蔗糖浓度影响培养效果，培养基中蔗糖不仅是最好的碳源，而且还起到调节渗透压的作用。对于枸杞花药培养，以MS作为基本培养基，添加5%的蔗糖效果最好，花粉可经胚状体途径直接发育为花粉植株。

激素对于绝大多数植物离体花粉的发育也起着关键的作用。枸杞花药培养外源激素是必不可少的，培养基中添加生长素2,4-D、NAA，细胞分裂素有6-BA、KT，能显著提高胚状体诱导率。

培养基中添加活性炭，同样对花粉发育也有促进作用。在枸杞花药培养中，添加活性炭在0.2～0.8 g/L，胚状体数和愈伤组织诱导率随活性炭浓度的增加而提高。

（三）单倍体植株的鉴定及染色体加倍

不同基因型、接种花药的花粉发育时期、培养基中外源激素的种类和浓度均可影响花粉植株的倍性，尤其是花粉植株的发生途径、愈伤组织继代培养时间长短的影响尤为显著。因此，由花药培养产生的花粉植株不仅有单倍体，还有二倍体、三倍体及非整倍体。一般由花粉胚状体直接成苗或由第二代愈伤组织分化成苗，单倍体频率高。

1. 单倍体植株的鉴定

（1）细胞学鉴定

通过体细胞或小孢子母细胞染色体计数，直接查看枸杞花药培养再生植株染色体数目的变化，是最为可靠的倍性鉴定方法。检查细胞染色体的数目有两种方法：一是观察根尖细胞分裂中期的染色体。二是观察花粉母细胞减数分裂中期的染色体。具体操作如下。

A. 根尖细胞染色体观察

①选材：用小镊子取生长旺盛的根尖为检查材料，且上午取样最佳。

②预处理：将取下的根尖，立即投入0.2%的秋水仙碱溶液中，处理3～4 h，然后用清水洗2～3次。

③固定：将预处理后的材料放入固定液（固定液是95%酒精3份加冰醋酸1份）中固定12～24 h（也可不固定），然后用清水洗2～3次，再放在95%酒精中洗净醋酸味，而后移入70%酒精中保存，供以后观察用。

④解离：取出经固定后的材料，放在盐酸酒精解离液内5～15 min，以便染色体分散。

⑤镜检：从解离液中取出材料，用清水洗2～3次。将洗净的材料放在载玻片上，切取尖端1～2 mm，加1滴改良卡宝品红染色剂，然后用玻璃棒压碎，盖上盖玻片，在其上垫一张吸水纸，用皮头铅笔在盖玻片上轻轻敲击，使材料压成均匀的薄片，然后放在显微镜下观察，可看到单倍体枸杞的体细胞染色体数为12条。

B. 花粉母细胞染色体观察

①取材与固定：采1～2 mm长幼蕾，放在固定液中固定12～24 h（临时观察可不固定），取出用清水洗2～3次，用70%酒精洗1次，取出材料放在70%酒精中保存。

②观察：取出经固定的幼蕾，用解剖针剥开花萼片、花瓣、取出花药，放在载玻片上，再用另一载玻片呈“十”字形盖上，手指捏住载玻片，挤出花粉母细胞，除去残渣后，加1滴改良卡宝品红染色剂，盖上盖玻片，再垫一张吸水纸，吸取多余染色剂，在其上面轻轻敲击，使细胞均匀分散开，最后放置显微镜下检查。

（2）流式细胞分析鉴定

通过流式细胞分析仪对大量的处于分裂间期的细胞DNA含量进行检测，然后经仪器附带的计算机自动统计分析，最后绘制出DNA含量（倍性）的分布图。

（3）利用叶片气孔数量鉴定

植物体多倍化效应的最直接的表现就是细胞体积的增大，植物叶片气孔形状较为稳定，且易于观察，因此广泛应用于植物多倍体植株的辅助筛选。

（4）单倍体植株的形态鉴定

枸杞单倍体植株在植物形态上与二倍体有明显的区别。首先，在植株外貌特征上，单倍体植株瘦弱、叶片窄小、叶间距短；枝条棘刺少、分枝少，花蕾小、花柄短、花瓣卷曲、花丝弯曲；在开花及花粉特征上，单倍体植株虽能开花，但花粉败育，不能结实；整个植株的生长表现为早衰。二倍体植株生长健壮高大，开花结实正常，花粉粒大、着色好。

2. 单倍体植株的加倍

单倍体植株瘦小，高度不育，只有将其加倍成为纯合二倍体植株，在育种上才有利用价值。常用的加倍方法有如下。

①自然加倍：通过花粉母细胞核有丝分裂或核融合染色体可自然加倍，从而获得一定数量的纯合二倍体。

②人工加倍：采用浸根法，将单倍体植株扩繁，生根后放入秋水仙碱溶液中浸根处理。

罗青等研究了不同浓度秋水仙素浸根及不同浸泡时间对幼苗的影响。结果表明，在处理时间相同（24 h）的情况下，随着秋水仙素浓度的增大，幼苗成活率下降，说明高浓度的秋水仙素对幼苗的毒害增加。当秋水仙素浓度为0.4%时，成活率最高。在16～48 h内，随着处理时间的延长，幼苗成活率降低，说明在同样浓度的药剂作用下，处理时间越长对幼苗的毒害作用也增加。

（四）单倍体在基因组学中的应用

单倍体的获得提供了达到完全纯合的最快途径。利用花药培养产生的单倍体植株构建DH系需要1～3年。DH系提供了一种永久性群体，可以无限地用于作图，是数量遗传研究的好材料，可用于遗传变异的估计、连锁群的检测、多基因定位以及分子标记图谱的构建等，在发育遗传研究方面，可用来研究细胞的分裂、分化以及有关基因的表达与调控。

（五）枸杞花药培养实例

枸杞花药培养操作流程如下。

a.采集枸杞花蕾；

b.镜检，选择花粉发育处于单核靠边期的花药；

c.将花蕾放在4℃冰箱预处理（花蕾也可以不进行预处理）；

d.将花蕾放在75%的酒精溶液中浸泡30 s；

e.0.1%$HgCl_2$溶液中消毒10 min后，用无菌水冲洗3～4次；

f.取出花药，放置到事先灭菌好的培养皿中；

g.完整剥离花药，不要让花药受伤，接种到培养基上；

h.长出胚状体或愈伤组织；

i.转到分化培养基上；

j.形成再生植株；

k.根尖染色体鉴定；

l.移栽；

m.形态学观察；

n.枸杞花药培养获得不同形态的胚状体。

第五节　枸杞杂交育种

一、杂交亲本的选择和选配

杂交亲本的严格、正确、科学、合理选择与选配是育种工作成败的关键。

（一）杂交亲本的选择

根据育种目标，从育种资源中挑选最适合的材料作为杂交亲本。选择的范围不应局限于生产中推广的少数几个优良品种，而应包括那些经过广泛搜集、保存和深入研究、评价的育种资源和人工创造的杂种资源。通常在选择亲本时，总是针对育种目标，选择优点最多、缺点最少的品种（系）或类型作为亲本。具体选择时，还应当考虑以下几点。

1.以重要经济性状为主

果实大小比果肉厚度更重要；丰产、稳产性比抗逆性更重要。因此，果实大、果肉薄的枸杞种质材料比果实小、果肉厚作亲本价值较大；丰产稳产但抗逆性较差，比抗逆性好但产量不高或不稳定的类型更适于作杂交亲本。

2.以多基因控制的综合主要经济性状为主

由一对基因控制质量性状亲本杂交，只需经过1代，最多2代就可完全消除不良性状的影响，获得我们所需要的类型。但对多基因控制的数量性状，特别是对品质这样的综合性状，要消除亲本的影响，则至少要花几个世代或几十年的时间。因此，在选择亲本时，必须优先考虑遗传复杂的数量性状，尽可能避免把数量性状的低劣类型作为亲本。

3.要优先考虑亲本基因型

由于对品种基因型信息了解得不够全面，一般在选择亲本时，主要还是选择优良的表现型。根据表现型选择亲本，在一定程度上虽然也能反映出基因型的优劣，但是，有时两者是不一致的。因此，对于1～2对基因控制的质量性状，首要应了解该育种资源是否具有我们所需的基因，其是同质结合还是异质结合；对于数量性状，除要求表型值不在中等水平以下外，还需要研究不同育种资源的配合力，特别要注意尽可能避免直接利用数量性状同质结合程度很大的野生种作为亲本。

4.应选择育种值较大的性状

同样都是多基因控制的数量性状，但性状间遗传力有很大的差异。即使在没有对遗传力进行系统研究的情况下，从杂种的表现也可以看出，枸杞丰产性容易遗传给后代，而优质等则不易传递给后代。故在选择亲本时，应着重考虑将这些性状的育种值较大的品种作为杂交亲本。

（二）杂交亲本的选配

从大量的品种资源中，筛选出适于作亲本的品种类型，并不是随意地把它们两两搭配或交配，就能得到符合育种目标的杂种类型，这里有一个合理搭配即杂交亲本的选配问题。亲本选配的原则大体有以下几点。

1.应尽可能使两亲本间优缺点互补

在选择亲本时，应该选择优点较多而缺点较少的品种类型作为亲本。但是任何一个亲本都不可避免地存在一些缺陷。在亲本选配时，必须注意每个亲本的缺点，都能尽可能地从另一个亲本上得到弥补。根据这一原则，亲本双方最好有共同的优点，而且越多越好，但不应有共同的缺点，对于一些综合性状来说，还要考虑双亲间在组成性状缺点上的相互弥补。如品质方面的类胡萝卜素含量、枸杞多糖含量等；产量方面的果枝形成能力、花序、花朵坐果率和果重等组成性状。

2.应考虑主要经济性状的遗传规律

对于质量性状，在选择亲本时，都要优先考虑基因型和性状遗传规律。在数量性状方面，也应注重相关主要经济性状的遗传规律。

3.应选配种类不同或在生态地理起源上相距远的双亲

杂交育种的亲本选配，一方面要求亲本在重要经济性状上育种值高，也就是说具有较高的加性效应；另一方面要求亲本亲缘关系较远，最好是双亲分属两个不同的种，即种间杂交，至少应该用生态地理起源上距离较远的不同品种类型进行杂交，以便在杂种中获得较大的非加性效应。同时，应该重视从前人曾经从事的亲本组合中总结经验教训，对入选率高、重要性状上组合育种值大、配合力强的杂交组合，可扩大杂种实生苗的数量，从而提高育种效率。

4.应考虑母本和父本在性状遗传上的差异

在关于正、反交性状遗传的差异方面，米丘林和他的学生曾一再强调，母本比父本在性状传递方面优势显著，而布尔班克等则否定父、母本在性状遗传上的差异。现在看来，不同性状应该做具体分析。因此，在亲本选配中，为了加强与胞质基因有关的性状传递，应该把该性状表现优异的品种作为母本，或者有意识地安排正、反交对比试验，以便进一步研究不同性状在正、反交情况下与胞质基因的关系。

5.应考虑品种繁殖器官的能育性和杂交亲和性

雌性繁殖器官不健全，不能正常受精或不能形成正常杂交种子的品种类型，不能作为母本。枸杞中存在雄性器官退化而不能形成健全花粉的现象，如‘宁杞5号’，花药发育不正常，不能产生正常花粉，不能作为父本。

有时父、母本性器官均发育健全，但由于雌、雄配子间互相不适应而不能结籽，叫作杂交不亲和性。枸杞是异花授粉植物，同品种单株间杂交，通常表现不亲和性，必须品种间杂交授粉，才能表现亲和性，才能正常受精结实。但在品种间杂交授粉，有时也会出现近交不亲和现象，或出现亲和性不高等情况，其主要发生在杂种与杂种或品种间的杂交授粉上，例如，杂种与亲本回交，或是姊妹系间杂交授粉，通常会表现不亲和现象。

秦垦研究员近年来对枸杞自交亲和性的研究发现，枸杞属于配子体自交不亲和，每个枸杞品种都有一对*S*基因，当父本与母本的一对*S*基因完全不相同，或其中一个*S*基因相同，而另一个*S*基因不相同时，杂交都能亲和，受精都能正常进行；而当父本与母本的一对*S*基因完全相同时，杂交往往不亲和，虽花粉落到柱头上，也能正常发芽，并能长出花粉管沿柱头往下生长，但当花粉管长到柱头中央时，花粉管就停止生长而不能到达子房来完成受精。可见，在杂交尚未开始前，就要首先研究或了解两亲本的*S*基因型信息，以便收到事半功倍的效果。还有一种是正交亲和，但反交不亲和。故在亲本选配时，一般不能把不亲和的品种搭配成杂交组合。

枸杞不但表现出杂交不亲和性，而且也常表现近亲繁殖衰退，如果近亲的关系越近，则这种不利现象越明显。由于自交或近亲繁殖会造成生理损害，因此在制订杂交方案及选配杂交亲本时，应了解其谱系。有限的近亲繁殖，可用以加强某一优良性状，但为了防止因多次与同一品种回交而可能造成的衰退现象，可用具有近似特性的品种作为轮回杂交亲本，这样既能防止杂交不亲和，又能达到回交的目的。

此外，还应考虑一些杂交效率上的因素。由于品种间坐果能力、每果平均健全种子数差异悬殊。因此，在不影响性状遗传的前提下，常用坐果率高而种子发育正常的品种作为母本。

二、杂交技术

（一）杂交前的准备

1.制订杂交育种计划

为使杂交工作能顺利、有序地进行，并取得良好的杂交效果，杂交前应该制订科学、严格、详细的杂交育种计划。杂交育种计划包括育种目标，杂交亲本的选择及其选配，杂交任务（包括组合数与杂交花朵数），杂交进程（根据天气的状况，花粉具体的采集日期和杂交日期），杂种后代的估计，操作规程（杂交用结果枝与花朵的选择标准，去雄要求，花粉采集和处理的具体细节，授粉技术要求等）以及记载表格。

各杂交组合具体需做多大规模（多少花朵数），要根据本单位育种选择圃的规模面积、科研需要、所选配亲本果实大小，以往杂交的花序花朵坐果率等来确定。主要考虑为培育一个具有预定育种目标（性状）的杂种，根据以往的经验与选优率，再预计杂交具体规模。

2.熟悉花器构造和开花习性

了解亲本的花器构造和开花授粉习性，对于确定花粉最适采集时期、授粉时期以及杂交方法是十分必要的。

枸杞花器构造类型是雌雄同花的两性花，故应了解其花器类型（即雄蕊高雌蕊低，还是两者等长，抑或是雄蕊低雌蕊高），雄蕊数目，花药中花粉量，柱头数。

3.准备杂交用具与用品

杂交准备的工具包括干燥器，去雄用的镊子或特用的去雄剪、贮花粉瓶、授粉器、塑料牌、记载板或笔记本、铅笔、隔离袋，杂交纸袋、缚扎材料等。

（二）杂交方法

1. 花粉的采集与贮藏

通常在授粉前，从品种确定、生长健壮、开花结实正常的父本植株上采集含苞待放的花蕾，拿到室内将花药剥落在培养皿内或硫酸纸内，完毕后用医用镊子剔除花丝、花萼片和花瓣等杂物，并在培养皿或硫酸纸上标记品种名，然后将其放在试验台上，一般在室温条件下，经一定时间，花药即风干开裂释放出花粉：如有条件，可将盛满花药的培养皿或硫酸纸放入温度≤25℃的培养箱或烘箱内烘，待花药烘干即开裂释放出花粉后，将干燥花粉收集于小瓶中，贴上标签，注明品种，并立即置于盛有氯化钙的干燥器内贮藏备用。为保证杂交的成功率，经长期贮藏或从外地寄来的花粉，在杂交前，应先检查其生活力。

2. 母本树和花朵的选择

为使杂交取得良好的效果，母本树必须选择品种正确、生长健壮、开花结实正常的优良单株，杂交用花应尽量选择向阳面、结果母枝粗壮、生长良好、侧枝生长健壮、坐果率高、花芽充实饱满的边花。

3. 去雄和隔离

为防止其自交，在花药成熟开裂之前去雄，但保留花冠。对于母本树可以进行杂交授粉，但花粉尚未达到杂交要求时，可以将母本树上花蕾去雄，去雄后通常立即套袋隔离，以防止自然杂交。

4. 授粉和标记

去雄后，当柱头出现黏液时，表示雌蕊也已成熟，此时授粉结实率最高；授粉时，用授粉器或棉签蘸上少许花粉，在柱头上仔细轻涂，将花粉授于柱头之上，授粉时，如果花粉用量多，则结实率高且种子多。

授粉后，立即套上羊皮纸袋或硫酸纸袋隔离，并拴上色泽鲜艳的布条以示杂交标记。

5. 解袋

授粉后45 d，应及时采收杂交果实，并调查花序坐果率和花朵坐果率；生理落果后进行第二次调查，即有效花序坐果率和花朵坐果率调查。

三、杂交果实采收和种子处理

为使种子能充分成熟，杂交果实应充分成熟并适当迟采，这样有利于种子的充实和后熟，果实采收后，应将杂交果置于阴凉且室温较低的地方（如朝北的房间或贮藏库）充分后熟，这样可提高种子的生活力。如发现种子发霉，应立即将种子筛出，采用600～800倍高锰酸钾凉水稀释溶液浸泡种子1～2 h，捞出晾干后再进行贮藏。

四、杂种实生苗的培育

杂种实生苗的培育（栽培管理）条件对杂种性状的表现有着密切的影响。因此对杂种实生苗应该采取合理的培育方法，才能使其快速生长，正确地选出遗传上的优良单株。

培育杂种的基本原则如下。

1. 提高杂种实生苗的成苗率

通过人工杂交所得到的杂交种子数量非常有限，杂种实生苗一般在培育过程中，会不断遭受各种不良栽培管理条件、病虫害危害而死亡，所以获得大量杂种后代实在不易。要获得几个主要育种指标都表现优良的单株，只有在杂种群体较大时才有可能。因此，提高杂交种子系数，提高种子出苗率、成苗率是培育杂种的一个重要前提。

2. 苗木培育管理

除给予实生苗充足的肥水条件外，还应特别注意病虫害防治，以保证营养钵幼苗健壮生长。经常除草、松土，在加大生长量的同时，尽可能促发二次枝，可适当用作一级主枝，以利于形成高级枝序，同时也使茎干加粗，加强生长。

在中国北方，幼苗面临潜在的冷害。为避免这种情况，应在秋季控制氮肥和水分，以减缓幼苗的生长，从而提高枝条成熟度和抗寒性。越冬时需要采取防寒措施，以防止幼苗被冷干风抽干。

3. 实生苗定植

为有利于实生苗的快速生长，应该尽早将树苗定植到选（育）种圃内。对抗寒育种而言，需要在露地进行自然鉴定淘汰的。对抗性育种来讲，为了严格筛选高度抗性的单株，通常要在苗期栽种较大量的杂种实生苗，而后选择高标准的苗木定植，通常需根据选择要求来确定在苗圃阶段培育的年数，但在保证有效选择的前提下还是应该尽早定植，以免因延迟移栽而抑制生长。

定植时，可挖宽80 cm、深60～80 cm的栽植沟栽种。穴或栽植沟应施入足量基肥，苗木须带土移栽，尽量减少根系损伤。在选（育）种内，定植行株距应该根据南、北方不同地域，育种单位土地资源具体情况，杂种正常生长结果和方便田间栽培管理操作所需的最低需求来确定，可单行栽植，也可双行栽植。单行栽植，行株距应分别是2.5～3 m与0.5～1 m；如系双行栽植，则其间距应为大行2.8～3 m，小行2.5 m，株间0.5～1 m，不同组合杂种还可根据亲本生长势给予适当调整。

定植后杂种的栽培管理与培育，强调一个原则，即采取一切能促使杂种提早结果的有效农业栽培管理技术措施。

4. 培育条件均匀一致

培育条件均匀一致，可以减少因环境条件不同对杂种影响而产生的差异，以便能正确选择。必须加强对实生苗的培育管理，使杂种实生苗的器官和组织得到充分的发育和表现，杂种实生苗能够茁壮生长，植株健壮，增强对不良环境条件的抵抗力，从而能正确地反映出表型特征以作为选择的客观依据。

5. 根据杂种性状发育的规律进行培育

杂种的某些性状在不同的年龄时期和环境条件影响下，有着不同的表现和反应。培育条件应该适于其特点。如在抗寒育种中，杂种的抗寒力一般幼年时期比较弱，但随着树龄的增加而得到加强。因此，在幼年期，要给予适宜的栽培环境、肥水条件，再结合保护和锻炼，才能筛选出的抗寒杂种，再进一步根据其他性状进行筛选。

6. 有利于实生苗提早结果

为了加快育种速度，提高育种效率，必须促使实生苗提早开花，提早结果。因此，培育条件应该按照枸杞种植园的要求进行栽培，优良的栽培管理措施对加速实生苗的茁壮生长非常有利，在这个基础上，结合整形修剪等方面的技术措施，可收到良好的效果。

五、优良杂种的选择

杂交育种，杂种后代的规模、数量因育种单位、育种历史、立地条件、人员、财力的不同而异，少则几千，多则数万。枸杞系基因杂合型，受基因重组及环境条件的共同影响，其表现型在杂种后代所出现的类型繁多，千差万别。因此必须进行认真、科学、正确、严格的筛选，把为数不多与遗传上真正优良的表现型个体选拔出来，尽早淘汰不良的单株。对个别具有特异优良性状（如紧凑型，高抗不良自然条件，对病虫害免疫、高抗或多抗等）的杂种单株，也应保留做进一步的研究利用。杂种的选择时间长，涉及面广，从杂交种子开始，一直到杂种实生苗、杂种幼树、优良单株与优良品系5个阶段的选择。

（一）杂种选择的基本原则

1. 选择应贯穿于杂种培育的全过程

杂种选择应从杂交亲本选择开始。历经种子发芽，杂种实生苗生长、发育，杂种幼树，杂种开花结果，直到确定优良的单株，并成为优良品系所经历的各个阶段，都需根据育种目标进行认真、科学、正确与严格的选择。贯穿以上全过程的选择，对于从发展角度和综合的方面来评价一个优良单株是必不可少与至关重要的。

2. 侧重综合性状，兼顾重点性状

杂种必须在综合性状上表现优良，才有可能成为生产上有价值、有潜力、发展前景广阔或主栽的新品种，但对于有些杂种单株，虽然在某些综合性状上与育种目标稍有距离，但其具有个别特异、可贵的性状。如其产量不是很高，品质并非上等，但既抗根腐病，又抗黑果病，像这样的单株就应该予以保留，作为抗性育种材料。

3. 直接选择与间接选择相结合

杂种实生苗在生长发育中，其早期所表现出来的某些栽培性状往往与结果期的某些果实性状、产量性状、抗性存在连锁性，所以，在早期对相关的性状进行分析，就是在结果期前进行的间接选择。如早期所表现出来的叶片大、厚、叶色深与产量高呈正相关；叶片大与果大呈正相关。

4. 经常观察鉴定与特定鉴定相结合

杂种在生长发育过程中，不同时期有着特定的性状表现，因此，必须经常观察鉴定，尤其对所需观察进行记载并以此来筛选主要经济性状。然而，在苗期、定植期或遭遇持续高温多湿、周期性大冻害、严重干旱、洪涝灾害与病虫害严重为害等特殊时期，根据具体育种目标或相关要求进行集中鉴定，可更有效地提高选择效率。

（二）杂种选择方法

杂种选择方法，应根据育种目标、性状特性表现规律、早期鉴定选择的可靠性，以及杂种实生苗的数量多少等诸多方面来综合考虑。杂种选择主要为营养期（即未结果期）和生殖期（即结果期）两大时期。营养期选择，主要根据一些性状表现型与某些性状相关性（或结合连锁性状）来进行早期鉴定与预先选择，以此减少杂种实生苗的数量，节约土地、人力、物力和财力，提高育种效率。而生殖期的选择，具有决定性的意义，根据果实的外观、内质和耐贮性、植株产量、抗逆性等进行最为直观的选择。

1. 杂交种子的选择

一般应选择充分成熟、饱满、色泽佳、生活力高的种子。种子的特征与以后的杂种幼苗和未结果的杂种实生苗、未来的果实主要经济性状、产量和抗逆性有一定的相关性，其预示着杂种幼苗和未结果杂种实生苗的健壮和抗逆性程度、果实主要经济性状和产量的充分表现及抗逆性的程度等。

所以，选择时要注意到与杂种幼苗、未结果杂种实生苗、结果后果实主要经济性状、产量和抗逆性等经济性状的相关性，要求所筛选出的种子能预示其发育成生长苗壮、栽培性状优良和抗逆性强的植株，并且结果后果实主要经济性状、产量和抗逆性得到充分表现。

2. 杂种幼苗的选择

杂交种子催芽后，应仔细观察杂种种子个体间在发芽率和发芽势上的差异，此差异可能系生理或遗传上的不同所致。发芽率不高，或发芽势不强，或发育不良，或发芽延迟的种子，一般可淘汰；但对具有遗传型萌芽迟特性的幼苗则应予以保留，因其与晚花类型的特性常呈正相关。种子萌芽迟者，一般其杂种幼苗、杂种实生苗萌芽也迟，开花也随之较晚，其具有常可避免

晚霜危害的良好特性，因此不要轻易淘汰。在幼苗阶段，对于那些生长衰弱、发育差、表现畸形及易感病害的幼苗应早些予以淘汰。移植到苗圃地时，应根据幼苗的形态特征和生长情况进行选择。原则上应选择子叶大而肥厚、下胚轴粗而短、生长健壮的幼苗，并分别按等级依次移栽。而对于特殊优异的小苗，应做相应的记号予以分别栽植。在幼苗阶段，一般不强调严格的淘汰。

3. 杂种实生苗的早期选择

培养苗圃是从播种苗床到选种圃之间的过渡阶段，因此，杂种实生苗的选择，主要是在其定植前的苗圃内进行。杂种实生苗在苗圃内停留时间的长短，一般要依据杂种实生苗数量、生长速度以及苗期性状差别等方面来决定。一般枸杞杂种实生苗系数较高，少则几百，多则数千，个体间性状差异较大，需要在定植前淘汰较多数量。

杂种实生苗的栽培化程度，有时亦可作为实生苗综合选择的依据。在枸杞的同一杂交组合的杂种实生苗中，其性状的形成有以下几种类型：①树冠的上下层都表现为野生性状。②最初杂种实生苗野生性状表现明显，而后在其树冠上层则出现明显的栽培性状。③杂种实生苗由野生性状逐渐过渡到较明显的栽培性状。④在最初发育阶段，整个杂种实生苗栽培性状明显，而无野生性状，或野生性状不明显。在上述4种类型中，第①种类型野生倾向明显，将来亦难以产出经济价值很高的果实，经一段时间观察后，其野生性状依然顽固，可以考虑予以早期淘汰。而第②③种类型当属半栽培型。最有价值的杂种实生苗，则是第④种类型，即在幼龄期，其栽培性状就表现明显。

在杂种苗圃内的选择，主要根据植株、枝、叶和芽等器官的形态特征和某些生长特性进行选择。对在杂种苗圃内杂种实生苗的选择，应在一年生苗秋季，主要观察苗木的形态特征、生长习性和结果习性。观察记载的项目主要是：生长势、茎干粗度、节间长短，针状枝，叶片，果实等特征，分别以5分制（优、良、中、次、劣）记分标准进行选择。按编号次序对每一苗木逐株记载鉴定，对个别单株的一些值得注意的特点应予以重点记载。

在杂种实生苗生理落叶前，还应根据叶片的保存程度，再按5分制记载，以此可显示出其对病虫害综合抗性程度。如在其生长过程中，突遭遇严寒、病虫害或旱涝等灾害，须及时进行以上灾害的抗性鉴定，淘汰抗性弱者。

4. 杂种实生苗早期鉴定和预先选择

为了提高选育工作效率，在杂种实生苗的幼树期，除依据苗期性状特性进行选择外，还需根据幼树期与结果期某些性状的相关性来进行早期鉴定和预先筛选，保留有希望的类型而淘汰不良类型以减少杂种数量，有利于加强对留下杂种实生苗的栽培管理和深层研究。有的放矢讲的就是要把人力、物力、财力用在刀刃上，以提高育种效率。

（1）早期鉴定和预先选择的理论基础

枸杞性状和特性与其他生物一样，受基因控制。杂交时，由于来自父、母本基因重组，形成新的基因组成，并在生态环境条件的共同作用下，通过生长发育而表现出来。从这一出发点来讲，作物遗传学和发育生理学就是杂种实生苗的早期鉴定与预先选择的理论基础依据。

①早期鉴定和预先选择的遗传学基础

在果树性状的遗传中，常常发现某一性状与另一性状表现高度的相关关系，如叶片大、花大就预示其果实大；嫩叶表现红色，或者确切地说嫩叶花青苷含量较高，果肉一般脆肉，而嫩叶表现绿色，或者确切地说嫩叶花青苷含量较低，果肉一般软肉等，这些相对性状彼此就称为相关性状。根据性状的相关性，可以由一种性状预测另一种性状。究其原因归结为基因的连锁作用、基因的系统性相关、基因的一因多效性、未明基因的某些相关性。

②早期识别和预选的发育生理学

早期鉴定和预先选择的发育生理学机理主要根据器官组织形态特征和组织结构，以及某些生理特性来进行早期鉴定和预先选择。

种子种胚、胚芽的大小与植株大小：叶片大小与果实大小，叶形与果形之间均表现出正相关；叶片栅栏组织厚，导致光合作用强盛，预示其今后高产。

通过显微镜观察发现，染色体多倍化，往往会使得细胞容积增大，气孔增大，气孔数减少，细胞间隙缩小和导管数减少等，继而会影响物质的代谢，进而影响树体生理机能和形态特征，使树体呈现扩大生长，从而表现出叶面积大、花冠大到果实大的连续大型化。

在实践中也往往发现，苗期子叶大而厚、下胚轴粗壮、芽大、叶大都是扩大生长的典型特征。

（2）一些性状特性的早期鉴定与预先选择

①栽培性状和丰产性的早期鉴定与预先选择

栽培性状是指符合经济栽培需求的一些性状的总称，即植株生长强健、抵抗性强、产量高、品质好等，故应依据下列性状及其所表现的特征进行早期鉴定与选择。

种子：大，充实饱满，干物质含量高、生命力强、发芽率高、发芽势强；

幼苗：子叶大而胚健粗短、叶大而色深、生长壮、抗性强；

苗期：叶片大又宽且厚、叶色深绿；

树体：健壮、茎干粗壮、树冠紧凑；

芽：着生密、花芽发育良好；

枝：粗壮、充实程度高、节间短、分枝少而均衡、分枝角小。

果树实生苗干径与其平均产量呈显著的正相关，即实生苗干径越粗，其平均产量也越高，因此，干径可作为丰产性早期鉴定与预先选择的指标。

叶片是光合作用的主要组织，叶内叶肉细胞与空隙的接触面对叶表面比值、叶片栅栏组织厚度分别与光合作用强度呈正相关，两者与丰产性息息相关。因此，叶结构特征亦可作为丰产性的早期鉴定依据。

②生长势

种子发芽率与发芽势、苗期新梢长度与粗度，树高和枝条粗度等均体现生长势，叶大和叶丛密是生长势强的形态标志。研究表明，叶中营养元素含量和光呼吸作用可作为生长势预先选择的指标。同时，同工酶电泳分析亦可从遗传上进行生长势早期鉴定与预先选择。

③果实成熟期

枸杞杂种实生苗萌芽期与开花期呈正相关，就可利用萌芽期来早期鉴定与预先选择所需的开花期，同理，根据萌芽期或开花期早期鉴定与预先选择，淘汰育种目标不符合的杂种。

④果实大小和形状

研究表明，叶片众多性状与果实众多性状相关，如叶片大小与果实大小，叶片宽度与果实形状，叶形指数与果形指数，叶柄短与大果形之间等。但上述叶、果间的相关性程度则随种类不同而异。

⑤果实色泽

对杂种实生苗果实色泽进行早期鉴定与预先选择，大都与某些器官和组织的花青素、胡萝卜素含量所表现颜色相关。

⑥果实品质

主要是依据实生苗某些器官、组织内的生化成分来进行早期鉴定与预先选择，如枸杞果实颜色与类胡萝卜素含量间，不同种质枸杞果实颜色特征值差异显著，果实红度和类胡萝卜素总含量呈显著性正相关，色度角和类胡萝卜素总含量呈极显著负相关。可采用测色仪检测枸杞色泽并对比枸杞中类胡萝卜素和各组分的含量高低，较便捷地分析评价枸杞类胡萝卜素含量及组分。

⑦抗逆性

抗病性早期鉴定与预先选择的有效性，主要基于病原菌对不同年龄时期组织的侵害和反应无显著差异，依赖于幼年期与成年期抗某种病害的一致性。还需强调的是，杂种实生苗的组织结构特点还与其抗病性密切相关，一些阻碍病原菌侵入植物组织内部，一些能抑制侵染源在体内扩展，一般来讲，角质层和叶面蜡质层厚、气孔小，表皮细胞较小和木栓化程度高等特性，都是机械抗病性强的形态特征，与此同时，植物组织内含糖量、硅、酸、氰酸、单宁物质、花青苷和对苯二酚含量以及一些生理特性，如酶类活性、原生质渗透压和细胞液酸度都与抗病性有关联。

（3）分子辅助预先选择

近年来，科学技术的不断更新与迅猛发展，特别是分子生物学技术的日新月异为性状的早期鉴定与预先选择注入了新的活力。目前，结合基因组测序、遗传学和生物信息学手段，开发枸杞重要农艺性状分子标记，重点对决定和影响枸杞高产、优质、抗病、耐逆、雄性不育等性状开展标记筛选，完善分子辅助育种技术体系。就枸杞而言，主要采用RAPD、RFLP、AFLP、SRAP和SSR等标记技术筛选连锁标记，并且已获得与自交亲和（或）不亲和性连锁的分子标记，利用获得的分子标记，可以在苗期以叶片为测试材料，并依据分子标记的鉴定结果，判断杂种后代目标性状的表型，预先筛选符合育种目标的后代保存，以提高育种效率，节省人力、物力、财力和土地资源。此外，通过DNA分子标记的辅助选择，结合常规杂交育种技术，有利于实现优良性状的聚合育种。

5.杂种幼树的鉴定与选择

经育种苗圃培育与筛选出的杂种实生苗，到一至二年生时就要将其定植到选种圃内，之后，就要开始对杂种幼树进行一系列的选择，为田间鉴定选择便利，应在定植后立即绘制栽植图，标上杂种组合号及代号，以便以后的相关记载。育种圃是杂种最后培育的圃地，其一经定植，一般不实施严格的选择与淘汰，只对那些病虫害危害十分严重而实在无必要保留的单株才予以淘汰。为获得杂种发育和某些性状的系统研究资料，才有必要对其进行鉴定与记载，对杂种幼树观察鉴定研究的内容，主要包括生长势、对各种逆境迫胁与病虫害的抵抗性，同时还应调查物候期和其他特性。对于具有特殊性状的某些单株，应作为重点的观察研究对象，加强其观察与记录。至于观察、记录项目，都应根据研究需要而定。总的要求应少而精，针对性强，同时，观察、记录资料应考虑今后能适于统计分析。

6.杂种实生树结果期的评价与选择

杂种实生树结果期前的选择，只是实施一些自然淘汰，同时根据一些相关性和分子标记技术进行早期鉴定与预先选择。杂种实生树进入开花结果期后，除继续进行植物学特征、生物学性、物候期、适应性、抗逆性观察鉴定外，可根据果实主要经济性状，对杂种实生单株进行直接的鉴定筛选。此阶段的鉴定筛选具有决定性的意义。

结果初期观察鉴定评价与选择，杂种实生单株结果初期，观察鉴定评价的主要是果实主要经济性状，此外还有物候期、生长结果习性、产量以及果实病害抗性。

物候期的观察鉴定评价：主要是花（叶）芽萌芽期、开花期，成熟期和落叶期。除物候期的观察鉴定评价外，还有生长势，生长结果习性，产量以及包括抗性在内等的观察鉴定评价。萌芽期、落叶期、生长势和除果实病害之外的抗病性，可以在杂种结果前期观察鉴定评价，但是开花期生长结果习性、果实成熟期、产量和果实病害抗性的观察鉴定评价，则只能在杂种实生单株进入结果期后才能实施。

杂种实生单株开花的早春，首先要观察记载杂种实生单株开花期。物候期除表现为多基因控制的数量遗传特点外，它与环境条件也有着密切的相关。物候期记载采用目测鉴定评价法，可根据杂种当日发生百分率按三级（初期、盛期和末期）来划分，如采用一级表示，则可将盛期作为该物候期表示。如萌芽期，可以芽萌动总数≤5%、≥50%、95%分别表示芽动初期、盛期和末期；开花期可以花开放总数≤ 5%，≥75%及凋落≥75%表示开花初期、盛期与末期；三级亦可以1、2、3简要表示之。如在同一日内记载各单株物候期具体数据，则可用以比较单株间物候期的迟早，至于落叶期，亦可采用同样方法进行评价。一般都以50%进入某一物候期作为该杂种的某一物候期的来临。通常以萌芽期到落叶期所经历的天数来表示该杂种的生长期，同样以落叶期到萌芽期经历的天数作为休眠期。

果实是枸杞育种的主要对象，不论从外观还是内在品质上进行正确的鉴定评价是杂交育种的关键所在。为方便果实主要经济性状观察记载，在果实成熟前，应预先设计一张包括果实主要经济性状观察鉴定的评价表进行观察记载。观察记载的内容可依据《枸杞种质资源描述规范和数据标准》而设定，期间应以上述观察鉴定评价记载表，逐株逐项对杂种实生苗果实进行筛选评价。同时，育种目标中提出的特定性状，亦应在此期间内对其进行鉴定与选择。

果实成熟期是数量与遗传性状、杂种后代有着广泛的分离，而且杂种单株初次结果株数又不多，因此，在杂种单株果实采收前，要经常观察果实的发育动态和成熟过程，以便能掌握适宜的采收期，或根据成熟度分期分批采收。同时，单株果实由于受各方因素影响，成熟期常有先后，通常以盛采期表示该单株的成热采收期。果实成熟时所遇气候条件不一，成熟期延续时间也有差异。每次采收时，要根据记载表内所列的杂交组合名、单株号、采收期、平均单果重、出成率等项进行记载，通过连续3～5年记录资料的汇总与整理，可获知每年各单株间成熟期与产量差异、产量逐年增长或隔年结果等情况。应注意选择始果早、产量高并递增快的单株，通常这些单株结果枝形成较佳，成花率和坐果率较高，繁殖后均表现早果高产特性；而不应选择始花始果虽早，但产量递增缓慢或始果期很晚的单株。

在育种实践中常常发现，十全十美的单株往往寥寥无几。经常遇到果实外观漂亮的单株，但其内在品质不佳；果实外观、内在品质佳的单株，往往又不抗病；果实外观尚可，内在品质稍欠佳，但其成熟期早。这些单株虽存某些不足，但也具有一定的利用价值，故暂时当选。因此，单株的优劣并非以单一性状来定论，而要以综合性状来鉴定评价。

经连续3～5年的全面观察鉴定评价，对外观表现为上等或中上等与内质表现为上等或中上等两级的单株，应给以特别关注：而被评为中等的单株应予以保留，并作继续观察鉴定评价；至于被评为中下等、下等两级的单株，则予以淘汰。在上述基础上，结合获取的物候期信息，将杂种单株依次汇总，反复比对，从中挑选出最为优良的单株，并与同期成熟的栽培品种相比较，再结合其生长势，产量、抗病性等重要经济性状的初步观察鉴定评价信息，从中选出综合性状优良的单株作为初选优株，并在不同生态环境栽培区，以实生苗插穗进行无性扩繁，以作进一步观察鉴定评价。

7.初选优株的鉴定与选择

（1）初选优株的鉴定与复选

初选优株结果后，以果实主要经济性状观察鉴定评价记载表为依据，进一步对初选优株结果单株的果实主要经济性状进行严格、详细地观察鉴定评价，与此同时，开展结果习性、平均每节花朵数、果枝数量、坐果率（%）、产量和抗逆性（主要抗根腐病、黑果病和白粉病以及抗高温多湿与干旱）等重要经济性状的初步观察鉴定评价。经连续2～3年不同生态环境栽培区的全面观察鉴定评价，外观仍表现为上等或中上等，产量、抗逆性等重要综合经济性状依然较为优良者可被复选为优株。

（2）复选优株的鉴定与决选

在不同生态环境栽培区初步观察鉴定评价的基础上，复选优株需进行初步的植物学特性和除上述之外的其他生物学特性[萌芽率、发（成）枝力]观察测试，继续进行2～3年果实主要经济性状，物候期、采前落果与产量、抗逆性等重要综合经济性状的观察鉴定评价，如其果实外观与内在品质性状稳定，仍表现为上等或中上等，果实性状良好、产量稳定、抗逆性等重要综合经济性状表现较佳，该复选优株就可筛选成为决选优株，在不同生态环境栽培区进行区域性试验与适应性试验，同时开展品种对比试验，为下一步品种审定、示范推广做准备。

六、品种审定

在决选的前提下，被确定的决选优系最终应通过省级品种审定，才能在生产上应用并推广。需审定的优系，选种单位应事先向省品种审定委员会提出品种审定申请，并提供完整资料和实物。

省品种审定委员会收到选种单位提交的品种审定申请和上述资料后，即组织同行专家对提交审定的新优系进行品种审定。经听取新优系选育单位的选育技术报告、现场考察和答辩后，同行专家就新优系进行品种审定，通过品种审定后，即可对其进行命名，并作为新品种向生产上发布、推荐与推广，同时可在适宜栽培范围内推广、利用。在发表新品种时，应提供该品种的详细说明书。

第六节　分子标记技术在枸杞育种上的应用

分子标记是基于生物大分子多态性的遗传标记，该技术有效提高了遗传分析准确性和育种时效性，为实现植物育种“间接选择”提供了可能，主要包括同工酶和DNA分子标记两类。

一、同工酶标记

同工酶作为一种直接基因产物，自20世纪70年代以来，凭借受环境影响小、稳定性好、便于苗期鉴定的特点在早期西瓜、萝卜、大白菜等的亲缘进化关系研究中多有应用。随着对多态性位点需求的增加，同工酶标记翻译后的修饰作用、组织特异性和发育阶段性，特别是多态性位点较少这一内在局限性，使其在应用上受到限制，新的分子标记技术呼之欲出。

二、DNA分子标记

DNA分子标记是指电泳后在系列技术条件下可以检测到的反映基因组特殊变异特征的DNA片段。该片段可以通过限制性内切酶切割、PCR扩增等条件获得（表4-9）。

表4-9　几种主要的DNA分子标记

英文缩写	英文名称	中文名称
RFLP	Restriction fragmentlength polymorphism	限制性片段长度多态性
STS	Sequence tagged site	序列标签位点
RAPD	Random amplified polymorphic DNA	随机扩增多态性DNA
AFLP	Amplified frangment length polymorphism	扩增片段长度多态性

（续）

英文缩写	英文名称	中文名称
SSR	Simple sequence repeat	简单序列重复
SNP	Single nucleotide polymorphism	单核苷酸多态性

第一类是以分子杂交为核心的分子标记，包括RFLP、DNA指纹技术等，这类分子标记被称为第一代分子标记；第二类是以PCR为核心的分子标记，包括随机扩增多态性RAPD、简单序列重复SSR、扩增片段长度多态性AFLP、序列标签位点STS等；第三类是一些新型的分子标记，如SNP标记、表达序列标签EST标记等。分子标记技术的开发与应用为基因克隆转化、代谢通路研究及新品种选育奠定基础。

三、分子标记与相关研究

（一）枸杞部分农艺性状形成相关基因

植物雄性不育：作为植物杂种优势利用的重要途径，植物雄性不育已成为植物遗传育种的重要方式，是指植物在生殖繁育时不能产生有活性的花药、花粉、雄配子，或者产生的花粉发生败育现象。花药发育过程复杂，由许多基因和蛋白质参与调控，包括花药细胞分裂分化、小孢子母细胞减数分裂、花粉壁形成、花粉粒开裂等关键步骤。徐蕊等利用RT-PCR技术，从‘宁杞1号’花药中克隆到发育相关蛋白基因*Lb14-3-3b*并定位到细胞质中；王丽娟等利用RT-PCR及RACE技术，从枸杞中克隆到*LbSPS*基因，定位于细胞核中，该基因在枸杞花中表达量最高，叶中表达水平较低；李彦龙等以雄性不育枸杞‘宁杞5号’和正常可育枸杞‘宁杞1号’为材料克隆得到胼胝质酶基因（*LG1*），分析发现，该基因在正常可育枸杞花药中高量表达，在雄性不育枸杞花药中表达沉默，推测该基因沉默是雄性不育枸杞花粉败育的一个重要原因，上述研究为枸杞亲和育种研究提供重要参考。

果实品质：类胡萝卜素是植物中的重要色素群，参与光复合体的光捕获，保护光氧化损伤，是植物激素ABA的前体。经类胡萝卜素裂解双加氧酶（carotenoid cleavage dixoygenases，CCDs）或非酶作用合成的阿朴类胡萝卜素及其衍生物在植物中作为着色剂、植物激素、芳香和信号物质存在，该家族包括CCD和NCED两个亚家族。田小卫等发现枸杞*LcCCD1*基因参与了果实β-紫罗酮等芳香物质的形成，同时*LcCCD4*对果实类胡萝卜素积累起着调控作用，并且通过分析果实发育过程中*LcNCED1*基因的表达与乙烯释放、ABA及可溶性糖含量变化，发现*LcNCED1*基因可能通过调控ABA的生物合成参与了枸杞果实的发育成熟，最终揭示了枸杞CCDs基因增强果实香味及参与植物抗逆的部分机理；赵建华等克隆到枸杞的*LbA1*、*LbFRK7*基因并对其进行分析，发现*LbA1*、*LbFRK7*基因表达量与枸杞果实果糖形成及增加密切相关，并且共同作用于枸杞果实的果糖积累及转化代谢过程；邹彩云等克隆到宁夏枸杞的*LbPAL*基因，实时定量PCR分析发现，该基因在叶、花瓣、S_1期果实的表达量较高，而在根及S_2～S_5期果实的表达水平较低，在NaCl胁迫处理下*LbPAL*在根和茎中的表达量呈下调趋势；而在叶片中，*LbPAL*表达量先增后降并逐渐稳定；李招娣等利用3’RACE技术从枸杞中分离到类胡萝卜素生物合成途径的6个高度保守关键基因:异戊烯焦磷酸异构酶基因（*LcIPI*）、八氢番茄红素合酶基因（*LcPSY*）、八氢番茄红素脱氢酶基因（*LcPDS*）、δ-胡萝卜素脱氢酶基因（*LcZDS*）、类胡萝卜素异构酶基因（*LcCRTISO*）和番茄红素ε-环化酶基因（*LcLYCE*），发现*LcIPI*能够催化异戊烯焦磷酸和二甲基烯丙基焦磷酸间的异构化；*LcPSY*能够催化两分子牻牛儿基焦磷酸缩合成八氢番茄红素；*LcPDS*能够催化八氢番茄红素脱氢生成δ-胡萝卜素；*LcZDS*能够催化δ-胡萝卜素脱氢产生番茄红素；*LcLYCE*能够环化番茄红素产生叶黄素。通过农杆菌介导转化体系，获得6个基因的过表达烟草植株，相应阳性转化株类胡萝卜素含量均有不同程度提高，影响程度为：*LcPSY*>*LcLYCE*>*LcCRTISO*>*LcPDS*>*LcZDS*。此外，*LcPSY*基因过表达在大幅提升烟草类胡萝卜素含量的同时，其耐盐相关指标也明显提升，减轻了烟草的氧化压力，提高了烟草植株的营养价值；吴疆等克隆到枸杞β-胡萝卜素羟化酶基因*chyb*及其启动子chybpro并将其转入烟草，发现烟草叶黄素循环池容量明显增加，间接提升了烟草耐旱耐盐能力，chybpro的生物信息学分析发现，该序列中存在多个光响应元件和胚乳特异性表达元件，为枸杞光响应研究提供了备选基因。此外，徐慧娟等以宁夏枸杞果实为材料，利用RACE技术克隆到枸杞LbWRKY2基因，该基因在果实发育全时期均有表达，且在果实发育第四阶段表达量最高，其在果实不同组织中表达趋势为果皮>种子>果肉，表明枸杞LbWRKY2参与调控了枸杞果实的生长发育。在果实花青素及类黄酮合成方面，Yuan Zong，Yan-Jun Ma，Shaohua Zeng，分别鉴定了黑果枸杞花青素合成的结构基因及相关转录因子；Cuiping Wang通过转录组分析鉴定了38个MYB转录因子编码基因，它们在枸杞果实发育过程中差异表达。过表达*LrMYB1*导致类黄酮生物合成结构基因的激活，导致类黄酮含量的增加。

（二）抗性相关基因

枸杞野生资源众多，然而在自然条件下其优良性状的转育存在诸多限制，如分离世代不育、种间重组率低导致的连锁累赘等。枸杞基因组测序的完成，为研究人员借助分子标记辅助选择手段对枸杞进行深入研究提供了可能。

多年研究表明，植物抗击病原物侵害的机制是当病原菌入侵植物时，植物本身所含水杨酸含量明显提高，且植物的NPR1蛋白从细胞质进入细胞核，并与转录因子TGA相互作用，从而调控PRs病程基因的表达，起到提高植物抗病性的目的。贾翠翠等分离克隆到枸杞*LcGGPS1*和*LcGGPS2*基因，并将其成功整合到烟草基因组中，发现*LcGGPS2*转基因烟草总类胡萝卜素含量、玉米黄质、新黄质和叶黄素含量均显著性提高，同时提高了对UV-B辐射的耐受性。此外，分离获得枸杞谷胱甘肽合成酶基因*LcGS*，该基因在转基因烟草中对重金属Cd^{2+}表现出耐逆性；吴电云等利用3′RACE技术从枸杞中分离到*LcMKK*、*LchERF*基因，发现两个基因通过调控ERF转录因子增强了转基因烟草的抗旱耐盐能力；冯远航等利用3’RACE技术从枸杞中分离得到*LmP5CS*基因，叶盘法转化烟草后，烟草内游离脯氨酸含量增加，提高了转基因烟草的耐盐性；宋馨宇等从枸杞中分离到类胡萝卜素代谢基因、黄酮类化合物代谢基因*LcLycE*和*LcF3H*，qPCR结果显示*LcLycE*基因表达水平受冷胁迫诱导，可能参与调控耐寒胁迫，过表达可显著提升拟南芥中叶黄素含量，减弱光氧化损伤，提高耐冷性。同时，过表达*LcF3H*基因提升了转基因烟草的黄烷-3-醇水平，有效清除干旱胁迫产生的ROS，最终提高了植物的耐旱性。

Shupei Rao等利用野生二倍体黑果枸杞及其创制的同源四倍体枸杞，评估了二倍体和四倍体干旱胁迫下的耐受能力，发现四倍体枸杞拥有更强的干旱使用能力和更高的ABA水平，揭示了染色体加倍优化枸杞抗旱性的ABA信号调控机制。上述研究为进一步探究枸杞抗逆分子机理及创造新品系奠定了基础。

参考文献

段淋渊，周军，王大玮，等．苹果白粉病危害防治及抗性资源研究进展[J]. 西南林业大学学报(自然科学), 2015(5): 104-109.

冯远航．枸杞*LmP5CS*基因克隆及表达分析[D]. 天津：天津大学，2013.

李彦龙，樊云芳，戴国礼，等．枸杞肼胝质酶基因克隆及在雄性不育材料中的表达分析[J]. 西北植物学报，2013, 33(3): 437-443.

李招娣．枸杞类胡萝卜素生物合成途径关键基因的克隆及功能表达[D]. 天津：天津大学，2015.

楼悦．拟南芥花药绒毡层发育转录调控通路及关键基因*TDF1*功能研究[D]. 上海：上海师范大学，2012.

宋馨宇．抗逆基因*LcLycE*、*LcF3H*及衰老相关基因*SAG172*的功能研究[D]. 天津：天津大学，2016.

田小卫．枸杞类胡萝卜素裂解关键酶基因(*LcCCD1*、*LcCCD4*和*LcNCED1*)的克隆及表达研究[D]. 天津：天津大学，2016.

王丽娟，丁向真，王彦才，等．枸杞蔗糖磷酸合成酶基因的克隆及组织表达分析[J]. 西北植物学报，2013, 33(8): 5.

吴电云．枸杞LcMKK及LchERF基因的分离及抗逆功能分析[D]. 天津：天津大学，2015.

徐蕊，马文兰，周丽，等．枸杞*Lb14-3-3b*基因的克隆及其在不同组织中的表达[J]. 分子植物育种，2018, 16(5):1417-1425.

赵建华．枸杞果实发育期糖分及其糖代谢相关基因表达分析[D]. 北京：北京林业大学，2016.

赵淑清，董晶晶．拟南芥花药和花粉发育的分子调控机制[J]. 山西大学学报(自然科学版)，2015, 38(1): 8.

郑蕊．枸杞雄性不育花药差异蛋白质组分析及3个相关基因的克隆[D]. 南京：南京农业大学，2012.

邹彩云，刘永亮，曾少华，等．宁夏枸杞苯丙氨酸解氨酶基因的cDNA克隆及其表达分析[J]. 热带亚热带植物学报，2014, 22(2): 155-164.

CAO Y L, LI Y L, FAN Y F, et al. Wolfberry genomes and the evolution of Lycium (Solanaceae)[J]. Commun Biol. 2021,4(1): 671.

MA Y J. Transcriptomic analysis of *Lycium ruthenicum* Murr. During fruit ripening provides insight into structural and regulatory genes in the anthocyanin biosynthetic pathway[J]. PLoS One,2018,13(12).

RAO S P, TIAN Y, XIA X, et al. Chromosome doubling mediates superior drought tolerance in *Lycium ruthenicum* via abscisic acid signaling[J]. Hortic Res. 2020, 7(1):40.

WANG C P, DONG Y, ZHU L Z, et al. Comparative transcriptome analysis of two contrasting wolfberry genotypes during fruit development and ripening and characterization of the *LrMYB1* transcription factor that regulates flavonoid biosynthesis[J]. BMC Genomics, 2020, 21(1): 295.

ZENG S H, WU M, ZOU C Y, et al. Comparative analysis of anthocyanin biosynthesis during fruit development in two *Lycium* species[J]. Physiol Plant. 2014,150(4): 505-516.

ZENG S H. Comparative analysis of anthocyanin biosynthesis during fruit development intwo *Lycium* species[J]. Physiol Plant,2014,150(4): 505-516.

ZONG Y, ZHU X B, LIU Z G, et al. Functional MYB transcription factor encoding gene *AN2* is associated with anthocyanin biosynthesis in *Lycium ruthenicum* Murray[J]. BMC Plant Biol. 2019,19(1):169.

第五章
主要枸杞栽培品种

第一节　宁夏栽培品种

一、果用品种

（一）生产中的主栽品种

1.‘宁杞1号’

‘宁杞1号’是宁夏农林科学院1973年从中宁原农家品种‘大麻叶’的丰产园中采用单株选优方法选育，后经无性扩繁形成的无性系。1973—1987年以‘大麻叶’等优系为对照，在宁夏、内蒙古、新疆等地进行区域试验和生产试栽。1987年通过成果鉴定，在宁夏、内蒙古、新疆、青海等地广为引种。其在生产中表现出丰产、稳产、品质好、易制干、病虫害综合抗性高、管理简单等优势。

（1）果实性状（图5–1）

鲜果橙红色，果表光亮，平均单果质量0.56 g，最大单果质量1.42 g。鲜果腰部平直，果身具4～5条纵棱，纵剖面近距圆形，先端钝尖或圆，鲜果平均纵径1.68 cm、横径0.97 cm，果型指数2.2，果肉厚0.14 cm，内含种子10～30粒。果实与鲜干比为4.4∶1，干果色泽红润，总糖54.0 g/100 g，枸杞多糖3.34 g/100 g、类胡萝卜素0.13 g/100 g，甜菜碱0.93 g/100 g；耐挤压，果筐内适宜承载深度35～40 cm。

图5–1　‘宁杞1号’果实

（2）植物学特征（图5–2）

树体紧凑，生殖生长势强。一年生枝青绿色，嫩枝梢部淡紫红色；二年生枝条剪截成枝力4.3，自然发枝力3.7；多年生枝褐白色，节间长1.3～2.5 cm，成熟枝条较硬，有效结果枝70%长度集中在30～50 cm，棘刺极少。

叶呈深绿色，质地较厚，横切面平或略微向上突起，顶端钝尖；一年生枝单叶互生或后期有2～3枚，披针形，长宽比为（3.31～3.42）∶1，嫩叶中脉基部及叶中下部边缘紫红色。

花长1.6 cm，花瓣绽开直径1.5 cm，花冠喉部至花冠裂片基部淡黄色，花丝近基部有圈稀疏绒毛，花萼2～3裂，二年生枝每节花果数4.2个，一年生水平枝起始着果节位3.8、每节花果数2.2个，结果枝开始着果的距离为3～8 cm。

自交亲和性：高度自交亲和，可单一品种建园。

（3）物候期

在宁夏银川，一般于3月上旬萌芽，4月下旬二年生枝现蕾，5月中旬一年生枝现蕾，6月上旬果熟初期，6月中旬进入盛果期，7月下旬产生秋梢。

（4）抗逆性

白粉病、根腐病抗性较强，黑果病抗性较弱，阴雨后果表易起斑点，雨后不宜裂果。喜光照，耐寒、耐旱，不耐阴、不耐湿。

（5）经济性状

产量达到3750～6000 kg/hm^2，最高可达15000 kg/hm^{2}左右，混等干果370粒/50 g，特优级果率30%左右。

（6）栽培技术要点

栽植：园地宜选中壤或轻壤，地下水位不高于0.9 m。小面积人工耕作生产园，最终株行距1.5 m×2 m，幼树期可加倍密植。大面积人工耕

图5-2 ‘宁杞1号’植株

作生产园，株行距1 m×（2.8～3）m。

整形修剪：幼树期以中、重度剪截为主，促发新枝加速树冠扩张，成龄树选用圆锥形或自然半圆形树形，一年生枝剪截留比例把握在1/3较为适宜。

肥水管理：生殖生长势强、耐肥水，定植当年施有机肥30 m^3/hm^2、尿素375 kg/hm^2、二铵375 kg/hm^2、氯化钾75 kg/hm^2，以后随树体增大、产量增多，逐年增加施肥量。3～4年后进入盛果期，盛果期施有机肥60 m^3/hm^2、尿素750 kg/hm^2、二铵750 kg/hm^2、氯化钾450 kg/hm^2，年灌水5～6次，盛果期可适量增加灌水次数。

病虫害防治：对于枸杞瘿螨、蚜虫、枸杞红瘿蚊、枸杞锈螨等害虫应结合物候期加强预防。进入主要降雨期后要加强黑果病的防治。

2.‘宁杞2号’

‘宁杞2号’是宁夏农林科学院从当地优良品种‘大麻叶’枸杞中采用单株选优方法选出的优质、高产、适应性强的枸杞新品种，已在宁夏、新疆、甘肃、内蒙古、湖北等地推广种植。

（1）果实性状（图5-3）

鲜果梭形，先端渐尖，单果质量0.64 g，平均纵径2.43 cm、横径0.98 cm，果肉厚0.178 cm。果实鲜干比为4.38∶1，干果色泽红润，总糖52.0 g/100 g，枸杞多糖3.21 g/100 g，类胡萝卜素0.12 g/100 g，甜菜碱0.89 g/100 g，种子占鲜果的6.77%。

图5-3 ‘宁杞2号’果实

（2）植物学特征（图5-4）

枝型开张，架形硬、生长快。二年生枝灰白色、粗壮、针刺多，嫩梢淡红色，枝长50～80 cm。

叶深绿色，在二年生枝上簇生，叶卵状披针形或披针形。一年生枝上单叶互生或后期有2～3枚并生，条状披针形，长宽比为（4.1～5.21）：1，厚0.46 mm。

花大，花长1.67 cm，花瓣绽开直径1.57 cm，花丝基部有一圈特别稠密的茸毛，花瓣明显反曲，花萼多为单裂。节间长1.4～3 cm，结果枝开始着果的距离为7～17 cm，节间1.4 cm，一年生枝起始着果节位5.2，每节花果数2.03个。

自交亲和性：自交亲和，可单一品种建园。

（3）物候期

在宁夏银川，一般于3月中旬萌芽，4月下旬二年生枝现蕾，5月中旬一年生枝现蕾，6月上旬果熟初期，6月中旬进入盛果期，7月下旬生长秋梢。

（4）抗逆性

‘宁杞1号’和‘大麻叶’优系差，雨后不宜裂果。喜光照，耐寒、耐旱、耐盐碱，不耐阴、不耐湿。

（5）经济性状

树体架形硬，枝条开张，产量一般在1650～2400 kg/hm^2，管理好可达3750～4500 kg/hm^2，最高可达4980 kg/hm^{2}以上，一等果率达76%。

（6）栽培技术要点

栽植：在灌於土、淡灰钙土，pH9～9.8，地下水位在0.9～1 m的各种土质上均能良好生长。小面积人工耕作生产园，最终株行距1.4 m×2.5 m，幼树期可加倍密植。大面积人工耕作生产园，株行距1.3 m×（2.8～3）m。

整形修剪：幼树早期修剪应注意短截，培养树冠骨架，成年树强枝适当短截，增发侧枝结果，疏剪细弱枝以有利通风透光。夏季应及时抹芽、抽“油条”，使更多养分集中供给花果生长，

图5-4 ‘宁杞2号’植株

需留用的徒长枝（油条）应在适当位置及时摘心或别枝，不应长放。

肥水管理：栽植1～2年，秋施有机肥30 m^3/hm^2、加油渣4500 kg/hm^2，4～6月底各追肥1次，每次施尿素195 kg/hm^2。2年以后，施有机肥52.5 m^3/hm^2、油渣9750 kg/hm^2，4～7月底各追肥1次，第一次施尿素195～225 kg/hm^2，并结合蚜虫喷药，喷施0.5%的三元复合肥水2250～3000 kg/hm^2。

病虫害防治：对于枸杞瘿螨、蚜虫、枸杞红瘿蚊、枸杞锈螨等害虫应结合物候期加强预防。进入主要降雨期后要加强黑果病的防治。

3.‘宁杞3号’

‘宁杞3号’是宁夏农林科学院从当地优良品种大麻叶枸杞中采用单株选优方法选育出的优质高产枸杞新品种。该品种于2004年3月19日由宁夏品种审定委员会进行审定，2005年9月5日通过国家林业局植物新品种保护办公室品种审查，获得国家植物新品种保护权，是宁夏首个受保护的林木新品种。

（1）果实性状（图5-5）

果熟后为红色浆果，果腰部略向外凸，平均单果质量0.99 g，平均纵径1.74 cm，横径0.89 cm，果肉厚0.21 cm。果实鲜干比为4.31：1，枸杞干果含干籽粒11.11%，多糖6.33 g/100g，甜菜碱1.1 g/100 g，类胡萝卜素0.20 g/100 g，水分76.85%。

图5-5 ‘宁杞3号’果实

（2）植物学特征（图5-6）

树势强，生长快。一年生结果枝细软，弧垂生长，嫩枝梢部淡黄绿色；二年生枝皮灰白色，剪截成枝力4.2，自然发枝力3.2，平均长43.6 cm。

叶片绿色，叶横切面向下凹形，顶端渐尖，二年生枝叶条状披针形，簇生。当年生枝叶披针形，长宽比为4.88：1。

花绽开后紫红色，花冠喉部及花冠裂片基部紫红色，花冠筒内壁淡黄色，花丝近基部有一圈稠密茸毛，花梗长2.31 cm；长枝上有花1～3朵，腋生。

自交亲和性：自交不亲和，不可单一品种建园。

（3）物候期

在宁夏银川，一般于3月下旬萌芽，5月上旬

图5-6 ‘宁杞3号’植物

二年生枝开花，5月下旬一年生枝开花至9月下旬，6月下旬开始果熟，至10月下旬止，10月下旬开始落叶。

（4）抗逆性

抗黑果病能力较强，雨后不易裂果。喜光照，耐寒、耐旱，不耐阴、不耐湿。

（5）经济性状

栽植枝条扦插苗（壮苗），第一年产枸杞干果1647 kg/hm^2；第二年产枸杞干果5790.15 kg/hm^2；第三年产枸杞干果7271.4 kg/hm^2；第四年产枸杞干果9149.55 kg/hm^2；第五年产枸杞干果8973.75 kg/hm^2。

（6）栽培技术要点

栽植：在年平均气温4.4～12.8℃，≥10℃年有效积温2000～4400℃，年日照时数大于2500 h，有灌溉条件，土壤活土层30 cm以上，地下水位1.2 m以下，含盐量0.2%以下，pH8～9.13的中壤、轻壤土上较丰产。小面积人工耕作生产园，最终株行距为1 m×2 m，幼树期可加倍密植。大面积人工耕作生产园，株行距为1 m×3 m。

整形修剪：栽植后于离地高约50 cm剪顶定干，在定干上部选留4～5个侧枝作第一层主枝，以后逐年增加树冠层次和枝条数量，培养具有4～5层圆锥形树冠。每年秋季，修剪采用疏剪为主，少短截，原则是剪横，不剪顺，去旧要留新，密处行疏剪，稀处留"油条"，清膛截底修剪好，树冠圆满产量高。生长季节及时抽除不需留用的徒长枝，及时进行园地松土除草及病虫害防治。

肥水管理：适当灌水，栽后1～2年在炎热夏季一般可以15 d左右灌1次水。第一年每株施有机肥5 kg，4月底施尿素100 g，5、6月下旬，每次每株施肥磷酸二铵100 g，随树体增大，施基肥量适当增加。花果期每隔10～15 d叶面喷0.5%氮、磷、钾水溶液一次。

病虫害防治：对于枸杞瘿螨、蚜虫、枸杞红瘿蚊、枸杞锈螨等害虫应结合物候期加强预防。进入主要降雨期后要加强黑果病的防治。

4.'宁杞4号'

'宁杞4号'是中宁县枸杞产业管理局胡忠庆、谢施祎、陈克勤等同志，从1985年开始选育，历时20年经过优树初选复选、产量和质量测定、品种比较试验、区域试验等程序，从中宁'大麻叶'实生枸杞园中选育出的枸杞优良品种。2005年3月19日通过宁夏林木品种审定委员会审定，良种编号为宁S-SC-LB-001-2005。

（1）果实性状（图5-7）

果实长，果径粗，具8棱（4高4低），先端多钝尖；鲜果平均单果质量0.58 g。平均纵径1.83 cm，横径0.94 cm。果实鲜干比为4.5∶1，干果总糖47.0 g/100 g，枸杞多糖3.02 g/100 g，类胡萝卜素0.11 g/100 g，甜菜碱0.89 g/100 g。

（2）植物学特征（图5-8）

树势强健，树冠开张。当年生枝青绿色，二年生枝条剪截成枝力4.2，自然发枝力3.3；多年生枝褐白色，节间长1.3～2.5 cm。

叶浓绿色，质地厚，二年生枝叶片披针形，当年生枝叶片部分反卷，嫩叶叶脉基部至中部正面紫色。

花长1.59 cm，花瓣绽开直径1.53 cm，花丝中部有一圈稠密的茸毛，花萼2～3裂。二年生枝每芽眼花蕾数4～7朵。

自交亲和性：自交亲和，可单一品种建园。

图5-7 '宁杞4号'果实

图5-8 ‘宁杞4号’植株

（3）物候期

在宁夏银川，一般于3月下旬萌芽，4月下旬二年生枝现蕾，5月中旬一年生枝现蕾，6月上旬果熟初期，6月中旬进入盛果期，7月下旬发秋梢。

（4）抗逆性

抗干旱，耐盐碱，耐锈螨和根腐病能力强。

（5）经济性状

‘宁杞4号’在中宁常规管理条件下，栽植当年干果产量达到631.5 kg/hm^2，栽后第四年干果产量达到7293 kg/hm^2，定植后1～4年累计干果产量13848 kg/hm^2。

（6）栽培技术要点

栽植：施足基肥，适时、适密进行大穴定植，地膜覆盖增温保墒，促其早成活。以人工管理为主的生产园，可栽3300株/hm^2（株行距1.5 m×2 m），或4950株（株行距1 m×2 m）。栽后土壤管理以机械为主的生产园，则栽植3300株/hm^2（1 m×3 m）株行距为宜。

整形修剪：春季发枝后，每7～10 d修剪一次，及时疏除根部主干和树冠位置的徒长枝，并对各层延长枝及时进行短截修剪，促其在年度内形成2或3次枝，使之迅速扩大树冠。

肥水管理：按照该品种耐高肥特点及枸杞生长发育需肥特点加强肥水管理。

病虫害防治：对于枸杞瘿螨、蚜虫、枸杞红瘿蚊、枸杞锈螨等害虫，应结合物候期加强预防。进入主要降雨期后要加强黑果病的防治。

5.‘宁杞5号’

‘宁杞5号’母树1999年发现于‘宁杞1号’生产园，后经无性扩繁成无性系，选育工作由宁夏农林科学院、育新枸杞种业有限公司、宁夏枸杞协会合作完成。2004—2008年以‘宁杞1号’为对照，在银川、中宁、同心等地进行区域试验和生产试栽，在生产中表现出丰产、稳产、果粒大、鲜食口感好、采摘用工省、种植收益高等综合优势。2009年通过宁夏林木品种审定（宁S-SC-LB-001-2009），在新疆、青海也有较好的表现。

（1）果实性状（图5-9）

鲜果橙红色，果表光亮，平均单果质量1.1 g，最大单果质量3.2 g。鲜果果型指数2.2，果腰部平直，果身多不具棱，纵剖面近距圆形，先端钝圆，平均纵径2.54 cm，横径1.74 cm，果肉厚0.16 cm，内含种子15～40粒。果实鲜干比为4.3：1，干果色泽红润，果表有光泽，含总糖56.0 g/100 g，枸杞多糖3.49 g/100 g，类胡萝卜素0.12 g/100 g，甜菜碱0.98 g/100 g。较耐挤压，果筐内适意承载深度30～35 cm。

（2）植物学特征（图5-10）

雄性不育系，不能单一品种建园，生产栽培需配置授粉树。

树势强健，树体较大。二年生枝条黄灰白色，嫩枝梢略有紫色条纹，一年生结果枝枝条梢部较细弱，梢部节间较长，结果枝细、软、长。二年枝条剪截成枝力4.5，自然发枝力10.4，节间长1.3～2.5 cm，结果枝70%的有效结果枝长度集中在40～70 cm。

花长1.8 cm，花瓣绽开直径1.6 cm，花柱超长且显著高于雄蕊花药，新鲜花药嫩白色、开裂但不散粉。花绽开后花冠裂片紫红色，盛花期花冠筒喉部鹅黄色，在裂片的紫色映衬下呈星形，

图5-9 ‘宁杞5号’果实

图5-10 ‘宁杞5号’植株

花冠筒内壁淡黄色，花丝近基部有一圈稠密茸毛，花萼2裂。一年生水平枝每节花果数2.1个，当年生水平枝起始着果节位8.2、每节花果数0.9个。

叶色深灰绿色，质地较厚，老熟叶片青灰绿色，叶中脉平展。二年生老枝叶条状披针形，簇生，当年生枝叶互生，披针形，最宽处近中部，叶尖渐尖。一年生叶片长3～5 cm，长宽比为（4.12～4.38）：1。

（3）物候期

在宁夏银川，一般于4月上旬萌芽，4月下旬二年生枝现蕾，5月上旬一年生枝现蕾，5月下旬果熟初期，6月上旬进入盛果期，7月中旬生长秋梢。

（4）抗逆性

白粉病、根腐病抗性较弱，蓟马抗性强，雨后宜裂果。喜光照，耐寒、耐旱，不耐阴、不耐湿。

（5）经济性状

定植4年后，达到丰产期，枸杞干果的产量达到3600～3900 kg/hm^2，混等干果269粒/50 g，特优级果率100%。

（6）栽培技术要点

栽植：园地宜选中壤或轻壤，地下水位不得高于100 cm。小面积人工耕作生产园，最终株行距1.5 m × 2 m，幼树期可加倍密植。大面积人工耕作生产园，株行距1 m ×（2.8～3 m）。雄性不育无花粉，需配置授粉树，适宜授粉树‘宁杞1号’‘宁杞4号’，混植方式1：（1～2）株间混植，生产园需放养蜜蜂。

整形修剪：春季抹芽要早、勤，抽枝大于5 cm时需用剪刀剪除，切忌掰除，以免伤流。幼树期需两级摘心，促使营养生长向生殖生长转化；成龄树选用圆锥形或自然半圆形树形，一年生枝剪截留比例把握在1/3较为适宜。春秋两季徒长枝要随有随清，一年生枝成枝力过强，须在萌芽时疏除50%，确保单株果枝留枝量250条左右。

肥水管理：树势强需控制氮肥用量；根腐病抗性弱，施入有机肥一定要腐熟。定植当年施有机肥30 m^3/hm^2、尿素300 kg/hm^2、二胺450 kg/hm^2、氯化钾225 kghm^2，以后随树体增大、产量增多，逐年增加施肥量。3～4年后进入盛果期，盛果期施有机肥60 m^3/hm^2、尿素450 kg/hm^2、二胺800 kg/hm^2、氯化钾450 kg/hm^2、钙镁复合肥300 kg/hm^2。年灌水5～6次，盛果期可适量增加灌水次数，夏季高温阶段灌水以浅层水为主，宜少量多次。

病虫害防治：对于枸杞瘿螨、蚜虫、枸杞红瘿蚊、枸杞锈螨等害虫，应结合物候期加强预防。主花期尽可能避免使用农药。入秋后需加强白粉病的防治。

6. ‘宁杞6号’

‘宁杞6号’源于2003年在宁夏林业研究院枸杞资源圃内发现的1株天然杂交实生苗，后经无性扩繁形成无性系，遗传背景不详。选育工作由宁夏林业研究院完成，于2005—2010年以‘宁杞1号’为对照，分别在宁夏海源、同心、中宁、惠农、银川等地进行区域试验和生产试栽。在生产中表现树体生长旺盛、抽枝量大、结果性状优良、结果早、果粒大、产量高等优良特性，同时果实具有果肉厚，含籽量少，口味甘甜无异味，适宜鲜食等优点。2010年通过宁夏林木品种审定（宁S-SC-LB-008-2010），并于2012年获得国家植物新品种保护的认定（品种权号：20120040）。

（1）果实性状（图5-11）

鲜果果肉厚，含籽量少，口味甘甜无异味，

图5-11 ‘宁杞6号’果实

适宜鲜食。鲜果平均单果质量为0.973 g比‘宁杞1号’增加32%，鲜果果实横径0.93 cm、纵径2.27 cm，果肉厚0.2 cm，含籽数20.96个。果实鲜干比4.5∶1，干果枸杞多糖含量4.48 g/100 g，类胡萝卜素0.15 g/100 g，氨基酸总量8.91 g/100 g。

（2）植物学特征（图5-12）

树体生长旺盛，抽枝力强，枝条长而硬，春季整形修剪过程中，需要对粗壮的二次枝尽可能短截，以防结果枝外移。

叶片展开呈宽长条形，叶片碧绿，叶脉清晰，幼叶片两边对称卷曲成水槽状，老叶呈不规则翻卷。

紫红色，花冠5，雄蕊5，雌蕊1，花开后雌蕊向两侧呈不规则弯曲。

幼果细长稍弯曲，萼片单裂，个别在尖端有浅裂痕，果长大后渐直，成熟后呈长矩形。

自交亲和性：自交不亲和性差，不可单一品种建园，生产栽培需配置授粉树。

图5-12 ‘宁杞6号’植株

（3）物候期

在宁夏地区，‘宁杞6号’比‘宁杞1号’物候期提前3～5 d。

（4）抗逆性

雨后易裂果。喜光照，喜水肥。

（5）经济性状

定植4年后，达到丰产期，枸杞干果产量达到3600～3900 kg/hm^2。

目前，市场上出售的200粒/50 g干果枸杞新品种‘宁杞6号’占23.1%，‘宁杞1号’为零，而600粒/50 g的末等果枸杞新品种‘宁杞6号’不存在，‘宁杞1号’占11.4%。

（6）栽培技术要点

栽植：‘宁杞6号’自交亲和性差，不适宜纯系栽培，必须进行授粉树的配置。生产上采用‘宁杞6号’与‘宁杞1号’为2∶1的比例进行株间混植或1∶1的比例进行行间混植，均可达到丰产、稳产的目的。

整形修剪：‘宁杞6号’发枝力较强，老眼枝结果力强，可多留结果枝，对中间枝采取重短截促发侧枝。夏季修剪：‘宁杞6号’生长旺盛，当年生徒长枝打顶后发出的侧枝仍较壮，部分枝条经二次打顶后发出的枝条才能更好地开花结果；‘宁杞6号’抽枝力较强，注意疏除过密枝条。

肥水管理：苗木稳定成活抽枝后每株施入尿素50 g，以促发枝条。2～3年生树每年每株树施入有机肥3～4 kg，5月上旬、6月中旬追肥各一次，第一次100 g尿素+50 g磷酸二胺，第二次50 g尿素+100 g磷酸二铵。4年生以上的树每年每株施入有机肥8～9 kg，5月上旬、6月中旬追肥各一次，第一次150 g尿素+100 g磷酸二铵，第二次50 g尿素+150 g磷酸二铵。定植后灌透水1次，5月灌1次，6月灌水1次，7～10月视天气降雨情况和土壤质地不同灌水2～3次，11月灌冬水，全年灌水不少于6次。每次灌水后（冬水除外），地表略干就要及时进行中耕除草，减少地表蒸发，防止地表板结。

病虫害防治技术：主要防治枸杞蚜虫、枸杞木虱、枸杞瘿螨、枸杞锈满、枸杞负泥虫和枸杞红瘿蚊，除做好常规的农业技术防治外，还要采用化学防治。在宁夏地区‘宁杞6号’比‘宁杞1号’物候期提前3～5 d，第一次病虫害防治（主防枸杞瘿螨、锈螨）要根据物候期提前3～5 d进行，用药种类和数量参照‘宁杞1号’病虫害防治进行。

7.‘宁杞7号’

‘宁杞7号’的母树2002年发现于固原黑城地区‘宁杞1号’生产园，后经无性扩繁形成无性系。选育工作由国家枸杞工程技术研究中心完成，2008—2010年以‘宁杞1号’为对照，在银川、中宁、同心等地进行区域试验和生产试栽。在生产中该品系表现出生长快、自交亲和性强、抗逆性强、丰产、稳产、果粒大、优等率高等特性。2010年通过宁夏林木品种审定（S-SC-LB-009-2010）。

（1）果实性状（图5-13）

幼果粗直，花冠脱落处具清晰果尖，果长大后逐渐消失，成熟后呈长矩形。平均鲜果单果质量0.72 g；横径1.18 cm、纵径2.2 cm，果肉厚1.2 mm，含籽数平均29个。鲜干比（4.1～4.6）：1。鲜果深红色，口感甜味淡，易制干，干果枸杞多糖含量3.97 g/100 g，甜菜碱1.08 g/100 g，类胡萝卜素0.14 g/100 g，分别比‘宁杞1号’增加10.9%、29.2%、12.6%。

（2）植物学特征（图5-14）

树势强健，生长快，树冠开张，通风透光

图5-13 ‘宁杞7号’果实

图5-14 ‘宁杞7号’植株

好。二年生枝灰白色，剪截成枝力4.6，正常水肥条件下无棘刺，一年生枝青绿色，梢端微具紫色条纹，平均节间长1.56 cm。

成熟叶片深绿色，在二年生枝上簇生，一年生枝成熟叶片宽披针形，叶脉清晰，平均单叶面积1.71 cm^2，叶长宽比为3.34∶1，叶片厚度0.56 mm。

花蕾长1.4 cm，花瓣绽开直径1.57 cm，花瓣5，萼片2裂、稀单裂，花长1.7 cm，花瓣绽开直径1.6 cm，花绽开后花冠裂片堇紫色，花冠筒喉部鹅黄色，堇紫色未越过喉部。花冠檐部裂片背面中央有一条绿色维管束，花后2～3 h花冠开始反卷，花冠堇紫色自花冠边缘向喉部逐渐消退，远观花冠外缘近白色，花丝近基部有一圈稀疏茸毛。二年生枝花量小，每节间0.2个花果，一年生枝每节间2～3个花果簇生于叶腋，平均节间长1.57 cm。

自交亲和性：高度自交亲和性，可单一品种建园。

（3）物候期

在宁夏银川地区，一般于3月下旬开始萌芽，4月上旬大量萌芽展叶，4月中旬新梢开始生长，4月下旬老眼枝少量现蕾，5月上旬当年生枝大量现蕾，新枝盛花期在5月下旬，6月中下旬当年生新枝进入盛果期，10月下旬落叶，生长期240 d左右。

（4）抗逆性

对各种土壤类型与气候类型均有良好的适应性；对白粉病抗性较弱，雨后易裂果。喜光照，耐肥水、耐寒、耐盐碱水平与‘宁杞1号’基本相同，可在青海 -31℃安全越冬，新疆土壤pH7～8.5地区种植。

（5）经济性状

1龄树干果产量达到300 kg/hm^2，混等280粒/50g左右；2龄树干果产量达到450 kg/hm^2，混等280粒/50 g左右；3龄树干果产量达到1950 kg/hm^2，混等每280粒/50 g左右。

（6）栽培技术要点

栽植：枸杞新品种‘宁杞7号’高度自交亲和，可纯系栽培，也可实现稳产、丰产，成龄树适宜永久株距1.5 m，手工园栽植行距2 m为宜，机耕园栽植行距2.8～3 m。

休眠期修剪：成龄树二年生2级侧枝是休眠期修剪的主要选留对象，选留的原则是去强留弱，留枝长度视枝条强弱长度把握在20～30 cm，单株留枝量把握在40条左右为宜。

夏季修剪：成龄树主干、主枝及1级侧枝上萌发的多是徒长枝，所发新芽除选留的外一律抹除，二级枝组上所发强旺枝选留的一定要在其20 cm左右时进行摘心，促花促果舒缓树势。通过休眠期修剪与夏季修建的配合，单株枝量确保在250条为宜。

肥水管理：施肥量与时期与‘宁杞1号’基本相同。但由于其根系强旺，主根较为肉质，施肥距离应较‘宁杞1号’远20 cm左右，有机肥施入时肥料一定要先行腐熟，避免肥料烧根。年灌水5～6次，盛果期可适量增加灌水次数，夏季高温阶段灌水以浅层水为主，宜少量多次。

病虫害防治：虫害主要防治枸杞蚜虫、枸杞木虱、枸杞瘿螨、枸杞锈螨、枸杞负泥虫和枸杞红瘿蚊，其中，瘿螨是重中之重。病害主要为白粉病、黑果病、根腐病，其中，白粉病是‘宁杞7号’的防治重点。病虫害防治一定要结合物候期进行，萌芽前、抽枝后是瘿螨的防治关键期，在宁夏地区成龄树果实初熟时是白粉病的防治关键期。

8.‘宁杞8号’

‘宁杞8号’源于宁夏林业研究院从中宁、内蒙古、新疆等地通过自然选优引进的16个优良株之一，后经无性扩繁形成无性系，遗传背景不详。选育工作由宁夏林业研究院完成，于2005—2015年以‘宁杞1号’和‘宁杞6号’为对照，分别在宁夏同心、中宁、银川等地进行区域试验和生产试栽。在生产中表现出果粒大、鲜果口味甘甜、营养价值丰富的特性。该品种已于2012年7月通过国家林业局植物新品种保护的认定（品种权号：20120109），2015年12月通过宁夏林木良种审定（良种编号：宁S-SC-LB-001-2015）。

（1）果实性状（图5-15）

鲜果平均单果质量1.211 g，分别比‘宁杞6号’增加32.2%，比‘宁杞1号’增加64.2%。与主栽品种‘宁杞1号’相比，枸杞多糖提高14.7%、氨基酸总量提高6.8%、类胡萝卜素提高16.7%、甜菜碱含量提高60%。果实鲜干比为（4.5～4.8）：1。

（2）植物学特征（图5-16）

树体特征：落叶灌木，人工栽培形成1.6～2 m高的乔木状，茎直立，灰褐色，上部多分枝，通过人工修剪形成伞状树冠。

结果枝特性：老眼枝结果能力弱，只有个别老眼枝结果，每节间3～4个花果簇生于叶腋；七寸枝花果量稀疏，每节1～2朵花，稀3朵，幼树枝条多刺，成龄后刺渐少，枝条长而下垂，结果距长40～60 cm。

叶片呈窄条形，与‘宁杞1号’相似，幼叶绿色，成熟后叶片呈灰绿色。

图5-15 ‘宁杞8号’果实

图5-16 ‘宁杞8号’植株

花1～2朵簇生叶腋，合瓣花。花冠裂片平展，呈圆舌形，紫红色，花冠筒长于花冠裂片。雄蕊5，稀4或6，花药黄白色，花丝着生于花冠筒下部并与花冠裂片互生。花瓣喉部黄色，具红色纵向条纹。

幼果细长弯曲，萼片单裂，个别在尖端有浅裂痕，果实长大后渐直，成熟后呈长纺锤形，两端钝尖，果粒大，最大果长可达4.1 cm。

自交亲和性：自交不亲和，生产栽培需配置授粉树。

（3）物候期

在宁夏地区，一般‘宁杞8号’比‘宁杞1号’物候期提前3～5 d。

（4）抗逆性

雨后易裂果。喜水肥。

（5）经济性状

定植4年后，达到丰产期，枸杞干果产量达到2700～3300 kg/hm^2。‘宁杞1号’特优果等级以上的等级率只占61.3%，而‘宁杞8号’特优果等级占77.3%，显著高于其他品种特优果以上等级比率。

（6）栽培技术要点

栽植：枸杞新品种‘宁杞8号’自交亲和性差，不适宜纯系栽培，必须进行授粉树的配置。试验结果证明，采用‘宁杞8号’和‘宁杞1号’2∶1的比例进行株间混植或1∶1的比例进行行间混植，种植密度以株行距为1 m×3 m最佳，可达到丰产、稳产的目的。

整形修剪：‘宁杞8号’发枝力一般，老眼枝结果力弱，1～3年生幼树多长针刺，长针刺枝具结果能力，可保留结果，中间枝、徒长枝除用作整形补空外一律去除。需要短截的部分老眼枝要轻短截（短截枝条的1/4～1/3），严禁进行重短截，通过休眠期修剪与夏季修剪的配合，单株枝量确保在220条为宜。

肥水管理：施肥量及时期与‘宁杞1号’基本相同，但由于其根系强旺，主根较为肉质，施肥距离应较‘宁杞1号’远20 cm左右，有机肥施入时肥料一定要先行腐熟，避免肥料烧根。年灌水5～6次，盛果期可适量增加灌水次数，夏季高温阶段灌水以浅层水为主，宜少量多次。

病虫害防治：虫害主要防治枸杞蚜虫、枸杞木虱、枸杞瘿螨、枸杞锈螨、枸杞负泥虫和枸杞红瘿蚊，其中，瘿螨是重中之重。病虫害防治一定要结合物候期进行，萌芽前、抽枝后是瘿螨的防治关键期，在宁夏地区成龄树果实初熟时是其白粉病的防治关键期。

9.‘宁农杞9号’

‘宁农杞9号’是由内蒙古宁夏枸杞生产园中发现的特异性单株（平均单果质量较‘宁杞7号’增加15%），经无性扩繁选育成的新品种。选育工作由宁夏农林科学院（国家枸杞工程技术研究中心）与宁夏百瑞源枸杞产业发展有限公司完成。该品种具有生长旺盛、自交不亲和、耐热、果粒大、等级率高等特点。2010年分别在宁夏的银川、中卫、中宁等地区以‘宁杞7号’为对照进行品比试验与区域试验，2012年开始在宁夏、青海、新疆、甘肃等地区进行试验示范，均表现出果粒大、稳产的优异特性。物候期较‘宁杞7号’晚，果熟期较‘宁杞7号’滞后6 d。2014年12月通过宁夏林木品种审定委员会审定，定名为‘宁农杞9号’。

（1）果实性状（图5-17）

平均单果重1.06 g，鲜果单果质量较‘宁

图5-17 ‘宁农杞9号’果实

杞7号’增加15%以上，纵横径比值为2.5，果肉厚1.81 mm，平均含籽数32个，鲜干比为（4.3～4.7）：1。枸杞总糖含量45.3 g/100 g，多糖含量2.14 g/100 g，甜菜碱含量0.83 g/100 g，类胡萝卜素含量0.23 g/100 g，类胡萝卜素含量0.23 g/100 g，制干速率较‘宁杞7号’慢14%左右，干果等级率为220粒/50 g左右，优于‘宁杞7号’的313粒/50 g。盛果期产量为3900 kg/hm^2。

（2）植物学特征（图5-18）

树势强健，树冠开张，通风透光好。在宁夏地区栽植5年即可进入稳产期，6年生树，株高1.6 m，冠幅1.8 m×1.6 m，地径7.36 cm。树体生长量大，生长快；老眼枝灰白色，正常水肥条件下无棘刺；当年生七寸枝青绿色，梢端具大量堇紫色条纹。自然成枝力弱（2.8枝/枝），剪接成枝力强（4.4枝/枝）。枝条粗长、硬度中等（平均枝长为51.93 cm，平均枝基粗度为0.37 cm），平均节间长1.57 cm。

成熟叶片厚、深绿色，一年生枝上叶片常扭曲反折；叶长宽比为4.2：1；叶片厚度为0.71 mm。

二年生枝花量小，每节间0.25个花果，一年生枝每节间1～3个花果簇生于叶腋，平均节间长1.57 cm，起始着果距6.2 cm，一年生枝条上每叶腋花量1～2朵。花蕾上部紫色较深，花萼单裂，花瓣5，花冠筒裂片圆形，花瓣绽开直径1.61 cm，花喉部豆绿色，花冠檐部裂片背面中央有3条绿色维管束。

自交亲和性：自交不亲和，需混植建园。

（3）物候期

物候期较‘宁杞7号’晚4～5 d，果熟期较

图5-18 ‘宁农杞9号’植株

‘宁杞7号’滞后6 d。在宁夏银川地区，一般于4月中旬开始萌芽，4月中下旬大量萌芽展叶，4月下旬新梢开始生长，老眼枝少量现蕾，5月下旬当年生枝大量现蕾，果熟初期6月中旬，7月上旬当年生新枝进入盛果期，10月下旬落叶，生长期240 d左右。

（4）抗逆性

对各种土壤类型与气候类型均有良好的适应性。喜温、喜光照，耐肥水、耐寒、耐盐碱水平与‘宁杞1号’基本相同。

（5）经济性状

1龄树干果产量达到225 kg/hm^2，混等220粒/50g左右；2龄树干果产量达到900 kg/hm^2，混等232粒/50 g左右；3龄树干果产量达到1800 kg/hm^2，混等每246粒/50 g左右。

（6）栽培技术要点

栽植：授粉树可选择‘宁杞1号’‘宁杞4号’‘宁农杞1号’‘宁农杞2号’等，成龄树适宜永久株距1.5 m，手工园栽植行距2 m为宜，机耕园栽植行距2.8～3 m。

整形修剪：适宜树形为二层窄冠疏散分层形。

冠面高度：1龄树65 cm定干，永久一层冠面高1.2 m，永久二层冠面高1.6 m。

休眠期修剪：成龄树二年生2级侧枝是休眠期修剪的主要选留对象，选留的原则是去强留弱，留枝长度视枝条强弱长度把握在20～25 cm，单株留枝量把握在65条左右为宜。

夏季修剪：成龄树主干、主枝及1级侧枝上萌发的多是徒长枝，所发新芽除选留的外一律抹除，二级枝组上所发强旺枝选留的一定要在其15 cm左右时进行摘心，促花促果舒缓树势。通过休眠期修剪与夏季修剪的配合，单株枝量确保在220条为宜。

肥水管理：施肥量及时期与‘宁杞1号’基本相同，但由于其根系强旺，主根较为肉质，施肥距离应较‘宁杞1号’远20 cm左右，有机肥施入时肥料一定要先行腐熟，避免肥料烧根。灌溉用水具有一定矿化度的产区，其生长更好。年灌水5～6次，盛果期可适量增加灌水次数，夏季高温阶段灌水以浅层水为主，宜少量多次。

病虫害防治：虫害主要防治枸杞蚜虫、枸杞木虱、枸杞瘿螨、枸杞锈螨、枸杞负泥虫和枸杞红瘿蚊，其中，瘿螨是重中之重；病害主要是白粉病、根腐病，有机肥施入时肥料一定要先行腐熟。病虫害防治一定要结合物候期进行，萌芽前、抽枝后是瘿螨的防治关键期。

10.‘宁杞10号’

‘宁杞10号’是由‘宁杞4号’‘宁杞5号’作为父本和母本杂交选育的枸杞新品种。选育工作由中宁县杞鑫枸杞苗木专业合作完成，该品种具有生长旺盛、果粒大、等级率高等特点。2011—2017年分别在宁夏、甘肃、青海、内蒙古、新疆等地进行区域试验，均表现出果粒大、稳产的优异特性。2018年12月通过宁夏林木品种审定委员会认定，定名为‘宁杞10号’。

（1）果实性状（图5-19）

鲜果橙红色，果皮光亮，果腰部平直，果身多不具棱，纵剖面近似椭圆形，先端钝尖。商品等级率高，雨后不易裂果。纵径23.3 mm、横径11.8 mm，果肉厚1.3 mm，果柄长2.3 cm，平均单果质量1.92 g，最大单果质量2.06 g。混等干果

图5-19 ‘宁杞10号’果实

203粒/50 g，鲜干比为4∶1，枸杞总糖55.2 g/100 g，枸杞多糖4.87 g/100 g，甜菜碱0.69 g/100 g，类胡萝卜素0.30 g/100 g。

（2）植物学特征（图5-20）

树势强健，萌芽力高，成枝力强，枝条柔顺，易发七寸果枝。

叶色为绿色，质地较薄，叶中脉平展，二年生老枝叶簇生；一年生枝叶互生，宽披针形，最宽处近中部，叶尖急尖。85%的结果枝有效结果长度集中在40～65 cm，多年生枝条平均在9.7 cm以后开始有细弱小针刺，一年生枝条平均在5 cm以后开始有细弱小针刺。

新鲜花药淡黄色，开裂有花粉，花绽开后花冠裂片为紫色，花冠形状为漏斗状，着生方式为单生。盛花期花冠筒喉部鹅黄色在紫色裂片的映衬下呈圆形，花冠筒内壁青绿色，花丝近基部有一圈稠密的茸毛。

自交亲和性：自交亲和，可单一品种建园。

（3）物候期

4月初萌芽，上旬展叶，下旬老眼枝现蕾；5月上旬老眼枝开花，中旬老眼枝结果；6月中旬老眼枝果实成熟，7月下旬发秋梢，10月底落叶。

（4）抗逆性

耐寒、耐旱，生长季节能耐38℃的高温，在-31℃的严寒环境下也能安全越冬。对土壤要求不严，耐盐碱，在含盐量为0.5%左右、pH8.5左右的灰钙土和荒漠土上栽培，生长发育均正常。在轻壤土、中壤土和灌淤土上栽培更适宜，抗根腐病能力较强。

（5）经济性状

中宁一龄茨，结果株率100%，亩产干果35 kg。栽后1～3年累计干果产量5869.5 kg/hm^2。平均单果重1.92 g，最大单果质量2.06 g，混等干果203粒/50 g，鲜干比为4∶1。

图5-20 ‘宁杞10号’植株

（6）栽培技术要点

栽植：种植株行距一般为（100～120）cm×（300～280）cm。栽植前的定植穴内施入1 kg农家肥，将肥料与穴内的土壤搅拌均匀，避免肥料与根系直接接触。定植穴放入苗木，扶直苗干，使根系舒展，先填表土，后填下层土，填土一半时提苗踩实，种植深度以达到原痕迹以上3～5 cm为宜，栽后立即灌足定根水。

整形修剪：栽植当年定干高度70～80 cm。定干后疏除距地面4 cm以内的所有枝条；40 cm以上、与主干夹角小于30°的枝条全部疏除，与主干夹角30°～45°的强壮枝，枝长保留10 cm左右进行短截，培养第一层骨干枝；与主干夹角大于60°的枝条，一般不进行短截或在15 cm处进行短截，培养临时性结果枝组。对二龄以上的树选留部分上年秋七寸枝，延长采摘期。1～2龄以培养第一层树冠和主干为主，地径达到3 cm粗时，顶端选留距主干最近的直立枝作为第二层树冠的中央领导干。

肥水管理：施肥量及时期与‘宁杞1号’基本相同，各层树冠发出的强壮枝一般通过2～3次短截修剪，即可转化为结果枝。生长季追肥3次，5月下旬以磷肥为主，氮肥约50 g/株，7月上旬以氮磷钾三元复合肥为主，约100 g/株，8月上旬以氮、磷肥混合使用约150 g/灌水结合施肥进行。

病虫害防治：对于枸杞瘿螨、蚜虫、枸杞红瘿蚊、枸杞锈螨等害虫，应结合物候期加强预防。盛花期尽可能避免使用农药。入秋后需加强白粉病的防治。

11.‘大麻叶’

‘大麻叶’优系枸杞是宁夏中宁县枸杞生产管理站从当地优良品种大麻叶枸杞中通过群体选择，选出的优质、高产、适应性强的枸杞新品系。此品系目前已在宁夏、新疆、甘肃、内蒙古、河北等地推广种植。

（1）果实性状（图5-21）

幼果尖端渐尖，熟果尖端钝尖，果身圆或者略具棱。鲜果平均单果质量0.589 g，果长1.8～2.2 cm，果径0.6～1 cm，内含种子17～38粒。果实鲜干比为4.3∶1，干果中含枸杞多糖3.09 g/100 g，类胡萝卜素0.74 g/100g。

（2）植物学特征（图5-22）

枝型开张。树体紧凑，生殖生长势强，结果枝粗壮、针刺少，一年生枝青灰色或者青黄色，多年生枝条灰褐色，枝长35～55 cm；一年生枝条剪截成枝力4.3，自然发枝力3.1。70%有效结果枝长度集中在30～50 cm，节间长1.3～2 cm，结果枝开始着果的距离7～15 cm。

图5-21 ‘大麻叶’果实

图5-22 ‘大麻叶’植株

叶绿色，质地较厚，老枝叶披针形或条状披针形，长5～12 cm，宽0.8～1.4 cm；新枝第一叶为卵状披针形，长5.5～8 cm，宽1.4～2 cm。

一年生水平枝起始着果节位4.3，每节花果数1.64个，花长1.67 cm，花瓣绽开直径1.53 cm，花丝中部有一圈稠密茸毛。花萼2～3裂，多2裂。

自交亲和性：自交亲和，可单一品种建园。

（3）物候期

在宁夏银川，一般于3月下旬萌芽，4月下旬一年生枝现蕾，5月中旬当年生枝现蕾，6月上旬果熟初期，6月中旬进入盛果期，7月下旬发秋梢。

（4）抗逆性

白粉病、根腐病抗性较强，黑果病抗性较弱，阴雨后果表易起斑点，雨后不宜裂果。喜光照，耐寒、耐旱，不耐阴、不耐湿。

（5）经济性状

丰产期产量可达3000～3750 kg/hm^2，管理好可以达到3750～4500 kg/hm^2，最高达7500 kg/hm^{2}以上，干果千粒重114 g，种子千粒重0.8 g，其中，特优级占28.3%，特级占39.9%。

（6）栽培技术要点

栽植：园地宜选中壤或轻壤，地下水位不得高于90 cm。小面积人工耕作生产园，最终株行距1.5 m×2 m，幼树期可加倍密植。大面积人工耕作生产园，株行距1 m×（2.8～3）m。

整形修剪：幼树期以中、重度剪截为主，促发新枝加速树冠扩张。成龄树选用圆锥形或自然半圆形树形，一年生枝剪截留比例把握在各1/3较为适宜。

肥水管理：生殖生长势强、耐肥水，定植当年施有机肥30 hm^2、尿素375 kg/hm^2、二胺375 kg/hm^2、氯化钾450 kg/hm^2，以后随树体增大、产量增多，逐年增加施肥量。3～4年后进入盛果期，盛果期施有机肥60 m^3/hm^2、尿素750 kg/hm^2、二胺750 kg/hm^2、氯化钾450 kg/hm^2，年灌水5～6次，盛果期可适量增加灌水次数。

病虫害防治：植株抗根腐病能力强，耐锈螨能力强，对于枸杞蚜虫和枸杞红瘿蚊等害虫应加强预防。

（二）新优品系

1.‘宁农杞1号’

由国家枸杞工程技术研究中心选育，2014年获得植物新品种权，品种权号为20140107。

（1）品种植物学特性

‘宁农杞1号’生长势强，树姿较开张，自然成枝力（3.2枝/枝），剪接成枝力（2.1枝/枝），结果枝细长而软（平均枝长55.7 cm，平均枝基粗度0.26 cm），当年生枝条浅绿色，仅在节间叶簇生的地方具紫色条纹，具少量棘刺，多年生枝棕褐色。当年生叶翠绿色，成熟叶片深绿色，披针形或长椭圆状披针形，一年生枝上叶片常扭曲反折，正反面叶脉清楚。长宽比为3.36∶1。花蕾上部紫色较深，花冠筒裂片圆形，每一裂片上具明显的3条脉纹，花萼2裂；二年生枝花4～5朵腋生，当年生新枝花1～2朵腋生。果实长椭圆形，果色鲜红，青果具有明显果尖，成熟后不具明显果尖。鲜果平均纵径2.26 cm、横径0.97 cm，果肉厚0.13 cm，千粒重1017.5 g，鲜干比为4.35∶1。种子棕黄色，肾形，平均每个果实结籽量42粒，饱满种子含量为81.01%。

（2）品种培育过程和方法

‘宁农杞1号’是通过人工杂交培育的新品系。2008年通过母本（♀）：‘YX-1’×父本（♂）：‘07-07’人工杂交获得F1代群体789株，定植于宁夏农林科学院国家枸杞工程技术研究中心园林场试验基地，自2008年开始连续3年对该群体进行农艺学调查，就枝、叶、花、果形态学特征及丰产优质（果实千粒重、果实营养成分含量、特优级果率、果实含水率），以及各种抗性与物候期等生物学特性等相关数据进行统计分析。2008—2013年，经评比试验初步选出的优良株系，进行无性繁殖（枝条扦插育苗），建立采条圃和种苗园，同时进一步作区域试验和生产试验，测定其适应性及丰产性状等。自2010年开始，在宁夏银川、中宁、固原、兴仁等地开展小区试验，植物学形态与农艺学性状在各地均表现出稳定性。经过上述试验评选出的优良株系，进行验收、鉴定和审定命名成新品种后交付生产上应用。

（3）品种特异性、一致性、稳定性的详细说明

特异性：见表5-1所示申请品种与近似品种的特异性状对比。

表5-1　申请品种与近似品种的特异性状对比

特异性状	‘宁杞1号’	‘宁农杞1号’
自交亲和性	自交亲和	自交不亲和
枝条梢部	淡紫红色条纹	仅在节间叶簇生的地方具紫色条纹
叶片	叶片平整	一年生枝上叶片常扭曲反折
花冠裂片脉纹数目	一条脉纹	一主两副，3条脉纹
果形	椭圆柱状，具4～5条纵棱	长椭圆形，无果尖
千粒重	675.3 g	1017.5 g
果实成熟期	6月7日（银川）	6月4日（银川）

一致性：‘宁农杞1号’已通过无性繁殖三代（硬、嫩枝扦插），对它同一代的各植株的花、果、枝、叶各器官进行观察比较，看到同一代各植株的花、果、枝、叶各器官的性状是一致的。没有出现上述器官性状的分离变异植株，说明该品种无性繁殖的各植株间性状是一致的。

稳定性：‘宁农杞1号’是多年生木本树种，采用枝条扦插繁殖苗木。据宁夏银川、中宁、固原、兴仁等地开展小区试验观察，其三代植株的花、果、枝、叶各器官的性状没有出现退化现象，后代各种性状同前代及母树性状一致。在栽植当年结果，产量随树体的增大而增加，果实性状也无明显变化，说明它的性状是稳定的。

（4）适宜种植的区域、环境及栽培技术

①适于生长的区域或环境：它对环境要求不严，在年平均气温4.5～12.7℃，≥10℃年有效积温2000～4400℃，年日照时数≥2500 h，土壤疏松肥沃，有机质含量0.5%以上，活土层30 cm以上，地下水位1.2 m以下，土壤含盐量0.2%以下，pH9以下，灌排便利的壤土上生长良好。适宜于有上述条件的宁夏、青海、甘肃、新疆等地区种植。

②栽培技术说明：用枝条扦插繁殖，由于自交不亲和不能单一品种建园，在建园时最好选择果实形态、花期基本相近，以及平均单果质量为1以上的品种（系）进行混植，建议选用‘09-01’‘09-02’。混植比例为1∶2，株距1 m，行距2～3 m，一年生树施农家肥1.5万～4.5万 kg/hm^2，化肥900～1200 kg/hm^2，休眠期修剪，需对二年生枝进行中度短截，逐年培养一、二、三层树冠，增加结果枝，注意防虫。

2.‘宁农杞2号’

由国家枸杞工程技术研究中心选育，2014年获得植物新品种权，品种权号为20140108。

（1）品种植物学特性

‘宁农杞2号’树势强健，树体紧凑，生殖生长势强，自然成枝力（8.2枝/枝），剪接成枝力（4.3枝/枝），结果枝细长而软（平均枝长48 cm，

平均枝基粗度0.32 m），嫩枝条青绿色，不具紫色条纹和斑点；多年生枝棕褐色。叶深灰绿色，披针形或长椭圆状披针形，正反面叶脉清楚。长宽比为4.3：1。花淡紫色，花冠高脚碟状，筒细长，宽约2 mm，长约为花萼的2倍；花冠喉部筒状，檐部裂片不向外翻，花萼2裂；二年生枝花4～5朵腋生，当年生新枝花1～2朵腋生。果实长椭圆形，青果腹缝线处，具1条明显的纵棱和2道沟槽；成熟果实呈压扁状或三棱形，果实先端突起，具有小的锥状尖头。鲜果平均纵径2.50 cm、横径1.1 cm，果肉厚0.17 cm，千粒重为1119.2 g，鲜干比为4.6：1。种子棕黄色，肾形，平均每个果实结籽量为33.4粒，饱满种子含量为86.23%。

（2）品种培育过程和方法

‘宁农杞2号’是通过人工杂交培育的新品系。2008年通过母本（♀）：‘YX-1’×父本（♂）：‘07-05’人工杂交获得F1代群体255株，定植于宁夏农林科学院国家枸杞工程技术研究中心园林场试验基地，自2008年开始连续3年对该群体进行农艺学调查，就枝、叶、花、果形态学特征及丰产优质（果实千粒重、果实营养成分含量、特优级果率、果实含水率）及各种抗性与物候期等生物学特性等相关数据进行统计分析。2008—2013年，经评比试验初步选出的优良株系进行无性繁殖（枝条扦插育苗），建立采条圃和种苗园，同时进一步作区域试验和生产试验，测定其适应性及丰产性状等。自2010年开始，在宁夏银川、中宁、固原、兴仁等地开展小区试验，植物学形态与农艺学性状在各地均表现出稳定性。经过上述试验评选出的优良株系，进行验收、鉴定和审定命名成新品种后交付生产上应用。

（3）品种特异性、一致性、稳定性的详细说明

特异性：见表5-2所示申请品种与近似品种的特异性状对比。

表5-2　申请品种与近似品种的特异性状对比

特异性状	‘宁杞1号’	‘宁农杞2号’
自交亲和性	自交亲和	自交不亲和
枝条梢部	淡紫红色条纹	青绿色，不具紫色条纹和斑点
果形	椭圆柱状，具4～5条纵棱	青果腹缝线处具1条明显纵棱和2道沟槽；成熟果实呈三棱形
千粒重	675.3 g	1119.2 g
果实成熟期	6月7日（银川）	6月3日（银川）

一致性：该品系已通过无性繁殖三代（硬、嫩枝扦插），对它同一代的各植株的花、果、枝、叶各器官进行观察比较，看到同一代各植株的花、果、枝、叶各器官的形状是一致的，没有出现上述器官性状的分离变异植株。这说明该品种无性繁殖的各植株间性状是一致的。

稳定性：‘宁农杞2号’是多年生木本树种，采用枝条扦插繁殖苗木。据宁夏银川、中宁、固原、兴仁等地开展小区试验观察，其三代植株的花、果、枝、叶各器官的性状没有出现退化现象，后代各种性状同前代及母树性状一致，在栽植当年结果，产量随树体的增大而增加，果实形状也无明显变化，说明它的性状是稳定的。

（4）适宜种植的区域、环境以及栽培技术

①适于生长的区域或环境：它对环境要求不严，在年平均气温4.5～12.7℃，≥10℃年有效积温2000～4400℃，年日照时数≥2500 h，土壤疏松肥沃，有机质含量0.5%以上，活土层30 cm以上，地下水位1.2 m以下，土壤含盐量0.2%以下，pH9以下，灌排便利的壤土上生长良好。适宜于有上述条件的宁夏、青海、甘肃、新疆等地区种植。

②栽培技术说明：用枝条扦插繁殖，由于自交不亲和不能单一品种建园，在建园时最好选择与果实形态、花期基本相近，平均单果质量为1.0以上的品种（系）进行混植，建议选用‘09-01’‘09-02’。混植比例为1：2，株距1 m，行

距2～3 m，一年生树施农家肥1.5万～4.5万 kg/hm²，化肥900～1200 kg/hm²，进入盛果期时加大施肥量。栽植当年春天，苗高50～60 cm高时定干，休眠期修剪，需对二年生枝进行中度短截，逐年培养一、二、三层树冠，增加结果枝，注意防虫。

3.‘宁农杞3号’

由国家枸杞工程技术研究中心选育，2015年获得植物新品种权，品种权号为20150121。

（1）品种植物学特性

‘宁农杞3号’树势旺盛，树体开张，生殖生长势强，自然成枝力（4.3枝/枝），剪接成枝力（2.8枝/枝），一年生枝条长而硬（平均枝长61.9 cm，平均枝基粗度0.29 cm），褐色带有紫色条纹，无或极少有棘刺。叶深绿色，叶长椭圆状披针形，正反面叶脉清楚。长宽比为3.92∶1。花冠较大，紫色，花雌雄蕊同位，雄性可育；花冠裂片椭圆形，上面具1条明显的脉纹，背面颜色较浅，具3条明显脉纹；喉部筒状，不向外翻卷。青果果体表面具不规则凸起，成熟果实长椭圆形，具明显果尖，鲜果横切面卵圆形。鲜果平均纵径2.33 cm、横径1 cm，果肉厚0.13 cm，千粒重1083.7 g，鲜干比4.26∶1。种子棕黄色，肾形，平均每个果实结籽量为36.4粒，饱满种子含量为83.38%。

（2）品种培育过程和方法

‘宁农杞3号’是通过人工杂交培育的新品系。2008年通过母本（♀）：‘YX-1’ × 父本（♂）：‘宁杞1号’人工杂交获得F1代群体586株，定植于宁夏农林科学院国家枸杞工程技术研究中心园林场试验基地，自2008年开始连续3年对该群体进行农艺学调查，就枝、叶、花、果形态学特征与丰产优质（果实千粒重、果实营养成分含量、特优级果率、果实含水率），以及各种抗性与物候期等生物学特性等相关数据进行统计分析。2008—2014年，经评比试验初步选出的优良株系，进行无性繁殖（枝条扦插育苗），建立采条圃和种苗园，同时进一步作区域试验和生产试验，测定其适应性及丰产性状等。自2010年开始在宁夏银川、中宁、固原、兴仁等地开展小区试验，植物学形态与农艺学性状在各地均表现出稳定性。经过上述试验评选出的优良株系，进行验收、鉴定和审定命名成新品种后交付生产上应用。

（3）品种特异性、一致性、稳定性的详细说明

特异性：见表5-3所示申请品种与近似品种的特异性状对比。

表5-3 申请品种与近似品种的特异性状对比

相似品种名称		相似品种特征	‘宁农杞3号’
1	（母本）‘宁杞5号’	花：雌雄蕊异位	正常
		育性：雄性不育	可育
		一年生枝：有棘刺	无或极少
2	（父本）‘宁杞1号’	果：卵圆形	长椭圆形
		果：果尖不明显	明显
		叶片：形状窄披针形	宽披针形
3	‘宁农杞2号’	果：横切面长椭圆形	卵圆形
		叶片：形状窄披针形	宽披针形
		一年生枝：硬度软	硬

一致性：该品系已通过无性繁殖三代（硬、嫩枝扦插），对它同一代的植株的花、果、枝、叶各器官进行观察比较，看到同一代各植株的花、果、枝、叶各器官的性状是一致的，没有出现上述器官性状的分离变异植株，说明该品种无性繁殖的各植株间性状是一致的。

稳定性：‘宁农杞3号’是多年生木本树种，采用枝条扦插繁殖苗木。据宁夏银川、中宁、固原、兴仁等地开展小区试验观察，其三代植株的花、果、枝、叶各器官的性状没有出现退化现象，后代各种性状同前代及母树性状一致，在栽植当年结果，产量随树体的增大而增加，果实形状也无明显变化，说明它的性状是稳定的。

（4）适宜种植的区域、环境及栽培技术

①适于生长的区域或环境：它对环境要求不

严，在年平均气温4.5～12.7℃，≥10℃年有效积温2000～4400℃，年日照时数≥2500 h，土壤疏松肥沃，有机质含量0.5%以上，活土层30 cm以上，地下水位1.2 m以下，土壤含盐量0.2%以下，pH9以下，灌排便利的壤土上生长良好。适宜于有上述条件的宁夏、青海、甘肃、新疆等地区种植。

②栽培技术说明：用枝条扦插繁殖，由于自交不亲和不能单一品种建园，在建园时最好选择与果实形态、花期基本相近，平均单果质量为1以上的品种（系）进行混植，建议选用‘宁农杞1号’‘宁农杞2号’。混植比例为1∶2，株距1 m，行距2～3 m，一年生树施农家肥1.5万～4.5万 kg/hm^2，化肥900～1200 kg/hm^2，进入盛果期时加大施肥量。栽植当年春天，苗高50～60 cm高时定干，休眠期修剪，需对二年生枝进行中度短截，逐年培养一、二、三层树冠，增加结果枝，注意防虫。

4.‘宁农杞4号’

由国家枸杞工程技术研究中心选育，2018年获得植物新品种权，品种权号为20180060。

（1）品种植物学特性

‘宁农杞4号’属软架型，枝条软条型。枝条无棘刺，平均枝长55.88 cm。嫩梢尖端小叶收缩向上。叶宽披针形，叶面平展，深绿色，叶尖渐尖，叶片较大，叶长4.64 cm，叶宽2.28 cm，长宽比为2.03∶1。花深紫色，多为5瓣花，偶有6瓣花，花瓣具3条明显脉纹，延伸至花筒基部，且颜色较深；花冠筒裂片钝尖，花萼深紫色，3裂；花冠筒内壁淡黄色，花丝近基部茸毛密布。成熟果实为圆形，果顶平截，果色鲜黄色，果味甜，果实颗粒大，鲜果千粒重1080 g。根系的根基部位密布毛根。

（2）品种培育过程和方法

‘宁农杞4号’是通过群体选优培育的黄果枸杞新优系。2011年，课题组在开展枸杞种质资源收集过程中获得，于2012年4月定植于宁夏农林科学院国家枸杞工程技术研究中心园林场实验基地，进行了田间调查和分析。至2013年，同其他黄果枸杞新优系开展了品比试验，编号为W-13-29。2013年至今，从枝、叶、花、果实指标，以及丰产优质性等方面开展了系统研究，为该优系的新品种审定积累了数据资料。

（3）品种特异性、一致性、稳定性的详细说明

特异性：见表5-4所示申请品种与近似品种的特异性状对比。

表5-4　申请品种与近似品种的特异性状对比

特异性状	‘宁农杞4号’	宁夏黄果
树势	旺盛，软架型	中庸，树势直立
枝条	软条型，无棘刺	硬条型，具少量棘刺
嫩梢	尖端小叶收缩向上	尖端小叶开张平展
叶片	叶宽披针形，叶片较大，叶面平展	叶窄针形，叶片中等，叶面平展或反卷
花	花深紫色，花瓣具3条明显脉纹，延伸至花筒基部，且颜色较深	花紫色，花瓣具3条明显脉纹，向花筒基部延伸，但颜色变浅
花萼	深紫色	黄绿色
果色	鲜黄色	橘黄色
果形	圆形，果顶平截	卵圆形
根系	根基部位密布毛根	根基部位毛根稀少

一致性：‘宁农杞4号’已经过了无性繁殖三代以上，通过对各代植株在各试验点的树体的枝、叶、花、果等器官的观察比较，发现不同代不同试验点各器官的性状表现一致，无性状分离和变异植株出现，说明该优系无性繁殖的后代植株间性状是一致的。

稳定性：‘宁农杞4号’是多年生木本树种。各试验点所用苗木均为利用无性繁殖方法繁育的苗木。根据宁夏银川、吴忠、中宁等地的区域试验表现来看，其三代植株的枝、叶、花、果等器官的性状没有出现退化的现象。后代各种性状同前代及母本性状一致。在栽植的当年即可挂果，树体产量随着树体的增大而增加，果实形状也无明显变化。以上表现说明，‘宁农杞4号’的性状是稳定的。

（4）适宜种植的区域、环境及栽培技术

①适于生长的区域或环境：‘宁农杞4号’对环境要求不严，在年平均气温4.5～12.7℃，≥10℃年有效积温2000～4400℃，年日照时数≥2500 h，土壤疏松，有机质含量0.5%以上，活土层≥30 cm，地下水位≤1.2 m，土壤含盐量≤0.2%，pH≤9，灌排便利的沙壤土或壤土上生长良好。具有上述条件的区域有宁夏、青海、甘肃、新疆、内蒙古等枸杞传统产区。

②栽培技术说明：用枝条扦插进行苗木繁育，易繁育，成活率高。自交亲和，可单一种植建园。建园的株行距为1 m×2.5 m。定植后的前两年提高树体，形成树体骨架；定植当年，增施腐熟农家肥作基肥，一年生树施农家肥1.5万～4.5万 kg/hm^2、化肥900～1200 kg/hm^2。病虫害防治主要防治蚜虫、木虱、瘿螨和白粉病。

5.‘宁农杞5号’

由国家枸杞工程技术研究中心选育，2018年获得植物新品种权，品种权号为20180061。

（1）品种植物学特性

‘宁农杞5号’属硬架型，萌蘖能力强。枝条多棘刺，多年生枝灰褐色。节间较短，为1.58 cm。嫩梢黄绿色，具腋生芽。叶长窄披针形，叶面平展，小叶形，叶长2.38 cm，叶宽0.72 cm，叶尖渐尖。花淡紫色，花瓣具3条明显脉纹，中脉淡紫色，且延伸至花边花瓣的2/3；花冠和花药较小，不散粉；花冠筒筒形，花萼淡黄绿色，萼片卵形，3裂。成熟果果实为圆形，果色鲜黄色，果味甜，鲜果千粒重540 g。

（2）品种培育过程和方法

2003年，将枸杞种质材料黑杂的种子搭载第18颗返回式卫星，进行航天诱变育种，返回后在芦花台园林场枸杞工程所试验基地进行种子育苗并进行田间调查。‘宁农杞5号’的母本为枸杞种质材料黑杂的航天诱变群体F1代实生苗，编号为W-12-30。2010年进行了调查和分析，2012年4月定植于宁夏农林科学院国家枸杞工程技术研究中心园林场实验基地，编号为W-12-30。2013年同其他黄果枸杞新优系开展了品比试验。2013年至今，从枝、叶、花、果实指标，以及丰产性等农艺性状开展了系统研究。

（3）品种特异性、一致性、稳定性的详细说明

特异性：见表5-5所示申请品种与近似品种的特异性状对比。

表5-5 申请品种与近似品种的特异性状对比

特异性状	‘宁农杞5号’	‘黑杂’
叶片	小叶形，叶尖渐尖	叶细长，叶尖急尖
花	花淡紫色，花瓣具3条明显脉纹，中脉淡紫色	花紫色，花瓣具3条明显脉纹，中脉深紫色
果色	鲜黄色	褐色

①一致性：‘宁农杞5号’已经过无性繁殖三代以上，通过对各代植株在各试验点树体的枝、叶、花、果等器官的观察比较，发现不同代不同试验点各器官的性状表现一致，无性状分离和变异植株出现，说明该优系无性繁殖的后代植株间

性状是一致的。

②稳定性：‘宁农杞5号’是多年生木本树种。各试验点所用苗木均为利用无性繁殖方法繁育的苗木。根据宁夏银川、吴忠、中宁等地的区域试验表现来看，其三代植株的枝、叶、花、果等器官的性状没有出现退化的现象。后代各种性状同前代及母本性状一致。在栽植的当年即可挂果，树体产量随着树体的增大而增加。果实形状也无明显变化。以上表现说明，‘宁农杞5号’的性状是稳定的。

（4）适宜种植的区域、环境及栽培技术

①适于生长的区域或环境：‘宁农杞5号’对环境要求不严，在年平均气温4.5～12.7℃，≥10℃年有效积温2000～4400℃，年日照时数≥2500 h，土壤疏松，有机质含量0.5%以上，活土层≥30 cm，地下水位≤1.2 m，土壤含盐量≤0.2%，pH值≤9，灌排便利的沙壤土或壤土上生长良好。具有上述条件的区域有宁夏、青海、甘肃、新疆、内蒙古等枸杞传统产区。

②栽培技术说明：苗木易繁育，成活率高；花药不散粉，不能单一种植建园，可与‘宁杞1号’‘宁杞7号’等枸杞主栽品种隔行搭配种植；建园的株行距为1 m×2.5 m；定植后的前两年提高树体，及时剪除徒长枝。树体修剪以疏为主，少短截，早期要选定枝条，培养树体骨架。增施腐熟农家肥作基肥，一年生树施农家肥1.5万～4.5万 kg/hm^2、化肥900～1200 kg/hm^2。病虫害防治主要防治木虱、瘿螨和蚜虫。

6.‘宁农杞8号’

由国家枸杞工程技术研究中心选育，2018年获得植物新品种权，品种权号为20180324。

（1）品种植物学特性

‘宁农杞8号’植株株型直立，株高中等，均值为（135±29）cm。冠幅均值为（145±34）cm。一年生枝长度高，均值为（77.61±5.62）cm；节间长度短，均值为（1.77±0.17）cm；棘刺数量无或极少，果枝数量多，均值为（79±3）条；颜色为灰褐色，硬度软，短枝簇生小花最大数量为3，无末端条纹。多年生枝条颜色为褐色。叶片长度长，均值为（4.84±0.24）cm；叶片宽中等，均值为（1.05±0.09）cm；厚度中等，均值为（0.07±0.01 ）cm；叶柄长为中，均值为（0.29±0.07）cm；绿色强度为浅，形状为窄披针，叶片为渐尖。花冠颜色为紫色，形状为漏斗状，花冠裂片缘毛无或极少；花冠筒长，均值为（0.83±0.03）cm；萼片长，均值为（0.74±0.07）cm；萼片为卵形，萼片数量为2片。果形状为长椭圆形，无表面凸起，果肉颜色为红色；鲜果纵径长，均值为（3.46±0.21）cm；横径中，均值为（1.30±0.07 ）cm。物候期展叶期为3月28日，现蕾期为4月24日，果实始收期为5月29日，均较标准品种早。

（2）品种培育过程和方法

‘宁农杞8号’是通过人工杂交培育的新品系。2012年通过母本（♀）：‘宁农杞1号’×父本（♂）：‘09-03’人工杂交获得F1代群体476株，定植于宁夏农林科学院国家枸杞工程技术研究中心园林场试验基地，自2013年开始连续3年对该群体进行农艺学调查，就枝、叶、花、果形态学特征与丰产优质（果实千粒重、果实营养成分含量、特优级果率、果实含水率），以及各种抗性与物候期等相关生物学数据进行统计分析，在调查统计分析的基础上，筛选了该优系。‘宁农杞8号’枸杞具有生殖生长势强、鲜果粒大、丰产等特点，可作为枸杞鲜干两用品种进行种植推广。

2013年，经过品比试验初步选为枸杞新优系，2013年6月，开始进行无性繁殖（枝条扦插育苗），同时建立了专用采条圃和种苗园。2014年，进行区域试验和生产试验，测定其适应性及丰产性状等。2015年开始在宁夏银川、中宁等地开展小区试验，植物学形态与农艺学性状在各地均表现得稳定一致。经过多年、多点的试验，‘宁农杞8号’在各地区均表现出鲜果粒大、丰产等特点，营养扦插苗与母株保持了很好的一致性和稳定性。

（3）品种特异性、一致性、稳定性的详细说明

特异性：见表5-6所示申请品种与近似品种的特异性状对比。

表5-6 申请品种与近似品种的特异性状对比

相似品种名称		相似品种特征	‘宁农杞8号’
1	‘宁农杞1号’（母本）	花：颜色紫堇色	紫色
		一年生枝：末端条纹有	无
		果：形状卵圆形	长椭圆形
2	‘09-03’（父本）	果：形状卵圆形	长椭圆形
		叶片：绿色强度中	深
		叶片：形状宽披针形	窄披针形
3	‘宁农杞3号’	果：表面有突起	无
		一年生枝：末端条纹有	无
4	‘宁农杞7号’	一年生枝：棘刺数量中	无或极少
		花：萼片最大数量1	2
		叶片：形状宽披针形	窄披针形

①一致性：该品系已通过无性繁殖三代（硬、嫩枝扦插），对它同一代的各植株的花、果、枝、叶各器官进行观察比较，看到同一代各植株的花、果、枝、叶各器官的形状是一致的，没有出现上述器官性状的分离变异植株，说明该品种无性繁殖的各植株间性状是一致的。

②稳定性：‘宁农杞8号’是多年生木本树种，采用枝条扦插繁殖苗木。根据宁夏银川、中宁、固原、兴仁等地开展的小区试验观察，其三代植株的花、果、枝、叶各器官的性状没有出现退化现象，后代各种性状同前代及母树性状一致。在栽植当年结果，产量随树体的增大而增加，果实形状也无明显变化，说明它的性状是稳定的。

（4）适宜种植的区域、环境及栽培技术

①适于生长的区域或环境：它对环境要求不严，在年平均气温4.5～12.7℃，≥10℃年有效积温2000～4400℃，年日照时数≥2500 h，土壤疏松肥沃，有机质含量0.5%以上，活土层30 cm以上，地下水位1.2 m以下，土壤含盐量0.2%以下，pH<9，灌排便利的壤土上生长良好，适宜枸杞种植。

②栽培技术说明：用枝条扦插繁殖，由于自交不亲和不能单一品种建园，在建园时最好选择与果实形态、花期基本相近，平均单果质量为1以上的品种（系）进行混植，建议选用‘宁农杞9号’。混植比例为1：2，株距1 m，行距2～3 m，一年生树施农家肥1.5万～4.5万 kg/hm^2、化肥900～1200 kg/hm^2，进入盛果期时加大施肥量。栽植当年春天，苗高50～60 cm时定干，休眠期修剪，需对二年生枝进行中度短截，逐年培养一、二、三层树冠，增加结果枝，注意防虫。

7.‘宁农杞10号’

由国家枸杞工程技术研究中心选育，2018年获得植物新品种权，品种权号为20180114。

（1）品种植物学特性

‘宁农杞10号’是宁夏农林科学院枸杞工程技术研究所，以优良宁夏枸杞品种‘宁杞1号’的花药为试材，利用离体培养技术获得的有生活力的枸杞单倍体，是基础研究、基因组测序、制作遗传图谱、研究遗传规律及新品种选育的良好试材。其生物学特性为树势弱，生长缓慢，自然成枝力弱，枝条直立生长，树皮灰白色，当年生枝皮黄褐色，嫩枝绿色。叶黄绿色，长椭圆形（长19.86 mm，宽5.63 mm），叶端钝，叶基

部下延，叶柄短（2.94 mm），叶脉绿色。花少且小，花冠紫色，4～5裂，深裂至喉部，花冠喉部黄绿色，花萼浅裂，花丝弯曲，花药偏黄且不开裂，花开后干枯脱落，枝条上着花1～3朵腋生。

（2）品种培育过程和方法

‘宁农杞10号’是利用花药离体培养技术获得的有生活力的枸杞单倍体。2008年进行了枸杞花药离体培养技术的研究及胚状体诱导体系的建立。2012年4月，对宁夏优良品种‘宁杞1号’的花药（小孢子处于单核靠边期）进行胚状体诱导，获得516个株系。同年扩繁、移栽成活139个株系，经SSR分子生物学鉴定、流式细胞仪测定及根尖染色体压片，确定1个株系为单倍体，暂定名称为‘宁农杞10号’。

2013—2016年连续3年对其无性系进行农艺学性状观察，就其枝、叶、花形态特征进行了统计分析，与其母株‘宁杞1号’相比存在特异性，且表现稳定。目前，定植于宁夏农林科学院枸杞工程技术研究所园林场试验基地。

（3）品种特异性、一致性、稳定性的详细说明

特异性：见表5-7所示申请品种与近似品种的特异性状对比。

表5-7　申请品种与近似品种的特异性状对比

特异性状	‘宁杞1号’	‘宁农杞10号’
来源	单株优选法	花药离体培养
用途	生产实践	基础研究
倍性	二倍体	单倍体
枝条	生长快，发枝多，枝条硬度中	生长慢，发枝少，枝条硬
叶片	叶片长度中	叶片长度近母株‘宁杞1号’1/2
花	花冠宽，花丝直立，花药正常开裂	花冠窄，花丝弯曲，花药不开裂

①一致性：该品系已通过无性繁殖三代（硬、嫩枝扦插），对它同一代的各植株花、枝、叶各器官进行观察比较，看到同一代各植株的花、枝、叶各器官的形状是一致的，没有出现上述器官性状的分离变异植株，说明了该品种无性繁殖的各植株间性状是一致的。

②稳定性：‘宁农杞10号’是多年生木本树种，采用组织培养枝条扦插繁殖苗木。自2013—2016年田间观察，其三代植株的花、枝、叶各器官的性状没有出现退化现象，后代各种性状同前代性状一致。经SSR分子生物学鉴定、流式细胞仪测定、根尖染色体压片，均为单倍体材料，说明它的性状及倍性是稳定的。

（4）适宜种植的区域、环境及栽培技术

适于生长的区域或环境：‘宁农杞10号’适宜保存区环境与枸杞适生区相同，年平均气温4.5～12.7℃，≥10℃年有效积温2000～4400℃，年日照时数≥2500 h，土壤有机质含量0.5%以上，活土层30 cm以上，地下水位1.2 m以下，土壤含盐量0.2%以下，pH9以下灌排便利的壤土上生长良好。

栽培技术说明：①温室内再搭建拱棚，温度控制在25～28℃，并遮阳。②移栽前对移栽基质进行杀菌、杀虫。③移栽过程中及时浇水。④移栽后棚内温度：20～35℃，空气湿度为80%～90%，基质处于半湿半干状态。植株成活后，撤去遮阳网，尽量增加光照。

大田移栽及管理与其他枸杞品种相同，采用沟栽，按照0.5 m×3 m的株行距，开沟（宽×深）30 cm×30 cm，沟施羊粪并与土混匀、填平，定植后及时灌水。一年生树施农家肥0.75～1.20万 kg/hm^2、化肥450～600 kg/hm^2。栽植当年，于苗高30～40 cm时定干，注意病虫害防治。

8.‘科杞6081’

由国家枸杞工程技术研究中心选育，2018年获得植物新品种权，品种权号为20180325。

（1）品种植物学特性

‘科杞6081’株型直立，株高均值为

（83 ± 13）cm。冠幅均值为（188 ± 29）cm。一年生枝高均值为（63.21 ± 9.01）cm。节间长度均值为（1.80 ± 0.31）cm。棘刺数量无或极少；果枝数量均值为（86 ± 7）条。颜色为灰褐色。硬度软。短枝簇生小花最大数量为3。多年生枝条颜色为褐色。叶片：长度均值为（6.46 ± 0.05）cm；宽度均值为（1.73 ± 0.06）cm；厚度均值为（0.07 ± 0.01）cm；叶柄长均值为（0.59 ± 0.04）cm；绿色强度中等；形状为宽披针形；叶尖形态为急尖。花：花冠颜色为紫色；花冠形状漏斗状；花冠裂片缘毛无或极少；花冠筒长度均值为（0.85 ± 0.06）cm；喉部颜色为鹅黄色；萼片形状卵形；萼片长度均值为（0.73 ± 0.04）cm；萼片数量为2。果：形状为长椭圆形；果尖急尖；果肉颜色为红色；鲜果纵径均值为（3.01 ± 0.21）cm；鲜果横径均值为（1.21 ± 0.09）cm。物候期：展叶期为3月28日，现蕾期为4月24日，果实始收期为5月29日，均较标准品种早。

（2）品种培育过程和方法

‘科杞6081’为内蒙古巴彦淖尔杭锦后旗沙海镇五星村一社农户贾义科2010年播种的实生苗，当地主要种植的品种是从宁夏引种的‘宁杞1号’。2014年，宁夏农林科学院枸杞工程技术研究所在枸杞资源调查时发现其中一株（以下称“母树”），其生长势很强，枝条颜色、果实性状与同批种子苗存在明显差异。2015年，宁夏农林科学院枸杞工程技术研究所采集了“母树”的营养枝条，通过硬枝扦插的方法，繁育了200株。同时，在银川园林场、中宁孔滩进行了引种实验。通过2015—2017年3年的连续观察，该品种形态学特点与其主要农艺学特征同“母树”一致、稳定。

（3）品种特异性、一致性、稳定性的详细说明

特异性：见表5-8所示申请品种与近似品种的特异性状对比。

表5-8　申请品种与近似品种的特异性状对比

相似品种名称		相似品种特征	申请品种特征
1	‘宁杞2号’	叶片：形状窄披针形	宽披针形
		花：萼片数量1	2
		果：果尖渐尖	急尖
2	‘科杞6082’	花：喉部颜色紫堇	鹅黄
		果：果尖无尖	急尖

①一致性：该品系已通过无性繁殖三代（硬、嫩枝扦插），对它同一代的各植株花、枝、叶各器官进行观察比较，看到同一代各植株的花、枝、叶各器官的形状是一致的，没有出现上述器官性状的分离变异植株，说明了该品种无性繁殖的各植株间性状是一致的。

②稳定性：‘科杞6081’是多年生木本树种，采用枝条扦插繁殖苗木。据内蒙古陕坝、宁夏银川、中宁孔滩的试验观察，其三代植株的花、果、枝、叶各器官的性状没有出现退化现象，后代各种性状同前代及母树性状一致，在栽植当年结果，产量随树体的增大而增加，果实形状也无明显变化，说明它的性状是稳定的。

（4）适宜种植的区域、环境及栽培技术

适于生长的区域或环境：对环境要求不严，年平均气温4.5～12.7℃，≥10℃年有效积温2000～4400℃，年日照时数≥2500 h，土壤疏松肥沃，有机质含量0.5%以上，活土层30 cm以上，地下水位1 m以下，土壤含盐量0.2%以下，pH9以下，灌排便利的壤土上生长良好，适宜枸杞种植区。

栽培技术说明：用枝条扦插繁殖，由于自交不亲和不能单一品种建园，在建园时最好选择与果实形态、花期基本相近，平均单果质量为1以上的品种（系）进行混植，建议选用‘宁杞7号’。混植比例为1∶2，株距1 m，行距2～3 m，一年生树施农家肥1.5万～4.5万kg/hm^2、化肥900～1200 kg/hm^2，进入盛果期时加大施肥量。栽

植当年春天，苗高50～60 cm时定干，休眠期修剪，需对二年生枝进行中度短截，逐年培养一、二、三层树冠，增加结果枝，注意防虫。

9.‘科杞6082’

由国家枸杞工程技术研究中心选育，2018年获得植物新品种权，品种权号为20180326。

（1）品种植物学特性（图5-24）

‘科杞6082’株型直立，株高均值为

图5-23 ‘科杞6082’果实

图5-24 ‘科杞6082’植株

（176±23）cm，冠幅均值为（143±26）cm。一年生枝长度均值为（73.11±13.01）cm；节间长度均值为（1.67±0.29）cm。棘刺数量无或极少，果枝数量多，均值为（96±11）条；颜色为灰褐色，硬度软，短枝簇生小花最大数量为3；多年生枝条颜色为褐色。叶片长度均值为（4.87±0.03）cm；叶片宽均值为（1.52±0.01）cm；厚度均值为（0.06±0.003）cm；叶柄长均值为（0.50±0.01）cm；绿色强度为中等；形状为宽披针。花冠颜色为紫色；形状为漏斗状；花冠裂片缘毛无或极少；花冠筒长，均值为（8.44±0.57）cm；喉部颜色为堇紫，萼片长均值为（7.33±0.27）cm；萼片为卵形，萼片数量为2片。果形状为长椭圆形，无果尖，果肉颜色为红色。鲜果纵径长均值为（2.65±0.38）cm；横径均值为（1.19±0.11）cm。物候期：展叶期为3月28日，现蕾期为4月24日，果实始收期为5月29日均较标准品种早。

（2）品种培育过程和方法

‘科杞6082’为内蒙古巴彦淖尔杭锦后旗沙海镇五星村一社农户贾义科2010年播种的实生苗，当地主要种植的品种是从宁夏引种的‘宁杞1号’。2014年，宁夏农林科学院枸杞工程技术研究所在枸杞资源调查时发现其中一株（以下称“母树”），其生长势很强，枝条颜色、果实性状与同批种子苗存在明显差异。2015年，宁夏农林科学院枸杞工程技术研究所采集了“母树”的营养枝条，通过硬枝扦插的方法，繁育了200株。同时，在银川园林场、中宁孔滩进行了引种实验。通过2015—2017年3年的连续观察，该品种形态学特点与其主要农艺学特征同“母树”一致、稳定。

（3）品种特异性、一致性、稳定性的详细说明

特异性：见表5-9所示申请品种与近似品种的特异性状对比。

表5-9　申请品种与近似品种的特异性状对比

相似品种名称		相似品种特征	申请品种特征
1	‘宁杞2号’	叶片：形状窄披针形	宽披针形
		花：萼片数量1	2
		果：果尖渐尖	无
2	‘科杞6081’	花：喉部颜色鹅黄	堇紫
		果：果尖急尖	无

一致性：该品系已通过无性繁殖三代（硬、嫩枝扦插），对它同一代的各植株花、枝、叶各器官进行观察比较，看到同一代各植株的花、枝、叶各器官的形状是一致的，没有出现上述器官性状的分离变异植株，说明了该品种无性繁殖的各植株间性状是一致的。

稳定性：‘科杞6082’是多年生木本树种，采用枝条扦插繁殖苗木。据银川园林场、中宁孔滩等地引种实验观察，其三代植株的花、果、枝、叶各器官的性状没有出现退化现象，后代各种性状同前代及母树性状一致。在栽植当年结果，产量随树体的增大而增加，果实形状也无明显变化，说明它的性状是稳定的。

（4）适宜种植的区域、环境及栽培技术

①适于生长的区域或环境：它对环境要求不严，在年平均气温4.5～12.7℃，≥10℃年有效积温2000～4400℃，年日照时数≥2500 h，土壤疏松肥沃，有机质含量0.5%以上，活土层30 cm以上，地下水位1.2 m以下，土壤含盐量0.2%以下，pH9以下，灌排便利的壤土上生长良好，适宜枸杞种植区。

②栽培技术说明：用枝条扦插繁殖，由于自交不亲和不能单一品种建园，在建园时最好选择与果实形态、花期基本相近，平均单果质量为1.0以上的品种（系）进行混植，建议选用‘宁杞7号’。混植比例为1∶2，株距1 m，行距2~3，一年生树施农家肥1.5万～4.5万 kg/hm^2、化肥900～1200 kg/hm^2，进入盛果期时加大施肥量。栽植当年春天，苗高50～60 cm时定干，休眠期修剪，需对二年生枝进行中度短截，逐年培养一、二、三层树冠，增加结果枝，注意防虫。

10.‘杞鑫3号’

由中宁县杞鑫苗木专业合作社选育，2018年获得植物新品种权，品种权号为20180349。

此品种由中宁杞鑫枸杞苗木专业合作社成员亢彦东、朱金文引进，对其进行收集，于2015年春季定植于大田观察。观测期间，其表现有结果早、生长快、抗逆性强、自交亲和性强、果型比黑果大、长型果、果粒大小均匀，鲜食口感好。属落叶小灌木，栽植3年，树高65～80 cm，平均根茎粗2.61 cm，树冠直径75 cm，成枝力强，枝条稠密，易发七寸果枝，结果枝每叶腋有2个果。叶色为绿色，质地较厚，二年生老枝叶条状，互生。当年生枝叶条状，互生，最宽处近中部，叶尖渐尖。花柱长1.18 cm，花药长1.03 cm，新鲜花药乳白色，开裂有花粉，花绽开后花冠裂片为紫色。鲜果紫色，果皮光亮，平均单果重0.7 g，最大单果重0.75 g，果腰部平直，先端钝圆，平均纵径13.17 mm、横径8.87 mm，果肉厚1 mm，果皮薄，鲜果千粒重344.8 g。

二、叶用品种

1.‘宁杞菜1号’（图5-25）

‘宁杞菜1号’是国家枸杞工程技术研究中心历时7年，用宁夏优质枸杞品种‘宁杞1号’同当地野生枸杞进行种间杂交选育的优质菜用枸杞。它不开花不结果，是一种高营养保健蔬菜。它富含18种氨基酸、粗蛋白、维生素，多种人体必需的矿物质和微量元素，纤维含量低，药食价值高，已于2002年2月23日正式通过宁夏科技厅组织的专家组鉴定。2003年被列为国家重点科技成果推广计划（编号：2003EC000394）。

（1）植物学特征

一般茎高10～15 cm，粗0.27～0.36 cm，色

图5-25 ‘宁杞菜1号’植株

绿。叶为单叶互生或2～4片簇生于芽眼，披针形或长椭圆披针形，长3.1～8.7 cm，宽0.8～2.3 cm；叶脉明显，主脉紫红色；叶肉质地厚。

（2）物候期

3月下旬开始萌芽，4月上旬发芽抽新稍，4月中旬开始嫩茎叶生长期，11月进入休眠期。

（3）抗逆性

耐寒、耐旱、耐盐碱。

（4）经济性状

富含18种氨基酸、粗蛋白（35.16%）、维生素（134.5 mg）、钙（0.56%），铁（337.5 μg/g）、硒（0.088 μg/g）及锌（26.5 μg/g）等微量元素。纤维含量低，药食价值高。产菜期4月中旬至9月下旬，产量1695 kg，投入产出比1∶3.17；保护地可周年产菜。

（5）栽培技术要点

①建园准备

园地选择：选择地势平坦，有排灌条件，地下水位1～1.5 m，土壤较肥沃的沙漠、轻壤或中壤。土壤全盐量0.5%以下，pH为8左右，活土层30 cm以上。

整地：头年秋季平整土地，平整高差<5 cm，深耕25 cm，以0.5～1亩为一小区，做好隔水埂，灌冬水，以备翌年春季栽植苗木。

②建园

a.硬枝直插建园

选择母枝：在‘宁杞菜1号’的采穗圃内，选择健壮枝条。

采条时间：春季树液流动至萌芽前进行。

采条枝龄：采集二年生枝条。

采条粗度：0.4 cm以上。

剪截插条：选择无破皮、无虫害、木质化好的枝条，截成长15 cm左右的插条，上下留好饱满芽，每100～200根一捆。

生根剂处理：插穗下端5 cm处浸入100～150 mg/L萘乙酸（NAA）水溶液中浸泡2～3 h，或ABT生根粉（按说明书）处理。

扦插方法：在已准备好的园地按行距60 cm定线，株距15 cm定点，人工在定线上开沟或用板锹劈缝，形成与扦插等长的缝穴，将插条下端轻轻直插入沟穴内，封湿土踏实，地上部留1 cm外露一个饱满芽，上面覆一层细土，用脚拢一土棱，如果土壤墒情差，可不覆碎土，直接按行盖地膜。每公顷约12000根插穗。

b.苗木移栽建园

将苗木放入泥浆中沾根。在准备好的园地按行距60 cm定线，开沟。将沾根的苗木按20 cm株距栽苗，填土，踏实后灌水。栽苗密度为9万株/hm^2。

c.园地管理

中耕除草：幼苗生长高度达10 cm以上时，中耕除草，疏松土壤；6～8月各一次，深10 cm。

培肥：秋季施入油渣500 kg/亩或腐熟厩肥3～4方/亩；4月上旬开沟追施氮、磷复合肥1125 kg/hm^2；6月上旬开沟追施氮、磷复合肥1125 kg/hm^2。采菜间隔期内喷洒叶面营养液3～4次。

灌水：建园初期插条生长的幼苗15 cm以上时灌第一水，6月下旬、7月下旬各灌水1次。翌年进入采菜期后（4～10月采菜期间为正常采摘期），10 d左右灌水一次，亩进水40 m^3左右。

防虫：发生蚜虫和负泥虫时，使用1.5%苦参素1200倍液或1.5%扑虱蚜200倍液全园喷雾防治。

采食部位：距茎梢端部8～15 cm的嫩茎，口感最好。

采食周期：每7～8 d采摘一茬。

包装：每0.5 kg一把，装入保鲜袋内进入市场。

2.‘宁杞9号’

‘宁杞9号’是宁夏林业研究院通过倍性育种、杂交技术等育种手段相结合，成功选育出的三倍体枸杞新品种。其亲本来源：以‘宁杞1号’诱导加倍后的同源四倍体与河北枸杞进行杂交获得的枸杞新品种。该品种具有发枝量大，嫩梢生长迅速，叶片肥厚、宽长、叶芽鲜嫩、风味良好、营养丰富等特性。叶芽中营养成分除枸杞多糖外，其余氨基酸、蛋白质及锌、铁、钙等矿质营养元素含量均是枸杞果实的2～3倍，具有很好的开发应用价值。叶用枸杞新品种‘宁杞9号’作为一种药食同源功能型特色资源新品系，是生产枸杞芽菜和芽茶的优良品种。其适宜种植范围较广，在西北、西南、华北、华中、华东等地有灌溉的农田土地上均可进行推广种植。该品种于2012年7月通过国家林业局植物新品种保护的认定（品种权号：20120110），先后于2015年、2016年审定为宁夏林木良种和国家林木良种（国家林木良种编号：国S-SV-LB-017-2015）。

叶用枸杞‘宁杞9号’叶芽含有17种氨基酸，氨基酸总量4.61～7.33 g/100 g，其中，人体必需氨基酸占氨基酸总量的41.82%～48.26%。矿质元素含量丰富，尤其以钙、铁、锌含量较高，分别是64.9～156.5 mg/100 g、3.91～7.35 mg/100 g、0.64～1.23 mg/100 g。此外，还富含枸杞多糖3.57～6.56 g/100 g、甜菜碱1.55～1.94 mg/100 g、类胡萝卜素0.15～0.3 g/100 g。

（1）植物学特征（图5-26）

①倍性差异：枸杞通常为二倍体，体细胞含有两组染色体，$2n$=24，‘宁杞9号’体细胞含有3组染色体，$3n$=36。由于三倍体在减数分裂时染色体不能正常配对，不能产生正常的配子，不能正常结子，所以‘宁杞9号’果实内没有正常的种子，故也成为无籽枸杞。

②表型差异：其植物学特征和品质与现主栽品种‘宁杞1号’存在较大的差异性。经过连续多年的试验观察，其生长旺盛、抽枝量大，当年生枝条灰白色，枝梢深绿色，枝条长而弓形下垂，刺少，枝长平均40～50 cm，最长80 cm。叶片肥厚、宽长，长椭圆形。叶长5.2～8.4 cm，宽1.7～2.4 cm，厚0.95～1.5 mm。在当年枝上单叶互生，老眼枝上3叶簇生，少互生。花形态特征：均为5雄1雌，花冠、花梗紫色，花萼钟形3裂，稀2裂，花3～6朵簇生叶腋，合瓣花。花柄长2～2.8 cm，开花时花冠绽开直径1.6～2 cm，花丝基部具稠密绒毛，花柱长，稍高出花冠。

图5-26 ‘宁杞9号’植株

通过栽培管理，也可适量挂果。果实形态特征：幼果绿白色，成熟后鲜红色，具3～4条规则纵棱，先端钝尖。鲜果平均果长1.93～2.31 cm，果径0.7～0.96 cm，果肉厚0.7～1.4 mm，内含饱籽稀少，瘪籽16～19粒。

（2）物候期

3月下旬开始萌芽，4月上旬发芽抽新梢，4月下旬开始进入鲜嫩叶芽快速生长期，10月中旬结束叶芽采收，11月进入休眠期。

（3）抗逆性

白粉病抗性较弱，耐寒、耐旱、耐盐碱。

（4）经济性状

在宁夏银川、宁夏贺兰、陕西杨凌、北京、重庆等地开展了叶用枸杞新品种‘宁杞9号’的区域化试验。结果表明，叶用枸杞新品种‘宁杞9号’在以上区域试验点的表现都非常稳定。在宁夏银川沙土地栽培条件下亩产量优质枸杞芽菜为11250 kg/hm^2、宁夏贺兰壤土地栽培优质枸杞芽菜产量为2.25万kg/hm^2；陕西杨凌、重庆、北京等地栽培，优质枸杞芽菜亩产量可达到3万kg/hm^{2}以上。

以‘宁杞1号’‘芽菜1号’为对照，开展叶用枸杞新品种‘宁杞9号’的品比试验，通过品比试验得出‘宁杞9号’具有生长量大、生长势强、叶芽鲜嫩、风味良好、营养丰富等特性。在相同的栽培条件下，‘宁杞9号’叶芽产量是‘芽菜1号’的1.7倍。

（5）栽培技术要点

①园地选择与规划

选择土层深厚，土壤质地良好的沙壤、轻壤或中壤土，土壤肥力指标见表5-10，土壤物理指标见表5-11。

集中连片，规模种植，也可因地制宜分散种植，园地应远离交通干道100 m以上。依据园地大小和地势，规划灌水区和排水沟，大面积栽培依据水渠灌溉能力划分栽培区，并设置作业道路。

②整地、施基肥

前一年秋季耕翻25～30 cm，进行土壤整地。春耕前施基肥，根据土壤肥力施用有机肥（表5-12），尿素10 kg/亩，磷酸二铵30 kg/亩。基肥结合春耕翻入土内25 cm以上，使土壤和肥料充分拌匀，翻随耙压，粉碎土块，平整地块，使土壤平整高度差低于5 cm。

③灌溉安装

建议采用滴灌进行灌溉。滴灌设计：采用直径16 mm，滴头流量1.6 L/h，滴头间距30 cm的毛管，每行布置1根毛管。

（6）定植

苗木定植

当年容器苗：株高10～15 cm，地径>0.2 cm，叶片数>5片，有生长点，根系成团，无病虫害，自然环境条件下不萎蔫。

种苗定植时间最早可在晚霜之后进行，最晚定植需确保苗木有1个月的生长期，使根系扎入土壤中，以保证越冬成活率。定植在上午11点前、下午4点后，阴天可全天定植。定植前5～7 d灌透水，移栽时保证根系不散团，随栽随灌水。具体定植时间（表5-13）。

（7）硬枝扦插定植

选留直径≥0.5 cm、长度≥13 cm、较直的种条（弯度≤30°）倒顺一致摆放，每50～100根捆扎为一捆。如果不能及时扦插，则将捆好的种条码放整齐，再用半干半湿的沙土埋好，以阻断空气和阳光（埋藏时间≤15 d）。种条扦插前，再从埋好的地方取出。

直接扦插时，为促进根系生长，提高扦插成活率，需提前两天对种条生根部分用0.5%～2%萘乙酸浸泡24 h。

种条栽植时根据保墒情况进行栽植，保墒好的情况下可直接扦插后覆土，如地表土壤干燥深度达5～8 cm，可进行先开沟，再浇水，然后扦插覆土。扦插时，种苗露地皮2～3 cm即可。具体定植时间（表5-14）。

表5-10 土壤肥力指标

养分指标	有机质（%）	全氮（%）	有效磷P_2O_5（mg/kg）	速效钾K_2O（mg/kg）
含量	≥1	≥0.1	≥5	≥40

表5-11 土壤物理指标

指标	土壤容重（g/cm）	田间持水量（%）	通气孔腺度（%）	坚实度（kg）	pH	全盐（g/kg）
含量	≤1.3	20%≤x≤35%	≥10	≤2.5kg	7.5～9.0	<1

表5-12 有机肥施用量 kg/亩

土壤有机质含量	腐熟有机肥	尿素	磷酸二铵	硫酸钾
1%<有机质含量<1.5%	3000	10	30	15
1.5%<有机质含量2%	2500	10	30	15
有机质含量>2%	2000	10	30	15

表5-13 定植时间

地区	苗木规格	定植时间	温度
宁夏	株高10～15 cm，地径>0.2 cm，叶片数>5片。	5月10日至8月30日	气温回暖较快、白天平均气温≥13℃、夜间平均气温≥5℃、地温≥2℃
杨凌		4月10日至10月10日	

表5-14 定植时间

地区	种条规格	定植时间	温度
宁夏	直径≥0.5 cm、长度13 cm、较直的种条	5月10～30日	气温回暖较快、白天平均气温≥13℃、夜间平均气温≥5℃、地温≥2℃
杨凌		4月10～30日	

（8）定植密度

起垄栽培，垄基宽1.2 m，垄面宽0.9 m，垄高20 cm，垄间距40 cm。垄上三行种植（10 cm×35 cm×35 cm×10 cm），株距20 cm，亩种植密度6250株/亩（图5-27）。

（9）栽后管理

当年定植苗木，待苗高生长至20～25 cm时去顶复壮一次，保留高度10～15 cm，促使下部枝条的增生，增加枝条数。二年生以上苗木，每年春季越冬后进行平茬复壮，留茬高度5～8 cm，并疏除细弱枝条，保留直径0.4 cm以上的分枝3～5个。生长季，当植株高度大于40 cm时，根据嫩芽生长情况更新复壮，将植株修剪至20～25 cm，及时清除老枝、侧枝和株行间匍匐枝条。

（10）水肥管理

①施肥

上一年秋季10月下旬落叶后，或当年3月中下旬萌芽前，亩施腐熟有机肥（羊粪）2000 kg+磷酸二铵25 kg；4月上旬萌芽前，及时施萌芽肥，亩施尿素15 kg+磷酸二铵35 kg+硫酸钾30 kg。在行内撒施，微型旋耕机旋耕，深度15～20 cm。5月中旬、6月中旬、7月下旬、8月中旬生长旺盛期，每月撒施N：P_2O_5：K_2O=1：0.5：0.5的复合肥50 kg/亩；施肥深度15～20 cm。

②灌溉

当表层（10～15 cm）土壤见干时，进行灌溉，1次灌溉10～12方/亩。4～5月5～7日灌溉一次，6～8月2～3日灌溉1次，9月5～7日灌溉一次，10月10～15日灌溉一次。11月中旬灌冻水，滴灌灌溉量50方/亩，保证植株顺利越冬，可配合灌溉进行施肥。

③中耕除草

全年进行中耕除草6～8次。苗木成活后，根据种植地实际情况进行。株间采用人工松土除草，松土深度10～15 cm；行间采用微型旋耕机进行，松土深度10～15 cm；行间也可采用覆黑膜方式进行杂草防治，全年做到田间无杂草。

（11）病虫害防治

①防治原则

采用预防为主、综合防治的植保方针对‘宁杞9号’的病虫害进行防治。以农业防治为基础，提倡生物防治，并结合物理防治和化学防治等措施对‘宁杞9号’病虫害进行安全有效的防治。

②防治方法

早春和晚秋进行修剪平茬，留茬高度20 cm。修剪下来的枝条连同园周围的枯草落叶，集中园外烧毁，消灭病虫源。生长季及时清除病叶、烂叶及被病虫等侵蚀的叶片、植株等，必要时离地5～10 cm平茬植株。

加强病虫害的预测预报，有针对性地适时用药，合理选择农药种类、施用时间和施用方法。注意不同作用机理农药的交替使用和合理混用，以延缓病菌和害虫产生抗药性，严格按照规定的浓度、使用次数和安全间隔期要求施用，均匀喷药。

（12）采收

当新梢长到15～20 cm时开始采收，平均5～7 d采收一次。人工采收嫩芽以没有木质化为主，5～6月采收嫩芽长度为10～12 cm，八叶一芽；6～8月采收嫩芽长度为8～10 cm，六叶一芽；

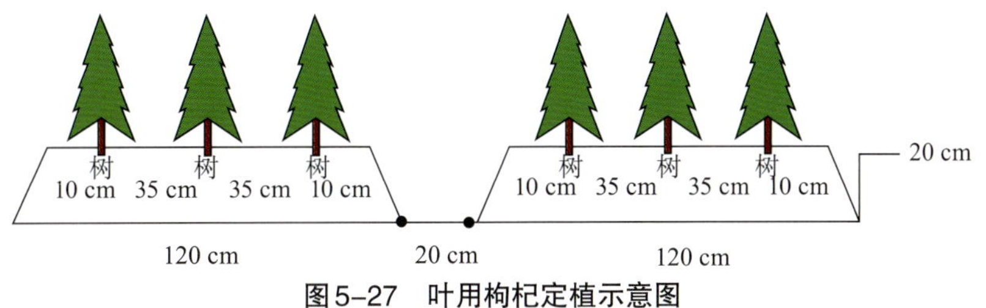

图5-27　叶用枸杞定植示意图

9月采收嫩芽长度为3～6 cm，四叶一芽。人工采收叶片，在秋季落叶前或不采叶芽的情况下采收叶片。

晴天采收，时间为上午10点以前、下午4点以后。采收装筐厚度不超过10 cm，边采收边入库，2 h内必须入库。

第二节　河北栽培品种

一、果用品种

（一）‘宝杞1号’

‘宝杞1号’是以‘昌选1号’为亲本，以秋水仙素+二甲基亚砜为诱变剂，采用连续诱变、连续选择、优中选优的育种方法选育而成的多倍体枸杞新品种。‘宝杞1号’通过无性扩繁形成无性系，遗传稳定性良好，选育工作由河北科技师范学院完成。2012—2014年以当地推广品种祖山红为对照，在河北昌黎、青龙、遵化等地进行区域试验和生产试栽，在生产中表现丰产、稳产、抗病虫、果粒大、鲜食口感好、采摘省工、种植收益高等综合优势。2015年12月8日通过了河北省秦皇岛市农业科学研究院组织同行专家的技术鉴定，在河北、河南、湖北、甘肃也有较好的表现。

1. 果实性状

鲜果橙红色，果表光亮，平均单果质量1.05 g，最大单果质量2.1 g。果身不具棱，纵剖面近椭圆形，先端较尖，平均纵径2.15 cm、横径0.65 cm，鲜果果型指数3.31，果肉厚0.19 cm，内含种子13～38粒。‘宝杞1号’干果质量良好，含蛋白质20.8 g/100 g、脂肪3.9 g/100 g、总糖45.2 g/100 g、枸杞多糖3.76 g/100 g、甜菜碱1.36 g/100 g、黄酮（以芦丁计）0.42 g/100 g。

2. 植物学特征

自交亲和性：自交不亲和，需大量配置授粉树，生产园需放养蜜蜂。

‘宝杞1号’树势健壮，生长速度快。一年生枝条灰白色，嫩枝梢翠绿色，一年生结果枝细、软、长。一年生枝条每节花果数平均2.8个，最多可达10个，结果枝中70%的有效结果枝长度集中在40～80 cm，结果枝节间1.5 cm。枝条自然发枝力6.4，节间长2.1～2.6 cm。

‘宝杞1号’叶色深绿色，质地较厚，老熟叶片青灰绿色，叶中脉平展，当年生枝叶互生，二年生老枝叶簇生。长椭圆形叶，最宽处近中部，叶尖渐尖，当年生叶片长4.2～8.1 cm，长宽比为（1.8～2.9）：1。

花长1.5 cm，花瓣绽开直径1.4 cm，花柱高于雄蕊花药，新鲜花药嫩白色、开裂但不散粉，花绽开后花冠裂片紫红色，花冠筒内壁淡黄色，花丝近基部有圈稠密茸毛，花萼2裂。

3. 物候期

在河北秦皇岛地区，一般于3月上旬萌芽，4月中下旬生枝现蕾，6月中旬果实初期，6月下旬进入夏果盛果期，秋果期在9月下旬至10月上旬。

4. 抗逆性

根腐病、中抗白粉病。抗裂果，喜光照，耐寒、耐旱、耐热、耐湿。

5. 经济性状

三年生幼树产鲜果11259 kg/hm^2，比二倍体对照增产80%以上，雨后无裂果，鲜红靓丽，适宜市场鲜果销售及农业观光园采摘。

6. 栽培技术要点

①栽植。园地宜选中壤或轻壤土，地下水位不得高于100 cm。株行距1 m×2 m，为便于机械

化作业，株行距可改为0.8 m×（2.8～3）m。

②整形修剪。

a.单鞭形树形整枝：株高为1.6～1.8 m，每年春季进行一次修剪，将侧生枝条全部剪掉，留茬5 cm左右，待新枝条长到10 cm左右进行掐尖，促使枝条分枝，等枝条长到接近地面30～40 cm时再回缩，防止枝条垂地面。

b.三层楼修剪法：株高1.8 m，分上、中、下3层，层间距40 cm左右。树体下层直径1.6 m左右，上层冠幅1.3 m左右，呈上小下大的塔形结构，各层次要求互不遮光。第一层5～6个主枝，第二层4～5个主枝，第三层4～5主枝，上下主枝着生方向依次错开不重叠。各主枝上着生3～4个侧枝，与主枝成30°～45°夹角，主侧枝强壮，骨架稳定，单株枝条200左右。

③肥水管理。为充分发挥‘宝杞1号’染色体倍性优势，需增加有机肥和追肥量。定植当年随土地深翻施有机肥7.5万 kg/hm^2、尿素300 kg/hm^2、二胺450kg/hm^2、氯化钾225kg/hm^2，以后随树体增大、产量增多逐年增加施肥量。3～4年后进入盛果期，盛果期施有机肥9万kg/hm^2、尿素600 kg/hm^2、二胺900 kg/hm^2、氯化钾450 kg/hm^2、钙镁复合肥300 kg/hm^2。年灌水5～6次，盛果期可适量增加灌水次数，夏季高温阶段灌水以浅层水为主，宜少量多次。

④病虫害防治。对于枸杞瘿螨、蚜虫、枸杞红瘿蚊、枸杞锈螨等害虫应结合物候期加强预防，主花期尽可能避免使用农药，高温高湿地区需加强白粉病的防治。

（二）‘宝杞2号’

‘宝杞2号’是以‘昌选1号’为亲本，以秋水仙素+二甲基亚砜为诱变剂，采用连续诱变、连续选择、优中选优的育种方法选育而成的多倍体品种。‘宝杞2号’属于无性扩繁形成的无性系，选育工作由河北科技师范学院完成。2012—2016年以当地推广品种‘祖山红’为对照，在河北的昌黎、滦县、抚宁、青龙、遵化等地进行区域试验和生产试栽，在生产中表现出丰产、稳产、果粒大、鲜食口感好、采摘用工省、种植收益高等综合优势。2018年12月8日；通过了秦皇岛市科学技术局组织同行专家的成果验收。该品种在河北、河南、湖北、甘肃也有较好的表现。

1.果实性状

鲜果橙红色，果表光亮，平均单果质量1.24 g，最大单果质量2.5 g。果腰部平直，果身不具棱，纵剖面近长圆形，先端略钝，平均纵径2.21 cm、横径0.75 cm，鲜果果型指数2.95，果肉厚0.2 cm，内含种子17～39粒。不适宜制干，但干果质量良好，含蛋白质24.4 g/100 g、总糖33.3 g/100 g、枸杞多糖3.7 g/100 g、甜菜碱1.24 g/100 g、黄酮（以芦丁计）0.46 g/100 g。

2.植物学特征

‘宝杞2号’树势强健，生长速度快，枝条柔顺下垂。一年生枝条灰白色，嫩枝梢翠绿色，每节花果数平均2.7个，最多可达8个，结果枝中70%的有效结果枝长度集中在40～85 cm，结果枝节间1.6 cm。枝条自然发枝力6.9，节间长2.2～2.8 cm。

‘宝杞2号’叶色深绿色，质地较厚，老熟叶片为青灰绿色，叶中脉平展，当年生枝叶互生，二年生老枝叶簇生，叶长椭圆形，最宽处近中部，叶尖渐尖。当年生叶片长6.2～11.1 cm，长宽比为（1.9～2.7）：1。

花长1.6 cm，花瓣绽开直径1.5 cm，花柱高于雄蕊花药，新鲜花药嫩白色，开裂但不散粉。花绽开后花冠裂片紫红色，花冠筒内壁淡黄色，花丝近基部有一圈稠密茸毛，花萼2裂。

自交亲和性：自交不亲和，需配置授粉树，生产园需放养蜜蜂。

3.物候期

在河北秦皇岛地区，一般于3月上旬萌芽，4月中下旬生枝现蕾，6月中旬果实初期，6月下旬进入盛果期，秋果期在9月下旬至10月上旬。

4. 抗逆性

根腐病，中抗白粉病。抗裂果，喜光照，耐寒、耐旱、耐热、耐湿。

5. 经济性状

三年生幼树产鲜果12177 kg/hm^2，比二倍体生产对照增产80%以上，无裂果，鲜红靓丽，适宜市场鲜果销售及农业观光园采摘。

6. 栽培技术要点

①栽植：园地宜选中壤或轻壤土，地下水位不得高于100 cm。株行距1 m×2 m，为便于机械化作业，株行距可改为0.8 m×（2.8～3）m。

②整形修剪：

a. 单鞭边形树形整枝：株高为1.6～1.8 m，每年春季进行一次修剪，将侧生枝条全部剪掉，留茬5 cm左右，待新枝条长到10 cm左右进行掐尖，促使枝条分枝，等枝条长到接近地面30～40 cm时再回缩，防止枝条垂地。

b. 三层楼修剪法：株高1.8 m，分上、中、下3层，层间距40 cm左右，树体下层直径1.6 m左右，上层冠幅1.3 m左右，上小下大的塔形结构，各层次要求互不遮光。第一层5～6个主枝，第二层4～5个主枝，第三层4～5主枝，上下主枝着生方向依次错开不重叠。各主枝上着生3～4个侧枝，与主枝成30°～45°夹角，主侧枝强壮，骨架稳定，单株枝条200左右。

③肥水管理：为充分发挥‘宝杞2号’染色体倍性优势，需增加有机肥和追肥量。定植当年，随土地深翻施有机肥7.5万kg/hm^2、尿素300 kg/hm^2、二胺450 kg/hm^2、氯化钾225 kg/hm^2，以后随树体增大、产量增多逐年增加施肥量。3～4年后进入盛果期，施有机肥9万kg/hm^2、尿素600 kg/hm^2、二胺900 kg/hm^2、氯化钾450 kg/hm^2、钙镁复合肥300 kg/hm^2。年灌水5～6次，盛果期可适量增加灌水次数，夏季高温阶段灌水以浅层水为主，宜少量多次。

④病虫害防治：对于枸杞瘿螨、蚜虫、枸杞红瘿蚊、枸杞锈螨等害虫应结合物候期加强预防，主花期尽可能避免使用农药，高温高湿地区需加强白粉病的防治。

二、叶用枸杞

（一）‘昌选1号’

‘昌选1号’是河北科技师范学院枸杞育种课题组1996年对燕山山麓及环渤海湾地区野生枸杞资源进行普查，收集野生枸杞资源118份，进行枝条类型、嫩茎梢可食长度、叶面积、叶片厚度、白粉病、根腐病、瘿螨鉴定，筛选的优异种质资源。通过品比试验、生产试验，其表现出良好的适应性及高产、优质的特性。‘昌选1号’富含粗蛋白、18种氨基酸、维生素，以及多种人体必需的矿物质和微量元素，纤维含量低，药食价值高，在河北昌黎、青龙、遵化、抚宁、滦县等地作为农家品种栽培应用。

1. 植物学特征

在自然条件下，一般茎高100～150 cm，丛生，主茎粗0.39～0.66 cm，叶为单叶互生或2～4片簇生，叶披针形，长5.3～8.9 cm，宽0.9～2.3 cm，长宽比为（3.9～5.9）：1，叶色绿，叶脉明显，主脉浅白色，叶肉质地厚。‘昌选1号’自然生长也可开花结实，但花器较小，果实较小，一般鲜果单重0.5 g左右。

2. 物候期

在秦皇岛地区，一般于3月上旬开始萌芽，3月中下旬发芽抽新梢，4月上旬开始嫩茎叶生长期，11月进入冬季休眠期。‘昌选1号’喜冷凉、耐低温，特适应温室冬季生产（无冬季休眠期）。

3. 抗逆性

根腐病，抗白粉能力较强。耐寒、耐旱、耐热、耐涝、耐盐碱。

4.经济性状

嫩茎梢富含粗蛋白（40.05 g/100 g）、粗脂肪（2.0 g/100 g）、18种氨基酸（总量1.86 g/100 g）、枸杞多糖（1.21 g/100 g）、甜菜碱（0.55 g/100 g）、硒（0.154 mg/kg）、钙（11.7 g/kg）、铁（400 mg/kg）、锌（62.2 mg/kg）、钾（44.5 g/kg）、铜（9.47 mg/kg）等微量元素，纤维含量低，药食价值高。产菜期为4月上旬至11月上旬，大田生产产量为25425 kg/hm^2，投入产出比显著高于普通叶类蔬菜。温室栽培可进行周年产菜，经济效益显著。

5.栽培技术要点

①建园准备

园地选择：选择地势平坦，有排灌条件，地下水位1～1.5 m，土壤较肥沃的轻壤或中壤土，土壤全盐量在0.5%以下，pH为7左右，活土层30 cm以上。

整地：整地前，撒施有机肥15万kg/hm^2、氮磷钾复合肥1500 kg/hm^2，然后深耕25 cm，平整土地高差<5 cm，耙耱后作畦，畦宽1 m，畦埂0.5 m，兼作采菜道。保护地栽培畦长20 m左右，以便田间操作。

②建菜园

a.硬枝直插建园

选择母枝：在‘昌选1号’的采穗圃内，选择健壮枝条。

采条时间：根据生产田扦插时间而定，只要在适宜扦插期，扦插前均可采条。

采条枝龄：采集当年生枝条。

采条粗度：0.4 cm以上。

剪截插条：选择无破皮、无虫害、木质化好的枝条，截成长20 cm的插条，上下留好饱满芽，每100根一捆。

枝条处理：‘昌选1号’扦插成活率高，一般达90%以上，不需做任何生根处理。

扦插方法：一种是在已准备好的畦内，按行距20 cm、株距20 cm人工开沟，将插条下端轻轻斜插入沟穴内，封土踏实，地上部分留5 cm外露1～2个饱满芽，然后浇水。另一种是先浇水，待水渗入土壤后，按行距、株距在湿软的泥地上扦插，此种方法较省工省时。

插条：扦插插穗密度为16.5万穗/hm^2。

b.园地管理

中耕除草：幼苗生长高度达10 cm以上时中耕除草，深度约5 cm；菜体覆盖地面后难于中耕，可结合灌水软化土壤后进行人工拔草。

追肥：‘昌选1号’夏季扦插后40～50 d进入采菜期，当嫩茎梢高达30 cm时及时采菜，以便促进分枝以增加单位面积枝条数量，达到速生丰产的目的，可追尿素375 kg/hm^2。以后追肥均结合采菜期进行，有条件的地区结合灌水可灌沼液或水溶性肥料。

灌水：‘昌选1号’需水量大，一般保持地皮不干的形态指标，灌水根据土壤情况而定，亩浇水每次约40 m^{3}左右。

控制采菜层：一般采菜层达40～45 cm，即可收割上市。如果以采嫩茎尖为主的生产方式，必须控制采菜层在40～45 cm。控制采菜层的目的是控制植株的生长点优势，以便促进营养生长。

平茬：‘昌选1号’一般在越冬期平茬，留茬10 cm，结合平茬施入有机肥7.5万kg/hm^2。4～5年后，挖根采收地骨皮，再重新扦插栽植。

防虫：发生蚜虫和负泥虫时，使用1.5%苦参素1200倍液或1.5%扑虱蚜200倍液全园喷雾防治；保护地栽培可结合林蛙养殖防虫。

采食部位：地上部的嫩枝叶均为采食部位，一般为35～50 cm。除了嫩茎叶可做各种佳肴外，剩余的枝梗是煲汤的优质材料（游离氨基酸含量高，口感好）。

（二）‘天精1号’

‘天精1号’是河北科技师范学院枸杞育种课题组以‘昌选一号’为亲本，采用秋水仙素+

二甲基亚砜为诱变剂，对枸杞染色体倍性优势开展研究，进行枝条类型、嫩茎梢可食长度、叶面积、叶片厚度、白粉病、根腐病、瘿螨鉴定，历经10年选育出的高产、优质、抗病性良好的多倍混倍体新品种。2005年，其通过秦皇岛市科学技术局组织的同行专家鉴定。‘天精1号’是一种药食同源的养生保健蔬菜，富含蛋白质、氨基酸、枸杞多糖、黄酮、甜菜碱，以及多种人体必需的矿物质和微量元素等，纤维含量低，钠离子含量低，口感好，已在河北、河南、山东、山西、辽宁等地作为养生保健蔬菜应用。

1. 植物学特征

‘天精1号’在自然条件下，一般茎高100～150 cm，茎粗0.69～0.96 cm。叶为单叶互生或2～4片簇生，长椭圆叶形，长5.1～10.7 cm，宽2.3～4.3 cm，长宽比（2.2～2.5）：1。叶色绿，叶脉明显，主脉浅白色，叶肉质地厚。‘天精1号’自然生长也可开花结果，但花器较小，果实较小，一般鲜果单重0.5 g左右。

2. 物候期

在秦皇岛地区，其一般于3月上旬开始萌芽，3月中下旬发芽抽新梢，4月上旬开始嫩茎叶生长期，11月进入冬季休眠期。‘天精1号’喜冷凉、耐低温，适应温室冬季生产（无冬季休眠期）。

3. 抗逆性

抗白粉能力较强，高抗根腐病。耐寒、耐旱、耐热、耐涝、耐盐碱。

4. 经济性状

嫩茎梢富含粗蛋白（44.71 g/100 g）、18种氨基酸（总量3.1 g/100 g）、粗脂肪（1.96 g/100 g）、枸杞多糖（3.58 g/100 g）、甜菜碱（0.78 g/100 g）、硒（0.151 mg/kg）、钙（2.61 g/kg）、铁（129.9 mg/kg）、锌（55.65 mg/kg）、钾（41.5 g/kg）、铜（15.8 mg/kg）等微量元素，纤维含量低，药食价值高。产菜期在4月上旬至11月上旬，大田生产产量能达到53289 kg/hm^2，比二倍体对照‘昌选1号’增产72%；温室栽培可进行周年产菜，经济效益显著。

5. 栽培技术要点

①建园准备

园地选择：选择地势平坦，有排灌条件，地下水位1～1.5 m，土壤较肥沃的轻壤或中壤土，土壤全盐量0.5%以下，pH为7左右，活土层30 cm以上。

整地：整地前，撒施有机肥15万kg/hm^2、氮磷钾复合肥1500 kg/hm^2，然后深耕25 cm，平整土地高差<5 cm，耙耱后作畦，畦宽1 m，畦埂0.5 m，兼作采菜道。保护地栽培畦长20 m左右，以便田间操作。

②建园

a. 硬枝直插建园

选择母枝：在‘天精1号’的采穗圃内，选择健壮枝条。

采条时间：根据生产田扦插时间而定，只要在适宜扦插期，扦插前均可采条。

采条枝龄：采集当年生枝条。

采条粗度：0.4 cm以上。

剪截插条：选择无破皮、无虫害、木质化好的枝条，截成长20 cm的插条，上下留好饱满芽，每100根一捆。

枝条处理：‘天精1号’扦插成活率高，一般达90%以上，不需做任何生根处理。

扦插方法：一种是在已准备好的畦内，按行距20 cm、株距20 cm人工开沟，将插条下端轻轻斜插入沟穴内，封土踏实，地面上部留5 cm外露1～2个饱满芽，然后浇水。另一种是先浇水，待水渗入土壤后，按行距、株距在湿软的泥地上扦插，此种方法较省工省时。

插条：扦插插穗密度为16.5万穗。

b. 园地管理

中耕除草：幼苗生长高度达10 cm以上时中耕除草，深度约5 cm。菜体覆盖地面后难于中耕，可结合灌水软化土壤后进行人工拔草。

追肥：‘天精1号’夏季扦插后40～50 d进入采菜期，当嫩茎梢高达30 cm时及时采菜，以便促进分枝增加单位面积枝条数量，达到速生丰产的目的。此次可追尿素375 kg/hm^2，以后追肥均结合采菜期进行，有条件的地区结合灌水可灌沼液或水溶性肥料。

灌水：‘天精1号’需水量大，一般保持地皮不干的形态指标，灌水根据土壤墒情而定，亩浇水每次约40 m^3。

控制采菜层：一般采菜层达40～45 cm，即可收割上市。如果以采嫩茎尖为主的生产方式，必须控制采菜层在40～45 cm。控制采菜层的目的是控制植株生长点的优势，以便促进营养生长。

平茬：‘天精1号’一般在越冬期平茬，留茬10 cm，结合平茬施入有机肥7.5万kg/hm^2。3～5年后，挖根采收地骨皮，再重新扦插栽植。

防虫：发生蚜虫和负泥虫时，使用1.5%苦参素1200倍液或1.5%扑虱蚜200倍液全园喷雾防治，保护地栽培可结合林蛙养殖防虫。

采食部位：地上部的嫩枝叶均为采食部位，一般为30～50 cm。除了嫩茎叶可做各种佳肴外，剩余的枝梗是煲汤的优质材料（游离氨基酸含量高，口感好）。

（三）‘天精3号’

‘天精3号’是河北科技师范学院枸杞育种课题组以‘天精一号’为亲本，采用秋水仙素+二甲基亚砜为诱变剂，对菜用枸杞染色体倍性优势开展研究，进行枝条类型、嫩茎梢可食长度、叶面积、叶片厚度、白粉病、根腐病、瘿螨鉴定，历经14年，选育出的高产、优质、抗病虫良好的多倍体新品种。2009年通过秦皇岛市科学技术局组织的同行专家鉴定，2010年获国家科技部农业科技成果转化资金项目资助。‘天精3号’是一种高营养养生保健蔬菜，富含粗蛋白、18种氨基酸、枸杞多糖、甜菜碱、黄酮、维生素，以及多种人体必需的矿物质和微量元素，纤维含量低，药食价值高。其已在河北、河南、山东、山西、浙江、广东、广西、湖南、湖北、宁夏、内蒙古、辽宁等地作为养生保健蔬菜应用。

1. 植物学特征

在自然条件下，一般茎高150～250 cm，粗0.59～0.96 cm。叶为单叶互生或2～4片叶簇生，叶片长椭圆形，长4.9～11.7 cm，宽3～5.3 cm，长宽比为（1.6～2.2）：1，叶色浅绿，叶脉明显，主脉浅白色，叶肉质。‘天精3号’自然生长也可开花结果，但花器较小，果实较小，一般鲜果单重0.5 g左右。

2. 物候期

在秦皇岛地区，其一般于3月上旬开始萌芽，3月中下旬发芽抽新梢，4月上旬开始嫩茎叶生长期，11月进入冬季休眠期。‘天精3号’喜冷凉、耐低温，适宜温室冬季温室生产（无冬季休眠期）。

3. 抗逆性

在秦皇岛地区对瘿螨免疫，抗白粉病能力较强，高抗根腐病。耐寒、耐旱、耐热、耐涝、耐盐碱。

4. 经济性状

嫩茎梢富含粗蛋白（40.76 g/100 g）、18种氨基酸（总量2.66 g/100 g）、粗脂肪（6.12 g/100 g）、枸杞多糖（3.36 g/100 g）、甜菜碱（1.24 g/100 g）、硒（0.282 mg/kg）、钙（13.0 g/kg）、铁（425.7 mg/kg）、锌（211.1 mg/kg）、钾（30.8 g/kg）、铜（19.4 mg/kg）等微量元素，纤维含量低，药食价值高。产菜期为4月上旬至10月上旬，大田生产产量为8356.35 kg/hm^2，比二倍体对照品种‘昌选1号’增产112.3%。温室栽培可进行周年产菜，经济效益更加显著。

5. 栽培技术要点

①建园准备

园地选择：选择地势平坦，有排灌条件，地下水位1～1.5 m，土壤较肥沃的轻壤或中壤土；

土壤全盐量0.5%以下，pH为7左右，活土层30 cm以上。

整地：整地前，撒施有机肥15万kg/hm^2、氮磷钾复合肥1500 kg/hm^2，然后深耕25 cm，平整土地高差<5 cm，耙耱后作畦，畦宽1 m，畦埂0.5 m，兼作采菜道。保护地栽培畦长20 m左右，以便田间操作。

②建园

a.硬枝直插建园

选择母枝：在‘天精3号’的采穗圃内，选择健壮枝条。

采条时间：根据生产田扦插时间而定，只要在适宜扦插期，扦插前均可采条。

采条枝龄：采集当年生枝条。

采条粗度：0.4 cm以上。

剪截插条：选择无破皮、无虫害、木质化好的枝条，截成长20 cm的插条，上下留好饱满芽，每100根一捆。

枝条处理：‘天精3号’扦插成活率高，一般达90%以上，不需做任何生根处理。

扦插方法：一种是在已准备好的畦内，按行距20 cm、株距20 cm人工开沟，将插条下端轻轻斜插入沟穴内，封土踏实，地面上部留5 cm外露1～2个饱满芽，然后浇水。另一种是先浇水，待水渗入土壤后，按行距、株距在湿软的泥地上扦插，此种方法较省工省时。

插条：扦插插穗密度为16.5万穗/hm^2。

b.园地管理

中耕除草：幼苗生长高度达10 cm以上时中耕除草，深度约5 cm；菜体覆盖地面后难于中耕，可结合灌水软化土壤后进行人工拔草。

追肥：‘天精3号’夏季扦插后40～50 d进入采菜期，当嫩茎梢高达30 cm时及时采菜，以便促进分枝增加单位面积枝条数量，达到速生丰产的目的，此次可追尿素375 kg/hm^2。以后追肥均结合采菜期进行，有条件的地区结合灌水可灌沼液或水溶性肥料。

灌水：‘天精3号’需水量大，一般保持地皮不干的形态指标，灌水根据土壤墒情而定，亩浇水约40 m^3。

控制采菜层：一般采菜层达40～45 cm即可收割上市。如果以采嫩茎尖为主的生产方式，必须控制采菜层在40～45 cm，控制采菜层的目的是控制植株生长点优势，以便促进营养生长。

平茬：‘天精3号’一般在越冬期平茬，留茬10 cm，结合平茬施入有机肥7.5万kg/hm^2。3～5年后，挖根采收地骨皮后，再重新扦插栽植。

防虫：发生蚜虫和负泥虫时，使用1.5%苦参素1200倍液或1.5%扑虱蚜200倍液全园喷雾防治，保护地栽培可结合林蛙养殖防虫。

采食部位：地上部的嫩枝叶均为采食部位，一般为30～50 cm。除了嫩茎叶可做各种佳肴外，剩余的枝梗是煲汤的优质材料（游离氨基酸含量高，口感好）。

（四）‘天精8号’

‘天精8号’是河北科技师范学院枸杞育种课题组以‘天精3号’为亲本，采用秋水仙素+二甲基亚砜为诱变剂，经过对枸杞染色体倍性优势进行研究，进行枝条类型、嫩茎梢可食长度、叶面积、叶片厚度、白粉病、根腐病、瘿螨鉴定，历经13年选育出的高产、优质、抗病性良好的多倍体新品种‘天精8号’，2019年通过秦皇岛市科学技术局组织的同行专家鉴定。‘天精8号’是一种高营养养生保健蔬菜，富含粗蛋白、18种氨基酸、枸杞果糖、甜菜碱、黄酮、维生素以及多种人体必需的矿物质和微量元素，纤维含量低，药食价值高，已在河北、河南、山东、浙江、广东、广西、湖北、内蒙古、辽宁等地作为养生保健蔬菜应用。

1.植物学特征

在自然条件下，一般茎高150～260 cm，粗

0.51～0.96 cm。叶为单叶互生或2～4片叶簇生，叶片长椭圆形，长4.9～11.7 cm，宽3.3～5.3 cm，长宽比（1.5～2.2）：1；叶色浅绿，叶脉明显，主脉浅白色，叶肉质。'天精8号'自然生长也可开花结果，花器较大，果食较大，一般鲜果单重0.7 g左右。

2. 物候期

在秦皇岛地区，其一般于3月上旬开始萌芽，3月中下旬发芽抽新梢，4月上旬开始嫩茎叶生长期，11月进入冬季休眠期。'天精8号'喜冷凉、耐低温，适应温室冬季温室生产（无冬季休眠期）。

3. 抗逆性

抗白粉能力较强，高抗根腐病。耐寒、耐旱、耐热、耐涝、耐盐碱。

4. 经济性状

嫩茎梢富含粗蛋白（35.3 g/100 g）、18种氨基酸（总量1.98 g/100 g）、脂肪（2.4 g/100 g）、枸杞多糖（2.53 g/100 g）、甜菜碱（0.37 g/100 g）、硒（0.148 mg/kg）、钙（15.9 g/kg）、铁（582 mg/kg）、锌（33.8 mg/kg）、钾（40 g/kg）、铜（8.75 mg/kg）等微量元素，纤维含量低，药食价值高。产菜期在4月上旬至10月上旬，大田生产产量5426.7 kg/hm^2，比二倍体对照（'昌选1号'）增产131%。温室栽培可进行周年产菜，经济效益更加显著。

5. 栽培技术要点

①建园准备

园地选择：选择地势平坦，有排灌条件，地下水位1～1.5 m，土壤较肥沃的轻壤或中壤土。土壤全盐量0.5%以下，pH为7左右，活土层30 cm以上。

整地：整地前，撒施有机肥15万kg/hm^2、氮磷钾复合肥1500 kg/hm^2，平整土地高差<5 cm，耙耱后作畦，畦宽1 m，畦埂0.5 m，兼作采菜道。保护地栽培畦长20 m左右，以便田间操作。

②建园

a. 硬枝直插建园

选择母枝：在'天精8号'的采穗圃内，选择健壮枝条。

采条时间：根据生产田扦插时间而定，只要在适宜扦插期，扦插前均可采条。

采条枝龄：采集当年生枝条。

采条粗度：0.4 cm以上。

剪截插条：选择无破皮、无虫害、木质化好的枝条，截成长20 cm的插条，上下留好饱满芽，每100根一捆。

枝条处理：'天精8号'扦插成活率高，一般达90%以上，不需做任何生根处理。

扦插方法：一种是在已准备好的畦内，按行距20 cm、株距20 cm人工开沟，将插条下端轻轻斜插入沟穴内，封土踏实，地面上部留5 cm外露1～2个饱满芽，然后浇水。另一种是先浇水，待水渗入土壤后，按行距、株距在湿软的泥地上扦插，此种方法较省工省时。

插条：扦插插穗密度为16.5万穗/hm^2。

b. 园地管理

中耕除草：幼苗生长高度达10 cm以上时中耕除草，深度约5 cm；菜体覆盖地面后难于中耕，可结合灌水软化土壤后进行人工拔草。

追肥：'天精8号'夏季扦插后40～50 d进入采菜期，当嫩茎梢高达30 cm时及时采菜，以便促进分枝增加单位面积枝条数量，达到速生丰产的目的，可追尿素375 kg/hm^2。以后追肥均结合采菜期进行，有条件的地区结合灌水可灌沼液或水溶性肥料。

灌水：'天精8号'需水量大，一般保持地皮不干的形态指标，灌水根据土壤墒情而定，亩浇水约40 m^3。

控制采菜层：一般采菜层达40～45 cm即可收割上市。如果以采嫩茎尖为主的生产方式，必须控制采菜层在40～45 cm，控制采菜层的目的是控制植株生长点的优势，以便促进营养生长。

平茬：‘天精8号’一般在越冬期平茬，留茬10 cm，结合平茬施入有机肥7.5万kg/hm^2。3～5年后，挖根采收地骨皮后，再重新扦插栽植。

防虫：发生蚜虫和负泥虫时，使用1.5%苦参素1200倍液或1.5%扑虱蚜200倍液全园喷雾防治；保护地栽培可结合林蛙养殖防虫。

采食部位：地上部的嫩枝叶均为采食部位，一般为30～50 cm。除了嫩茎叶可做各种佳肴外，剩余的枝梗是煲汤的优质材料（游离氨基酸含量高，口感好）。

第三节　新疆栽培品种

一、‘精杞4号’

‘精杞4号’是新疆精河县枸杞开发管理中心与新疆林业科学院经济林研究所选育的枸杞优良新品种，2005—2013年从精河里乡克孜勒加尔村西滩开发区枸杞资源采用单株选优方法选育，后经无性扩繁形成的无性系。该品种在多点品种对比试验与区域试验中表现出早果、丰产、优质制干枸杞圆果品种等特点。2014年10月，通过新疆维吾尔林木品种审定委员会审定，定名为‘精杞4号’，良种编号为新S-SC-LB-018-2014。

（一）果实性状

早实性明显，丰产性突出；果大，鲜果平均单果质量1.1 g，最大单果质量2 g；总糖（以葡萄糖计）48.7 g/100 g、类胡萝卜素0.20 g/100 g、甜菜碱2.07 g/100 g、多糖6.48 g/100 g、总黄酮0.38 g/100 g。

（二）植物学特征

硬枝型枸杞，生长势强，树冠大，半圆形，成龄树高1.7～1.8 m，当年生结果枝灰黄色，针刺少，多以直立斜生枝为主，长度为42～69 cm。

叶片大，向内自然翻卷，叶色深绿，叶片长5.7～7 cm，宽1.2～2 cm。

花大，深紫色，花瓣5个，花萼1～3裂，雄蕊5个，花瓣长0.8 cm，宽0.6 cm，花柄长2.8 cm，柱头偏移中心。

果枝占新发枝的比率达85%左右，每个叶腋着1～6果，以3果为主，果实变大。

果实鲜艳，着色均匀，果肉厚，果实圆形，纵径1.4～2.4 cm，横径1～1.5 cm，果实种子数量在22～51粒。‘精杞4号’品系结果早，扦插苗当年定植当年结果，丰产性好。

（三）生物学特性

在生产中，‘精杞4号’品系对修剪技术要求低，修剪粗放条件下易丰产、稳产、果粒大、采摘用工省、种植收益高等。

（四）抗逆性

对气候适应性强，在≥10℃活动积温达2500℃就可正常生长结果。抗逆性强，能耐-35℃低温，也适宜干旱炎热气候，抗病虫害。

（五）经济性状

2011年选育组在博州精河县、博乐市、温泉县、农七师124团、福海县分别进行了5个区域试验点。对其生长、结果习性、丰产性、果实品质等特性进行了比较测定，4年生树龄平均干果产量达到4500 kg/hm^2。

（六）栽培技术要点

①栽培模式株行距以1 m×3 m为宜。②树形以自然半圆形为主。③授粉：自交不亲和，需要配置授粉树，果园应用搭配‘宁杞7号’行间混植。④果实6月中旬至7月下旬进行人工夏季采摘；9月中旬至10月下旬进行人工秋季采摘。

二、‘精杞5号’

‘精杞5号’是新疆精河县枸杞开发管理中心与新疆林业科学院经济林研究所选育的枸杞优良新品种，2005—2013年全县枸杞资源普查中在精河县托里乡克孜勒加尔村西滩开发区王锦祥5年枸杞丰产园中采用单株选优方法选育，后经无性扩繁形成的无性系。该品种在多点品种对比试验与区域试验中表现出果实优等率高、制干色泽好、鲜果易保存等特点。2014年10月，通过新疆维吾尔林木品种审定委员会审定，定名为‘精杞5号’良种编号为新S-SC-LB-019-2014。

（一）果实性状

‘精杞5号’鲜果平均单果质量1.127 g，最大单果重2 g；果实鲜红，硬度及可溶性固形物高，果肉厚度0.2 cm。‘精杞5号’是目前收集枸杞品种（系）果皮最厚的品种，果实椭圆形，先端钝圆；鲜果平均纵径2.03 cm，横径1.12 cm，果实种子数量在17～46粒/果，果实鲜干比为4.22∶1，干果总糖（以葡萄糖计）51.7 g/100 g、灰分4.28 g/100 g、类胡萝卜素0.43 g/100 g、甜菜碱2.4 g/100 g、多糖4.68 g/100 g、总黄酮0.44 g/100 g。

（二）植物学特征

生长势强，架型硬挺，成年树高1.8 m，宽1.5 m，树干黄褐色，树形半圆形，结果枝较长、粗壮，果枝长度35～75 cm，果枝占新发枝的比率达60%。起始结果节位4.5～6.6 cm，果枝每个叶腋着生2～3果，以2果为主，果距平均为2.1～4.8 cm。

叶第一节位1～3片，叶披针形，叶色黄绿色，叶脉突出，5对明显侧脉，叶微向下翻卷，叶片长3.3～4.6 cm，宽0.9～1.4 cm。叶柄长2.1～2.4 mm，叶基紫色，花瓣向外卷曲，花色深紫色，花瓣5个，花萼2～3裂，雄蕊5个，花瓣长0.6 cm，宽0.4 cm，花柄长2 cm。

（三）物候期

该品种在精河地区的4月上中旬萌芽；现蕾期为5月上旬，初花期为5月中下旬，花期为7～9 d；初果期6月下旬，夏果结束期为7月下旬，秋枝萌发期为7月底到8月初，秋果成熟期为9月下旬。

（四）抗逆性

对气候适应性强，在≥10℃活动积温达2500℃就可正常生长结果。抗逆性强，能耐-35℃低温，也适宜干旱炎热气候，抗病虫害。

（五）经济性状

该品种生长势强，架型硬挺，干性强，营养枝角度小，结果枝较长、粗壮，老眼枝花量小，果实挂树时间长，整齐度好，甘甜无异味，果实椭圆形，先端钝圆。果大、皮厚、抗病虫害、抗风、抗霜冻、易保鲜等，适宜为保鲜、制干兼用品种，4年生每亩枸杞干果产量达到4200 kg/hm^2。

（六）栽培技术要点

①栽培模式株行距以1 m×3 m为宜。②树形以自然半圆形为主。③授粉：自交不亲和，需要配置授粉树，授粉品种选择‘宁杞1号’，搭配行间混植。④果实6月中旬至7月下旬进行人工夏季采摘；9月下旬至10月下旬进行人工秋季采摘。

三、‘精杞7号’

‘精杞7号’是新疆精河县林木种苗管理站选育的枸杞优良新品种，2006年从内蒙古前期先锋乡大河唐村枸杞园内发现鲜果（扁状）特异形的优良单株，采用单株选优方法选育，后经无性扩繁形成的无性系。该品种在多点品种对比试验与区域试验中表现出果大、丰产、果形特异（扁形）、经济效益显著等特点。2014年1月，通过新疆维吾尔林木品种审定委员会认定，定名为‘精杞7号’，良种编号为新R-SC-LB-003-2014。

（一）果实性状

‘精杞7号’每个果枝叶腋着生1～5果，以2～3果为主，果实扁形，果实较大，纵径1.9～2.6 cm，横径0.9～1.3 cm，鲜果千粒重852 g，种子数量5～51粒/果，4年生枸杞平均干果产量达到4500 kg/hm^2。

（二）植物学特征

生长势强，架型硬挺，成年树高1.8 m，宽1.5 m，树干黄褐色，树形半圆形，结果枝较长、粗壮，果枝长度35～75 cm，果枝占新发枝的比率达60%。

起始结果节位4.5～6.6 cm，果枝每个叶腋着生2～3果，以2果为主，果距平均为2.1～4.8 cm。

叶1～3片，叶披针形，叶色黄绿色，叶脉突出，5对明显侧脉，叶微向下翻卷，叶片长3.3～4.6 cm，宽0.9～1.4 cm。叶柄长2.1～2.4 mm，叶基紫色。花瓣向外卷曲，花色深紫色，花瓣5个，花萼2～3裂，雄蕊5个，花瓣长0.6 cm，宽0.4 cm，花柄长2 cm。

（三）物候期

该品种的在精河地区的4月上中旬萌芽；现蕾期为5月上旬，初花期为5月中下旬，花期为7～9 d；初果期为6月下旬，夏果结束期为7月上旬，秋枝萌发期为7月底到8月初，秋果成熟期为9月下旬。

（四）抗逆性

‘精杞7号’新品系是特异性果形品种，具有结果性强、果较大、产量较高、扦插苗当年定植当年结果等优点。品系对气候适应性强，在≥10℃活动积温达2500℃就可正常生长结果。

（五）经济性状

2010年把该品系引进到精河县试种、繁殖、推广，通过对其进行3年的种植观察，发现‘精杞7号’具有丰产、稳产的特性，4年生树龄平均干果产量达到4500 kg/hm^2。

（六）栽培技术要点

①栽植密度及套种作物：可选用3 m×1 m或2 m×1 m模式定植；当年种植地可选用套种黄豆、花生等作物。②肥水管理：按照该品种耐高肥特点及枸杞生长发育需肥特点加强肥水管理。③整形修剪：培养优质高产、稳固的树冠骨架修剪。④有害生物的综合防治。

第四节　青海栽培品种

一、‘青杞1号’

‘青杞1号’是通过对栽培枸杞种子进行钴源辐射，培育实生苗，利用幼株选育的方法从大量实生苗中选育出的枸杞优良新品种。选育工作由青海省农林科学院完成，该品种在多点品种对比试验与区域试验中表现出生长快、自交亲和水平高、抗逆性强、丰产、稳产、果粒大、等级率高等特点。2013年8月，通过青海林木品种审定委员会审定，定名为‘青杞1号’，良种编号为青S-SV-LBQ-008-2013。

（一）果实性状

鲜果红色，果表光亮，鲜果平均单果质量1.638 g，最大单果质量1.95 g。鲜果果型指数2.73，果腰部平直，果身具4～5条纵棱，纵剖面近距圆形，先端钝尖或圆，平均纵径3.29 cm，横径1.20 cm，果肉厚0.18 cm，内含种子10～30粒。果实鲜干比3.8：1，干果色泽红润，果表有光泽，总糖56.0 g/100 g、枸杞多糖8.66 g/100 g、类胡萝卜素0.46 g/100 g、甜菜碱0.93 g/100 g

（二）植物学特征

树势强健，树体紧凑，枝条柔顺，树姿半开张。

一年生枝青绿色，嫩枝梢部淡紫红色；多年生枝褐白色，节间长1.3～2.5 cm，多年生枝条较硬，有效结果枝70%长度集中在30～50 cm，棘刺极少，结果枝开始着果的距离为3～8 cm，节间1.09 cm。一年生果枝条剪截成枝力4.3，自然发枝力3.7。

叶色深绿色，质地较厚，横切面平或略微向上凸起，顶端钝尖。叶中脉平展，二年生老枝叶条状披针形，簇生；当年生枝叶互生，披针形，最宽处近中部，叶尖渐尖，当年生叶片长3～5 cm，长宽比为（4.12～4.38）：1。

花长1.6 cm，花瓣绽开直径1.5 cm，花冠喉部至花冠裂片基部呈淡黄色，花丝近基部有一圈稀疏绒毛，花萼2裂。一年生水平枝每节花果数4.2个，一年生水平枝起始着坐果节位2.3。

（三）物候期

在青海诺木洪，一般于5月5日萌芽，5月20日二年生枝现蕾，6月10日一年生枝现蕾，7月25日果熟初期，8月15日进入盛果期，一年采4茬果。

（四）抗逆性

白粉病、根腐病抗性较强，黑果病抗性较弱，阴雨后果表易起斑点。雨后不宜裂果。喜光照，耐寒、耐旱，不耐阴、耐湿。

（五）经济性状

鲜果单果重1.638 g，干果等级率110～130粒/50 g，诺木洪地区丰产期产量达到3750～4500 kg/hm^2，最高可达7500 kg/hm^2，混等干果180粒/50 g，特优级果率在95%左右。

（六）栽培技术要点

栽植：园地选沙壤土，地下水位不得高于90 cm。小面积人工耕作生产园，最终株行距1.5 m×2 m，幼树期可加倍密植。大面积人工耕作生产园，株行距1 m×3 m。

整形修剪：幼树期以中、重度剪截为主，促发新枝加速树冠扩张。成龄树选用圆锥形或半圆形树形，一年生枝剪截留比例把握在1/3较为适宜。

肥水管理：生殖生长势强、耐肥水，定植当年施有机肥30 m^3/hm^2、尿素375 kg/hm^2、二胺375 kg/hm^2，以后随树体增大、产量增多逐年增加施肥量。3～4年后进入盛果期，盛果期施有机肥60 m^3/hm^2、尿素750 kg/hm^2、二胺750 kg/hm^2。年灌水5～6次，盛果期可适量增加灌水次数。

病虫害防治：对于枸杞瘿螨、蚜虫、枸杞红瘿蚊、枸杞锈螨等害虫应结合物候期加强预防，主花期尽可能避免使用农药，入秋后需加强白粉病的防治。

二、'青杞2号'

'青杞2号'是以韩国大果枸杞为母本，'宁杞7号'为父本，在F1代中通过幼株选育方法获得的枸杞优良新品种，审定前定名为DT-1538。选育工作由青海省农林科学院完成，该品种果实中的多糖、总黄酮、类胡萝卜素、维生素C、α-维生素E、γ-维生素E等主要有效成分的含量以及17种氨基酸含量的总和均处于优势位置。因此，将DT-1538单株确定为低糖大果型优良单株。2018年1月，通过青海林木品种审定委员会审定，定名为'青杞2号'，良种编号为青S-SV-LBQ-001-2017。

（一）果实性状

鲜果红色，果表光亮，果腰部平直，果身具3～4条纵棱，纵剖面近圆锥形，先端尖。鲜果平均单果质量1.33 g，最大1.91 g、最小0.59 g。鲜果纵径平均长23.7 mm，横径平均长10.5 mm，果型指数平均2.265，果实鲜干比为4.25∶1，干果色泽红润，果表有光泽。鲜果含水率81.70%、总糖18.25 g/100 g、枸杞多糖2.65 g/100 g、甜菜碱1.56 g/100 g、总黄酮0.33 g/100 g、蛋白质2.61 g/100 g、类胡萝卜素0.13 g/100 g。

（二）植物学特征

树势强健，树体紧凑，枝条自然下垂，树姿半开张。

一年生枝青绿色，嫩枝梢部淡黄色；多年生枝褐白色，皮部纹路清晰，节间长1.1～3.6 cm，成熟枝条较硬。一年生结果枝70%长度集中在40～60 cm，棘刺较多，结果枝开始坐果的距离为6～9 cm，节间1.4 cm。一年生结果枝条剪截成枝力3.7，自然发枝力2.6。

叶色深绿色，质地较厚，横切面平或略微向上凸起，顶端尖。叶中脉平展，二年生老枝叶条状披针形，簇生；当年生枝叶互生，披针形，最宽处近中部，叶尖渐尖；当年生叶片长5～7 cm，长宽比为（4.56～4.67）∶1。

花长1.4 cm，花瓣展开直径1.3 cm，花冠喉部至花冠裂片基部紫红色，花丝近基部有一圈稀疏茸毛，花萼2～3裂。二年生水平枝每节花果数2.4个，当年生水平枝每节花果数2.6个。

自交亲和性：高度自交亲和，可单一品种建园。

（三）物候期

在青海诺木洪地区，其一般于5月1日萌芽，5月18日一年生枝现蕾，6月5日当年生枝现蕾，8月15日果熟初期，8月25日进入盛果期，一年采3茬果。

（四）抗逆性

白粉病、根腐病抗性较强，黑果病抗性较弱，阴雨后果表易起斑点。雨后不宜裂果。喜光照，耐寒、耐旱，不耐阴、耐湿。

（五）经济性状

诺木洪地区丰产期产量达到3000～3750 kg/hm^2，混等干果128粒/50 g，特优级果率80%左右。

（六）栽培技术要点

1. 栽植

园地选沙壤土，地下水位不得高于90 cm。小面积人工耕作生产园，最终株行距1 m × 2 m。大面积机械耕作生产园，株行距1 m × 3 m。

2. 整形修剪

幼树期以中、重度剪截为主，促发新枝加速树冠扩张，成龄树选用圆锥形或半圆形树形，一年生枝剪截留比例把握在1/3较为适宜。

3. 肥水管理

生殖生长势强、耐肥水，定植当年施有机肥30 m^3/hm^2、尿素375 kg/hm^2、二胺375 kg/hm^2，以后随树体增大、产量增多逐年增加施肥量。3～4年后进入盛果期，盛果期施有机肥60 m^3/hm^2、尿素750 kg/hm^2、二胺750 kg/hm^2。年灌水5～6次，盛果期可适量增加灌水次数。

病虫害防治：对于枸杞瘿螨、蚜虫、枸杞红瘿蚊、枸杞锈螨等害虫应结合物候期加强预防，主花期尽可能避免使用农药，入秋后需加强白粉病的防治。

三、‘青黑杞1号’

‘青黑杞1号’是青海省农林科学院林业科学研究所和青海诺木洪农场选育的黑果枸杞优良新品种，2015年从青海诺木洪农场南沙滩黑果枸杞人工栽培园中采用单株选优方法选育，后经无性扩繁形成的无性系。该品种在多点品种对比试验与区域试验中表现出果穗长、结果密度、成熟一致等特点。2013年8月，通过青海林木品种审定委员会认定，定名为‘青黑杞1号’，良种编号为青R-SV-LRM-003-2017。

（一）果实性状

浆果球形或扁圆形，成熟后黑紫色，汁液呈紫色。鲜果纵径5.5～10.9 mm，平均8.53 mm，横径7.3～13.1 mm，平均10.91 mm，单果重0.11～0.69 g，平均0.4 g。果柄长3.5～14.4 mm，平均11.15 mm。果实鲜干比为8.26∶1，单果种子数8～17粒，种子肾形，长约1.3 mm。花果期6～10月。干果枸杞中：水分14%、多糖3.07 g/100 g、总糖36.87 g/100 g、总酸9.63 g/kg、甜菜碱1.37 g/100 g、总黄酮3.22 g/100 g、维生素C11 mg/100 g、α-维生素E34.42 mg/kg、γ-维生素E12.76 mg/kg、δ-维生素E1.67 mg/kg、花青素4.27%、原花青素2.01%。

（二）植物学特征

灌木，多棘刺，节间距6.1～13.6 mm，平均9.78 mm，每节棘刺3～10个，平均7.94个。枝条白色或灰白色，具不规则纵条纹，枝条长12.6～59.8 cm。短枝在一年生枝条上不明显，在二年生枝条上着生于棘刺两侧。叶簇生于短枝上，在幼枝上单叶互生，条状披针形或条状倒披针形，幼枝叶长5.25～46.85 mm，宽0.36～5.68 mm，厚0.25～1.85 mm；老枝叶长8.45～54.36 mm，宽0.78～6.82 mm，厚0.29～1.68 mm，顶端钝，基部渐窄，肉质，无柄。花3～6朵生于棘刺基部两侧的短枝上，花梗细，长4.67～9.85 mm；花萼窄钟状，不规则2～4裂，裂片膜质，边缘具疏缘毛，长4.45～5.85 mm；花冠漏斗状，白色、淡紫色或紫色，长5.29～10.15 mm，先端5～6浅裂，裂片无缘毛；雄蕊着生于花冠筒中部，花丝基部稍上处和同高处花冠内壁均具稀疏绒毛；花柱和雄蕊几乎等长。

（三）物候期

在青海诺木洪，其一般于5月上旬萌芽，6月上旬一年生枝现蕾，7月上旬当年生枝现蕾，8月中旬果熟初期，8月下旬进入盛果期，一年采3茬果。栽植4年，树高1.25 m，根颈粗3.68 cm，树冠直径

1.12 m。一年生水平枝每节花果数5.3个，当年生水平枝起始坐果节位3.4、每节花果数8.5个，中等枝条剪截成枝力6.7，非剪截枝条自然发枝力3.1。

（四）抗逆性

白粉病、根腐病抗性较强，喜光照，耐寒、耐旱，不耐阴、耐湿。

（五）经济性状

诺木洪地区栽培第二年，干果产量达375～450 kg/hm^2，丰产期最高可达2250 kg/hm^2，混等干果410粒/50 g，特优级果率在60%左右。

（六）栽培技术要点

栽植：园地选沙壤土，地下水位不得高于90 cm。小面积人工耕作生产园，株行距1 m×2 m。大面积机械耕作生产园，株行距1 m×3 m。

整形修剪：幼树期重点培养中心干，修剪以中、重度剪截为主，促发新枝加速树冠扩张，成龄树选用自然半圆形树形，一年生枝剪截留比例把握在1/3较为适宜。

肥水管理：尽量控制水肥，可促进生殖生长，定植当年施有机肥30 m^3/hm^2、尿素375 kg/hm^2、二胺375 kg/hm^2，以后随树体增大、产量增多逐年适量增加施肥量。4年后进入盛果期，盛果期施有机肥60 m^3/hm^2、尿素750 kg/hm^2、二胺750 kg/hm^2，年灌水2～3次，盛果期可适量减少灌水次数。

病虫害防治：主要防治枸杞瘿螨、蚜虫、负泥虫、锈螨等害虫，结合物候期加强预防。

第五节　内蒙古栽培品种

‘蒙杞1号’是内蒙古农牧业科学院园艺所通过单株选优法选育而成，2005年通过了内蒙古主要农作物品种认定，品种认定证书为蒙认果2005001号。2005年10月进行了成果登记，登记号为NK—20050102。

（一）果实性状

‘蒙杞1号’在内蒙古巴彦淖尔市乌拉特前旗果实特大，果实长茄形，鲜果平均单果质量1.68 g，平均纵径3.56 cm，横径1.38 cm，果肉厚0.146 cm，种子占鲜果重5.29%；总糖含量65.9 g/100 g、灰分3.76 g/100 g、类胡萝卜素0.42 g/100 g、氨基酸7.824 g/100 g。

（二）植物学特征

叶长6.45 cm，叶宽1.42 cm，长宽比4.54∶1，叶厚1.12 mm。枝条长47.8 cm，节间长1.45 cm。花长1.86 cm，花瓣直径1.48 cm。结果部位多数在第六叶节处。

（三）生物学特性

生长情况良好，果实特优果率为95%以上，特级果率为100%，果实整齐漂亮，产量稳定、丰产，果实成熟后采摘期可达10 d。

（四）抗逆性

适应性强，在盐碱土、沙壤土、壤土上都能良好生长，尤其在pH8.7的碱性土壤上生长正常，没有发现枝条抽条、冻害现象。在抗寒、抗旱、耐盐碱方面与对照‘宁杞1号’相当。

（五）经济性状

在内蒙古栽培‘蒙杞1号’一年生枸杞干果产量为204 kg/hm²，二年生为805.5 kg/hm²，三年生为1476 kg/hm²，4年生为2670 kg/hm²。果实特优果率为95%以上。

（六）栽培技术要点

1.栽植

‘蒙杞1号’自交亲和性差，不适宜纯系栽培，必须进行授粉树的配置。采用‘蒙杞1号’与‘宁杞1号’以2∶1的比例进行株间混植或1∶1的比例进行行间混植，均可达到丰产、稳产的目的。

2.整修修剪

休眠期修剪：‘蒙杞1号’发枝力较强，二年生枝结果力强，可多留二年生结果枝，对中间枝采取重短截促发侧枝。

夏季修剪：‘蒙杞1号’生长旺盛，一年生徒长枝打顶后发出的侧枝仍较壮，部分枝条经二次打顶后发出的枝条才能更好地开花结果；‘蒙杞1号’抽枝力较强，注意疏除过密枝条。

3.水肥管理

施肥：苗木稳定成活抽枝后每株施入尿素50 g，以促发枝条。2～3年生树每年每株树施入有机肥3～4 kg，5月上旬、6月中旬追肥各一次，第一次100 g尿素+50 g磷酸二胺，第二次50 g尿素+100 g磷酸二铵。四年生以上的树每年每株施入有机肥8～9 kg，5月上旬、6月中旬追肥各一次，第一次150 g尿素+100 g磷酸二铵，第二次50 g尿素+150 g磷酸二铵。

灌水：定植后灌透水一次，5月灌一次，6月灌水一次，7～10月视天气降雨情况和土壤质地不同灌水2～3次，11月灌冬水，全年灌水不少于6次。

中耕除草：每次灌水后（冬水除外），地表略干就要及时进行中耕除草，减少地表蒸发，防止地表板结。

附录

枸杞理化指标符合GB/T 18672-2014枸杞中4.2理化指标的规定。

附表　枸杞理化指标

项目	等级及指标			
	特优	特级	甲级	乙级
粒度（粒/50 g）	≤280	≤370	≤580	≤900
枸杞多糖（g/100 g）	≥3.0	≥3.0	≥3.0	≥3.0
水分（g/100 g）	≤13.0	≤13.0	≤13.0	≤13.0
总糖（以葡萄糖计）（g/100 g）	≥45.0	≥39.8	≥24.8	≥24.8
蛋白质（g/100 g）	≥10.0	≥10.0	≥10.0	≥10.0
脂肪（g/100 g）	≤5.0	≤5.0	≤5.0	≤5.0
灰分（g/100 g）	≤6.0	≤6.0	≤6.0	≤6.0
百粒重（g/100粒）	≥17.8	≥13.5	≥8.6	≥5.6

第六章

枸杞的生长发育规律

第一节　根的生长

根系是枸杞的重要器官之一，具有固定植株、吸收水分和养分、合成细胞分裂素等生理功能，是枸杞高产、稳产的基本保障。

一、根系类型

根据根系发生及来源可分为三类。

（一）实生根系

从种子胚根发育而来的称为实生根。一般主根发达，分布较深，固着能力好，阶段发育年龄幼，吸收力强，生命力强，对外界环境适应性强。

（二）茎源根系

枝条扦插繁殖时，茎上产生的不定根，其根系发达，分布较浅，固着性差，阶段发育年龄老，对外界环境适应力不如实生根系，个体差异较小。

（三）根蘖根系

根段（根蘖）不定芽产生的根系，称为根蘖根系，其特点与茎源根系相似。

二、根系结构

枸杞根系，通常包括主根、侧根、须根、根毛四部分。由种子胚根发育而成的称为主根，在上面着生的粗大分支称为侧根，主根与侧根构成骨干根，侧根上形成的较细的根系称为须根，是根最活跃部分，有吸收、合成、分泌、输导功能。根毛是须根吸收根上的表皮细胞形成的管状凸起物，其数量多、密度大、寿命短。不同繁殖方式获得的植株根系有所不同，实生繁殖的植株有主根，而营养繁殖的没有主根，只有侧根和须根，其根系主要来源于母体茎或根上的不定芽。

三、根系分布

枸杞根系与其他木本植物根系分布相同，分为垂直分布和水平分布。枸杞根系一方面沿着土层垂直向下生长，从较深土层中吸收水分和矿质元素，一方面沿着土壤表层平行状态分布向四周横向发展，从肥沃的土壤中吸收养分，为地上部生长发育供应营养物质。枸杞根系主要垂直分布在20～60 cm土层内，其分布广度、深度与栽培条件密切联系。同一生境下，不同品种（系）分布范围有所不同，宁夏地区2年生‘宁杞1号’垂直根系主要分布在20～40 cm土层，水平根系主要分布在距树干0～14 cm的土层，‘宁杞5号’垂直根系主要分布在40～60 cm的深度，水平根系在距树干0～42 cm的土层。‘宁杞7号’主要分布在40～60 cm。同时枸杞根系的分布深度和广度与土壤的理化性质、地下水位高低以及栽培管理条件密切相关。土层肥沃，地下水位低的沙壤土中，根系分布较深，水平分布范围较小，须根较少。土层薄，地下水位高的条件下，垂直生长受阻，根系较浅，水平生长较旺。

四、根系在年生育周期内的生长动态

枸杞根系的年生长过程表现出一定的周期性，其周期性与生态环境及地上部分生长关系密切，掌握枸杞根系年生长动态规律，对于科学合理地进行栽培和管理有重要意义。

枸杞根系年周期生长与地上部生长呈现出交错生长的特点。一般来说，根系生长所要求的温度比地上部分萌芽所要求的温度低，春季根系开始生长比地上部分早。枸杞的根一般在春季开始生长后即进入第一个生长高峰，此时根系的长度和发根数量与上一生长季节树体贮藏的营养物质水平有关。在根系开始生长后，地上部分开始生长，而根系生长逐步趋于缓慢，此时地上部分的生长出现高峰。当地上部分生长趋于缓慢时，根系生长又会出现高峰期。在宁夏地区，枸杞年周期内根长生长有2次高峰期，分别在3月下旬至4月中下旬和7月下旬至8月下旬，而根直径有1次生长高峰，主要在8月下旬至9月下旬，说明枸杞根先进行增长生长，后进行增粗生长。由于其地下根系生长量与地上生长量密切相关，在施肥和栽培管理中，可根据需求，调整根冠比，从而能够保证枸杞生产获得较好的经济效益。

五、根系发展、衰亡及更新的规律

枸杞根系的生命周期经历着发生、发展、衰老、更新与死亡的过程。植株定植后在伤口或根颈以下的粗根上发生新根在2～3年内垂直生长旺盛，开始结果后即可到达最大深度。此后以水平伸展为主，同时在水平骨干根上再发生垂直根和侧根，在结果盛期根系占有空间最大。进入结果后期或衰老期，高层次骨干根也会进行更新。随着树龄增长，根系更新呈向心方向进行，根系占有空间呈波浪式缩小，直至大量骨干根死亡。

六、影响根系生长的因子

根系生长势的强弱和生长量的大小，随树体内营养状况以及其他器官的生长状况、土壤温度、土壤组成和土壤营养的变化而变化。

（一）土壤温度

枸杞根系在最适温度下生长最快，不同品种的根系最适温度存在差异。但是，对于大多数枸杞品种，根系的最适宜生长温度为20～26℃，宁夏枸杞根系生长最适宜温度22℃。最适温度除了与遗传因素有关外，还与发育阶段、土壤透气性、水分条件有关。

（二）土壤组成

土壤是由固相（土壤质粒）、液相（水分）、气相（空气）等三相物质组成的。研究表明，生长在30%～40%固相，18%～40%液相和12%～36%气相土壤中的‘宁杞1号’，根系发育良好。由于成土母岩不同、土壤质粒大小与比例存在差异，根系生长要求的固相率也不一样，但一般均在40%左右。

水分对根系生长有所影响。当土壤可利用水分下降时，细胞伸长速度有所降低，短期内根毛密度加大，后期停止生长、木栓化，直至吸收根死亡。通常，枸杞根系生长最适宜的土壤最大田间持水量为50%～70%。当其持水量低于15%，根系生长量下降，生长受到抑制。不同枸杞种质在水分胁迫下，停长早晚、木栓化快慢不同，宁夏枸杞在停止灌水后7～8 d根系停长，但云南枸杞根系木栓化和叶萎蔫在早期发生，灌水后再生新根，云南枸杞约为4 d，宁夏枸杞10～15 d才能发生。

土壤通气性不良影响根的生理功能和生长。枸杞根系正常生长要求10%以上的氧气，氧气含量较低时，根及根际环境中的有害物质会增加，CTK合成下降。此外，土壤通气性与CO_2含量有关，一般大于5%，根系生长就会受到抑制。CO_2的含量常与根系呼吸、土壤微生物及有机物含量有关，枸杞根系过密或枸杞园作物以及杂草的根系过密，也会造成土壤CO_2过高，常导致根系死亡。枸杞根系的适宜密度为0.8～5 cm/cm^3，这样才能保证树体得到足够的水分和养分。

（三）土壤养分

一般情况下，土壤的养分不像水分、温度和通气条件那样成为根系停止生长，乃至死亡的因素，但肥沃的土壤，根系发育良好，吸收根多，持续活动时间长，氮和磷可刺激根系生长。不同的氮素形态影响不同，硝态氮使枸杞根细长，侧根分布广；铵态氮使枸杞根短粗而丛生。缺钾对根的抑制比枝条严重，缺乏钙、镁则使根系生长不良。

第二节　芽与枝叶的生长

一、芽的萌发规律

芽是枝、叶、花等器官的原始体，由其萌发抽枝、长叶、现蕾等进行植株个体生长发育。枸杞芽依其发育形态和着生部位的不同，有定芽与不定芽、叶芽和混合芽、活动芽和休眠芽之分。定芽是指在枝条上有明显的固定位置，如枝条节间处的腋芽，侧枝多由定芽萌发而来，由侧枝上分生侧枝上的定芽长叶现蕾，随着枝龄的增长，芽眼圆而突起，形似“鸡眼”。不定芽是从根或是离体培养的愈伤组织等部位生出的芽，如组织培养过程中从根上产生的芽。混合芽是同一芽眼可能长叶、现蕾或抽生新的侧枝的芽，而只长叶片不现蕾的称叶芽。能在当年生长季节中萌发的芽，称为活动芽，如一年生枝上的芽，大多属于活动芽，后期发育成枝、叶、花。而在当年生长季节往往不活动的芽或是通过栽培措施才能开始萌发的芽为潜伏芽，如主干或枝条上近茎部的腋芽，暂时保持休眠状态，需经过一定的低温才能解除休眠，第二年春季才能萌发的芽为晚熟性芽，一般具有芽鳞，二年生枝上的芽为晚熟性芽，而在生长季节早期形成的芽，当年就能萌发为早熟性芽，如一年生枝停长前的芽为早熟性芽。

枸杞芽的萌生力强，一年生枝的萌芽率达76%，由定芽而形成枝条的成枝率为6%～8%，一年生枝条上能连续萌发二次枝和三次枝。在同等气候条件下，幼龄植株比成龄植株萌芽早5～7 d，同一植株，树冠上部枝条的萌芽期比树冠下部枝条的萌芽期早3～5 d。

二、芽的特征

（一）芽的异质性

枝条不同部位的芽体形成期，其营养状况、激素供应及外界环境不同，造成了它们在质量上的差异，称为芽的异质性。同一枝条不同节位的芽有所不同，基部芽为瘪芽，多为叶芽，随着枝龄的生长，其由活动芽转变为休眠芽，短截后，这些芽点才萌发新枝或长出叶片。中部芽相对饱满，为混合芽，多发育成叶、花、果、枝、刺，其随着枝龄的生长，体积不断增大，芽眼数量有所增加，多出现分枝。梢部芽较为饱满，为混合芽，其体积相对中部芽小，但芽眼数量较多，后期多发育成叶、花、果，由于其枝条梢部顶端较为细弱，后期越冬过程中被抽干，因此梢部顶端的芽大多数不发育。

通常，腋芽质量主要取决于该节叶片的大小和提供养分的能力，因此，叶片光合能力直接影响该节位芽的质量，若枝条能够及时停长，在一定时间内，芽相对质量好，而一年生秋梢上的部分芽，由于营养积累时间短，芽质量相对差。

（二）芽的早熟性和晚熟性

枸杞的芽具有早熟性和晚熟性，部分芽当年就能大量萌发并可连续分枝，形成二次或三次梢如一年生春梢。而部分芽具有晚熟性，在经历低温后，第二年才能萌发，如二年生枝上的芽。

（三）萌芽力与成枝力

枝条上的芽能抽生枝、叶的能力叫萌芽力，用萌发芽占总芽数的百分比表示。把其中能够抽生成长枝的能力叫成枝力，用长枝数占总萌发数的百分比表示成枝力。通常把大于15 cm的枝条作为长枝的标准，但由于调查目的及品种特性差异，可以降低这一标准，但枝长不应小于5 cm。

萌芽力与成枝力因品种而异，宁夏枸杞的萌芽力和成枝力较强，黑果枸杞的萌芽力和成枝力较弱。

三、枝的伸长生长与加粗生长

枝条是长有叶和芽的茎。一般定芽萌发伸长而形成枝条，是构成枸杞主干、主枝和侧枝的原始体，是输送水分、养分和贮存养分的通道和器官。

（一）伸长生长

枝条伸长生长是通过顶端分生组织分裂和节间细胞的伸长实现的。随着枝条的伸长，进一步分化出侧生叶和芽，芽发育形成枝，枝条逐渐形成表皮、皮层、木质部、韧皮部、形成层、髓和中柱鞘等各种组织。从芽的萌发至结果枝经过3个时期：①开始生长期，从萌芽至第一片真叶分离。此时期主要依赖上一年贮藏的养分。从露绿到第一片真叶展开的时间长短，主要取决于气温。晴朗高温，持续的时间短；阴雨低温，持续时间长。②旺盛期，此阶段枝条伸长快，叶片的数量和面积增加也快，所需能量主要依靠当年叶片制造的养分。不同类型枝条旺盛期持续时间不同，短果枝持续时间短，徒长枝持续时间长。③缓慢生长期，由于外界条件的变化和果实、花芽、根系发育的影响，新梢长至一定时期后，细胞分裂和生长速度逐渐降低直至停止，转入成熟阶段。

（二）加粗生长

树干、枝条的加粗都是形成层细胞分裂、分化和增大的结果。枸杞植株解除休眠是从根颈开始，逐渐上移，但细胞分裂活动首先在生长点开始，它所产生的生长素刺激形成层细胞分裂，加粗生长略晚于伸长生长。初始加粗生长依赖于上年储藏的养分，当叶面积达到最大面积的70%左右时，养分即可外运供加粗生长。所以，枝条上叶片的健壮程度和大小对加粗生长影响较大。在生产中，枸杞定干后，将主干30 cm以下的芽可暂不抹去，有利于主干加粗。多年生枝的加粗生长主要取决于该枝上侧枝的数量及健壮程度，一般随着新梢伸长，加粗生长也达到高峰，此时，伸长生长停止，加粗生长也逐渐减弱。枸杞的加粗生长的停滞期比伸长生长晚1个月左右。

四、顶端优势

顶端优势是活跃的顶端分生组织、生长点或枝条对下部的腋芽或侧枝生长的抑制现象。枸杞植株有较强的顶端优势，表现为枝条上部的芽萌发后能形成新梢，愈向下生长势愈弱，最下部芽处于休眠状态。如果除去先端生长点或延长枝，留下的最上部芽或枝仍沿原枝轴生长。

树冠层性是顶端优势和芽的异质性共同作用的结果。中心干上部的芽能够萌发生长为强壮的枝条，愈向下生长势愈弱，基部的芽多不萌发，随着树龄的增大，强枝愈强，弱枝愈弱，形成了树冠中的大枝呈层状结构，这就是层性。不同品种层性差异较大，宁夏枸杞层性明显，中国枸杞和云南枸杞层性不明显。

五、叶的形态与结构

枸杞叶片为单叶，有披针形或椭圆披针形，全缘，叶片基部楔形，叶尖渐尖或急尖，主脉明显，由表皮、叶肉、叶脉三部分组成。上下表皮主要由排列紧密的长方形或方形细胞组成，存在大小不一的气孔，且切向壁均具有不同程度的角质膜加厚。叶肉组织可明显区分出栅栏组织和海绵组织，其中，栅栏组织细胞呈长柱状且垂直于上表皮，含叶绿体较多；海绵组织细胞呈不规则性状且靠近下表皮，叶绿体较少。黑果枸杞与其他种质叶肉结构明显不同，黑果枸杞上下表皮存在“环栅型”细胞，且内部有发达的贮水组织，其他种质在栅栏组织和海绵组织交界附近均分布含晶细胞。叶脉主要由木质部和韧皮部组成。

枸杞叶片着生方式为单叶互生、轮生、簇生，其大小与树龄、枝条长短、着生位置有关，一般幼树叶片较成年树叶片大，树膛内叶片比外围叶片大，短枝上的叶片比长枝上的叶片大，新梢基、上部的叶片较小，中部叶片较大，在研究过程中通常用树冠外部、新梢中部的叶片作为该树的代表性叶片。

六、叶片的生长发育

枸杞叶面积初期增大很慢，后期迅速增大，当达到一定值后又逐渐变慢，呈现出逻辑斯蒂（logistic）曲线（图6-1）。不同种质、不同枝条、不同部位的叶片，从展叶至停止生长所需要天数不同，宁夏枸杞约30 d，中国枸杞约20 d。新梢基部和上部叶片停止生长早，叶面积小，中部晚，叶面积大。上部叶片主要受环境影响，基部受贮藏养分影响较大。枸杞叶片生长初期，其净光合速率（Pn）往往为负值，后期随着叶片增大，Pn逐渐增高，当叶面积达到最大时，Pn最大，并维持一段时间。以后随着叶片的衰老和温度下降，Pn也逐渐下降，直至落叶休眠。

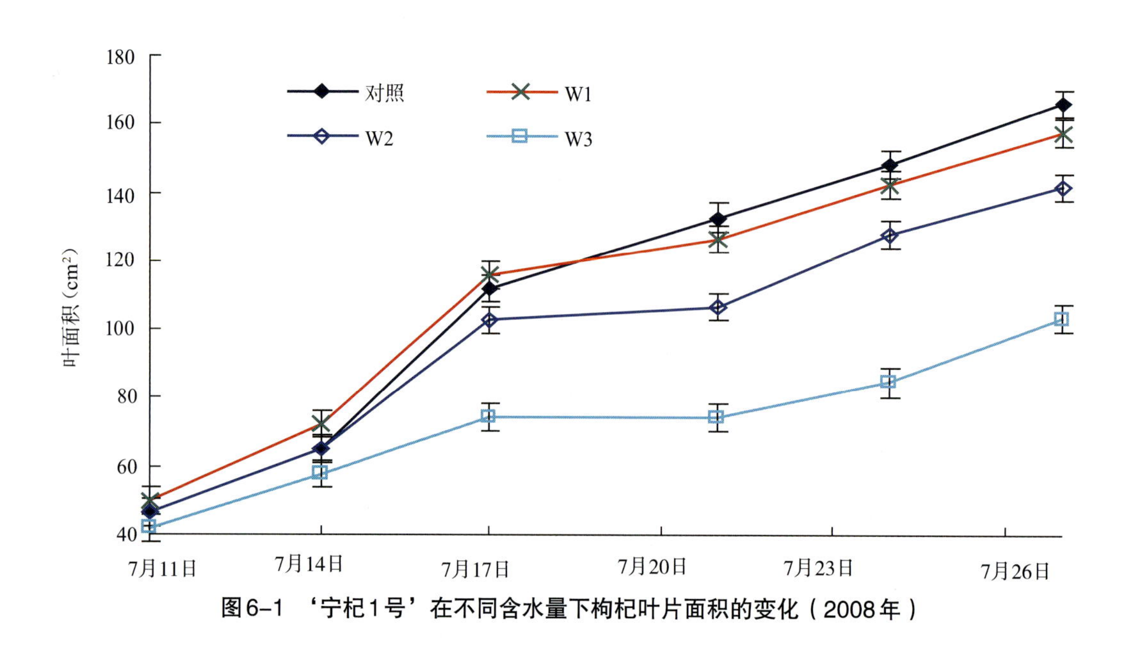

图6-1 ‘宁杞1号’在不同含水量下枸杞叶片面积的变化（2008年）

七、叶面积指数与叶幕的形成

叶面积指数是指单位面积上所有枸杞叶面积的总和与土地面积的比值。单位叶面积与树冠投影面积的比值，称为投影叶面积指数。枸杞叶面积指数3～4较适合，指数太高，叶片过多相互遮挡，功能叶比率降低，果实品质下降；指数太低，光合产物合成量减少，产量降低。枸杞叶幕是指同一层骨干枝上全部叶片构成的具有一定形状和体积的集合体，是树冠叶面积总量的体现。叶幕随树龄、整形、栽培目的不同而不同。适当的叶幕厚度和叶幕间距，是合理利用光能的基础。实践研究表明：主干疏层形的树冠第一、第二层叶幕厚度20～30 cm，叶幕间距60 cm，叶幕外缘呈波浪形是较好的丰产结构。

第三节　花芽的分化

花芽分化，是枸杞由营养生长向生殖生长转化的重要阶段，是其芽及芽轴的生长点经过生理和形态变化最终形成各种花器官的过程，一般分为生理分化、花发端、形态分化，在生产中植株顺利完成花芽分化，是形成数量适宜、质量好的花芽，保证稳产、优产的前提。

生理分化是植物生长点内由营养状态向生殖状态转化的一系列生理、生化变化过程，这一时期完成成花因素（营养物质、激素调节物质、遗传物质）的积累过程，为花芽形态分化奠定物质基础。花发端是顶端组织分化明显的时期，是植物由营养生长向生殖生长转化的临界点。形态分化是植株在内部激素调节和外界条件影响下，芽生长点发生变化，并逐渐分化出花萼、花瓣、雄蕊、雌蕊原基，直到开花前完成整个花器官的发育。

一、分化特征

枸杞为多年生灌木，不同地区同一品种花芽分化时间有所不同，同一地区不同品种花芽分化进程有所差异，同一地区同一品种的不同枝条、不同部位、不同节位其花芽分化各异。在宁夏银川芦花台，枸杞花芽形态分化是从3月中下旬至4月上旬开始9月上旬结束，多年生结果枝花芽分化早于一年生结果枝且花芽分化顺序有所差异，多年生结果枝，从具有生活力的枝条梢部向基部（自上而下）进行，每一节位一般从外叶腋开始逐渐向花序中心分化，分化相对集中且时间短。一年生结果枝，花芽分化随着枝条的延长不断由基部向梢部（自下而上）进行，持续期相对长，且每一节位从主叶腋向两侧副叶腋分化。枸杞单花花芽分化分为花芽分化初期、萼片原基分化期、花冠原基分化期、雄蕊原基分化期、雌蕊原基分化期，其花芽分化时间较短。

由于枸杞生长特性及芽的质量差异，枸杞花芽分化具有相对集中性和稳定性，就枸杞植株及枝条而言，具有长期性；就枸杞单花而言，具有分化期短，速度快的特点。

枸杞单花花芽形态分化，按照其分化顺序可分为5个时期（图6-2）。

（一）花芽分化初期

新梢基部叶腋处出现小半球形凸起，多年生枝芽萌动前（一般在3月下旬至4月初），芽体膨大，剥开芽外部鳞片可见小半球凸起为花原始体，这一形态的形成表明花芽分化开始，显微观察可见生长锥顶端变宽并在其周围出现叶原基。

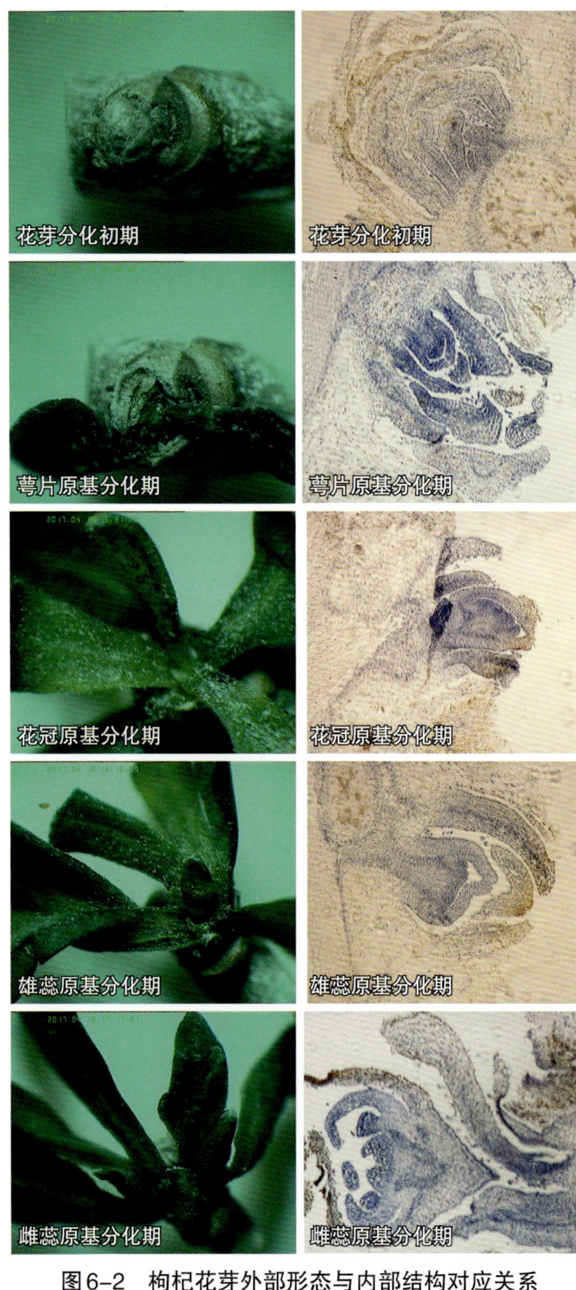

图6-2 枸杞花芽外部形态与内部结构对应关系
（张波提供，2017年）

（二）萼片原基分化期

在叶腋处可见嫩绿色的光滑凸起，花原始体逐渐增大，顶部中央平，四周产生凸起，显微观察发现在花芽原基顶端四周，细胞等速分裂形成一个环状凸起的花萼原基，生长锥顶部与花萼原基之间形成缝隙，最终形成一个下宽上窄、呈圆锥状的封闭式筒状花萼。

（三）花冠原基分化期

叶片伸长，凸起伸长，形状像加厚了的叶片，可见花蕾雏形，与幼叶易混淆，解剖后可见5个透明状的花冠原基，显微下发现在其环状的萼片原基内侧同时出现小凸起，为花冠原基。

（四）雄蕊原基分化期

芽轴伸长，其花蕾顶部类似叶尖，中下部出现平台，花冠原基形成后，在其内侧很快产生新的小凸起，即为雄蕊原基。

（五）雌蕊原基分化期

雄蕊原基形成后，在其中央出现较大凸起，中心凹陷，周围凸起，发育为雌蕊原基，表现为在其雄蕊原基两侧出现凸起。

二、影响分化的主要因素

关于花芽诱因最早提出的是成花激素学说（Sachs，1880）。20世纪50年代，发现了一、二年生作物花芽形成与日照长短有关，叶片对日照长短产生效果，生长点发生花芽分化，所以认为成花激素产生在叶片，并能转移至生长点，这一假说已在嫁接试验中得到证实。成花素的产生还可能要求低温，一些作物不经低温就不能开花，但迄今未找到与低温相关的物质。Bonner（1963）根据研究推测，成花素也许是类异戊二烯或甾类化合物，而后期研究认为成花素是Hd3a和FT蛋白。

关于成花机制的研究多采用一或二年生作物，多年生植物似乎不是研究成花机制的理想试材，也许植物成花的理论基础是一致的，但温带木本植物与一年生植物在成花生理上特点不同，温带木本植物多为中生植物，花芽分化与开花之间有明显的休眠期，花芽的诱导和分化经历较长的时间，而且有较长时间不开花的幼年期，日照长短对花芽形成影响甚少。下面主要探讨外界环境对枸杞花芽分化的影响。

（一）光照

光是花芽形成的必需条件，在多种植物上都已证明遮光会影响植物的花芽分化率，推迟花芽分化时间。枸杞是强阳性植物，低光强成花率和花芽形成量都会降低，花期延长。光强影响花芽分化的原因可能是光影响光合产物的合成与分配，弱光导致根的活性降低。光的质量对花芽形成也有影响，红光影响植株高度及节间长度，抑制花芽分化；紫外线抑制生长，钝化IAA，诱发乙烯产生，促进花芽分化，使其易于成花。

（二）温度

温度是影响植物花芽分化的主要因素之一，温度能够影响花芽分化开始的时间及分化的速度。相对高温条件下花芽分化时间短、速度快，低温条件下花芽分化时间长。不同植物花芽分化过程所需的温度差别较大，多年生木本植物，特别是北方果树，低温并非是其成花的必要条件，即花原基的分化过程只有在较高温度下才能进行。枸杞对温度的要求不太严格，并且具有较强的耐寒性，在气温到达6～16℃时，花芽开始分化，随着温度的上升，花芽分化速度及花芽量逐渐增大。枸杞花芽分化的最适温度为17～22℃，气温超过33℃时，枸杞花芽分化明显受到抑制。昼夜温差也影响枸杞花芽分化，在有效积温数≥10℃的条件下，昼夜温差小，呼吸、蒸腾强度大，有效积累偏少，花芽分化率低；昼夜温差大，有效积温累计多，有利于花芽分化。

（三）水分

枸杞花芽分化期适度的水分胁迫可以促进花芽分化。枸杞在水分胁迫下花芽开始分化，灌水有利于花的发育，枸杞在花芽分化期土壤水分以10%为宜，其他时期要保持50%的有效水分。适当干旱使营养生长受抑制，碳水化合物易于积累，IAA和GA含量下降，ABA和CTK相对增多，有利于花芽分化；过度干旱则不利于花芽的分化与发育。

（四）土壤养分

土壤养分的多少和各种矿质元素的比例可以影响花芽分化，缺氮花芽少，影响花芽发育，畸形花比率增加。适当增施钾肥可增大枸杞的花序，提高坐果率。

枸杞是耐盐碱能力很强的植物，对土壤盐碱度适应范围很广。在含盐量为0.5%～0.9%，pH8.5～9.5的灰钙土或荒漠土中，枸杞植株能够正常生长发育，并能获取一定的经济效益。

第四节　开花坐果

枸杞的花是两性花，由花萼、花瓣、雄蕊和雌蕊构成。花萼钟状，2裂；花冠一般为紫红色，漏斗状，先端通常为5裂，个别为4或6～7裂；裂片卵形，基部有耳，边缘无缘毛；雄蕊5枚，花药椭圆形，淡黄色，花丝长短不齐，略高或略低于柱头；雌蕊子房上位，2室，花柱绿色、丝状。有研究表明，枸杞花的特征可作为鉴定不同品系的重要依据（图6-3，图6-4）。

一、开花结果的习性

枸杞是无限花序，一年的开花次数多，花期

图6-3 不同时期5个品系的花部形态

图6-4 5个不同类群的花部形态

长，花期可持续4～5个月，盛花期每天都有开花。花量的多少与气温、光照条件有关。在盛花期，昼夜开花，但白天开花数多于夜间。日气温在18℃时，中午开花数量多，18℃以上时，上午开花数量多。在弱日照条件下，白天气温差异不大时，全天各个时段开花数量差异不显著。

二、花的开放

花的开放是一种不均衡运动。枸杞花的开放过程，按其外部形态可以分为以下5个时期。

①现蕾期：自腋芽产生绿色的幼小花蕾，花蕾长2～3 mm，粗度1～1.5 mm，花药青色，属于花母细胞形成时期，生长期约6 d。

②幼蕾期：花蕾长3～4 mm，粗度2～3 mm，花萼绿色，包裹住花瓣，花瓣为淡绿色，花药乳白色，柱头绿色，生长期约为12 d。

③露冠期：自花萼开裂露出花冠到花冠松弛为止，约3 d，此时花药为乳白色，柱头绿色，花瓣紫红色。

④开花期：自花瓣松动开始到向外平展为止，花冠裂片紫红色，雄蕊逐步伸出花冠筒，多数高于雌蕊，随后花药裂开，花粉变为淡黄色，大量花粉散落，柱头变为头状，子房基部分泌出大量的蜜腺（图6-5）。

⑤花谢期：花瓣开始发白，并逐渐转为深褐色；雄蕊干萎，变为淡褐色；柱头由绿色变为黑色，子房快速膨大。整个花冠干死脱落约为3 d。

图6-5 ‘宁杞1号’开花动态

三、受精过程

花粉从花药传到柱头上授粉后形成花粉管，通过花柱进入子房，精核与卵核融合的过程称为受精。

枸杞花粉落在柱头上之后，花粉管从发芽孔处萌发，进入花柱后即诱导生长素的增加，呼吸强度也随之提高，消耗大量糖类等能源物质和氧气。随着花粉管向胚珠方向延伸，氧分压逐渐下降。同时，可溶性纤维素酶和果胶增加软化细胞壁。枸杞植物授粉后24～72 h完成受精，未受精的花，在4～5 d后脱落。

枸杞花粉萌发、花粉管的生长与温度有关，其适宜温度为12～26℃。花粉管通过花柱到子房的时间，常温下需48～72 h，高温下只需24 h。温度过低或持续时间长，花粉管生长慢，到达胚囊前，胚囊已失去受精能力，不利于受精。

枸杞花粉管生长还与品种、自交亲和性及授粉方式有关。自花授粉后，‘宁杞1号’较‘宁杞3号’花粉管生长速度快。授粉1 h后，‘宁杞1号’柱头上可见少量花粉开始萌发，‘宁杞3号’未萌发；授粉后2 h，‘宁杞1号’花粉管向下伸长生长，‘宁杞3号’开始萌发；授粉后48 h，‘宁杞1号’花粉管到达胚珠，‘宁杞3号’有零星花粉管伸入子房中，多数终止于花柱中下部。自交亲和性品种较自交不亲和种质的花粉管生长速度快，如‘宁杞1号’较‘宁杞3号’、白花花粉管生长速度快。异花授粉较自花授粉的花粉管生长速度快，表现为授粉后12 h，异花授粉组合花粉管均到达花柱基部，部分已伸入子房中，而自花授粉的‘宁杞1号’伸长至柱头的2/3处。

四、坐果机制

植物成功完成授粉及受精后，花的子房才会快速膨大发育成果实，这一过程被称为果实发育起始（坐果）。果实发育起始与植物受精关系紧密，植物受精成功后，子房内部构成了一个营养中心，胚珠向果实传递信号，使之开始发育膨大。在此期间，激素发挥重要作用，特别是生长素和赤霉素，同时，受精子房可能连续不断地吸收外来同化产物进行蛋白质合成，细胞迅速分裂。而那些未经受精或内源生长激素含量较低的果实，有时也能依赖本身的营养在树上维持一段时间，但生长缓慢，终至停长和脱落。

五、落花落果原因

枸杞植株的新梢生长和开花坐果是重叠进行的。在新梢生长旺期，多年生枝进入盛花期。此时，树体所需要养分量最大，枝条生长和果实膨大争夺养分，在养分不足时，枝条生长减慢，落花落果增多。如树体养分得不到及时补充，新梢将影响当年产量。

枸杞落花落果主要表现为：①由于肥水不足，树体积累的养分不够，造成落花。②栽培管理粗放，树体生长势弱，花前花后没有及时补充养分，造成落花落果。③花期遇到连雨天气，枸杞的授粉受精不良，造成落花落果。

六、提高坐果率的措施

在枸杞生产上，主要从以下几个方面来提高枸杞坐果率：①控制树体的生长势，调节营养生长和生殖生长之间的矛盾。对于生长旺盛的树，可采取疏枝、短截等技术促进花芽分化，使其开花结果。②加强生长发育期肥水管理，特别是果实发育期肥水管理，对改善树体营养状况，提高坐果率尤为重要。生产上常常在花芽萌动前追施尿素，施肥后及时灌水，可促使开花整齐一致，减少落花落果，并有利于新梢及根系生长。此外，可以通过改善外界条件，增加激素含量和提早疏除晚期花果减少落花落果，来提高坐果率。

第五节　果实的生长发育

一、果实的生长发育

果实主要指被子植物子房及其包被物发育而成的多汁或肉质可食部分。由一个雌蕊形成，心皮1至数个，外果皮膜质，中果皮、内果皮均肉质化，充满汁液，内含1粒或多粒种子。枸杞果实属于浆果。

（一）果实细胞分裂

多数浆果类果实有2个分裂期，即花前子房期和花后幼果期。花前子房细胞分裂一般在开花时停止，受精后再次迅速分裂。同一树种，大果品种和晚熟品种细胞分裂期不同，一般胎座组织先停止，随后是按子房内部、中部、外部顺序停止。果实不同部位细胞分裂的时期、方向以及它们与细胞膨大时期的相互作用，对细胞最终的大小、形状、状态及果肉的质地都有影响。

（二）果实细胞膨大

细胞分裂之后体积膨大，但在一个果实内这两个过程在时间上有一段交叉。果实细胞膨大的倍数达数百倍。不同果实的成熟细胞直径不同，枸杞200～300 μm。果肉细胞的膨大过程常伴随染色体加倍现象。

细胞的数目和大小是决定果实最终体积和重量的两个最重要因素。但在不同情况下，作用并不相同。例如，同一株树上的大果比小果的细胞数目出现多；在细胞分裂初期或中期疏果细胞数目增加，有时细胞体积也相应增加；在细胞分裂末期疏果只能增加细胞体积。除了细胞数目和体积外，细胞间隙也影响果实大小。

二、果实生长型

果实生长型是以果实体积，纵、横直径或鲜重的增长曲线表示。研究表明，枸杞生长型为双S型。根据果实生长发育的外部形态变化，可以分为3个时期。

①青果期：花受精后，子房膨大成绿色，花柱枯萎，花冠和花丝脱落。青果大小随不同品种、栽培条件、树龄、着果部位及生长时期而异，约需22～29 d。

②变色期：青果果色由绿色变为淡绿—淡黄—黄红。果肉致密，胚乳饱满，幼胚形成，种子白色，鲜果可溶性固形物逐步增大，需3～5 d。

③果熟期：果实生长加快，体积迅速膨大1～2倍，色泽鲜红，果肉变软、汁多、含糖量

高，可溶性固形物达到最高，萼片易脱落，种子变为黄白色。

枸杞果实发育期，先纵径生长，后横向生长。枸杞果实细胞的分生组织属于先端分生组织，所以在幼果初期细胞纵向快于横向生长但到后期果熟时，细胞迅速膨大，纵、横径迅速增大，细胞分裂快，细胞数量多，易形成大果。

三、影响果实生长发育的因素

从理论上讲，有利于果实细胞加速分裂和膨大的因子都有利于果实的生长发育，而在生产实践中，影响因素则复杂得多。

（一）充足的贮藏养分与适当的叶果比

果实细胞分裂主要依赖蛋白质的供应。细胞分裂期的营养主要依赖树体贮藏养分，如果养分贮备不足，就会影响单果细胞数，最终影响质量。开花期子房大小对细胞分裂期也有一定影响，子房大，细胞基数多，形成激素早且含量高，所以细胞分裂快，数量多；相反，子房小，细胞基数少，激素含量低，养分吸取力低，细胞分裂慢，常造成脱落。

果实发育中后期，叶果比对于果实膨大较为重要。此时期果实体积增大、重量增加，叶片大量形成，但枸杞叶果比为3∶1时，果实大小适中。对于整枝而言，果实附近的叶片对于果实膨大尤其重要，如无叶果枝上的坐果率较低。

（二）无机营养和水分

磷在果实中的含量较少，但缺磷果肉细胞会减少，果实增长缓慢。钾能够促进果实发育，使细胞增大，干重提高，特别是在果实发育后期作用明显，主要因为钾能够提高原生质活性，促进糖转运。此外，钾与水合作用有关，钾含量较多时，鲜果中水分百分比有所增加。

钙与果实细胞结构的稳定和降低呼吸强度有关。缺钙会引起果实生理病害，如枸杞的黑果病。由于钙主要在前期进入果实，因此随果实的增大，钙的浓度被稀释，大果实易出现缺钙生理病。同时，钙只能由根系经木质部向果实供应，所以旺盛生长的新梢顶端钙含量较少，且与果实进行竞争，因此，徒长枝多的树体易出现缺钙生理病。

水分是一切生理活动的基础，枸杞果实中80%～90%为水分。果实生长离不开水分，干旱对于果实增长的影响较其他器官大。过分干旱，果实中的水分可倒流至其他器官中；而水分多时，果实可贮藏，这种现象在果实发育后期更为明显。

（三）温度

植物果实的成熟都需要一定的积温，枸杞从植株萌动到果实成熟需积温2800～3500℃。同一品种在不同立地条件下由于有效积温差异，果实成熟期是不同的，如在新疆精河、青海诺木洪，果实成熟期均晚于在宁夏中宁。过低或过高的温度都能促进果实呼吸强度上升，影响果实生长。由于果实生长主要在夜间进行，所以夜间温度对果实生长影响更大。

（四）光照

光照对果实生长是不言而喻的，众多试验表明，遮阴影响果实的大小和品质。套袋果实可以正常生长，说明光照对果实的影响是间接的。由于光照影响叶片的光合速率，使光合产物供应降低，果实生长发育受阻。同时，低光照加速叶片老化，长期光照不足会引起早期落叶。

四、果实的品质形成

果实的品质由外观（果形、大小、整齐度和色泽）和内在品质（风味、质地、香味和营养）

构成。性状指果实的外观，如大小、果形、整齐度、光洁度、色泽、硬度、汁液等。性能指与食用目的有关的特性，如风味、糖酸比、香气、营养和食疗等。

（一）果实成熟

果实发育达到该品种固有的形状、质地、风味和可食用阶段，称为成熟。通常，果实成熟之后才进行采收，但有时为了运输方便或早上市可提早采收。现已明确，果实成熟阶段各种化学物质都会发生变化，果实成熟不仅是一个降解的生理过程，也是一个延缓衰老的过程，其中，核糖体数目减少是果实衰老的开始，而线粒体在缓解衰老上作用明显。

（二）果实的硬度

决定果实硬度的内因是细胞间的结合力、细胞构成物的机械强度和细胞膨压。果实细胞间的结合力受果胶影响。随着果实的成熟，可溶性果胶增多，原果胶减少，原果胶/总果胶之比下降，果实细胞间失去结合力，果肉变软。枸杞果实属于浆果，果肉柔软多汁，果实硬度较低，贮藏保鲜较难。在生产上主要通过制干保存枸杞果实。

（三）果实的糖和酸

果实中的糖主要有果糖、葡萄糖和蔗糖。枸杞果实可溶性总糖含量变化为生长前期变化不明显，近成熟时迅速积累至最高。可溶性有机酸主要是二羧酸与三羧酸。枸杞果实总酸含量呈现先升高后降低的变化趋势。其有机酸主要为苹果酸、柠檬酸、草酸，随着枸杞果实的成熟，苹果酸、柠檬酸、草酸均呈下降趋势，而柠檬酸在果实成熟时含量较高。糖和酸构成果实的风味，主要取决于果实中的糖酸浓度和糖酸比。此外，品种、树体营养、环境条件都能影响糖酸的含量。

（四）维生素和蛋白质含量

果实富含多种维生素，其中维生素C对于果实营养极为重要。枸杞果实发育期间维生素含量变化总体呈先升高后降低的变化趋势，且在花后22 d、31 d，含量水平较高。可溶性蛋白质含量在发育前期较低，随着果实发育，含量逐渐升高，至花后27 d含量达最高峰，以后逐渐减少，至成熟时降至最低水平。枸杞果实成熟时主要色素为花青苷和类胡萝卜素，其在生长发育过程中花青苷含量、类胡萝卜素含量呈上升趋势，而类黄酮含量先升后降，至果实成熟时降至最低点。

第六节　营养物质的合成与利用

一、营养生长

根、茎、叶是植物体主要的吸收、合成和输导器官，称为营养器官。

（一）根的生长

植物根的生理功能主要为固定植株，吸收营养物质，合成细胞分裂素、氨基酸。其生长部位主要为顶端分生组织，具有顶端优势，对侧根具有抑制作用，如枸杞在育苗移栽时切除主根促进侧根生长。其生长具有向地性、向湿性、背光性和趋肥性。在生长受阻后，进行增粗生长，构造相应发生变化，如维管束变小，皮层细胞增多。土壤水分过少时，根生长慢，木质化程度加快；土壤水分过多时，通气不良，侧根数量增多。

（二）茎的生长

茎是植物体的营养器官，是绝大多数植物体地上部分的躯干，其上有芽、节、节间，并着生叶、花、果实，具有输导、支持、储藏和繁殖的功能。控制茎生长的组织主要是顶端分生组织和近顶端分生组织，前者控制后者的活性，而后者细胞分裂和伸长决定茎的生长速率。

（三）叶的生长

叶片是植物进行光合作用、气体交换、蒸腾作用的重要营养器官，其发育状况及叶面积大小直接影响植物的生长发育及产量。单叶自叶片定型至1/2叶片发黄的时期，称叶片功能期。叶面积指数是反映植物群体生长状况的一个重要指标，是指单位土地面积上植物叶片总面积占土地面积的倍数。植物群体的叶面积指数随生长时间而变化，一般出苗时叶面积指数最小，随植株生长发育，叶面积指数增大，植物群体繁茂的时候叶面积指数达到最大。当叶面积指数达到一定阈值后，透光率减小，田间郁闭，光照不足，光合效率减弱，部分叶片逐渐老化、变黄、脱落。

二、生殖发育

花、果实和种子是植物体主要的繁衍后代的器官，称为繁殖器官。

（一）花的生长发育

植物在适宜条件下，茎尖分生组织由营养生长锥转变为生殖生长锥，并逐渐分化出花的不同器官的过程为成花。大多数植物的花芽分化都是从生长锥伸长开始的，在成花诱导下，逐步分化形成若干轮凸起，形成萼片原基、雄蕊原基、雌蕊原基，并逐渐形成完整的花。

枸杞为多年生灌木，花期一般集中在5月上旬至9月中下旬，而单花开放时间较短。在花朵逐渐开放过程中，植物进行自花或异花授粉，最终产生果实、种子。枸杞属于常异花传粉植物，介于5%～50%异花传粉。由于异花传粉雌雄配子来自不同的植物体，其遗传变异较大，由此产生的后代具有较强的生命力和适应性。

（二）果实的生长发育

枸杞果实生长呈双“S”形，在生长发育过程中，呼吸作用和代谢发生变化，色、香、味也逐渐发生发生变化，果肉由脆变软。有研究表明，枸杞在5个时期的果实中共检测出53种挥发性物质，包括13种萜类、8种醇类、10种醛类、11种酯类、9种酮类、2种呋喃类，且不同时期挥发性化合物的类型、含量及同一类型的挥发物占比也不同。但整个发育过程中，总挥发物的含量总体呈下降趋势，但反式2-己烯醛和水杨酸甲酯含量在各个时期较高。

（三）种子的生长发育

在自然情况下，种子和果实的成熟过程同时进行。在种子形成初期，呼吸作用旺盛。随着种子成熟，呼吸作用逐渐降低，代谢过程也逐渐减弱。在种子成熟期间，可溶性物质如糖类、氨基酸、无机盐等大量输入种子作为合成储藏物质的原料。多数药用植物的果实和种子的生长时间较短、速度较快，此时若营养不足或环境条件不适宜，都会影响其正常生长和发育。因此，以果实或种子为食用器官的植物，给予适宜的营养条件和环境条件，才有利于果实和种子的正常发育。

对于多年生植物而言，营养生长和生殖生长交错进行，且相互依赖、相互竞争、相互抑制。营养生长是生殖发育的基础，而生殖器官的数量又影响营养生长。研究表明，生殖器官更能影响物质的分配，如果实数量增加，对茎和叶的干物质积累影响较大。同一棵树不同生长时期，生殖器官发生的早晚，直接影响花芽质量、坐果率和果实大小。春季，枸杞二年生枝花芽分化和花芽较好，果实成熟期较早。而生殖器官之间也存在着竞争关系，如过多的开花或结果，常会引起落花落果，而降低产量。

第七节　枸杞的物候期

植物长期适应于一年寒暑节律的变化，从而形成与此相适应的发育节律周期性变化称为物候期。枸杞物候期一般分为萌动期、展叶期、新梢生长期、现蕾期、开花期、果熟期、落叶期和休眠期。各物候期出现时间早晚因各地平均气温不同有所变化（表6-1、表6-2、表6-3）。有研究表明，‘宁杞1号’日平均气温在10℃左右开始萌芽，＞12℃夏果枝条现蕾，在宁夏中宁存在二次生长，日平均气温降低到26℃，秋梢开始现蕾开花，由于青海诺木洪枸杞无二次生长，日平均气温＜5℃时，开始落叶。

经10年观测，枸杞在宁夏银川地区的营养生长和生殖生长物候表现规律如表6-2、表6-3所示。

表6-1　枸杞在各地的物候期

气候与物候期	宁夏银川	甘肃临夏	新疆精河	宁夏中宁	内蒙古巴彦淖尔
年平均气温（℃）	9	7.6	7.4	9.5	6.5
初霜期（旬/月）	中/10	中/10	中/10	中/10	中/10
终霜期（旬/月）	中/4	中/5	中/5	中/5	中/5
全年日照时数（h）	2972	2762.5	4444	2961	3202.5
≥10℃有效积温	3349	2937.3	3609	3321	2800
萌芽期（旬/月）	上/4	中/4	上/4	上/4	中/4
展叶期（旬/月）	中/4	下/4	中/4	中/4	下/4
春梢生长期（旬/月）	下/4	上/5	下/4	下/4	上/5
现蕾期（旬/月）	下/4	上/5	上/5	下/4	上/5
开花初期（旬/月）	上/5	中/5	中/5	上/5	中/5
果熟期（旬/月）	中/6	上/7	下/6	中/6	上/7
落叶期（旬/月）	下/10	下/10	下/10	下/10	下/10
休眠期（旬/月）	上/11	上/11	上/11	上/11	上/11

表6-2　枸杞营养生长物候期

时间	气温（℃）	物候表现	特征
4月上旬	7	萌芽期	枝条上的芽鳞片展开，吐出绿色嫩芽
4月中旬	13	展叶期	幼芽的芽苞有5个幼叶分离
4月下旬至6月中旬	16～30	新梢萌发	新梢萌发至枝条延长封顶生长期
8月上旬	26	秋梢萌发期	树冠上部枝条上的芽苞分离抽梢
8月中旬至9月下旬	23～18	秋梢生长期	秋梢生长延长至封顶
10月下旬至11上旬	12～9	落叶期	枝条上的叶片半数脱落
11月中旬至翌年3月中旬	≤-8	休眠期	叶片落完，根系停止活动

表6-3 枸杞生殖生长物候期

时间	气温（℃）	物候表现	特征
4月下旬至6月下旬	16～30	现蕾期	有1/5的结果枝出现花蕾
5月上旬至7月上旬	18～32	开花期	有1/5的花蕾开花
5月下旬至7月中旬	20～32	幼果期	有1/5的幼果露出花萼
6月中旬至8月上旬	26～28	果熟期	有1/5的青果膨大转变为红色
8月中旬至9月上旬	24～18	秋蕾开花期	有1/5的秋蕾开花
9月中旬至10月中旬	18～12	秋果果熟期	有1/5的秋果成熟直至下霜

注：根据枸杞植株受气候影响所表现的物候，可以为及时正确地制定和实施枸杞田间管理技术措施提供依据。

近年来，对枸杞物候方面的研究主要是不同枸杞种质时序分布情况及同一品种不同生态区物候期差异。结果表明‘宁杞1号’‘大麻叶’萌芽、展叶均晚于其他新品系，‘精杞5号’2年生枝盛花期的出现极晚，对其时序分布进行统计（图6-6）发现，枸杞物候期连续分布于37个候区，其中，春季萌芽期均处于1个候区，秋梢盛花期处于第37个候区，展叶期、春梢盛花期、春梢盛果期、秋季萌芽期、秋梢现蕾期均处于2个候区，而2年生枝现蕾期、抽梢期、春梢现蕾期、秋梢盛果期均处于3个候区，2年生枝盛花期处于4个候区。

同一品种在不同生态区物候期有所不同（表6-4）。‘宁杞1号’在青海、宁夏、新疆物候期表现为新疆精河县萌芽最早，青海诺木洪萌芽最晚，新疆精河县和宁夏中宁县春梢生长期在4月中旬，老眼枝的果实成熟期在6月10～15日，春梢的果实成熟期在6月15～25日，秋梢萌发在7

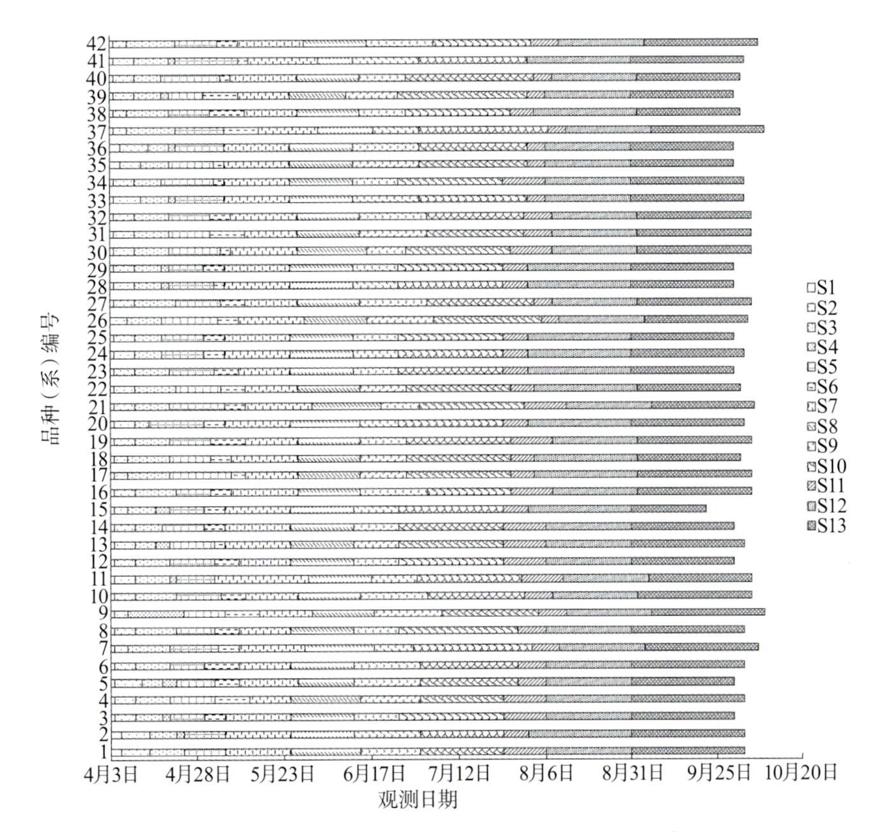

图6-6 不同枸杞种质资源物候时序的分布情况

月20日至8月10日，落叶期在11月20日，而青海诺木洪农场春梢生长期、老眼枝果实成熟期晚于其他两地约30 d，且春梢果实成熟期在7月25日至8月10日，无秋梢萌发，落叶期在11月2日左右。

表6-4　不同生态区枸杞物候表现及对应日平均温度

枝条类型	物候期	青海诺木洪农场		宁夏中宁县		新疆精河县	
		2018年	2019年	2018年	2019年	2018年	2019年
老眼枝	萌芽期	5.5（8.38℃）	4.20（9.69℃）	4.10（14.57℃）	4.7（16.51℃）	4.1（4.75℃）	4.4（16.62℃）
老眼枝	展叶期	5.10（10.38℃）	4.30（11.66℃）	4.13（8.44℃）	4.15（13.87℃）	4.6（8.78℃）	4.11（13.30℃）
老眼枝	春梢生长期	5.21（15.29℃）	5.12（9.44℃）	4.18（23.09℃）	4.19（18.33℃）	4.11（8.72℃）	4.15（19.22℃）
老眼枝	现蕾期	6.4（14.46℃）	5.23（13.82℃）	4.15（8.44℃）	4.25（19.42℃）	4.10（12.34℃）	
夏果枝	现蕾期	6.14（10.07℃）	6.10（13.70℃）	5.1（15.72℃）	5.17（23.37℃）	4.23（20.20℃）	
老眼枝	始花期	6.9（13.68℃）	5.27（10.98℃）	4.18（23.09℃）	5.14（20.15℃）	4.16（13.30℃）	
夏果枝	始花期	6.20（15.95℃）	6.10（13.70℃）	5.3（20.02℃）	5.17（23.37℃）	4.26（16.78℃）	5.13（21.26℃）
老眼枝	盛花期	6.14（10.07℃）	6.5（15.87℃）	5.7（19.59℃）	5.17（23.37℃）	4.28（16.42℃）	
夏果枝	盛花期	6.23（15.71℃）	6.25（18.04℃）	5.12（21.21℃）	5.23（26.28℃）	5.10（20.05℃）	5.20（21.67℃）
老眼枝	青果期	6.23（15.71℃）	6.15（15.54℃）	5.15（26.83℃）	5.23（26.28℃）	5.6（16.13℃）	
夏果枝	青果期	7.7（19.65℃）	7.15（18.09℃）	5.18（23.07℃）	6.4（21.78℃）	6.8（29.00℃）	6.10（19.97℃）
老眼枝	果实色变期	7.15（17.97℃）	7.18（14.02℃）	6.6（22.13℃）	6.7（23.31℃）	6.11（27.79℃）	
夏果枝	果实色变期	7.25（23.42℃）	7.31（16.42℃）	6.10（23.17℃）	6.17（24.99℃）	6.18（24.40℃）	6.20（22.96℃）
老眼枝	果实始收期	7.18（18.10℃）	7.20（14.59℃）	6.10（23.17℃）	6.17（24.99℃）	6.8（29.00℃）	6.7（24.91℃）
夏果枝	果实始收期	7.28（15.89℃）	8.6（17.11℃）	6.12（24.92℃）	6.21（18.76℃）	6.22（26.55℃）	6.20（22.96℃）
老眼枝	夏果成熟期	7.28（15.89℃）	7.26（22.24℃）	6.13（24.47℃）	6.20（18.42℃）	6.10（28.49℃）	6.10（19.97℃）
夏果枝	夏果成熟期	8.10（17.67℃）	8.17（21.83℃）	6.15（26.43℃）	6.24（25.12℃）	6.21（23.95℃）	6.25（23.86℃）
落叶期			11.2（1.48℃）	11.2（5.81℃）	11.17（-1.47℃）		11.20（-3.63℃）

第八节 枸杞的生命周期

生命周期是指从种子萌发起，经过多年的生长、开花、结果，直到树体死亡的整个时期。枸杞的生命活动从上一代营养体产生的种子、侧根和枝条开始，历经萌发，形成幼苗，逐渐生长成为具有根、茎、叶的植株，然后开花结果、落叶休眠，翌年春季开始萌芽生长，如此循环往复，直至根系衰老、植株死亡。枸杞在有效土层深厚的土壤上栽培的，其生命年限可达百年，有效生产（产果）年限30年左右。按照产果的特点，一般将它的有效生命周期分为5个阶段。

一、苗期（营养生长期）

苗期是实生苗从种子萌发开始到第一次开花结实前这一段生长时间或器官苗从器官长出新根以后到第一次开花结果前这一段生长时间。实生苗苗期一般为1～2年，此时植株幼小，树冠和根系生长势较强，在没有修剪措施的情况下，地上部多呈直立生长，生长旺盛。无性器官苗大多取自于枸杞树的成熟器官，发育极数高，结果年限提前。无性硬枝扦插苗的育苗材料取自母树强壮结果枝条，其生根点多，生根率高，须根发达。在修剪措施情况下，枸杞从生根到开花结实只需3个多月，在此阶段，加强水肥管理，培育壮苗，为丰产打好基础。

二、结果初期（幼龄期）

枸杞从第一次开花结实到大量结果即进入生殖生长期，一般无性扦插苗从育苗当年至第三年，有性实生苗从第二年开始至第五年，这一时期根系生长迅速，树冠发育快，是冠层培育的最佳时期，也是生产优质果实的最好阶段。此时，加强水肥供应，病虫害防治，合理修剪，尤其是夏季根据植株大小，采取剪、截、留措施，对徒长枝及时修剪，中间枝进行短截，促发二次、三次枝，扩大树冠，放顶成型，为优质高产打好基础。在此期间根颈年生长一般增粗0.5～1 cm，冠幅年扩大增长30～50 cm。

三、结果盛期（盛果期）

枸杞在4～30年为结果盛期，这一时期植株新陈代谢旺盛，是营养生长与生殖生长的共生期，这一时期结果枝层逐渐外移，树冠增幅达到最大值，是枸杞结果、产量的高峰期。此时，由于树龄增长大量开花结实，养分积累下降，生长量逐渐减少，必须加强水肥和树体管理。结果盛期分为3个阶段：4～10年为盛果初期，植株、根系生长仍处于旺盛生长阶段，根颈年生长量约0.4 cm；10～20年为盛果中期，生长开始变得缓慢，根颈年生长量0.20 cm；20～30年为盛果末期，生长最慢，根颈年生长量为0.15 cm，后期树冠下部大主枝开始出现衰老或死亡时，应加强水肥管理，病虫害防治，修剪上以改善光照、更新修剪为主，并利用中间枝、徒长枝弥补树冠空缺，对老枝进行更新，延长盛果期年限。

四、结果后期

栽植30年以上的树龄，是盛果期的延续。此时，植株生长势逐渐减弱，根颈年生长量平均为0.1 cm以下，结果能力下降，果实变小，树冠出现较大空缺，顶部有不同程度裸露。应着重进行更新修剪并对中间枝及时摘心、短截、促发果枝，延缓结果，另需进行全园更新。

五、衰老期

栽植50年以上，枸杞进入衰老期，此时生长势显著衰退，树冠失去原有饱满姿态，结果能力显著下降，产量剧减，主干、主根出现不同程度的心腐，失去经济栽培价值。

以上所述枸杞各个发育阶段虽在形态特征上有明显的区别，但其变化是连续的，逐步过渡的，并无明显的划分界线。而各时期的长短和变化速度，主要取决于栽培管理技术。正确认识各个时期的特点及变化规律，针对性地制订合理的管理措施，以利于枸杞高产稳产，延长盛果期，从而提高经济效益。

参考文献

安巍，石志刚. 枸杞栽培技术[M]. 银川：宁夏人民出版社，2009.

曹尚银. 苹果花芽孕育的蛋白质组学及其特异蛋白的研究[D]. 长沙：湖南农业大学，2005.

冯美. 枸杞果实生长发育及化学成分积累规律的研究[D]. 银川：宁夏大学，2005.

雷颖，蒲莉，任继文. 苹果树整形修剪实用图谱[M]. 兰州：甘肃科技出版社，2012.

梁晓婕，安巍，戴国礼，等. 不同枸杞品种(系)的根系生长特征[J]. 北方园艺，2018(22): 149-153.

梁晓婕，段淋渊，安巍，等. 宁夏枸杞根系生长发育特征研究[J]. 西北农业学报，2020, 29(4): 622-629.

王亚军. ‘宁杞1号’枸杞品质对气象和土壤因子的响应机制[D]. 北京：北京林业大学.

韦援教，秦垦，曹有龙，等. 宁夏枸杞花粉原位萌发及花粉管生长特性的研究[J]. 西南农业学报，2011, 24(4): 1484-1489.

郗荣庭. 果树栽培学总论[M]. 北京：中国农业出版社，2005.

闫欣. 种质和成熟度对枸杞鲜果挥发性物质的影响[D]. 咸阳：西北农林科技大学，2021.

张波，戴国礼，秦垦，等. 42份枸杞种质资源的物候特征[J]. 经济林研究，2021.

张美勇. 核桃优质高效生产[M]. 兰州：甘肃科学技术出版社，2010.

张益芝，戴国礼，秦垦，等. 宁夏枸杞(*Lycium barbarum*)花器官形态多样性与品系间识别研究[J]. 广西植物，2018, 38(9): 1205-1214.

章英才，张晋宁. 几种枸杞属植物叶片的结构比较[J]. 宁夏大学学报(自然科学版)，1999(4): 374-378.

郑国琦，张磊，王俊，等. 宁夏枸杞果实与种子形态发育初探[J]. 广西植物，2012, 32(6): 810-815+839.

钟鉎元. 枸杞高产栽培与育种学[M]. 银川：宁夏人民出版社，1994.

BONNER J, HEFTMANN E, et al. Suppression of Floral Induction by Inhibitors of Steroid Biosynthesis[J]. Plant physiology, 1963, 38(1).

CHAILAKHYAN M K. New facts in support of the hormonal theory of plant development[J]. Compt Rend Acad Sci U R SS, 1936, 13: 79 - 83.

CORBESIER L. FT proteinmovement contrbutes to long distance signa lingin floral in duction of Arabidopsis[J]. Science, 2007, 316(5827): 1030-1033.

TAOKA K I O I. 14-3-3proteins act as intracellular receptors for rice Hd3a florigen[J]. Nature, 2011, 476(7360): 332 - 335.

第七章
气象条件对枸杞生产及品质的影响

第一节　枸杞气象研究概述

一、气象研究

枸杞气象是研究气象条件与枸杞生产之间的关系及其变化规律的科学，属农业气象学中的专业农业气象学范畴，也属于林业气象学中的特色经济林果气象领域。主要研究气象、气候因素与枸杞栽培育种、生长发育、产量和品质形成、气象灾害和病虫害及其农事活动等与气象因素的关系，揭示其作用机理、影响规律，确定适生气候条件及区域分布、影响枸杞生长、产量和质量形成的最适气象条件及农业气象灾害、病虫害预测、预报阈值，开展预测、预警、评估，提供趋利避害的气象防灾减灾对策，保障枸杞产业健康可持续发展。

二、气象研究的发展

枸杞气象研究经过40余年的不懈努力，宁夏回族自治区气象科学研究所、全国枸杞气象服务中心、宁夏农林科学院枸杞研究所（有限公司）、国家枸杞工程技术研究中心、宁夏回族自治区林业和草原局、宁夏大学等相关单位在气象因素、土壤水分、养分对枸杞生长发育、产量、品质形成的影响、枸杞适宜气候区划、枸杞气象灾害及病虫害气象监测预警、气候变化影响评估等方面取得了大量的研究成果。

枸杞气象研究方面，1983年，梁鸣早研究了河北巨鹿县枸杞生长发育的农业气候指标，1984年，周仲显开展了宁夏枸杞适宜种植的农业气候区划，标志着我国枸杞气象研究的开端。2000—2003年，刘静等研究了枸杞产量、商用与药用品质与气象因子、土壤养分的定量关系，开展了枸杞适宜种植的农业气候区划。2005—2007年，宁夏气象部门先后研究了枸杞产量预报模型及枸杞黑果病、蚜虫和红瘿蚊发生的气象等级预报模型，开展了预测服务。冯美、牛艳等开始研究枸杞有效成分及其与气象、土壤养分、盐分等生态因子关系；2009—2012年，曹兵、宋丽华、张磊等开始关注土壤温度、湿度、养分对枸杞苗木生长、生理性状和地理分布的影响；2013—2015年，宁夏大学获得多项国家自然基金和国家科技支撑项目资助，郑国琦、齐国亮、苏雪玲、温美佳、马海军等分别研究了不同产地枸杞品质与气象因子的关系及区划。2013—2018年，宁夏农林科学院枸杞科学研究所在国家自然基金“生态因子对枸杞化学成分影响研究”资助下，曹有龙等研究测定了以当期主栽品种‘宁杞1号’为材料，对新疆、青海、宁夏、甘肃、内蒙古等5个地区共10个产区三批次的‘宁杞1号’的总糖、还原糖、灰分、氨基酸、多糖、类胡萝卜素、黄酮及微量元素硒含量等9个主要化学成分的含量，收集了18个生态因子，其中包括pH、全盐、有机质、全量氮、全量磷、全量钾、速效氮、速效磷、速效钾、土壤硒等10个土壤因子和日照时数、8月平均气温、9月平均气温、年降水量、年平均气温、相对湿度、≥10℃活动积温和海拔等8个气象因子，利用偏最小二乘法、相关性分析等分析了化学成分和生态因子之间的相关性。结果表明，枸杞不同产地的化学成分差异较大，宁夏产区的总糖和还原糖最低，但功效成分枸杞多糖、黄酮以及硒含量居首位。主要化学成分受不同生态因子的影响。但以枸杞整体化学成分为指标，影响其含量的最主要生态因子依次为年降雨量、日照时数、海拔等，且除速效钾外，气象因子均比土壤因子对枸杞主要化学成分的积累的影响大。枸杞主要化学成分与生态环境、地理分布密切相关，在品种和栽培条件特定的条件下，枸杞药材品质基于特有的生态条件。在国家自然基金“枸杞品种形成对立地质量的响应机制”及宁夏一、二、三产业融合项目“枸杞功能基因对生态因子的响应机理研究”等项目的资助下，王亚军、梁晓婕等以宁夏、新疆、青海、内蒙古、甘肃5个枸杞主产区7个枸杞产地的71个样点的土样和果实样品为样本，调查分析了不同产地土壤养分、气象数据以及枸杞果实外观和内在营养成分特点；调查分析了不同产地枸杞的外观品质和内在品质的差异，确定了枸杞品质形成与立地质量的相关性，对枸杞糖碱比值的区域划分标准进行了修正，确立了5级划分标准；开展了枸杞的盐碱胁迫实验，比较不同枸杞品种的耐盐碱性差异，确定了盐生环境对枸杞生长发育的影响；集成不同枸杞产区枸杞果实性状和营养成分特点，形成了不同产区枸杞质量的评价技术体系。2016—2018年，段晓凤等，通过室内和野外霜冻模拟试验，确定了枸杞花蕾期霜冻指标。2019年，刘静等通过历年枸杞气候品质反演，研究了枸杞药用、表观品质对气候变化的响应，提出了加强高端品牌战略的对策建议。曹兵等系统地研究了CO_2浓度倍增情境下枸杞的生长发育、光合特征、叶绿素荧光特征、果实糖分等的影响。2020年，在宁夏重点研发项目《基于遥感技术的枸杞水分和养分亏缺监测技术研究》的支持下，开展了枸杞叶片营养及冠层野外光谱数据采集，测定了不同田块土壤养分特征，建立了超分辨率、高空间分辨影像提取模型和土壤湿度SMNET模型，实现了枸杞田间土壤水分和养分分布信息的遥感反演。2021年，在国家自然基金《中小尺度大气胁迫对枸杞蚜虫迁飞或扩散的影响机制》支持下，通过蚜虫捕捉试验，从理论上奠定了枸杞蚜虫迁飞、扩散气象预测的基础。

三、气象研究与业务服务

2018年，宁夏回族自治区气象科学研究所、宁夏农林科学院枸杞研究所在宁夏回族自治区农业农村厅的大力支持下，获得农业农村部和中国气象局的批复，成立了全国枸杞气象服务中心和宁夏、青海、甘肃、新疆、内蒙古5个地区的枸杞气象服务分中心。2018—2020年，在中国气象局气象小型业务建设项目和宁夏枸杞产业直补资金的连续支持下，建立起引领全国枸杞产区气象服务业务体系，建设了全国枸杞气象农田小气候观测站网，建立了全国枸杞气象服务业务体系，开发了全国和宁夏智能化枸杞气象服务平台，开发了种植园区小气候要素监测手机H5网页。实现了枸杞发育期、病虫害、气象灾害、农事活动等基础数据共享。开发枸杞气象服务产品十余项，实现了枸杞全程气象保障服务。

第二节　气象条件对枸杞生长发育的影响

一、气象因子与生理因子的关系

枸杞的生长发育、产量、品质形成与枸杞气象因子的关系很密切。刘静等研究了气象条件与枸杞光合、蒸腾作用等的关系。枸杞叶片净光合速率存在双峰型日变化的光合午休现象，净光合速率与气温、叶温均呈2次曲线关系，27℃是枸杞光合作用的最适温度，也是产生光午休的叶温临界点（图7-1）。

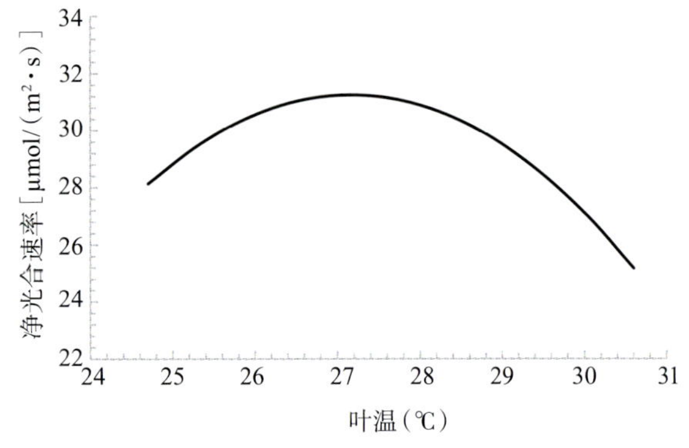

图7-1　枸杞净光合速率与叶温的关系

枸杞蒸腾速率日变化呈单峰曲线，上午随着气温的升高，蒸腾速率很快增大，气温继续升高，蒸腾速率维持在相对较高但较平稳的水平上，15时左右蒸腾速率再度上升，达到全天的最高值，随后气温下降，蒸腾速率也相应降低。蒸腾速率与气温、叶温存在良好的抛物线关系，叶温29℃以上，气孔开张度减小，气孔导度降低速度加快，蒸腾速率降低。最适气温为29℃(图7-2)。

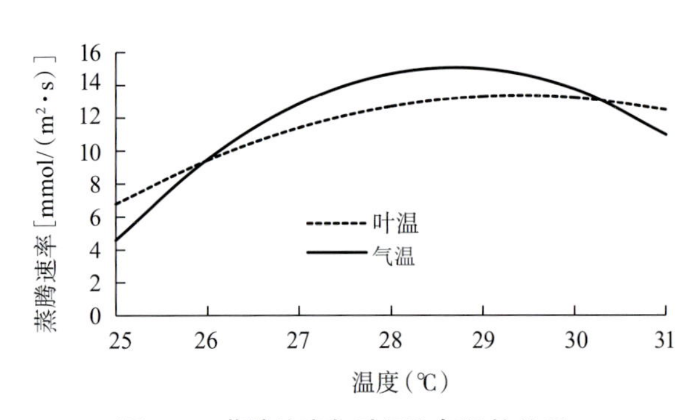

图7-2　蒸腾速率与叶温和气温的关系

枸杞叶片蒸腾速率受外界环境湿度的影响也很大，一般相对湿度低于40%，蒸腾速率变化不大，高于40%，蒸腾速率随环境相对湿度的增大而线性减小。

二、温度和土壤水分对生理活性的影响

刘静等利用人工气候室开展了盆栽枸杞控温、控水试验，在灌水和不灌水两种处理条件下，枸杞净光合速率均与气温呈极显著负相关(图7-3)，在第二批不灌水条件下，光合作用的上限温度为31～31.3℃，而在第5批充足灌水的处理下，抑制光合的上限温度提升至37.5～45.3℃，证实水分胁迫可导致枸杞耐受高温的能力降低。

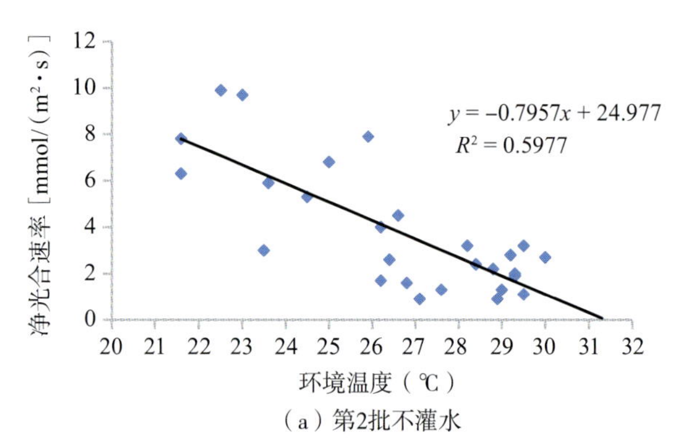

(a)第2批不灌水

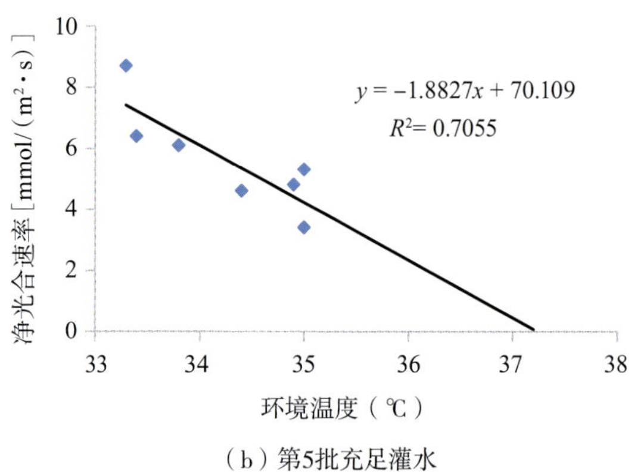

(b)第5批充足灌水

图7-3　枸杞光合作用对不同温度的响应

枸杞蒸腾速率与温度关系密切，在温度较高的情况下，随着温度的继续升高，叶片气孔关闭，蒸腾失水减少，在土壤水分供应不足情况下，这种减少更显著。在正常灌水处理下，随着温度上升的转折性峰值出现在29℃(图7-4)。

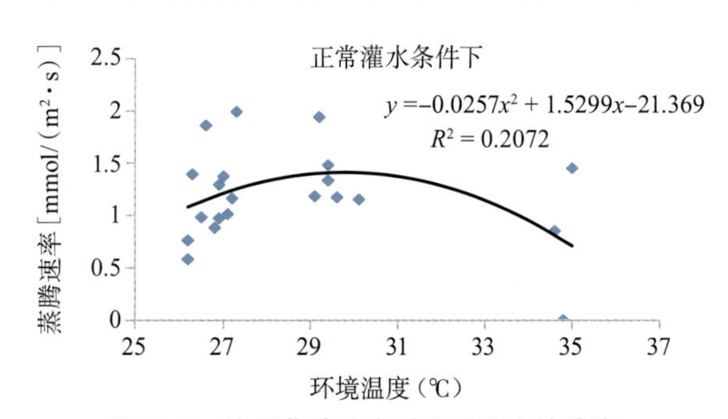

图7-4　枸杞蒸腾速率对不同温度的响应

适宜温度范围内，气孔导度随温度上升而增大，但水分胁迫情况下，温度超过22℃，气孔导度开始下降。随着环境温度的上升，枸杞叶片WUE呈线性下降趋势极显著。温度25℃时水分利用率（WUE）最高，缺水时WUE峰值温度降低。

郑国琦等发现，在人工控水条件下，月灌水定额<900 m^3/hm^2时，枸杞叶片光合速率、气孔限制值等随着灌水量的增加显著增加，月灌水定额>900 m^3/hm^2后，叶片胞间CO_2浓度随月灌溉定额的增加呈上升趋势，而气孔密度等变化并不显著，其他生理指标均呈相反的变化趋势，枸杞叶片蒸腾速率和气孔导度值以450 m^3/hm^2灌量处理最高，在节水条件下，900 m^3/hm^2的月灌溉定额较适合枸杞的灌溉。

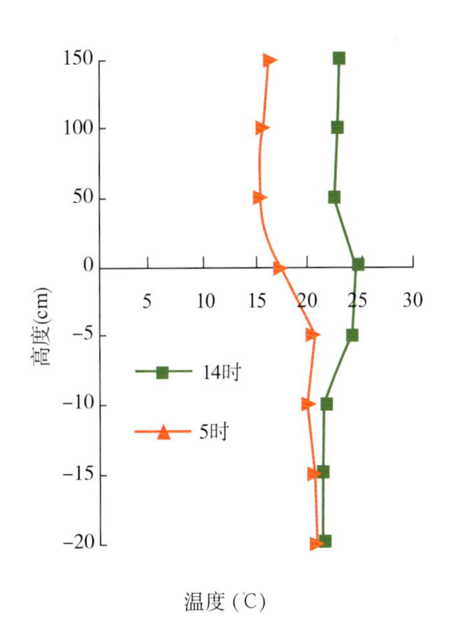

图7–6　枸杞园内5时和14时温度的垂直分布

三、枸杞园田间小气候特征

马力文等从辐射、温度、湿度和田间风速方面研究了枸杞园田间小气候特征，发现枸杞田间辐射铅直分布为上部辐射经过植物吸收衰减，在植株中部最小，但植株下部略有增大；水平分布来为辐射强度随着距树干的水平距离增加而增加，在树冠外部最大，内部较小。

枸杞田间气温和地温日变化呈一峰一谷型，但气温的幅度远高于地温幅度，气温的峰值出现在14时，谷值出现在5时，地温的峰值和谷值比气温推迟2 h（图7–5）。冠层内气温随着

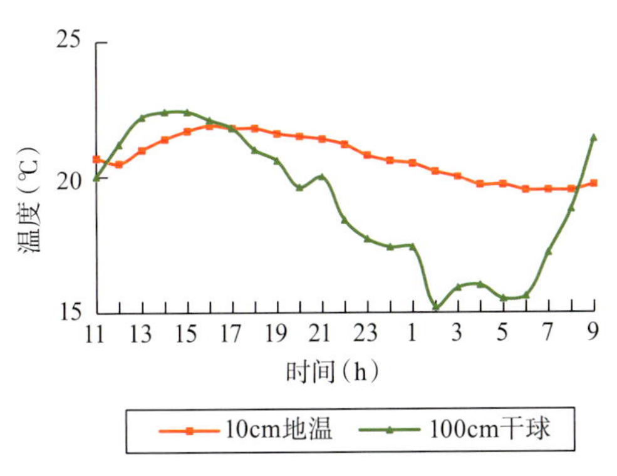

图7–5　枸杞园间温度的日变化

高度的升高而增加，地温随深度的增加而减小（图7–6）。空气相对湿度树冠的下部最大，中上部次之，行间最小。越靠近地表，凌晨的相对湿度越大，雨后可达到100%，这些部位的枸杞往往出现黑果。

四、不同调控措施对枸杞生长的影响

刘静等采用遮阳网对大田枸杞进行遮阳试验。结果表明，遮阳后，夏果枝条生长受限，枝条长度缩短10 cm以上，新芽增加，但木质化程度降低，退化为营养枝。遮阳后秋条提前生长，且不再萌发二次果枝。在光照不足的情况下，果节数也相应减少，弱光处理的枝条果节间距离明显变长，是造成果节数减少的原因（表7–1）。

曹兵等采用开顶气室将1年生宁夏枸杞苗木置于大气环境CO_2浓度倍增条件下生长4个月后，发现枸杞植株开花结实物候略有提前，地径、株高、新梢生长前期生长速率加快，但净生长量与对照没有显著差异。赵琴采用开顶式生长室研

表7-1　不同遮光期各遮光处理的果枝伸展长度（cm）

测定日期	7月21日	7月31日	8月11日	9月11日	9月23日	10月3日	10月14日
遮光天数（d）	0	10	21	52	64	74	85
CK	31.1	39.6	50.4	62.9	33.4	53.0	53.2
0.5层	31.1	27.6	——	78.7	43.2	46.0	52.0
1层	31.1	27.6	——	68.2	33.2	51.2	33.8
2层	31.1	28.4	——	71.4	44.6	58.6	36.0
3层	31.1	31.4	——	44.9	37.1	52.0	38.8

究了气温升高和干旱胁迫对宁夏生长发育的影响。结果表明，增温处理下，枸杞株高显著增高17.29%，随着干旱胁迫的增大，枸杞苗地径、新梢增长速度、叶鲜重、叶干重、叶面积均降低。因此，气温升高促进宁夏枸杞苗木生长，干旱胁迫对枸杞生长有抑制作用。陈爽等研究了枸杞在不同灌溉定额条件下的新梢长度等的变化规律，枸杞新梢长度随灌溉定额的增加而增加，高水处理枸杞新梢长度最长。

五、≥10℃天数增加对枸杞生长季的影响

春季气温稳定通过10℃时，老眼枝萌芽、展叶，秋季气温稳定降至10℃以下，秋果采摘基本结束。宁夏各枸杞产区气温稳定通过10℃的平均初日为4月7日至5月7日，终日为9月26日至10月20日。47年来（1971—2017年），宁夏枸杞产区气温稳定通过10℃的初日提早、终日推迟的趋势明显。2011年以来的平均初、终日期分别为4月12日和10月11日。与20世纪70年代平均值相比，初日提早了12 d，平均每10年提早2.75 d，终日推迟了6 d，平均每10年推迟2 d（图7-7）。

宁夏枸杞产区≥10℃期间的天数呈显著增加趋势，平均每10年延长4.3～5.6 d，平均延长4.7 d/10年，中宁最大，银川、中卫稍小，尤其在1995年之后增加更明显。1981—1994年，≥10℃期间的日数平均为163 d，1995—2017年，≥10℃期间的日数平均为176 d，特别是2011年以来达到182 d，比1970 s平均延长了19 d。可利用生长季的延长使枸杞萌芽、现蕾、开花和成熟均提早，秋季落叶推迟，可采摘批次增多（图7-8）。

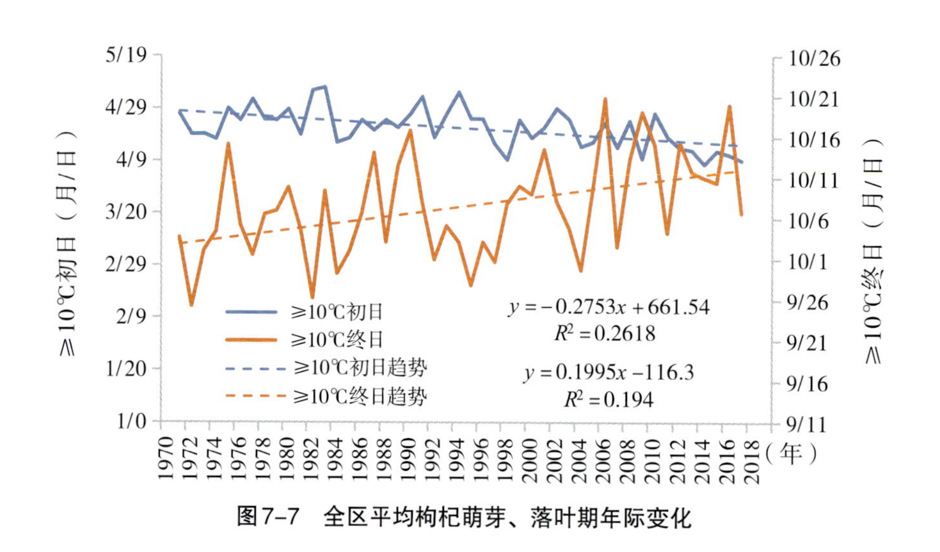

图7-7　全区平均枸杞萌芽、落叶期年际变化

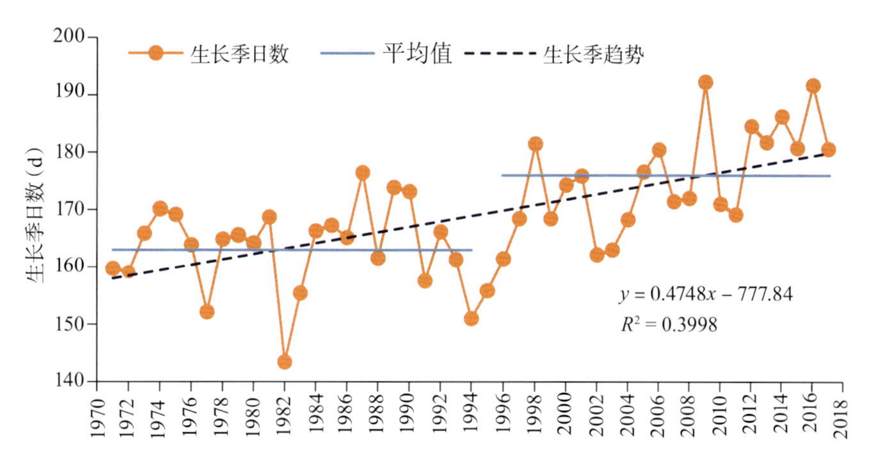

图7-8　宁夏枸杞产区≥10℃期间平均日数变化趋势

第三节　气象条件对枸杞产量的影响

一、全生育阶段气象条件对产量的影响

刘静研究了枸杞不同生长阶段气温、光照、降水、相对湿度、大风等因子对产量的影响，确定了各自的指标。结果表明，枸杞产量波动与枸杞可利用生育期日数、积温和日照显著相关，而灌溉地区水分供应充足，降水量不显著（图7-9a至图7-9d）。

枸杞全生育期需要≥10℃积温为3450℃，日

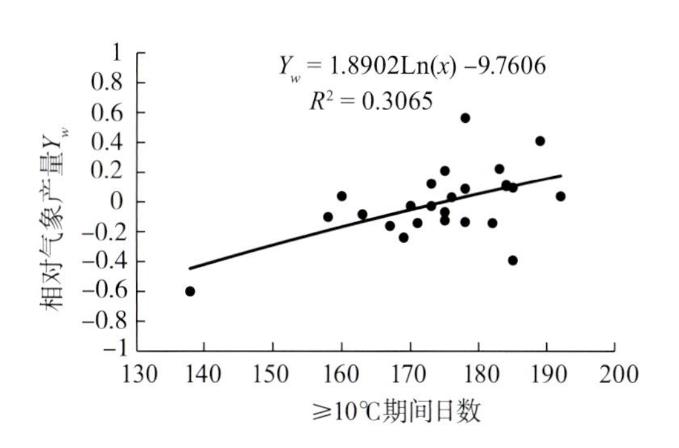

图7-9a　气象产量与≥10℃期间日数的关系

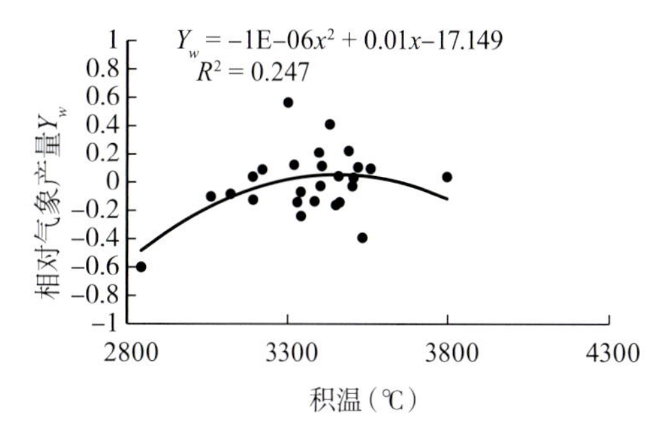

图7-9b　气象产量与≥10℃期间积温的关系

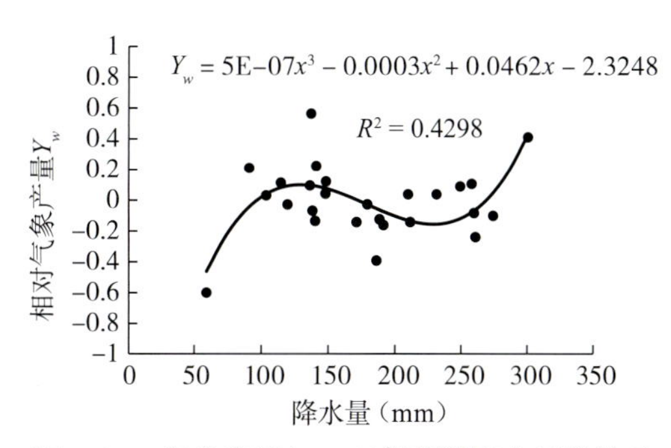

图7-9c　气象产量与≥10℃期间降水量的关系

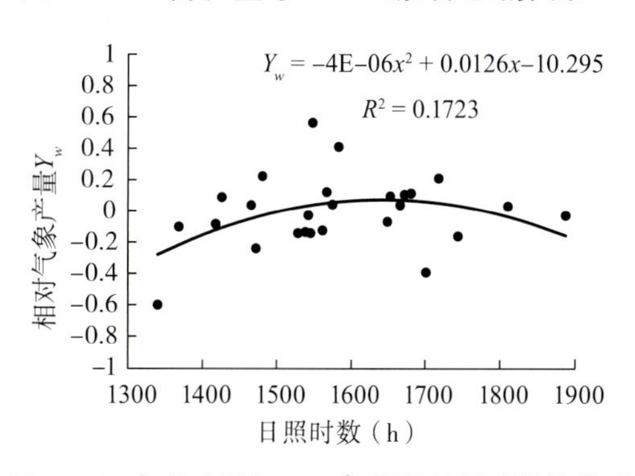

图7-9d　气象产量与≥10℃期间日照时数的关系

照1640h；枸杞在夏果幼果期不耐高温，受干热风影响严重。灌溉条件下，降水量在100～170 mm内，气象产量不受降水量的影响，夏果成熟始期前，降水对产量有促进作用；降水量小于100 mm对枸杞产量有不利影响；当降水量超过170 mm，达到240～300 mm，黑果病严重，果熟期降水阻碍了正常采果，对枸杞产量有副作用。

不同生育时段气象因子对产量的影响不同，冬季气象因子对枸杞气象产量影响不显著，3月下旬风速和沙尘暴日数极显著；4月上旬、5月上旬降水量与气象产量显著正相关，6月下旬，各种气象因子变得非常显著，老眼枝果熟期和新梢幼果期，高温、晴天、日照强烈和大的风速对枸杞产量有明显的负影响，而适当的降水、相对较高的湿度反而有助于枸杞产量的提高。枸杞幼果生长期不耐高温，干热风天气会缩短幼果生长时间，加速成熟，加重了植株营养供应负担，果实变小，产量降低。

二、气象要素调控对产量的影响

刘静通过遮光试验发现遮光使结果期推迟，也使结果数明显减少，遮光10 d后，单枝结果数普遍减少了8～12个，光照越弱，减少越多，甚至幼果全部脱落。枸杞遮光后，粒径降低1.9～4.6 mm，进而引起产量明显下降（表7–2）。

表7–2　2004年不同遮光处理夏果枝单枝果节数

测定日期	7月21日	7月31日	8月11日	9月11日	9月23日	10月3日	10月14日
遮阳网层数	23.9	33.4	42.5	44.2	28.4	38.2	38.2
0.5层	23.9	21.0	36.8	42.8	33.4	36.5	38.6
1层	23.9	21.0		43.4	26.6	40.4	33.8
2层	23.9	16.8		39.8	30.6	35.0	27.0
3层	23.9	20.0		27.2	23.6	27.4	25.0

李苗通过不同程度的水分胁迫处理，研究‘宁杞1号’枸杞不同生育期水分胁迫对枸杞果实生长及产量的影响。结果表明，水分胁迫对产量的影响极为显著，生育期内任一时期的重度水分胁迫都会使产量出现大幅下降，仅为正常产量的89.26%。营养生长期和盛花期、盛果期土壤含水量保持在9.9%～11%或13.2%～14.3%，秋果期土壤含水量保持在13.2%～14.3%或9.9%～11%为最佳。

刘静等通过开口式拱棚设置持续高温10 d、20 d和30 d控温试验，测定枸杞生长和产量性状。结果表明，随着模拟温度的提高，增温处理的单枝结果数量均比对照组（CK组）少，高温造成枸杞的花蕾分化减少，并使花蕾、果实脱落（图7–10）。

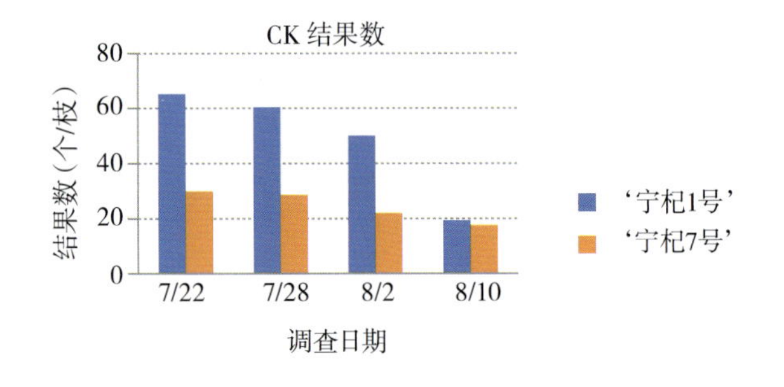

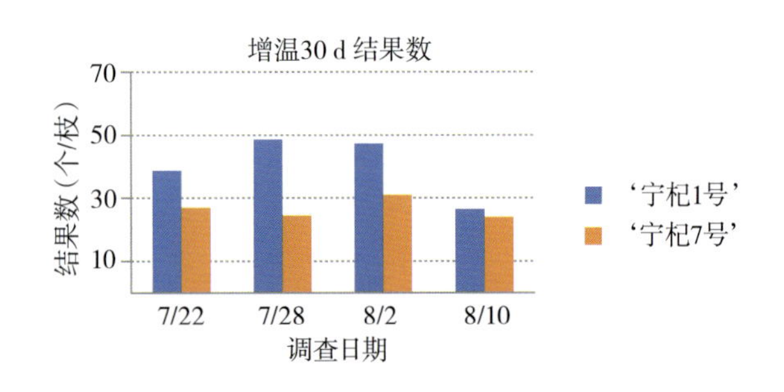

图7–10　不同拱棚处理下枸杞平均单枝结果数量的比较

棚内提高温度的处理的花蕾数普遍比CK少，同期调查‘宁杞1号’的花蕾数在扣棚4 d后，就由CK的76.7个/枝减少到34.6～45个/枝。高温持续的时间越长，花蕾数越少。至处理全部结束后的8月10日调查，各处理单枝剩下的花蕾数不足5个（图7-11）。

自然条件下，‘宁杞1号’的单枝果节数在28～30个/枝，增温处理后降至20～26个/枝。‘宁杞7号’由处理前的22～26个/枝降到30 d后的9～20个/枝，表明高温程度和持续高温日数影响果节分化，枝条顶端不能继续分化结果节位（图7-12）。

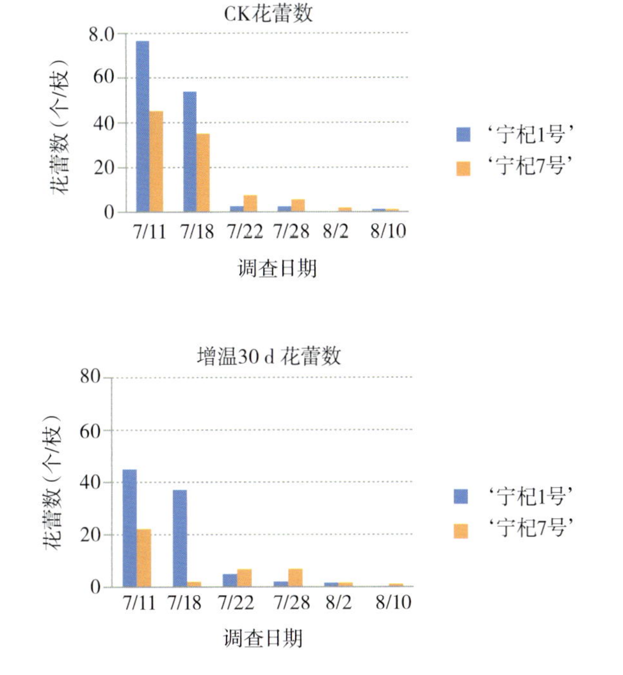

图7-11　不同拱棚处理下枸杞平均单枝花蕾数量的比较

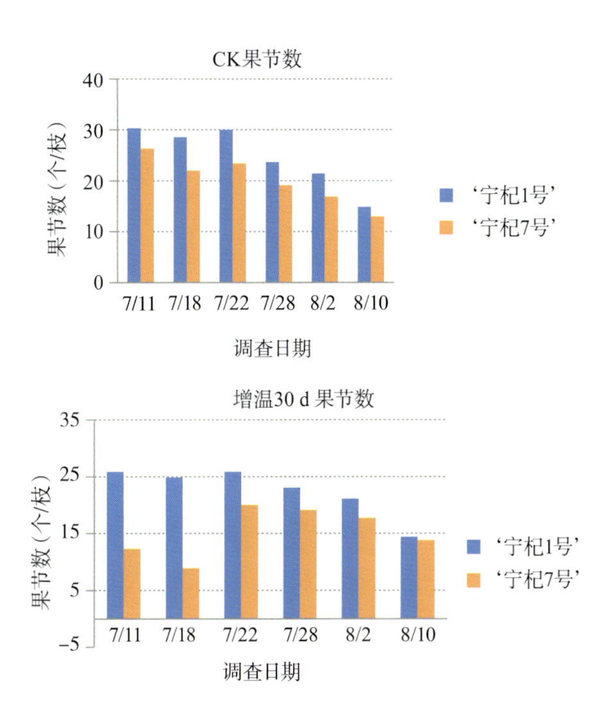

图7-12　不同拱棚处理下枸杞平均单枝花蕾数量的比较

第四节　气象条件对枸杞品质的影响

一、气象条件对外观品质的影响

李剑萍等研究了枸杞外观品质与气象条件关系，结果表明，采摘前5～30 d相对湿度对坏果率影响较大。小于5 mm的降水量不会造成坏果，降水量每增加10 mm，坏果率增加3.2%；坏果率与果实成熟前10 d的平均相对湿度正相关显著，相对湿度在45%以下，不会产生坏果，当相对湿度大于45%时，每增大10%，坏果率增大2.3%；百粒重与采摘前40 d平均气温、采摘前35 d平均相对湿度的关系较好，百粒长与枸杞落花到成熟期（35～40 d）的降水量、平均相对湿度、开花后5 d平均气温有关。开花后5 d内温度过低，果实体积增长慢，粒长小，19～22℃是这一时期枸杞生长发育的最适温度。气温偏高往往出现在果实成熟盛期，挂果量大，个体营养分散，同时，高气温缩短了果实生长时间，果实变小。

枸杞产区生长季内降水量和相对湿度减少，有利于提升夏果外观品质枸杞果实膨大期的降水量越少，相对湿度越小，枸杞百粒重越大，百粒纵径越长。果实膨大期日平均相对湿度在80%～100%时，百粒重基本不变，随后相对湿度每下降10%，百粒重增加4 g；果实成熟期降水量每减少10 mm，枸杞百粒纵径增加7.5 cm；坏果率减少3.2%。

近47年来，枸杞生长季降水呈减少趋势且年际间波动大，平均每10年略减少1.4 mm。最大值为1978年的293 mm，最小值为1982年的98 mm，相差近3倍（图7–13）。枸杞生长季内的日平均相对湿度呈显著下降趋势，平均每10年下降1.8%，特别是2004年以后，2004—2017年相对湿度的平均值已由1971—2003年的58%下降到52%，日平均相对湿度下降更加明显（图7–14）。近47年来，降水趋于减少，空气相对湿度趋于减小，这可能是有利于增加枸杞粒重，增加果长，形成大果，提升枸杞夏果商品品质的原因之一。但分析夏果生长期降水日数和秋果生长期降水日数的变化规律，可看出夏果生长期降水日数减少明显，而秋果生长期降水日数却基本不变（图7–15），说明气候变化对枸杞夏果品质改善明显，但对秋果改善不大。

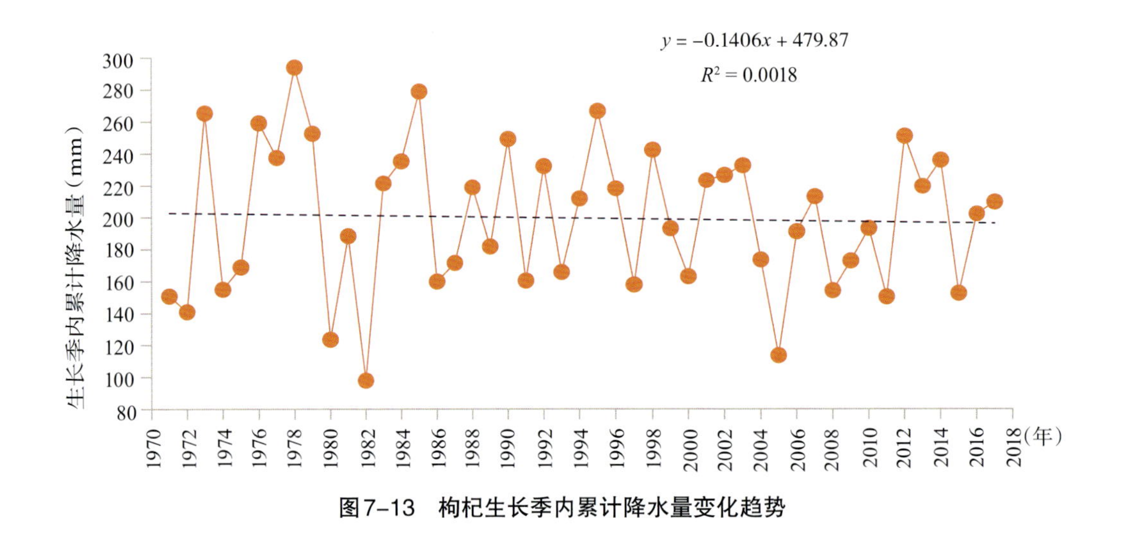

图7–13　枸杞生长季内累计降水量变化趋势

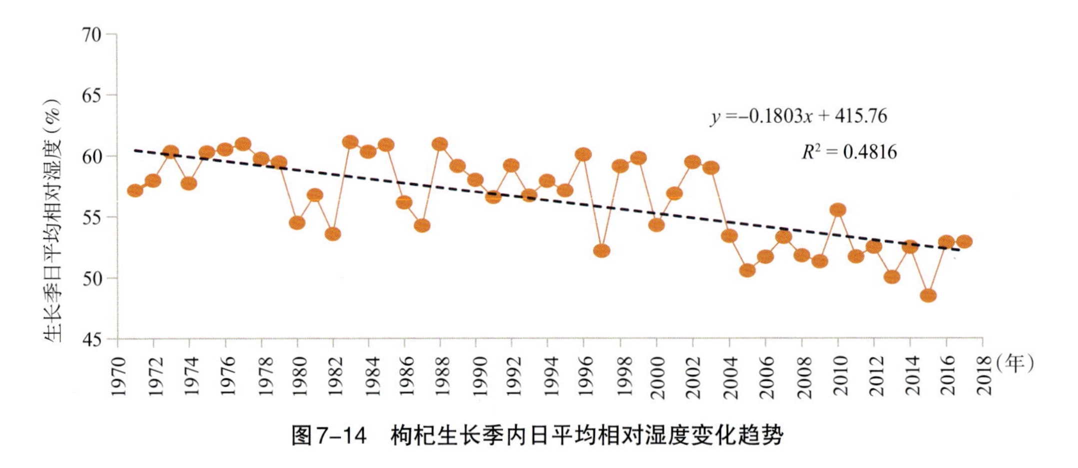

图7–14　枸杞生长季内日平均相对湿度变化趋势

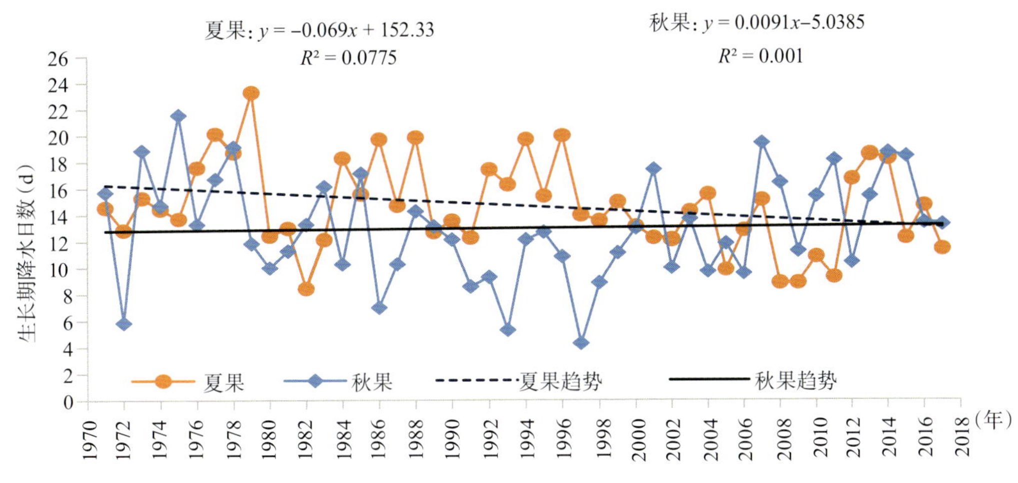

图7-15　枸杞夏果、秋果生长阶段内累计降水日数变化趋势

二、气象条件对营养和功效成分品质的影响

宁夏农林科学院枸杞科学研究所曹有龙研究员团队研究了包括气象条件在内的18个生态因子对枸杞营养和功效成分的影响。采样点如表7-3所示。

表7-3　不同采样点地理因子表

编号	采样地点	经度	纬度	土壤类型	土壤采集时间	枸杞采集时间
1	宁夏固原黑城	106°05′15″	36°21′26″	黑垆土	6.02	7.05/7.15/7.23
2	宁夏兴仁镇郝集村	105°10′57″	36°53′22″	灰钙土	6.02	7.03/7.13/7.19
3	宁夏中宁舟塔乡	105°36′17″	37°29′06″	灰钙土	6.02	6.13/6.21/6.29
4	宁夏银川芦花台	106°9′10″	38°38′45″	灰钙土	6.09	6.19/6.28/7.05
5	宁夏惠农燕子墩	106°35′35″	39°04′03″	棕壤土	6.05	6.24/7.10/7.18
6	内蒙古乌拉特前旗联光一社	108°52′48″	40°35′43″	灰褐土	6.06	6.28/7.2/7.22
7	甘肃瓜州县	95°47′50″	40°30′01″	草甸土	6.20	6.28/7.15/8.01
8	青海格尔木新乐村	94°26′57″	36°24′32″	灰棕漠土	6.22	7.25/8.16/9.15
9	青海德令哈农场	97°13′34″	37°18′52″	棕钙土	6.21	7.25/8.15/9.15
10	新疆精河托里乡克孜勒加尔村	82°37′41″	44°34′15″	灰漠土	6.14	7.02/7.16/7.20

在新疆、青海、宁夏、甘肃等地的枸杞主产区选择树龄相同的‘宁杞1号’枸杞园，建立了不同生态区取样点。枸杞样品采集与土壤样品相对应，同期枸杞成熟后采集果实。每个试验点于果实第一次成熟采样，采样时间见表7-3，随机选用九成熟、无腐烂、无虫蛀的完好无损的枸杞鲜果，每次取样10 kg果实，50℃热风烘干，0～4℃低温贮存至待测。每个试验点随机取样，重复三次。采样方法：选喷漆的一整行采样树，采集枸杞根际土，距离主干25 cm左右，分别取0～20 cm、20～40 cm两个样，两个土样均为500 g。

在宁夏、青海、新疆、内蒙古和甘肃5个产区各取样点‘宁杞1号’主要化学成分如表7-4至表7-6所示，各产地主要化学成分差异较大，其中，枸杞功效成分类胡萝卜素含量、钙含量5地区差异不显著（P>0.05）；宁夏产区的总糖和还原糖最低（P<0.05），但功效成分枸杞多糖、黄

酮以及硒含量居首位，其中总黄酮含量为0.56%，较其他4个地区高出40%；各取样点中，宁夏兴仁镇郝集村的枸杞类胡萝卜素、黄酮、氨基酸和甜菜碱含量都显著高于其他产区。

总糖和还原糖作为枸杞的主要化学成分，赋予其营养功效，并作为感官品质的主要的评价指标之一，赋予枸杞甜味。但枸杞目前主要的加工工艺为制干，较高的总糖含量特别是还原糖含量给枸杞制干造成了时间等成本的增加。同时，糖含量的提高造成枸杞易于返潮，从而不利于贮藏。因此，从制干适应性角度分析，宁夏产区的枸杞品质优于其他4个地区。

各地‘宁杞1号’多糖平均含量如表7-4所示，从高到低依次为：宁夏、青海、新疆、内蒙古和甘肃，尽管各地区多糖平均含量没有显著差异，宁夏地区所产枸杞中枸杞多糖平均含量为3.61%，较其他地区较高。且如表7-5所示，10个产区中，宁夏几个区均较高。其中，宁夏中宁舟塔乡枸杞多糖含量最高（4.81%），其他产区依次为宁夏固原黑城镇、宁夏兴仁镇郝集村、青海格尔木新乐村、宁夏银川芦花台。枸杞多糖具有增强免疫、抗氧化、预防肿瘤，保肝护肝等功效，而成为枸杞的主要功效成分之一。《中国药典》2005版将宁夏作为宁夏枸杞的道地性产区，特别是宁夏中宁县作为枸杞的发源地，此研究多糖含量指标与药典的道地性和产地发源地相一致。

黄酮类化合物作为植物的次生代谢产物，在枸杞的功效发挥中起到重要的作用，各地区‘宁杞1号’黄酮平均含量如表7-5所示，即地区间差异显著，其中，宁夏枸杞总黄酮平均含量为0.56%，高于其他产区。其他地区依次为内蒙古＞新疆＞甘肃＞青海，各产地枸杞黄酮含量中宁夏兴仁镇郝集村最高，可达0.56%，其他依次为宁夏银川芦花台＞宁夏中宁舟塔乡＞宁夏惠农燕子墩＞宁夏固原黑城镇＞内蒙古乌拉特前旗联光一社＞新疆精河托里乡克孜勒加尔村＞青海德令哈农场＞甘肃瓜州县＞青海格尔木新乐村，其中，宁夏产区总黄酮含量各点均位于前列。

生态因子，包括土壤因子和气候因子，二者均对中药材化学成分的累积具有一定的影响。牛艳等对宁夏地区不同土壤因子对枸杞影响作用进行了研究，曾凡琳等对宁夏枸杞有效成分（多糖、甜菜碱及总糖）与10个气候因子（30年平均气候因子）进行了分析比较，但采集产地样本量较少或生态因子指标较少、且为数年平均值。本研究以全国5个地区共计10个枸杞的主要产地的‘宁杞1号’为样本，采样当年18个生态因子如表7-6（土壤因子）、表7-7（气候因子的数据来源于中国气象科学数据中心）所示，以生态因子为影响因素，采用皮尔森相关系数法和PLSR方法分析生态因子对枸杞多糖等9个化学成分的累积影响。通过变量投影重要性指标（VIP）及回归系数来评估枸杞化学成分与气候因子的相关性，回归系数绝对值及VIP值越大，说明生态因子对枸杞化学成分的累积影响越大。

表7-4　不同产地‘宁杞1号’营养功效成分含量

地区＼成分	总糖（%）	还原糖（%）	多糖（%）	灰分（%）	类胡萝卜素（%）	甜菜碱（%	黄酮（%）	氨基酸（%）	硒（mg/kg）
宁夏	51.77 ± 4.32^{a}	46.41 ± 3.65^{a}	3.61 ± 1.31^{a}	3.95 ± 1.12^{a}	146.96 ± 81.7^{a}	1.13 ± 0.15^{a}	0.56 ± 0.14^{b}	11.1 ± 1.31^{a}	0.62 ± 0.39^{b}
内蒙古	58.32 ± 3.13^{b}	53.29 ± 2.56^{b}	2.61 ± 0.29^{a}	3.71 ± 0.81^{a}	198.53 ± 22.47^{a}	1.87 ± 0.09^{b}	0.44 ± 0.06^{ab}	9.69 ± 1.77^{a}	0.36 ± 0.07^{ab}
甘肃	61.55 ± 4.7^{b}	54.34 ± 4.14^{b}	2.56 ± 0.17^{a}	2.84 ± 0.19^{a}	127.58 ± 37.04^{a}	1.9 ± 0.43^{b}	0.39 ± 0.13^{a}	10.77 ± 1.17^{a}	0.24 ± 0.14^{ab}
青海	58.37 ± 3.56^{b}	49.46 ± 1.58^{ab}	3.27 ± 0.95^{a}	3.26 ± 0.16^{a}	205.07 ± 32.82^{a}	2.22 ± 0.44^{bc}	0.39 ± 0.07^{a}	12.91 ± 1.27^{b}	0.15 ± 0.02^{a}
新疆	57.73 ± 3.37^{b}	49.83 ± 5.36^{ab}	2.69 ± 0.43^{a}	4.06 ± 0.28^{a}	125.19 ± 14.89^{a}	0.93 ± 0.15^{a}	0.43 ± 0.06^{ab}	10.44 ± 0.96^{a}	0.36 ± 0.21^{ab}

注：*值为平均值 ± 标准差，$n \geqslant 3$，每列中不同的字母表示显著性差异（$P \leqslant 0.05$）。

表7-5　不同地区‘宁杞1号’营养功效成分含量

编号	地区 \ 成分	总糖（%）	还原糖（%）	多糖（%）	灰分（%）	类胡萝卜素	甜菜碱（%）	黄酮（%）	氨基酸	硒（mg/kg）
1	宁夏固原黑城镇	48.73 ± 3.04^{a}	43.80 ± 3.92^{ab}	3.48 ± 0.52^{ab}	3.55 ± 2.01^{abc}	175.28 ± 95.75^{bcd}	1.30 ± 0.13^{a}	0.50 ± 0.10^{ab}	11.89 ± 1.09^{bcd}	0.45 ± 0.21^{ab}
2	宁夏兴仁镇郝集村	54.17 ± 3.52^{ab}	45.72 ± 2.69^{ab}	3.43 ± 1.02^{ab}	3.45 ± 0.68^{abc}	295.85 ± 28.51^{e}	1.15 ± 0.13^{a}	0.74 ± 0.19^{c}	13.47 ± 1.06^{d}	1.05 ± 0.25^{c}
3	宁夏中宁舟塔乡	54.54 ± 3.57^{bc}	48.40 ± 4.04^{abc}	4.81 ± 2.14^{b}	3.50 ± 0.4^{abc}	153.29 ± 27.08^{bcd}	1.06 ± 0.09^{a}	0.54 ± 0.11^{ab}	10.75 ± 0.73^{abc}	0.29 ± 0.15^{a}
4	宁夏银川芦花台	49.81 ± 4.46^{a}	45.44 ± 2.25^{ab}	3.24 ± 0.49^{ab}	4.76 ± 0.38^{c}	102.29 ± 41.96^{ab}	1.08 ± 0.11^{a}	0.60 ± 0.20^{bc}	10.26 ± 1.03^{ab}	1.02 ± 0.39^{c}
5	宁夏惠农燕子墩	53.90 ± 5.41^{ab}	49.49 ± 3.00^{abc}	2.57 ± 0.69^{a}	4.33 ± 0.34^{abc}	64.41 ± 24.68^{a}	1.02 ± 0.15^{a}	0.51 ± 0.09^{ab}	10.19 ± 0.48^{ab}	0.49 ± 0.23^{ab}
6	内蒙古乌拉特前旗联光一社	58.32 ± 3.13^{bcd}	53.29 ± 2.56^{c}	2.61 ± 0.29^{a}	3.71 ± 0.81^{abc}	198.53 ± 22.47^{cd}	1.87 ± 0.09^{b}	0.44 ± 0.06^{ab}	9.69 ± 1.77^{a}	0.36 ± 0.07^{a}
7	甘肃瓜州县	61.55 ± 4.70^{d}	54.34 ± 4.14^{c}	2.56 ± 0.17^{a}	2.84 ± 0.19^{a}	127.58 ± 37.04^{abc}	1.90 ± 0.43^{b}	0.39 ± 0.13^{ab}	10.77 ± 1.17^{abc}	0.24 ± 0.14^{a}
8	青海格尔木新乐村	60.94 ± 0.65^{cd}	50.35 ± 0.76^{bc}	3.40 ± 1.27^{ab}	3.33 ± 0.17^{abc}	196.23 ± 43.13^{cd}	2.26 ± 0.51^{b}	0.37 ± 0.08^{a}	12.47 ± 1.57^{cd}	0.14 ± 0.02^{a}
9	青海德令哈农场	54.51 ± 0.48^{abc}	48.12 ± 1.68^{abc}	3.06 ± 0.45^{ab}	3.16 ± 0.06^{ab}	218.34 ± 1.86^{de}	2.16 ± 0.51^{b}	0.41 ± 0.08^{ab}	13.57 ± 0.18^{d}	0.17 ± 0.02^{a}
10	新疆精河托里乡克孜勒加尔村	57.73 ± 3.37^{bcd}	49.83 ± 5.36^{abc}	2.69 ± 0.43^{a}	4.06 ± 0.28^{abc}	125.19 ± 14.89^{abc}	0.93 ± 0.15^{a}	0.43 ± 0.06^{ab}	10.44 ± 0.96^{ab}	0.36 ± 0.21^{a}

注：*值为平均值 ± 标准差，$n \geqslant 3$，每列中不同的字母表示显著性差异（$P \leqslant 0.05$）。

表7-6　‘宁杞1号’不同产地土壤因子数据

编号	pH	全盐	有机质	全量氮	全量磷	全量钾	速效氮	速效磷	速效钾	硒
1	8.58 ± 0.15^{d}	0.75 ± 0.16^{a}	6.92 ± 1.21^{a}	0.51 ± 0.10^{a}	0.53 ± 0.15^{ab}	19.90 ± 0.16^{a}	33.00 ± 3.57^{a}	5.20 ± 0.25^{a}	155.00 ± 15.03^{bc}	0.21 ± 0.02^{bc}
2	8.39 ± 0.17^{bcd}	0.6 ± 0.14^{ab}	10.50 ± 3.11^{ab}	0.68 ± 0.21^{ab}	1.00 ± 0.17^{ab}	19.60 ± 0.22^{a}	58.00 ± 10.87^{ab}	57.20 ± 7.02^{ab}	260.00 ± 12.18^{d}	0.16 ± 0.01^{ab}
3	8.03 ± 0.20^{abcd}	0.65 ± 0.25^{b}	18.20 ± 3.00^{b}	1.28 ± 0.25^{b}	3.40 ± 0.37^{c}	20.60 ± 0.38^{a}	104.00 ± 17.43^{bcd}	133.6 ± 15.65^{b}	305.00 ± 14.74^{e}	0.22 ± 0.01^{cd}
4	8.29 ± 0.24^{bcd}	2.58 ± 0.30^{ab}	12.01 ± 3.79^{ab}	0.85 ± 0.25^{ab}	0.64 ± 0.16^{ab}	20.60 ± 0.20^{a}	87.00 ± 21.00^{abcd}	87.70 ± 5.90^{ab}	542.50 ± 12.50^{g}	0.27 ± 0.02^{d}
5	7.94 ± 0.20^{abc}	1.97 ± 0.15^{b}	18.70 ± 3.24^{b}	1.13 ± 0.31^{a}	0.90 ± 0.21^{ab}	20.20 ± 0.07^{a}	119.00 ± 27.34^{cd}	57.50 ± 5.72^{ab}	385.00 ± 14.01^{f}	0.22 ± 0.02^{cd}
6	7.92 ± 0.01^{ab}	1.17 ± 0.03^{ab}	12.15 ± 3.75^{ab}	0.81 ± 0.24^{ab}	1.15 ± 0.11^{b}	20.40 ± 0.01^{a}	90.50 ± 8.5^{abcd}	68.35 ± 11.65^{ab}	197.50 ± 17.50^{c}	0.18 ± 0.02^{bc}
7	8.46 ± 0.06^{cd}	1.18 ± 0.03^{a}	8.64 ± 2.67^{a}	0.53 ± 0.11^{a}	0.40 ± 0.02^{a}	19.85 ± 0.65^{a}	48.50 ± 7.50^{ab}	13.65 ± 4.75^{a}	147.50 ± 12.50^{b}	0.20 ± 0.02^{bc}
8	8.28 ± 0.03^{bcd}	3.61 ± 0.41^{a}	6.51 ± 1.61^{a}	0.45 ± 0.11^{a}	0.63 ± 0.07^{ab}	20.00 ± 0.01^{a}	76.00 ± 6.00^{abc}	65.50 ± 35.30^{ab}	112.50 ± 2.50^{ab}	0.12 ± 0.00^{a}
9	7.59 ± 0.13^{a}	2.90 ± 0.96^{a}	7.68 ± 2.33^{a}	0.78 ± 0.22^{ab}	0.78 ± 0.28^{ab}	20.30 ± 0.10^{a}	146.00 ± 31.00^{d}	86.85 ± 38.75^{ab}	160.00 ± 25.00^{bc}	0.20 ± 0.020^{bc}
10	8.12 ± 0.12^{bcd}	3.54 ± 1.21^{a}	4.96 ± 0.34^{a}	0.41 ± 0.06^{a}	0.47 ± 0.02^{a}	19.95 ± 0.55^{a}	41.00 ± 18.00^{a}	3.30 ± 0.10^{a}	100.00 ± 4.00^{a}	0.12 ± 0.01^{a}

注：*值为平均值 ± 标准差，$n \geqslant 3$，每列中不同的字母表示显著性差异（$P \leqslant 0.05$）。

表7-7 ‘宁杞1号’不同产地生态因子数据

编号	日照时数（h）	8月份平均气温（℃）	9月份平均气温（℃）	年降水量（mm）	年平均气温（℃）	相对湿度（%）	≥10℃活动积温（℃）	海拔（m）
1	2622.6	20.2	13.8	706.2	8.6	54.94	2709.0	1531
2	1347.0	22.2	19.5	852.3	16.0	77.44	5207.8	1764
3	2899.8	25.1	18.0	270.8	11.7	42.86	3952.4	1196
4	2693.5	24.4	17.5	169.2	11.2	43.31	3865.4	1101
5	2999.4	24.1	17.4	164.1	10.8	41.56	3862.0	1094
6	3198.2	23.9	17.7	161.1	7.0	43.34	3084.1	1023
7	3268.9	24.1	17.3	61.7	10.0	38.95	3872.2	1177
8	3212.9	19.6	13.0	19.0	6.8	29.91	2519.2	2806
9	3018.0	19.5	11.3	123.8	5.3	33.03	1927.1	2899
10	2476.4	24.6	18.9	143.7	9.5	60.01	4038.4	301

‘宁杞1号’主要化学成分和生态因子的皮尔森相关系数如表7-8所示，其中，10种土壤因子中，多糖的积累量和全量磷呈显著的正相关，有效磷和灰分、硒的积累有显著的正相关，土壤中硒的含量与总糖含量呈负相关。

‘宁杞1号’的化学成分和生态因子有显著的相关性，日照时数和总糖、还原糖、甜菜碱的含量呈显著正相关。年降水量和总糖、还原糖含量呈负相关。年平均气温和甜菜碱含量呈负相关，和硒含量呈极显著正相关。相对湿度和黄酮、硒含量呈正相关。甜菜碱、氨基酸的含量与≥10℃积温呈负相关，但与海拔呈正相关，总体来说，气候和地理因子对于‘宁杞1号’化学成分的积累作用大于土壤因子。

表7-8 ‘宁杞1号’化学成分和生态因子的皮尔森相关系数

生态因子		总糖	还原糖	多糖	灰分	类胡萝卜素	甜菜碱	黄酮	氨基酸	硒
土壤因子	pH	-0.1	-0.248	0.098	-0.07	0.031	-0.208	0.267	0.009	0.355
	全盐	0.27	0.123	-0.328	0.252	-0.245	0.251	-0.496	0.055	-0.268
	有机质	-0.234	0.017	0.307	0.346	-0.346	-0.413	0.378	-0.418	0.196
	全量氮	-0.32	-0.074	0.42	0.304	-0.268	-0.348	0.335	-0.294	0.12
	全量磷	-0.092	-0.041	0.796**	-0.061	0.048	-0.263	0.247	-0.135	-0.1
	全量钾	-0.247	0.021	0.296	0.438	-0.412	-0.064	-0.092	-0.475	-0.082
	速效氮	-0.081	0.071	0.09	0.101	-0.071	0.232	-0.083	0.085	-0.185
	速效磷	-0.146	-0.102	0.614	0.115	0.106	0.038	0.246	0.045	0.06
	速效钾	-0.572	-0.37	0.171	0.728*	-0.398	-0.521	0.599	-0.344	0.679*
	硒	-0.638*	-0.316	0.178	0.37	-0.421	-0.282	0.315	-0.296	0.352
气候因子	日照时数	0.642*	0.659*	-0.171	-0.559	0.232	0.728*	-0.308	0.111	-0.357
	年降水量	-0.719*	-0.649*	0.336	0.062	0.061	-0.372	0.272	0.058	0.157
	年平均气温	-0.264	-0.339	0.281	0.228	0.092	-0.700*	0.863**	0.003	0.752*
	相对湿度	-0.315	-0.441	0.058	0.138	0.391	-0.622	0.725*	0.171	0.650*
	≥10℃积温	0.033	0.179	-0.007	0.458	-0.609	-0.717*	0.276	-0.714*	0.319
	海拔	0.077	-0.158	0.197	-0.501	0.546	0.715*	-0.172	0.809**	-0.259

注：*表示显著相关$P<0.05$；**表示极显著相关$P<0.01$。

PLSR法分析化学成分和生态因子的相关性如下。

（1）总糖

由图7–16（A）可知，年降水量与枸杞总糖含量的负回归系数绝对值最大，其次是土壤的硒含量，相关度的排序为年降水量>土壤硒含量>土壤速效钾。8月平均气温与总糖的正回归系数绝对值最大，其次是9月平均气温和≥10℃活动积温。图7–16（B）为VIP直方图，年降水量和土壤硒含量的回归系数与其他变量相比影响最大，其后依次是速效钾>≥10℃活动积温>9月平均气温>8月平均气温。综上，年降水量和土壤硒含量是影响枸杞中总糖含量的主要因素，且为负相关。

（2）还原糖

由图7–17（A）可知，年降水量与枸杞还原糖含量的负回归系数绝对值最大，其次是土壤速效钾含量，相关度的排序为年降水量>土壤速效钾>土壤硒。8月平均气温与多糖的正回归系数绝对值最大，其次是日照时数和9月平均气温。图7–17（B）的VIP直方图，年降水量的回归系数与其他变量相比影响最大，其后依次是日照时数>8月平均气温>速效钾>相对湿度。因此，年降水量是影响枸杞中还原糖含量的主要因素，且为负相关，其次是日照时数、8月平均气温，呈正相关。

（3）多糖

由图7–18（A）可知，年降水量和全量磷与枸杞多糖含量的正回归系数绝对值最大，其次

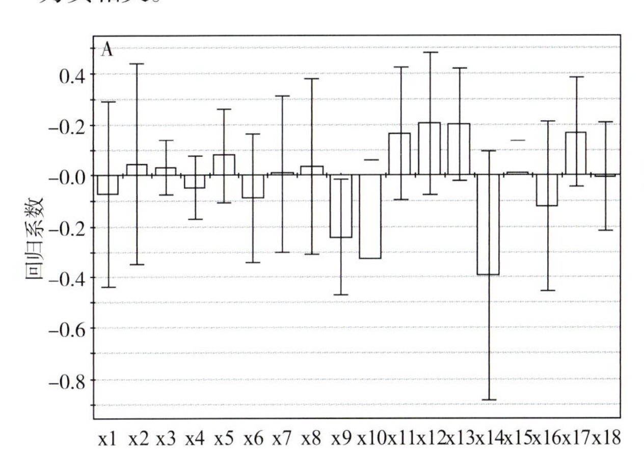

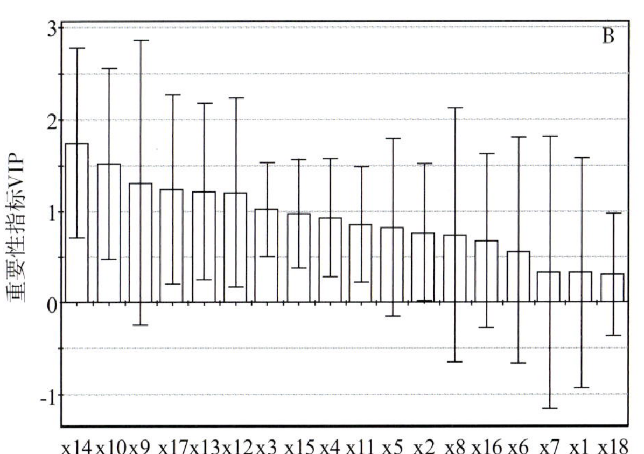

注：x1.pH；x2.全盐；x3.有机质；x4.全量氮；x5.全量磷；x6.全量钾；x7.速效氮；x8.速效磷；x9.速效钾；x10.土壤硒；x11.日照时数；x12. 8月平均气温；x13. 9月平均气温；x14.年降水量；x15.年平均气温；x16.相对湿度；x17.≥10℃活动积温；x18.海拔。下同。

图7–16　枸杞中总糖的生态因子回归系数（A）及变量投影重要性指标（B）

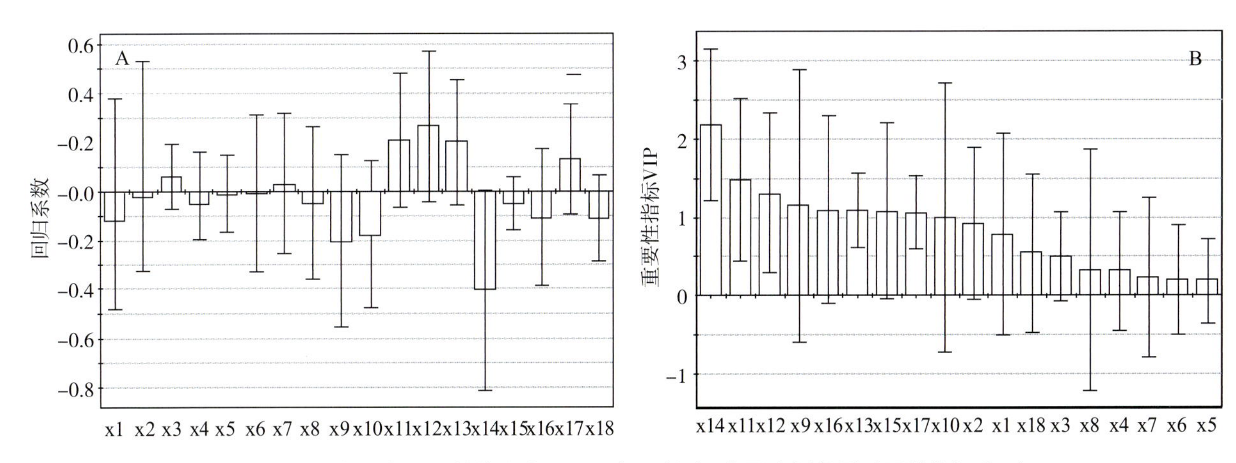

图7–17　枸杞中还原糖的生态因子回归系数（A）及变量投影重要性指标（B）

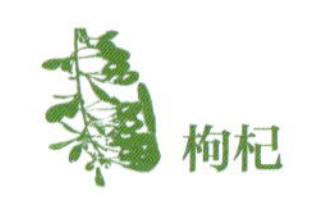

是土壤速效磷含量和海拔。8月平均气温与多糖的负回归系数绝对值最大，其次是9月平均气温和≥10℃活动积温。图7-18（B）的VIP直方图，全量磷含量和年降水量的回归系数与其他变量相比影响最大，其后是速效磷。综合图7-18（A）和图7-18（B）可知，全量磷和年降水量是影响枸杞中多糖含量的主要因素，均为正相关。

（4）灰分

由图7-19（A）可知，速效钾和全盐与枸杞灰分含量的正回归系数绝对值最大，其次是土壤的全量钾含量。海拔与枸杞灰分含量的负回归系数绝对值最大，其次是全量磷。图7-19（B）的VIP直方图，速效钾和全盐含量的回归系数与其他变量相比影响最大，其后依次是全量磷>海拔>有机质>8月均温>全量钾。综合图7-20（A）和图7-19（B）可知，速效钾和全盐含量是影响枸杞中灰分含量的主要因素，且均为正相关。

（5）类胡萝卜素

由图7-20（A）可知，海拔和相对湿度与枸杞类胡萝卜素含量的正回归系数绝对值最大，其次是年降水量、速效磷。日照时数和8月平均气温的负回归系数绝对值最大。相关度的排序为日照时数>8月平均气温>土壤硒>速效钾。图7-20（B）的VIP直方图，日照时数的回归系数与其他变量相比影响最大，其后依次是海拔>年降水量≈相对湿度≈8月平均气温。综合图7-20（A）和图7-20（B）可知，日照时数和海拔是影响枸杞中类胡萝卜素含量的主要因素，其中日照时数为负相关，海拔为正相关。

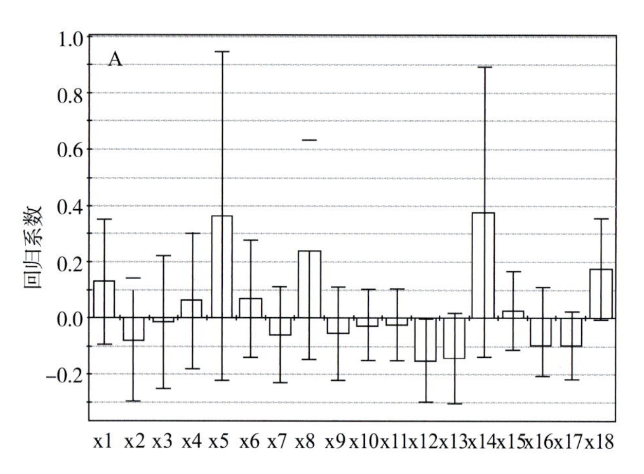

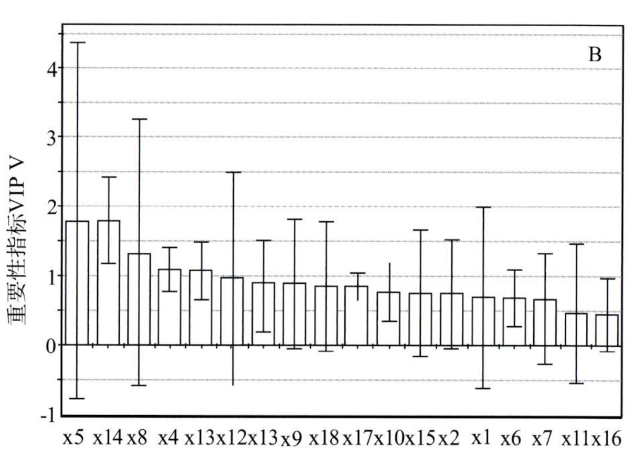

图7-18 枸杞中多糖的生态因子回归系数（A）及变量投影重要性指标（B）

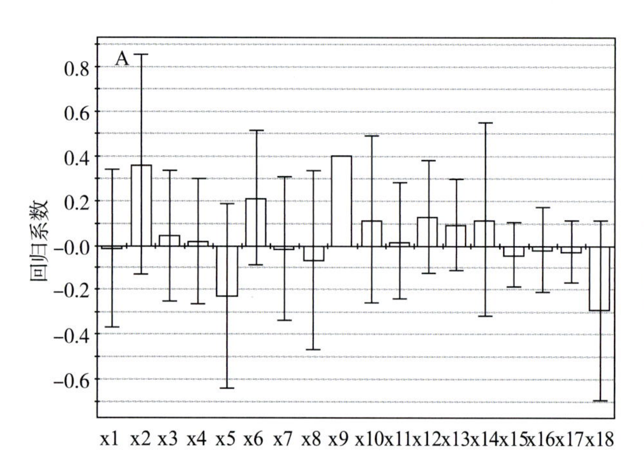

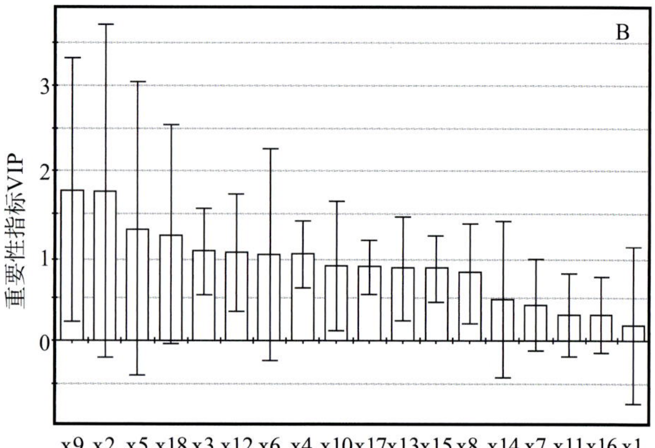

图7-19 枸杞中灰分的生态因子回归系数（A）及变量投影重要性指标（B）

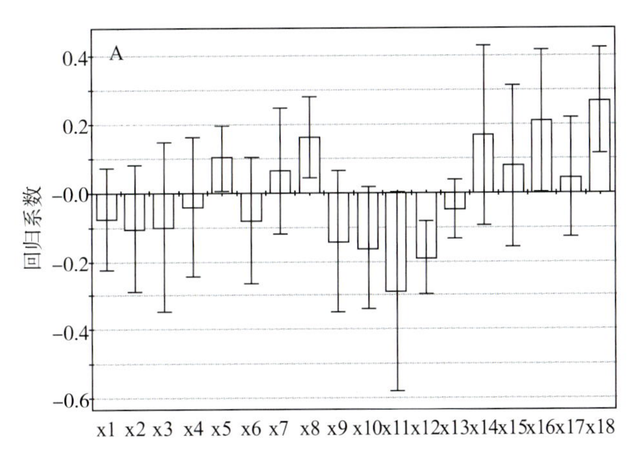

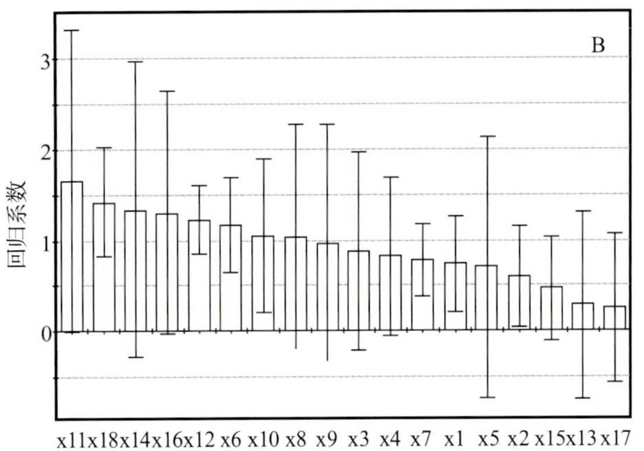

图7–20 枸杞中类胡萝卜素的生态因子回归系数（A）及变量投影重要性指标（B）

（6）黄酮

由图7–21（A）可知，日照时数与枸杞黄酮含量的负回归系数绝对值最大，其次是全量钾>8月平均气温。年降水量和年平均气温的正回归系数绝对值最大，其次是相对湿度。图7–21（B）的VIP直方图，日照时数和年平均气温的回归系数与其他变量相比影响最大，其后依次是年降水量>相对湿度>≥10℃活动积温。综合图7–21（A）和图7–21（B）可知，日照时数和年平均气温是影响枸杞中黄酮含量的主要因素，其中日照时数为负相关，年平均气温为正相关。

（7）氨基酸

由图7–22（A）可知，8月平均气温与枸杞氨基酸含量的负回归系数绝对值最大，其次是日照时数>9月平均气温>全量钾。海拔的正回归系数绝对值最大，其次是年降水量。图7–22（B）的VIP直方图，海拔和8月平均气温的回归系数与其他变量相比影响最大，其后依次是9月平均气温>全量钾≈日照时数≈有机质。综上，海拔和8月平均气温是影响枸杞中氨基酸含量的主要因素，其中海拔为正相关，8月平均气温为负相关。

（8）甜菜碱

由图7–23（A）可知，年降水量与枸杞甜菜碱含量的负回归系数绝对值最大，其次是速效钾>8月平均气温>9月平均气温。海拔的正回归系数绝对值最大。其次是速效氮和速效磷。图7–23（B）的VIP直方图，海拔的回归系数与其他变量相比影响最大，其后依次是年降水量>9月平均气温>≥10℃积温>年平均气温。综上，海拔和年降水量是影响枸杞中甜菜碱含量的主要因素，其中海拔为正相关，年降水量为负相关。

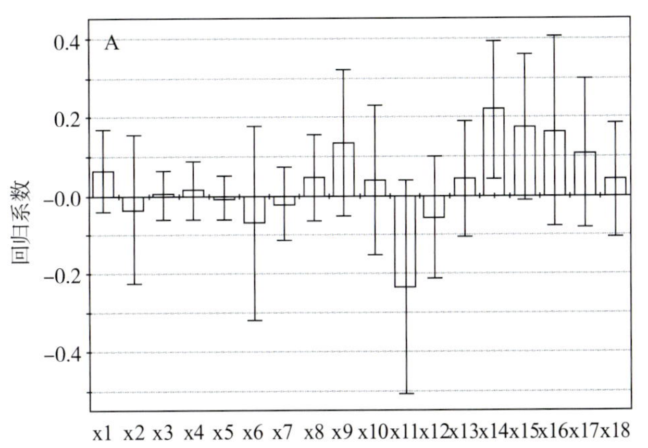

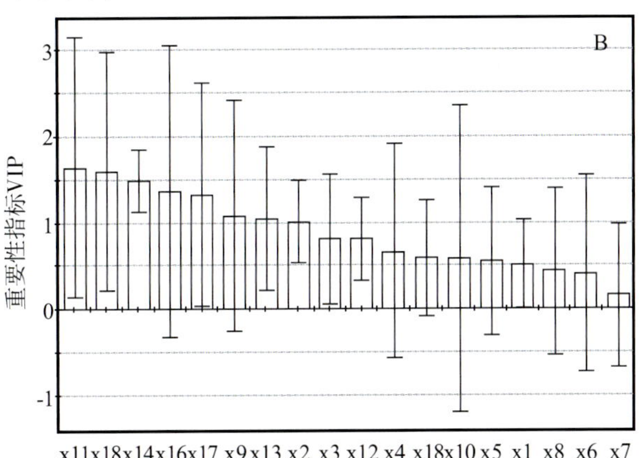

图7–21 枸杞中黄酮的生态因子回归系数（A）及变量投影重要性指标（B）

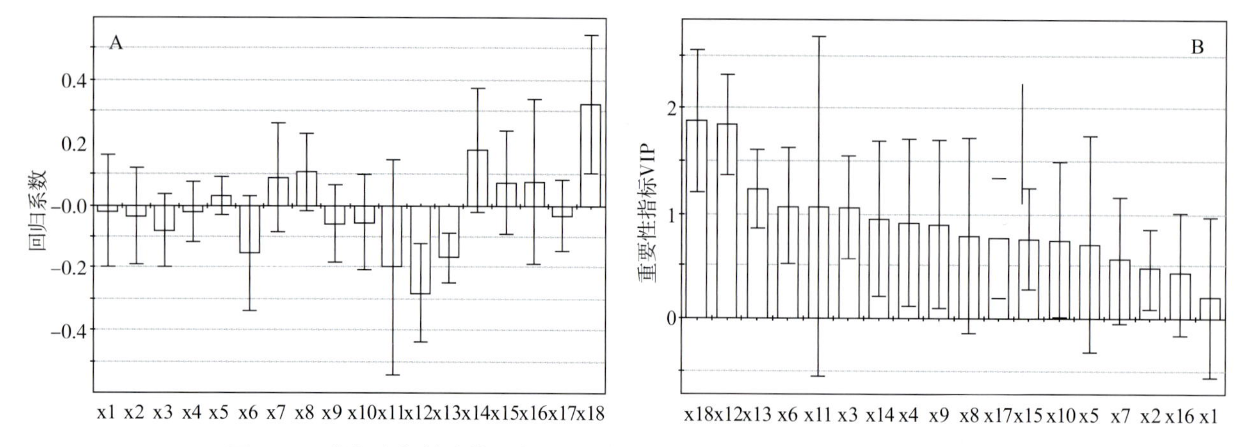

图7-22 枸杞中氨基酸的生态因子回归系数（A）及变量投影重要性指标（B）

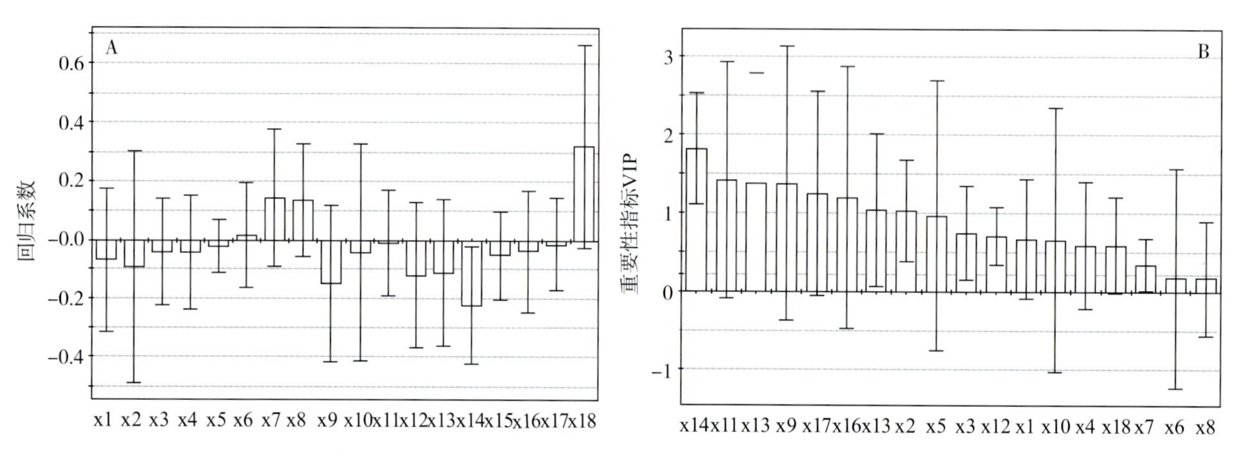

图7-23 枸杞中甜菜碱的生态因子回归系数（A）及变量投影重要性指标（B）

（9）硒

由图7-24（A）可知，年降水量与枸杞硒含量的正回归系数绝对值最大，其次是速效钾>年平均气温>相对湿度。日照时数和全量磷的负回归系数绝对值最大。图7-24（B）的VIP直方图，年降水量的回归系数与其他变量相比影响最大，其后依次是日照时数≈年平均气温≈速效钾>≥10℃积温>相对湿度。因此，年降水量是影响枸杞中硒含量的主要因素，为正相关。

（10）各生态因子指标与‘宁杞1号’整体营养功效成分的相关性分析

采用PLSR将各生态因子指标与‘宁杞1号’各营养功效成分整体的相关性进行综合分析，由图7-25（A）可知，结果表明，年降水量的回归系数绝对值和变量投影重要性指标，与其他变量相比影响最大，且为负相关，其后依次是日照时数、海拔、8月平均气温、速效钾、相对湿度、年平均气温、9月平均气温、有机质、≥10℃积温、全量钾、硒、全量氮、全盐、pH、速效磷、全量磷和速效氮。其中海拔和8月份平均气温的回归系数差异不大，≥10℃积温、全量钾和硒的回归系数差异不大，速效氮的回归系数最小。且除了速效钾外，气象因子均比土壤因子对枸杞主要营养功效成分的积累的影响大。这与上述双变量相关分析结果较一致。

较多的研究表明，除了生物因素外，生态因素包括气象、土壤、地形等因子影响药材某种功效成分的形成和积累，且各因子条件之间通过相互作用影响着药用植物的品质，即生态因子会出现变量间存在共线性，多元线性回归MLR

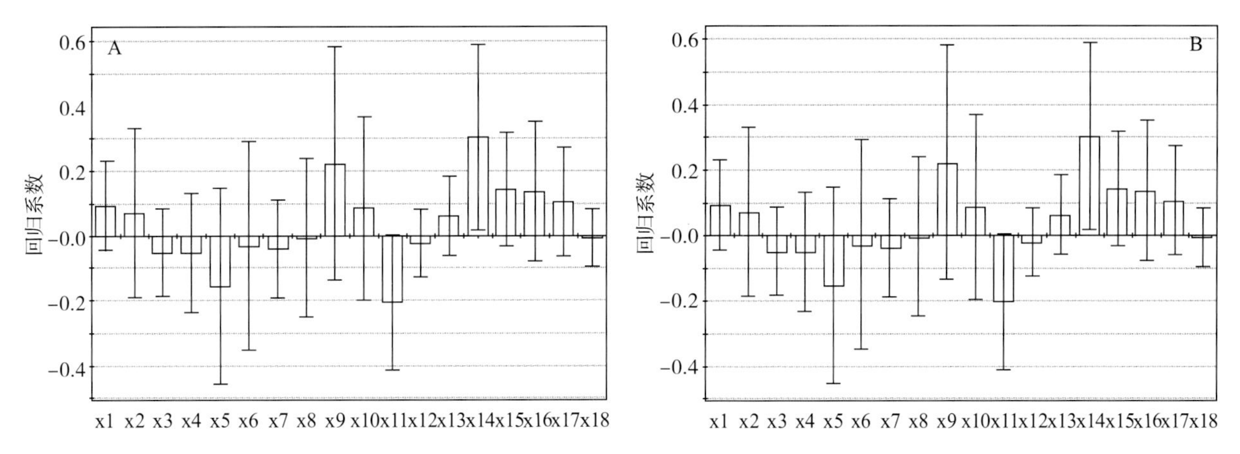

图7-24 枸杞中硒的生态因子回归系数（A）及变量投影重要性指标（B）

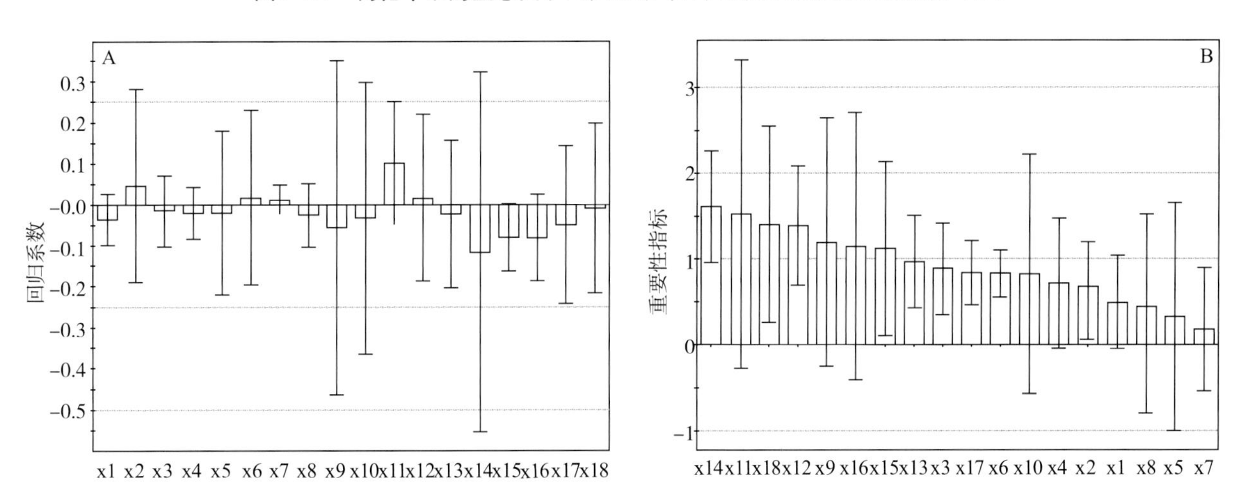

图7-25 生态因子对‘宁杞1号’枸杞主要营养功效成分影响的回归系数（A）及变量投影重要性指标（B）

（multple linear regression）等分析统计方法不再适用解决这类问题。PLSR方法非常适合于该类试验的建模分析。

枸杞产区为我国西北地区，普遍降雨量较少，而降雨量与多糖正相关性的这一结果与张晓煜等的降水日数小于18.6 d时枸杞多糖含量随降水日数增加递增研究报道一致；年均温、相对湿度和≥10℃积温对黄酮和硒的累积影响较大，并均呈正相关，这说明较高的温度对黄酮的积累有促进作用。这与以下研究结果一致，Raúl Ferrer-Gallego等认为气候条件比土壤条件更容易影响植物黄酮类成分的积累；温度对黄酮的含量影响较大，温度的升高有助于植物黄酮类成分的积累。全盐含量、速效钾含量对灰分的累积具有较大正相关性，钾素易转移易被作物吸收，土壤中钾的含量高，作物吸收的就较多，因此灰分大的枸杞可能是因为吸收的钾较多，这可能与灰分本身是无机成分的残留物有关。土壤有机质富含有机化合物及C、P、K等元素，能改变植物体内糖类的代谢，本研究中全量磷和速效磷与枸杞多糖的累积具有较大的正相关性，其土壤样本是在枸杞生长的开花期收集的，而牛艳、张晓煜等研究的是枸杞采收期的土壤P含量，即采收期土壤P的剩余量，进一步说明枸杞多糖的形成可能与土壤中的P的吸收量和吸收程度有关。土壤中的硒可以促进小麦幼苗糖代谢，可溶性糖的含量明显增加，而本文研究的结果是土壤硒对总糖含量具有较大的负相关影响，具体的机理有待于进一步研究探讨。

传统的枸杞药材市场是以外观品质作为商品

价格的主导定价依据，特别是以大和红色为指标。诸多研究表明，糖含量、多糖、黄酮、甜菜碱、类胡萝卜素以及微量元素硒等含量的高低可以间接地反应枸杞药材品质的好坏。从本文分析结果来看，第一，宁夏产区的枸杞总糖含量低，多糖、黄酮、硒含量较其他地区的枸杞含量高；第二，以所测9种营养功效成分整体为指标，进行的生态因子影响因素结果表明，影响枸杞营养功效成分的生态因子除速效钾外，气象因子均比土壤因子对枸杞主要营养功效成分的积累的影响大。即人工栽培条件影响小于天然生态条件。两个结果可互相解释。同时，综合上述结果可以得出：以枸杞主要营养功效成分总糖含量、还原糖含量、总多糖含量、总黄酮、以及硒含量为营养功效成分指标进行生态适宜性划分，宁夏为枸杞的适宜产区，此研究结果与曾凡琳等人的研究结论相一致，特别是宁夏兴仁、中宁、银川等地的枸杞，具有较高的枸杞多糖、黄酮和硒含量，可作为优质枸杞种植地。该3个产地的土质均为灰钙土，具有较高的8月份平均气温、相对湿度、年平均气温等生态条件。

枸杞多糖（LBP）被公认为是枸杞最重要的药用成分，多糖含量决定着枸杞果实的品质。苏雪玲（2016）研究表明，枸杞果实果糖含量随着夜晚气温的升高而降低，随着平均相对湿度的增大而升高。郑国琦，张磊，苏雪玲等（2012，2015）对宁夏枸杞在全国6个产地的气象条件进行聚类分析发现，宁夏枸杞品种在6个不同主产地由于温度的差异，造成这6个产地引种的宁夏枸杞果实在初级光合产物积累的总量方面存在一定的差异。宁夏枸杞果实总糖含量随着最高气温的增加而增加，多糖含量均随着最低气温的增加而增加。最高气温抑制了枸杞果粒大小。同属于暖温带气候特征的河北和新疆，由于降雨量和空气湿度的巨大悬殊，造成河北产枸杞果实糖分含量积累最低，而新疆却较高；属于典型高原大陆气候特征的青海，由于枸杞生育期平均温度相对较低，昼夜温差较大，枸杞果实发育时期显著延长，果实体积增大，积累的糖分相对增多，使得其干果极易受潮而黏结在一起；而内蒙古、宁夏和甘肃则呈现典型的温带大陆性气候特征，枸杞结果期昼夜温差较青海地区小，栽培种植的宁夏枸杞果实积累的糖分较适宜，由此不难看出，温度对宁夏枸杞果实糖分的积累具有重要的影响。张晓煜等（2003，2004）认为，土壤因子比气象因子对枸杞多糖含量的影响大，全磷是影响枸杞多糖含量的最主要的因子，其次为枸杞开花至果熟期的降水日数和平均日较差。果实形成期气温、日照、降水量、全生育期积温均与枸杞总糖关系密切。气象因子对枸杞蛋白质和氨基酸含量的关系不明显，但枸杞蛋白质含量随光强的减弱在缓慢增加。

三、气候品质评价及适宜性区划

2018—2019年，宁夏回族自治区气象科学研究所在宁夏、新疆、青海、甘肃、内蒙古等产区采集枸杞样本98份，筛选影响枸杞品质形成的关键气象因子，确定枸杞的气候品质指标。结果表明，枸杞春梢生长始期至夏果成熟普遍期期间的平均最高气温在26～28℃、平均最低气温在13～15℃、累计日照时数为540～590 h、日平均气温≥7℃有效积温为720～860℃·d、日降水量≥5 mm的降水日数在2～5 d时，定为3级，枸杞气候品质最佳（表7–9）。

枸杞春梢生长始期至夏果成熟普遍期期间的平均最高气温、平均最低气温、累计日照时数、日平均气温≥7℃有效积温、日降水量≥5 mm的降水日数的权重系数取值分别为0.107，0.234，0.174，0.119，0.366。

（一）宁夏枸杞气候区划

马力文等遴选出适合枸杞气候分区的主要指

表7-9　评价指标分级

分级	平均最高气温 T_m（℃）	平均最低气温 T_n（℃）	累计日照时数 S（h）	日平均气温≥7℃有效积温 A_e（℃·d）	日降水量≥5mm的降水日数 R_d（d）
3	$26 \leq T_m < 28$	$13 \leq T_n < 15$	$540 \leq S < 590$	$720 \leq A_e < 860$	$2 \leq R_d < 5$
2	$28 \leq T_m < 30$ 或$24 \leq T_m < 26$	$15 \leq T_n < 17$ 或$11 \leq T_n < 13$	$590 \leq S < 650$ 或$500 \leq S < 540$	$860 \leq A_e < 900$ 或$680 \leq A_e < 720$	$5 \leq R_d < 8$ 或$1 \leq R_d < 2$
1	$30 \leq T_m < 32$ 或$22 \leq T_m < 24$	$17 \leq T_n < 19$ 或$9 \leq T_n < 11$	$650 \leq S < 750$ 或$400 \leq S < 500$	$900 \leq A_e < 940$ 或$640 \leq A_e < 680$	$8 \leq R_d < 13$ $T_m=0$
0	$T_m > 32$ 或$T_m < 22$	$T_n > 19$ 或$T_n < 9$	$S > 750$ 或$S < 400$	$A_e > 940$ 或$A_e < 640$	$R_d > 13$

标，利用ERDAS遥感处理软件，从1：25万数字地图上转换出1.1 km×1.1 km格距的经纬度和数字高程栅格资料，利用改进的小气候细网格订正推算方法，推算了宁夏格距1.1 km×1.1 km的气温稳定通过10℃期间的热量资源、光照资源；利用5点平滑推算了气温稳定通过10℃期间全区的降水量分布，根据枸杞的指标进行了细网格区划，从产量和品质两个方面得到了详细分区。结果表明，枸杞种植的适宜区在宁夏传统灌区。该地区气温稳定通过10℃期间积温一般在3300～3600℃，期间的持续日数一般≥170 d。降雨日数少，有黄河灌溉，枸杞产量高，品质优，是枸杞生长最优区。次适宜区在青铜峡西部、中卫西部和南部黄河南岸地区、灵武东部、吴忠南部山地、中宁南部山地及清水河下游地区。该地区热量资源丰富，气温稳定通过10℃积温一般在3000～3300℃，期间的持续日数一般160 d以上，气象条件与最优区类似，但6月下旬容易遭受干热风，夏果期降水量也比最优区大，产量、品质与最优区类似。可种植区在海原北部、同心至固原黑城段清水河流域及周边地区、彭阳红河、茹河谷地。该地区气温稳定通过10℃积温一般在2800～3200℃，期间的持续日数一般150～160 d，积温不足，枸杞秋果热量欠缺，秋果产量低而不稳，枸杞幼果期出现干热风的机会较少，但采果期容易遇到较大的降水，影响品质（图7-26）。

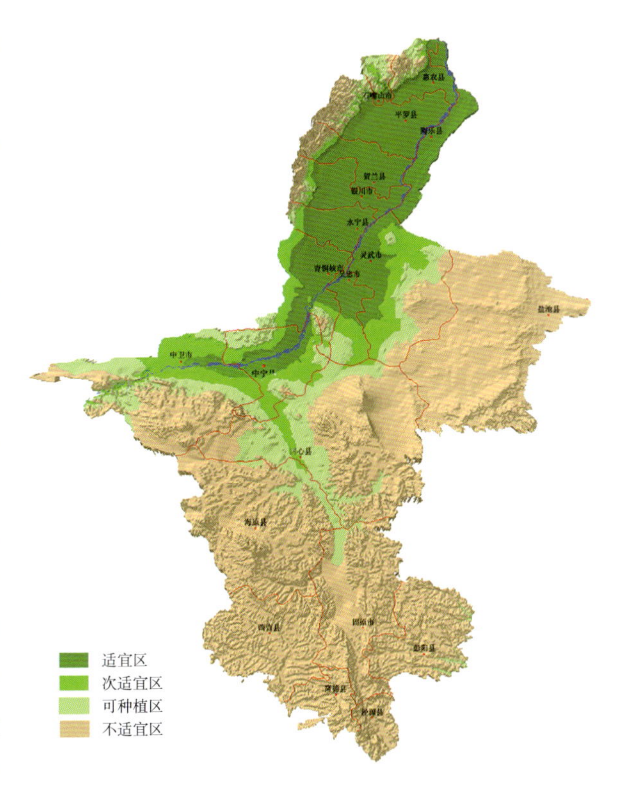

图7-26　宁夏枸杞气候区划

（二）宁夏中宁县枸杞精细化气候区划

为了挖掘气候资源，避免气候风险，确保枸杞优质高效生产的气候条件，蕾蕾等采用中宁县19个自动站气象资料，开展了中宁县枸杞精细化气候区划。如图7-27所示，极适宜种植区分布在中宁县北半区沿黄河两岸热量条件好且地势平坦土壤肥沃的地区，适宜种植区分布在中宁县南半区的低平谷地，次适宜分布在中宁县南半区的喊叫水乡和徐套乡北部的较小区域，中宁县南半区海拔较高的山地因热量不足、秋果难以成熟，不适宜种植枸杞。在80%气候保证率下的中宁枸杞种植的极适宜区范围减小，适宜区和不适宜区范围增大。

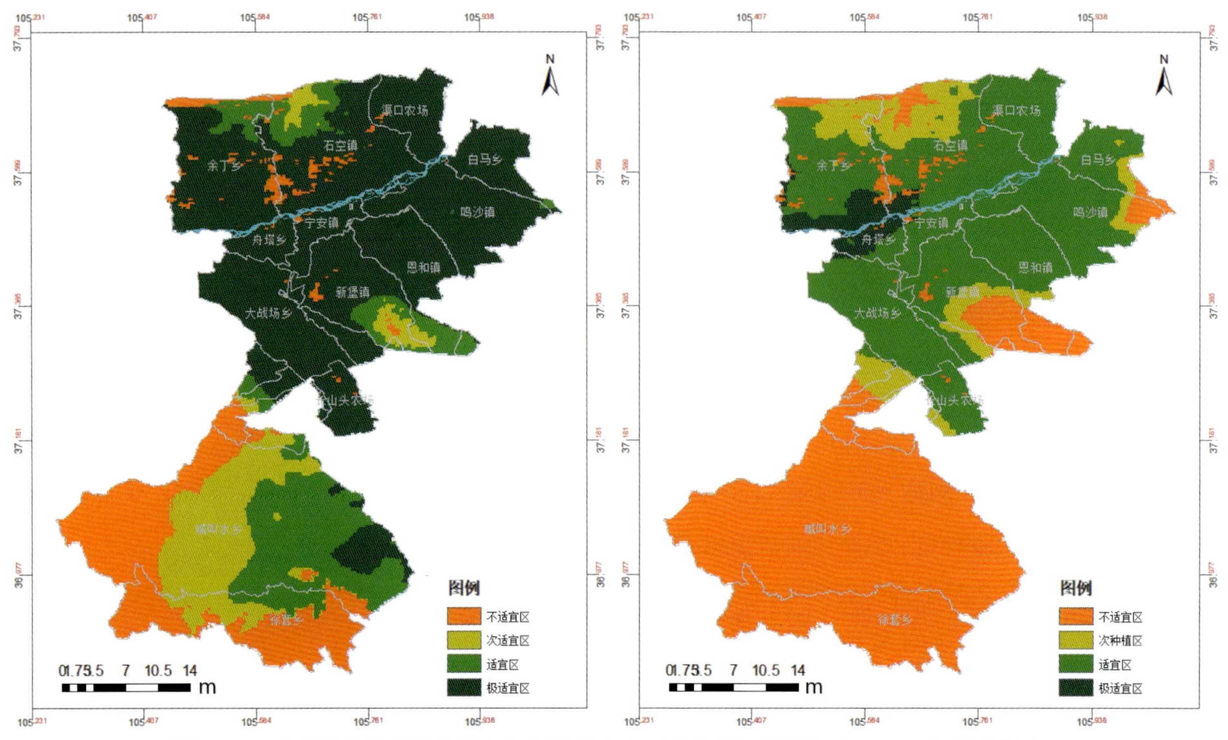

图7-27　中宁县枸杞精细化适宜气候区划（左：不考虑气候风险 右：80%气候保证率）

（三）中国北方地区枸杞气候区划

为评价我国北方地区枸杞发展的优劣，利用全国枸杞样品和土壤样品，基于全国各地气候均值数据，采用≥32℃高温日数、≥5℃积温、≥5℃积温期间的日照时数、≥5℃积温期间的降水量作为区划指标，利用90 mDEM栅格数据，在ArcGIS进行了全国1季和2季生产的气候资源区划。

1. 一季枸杞气候适宜性区划

满足夏果生产的一季气候资源区划以诺木洪的气候条件为参照，最适种植区分布在青海柴达木盆地中部、内蒙古北部的苏尼特左旗、阿巴嘎旗和新巴尔虎旧旗、甘肃永昌和山丹。该区≥5℃积温2500～2800℃·d，日照1500～1800 h，降水量100 mm以下，高温日数7 d以内。适宜种植区分布在内蒙古锡林郭勒盟、甘肃苏北、玉门、景泰、山丹等部分地区；青海柴达木盆地、新疆青河县等地。

2. 两季枸杞气候适宜性区划

满足夏秋果两季生产以中宁的气候条件为参照进行气候资源区划。最适区分布在宁夏灌区、内蒙古前套平原、甘肃瓜州西部、敦煌大部、新疆南疆、东疆。该区≥5℃积温4000～4500℃·d，日照1850 h以上，降水量250 mm以下，高温日数55 d以下，热量条件完全满足两季生产。适宜种植区分布在宁夏红寺堡、同心、内蒙古河套平原的前套和中套地区、甘肃瓜州、金塔、民勤等地及新疆东北部、天山北麓的精河、奎屯等地。次适宜种植区主要分布在甘肃玉门市中北部；内蒙古西部的大部区域、新疆塔里木盆地大部，但塔里木盆地高温日数较多，枸杞发生高温热害的概率高，对枸杞生长不利。

第五节　枸杞农业气象灾害

一、干热害

干热害是枸杞生产中的主要气象灾害，宁夏灌区、新疆、甘肃西部、内蒙古河套灌区经常发生。刘静研究了枸杞夏果关键生长阶段气温、光照、相对湿度、风速对产量的影响。经测定，枸杞正常生理脱落在5个/株·d以下，如果把平均单株日落花落蕾量小于10个/株·d定为干热风天气轻度影响，10～20个/株·d定为中度影响，20～30个/株·d定为重度影响，大于30个/株定为极重度影响。结果表明：日最高气温小于30℃时、日平均相对湿度大于70，不会发生干热风，当日最高气温超过30℃以上、日平均相对湿度为63%～70%时，枸杞出现干热风危害，落花落蕾很快增加，气温越高，增加越快。日最高气温大于等于35℃、日平均相对湿度<40时，干热风程度到达极重级别。

当最高气温超过32℃时，落花落蕾增加，果实在相对较短的时间内成熟，转色时间缩短，使果实变小，降低枸杞外观等级。同时，根系吸收养分能力变弱，难以支撑夏果枝继续分生花蕾而封顶，进入夏眠期。47年来，枸杞生长季内最高气温≥32℃的日数增加趋势明显，每10年平均增多2.6 d，1997年以后增加更明显。在1971—1996年的26年间，有22年低于多年平均值，只有4年高于平均值。而1997—2017年的21年间有17年高于多年平均值（图7-28）。

二、低温冷害、冻害

低温冷害、冻害对枸杞产量影响很大，枸杞是多年生植物，冻害不会在短时间内恢复，较轻冻害可以在当年恢复树势，较重冻害经过1～3年精心管护才能恢复因此冻害将会给枸杞生产带来持久的损失。枸杞成熟枝条以形成层最抗寒，皮层次之，木质部和髓部最不抗寒。枝条轻微受冻时只表现髓部变色，中等冻害时木质部变色，严重冻害时才伤及韧皮部和形成层，形成层变色时枝条失去恢复能力。尤其是生长较晚发育不成熟的嫩枝，保护性组织不发达，最易遭受冻害，有些枝条看起来没有受冻，但是发芽晚、叶片小，剖开木质部色泽变褐，也是冻害的表现。段晓凤等利用人工霜冻模拟箱进行枸杞现蕾期、初花期和盛花期霜冻模拟试验发现，当气温降至-1℃时

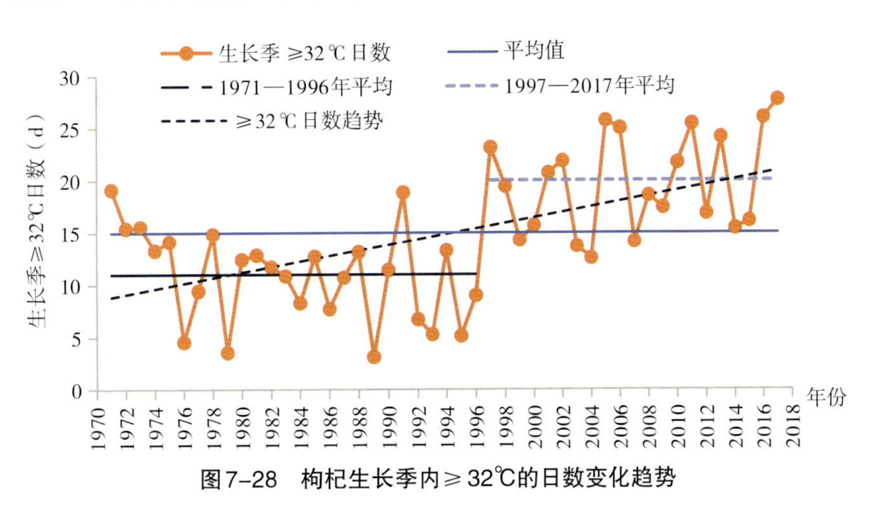

图7-28　枸杞生长季内≥32℃的日数变化趋势

构杞花朵未出现受冻迹象，降至−2℃时枸杞花朵开始出现受冻迹象，−8℃时受冻率达到100%，说明枸杞花期受霜冻危害的温度为−8～−1℃，在此温度范围内，温度越低、低温持续时间越长，花朵受冻率越高。枸杞花蕾的抗冻能力最强，初花次之，盛花最弱。

三、干旱

干旱是山区枸杞的主要灾害。宁夏处于西北内陆，干旱少雨,气温升高增大了土壤水分蒸发量，导致干旱化趋势更加严重。枸杞干旱可使树体内水分收支失衡，发生水分亏损，影响正常生长，导致树体生长缓慢，叶片下垂脱落，枝条逐渐枯干，直至死亡。每遇干旱年份，由于黄河来水紧张，灌溉困难，发生枸杞干旱，给枸杞生产造成很大损失。据了解，枸杞干旱年份占总年份的39.2%，大旱年份占17.8%，且以夏旱为主。

四、连阴雨

持续阴雨天气易诱发根腐病，发生涝害导致枸杞根系受损，影响枸杞生长发育、开花结果，降低果品品质和产量。连阴雨通常是指3 d以上连阴、降水在20 mm以上的阴雨天气，枸杞采收期遭遇连阴雨损失最大。

五、蚜虫及黑果病害

枸杞蚜虫发生的最适气象条件为旬平均气温22.0～25.2℃，旬平均相对湿度48%～50%，旬降水量1～4 mm。气象条件达到中度以上危害等级的旬数占夏果期总旬数的71.1%（图7–29），即夏果期有70%的时段温湿度、日照、降水综合气象条件适合蚜虫的发生，实施绿色防控的难度增大，时间长。47年来，夏果期气象条件适合发生蚜虫的概率平均每10年增加1.35%，危害有加重趋势。

枸杞炭疽病发生的最适气象条件为日平均气温19～25℃，日平均相对湿度75%～90%，降水日数超过1 d且过程降水量在5 mm以上。生育期间符合上述气象条件的日数越多，降水日数越多，降水量越多，黑果病发生越重，危害越大。47年来，气象条件适宜发生枸杞炭疽病的日数占比下降趋势明显，全生育期适宜天数发生概率平均每10年下降1.1%，夏果期适宜天数发生概率下降0.6%（图7–30）。

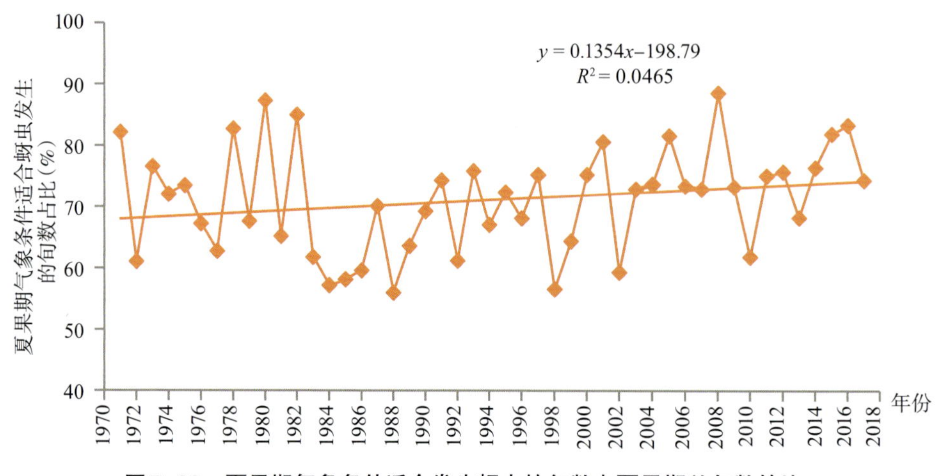

图7–29　夏果期气象条件适合发生蚜虫的旬数占夏果期总旬数的比

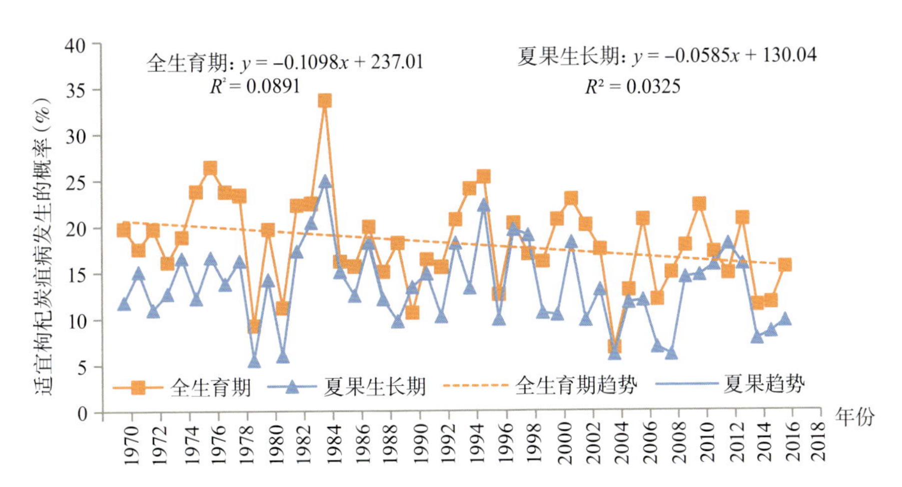

图7-30　全生育期及夏果期适宜枸杞炭疽病发生的日数占总日数的比

参考文献

曹兵，宋培建，康建宏，等. 大气CO_2浓度倍增对宁夏枸杞生长的影响[J]. 林业科学，2011, 47(7): 193-198.

曹兵，许泽华，宋丽华，等. 土壤温度变化对枸杞苗木生长的影响[J]. 农业科学研究，2009, 30(3): 1-4.

陈爽，田军仓，马波. 滴灌灌溉定额对贺兰山东麓枸杞生长和产量的影响[J]. 宁夏工程技术，2019, 76(4): 367-370+374.

董永祥，周仲显. 宁夏气候与农业[M]. 银川：宁夏人民出版社，1985.

段晓凤，朱永宁，张磊，等. 宁夏枸杞花期霜冻指标试验研究[J]. 应用气象学报，2020, 31(4): 417-426.

郭芳芸. 大气CO_2浓度升高对宁夏枸杞果实不同发育期糖分积累影响[D]. 银川：宁夏大学，2020.

雷蕾，李剑萍，马力文，等. 宁夏中宁县枸杞精细化气候区划[J]. 经济林研究，2020, 126(3): 104-111.

李剑萍，张学艺，刘静. 枸杞外观品质与气象条件的关系[J]. 气象，2004(4): 51-54.

李苗，郑国保，朱金霞. 不同生育期水分胁迫对干旱区枸杞果实生长产量和水分利用效率的影响[J]. 节水灌溉，2020, 302(10): 20-25.

李越鲲，米佳，闫亚美，等. 不同产地宁夏枸杞主要化学成分分析[J]. 食品工业科技，2017, 389(21): 286-288+329.

梁鸣早. 河北省巨鹿县枸杞的农业气候分析[J]. 农业气象，1983(4): 32-34+31.

刘静，张晓煜，杨有林，等. 枸杞产量与气象条件的关系研究[J]. 中国农业气象，2004, 25(1): 17-21, 24.

刘静，张宗山，马力文，等. 宁夏枸杞蚜虫发生规律及其气象等级预报[J]. 中国农业气象，2015, 36(3): 356-363.

刘静. 枸杞气象研究[M]. 北京：气象出版社，2003

陆鼎煌. 气象学与林业气象学[M]. 北京：中国林业出版社，1994.

马海军，张晓荣，陈虹羽. 不同产区枸杞品质比较研究[J]. 西北农业学报，2015, 24(8): 153-156.

马力文，叶殿秀，曹宁，等. 宁夏枸杞气候区划[J]. 气象科学，2009, 29(4): 4546-4551.

马力文，张宗山，张玉兰，等. 宁夏枸杞红瘿蚊发生的气象等级预报[J]. 安徽农业科学，2009, 37(20): 9516-9518, 9529.

马力文. 枸杞气象业务服务[M]. 北京：气象出版社，2018.

牛艳，许兴，郑国琦，等. 土壤养分和盐分对枸杞多糖和总糖含量的影响[J]. 中国农学通报，2006, 22(12): 59-61.

牛艳. 宁夏枸杞有效成分及其与生态因子关系的研究[D]. 银川：宁夏大学，2005.

农业气象卷编辑委员会. 中国农业百科全书（农业气象卷）[M]. 北京：中国农业出版社，2023.

潘静. CO_2浓度倍增对宁夏枸杞光合产物分配与果实品质的影响[D]. 银川：宁夏大学，2013.

齐国亮，苏雪玲，郑国琦，等. 气象因子对宁夏枸杞果实生长及多糖含量的影响[J]. 植物学报，2016, 51 (3): 311-321.

齐国亮，郑国琦，张磊，等. 不同产地宁夏枸杞土壤和果实中重金属含量比较研究[J]. 北方园艺，2014, 318(15): 161-164.

齐国亮. 气象因子对宁夏枸杞外观品质及药用成分多糖积累的影响[D]. 银川：宁夏大学，2015.

石元豹. 大气CO_2浓度倍增对宁夏枸杞光合产物分配与土壤养分的影响[J]. 宁夏大学硕士论文，2015.5.

宋丽华，高彬. 持续干旱胁迫对中宁枸杞水分生理的影响[J]. 西北林学院学报，2010, 25(3): 15-19.

苏雪玲，齐国亮，郑国琦，等. 不同产地气象因子对宁夏枸杞果实糖分积累的影响[J]. 西北植物学报，2015, 35(08): 1634-1641.

苏雪玲. 气象因子对宁夏枸杞果实糖分和药用成分积累的影响研究[D]. 银川：宁夏大学，2016.

温美佳. 基于气候特征的不同产地枸杞品质及生态适宜性区划研究[D]. 银川：宁夏大学，2013.

肖芳，段晓凤，李红英，等. 宁夏枸杞春季霜冻指标研究[J]. 经济林研究，2019, 37(3): 193-197.

张磊，郑国琦，滕迎凤，等. 土壤因子对宁夏枸杞地理分布的影响[J]. 北方园艺.

张晓煜，刘静，袁海燕，等. 枸杞多糖与土壤养分、气象条件的量化关系研究[J]. 干旱地区农业研究，2003(3): 43-47.

张晓煜, 刘静, 袁海燕. 枸杞总糖含量与环境因子的量化关系研究[J]. 中国生态农业学报, 2005(3): 101-103.

赵琴, 潘静, 曹兵, 等. 气温升高与干旱胁迫对宁夏枸杞光合作用的影响[J]. 生态学报, 2015, 35(18): 6016-6022.

赵琴. 气温升高与干旱胁迫对宁夏枸杞生长与果实品质的影响[D]. 银川: 宁夏大学, 2015.

周仲显. 宁夏枸杞气候区划[J]. 宁夏农业科技, 1984(1): 25-28.

朱永宁, 张磊, 马国飞, 等. 基于危害积温的枸杞花期霜冻指标试验[J]. 农业工程学报, 2020, 36(14): 188-193.

JIAN H X, MING L J, et al. Recent advances in bioactive polysaccharides from Lycium barbarum L., Zizyphus jujuba Mill, Plantago spp., and Morus spp.: Structures and functionalities[J]. Food Hydrocolloids, 2016, 60: 148-160.

RAÚL F G, JOSÉ M H, JULIÁN C, et al. Influence of climatic conditions on the phenolic composition of Vitis vinifera L. cv. Graciano[J]. Analytica Chimica Acta, 2012, 732: 73-77.

SHIOW Y, WANG W Z. Effect of Plant Growth Temperature on Antioxidant Capacity in Strawberry[J]. Agriculture Food Chemistry, 2001, 49: 4977-4982.

SUSAN J, FAIRWEATHER T Y P B, et al. Selenium in Human Health and Disease[J]. ANTIOXIDANTS & REDOX SIGNALING, 2011, 14(7): 1337-1383.

YANG J L, LIU P C, JIN L D, et al. Protective effects of Lycium barbarum polysaccharides against carbon tetrachloride-induced hepatotoxicity in precision-cut liver slices in vitro and in vivo in common carp (Cyprinus carpio L.)[J]. Comparative Biochemistry and Physiology, Part C, 2015, 169: 65-72.

YANG Q Z, WANG Z H, FU J. Astragalus membranaceus chemical composition and the correlation of ecological factors[J]. Chinese Journal of Applied Ecology, 2015, 26(3): 732-738.

ZHANG Q Y, CHEN W W, ZHAO J H, et al. Functional constituents and antioxidant activities of eight Chinese native goji genotypes[J]. Food Chemistry, 2016, 200: 230-236.

第八章 枸杞苗木繁育

第一节　采穗圃的营建技术

采穗圃是指选用适应当地生态条件的良种营建的生产优质、高纯度穗条的繁育基地（图8-1）。

图8-1　工厂化育苗车间

一、苗圃地的选择

苗圃地应选择在交通运输方便，起苗运苗省工、省时的地方。每个采穗圃面积宜在3.3 hm^2以上。建采穗圃时对土壤条件的选择还应该注意以下3点：①最好选择土层深厚、有良好通气性的轻壤、沙壤和壤土建园。②土壤有机质含量在1%以上，土壤含盐量小于0.2%，pH为8左右，有效活土层30 cm以上。③应选择交通便利、地势平坦、有排灌条件的土地。

二、苗圃地良种选择及区域规划

在良种选择方面，应选择生产性状表现好、推广前景广阔、市场需求量大的良种作为建圃材料，如‘宁杞1号’‘宁杞4号’‘宁杞5号’‘宁杞6号’‘宁杞7号’‘宁农杞9号’等。

应编制规划设计，合理布置各个无性系种植区，设置保护带、作业道和灌溉排水基础设施等。绘制定植图，注明良种名称或编号，标明各良种的栽植位置。

每个采穗圃宜配置4个以上良种，可以沟渠路为界，对圃地先分大区，再分小区，小区分品种行状栽植。自花授粉品种，如‘宁杞1号’‘宁杞6号’‘宁杞7号’可按小区栽植；异花授粉品种，如‘宁杞5号’‘宁农杞9号’，可设置授粉树，授粉品种一般选择‘宁杞1号’或‘宁杞4号’，设置比例为（2～3）:1，即2行或3行‘宁杞5号’（或‘宁农杞9号’）、1行‘宁杞1号’（或‘宁杞4号’）。

三、滴灌系统布设

每年3～4月，在准备好的苗圃地，按照15 cm×25 cm的株行距，栽种计划繁育的枸杞良种幼苗。幼苗定植完成后，按照每3行一滴灌带的铺设密度，在采穗圃行间铺设内镶贴片式滴灌带。滴灌带的规格为：管径16 mm，壁厚0.6 mm，工作压力150 kPa，滴头间距150 mm，滴头流量1.38 L/h。

四、病虫害防治

采穗圃建好20 d以后，进行平茬修剪，平茬高度为6 cm。同时，对建好的采穗圃要精细管理，防止病虫害滋生，为苗木繁育提供纯正、健壮、足量的插穗。在采穗3 d前，对采穗圃利用“阿维菌素+百菌清+叶面肥”进行喷雾，起到杀菌、除虫、壮苗的作用。选择采穗圃苗木树体上的半木质化枝条作为种条。采集的种条存放于阴凉通风处，堆放厚度在10 cm，并用喷雾器扫一遍，覆盖棚膜或地膜，不封闭。

第二节　苗圃地的选择与建设

一、育苗的任务

枸杞苗木是发展枸杞规模化生产的基本材料，枸杞苗木的质量直接关系到果园的经济效益和建园的成败。培育和生产品种纯正、生长健壮、根系发达、无病虫害的优质苗木，是枸杞育苗的根本任务，也是建立早果、丰产、优质、低成本果园的先决条件。

枸杞苗圃是培育和生产优良枸杞苗木的基地。苗圃地势、土壤、pH值、施肥、灌水条件、病虫害防治及管理技术水平，对培育优质苗木有重要影响。随着枸杞种植面积不断增加，对优质枸杞苗木的需求越加迫切，各种类型和规模的苗圃也在不断增加。由于育苗水平较低，苗木管理混乱，容易造成品种混杂，苗木质量不高。应到正规的苗圃购买苗木。

二、育苗地的选择

1.地势

应选择地势平坦，或者背风向阳、日照良好、稍有坡度的倾斜地。苗圃地下水位宜在1～1.5 m,并且一年中水位升降变化不大。若地下水位过高的低地，要做好排水工作，否则不宜作为苗圃地。

2.土壤

应选用酸碱适中、土层深厚、土壤肥沃、土壤含盐量在0.2%以下的轻壤土建园为宜，沙壤和中壤土次之。轻壤土因其土质疏松，透水、通气等理化性质好，适宜土壤微生物的活动，对种子发芽、幼苗生长都十分有利，而且起苗省工，伤根少。土质过沙的沙土，因保持肥水能力差，容易干旱，枸杞生长不良。土质过于黏重，如黏土和黏壤土，虽然养分含量高，但因经常板结，土壤通气性差，对枸杞根系生长不利。因此，若土壤质地不好，必须先进行土壤改良，分类掺沙、掺土，并大量施用有机肥后方能利用。

图8-2　整地划线

3.灌溉条件

排灌要方便。种子萌芽和苗木生长，都需要充足的水分供应，保持土壤湿润。幼苗生长期间根系浅，耐旱力弱，对水分要求更为突出，如果不能保证水分及时供应，会造成幼苗停止生长，甚至枯死。此外，还要注意水质，勿用有害苗木生长的污水灌溉。

4.病虫害

选择病虫害较少、无重茬的地块。地下害虫多的地方，应先进行土壤处理。

三、苗圃地的区划

苗圃选定后，为了培育、生产规格化的优质苗木，应根据苗圃规模大小进行规划，包括母本园、繁殖区、道路、排灌系统、防护林带房舍等。

1. 母本园

主要任务是提供良种繁殖的材料，如实生苗、嫩硬枝扦插苗、组培苗等。要确保种苗的纯度和长势，防止检疫性病虫害的传播。

2. 繁殖区

根据所培育品种不同，以品种为单位进行区划。为了耕作和管理方便，根据地形情况，把园地划分成若干小区。在高低不平的地区，小区面积小一些；在平坦的地区，小区面积大一些。一般小区面积0.0667 hm^2左右为宜，因为面积小的地块容易平整，灌水深浅一致，不至于高处受旱、低处受浸从而造成枸杞生长不良。

3. 道路

可结合划区要求设置。干路为苗圃与外部联系的主要道路，大型苗圃干路宽度约6 m。支路可结合大区划分进行设置，一般路宽3 m。大区内可根据需要分成若干小区，小区间可设若干小路。

4. 排灌系统和防护林

可结合地形及道路统一规划设置。防护林设置原则和方法可参照果园防护林设置部分。

5. 房舍

包括办公室、宿舍、农具室、种子储藏室、化肥农药室、苗木储藏窖等。应选择位置适中、交通方便的地点建筑，尽量不占好地。

四、苗圃管理

1. 土壤处理

在苗圃地撒施腐熟羊粪或牛粪，施肥量45～75 t/hm^2，结合整地、深翻，并用辛硫磷、毒死蜱、吡虫啉、高锰酸钾、多菌灵等药剂拌土撒施于苗圃地。每公顷用30～45 kg辛硫磷或30 kg毒死蜱或7.5 kg吡虫啉+多菌灵15 kg拌土撒施，耙入土壤。

2. 破膜

在扦插后15～20 d，检查萌芽情况。如发现膜下有萌芽，要及时破膜，放出萌芽。破膜后用土压实膜孔处地膜。

3. 灌水

待插条萌芽后新梢长10～15 cm时，依据土壤墒情，及时灌水。灌水至沟内见水即可，灌水深的地方要灌后即撤。灌水可依据土壤墒情每隔25～30 d灌水1次，整个生育期灌水4～5次。

4. 松土除草

灌水后要及时松土除草，松土除草时防止碰松种条或带掉幼苗。

5. 追肥

灌二水时，第一次追肥，每公顷用尿素300 kg+复合肥300 kg+硫酸钾75 kg；灌三水时，第二次追肥，每公顷用腐殖酸有机肥600 kg+磷酸二铵300 kg+尿素300 kg。以后每隔30 d根据土壤肥沃程度及苗木长势确定追肥数量和追肥品种。

图8-3　施肥机械

6. 抹芽定干

当苗高长到50～60 cm时，抹除苗木基部发出的侧芽和侧枝，保留距地面50～60 cm内的强壮新梢；当苗高达60 cm时及时摘心封顶，培养出第一层侧枝，形成小树冠。

五、苗圃档案建立和档案管理

苗圃田间档案是真实反映苗圃生产的历史

记载，也是更好指导苗圃生产的依据。苗圃积累的资料，必须建立档案管理制度。档案内容包括：

①苗圃地原来的地貌特点，耕作情况。

②土壤类型。各区的土壤肥力原始水平及土壤改良档案和各区土壤肥水变化档案。

③各区每次育苗品种档案、种植图。

④苗木育苗成活前、成活后管理档案，如气象资料、温度、湿度、透光率等。

⑤苗木销售档案。将每次销售苗木品种、数量、去向都记入档案，以了解各种苗木销售的市场需求、栽植后情况。

⑥苗木土地轮作档案。将轮作计划和实际轮作情况，以及轮作后的种苗生长情况都归入档案，以便今后调整安排轮作计划。

⑦繁殖管理档案。将繁殖方法、时期、成活率和主要管理措施记入档案。同时，记录主要病虫害及防治方法，以利于制定周年管理历。

六、苗圃地的改良和轮作

苗圃繁殖区实行轮作十分重要。由于连作（重茬）会引起土壤中缺乏某些营养元素、土壤结构破坏、病虫害严重及有毒物质积累，以造成苗木生长不良。因此，应避免在同一地块中连续种植同类或近缘的及病虫害相同的苗木。一般育苗地经两年轮作效果好。与豆类绿肥、禾本科作物轮作效果更好，不能与其亲缘相近茄科作物轮作。

第三节　实生苗繁育

一、实生苗及其特点

为了大面积发展枸杞生产，在短期内解决大批枸杞苗木，可在当地采用有性繁殖培育枸杞实生苗。通过播种和加强苗期管理，培育出无检疫对象、健壮、根系完整的优良苗木。但培育出的实生苗与无性繁殖相比，苗木品种的遗传性能可塑性大，后代变异率达70%以上。在没有普遍推广应用无性繁殖苗木之前，利用种子培育实生苗仍是大面积发展枸杞、解决苗木来源的一种主要方法。

枸杞实生苗的主要特点有以下4点。

①主根强大，根系发达，入土较深，对外界环境适应能力强。

②实生苗的阶段发育是从种胚开始的，具有明显的童期和童性，进入结果期较迟，有较强变异性和适应能力。

③枸杞是两性花，其后代有明显的分离现象，不易保持母树的优良性状和个体间的相对一致性。

④在隔离的条件下，育成的实生苗是不带病毒的，利用实生苗繁殖脱毒品种苗木是防止感染病毒病的途径之一。

二、实生苗的利用

枸杞杂交育种工作中，需要从杂交后代实生苗中进行选择、鉴定。因此，实生苗可作为培育新品种的原始材料。

三、实生苗的繁育

1. 苗圃地的准备

（1）苗圃地的选择

由于枸杞种子细小，在发芽出土时，如果土壤板结就会影响出苗，为能够正常出苗和生长，苗圃地应选择背风向阳、地势平坦、排灌方便、土质较肥沃的沙壤土或轻壤土，土壤含盐量在0.2%以下。

（2）整地作床

经选择的苗圃地要进行秋翻冬灌，并结合翻地施厩肥30.0～37.5 t/hm^2，待翌年春天土壤解冻后，切、耙保墒，然后作床。苗床面积应以地势而定。床面应尽量平整，以利于灌水。

2. 种子准备

成熟后的枸杞种子为黄褐色，扁平，肾状形。枸杞种子生活力特别强，红熟的果实落到地上，遇到下雨天也能发芽生长。

种子制取：可以分为4个步骤。①浸泡果实。如果用干果实制取种子，则应将果实放在水中浸泡至果皮膨胀易烂为止，需要1～2 d。如果用鲜果，用时浸泡即可。②果实揉烂。将泡涨的果实或鲜果搓碎，使种子和果肉分离。③淘洗。果实搓碎后放入适量水进行淘洗，倒出果汁、果皮及空瘪种子等杂质，经过几次淘洗后，沉在盆底的是饱满的种子。④种子晾干。将饱满的种子铺在麻布类的物品上，晾晒干燥后，保存在阴凉干燥处备用。一般每千克干果可以制取种子逾0.1 kg，种子的发芽率随保存期延长而降低，所以要选择保存期短的种子进行播种育苗。

3. 播种

由于枸杞种子比较小，千粒重约1 g，每公顷播种量约3 kg，且其顶土能力弱，在播种时应浅播。

枸杞在春、夏、秋3个季节都可以进行播种。春播在3月下旬到4月上旬，借春潮上升有利于种子发芽出土，幼苗生长期长，当年可以育出大量壮苗出圃。夏播在5月上旬进行，此时地温高、灌水方便、种子发芽出土快，幼苗生长期也较长，当年秋季或翌年3月可出圃栽植。秋播在7月下旬到8月上旬，此时正是枸杞鲜果采收季节，选种制种方便，播种后出苗也快，但不久随着气温下降，幼苗生长期短，幼苗小，需到第二年秋才能出圃栽植。因此，生产上春季播种较多。

枸杞播种分水播法和旱播法两种。由于枸杞种子小，用量少，为了保证种子播撒均匀和播种后早出苗，一般在播种前要进行拌沙和催芽。拌沙就是将一份种子拌10～15份细湿沙。催芽就是将已经拌好细湿沙的种子，放在20～25℃的室内，上面盖塑料布，每天喷洒一次水，保持较好的温湿度。一般在有半数种子露白（发芽）时，进行播种。夏季温湿度适宜时播种，一星期后就可以发芽出土。

水播法：将已经整好的床面开沟，沟深1～2 cm，沟间距50 cm。沟开好后将种子均匀地撒在播种沟里，然后轻轻覆土，用脚稍加踏实，使种子与土壤紧紧接触，接着用水浅浅漫一次。此后，应注意灌水，始终保持苗床湿润，直到幼苗出齐后停止灌水。水播法播种出苗快，整齐，出苗率高，操作简便。

旱播法：它和水播法的区别在于播种后根据土壤性质和土壤墒情决定覆土薄厚，厚度在1～2 cm。沙性土，墒气差，覆土厚些；黏性土，墒气好，覆土薄些。覆土后不立即灌水，如果播种后天气干旱，土壤墒气差，较长时间不出芽，也可以用小水浅灌，促进种子发芽出土。旱播法的缺点是种子发芽出土迟，出苗不整齐，出苗率不高，适用于灌溉条件差的地方育苗。为了克服旱播法出苗慢、不整齐的缺点，近年来各地采用地膜覆盖育苗，效果非常好。

4. 苗圃的管理

（1）间苗

当年生播种苗高达3～5 cm时，进行第一次间苗工作。间苗工作要求间除过密苗和生长势弱小的苗木，株间距为5 cm左右。

（2）除草和松土

除草和松土一年中要进行2～3次，结合间苗工作，开始除草和松土。尤其是采取水播法育苗，由于苗木未出土之前经常保持湿润状态，要灌水几次，每灌一次水就要长出许多杂草，每灌一次水就造成不同程度的板结。当苗木高度达到3～5 cm时要抓紧第一次松土和除草工作，如果这项工作抓得不紧，就有可能造成草荒。除草工作应掌握除早、除小、除净的原则。松土结合除草进行，在苗木未到速生期之前以松土为主，在苗木进入速生期后以除草为主。

（3）定苗

当株高达到8～10 cm时，苗木即将进入速生期之前进行定苗。定苗的株距主要是根据每0.0667 hm^2苗量和苗木培养的规格大小而定。过密则营养面积不够，很难当年培育出合格苗木；过稀则产量苗不够，一般定苗株距10～15 cm。

（4）灌水和施肥

定苗之后苗木即将进入速生生长阶段，就要开始灌水和施肥，以良好的水肥条件促使苗木快速生长。灌水在苗木培育期进行4～5次，施肥2～3次。苗木生长后期控制灌水，应及时排除积水。

（5）抹芽

当苗高长到20～30 cm时要及时抹除和剪去苗木基部发生的侧芽和侧枝。当苗高达60 cm时及时摘心控制高生长，只保留距地面45～60 cm的侧芽。通过苗期对其修剪以达到在苗圃内培养出第一层侧枝。

（6）病虫害防治

枸杞苗期的害虫主要有枸杞蚜虫、枸杞瘿螨、枸杞锈螨、枸杞木虱、枸杞负泥虫，多采用药物防治，药剂的选择和成龄枸杞相同。农业防治措施应加强综合治理，搞好苗圃环境卫生，做到圃内无杂草。

四、苗木出圃

播种培育的实生苗，在管理较好的条件下，当年就可结果。秋天可出圃栽植或翌年春天土壤解冻后出圃栽植。出圃时，一般把苗木分为三级。一级苗根茎粗0.7 cm以上，高50 cm以上；二级苗根茎粗0.5 cm以上，高40 cm以上；三级苗根茎粗在0.5 cm以下。出圃定植的苗木，一般为一至二级且根系完整、无损伤、无病虫害的苗木。三级苗需集中移栽，继续培育1年后再出圃定植。

第四节　自根苗繁育

无性繁殖是利用植株营养器官的一部分繁殖成新的植株。无性繁殖的苗木又称为自根苗，它包括扦插、分株等方法。它具有后代变异性小、能保持原品种的性状和特性，进入结果期早等优点。在当前，大力发展枸杞生产，推广优良品种，采用无性繁殖尤为重要。

一、自根苗的特点和利用

枸杞自根育苗的方法有枝条扦插、埋根、根蘖、压条和组织培养等。自根苗是用优良母株的枝、根、芽等营养器官生根繁殖而来，它保持母树的遗传特性而变异较少，生长一致，进入结果期较早，产量高，优良品种能在生产上迅速繁殖推广，繁殖方法简便。但自根苗无主根且根系分布较浅，容易倒伏，所以幼龄树要及时扶干。

二、自根苗繁殖生根的原理

自根苗繁殖的方法主要是利用枸杞营养器官的再生能力，发出新根新芽而长成一个完整的植株。能否长成完整植株关键在于是否形成不定根或不定芽。枸杞形成不定芽、不定根的再生能力，依枸杞品种、枝条或根的发育年龄等不同而异。不论用根插或枝插均能形成不定芽或不定根，易成活。同一枸杞品种，不同的发育年龄和枝龄，其再生能力的强弱不同。处于幼年期的植株比成年期的发根能力强。半木质化的幼龄枝比木质化的多年生枝易于生根。枝龄小则皮层幼嫩，其分生组织的活力强，再生能力也强，扦插易于成活。

1. 不定根的形成

不定根是由植物的茎、叶等器官发出，因其着生的位置不定，故被称为不定根。多年生的木本植物的不定根通常在枝条的次生木质部产生，有的果树其不定根是从形成层和髓射线交界处产生。

不定根的根原体产生时期：大多数果树在扦插过程中茎内某部分细胞恢复分裂能力，进行细胞反分化形成根原体，产生不定根。有些果树是在枝条生长期间未离开母树时，在茎组织内就已形成根原体，并多从形成层和髓射线交界处发生。据赵世华《无公害枸杞生产实用技术》一书中说，枸杞、葡萄的枝条在冬季休眠期没有根原体，但插穗扦插以后较容易生根，推测它们的根原体是在扦插以后形成的。枸杞属的根原体数量较少，主要分布在种条基部60 cm以下的范围内，这就是老眼枝和七寸枝插穗成活率高，徒长枝由于生长快，根原体不集中、稀少而成活率低的重要原因。

愈伤组织与不定根的关系：插条形成愈伤组织和发生不定根，多数情况下是同时发生而又各自独立进行，但有时先长愈伤组织后发根。因此，容易误认为不定根都是从愈伤组织长出来的。插条基部发生愈伤组织是扦插生根的主要条件，但有些树种插条基部，在适宜的温度和湿度条件下，能较快地发生许多愈伤组织而并不发根。枸杞插条也会发生这种情况。在扦插的枸杞插条中也可见到插条基部没长愈伤组织，就在节间或节部发出不定根。虽然愈伤组织与不定根不存在直接的关系，但愈伤组织对于防止病菌入侵和伤口腐烂，减少营养物质流失有重要作用，为发根创造了良好的条件。

2. 不定芽的形成

定芽发生在茎的叶腋间，不定芽的发生则无一固定位置，如根、茎、叶上都可能发生分化，但多数是在根上发生，这在繁殖上有重要意义。许多植物的根在未脱离母体时，特别在根受伤的情况下都容易形成不定芽。在年幼的根上，不定芽是在中柱鞘靠近维管形成层的地方产生。在老年根上，不定芽是在木栓形成层或射线增生的类似愈伤组织中发生的。在受伤的根上，主要在伤口面或切断根的伤口处愈伤组织中形成不定芽。

3. 极性

在扦插的再生作用中，器官的发育均有一定的极性现象，即枝条总是在其形态顶端抽生新芽，下端发生新根。用根段扦插时，在根段的形态顶端（远离根颈部位）形成根，而在其形态基端（靠近根颈部位）发出新芽。因此，扦插时要特别注意不能倒插。

4. 影响扦插成活的因素

（1）内部因素

①树龄、枝龄、枝条部位：通常从实生幼树上剪去的枝条扦插较易发根，随着树龄的增大，发根率降低。枝龄较小的比枝龄较大的容易成活，因其皮层中幼嫩分生组织的生活力强。

②营养物质：枝条所贮藏的营养物质多少与扦插和压条生根成活有着密切的关系。枸杞枝条含粗纤维49.5 mg/100 mg、粗蛋白9.63 mg/100 mg、粗脂肪1.54 mg/100 mg、灰分3.98 mg/100 mg，它们在形成根的过程中起促进作用。

③植物生长调节剂：不同类型的生长调节剂如生长素、细胞分裂素、赤霉素、脱落酸等对根的分化有影响。吲哚乙酸、吲哚丁酸、萘乙酸对不定根的形成都有促进作用。细胞分裂素在无菌

培养基上对不定芽的形成有促进作用。因此，凡含有植物激素较多的树种，扦插都较易生根。枸杞生产上用生长调节剂（吲哚丁酸或ABT粉等）处理可促进生根。

④维生素：维生素是植物营养物质之一。维生素B1、B6、烟酸、甘氨酸、肌醇等是无菌培养基中促进外植体生根所必需的营养物质。维生素是植物在叶中合成并输导至根部参与整个植株的生长过程。维生素和生长素混合使用，对促进发根有良好的效果。

（2）外部因素

①温度：插条生根的适宜土温为15～20℃，所以解决春季插条成活的关键在于采取措施提高土壤温度。

②湿度：土壤湿度和空气湿度对扦插压条成活影响很大。插条发根前，芽萌发比根的形成早得多，而细胞的分裂、分化，根原体的形成，都需要一定的水分供应。所以，枝条扦插后，土壤含水量最好稳定在田间最大持水量的50%～60%，空气湿度越大越好。

③光照：对于硬枝扦插，自然光照即可。对于嫩枝扦插，正常情况下需要遮光；遇到连阴天时，需要补充光照。

第五节　硬枝扦插苗繁育

硬枝扦插方法比较多，有直接插入大田、催根后直接插入苗床、催根后直接插入营养袋等。扦插育苗是用植物体的枝条繁殖成新植株的一种方法，是无性繁殖的方法之一。它的最大优点是苗木能保持母树优良性状，结果早，产量高，优良品种能在生产上迅速繁殖推广。枸杞硬枝扦插育苗材料易采集，操作简便易学，成活率高，可提前结果，并能保持母本的优良性状，是一种行之有效的快速繁殖方法。

一、苗圃地准备

1. 圃地选择

选择地势平坦，光照充足，土层深厚，土质肥沃，具有灌溉条件的中性、微碱性沙壤，或轻壤土地块作圃地。

2. 整地做畦

头年秋天平整土地，结合整地，每公顷施腐熟农家肥45～60 t/hm^2，每467 m^{2}左右为一畦，灌足冬水。要求深翻30 cm以上，土耙碎，肥掺匀，地整平。

3. 施肥、覆膜

当年3月底，结合土壤消毒、灭虫、施肥，在扦插前浅耕圃地。耕前，用50%多菌灵可湿性粉剂800倍液喷洒地面，每公顷撒施磷酸二铵225 kg、氮磷钾复合肥450 kg，有地下害虫的地块，每公顷用辛硫磷颗粒剂37.5 kg，拌细潮土撒在地面上，一并耕入土中，深度15 cm，耙耱平整后灌一次小水。水渗后能进人时，喷地乐胺（每公顷4500 mL左右），铺宽幅140 cm地膜，留40 cm宽的作业行。

二、种条采集

在第一年果熟期，选择品种纯正、树型紧凑、生长健壮、果粒大而均匀的丰产植株，标记作为采种母树。翌年，在枝条萌动前的3月下旬到4月上旬，结合枸杞冬季修剪，在母树上选着生于树冠中上部、生长健壮、粗度0.3～0.6 cm、木质化程度高、无病虫害，以及无机械损伤的一年生中间枝、徒长枝或结果枝作为种条。随采集

图8-4 机械覆膜场景

随剪去针刺枝、小枝及梢部不能用的部分，插条上剪口剪成平口，尽可能剪少水分蒸发，下剪口剪成马耳形，避免倒处理和倒扦插。剪好的插条50个一捆，挂上标签，写明品种、数量、采集时间、地点等。

三、插条存放

由于种条采集时间不一或不到扦插时间，采集下的种条最好以长条尽快储放，可堆放在地窖或冷藏库中，也可在室外沙藏。储藏期间要经常检查，以防种条失水、发霉。采集后，利用当地果窖、菜窖等，将插条直接堆集在窖内，保持窖内湿度在80%左右，温度在0～5℃。堆放时间为5 d。

四、插条处理

硬枝插条用：①15～20 mg/L的α-萘乙酸浸泡24 h或500～1000 mg/L的α-萘乙酸浸泡2 h。②15～20 mg/L吲哚乙酸浸泡24 h或500～1000 mg/L的吲哚乙酸浸泡2 h；浸泡枝条下部3 cm。

α-萘乙酸溶液的配制方法：称取所需量的α-萘乙酸，可用热水溶解，或先用少量95%的酒精溶解，完全溶解后再加水至一定浓度。

吲哚乙酸的配制方法：称取所需量的吲哚乙酸，先用少量95%的酒精溶解，完全溶解后再加水至一定浓度。

五、插条催根

在向阳背风的地方，先铺20 cm厚、湿度为80%的河沙，再将经过生根剂处理后的成捆种条梢部（图8-5）朝下依次倒置在河沙上，在种条间和种条捆间用潮湿河沙填满空隙，四周用30 cm厚的河沙围住、压实，上盖10 cm厚的潮湿河沙，再盖5 cm厚的潮湿锯末，上面再盖2 cm厚草木灰，最后用新棚膜覆盖，夜晚用草帘覆盖。在种条基部生根部位、梢部发芽部位和锯末层插上温度计。种条基部生根部位的温度控制在15～25℃,种条梢部发芽部位的温度不超过12℃。当膜下温度＞40℃或种条梢部发芽部位的温度＞12℃时，应揭去棚膜适当散热，适当洒水降温。每隔2 d检查1次，补充水分。催根时间为7 d。

图8-5　插条催根

六、苗床准备

在准备好的苗圃地做苗床。苗床宽60～70 cm，高10～15 cm。苗床间设置30～40 cm宽过道，要求床面高低一致，上虚下实。

七、扦插方法

在苗床上，采用打孔器按株行距8 cm × 30 cm打孔，孔深10～12 cm。将处理好的插条下部轻轻插入孔中，直至基部接触孔底，切忌损失种条外皮愈伤组织和已生成的不定根。然后踏实插条四周湿土，地上部留2～3 cm，外露2～3个饱满芽。扦插完成后按行盖地膜，苗床两头及两边的地膜用土压实，用喷雾器或水管喷插孔处土壤，封闭插孔（图8-6、图8-7）。

图8-6　扦插方法

图8-7　机械扦插场景

八、苗圃管理

1. 破膜

这是硬枝扦插育苗很重要的环节，扦插发芽后要及时破膜，以免气温高烧苗。破膜工作有整行破膜和以苗破膜两种。无论哪种破膜，破膜后要及时用土将地膜压好，使覆盖工作继续起到增加地温和除草的目的，保证枸杞多生根，快生长。

2. 施肥、灌水、除草和病虫害防治

硬枝扦插的插穗（图8-8）是先发芽后生根，幼苗生长高度在15 cm以下忌灌水，因为在土中的枸杞插穗属于皮下生根型，0～20 cm土层含水量超过16%以上，容易发生烂皮现象，形不成发根原始体，尽管新芽萌发，新枝形成，但是不久株苗即死亡。此期，应加强土壤管理，多中耕，深度10 cm左右，防止土表板结，增强土壤

图8-8　插穗病虫害防治

通透性，促进新根萌生。待幼苗长至15～20 cm时，可灌第一次水，每公顷灌水600～750 m^3，地面不积水、不漏灌。约20 d后结合追肥灌第二次水，每公顷入纯氮45 kg、纯磷45 kg、纯钾45 kg，行间开沟施入，拌土封沟。枸杞苗期易发生蚜虫和负泥虫，使用1.5%苦参素1200倍液或1.5%扑虱蚜2000倍液喷雾防治。如果覆盖地膜，当插穗发芽幼茎长至1～2 cm高时，要及时破膜，避免烧伤幼苗。硬枝扦插育苗，春季扦插，秋季可结果；当年成苗，秋后或第二年春天苗木可出圃移栽。

3. 修剪

硬枝扦插育苗，当苗高生长到20 cm以上时，选一根健壮、直立的徒长枝做主干，将其余萌生的枝条剪除。苗高生长到50 cm以上时剪顶，促进苗木主干增粗生长和分生侧枝生长，提高苗木木质化质量。

4. 增设扶干设备

枸杞苗木通过摘心、短截等措施，能及时促发出一次枝、二次枝。但由于这时苗木主干细，主干木质化程度低，支撑树冠能力很弱，留枝太多，苗木就要压倒在地面。要解决这个问题，在苗木封顶、摘心的同时，以株或行增施扶干设备，增加主干的支撑能力，多留枝、多长叶，实现培养特级苗的目的。

九、苗木出圃

翌年3月下旬至4月上旬，枸杞萌芽前开始起苗。起苗时要做到不伤皮、不伤根。苗木起苗后，立即按苗木标准进行分级，每30～50株一捆，捆紧捆整齐。

1. 苗木标准

根据《枸杞栽培技术规程 GB/T 19116-2003》分级标准分级（表8-1）。

表8-1　枸杞硬枝扦插苗木分级标准

级别	苗高（cm）	地径（cm）	侧根数（条）	根长（cm）
一级	＞60	＞0.8	＞5	＞20
二级	50～60	0.6～0.8	4～5	15～20
三级	50以下	0.4～0.6	2～3	15～20

2. 苗木假植

苗木起挖后，应及时假植。将分级后的苗木根系向下，分层、倾斜、疏摆在沟内，用湿沙土埋住苗木1/2～2/3。假植完后，在苗木上部覆盖湿草帘等遮阴，防止苗木风干。

3. 包装和运输

长途运输的苗木要用草袋包装，保持根部湿润，并用标签注明品种、起苗时间、等级、数量等。

第六节　嫩枝扦插苗繁育

一、嫩枝扦插苗的特点

嫩枝扦插育苗是指利用母树生长发育期半木质化的嫩枝进行苗木繁育的方法。繁育出来的嫩枝扦插苗具有以下特点：①材源较充足，能在较短的时间内育成大量苗木，因而成本低廉。②扦插苗能够保持母株的优良性状。③茄科枸杞属植物，其产生不定根的能力很强。④嫩枝扦插属于离体繁殖且插条木质化程度较低，因此在培育过程中要求管理精细。

二、育苗设施

1. 拱棚规格

高度2～2.5 m、跨度6～8 m的拱形钢架棚（图8-9）。拱棚外覆膜聚乙烯（PE）长寿膜，厚度在0.08～0.12 mm。拱棚两侧设封口膜，高度为1 m，可随时进行通风透气。

图8-9 拱形钢架棚

2. 管道选择

主管道用ϕ50PE管件，外径50 mm，壁厚2.9 mm，承压0.47 Mpa，流量5.9～13.4 m^3/h。毛管道用ϕ25PE管件，外径25 mm，壁厚1.5 mm，承压0.4 Mpa，流量1.3～3 m^3/h。

3. 喷头选择

高度在2.5 m以上的拱棚，选用倒挂折射防滴微喷头，喷嘴半径0.5 cm，工作压力0.2 Mpa，喷射半径1.15 m，流量55 L/h（图8-10）；高度在2 m以上的拱棚，选用地插式G型折射喷头，喷嘴半径0.5 cm，工作压力0.15 Mpa，喷射半径1.2 m，流量70 L/h。

4. 水泵选择

清水潜水泵，功率1.5 kw，扬程＞30 m。

5. 蓄水容器规格

依据育苗规模的大小，准备蓄水容器。1 hm^2的育苗棚可选用15 t的加厚塑料水桶。

6. 管道铺设

将水泵放置在蓄水容器中，主管道与水泵接通，沿拱棚纵向钢架一侧的下边，从拱棚顶端将主管道拉到至拱棚内。按照每60个喷头为一个

图8-10 倒挂式折射防滴微喷系统

区，喷头行距为2 m，间距为1 m，按照拱棚的大小，设置为若干区，并在每个区对应的主管道处设置1个三通和阀门，与其他区分开，并可单独控制该区的开关。

7. 苗床准备

起床打板，土厚度5 cm。苗床上铺设纯河沙，厚度4 cm，刮平，先用0.5%高锰酸钾消毒杀菌。过半个小时后用1000倍液多菌灵或百菌清进行杀菌处理，放置半天。在使用前，要充分喷湿苗床，并按照8 cm × 10 cm的株行距进行打孔。孔径为0.4 cm，深度为3 cm。

8. 遮阴网选择

6月之前采用遮光率为75%的遮阴网；7～8月采用遮光率为90%的遮阴网。遮阴网与棚膜分开，间距在5 cm以上，并固定。

三、插穗准备

1. 采穗圃杀菌除虫

在采穗3 d前，对采穗圃利用“阿维菌素+百菌清+叶面肥”进行喷雾，起到杀菌、除虫、壮苗的作用。

2. 采穗方法

植物的嫩枝插条扦插生根，插条的直径及插条的木质化程度对于插穗的成活有着很大的影响。插条由细到粗，形成层的幼嫩细胞层越厚，其生活能力越强。但是插条的直径过大，木质化程度就相应提高，则不利于生根。白光梅在‘宁杞1号’枸杞嫩枝扦插研究中发现，木质化程度不同的枝条，在其他条件相同的情况下，对生根成活的影响十分显著，过老、过嫩枝条均不宜进行扦插，而以结果枝半木质化后扦插效果最佳。

因此，需要选择采穗圃苗木树体上的半木质化枝条作为种条。郭喜平等人研究发现，插穗粗度在0.2～0.5 cm的半木质化嫩枝作为插条效果最好（成活率和生根数量最大，分别为88%和6.3条），而粗度在0.5 cm以上木质化的嫩枝次之，粗度在0.2 cm以下的未木质嫩枝效果最差。造成这种结果的原因可能是比较细且未木质化的插穗条中的水分和营养成分含量较少，容易失水而导致死亡；半木质化插穗（图8-11）内含丰富的生长激素，细胞分生组织十分活跃，因此嫩枝扦插生根率较高；而木质化的插穗由于木质化程度高，产生愈伤组织的能力差，不容易生根。

图8-11　半木质化嫩枝插条

3. 插穗剪截

长度为6～10 cm，剪掉下部叶片，顶部留3～4个芽眼和叶片。通过试验研究发现，插穗保留的叶片数与苗木成活率关系密切，叶片保留在3～4片的成活率和生根数量最高，分别为82%和4.5条。

四、插穗处理

插穗生根受多种因素的影响，生长激素对插条的生根起着显著的促进作用。其中，萘乙酸能促进插条贮存的淀粉水解为还原糖，为根的形成提供丰富的能源和碳源，促进插条生根；而吲哚丁酸对根原基的形成也有着促进作用。

研究结果表明，萘乙酸和吲哚丁酸两种生根剂都能明显提高枸杞嫩枝扦插苗的苗木生长量和成活率，其中，单独使用100 mg/kg的萘乙酸处理的苗木成活率为64%，较对照高出1倍；100 mg/kg吲哚丁酸处理的苗木成活率为75%，较对照高43%。100 mg/kg萘乙酸+100 mg/kg吲哚丁酸处理的苗木成活率为91%，200 mg/kg 萘乙酸+200 mg/kg吲哚丁酸处理的苗木成活率为84%，因此萘乙酸和吲哚丁酸两种生根剂混合使用的效果比单独使用的效果好。

可配制100 mg/kg萘乙酸+100 mg/kg吲哚丁酸或200 mg/kg萘乙酸+200 mg/kg吲哚丁酸的生根剂，加入滑石粉拌成糊状。扦插前，插穗下部2 cm处速蘸生根剂，然后扦插。

五、扦插方法

将处理好的插穗，插在沙床插孔中，使插穗的端部接触孔底，并用手轻轻挤捏孔口，封闭插口（图8-12、图8-13）。

图8-12　种植场景

图8-13　嫩枝扦插覆膜整地一体机

六、温湿度控制

环境温度和相对湿度是影响植物扦插成活与否的重要方面。温度和湿度过高会使扦插材料腐烂，过低则不利于生根和生长，它们中任一条件不适都将成为插条生根的限制因子。有研究认为，昼温在21～27℃，夜温在15℃左右是大多数果树扦插的适宜温度；在18～22℃，生根较慢，病菌活动较弱，22～30℃时随温度的升高，生根活动逐渐旺盛，病菌繁殖加快；30℃以上，温度再次升高，生根活动保持平稳或减慢状态，插条生存活力下降，腐烂加剧。一般树种插条从10～15℃开始生根，最适温度多在20～25℃，适宜的田间持水量在80%左右，空气相对湿度最好保持在80%～90%。以‘宁杞1号’枸杞为例，在35℃以上的温度下持续时间超过2 h将大大降低扦插成活率，扦插成活率的适宜温度为气温30～35℃，地温25～32℃。相对湿度控制在80%以上为宜，但土壤湿度不宜过高。土壤湿度过高，会使插穗基部腐烂，另外也影响土壤温度的升高，对生根不利。

在枸杞嫩枝扦插育苗的过程中，依据天气情况，晴天从上午10:00开始喷水，喷水间隔65 min，每次喷水时间18 s，下午17:00后不再喷水；多云天气从上午11:00开始喷水，喷水间隔90 min，每次喷水时间10 s，下午16:00后不再喷水；阴雨天气喷一次水，在中午12:00喷水时间10 s。

七、育苗棚杀菌

育苗完成当天在拱棚内喷洒多菌灵或百菌清进行全面杀菌。此后，每隔5 d，采用多菌灵、甲基托布津、代森锰锌等杀菌剂对插好的育苗棚交替杀菌。

八、炼苗

扦插封闭温棚6 d，对温棚进行通风换气，然后封闭；30 d后，阶梯式揭棚，逐步进行通风炼苗。

九、苗期肥水管理

嫩枝扦插苗和种子苗在苗期的管理环节基本相同，但嫩枝扦插育苗在未揭棚之前有它管理的特殊性。要实现培育出大规格苗木的目的，嫩枝扦插育苗还应注意以下环节。

1.嫩枝育苗未揭棚之前的管理

嫩枝扦插育苗在未揭棚之前，只是把半木质化的插穗扦插在有特殊环境条件下的苗床上，能否生根关键看苗床管理。苗床的管理前期主要是通过喷水、盖膜，维持棚内的湿度和温度；后期配合施肥措施，培育壮苗。为了使嫩枝扦插条生根和促进根系生长，从扦插到插后15 d这段时间是生根阶段，要求每天喷雾状水4～5次，每次喷水量以叶片湿润为准。勤喷雾状水的目的主要是降温，在炎热的夏季正中午，有的时候刚喷完一次，紧接着还要再喷，就是其降温的作用。隔天喷洒杀菌剂，如多菌灵、甲基托布津等。因为塑料棚内温湿度高，使真菌、霉菌等微生物生长繁殖具备优越条件，微生物代谢产物具有毒性，会影响苗木成活，尤其是霉菌，繁殖速度快，大量滋生后附着在扦插苗叶片和苗顶端，导致叶片和苗的腐败，除采取喷洒杀菌剂外，合理控制温湿度也是防止这一现象发生的重要措施。此外，遮阴也是弓棚保温和保湿的重要措施，和喷水同样重要。要是在温室内育苗，每天早9:00以前、晚7:00以后可以把弓棚拉起来给一些光照。炎热的夏季白天必须遮阴。一般情况下插后15 d，扦插条多数已经生根。这时弓棚要每天适当通风，随着通风天数的增多，通风时间慢慢延长，绝对不能一次通风时间过长，若有一时的疏忽，就会前功尽弃。通风阶段同样也要严格按要求遮阴。通风之前是根系生长阶段，通风后每天根据情况决定喷水次数。通风7 d后开始揭去弓棚，遮阴时间慢慢缩短，逐渐增加光照时间，至完全可以光照时苗木进入正常管理。

2.嫩枝育苗揭棚后的管理

成活后灌水、施肥、除草、修剪的管理参照硬枝扦插管理。

十、苗木出圃标准

根据《枸杞栽培技术规程GB/T 19116-2003》分级标准分级（表8-2）。

表8-2　枸杞嫩枝扦插苗木分级标准

级别	苗高（cm）	地径（cm）	侧根数（条）	根长（cm）
特级	＞50	＞0.5	＞5	＞15
一级	＞50	0.4～0.5	＞5	＞15
二级	＜50	0.25～0.4	3～5	10～15
三级	＜30	＜0.25	＜3	＜10

第七节　组织培养苗繁育

一、组织培养育苗技术

（一）组织培养的概念和利用

组织培养育苗是运用现代生物技术快速繁殖苗木的一种方法，它是利用细胞的全能性，把植物组织（如根、茎、叶、花药、胚等）通过无菌操作接种于人工配制的培养基上，在一定的温度和光照条件下离体培养，使之生长发育成完整植株。因为上述组织、器官或细胞是在试管（或三角瓶）内培养，故又被称为试管培养或离体培养。供组织培养的材料（器官、愈伤组织、细胞、原生质体或胚）被称为外植体。外植体的最初培养被称为初代培养或起始培养。将初代培养获得的培养体移植于新鲜培养基中，经过多次转移增殖被称为继代培养。外植体在人工培养条件下，通过细胞分裂逐渐丧失其原有的结构和功能，形成新的愈伤组织，这一过程被称为“脱分化”。经过“脱分化”的组织和细胞，可以进行再分化，出现分生组织突起、周皮和维管束形成层等。分生组织突起可诱导出完全分化的根和芽，被称为“器官形成”，进而形成小植株。

枸杞组织培养根据外植体材料不同可分为：茎尖培养、茎段培养、叶培养、胚乳培养、下胚轴原生质体培养、胚培养、髓部细胞悬浮培养等。利用组织培养方法繁殖枸杞苗木，具有占地面积小、繁殖周期短、繁殖系数高和周年繁殖等特点（图8-14）。对于大量繁殖优良种苗、脱毒苗，建立高标准和无病毒果园以适应苗木生产向现代化发展，具有重要的意义。

图8-14 组织培养室

（二）组织培养中培养基的营养成分

培养基是外植体赖以生长和发育的基质，适宜的培养基是获得组织培养成功的关键。目前，枸杞常用的培养基为MS（Murashige和Skoog 1962）培养基，主要成分包括各种无机盐（大量元素和微量元素）、有机化合物（蔗糖、维生素类、氨基酸、核酸或其他水解物）、螯合剂（EDTA）和植物激素。

1.无机盐类

（1）大量元素

除碳、氢、氧外，还有氮、磷、钾、钙、硫、镁等大量元素。氮常用的氮素有硝态氮（如硝酸钾等）和铵态氮（如硫酸铵等）。有了适量的氮源培养物才能良好生长，大多数培养基都用硝态氮，只有MS培养基和B_5培养基采用硝态氮和铵态氮的混合物。此外，氨基酸类也可以作为植物组织培养中的氮源。磷是植物必需的元素之一，在组织培养中，培养物也需要大量的磷，磷与蛋白质合成有关。钾、钙、硫、镁等影响组织培养中酶的活性和方向，决定着新陈代谢的过程。

（2）微量元素

微量是指低于10^{-7}～10^{-5}摩尔浓度，植物对这些元素的需要量极微，稍多即发生毒害。微量元素如铁、铜、锌、锰、钴、钠、硼等。铁是植物组织延长生长所必需的一种元素；铜能促进离体根的生长；钠是酶的组成成分，有防止叶绿素破坏的作用；锰与植物呼吸作用和光合作用有关；硼影响蛋白质合成等。

2.有机化合物

（1）蔗糖

糖是植物组织培养中不可缺少的碳源，在培养基中加入一定的糖，既可作为碳源，又可维持一定的渗透压（大气压在1.5～4.1）。由于植物组织不同，糖的最适浓度也有差异。

（2）维生素类

维生素在植物组织中非常重要，因为它直接参加生物催化剂——酶的形成，以及蛋白质、脂肪的代谢等重要的生命活动。在组织培养中，常用的维生素浓度0.1～1 mg/L。维生素的种类很多，其中主要是B族维生素，如维生素B_1、维生素B_6、维生素B_{12}、烟酸（维生素B_3）、生物素（维生素H）等。肌醇本身没有促进生长的作用，但有帮助活性物质发挥作用的效果，所以它能使培养物快速生长，对胚状体和芽的形成有良好的影响。在培养基中加入1 mg/L的肌醇就足以影响维生素B_1的效应。植物组织能忍受较高含量的肌醇，在含量1000 mg/L肌醇的培养基上，组织仍不失活力。肌醇一般用量为50～100 mg/L。

（3）氨基酸

氨基酸是蛋白质的组成成分。常用的氨基酸为甘氨酸。

3. 植物激素

植物激素对于组织培养中器官的形成起着明显的调节作用，其中，影响最显著的是生长素和细胞分裂素。使用激素要注意种类和浓度以及生长素和细胞分裂素之比。一般认为，生长素和细胞分裂素的比值大时，有利于根的形成；比值小时，则能促进芽的形成。常用的生长素和细胞分裂素有以下几种。

（1）生长素

有IAA（吲哚乙酸）、NAA（萘乙酸）、2,4-D（2,4-滴二氯苯氧乙酸）、IBA（吲哚丁酸）等。

（2）细胞分裂素

有KT（激动素）、BA（6-苄基嘌呤）、Z（玉米素）、GA_3（赤霉素）等。细胞分裂素的主要作用是促进细胞的分裂和分化，延缓组织的衰老，并增强蛋白质的合成。细胞分裂素还能显著改变其他激素的作用。

（三）MS培养基母液的配制

经常使用的培养基，可以先将各种药品配成10倍或100倍母液，放入冰箱内保存，使用时再按比例稀释，一般应配成大量元素、微量元素、维生素、铁盐母液。枸杞采用的是以MS为基础培养基。大量元素配成10倍母液；微量元素、维生素、铁盐配成100倍母液。具体母液配制如下。

（1）大量元素

配制成10倍母液（表8-3）。

表8-3　大量元素10倍母液配制

配方	浓度
KNO_3	19000 mg/L
$MgSO_4\cdot 7H_2O$	3700 mg/L
NH_4NO_3	16500 mg/L
KH_2PO_4	1700 mg/L
$CaCl_2\cdot 2H_2O$	4400 mg/L
蒸馏水	1000 mL

大量元素母液配成10倍液。用感量0.01 g天平称取，分别溶解后顺次混合，Ca^{2+}和PO_4^{3-}一起溶解易产生沉淀。一般先将前4种药物溶解混合后，加水至一定量，将$CaCl_2\cdot 2H_2O$单独溶解后，再和前4种溶液混合，最后定容至1000 mL。培养基取100 mL/L。

（2）微量元素

配制成100倍母液（表8-4）。

表8-4　微量元素100倍母液配制

配方	浓度
$MnSO_4\cdot 4H_2O$	2230 mg/L
$ZnSO_4\cdot 7H_2O$	860 mg/L
H_3BO_3	620 mg/L
KI	83 mg/L
$Na_2MoO_4\cdot 2H_2O$	25 mg/L
$CuSO_4\cdot 5H_2O$	2.5 mg/L
$CoCl_2\cdot 6H_2O$	2.5 mg/L
蒸馏水	1000 mL

微量元素母液配成100倍液。用感量0.001分析天平称取，分别溶解后顺次混合，混合后加水定容至1000 mL。培养基取10 mL/L。

（3）维生素

配制成100倍母液（表7-5）。

表8-5 维生素100倍母液配制

配方	浓度
甘氨酸	200 mg/L
盐酸硫胺素	40 mg/L
盐酸吡多素	50 mg/L
烟酸	50 mg/L
肌醇	10000 mg/L
蒸馏水	1000 mL

维生素母液配成100倍液。用感量0.001分析天平称取，分别溶解，混合后加水定容至1000 mL。培养基取10 mL/L。

（4）铁盐母液

配制成100倍母液（表8-6）。

表8-6 铁盐100倍液配制

配方	浓度
Na_2-EDTA	7460 mg/L
$FeSO_4.7H_2O$	5560 mg/L
蒸馏水	1000 mL

铁盐用感量0.001分析天平称取，分别溶解后混合，混合后加水定容至1000 mL。培养基取10 mL/L。

（5）植物激素母液的研制

一般将植物激素配制成0.1～0.5 mg/mL的溶液。由于多数植物激素难溶于水，可以用以下方法配制。

①IAA：先溶于少量95%酒精中，再加水至一定浓度。

②NAA：可溶于热水中，或少量95%酒精中，再加水至一定浓度。

③2,4-D：不溶于水，可用1 mol/L的NaOH溶解后，再加水至一定浓度。

④KT、BA：先溶于少量的1 mol/L的HCL溶解中，再加水至一定浓度。

配好的母液需保存于2～4℃的冰箱中，定期检查有无沉淀或微生物的污染。如出现浑浊或沉淀、霉菌，则不可再用。

（四）MS培养基的制作

（1）枸杞分化培养基配方

MS+0.2 mg/L 6-BA+0.01 mg/L NAA+30 g/L蔗糖+5 g琼脂，pH5.8

MS：大量元素100 mL/L；微量元素10 mL/L；维生素10 mL/L；铁盐10 mL/L。

（2）枸杞生根培养基配方

1/2MS+0.01 mg/L 6-BA+0.1 mg/L NAA+30 g/L蔗糖+5 g琼脂，pH5.8

MS：大量元素50 mL/L；微量元素5 mL/L；维生素5 mL/L；铁盐5 mL/L。

具体制作过程：配制培养基时，①首先在锅中加入适量的蒸馏水，放入琼脂使其溶化。②把MS混合溶液、蔗糖加入锅中，搅拌均匀。③再将植物激素用吸管吸取也加入其中。④用1 mol/L的NaOH或1 mol/L的HCl溶液调节培养基至pH5.8。⑤将做好的培养基分装到事先准备好的三角瓶中封口。⑥灭菌。

灭菌后的培养基应平放。培养基经过灭菌后往往会发生一些不利的变化。由于某些成分的分解或氧化（如蔗糖的分解），培养基酸度会增加（pH一般可降低0.2）。有时也会因容器质量较差，其中一部分物质溶解，影响酸度变化。培养基中的磷酸盐往往与铁离子结合形成沉淀，在中性或碱性条件下更容易。在实际工作中，少量的沉淀影响不大。

（五）培养材料的消毒

用于接种的材料必须先进行消毒，表面消毒剂的选择、消毒剂的浓度、消毒时间根据所取材料决定。通常情况下，植物组织内部多半是无菌的，这种材料采用表面消毒方法就能收到理想效果。但是，当植物组织内部有细菌和霉菌存在时，灭菌就很困难。在这种情况下，可在培养基内加入少量的抗生素，即可控制细菌和霉菌，又不影响组织的生长，从而达到植物组织的无菌化。

枸杞组织培养使用的表面消毒剂通常是70%

的酒精和0.1%的氯化汞溶液。具体做法是：从田间采回枸杞嫩茎，用自来水冲洗干净，剪去嫩茎上的叶片，在无菌超净工作台上，先将嫩茎放入70%的酒精溶液中浸泡几秒钟，倒出酒精溶液，用无菌水冲洗3次；再放入0.1%的氯化汞溶液中浸泡5～8 min，倒出氯化汞溶液，用无菌水冲洗3～4次后，夹出放在事先灭过菌的滤纸上，吸水待用。

（六）接种

芽的诱导：经过消毒的接种材料（嫩茎），在超净工作台无菌条件下，切成2 cm长的小段，每个小段带有1～2个小芽，接种在分化培养基上，放在培养室内进行培养。10 d后顶芽和腋芽开始萌发生长，一个月后接种的一个小段嫩茎可以分化出几株小苗，可供继代培养用。

无根苗的繁殖：将分化培养基上诱导出来的无根苗，在无菌条件下剪断，切成1.5～2 cm长的小段，每个小段至少带有1～2个小芽，重新接种到分化培养基上培养，一个月后接种的茎段又分化出许多无根的小苗。这为完整植株的培养提供了大量的材料。

完整植株的诱导：将无根苗在无菌条件下剪断，切成1.5～2 cm长的小段，接种到生根培养基上，一星期后接种的无根苗开始生根，两星期后约有80%的无根苗生根。当根长1 cm时就可以炼苗移栽。

（七）培养条件

光照：日光灯，光照时间12 h/d，光照强度2000 lx。

温度：在组织培养中，一般均用恒温条件（25 ± 2℃）。低于15℃会使培养物生长停顿，高于35℃对生长也不利。

湿度：在组织培养中湿度的影响有两个方面，一是培养容器内的湿度条件，二是环境的湿度条件。在培养物的周围即容器内的环境中几乎是100%的相对湿度，而对于环境的相对湿度要求70%～80%。环境的相对湿度能直接影响培养基的水分蒸发，相对湿度过低时，会使培养基的水分大量丧失，从而改变培养基中各种物质的浓度，使渗透压提高，同时改变培养基的物理性质，进而影响培养物的生长和分化。但是，相对湿度过高时，透气孔容易长霉，霉菌菌丝向内侵入培养基，这会造成大量污染。而在实际工作中，对环境的湿度条件很少进行人工控制。

pH：在组织培养中通常用的pH为5.5～6.5。pH在4以下或7以上对生长都不利。枸杞培养基的pH为5.8。

渗透压：糖的浓度对器官分化的影响，与改变培养基的渗透压有关。MS渗透压为1.9大气压。枸杞培养基中蔗糖的浓度为3%。

（八）组培苗的驯化和移栽

将生根苗从培养瓶移栽到土壤中，常因外部环境条件变化较大而造成成活率较低，在瓶内培养基上发生的根系无根毛，茎输导组织和保护组织发育不健全，叶片栅栏组织少，叶片气孔在干旱条件下缺乏关闭功能，移栽后容易失水而降低成活率。因此，移栽前需要通过驯化，提高组培苗（图8-15）适应外界条件变化的能力。提高枸杞组培苗移栽成活率的方法如下。

（1）将生根培养瓶苗放在地面温度＜35℃、20000～35000 lx强光下闭瓶锻炼1周。当幼茎呈红色、叶片浓绿时，再开瓶锻炼2～3 d。

（2）将经过强光锻炼的生根苗移栽于营养钵中（基质为1/2沙壤土与1/2育苗蛭石混合），并将营养钵置于温室或塑料大棚内，保持相对湿度85%～100%，日平均温度25℃左右，光照强度10000 lx左右。一周后揭膜过渡锻炼2～4周，直接栽于苗圃中。

二、组织培养苗的管理

移栽后的组培苗要做好保温保湿遮阴工作，成活后的管理参照硬枝扦插管理（图8-15）。

图8-15　组培苗

第八节　苗木出圃与苗木规格

一、苗木出圃

1. 出圃准备

苗木出圃是育苗工作的最后环节。出圃准备工作和出圃技术直接影响苗木的质量、定植成活率及幼树生长。出圃前的准备工作主要包括：①对苗木种类、品种、各级苗木数量等进行核对和调查。②根据调查结果及订购苗木情况，制订出圃计划及苗木出圃操作规程。③与苗木运输单位联系，及时起苗分级、包装、装运，缩短运输时间，保证苗木质量。

2. 起苗时间

春季起苗时间在3月中旬至4月上旬，秋季在落叶以后土壤结冻前。起苗时要求保持较完整的根系，主根完整，少伤侧根。起苗后立即放在阴凉处，剔去废苗和病苗以备分级。

3. 苗木分级

枸杞苗木分级主要指标有两项：苗高和地径，并且枸杞硬枝扦插苗的分级标准与枸杞嫩枝扦插苗的分级标准有所不同。

4. 假植

起苗后，如不能及时栽培或包装调运时应立即假植（图8-16）。秋季起出的苗，应选择地势高、排水良好、背风的地方假植越冬。假植时要将苗木头朝南，用湿土分层压实。如果土壤过干，假植后适量灌水，但切忌过多，以免苗根腐烂。在寒冷地区，可用稻草、秸秆等将苗木地上部分加以覆盖，假植期间要经常检查，发现覆土下沉要及时培土，防止风干和霉变。

5. 包装运输

远途运输的苗木根系要进行蘸泥浆处理，每50株一捆，装入草袋，草袋下部填入少许锯末，洒水捆好。用标签注明苗木品种、规格、产地、

图8-16　苗木假植

出圃日期、数量、合格证和苗木检疫证，运输途中要严防风干和霉烂。近距离建园用苗木，可随起苗出圃随拉运至田头，配制浓度100 mg/kg的a－萘乙酸水溶液，蘸根后再行移栽，成活率可达到95%以上。

二、苗木规格

品种纯正、生长健壮、根系完整，地径在0.6 cm、高度在60 cm以上。

参考文献

安巍. 枸杞栽培技术[M]. 银川：宁夏人民出版社, 2009.
曹有龙, 何军. 枸杞栽培学[M]. 银川：阳光出版社, 2013.
曹有龙. 大果枸杞栽培技术[M]. 银川：宁夏人民出版社, 2006.
郭喜平, 王建平, 王建民, 等. 不同叶片数量成熟度及粗度的插穗对‘蒙杞1号’枸杞成活率的影响[J]. 农业与技术, 2015, 35(20): 3-4.
何军, 焦恩宁, 巫鹏举, 等. 宁夏枸杞硬枝扦插育苗技术[J]. 北方园艺, 2009(2): 163-164.
孔祥, 俞建中, 宋学云, 等. 枸杞良种采穗圃营建及管理技术[J]. 宁夏农林科技, 2014, 55(11): 19-20+32.
李丁仁, 李爽, 曹弘哲. 宁夏枸杞[M]. 银川：宁夏人民出版社, 2012.
罗青, 张曦燕, 李晓莺, 等. 不同培养条件对枸杞组培苗玻璃化的影响[J]. 安徽农业科学, 2008(22): 9400-9401+9528.
秦垦, 王兵, 焦恩宁, 等. 宁夏枸杞繁育系统初步研究[J]. 广西植物, 2009, 29(5): 587-591+606.
秦垦, 吴广生, 洪风英, 等. 宁夏枸杞嫩枝扦插微繁试验初报[J]. 中药材, 2006(6): 535-536.
巫鹏举, 焦恩宁, 何军, 等. 植物生长抑制剂对枸杞组培苗生长的影响[J]. 宁夏农林科技, 2010(2): 13+56.

第九章
枸杞建园

枸杞为多年生木本植物，寿命长。栽植后，生长年限可达上百年，有效生产年限在25～30年，几十年的时间里固定在同一地点生长发育，并长期实现优质稳产，必须要有建园的规划与设计。因此，发展枸杞生产，其园地的选择，建园的条件，建设、定植技术等，都应预先做出便于将来方便管理的规划。

第一节　园地选择

枸杞适应性强，耐旱、耐盐碱，但要使枸杞植株有良好的生长发育就必须具备良好的自然条件。自然条件包括土壤条件、气候条件和环境条件，这些条件直接影响枸杞植株的生长发育、内在生理活动、果实产量和品质。当自然条件适宜枸杞的生长和结果时，枸杞植株生长发育健壮，容易优质高产；反之，当自然条件与枸杞生长发育所需要的条件相差很大时，枸杞树就生长不良，无法取得优质高产。当然，枸杞树对自然条件的要求也不是绝对的，一般都有一定的范围。一个地区的自然条件不可能满足枸杞树生长、发育、开花、坐果的各个时期的需要，不适宜时，可以通过栽培措施来解决。但总体来说，树体本身的生长发育规律是不可违背的，如果自然条件与枸杞树所需的条件相差很大，超出了树体的适应能力，枸杞植株也就无法正常生长发育。因此，园地要求选择在土壤条件、气候条件及环境限制等方面满足枸杞树生长发育的地点。在此基础上，尽量选择远离工业污染的地点建园，以达到发展绿色、有机枸杞生产，满足消费者需求及增加枸杞的出口量，促进枸杞产业健康持续发展。

一、土壤条件

土壤作为枸杞植株的生存基础，供给其生长结实的营养成分和水分。枸杞对土壤条件的要求不严，在各种质地的土壤上（如沙壤土、轻壤土、中壤土或者黏土上）都能正常生长结果。为达到安全、优质、高效的目的，选择最为适宜的土壤建园是确保枸杞质量的先决条件，土壤质地、酸碱度、土层厚度及有机质含量等土壤诸要素对树体生长发育有着十分重要的影响。

（一）选择有效土层深厚，有良好通气性的轻壤、沙壤和中壤土建园

土壤条件对枸杞根系的生长和养分吸收有直接关系。土层较厚的沙壤、轻壤和中壤土最适于栽培枸杞，pH7～8.5，含盐量0.5%以下，地下水位100 cm以下，引水灌区水矿化度1 g/L，苦水地区水矿化度3 g/L～6 g/L。据调查，栽培枸杞90%以上的根系分布在60 cm深以内的土层里，选作枸杞园的土层深度应在80 cm以上为宜，土层深厚，透水通气，有利于根系生长。根系生长良好，地上部分生长结实就好。土层浅薄、质地黏重的土壤，枸杞生长不良，产量不高。在生产中，可以结合土壤培肥，对这类土壤进行改良。改良的办法是向枸杞园增施有机肥，利用作物碎秸秆或者种植绿肥翻入土壤，增加土壤有机质，增强土壤的透气性，满足枸杞生产的土壤条件。此外，在耕作层以下有一层不透水的胶泥层，灌水后不下渗，易积水，这种土壤需经深耕翻晒和培肥，得到改良熟化之后方可栽种。

（二）盐碱地栽种枸杞

在新疆的天山脚下、宁夏的贺兰山东麓和

甘肃的祁连山脚下的盐碱地，土壤含盐量为0.5%～0.9%、pH为8.5～8.9的灰钙土或荒漠土上种植枸杞，生长发育正常，还获得了每公顷产干果2250 kg以上的好收成。宁夏芦花台园林场在白僵地插花的淡灰钙土上进行栽种枸杞试验，1～4年有效土层0～40 cm的土壤全盐含量由0.5%下降到0.21%，全氮含量由0.028%增加到0.056%，全磷含量由0.075%增加到0.111%，土壤有机质含量由0.4%增加到1.15%，获得了每公顷产干果2775 kg的高产。由此可见，栽种枸杞可以改良环境。河北静海地区在海河流域的盐碱地上先种枸杞进行土壤改良，后栽梨树和枣树获得成功。

在宁夏农垦集团的前进农场和巴浪湖农场的重度盐碱地（土壤含盐量0.6%以上，pH9.5以上），采用根域限制技术，通过开沟覆膜，客土改良后种植枸杞，成活率和产量大幅度提升，植株生长正常，获得了较好的经济效益（图9-1至图9-3）。

图9-1 盐碱地枸杞种植前（A）后（B）

图9-2 生荒地枸杞种植前（A）后（B）

图9-3 沙地枸杞种植前（A）后（B）

（三）因地制宜改良土壤

由洪积形成的灰钙土类型，土壤质地不匀，往往土里有砂礓和石块。尤其是新开发的土地，建园时，要实行局部换土和增施有机肥料。

土壤改良的方法主要有以下几种。

1.挖坑（沟）填沙法

俗话说“碱地铺沙旺发庄稼”。对于盐碱比较严重的土地，最好按照行距、株距挖坑（开沟），坑的规格一般为60 cm×60 cm×60 cm（长×宽×深）左右，或沟宽60～80 cm，深60 cm左右，将坑（沟）内的盐碱土起出后，再填入沙土，浇水后再栽植。

2.合理浇地法

栽植前一年要灌足冬水，栽植后及时浇水，减轻盐碱危害。

3.浇水后及时松土

通过这一措施，不但可以提高土温，疏松土壤，减少水分蒸发，还能把早春初生的杂草全部翻压在下面。这对减少土壤水分、养分消耗，促进幼树生长有显著的效果。

4.树盘覆盖

利用废弃的有机物或植物秸秆覆盖地面，可以起到减少水分蒸发，抑制土壤返碱，减少地面径流，增加土壤有机质含量的作用。覆盖材料最好就地取材，以经济、适用为原则，常用的有农作物秸秆、树叶、树皮等。提倡株间覆盖，行间生草或株间覆盖，行间清耕两种土壤管理模式。

5.增施有机肥和磷肥

增施有机肥是改良盐碱土壤不可缺少的措施，是土壤改良的根本和巩固改盐效果的关键。多施有机肥料可使盐碱含量高、板结程度大的土壤变得疏松，土壤孔隙度增大，土壤保水、保肥能力增强。

增施磷肥也是缓解盐碱的好方法，一般采用增施磷肥比较适宜。每亩盐碱地施过磷酸钙90～100 kg，最好与有机农家肥堆沤后混施。由于磷肥呈酸性，大量施入盐碱地后可以达到酸碱中和，减轻碱性，达到改良土壤的目的。

二、气候条件

（一）温度

温度直接影响枸杞的生命活动，枸杞的萌芽、展叶、开花、落叶、休眠都受到温度变化的制约。

宁夏枸杞对温度的高低要求比较宽松，在国内最南端可引种到广东、云南，最北端已引种到黑龙江省农垦总局。在西藏高寒地带也种植成功，白朗后藏杞原农业科技开发有限公司在日喀则市白朗县建成700 hm^2枸杞生态观光产业园，枸杞果实颗粒大，病虫害极少，无污染（图9-4）。要获得种植枸杞优质生产的目的，必须考虑当地的气候条件，尤其是要注意≥10℃有效积温和从展叶到落叶以前的昼夜温差。其基本趋势是：有效积温高，生长周期长，容易获得高产；昼夜温差小，呼吸蒸腾强度大，有效积累偏小；昼夜温差大，有效积累多，容易获得优质产品。在宁夏银川地区对枸杞物候期观察结果表明：3月下旬根系土层温度达到0℃以上时，根系开始活动；7℃时，新根开始生长；地温达到15℃以上时，新根生长进入高峰期。4月上旬气温达到

图9-4 西藏白朗县枸杞种植

6℃以上时，冬芽萌动；4月中旬气温达到10℃以上时，开始展叶；12℃以上，春梢生长；15℃以上时，生长迅速。5月上旬气温达到16℃以上时，开始开花，果实也开始发育。开花最适合的温度是17～22℃，果实发育最适温度为20～25℃。秋季气温降到10℃以下，果实生长发育变缓。

上述物候期表明，除根系生长起始温度小于10℃以外，从展叶、新梢生长到开花、结果所需要的温度都在10℃以上。生产实践表明，凡是≥10℃有效积温高的地区，果实成熟期较早，有效积温较低，果熟时间较晚（表9-1）。

综合全国枸杞种植区域和引种区域，满足枸杞生育的气温条件是：年有效积温2800～3500℃。要实现生产优质枸杞的目的还应考虑两个温度数值：一是在枸杞成熟阶段30℃以上持续天数在30 d以上；二是果熟期间的昼夜温差在15℃以上，温差大能生产出优质的枸杞果实。

表9-1　各地气候条件对枸杞果实成熟的影响

项 目	宁夏银川	青海格尔木	内蒙古临河	河北巨鹿
平均气温（℃）	9.0	4.2	8.9	13.1
初霜期（旬/月）	中/10	中/10	上/10	下/10
终霜期（旬/月）	中/4	中/5	下/3	中/4
全日照对数（小时）	2972	3078	3057	2773
≥10℃积温	3340	2009	3447	4496
生长期日夜温差（℃）	13.5	11.6	12.7	9.5
果熟期（旬/月）	中/6	下/7	下/6	下/5

（二）水分

水是枸杞植株生存和生长发育的必备条件，也是各器官内重要的组成成分。在枸杞成熟的浆果中水分的含量为78%～82%。水分在树体的代谢中起着重要的作用，它既是光合作用产物的重要组成物质，又是各种有机物质的溶剂。在水分的作用下，根部吸收的无机盐正常输送到树冠各个部位，将叶片制造的光合作用的产物输送至根部，促使枸杞树体生长，根深叶茂，花多果大。

枸杞的叶片结构是等面叶，正反两面栅栏组织都很发达，这种组织的细胞间隙小，使叶片的水分蒸发受到限制，能相对地保持树体的水分，再加上枸杞的根系较为发达，能伸向较远的土层吸收水分，因此枸杞的耐旱能力强。在宁夏降水量仅有226.7 mm、年蒸发量2050.7 mm的干旱山区悬崖上，野生枸杞也能正常生长；在从来不灌水的古老长城上也能生长，少量能开花结果。如果仅考虑枸杞改善生态环境的作用，以野生分布和引种成活为指标，年降水量在300～500 mm均可生长。但是，栽培枸杞要想取得优质高产，就必须有足够的土壤水分供应。以经济性状（产量和质量）为指标，在无灌溉条件下，最佳的建园地区年降水量为600～800 mm，且大部分降水应集中在枸杞的生长季节中（4～10月）。年降水量低于300 mm的地区除非有良好的灌溉条件，否则无法保证枸杞生产的丰产性。年降水量高于800 mm的地区温暖潮湿，地下水位高，根系分布层水分过高，土壤通气条件差，影响根系的呼吸作用，根系的生长和呼吸受阻，对地上部分生长影响尤为明显，枸杞病害易发生，减产幅度大。其具体表现为树体生长势弱，叶片发灰、变薄，发枝量少，枝条生长慢，花果少，果实也小，严重时落叶、落花、落果，整园枸杞植株死亡。因此，在枸杞园的建设上，首先应考虑的是园地排灌是否通畅。

（三）光照

光照是叶片光合作用的必要条件，枸杞是喜光树种，光照强弱和日照长短直接影响光合作用的强弱，从而影响枸杞植株的生长发育。光照充足，枸杞生长发育好，结果多，产量高；光照不足，植株发育不良，结果少，质量差。枸杞的生殖是无限花序，在原产地枸杞的花果期长达6个月（5～10月），从现蕾、开花、坐果到果实成熟接连不断。所以，5～10月都要有较长的光照，才能满足植株生长、生殖对光的需要。

在生产中被遮阴的枸杞枝条比在正常日照下的枸杞枝条生长弱，枝条节间也长，发枝力低，果实个头小、产量低。尤其是树冠大、冠幅厚的内膛枝因缺少直射阳光，叶片薄，叶色淡，花果很少，也是落花、落果的主要部位。实验表明，树冠各部位因受光照强弱不同，树冠顶部枝条的坐果率比中、下部枝条的坐果率高。

光照还会对果实中可溶性固形物含量造成影响。据试验调查：在同一株树上，树冠顶部光照充足，鲜果的可溶性固形物含量为19.35%；树冠中部光照弱，鲜果的可溶性固形物含量为15.48%。因此，枸杞南北方向种植，行间距略大，增加透光率，是获得果实优质高产、合理利用光照的一项措施。

一般来说，年日照时数低于2500 h，或是在枸杞果实成熟期的6～10月，光照时数低于1500 h的地区建园，枸杞都很难达到优质高产的目的。在生产中可以采取合理密植，培养冠幅小、冠层薄的立体结果树形，协调好土地、空间和光照的关系，生产出优质高产的枸杞果实。

三、环境限制条件

枸杞建园时的条件选择已随着农业和农村经济进入新的发展阶段而发生变化。农产品质量问题已成为影响国计民生的大事，尤其是中国加入世界贸易组织后，农产品出口最大的限制条件就是农产品是否达到出口标准。枸杞作为防病治病和保健的特殊商品，其产品的安全性是第一位的。在枸杞生产建园之初，除了考虑自然环境条件外，必须考虑园地及周边的环境条件，如大气、灌溉水、土壤是否被污染，确保各环境因子完全符合枸杞生产的要求，如果各因子达不到栽培要求，就不能生产出优质的枸杞产品。因此，在选择枸杞生产园址时必须遵照安全性原则，把握好枸杞园的环境条件。

（一）大气污染

计划建园地的周围，如果存在大量工厂排放出的未加治理的废气及有机燃料燃烧排出的有害气体（如二氧化硫、二氧化氮、氟化物、粉尘和飘尘等）污染了空气，那么，这些地方就不能建立无公害枸杞园。其原因是这些污染物对枸杞会造成危害，主要表现为叶片叶绿素遭到破坏，生理代谢受到影响，严重时叶片枯死，甚至整株死亡。其对人的危害主要是枸杞被污染后，大量的有毒有害物质在枸杞嫩梢、叶片、果实中积累，人食用后会对身体产生危害。污染程度是按照有害气体占空气质量的百分比来衡量的。建园时，当地空气中检测结果是否符合标准，可以按照表9-2进行对照。凡是空气中检测数值高于表中各项指标的，都不能作为枸杞生产基地。

表9-2　空气中各项污染物的浓度限值

项目	浓度限值	
	日平均	1小时平均
总悬浮颗粒物≤	30 mg/m³	—
二氧化硫≤	0.15 mg/m³	0.5 mg/m³
二氧化氮≤	0.12 μg/m³	0.24 μg/m³
氟化物（F）≤	7.0 μg/m³	20 μg/m³
	1.8 μg/dm²	—

（二）水质污染

工业排放未加治理的废水、废渣，农田大量使用的化肥、农药，以及石油类物质都会使地表和地下水源受到污染（表9-3）。如果用这些被污染的水灌溉枸杞，会产生很严重的危害。

直接危害：引起枸杞生长发育受阻，产量、质量下降，或者产品由于受到污染而不能食用。

间接危害：由于污水中含有很多溶于水的有毒有害物质，这些有害物质被枸杞根系吸收进入树体中，严重影响枸杞正常的生理代谢和生长发育，造成减产或者使产品内的毒物大量积累，然后通过食物链转移到人体，对人体造成危害。

表9-3　农田灌溉水中各项污染物的浓度限值

项目	浓度限值
pH ≤	5.5～8.5
总汞（mg/L）≤	0.001
总镉（mg/L）≤	0.005
总砷（mg/L）≤	0.1
总铅（mg/L）≤	0.1
总铬（六价）（mg/L）≤	0.1
氟化物（mg/L）≤	3
氰化物（mg/L）≤	0.5
石油类（mg/L）≤	10

（三）土壤污染

土壤污染主要是重金属污染，是工业“三废”（废水、废气、废渣）造成的环境污染及用被污染的水灌溉枸杞园而造成的园地土壤污染。这些重金属元素主要是镉、汞、砷、铅、铬、铜（表9-4）。污染环境的镉主要来源于金属冶炼、金属开矿和使用镉为原料的电镀、电机、化工等工厂，这些工厂排放的“三废”都含有大量的镉，是毒性强的重金属，对人体危害很大，已被世界列为八大公害之一。污染环境的汞来源于矿山开采、汞冶炼厂、化工、印染和涂料等，以及含汞农药的施用。汞对人体的危害性很大，从人体排泄比较慢，是一种蓄积性毒素。污染环境的砷主要来自造纸、皮革、硫酸、化肥、冶炼和农药等工厂的废气及废水。土壤受到砷污染后，会阻碍植物水分和养分的吸收，使作物产量明显下降。污染环境的铅主要来源于汽车的尾气，汽车尾气中50%的铅尘都飘落在距公路30 m以内的土壤和农作物上。污染环境的铬主要是电镀、皮革、钢铁和化工等工厂的污染。在枸杞建园时要特别注意不能选择在距污染源比较近的地方，尤其是不能选择在未进行废水、废渣治理的河流的下游建立枸杞园。

表9-4　土壤中各项污染物的含量限值

项目	含量限值	
	pH6.5～7.5	pH＞7.5
镉（mg/kg）≤	0.3	0.6
总汞（mg/kg）≤	0.5	0.5
总砷（mg/kg）≤	25	25
铅（mg/kg）≤	100	100
铬（mg/kg）≤	100	100
铜（mg/kg）≤	100	100

第二节　园地规划

在我国，人工栽培枸杞的历史悠久，传统小面积（0.07～0.33 hm^2地块）分散种植的模式一直沿用到20世纪60年代，随着宜耕荒地的开发，不适宜种植农作物的沙荒、盐碱地被用来栽种枸杞。到20世纪70年代初期，新建枸杞园便创建了大面积（1.33 hm^2以上的地块）集中种植的栽培模式。为了方便枸杞耕作、灌溉、施肥、喷药、采收等管理工作和营销，适应现代农业的发展趋势，实现机械化作业、科学化管理、规范化种植、标准化生产。在园地规划中，要根据当地的生产规模统一安排，重点从如下几个方面予以考虑。

一、缓冲带的设置

在枸杞的生产中缓冲带的设置非常有必要。按照行业标准对平行生产的要求，如果枸杞园的生产区域有可能受到邻近其他生产区域污染的影响，则应当在生产区域之间设置缓冲带或者物理障碍物，保证生产不受污染，以防止邻近其他生产地块使用的禁用物质漂移。为了控制枸杞病虫害发生，在常规生产中不可避免地要使用一些化学药剂来防治枸杞的病虫害。因此，在常规生产和现代枸杞生产之间就必须设置障碍物，来阻挡常规生产使用物质对现代枸杞生产的不利影响。可以用增加防护林带的宽度和高度及选择利用自然的有利地形作为障碍物，比如枸杞种植区域的周围都是高山、丘陵、墙体等，就可以作为天然的种植隔离区。如果这些条件均达不到，就只能考虑在规划建设的枸杞种植区周围，即其他作物种植区（给作物管理使用的投入物质不能对枸杞生产造成影响）划定一定范围作为种植枸杞隔离带。另外，设置隔离带还要考虑风向、地形等因素，隔离区若在下风口或者地形较低的地方，隔离带的距离还应该更宽一些。在规划设计中，一般考虑将枸杞周边一定宽度的作物面积作为缓冲带，以达到枸杞生产的安全隔离。试验研究表明：枸杞生产四周缓冲带的设置，可根据常规作物和枸杞树体高度对比而定，即常规作物和枸杞树体高度相近的，缓冲带宽度设置为大于9 m；常规作物树体高度高于枸杞的，缓冲带宽度设置要大于12 m。一般情况下，为了加大缓冲带的隔离效果，缓冲带的设置通常考虑以15 m为宜。生产管理中，缓冲带和枸杞基地生产操作都要按照各自的种植要求同时进行。缓冲带的设置能通过枸杞和其他作物的相互作用趋避、抑制有害生物的繁殖与蔓延，缩小害虫的种群群落，降低人为的防治成本，以起到保护环境和调控生态平衡的效果。

二、防护林体系的建设

风害对枸杞植株的危害不可忽视。西北地区春季干旱多风，尤其是近年来沙尘暴频频降临，此期正值枸杞植株萌芽放叶和新梢抽生及结果枝现蕾期，来自西北方向的大风及沙尘暴造成新枝芽被抽干，新梢和花蕾干枯死亡。在新开垦地上建园，枸杞受害更甚，严重者会导致整株死亡。营造防护林可以降低风速，保护枸杞不受大风袭击，避免折枝、吹落花果叶片，防风固沙，降低水位，调节气候，增加湿度，减轻干旱和冻害，有利于传粉昆虫活动，为枸杞生长结果创造良好的生态环境。因此，在新建枸杞园时，必须规划设计出防护林带（林网），边造林边建园。在宁夏贺兰山东麓枸杞种植区，经过3年的实地调查：距离枸杞园10 m沿西北方向15 m宽的乔木、灌木混合林带比无林网地段可降低风速30%～40%，空气湿度增加10%～20%，枸杞植株受害率降低60%～70%（图9-5）。由此可见，防护林带对减轻沙尘暴和大风危害枸杞植株的影响显著。

图9-5　宁夏枸杞地防护林

（一）带向

一般主防护林带的设置要与当地主风方向呈垂直走向，副林带设置在与主林带相垂直方向的地条两头。

（二）林带间距与宽度

主林带宽由5～7行组成，宽10～15 m，带间距离为300～400 m；副林带由3～4行组成，宽6～8 m，带间距离为300～600 m；宽10 m左右，带长与枸杞园等长或略长。有地区性主干林带的情况下，枸杞园防护林的行数与宽度可适当减少；在风沙大或风口处林带的行数与宽度应适当增加。

（三）树种的选择与搭配

栽植树种选择标准为：对土壤的适应性强，速生、高大，发芽早，枝叶茂盛，防风效果好，生长量大，与枸杞无共同病虫害；根蘖少，不串根，与枸杞争夺养分的矛盾小；具有一定的经济价值，能够增加收益，美化环境。可选用的树种有乔木，如杨、柳、椿、山楂、枣、白蜡等和灌木，如紫穗槐、柽柳等，可混栽树种来配置。

三、园地小区划分及沟、渠、路配套

为了便于枸杞的灌溉、运输、培肥、病虫害防治、土壤耕作、果实采摘、机械化作业等整个生产管理的需要，在建园之前，要对整个园地的沟、渠、路等设施进行周密规划设计（图9-6）。

（一）园地小区划分

枸杞园小区多为长方形，小区两头要留有转车道。每个小区中又可划分成小块，根据地势高低划分小块，每块以不超过500 m^2为宜，易于土壤平整，使地面保持水平，这样利于浇水深浅一致；不会造成田面积水，可防止土壤局部返盐，避免枸杞根部受水浸而感染根腐病。采用滴灌的枸杞园对土地平整的要求不高，尤其是山地、丘陵地区的枸杞园，可依地势起伏建园，根据灌溉设施配置划分小区（灌溉单元）。

（二）园地沟、渠、路配套

大面积集中栽植的枸杞园，根据园地大小及地形特点，在建园时先规划出排灌系统，主要是支渠、支沟和农渠、农沟。支渠和支沟的位置应设在地条的两侧，每隔两条地设一排水农沟，农沟同支沟连通，保证排水通畅。农渠一定从水渠开始（如水井、引水支渠）贯通全园。渠首最好在园地较高的一头，否则从低处向高处送水，需要建高渠或使用管道。在水源不混浊、水质较好的地方，也可以考虑用滴灌的方法进行灌溉。

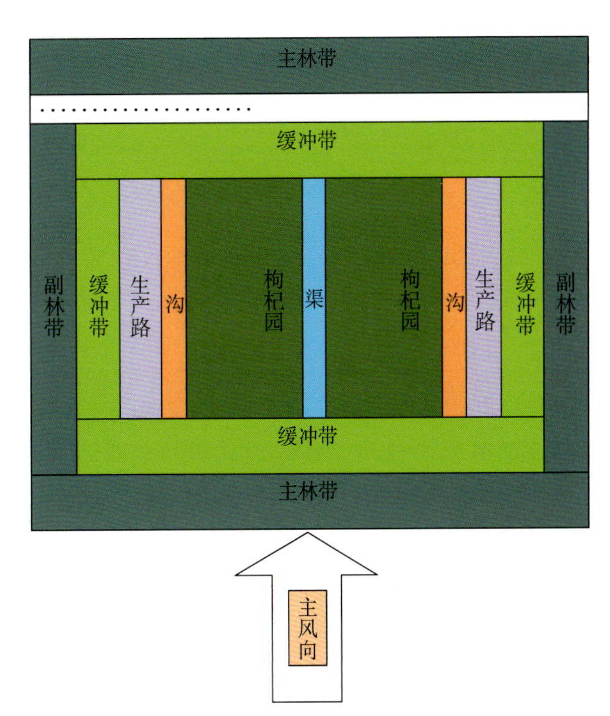

图9-6　枸杞园沟、渠、路配套示意图

生产路的设置可同渠、沟埂结合进行，在排水沟两侧坝上留4～5 m宽的位置，设置农机具和车辆的道路。地条两头还需留出车道，以便车辆掉头回转。小面积分散种植建园时，也要考虑留有2～3 m宽的生产路，以方便运送肥料、拉运鲜果等。

枸杞园每条地的宽度，机械作业为40～50 m，枸杞园人工操作为30～35 m。地条的长度以400～500 m为宜。

第三节　枸杞定植

一、栽植密度的选择

由于枸杞的栽培历史悠久，群众在生产实践中采用过多种栽植密度和配置方式。在老产区，传统的小面积分散种植、人工田间作业多用的是小密度正方形配置。如株行距为2 m×2 m，每公顷栽植2505株；或株行距为2.5 m×2.5 m，每公顷栽植1605株。这种配置单位面积产量不高，主要是在枸杞的幼龄期（1～3年）实行田间间作，在行间多种植豆类、蔬菜、甜菜或瓜果作物。

近代提倡合理密植，为了探索枸杞早期丰产的合理定植密度，研究者进行了1 m×1 m、1 m×1.5 m、1 m×2 m、1.5 m×2 m、1 m×3 m、2 m×2 m等不同定植密度试验。定植第二年，1 m×1 m的覆盖度比2 m×2 m的大39%，总结果枝条多2倍。每公顷产量以1 m×1 m株行距最高为1659.75 kg，同样的种苗栽培与常规种植密度2 m×2 m相比，产量提高2倍。幼龄枸杞实行合理密植能获得较好的经济效益，其单位面积产量与栽植株数呈正相关；栽植后1～4年总产量以1 m×1 m最高，但是随着植株的年生长量不断增加，密度过大则会影响个体发育，年递增率以1 m×3 m、1 m×2 m为主。总产量1 m×1 m比常规栽植的2 m×2 m增产2.33倍。第四年1 m×1 m株行距单产已进入基本饱和，于是应采取隔株间移措施。

试验结果表明，新建枸杞园适宜栽植密度为长方形配置的株行距，有如下几种定植密度：①1 m×2 m，每公顷栽植量为4995株。②1.5 m×2 m，每公顷栽植量为3330株。③大面积集中种植的新建枸杞园为便于规模化生产和集约化管理，以提高农业机械在田间操作的利用率，较为成功并已推广的栽植密度为株行距1 m×3 m（图9-7），每公顷栽植3330株的长方形配置。这种配置的田间作业如翻晒园地、中耕、浅耕、喷药防虫、叶面喷肥、土壤施肥等均可实行机械作业，农业机械化利用率可占全部田间作业工作量的73%。

图9-7　枸杞株行距1 m×3 m栽培模式

二、苗木移栽建园

（一）苗木准备

1. 苗木调运时间

春季苗木调运时间应在3月中旬至4月上旬，过早土壤未解冻，无法起苗；过迟则苗木发芽，影响成活率。

2. 苗木质量要求

起苗时要求保持完整的根系，主根完整，不伤侧根。起苗后立即放到阴凉处，对苗木进行分级。苗木根系数量多、健全不伤根的苗木定植后发根快，长势旺，当年就能形成强壮的根系，有利于地上部分的良好发育。而苗木根系数量少，苗木出圃时伤根多，则栽后成活慢，成活率低，生长也相对缓慢。这是因为根系越少，与土壤接触的根表面积越小，靠渗透进入根系的水分就越少；而地面上部，主干枝条不断向空气中散失水分，地下根系吸水不足以补偿地上部分向外散失的水分，地上枝干必然抽干死亡。只有根系与土壤接触的表面积大，与土壤接触紧密，才能吸收足够的水分。除补偿枝干失水蒸腾外，还能供应苗木发芽和叶片生长需要的水分，地上部分就能抽枝长叶，正常生长。

3. 苗木调运过程中的注意事项

调运的苗木根系要进行蘸泥浆处理，每30～50株一捆，装入草袋。草袋下部填入少许锯末，洒水捆好。用标签注明苗木品种、规格、产地、出圃日期、数量。运输途中要严防风干失水和发热霉烂。

4. 苗木调入后的管理

苗木调入后要及时栽植，如不能及时栽植，则要选择地势高、排水好、背风的地方假植。假植时要将苗木头朝南，解开苗捆，用湿土分层压实，并经常检查，防止失水和霉烂。

（二）建园栽植时间

园地规划和土地平整完成之后，选择好良种壮苗，即可栽植。栽植时间依据当地气候条件来确定。西北地区经过休眠的种苗可在土壤解冻后（土壤解冻到40 cm左右），枸杞苗木萌芽前的3月下旬至4月上旬进行，也可在10月下旬至11月上旬定植，苗木栽植后必须灌好冬水。绿枝活体苗可在5月上中旬选择阴天定植，定植后应及时灌水，有条件的应进行遮阴7～15 d。

（三）苗木规格

苗木规格要求苗木基茎粗0.5 cm以上，株高50 cm以上，苗木基茎以上30～50 cm段具2～3条侧枝，根系完好（图9–8）。

图9–8　枸杞种苗

（四）苗木处理

对刚从苗圃起出的苗木要进行修剪，方法是将苗根茎萌生的侧枝和主干上着生的徒长枝剪除，同时定干高度50～60 cm，将根系的挖断部分剪平，以利于成活后的新根萌生。远距离调运的苗木要在栽前放入水池中浸泡根系4～6 h，或用100 mg/kg的萘乙酸浸根半小时后栽植（经处理后的苗木，成活率提高5%以上，萌芽期提前10 d左右）。

（五）株行距配置

株距1～1.5 m，行距2～3 m。小面积分散栽培的株行距1 m×2 m，每公顷定植株数4995株（人工作业）；大面积集中栽培的株行距1 m×3 m，每公顷定植株数3330株（行间小型机械作业）。

枸杞栽种后1～3年，树体小，单株产量低，适当增加每公顷栽植株数（株行距0.5 m×3 m），可迅速提高单产；第4～5年树冠相接，荫蔽较重，光照差，可隔株间移成低密度（株行距1 m×3 m），能保证稳定产量，是较合理的栽植密度。

在枸杞幼龄期低密度栽植时，可与瓜类、甜菜、胡萝卜、豌豆等低矮作物间作，以提高经济效益。最新研究表明：合理的间作能够增加枸杞园土壤有机质、全氮和硝态氮含量，提高土壤酶活性和微生物的多样性，改善枸杞园微环境，减少枸杞病虫害的发生，从而促进枸杞植株生长，提高枸杞果实等级率和果室内总糖、多糖、黄酮、β-胡萝卜素、抗坏血酸的含量。

（六）苗木定植

可开沟定植或打坑定植。开沟定植使用大型机械按行距开定植沟，沟宽40 cm，深40 cm，沟底施肥，每亩施腐熟的有机肥10 m^3，与土拌匀后栽苗（图9-9）。打坑定植按选定的栽植密度（株行距）定点机械打坑或人工挖坑，定植坑规格为30 cm×30 cm×40 cm（长×宽×深），坑内施入腐熟的有机肥5 kg，与土拌匀后栽苗。栽苗时扶直苗木，填表土至半坑，轻踏，提苗舒展根系后填土至全坑，踏实，再填土高于苗木根颈处（一提二踏三填土）。必须边栽苗边灌水，才能保证苗木的成活率。如果有充裕的苗木，可以在已定的株间加栽1株临时性苗木，与固定的苗木一样栽植与管理。这种做的好处是：①可作为以后园内缺株补栽的苗木来源，保持树龄一致。②能够在株间冠层郁闭前的1～3年内增加产量，提高收入。

图9-9　开沟定植

（七）栽植后的管理

1.灌水

枸杞定植后立即灌水，之后根据土壤墒情，7～10 d再灌水一次。枸杞完全成活后灌第3次水，结合灌第3次水开始追施第1次肥，以后灌水，可结合追肥一并进行。全年灌水次数，一般以6～8次为宜。灌水次数的多少，主要根据土壤排水情况决定，保水差多灌，排水差少灌，不旱不灌。总之，枸杞栽植当年，在不影响其正常生长的前提下，能少灌就尽量少灌，这样的管理有利于枸杞根系向地下深处生长，为以后根深叶茂打好基础。

2.施肥

枸杞是一种非常喜肥又耐肥的木本植物，尤其对腐熟的有机肥有惊人的耐肥程度。在施用有机肥的前提下，枸杞耐无机肥的能力也很强。因此，要使枸杞园早果丰产，就要充分发挥肥料在枸杞幼龄期间的扩冠和增产作用。主要措施是如下。

（1）增施有机施肥

栽植前，每亩施用有机肥10 m^3以上。栽植后每隔一年，在秋季9～10月施一次有机肥作为基肥。

（2）追肥

新建枸杞园于7月上旬每株施入氮、磷复合肥100 g；2～4年生枸杞于4月中旬每株施入尿素100～150 g，6月上旬施入氮、磷复合肥150～200 g，7月下旬施入氮、磷复合肥150～200 g。方法为：与树冠外缘开沟10～15 cm深，沟长30 cm，将定量的化肥施入沟内，与土拌匀后封沟灌水。采用滴灌的枸杞园可结合灌水，将相应的水溶肥溶入水中施入。

（3）秋施基肥

秋施基肥于10月中旬至11月上旬灌冬水前进行，沿树冠外缘下方开半环状或条状施肥沟，沟深20～30 cm。成年树每公顷施优质腐熟的农家肥30000～45000 kg，并施入多元素复合肥4500 kg，1～3年幼树施肥量为成年树的1/3～1/2。混合与土拌匀后封沟，准备灌冬水。

（4）叶面喷肥

2～4年枸杞植株于5月中旬、6月中旬、7月中旬、8月中旬各喷洒一次生长素（叶面宝、喷施宝、丰产素等），每公顷450～750 kg水溶液。

3. 修剪

（1）定干修剪

在栽植的苗木萌芽后，将主干基茎以上、30 cm（分枝带）以下的萌芽剪除。分枝带以上选留生长方向不同并有3～5 cm间距的侧芽或侧枝3～5条，作为形成小树冠骨干枝作为树冠的第一层树冠，于株高40～50 cm处剪顶。

（2）夏季修剪

夏季修剪由于时间跨春、夏、秋3季。这次修剪更准确的叫法应该是生产季节修剪，是枸杞整形修剪的又一次重点修剪。枸杞枝条顶端优势极为明显，整个生产季节在根部、主干、骨干枝的最高处，无时无刻不生长出徒长枝。这些徒长枝由于着生部位特殊，生长速度快，叶片小而薄，不能自养，要消耗大量的有机与无机养分。生长季节的首要任务就是及时疏除徒长枝，保证留下的枝条能获得较多的养分。一般相隔8～10 d进行一次。另外，对于生长季节前期生长的位置相对居中的徒长枝，如果需要再培养新树冠，可以通过短截的方法，培育出新的冠层。生长季节修剪的另一对象就是强壮枝。初结果期枸杞，强壮枝多着生在主干上，与主枝的夹角小，是培养骨干枝的主要对象。通过多次的短截，可以迅速扩大树冠，形成大量的结果枝条，这是实现早产丰产的主要手段。盛果期枸杞，强壮枝一般着生在骨干枝较高的位置，获得养分和水分的能力很强，通过及时疏除、摘心、短截等措施，充分利用有限的空间，增加结果枝条，拉长采果时间，实现剪去无用枝、改造中间枝、增加结果枝的夏季修剪目的。

（3）冬季修剪

在冬季枸杞落叶后春芽萌动前进行。冬剪时，营养物质已大部分转运至根、主干和大枝中保管，因此修剪损失的养分较少。冬剪后，地上部枝芽数量减少，早春萌芽时，剪口下枝芽所获得的水分和养分相对增加，因此一般萌芽力有所增加，是常规修剪的主要时期。此次修剪承担着整形和修剪的双重任务。

冬剪是枸杞一年中最关键、最彻底的修剪。冬剪的修剪原则是“修横不修顺，去旧要留新。密处来修剪，缺处留壮枝。清膛截底修剪好，树冠圆满产量高。”冬剪的修剪顺序如下。

①清基：修剪时将枸杞根部生长的萌蘖徒长枝全部清除干净。

②剪顶：凡是超过预留高度，在冠顶上生长的直立枝和强壮枝，都要进行疏除或短截，以维持所需的高度。

③清膛：整个冬剪的重点。经过一年结果以后，初结果期枸杞在树冠上有许多影响树冠延伸的强壮枝和徒长枝。成龄枸杞在冠层内有许多堵光、影响树势平衡的大中型强壮枝组和徒长枝。它们是清膛的重要对象，采用的方法以疏剪为主，短截为辅。通过清膛修剪，清理出清晰的层次。清膛的第二个对象是清除树膛内的串条，以及不结果或结果很少的老弱病残枝条，达到树冠枝条上下通畅。

④修围：经过清膛修剪以后，整个树冠骨架基本清晰。初结果枸杞一般很容易出现冠层强弱不均或者某一位置差主侧枝的情况。修围工作就是利用外围强壮枝，通过短截的方法，解决冠层强弱不均和冠层差主、侧枝的问题，起到扩大树冠的作用。成龄枸杞就是对各冠层的果枝进行去旧留新的修剪。疏剪的主要对象是老弱枝、横条、病虫枝、伸出树冠的结果枝组和过密枝。短截的主要对象是有空间的强壮枝和部分中庸结果枝。修剪后要求各层分明，每一层的冠幅枝条疏密分布均匀，有一定的距离，通风透光良好。在枝条的取舍上，根据栽植的密度、肥力水平，因树修剪。对于优质高产成龄枸杞树修剪后，结果枝数量以每亩22.7～3.5万为宜。

⑤截底：修围工作结束后，有的枝条仍接近地面，影响下一年的生产，需要对距地面高度小于35 cm的枝条进行短截。

4. 及时防虫

防治蚜虫采用化学合成新烟碱类农药或苦参碱、藜芦碱进行树冠喷雾；防治负泥虫选用杀灭菊酯进行树冠喷雾；防治锈螨采用阿维菌素和哒螨灵进行树冠喷雾。

5. 中耕翻园

5～7月是枸杞生长发育的旺盛季节。同时，地面杂草迅速生长，不但无益地消耗养分，也为发生病虫害营造了条件。需在每次施肥灌水后，及时进行中耕除草。其方法是：行间用农机旋耕深10 cm左右，树冠下用锄头或铁锨浅翻5 cm左右铲除杂草，并在根颈处覆土，不要碰伤树干和根颈。夏季一般中耕2～3次。

6. 篱架栽培技术

篱架栽培技术是基于枸杞剪截成枝力强、无限花序等生物学特性，规范枸杞的整形修剪，同时结合滴灌水肥一体化，实现枸杞的规模化、规范化种植的一项技术标准（图9-10）。该技术主要规范了整形修剪，降低了滴灌系统的维护成本。其技术核心是将以株为单位的修剪模式改成以行为单位的修剪模式，实现从“人工为主”到“机械为主、人工为辅”枸杞修剪方式的转变，为枸杞种植的全程机械化提供基础。

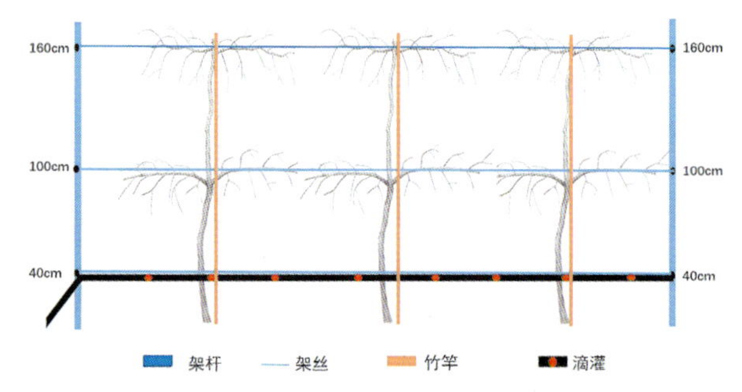

图9-10　篱架栽培示意图

技术关键点：

（1）采用单臂两层篱架栽培架势进行枸杞种植。

（2）两层“工”字树形培养：第一年定干80 cm，培养一层分枝带；第二年定干120 cm，培养二层分支带（图9-11）。3年以上培养骨干枝组，形成两层树体结构。

图9-11　篱架栽培树形

应用篱架栽培技术可实现枸杞的规模化、规范化种植，解决了枸杞规模化种植过程中树体成形慢、整形修剪技术难以统一等问题。同时，结合悬挂式滴灌，实现了枸杞整形修剪技术与水肥一体化技术的有机结合，通过在百瑞源、中杞公司基地试验示范，该技术减少修剪用工30个/hm^2，减少滴灌维护成本3000元/hm^2，节水1500～3000 m^3/hm^2，第二龄产量较传统种植增加10%以上。

（八）建立建园技术档案

枸杞的规范化栽培要求种植单位、个人或生产企业都应建立枸杞从良种的选择、育苗、建园及建园后的技术管理乃至生产出产品全过程的文字、图标记录，有条件的可附照片或图片。记录包括：品种、繁育方法、苗木规格、建园地址、规划设计、土质，以及土壤分析数据、面积、栽植密度、栽植时间、栽植株数、肥料种类、数量、方法、成活率等。枸杞园的技术档案是规范化栽培技术的重要组成部分，是质量管理、标准操作的凭证，也是枸杞产品获得市场准入和进入绿色食品行列的重要依据。

三、硬枝直插建园

硬枝直插建园就是在采用硬枝扦插育苗的同时建园，用这种方法所培育的后代不但能保持母系品种的优良性状，减少起苗、栽苗的生产环节，还能延长繁殖体的发育阶段，表现为生长快、苗木健壮。由于对土壤条件的要求较高，面积有限，所以这种方法仅适用于小面积分散栽培，所培育的苗木按建园株行距选留后不需移苗，多余的苗木可移出另栽或出售。这种方法经济、高效，很适宜在条件好的农村、农场推广。

（一）园地准备

枸杞的适应性很强，对土壤条件要求不高，在各种质地的土壤上都能生长，而要提高育苗成活率，获得壮苗，园地还应选择地势平坦、排灌方便、地下水位1.5 m以下，土壤含盐量0.2%以下，pH8左右，活层土30 cm以上的沙壤、轻壤或中壤土建园。园地选好后，首先要进行平整，平整后的地高差不超过5 cm，上一年应结合秋季深翻，每公顷施入腐熟的农家肥（牛、羊、鸡粪等）45～60 m^3，灌足冬水，立春土壤表层化冻10 cm时浅耕，同时施入磷酸二铵300 kg/hm^2。为防治地下害虫，还要加入辛硫磷颗粒剂、毒死蜱、乐果粉等其中一种药剂进行土壤处理。

（二）园地小区划分

根据地形情况，把园地划分成小区，小区面积以0.067 hm^2左右为宜。

（三）采条时间

在发芽前的3月下旬至4月上旬，采集树龄较小的健壮植株。

（四）采条部位

采集树干中上部着生的枝条。

（五）采集枝型

一年生徒长枝和中间枝。

（六）采条粗度

粗度为0.5～0.8 cm。

（七）种条保存

由于种条采集时间不一或不到扦插时间，采集下的种条最好以长条储放为好，堆放在地窖或冷藏库，堆放高度不超过1 m。堆放好后用湿沙土覆盖，湿度以手攥成团为准。同时，还要经常检查，缺少水分时可洒少许水，保持沙土湿度，过湿时可摊开散湿。储藏地方温度不易过高，最好在5℃以下。

（八）剪截插条

选择无破皮、无虫害的枝条，截成15～20 cm的插条，上下留好饱满芽。每100根一捆。

（九）生根剂处理

插穗下端5 cm处浸入100～200 mg/kg萘乙酸（NAA）水溶液或80～100 mg/kg吲哚丁酸（IBA）水溶液中浸泡2～3 h，或用ABT生根粉（按说明书）处理。

（十）扦插方法

在已经准备好的园地按选用的行距定线，株距50 cm定点，人工在定线上开沟或用板锹劈缝，造成与扦穗等长的缝穴，将插条下端轻轻直插入沟穴内，封湿土踏实。地面上部留1 cm外露一个饱满芽，上面覆一层细土，用脚拢一个土棱。如果土壤墒情差，可不覆碎土，直接按行覆地膜。

（十一）插后管理

1.破膜

这是硬枝扦插育苗很重要的环节，插穗发芽后要及时破膜，以免烧苗。破膜工作有整行破膜和以苗破膜两种。无论哪种方式，破膜后都要及时用土将地膜压好，使覆膜继续起到增加地温和除草的作用，保证枸杞多生根，快生长。

2.水肥管理

硬枝扦插的插穗是先发芽后生根，幼苗生长高度在20 cm以下，应加强土壤管理，多中耕，深度10 cm左右，防止土表板结，增强土壤的通透性，促进新根萌生。待幼苗长至20 cm以上时，灌一次水，每公顷灌水600～750 m^3，地面不积水不漏灌。约20 d后结合追肥再灌一次水，每公顷施入纯氮45 kg、纯磷45 kg、纯钾45 kg，行间开沟施入，拌土封沟。

3.除草

在管理过程中前期重点除草，应掌握除早、除小的原则，切不可造成草荒。否则发芽再好，也会因为草荒而得不到规格苗木。

4.病虫害防治

当发现有地下害虫时结合淌水前，用辛硫磷、毒死蜱配200～300倍液，将喷雾器去掉喷头，用杆孔流入苗体下部土壤后灌水，每公顷用750～900 kg药液，然后灌水。

危害枸杞地上部的主要害虫有：负泥虫、蚜虫、瘿螨，多采用地上药物防治，随发现随防治即可，常用药有1.5%苦参素1000倍液或1.5%朴虱蚜1500倍液防治蚜虫和负泥虫，用40%杀螨灵1200倍液逐行喷雾防治瘿螨等害虫。

5.修剪

硬枝扦插建园，当苗高生长到40 cm以上时，选一健壮直立徒长枝做主干，将其余萌生的枝条剪除。苗高生长到50 cm以上时剪顶，促进苗木主干增粗生长和分生侧枝生长，提高苗木木质化质量。

6.增设扶干设备

枸杞苗木通过摘心、短截等措施，能及时促发出一次枝、二次枝。但由于这时苗木主干细，主干木质化程度低，支撑树冠能力弱，留枝太多，苗木就会被压倒在地面。要解决这个问题，可以在苗木封顶、摘心的同时，以株或行增施扶干设备，增加主干的支撑能力，多留枝，多长叶，实现培养规格大苗的目的。

四、覆膜栽植建园

在已经定植完好的枸杞园内，按照苗木的株距，在宽1 m的农膜上打孔，覆盖于地表上，两侧覆土压实。覆盖地膜后提高了土壤温度，保持了土壤墒情，防止了水分蒸发散失，因此，可以促根系早萌动，利于枸杞的种苗成活和生长发育，为当年结果奠定良好的基础；同时，还可防止害虫羽化出土，降低病虫危害，减少铲除杂草的劳动量。

据2006年中宁杞乡生物科技有限公司实验表明，覆盖地膜对枸杞的株高、冠幅、地径、成枝率等均有较大影响（表9-5）。

表9-5　不同处理对枸杞生长的影响

处理	株高(cm)	冠幅(cm)	地径(cm)	果枝数(条)	枝条长度(cm)	粗度(cm)
覆膜	98	85.4～87.2	15.6	49.8	44.7	0.213
不覆膜	71.4	75～76.4	14.9	43	34.7	0.19

覆盖地膜后，定植苗木的成活率达到90%以上，比对照提高13%；植株早萌芽3～5 d，实现定植当年，每公顷产鲜果1500 kg。同时，还减少了田间铲园除草等管理环节，降低了劳动强度和生产成本。

五、良种选择与配置

（一）良种选择与配置

根据当地的气候条件、生态环境特点，以及企业或种植户的生产目的，选择适宜的枸杞良种进行种植。

由于枸杞良种中存在雄性不育、自交不亲和性或部分自交不亲和性，对‘宁杞1号’‘宁杞4号’‘宁杞7号’‘宁杞10号’等自交亲和性高的枸杞良种可单一品种建园，在选择雄性不育（‘宁杞5号’）和自交不亲和枸杞品种时，要考虑配置合理授粉树来达到稳产丰产。

‘宁杞5号’为雄性不育品种，自身没有花粉，因此，建园时需配置授粉树，花期放养蜜蜂。‘宁杞5号’是在宁夏枸杞主栽品种‘宁杞1号’中选育出的新品种，较‘宁杞1号’果粒大、均匀、易采摘、经济效益好；鲜果美观、口感甜；干果肉厚、品质好。科研人员将‘宁杞5号’与‘宁杞1号’合理混植取得了良好的结果。

因‘宁杞5号’比‘宁杞1号’具有明显的经济优势，在混植状态下‘宁杞5号’的坐果率达50%以上，与‘宁杞1号’无明显差异；株间混植优于行间混植，株间混植在3∶1、2∶1、1∶1不同的混植比例之间坐果率无显著差异，在确保虫媒强度的前提下可以适当放大雄性不育植株在混植园中的相对比例。在较强的虫媒群势之下，采取行间混植2∶1、3∶1的混植比例对坐果率的影响不大，如能通过合理的修剪将花量的比例控制在2∶1～3∶1，确保50%以上坐果率是完全可行的。但考虑减少‘宁杞1号’的比例会影响虫媒单位面积内的数量，进而可能影响授粉质量。

因此，在生产上按3 m×1 m株行距栽植，采用1∶1的授粉树配置在和‘宁杞1号’同等的肥水与管理状态下，结合放养蜜蜂，可以获得高产。

（二）虫媒的放养与合理植保措施的确定

枸杞主要虫害如蚜虫、瘿螨等，一年多代发生、代次间相互重叠，整个生产周期需多次喷施农药进行防治。蜜蜂对农药十分敏感，如要实现雄性不育和自交不亲和枸杞品种的规模化种植，就必须制定一个合理的植保措施确保混植园正常放养蜜蜂。

喷洒化学农药防虫应注意：在虫害的发生初期进行控制；对天敌的损伤最小；不在主要花期；选择恰当的药物与时间。

对大多虫害发生规律的已有研究结果表明，枸杞营养生长的初期（春季的萌芽、抽枝、现蕾期，秋季的萌芽、抽枝期）也是枸杞虫害发生的初期；对天敌与虫害发生相互关系的研究结果表明，天敌的发生相对于虫害的发生有其跟随性与滞后性，通常这一滞后期为7～10 d。对物候期的研究结果表明，枸杞的花期明显分为春枝、夏枝、秋枝3个主花期，在主花期之间有两个花期间隔期，花期不是营养生长的初期；同时，营养生长初期枝叶量较小，不会影响药剂防治的效果。

科研人员依据上述因素制定了“春季萌芽至开花前早防，花期间隔期巩固，花期加强虫情监控，选择对蜜蜂损伤小的高效低毒农药在传粉昆虫不活跃的时间早治”的防治原则。要求雄性不育和自交不亲和枸杞品种的种植单位把病虫害的防治，由以前的见虫打药转变为萌芽前后的石硫合剂重点预防，提前在始花期之前，展叶、现蕾、抽枝时树上喷施硫悬浮剂和高效、低毒、低残类化学药剂，防止以营养器官为食的害虫及螨类上树。结合头次灌水，在地面撒施辛硫磷，防止地下越冬害虫上树，压低年初的虫口基数。由于花期与果期的部分重叠，在主要花果期一旦有虫情发生，为确保对蜂群损伤较小，选择一些高效低毒的农药，或者把防治时期选在春枝与夏枝花的间隔期。7月底8月初，把夏季盛花期与秋季盛花期之间的较长间隔期作为第2个防治关键期，使用矿物源农药结合一些高效低毒的杀虫剂再进行一次较为全面的防治，选择清晨和傍晚虫媒不活跃的时间进行。

5～6次的化学防治，实现了虫情的有效控制，蜂群的群势基本没有受到影响。由于枸杞蜜是优质的蜜源，蜂农在园区放养蜜蜂获得了可观的收入，因此养蜂的蜂农也纷至沓来，枸杞园实现了蜜蜂可以正常地放养，保证了授粉树的需要。

参考文献

安巍，焦恩宁，石志刚，等. 枸杞规范化栽培及加工技术[M]. 北京：金盾出版社，2005.
曹有龙，何军. 枸杞栽培学[M]. 银川：阳光出版社，2013.
曹有龙. 大果枸杞栽培技术[M]. 银川：宁夏人民出版社，2006.
田建文，何昕孺. 枸杞篱架栽培[M]. 银川：阳光出版社，2022.

第十章 枸杞园的土肥水管理

枸杞植株赖以生存的环境由固体、液体和气体组成。固体物质包括土壤、矿物质、有机质和微生物等；液体物质主要指土壤水分；气体为存在于土壤空隙中的空气。土壤中这三类物质构成了一个矛盾的统一体，彼此相互联系、相互作用，同时又相互制约。如何人为地为枸杞植株健壮的生长发育营造一个良好的生存环境，是枸杞栽培学的主要任务之一。

第一节　枸杞园土壤管理

一、枸杞对土壤的要求

土壤是枸杞植株生长发育的基础，是养分和水分供给的源泉。土壤深厚、土质疏松、通气良好，则土壤中微生物活跃，可提高土壤肥力，从而有利于根系生长和养分吸收，对提高果实产量和品质具有重要意义。枸杞对土壤的适应性很强，在各种土壤质地如沙壤土、轻壤土、中壤土或黏土中都可以生长。要实现优质高产,最理想的土壤质地是轻壤土和中壤土。宁夏的灌淤土也最适宜。这类土壤通透性好，兼容养分的能力强，营养元素含量丰富，保肥能力较强。土壤质地沙性过强，保水保肥性能差，土壤易受干旱胁迫，影响枸杞生长；土壤质地过黏，如黏土和黏壤土，虽然养分兼容能力强，但土壤易板结，通透性差，对枸杞根系呼吸及生长都不利，枝梢生长缓慢，花果量少，果实颗粒小。

二、枸杞园土壤的改良

改良土壤理化性状可促进土壤中的水、肥、气、热相互协调。在枸杞年生育期内及时进行土壤耕作，可促使活土层的土壤疏松透气，改善土壤团粒结构，促进土壤微生物繁衍活动，提高土壤肥力，营造适宜根系繁衍生息的良好土壤环境，保证枸杞植株正常生长发育。

（一）土壤的深翻熟化

土壤深翻熟化是枸杞增产技术中的基本措施。深翻熟化的土壤对枸杞生长具有明显的促进作用，可提高产量和改善品质。深翻结合施肥可改善土壤结构和理化性质，促进土壤团粒结构形成。经实地观测，土壤深翻后，土壤水分含量平均增加7.6%，土壤孔隙度增加12.66%，土壤微生物增加1.2倍多。由于土壤微生物活动加强，可加速土壤熟化，使难溶性营养物质转化为可溶性养分，提高土壤的肥力。同时，深翻可增加土壤耕作层，为根系的延伸生长创造条件，促使根系向纵深伸展，根量及分布均显著增加。

（二）增施有机肥料

枸杞园施用有机肥料是改善园地土壤理化性质、增加土壤有机质的主要措施（图10-1）。有

图10-1　填草方格增施有机肥

机肥料不仅能供给植物所需要的营养元素和某些生理活性物质，还能增加土壤的腐殖质。腐殖质是一种有机胶质，可改良沙土，增加土壤的孔隙度，促进土壤的吸光增温，改良黏土的结构，又能提高土壤保水保肥能力，缓解土壤的酸碱度，从而改善土壤的水、肥、气、热等状况。

1. 种类

生产中常用的有机肥料包括厩肥、堆肥、禽粪、鱼肥、饼肥、人粪尿、土杂肥、绿肥等（表10-1）。

表10-1 常作有机肥料的主要养分含量

%

肥料	氮（N）	磷（P_2O_5）	钾（K_2O）	肥料	氮（N）	磷（P_2O_5）	钾（K_2O）
厩肥	0.5	0.25	0.5	棉籽饼	5.6	2.5	0.85
人粪	1	0.36	0.34	蚕豆饼	1.6	1.3	0.4
人尿	0.43	0.06	0.28	玉米秆	0.5	0.4	1.6
猪粪	0.6	0.4	0.44	苕子	0.56	0.63	0.43
人粪尿	0.5～0.8	0.2～0.6	0.2～0.3	苜蓿	0.79	0.11	0.4
马粪	0.5	0.3	0.24	紫穗槐	3.02	0.68	1.81
牛粪	0.32	0.21	0.16	红三叶	0.36	0.06	0.24
羊粪	0.65	0.47	0.23	猪屎草	0.57	0.07	0.17
鸡粪	1.63	1.54	0.85	沙打旺	0.49	0.16	0.2
鸭粪	1	0.4	0.6	草灰	–	1.6	4.6
鹅粪	0.55	0.54	0.95	木灰	–	2.5	7.5
鸽粪	1.76	1.78	1	小麦草	0.48	0.22	0.63
土粪	0.17～0.53	0.21～0.6	0.81～1.07	玉米秸	0.48	0.38	0.64
蚕渣	2.64	0.89	3.14	稻草	0.63	0.11	0.85
泥粪	2	0.3	0.45	水草	0.87	0.5	2.36
菜籽饼	4.6	2.5	1.4	蓖麻饼	4.98	2.06	1.9
豆饼	6.3	0.92	0.12	桐籽饼	3.6	1.3	1.3

2. 施用有机肥的特点

施用有机肥具有以下特点。一是因其分解缓慢，在整个生长期间可持续不断地发挥肥效；二是土壤溶液浓度没有忽高忽低的急剧变化，特别是在大雨和灌水后不会发生流失；三是可缓和使用化肥后的不良反应（引起土壤板结、元素流失或使磷、钾变为不可给态），提高化肥的肥效。

三、枸杞园土壤管理制度

枸杞园内的土壤管理主要包括以下几项措施。

（一）春季浅耕

浅耕就是对枸杞园地表土层（10～15 cm）进行农机旋耕或人工浅翻。在西北地区，春季土壤解冻，植株萌芽前的3月下旬进行浅耕。早春的土壤浅耕可以起到疏松土壤、提高地温、蓄水保墒、清除杂草和杀灭在土内越冬害虫虫蛹的作用（害虫多以蛹、茧虫态在土内越冬，经翻到土表，日晒夜冻而死亡）。此期随着气温的升高，枸杞根系进入春季生长期，浅耕可促进活土层根系活动。据实地观测，浅耕的土层比不浅耕的土层土温提高2～2.5℃，新根萌生提早2～3 d，地上部植株萌芽提早2～3 d，为春季萌芽，抽枝的早、齐、壮营造了适宜条件。

（二）中耕除草

在枸杞植株的营养生长和生殖生长季节对园地土壤进行耕耘并除去杂草，使土壤保持疏松通气的作业方式叫中耕。时间在5～7月，第一次在5月上旬，中耕深度10 cm左右，清除杂草的同时铲去树冠下的根蘖苗和树干根颈附近萌生的徒长枝。中耕要均匀，不漏耕，才能起到疏松土壤、破除灌水后造成土壤板结的作用。第二次在6月上旬，这时即将进入果熟期，及时除草且保持园地地表清洁，便于采果期间拣拾落地的果实。第三次在7月中下旬，主要是除去杂草，方便采果，还能起到提高防治病虫害的作用。

（三）翻晒园地

枸杞园地经过生产管理和采果期间的人为践踏，致使活土层僵实，不利于枸杞生长。因此，在采完枸杞的9月中下旬开始要对枸杞园进行土壤深翻。通过深翻晒土，改善土壤理化性质，加厚有效活土层，协调水、肥、气、热的相互作用，切断树冠外缘土层内的水平侧根，可起到对根系进行一次修剪的作用，有利于翌年春季从断根处萌生更多的新根，增加吸收毛根数量。经根箱试验观测表明，树冠外25～30 cm的土层一条断根，翌年4月中旬新萌生毛根3～6条。吸收养分的毛根越多，吸收营养的面积越大，有助于植株旺盛生长。另外，通过深翻土壤，可有效地增加冬灌蓄水量（西北地区冬春干旱长达半年，冬灌蓄水可保证植株安全越冬）。经测量，秋翻园冬灌每公顷入水量1125 m^3，未翻园的园地冬灌每公顷入水量只有900 m^3。翻晒园地的时间在西北地区为9月下旬至10月上旬，翻晒深度25 cm左右，枸杞行间机械深犁，树冠下适当浅翻，不能碰伤根颈。

土壤质地过黏，如黏土和黏壤土，在栽培中必须进行改良。改良的办法是：向枸杞园中增施猪粪、羊粪等有机肥，或者是增施经粉碎的绿肥和柴草等有机物质。这能有效地增加土壤的有机质和提高肥力，更主要的是疏松土壤，改善这类土壤的团粒结构，增强气、热的通透性。

第二节　枸杞园施肥管理

施肥就是供给植物生长发育所必需的营养元素，并不断改善土壤的理化性质，给植物生长发育创造良好的条件。科学施肥是保证枸杞早果、丰产、优质的重要措施。因此，在促进枸杞生长、花芽分化及果实发育时，应首先供给其主要组成物质即水分和碳水化合物，同时应重视供应给土壤大量元素，其次还需要注意供给土壤微量元素（表10-2）。

表10-2　植物必要的元素及其来源

类别	来源	元素
大量必要元素	空气及水中	碳（C）、氧（O）、氢（H）
	土壤中	氮（N）、钙（Ca）、磷（P）、镁（Mg）、钾（K）、硫（S）
微量必要元素	土壤中	铁（Fe）、铜（Cu）、锰（Mn）、锌（Zn）、硼（B）

一、枸杞的营养特点

枸杞是多年生的经济树种，同一立地条件下栽培的有效生产年限长，加之周年生育期内连续发枝、开花、结果，不但需肥量大，还要连续供肥。要做到枸杞植株在年度生育期内营养生长和生殖生长的适度平衡，实现均衡产果，保证植株“春季萌芽发枝旺，夏季坐果稳得住，秋季壮条不早衰”，必须建立合理、经济、科学的施肥制度。从3月中旬至11月上旬，枸杞树体要经历根系生长、花芽分化、枝叶生长、开花结果等重要的物候时期。每个物候时期都要消耗大量的营养物质和水分，若养分供应不足则影响新发枝条的生长，使得新梢短，长势弱，花量少，落花落果率高，果实小；同时，还会影响根系生长和叶片的光合能力，不仅影响当年产量，还直接影响树体养分积累和第二年生长结果。因此，必须保证枸杞园土壤中养分的足量供应，从而达到枸杞种植的高产、优质。

根据5年的定点试验观测，在宁夏中宁县舟塔乡枸杞园区，随着树龄的增加，枸杞根系的主、须根长及根冠直径增加趋势不明显，树龄3年的主、须根数都小于树龄6年以上的枸杞树，根系分布以6年生树龄最为发达，9年生树龄与6年生的差异不大。园林场和中宁两地比较而言，6年生树龄枸杞根系只在0～26 cm土体内。银川园林场8年生的达到0～35 cm。这说明中宁枸杞根系主要分布层次比园林场的浅，土壤养分特征与枸杞的管理、施肥灌水有很大关系。从表10-3可以看出，无论园林场还是中宁，同一剖面土壤有机质、全氮、全磷含量总体随树龄增大而增加，但变化幅度不大。不同树龄枸杞树的土壤碱解氮、速效磷和速效钾都随土壤剖面深度的增加呈降低趋势，即土壤速效养分主要集中在0～30 cm的土层内。总体来说，园林场或中宁，不同树龄枸杞土壤有机质、全氮、全磷和速效养分都主要集中在0～30 cm的土体内。不同树龄枸杞的根系主要分布在0～35 cm的土体内，与土壤养分的主要分布0～30 cm基本一致。这说明由于当地农民习惯浅层施肥，造成了枸杞根系分布不深。

表10-3　不同树龄枸杞各土壤剖面的养分含量分布

地点	树龄	深度（cm）	全盐（g/kg）	有机质(g/kg)	全氮(g/kg)	全磷(g/kg)	碱解氮(g/kg)	速效磷(g/kg)	速效钾(g/kg)
银川园林场	3	0～30	0.7	18.6	0.78	0.86	53.6	57.9	150
		30～60	–	11	0.78	0.65	37.5	35.4	156.7
		60～100	–	–	–	–	32.2	–	124.1
	7	0～30	0.7	20.5	0.94	1.03	58.2	79.7	263.3
		30～60	–	15.1	0.5	0.84	38.7	51.5	193.3
		60～100	–	–	–	–	25.1	–	111.4
	10	0～30	0.62	21	1	1.05	55.3	107.2	323.3
		30～60	–	16.5	0.5	0.62	33.2	69.5	236.7
		60～100	–	–	–	–	21.1		124.6
中宁舟塔乡	3	0～30	0.95	24.9	0.65	0.58	31.7	73.5	306.7
		30～60	–	–	–	–	–	–	–
		60～100	–	–	–	–	–	–	–
	6	0～30	0.45	28.2	0.52	0.54	30.6	62	243.3
		30～60		18	0.36	0.49	28.4	39	206.7
		60～100	–	–	–	–	24.1		143.1
	9	0～30	0.55	30.5	0.59	0.55	32.9	70.1	206.7
		30～60	–	24.4	0.38	0.51	28.2	46.2	216.7
		60～100	–	–	–	–	18.1	–	124.3

（一）枸杞对氮肥的需求

氮肥是植物体内蛋白质、叶绿素和酶的重要组成成分。同时，对枸杞果实内含生物碱、苷类和维生素等有效成分的形成和积累也有重要作用。各种有生命的组织都离不开氮，尤其是迅速生长的部分，如正在生长的枝、叶、花、果实都需要大量的氮。枸杞从4月下旬到10月，整个生育过程中营养生长和生殖生长相互重叠，尤其是5、6月，春梢正在生长，叶片在增大，二年生枝、果正在发育，都需要吸收氮素营养。花期和春梢的旺长期，氮素供应充足，秋施氮使叶片后期功能加强，这是维持枸杞优质高产的重要措施。枸杞园通常施用的氮素肥料有尿素和碳酸氢铵。尿素施入土壤中通过脲酶的作用被微生物分解为氨态氮和硝态氮，分散性好，易被枸杞根系吸收。尿素在枸杞园中施用，多用作追肥。

熊志勋等采用盆栽法和示踪法研究‘宁杞1号’枸杞对氮素的吸收规律。由表10-4可以看出，随着枸杞植株的生长发育，对氮肥的利用率逐渐提高，从4.11%到11.91%，但总体来说利用率是不高的。探索其原因，观察了枸杞根系的剖面分布，发现根系特别是新幼根主要分布在土壤下层，主要集中在土壤15～25 cm处。在土壤中，氮素垂直分布从上到下有一个逐渐减少的梯度（表10-5）。由于枸杞根系对土壤中、上层的养分不能很好地吸收利用，因此，氮肥吸收利用率不高。枸杞生长发育过程中吸收的氮素约有20%来自肥料，80%来自土壤。

表10-4 氮肥利用率和枸杞植株氮素来源

取样时间	植株总氮量（g）	氮肥利用率（%）	植株氮素来源	
			肥料（%）	土壤（%）
5月10日	0.4981	4.11	12.13	87.87
5月15日	0.5481	4.33	11.52	88.48
5月25日	0.5503	5.52	14.42	85.58
6月24日	0.7885	5.68	15.58	84.42
7月14日	0.9827	8.23	17.57	82.43
8月9日	1.2467	11	18.31	81.69
8月29日	1.556	11.91	21.23	78.77

表10-5 土壤氮素养分的梯度分布

土壤深度（cm）	含氮量（%）	^{15}N原子百分率（%）
0～5	0.1246	0.484
5～10	0.106	0.472
10～15	0.08152	0.467
15～20	0.07158	0.389

试验结果表明，枸杞植株吸收的氮素主要分布在根系、树干、枝条多年生部位，其次是叶和果实一年生部位（表10-6）。

表10-6 各部位全氮量占植株总氮量百分比

%

取样时间	根系	树干	枝条	叶片	果实
5月25日	39.78	8.77	22.44	29.00	—
10月8日	50.46	8.99	16.60	21.67	2.68

5月25日取样的植株多年生部位全氮量占植株总氮量的70.99%，而叶片中的全氮量占29%；10月8日取样的植株多年生部位全氮量占植株总氮量的76.05%，而一年生部位的叶片和果实仅占23.95%。枸杞树体（含根系、树干、枝条）是一个大的氮素贮存库，贮存的氮素在植株代谢中的转移、再分配，对果实的发育以及叶片和新枝条的形成、生长作用是很大的。

（二）枸杞对磷肥的需求

磷肥是植株体内细胞核的组成原料，并促进养分的积累转化，不论是开花、坐果，还是枝叶生长、花芽分化、果实膨大，都离不开磷的作用。磷肥和钾肥配合能显著改善枸杞果实的品质，提高含糖量。磷供应正常还能提高根系吸收其他养分的能力。从这些作用看，枸杞在一年中对磷的需求量基本上没有高峰和低谷，均是平稳需求。枸杞园通常施用的磷肥主要有磷酸钙、磷酸二铵和三元复合肥。单一磷肥只施用过磷酸钙，复合磷肥绝大多数施用磷酸二铵和三元复合肥。

研究结果表明，随着枸杞植株的生长发育，对根际磷肥的吸收利用率逐渐提高，二年生枸杞从施肥后第5 d的2.43%，增加到第154 d的6.83%；3年生枸杞从施肥后第20 d的0.78%，增加到第140 d的7.42%。关于枸杞对根际磷肥吸收利用率低的原因，笔者认为与根系分布和磷素在土壤中不易移动有关。据报道，枸杞根系主要分布在土壤15～25 cm内。熊志勋等的结果表明，土壤中的磷素有从上到下逐渐减少的梯度分布（表10-7）。由于根系对土壤中、上层的养分不能很好地吸收利用，因此磷肥的吸收利用率不高。

表10-7　土壤磷素的梯度分布

土壤深度（cm）	速效磷（mg/kg）
0～5	263.8
5～10	269.7
10～15	63.2
15～20	37.9

研究枸杞吸磷动态可以为合理追施磷肥提供依据。熊志勋等的研究结果表明，枸杞植株中的磷素，一部分来自追施的磷肥，占3.47%～13.36%，另一部分来自根际土壤，占86.64%～96.53%。可见，枸杞适时追施磷肥不仅对当年生长发育有利，而且对维持土壤磷素平衡，以及以后的生长发育也是非常重要的。枸杞植株干物质每增加1 g，需要从肥料中吸收磷0.05897～0.2464 mg，从土壤中吸收磷0.9407～2.3829 mg。枸杞植株在生长发育、干物质积累过程中，有从肥料中吸收的磷素逐渐增加、从土壤中吸收的磷素逐渐减少、从土壤和肥料中吸收的磷素比值也逐渐减少的趋势。

熊志勋等利用5年生的‘宁杞1号’枸杞以研究枸杞根际磷素养分状况。研究结果表明，秋后(秋果采摘结束后)枸杞根际有效磷含量（0～20 cm、20～40 cm土层分别为46.3 mg/kg、11.3 mg/kg）比春季(叶芽萌发，未追肥前)枸杞根际有效磷含量（0～20 cm、20～40 cm土层分别为45.0 mg/kg、11.3 mg/kg）略有增加。这说明在试验条件下追肥水平是适宜的。枸杞植株中的磷素主要分布在根系、树干、枝条多年生的部位，全磷占植株总磷量的74.22%；其次是叶片和果实一年生的部位（表10-8）。

表10-8　植株各部位全磷占总磷量之比

%

取样时间	根系	茎枝	叶片	果实	合计
5月29日	38.77	35.49	15.63	10.11	100
6月18日	44.43	20.6	21.17	13.81	100.01
7月28日	55.37	22.62	12.42	9.59	100
9月7日	48.18	28.03	18.4	5.39	100
9月17日	49.64	28.63	15.49	6.23	99.99
9月27日	42.51	31.08	18.13	8.28	100
平均值	46.48	27.74	16.87	8.9	99.99

（三）枸杞对钾肥的需求

钾在植物体内参与蛋白物质的运输、合成和储藏，维持生理代谢平衡，有利于果实和各种组织的成熟。钾肥还是树体内代谢过程中某些酶的活化剂，它能提高光合作用的强度，促进碳水化合物的合成，促使果实糖分累积和组织成熟。枸杞是需钾量相对较多的经济作物。20世纪60年代初发现，栽培了枸杞的土壤速效钾含量较一般农田低，为149～245 mg/kg，而一般农田中的土壤速效钾含量为167～417 mg/kg。在20世纪70年代末发现，叶面喷施氮、磷、钾（1∶1∶1）溶液可比仅仅喷施氮、磷（1∶1）溶液增产8%，花果脱落率减少6.1%。

李友宏等于20世纪90年代，在栽培枸杞上进行了施钾试验及示范项目。从试验结果看，枸杞施用钾肥产生了明显的增产效果（表10-9）。

产量（y）与钾素用量（x）的回归方程为：y=2872.5+8.13−0.14x^2，R=0.98，F=49.5。说明此方程可以反映出实际的生产，由计算得出的枸杞钾素（K_2O）的最佳施肥量应为每公顷390 kg（折合每株117 g）。

表10-9　钾肥对枸杞产量的影响

施钾量（g/株）	产量（kg/hm^2）	增产（%）
0	2940	—
36	3630	23.4
72	4140	40.8
108	4590	56.1
180	4275	45.4

从枸杞老产区宁夏中宁县的示范对比田来看(表10-10)，施钾肥每公顷可增产枸杞干果394.5～504 kg，增产率为19%～49.5%，平均单产提高25.2%。枸杞施用钾肥的经济效益非常可观，按每千克干果20元人民币计算，扣除每公顷钾肥成本费780元，每公顷可增加纯收入8460元。

表10-10　枸杞施钾肥在示范区的增产效果

试验点	产量（kg/hm^2）		增产	
	施钾肥	不施钾肥	增产（kg/hm^2）	增产百分比（%）
中宁康滩乡	2911.5	2448	463.5	19.9
中宁舟塔乡	2358	1963.5	394.5	20
中宁田滩村	1612.5	1078.5	534	49.5
平均	2292	1830	462	25.2

邓国凯等调查枸杞园内土壤和枸杞春梢叶片含钾量的年变化，如表10-11所示，说明枸杞园土壤的钾肥含量与枸杞叶片的钾素含量是成正比的。枸杞钾肥的施用对枸杞的生长发育非常重要，同时可起到增加产量，提高经济效益的目的。

表10-11　枸杞园土壤和枸杞春梢叶片含钾量年变化

名称	项目	5月	6月	7月	8月
正常园	土壤速效钾含量（mg/kg）	291	262	283	338
	叶片含钾量（%）	1.18	0.91	0.73	0.28
缺钾园	土壤速效钾含量（mg/kg）	206	152	154	164
	叶片含钾量（%）	0.78	0.7	0.4	0.44

枸杞灰分含量（以下简称CMA），是指枸杞干果充分燃烧后留下的物质，主要由无机物组成，一般占枸杞干果重的3%～8%。枸杞灰分的化学成分主要包括P_2O_5、SO_2、CaO、Na_2O、MgO、Fe_2O_3、K_2O等，另外还含有铜、锌、锰、硒等微量元素的氧化物。CMA的高低对枸杞品质的影响较大。在其他组分相当的情况下，灰分含量越大，枸杞品质越差。经统计，CMA与土壤的pH、全盐、有机质、速效磷、全磷、水解氮、全氮、速效钾等含量关系不大，但与土壤全钾含量的相关性显著。CMA与土壤全钾呈负指数关系，随土壤全钾含量的增加，枸杞干果中灰分含量降低（图10-2）。钾是枸杞光合器官叶绿素的成分之一，土壤全钾代表土壤钾素的总体水平，钾素易转移与易被作物吸收。土壤中全钾含量高，枸杞吸收的就较多，光合器官叶片中叶绿素的含量就越高，这有利于增加枸杞的光合速率，增加光合产物的积累，减少CMA。

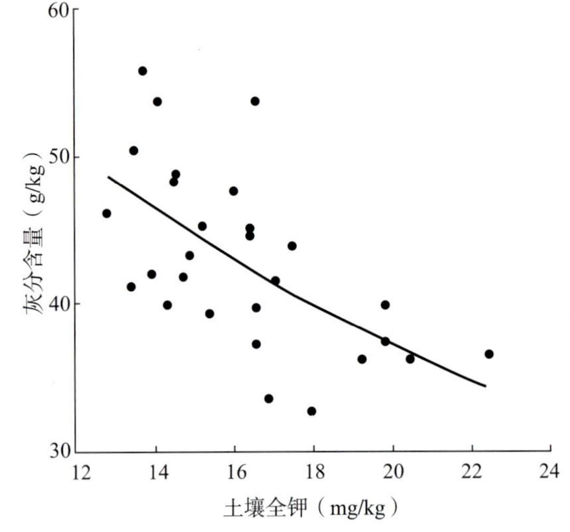

图10-2　枸杞灰分含量与土壤全钾含量的关系

（四）枸杞对微量元素的需求

除氮、磷、钾三大肥料元素外，还有许多其他元素对枸杞植株的生长发育有重要的作用。这些元素的需求量很少，但缺乏时同样引起枸杞发育的生理障碍，因而被称为微量元素或微量肥料。如铁参与叶绿素的合成，铁供应缺乏时叶片失绿变黄，尤其是新梢顶端的幼叶首先出现症状，叶片变黄，叶脉尚能保持绿色。随着症状的加重，叶脉也逐渐变黄，叶片干枯脱落。缺铁症状在5月、8月新梢旺长期看到的机会较多。土壤缺铁的原因是土壤偏碱所致。从本质上解决缺铁的办法是增施有机肥，或者硫酸亚铁与有机肥一并施用，使土壤变成中性或微酸性，缺铁现象会自然消失。枸杞对铁的吸收与土壤通气状况也有密切的关系。凡是通气不良，根系缺氧时，地上新梢也会出现缺铁症状。每年6月、7月，树冠中、上部中间枝条的顶端叶片发蔫，看似缺铁，实际上是多次灌水或下雨沉实了土壤，使土壤通气不良而使根系缺氧所致。因而在生产实践中，应正确分析，注意判断缺氧和缺铁的区别。轻度缺铁时，可以用0.2%的硫酸亚铁进行叶面喷雾，一般能立即缓解症状，起到土壤施用起不到的作用。

缺硼也是枸杞产区经常发生的事情，轻度缺硼时，往往没有明显的症状，但授粉后坐果率低，容易落花落果，产量低，品质差。在春季七寸枝盛花期喷施0.2%的硼砂水溶液，具有明显防治缺硼的作用。

缺锌的症状是小叶病，但在枸杞上表现不太明显。通过检测证实，枸杞缺锌一般叶片相对变小、变薄。生产者在枸杞经营过程中发现以上症状，可喷施0.2%～0.3%的硫酸锌加0.3%的尿素混合液，效果较好。

（五）枸杞树体年生育期内的需肥规律

采用原子示踪法和根箱观测法对枸杞根系活动进行跟踪监测，表明根毛区随着春季地温的升高而进入活动期，新根开始萌生即吸收养料。4月上旬地上部枝条萌芽，直至4月中旬展叶，全是依靠树体内储藏养分的供给。叶片展开开始光合作用制造养料，加之根系从土壤中吸收的养料供给树体抽生新枝。此期树体对养分的需求迫切，被称为“营养临界期”。春季营养生长阶段的萌芽、展叶、抽枝主要是吸收氮素，促进酶和叶绿素、蛋白质的合成，表现为萌芽齐、展叶快、发枝壮。跟踪显示：直至5月中旬，根系吸收氮呈上升趋势。从5月上旬开始，树体二年生枝现蕾开花，当年生新枝开始现蕾时，根系开始吸收磷钾元素；直至6月下旬，吸收呈上升趋势，而吸收氮趋于平稳。5月中旬至6月下旬，树体大量抽生新枝，又大量开花结果，为营养生长和生殖生长共生期，表现为营养需求量最大，效果也最好，被称为“营养最大效率期”。进入7月，随着气温的升高（32℃以上），耕作层土温也随之上升至26℃以上，植株根系即进入夏季休眠期（根系暂不吸收养料），植株的生育所需营养主要依靠树体内贮存的养分和叶片光合作用所制造的养料。进入8月，土温下降至25℃以下时，根系恢复生长，进入秋季生育期，发秋梢、结秋果，吸收氮、磷、钾元素无明显的升降梯度，直至晚秋下霜，由叶柄处所形成的脱落素导致先落叶，而后才发现根系停止生长，11月上旬进入冬季休眠状态。

熊志勋等研究认为，枸杞在几个阶段中每天吸收的氮量有随生长发育不断增加的趋势。5月10日至25日每天吸收氮3.48 mg，5月25日至6月24日为7.94 mg，6月24日至7月14日为9.7 lmg，7月14日至8月9日为10.15 mg，8月9日至29日为15.47 mg。秦国锋研究认为，枸杞一年两度生长，两度开花结果，根系也有两个生长高峰期。一般认为，5月初是老眼枝开花和七寸枝旺盛生长时期，6月初是七寸枝进入盛果期，也是老眼枝果实生长发育时期，这两个时期追肥最为适时，效果好。试验结果表明，并不存在这样两个明显的吸收氮高峰期，这可能与树体内的养分转移、再分配有关，有待进一步研究。但5月上旬和6月下旬施肥后植株吸收的肥料氮占总氮的比例均有所提高，说明适时追肥是很有必要的。

二、施肥技术

（一）施肥原则

一是了解并掌握枸杞树体在年度生育期内营养生长和生殖生长的需肥规律，确定什么时间施肥，使用什么肥料，使用多大的施肥量。

二是本着经济有效的原则，采用正确的施肥方法，提高肥料利用率。

三是将各种肥料配合使用，如氮、磷、钾的配合，有机肥和无机肥的配合等。

四是年度内如何选择促（促进营养生长）、保（保花保果）、补（秋枝不早衰）相结合的施肥方式。总结起来就是“前促、中保、后补、重施”。

前促：营养临界期的4月施氮肥。

中保：营养最大效率期的5～6月施氮、磷、钾复合肥。

后补：补充氮、磷复合肥。

重施：10月重施有机加无机混合基肥。

长期使用速效化肥，土壤中有效态微量元素有下降趋势，可能成为新的养分限制因子。在枸杞园中，要增施有机肥料，既能保证枸杞生育期内各种营养元素的持续供给，又能防止树体缺素症的发生。大量的试验和多年的实践表明，各种肥料的配合施用比单一肥料的效果好。在施氮、磷肥的基础上增施钾肥，能促进枸杞树对土壤养分的吸收，植株氮、磷、钾总含量分别比对照高27.33%、11.87%和15.61%。速效化肥与迟效有机肥配合施用能够促进有效养分转化、分解；有机肥的施入可以使肥效逐年上升，具有肥效的叠加效应。实际操作中应确定肥料种类、施肥量、施肥时期和施肥方法。

（二）肥料种类

枸杞园常用肥料种类较多，包括各种化学肥料（表10–12）和有机肥料（表10–1），以及新型生物肥料。就化肥而言，常用的氮肥有尿素、碳酸氢氨、氯化铵、硫酸铵、硝酸铵等；磷肥有过磷酸钙、重过磷酸钙等；钾肥有氯化钾、硫酸钾等；还有各种复混肥料。

有机肥料所含营养元素比较全面，除含有机质等主要元素外，还含有微量元素和许多生理活性物质，包括激素、维生素、氨基酸、葡萄糖、DNA、RNA、酶等，固称之为完全肥料，在土壤中发挥作用慢，但肥效长，可以改变土壤结构、提高肥力，是构成土壤肥力的基础。衡量土壤肥力的主要标准是有机质含量，有机质的多少直接关系枸杞的产量和品质。一般中高产枸杞园的有效土层中有机质含量占土壤干重的1.2%～2.5%。有机质泛指土壤中来源于生命的物质，包括土壤微生物和土壤动物及其分泌物，以及土体中植物残体和植物分泌物，是土壤固相物质中最活跃的部分，但对土壤性状的影响极大。按化学组成可分为腐殖物质和非腐殖物质两大类。腐殖物质是一种特殊的颜色深暗的天然有机化合物，是有机质的主体，占有机质总量的50%～60%；非腐殖物质则是一般的有机化合物，如多肽、氨基酸，其他各种碳水化合物、蜡质等，其中，未分解或半分解的植物残体占有机质总量的6%～25%。有机质分为新鲜有机质（未分解的有机质）、半分解的有机质和腐殖质3种形态。有机质的作用主要体现在以下方面：是土壤养分的主要来源；促进土壤结构形成，改善土壤物理性质；提高土壤的保肥能力和缓冲性能；腐殖质具有生理活性，能促进作物生长发育；腐殖质具有络合作用，有助于消除土壤的污染。

生产中应根据枸杞的周年需肥特点来选择适宜的肥料品种。

近年来，新型的肥料在枸杞上也开始尝试使用，并取得了较好的效果。邓国凯等采用田间小区试验和大田试验相结合的方法，在宁夏枸杞的老产区中宁县，利用‘大麻叶’和‘宁杞2号’进行稀土的肥效试验。经1989—1991年3年40组田间试验产量统计，施稀土有明显的增产效果和经济效益，平均每公顷增产枸杞鲜果1260 kg，每公顷增加产值5044元，投入产出比达到1∶3.3（表10–13）。

表10–12　主要矿质肥料的种类和有效养分含量

%

肥料	氮（N）	磷（P_2O_5）	钾（K_2O）	肥料	氮（N）	磷（P_2O_5）	钾（K_2O）
硫酸铵	20～21			磷矿粉		10～35	
硫酸钾			48～52	骨 粉	3～5	20～25	
硫酸氢氨	16～17			磷酸铵	17	47	
氯化钾			50～60	磷酸二氢钾		52	35
硝酸铵	23～35			草木灰		1～4	5～10
硝酸镁氨	20～21			复合肥(1)	20	15	20
窑灰钾肥			8～15	复合肥(2)	15	15	15
尿素	46			复合肥(3)	14	14	14
氨水	17			硼砂	含硼　11.3		
氯化铵	24～25			硫酸锌	含锌　23～25		
硝酸钙	13			硫酸亚铁	含铁　19～29		
石灰氮	30			硫酸锰	含锰　24～28		
过磷酸钙	12～20	12～20		硫酸镁	含镁　16～20		
钙镁磷肥	含钙10～30	12～20					

表10–13　枸杞施用稀土的增产效果和经济效益

年份	鲜果产量（kg/hm^2）			产值（元/hm^2）		
	施稀土	对照	比对照增加	施稀土	对照	比对照增加
1989	4680	3894	786	18720	15576	3144
1990	8047.5	6515	1532.5	32190	26064	6126
1991	7758	6295.5	1462.5	31032	25170	5862
平均	6828.5	5568.2	1260.3	27314	22270	5044

喷稀土能明显改善枸杞果实的品质（表10–14）。果实总糖含量比对照提高1.30～6.21个百分点，平均增加3.37个百分点；果实千粒重增加12.0%～45.3%。

表10-14　枸杞施用稀土的增产效果和经济效益

年份	干果总糖（%）			鲜果千粒重（g）		
	施稀土	对照	比对照增加	施稀土	对照	比对照增加
1989	30.2	28.9	1.3	412	400	12
1990	52.74	46.53	6.21	503.8	461.9	41.9
1991	50.88	48.28	2.6	470.9	425.6	45.3
平均	44.61	41.24	3.37	462.2	429.2	33.1

生物肥是近年来兴起的新型生态型肥料。NutriSmart生态型肥料是由香港长江生命科技集团利用专利技术，经过多年研究，成功开发的一种新型生态型肥料，是以有机载体及含磷载体为基础，添加6种活体细菌组成的一种颗粒肥料。其具有如下特点：肥效长，一次使用肥效可达150 d，几乎满足植物全阶段的生长需要，可大大减少化肥施用量，成本低。罗青等连续两年对施用NutriSmart生态肥料后对枸杞产量与质量的影响进行了研究。

表10-15　NutriSmart生态型肥料对枸杞产量变化的影响

年份	处理	产量（kg）	比对照增产（kg）
2003	常规处理	3025.1[a]	646.25
	NutriSmart处理	3671.35[b]	
2004	常规处理	10948.5[a]	805.5
	NutriSmart处理	11754[b]	

注：同一列中不同小写字母代表0.05水平差异显著。

表10-15的结果表明，施入NutriSmart生态型肥料后，处理产量比对照有明显增加。2003年处理产量比对照增加646.25 kg；2004年处理产量比对照增加805.5 kg。两年试验结果处理与对照之间差异显著。同时，也分析了枸杞多糖的变化，如表10-16，施入NutriSmart生态型肥料后，枸杞多糖含量显著增加。2003年NutriSmart处理比常规处理增加0.67%；2004年NutriSmart处理比常规处理增加0.46%。两年试验结果处理与对照之间差异显著。根据《枸杞（枸杞子）》（GB/T18672-2002）规定，特优级枸杞多糖含量≥3.0%，两年试验中常规处理和NutriSmart处理的枸杞多糖含量都达到了特优级标准。

表10-16　施入NutriSmart后枸杞果实主要有效成分（多糖）含量的变化

%

年份	处理	多糖含量	比对照增加
2003	常规处理	4.04[a]	0.67
	NutriSmart处理	4.71[b]	
2004	常规处理	3.37[a]	0.46
	NutriSmart处理	3.83[b]	

注：同一列中不同小写字母代表0.05水平差异显著。

以上实验结果表明，在枸杞种植地施入NutriSmart生态型肥料，能提高枸杞产量和质量，因此NutriSmart生态型肥料是适合枸杞种植的理想肥料之一。

（三）确定施肥量

平衡施肥又名养分平衡法配方施肥，是国内外配方施肥中最基本和最重要的施肥方法。此法根据农作物需肥量与土壤供肥量之差来计算实现目标产量（或计划产量）的施肥量，由农作物目标产量、农作物需肥量、土壤供肥量、肥料利用率和肥料中有效养分含量五大参数构成平衡法计算施肥公式，可告诉人们理想的施肥量。在施肥条件下植物吸收的养分来自土壤和肥料。养分平衡法中“平衡”之意在于土壤供应的养分不能满足植物的需要，就用肥料补足养分。平衡法采用目标产量需肥量减去土壤供肥量得出施肥量的计算方法，故本法亦称“差减法”，有的人也称此为“差值法”或“差数法”。

养分平衡法计量施肥原理是著名土壤化学家曲劳（Truog）于1960年第七届国际土壤学会上首次提出的，后由斯坦福（Stanford）发展并试用于生产实践。其算式表达为：

$$某养分元素的合理用量=\frac{一季作物的总吸收量-土壤供应量}{肥料中养分当季利用率}$$

公式中：一季作物的总吸收量＝生物学产量×某养分在植株中的平均含量；土壤供应量由不施该元素时农作物产量推算；肥料中养分当季利用率根据田间试验结果计算而得。

枸杞是一种需肥较多的多年生木本经济作物，它在一年中的营养生长、开花、结果期长达7个多月。因此，在一年的生长过程中，为了获得优质高产，就必须及时施用一定数量的肥料，以补充土壤养分不足，来满足枸杞各生育阶段的需要。但影响施肥的因素是多方面的，即使是一个品种、相同的树龄，其生长发育情况也不尽相同，因此施肥量也要有所增减。确定施肥量时还应考虑如下因素。

（1）树体：当年生长和结果情况。

（2）土壤：土壤种类、土层厚度、有机质、土壤酸碱度、表土与心土的性质、土壤结构以及土壤三相比例关系。

（3）地势：山地、平地、沙滩及坡地、坡向、山地水土保持工程等。

（4）气候：降水量和气温。

（5）农业技术：主要是土壤管理制度、灌溉制度及园内间作物等。

在枸杞施肥原则指导下，要真正做到准确配方施肥，必须掌握目标产量、枸杞需肥量、土壤供肥量、肥料利用率和肥料中有效养分含量五大参数，这是平衡法配方施肥的基础。

（6）目标产量：根据品种、树龄、花芽及气候、土壤、栽培管理等综合因素确定当年合理的目标产量。

（7）需肥量：在年周期中所需要吸收的养分量。

（8）土壤供肥量（天然供给量）：土壤中矿质元素的含量相当丰富，但如果长期不施肥，则树体生长发育不良，影响产量。这是由于土壤中的矿质元素多以不可给态存在，根系不能吸收利用所致。土壤中三要素天然供给量大致为：氮的天然供给量约为氮的吸收量的1/3；磷的天然供给量约为磷的吸收量的1/2；钾的天然供给量约为钾的吸收量的1/2。

（9）肥料利用率：施入土壤中的肥料，由于土壤的吸附、固定作用和随水淋失、分解挥发而不能全部被树体吸收利用。肥料利用率的高低与枸杞品种和土壤管理制度紧密相关。

（10）肥料中有效养分含量：在养分平衡法配方施肥中，肥料中有效养分含量是个重要参数。常见有机肥料及矿质肥料的有效养分含量如表10-1及表10-12所示。

早在1961—1962年，秦国峰在宁夏中宁县开展的枸杞产量试验结果表明，当每公顷产枸杞干果为1605～1978.5 kg时，每生产100 kg枸杞干果所需N、P_2O_5、K_2O养分分别为9.7 kg、15.4 kg、3.6 kg；钟鉎元于1985—1990年，在中宁的同样试验结果表明，当每公顷产枸杞干果为2578.5～3919.5 kg时，每生产100 kg枸杞干果所需N、P_2O_5、K_2O养分分别为21.9 kg、10.8 kg、3.5 kg。

安巍、张学军等在宁夏惠农区燕子墩枸杞园开展枸杞肥料试验。3年的试验结果表明：①随着氮、磷、钾施用量的增加，枸杞干果产量并没有显著增加。针对惠农区土壤肥力水平中等田块，成龄树目标产量在每公顷3750～5250 kg，施氮量范围在每公顷675～825 kg，施磷量范围在每公顷375～525 kg，施钾量范围在每亩375～525 kg。②不同氮、磷、钾施用量对枸杞植株性状均有不同程度影响，不同施氮量对枸杞新梢生长量、成枝力影响较大，尤其是对秋梢生长量影响较大，不同施磷、钾量对结果枝单位长度成花现蕾数、落花落果率影响不大，但对新生叶片叶绿素含量影响较大。③提出的每公顷推荐施肥量为N 675 kg、P_2O_5 495kg、K_2O 225 kg，从产量、每公顷节本增效均与推荐施肥1.5倍相当，符合惠农枸杞园实际，是切实可行的。

近年来，我国推荐的配方施肥制度，是计算理论施肥量的一个发展。它综合运用了我国现代农业科技成果，根据作物需肥规律，土壤供肥性能与肥料效应，强调要在以有机肥为基础的条件下，提出产前氮、磷、钾与微量元素肥料的适宜用量和比例，以及相应的施肥技术。在一些农作物上增产效果明显，在枸杞生产中已开始运用这一先进技术。通过测土配方施肥，初步进行了相应的研究和示范。

曹有龙等调查两年定点田滩六队在枸杞一年生长周期内生产100 kg枸杞干果养分吸收量（表10–17）。生产100 kg枸杞干果养分吸收量分别为全氮2.04～2.86 kg、全磷1.16～1.37 kg、全钾1.35～1.68 kg。生产单位枸杞产量所需吸收养分顺序为氮＞钾＞磷。2005年，银川园林场与中宁田滩相比，枸杞每生产100 kg吸收养分也有差异，全氮银川园林场的比中宁低0.59 kg，全磷低0.46 kg，全钾差异不大。2006年，在中宁田滩6队与7队设立的施肥与不施肥ck处理，可看出每生产100 kg干果吸收养分量，习惯施肥与不施肥有差异，但差异不大。田滩6队与7队全氮习惯施肥比不施肥分别高0.15 kg和0.59 kg，全磷习惯施肥比不施肥分别高0.08 kg和0.12 kg，全钾习惯施肥比不施肥处理分别高0.03 kg和低0.01 kg。以上数据说明，在中宁枸杞园区习惯施肥的，每生产100 kg干果，所需养分不高，当年习惯施肥与不施肥所需养分差异不大，这也进一步说明枸杞当年自身树体的养分能够满足枸杞当年生长的需求。从氮、磷、钾供应的角度来说，适度降低目前的施肥量，不会造成对枸杞产量的影响。

表10–17　生产单位枸杞吸收养分（N、P、K）数量统计表

地点		干重（枝条+叶片+果实）kg/30株	（枝条+叶片+果实）养分吸收量（kg）			100 kg干果养分吸收量（kg）		
			全氮（N）	全磷（P_2O_5）	全钾（K_2O）	全氮（N）	全磷（P_2O_5）	全钾（K_2O）
银川园林场（2005）		32.43	0.7	0.29	0.45	2.17	0.90	1.4
中宁田滩6队（2005）		35.86	0.99	0.49	0.5	2.76	1.36	1.38
中宁田滩6队（2006）	CK	31.03	0.82	0.38	0.36	1.89	1.29	1.35
	习惯施肥	32.77	0.86	0.46	0.41	2.04	1.37	1.38
中宁田滩7队（2006）	CK	31.84	0.76	0.27	0.69	2.27	1.16	1.68
	习惯施肥	34.56	0.94	0.52	0.81	2.86	1.28	1.67

国内外还采用先进的科学手段，如利用电子计算机，对肥料成分、施肥量、施肥时期及灌溉方式对肥效的影响等，进行数据处理，很快计算出最佳的施肥量，使科学施肥、经济用肥发展到一个新阶段。

（四）施肥方法

根系是吸收养分的主要器官，在施肥时首先要了解枸杞根系在土壤中的分布。经根箱观测，在壤土、沙壤土种植的枸杞主根深60～90 cm，侧根分布在30～60 cm深的土壤内；重壤土、僵土上种植的枸杞主根深50～70 cm，侧根分布在20～40 cm深的土壤内。一般耕作土壤中，枸杞根系水平分布与树冠的大小呈正比，根系分布面积还略大于树冠面积。因此，肥料施入的深度和面积必须视土质状况和树冠大小来定。土壤施肥需根据根系分布特点，将肥料施在根系集中分布层内，便于根系吸收，发挥肥料最大效用。

目前，在枸杞田间管理中主要采用以下几种施肥方式。

干施：枸杞根系的根毛是吸收养分的主要部位，而树冠外缘是根毛分布最多的区域。在枸杞树冠的外缘开挖对称穴坑或农机犁开条沟（深度为30～40 cm），将肥料直接施入坑（沟）内与土拌匀后封土。

湿施：将肥料勾兑一定比例的清水，稀释后浇到园地或用液肥施肥机注入耕作层。

根外追肥：将肥料配成一定浓度的水溶液，用喷雾器喷洒到植株的茎叶上，通过茎叶气孔和角质层被迅速吸收。

水肥一体化：借助压力灌溉系统，将可溶性固体或液体肥料，按土壤养分含量和枸杞的需肥规律和特点，配兑成肥液与灌溉水一起，通过可控管道系统供水、供肥，使水肥相融后，通过管道和滴头形成滴灌，均匀、定时、定量地提供给枸杞根系发育生长区域。

（五）枸杞的施肥现状

提高肥料利用率是降低生产成本，减少污染的重要环节，农业农村部农技推广服务中心资料表明：我国化肥的利用率，氮30%～35%，磷10%～25%，钾35%～50%，尤其是尿素，50%～60%进入大气或随水流失。在枸杞科技示范园区利用原子^{15}N示踪法对尿素施入不同土层深度的利用效果进行了定点、定株、定枝的监测，结果是：5月10日将尿素撒施于园地土表后，农机耙入土内5～10 cm，经灌水3 d后取样测试，根系吸收传导至茎叶及花蕾的利用率为4.11%～11.91%，土壤固定为54.6%～76.31%，损失率22.6%～40.09%；开沟20 cm深施入尿素，灌水3 d后取样测试，根系吸收传导至茎叶及花蕾的利用率为31.9%，土壤固定为51%，损失率16%左右。由此可见，尿素施入土内20 cm左右深时，损失率最小。据中国农业科学院土肥所研究资料：采用复合型缓释化肥土壤深施比常规化肥地表施入利用率可提高30%以上。枸杞专用肥就是采用有机和无机肥混合后加缓释剂制成颗粒状在土壤中施用，体现了营养全面、施用方便的优点。

1997—2001年在枸杞科技示范园区5年内不同施肥量获得的产果量与不施肥区做对照所进行的肥料试验结果显示：采用有机肥与无机肥相结合，氮、磷、钾与锌、硼、铁等微量元素相结合，秋季深施基肥和春、夏季土壤追肥与叶面喷肥相结合的施肥方法，基本能保证年度生育期内枸杞植株营养生长与生殖生长需要。幼龄期每株产干果量相对稳定在500～600 g（4995株/hm^2产干果2497.5～2997 kg，3330株/hm^2产干果1665～1998 kg）；成龄期每株产干果量相对稳定在800～1000 g（4995株/hm^2产干果3996～4995 kg，3330株/hm^2产干果2664～3330 kg）。依此施肥量所获得的干果产量分析计算：每获得100 kg的枸杞干果需消耗纯氮39.46 kg、纯磷26.68 kg、纯钾16.2 kg。其三要素之比为1：0.68：0.41。这基本实现了“春季萌芽发枝旺，夏季坐果稳得住，秋季壮条不早衰”的施肥要求。

三、枸杞园养分管理制度

枸杞园内的施肥有基肥、追肥和叶面追肥3种类型。

（一）基肥

基肥是较长时间供给果树多种养分的基础肥料，为各种农家肥，如大粪、羊粪、牛粪、马粪、猪粪、炕土、油渣、大豆饼等有机肥。

1.施用时间

一般在秋季的10月进行。此时，枸杞树体已经落叶，逐步进入休眠期，树液也即将停止流动，因施肥而挖坑伤根对植株来年的生长影响不大，施入的肥料在土壤中储存时间长，可以得到充分腐熟，也有利于树体吸收。同时，施入的大量有机肥围壅在根系周围，在严寒的冬季还可起到一定的保温作用。根据大田生产的定点观察，秋季冬水前施入基肥，树体萌芽早、发枝旺。而春季施入基肥，萌芽迟、发枝弱，加之春季挖坑伤根容易遭病虫危害。因此，基肥以秋季施入为好。

2.施肥量

树龄不同，其施肥量有差异。成龄树每株施菜籽饼1000 g，加羊粪或猪粪5000 g，加鸡粪5000 g；幼龄树每株施菜籽饼500 g，加羊粪或猪粪2500 g，加鸡粪2500 g。为了促进幼苗的生长，每株可施入二铵25 g、尿素25 g、复合肥50 g。

3.施肥方法

基肥的施用方法主要有以下3种。

（1）环状施肥法

如图10-3所示，将肥料均匀地施入树干周围，沟穴部位距根颈60 cm以外、树冠边缘以内，深度为40 cm。这一土壤空间，根系比较少，同时又接近根系侧根活动层和水平根分布层，使根系的各个方面都能充分吸收养分，而且挖施肥穴可避免伤根。该方法适宜小面积栽植区的幼龄枸杞园。

（2）月牙形施肥法

如图10-4所示，在树冠外缘的一侧挖一个月牙形施肥沟施入肥料，沟长为树冠的一半，沟深为40 cm。开沟部位可以隔年交替更新，即今年施在树冠东侧，明年施在西侧，使树冠下各个部位根系都能吸收到养分。该法适宜成龄枸杞园。

（3）对称沟施肥法

如图10-5所示，大面积枸杞园施肥时，为了节省劳力，可以在枸杞树行间距用大犁开30～40 cm的深沟，将肥料施入，再封沟即可。在树冠大且矮的枸杞园，可改为人工开挖对称穴坑施入肥料。

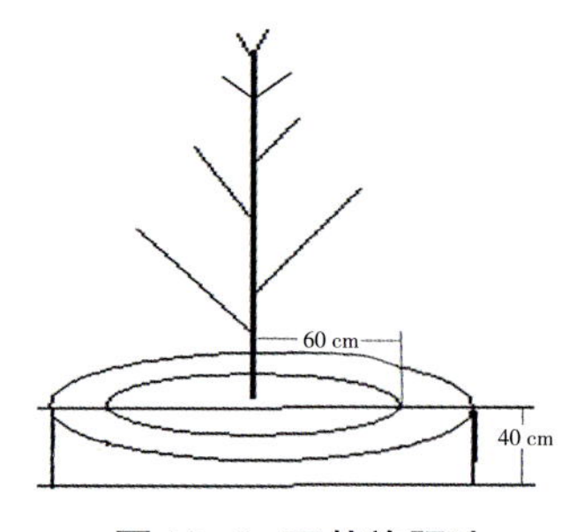

图10-3　环状施肥法

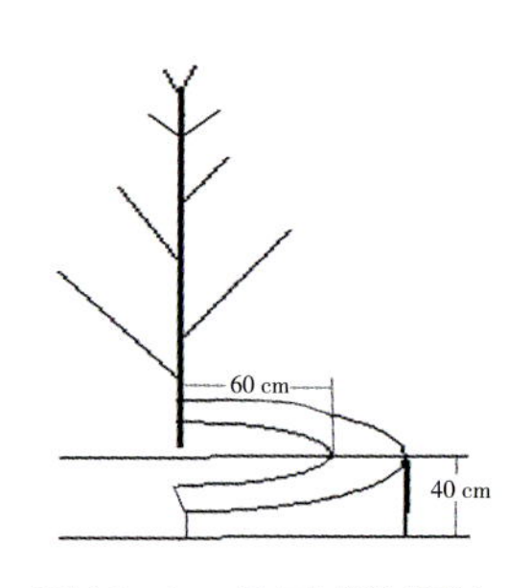

图10-4　月牙形施肥法

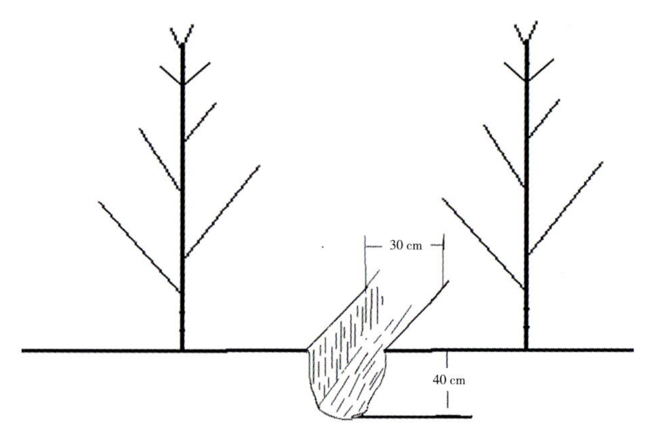

图10-5　对称沟施肥法

（二）追肥

枸杞在生育期间是无限花序植物，为保证生长、结实对养分的需要，应在施足基肥的基础上及时适当追肥。追肥主要是施用化肥。化肥的主要肥分为氮、磷、钾。大多数化肥能立即溶于水并被土壤吸附，很容易被根系吸收利用，全部为有效肥，且含量高，施入土壤中发挥效益快。但养分含量单一，即便是复合肥也只是含有少数几种营养元素。其施入土壤中有效期短，不能持久发挥作用。枸杞园中常用的化肥如表10–18所示。

表10–18 枸杞园常用的化肥及其肥分含量

无机肥料	有效成分	含量	性质	无机肥料	有效成分	含量	性质
尿素	N	46	中性	磷酸一铵	N/P_2O_5	12/48	酸性
碳酸氢铵	N	17	弱碱	磷酸二铵	N/P_2O_5	16/20	酸性
硫酸钾	K_2O	48	酸性	三元复合	N/P/K	15/15/15	中性
过磷酸钙	P_2O_5	17	酸性	硫酸亚铁	Fe	20	酸性
硫酸锌	Zn	40	酸性	硼酸	B	17	酸性

1.追肥的化肥类型

氮肥：枸杞园通常施用的氮素肥料有尿素和碳酸氢铵。在氮素化肥中，氨水的肥效最快，其次是碳酸氢铵，尿素肥效相对最慢。根据试验，在不同时期给土壤中施氮肥有不同的表现。春天施氮肥，可以提高全年的土壤有效氮水平，发挥效力慢，但维持时间长，且不易流失，可促进春季发枝早、齐、壮。夏天施用，发挥效力快，但维持时间短，相同的用量一般只能维持春天的1/3时间。秋天施用，相同的用量，一般能维持春天的2/3时间。由此可见，夏施氮流失最快，因而夏施氮肥不如春、秋施好。

磷肥：枸杞上施用的磷肥，单一磷肥为过磷酸钙，复合磷肥为磷酸二铵，三元复合肥。而过磷酸钙在土壤中的分解速度比任何化学肥料都慢，是速效化肥中分解最慢的一种。在北方偏碱性的土壤中，土壤含磷量并不低，但由于土壤偏碱性，能溶于水的有效磷很少，因而经常使土壤处于缺磷状态。解决北方枸杞园缺磷问题，除了及时补充磷肥外，关键是增施有机肥，加强对土壤的改良，使土壤从偏碱性逐渐转化成中性，使磷肥从无效态转化为有效态，这是提高土壤有效磷含量的最好途径。在每年秋季施用过磷酸钙，结合深翻与有机肥一块施入，全年一次即可，要预先粉碎，与优质有机肥混合均匀后再施入土壤中。优质有机肥均为酸性，与过磷酸钙混合时，在磷肥细小的颗粒外包上一层肥料“外衣”，减少了磷肥与碱性土壤颗粒接触的机会，使磷肥被固定的速度变慢，可在较长的时间内持续发挥作用。复合磷肥属于速效肥，多呈中性或弱酸性，主要以追肥为主，开沟或挖穴施入效果较好。

钾肥：钾肥施入土壤中，很少会像磷那样被土壤固定，基本都是溶于水的有效态，易随水流失，含钙量比较多的石灰质土壤有较多的固态钾。施入土壤中的钾素化肥都是水溶性的，与氮肥一样，夏季要注意少施勤施，以防流失。每年从春梢进入旺长以后施用钾肥，可以与夏季氮肥配合施用，分2次追肥，施肥量占全年施钾肥的3/4，其余部分放在8月中旬，秋梢旺长阶段施用，以保证秋果生产。

2.追肥的方法

化肥的施用除磷肥如过磷酸钙，可在每年秋季作为基肥结合深翻与有机肥一块施入外，其他化肥都是以根部追肥的方式施入土壤。在春季的5月上旬进行第1次追肥，其目的是促进春梢萌发生长和二年生结果枝的现蕾开花，选择速效氮肥。尿素成龄树为150～200 g/株，幼龄树为100 g/株；碳铵成龄树为400～500 g/株，幼龄树为200～300 g/株。第2次追肥在6月中旬，正值二年生果枝的果实发育和当年新发结果枝的开花结果期，应选择氮、磷复合肥，成龄树施磷酸一铵、磷酸二铵150～200 g/株，幼龄树为75～100 g/株。第3次追肥在7月上旬进行，此时正值鲜果成熟盛期，使用氮、磷复合肥，成龄树施磷酸一铵、磷酸二铵150～200 g/株，幼龄树为75～100 g/株。

根部追肥一般采用穴施或沟施，即在树冠边缘下方的不同部位挖3～4个穴或在树冠边缘下方用犁开约10 cm深的施肥沟，把氮、磷、钾或复合肥施入，立即封土，防治挥发、损失，杜绝撒入地表，这样可将肥料的利用率提高15%～30%。或者将化肥和土混匀，防止直接接触根系而造成肥害。施肥后接着灌水，以水溶肥，使根系早日吸收肥料。磷肥（如过磷酸钙、骨粉等）易同土壤中的铁、钙化合成不溶性的磷化物而被固定在土中，不易被根系吸收。因此，对于磷肥宜在枸杞需肥前及时施入，或者把它掺在有机肥中一同施入，借助有机肥中的有机酸来加大其溶解度，便于根系吸收。

（三）叶面追肥

叶面追肥又叫根外追肥，即把肥料按照一定的比例配置成水溶液，利用喷雾器对植物的叶片和茎秆进行喷雾，植株通过茎叶气孔和角质层迅速吸收养分，达到施肥的目的，这也是土壤供肥不足时的一项辅助措施。在枸杞生育期，叶面追肥作为水肥调促的一项技术，目前在枸杞生产中已普遍应用（图10-6）。

图10-6　枸杞叶面追肥

1. 叶面追肥的优点

（1）施用方便，养分吸收快

叶肥兑水喷洒比土壤施用方便，在20～30℃气温条件下，喷施0.3%尿素溶液于树冠，10 min后，即可测出氮素已被叶片的气孔吸收，叶肉内已有明显的吸收量。

（2）肥料的利用率高，减少肥料的损失

喷洒0.2%磷酸二氢钾水溶液，60 min后检测，其有效钾的利用率达75%左右，吸收可持续达120 min，而钾肥渗入有机肥施入土壤中的利用率只有35%左右。

（3）及时补充养分

叶面肥的施用尤其可解决植株微量元素的亏缺症状。当受到自然灾害和虫害时，也可进行叶面喷肥来及时弥补，降低损失。植株在春季营养临界期，由于土壤供肥有限，及时喷洒0.3%尿素水溶液，可有效地促进营养生长；在夏季的营养最大效率期，喷洒氮、磷、钾复合0.5%水溶液或0.2%磷酸二氢钾或120倍液的丰产素，可辅助坐果，减轻落花落果的比率，连续喷肥2次，落花落果率由35%降到18%。在7月根系进入夏季休眠后，每10 d喷洒一次氨基酸复合和多元复合液肥，可促进果实膨大并增强叶片的光合效率。秋季由于气温较低，土壤微生物活动减弱，根系吸收养分少，喷洒生物有机复合肥液可辅助壮条、结秋果和增强树势，为安全越冬打好基础。

（4）满足植株在生长初期和后期的需肥要求

植株在生长的初期或后期，由于气温等原因，根系的吸收不能满足地上部分生长、结实的需要，进行叶面喷肥，有利于增强树势，提高果实品质。

根外追肥还有用量少、见效快，以及对磷肥和某些微量元素可避免养分被土壤固定等优点。根外追肥优点诸多，但不能完全代替土层根际施肥，必须讲究喷施技术，才能达到预期效果。

2. 施用时期

根据枸杞的生育特点，叶面肥的施用主要在以下两个时期。

营养临界期：枸杞养分动态研究结果表明，枸杞植株的营养临界期在4月下旬至5月上旬，此时的物候表现为二年生枝条（老眼枝）现蕾和抽新枝的高峰期，水分、养分消耗量大，如果不及时供应养分则发枝量少而弱。为促进新枝萌发早、齐、壮，须及时喷洒叶面肥，这样既补充了肥料，又能起到增强叶片光合作用的效果。

营养最高效率期：6月上旬是新枝继续生长、现蕾，二年生枝坐果及幼果膨大期，应及时施用叶面肥，促进新枝生长，控制封顶，防治花果脱落和满足幼果膨大对营养的需求。经试验，此时连续喷洒2次叶面肥能将生理落花落果由30%～35%降到15%～18%。

3. 施用量

针对枸杞生长的两个关键时期，即营养临界期和营养最高效率期，叶面喷肥从5月上旬至7月下旬，每10 d左右喷施一次。叶面喷肥是补充枸杞树体微量元素的重要途径，对于幼龄树，一般喷施微量元素溶液5～6次，成龄树7～8次。

4. 施用方法

叶面肥可以与农药混合施用，如尿素、磷酸二氢钾等，可节省劳力，降低成本。枸杞的叶面喷肥选用枸杞专用液肥或微量元素复合液肥，按稀释比例精确配置，然后利用喷雾器均匀喷洒于树膛及冠层叶背面。

在施用时需注意以下几点。

（1）肥液稀释要充分、均匀、无沉淀

三元或多元复合肥在稀释时，先用少许温水（40℃左右）将肥料溶解后，滤出杂质；再按所需比例兑水，经充分搅匀后再喷施。温度较高的天气，为促进肥液在茎叶的渗透速度，可在肥液中加入0.1%的洗衣粉或0.2%的黏着剂，以防止肥液的快速挥发。

（2）叶面喷肥时，要着重喷洒叶背面

经电镜解剖表明：枸杞叶正面的气孔密度为73个/mm^2，叶背面的气孔密度为123个/mm^2，且叶肉海绵组织的细胞间隙也大于叶正面。实地检测结果：叶背面吸收的速率高于叶正面约1倍，这由叶背面的气孔密度大所致。

（3）喷施时间很重要

宜在晴天的上午10时前和下午4时以后进行。气温较低，肥液蒸发慢，肥液在叶片上的滞留时间越长，吸收得越多。中午气温高，蒸发快，液肥浓缩易灼伤嫩茎叶造成肥害。

（4）叶面喷肥要避过雨天

喷施肥液后如遇下雨，要待雨后补喷。因为喷洒到茎叶上的肥液还未被吸收就会让雨水冲刷掉，起不到喷肥效果。另外，为了节省用工，在进行叶面喷肥时可与防虫喷药同时进行，就是将肥液与药液混合后，一次喷洒于树冠上，既补充了肥料，又杀灭了害虫。但是一定要清楚肥和药的性质，注意酸碱性不同的肥料与农药不能混用，以免产生中和反应，使肥效、药效丧失。

第三节　枸杞园水分管理

枸杞园的灌水管理不仅影响树体当年的生长、结实，而且对来年的生长也会产生影响，严重时还会影响树体的寿命。所以，水是枸杞树体生长健壮、高产稳产和提高有效生产年限的重要因素。由于水分是通过土壤供给被树体根系吸收的，所以土壤状况将直接影响枸杞对水分、养分的吸收。因此，枸杞园内的水分管理必须建立在优先改良土壤和科学施肥的基础上。

一、枸杞的需水特性

水分在树体的新陈代谢中起着重要的作用，它既是光合作用产物不可缺少的重要组成物质，也是各种有机物质的溶剂。水是碳水化合物等有机物质的合成原料，根系吸收的养分必须是水溶性的，树体内营养的传导输送也是靠水来进行的，一连串的生物化学反应，必须在水中才能进行。水能促使树体生长，根深叶茂，花多果大。在枸杞成熟的浆果中水分的含量达到78%～82%。

（一）枸杞对水的要求

枸杞在生长季节，要求地下水位在1.5 m以下，20～40 cm的土壤层含水量为15.27%～18.1%。地下水位过高，根系分布层水分过高，土壤通气条件差，会影响根系正常的呼吸作用。根系生长与呼吸受阻，对地上部分影响尤为明显，具体表现为树体生长势弱，叶片发灰、变薄、发枝量少、枝条生长慢、花果少，果实也小，严重时落叶、落花、落果，整园枸杞死亡。因此，在枸杞园的建设上，首先考虑的因素是园地是否排灌畅通。枸杞对水质的要求不严，枸杞园用矿化度1 g/L以下的黄河水灌溉，生长良好。在宁夏同心县干旱荒漠地，用矿化度为3～6 g/L的苦咸水灌溉枸杞园，枸杞也能正常生长，并获得了较好的产量。

（二）枸杞的需水规律

枸杞需水包括生理需水和生态需水两方面。生理需水是枸杞生命过程中的各项生理活动（如蒸腾作用、光合作用等）所需水分。生态需水是指生育过程中，为枸杞正常生长发育创造良好生活环境所需要的水分。枸杞需水量为树体叶面蒸腾量和株间蒸发量之和，一般用单位面积上的水量来表示，以“m^3/hm^2”为单位，也可用水层深度表示，以“mm”为单位。15 m^3/hm^2相当于1.5 mm深（$15\ m^3/hm^2 = 15000\ mm^3/10000\ m^2 = 1.5\ mm$）。

枸杞在年度生育期内有它自身的需水规律。经由春至秋定点观测枸杞园内土壤含水状况及根系吸水发现，在4月中旬以前新根生长、萌芽放叶的需水为土壤内含量，此期的土壤含水量为18%～20%；4月20日以后，枸杞二年生枝开始现花蕾，同时开始抽新梢时，土壤含水量降到16%以下，这时需灌溉补足水分，这个时期为“需水临界期”。进入5月，营养生长和生殖生长（发枝、现蕾、开花）也进入了共生期，土壤含水量一直保持在20%左右（土壤水分速测仪监测）。简易方法为：取活土层土壤握土成团，落地散开，这表明土壤含水量适中，株体表现为生长旺盛。枸杞因发育阶段不同对水分的需求量也不同。

枸杞对水分最敏感的阶段是枸杞果熟期。在这个时期，如果水分足，果实膨大快，个头大；如果缺水，就会抑制树体和果实生长发育，使树体生长慢，果实小，严重时加重落花、落果，这个时期为水分利用“最大效率期”。因此，在枸杞园的管理上，水分的供应要做到科学合理，才能获得优质高产。在宁夏地区，枸杞生长发育对水分要求的临界期是新枝萌发的4月下旬，对水分需求和利用的最大效率期是果熟前期的6月中下旬。

为测定枸杞的需水规律，安巍等在宁夏银川园林场利用盆栽试验进行研究。通过2年的试验，得出以下结论：水分对枸杞植株生长影响较大，在田间持水量较高的土壤中发枝力旺盛，生长快，叶片生长加速，鲜果质量高，能促进二次枝的生长发育。枸杞对轻度水分胁迫有一定的忍耐性和适应性，但当土壤含水量在田间持水量的55%以下时，枸杞的生长发育表现出一定程度的胁迫状态，但能够维持基本生长发育；在土壤含水量在田间持水量40%以下时，枸杞的生长发育受到严重胁迫，衰老急剧加快。提高土壤田间持水量既可增大净光合速率，又能降低“午休”带来的物质能量的消耗。适度水分胁迫有利于提高枸杞叶片水分的利用率和果实的营养品质，增强植株忍耐干旱的能力。

二、灌水技术

（一）灌水时期

不能等到枸杞已从形态上显露出缺水状态（如叶色发暗、叶片卷曲等）时才开始灌水，而是要在枸杞未受到缺水影响以前进行。否则，其生长和结果都会受到影响。以下为确定灌水时期的依据。

（1）土壤含水量

用测定土壤含水量的方法确定具体灌水的时期，是较为可靠的方法。土壤能保持的最大水量被称为田间持水量。一般认为，当土壤含水量达到田间持水量的60%～80%时，土壤中的水分与空气状况最符合果树生长、结果的需要。土壤含水量包括吸湿水和毛管水，可供植物根系吸收利用的水为可移动的毛管水。当土壤内水分减少到不能移动时的含水量，称为水分当量。当土壤水分下降到水分当量时，树体吸收水分受到障碍，就陷入缺水状态。所以，必须在土壤达到水分当量以前及时进行灌溉。如果土壤水分继续减少到某一临界值，此时植物生长困难，终至枯萎，即使此时灌水，植物也不能恢复生长，这种程度称为萎蔫系数。据研究，萎蔫系数大体相当于各种土壤水分当量的54%。不同土壤的田间持水量、水分当量、萎蔫系数等各不相同，如表10-19所示。在测定不同土壤含水量作为是否需要灌溉的依据时，可参考此表。

表10-19 不同土壤持水量、萎蔫系数及容重

土壤种类	饱和持水量（%）	田间持水量（%）	田间持水量（60%～80%）	萎蔫系数	容重（g/cm^3）
粉砂土	28.8	19	11.4～15.2	2.7	1.36
沙壤土	36.7	25	15～20	5.4	1.32
壤土	52.3	26	15.6～20.8	10.8	1.25
黏壤土	60.2	28	16.8～22.4	13.5	1.28
黏土	71.2	30	18～24	17.3	1.3

（2）仪器测定

随着科学技术的发展，用仪器测定结果指示果园的灌水时间和灌水量早已在生产上采用。国外用于果园指导灌水的仪器最普遍采用的是张力计，该仪器使用简便，可省去进行土壤含水量测定的许多劳力，且可随时迅速地了解果树根部不同土层的水分状况，进行合理的灌溉，降低灌溉水和土壤养分的消耗。

（二）灌水量

最适宜的灌水量，应在一次灌溉中，使植物根系分布范围内的土壤湿度达到最有利于植物生长发育的程度；只润湿表层或上层根系分布的土壤，不能达到灌溉的目的。

目前，对灌水量的计算方法主要有以下两种。

第一种，根据不同土壤的持水量、灌溉前的土壤湿度、土壤容重、要求土壤浸润的深度，计算出一定面积的灌水量，即：

灌水量＝灌溉面积×土壤浸润程度×土壤容重×（田间持水量－灌溉前土壤湿度）

假设要灌溉1 hm^2果园，使1 m深的土壤湿度达到田间持水量，土壤的田间持水量为23%，土壤容重为1.25，灌溉前根系分布层的土壤湿度为15%。灌水量则可按照上述公式计算出来：

灌水量＝10000 m^2×1 m×1.25×（0.23－0.15）＝1000 m^3

灌溉前的土壤湿度，每年灌水前均需测定，田间持水量、土壤容重、土壤浸润深度等项可数年测定一次。

第二种，根据树体的需水量和蒸腾量来确定每公顷的需水量。可按下列公式计算：

每公顷需水量=（果实产量 × 干物质%+枝、叶、茎、根生长量 × 干物质%）× 需水量

安巍等从2006年开始在宁夏银川园林场进行了枸杞园的田间控制灌水试验，旨在研究枸杞园内的年灌水次数和灌水量。通过4年试验研究，得出以下结论：4月、5月灌1次水能明显促进发枝和新梢生长，7月灌2次水能有效降低落花落果率，提高特优和特级干果量。依据枸杞生长发育期的水分利用率变化规律和最终获取经济效益，枸杞园的灌水次数为：4月、5月、6月各灌1次，7月灌水2次，8月、9月灌1次，每次灌水量为660 m^3/hm^2，比传统灌溉节水1500 m^3/hm^2。

（三）灌水方法

灌水时间、灌水量和灌水方法是达到灌水目的不可分割的三要素。随着科学技术的不断发展，灌水方法正在向机械化方面发展。这使灌水效率和效果大幅度提高，也是现代农业的一个重要标志（图10-7）。

（1）沟灌

在株行间开灌溉沟，沟深20～25 cm，并与配水道相垂直，灌溉沟与配水道之间有微小的比降。其优点是灌溉水经沟底和沟壁渗入土中，使全园土壤浸润较均匀，水分蒸发量与流失量均较小，用水经济；防止土壤结构被破坏；土壤通气良好，有利于土壤中微生物的活动；减少园内平整土地的工作量；便于机械化耕作。

（2）分区灌溉（水池灌溉、格田灌溉）

把园内划分成许多长方形或正方形的小区，纵横成土埂，将各区分开。此方法的缺点是：易使土壤表面板结。破坏土壤结构；做很多纵横土埂，既费劳力又妨碍机械化操作。

（3）盘灌（树盘灌水、盘状灌溉）

以树干为圆心，在树冠投影以内用土埂围成圆盘，圆盘与灌溉沟相通。灌溉时水流入圆盘

图10-7　枸杞园灌水

内，灌溉前疏松盘内土壤，使水容易渗透；灌溉后耙松表土，或用草覆盖，以减少水分蒸发。此方法用水经济，但浸润土壤的范围较小，距离树干较远的根系不能得到水分的供应。同时，仍有破坏土壤结构，使表土板结的缺点。

（4）穴灌

在树冠投影的外缘挖穴，将水灌入穴中，以灌满为度。穴的数量依树冠大小而定，一般为8～12个，直径30 cm左右，穴深以不伤害粗根为准，灌后将土还原。此方法用水经济，浸润根系范围的土壤较宽而均匀，不会引起土壤板结。在水源缺乏的地区，采用此方法最为适宜。

（5）喷灌

喷灌基本不产生深层渗漏和地表径流，可节省用水20%以上，对渗漏性强、保水性差的沙土，可节省60%～70%。同时，还具有减少对土壤结构的破坏等优点。

（6）滴灌

滴灌是近年来发展起来的机械化与自动化的先进灌溉技术，是以水滴或细小水流缓慢地施于植物根域的灌水方法，从灌溉的劳动生产率和经济用水的观点来看是很有前途的，具有节约用水、节约劳动力等优点。

（7）渗灌

是借助地下的管道系统使灌溉水在土壤毛细管作用下，自下而上湿润作物根区的灌溉方法，也被称为地下灌溉。渗灌具有灌水质量好、减少地表蒸发、节省灌溉水量及节省占地等优点，还能在雨季起到一定的排水作用。因此，这种方法逐渐受到重视。

三、枸杞园水分管理制度

水分管理是枸杞栽培中的重要环节。枸杞园的灌水情况随树冠大小、园地土质及生长期等方面而变化，一般成龄树比幼龄树的需水量大，沙土比壤土需水量大。夏季是枸杞花果盛期，因气温高，需水量和灌水次数要比春、秋季多。群众将枸杞的水分管理总结为："头水大，二水猛，三水看叶片，四、五跟果情，七月过路水，八月盐碱冲，九月抢白露，冬灌结冰凌。"

（一）灌水的时间

根据枸杞在年生育期间各个阶段的发育特点，可把枸杞一年的灌水分为3个时期，即采果前、采果期和采果后。

（1）采果前

4月下旬至6月中旬是枸杞春枝生长和二年生果枝开花结果时期，应及时供水。一般4月下旬至5月上旬灌头水，7 d左右地略干后灌第二水，以促进新梢生长和开花、结实。以后根据土壤墒情，一般隔12～15 d灌1次水，共需灌3～4次水。

（2）采果期

6月中旬至8月中旬，是枸杞大量花果生长发育和成熟时期，同时天气炎热、蒸发量大。这是生产上的主要用水时期，应保证供水。一般每采2次果灌水1次，但水量不宜过大，否则会影响采果，群众称为"过路水"。此时期共需灌水3～5次。7月上旬的灌水要结合施入化肥进行。8月上旬夏果末期灌水（群众称为"伏泡水"）有利于秋梢和秋果生长，同时还具有洗盐压碱的作用。

（3）采果后

9月上旬至11月上旬。此时夏果已经采完，树体进入秋季生长和秋果生产阶段。9月上旬灌一次水（群众称为"白露水"），以便挖秋园。11月上旬枸杞落叶时，灌一次冬水，既有利于秋果生长发育，也能保持土壤墒情，对翌年枸杞生长十分有利。

（二）灌水量

枸杞园中一年灌水在10次左右，不同的灌水时期要有一定的灌水量。枸杞园在冬季经过数月风吹日晒，土壤较干旱，所以头水灌水量要大。冬水是在施基肥后的10月下旬或11月上旬进行的，到翌年灌头水要间隔6个月之久。为防治枸杞园土壤冬季干旱，冬水灌水量也要大，其他灌水量较小，以浅灌为宜。4月下旬的头水每公顷灌水量为975～1050 m^3，以后的灌水如“伏泡水”“白露水”每公顷灌水量为750～825 m^3；冬水每公顷灌水1050 m^{3}左右。

枸杞在幼龄期要控制灌溉次数和灌溉量（年灌水3～4次，每公顷年灌溉量为3000 m^{3}左右），以利于根系向土层纵深处生长延伸。根系在土层延伸得越深，吸收水分的土层范围越大，植株生长势强且耐旱。6月，高温干旱及时供水有利于坐果和果实膨大。此期，耗水量也最大，一般每15 d灌溉1次，灌溉量控制在750 m^{3}左右。进入7月，由于高温根系进入夏季休眠状态，吸水量减少，此期正值鲜果成熟与采收盛期，要与叶面喷肥相结合，用水分稀释叶面肥喷洒于叶片，补充叶面的光合需水，制造更多的营养，满足果实膨大的需水要求。

（三）枸杞园灌水的注意事项

传统枸杞栽培认为：“枸杞是离不开水，又见不得水。”在枸杞园的水分管理中要注意以下几个方面。

（1）避免田块内积水时间过长

田块灌满后12 h自然落干，不可积水。因为水和空气都处在土壤的孔隙中，一定的土壤范围内，水分多了空气就相对少了，地表积水过多，持续时间又长，就会造成土壤缺氧的状态，使根系处于无氧呼吸状态。由于呼吸受阻，根系无法吸收土壤中的养分，严重时会出现沤根，造成先落叶后死株。

（2）土壤水分不宜过大

土壤水分过大，好气性微生物数量和活动能力受抑制，而嫌气性微生物数量增加，活动能力增强。同时，还会产生有毒物质，造成养分损失。土壤中水分含量合适时，有利于土壤气体的交换，能为根系的有氧呼吸创造条件。所以，通过耕作来调节和控制灌溉量与水、气、肥、热等因素之间的矛盾，才能保证根系生活在良好的土壤环境中。

（3）灌水要和排水相结合

特别是重壤土、白僵土，透水性能差，如有积水不及时排除，易造成植株烂根。同时，灌水要在夜间进行，夜间气温较低，水温也低，可调节土温，但灌水量要小些，以田间植株根颈处灌到水为止，以免影响活土层的透气性。

参考文献

安巍，焦恩宁，石志刚，等. 枸杞规范化栽培及加工技术[M]. 北京：金盾出版社，2005.

曹有龙，何军. 枸杞栽培学[M]. 银川：阳光出版社，2013.

邓国凯，魏秀云，胡忠庆. 宁夏枸杞施用稀土的技术与效果[J]. 宁夏农林科技，1997(4): 16-18.

邓国凯，魏秀云. 宁夏引黄灌区土壤钾素状况及钾素肥力的演变[J]. 宁夏农林科技，1998, 5: 4-6.

河北农业大学. 果树栽培学总论[M]. 北京：农业出版社，1980.

李友宏，王芳，邓国凯. 宁夏枸杞施钾增产显著[J]. 农资科技，2003, 5: 15-17.

罗青，李晓莺，何军，等. NutriSmart生态型肥料对枸杞产量与品质的影响[J]. 北方园艺，2007(9): 39-40.

秦国峰. 枸杞研究[M]. 银川：宁夏人民出版社，1982.

熊志勋，陈桂松，陈梅红，等. 应用P研究枸杞对根际磷素的吸收利用[J]. 宁夏农林科技，1995(2): 26-28.

熊志勋，陈桂松，陈梅红. 枸杞吸氮规律的研究[J]. 特产研究，1991(2): 38-41.

张晓煜，刘静，袁海燕. 土壤和气象条件对宁夏枸杞灰分含量的影响[J]. 生态学杂志，2004, 23(3): 39-43.

第十一章 整形修剪

整形修剪的目的是培养丰产优质的树体结构和群体结构。科学的整形修剪，就是培养牢固的骨架结构，建立合理的群体结构，提高群体光能利用率，改善树冠内部的通风透光条件，合理分配和利用水分、养分，提高树体的生理活性，协调地上与地下、生长与结实、衰老与更新的关系，最终实现丰产、稳产。

第一节　整形修剪的依据和作用

一、修剪的原则

受品种、树龄、立地条件等的影响，枸杞树体大小、枝条着生部位，以及长短各不相同。因此，在培养树形的过程中，切勿一味地追求某种固定树形，要因枝修剪，随树造形，本着培养、巩固、充实树形，早产、丰产、稳产为目的，按照“打横不打顺，清膛抽串条，密处行疏剪，缺空留油条，短截着地枝，旧梢换新梢”的方法，完成冠层结构更新，控制冠顶优势，调节生长与结实的关系。

（一）因树修剪

由于品种、树龄、树势及立地条件的差异，即使在同一生产园内，单株间生长状况也不相同，因此在整形修剪时，既要有树形的要求，又要根据单株的生长状况，灵活掌握，随枝就势，以免造成修剪过重，延迟结果。枸杞的品种（系）中有些二年生枝花果量很大，每芽眼花果数在2个以上，适度留放二年生枝，既可以获得当年的早期产量，又可以实现以果压树、舒缓树势的作用。但对于‘白花’‘宁杞3号’‘宁杞7号’等二年生枝花量很小的品种（系），就要以疏截为主要修剪方法。‘宁杞3号’以当年生的二次枝为主要结果单位，‘宁杞7号’以当年生的一次枝为主要结果单位。因此，‘宁杞7号’应重短截，选留粗壮枝条；‘宁杞3号’要适度长放，选留细弱枝条。

（二）统筹兼顾，长远规划

在整形修剪时要兼顾树体的生长与结实，既要着眼长远，又要兼顾当前。幼树期既要整好形，又要有利于早结实，生长、结实两不误。片面强调整形，不利于提高早期效益；只顾眼前利益，片面强调早丰产，会造成树体结构不良，不利于后期产量的提高。对于盛果期树，也要兼顾生长与结实，做到结实适量，防止早衰。

（三）以轻为主，轻重结合

尽可能减少修剪量，减轻修剪对果树整体的抑制作用，适当轻剪尤其是幼树，有利于扩大树冠、增加枝量、缓和树势，达到早结实、早丰产的目的。但是修剪量过轻，会减弱分枝力和降低长枝比例，不利于整形，骨干枝不牢固。

（四）平衡树势，从属分明

保持各级骨干枝及同级间生长势的均衡，做到树势均衡、从属分明，才能建成稳定的结构，为丰产、优质打下基础。

二、修剪的依据

修剪必须依据生长发育特性、自然条件、经济要求、栽培管理水平而定，不能千篇一律，生搬硬套，否则达不到修剪的目的。

（一）品种生长发育特性

1. 成花结果特性

枸杞非常容易开花和早结果，定植当年就可结果。枸杞二年生的枝条可成花结果，当年抽生的春枝、夏枝、秋枝上也可以成花结果。多年观察表明，枸杞当年结果枝花芽形态分化随枝条的生长自下而上不断进行，整枝来看，下部的花先开，上部的花后开，在花期不断现蕾、开花、结果。而当年结果枝起始成花位置的高低与生长势有关，生长势强的枝条起始成花节位高，生长势弱的枝条起始成花节位低。枸杞二年生枝成花与品种有相当大的关系，如‘宁杞1号’‘宁杞2号’‘宁杞4号’二年生枝花量极大，每芽眼花果数超过2个；‘宁杞3号’‘白花’‘圆果’‘0616’‘宁杞7号’‘0901’等品种（系）二年生枝花量极少，每芽眼花果数平均不到0.1个。因此，对于二年生枝花芽极少的品系应重剪截，促发一年生枝；二年生枝花量大的品系，可以适度留枝长放，以花压势、提早结果。

2. 枝条的顶端优势生长特性

顶端优势与树形的培养、生长和结果有很大关系。顶端优势在整株树上表现为生长位置越高则顶端优势越强，中心干上芽的生长势强，主枝顶芽生长势次之，侧枝和小枝生长势弱一些，在枝条上表现为向上生长的特性。顶端的芽生长最旺，从上而下芽的生长势依次减弱。一般枝条直立、角度小时，顶端优势明显，不易形成花芽；角度开张的枝条，顶端优势不明显，萌发的枝多且顶端生长势缓和。通过修剪技术可控制和调整枝条的生长势。

3. 枝芽的生长特性

（1）萌芽力

枝条上的芽在自然条件下或剪截后的萌发能力，一般用萌芽率表示，即枝条上萌发芽数占枝条全部芽数的百分率，萌芽力的强弱影响枝量增加和结果的早晚。修剪时，应依据不同品种萌芽率的高低来决定具体的方法。如‘宁杞3号’枝条生长量较大，萌芽力强，宜轻剪少截多长放。另外，不同枝条类型，萌芽率表现也不同，徒长枝的萌芽率低于长枝，而长枝又低于中枝。不同类型的枝条其生长势和结果性状也各不相同，应作不同的处理：主干、根颈、主枝上直立向上的徒长枝，只选留用于主干、主枝的补形，其余一般应尽早剪除；树冠中、下部侧枝上弧垂或斜垂的结果枝是形成树冠和产量的主要枝条，应多保留；树冠中、上部侧枝上斜生、平展或直立的中间枝在整形修剪时于枝长的2/3或1/2处短截；对于当年萌发的结果枝，一般作为增加结果枝组或果枝更新时留用；针刺枝虽然能结果，因长有针刺，给修剪和采果带来不便，在修剪时多被剪除。

（2）成枝力

枝条抽生长枝的数量，表示其成枝的能力，抽生长枝多的表示成枝力强，反之为弱。成枝力的强弱，因品种的特性不同而有很大差异，是整形修剪技术的重要依据。成枝力强的，长枝比例大，树冠容易因枝量过多而引起通风透光不良，内部结果少、产量低，修剪时要注意多疏剪，少短截，少留骨干枝。成枝力弱的品种，长枝比例小，不易培养骨干枝，短截枝的数量应较多，剪截程度亦应稍重。一般成枝力强的品种易整形，但结果晚，如‘宁杞3号’‘宁杞5号’；成枝力弱的品种，年生长量较小，生长势比较缓和，成花、结果早，培养骨干枝困难，如‘0106’。

（二）树冠与根系之间的生长发育关系

地上部分的枝叶与地下部分根系的生长是互相依存、互相制约的，地上部分的大枝与地下部分的大根互相关联，互相供给营养，互相依存。据周光洁研究报道，柑橘树冠与根系呈严格对称关系，即根系一定部位吸收的水分和养分，主要运输到树冠相对称的部位；而树冠一定部位枝梢所吸收的有机养分，也主要供给相对称的根系生长。从根系与树冠的联系出发，夏季和冬季疏除徒长枝对地上部分有不同的影响。冬季修剪时，徒长枝的同化产物绝大部分已经到达了根系；到了春末，运往地上对应部位的徒长枝被疏除后，养分没有对应供给部位，就会促进隐芽与潜伏芽萌发形成新的徒长枝，进行疏除会浪费大量的树体养分。若不进行疏除，树冠中、下部的弱枝就会被其夺走对应的养分，最终被抽干。

休眠期修剪过重，枝叶量少，合成营养减少，影响根系生长，导致树体过于矮小。过多地保留二年生枝，任其在前期大量开花、结果，会影响光合产物向根系的运输。根系生长受抑制，也会反过来影响地上部分的枝叶生长，幼树期适度控制结果量的目的就在于可以有更多的光合产物向根系运输。树体生长旺而不易形成花芽是由于根系强旺促使枝叶的生长，这时应及时摘心，促发侧枝，缓和其营养生长势，结合氮素营养和水分控制更为有效。地上部分的修剪应适度控制和平衡，促发当年生枝条制造更多的光合面积使其周年结果。

（三）树龄和物候期

不同树龄：幼龄树营养生长、离心生长旺盛，要顺应这一特点轻剪缓放，以培养树形为主，适量结果，迅速扩大树冠；盛果期主要以均衡树体各部养分、平衡树势为主，轻重结合、精细修剪，调整营养和结果之间的矛盾；而衰老期营养生长弱则要适时更新衰老、病弱树，为恢复树势，可进行必要的重短截，促发新枝。

不同物候期：枸杞全年可随时开展整形修剪工作。随季节不同和生长发育的需要，各阶段的整形修剪工作重点有所不同。2～3月植株冬季休眠期，主要以整形和调整冠层结构为主；4月春季萌芽后，要及时进行抹芽、剪干枝；5～7月夏季生长期要剪除徒长枝、短截中间枝、摘心二次枝，调整树势，改善通风透光，促发秋季结果枝；秋季9～10月，剪除徒长枝，减少养分消耗，防止冬季枝条抽干。

（四）自然条件及管理水平

不同自然条件和栽培措施下，应采取不同的修剪方法。一般土壤质地差、肥水管理水平低的地区，树势往往较弱，宜培养成小冠型，采用重截少放、重剪促势的方法；土壤通透性好，兼容养分能力强，肥水条件好的地区，树势生长比较旺盛，要轻剪密留，少截多放。

（五）经济要求和机械化程度

劳动力紧张和人工成本剧增已是制约产业发展的突出问题。因此，整形修剪的方式也应符合易管省工、低耗高效的经营目标。当前篱架栽培是枸杞标准化、规范化、机械化生产的必然趋势，已实现了枸杞快速成型、水肥一体化、中耕打药及施肥的机械化。

三、修剪的作用

整形修剪的作用就是根据果树的生长、结果习性，培养适合一定栽植方法的早果、丰产、稳产的树体结构和群体结构。在自然生长的情况下，枸杞树的各部分经常保持一定的相对平衡关系。修剪以后，树体原来的平衡关系被打破，从而引起地上部分与根系、整体与局部之间发生变化，重新建立新的相对平衡关系。

（一）促进或抑制生长

修剪的对象是各类枝条，可修剪作用的范围并不局限于被剪枝条本身，同时也对树的整体起作用。在一定的修剪程度内，从局部来看，修剪可使被剪枝条的生长势增强；但从整体来看，对整个树体的生长有抑制作用。这种“局部促、整体抑”的辩证关系就是修剪的双重作用。一般局部促进越强，整体受抑制越明显。修剪对局部的促进作用，主要是因为剪后减少了枝芽的数量，改变了原有营养和水分的分配关系，集中供给保留下来的枝芽。修剪的局部促进作用常表现为：树龄越小，树势越强，促进作用越大。但局部促进作用主要与修剪方法、修剪轻重、剪口芽质量和状态有关，短截的促进生长作用最明显，尤其是剪口下的芽依次递减，而疏剪只对剪口下枝条有促进作用，对其上部有削弱作用。在同等树势下，重剪较轻剪促进生长作用强，剪口芽质量好、发枝旺。修剪对整体的抑制作用，主要是因为修剪下大量的枝芽，缩小了树冠体积，减小了同化面积，同时修剪造成许多伤口，需消耗一定的营养物质才能愈合。抑制作用的大小与生长势有关，并随着树龄的增长，生长势缓和而减弱。因此，修剪时要考虑这种双重作用，既要从整体着眼，又要从局部着手，使局部服从整体。

（二）改善树体光照，提高光能利用率

光合是产量形成的基础，直接影响植株的生长和产量。修剪的作用就是改善光合条件，调节光合产物的分配，减少光合产物的浪费，使树体生长健旺，高产稳产。枸杞是喜强光的植物，树体90%以上的干物质都是光合作用的产物。因此，光照强弱与日照长短对枸杞的生长发育影响很大。在生产中，被遮阴的枸杞树比在正常日照下的枸杞树生长弱，枝条细弱，发枝力弱，枝条寿命短，结果差，产量低。树冠各部位光照强弱不一样，枝条坐果率也不一样，一般树冠顶部枝条坐果率比中部枝条坐果率高，内膛枝比外围枝果实小。试验表明，枸杞花期的光饱和点为1200～1800 μmol/（m^2·s），光补偿点在38.62～111.96 μmol/（m^2·s）（表11-1）。在同一株树上，树冠顶部光照充足处在饱和点以上，而内膛的许多叶片会因光照强度的下降而处在光补偿点以下，这类叶片无光合产物的输出。通过剪去细弱枝与过密枝，增加了内膛的通光量，使留下的枝条获取的营养增加，可最大限度地利用光能，降低无效叶片的数量。据调查，光照条件的好坏影响落花落果，由于枸杞树冠大，株行距小，树冠枝条互相遮阴，使树冠内部郁闭，其光照仅为自然光照的13.3%，光照比树冠外部差，导致树膛内比树冠表面、树冠北侧比南侧、下部比中、上部落花落果多。

表11-1　不同品种（系）枸杞光响应曲线的光合参数

材料	最大净光合速率[μmol/（m^2·s）]	光补偿点[μmol/（m^2·s）]	光饱和点[μmol/（m^2·s）]	暗呼吸速率[μmol/（m^2·s）]
‘宁杞1号’	18.72	111.96	1800	3.426
14-2-3-20	21.05	46.82	1500	1.648
14-Z44	17.44	38.62	1200	2.074

通过整形修剪培养丰产优质的树体结构和群体结构，就是要提高生产力与光合总产量，获得较高的经济产量，使枸杞树个体与群体结构有最大的叶量，让叶片处于良好的光照条件下，以截获利用最多的光能。叶幕层的厚度对生产力有决定性的作用。树冠中由于叶片之间相互挡光，一棵枸杞树冠中的光照由上向下逐渐减弱，树体南侧光照为自然光照的85.1%，北侧光照是自然光照的65%。光照条件好的位置光合作用好，光照条件差的位置光合作用较低，在树冠内部光照特别差的一些位置，光合作用制造的有机营养会低于呼吸作用消耗的营养。所以，如果修剪不当，有效叶幕层小，无论单株或群体，光合作用效率都较低。实践表明，圆柱形树比自然半圆形树优点显著，圆柱形树结果枝条多，空间立体结果面积大，叶幕层厚度窄，通风透光性能好。

因此，提高有效叶面积指数和改善光照条件是整形修剪的主要遵循原则，二者是相矛盾的统

一体，叶面积指数过大，必然引起光照不良，影响产量和质量；而叶面积系数过小，光能利用率低，也影响到产量。

（三）调节生长与结果的关系

调节枝条生长势，促进花芽形成，协调生长与结果之间的关系是修剪的主要目的之一。生长是结果的基础，只有足够的枝叶，才能制造足够的营养物质，因而才能分化花芽。但若生长过旺，消耗大于积累，又会因营养不足而影响花芽分化。相反，结果过多则生长受到抑制，造成树体的衰弱。剪得越轻，当年就会结果越多，当年结果多了就会造成下一年的亏缺。茨农有句行话“一年亏、年年亏”，因此在生产上，幼树期为促进营养生长，必须适度重剪，以强化其营养生长，才能加速树体成形。成龄树没有扩大树冠的需求，就要适度轻剪，增加结果量，同时抑制徒长枝的形成。更新期适度重剪能够加强营养生长，促进树体更新。

（四）调节树体各部位的关系

枸杞正常的生长、结果必须保持树体各部分的相对平衡。

1. 根系与地上部的均衡

通常提到的整形修剪是指地上部的整形修剪，根系很少进行修剪，但是根系自身也有年生长周期和生命周期，通过修剪可影响到根系。幼树期间，根系和树冠都迅速扩大，因此地上部分在休眠期应适度重剪，营养生长期及早摘心，尽可能地采用损伤最小的修剪，一方面其营养生长时间推后，另一方面增加营养面积，减少树体损失，才能起到扩大根系的作用。若一味地重剪，则根系与地上部分比增大，地上部分生长势就会过旺，更新期根系也进行自我更新；如果修剪过轻，枝条会迅速开花、结果，相应供应根系的营养就会分散，更新变慢。此外，调节地上和根系的关系，还受修剪时期、修剪程度、修剪方法影响。

2. 调节器官间的均衡

修剪除能调节生长与结果的关系外，还能调节同类器官间的平衡关系。如同一树体中各大主枝，同一主枝上的侧枝及枝组大小配备，枝条长、中、短枝比例，果实的分布和负载量等，要求有一定的从属关系和树势均衡。

（五）调节树体的营养状况

修剪就是在综合管理的基础上，对树体内营养物质的分配和运转进行适度的控制和调节，使养分得到合理的利用和分配。

1. 对树体内营养成分的影响

修剪可以提高剪口附近枝条数量和水分含量，从而促进营养生长，降低碳水化合物的含量，且修剪程度越重影响越大，树龄越小影响越大。

2. 对内源激素的影响

枸杞芽的萌发、枝条生长、花芽分化、果实发育等生理过程，以及营养物质的分配和运转都受树体内激素的控制。而激素的分布和运转与极性有关。短截剪去了枝条的先端部分，排除了激素对侧芽的抑制作用，提高了下部芽的萌芽力和成枝力，而压枝等方法改变枝条的开张角度，可以削弱枝条顶端优势，促进侧芽萌发。

（六）减少病虫害的发生

许多枸杞病虫害的卵（如蚜虫）或孢子（如黑果病）驻留在越冬的枝条上，冬季修剪、疏除大量的枝条可以有效降低病虫害的发病基数，缓解防治病虫害的压力；修剪可使枝条分布合理，果枝多而不密，内膛通风透气良好，也可以减少病虫的潜藏危害；修剪还可有效地控制叶幕层厚度，确保病虫害防治时药液的通透性，提高防治效果。

第二节　枸杞的主要树形

一、树形发展历史

枸杞的整形修剪技术，随着生产的发展、科技的进步、社会经济条件和市场需求发生了根本性的变化与革新，传统的修剪观念、手法等得到了改进。

（一）自然生长条件下枸杞生长情况

自然状态下，枸杞基部萌蘖强，多干丛生，冠高3～4 m，呈灌木状；花芽分化有异于大多数果树，花芽主要为腋芽，无须上年孕育，当年修剪后所发新枝的叶腋形成花芽。一个单花的花芽自开始分化到完成约需16 d，再经45 d左右可变为一个成熟果实；萌芽率可达70%左右、成枝力率为6%，当年生枝可在一年里连续抽生2～3次，易造成枝条密生、交叉、重叠，内膛空虚，树势衰弱，不便于果实采收和病虫害防治。潜伏芽萌发率高，易在主干、主枝、大型侧枝等距离树干中心较近的部位及树冠上部较大的枝组上萌发徒长枝，破坏生长与结果之间的关系平衡，造成上强下弱。

（二）枸杞树形的发展过程

在宁夏枸杞600年人工驯化栽培历史中，通过整形修剪，枸杞树先由灌木转变为1925年冯玉祥描述的“树高一两丈，矮的也有五六尺”小乔木。20世纪80年代以前，枸杞种苗以实生苗和根蘖苗为主，这两类种苗通常需要多级剪截、形成多级次的枝组之后，2～3龄时进入初果期，多级次枝组、主干高2 m以上，冠幅3 m的“三层楼”作为经典树形，在枸杞主产区中宁进行推广。20世纪80年代后，随着短枝型、耐肥水品种‘宁杞1号’的出现和矮化密植技术的兴起，枸杞树的高度逐步变为现今的1.4～1.6 m，冠幅1.5～2 m。银川地区为了顺应1 m×3 m机耕园建园方式的需要，一改以往以株为单位的整形理念，强调以“行”为单位的群体修剪效应；中宁地区为顺应1 m×2 m的人工耕作密植园，提出了纺锤形、圆柱形；固原地区形成了重剪截、当年生枝为主要结果单位的自然半圆形；惠农地区在开心形的基础上通过成龄树的整形修剪，形成了适宜多风地区的前期开心形、后期主干形的树体结构。

二、主要树形

（一）自然半圆形

主干高度60～80 cm，树高170 cm左右，全树有主枝5～8个，分2层着生在中心干，第1层3～5个，第2层3～4个，层间距45～55 cm（图11-1）。主枝分布均匀，上下层主枝不重叠，相互错开。该树形通风透光好、枝条分布均匀、果枝量大、丰产稳定性强。

（二）三层楼

树冠层次分明，立体结构好，树形美观，结果枝数量多，单株产量高。其有明显的中心主干，全树有12～15个主枝，分3层均匀着生在中央领导干上，第1层5～6个，第2层4～5个，第3层3～4个（图11-2）；每个主枝一般着生3～5个侧枝，侧枝在主枝上按一定方向和次序均匀分布，第一侧枝距中心干的距离为8～10 cm，同一枝上相邻的2个侧枝枝头的距离为10～12 cm；三层的层间距应相对一致，约40 cm；成形后树高约180 cm，树冠直径达160 cm以上。适宜于稀植高肥栽培。

图11-1　自然半圆形树形结构及结果示意图

图11-2　三层楼树形结构及结果示意图

（三）小冠疏散分层形

主干高度60～70 cm，树高140～160 cm，全树有主枝7～9个，分2层着生在中心干，第1层4～5个，第2层3～4个，层间距40～50 cm，有强壮的主干、牢固的主枝和明显的中央领导干（图11-3）。主枝分布均匀，结构牢固，生长势均衡。采取多次选留的方法，形成高干、矮冠、侧枝多、结果面积大、立体结构好、光照通风条件良好的丰产稳产树形。

（四）圆柱形

主干高度60～70 cm，树高约160 cm，冠幅约100 cm，有小主枝16～20个或更多，分4～5层，着生在中心干上，每层有主枝4～5个，主枝上直接着生结果枝组，枝组间有一定的从属关系（图11-4）。主枝、结果枝组相互不拥挤，交叉重叠，树高达到要求后及时落头。对结果能力下降的衰弱结果枝组，从基部选留适宜壮枝重新培养，也可回缩主枝，刺激隐芽发枝，重新培养主枝或结果枝组。

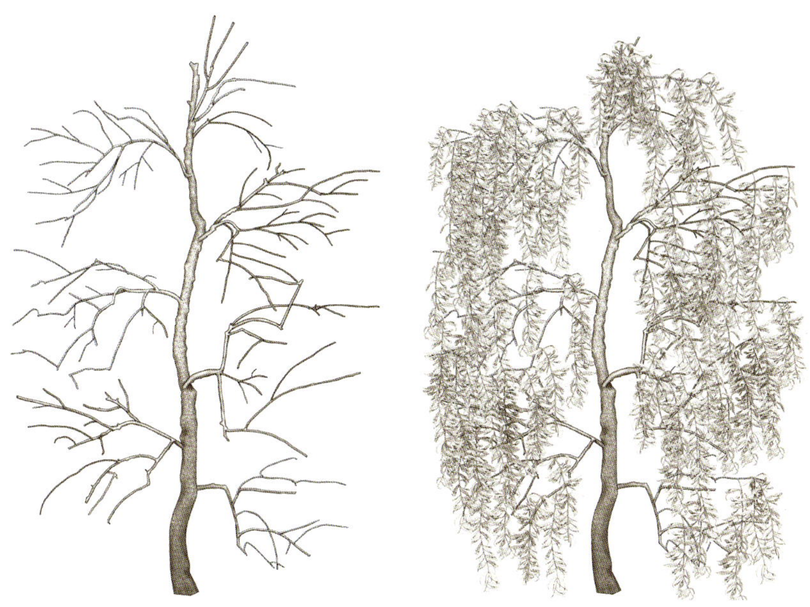

图11-3　小冠疏散分层形树形结构及结果示意图

图11-4　圆柱形树形结构及结果示意图

（五）篱壁式整形

树形高度1.2 m，有主干，树冠由基层（0.8 m）与顶层（1.2 m）组成，每层有2个主枝，分别向两边固定生长，每个主枝上有16～18个二级主枝，均匀分布于主枝两侧（图11-5）。结果枝组着生在二级主枝上，自由悬垂在篱架两侧，这种树形通风透光好，适于机械化作业和修剪等田间作业。

图11-5　篱壁式树形结构及结果示意图

三、常用树形幼龄期的培养

（一）自然半圆形

（1）第1年

苗木栽植成活后，于苗高60～80 cm处剪顶（苗木基茎粗0.5～1 cm），剪口下10～15 cm处，选留3～4个生长于不同方向的健壮枝于15～20 cm处短截促发侧枝。如果定植的苗木没有分生侧枝，待萌发侧枝后以同样的方法选留。同时，将苗木基茎向上30～40 cm（主干至分枝带）所萌发的侧枝剪除。在当年的生育期内，短截侧枝所抽生的枝条即为结果枝。一般定植当年即可形成10～15条结果枝条。

（2）第2年

第一年选留的侧枝经一年的生长到第二年发育为主枝（树冠的骨架），同时在主枝上萌发较多的侧枝。第二年整形修剪时，注意在主枝上选留生长于枝基中部的徒长枝或直立中间枝着生于不同方向的2～3条，每枝间距10 cm左右，于枝长20～30 cm处短截，促使分生侧枝扩大树冠，将其余徒长枝剪除。进入生长期后，对徒长枝的分生侧枝要及时在枝长的20 cm处摘心，促发中间枝，中间枝所分生侧枝即为结果枝，依次在主枝分生的侧枝上培育结果枝组，及时剪除植株基茎、主干和主枝上萌发的无用徒长枝。

（3）第3年

在第二年的基础上，选留和短截中间枝促发的结果枝，着重在侧枝上培育结果枝组，充实树冠。

（4）第4年

选留生长于树冠中部的直立中间枝1条，于高出冠面30 cm处短截，进入生长期，由短截的剪口下分生结果枝，形成上层树冠。对树冠下层的结果枝组要进行剪弱枝、留壮枝，剪老枝、留新枝；对树冠顶部要剪壮枝，留弱枝，控制好顶端优势；对中、上部冠层所萌发的中间枝实施交错短截，促发新枝，增加新的结果枝组，以此修剪来调节生长与结果的关系（有目的地控制徒长和促进结果枝的发育）。成形标准达到：株高1.5 m左右，上层树冠直径1.3 m左右，下层树冠直径1.6 m左右，单株结果枝200条左右，年产干果量600～1000 g。株体骨架稳定，树冠充实分层，4年培育成形。

（二）圆柱形

（1）第1年

定植后，已培养出第1层主枝的苗木，选择3～4个生长势相对较弱的强壮枝，在15 cm左右处短截。生长势最弱的强壮枝不疏不剪，其余生长势强的强壮枝全部疏除。修剪后一般在15～20 d，短截枝条生长出3～5个长势不一的枝条，将直立的徒长枝全部疏除，与主干夹角在35°～40°的强壮枝在15 cm处再次短截，大于45°的枝条留放。未培育出第1层主枝的，在距地面55～60 cm处剪截，剪后15 d左右剪口下萌发出侧枝，其中，距地面40 cm以内的萌芽要及时抹除，在距地面40～60 cm内选择3～4个与主干夹角大于40°的枝条，在13～15 cm处短截。在整形带内大于40°的枝条留放，小于35°的枝条全部疏除。冬季休眠期修剪以疏剪为主，以短截为辅。疏剪仍然以强壮枝为主，短截主要是对果枝进行短截。

（2）第2年

春季萌芽后，对树冠第1层的直立枝、强壮枝进行疏剪，对距主干较近的徒长枝在第1层之上18～20 cm处进行短截摘心，促发第2层。一般短截后15 d左右，树冠第2层形成侧枝，选择3～4个与主干夹角在35°的枝条于13～15 cm处短截，与中心干夹角大于40°的枝条留放，小于35°的枝条全部疏除。第2层侧枝短截后，同样15 d左右，短截枝条在剪口下长出3～5个生长势不一样的枝条，凡与中心干夹角小于40°的强壮枝全部疏除，与中心干夹角在40°～45°的枝条，在15 cm处再一次短截，大于45°的枝条，仍然留放。第2层结果树冠达到两级修剪之后，在生长季继续选择距中心干近的徒长枝在高于第2层之上的15 cm处进行短截摘心，促发第3层。短截后15 d左右，树冠第3层形成侧枝，采取同样的修剪手法，在第2年生长季节修剪培育出第3层。冬季休眠期修剪主要是疏剪秋季结果后的强壮枝，短截果枝，对较大结果枝组进行及时更新回缩。

（3）第3年、第4年

修剪方法同第2年，休眠期修剪要注意枝条的更新，生长期修剪要调整每层层间距保持在15～17 cm，层内距保持在13～15 cm。经过4年的修剪培养，一棵树高1.65～1.75 m、冠幅1.1～1.3 m，分6层无主枝的圆柱体树形基本形成。

（三）三层楼

（1）第1年

定植后，已培养第1层主枝的苗木，选择3～4个生长势相对较弱的强壮枝，留作第1层树冠的主枝。在15 cm左右处短截，促发侧枝，萌发出的强壮枝可在10～20 cm处摘心，促发结果枝。

（2）第2年

上一年留的各主枝上发出新侧枝，每个主枝上选留1～2个强壮枝作主枝延长枝，在10～20 cm处短截，使其再发侧枝，扩大充实第1层。在培养第1层树冠的同时，选一个距主干最近的徒长枝作为中心干，在比第2层高40 cm处封顶，顶端发出侧枝选留第2层的主枝，并在当年夏季（或秋季）对第2层选留的主枝于10～20 cm处摘心（短截）。

（3）第3年

继续培养第1、2层树冠，第2层主枝经过短截后，在剪口下选留较弱的强枝作为主枝延长枝，在10～20 cm处短截，斜生、弧垂的枝条留放结果。

（4）第4年

完善培育第2层树冠，加速第3层树冠的成形。培养方法参照第2年、第3年。

三层楼的整形过程中，侧枝上与主干不同夹角枝条的处理方法同圆柱形。

第三节　枸杞整形修剪技术

一、修剪的时期

枸杞可全年进行修剪，修剪时期一般分为休眠期修剪和生长期修剪。与其他果树强调休眠期修剪而忽视生长期修剪不同，枸杞的生长期修剪尤为重要。

（一）休眠期修剪

休眠期修剪一般从深秋落叶到春季萌芽前进行。休眠期树体养分存储到根系、枝干和大枝组中，修剪后枝芽量减少，有利于集中储藏养分。休眠期修剪主要以疏除、回缩为主，疏除病虫枝、密生枝、徒长枝、细弱枝，回缩过大、过长或下垂的骨干枝和结果枝组；调整更新骨干枝、结果枝组的角度和延伸方向；短截强壮结果枝、徒长枝填空补缺等（大树改造最好在冬季进行）。修剪要达到以下目的：平衡树势，调整从属关系，培养结果枝组，控制辅养枝，调整结果枝比例，改善光照。生产上茨农习惯在落叶后至萌芽前只剪除徒长枝，萌芽后再剪去越冬后干死的枝条或枝梢。

（二）生长期修剪

生长期修剪是指萌芽后至落叶前进行的修剪。枸杞生长期修剪包括春、夏、秋3个时期的修剪。

1. 春季修剪

在萌芽后到花期前后进行修剪。目的是缓势促萌芽、抑制生长势、改变顶端优势。采用的修剪方法为抹芽、花前复剪等。对于根茎和主干上萌蘖的徒长枝要及早抹除，主、侧枝上的徒长枝只留用放顶、补空或需增加结果枝组的，减少树体养分消耗。花前复剪是对过长的二年生结果枝剪除萌芽部分，促发枝条，调整生长势和花量。

2. 夏季修剪

在5月上旬至8月上旬进行修剪，目的是控制新梢生长，增加中、短枝，调节生长与结果的关系，促进花芽分化，提高坐果率。采用的主要方法为摘心、剪梢、短截，以及拿枝、扭梢等技术。根据目的不同，不同的修剪方法应用的时间和对象也不同。促发结果枝应在5～6月对春季生长较旺或现蕾晚的斜生枝条于15～20 cm处摘心或剪梢，一般10 d就需摘心一次。补充树冠要对树冠顶部、中层萌发的徒长枝、中间枝进行短截或拿枝，促发侧枝补空。促发秋枝可在7月下旬对当年结果枝进行短截，增加成花量。

3. 秋季修剪

在秋梢基本停止生长至落叶前，疏除徒长枝，调整树体的光照条件。

二、修剪方法

修剪有多种方法，不同的修剪方法对枝条的生长、结果有不同的反应。

（一）短截

短截是指剪去1年生强壮结果枝、中间枝与徒长枝的一部分，目的是调旺树势与补空，依据剪去的程度分为以下几种方法。

轻截：只剪掉枝条上部的一小部分枝段（1/4左右）。在枝条上部弱芽处剪，枝条萌芽率高，剪后可形成较多的中、短枝，单枝生长势较弱，可缓和树势。但枝条基部的光秃带比较长。

中截：在春、秋梢中上部饱满芽外剪截，剪去枝长的1/3～1/2。中截后萌芽率提高，形成的长枝、中枝较多，成枝力高，单枝生长势强，有利于扩大树冠和枝条生长，增加尖削度。一般多用于延长枝和培养骨干枝。

重截：在春梢中下部截，一般剪口下只抽生1～2个旺枝或中枝，生长量较小，树势较缓和，一般多用于培养结果枝组。

通常短截要交错进行，一般上层的中间枝于1/2处短截，强壮结果枝从1/3处短截，不可整齐划一。

（二）回缩

回缩是指将2年生以上枝组进行短截的方法，主要目的是树冠回缩、枝组更新。冬季修剪时缩短枝组的“轴”长，使枝组紧凑。枸杞缩剪常用于在一个枝组的中部进行，处于水平枝组以下的结果枝均属于缩减部分，这样的缩剪有利于树姿的开张。

（三）疏剪

疏剪的主要对象是结果枝组上过细过密的结果枝，包括针刺枝、冠层中病、虫、残枝3年生（包括3年生）以上的结果枝（特征是枝条上的芽眼明显突起，枝条皮色呈灰褐色）和树膛内3年生以上的短果枝（特征同老结果枝）。其目的是减少结果枝的数量，改善通风透光条件，减少树体养分的无益消耗，以方便采摘。同时，在生长期把树冠上的徒长枝、根茎基部的根蘖及冠层、树膛内的横穿、斜生的枝条从基部剪除，由于枸杞极易萌发根蘖与徒长枝，如不及时剪掉会浪费树体大量养分。

（四）长放

主要针对的是中等强度的结果枝，利用单枝生长势逐级减弱的特性，放任不剪，避免修剪刺激旺长，达到以果压树、平衡树势的目的，俗语讲的“剪子压树树不怕，果子一压树就害怕”，主要就是对长放这一修剪方式而言的。长放还可以缓和枝条长势，促使中、短枝的产生，易于成花、结果。枸杞树通常按照“去旧留新，下层去弱留强，上层去强留弱”的原则，选留结果枝组上着生的、分布均匀的一年生、二年生的健壮结果枝，达到调整生长、结果平衡。需要注意的是，因保留下的枝叶多，背上枝条的极性显著，容易越放越旺，出现树上树的现象。所以，一定要选中庸的枝条长放，旺枝特别是背上旺枝坚决不能留，若留必须有配合改变方向的拿枝、扭梢手段，促进花芽形成。

（五）摘心和剪梢

摘心是对正在生长的枝条摘除顶端生长部分，摘心部位较长就叫剪梢；剪梢在枝条半木质化部位进行。摘心和剪梢是夏季重要的修剪方式，可抑制新梢生长，促发二次分枝，有利于花芽形成和提高坐果率。春季对生长较旺的枝条进行摘心，可以削除顶端优势，促进其他枝梢的生长；如果不摘心，可能生长为徒长性果枝。强壮枝摘心后可达到培养骨干枝的要求。摘心后削弱了下部枝梢的生长势，也可能增加中、短果枝数量，提早形成花芽。同时，可以控制过旺的营养生长，有利于养分向花器供应，以提高坐果率。

（六）除萌和抹芽

抹除萌生的嫩芽称除萌或抹芽。春季萌芽期主干部位及强壮结果枝的背上部位具有大量的潜伏芽，除选留个别芽作为填空补缺，其余一律抹除，使养分集中供给保留芽的正常生长。疏除时最忌高桩，但也不可贴近树干，通常留3 mm即可，过于接近主干伤口不易愈合。

（七）扭梢、别枝

扭梢、别枝主要针对当年生旺长的新枝，使原本向上旺长枝条下垂，通过改变枝位枝向，削弱或缓和枝条生长，促进成花。枸杞树最为常用的是拧枝梢和拿枝软化。扭梢就是对生长旺盛的新梢在木质化时用手捏住新梢基部将其扭转180°，可抑制旺长，促生花芽，是背上旺长新梢有效控制的良好方法。别枝就是将背上的旺长枝条别在留下的二年生下垂枝下，可抑制旺长，促生花芽。

三、修剪技术的综合运用

（一）枸杞幼树整形修剪技术要点

（1）培养骨干枝，扩大树冠

枸杞幼龄期树体生长旺盛，发枝能力强，在生长季短截或摘心枝条，一年内能萌发三、四次枝，形成更多的结果枝条。枸杞树干性较弱，随着树冠扩大，主干支撑能力弱，树冠容易东倒西歪、倾斜在地，枝条搭在地上导致田间耕作极不方便。在幼龄期整形时，一定要用细木棍、竹竿设立支柱，进行扶干。枸杞枝条细长而柔软，在培养骨架时要选留强壮枝条，逐渐扩大树冠，过细的枝内养分积累少，不利于进行优质生产。只有牢固的树体骨架，才能保证结果的永久性和合理性。

（2）轻剪多留，促进早期产量的提高

幼龄期树体通透性好，整体枝量少，枝条相互间影响较小，枝枝可见光，因而应尽量多留枝，边结果边增加光合产物积累。幼龄枸杞丰产的关键技术之一就是强化夏季修剪，在生长季，直立的徒长枝要及时疏除，强壮枝在15 cm左右短截促发枝条，斜生、弧垂的枝条长放，开花结果，休眠期再剪。

（二）枸杞成龄树整形修剪技术要点

（1）休眠期修剪

于2～3月上旬进行，主要是整理树冠和结果枝的去旧留新，按照“根颈剪除徒长枝，冠顶剪强留弱枝，中层短截中间枝，下层留顺结果枝，枝组去弱留壮枝，冠下短截着地枝”的顺序修剪。单株结果枝选留120～150条为宜。修剪后的树冠要紧凑稳固，冠层通风透光，枝条多而不密，内外结果正常。

（2）春季修剪

于展叶至新梢开始生长的4月中下旬修剪。生产中应用的措施主要有两种：一是剪干枝，就是剪去冠层枝条被冬季风干的枝梢，避免枝条遇风摇摆互相摩擦而碰伤嫩芽、嫩枝。二是抹芽，沿树冠自下而上将植株根、主干、膛内、冠顶（需偏冠补正的萌芽、枝条除外）所萌发和抽生的新芽、嫩枝抹掉或剪除。

（3）夏季修剪

于5～6月的营养生长与生殖生长共生期修剪。此期，植株的所有器官（芽、叶、枝、蕾、花、果等）均在生长发育，相互竞争营养，但新梢的生长尤其是徒长枝的生长占绝对优势。

夏季修剪以疏剪、短截、摘心为主。

①疏除。夏季修剪的首要任务是疏除徒长枝，沿树冠自下而上、由里向外，剪除植株根颈、主干、膛内、冠顶处萌发的徒长枝，对树冠主干、内膛萌发的强壮枝也要及时疏除，冠层外围的强壮枝可短截促发分枝，每10～15 d修剪一次。据调查，对5年生枸杞植株剪除与不剪除徒长枝的萌发结果枝和产果量进行比较，试验结果为：分别取树10株，于5月15日和6月5日修剪2次，平均每株剪去徒长枝条，每株发结果枝102条，株产鲜果5.4 kg；而未修剪的10株树，平均每株抽生徒长枝14条，发结果枝56条，株产鲜果3.4 kg。剪除徒长枝的单株结果枝增加46条，

产果量增加58.82%。由此可见，夏季疏除徒长枝对产果量影响很大。

②短截、摘心。树冠中、上层空缺部位，要选留强壮枝及时短截，对树冠中层萌发的斜生或平展生长的中间枝于枝长25 cm处短截。对树冠中、上层由侧枝上萌发的中间枝实行交错短截。中间枝的生长势强于结果枝而弱于徒长枝，5月中下旬对中间枝于枝长1/2处短截后，剪口下可抽生大量结果枝并能形成结果枝组，从而增加结果面积。有试验表明，5月20日短截的中间枝，短截后所留下的15～20 cm长的中间枝段，平均萌发结果枝5条，平均每株树比对照树多发结果枝27条，产果量增加46%，同时延长了采果期，缓解了7月产果高峰集中而带来的劳动力紧张等诸多矛盾。6月中旬以后，对短截枝条所萌发的二次枝有斜生枝的于20 cm处摘心，促发分枝结秋果。

（4）秋季修剪

于10月上旬进行，主要是剪除秋季（8～9月）植株冠层着生的徒长枝，以减少营养消耗。

（三）徒长枝的利用和培养

枸杞树形成形后，往往由于管理不当、自然灾害等原因造成树冠受损或树体不正，导致结果面积减少，产量降低。一般利用徒长枝使树冠更新、改造。徒长枝的修剪方法如下。

（1）主干更新

由于风害等原因使主干歪斜不易扶正的偏冠，需在主干上选留粗壮的徒长枝予以补正。少数或个别的枸杞植株的主枝折损，不能在原有枝上形成树冠，但主干颈基部和根部仍然完好，可选留基部强壮的徒长枝，重新培育主干，形成树冠。

（2）树冠补顶补空

当树冠顶部出现空缺，应选留靠近中心干、较弱的徒长枝，特别是在夏季对补顶的新徒长枝要及时摘心、剪顶，否则起不到补顶作用。当树冠基层下部空缺，补空范围大，需要培养主枝去改冠补空；补空范围小，可利用主枝或侧枝上发出的徒长枝补形。

参考文献

曹有龙，何军. 枸杞栽培学[M]. 银川：阳光出版社，2013.
戴国礼，张波，何昕孺，等. 宁夏枸杞篱壁栽培技术发展趋势探讨[J]. 宁夏农林科技，2018, 59(3): 16–20.
胡忠庆. 枸杞优质高产高效综合栽培技术[M]. 银川：宁夏人民出版社，2004.
钟鉎元. 枸杞高产在培育[M]. 银川：宁夏人民出版社，1994.

第十二章
枸杞园病虫害的防治

第一节　枸杞园主要病虫害种类

枸杞植株因茎叶繁茂、果汁甘甜而成为多种害虫的寄主。据调查研究，宁夏枸杞害虫有38种，主要害虫有7种，病害4种，且多是枸杞特有的，如不及时加强防控，会造成枸杞严重减产，甚至绝收。枸杞又属连续花果植物，一年中多次开花，多次结果，主要病虫害一年发生多代，虫类同期、虫态生活史重叠现象极为普遍，防控难度大。从目前生产上危害严重程度来看，主要是枸杞蚜虫、枸杞木虱、红瘿蚊、锈螨、瘿螨、负泥虫、蓟马及枸杞黑果病、枸杞根腐病、枸杞白粉病、枸杞流胶病。由于枸杞是宁夏的特色产业，从20世纪60年代初，宁夏的科技人员就对枸杞主要病虫害进行了专题研究。

一、主要病害

（一）枸杞黑果病

黑果病又称炭疽病，是枸杞的主要病害之一（图12-1）。病原菌危害枸杞的青果、花、蕾，也危害嫩枝和叶，造成减产50%左右，严重时减产达80%。此病发生的程度与枸杞生长季节的降雨量有直接关系，降雨天数多，发病重。发病较轻时，果实成熟后形成黑色病斑，降低经济价值；发病严重时，青果全部变黑，失去经济价值。

图12-1　枸杞黑果病
（图片由宁夏农林科学院枸杞科学研究所王亚军研究员、植物保护研究所李锋研究员提供）

1. 发病症状

枸杞青果感病后，开始出现小黑点、黑斑或黑色网状纹。阴雨天，病斑迅速扩大，使果变黑，并长出橘红色的分生孢子堆。晴天病斑发展慢，病斑变黑，未发病部位仍可变为红色。花感病后，首先花瓣出现黑斑，轻者花冠脱落后仍能结果，重者成为黑色花，子房干瘪，不能结果。花蕾感病后，初期出现小黑点或黑斑，严重时为黑蕾，不能开放。枝和叶感病后出现小黑点或黑斑。

2. 病原菌

21世纪初，科研人员对黑果病进行了研究，该病经分离鉴定为炭疽病菌（*Colletotrichum gloesporioides* Penz），分生孢子堆长椭圆形，在培养基上初为白色，后期菌丝为灰白色，分生孢子堆橘红色，分生孢子梗棒状，无刚毛。试验表明，枸杞炭疽病菌分生孢子在15～35°C均能萌发，最适温度为20～30°C，低于10°C或高于35°C不能萌发。其对空气相对湿度要求比较严格，需要90%以上。相对湿度达100%时，孢子萌发率47.29%；低于75%孢子不能萌发。晴天，孢子大多在夜间萌发（表12-1）。

表12-1　温度、湿度对枸杞炭疽病菌孢子萌发率的影响

温度（°C）	孢子萌发率（%）	相对湿度（%）	孢子萌发率（%）
5	10	清水中	57.82
10	0	100	47.29

（续）

温度（℃）	孢子萌发率（%）	相对湿度（%）	孢子萌发率（%）
15	16.2	96	0.85
20	20.1	90	0.12
25	27.9	82	0.05
28	36.6	75	0
30	38.8	65	0
33	8.7		
35	7.1		
38	0		

3. 发生规律

研究表明，黑果病田间病情发生的早晚、扩展速度、轻重程度与气温、雨量和空气相对湿度密切相关。田间发病最早在5月中旬，最晚在6月上旬。当平均气温达20℃以上时，降水量和田间相对湿度是影响该病流行的主导因素。病菌主要从伤口和自然孔口（水孔、气孔）侵入，也可直接侵入。

4. 防控技术

（1）防控时间：每年7～8月。

（2）农药品种：高效低毒的杀菌药剂。

（3）最佳防控期：阴雨天之前1～2 d。

（4）防控方法：注意天气预报，连续两天以上阴雨天时，提前喷洒杀菌剂，全园预防，阴雨天过后，再喷洒一遍，消灭病原菌。

（5）防控措施：开沟排水，摘除病果。

（二）枸杞根腐病

病原菌为真菌，枸杞园发病普遍，但发病率较低。尤其是近年来枸杞栽植年限短，灌水次数少，此病发生轻，因此病死株不足1%（图12-2）。

图12-2　枸杞根腐病

1. 发病症状

主要危害根茎部和根部，分两种类型。

（1）根朽型

根或根茎部发生不同程度腐朽、剥落现象，茎秆维管束变褐色，潮湿时在病部长出白色或粉红色霉层。它又可分小叶型和黄化型两种：①小叶型。春季展叶时间晚，叶小、枝条矮化、花蕾和果实瘦小，常落蕾，严重时全株枯死。②黄化型。叶片黄化，有萎蔫和不萎蔫现象，常大量落叶，严重时全株枯死，也有落叶后又萌发新叶，反复多次后枯死。

（2）腐烂型

发病初期病部呈褐色至黑褐色，逐渐腐烂，后期外皮脱落，只剩下木质部，剖开病茎可见维管束褐变。湿度大时病部长出一层白色至粉红色菌丝状物。地上部叶片发黄或枝条萎缩，严重的全株枯死。

2. 病原菌

枸杞根腐病病原菌为4种镰刀菌：尖孢镰刀菌（*Fusarium oxysporum*）、茄类镰刀菌（*F. solani*）、同色镰刀菌（*F. concolor*）、串珠镰刀菌（*F. moniliforme*）。其中，尖孢镰刀菌的致病性最强，其次为茄类镰刀菌。病原菌随存活病株越冬，也可随表土和土中的病株残体及病果种子越冬和传播。病菌从伤口或穿过组织皮层直接入侵植物组织内部，导致病发。不同的病原菌和不同的侵染方式，其病害的潜育期也各不相同。

3. 发病规律

受气候条件和灌水、栽培方式的影响，根腐病6月中下旬发病，发病盛期在7～8月。耕作粗放，整地质量差，田间高低不平，发病重。高密度种植，田间通风不良，发病重。新开荒地、轮作3年以上的发病轻。枸杞根腐病的发生与温度、湿度呈正相关。一般温度越高、湿度越大，发病越重。当月平均气温在22～25℃，田间相对湿度在80%以上时容易发病。枸杞不同品种对根腐病的抗性有显著差异。

4. 防控技术

（1）清洁田园

栽植田应地势平坦、排灌方便、土壤肥沃，减少病菌传播与积累。及时清除田间病株和病残体，集中烧毁或妥善处理，减少病菌积累。

（2）轮作倒茬，破坏病原菌的生存环境

由于枸杞根腐病是一种土传病害，轮作倒茬减少根部伤口是减少菌源积累的重要途径，应尽量减少重茬。采用培土垄作和中耕时不伤根的农业措施，防控枸杞根腐病的效果达74.4%；平整土地，高畦深沟栽培，降低地下水位，雨后清沟排渍，防止土壤过湿。

（3）合理施肥

以充分腐熟的有机肥、生物肥为主，磷、钾肥作为基肥，苗期至开花期喷施液体微肥，促进枸杞生长，增强抗病能力，避免施用未充分腐熟的土杂肥。

（4）生长期内保持田间和周围无杂草

越冬后及时清除田间落叶落果，并深埋或焚烧；周围近距离内不栽植番茄、甜瓜等易发生共生病虫害的植物。

（5）适时适量灌水

一般扦插后浇播种水，整个生育期共灌8次水。夏季高温，严禁大水漫灌，避免灌后积水，严禁雨前或久旱猛灌大水，以多水口、小地块、小水浅灌、勤灌、早晚低温灌水为佳。实行渗灌，防止流水携带泥沙冲伤枸杞根部。发病期禁止大水漫灌，雨后及时排除积水，并在24 h内喷药。

（三）枸杞白粉病

枸杞白粉病是近年枸杞密植栽培以来出现的一种病害，虽然目前发病程度、发病面积都较低，但在生产上一直疏于防控，有可能出现流行趋势（图12-3）。

图12-3 枸杞白粉病
（图片由宁夏农林科学院植物保护研究所李锋研究员提供）

1. 发病症状

枸杞白粉病是一种真菌性病害，主要危害枸杞幼嫩的新梢和叶片，也可危害花和幼果。发病叶面和叶背有明显的白色粉状霉层，为病菌的分生孢子。受害嫩叶常皱缩、卷曲和变形，后期病组织发黄、坏死，叶片提早脱落，并长出小黑点，即病菌的闭囊壳。树体感病后，不仅影响新梢生长，导致树势衰弱，而且对当年和来年产量影响较大。

2. 发病规律

该病是一种真菌性病害，病原菌为多孢穆氏节壳菌。病菌以闭囊壳的形式随病残体在土壤中越冬。来年春季条件适宜时，闭囊壳放射出子囊孢子进行初侵染，发病后产生大量的分生孢子，借气流传播可进行多次再浸染，秋末形成闭囊壳并以此越冬。

3. 防控技术

（1）冬季做好田园清洁，清扫地表病叶和枯枝，减少初侵染源。

（2）使用高效低毒的杀菌剂进行防控。

（3）收获后及时处理病残体，密度适宜，必要时修剪疏枝以利于通风透光。

（四）枸杞流胶病

枸杞流胶病是枸杞树盘管理粗放的一种常见病害，由田间作业时不慎碰破树皮或机械创伤所致（图12–4）。

图12–4　枸杞流胶病

1. 发病症状

枸杞树得病后，树干皮层开裂，从中流出泡沫状白色液体，有腥气味，常有黑色金龟子和苍蝇吸食。此病多在夏季发生，秋季胶液停止流出。树干被害处皮层呈黑色，同木质部分离，树体生长逐渐衰弱，然后死亡。一般发病率在1%左右。

2. 病原菌

鲁占魁、樊仲庆等人经分离培养和接种试验证明，枸杞流胶病病原菌为头孢霉属微生物。病原菌除存在于病株上外，还可随病株残体在土壤中越冬传播，在10～35℃病菌均能生长，最适生长温度为30℃。

3. 发病规律

此菌即可在田间病株上越冬，也可随病株残体在土壤中越冬，成为最主要的初侵染来源。

一般春秋两季发病较为严重，这与西北地区的气候条件有关。春季气温在15～25℃，不利于病菌生长，发病率较低。秋季进入结果成熟期，气温在22～25℃，雨量比春、夏多，发病率较高。因此，多雨、适温是影响发病的主要因素。经调查，枸杞蚜虫、介壳虫的虫口密度较大的树木，树势较弱，树体伤口较多，流胶病发生严重，且与其他病混合发生。同时，田间发现枸杞白粉病、炭疽病发生严重的树木，生长的中后期流胶病严重。因此，其他病虫害导致树势衰弱，抗病性大大下降，也是流胶病发病的主要诱因。

4. 防控技术

（1）主要在发病早期防控。先将有流胶及污染部位的树皮用刀刮干净，然后涂上多菌灵原液或2%的硫酸铜溶液即可。

（2）防控时间在春季。最佳防控期为枝、干皮层破裂期。

（3）田间作业避免碰伤枝、干皮层，修剪时剪口平整。一旦发现皮层破裂或伤口，立即涂刷石硫合剂。

二、主要虫害

（一）枸杞蚜虫

蚜虫又叫绿蜜、蜜虫，属蚜科。枸杞蚜虫为害期长，繁殖快，是枸杞生产中重点防控的害虫之一。

1. 形态特征（图12–5）

枸杞蚜虫属不完全变态，有卵、若虫和成虫3种形态。成虫有翅胎生蚜，体长1.9 mm，黄绿色，头部黑色，眼瘤不明显。触角6节，黄色，第1、2两节深褐色，第6节端部长于基部，全长较头、胸之和长。前胸狭长与头等宽，中、后胸较宽，黑色。足浅黄褐色，腿节和胫节末端及跗

图12–5　枸杞蚜虫
（图片由宁夏农林科学院植物保护研究所李锋研究员提供）

节色深。腹部黄褐色，腹管褐色，圆筒形，腹末尾片两侧各具2根刚毛，无翅胎生，身体比有翅蚜肥大，色浅黄，尾片亦为浅黄色，两侧各具2～3根刚毛。

2. 为害症状

枸杞蚜虫常群集于嫩梢、花蕾、幼果等汁液较多的幼嫩部位，吸取汁液，造成受害枝梢曲缩，生长停滞，受害花蕾脱落，受害幼果成熟时不能正常膨大。严重时，枸杞叶、花、果表面全被蚜虫的分泌物所覆盖，起油发亮，直接影响了叶片的光合作用，造成植株早期落叶、落花、落果，致使大量减产。

3. 发生规律

通过野外调查和室内饲养测定，枸杞蚜虫发育起点温度为8.91℃，每完成一个世代需有效积温为88.36日度。发育天数最长12 d，最短5 d，平均8.75 d；据计算，在银川地区，枸杞蚜虫每年发生19.65代。确定30 cm枝条蚜虫数量为5头时，为枸杞蚜虫的防控指标。枸杞蚜虫在4月上旬开始活动，5月中旬达到防控指标。6月中下旬虫口数量猛增，6月上旬至7月上旬出现第1个为害高峰期，7月中旬虫口数量减少，8月中旬至9月中旬出现第2次高峰期（图12–6）。

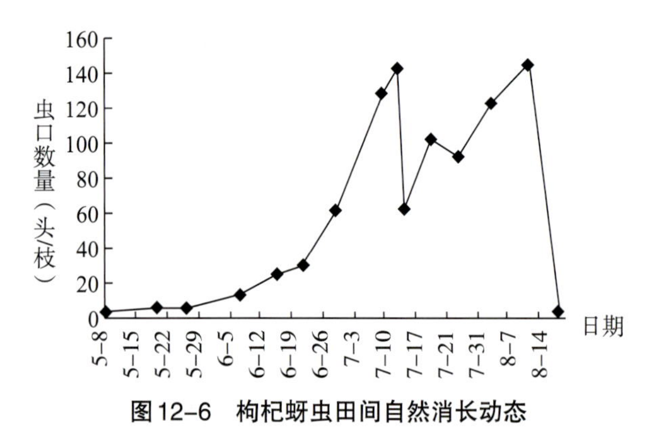

图12–6　枸杞蚜虫田间自然消长动态

4. 防控技术

（1）化学农药防控

经田间防控效果试验，一次施药后7 d调查，25‰吡虫啉可湿性粉剂稀释浓度0.5‰，对枸杞蚜虫的防控效果达93.78%；14 d后进行第2次施药，二次施药后7 d调查，25‰吡虫啉可湿性粉剂稀释浓度为0.5‰，对枸杞蚜虫的防控效果达94.50%。试验药剂和剂量对枸杞蚜虫表现出了较好的田间防控效果。因此，确定吡虫啉是田间使用的有效药剂。

（2）生物农药防控

根据生物药剂对枸杞蚜虫室内毒力测定、田间防效试验、天敌安全性及对非靶标生物影响结果的综合分析，筛选出1%苦参碱SL、0.5%黎芦碱SL、0.5%印楝素EC和小檗碱作为防控枸杞蚜虫的安全有效药剂。

（3）复配药剂防控

根据供试药剂对枸杞蚜虫的生物测定结果，筛选出小檗碱与吡虫啉复配，并通过增效作用和共毒系数的确定筛选出防控枸杞蚜虫的最佳复配制剂——小檗碱·吡虫啉水剂。经毒力试验，吡虫啉原药对枸杞蚜虫的毒力回归方程y=1.2534x+3.4021，LD_{50}为18.8251；小檗碱·吡虫啉水剂对枸杞蚜虫的毒力回归方程y=1.4981x+4.4781，LD_{50}为2.2301 μg/mL。上述结果说明，小檗碱植物提液对吡虫啉具有明显的增效作用，小檗碱·吡虫啉水剂对蚜虫的毒力是吡虫啉的8.44倍。

田间试验结果表明，小檗碱·吡虫啉水剂药后1 d、药后14 d防效分别为95.26%、91.40%，与10%吡虫啉的药后1 d防效92.17%、药后14 d防效85.49%无显著差别。小檗碱·吡虫啉水剂（吡虫啉含量为2.3%）的防效与10%吡虫啉的防效相当，不仅显著提高了小檗碱植物提取液对靶标害虫的控制作用，而且大大减少了吡虫啉的用量，小檗碱·吡虫啉水剂表现出较好的持效性。

（4）防控枸杞蚜虫有效药剂及使用方法

见表12–2。

表 12-2　防控枸杞蚜虫的有效药剂及使用方法

种类	通用名	每公顷每次有效剂量（mL/hm²）	使用时期	施药方法	每年最多使用次数	安全间隔期（d）	最高残留限量推荐值 MRL_S（mg/kg）
化学药剂	吡虫啉	37.5	采果前期	喷雾	2	7	0.5
	啶虫脒	30		喷雾	1	7	0.5
复配药剂	小檗碱·吡虫啉	52.5	采果期	喷雾	2	4	—
生物药剂	苦参碱	25		喷雾	2	—	—
	黎芦碱	7.5		喷雾	2	—	—
	印楝素	7.5		喷雾	2	—	—
	小檗碱（L_2）	6		喷雾	2	—	—

（5）防控时间

4月、5月、6月、7月、8月下旬。最佳防控期为蚜虫(干母)孵化期和无翅胎生蚜期，树冠喷雾时着重喷洒叶背面。

（6）利用天敌

枸杞蚜虫的天敌主要有七星瓢虫、龟纹瓢虫、草蛉、食蚜蝇、蚜茧蜂等益虫。

（二）枸杞木虱

属同翅目木虱科，又叫猪嘴蜜、黄疸，是枸杞生产上三大害虫之一。

1. 形态特征（图 12-7）

成虫：体长3.75 mm，翅展6 mm，形如小蝉，全体呈黄褐至黑褐色，具橙黄色斑纹。复眼大，赤褐色。触角基节、末节黑色，余黄色；末节尖端有毛，额前具乳头状颊突 1 对。前胸背板黄褐色至黑褐色，小盾片黄褐色。前中足节黑褐色，余黄色，后足腿节略带黑色，余为黄色，胫节末端内侧具黑刺 2 个，外侧 1 个。腹部背面褐色，近基部具 1 蜡白横带，十分醒目，是识别该虫的重要特征之一。端部黄色，余褐色。翅透明，脉纹简单。卵长0.3 mm，长椭圆形，具一细如丝的柄，固着在叶上，酷似草蜻蛉卵。

若虫：扁平，固着在叶上，似介壳虫。末龄若虫体长3 mm，宽1.5 mm。初孵时黄色，背上具褐斑2对，有的可见红色眼点，体缘具白缨毛。若虫长大，翅芽显露，覆盖在身体前半部。

图 12-7　枸杞木虱
（图片由宁夏农林科学院枸杞科学研究所王亚军研究员提供）

2. 为害症状

成虫、若虫在叶背把口器插入叶片组织内，刺吸汁液，致叶黄枝瘦，树势衰弱，浆果发育受抑，产量降低，品质下降，造成春季枝干枯。严重时造成1～2年幼树当年死亡，成龄树果枝或骨干枝翌年早春全部干死。

3. 生活习性

成虫在土块、树干上、枯枝落叶层、树皮或墙缝处越冬，翌春枸杞发芽时开始活动，把卵产在叶背或叶面，黄色，密集如毛，俗称黄疸。孵化后的若虫从卵的上端顶破卵壳，顺着卵柄爬到叶片上，若虫全部附着在叶片上吮吸叶片汁液，成虫羽化后继续产卵为害。6～7月盛发，成虫常以尾部左右摆动，在田间能短距离疾速飞跃，腹端泌蜜汁。枸杞木虱各代的发育与气温关系不大，一般卵期9～12 d，若虫期23 d左右，每完成一个世代的时间大约为35 d，木虱一年发生4～5代，各代有重叠现象。

宁夏农林科学院植物保护研究所张宗山等的研究表明：木虱卵期的有效积温为90.2日度，发育起点温度为（7.2 ± 2.4）℃；幼虫期的有效积温为291.8日度，发育起点温度为（8.4 ± 2.9）℃；整个世代有效积温为547.6日度，发育起点温度为（7.9 ± 2.0）℃。据2005年4月14日田间调查：成虫有虫枝条为40%，叶片有卵量占50%，叶片最高卵量30粒，此期是枸杞木虱开始大量产卵期和卵的孵化期，枸杞木虱进入始发阶段。因此，将4月10日至15日作为春季第一次防控枸杞木虱始期较为适宜。

4. 防控方法

春季和秋季防控可结合田间枸杞蚜虫和枸杞瘿螨防控同时进行，采用10% 吡虫啉可湿性粉剂稀释浓度0.5‰和1.8% 阿维菌素乳油稀释浓度0.2‰喷雾防控。7～8月，田间对枸杞蚜虫、枸杞瘿螨等害虫防控次数减少的情况下，尽量利用田间自然天敌，如异色瓢虫、啮小蜂等进行自然控制，若为害严重时可采用上述药剂补防一次。

防控越冬成虫，可在冬季成虫越冬后清理树下的枯枝落叶及杂草，早春刮树皮，清洁田园，可有效降低越冬成虫的数量。5月上中旬及时摘除有卵叶，6月上中旬剪除枸杞木虱若虫密集枝梢并销毁；6月下旬及9月上旬为成虫发生的两个高峰期，网捕成虫可明显减少第二代若虫危害及翌年越冬成虫的发生量。

（三）枸杞瘿螨

属蛛形纲蜱螨目瘿螨科。俗称虫苞子、痣虫。

1. 形态特征（图12–8）

幼螨体微小，体长0.07～0.1 mm，圆锥形，浅白色，近半透明。成螨体长0.08～0.3 mm，长圆锥形，橙黄色至黄色，头胸部宽短，口器下倾向前，腹部有细环纹，背腹部环纹数一致，约53个，腹部前端背面有刚毛1对，侧刚毛1对，腹侧刚毛3对，腹部刚毛1对较长，内侧有短附毛1对，足两对，爪钩羽状。卵圆球形，直径0.03 mm，乳白色，透明。

图12–8　枸杞瘿螨
（图片由宁夏农林科学院植物保护研究所李锋研究员提供）

2. 为害症状

主要为害叶片、嫩梢、花瓣、花蕾和幼果，被害部位呈紫色或黑色痣状虫瘿，并使组织隆起，叶片严重扭曲，生长受阻，叶片嫩茎不能食用，嫩梢畸形弯曲，不能正常生长，花蕾不能开花结果，果实产量和质量降低。

3. 发生规律

研究结果表明：成螨消长与温度有着密切的关系。其分为3个阶段，即4月上中旬的越冬成螨从冬芽和树缝转到新叶表面上活动的时期为第1阶段；5月下旬至6月上旬是第2阶段；8月下旬至9月中旬为第3阶段。其中，第1和第3阶段是当年出瘿成螨的两个高峰期（图12-9）。气温20℃左右瘿外成螨活动活跃，气温5℃以下，开始进入越冬阶段，到11月中旬全部越冬，1年发生10代左右。

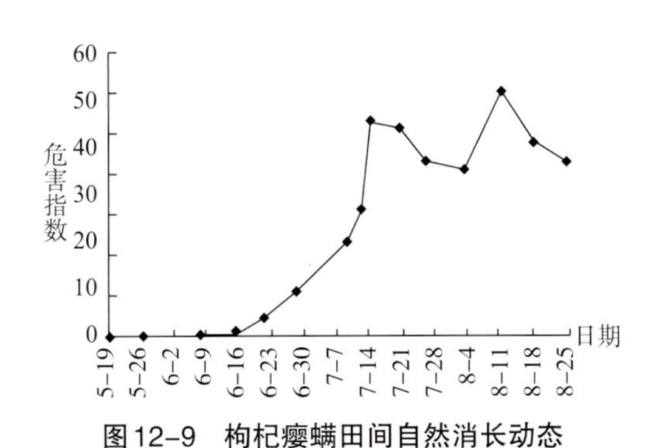

图12-9　枸杞瘿螨田间自然消长动态

4. 防控技术（表12-3）

（1）化学农药防控

经枸杞瘿螨室内毒力测定，1.8%阿维菌素对枸杞瘿螨的毒力最高，致死浓度为1.8651 μg/mL，20%哒螨酮的毒力为30.4509 μg/mL。经田间防控效果试验，一次施药后7 d调查，1.8%阿维菌素稀释浓度0.33‰、20%哒螨酮稀释浓度1‰防控枸杞瘿螨防效分别达95.84%、86.39%；14 d后进行了第2次施药，二次施药7 d后调查1.8%阿维菌素稀释浓度0.33‰、20%哒螨酮稀释浓度1‰防效分别达92.51%、88.91%，对枸杞瘿螨表现出了较好的田间防控效果。因此，确定阿维菌素和哒螨酮是防控枸杞瘿螨的有效药剂。

（2）生物农药防控

实验结果表明：常用生物农药对枸杞瘿螨的药效为印楝素>黎芦碱>小檗碱>哒螨酮>苦参碱>烟碱>鱼藤酮。选择印楝素、黎芦碱做进一步的生物药剂筛选。第1次施药后7 d调查，0.5%黎芦碱、0.3%印楝素对枸杞瘿螨表现出一定的控制作用，平均防效在26.72%～28.33%；14 d后进行第2次施药，二次施药后7 d调查0.5%黎芦碱、0.3%印楝素仍保持高效和持续性，药后14 d防效分别达到64.46%和59.81%。因此，筛选出0.5%黎芦碱、0.3%印楝素作为防控枸杞瘿螨的安全、有效的生物药剂。

表12-3　防控枸杞瘿螨的有效药剂及使用方法

种类	通用名	每公顷每次有效剂量（mL/hm²）	使用时期	施药方法	每年最多使用次数	安全间隔期（d）	最高残留限量推荐值 MRL_S（mg/kg）
化学药剂	阿维菌素	18	采果前期	喷雾	2	7	0.01
	哒螨酮	600		喷雾	1	7	0.5
生物药剂	印楝素	7.5	采果期	喷雾	2	—	—
	黎芦碱	7.5		喷雾	2	—	—
	苦参碱	25		喷雾	2	—	—
	小檗碱	6		喷雾	2	—	—
复配药剂	小檗碱·阿维菌素	15		喷雾	2	3	—

（3）复配药剂防控

复配药剂是用小檗碱植物提取液和阿维菌素原药复配制成的小檗碱·阿维菌素水剂，其中，阿维菌素的含量为1～2 mg/L，小檗碱植物提取液的含量为45～55 mg/L。2007—2008年，宁夏农林科学院植物保护研究所大量试验表明，小檗碱·阿维菌素稀释浓度0.5‰对枸杞瘿螨的防控可达70%左右，对枸杞蚜虫的防控效果可达95%以上，与2%阿维菌素稀释浓度0.33‰对枸杞瘿螨、枸杞蚜虫的防控效果无显著差异。小檗碱·阿维菌素水剂可大大降低阿维菌素用量，同时提高阿维菌素对害虫的毒力，且提高小檗碱植物提取液对靶标害虫的控制作用，解决了小檗碱植物提取液对害虫药效慢、田间药效差、喷药次数多、内吸渗透作用差的缺陷问题。

（4）防控时间

在4月下旬、6月中旬、8月中旬。农药品种以内吸性杀螨剂为主，最佳防控期为成虫出蛰转移期。

（5）注意事项

提高防控效果，注重虫体暴露期的虫情测报，在短时间内集中农药防控。

（四）枸杞锈螨

属瘿螨科，成群虫体密布于叶片吸取汁液，使叶片变成铁锈色而早落。

1. 形态特征（图12–10）

体长0.1～0.13 mm，褐色或橙色，似胡萝卜形，腹部逐渐狭细，口器向下与体垂直，胸部腹板有毛1对，腹部由环纹组成，背部环粗，约有33个，腹部环纹细密，数目约3倍于背面，腹侧有长毛4对，腹端毛1对，足两对，膝节、腋节各长毛1根，爪上方有弯形跗毛1根，毛端球形。

2. 为害症状

枸杞锈螨在叶片上分布最多，一叶多达数百只到2000只，主要分布在叶片背面基部主脉两侧。自若螨开始将口针刺入叶片，吮吸叶片汁液，使叶片营养条件恶化，光合作用降低，叶片变硬、变厚、变脆、弹力减弱，叶片颜色变为铁锈色。严重时整树老叶、新叶被害，叶片表皮细胞坏死，叶片失绿，叶面变成铁锈色，失去光合能力，全部提前脱落，只有枝，没有叶。继而出现大量落花、落果，一般可造成60%左右的减产。

图12–10　枸杞锈螨

3. 生活习性

枸杞锈螨以成螨在树皮缝隙、芽腋等处越冬，翌年4月中旬枸杞展叶后开始为害活动，4月下旬开始产卵，5月下旬至6月下旬为繁殖最盛期，在单株上吸汁为害，直至叶片表皮细胞坏死，叶片变为铁锈色，失去光合作用，出现大量落叶。此后，由于叶片营养条件变坏，螨数大减，7月底至8月初生出新叶，出现第2次繁殖高峰，9月中旬繁殖较慢，10月落叶后成螨转迁到枝条裂缝内过冬。枸杞锈螨从卵发育到成螨，完成一个世代平均为12 d，全年可发生20代以上。枸杞锈螨一年有2个繁殖高峰，即6月、7月的大高峰和8月、9月的小高峰。锈螨的爬行仅限于单株范围，株间短距离传播靠昆虫、风和农事活动，远距离传播主要是苗木。

4. 防控技术

（1）防控时间

在5月下旬、6月中旬、7月上旬。农药品种以触杀性杀螨剂为主，最佳防控期是成虫期、若虫期。

（2）注意事项

防控时期日照长、气温高，喷洒农药的时间选择在上午10时以前和下午4时以后，着重喷洒叶背面。

（五）枸杞红瘿蚊

枸杞红瘿蚊为瘿蚊科，是一种专门为害枸杞幼蕾的害虫。被它为害的幼蕾，会失去开花结果的能力。这种害虫虽然不像枸杞蚜虫、枸杞木虱是每个产区主发性害虫，但由于无公害农药多不具备内吸作用，近20年来，在宁夏产区，发生的普遍性和造成的经济损失有加重趋势。

1.形态特征（图12–11）

成虫：长2.0～2.5 mm，黑红色，形似小蚊子。触角16节，串珠状有银毛，复眼黑色，在头顶部相接，下颚须4节；各足第1跗节最短，第2跗节最长，爪钩1对。

卵：淡橙色或近无色，常10余粒产于幼蕾顶部内。

幼虫：长2.5 mm，橙红色，扁圆，腹节两侧各有1微突，上生1短刚毛。

蛹：黑红色，长2 mm，头顶有2尖齿，齿后有1长刚毛，两侧有1突起。

图12–11　枸杞红瘿蚊
（图片由宁夏农林科学院植物保护研究所李锋研究员提供）

2.为害症状

幼虫在幼苗内为害子房，被红瘿蚊产卵的幼蕾，卵孵化后红瘿蚊幼虫就开始咬食幼蕾，形成畸形花蕾。早期幼蕾纵向发育不明显，横向发育明显，被为害的幼蕾变圆、变亮，使花蕾肿胀成虫瘿。后期花被变厚，撕裂不齐，呈深绿色，不能开花，最后枯腐干落。

3.生活习性

枸杞红瘿蚊一年约发生6代。以老熟幼虫在土里越冬，翌年春化蛹，4月中旬枸杞现蕾时成虫出现，5月是盛期，产卵于幼蕾顶部内。幼虫蛀食子房，被害蕾呈畸形。因不能开花而脱落，9月下旬以老熟幼虫入土越冬。

红瘿蚊每完成一个世代需要22～27 d，即羽化后到产卵期为2 d，卵期2～4 d，幼虫危害期11～13 d，蛹期7～8 d。除第1代发育整齐外，其他各代世代交替比较明显。

4.防控技术

（1）防控方法

4月中旬用40%辛硫磷微胶囊稀释浓度0.2‰液拌土均匀撒入树冠下及园地后耙地，灌头水土壤封闭。成虫发生期喷洒吡虫啉稀释浓度1‰液防控。

（2）防控时间

4月中旬、5月下旬。农药品种以内吸性杀虫剂为主，最佳防控期是化蛹期、成虫期。

（3）注意事项

用过筛细土均匀拌药。

（六）枸杞负泥虫

又叫十点叶甲，属叶甲科。成虫和幼虫啃食叶片成缺刻，有时将嫩叶甚至全树叶片吃光，会严重影响植株生长和产量。

1.形态特征（图12–12）

此虫体长形，体长4.5～5.8 mm，体宽2.2～2.8 mm。头、触角、前胸背板、体腹面、小盾片

图12-12 枸杞负泥虫
（图片由宁夏农林科学院植物保护研究所李锋研究员提供）

蓝黑色；鞘翅黄褐色至红褐色，每个鞘翅具5个近圆形黑斑（肩部1个，中部前、后各2个）。鞘翅斑点的数目和大小均有变异，有时全部消失。足黄褐色至红褐色，一般基节、腿节端部和胫节基部为黑色。头部刻点粗密，头顶平坦，中央有1条纵沟，沟中央具1凹窝；触角粗壮，伸达翅肩。前胸背板近于方形，面较平，散布粗密刻点，基部前的中央有1个椭圆形深凹窝。鞘翅末端圆形，翅面刻点粗大。小盾片有4～6个刻点，明显小于翅面其他刻点。卵橙黄色，长圆形。幼虫灰黄色，前胸背板黑色，胸足3对发达。蛹淡黄色。

2.危害症状

负泥虫成虫、幼虫均危害叶片，以幼虫为甚，使叶片呈不规则的缺刻或孔洞，最后仅留叶脉。受害轻者，叶片被排泄物污染，影响生长和结果；受害严重时，全株枸杞叶片、嫩梢被害，严重影响枸杞的产量。幼虫老熟后入土化蛹。成虫常栖息于枝叶。幼虫背负自己的排泄物，故被称为负泥虫。

3.生活习性

枸杞负泥虫常栖息于野生枸杞或杂草中，以成虫飞翔到栽培枸杞树上啃食叶片嫩梢，以“V”字形产卵于叶背，一般8～10 d卵孵化为幼虫，开始大量为害。幼虫老熟后入土，吐出白丝与土粒粘结成土茧，化蛹其内。

枸杞负泥虫一年平均发生3代，以成虫在田间隐蔽处越冬，春七寸枝生长后开始为害，6～7月为害最严重，10月初末代成虫羽化，10月底进入越冬。

宁夏农林科学院植物保护研究所张宗山等的研究表明：枸杞负泥虫卵期的发育起点温度为7.8℃，有效积温为88.4 日度；幼虫期的发育起点温度为7.6℃，有效积温为 138.3 日度；预蛹期的发育起点温度为8.1℃，有效积温为71.3 日度；蛹期的发育起点温度为9.3℃，有效积温为 65.9 日度；产卵前期的发育起点温度为8.2℃，有效积温为 126.8 日度；全世代的发育起点温度为7.7℃，有效积温为 526.8 日度。

4.防控技术

（1）清洁枸杞园，尤其是田边、路边的枸杞根蘖苗、杂草。每年春季要彻底清除一次，对全年负泥虫数量减少有显著的作用。

（2）防控时间在4月、5月、7月。最佳防控期为成虫期和若虫期。

（七）枸杞蓟马

属蓟马科。成虫、若虫均对枸杞构成危害，严重时虫体密布叶片背面，吸食汁液，叶片上形成微细的白色小点，叶背面密布黑褐色排泄物，被害叶片略呈纵向反卷，造成早期落叶。

1.形态特征（图12-13）

成虫：体长1.5 mm，黄褐色。头前尖突，集眼黄绿色，单眼区圆形，单眼暗色。触角8节，黄色，第2节膨大而色深，第6节最长，第7、8节微小，3～7节有角状和叉状感觉器，各节有微毛和稀疏长毛。前胸横方形，近后侧角区有大小各1个灰绿色圆点。翅黄白色，中间有2条纵脉，上有稀疏短刺毛，前缘有较长的刺毛，均匀排列，后缘毛深色颇长，两相交错排列，翅近内方有1条隐约可见的深色横纹。腹部黄褐色，背中央淡绿色，腹端尖，雌虫第六腹节腹面有下弯而色深的产卵管到达第10节的下方。

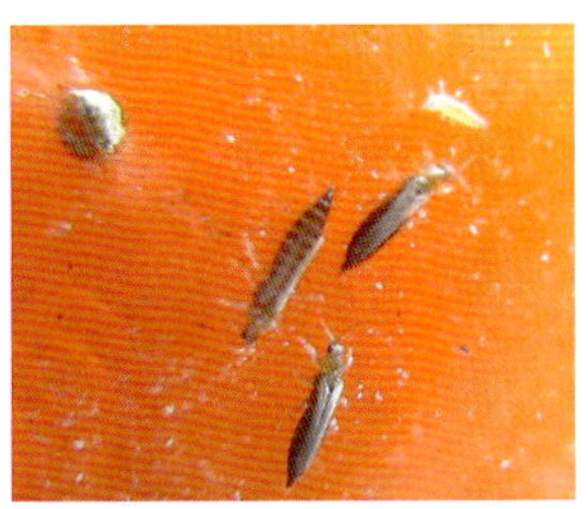

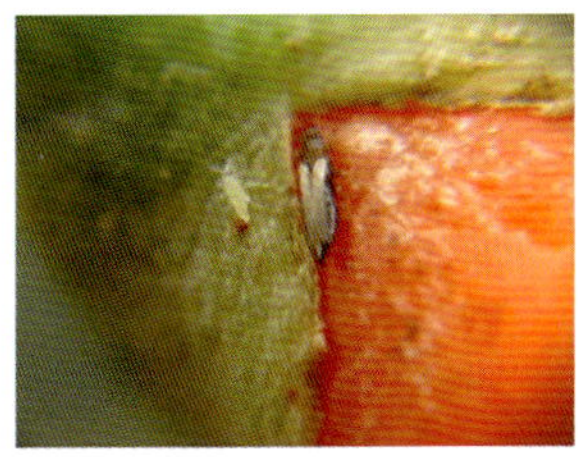

图12-13　枸杞蓟马
（图片由宁夏农林科学院植物保护研究所李锋研究员提供）

2. 为害症状

以成虫、若虫吸食枸杞叶片、果实，被害叶略呈纵向卷缩，最后脱落，严重影响树势。果实被害后，常失去光泽，表面粗糙有斑痕，果形萎缩甚至造成落果。

3. 生活习性

蓟马雌成虫主要行孤雌生殖，偶有两性生殖，极难见到雄虫。卵散产于叶肉组织内，每次产卵22～35粒。雌成虫寿命8～10 d，卵期在5～6月为6～7 d。若虫在叶背取食到高龄末期停止取食，落入表土化蛹。成虫较活跃，善飞能跳，可借自然力迁移扩散。成虫怕强光，多在背光场所集中为害，阴天、早晨、傍晚和夜间才在寄主表面活动，这也是蓟马难防治的原因之一。当用常规触杀性药剂时，因此特性，白天喷不到虫体而见不到药效。

蓟马喜欢温暖、干旱的天气，其适温为23～28℃，适宜空气湿度为40%～70%。湿度过大不能存活，当湿度达到100%，温度达到31℃时，若虫全部死亡。大雨后或浇水后致使土壤板结，使若虫不能入土化蛹和蛹不能孵化成虫。

成虫在枯叶下等隐蔽处越冬。次年春季枸杞展叶后即活动为害，6～7月害情最严重。

4. 防治方法

（1）农业防治

①清理园地：根据枸杞蓟马以成虫在枯叶、落果的皱痕等隐蔽处越冬的习性。于秋季枸杞采摘结束和春季枸杞修剪时，清除田间枯叶、落果及杂草，在田园外集中焚烧，降低后期为害的虫源。

②水肥管理：适时灌水施肥，促进枸杞生产，提高植株抗害能力，减少危害损失。

③土壤耕作：秋冬季节成虫越冬期，结合田间管理，进行松土、灌溉，破坏枸杞蓟马越冬环境，以消灭越冬虫口。

（2）物理防治

①地膜覆盖物理防治：结合枸杞红瘿蚊地膜覆盖物理防治，在上一年枸杞蓟马为害严重的茨园，适当延长覆膜时期，将越冬代枸杞蓟马封闭于膜下，起到降低越冬后虫口基数的作用。

②粘虫板物理防治：5月下旬先在枸杞园对角线上悬挂5块指示性粘虫板，待6月上旬前后发现任何一张粘虫板上面有枸杞蓟马时，枸杞蓟马即开始出现为害，种群数量开始上升。此期为悬挂防治始期，进行全园悬挂，直至10月下旬枸杞蓟马种群进入越冬期结束。

粘虫板悬挂数量因栽植密度的不同而不同。株行距为1 m×1.8 m和1 m×2 m的枸杞园，每亩悬挂80块；1 m×2.2 m和1.2 m×2.4 m的枸杞园，每亩悬挂70块；1 m×3 m以上栽植密度的枸杞园，每亩悬挂60块。

不同树龄的粘虫板规格：为发挥最大的控制作用，减少不必要的经济投入，根据枸杞园的树龄大小，选择不同规格的粘虫板。2龄的幼龄枸杞园，粘虫板基板制作成长 × 宽为20 cm × 30 cm的规格；3～4龄的幼龄枸杞园，粘虫板基板制作成长 × 宽为25 cm × 40 cm的规格；5龄以上的成龄枸杞园，粘虫板基板制作成长 × 宽为30 cm × 40 cm的规格。

粘虫板悬挂方向：根据枸杞蓟马种群向西扩散的行为特征，为保持粘虫板最好的受光率，达到最佳的控制效果，将粘虫板南北向悬挂于枸杞园。

粘虫板悬挂布局：粘虫板在枸杞园采用棋盘式分布。

（3）化学防治

5月下旬至7月下旬，选用1.8%阿维菌素稀释浓度1‰液、50%辛硫磷乳油稀释浓度1‰液、4.5%高效氯氰菊酯稀释浓度1‰液、3%啶虫脒乳油稀释浓度0.5‰液、10%吡虫啉可湿性粉剂稀释浓度0.5‰液进行树冠喷雾防治，在6 d内连续喷施2次，防治效果较好。

喷雾防治作业应在傍晚蓟马活跃性减弱的19点后，注意喷洒均匀。田间喷雾时喷头应斜向上喷施药液，嫩叶的叶背和果实尤其要喷到，如喷药后4 h内降雨，须重喷1次，以提高防治效果。蓟马危害严重的田块，不宜增加浓度来提高防治效果，而应适当增加喷药次数达到最佳防治效果。早春和深秋可以加大防治次数，枸杞采果期可减少防治次数。

三、主要鸟害

鸟害，尤其是麻雀，已经对宁夏枸杞生产造成了严重危害。在枸杞成熟期麻雀啄食枸杞果实，可造成果实脱落、烂果，并引发病虫害，对产量和品质造成严重影响。目前，常用的保护措施是拉防鸟网，不仅成本高，费工费力，而且影响田间作业。驱鸟剂是一种长效多功能驱避剂，利用鸟类嫌弃的味觉，缓慢持久地释放出一种清香气体，雀鸟闻到即逃，具有很强的驱避作用，能有效驱鸟但不伤害鸟，对人、畜无害，且成本低。可从国内引进多种驱鸟剂在枸杞上进行试验，明确驱鸟剂对麻雀在枸杞地栖息和觅食的影响；研究驱鸟剂对枸杞地麻雀的防御效果；确定对麻雀防御最有效的驱鸟剂品种及使用时间、方法、剂量；制定驱鸟剂在枸杞上的使用技术规程，并在枸杞产区进行示范推广。

第二节　主要防控措施

一、病虫害防控原则

坚持贯彻保护环境，以维持生态平衡的环保方针及预防为主，综合防控的原则。优先采用农业措施防控、生物防控，辅以化学防控，做好病虫害的预测预报和药效试验，提高防控效果，将病虫害对枸杞的危害降至最低，禁止使用国家农药。

（一）优先采用农业及生物防控等措施

枸杞病虫害的发生蔓延，滋长危害必须具备3个条件，即虫（病）源、气候和寄主。也就是说，为害枸杞植株的某种害虫，在适宜繁殖的气候条件下，与植株各器官生长发育阶段相适应时，这种害虫便会蚕食某一器官或吮吸这一器官的营养汁液加速繁殖而发生，直接影响到植株的营养生长和生殖生长。

农业防控法就是通过加强栽培管理、中耕除草、清洁田园等一系列措施，在增强树势的前提下起到防控病虫害的作用。每年春季在枸杞树体萌动前，统一清园，将树冠下部修剪下来的残枝、枯枝、病枝、虫枝，连同沟渠路边的枯枝落叶一起及时清除销毁，消灭病虫源。4～5月中旬以前不铲园，营造有利于天敌繁衍的环境。夏季结合整形修剪以及铲园去除徒长枝和根蘖苗，防止瘿螨、锈螨的滋生和扩散。通过采取上述农业防控措施，可有效地将越冬害虫虫口率降低至30%以下。

生物防控法在枸杞病虫害防控方面的试验正在探索中。一方面是人工饲养瓢虫和蚜茧蜂，在蚜虫发生季节集中施放，获得了较好的防控效果；另一方面是在新建的枸杞园中，采用枸杞与苜蓿间作或两条枸杞园中间地条种苜蓿的种植方式来培植专食蚜虫的小十三星、龟纹瓢虫等天敌，从而达到抑制害虫的目的。经过两年的试验表明：苜蓿地对枸杞园辐射面积达30 m^2，有效地控制了蚜虫滋生。

（二）化学防控结合农业措施综合防控

所谓化学防控是指采用化学农药对害虫进行喷雾、喷粉或涂抹树干，达到杀灭害虫和病菌的效果，以保护植株正常生长发育的方法。

运用农艺措施防控蚜虫，首先是要降低虫源的虫口基数。经调查表明，蚜虫成虫和瘿螨成虫及锈螨成虫的越冬场所均在枝条的芽鳞隙间和枝皮裂缝处。在休眠期整形修剪时被剪下的废枝条占总枝条的1/4～1/3，这些枝条即为害虫虫源的栖息地。所以，在3月中旬萌芽前，要及时清理修剪后的枸杞园，将园地被剪下的枝条清除出园，连同园地周边的枯枝杂草一起烧毁。调查显示，清理后的枸杞园在4月20日虫情观测时发现的每株蚜虫和瘿螨的虫口基数比没有清园的枸杞园减少了37%。

危害枸杞果实的红瘿蚊、实蝇均以老熟幼虫的形态入土化蛹，在茧内越冬，在土壤5～10 cm深的范围内入蛰越冬。气温达到16℃以上，老眼枝现蕾期的4月下旬，它们羽化为成虫，出土上树危害。成虫将产卵管插入幼蕾，产卵其中，卵在花蕾内孵化为幼虫于子房周围取食，使花蕾的花器呈盘状畸形而不能发育成果实。每个花蕾中有数十只幼虫，多者达百余只。害虫在花蕾或幼果内危害，所以防控难度大，如果采用化学农药防控，必须选择内吸性强、药效期长的农药品种，而这些品种往往是高毒、高残留农药，为无公害生产所不允许。对此，在研究害虫的生活史，并确定了成虫的越冬场所之后，采取的农艺措施是：①在害虫于土内羽化期的春季（3月下旬），在园地喷洒无公害生产所允许的农药后，立即浅耕（树冠下人工破土浅翻10～15 cm，树行间机械浅耙），将害虫的越冬土层翻到地表，日晒杀死害虫，药土翻到土内杀灭害虫，同时还起到松土保墒和灭草的作用。②在老眼枝现蕾前的4月14～20日，实施灌水封闭（此时正值灌头水），亩灌水量60～70 m^3，田块灌满不排水，待自然落干后，地表形成薄层板结，把即将羽化出土的害虫闷死在土内。此时，切记不要松土，待到5月上中旬灌二水后再松土除草。采用这种方法防控在土内越冬的害虫，效果很好。经调查与对照区内的植株害虫上树为害的对比率为：红瘿蚊为害花蕾数降低89.5%，实蝇为害花蕾数降低87.2%。虫害基本得到控制，有效地提高了坐果率，同时也降低了防控成本。

（三）注重病虫害的预测预报

通过预测预报，选择病虫害的最佳防控时期，然后采用农业防控和化学防控相结合的方法，可以达到很好的防控效果。

二、病虫害防控指标

综合防控的特点是面对整个农田生态系统中的害虫进行有计划治理，在对一定时期内危害严重的害虫进行防控时，须兼顾其他害虫，在几种害虫间寻找平衡点。要注意分清防治对象的主次。目前，为害枸杞的主要虫害有：枸杞蚜虫、枸杞木虱、枸杞瘿螨和枸杞锈螨；次要害虫有枸杞红瘿蚊、枸杞实蝇、枸杞负泥虫、枸杞蛀果蛾、枸杞卷梢蛾等。要根据自己茨园内的虫害发生情况，分清虫害主体，坚持防治主要害虫、兼防次要害虫的原则，科学合理地选定防治农药，切不可见什么防什么、有什么喷什么。

主要虫害的防控指标为：枸杞蚜虫在5条新梢5 cm以上的虫数（幼虫、成虫合计）平均达到30只；木虱卵在内膛5片老叶上出现时；瘿螨在新梢5 cm叶、茎、梢上有虫瘿出现时；锈螨在新梢叶片上出现时；枸杞红瘿蚊为害花蕾率达到5%时；枸杞负泥虫一株上有5只成虫时。

三、最佳防控期的确定

依据多年研究资料和近年病虫情的监测，在枸杞生长季节有 3个明显的关键虫期和 1个关键的病害期，具体如下。

4月10日左右，在枸杞发芽至展叶期，枸杞红瘿蚊、木虱、瘿螨、锈螨开始活动，枸杞蚜虫卵开始孵化，此时要注意虫情测报，及早防控，压低虫情基数。

5月中下旬，在新枝现蕾及老枝开花期，大多数害虫进入繁殖期，此时是每年防控的重点，要连续喷药2次，并注意给全园、树冠及地面的喷药。

6月上旬至下旬，在新梢萌发生长期，枸杞黑果病、枸杞根腐病开始发病，暴发期或严重发生期在7～8月。特别是枸杞黑果病，是一种毁灭性病害。此病的流行速度很快，在发病期遇高温、高湿、降雨量大时，往往在2～3 d内造成全园毁灭。此病最佳防控时期应在阴雨天之前1～2 d进行喷药。枸杞根腐病是枸杞全株输导组织感染的一种病害，此病既可以从伤口入侵，也可以直接入侵，最佳防控期是在根茎处有轻微脱皮病斑时进行药液灌根或用药膏涂抹病斑。

8月上中旬，在秋枝生长期，枸杞害虫再次进入繁殖盛期。此时期也是枸杞虫害防控的关键时期。

四、防控方法

（一）农业防控

枸杞是多年生灌木类的经济作物，枸杞园一经建成将成为一个较为持久的生态系统，它也为各种害虫、天敌等生物提供了良好的生境持续性。在枸杞生产中，各种农事操作始终贯穿其中，在操作过程中有目的地改变某些环境因子就能达到趋利避害的作用。实际上，操作本身就是防控的手段，既经济又具有较长的控制效果，还可以最大限度地减少外来物质（如农药等）的输入。因此，农业防控的基础地位不可动摇。

20世纪70年代以前，枸杞病虫害的防治，在枸杞之乡宁夏中宁县，主要采用的是民间自创的“水锨泼水法”。春夏季节，将灌入枸杞园内的黄河水用木制的能够盛舀住水的“水锨”，将水盛舀住，泼打到枸杞树冠上，洗涤枸杞树上的虫类，黄河水越浑浊泥沙含量越大，泼打病虫害效果越好。此方法的发现，实际取材自民间清洗花盆蚜虫、粉虱、红蜘蛛常用的水洗法。在害虫前期未产卵期，将害虫从枸杞植株上驱除干净，效果显著。另外，茨农（种植枸杞的农户）在长期的劳动生产实践中发现，用取籽后的高粱穗沾上熬制好的“旱烟水”“棉皂水”，洒在枸杞树叶上有病虫害的地方，可以降低病虫的危害。

1. 枸杞园地整地

枸杞园的土壤变化不但影响枸杞的生长发育，而且影响害虫的发生和发展。整地对枸杞害虫的影响作用比较明显。通过整地可以直接将地面或者浅土中的害虫深埋而不出土，或将土中的害虫翻出地面，暴露在不利于害虫存活的环境下，直接杀死部分害虫。间接改善土壤的理化性质，调节土壤的结构与特性，提高土壤保持水肥的能力，促进枸杞生长，增强枸杞抗病虫害的能力。秋季对枸杞园地中耕深翻，可以将枸杞红瘿蚊入土越冬的幼虫翻到地表，使其长期暴露在严冬低温寒冷条件下，将其冻死。初春进行枸杞园地浅翻晒园，同时破坏地下害虫的蛹，使害虫死亡。

2. 适时灌溉，改变害虫环境条件

（1）建园前对枸杞园土地进行平整

种植管理过程中，在进行土壤翻耕等其他农事活动引起地面有较大高差的情况下，要经常对土壤进行平整处理，维持地面高差在5 cm之内。经过平整后的枸杞园，更有利于枸杞园的灌溉、排水，保证枸杞的正常生产，同时，灌溉也改变了枸杞害虫的生活环境条件。如果及时灌溉，可控制喜欢高温干燥条件的蚜虫、红蜘蛛等害虫的危害。

（2）初春季节灌溉防控红瘿蚊等害虫

初春季节，随着气温、地温的升高，各种害虫逐渐开始出蛰、羽化。作为地下越冬的害虫红瘿蚊，此时正是从地下老熟幼虫经过羽化出土，从而大量繁殖对枸杞造成危害、减产的关键时期。抓住红瘿蚊羽化出土的关键时期进行控制，能有效地降低红瘿蚊对枸杞产量造成的影响。此阶段红瘿蚊的防控，一般在初春成虫出土羽化前进行地面灌溉封闭，保持土壤表面板结，阻止其成虫羽化出土。这种方式对红瘿蚊的防控具有一定的效果。

3. 及时修剪

夏季及时对枸杞树进行修剪，在保证枸杞正常生长结果的枝条数量的前提下，剪除枸杞树体上的病虫枝条、细弱枝条及其他无用枝条，减少枸杞园的病虫密度。枸杞害虫通常潜伏在环境条件比较隐匿处，比如，树叶背面、树冠里面、枝条伤口处等。这些地方相对比较隐匿，受外界环境影响较小。通过修剪可以维持良好的树冠、树形，改变树体郁蔽的状态，调控田间的温、湿度、通风和透光等小气候条件，对枸杞病虫害存活、发生危害的环境造成影响，从而不利于害虫发生、为害，有利于枸杞正常生产。

4. 田间清园

田间的枯枝、落叶、落果等各种枸杞残余物中潜伏着多种病虫菌卵。田间及沟渠路边的杂草不但是枸杞害虫的寄主、越冬场所，而且有些杂草生长萌芽物候比枸杞要早。在枸杞树体萌芽生长前，有些枸杞病虫害的食物来源主要是杂草，清除杂草也就切断了枸杞病虫害的食物来源，达到防控枸杞病虫害的效果。及时清除修剪下来的枸杞枯枝、落叶、病果，田间及沟渠路边的杂草，对防控枸杞多种害虫具有重要的作用。

（二）物理防控

1. 枸杞红瘿蚊地膜覆盖控制技术

枸杞红瘿蚊的个体发育过程是在土壤和地上植株的花蕾、果实中交替进行的，一生中的大部分发育时期虫体等藏匿而不外露，仅有入土化蛹前的老熟幼虫和羽化出土后产卵前的成虫短暂暴露。地上生活的虫体包被于花、果实等器官中，受到屏蔽作用，如果采用药物防控，药液不容易接触虫体，防控时期把握不及时，难免会出现防控不理想的情况。一般情况下，对于壤土类型的枸杞园，春季灌溉后能够保证地面板结，对阻止枸杞红瘿蚊出土羽化，具有良好的效果。对于地面带有沙性的土壤类型，灌溉后地表不易

形成板结层或者形成的板结层不够牢固，枸杞红瘿蚊仍然可以大量羽化出土，采取宁夏农林科学院植物保护所研究的“枸杞红瘿蚊覆膜隔离防控技术”，通过切断枸杞红瘿蚊时代发育进程，阻止成虫羽化出土产卵，有效提升枸杞病虫害防控的主动性，使枸杞红瘿蚊的防控效果大幅提高。

（1）覆盖地膜的时间

每年的4月10日前后枸杞红瘿蚊越冬代成虫准备羽化出土时覆盖地膜，大约5月上中旬前后成虫羽化结束时撤膜。

（2）覆膜材料

覆膜材料的厚度没有较大的差异，只要能够起到隔离作用，不易破损就可以了，生产上可使用厚度在0.008～0.016 mm、宽度在120 cm的普通聚乙烯地膜或农膜。微膜因为太薄，遇到风吹或其他因素的影响容易破损，起不到隔离防控的目的，因此不宜使用。

（3）具体操作要求

覆膜前，首先要完成枸杞园地的修剪、铲园、清园及施肥等各项工作，并尽量保持枸杞园地的平整。覆盖地膜时，以树行为中线，在树行两侧同时覆膜，宽度保持在树冠下超出冠幅地面垂直投影15～20 cm处，将两侧的膜靠近行间的内侧边，拉拢叠连到一起，重叠宽度5～10 cm，并用土压实。两侧膜靠近行间的外侧边，埋入预先挖好的深20 cm的小沟内，以土压实。行间留15～20 cm的走道，尽可能确保薄膜对地面的覆盖面积最大。撤膜时，从树行一头揭起膜的一端，轻轻拉到另一端，边拉边抖落膜上的土壤，并将膜卷起，尽量保持膜的完整性，以备来年使用，节约成本。

2.枸杞害虫诱粘板物理防控技术

根据枸杞害虫对颜色的特殊趋性及其对光、色等物理因素的反应规律，利用其活跃性等生物学习性，制成两面均涂有颜料、表面涂刷黏性剂的诱粘板。依据枸杞害虫的田间活动规律，在枸杞园选择一定时期、特定时段、一定高度和特定方向，悬挂具有诱导和黏附双重作用的诱粘板物理防控设施，对枸杞害虫先行诱导，后通过黏着固定。诱集枸杞害虫并将其黏附固定在诱粘板表面，使其不能活动取食而死。

3.喷洒驱鸟剂、悬挂驱鸟彩带和安装驱鸟器

①将装有驱鸟剂的瓶子挂于枸杞地中，依靠药剂自身散发的气味，刺激鸟的味觉神经，达到对鸟的拒避作用。②用驱鸟彩带防鸟：驱鸟彩带的高度，要高出枸杞10～20 cm，先将驱鸟带一端固定后，再开始悬拉，每拉2 m长，将鸟带翻转180°使鸟带拧紧，每拉15 m加一支点，将鸟带拉成“田”字和“S”形，10 d后变换悬挂现状，延长驱鸟时间，可提高驱鸟效果。③驱鸟器防鸟。驱鸟器能发出不断变化的超声波频率刺激鸟类神经系统，以爆闪光波的形式刺激鸟类眼睛，并可播放各种鸟类害怕的声音，使鸟类的大脑和视觉神经受到冲击，引起紊乱，达到驱赶的效果。

（三）生物防控

利用生态学中食物链的原理，通过捕食者、寄生者、病原菌等天敌降低有害生物（病、虫、草、鼠）的种群密度（活体天敌的作用）。根据生态系统中生物之间相互竞争、抑制、互利、共生的原理来调节和有效地控制有害生物的大爆发（生物制剂）。同时，还可避免使用化学农药的种种弊端。

1.天敌防控

在自然界中，很多天敌昆虫以害虫为食料维持生存，帮助人类消灭害虫，保持自然界的生态平衡。最初，应用天敌昆虫进行“以虫治虫”，主要采取捕捉一些个体较大的益虫，例如，瓢虫、步行甲等。到20世纪中期，通过对这些益虫生活习性、发育过程的深入研究，充分掌握了它

们的繁殖技术，开始用工厂化的生产方法，大规模人工繁殖并用于农业生产，使其转变为动物源杀虫剂，并成为商品进入了市场销售。

用于害虫控制的捕食性天敌昆虫主要有蜻蜓目、螳螂目、半翅目、蛇蛉目、脉翅目、鞘翅目、革翅目和双翅目等类群，另外还有一些螨类。捕食性天敌昆虫大多以捕食对象的体液为食，如半翅目和脉翅目昆虫及一些捕食螨。另一些则不仅取食害虫的体液，也取食害虫的其他身体组织，如鞘翅目天敌等。目前，枸杞害虫的天敌主要有七星瓢虫、中华草蛉、小花蝽、食蚜瘿蚊等，现简要介绍如下。

（1）七星瓢虫

七星瓢虫是鞘翅目瓢虫科的捕食性天敌昆虫，在我国各地广泛分布。七星瓢虫以鞘翅上有7个黑色斑点而得名。七星瓢虫成虫寿命长，平均77 d，以蚜虫、叶螨、白粉虱、玉米螟、棉铃虫等虫和卵为食。1只雌性七星瓢虫可产卵567～4475粒，平均每天产卵78.4粒，最多可达197粒。七星瓢虫的取食量大小与气温和猎物密度有关。以捕食蚜虫为例，在猎物密度较低时，捕食量随密度上升而呈指数增长；在密度较高时，捕食量则接近极限水平。气温高影响七星瓢虫和猎物的活动能力，导致捕食率提高。据统计，七星瓢虫对烟蚜的平均日取食量为：1龄10.7只，2龄33.7只，3龄60.5只，4龄124.5只，成虫130.8只。七星瓢虫近80 d的生命期可取食上万只蚜虫。七星瓢虫对人、畜和天敌动物无毒无害，无残留，不污染环境。

［使用方法］

七星瓢虫在大田和保护地均可使用，释放虫期一般为成虫和蛹期，在适宜气候条件下，也可释放大龄幼虫，在温室、大棚等保护地，还可释放卵液。

释放成虫：成虫的释放一般应选在傍晚进行，当时气温较低、光线较暗的条件，释放出去的成虫不易迁飞。在成虫释放前应对其进行24～48 h的饥饿处理或冷水浸渍处理，降低其迁飞能力，提高捕食率。释放成虫2天内，不宜灌水、中耕等，以防迁飞。

释放成虫后及时进行田间管理，以瓢蚜比为1：200为宜，高于200倍时，则应补放一定数量的成虫，降低瓢蚜比，以保证防治效果。

释放成虫的数量，一般是每亩放200～250只。靠近村屯的大田，七星瓢虫释放后，易受麻雀、小鸡等捕食，可适当增加释放虫量。在温室、大棚等保护地，可通过采点调查，计算出当时温室、大棚内的蚜虫总量，按1只瓢虫控制200只蚜虫释放成虫。

释放蛹：一般在蚜虫高峰期前3～5 d释放。将七星瓢虫化蛹的纸筒挂在枸杞植株中上部位，10 d内不宜耕作活动，以保证若虫生长和捕食，提高防治效果。

释放幼虫：在气温高的条件下，例如，气温在20～27℃，当夜间气温大于10℃时，释放幼虫效果最好。方法是将带有幼虫的纸筒，悬挂在枸杞植株中上部即可。可在田间适量喷洒1%～5%的蔗糖水，或将蘸有蔗糖水的棉球，同幼虫一起放于田间，供给营养，提高成活和捕食力。

释放卵：在环境比较稳定的田块或保护地，气温又较高（不低于20℃）的条件下，可以释放卵。释放时将卵块用温开水浸渍，使卵散于水中，然后补充适量不低于20℃的温水，再用喷壶或摘下喷头的喷雾器，将卵液喷到植株中、上部叶片上。喷洒卵液后10 d内不宜进行农事活动，以保证卵孵出幼虫，并提高成活率。释放的瓢蚜比应适当降低，一般为1：10～20为宜。

［注意事项］

①在购入不同剂型的七星瓢虫后，应及时释放到田间。

②释放后要进行田间调查，在瓢蚜比过低时，应酌情补放。

（2）中华草蛉

中华草蛉是脉翅目草蛉科天敌昆虫，可捕食蚜虫、粉虱、叶螨及多种鳞翅目害虫的幼虫及卵，抗逆性和捕食能力强，自然分布区域广。

成虫体长9～10 mm，前翅长13～14 mm，后翅长11～12 mm，体黄绿色。胸和腹部背面两侧为淡绿色，中央有黄色纵带。头淡黄色，触角比前翅短，灰黄色，基部2点与头同色，翅透明、较窄，端部尖，翅脉黄绿色。卵椭圆形，长0.9 mm，具有长3～4 mm的丝柄，初产绿色，近孵化时褐色。3龄幼虫体长7～8.5 mm，宽2.5 mm，头部除有1对倒“八”字形褐斑外，还可见到2对淡褐色斑纹。

幼虫活动力强，行动迅速，捕食时十分凶猛，有“蚜狮”之称。在整个幼虫期，可捕食蚜虫500～600只。耐高温性好，在35～37℃条件下正常繁殖，幼虫如遇饲料缺乏，有互相残杀的习性。成虫的寿命春季为50～60 d，夏季为30～40 d，雌虫的寿命比雄虫长。中华草蛉对人、畜和天敌动物无毒无害，无残留，也不污染环境。

［使用方法］

①释放成虫：在大田释放成虫后容易逃走，且易被鸟类等捕食，故多在温室、大棚等保护地释放。一般按益害比1：15～1：20投放，或每亩放675～1125只，隔1周后再放，共放2～4次。

②释放幼虫：单只释放是将刚孵化的幼虫，用毛笔挑起放到发生害虫的植株上；多只释放是将快要孵化的灰卵用刀片刮下，另用小玻璃瓶或小型塑料袋，装入定量的无味锯末，按每亩放50 g锯末接入草蛉灰卵500～1000粒，并加入食粮的蚜虫或米蛾卵（1：5～1：10的比例）作饵料。用纱布扎住瓶口或袋口，放在25℃条件下待其孵化。当有80%的卵孵化时即可释放，撒到枸杞植株中上部，或用塑料袋内装细纸条，按一定比例加入草蛉卵和饲料，待草蛉孵化后，取出纸条分别挂在植株上，使纸条上的幼虫迁至植株叶片定居，发挥捕食作用。释放数量和次数同成虫。

③释放卵箔：将黏有卵粒的卵箔剪成小纸条状，每条上有卵10～20粒。隔一定距离，用胶带粘在叶片背面，待幼虫孵出后捕食害虫。一般，每亩保护地释放卵箔1000条左右，对控制温室白粉虱效果良好。

［注意事项］

①草蛉的释放主要在保护地的温室、大棚内进行。

②购入不同剂型的草蛉，均应及时释放，尽可能避免贮藏。

③释放时要注意均匀分布，保证防治效果。

④在释放草蛉后，不宜再用杀虫剂喷施，以防杀死天敌昆虫。

（3）小花蝽

小花蝽为半翅目花蝽科捕食性天敌昆虫，可捕食蚜虫、蓟马、叶螨、粉虱等害虫及鳞翅目幼虫和卵。在我国自然条件下，因地域不同，小花蝽1年发生5～8代，世代重叠现象明显。1个世代历期一般18～20 d，在气温较低的春、秋季节为28～38 d，夏季成虫寿命21～29 d，越冬代成虫寿命120～150 d。据研究，1只小花蝽雌虫可捕食叶螨（卵）350只（粒），雄虫可捕食510只（粒）；若虫全期平均可捕食126只（粒）。小花蝽对人、畜和天敌动物无毒无害，无残留，也不污染环境。

［使用方法］

一般释放卵，将带有小花蝽卵的黄豆芽栽于果园或温室，卵的孵化率可达80%～95%，成虫获得率为50%以上。释放时间不受害虫发生多少限制，只要田间的温度、湿度适合，即可进行释放。成虫出现后，以植物汁液、花粉为食物，遇到害虫则可以捕食。

①栽植带卵的黄豆芽。栽植后随豆芽成活生

长，有利于保湿和卵的孵化，若虫成活率高。栽植带卵豆苗的间距一般为20 m。

②悬挂带卵的黄豆芽。先用脱脂棉包裹带卵的黄豆芽根部，浸湿后再用帕拉膜缠住脱脂棉保湿，然后再挂到温室植物枝条上。此法常因保湿不好，卵的孵化率不如移栽法高。挂带卵豆苗的间距为20 m。

在温室释放小花蝽，每1 m^2释放20～30只，虫害密度大时可增至50～60只。

［注意事项］

①栽植带卵黄豆芽，遇天旱应及时浇水，防止干死。悬挂的带卵黄豆芽，也可补水，使脱脂棉湿润，延长豆芽的存活期。

②带卵黄豆芽不能及时应用时，可放在冰箱冷藏室保存，贮藏期不宜多于15 d。

（4）食蚜瘿蚊

食蚜瘿蚊属双翅目瘿蚊科天敌昆虫，可以取食60多种蚜虫，在害虫生物防控中具有重要作用。食蚜瘿蚊以幼虫捕食蚜虫，每只幼虫一生可取食60只蚜虫。在食物缺乏时也可取食白粉虱蛹、叶螨卵等。1年可繁殖7～8代，以老熟幼虫在土壤中越冬。在温室内可周年繁殖达12～14代，对控制温室蚜虫作用很大。

食蚜瘿蚊对人、畜和天敌动物无毒、无害，只吃蚜虫或螨卵，不危害其他天敌昆虫，也不污染环境。

［使用方法］

一般在温室、大棚等保护地内使用。

放虫量按食蚜瘿蚊：蚜虫为1：（20～30）的比例进行。放虫时，在装有幼虫的盒子上面扎几个孔眼，分散均匀地摆到植株中间即可。幼虫化蛹后羽化出成虫，从盒孔飞出，在有蚜虫的叶片上产卵，经2～4 d孵出幼虫即取食蚜虫，吸取蚜虫体液使其死亡。

放虫时应为蚜虫发生初期，按照采点调查单株植株上的蚜虫量，计算出温室或大棚内的当时总蚜量，再按益害比1：（20～30）的比例，确定放食蚜瘿蚊的数量。一般来说，放虫1次，在整个生育期有效。

［注意事项］

①在蚜虫发生初期放虫，使食蚜瘿蚊幼虫孵出后即可获得食料。

②在放虫的温室和大棚内，不宜再喷洒杀虫剂，防止杀伤食蚜瘿蚊。

③要掌握好益害比放虫，不能太少，以免影响功效。

④购入的食蚜瘿蚊盒不能及时使用时，可放在冰箱冷藏室保存。在1℃条件下，可保存1个月；在5℃条件下，可保存8个月。

⑤发现温室或大棚内放入食蚜瘿蚊后，蚜虫繁殖很快，虫口上升时，可补充释放食蚜瘿蚊。

2. 天敌保护利用措施

（1）栖境的提供和保护

天敌昆虫的栖境包括越冬、产卵和躲避不良环境等生活场所。在枸杞生产中，通过在沟、渠、路及林带种植多种绿肥植物，既可扩大枸杞生产用的有机肥源，又可增加植物的种类，实现有机枸杞种植系统内植被的多样性。植被多样性的建立，既创造有利于天敌的栖息、取食、繁殖的场所，使其能躲避人类的田间活动、喷洒农药及人为干扰等，又创造不利于害虫发生的环境条件，起到防控害虫的作用。如草蛉几乎可以取食所有作物上的蚜虫和多种鳞翅目昆虫的卵和初孵幼虫，且某些大草蛉成虫喜欢栖息于高大植物上。因此，多样性的作物布局或成片种植乔木和灌木可提供天敌的栖息场所，有效地招引草蛉。越冬瓢虫的保护是扩大瓢源的重要措施，它是在自然利用瓢虫的基础上发展起来的。

（2）提供食物

捕食性昆虫可以随着环境的变化选择它们的捕食对象。捕食性昆虫的捕食量一方面与其体形大小有关，另一方面与被捕食者的种群数量和营养质量有关。猎物捕食的难易程度与捕食者的搜索力、猎物种群的大小、空间分布类型和生境内空间障碍有关。一般来说，捕食者对猎物种群密度的要求比寄生性昆虫高。天敌各时期对食物的选择有一定的差别，如草蛉1龄幼虫喜欢食棉蚜、棉铃虫卵，而不食棉铃虫幼虫。取食不同食物对其发育经历、结茧化蛹率和成虫的寿命及产卵量均有不同程度的影响。草蛉冬前取食时间长短和取食量的大小与冬后虫源基数密切相关，冬前若获得充足营养，则越冬率和冬后产卵量可大大提高。有些捕食性昆虫在产卵前除了捕食一些猎物外，还要取食花粉、蜜露等后才能产卵。

（3）保护和利用天敌，发挥自然控制作用

当田间蚜虫的数量与各种食蚜天敌总和之比小于或等于81∶1时，说明此时天敌可以控制蚜虫；若大于81∶1时，则表示无法控制蚜虫的密度，可人为地大量繁殖天敌，降低蚜虫密度。

（四）化学防控

1.化学防控的注意事项

化学防控就是用人工合成的有机农药防控枸杞病虫害的技术。自20世纪60年代初引进以来，化学防控是防控枸杞病虫害最常用、最主要的一种技术。这一技术由于具有使用简单、杀虫速度快、防控效果好的特点，不论对枸杞病虫害防控，还是对粮食、蔬菜病虫害的防控应用都是最常用的技术。但这一技术存在对环境、人畜危害性大的缺点，因此坚决禁止使用剧毒、高毒、高残留农药，限制使用中等毒性农药，每一个生产季度只能使用1次，并且距采果期要有一定的间隔期。允许使用低毒农药，但每个生产季度，一种农药也只能使用2次。为了更好地发挥化学防控的作用，用时必须注意以下4个方面。

（1）对症选择农药

由于枸杞病虫害种类较多，对农药的反应各不相同，应该针对防控对象合理选择农药。例如，枸杞蚜虫、枸杞木虱、螨类均属刺吸式口器，应选择内吸性强、渗透力强、有熏蒸作用的农药，如苦参素、硫黄悬浮剂，植物、矿物源农药等。

（2）找准最佳防控时期和剂量

选择适宜的虫态和剂量是用药的关键，在害虫的生活史中，卵和蛹处于休眠状态或活动很弱，又生存在比较稳定的场所，因而对农药最不敏感；而害虫的成虫和幼虫要进行取食和迁移，虫体裸露，易被杀死。成虫的活动性强，成龄幼虫较低龄幼虫抗药性强，因此，在低龄时期比在高龄时期防控效果好，在早春木虱出蛰期、有翅蚜虫期、嫩梢刚出现虫瘿期为最佳防控时期。病虫害的防控重于治理，例如，黑果病必须在下雨前1～2 d喷药效果才会较好。按各种害虫特性和农药特点严格控制使用量，不得随意增减。

（3）依据指数适时喷药

在枸杞病虫害防控中，要改变见虫就治，彻底消灭病虫害的观念，能兼治不专治，以减少用药次数，降低防控成本，减轻农药对环境污染和减少在果实内的残留。

（4）合理轮换混用农药

一个地区长期使用一种农药就会使病虫害产生抗药性。克服和延缓抗药性的有效办法之一就是轮换交替使用农药。混合用药可以提高防控效果，扩大防控对象，延缓病虫抗药性，延长农药使用年限，降低防控成本，同时还可以和叶面追肥结合，肥药兼施，病虫兼治，节省劳力。

2.农药使用方法

宁夏枸杞种植历史悠久，立地条件适宜栽种枸杞。宁夏枸杞虫害有38种，病害5种，在生长中发生频率高，危害最大的有七虫、二病，即枸杞蚜虫、枸杞木虱、枸杞瘿螨、枸杞锈螨、枸杞红瘿蚊、枸杞负泥虫、枸杞蓟马、枸杞黑果病、枸杞根腐病。枸杞属药食同源植物，一年中连续开花结果，主要病虫害一年发生多代，虫类同期、虫态生活史重叠现象极为普遍，防控难度大。因此，生产过程中的一切配套措施和园艺措施都应该以保护生态环境，抑制病虫害种群数量，减少化学农药使用次数和数量为前提。为此，必须筛选能有效防控枸杞虫害，又符合安全食品规定的替代药剂。

（1）替代性的化学农药

根据试验结果，推荐用于防控枸杞蚜虫、枸杞木虱的有吡虫啉类农药；防控枸杞瘿螨、锈螨的有托尔螨克、硫悬浮剂等。

（2）科学合理地使用农药

高温、低湿的环境条件，造成枸杞主要害虫（蚜虫、木虱、瘿螨）发生代数多、繁殖量大、世代重叠严重，完全用生物和农业措施防控一时还难以做到。因此，使用高效、低毒、低残留、低污染、经济的化学农药是控制病虫的有效方法，但枸杞盛采期6～8 d就采一蓬，因此，必须严格执行农药使用安全间隔期的规定，科学、合理、安全地使用农药。

（五）枸杞园常用农药

1. 化学杀虫杀螨剂

（1）有机磷杀虫剂

有机磷杀虫剂对害虫毒力强，多数品种的药效高，使用浓度低。一般在气温高时药效更好。其杀虫机理是抑制胆碱酯酶活性，使害虫中毒。

辛硫磷：一种广谱、低毒、低残留有机磷杀虫剂。杀虫谱广，速效性好，残效期短，遇光易分解。对鳞翅目害虫的大龄幼虫和土壤害虫效果较好，并能杀死虫卵和叶螨。对人、畜毒性低，对鱼类、蜜蜂和天敌毒性高。对害虫以触杀和胃毒作用为主，无内吸性，但有一定的熏蒸作用和渗透性。它能抑制害虫胆碱酯酶的活性，使其中毒死亡。在叶面喷雾残效期仅有3～5 d，但在土壤中可达30 d以上，之后被土壤微生物分解，无残留。

该药剂遇光极易分解失效，应避免在中午强光下喷药，在傍晚或阴天喷药较好。药剂应贮存于阴凉避光处，不能与碱性农药混用。

（2）拟除虫菊酯类

拟除虫菊酯杀虫剂最初是对天然植物中除虫菊素的杀虫作用及化学结构进行研究，然后开始人工模拟合成的一类杀虫剂，是近50年来迅速发展的一类高效、安全的新型杀虫剂。

溴氰菊酯：纯品为白色无味结晶粉末。对光、酸和中性溶液表现较稳定。对人、畜有中等毒性。剂型有2.5%溴氰菊酯乳油和2.5%溴氰菊酯可湿性粉剂，具有强烈的触杀和一定的胃毒、驱避、拒食作用，无内吸及熏蒸作用，是一种高效、低毒、低残留、杀虫谱广的新型杀虫剂。对刺吸式口器和咀嚼式口器害虫都有毒效，可防控枸杞蚜虫、枸杞木虱、枸杞卷梢蛾等多种害虫，但对螨类防控效果很差。

不可与碱性物质混用，以免降低药效。该药对螨蚧类的防效甚低，不可专门用作杀螨剂，以免害螨猖獗。在气温低时防效更好，因此，使用时应避开高温天气。使用该类农药时，要尽可能减少用药次数和用药量，或与有机磷等非菊酯类农药交替使用或混用，有利于减缓害虫的抗药性。

功夫：又名三氟氯氰菊酯，是新一代低毒高效拟除虫菊酯类杀虫剂，具有触杀、胃毒作用，无内吸作用。同其他拟除虫菊酯类杀虫剂相比，其化学结构式中增添了3个氟原子，使功夫杀虫谱更广、活性更高、药效更为迅速，并且具有强烈的渗透作用，增强了耐雨性，延长了持效期。功夫药效迅速，用量少，击倒力强，低残留，并且能杀灭那些对常规农药如有机磷产生抗性的害虫。对人、畜及有益生物毒性低，对作物及环境安全无害。害虫对功夫产生抗性缓慢。用2.5%乳油稀释浓度0.25‰～0.33‰液喷雾，可防控枸杞锈螨、瘿螨和枸杞蚜虫。

（3）昆虫生长调节剂类杀虫剂

该类杀虫剂主要是特异性杀虫剂，如昆虫激素、几丁质合成抑制、不育剂、拒食、忌避等。在使用时不直接杀死害虫，而是使害虫的生理活动不正常而致死。其是克服化学农药大量使用造成抗性的替代产品，具有高效低毒，使用量小等特点，是无公害绿色食品生产中首选药剂。

吡虫啉：是新一代氯代尼古丁杀虫剂，具有广谱、高效、低毒、低残留，害虫不易产生抗性，对人、畜、植物和天敌安全等特点，并有触杀、胃毒和内吸多重药效。害虫接触药剂后，中枢神经正常传导受阻，随后麻痹死亡。速效性好，药后1 d即有较高的防效，残留期长达25 d左右。药效和温度呈正相关，温度高，杀虫效果好。其主要用于防控枸杞蚜虫、木虱等，不能与碱性农药混用，药品应放在阴凉干燥处存放。

扑虱灵：是一种选择性的昆虫生长调节剂，属高效、低毒杀虫剂，对人、畜、植物和天敌安全，主要是触杀和胃毒作用，可抑制昆虫几丁质的合成，干扰新陈代谢，使幼虫、若虫不能形成新皮而死亡。药效缓慢，药后1～3 d才死亡，但持效期长（30～40 d），不杀成虫，但能抑制成虫产卵和卵的孵化。其主要用于防控枸杞木虱，用稀释浓度0.33‰～0.5‰液喷雾，与常规农药无交互抗性。

本药剂药效缓慢，应稍提前使用。

（4）杀螨剂

是指专门用来防控有害螨类的农药，只对螨类有效，对其他虫害无效，并且对不同种类的螨和螨的不同发育期，有一定的选择性。有的品种只杀螨卵和幼虫、若虫，对成螨效果差；有的则对卵、若螨、成螨均有效。一般持效期长，对人、畜、植物安全。

克螨特：又名丙炔螨特，是一种高效、低毒、广谱性有机硫杀螨剂，对害螨具有触杀和胃毒作用，但无内吸性和渗透传导作用。对成螨和幼螨、若螨效果好，杀卵效果差。药效受温度影响较大，20℃以上药效稳定，20℃以下药效降低。持效期较长，长期使用不易产生抗性。对天敌安全，但对食螨瓢虫和捕食螨有一定的杀伤作用。

双甲脒：系广谱杀螨剂，主要是抑制单胺氧化酶的活性。具有触杀、拒食、驱避作用，也有一定的内吸、熏蒸作用。适用于各类作物的害螨，对同翅目害虫也有较好的防治效果。

2. 生物农药

生物农药是以生物体如细菌、真菌、病毒等微生物为原料而制成的一类农药。它的特点是安全可靠，不污染环境，对人、畜不产生危害，而且原料易获得，生产成本低，是当前农作物病虫害防控中具有广阔发展前景的一种农药。生产中常见的生物农药有以下几种。

（1）植物源农药

苦参碱：从苦参植物中提取，是一种高效、低毒、广谱型植物源杀虫剂，对鳞翅目、双翅目、半翅目及螨类均有明显的防治效果，对真菌性病害也有较好的防控效果。以触杀作用为主，兼具胃毒作用。苦参碱主要作用于昆虫的神经系统，对昆虫神经细胞的钠离子通道有浓度依赖性阻断作用，可引起中枢神经麻痹，进而抑制昆虫的呼吸作用，使害虫窒息死亡。在枸杞上用含量0.3%水剂稀释浓度0.83‰～1‰液防控枸杞蚜虫效果很好，对枸杞木虱也有很好的防控效果。

牛心朴碱：是由枸杞工程技术研究中心研制出的以牛心朴子生物碱为主原药，以氧化苦参碱为复配原药，通过配方筛选得到一种生物农药。经不同地区田间药效试验验证，其对枸杞蚜虫和菜青虫、小菜蛾施药7 d后，防治效果均达到95%以上，且击倒速度快，持效期长，并在大量田间药效试验的基础上确定了农药使用技术标准。该农药属低毒、弱致敏类农药，无残留，对人、畜安全，是高效、低毒、无残留的环保性植物源农药，符合环保、健康和可持续发展的理念。

鱼藤酮：是从鱼藤作物的根系中提取的，对昆虫有触杀和胃毒两种作用。鱼藤酮能直接通过表皮、气门和消化道侵入虫体，中毒症状表现得很快，但死亡过程极为缓慢，往往要数天后才会毫无挣扎的死亡。鱼藤酮主要是影响昆虫的呼吸作用，是典型的细胞呼吸代谢抑制剂，对蚜虫和鳞翅目害虫防治效果较好。

烟碱：主要存在于茄科烟草属约50种植物中，是有高度挥发性的杀虫药剂，可防控蚜虫、介壳虫、蓟马等。烟碱对昆虫主要表现为熏蒸作用，也有触杀及胃毒作用，还有抑制生长发育的作用，并有一定的杀卵活性。

矿物源农药：来源于天然矿物的无机化合物。例如，砷化合物（砒霜）等。过去，有机合成农药不发达的时期，常用砷酸铅、砷酸钙这类天然矿物原料作为农药。目前，它们由于毒性大、药效低，已逐渐被淘汰，仅有少数矿物源农药，如石灰硫黄合剂、波尔多液、王铜（氧氯化铜）等还在使用。在使用矿物源农药时必须注意药害，因为它们的使用浓度高，常会使农作物产生药害。使用时，一定要小心谨慎，注意喷药质量，选择适宜的天气施药。

石硫合剂：石硫合剂是由生石灰和硫黄粉加水熬煮而成的，是一种应用广泛的杀菌剂、杀螨剂。使用石硫合剂要注意的问题：①不能与松脂合剂、肥皂和棉油皂等混用。②施用石硫合剂后的喷雾器，必须充分洗涤，以免腐蚀损坏。③夏季气温在32℃以上，早春低温在4℃以下，均不宜施用石硫合剂。④石硫合剂不耐贮存，如必须贮存时，应在容器内滴入一层油，并密封容器口。⑤掌握好使用时机。在发生红蜘蛛的枸杞园中，当叶片受害很严重时，不宜再喷石硫合剂，以免引起叶片加速干枯，脱落。

另外，还要掌握好石硫合剂与其他药剂混用或间隔使用。石硫合剂属强碱性药剂，如果与其他药剂混用不当，或前后使用间隔时间不足时，不但会降低药效，还会引起药害。波尔多液与石硫合剂绝对不能混用，即使前后间隔合用，也需要充分的间隔期，先喷石硫合剂的，要间隔10～15 d，才能喷波尔多液；先喷波尔多液的，要间隔20 d以后才能喷石硫合剂，以免发生药害。

（3）微生物源农药

利用微生物（如细菌、病毒、真菌和线虫等）或其代谢物作为防控农业有害物质的生物制剂。微生物源农药可分为原生动物型、线虫型、真菌型、细菌型、病毒型及农用抗生素。苏云金菌属于芽杆菌类，是目前世界上用途最广、开发时间最长、产量最大、应用最成功的生物杀虫剂。昆虫病原真菌属于真菌类农药，根据真菌农药沙蚕素的化学结构衍生合成的杀虫剂巴丹或杀螟丹等品种，已大量应用于实际生产中。农用抗生素是一类应用广泛、品种众多的微生物农药，它是由微生物产生的次级代谢产物，在低微浓度时即可抑制或杀灭作物的病、虫、草害或调节植物生长发育的一种制剂。

阿维菌素：是一类具有杀虫、杀螨、杀线虫活性的十六元大环内酯类抗生素，对害虫和螨类以胃毒作用为主，兼有触杀作用，并有微弱的熏蒸作用和有限的植物内吸作用，但它对叶片有很强的渗透作用，可以跨层运动，从而杀死表皮下的害虫，且残效期长。它具有结构新颖、农畜两用的特点，制剂低毒，对捕食性昆虫和寄生性天敌没有直接触杀作用，对益虫的损伤小，在土壤内被土壤吸附不会移动，并且易被微生物分解。在环境中无累积作用，渗透性好，受雨水影响小，对作物安全，可防控多种农业害虫。

浏阳霉素：本品属大环四内酯类化合物，纯品为无色棱状结晶，对紫外线敏感，在阳光下照射2 d，可分解50%以上。它是一种微生物代谢产物和高效、低毒杀虫、杀螨剂。浏阳霉素对多种作物的叶螨有良好的触杀作用，对螨卵有一定的抑制作用，对蚜虫也有较高的杀虫效果。

[注意事项]

①与其他农药混用，应先试验，再推广使用，药液应随配随用。

②本品对鱼有毒，应避免污染河流和水塘等。

③药剂贮存在避光、阴凉、干燥处。

④最后一次施药离收获的时间为20 d。

⑤如溅入眼睛里，应立即用大量清水冲洗；如接触皮肤或衣物，可用大量清水或肥皂清洗。

苏云金杆菌：是一种广谱微生物杀虫剂，杀虫效果好，对人、畜、植物绝对安全无毒。据国外资料报道，它能防除农、林、牧、卫生害虫4目32科121种昆虫，尤其是鳞翅目的幼虫最易被感染，对双翅目和鞘翅目的昆虫也有药效。苏云金杆菌为一种生物源杀虫剂，以胃毒作用为主，主要用于防控直翅目、鞘翅目、双翅目、膜翅目，特别是鳞翅目的多种害虫。苏云金杆菌可产生内毒素和外毒素。内毒素是主要的毒素，在昆虫的碱性中肠内，可使肠道在几分钟内麻痹，肠道内膜破坏，使杆菌的营养细胞极易穿透肠道底膜进入昆虫血淋巴，昆虫即停止取食，最后因饥饿和败血症而死亡。外毒素作用缓慢，它能抑制依赖于DNA的RNA聚合酶的作用，而在蜕皮和变态时起作用，影响RNA的合成。

[注意事项]

①苏云金杆菌主要用于防控菜青虫、小菜蛾等鳞翅目害虫的幼虫，施药期应比使用化学农药提前2～3 d。对害虫的低龄幼虫效果好，30℃以上施药效果最好。

②不能与内吸性有机磷杀虫剂或杀菌剂混合使用。

③晴天最佳用药时间在日落前2～3 h，阴天时可全天进行，雨后需重喷。

④药剂应存放在低温、干燥和阴凉的地方，以免变质。

⑤由于苏云金杆菌的质量好坏，以其毒力大小为依据，存放时间太长或方式不对则会降低其毒力。因此，应对产品做必要的生物测定。

农抗120：是一种广谱性杀菌剂，兼有保护和治疗作用，对多种植物病原菌有强烈的抑制作用。它可直接阻碍病原菌蛋白质合成，导致病原菌死亡。对人、畜低毒，无残留，不污染环境，对作物和天敌安全，并有刺激植物生长的作用。

[注意事项]

除碱性农药以外，可与其他杀虫剂、杀菌剂混用。

3. 杀菌剂

（1）多菌灵

是一种广谱、内吸性的杀菌剂，对多种作物由真菌（如半知菌、多子囊菌）引起的病害有防控效果，可用于叶面喷雾、种子处理和土壤处理等。

[注意事项]

①多菌灵可与一般杀菌剂混用，但与杀虫剂、杀螨剂混用时要随混随用，不宜与碱性药剂混用。

②长期单一使用多菌灵易使病菌产生抗药性，应与其他杀菌剂轮换使用或混合使用。

③进行土壤处理时，有时会被土壤微生物分解，降低药效。若土壤处理效果不理想，可改用其他使用方法。

④安全间隔期为15 d。

（2）托布津

本品为高效、广谱、强力、内吸杀菌剂，对多种病害有显著的防控效果。具有速效性和特效性，定期喷洒能有效防止病害蔓延，对人、畜低毒，对植物安全。

[注意事项]

①本品可与多种农药混用，但请勿与铜制剂混用。

②本品连续喷雾间隔7～10 d，收获前15 d内禁止使用。

③施药时须进行适当防护，防止由口鼻吸入，万一吸入应注射阿托品或请医生治疗。

（3）乙磷铝

低毒、内吸、烷基亚磷酸盐类杀菌剂。内吸性强，在植物体内可双向输导，具有保护和治疗作用。其主要用于防控卵菌纲病原真菌引起的霜霉病、疫病等，常用剂型有80%和90%原药，40%水溶性粉剂，30%胶悬剂等。药液浓度应按有效成分含量配制，一般以40%水溶性粉剂稀释浓度2‰～2.5‰液喷洒。注意乙磷铝易吸潮结块，应密封干燥保管，但一般遇潮结块不影响药效。

五、病害的预测预报

枸杞病害的预测预报就是预先了解枸杞病害发生的可能性和轻重程度，从而决定防控对策。枸杞各种病害预测的主要根据是：病害的生物学特性，侵染过程和侵染循环的特点，病害流行前寄主的感病情况与病源物的数量，病害发生与环境的关系，当地的气象预报等。

六、虫害的预测预报

在枸杞虫害的预测中，常常采取直接取样调查方法。其调查结果的准确程度与取样方法、取样的样本数、样本的代表性有密切的关系。

（一）枸杞害虫种类调查

调查方法主要是进行田间采集调查，其次可附以诱虫灯、色板诱集和性引诱等方法。田间采集调查最好每半个月进行一次，凡遇到害虫或益虫都应该采集标本，标明名称、为害虫态、捕食或寄生状态等。对于一些不知名的害虫或益虫，可以临时编号待查。通过诱集器所诱得的虫子标本要及时检查登记。这样经过2年的系统调查，就可以获得当地枸杞作物上的害虫或者益虫种类，组成较完整的基本资料，为进一步研究枸杞上的虫情及为害状态和防控工作打下基础。

（二）枸杞害虫数量调查

害虫数量调查一般采取取样调查的方法，影响取样调查代表性的因素主要有人为因素和调查取样技术两个方面。人为因素主要是指调查的责任心，只要责任心强就可以减少人为因素造成的影响。调查取样技术主要由取样的方式、样本数量和取样单位三项组成。

1.昆虫分布型

枸杞由于其生物学特性对环境条件的长期适应性而表现出一定的分布型。最常见的有3种分布型：随机型、核心型和嵌纹型。活动力强的昆虫一般呈随机型分布，比如蚜虫、瘿螨、木虱等。活动力弱的昆虫呈核心型分布，表现在田间均匀分布，形成一个个核心集团，并从核心作放射性的蔓延。有的昆虫是从田间的杂草过渡来的，在田间呈不均匀的疏密相间分布，被称为嵌纹型分布。

2.调查取样技术

（1）取样方法

对于随机型分布的昆虫可采取五点式、棋盘式或对角线式的取样方式，能够获得较为准确的数据。核心型分布采用分行取样或棋盘式的取样方法，比较有代表性。嵌纹型分布的昆虫采取“Z”字形或棋盘式取样方法较为科学。

（2）取样单位

枸杞病害虫调查取样单位因病虫种类不同、虫态不同、生活方式不同而存在差异。因为枸杞害虫大多虫体较小、不活泼、数量多，而且具有一定的群集性，如枸杞蚜虫、瘿螨及锈螨等，可以取枸杞植株的一部分（叶片、枝条、花蕾及果实）或枝条的一定长度作为取样单位。生产上对于某些病害，比如枸杞根腐病及流胶病，可以取枸杞植株发病数量作为取样单位来统计。对于比较活泼的虫情，如枸杞红瘿蚊、枸杞木虱等昆虫，通常以时间作为调查取样的单位，即以单位时间内采集到的或目测到的昆虫数量来表示。

（3）样本数量

在调查昆虫过程中，所取样点数量的多少叫作样本数量，一般为5点、10点、15点或20点。以植株为单位时，一般采取50～100株。枸杞面积小、地形一致、生长整齐、四周没有特殊影响的随机分布型昆虫，取样时可以少些；反之，样本数量要多些。

（三）枸杞害虫田间统计分析

通过对枸杞田间害虫数量调查的数据，采用数理统计、相关分析、聚类分析和时间序列分析的方法，就可将枸杞田间害虫的集中趋势和离散趋势进行有效分析，绘制各种枸杞害虫在田间发生的动态曲线。依靠害虫动态曲线，结合当地气候特点，可以为枸杞病虫害发生进行有效的预测预报，使生产管理者随时了解枸杞基地的病虫害发生情况，提出并实施病虫害防控的最佳方案。

（四）枸杞主要害虫的调查方法

1. 虫情监测、预报方法

（1）枸杞蚜虫

种群调查：每年越冬前10月20日至11月20日调查越冬卵基数，越冬后3月20日至4月10日调查多年生枝条上越冬卵孵化率。4月10日开始系统调查，每5 d随机或定点调查1次，选30 cm长的枝条20～25枝，调查对象是若虫、成虫、有翅蚜量，持续调查至11月20日。每次调查全部选取刚发出的嫩枝。

种群预测：蚜虫每完成一世代有效积温为88.36日度，发育起点温度为8.9℃。通过发育起点温度预测，历年开始发生为害期4月15日至5月5日，高峰期5月15日至6月15日。

（2）枸杞红瘿蚊

种群调查：越冬后，3月20目前掏土检查越冬虫茧数，每次不低于5个样点取样。每样点取30 cm × 30 cm，以5 cm、10 cm、20 cm、30 cm分层取土。通过越冬虫茧预测田间虫口基数，4月10日开始系统调查。每5 d随机或定点调查1次30 cm长的枝条20～25枝，调查对象是花蕾总数、被害花蕾数。每次调查全部选取刚发出的嫩枝及幼蕾。

种群预测：物候观察,每年春季枸杞放叶时，越冬代成虫羽化，危害老眼枝幼芽，春梢（又称新枝或七寸枝）抽出后，第1代成虫开始羽化，为害春梢幼蕾。发育起点温度：每代有效积温为347.5日度，发育起点温度为7℃。通过发育起点温度预测，正常年份4月10～15日越冬成虫将进入羽化期。

（3）枸杞瘿螨、锈螨

种群调查：每年5月10日开始调查，11月10日结束，每5～10 d调查1次。每次随机或定点取5～10样株，共取100片叶。分5级调查虫情指数：0级正常叶；1级有1～2个小于1 mm的虫瘿斑；2级有2～3个大于1 mm的虫瘿斑；3级有3～4个或多个2 mm以下的虫瘿斑；4级有2 mm以上的虫瘿斑或有致畸叶片或嫩枝。

种群预测：越冬成虫镜检，取当年及2年生枝条20枝在解剖镜下观察越冬芽、鳞片内及枝条缝隙内的越冬成虫，统计成虫及卵。

物候观察：越冬芽开始展叶时，成虫从越冬场所迁移至新叶上产卵。孵化后若虫侵入植物组织造成虫瘿。5月中下旬新梢盛发时，2年生枝条上的瘿螨从虫瘿内爬出，扩散到新梢上为害，春梢最旺盛的季节也是大量形成虫瘿的时期。

（4）枸杞木虱

每年3月20日开始调查，每10 d调查1次，

11月10日结束。越冬成虫调查：每次随机取30 cm×30 cm，检查树冠下、土缝中3 cm深土层中、土表枯萎的枸杞卷叶中的虫量。同时，检查田埂土缝和枸杞老树皮下越冬成虫。

卵调查：每次随机或定点取5～10样株，共取100片叶，统计有卵叶、无卵叶的数量。

物候观察：越冬芽开始展叶时，成虫开始大量产卵。

（5）枸杞负泥虫

不是常年发生种。4月10日开始调查，每10 d调查1次 ，10月20日结束。随机取50枝30 cm长的枝条，统计卵、若虫、成虫的数量。

（五）枸杞病虫害“五步法”绿色防控技术

宁夏农林科学院植物保护研究所枸杞植保创新团队，自“十一五”以来针对宁夏枸杞病虫害严重危害和农药残留超标的问题积极组织科研攻关，在充分掌握枸杞病虫害关键生物学、生态学特性及发生规律的基础上，研发出了以生物防控技术、农药高效减量技术、化学农药安全使用技术和监测预报技术为一体的，实用性强、易于操作的枸杞病虫害“五步法”安全防控技术体系（图12-14）。

“五步法”安全防控技术体系以“预防为主、综合防治”为指导原则，根据枸杞病虫害发生规律和枸杞生长特性，将枸杞整个生育期病虫害的防治工作分为：早春清园封园灭虫（菌）源、采果前期药剂防治压基数、夏果期生物防控保安全、秋果期协调控制减药量、秋季封园降基数的5个防治阶段。采取“两头重、中间轻”的用药原则，保证规范化、标准化、精准化用药，做到采果期不使用化学药剂，达到安全、有效、经济、绿色的防治目的。

第一步：萌芽前期清园封闭灭虫（病）源（3月中旬至4月上旬，发芽前）。

①彻底清园。3月中旬之前，将修剪下的枝条及树体上或田间残留的病虫果，带出园外集中处理。

②全面封园。3月下旬至4月初萌芽前，对枸杞树体、地面、田边、地埂采用5波美度自制石硫合剂或45%石硫合剂晶体100～200倍全园封闭。

③枸杞红瘿蚊、枸杞实蝇的预测预防。4月上旬根据红瘿蚊和实蝇监测预报，用3%的辛硫磷颗粒剂拌毒土撒施树冠下，每亩用药2～3 kg，灌水封闭土层，或于植株两侧50～80 cm宽采取地表覆膜进行隔离。

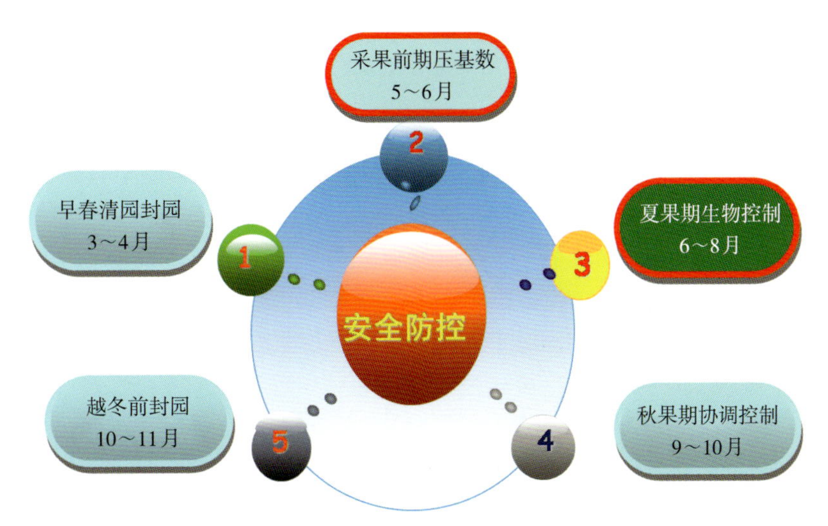

图12-14 “五步法”安全防控技术
（图片由宁夏农林科学院植物保护研究所张蓉研究员、何嘉副研究员提供）

第二步：采果前期药剂防治控基数（4月上旬至5月下旬，采果前20 d）。

①关键期防治对象。4月初萌芽期重点防治枸杞木虱成虫和卵；4月上旬展叶期重点防治瘿螨、木虱、负泥虫、蚜虫；5月上旬新梢生长期重点防治瘿螨的二次扩散；4月下旬和5月中旬现蕾期重点防治红瘿蚊，5月中下旬花期重点防治蓟马。

②药剂使用方法。按照推荐药剂，以“杀虫剂+杀螨剂”的混合配方，交替使用低毒低残留化学农药，严格按照间隔期交替应用，全园共连续喷施2～4次，将病虫害发生危害程度控制在防治指标以内。

第三步：夏果期生物防控保安全（6月上旬至8月上旬）。

及时夏剪，重点采用生物防控技术，选择推荐生物农药种类进行防控。同时，配套采用诱捕器、食诱剂等技术诱杀枸杞实蝇等害虫，每种农药最多使用2次。如遇某种虫（病）害暴发严重，在严格控制安全间隔期的前提下，选择推荐使用化学农药进行防治。

第四步：秋果期协调控制减药量（8月中旬至10月下旬）。

以防治病害为重点，兼顾防治虫害。8月中旬至9月上旬，采用推荐使用的化学农药，在保证安全间隔期的前提下，严格按照药剂安全使用方法，对发生较重的病虫害进行1～2次防控，将发生危害程度控制在防治指标以内。9月中旬至10月下旬，秋果采收期，主要采用安全的生物农药对病虫害进行控制。

第五步：越冬前期全园封闭降基数（11月上中旬）。

秋果采收结束后，加强树体营养管理。在落叶前全园喷施一次化学农药，防治越冬病菌和害虫。发生红瘿蚊和实蝇危害的茨园，在冬灌前用3%辛硫磷颗粒剂拌土撒施于树冠下，每亩用药2～3 kg，施药后立即灌水，封闭土壤。

参考文献

曹有龙，何军. 枸杞栽培学[M]. 银川：宁夏人民出版社，2013.

杜玉宁，张宗山，沈瑞清. 枸杞负泥虫的发育起点温度和有效和积温[J]. 昆虫知识，2006(4): 474–476.

李锋，杨芳，李云翔，等. 枸杞蚜虫发育的有效积温和发育起点温度测定[J]. 宁夏农林科技，2002(3): 18–19.

鲁占魁，樊仲庆. 枸杞流胶病因研究[J]. 北方园艺，1998(3): 76–77.

鲁占魁，王国珍，张丽荣，等. 枸杞根腐病的发生及防治研究[J]. 植物保护学报，1994(3): 249–254.

唐慧锋，赵世华，谢施祎，等. 枸杞炭疽病发生规律试验观察初报[J]. 落叶果树，2003(5): 55–57.

杨森林，曹有龙，周兴华，等. 枸杞通史(下卷)[M]. 银川：阳光出版社，2019.

张宗山，杜玉宁，沈瑞清. 枸杞木虱（*Paratrioza sinica* Yang et Li）有效积温和发育起点温度的室内测定[J]. 植物保护，2007(2): 67–69.

第十三章 枸杞化学成分

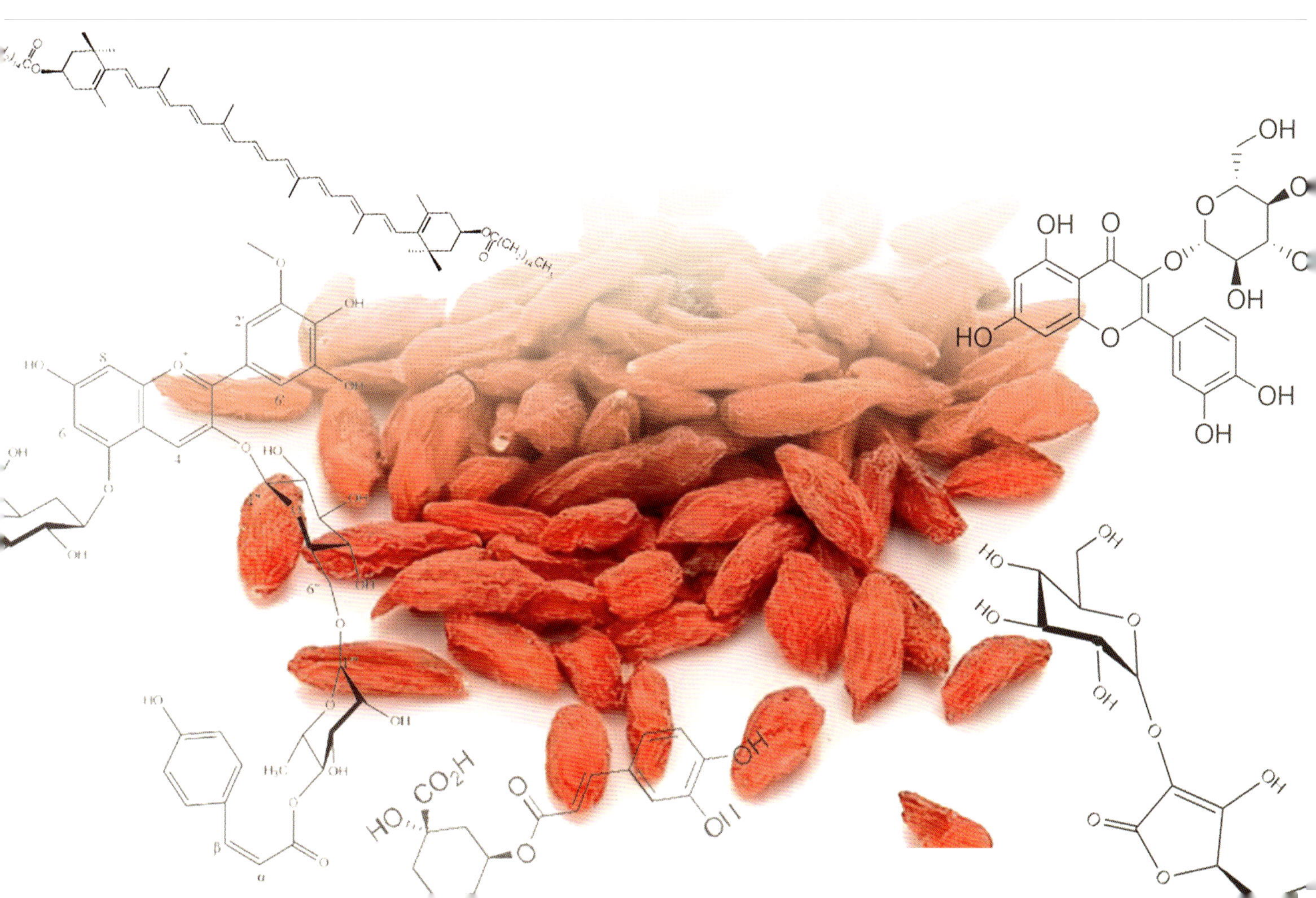

第一节　绪论

第一章所述，目前中国主要栽培的枸杞品种为宁夏枸杞（*Lycium barbarum* L.）。其干燥成熟果实是《中国药典》中规定的唯一入药的材料。中药材发挥作用的物质基础是其化学成分。迄今为止，枸杞的化学成分已经得到较深入的研究。研究表明，枸杞的化学成分复杂，约含有上百种，而这些成分又可以分成不同的类型。其化学成分按物质基本类型，可分为有机物和无机物；按元素组成、结构母核，可分为糖类、蛋白质、类胡萝卜素、黄酮、生物碱、苯丙素、香豆素、萜类等；按酸碱性，可分为酸性、碱性、中性；按溶解性，可分为非极性（亲脂性）、中极性、极性（亲水性）。这些化学成分是枸杞发挥增强机体免疫力、降血糖、降血脂、抗肿瘤、抗脂肪肝和预防心脑血管疾病等作用的物质基础。

但枸杞作为中药材，是一个有层次和结构的有机整体，是临床中医学长期实践的产物，具有多成分、多环节、多靶点的整体作用特点。因此，只有深入研究枸杞的化学成分，才能真正明确其预防和治疗疾病的机理，保障使用的安全性、有效性和稳定性。

近年来，枸杞的研究思路越来越注重功效物质基础的研究，将枸杞的化学成分与其功效或药理作用进行相关性研究，对于阐明枸杞的药效成分及作用机制是不可或缺的。利用现代科学技术的方法和手段，加强对枸杞药效成分的研究，对明确枸杞的功效物质基础、预防和治病机理，实现枸杞中药的安全、有效、稳定和可控具有重要意义。

第二节　枸杞化学成分分离原理

一、提取分离的主要原理及其分类

枸杞中化学成分种类繁多，结构复杂。提取化学成分时，大多是根据被提取化学成分在溶剂中的溶解度大小，通过溶剂浸润、溶解、扩散的过程，将化学成分从复杂的均相或者非均相体系中提取出来。传统的溶剂提取法操作形式有煎煮法、浸渍法、渗漉法、回流法、连续回流法。随着科学技术的发展，一些辅助提取方法不断应用到中药提取中，如超声波协助提取、微波辅助提取、生物酶解辅助提取、超临界流体萃取等技术。由于提取液中不仅有有效成分，而且必然混有许多无效成分（杂质），需要通过分离与纯化除去杂质以达到提纯与精制的目的。分离的原理一般是利用各化学成分之间理化性质的差异，将中药提取液中各有效成分彼此分开或将有效成分与杂质分开。分离方法较多，可根据其分离的原理主要分成以下几类。

（一）根据各化学成分溶解度的差异进行分离

（1）利用温度不同引起溶解度的改变以分离化学成分，如常见的结晶及重结晶等操作。

（2）在溶液中加入另一种溶剂以改变混合溶剂的极性，使一部分化学成分沉淀析出，从而实现分离。如在浓缩的水提取液中加入数倍量高浓度乙醇，以沉淀除去多糖、蛋白质等水溶性杂质（水/醇法）；或在乙醇提取液中加入数倍量水稀释。以沉淀除去脂类等水不溶性杂质（醇/水法）；或在乙醇浓缩液中加入数倍量乙醚（醇醚法）或丙酮（醇/丙酮法），可使皂苷沉淀析出。而脂溶性的树脂等杂质则留存在母液中等。

（3）对酸性、碱性或两性有机化合物来说，常可通过加入酸或碱以调节溶液的pH，改变分子的存在状态（游离型或离解型），从而改变溶解度实现分离。例如，一些生物碱在用酸性水溶剂从药材中提出后，加碱调至碱性pH，即可从水溶液中沉淀析出（酸/碱法）。还有提取黄酮、蒽醌类酸性成分时采用的碱/酸法，以及调节pH至等电点使蛋白质沉淀的方法等也均属于这一类型。这种方法因为简便易行，在工业生产中应用很广泛。

（4）在溶液中加入某种沉淀试剂，使之与某些化学成分生成水不溶性的复合物等，导致沉淀析出而分离。例如，醋酸铅、雷氏铵盐、氯化钠明胶等试剂。

（二）根据各化学成分在两相溶剂中的分配比差异进行分离

常见有简单的液-液萃取法、反流分布法（CCD）、液滴逆流色谱（DCCC）、高速逆流色谱（HSCCC）、气液分配色谱（GC或GLC）及液液分配色谱（LC或LLC）等。

（三）根据各化学成分的吸附性差异进行分离

吸附现象在化学成分分离中应用广泛，通常又以固-液吸附为主，其机制有物理吸附、化学吸附及半化学吸附之分。物理吸附也叫表面吸附，因构成溶液的分子（含溶质及溶剂）与吸附剂表面分子通过分子间力而引起的相互作用。其特点是无选择性，吸附与解析（脱吸附）过程可逆且可快速进行，如采用硅胶、氧化铝及活性炭为吸附剂进行的吸附色谱即属于这一类型，在分离工作中应用最广。化学吸附是由于化学键产生而导致的吸附作用，如黄酮等酚酸性物质被碱性氧化铝的吸附，或生物碱被酸性硅胶的吸附等。其选择性较强，吸附十分牢固，常常不可逆，故用得较少。半化学吸附是通过被分离化学成分与吸附剂之间产生氢键而吸附，其选择性较弱，多可逆，也有一定应用，如聚酰胺对黄酮类等化合物的吸附等。

（四）根据各化学成分分子大小差异进行分离

枸杞化学成分的分子大小各异，相对分子质量从几十到几百万，也可据此进行分离，常用的有透析法、凝胶过滤法、超滤法等。前两者是利用半透膜的膜孔或凝胶的三维网状结构的分子筛滤过作用，超滤法则是利用因分子大小不同而引起的扩散速度的差别。

（五）根据各化学成分离解度进行分离

具有酸性、碱性及两性基团的分子，在水中多呈离解状态，据此可用离子交换法或者电泳技术进行分离。

另外，分离方法可根据分离对象是均相还是非均相体系分为机械分离与传质分离两种形式。机械分离处理的是两相或两相以上的混合物，通过机械处理就可简单地加以分离，不涉及传质过程，例如过滤、沉降、离心分离、压榨等。传质分离处理既可以是均相体系，也可以是非均相体系，通过各单个化学成分的理化性质差异进行分离，一般是依据平衡与速率两种途径实现的。其取决于平衡的分离方法，是以各化学成分在媒介中不同的分配系数而建立的平衡关系为依据，实现的分离过程，如萃取、蒸馏、吸附、结晶和离子交换、大孔吸附树脂等色谱法；取决于速率的分离方法，是根据各化学成分扩散速度的差异来实现分离的过程，如微滤、超滤、纳滤、分子蒸馏、电渗析、反渗透等的推动力，可利用浓度差、压力差和温度差等。

二、枸杞化学成分提取分离技术与方法的现状和发展趋势

在实现枸杞产业化、现代化、国际化的宏伟目标驱动下，作为枸杞现代化研究的核心、枸杞产品生产和应用的关键，枸杞化学成分提取分离得到了人们的高度重视。大量新方法、新技术、新工艺的普遍应用，大大提高了枸杞化学成分提取分离的技术能力和水平，每年都可发现新化合物。有些有效成分已作为枸杞或枸杞产品质量标准的指标成分。目前，枸杞化学成分提取分离主要还是以经典的溶剂法结合现代色谱方法进行，受多种新技术如中压快速色谱、高速逆流色谱、高效液相色谱等影响。一些新材料和新试剂如正向与反向色谱用的载体、分离大分子的各种凝胶、各种离子交换树脂、大孔吸附树脂等广泛应用。这不仅可以较方便地分离各类化学成分，甚至可分离超微量的化合物。就枸杞化学成分的研究而言，未来将在生物活性的引导下，重点开发微量、在线的分离鉴定技术，实现枸杞有效成分高效、快速发现；而对于工业生产而言，枸杞的提取分离是国家今后重点发展的高新技术领域之一。其发展趋势主要有两方面:一是提取分离新技术的研究和应用。提倡将传统的中药特色和优势与现代科学技术结合起来，重点向高效、绿色方向发展，如超临界流体提取技术、新型色谱分离技术、仿生提取技术等。二是多种现代技术的集成综合工艺的应用。如膜分离与树脂吸附技术的联用、超临界流体提取与色谱技术的联用、吸附澄清-高速离心-膜分离工艺等。同时，加强新技术新工艺的研究，寻求最佳的操作条件，有针对性地进行生产设备工艺的设计，克服产品质量不稳定、有效成分含量可控性差、疗效不够稳定等一系列问题。按照国际认可的标准和规范对中药进行研发、生产和管理，研制出高疗效、高质量、低毒性能够被国际市场所接受的现代中药制剂，使之符合国际主流市场的产品标准，尽快进入国际医药主流市场，使枸杞逐渐走向产业化、现代化和国际化。

目前，枸杞化学成分的提取分离方法的根本依据是枸杞中各种化学成分理化性质的差异。因此，在选择提取分离方法时，必须了解枸杞各类化学成分的理化性质，通常按照化学成分的结构特点进行分类，主要包括糖类、多酚类、生物碱类、类胡萝卜素等。

第三节　枸杞中的糖类化合物

糖类在枸杞中存在最为广泛，占枸杞干重的30%～65%。糖类化合物包括单糖、低聚糖和多聚糖及其衍生物。单糖分子都是带有多个羟基的醛类或酮类化合物，为无色晶体，味甜，有吸湿性，溶于水，难溶于乙醇，不溶于乙醚等有机溶剂，且溶解度易受多糖的分子结构、温度影响。常见的单糖有葡萄糖、半乳糖、鼠李糖、木糖、阿拉伯糖等。低聚糖又称寡糖，指含有2～9个单糖分子脱水缩合而成的化合物，易溶于水，难溶于乙醚等有机溶剂，常见的有蔗糖、芸香糖、麦芽糖等。多聚糖又称多糖，是由10个以上的单糖基通过糖苷键连接而成的一类化合物，多糖不易溶于水，但一般能溶于热水。

一、枸杞多糖

枸杞多糖是指以枸杞子为原料，经过提取等工艺制得的多糖。枸杞多糖是枸杞的主要成分之一，是枸杞中最广泛关注和研究的成分。

（一）枸杞多糖的提取

样品处理：将枸杞子粉碎后用氯仿、甲醇、石油醚等单一或者混合溶剂回流提取，除掉脂肪、色素，再用80%的乙醇回流提取除掉寡糖，随后将枸杞渣干燥，用于提取粗多糖。

水提取法：用不同温度的水溶液进行提取，料液比为1：10～1：35，提取时间为1～5 h，提取温度为30～100℃。提取物经浓缩后用4倍体积的乙醇沉淀过夜，沉淀物经透析、浓缩冻干后获得枸杞多糖粗提物。Zhu等将预处理后的枸杞渣置于90℃的热水中提取枸杞多糖。Zhang等将枸杞用水浸提，水提取液用乙醇沉淀，用Sevage试剂（氯仿：正丁醇-BuOH=4：1）除去游离蛋白，用链霉蛋白酶E释放多糖链，收集得到多糖蛋白复合物LBPF4-OL。Huang等将枸杞果实置于100℃的蒸馏水中提取30 min，透析除去小分子物质，浓缩冻干后得到枸杞多糖XLBP。

基于热水提取的新型辅助提取技术：如超声辅助提取、微波辅助提取技术在枸杞多糖的提取中也有所应用，能够提高枸杞多糖的提取率并缩短提取时间。Yang等采用不同的方法提取枸杞多糖，分别比较了热水（HWE100℃），超声波水（UWE30～40℃），亚临界水（SWE110℃）及超声增强亚临界水（USWE110℃）对枸杞多糖提取率的影响，发现用超声增强亚临界水提取时枸杞多糖和总蛋白的提取率最高，为14.1 %和27.9 %。单一采用热水浸提时，枸杞多糖的提取率最低，仅为7.6 %。

酶辅助提取：是一种环保、便捷、高效的提取方式。Zhou等采用纤维素酶、木瓜蛋白酶和淀粉酶在55℃下提取枸杞粗多糖LBP1。Zhang等采用2%纤维素酶和1%木瓜蛋白酶在60℃，pH4.6的条件下提取91 min，枸杞多糖的相对提取得率最高，为6.81%±0.10 %。

不同提取方式对枸杞多糖的特性、结构等会产生一定的影响，HaoWei比较了4种不同的多糖提取方式，发现热水提取枸杞多糖，多糖含量和糖醛酸含量最高，分别为59.3%和45.9%，微波辅助热水提取多糖复合物较好。其蛋白含量为21.8%，超声辅助提取多糖含量为53.5%，蛋白质含量为19.3%，热水提取、微波辅助提取、超声辅助提取及加压液体提取获得的多糖的分子量分别为9.47×10^5、6.98×10^5、7.84×10^5、9.11×10^5 Da。

（二）枸杞多糖的分离纯化

枸杞粗多糖通过透析等分子筛除掉小分子的化合物，对目标产物进行初步纯化，再利用阴离子交换色谱法和凝胶色谱法纯化得到单一多糖。表13-1显示常用阴离子层析柱DEAE-52对枸杞多糖进行初步分离纯化，再根据多糖分子量的不同选择不同凝胶层析柱填料。常见使用的填料有：Sephadex G-50、Sephacryl S-300、Sephadex G-150、DEAE Sepharose Fast Flow和Sepharose 6FF等。此外，SDS辅助法可用于分离鉴定含有糖蛋白的大分子多糖复合物，Robert利用Yariv试剂沉淀纯化多糖，SDS-PAGE电泳技术辅助分离鉴定多糖糖蛋白复合物，其蛋白质含量为5.67%～17%。

（三）枸杞果实多糖结构鉴定

枸杞多糖的结构鉴定方法如表13-2所示。

表13-1　枸杞多糖的提取及分离纯化

LBPS	提取步骤	多糖/蛋白得率及含量	色谱柱
$LPBC_2$	热水浸提，逐步进行醇沉、透析、脱蛋白	中性糖，63.36%；单一糖，24.84%；蛋白质，7.63%	DEAE，Sephadex G-50
AGP	脱脂，Tris-HCl浸提，过滤，Yariv 试剂4°C浸提过夜，离心后将颗粒（AGP-Yariv复合物）悬浮在100%甲醇中，用甲醇反复冲洗。将颗粒干燥并溶解在50% DMSO中，添加亚硫酸氢钠加热到50°C打破Yariv-AGP复合体。将无色溶液透析数日，冷冻干燥得到AGP。	阿拉伯半乳聚糖-蛋白质 蛋白质，17%	—
LBP-X	氯仿：甲醇（2：1，v：v），风干，80% 乙醇回流提取，90°C 热水浸提3次，分别用95%乙醇、无水乙醇和丙酮沉淀，将沉淀真空干燥得到粗多糖，DEAE纤维素柱，Sephacryl S-300柱分离，收集液冷冻干燥。	—	DEAE，Sephacryl S-300
LBP	热水提取得到粗多糖，氯仿：甲醇（2：1，v：v）回流脱脂，95%乙醇、无水乙醇和丙酮沉淀后真空干燥。	—	—
LBP	氯仿：甲醇（3：1，v：v）在70°C回流提取2h，丙酮在70°C回流提取2h，400mL乙醇在70°C提取回流提取3h，500mL水在100°C回流提取3h。	—	—
LBP-1	使用索氏萃取器，用氯仿甲醇溶液回流2h去除脂质，再以80%乙醇溶液回流2h以去除低聚糖。80°C热水提取3次，三倍体积的95%乙醇沉淀。沉淀用乙醇和丙酮依次洗涤，然后减压干燥后得到粗多糖。	多糖得率2.24%；蛋白质含量5.67%	DEAE
LBP	甲苯-乙醇（2：1，v：v）回流脱脂，或用氯仿-甲醇（2：1，v：v）在索氏提取器脱脂6h。沸水提取，浓缩液用4倍体积的95%乙醇沉淀。	多糖含量75%～90%	—
PLBP	用石油醚（沸程：60～90°C）在索氏提取器中脱脂，80%乙醇预处理2次以脱去色素、单糖、寡糖和小分子物质。蒸馏水浸提2h，悬浮液用水回流提取4h。水相过滤后冻干。	—	DEAE
XLBP-I-I	100°C水提2次（每次500mL），每次30min。滤液透析（截留量3500 Da），浓缩后冻干。	—	
PLBP-1-1 PLBP-11-1	宁夏枸杞的花梗用沸水提取2次，每次30min，离心，透析，记为PLBP，PLBP继续用阴离子交换色谱法，过滤得到凝胶组分PLBP-1-1和PLBP-11-1。	—	DEAE Sepharose Fast Flow，FF and Sepharose 6FF
LBP3b	60°C热水浸提，超滤（膜分离分子量为300～50kDa），用氯仿：甲醇溶剂（2：1）回流3次除去脂质，风干后再用80%乙醇回流。滤液分别用95%乙醇、100%乙醇和丙酮依次进行沉淀，真空干燥。	—	DEAE Sephadex G-150
LBPF4-OL	水提醇沉，Sevage试剂（氯仿：正丁醇-BuOH=4：1）去除游离蛋白，透析，冷冻干燥得到粗枸杞多糖，纯化后得到糖蛋白复合物LBPF4。	—	DEAE-cellulose-Sephadex G-150
LBP1B-S-2	纤维素酶、木瓜蛋白酶和淀粉酶在55°C提取。	—	阴离子交换色谱和凝胶色谱
LBP	用2.0%纤维素酶和1.0%木瓜蛋白酶在60°C、pH 4.6浸提91min。	—	

表13-2　枸杞多糖的结构鉴定方法

枸杞多糖	单糖组成				纯度和分子量		形态	特征结构
	水解条件	衍生化	色谱柱	检测方法	色谱柱	检测方法		
LbGp2-OL	1 M H_2SO_4, 100°C, 4h	乙酸酐：吡啶（v∶v, 1∶1）	OV-225毛细管柱	GC	Sepharose 4B（2cm × 50cm）色谱柱	GC	—	甲基化，部分酸水解，NMR
bGp1	1M H_2SO_4，100°C, 4h	—	OV-225毛细管柱（0.3mm × 25mm）	GC	—	SDS-PAGE	—	甲基化，部分酸水解，NMR
LBP	2 M TFA，100 °C, 4h	三甲基硅烷化	RTX-5毛细管柱	GC-FID	—	—	—	FT-IR
LBP	2 M TFA，120 °C, 3h	盐酸羟胺	HP-5MS毛细管柱（0.3mm × 0.25mm I.D.，0.25 μm）	GC-FID	Cosmosil 5 Diol-300-II 色谱柱（300mm × 7.5mm，5μm）	ELSD	—	—
LbGp1-OL	2 M TFA，121 °C, 2h	吡啶和乙酸酐	RTX-50MS毛细管柱（30m × 0.25mm，0.25μm）	GC	7.5mm × 30cm，TSK-gel G4000SW	HPGPC-RID	—	部分酸水解，IR，甲基化
LBP-s-1	4 M TFA，121 °C, 2h	醋酸盐	SP-2330毛细管柱	GC	凝胶渗透色谱柱（Shodex SUGAR KS-805，8mm × 300mm	HPSEC	—	IR，NMR
LBP-50 LBP-75 LBP-80 LBP-S50 LBP-S75 LBP-S80	2 M TFA，120 °C, 4h	—	OV-1701毛细管柱（30mm × 0.32mm，0.5μm）	GC	Shodex SB-804 HQ GPC 色谱柱（300mm × 8mm）+ Shodex SB-G保护住（50mm × 6mm）	HPLC-RID	AFM	DSC
LBP-d LBP-e	2M TFA，120 °C, 6h	$NaBH_4$ -AcOH	OV1701毛细管色谱柱 30mm × 0.32mm × 0.5μm）	GC	—	—	LSCM	—
LBPA	0.5 M TFA，105°C, 2h	盐酸羟胺和吡啶，乙酸酐	HP-5毛细管柱	GC	Tosoh G6000PWXL，G5000PWXL，G3000PWXL	HPGPC -RID	—	甲基化，部分酸水解，NMR
LbGp1	2 M TFA，120 °C, 2h	吡啶，乙酸酐	RTX-50毛细管柱（0.25mm × 30mm）	GC-MS	TSK-Gel G4000SW 色谱柱	HPGPC -RID	—	β-消除反应，甲基化，部分酸水解，ESI-MS
LbGp1-OL	2 M TFA，121 °C, 2h	—	RTX-50毛细管柱	MS	—	—	—	—
LBLP5-A	2 M TFA，121 °C, 2h	—	RTX-50毛细管柱	MS	—	—	—	—
LBPF4	3M TFA	PMP	RP-C18（4.6mm × 250mm，5μm;	LC-UVVIS	—	—	—	FTIR，BSA
WFPs	3 M TFA	—	RP-C18柱	DAD	—	—	—	—
p-LBP	2 M TFA，100 °C, 8h	—	CarboPac PA10色谱柱	HPAEC-PAD	—	—	—	—
WSP1	1M H_2SO_4，110 °C, 2h	—	CarboPac PA-1 色谱柱	HPAEC-PAD	—	—	—	—

1. 单糖组成

枸杞多糖因具有良好的生物活性，其组分的化学结构一直为研究的焦点。枸杞多糖的结构鉴定首先要明确单糖组成，多糖样品需经过酸水解成单糖，常用于酸水解的试剂有浓硫酸、三氟乙酸和盐酸，水解温度100～121℃，水解时间2～24 h。水解后的单糖再用1-苯基-3-甲基-5-吡唑啉酮（PMP）、醋酸、吡啶、三甲基硅烷、羟胺、乙酸酐、$NaBH_4$等试剂进行衍生化即完成样品处理，随后通常采用气相色谱（GC）、高效液相色谱（HPLC）、高效阴离子交换色谱（HPAEC）或气相色谱-质谱联用仪（GC-MS）等仪器检测。Zou利用2M三氟乙酸水解粗多糖8 h后，采用气相色谱仪FID检测器检测，发现Lbp-1单糖由鼠李糖、阿拉伯糖、木糖、半乳糖、甘露糖、半乳糖醛酸等组成，摩尔比为1.00：7.85：0.37：0.65：3.01：8.16。Huang等通过提取纯化得到枸杞多糖缀合物LbGp3、LbGp4和LbGp5。对糖缀合物LbGp3进行结构分析表明，其由阿拉伯糖和半乳糖的摩尔比为1：1，半乳糖残基构成其主链，LbGp4的糖苷部分由阿拉伯糖、半乳糖、鼠李糖和葡萄糖以1.5：2.5：0.43：0.23的摩尔比组成。LbGp5的糖苷部分由鼠李糖、阿拉伯糖、木糖、半乳糖、甘露糖和葡萄糖以0.33：0.52：0.42：0.94：0.85：1.0的摩尔比组成。Peng等以类似的方式对LbGp4进行了结构分析，发现聚糖部分（LbGp4-OL）通过β-消除反应释放，由阿拉伯糖、半乳糖、鼠李糖以1.33：1.0：0.05的摩尔比组成。

2. 枸杞多糖结构分析

枸杞多糖是一种由高度支化和仅部分表征的多糖及蛋白多糖共同组成的复杂混合物。这些糖缀合物的分子质量高达10～2300 kDa。糖苷部分由阿拉伯糖、葡萄糖、半乳糖、甘露糖、鼠李糖、木糖、葡糖醛酸和氨基酸等组成。由于其单糖组成、链构形、环构象和分子量等方面的多样性，使其分析具有一定的挑战性。枸杞多糖的结构表征初步利用紫外可见光谱分析其单一多糖是否含有蛋白，利用甲基化、部分酸水解、红外光谱（FT-IR）、核磁共振（NMR）等进行高级结构分析，解析多糖的单糖链接方式，末端糖的性质以及分支点的位置，吡喃糖的糖苷键的构型，重复结构单元中单糖的数目等结构特征；采用扫描电子显微镜（SEM）、原子力显微镜（AFM）、激光共聚焦显微镜（LSCM）等手段可以观察多糖的表面形态结构。因提取分离方式的不同，文献数据报道的枸杞多糖缀合物的单糖、氨基酸残基、主链、分支位点的解析呈现出不同的结果。采用UV、FT-IR、NMR对LBP-1的结构特征进行解析，其紫外-可见光谱图在280 nm处或接近280 nm处无明显吸光度，但用考马斯亮蓝法测定蛋白质含量为5.67%，分子量为2.25106 Da的酸性多糖主链由（1,5）-连接α-阿拉伯糖和可能的（1,4）-连接α-半乳糖醛酸与-（1）-甘露糖-（3,6）-连接的支链和-（1）-甘露糖的主端糖组成。

表13-3显示，已有部分枸杞多糖缀合物的化学结构被表征。根据单糖组成判断，枸杞多糖大多为中性多糖和酸性多糖，且具有酸性多糖与多肽或蛋白结合的特征，枸杞多糖糖苷键只有α-和β-型。近两年，红外光谱、核磁分析联用是枸杞多糖进行结构及生物活性研究的一种便捷手段。Huang等以新疆枸杞为原料，沸水提取枸杞多糖XLBP，并经离子交换色谱和凝胶层析柱分离纯化出XLBP-I-I组分。FT-IR显示在1250 cm^{-1}，1730 cm^{-1}有吸收带，XLBP-I-I中GalA单元发生了酯化。核磁共振分析结果表明，XLBP-I-I含有1,4连接的果胶多糖(HG）骨架，鼠李糖醛酸I型区域1,2和1,2,4连锁，主链为重复的1,4-GalA结构，这提示XLBP-I-I为一种果胶类多糖，XLBP-I-I 1H NMR有4个反常质子，表明存在有α-和β-构型。LBP3b经紫外光谱扫描发现结构中含有微量的蛋白质，不含核酸，红外光谱图显示

表13-3　枸杞多糖的结构特征

化合物	单糖组成和摩尔比	分子量（KDa）	连接形式	紫外光谱特征	形态学特征	FT-IR	NMR
LBP3b	D-甘露糖：L-鼠李糖：D-葡萄糖：D-半乳糖：D-木糖=5.52：5.11：28.06：1.00：1.70	4.92	—	在200 nm处强吸收，280 nm处弱吸收，260 nm处无吸收	球形网状结构，表面粗糙，褶皱较大，局部表面均匀光滑	-OH-，-NH_2-或-NH-，-CH_2-. -CONH-多肽或蛋白质结合 -COOH-或C-N C-O-C糖苷，吡喃糖， β-D-吡喃葡萄糖， 吡喃糖的α异构体	α交联 α-吡喃鼠李糖，α-吡喃木糖，α-吡喃葡萄糖，β-吡喃半乳糖，α-吡喃甘露糖 β-葡聚糖配体
XLBP-I-I	阿拉伯糖：鼠李糖：木糖：半乳糖：葡萄糖醛酸：半乳糖醛酸=26.5：12.9：0.7：16.8：2.3：40.8	419.6	HG骨架， AG-I结构，AG-II侧链，长AG-I侧链	—	—	酯化半乳糖醛酸	α-β-配体，甲基化吡喃鼠李糖，部分甲基酯化的α-吡喃半乳糖醛酸， 1,3-α-呋喃阿拉伯糖，1,5-α-呋喃阿拉伯糖，1,4-β-吡喃半乳糖和1,4-α-吡喃半乳糖醛酸C1
PLBP-Ⅰ-Ⅰ	阿拉伯糖：鼠李糖：木糖：半乳糖：半乳糖醛酸=25.7：12.4：0.5：27.5：33.9	599.5	HG骨架 RG-I区域. 长HG骨架 AG-I结构，AGII侧链	—	—	乙酰基， 酯基， 酯化半乳糖醛酸结构	α-和β-糖苷配体，甲基鼠李糖，部分甲基酯化的α-半乳糖醛酸，1,5-呋喃阿拉伯糖，T-呋喃阿拉伯糖，1,2-吡喃鼠李糖，1,6-吡喃半乳糖 和α-吡喃半乳糖醛酸C1
PLBP-Ⅱ-Ⅰ	鼠李糖：阿拉伯糖：木糖：半乳糖：半乳糖醛酸=26.6：20.8：1.9：7.6：43.1	716.6	HG骨架 RG-I区域. 多分枝 AG-I结构 AGII侧链	—	—	乙酰基， 酯基， 酯化半乳糖醛酸结构	α-和β-配体，甲基鼠李糖，部分甲基酯化的α-半乳糖醛酸，1,5-呋喃阿拉伯糖，T-呋喃阿拉伯糖，1,2-吡喃鼠李糖，1,6-吡喃半乳糖和α-吡喃半乳糖醛酸C1
LbGp2-OL	阿拉伯糖：半乳糖=4：5	48	骨架由（1→6）-β-半乳糖残基组成，其中一半的C-3由半乳糖基或阿拉伯糖基取代	—	—	半乳糖聚糖均是β-吡喃型， 在890cm^{-1}处有特征吸收	^{1}H 5.30 ppm，5.18ppm，5.15ppm，^{13}C 110-109 ppm，LbGp2-OL，3）阿拉伯糖（1和5）阿拉伯糖（1-β-呋喃糖）
LBP_{3p}	半乳糖：葡萄糖：鼠李糖：阿拉伯糖：甘露糖：木糖=1：2.12：1.25：1.10：1.95：1.76	160	聚糖和蛋白质通过聚糖-O-丝氨酸连接	—	—	β-D-葡萄糖	—

（续）

化合物	单糖组成和摩尔比	分子量（KDa）	连接形式	紫外光谱特征	形态学特征	FT-IR	NMR
LBP1B-S-2	鼠李糖：葡萄糖醛酸：半乳糖：阿拉伯糖=3.13：3.95：39.37：53.55	80	T-阿拉伯糖，T-半乳糖，T-鼠李糖，1,5-阿拉伯糖，1,3-半乳糖，1,6-半乳糖，1,3,6-半乳糖和1,4-葡萄糖醛酸	—	—	O-H伸缩吸收，C-H基团伸缩吸收，C-O外环和内环的吸收带，-COOH的C=O伸缩吸收	C-1：1,5-α-L-呋喃阿拉伯糖，T-α-L-呋喃阿拉伯糖，1,3,6-β-d-吡喃半乳糖，1,3-β-d-吡喃半乳糖，1,6-β-d-吡喃半乳糖，T-β-d-吡喃半乳糖和T-β-L-吡喃鼠李糖，末端还原型阿拉伯糖β-配体，C-5：1,5-α-L-呋喃阿拉伯糖。C-5：T-α-L-呋喃阿拉伯糖和T-β-l-呋喃阿拉伯糖，C-6：T-β-d-吡喃半乳糖，1,3-β-d-吡喃半乳糖，1,3,6-β-d-吡喃半乳糖，C-4,C-3,C-2：T-α-L-呋喃阿拉伯糖，C-4,C-3和C-2：1,5-α-L-呋喃阿拉伯糖，H-1 of T-α-呋喃阿拉伯糖，H-1 of T-α-呋喃阿拉伯糖，H-1 of 1,5-α-l-呋喃阿拉伯糖，T-β-L-吡喃鼠李糖的H-1,1,3-β-d-半乳糖，T-β-d-吡喃半乳糖，1,3,6-β-d-吡喃半乳糖和1,6-β-d-吡喃半乳糖
LBP	鼠李糖：木糖：阿拉伯糖：岩藻糖：葡萄糖：半乳糖=1：1.07：2.14：2.29：3.59：10.06	24.132	β-糖苷键	—	—	—	—
LBP-1	鼠李糖：阿拉伯糖：木糖：半乳糖：甘露糖：半乳糖醛酸=1：7.85：0.37：0.65：3.01：8.16	2250	（1,5）-阿拉伯糖，（1.4）-半乳糖醛酸，（1）-甘露糖-（3,6）-连接和末端-（1）-甘露糖	280nm附近无明显吸收峰	—	-OH。CH_2的C-H伸缩吸收，CH_2伸缩振动。去质子化的羧基盐（COO-），非对称和对称CH_3弯曲，非对称C-O-C伸缩振动，C-O-C和C-O-H糖苷键，脱氧C-H_2伸缩带，O-H面外振动	α-D-半乳糖醛酸（GaluA）H-1，糖苷环上C-2至C-5（或C-6）的质子。（1→5）-α-L-阿拉伯糖（1→4）-α-D-半乳糖醛酸，α-D-半乳糖醛酸
LBP	鼠李糖：木糖：甘露糖：半乳糖：葡萄糖=7.5：31.3：6.4：9.3：49.8	—	β-糖苷键	—	—	IR：800～1200cm^{-1}，1450～1800cm^{-1}，2500～3000cm^{-1}和3200～3600cm^{-1}	—

LBP3b是由多糖结合的多肽或蛋白质，C-O-C糖苷环的不对称振动，多糖中pd－吡喃葡萄糖，存在α-吡喃糖异构体，^{1}H NMR谱显示4个异头的存在质子信号分配给异头质子的α-吡喃鼠李糖，α-吡喃木糖，α吡喃葡萄糖和β-吡喃半乳糖，LBP3b的^{13}C NMR谱表明有α和β异头LBP3b吡喃糖。多糖的构型为葡聚糖和间葡萄糖醛酸的异位碳。SEM图像显示该多糖是具有网状结构的球形，颗粒主要以不规则形状和尺寸的聚集形式出现，在本质上是纤维状的，并带有典型的大褶皱。

二、枸杞叶多糖的研究进展

（一）枸杞叶多糖提取及纯化

Zhang Bo研究发现枸杞叶多糖LP5具有丰富的结合钙和糖醛酸。气相色谱分析LP5由核糖、木糖、甘露糖、半乳糖、葡萄糖与葡萄糖醛酸组成，甘露糖和木糖是主要的单糖成分。有关枸杞叶多糖的提取、纯化相关的报道较少。项艳曾等将枸杞叶在温箱烘干、粉碎后，以液固比15：1，超声波频率20 kHz，功率90 W，温度60℃，提取20 min得到枸杞叶多糖用于降糖降脂活性研究。张凡采用正交试验优化获得的枸杞叶多糖提取工艺参数为：样品粒度80目、提取时间20 min、超声波频率20 kHz、超声波功率90 W、提取温度65℃、液固比20：1（mL/g）、提取次数1次，枸杞叶多糖的提取率为12.35%，显著高于水提醇沉法的得率（10.28%）。张俊艳采用超声波辅助水提取法对枸杞叶多糖进行提取，提取温度80℃、料液比1：50、提取时间50 min，制得枸杞叶粗多糖的提取得率为15.3%，含量为10.23%。可见，不同提取时间、处理工艺下枸杞叶多糖得率及含量有所差异。

如表13-4，枸杞叶多糖通过离子交换色谱进行分离纯化，层析柱填料的类型影响枸杞叶多糖的单糖分离效果，故而影响枸杞叶多糖的单糖组成及结构表征。江磊采用响应面法优化了枸杞叶粗多糖的提取工艺，当料液比为1：47.2，提取温度72.9℃、提取时间2.2 h条件下，枸杞叶粗多糖提取物中多糖的含量最高，为（7.24±0.41）%，并采用D101大孔树脂和DEAE-52阴离子交换柱对枸杞叶粗多糖进行纯化，纯化物中多糖的含量为92.5%。全娜对超声－微波联合萃取（UMCE）对枸杞叶多糖（LLP）的工艺条件进行了优化，工艺条件为：微波时间16 min，超声时间20 min、粒度100目，液固比55：1。与传统水浴加热法（HWE）、微波辅助提取法（MAE）、超声辅助提取法（UAE）相比，UMCE法显著提高了LLP的提取率。继续采用梯度乙醇醇沉得到了4个多糖组分LLP_t、LLP_{30}、LLP_{50}、LLP_{70}，其单糖构成和含量各不相同，LLP_{30}中含有的单糖组分为甘露糖（Man）、鼠李糖（Rha）、半乳糖醛酸（Gal A）、葡萄糖（Glc）、半乳糖（Gal）及阿拉伯糖（Ara），其中，Gal A的含量最高。4种多糖组分中，Gal A和Ara为主要单糖成分，且LLP30中各单糖的含量普遍较高，但其Gal含量低于LLP_{50}。LLP_{70}、LLP_t的单糖含量则普遍较低。

（二）枸杞叶多糖的结构鉴定

枸杞叶多糖与枸杞子多糖一样都是复杂的混合物。由表13-4可知，枸杞叶多糖是由2个或2个以上的单糖组成，分子量在3.49×10^4 Da～4.18×10^5 Da。刘洋等采用水提醇沉法，离子交换柱层析和凝胶柱层析分离纯化获得了5个黑果枸杞叶多糖组分，5个多糖组分都具有均一性，平均分子量分别为34.9 kDa、52.5 kDa、79.4 kDa、135.1 kDa和197.5 kDa。用高效凝胶色谱法、气相色谱、红外光谱等对黑果枸杞叶多糖的理化性质进行研究，多糖组分均为具有多分支结构的阿拉伯半乳聚糖，且主链都由（1→6）Galp重复单元

表13-4 枸杞叶多糖分子量、单糖组成和结构特征

化合物	色谱柱	分子量（kDa）	单糖组成	结构
LBP-II	DEAE-Sephadex A-25	93.9	—	—
LLP30	乙醇梯度沉淀	—	甘露糖，鼠李糖，半乳糖醛酸，葡萄糖，半乳糖，阿拉伯糖	—
LRLP1-A	—	34.9	阿拉伯糖：甘露糖：葡萄糖醛酸：半乳糖=6.86：1：1.05：3.12	主链由（1→6）吡喃半乳糖重复结构组成，大多数半乳糖C-3处具有分支结构
LRLP2-A	—	52.5	鼠李糖：阿拉伯糖：木糖：甘露糖：葡萄糖醛酸：半乳糖=1.2：26.1：1：1.1：2.4：17.4	
LRLP3	—	79.4	鼠李糖：阿拉伯糖：葡萄糖醛酸：半乳糖=2：33.4：1：16.6	
LBP-IV	DEAE-Sephadex A-25	418	鼠李糖：阿拉伯糖：木糖：葡萄糖：半乳糖=1.61：3.82：3.44：7.54：1	α-和β-异头构型
LBLP5-A-OL1	DEAE-52/Sephadex G-100	113	鼠李糖：阿拉伯糖：半乳糖=0.5：1.9：1	（1→3）-半乳糖重复单元构成的主链，部分半乳糖C-6位有分支，-6）半乳糖（1-,半乳糖（1-和-4）半乳糖（1-连接在半乳糖C-6；分支由阿拉伯糖（1,3）阿拉伯糖（1,5）阿拉伯糖（1,2,4）鼠李糖（1-连接而成）.

结构组成，并且大多数的半乳糖C-3位存在分支。龚桂萍采用DEAE-纤维素柱和SephadexG-100凝胶柱对枸杞叶粗多糖进行分离和纯化，得到LBLP5-A-OL1，分子量为1.13×10^5 Da，单糖组成为鼠李糖、阿拉伯糖和半乳糖，相对摩尔比为0.5：1.9：1，结构以（1→3）-Gal的重复单元为主链，部分半乳糖C-6位存在分支，以-6）Gal（1-,Gal（1-和-4）Gal（1-连接在半乳糖C-6位，支链由Ara（1-,-3）Ara（1-,-5）Ara（1-,-2,4）Rha（1-连接而成。Liu Huihui利用DEAE-Sephadex A-25分离枸杞叶多糖LBP-IV，其结构是α-和β-异构体。

三、其他部分

枸杞花粉不仅含有各种营养成分，还含有丰富的生物活性物质，如多糖、蛋白质等，在降脂、抗炎、促进消化和抗辐射方面有独特的作用。枸杞花粉多糖的提取方法与枸杞多糖类似，多采用水提醇沉法，米佳采用Box-Behnken实验优化了超声辅助水提取枸杞蜂花粉多糖的工艺，获得的最佳工艺参数为料液比1：25（g/mL），提取温度90℃，超声功率240 W，超声时间20 min，多糖的得率为0.89%～0.91%。闫亚美等以枸杞蜂花粉为原料，采用水提醇沉法提取多糖，经DEAE-52纤维素柱和SephadexG-100柱层析分离纯化得到枸杞蜂花粉多糖。陈菲从枸杞花粉中提取粗多糖（WPPs），经DEAE纤维素柱和SephadexG-100柱纯化后得到组分CF1，通过高效凝胶过滤色谱法鉴定CF1组分为较均一的多糖，分子量为1540.10±48.78 kDa；CF1由甘露糖、葡萄糖醛酸、半乳糖醛酸、木糖、半乳糖、阿拉伯糖和岩藻糖以摩尔比为0.68：0.59：0.27：0.24：0.22：0.67：0.08组成。枸杞花粉多糖的研究已取得

一定的进展，但枸杞花粉多糖的多种功效仍未得到很好的开发。枸杞花粉资源在我国西北地区相当丰富，不同地域的枸杞花粉多糖在含量、结构、生物学活性等方面可能会存在一定的差异。

目前也有少量有关枸杞根（地骨皮）多糖的报道，刘涛等通过热水浸提，无水乙醇沉淀，丙酮、乙醚沉淀，干燥获得地骨皮多糖。地骨皮多糖的最佳提取工艺条件为液料比23.55：1 mL/g、提取温度70.91℃、提取时间2.5 h，在此工艺条件下的提取率为16.9661%。地骨皮多糖的提取工艺与药理功效研究仅有少量文献报道，对地骨皮多糖的单糖组成、结构表征等尚未见系统的报道。

第四节　枸杞中的多酚类化合物

植物多酚以苯酚为基本骨架，以苯环的多羟基取代为特征，从低分子量的简单酚类到分子量大至数千道尔顿的单宁类，按结构可分为酚酸类（phenolicacids）、类黄酮类（flavonoids）及木酚素类（lignans）等，目前已经分离鉴定了8000多种多酚类物质。其中，类黄酮类是以2-苯基色原酮为母核而衍生的一类化学成分，具有C_6-C_3-C_6的基本碳架。天然的黄酮类化合物既有与糖结合成苷的，也有以苷元游离形式存在的。其母核上常含有羟基、甲氧基、异戊烯氧基等取代基。黄酮类化合物多具有酚羟基，显酸性。游离黄酮类化合物易溶于甲醇、乙醇、乙酸乙酯等有机溶剂和稀碱溶液中。黄酮苷类化合物一般易溶于水、甲醇、乙醇等溶剂中，难溶或不溶于苯、氯仿等有机溶剂中，糖链越长，则水溶性越大。属于黄酮类化合物的花青素类因以离子形式存在而具有盐的通性，故亲水性较强，水溶性较大。

从枸杞及其组织中总共鉴定出100余种多酚类化合物，这些化合物在枸杞的根、果实和叶子中的分布明显不同，果实中含有的化合物最多，枸杞中鉴定出53种多酚类物质，包括28种苯丙素类、4种香豆素类、8种木脂素类、5种黄酮类、3种异黄酮类、2种绿原酸衍生物和3种其他成分。

一、提取方法

枸杞多酚类化合物最常用的提取方法就是溶剂萃取法，萃取溶剂以水、不同浓度的甲醇和乙醇溶液为主。其中，以浓度为50%～80%的甲醇或乙醇较为常用（表13-5）。提取溶剂对枸杞多酚化合物的提取率存在较大的影响。杨立风发现不同溶剂对黑果枸杞中多酚化合物提取得率具有较大影响，去离子水、乙酸乙酯和正丁醇提取得率都没有乙醇提取得率高。提取溶剂的体积分数明显影响多酚化合物的提取率，武芸采用响应面法优化了黑果枸杞中多酚化合物的提取方法，研究发现，溶剂为70%乙醇时，得到的黑果枸杞中多酚化合物提取率最高，为35.9021 mg/g。

超声、微波等辅助提取技术是一种较温和的提取技术，与传统提取方式相比，溶剂用量较少、提取效率更高。武芸发现超声辅助提取多酚的提取率能达到9.6845 mg/g。杨立风研究表明，水浴、超声和微波辅助萃取都没增加多酚的提取率，相比较之下超声波辅助提取法更简单方便，但料液比、温度、时间及微波和超声功率都会对提取效果造成影响。

表13-5　枸杞中多酚类化合物的提取、分离纯化和检测方法

材料	提取和分离	鉴定	定量	提取物
宁夏枸杞叶片和果实	索氏提取法（乙醚为试剂）去除油脂和叶绿素（50 °C）；提取溶剂：70%乙醇；固液比1∶20；提取时间2h。AB-8大孔树脂色谱柱（400 cm × 2.5 cm）纯化、蒸馏水和95%乙醇洗脱，收集95%乙醇洗脱部分	HPLC，反相ZORBAX SB-C8（5 μm，4.6 mm × 250 mm），259 nm；（LC-（APCI）MS）	$NaNO_2$-$AlCl_3$比色法，500 nm，芦丁为标品	黄酮
黑果枸杞果实	提取溶剂为2%甲酸水溶液；提取时间4h；液固比1∶4	HPLC-DAD，C18 ODS 80TS QA（150 mm × 4.6 mm，5 μm），525 nm；HPLC -ESI-MS	HPLC-DAD，半定量分析，氯化矢车菊素-3-O-葡糖糖苷为标品	花色苷
宁夏枸杞叶片	40 kHz超声提取；提取溶剂70%甲醇；液固比1∶50；提取温度55°C；提取时间30 min；ACQUITYUPLCC18色谱柱（100 mm × 2.1 mm，1.7 μm）分离	UPLC-TQ-MS UPLC C18 色谱柱（100 mm × 2.1 mm，1.7 μm）	–	酚酸和黄酮
宁夏枸杞的果实，叶片和根皮	超声辅助提取；提取溶剂70%甲醇；固液比1∶10，1∶8；提取时间1h；AB-8大孔树脂柱分离，分别用0和20，80%乙醇/水和80%乙醇/水洗脱，收集组分并浓缩	用UPLC-Orbitrap-ESI-MS鉴定组分；UPLC-Qtrap-MS定量分析	–	苯丙素， 二咖啡酰亚精胺， 二咖啡酰亚精胺衍生物，酚胺，黄酮，甾体皂苷，糖苷生物碱等
宁夏枸杞的果实	提取溶剂80%甲醇；固液比1∶5；过夜提取；浓缩液用乙酸乙酯溶解并分成2份，乙酸乙酯提取物先用Silica40 g色谱柱分离，用不同比例的乙酸乙酯：甲醇洗脱得到洗脱组分。继续用C1810 μm或Gemini C18，0.5 μm HPLC色谱柱分离，用不同浓度的甲醇梯度洗脱	NMR； HR-CID-MS/MS	–	酚类
枸杞果实	提取溶剂60%乙醇；固液比1∶5；提取时间2 h。 提取因为浓缩后经HP-20大孔树脂色谱柱乙醇-水连续洗脱，得到的组分继续用开放式硅胶柱纯化，用氯仿-甲醇-水（95∶5∶0～0∶100∶0）依次洗脱，二氯甲烷-甲醇-水或环己烷-乙酸乙酯，ODS-MPLC/HPLC/Sephadex LH-20 CC，甲醇结晶化	1D 和 2D NMR 谱图用溶剂（DMSO-d6:dH2.50/dC 39.5；CD3OD:dH 3.30/dC 49.0；CDCl3:dH 7.26/dC 77.0）为内标	–	多酚
宁夏枸杞	固液比1∶60；50%乙醇；90°C；2h；SPE柱纯化，a Phenomenex Strata-X cartridge用甲醇纯化，酸性去离子水（pH2）平衡。注入酸化的（pH2）提取物 用酸性去离子水（pH2）洗脱，用甲醇洗脱得到酚酸和黄酮 固液比1∶60；50%乙醇；90°C提取2 h；用SPE滤筒进行纯化，Phenomenex Strata-X滤筒用甲醇预活化，用酸化去离子化的水（pH2）平衡，然后将酸化的样品萃取物（pH2）倒入滤筒中，用酸化去离子化的水（pH2）洗涤，然后用甲醇洗脱酚酸和黄酮组分	HPLC-DAD-ESI-MS，Vydac 201TP54 C18色谱柱（250 mm × 4.6 mm，5 μm），280 nm	HPLC，内标或外标	酚酸和黄酮

低共熔溶剂法（DES）是指将两种或以上固体物质进行混合，使其混合物的熔点发生下降，从而萃取目标物的方法，该法具有较高的萃取能力和稳定能力，Mohammad Chand Ali等发现，由1:2 M 氯化胆碱和对甲苯磺酸混合物组成的低共熔溶剂，用超声辅助提取，相较于传统的提取方式如加热搅拌对枸杞黄酮类化合物有较高的提取率，其中，杨梅酮（57.2 mg/g），桑酮（12.7 mg/g），芦丁（9.1 mg/g）提取条件为：50 mg样品加2.5 mL低共熔溶剂，超声辅助提取1.5 h。

二、测定方法

常用枸杞总酚含量的测定方法是福林酚比色法，该方法以没食子酸为标准品，福林酚和碳酸钠为试剂，在765 nm波长下测定吸光度值。总黄酮的测定有$Al(NO_3)_3$比色法、$AlCl_3$比色法，在510 nm波长下测定吸光度值，计算芦丁当量。黑果枸杞中总花色苷含量的测定主要采用的是pH示差法，以pH1的盐酸–氯化钾和pH4.5的乙酸钠为试剂，分别在530 nm和700 nm条件下测定吸光度值，计算花色苷的含量。枸杞中多酚化合物组分的检测方法最主要的是液相色谱质谱联用法和核磁共振法。

（一）超高效液相色谱–质谱联用法

超高效液相色谱–质谱联用法具有操作简单、灵敏度高、选择性好、测定周期短等优点。高效液相色谱质谱通常有多种离子源和质量分析器，常用于枸杞中多酚化合物检测的离子源有大气压力化学电离源和电喷雾离子源等，质量分析器有三重四极杆和单四极杆飞行时间。Zhao等采用超高效液相色谱–三重四极杆串联质谱法分析不同产地枸杞叶中酚酸和黄酮类化合物，色谱柱为Acquity UPLC C18 色谱柱（100 mm × 2.1 mm，1.7 μm）。流动相为1%甲酸水（A）和乙腈（B）。洗脱梯度为0～1 min，95% A；1～4.5 min，78%～95% A；4.5～9 min，55%～78% A；9～10 min，5%～55% A，流速0.4 mL/min，柱温35°C；该方法通过方法学验证，较为准确。

（二）核磁共振法

核磁共振可以获得化合物丰富的分子结构信息，广泛应用于天然产物的结构解析。在分析天然产物中，核磁共振仪的检出限较其他波谱分析仪器高，所以这对于产率较低的天然产物化合物来说无疑是一种瓶颈制约因素。由于枸杞中含有较丰富的天然多酚化合物，因此核磁共振法也可以用来鉴定枸杞中多酚化合物的具体结构，但是一般核磁共振法要和色谱法、化学法结合使用。

Zhou等人通过光谱分析、化学方法和核磁共振数据的比较，从枸杞中鉴定出53种多酚类化合物，其中包括28种苯丙素、4种香豆素、8种木脂素、5种黄酮、3种异黄酮、2种绿原酸衍生物和3种其他成分，这也是首次报道了枸杞中含有木脂素和异黄酮。Forino通过核磁和质谱的方法鉴定出枸杞中已知多酚化合物包括咖啡酸、对香豆酸、芦丁、东莨菪碱、N–反式阿魏酰基酪胺和N–顺式阿魏酰基酪胺，并最先发现N–阿魏酰基酪胺二聚体为枸杞子中分离出的最丰富的多酚。

（1）枸杞果实中的多酚类化合物

枸杞果实中多酚类化合物的组成因枸杞种类的不同而不同，黑果枸杞和红果枸杞中多酚的组成存在明显的差异。红果枸杞中主要的多酚化合物是酚酸和黄酮，而黑果枸杞中最主要的是花色苷，还含有部分酚酸和黄酮化合物（表13–6）。

Zhou等从红果枸杞中鉴定出53种多酚类物质，其中包括28种苯丙素类、4种香豆素类、8种木脂素类、5种黄酮类、3种异黄酮类、2种绿原酸衍生物和3种其他成分枸杞，总黄酮含量因枸杞品种不同而存在明显的差异，红果中黄酮含量明显高于黑果中的，*L. barbarum*（‘宁杞1号’）的含量最高（54.7 ± 3.2 mg RE/g FW），黑果的黄酮含量是最低的（36.1 ± 2.8 mg RE/g FW），*L. barbarum*（48.2 ± 5.3 mg RE/ g FW），*L. chinese*（45.3 ± 2.6 mg RE/g FW），*L. yunnanense*（43.9 ± 2.9 mg RE/g FW）和*L. barbarum*（42.6 ± 4.3 mg RE/g FW）黄酮含量明显高于 *L. barbarum* var. *auranticarpum*（38.5 ± 3.8 mg RE/g FW），和*L. chinese* var. *potaninii*（37.2 ± 3.5 mg RE/g FW）。

花青素是植物中的天然色素，是鲜艳颜色（红色、蓝色和紫色）的主要来源。研究表明，花青素是黑果枸杞的主要成分，不同产地黑果枸杞中花青素含量存在差异。研究者从黑果枸杞中分离和鉴定出37种花青素，主要包括矮牵牛素、天竺葵素、锦葵色素和飞燕草素等的衍生物。品种、栽培和加工方式等均可能影响花青素含量，溶剂浓度、压力和温度可能影响花青素的提取率。酸性溶液（pH1～3）为保持花青素的结构提供了有利条件，基于光稳定性和热稳定性测试，酰化花青素比非酰化花青素更稳定。Tian等研究发现黑果枸杞干果与鲜果的花色苷成分有显著差异。根据分子量的降低值，花色苷组分在干燥过程中可以水解成脱糖产物。以上结果说明黑果枸杞在干燥过程中光照和温度对花青素有实质性影响。因此，指纹图谱与12种标记化合物药物半定量分析的结合对黑果枸杞进行质量控制是一种可行的方法。黑果枸杞中除了含有大量花青素外，还含有多种酚酸，目前从黑果枸杞中分离出来的酚酸有10多种。黑枸杞干果和鲜果的花色苷成分存在差异。

（2）枸杞叶中的多酚类化合物

枸杞叶在我国被广泛用作药用蔬菜和功能茶，枸杞叶中的多酚类化合物通常是类黄酮、黄酮醇及酚酸等（表13-7）。Dong等研究了栽培和野生枸杞叶中类黄酮的差异，结果表明，枸杞叶中的主要类黄酮为芦丁，其含量在16.03～16.33 mg/g。野生和栽培的枸杞果实中芦丁的含量很低（0.09～1.38 mg/g）。而栽培枸杞叶中总黄酮含量（21.25 mg/g）远高于野生枸杞叶（17.86 mg/g）。Pollini对*Lycium barbarum* 和 *Lycium chinense*两种枸杞叶中多酚含量和种类进行了比较发现，绿原酸和芦丁是枸杞叶中主要的酚类化合物，但在两种枸杞样品之间存在较大的差异。例如，隐绿原酸仅在*Lycium barbarum*叶中检测到，而槲皮素-3-*O*-芸香苷-7-*O*-葡萄糖苷和槲皮素-3-*O*-槐糖苷-7-*O*-鼠李糖苷只在*L. chinense*叶片中发现。还有实验研究表明，虫瘿感染枸杞叶后，枸杞叶中多酚含量会显著增加，其中，叶片绿原酸含量提高36%，芦丁的含量也显著提升。

（3）枸杞花中的多酚类化合物

枸杞花中多酚类化合物在种类和含量上都少于枸杞果实和枸杞叶。Mocan等通过研究枸杞花中的多酚发现，鲜枸杞花中总酚含量为3.75 mg/g，总黄酮含量为0.61 mg/g（表13-8）。通过HPLC-MS法测定了枸杞花中多酚类化合物单体，结果表明，枸杞花中含有的多酚有绿原酸、对香豆酸和阿魏酸，以及异槲皮素、芦丁和槲皮素。

（4）枸杞根中的多酚类化合物

枸杞根中含有的多酚类化合物较少，Xiao通过液质联用仪和核磁共振法鉴定出枸杞根中含有的多酚化合物为槲皮素-3-*O*-芸香苷-7-*O*-葡萄糖苷，在负离子模式下其母离子为771.1940*m*/*z*，子离子信息如表13-9所示。

（5）枸杞茎中的多酚类化合物

Pires研究了枸杞茎中多酚化合物组成和含量，结果表明，枸杞茎中含有酚酸、黄酮和黄烷3-醇这三类多酚化合物，其中，黄酮的含量最高，为48.5 mg/g，黄烷3-醇含量最低，为6.2 mg/g，总酚含量为71.9 mg/g。黄酮类的化合物为槲皮素-3-*O*-芸香苷和山柰酚-3-*O*-芸香苷，酚酸类化合物为3-*O*-咖啡酰奎宁酸、咖啡酸和芥子酸己糖，黄烷3-醇为四没食子酸葡萄糖、没食子酸和原花青素二聚体（表13-10）。

表 13-6　枸杞及黑果枸杞果实中的多酚类化合物

分类	成分	来源	母离子（m/z）	子离子（m/z）	离子源模式
黄酮	槲皮素	枸杞	301.2	179.2/151.1	ESI–
	杨梅酮	枸杞	317.1	179.2/151.1	ESI–
	芹黄素	枸杞	269.0	117.1/151.1	ESI–
	山柰酚	枸杞	285.0	217.2/199.2	ESI–
	芦丁	枸杞	609.1	300.3/271.3	ESI–
	槲皮苷	枸杞	447.1	301.2/179.4	ESI–
	杨梅苷	枸杞	463.1	316.3/179.4	ESI–
	槲皮素–鼠李糖–二己糖苷	宁夏枸杞	–	–	–
	槲皮素–3–*O*–芸香糖苷	宁夏枸杞	–	–	–
	槲皮素–3,7–*O*–二葡糖糖苷	宁夏枸杞	625.1376	585.6912/303.0520/285.0409/257.043/243.5646/201.4349/129.02379	ESI–
	异鼠李糖–3–*O*–芸香糖苷	宁夏枸杞	623.1656	315.0530	ESI–
	槲皮苷–3–*O*–芸香糖苷–7–*O*–葡糖糖苷	宁夏枸杞	771.1940	611.3322/472.2473/303.0492/220.0965/163.0399/129.0541	ESI–
	山柰酚–3–*O*–葡糖糖苷–7–*O*–鼠李糖苷	宁夏枸杞	593.1472	465.5521/329.0679/287.0529/258.2196/243.5895/230.3383/129.0553	ESI–
黄烷醇	儿茶素	枸杞	288.9	205.5/109.4	ESI–
	表儿茶素	枸杞	288.9	205.5/109.4	ESI–
酚酸	咖啡酸	黑果枸杞	179.0	135.1/89.3	ESI–
	阿魏酸	黑果枸杞	193.1	178.5/134.1	ESI–
	p–香豆酸	枸杞	162.9	119.0/93.4	ESI–
	香草酸	枸杞	167.1	123.3/152.6	ESI–
	鞣花酸	枸杞	301.2	229.6/185.1	ESI–
	没食子酸	枸杞 黑果枸杞	169.1	125.4/79.0	ESI–
	绿原酸	黑果枸杞	353.1	191.2/179.4	ESI–
	4–咖啡酰奎宁酸	黑果枸杞	353.0878	353/191/179/135	ESI–
	1,3–二咖啡酰奎宁酸	黑果枸杞	515.1395	353/323/ 191/179	ESI–
	p–香豆酸–*O*–糖苷	宁夏枸杞	325.0937	298.8872/163.0398/145.0276/119.0497	ESI–

（续）

分类	成分	来源	母离子（m/z）	子离子（m/z）	离子源模式
花色苷	芍药素 3-*O*-[6-*O*-(4-*O*-*E*-*p*-香豆酰基-*O*-*α*-鼠李糖）-*β*-葡萄糖基]-5-*O*-*β*-葡萄糖苷	黑果枸杞	933.2655	933.2655/771.2127/479.1201/317.0645	ESI-
	芍药素 3-*O*-[6-*O*-(4-*O*-*E*-*p*-香豆酰基-*O*-*α*-鼠李糖）-*β*-葡萄糖基]-5-*O*-*β*-葡萄糖苷	黑果枸杞	933.2655	933.2655/771.2184/479.1201/317.0681	ESI-
	矮牵牛素-3-*O*-半乳糖苷-5-*O*-葡糖糖苷	黑果枸杞鲜果	641	479/317	ESI+
	矮牵牛素-3-*O*-葡糖糖基-5-*O*-葡糖糖苷	黑果枸杞鲜果	641	479/317	ESI+
	矮牵牛素-3-*O*-芸香糖苷（顺式-*p*-香豆酰基）-5-*O*-葡糖糖苷	黑果枸杞鲜果	933	771/641/31 7	ESI+
	矮牵牛素-3-*O*-芸香糖苷（反式-*p*-香豆酰基）-5-*O*-葡糖糖苷	黑果枸杞干果	933	771/317	ESI+
	矮牵牛素-3-*O*-芸香糖苷（咖啡酰）-5-*O*-葡糖糖苷	黑果枸杞鲜果	949	787/641/31 7	ESI+
	矮牵牛素-3-*O*-葡糖糖苷（苹果酰）-5-*O*-葡糖糖苷	黑果枸杞鲜果	757	641/479/31 7	ESI+
	矮牵牛素-3-*O*-芸香糖苷（阿魏酰）-5-*O*-葡糖糖苷	黑果枸杞鲜果	963	787/641/31 7	ESI+
	矮牵牛素-3-*O*-[6-*O*-(4-*O*-(4-*O*-顺式-(*β*-D-葡萄糖苷）-*p*-香豆酰基）-*α*-L-鼠李糖）-*β*-D-葡萄糖苷]-5-*O*-[*β*-D-葡萄糖苷]	黑果枸杞	1095.3173	933.2655/479.1201/317.0681	ESI+
	矮牵牛素-3-*O*-[6-*O*-(4-*O*-(4-*O*-反式-(*β*-D-葡萄糖苷）-p-香豆酰基）-*α*-L-鼠李糖）-*β*-D-葡萄糖苷]-5-*O*-[*β*-D-葡萄糖苷]	黑果枸杞	1095.3176	933.2655/479.1201/317.0681	ESI+
	矮牵牛素-3-*O*-[6-*O*-(4-*O*-(反式-*p*-咖啡酰基）-*α*-L-鼠李糖）-*β*-D-葡萄糖苷]-5-*O*-[*β*-D-葡萄糖苷]	黑果枸杞	949.2635	479.1201/317.0645	ESI+

（续）

分类	成分	来源	母离子（m/z）	子离子（m/z）	离子源模式
花色苷	天竺葵色素-3-O-半乳糖苷	黑果枸杞	490.6	455.2/293.2	ESI+
	天竺葵色素-3-O-二葡糖糖苷	黑果枸杞	636.6	474.3/293.2	ESI+
	天竺葵色素-3-O-葡糖糖苷	黑果枸杞	472.5	455.2/293.2	ESI+
	矢车菊素-3-O-半乳糖苷	黑果枸杞	472.5	310.3	ESI+
	矢车菊素-3,5-O-二葡糖糖苷	黑果枸杞	634.6	472.2/293.2	ESI+
	矢车菊素-3-O-葡糖糖苷	黑果枸杞	472.5	310.3	ESI+
	锦葵素-3-O-芸香糖苷（顺式-p-香豆酰基）-5-O-葡糖糖苷	黑果枸杞鲜果	947	785/493/33 1	ESI+
	锦葵素-3-O-芸香糖苷-(p-香豆酰基）-5-O-葡糖糖苷	黑果枸杞	947.2791	933.2655/771.2127/479.1201 /317.0645	ESI+
	飞燕草素3-O-[6-O-(4-O-(反式-p-香豆酰基）-α-L-鼠李糖）-β-D-葡萄糖苷]-5-O-[β-D-葡萄糖苷]	黑果枸杞	919.2509	757.1933/465.1056/ 303.0494	ESI+
	飞燕草素-3-O-芸香糖苷（顺式-p-香豆酰基）-5-O-葡糖糖苷	黑果枸杞	919	757/627/30 3	ESI+
	飞燕草素-3-O-芸香糖苷(反式-p-香豆酰基）-5-O-葡糖糖苷	黑果枸杞鲜果	919	757/627/30 3	ESI+
	飞燕草素-3-O-(6′-p-香豆酰基）-葡糖糖苷	黑果枸杞	611	465.1/303.1	ESI+

表 13-7　枸杞叶中的多酚类化合物

种类	化合物	来源	母离子（m/z）	子离子（m/z）	离子源模式
黄酮	芦丁	宁夏枸杞叶片	611.2	465.2/303.2	ESI+
	异槲皮苷	宁夏枸杞，中华枸杞	463	—	—
	槲皮苷	宁夏枸杞，中华枸杞	447	—	—
	槲皮素	宁夏枸杞，中华枸杞	301	—	—
	山柰酚	中华枸杞	285	—	—
	槲皮苷 -3-*O*- 乙酰鼠李糖苷	秋季的中华枸杞叶片（干旱期）	489	—	ESI−
	山柰酚 -3- 槐糖苷 -7- 葡糖糖苷	新鲜烘烤和干燥未烘烤的中华枸杞	771.22	609.23/429.27/285.13	ESI−
	山柰酚 -3- 槐糖苷	中华枸杞叶片	609.23	429.26/285.11	ESI−
	山柰酚 -3- 葡糖糖苷	中华枸杞	447.13	284.03285.11	ESI−
	山柰酚 -3-*O*- 葡糖糖苷 -7-*O*- 鼠李糖苷	宁夏枸杞叶片	593.1472	465.5521/329.0679/287.0529/258.2196/243.5895/230.3383/129.0553	ESI−
	槲皮苷 -3-*O*- 葡萄糖基 -7-*O*- 鼠李糖苷异构物	宁夏枸杞叶片	771.1937	611.140/464.0762/303.0325/163.0399	ESI−
	槲皮苷 -3,7-*O*- 二 - 葡糖糖苷	宁夏枸杞叶片	625.1376	585.6912/303.0520/285.0409/257.043/243.5646/201.4349/129.02379	ESI−
	槲皮苷 -3-*O*- 槐糖苷 -7-*O*- 鼠李糖苷	宁夏枸杞叶片	771.1940	726.3508/559.7092/465.1061/303.0521/228.4964/129.0548	ESI−
	山柰酚 -3-*O*- 芸香糖苷	宁夏枸杞叶片	593.35	284.91	ESI^-
	橄榄苷元	秋季的中华枸杞叶片（干旱期）	378	—	ESI−
	木犀草素 -7-*O*- 二葡萄糖苷	秋季的中华枸杞叶片（干旱期）	637	—	ESI−
酚酸	新绿原酸	不同产区的宁夏枸杞叶片	355.16	163.03	ESI+
	原儿茶醛	不同产区的宁夏枸杞叶片	139.03	111.09	ESI^+
	对羟基苯甲酸	不同产区的宁夏枸杞叶片	139.07	95.11	ESI^+
	绿原酸	不同产区的宁夏枸杞叶片	354.97	163.02	ESI^+
	隐绿原酸	不同产区的宁夏枸杞叶片	355.16	163.03	ESI^+
	咖啡酸	不同产区的宁夏枸杞叶片	179.10	135.04	ESI^-
	p- 香豆酸	不同产区的宁夏枸杞叶片	163.0	119.08	ESI^-
	阿魏酸	宁夏枸杞叶片	192.97	133.87	ESI^-
	绿原酸异构物	宁夏枸杞叶片	353.0854	285.0116/193.0510/163.0403/145.0295/123.1177	ESI−
	p- 香豆酸 -*O*- 糖苷	宁夏枸杞叶片	325.0937	298.8872/163.0398/145.0276/119.0497	ESI−
	龙胆酸	宁夏枸杞，中华枸杞	179	—	ESI−
芪类	白藜芦醇	秋季的中华枸杞叶片（干旱期）	227	—	ESI−

表13-8 枸杞花中的多酚类化合物

	化合物	母离子	子离子	离子源模式
黄酮	山柰酚	285	217.2/199.2	ESI–
	芦丁	609.1	300.3/271.3	ESI–
	槲皮苷	447.1	301.2/179.4	ESI–
	槲皮苷	301.2	179.2/151.1	ESI–
	异槲皮苷	463.08	300.03/271.02	ESI–
酚酸	咖啡酸	179	135.1/89.3	ESI–
	阿魏酸	193.1	178.5/134.1	ESI–
	p–香豆酸	162.9	119.0/93.4	ESI–
	绿原酸	353.1	191.2/179.4	ESI–
	芥子酸	223.03	179.07/163.04	ESI–

表13-9 枸杞根中的多酚类化合物

分类	化合物	母离子	子离子	离子源模式
黄酮	槲皮素–3–*O*–芸香糖苷–7–*O*–葡糖糖苷	771.194	611.3322/ 472.2473/ 303.0492/ 220.0965/163.0399/ 129.0541	ESI–

表13-10 枸杞茎中的多酚类化合物

化合物	母离子	子离子	离子源模式
顺式–3–*O*–咖啡酰奎宁酸	353	191/179/161	ESI–
反式–3–*O*–咖啡酰奎宁酸	353	191/179/161	ESI–
反式–5–*O*–咖啡酰奎宁酸	353	191/179/161	ESI–
芥子酸籍糖苷	385	223/207/179/163/149	ESI–
咖啡酸	179	161/159/135	ESI–
四没食子酰葡萄糖苷	787	635/617/483/465/447/423/313/271	ESI–
没食子酰奎宁酸	343	191/169/125	ESI–
前矢车菊素二聚体	577	289/245/203	ESI–
槲皮素–3–*O*–芸香糖苷	609	301	ESI–
山柰酚–3–*O*–芸香糖苷	593	285	ESI–

（6）枸杞不同多酚含量和组成的分析

人工栽培或野生的枸杞果实中芦丁的含量都明显低于枸杞叶，果实中芦丁的含量仅在0.09～1.38 mg/g，而野生的枸杞叶中芦丁含量在6.24～7.55 mg/g。Pires比较枸杞果实和茎中的多酚含量和组成发现，枸杞果实和茎中总多酚含量没有明显的差异，分别为71和71.9 mg/g，但是多酚组成上存在明显的不同。果实中的酚酸和黄烷–3–醇是茎中的2倍左右，但茎中黄酮醇含量是果实中的2倍。枸杞叶中绿原酸含量是1.577 mg/g，而果实中绿原酸含量极低。枸杞果实中芦丁含量为93 μg/g，叶中芦丁含量是果实中的7倍。黑果枸杞中含量最多的多酚化合物就是花青素，而在枸杞根、茎、叶和果实中基本没有检测到花青素。枸杞果实中多酚的种类最多，其次是枸杞叶、枸杞茎及枸杞花，枸杞根中多酚化合物的报道较少。

第五节　枸杞类胡萝卜素

一、结构和分类

类胡萝卜素属于具有多个共轭双键的萜类化合物，是一种天然色素（黄色、橙红色和红色），在动物中普遍存在，在植物、真菌和藻类中含量较高。直到今天，已经发现了600多种天然类胡萝卜素。人体中发现的主要类胡萝卜素化合物有α-胡萝卜素、β-胡萝卜素、叶黄素、玉米黄素、番茄红素和β-隐黄素。根据目前的研究，枸杞类胡萝卜素主要有三类：第一类由新黄质、隐黄质、叶黄素、玉米黄素等游离类胡萝卜素组成；第二类主要是以玉米黄素双棕榈酸为主的类胡萝卜素酯化衍生物；第三类为类胡萝卜素糖苷化衍生物（表13-11）。

Inbaraj等人鉴定了枸杞子中两种游离型类胡萝卜素（玉米黄素和类胡萝卜素）以及7种类胡萝卜素酯化衍生物，包括玉米黄素双棕榈酸酯、玉米黄素单棕榈酸酯和隐黄质棕榈酸酯。根据Hempel等人提供的分析，类胡萝卜素主要以游离形式存在于枸杞绿色未成熟果实中，而成熟果实中游离型类胡萝卜素非常少，基本上都被脂肪酸酯化成类胡萝卜素酯化衍生物。在Mia Isabelle等人的一项研究中，新黄质、隐黄质和叶黄素被确定为从新加坡收集的枸杞品种中的主要类胡萝卜素化合物，其中还有少量玉米黄素和番茄红素。研究也发现不同枸杞种质的类胡萝卜素组成（类胡萝卜素的种类和数量）存在显著差异。总的来说，枸杞的总类胡萝卜素和玉米黄素双棕榈酸酯含量明显高于黄果枸杞。

通过检测，发现在7个红果枸杞样品中均没有检测到玉米黄素，黄果枸杞中有少量的玉米黄素，其中，新品系‘15-32’和黄果品系‘3-13’的β-隐黄质含量显著高于其他枸杞品种或品系。有研究从中华枸杞果实甲醇提取物中分离得到了3个类胡萝卜素糖苷化衍生物，这些化合物的四萜母核上均连有两条糖链，且每条糖链至少含有3个吡喃阿拉伯糖基，因此极性显著增大。部分研究报道，宁夏枸杞的主要成分为玉米黄素，这可能和HPLC样品前处理进行皂化导致其他类胡萝卜素转化成了玉米黄素有关。

表13-11　枸杞中类胡萝卜素化合物

序号	化合物	M+（m/z）	MS/MS（m/z）
1	（全*E*）-紫黄质癸酸月桂酸	939	739
2	（全*E*）-β-隐黄素棕榈酸酯	792	536
3	（全*E*）-叶黄素双棕榈酸酯	1078	799
4	（全*E*）-玉米黄素棕榈酸酯	1045	789/533
5	（全*E*）-叶黄素棕榈酸油酸酯	1071	789
6	（全*E*）-玉米黄质棕榈酸油酸酯	1071	789
7	（*Z*）-玉米黄质双棕榈酸酯	1045	789/533
8	全反式新黄质	601	583
9	9-顺式新黄质	601	583
10	全反式紫黄质	601	583
11	9-顺式紫黄质	601	583
12	全反式叶黄素	569	551

（续）

序号	化合物	M+（m/z）	MS/MS（m/z）
13	全反式玉米黄质	569	551
14	全反式-β隐黄素	553	535/461
15	全反式-β-胡萝卜素	537	444
16	9-顺式-β-胡萝卜素	537	444
17	全反式紫黄质	601	583/565/509/491
18	9-顺式紫黄质	601	583/565/509/491
19	全反式叶黄素	569	551/495/430
20	全反式玉米黄质	569	551/533
21	全反式-β-隐黄素	553	535/461
22	未鉴定	537	444
23	13-顺式-β-胡萝卜素	537	444
24	全反式-β-胡萝卜素	537	444
25	9-顺式-β-胡萝卜素	537	444
26	全反式-γ-胡萝卜素	537	467/444
27	15/13-顺式番茄红素	537	467/444
28	9-顺式-番茄红素	537	467/444
29	全反式-番茄红素	537	467/444/430
30	5-顺式-番茄红素	537	467/444
31	（全E）-紫黄质	601	—
32	（全E）-新黄质	601	—
33	（全E）-环氧玉米黄质	585	—
34	（全E）-叶黄素	569	—
35	（全E）-玉米黄质	569	—
36	（13Z）-β-胡萝卜素	537	—
37	（全E）-β-胡萝卜素	537	—
38	（9Z）-β-胡萝卜素	537	—
39	（全E）叶黄素棕榈酸酯	807	789/551/533
40	（全E）-玉米黄素棕榈酸酯	807	789/551/533
41	（全E）-玉米黄素双棕榈酸酯	1062	1043/787/805/549/531
42	（全E）-玉米黄素肉豆蔻棕榈酸酯	1018	789/761
43	（全E）-玉米黄素棕榈酸酯	1045	789/533
44	（全E）-玉米黄素棕榈酸硬脂酸酯	1073	817/789

二、代谢

在宁夏枸杞和黑果枸杞果实的发育早期，叶绿体类胡萝卜素（叶黄素、β-胡萝卜素、隐黄质等）均有积累，总含量为30～50 μg/g鲜重。随着果实的发育成熟，这些类胡萝卜素逐渐发生降解。在黑果枸杞果实的发育成熟过程中，没有其他新的类胡萝卜素成分合成，原有的叶绿体类胡萝卜素逐渐减少至无。而在宁夏枸杞果实的发育成熟过程中，从变色期开始，枸杞类胡萝卜素逐渐积累（同时还有枸杞类胡萝卜素的合成前体β-隐黄质和β-胡萝卜素的少量积累），直至成熟期积累为最大值（约400 μg/g鲜重）。许多不同种或变种枸杞成熟果实外观存在颜色差异，其类胡萝卜素含量和组成也具有较大的差异，这可能与色素积累的差异性有关。

在宁夏枸杞果实发育成熟过程中，枸杞类胡萝卜素合成基因的表达量有普遍提高的趋势。表达量提高比较明显的基因有DXS2、PSY1、PDS、ZDS、CRTISO、CYC-B和CRTR-B2。这些基因都是枸杞类胡萝卜素上游的生物合成基因。其中PSY1、CYC-B和CRTR-B2是有色体特异性的类胡萝卜素生物合成基因，表明宁夏枸杞果实中明显存在一条有色体特异性的类胡萝卜素合成途径。此外，LCY-E和ZEP的低转录水平也正好解释了宁夏枸杞果实中类胡萝卜素的含量远高于其他类胡萝卜素类色素含量的原因。

成熟的宁夏枸杞主栽品种，其果实中类胡萝卜素含量介于120 mg/100 g～400 mg/100 g，是成熟黑果枸杞、黄果枸杞果实的312倍和9.7倍，不同种或变种枸杞的类胡萝卜素组成差异较大，其中，黄果枸杞也富含类胡萝卜素，富含游离玉米黄素，且不同的品种的黄果枸杞，其类胡萝卜素总含量也存在显著差异。Mia Isabelle等分析的新加坡枸杞（*Lycium chinese* Miller）中的类胡萝卜素成分的新黄质、紫黄质、叶黄素、玉米黄素和番茄红素含量分别为82.04 μg/g、89.43 μg/g、91.42 μg/g、4.39 μg/g、0.19 μg/g。因此，除黑果枸杞、宁夏枸杞外，黄果枸杞等其他种或者变种在发育过程中，类胡萝卜素的生物合成途径有待进一步研究。

三、生物利用度

在枸杞类胡萝卜素功能方面的研究中，发现其具有保持VA原活性、抗氧化、预防心血管疾病、保护视网膜、增强免疫力、延缓衰老、清除自由基等功效。生物利用度是实现枸杞类胡萝卜素上述生理功效发挥的决定因素。在一般的植物组织中，类胡萝卜素主要存在于细胞内的有色体中，在有色体的发育过程中，形成由脂类、蛋白质和类胡萝卜素组成的特殊亚结构单元。

国内外对枸杞中的天然色素—类胡萝卜素这一重要活性成分研究尚不够深入，应用不够广泛，而类胡萝卜素不溶于水且性质不稳定，生物利用度低，可能是限制其广泛应用的瓶颈。

生物活性成分稳定性差，不易保存，目前采用乳液体系增容、输送、保护生物活性成分的研究已较为广泛。枸杞色素属于脂溶性色素，属于生物活性成分，很难溶于水，而将枸杞色素溶解在油中，再添加乳化剂制备成乳液，可以提高枸杞色素在水中的溶解性，从而达到增容的目的。因枸杞色素微乳液粒径小，所以其能够在澄清饮料等感官要求透明的食品中得到应用，但是成分较多较复杂的食品体系是否会影响枸杞色素微乳液的稳定性尚未得知。

张春兰等研究食品环境因素（温度、pH、加热、离子强度、抗氧化剂和EDTA-2Na）对枸杞色素微乳液的粒径大小和枸杞色素保留率等物理化学稳定性的影响，将为微乳液在食品环境条件中的应用提供可靠依据。枸杞色素微乳液在4℃条件下贮存10 d后，枸杞色素保留率在80%以上。食品环境中的酸性条件对微乳液有影响，在酸性条件下经过10 d的贮存，色素保留率几乎为0。微乳液经过不同温度（20℃、40℃、60℃、80℃）加热后，粒径逐渐增加，由初始的30 nm增加至120 nm左右，60℃时粒径变为55 nm，微乳液体系由澄清透明转变为浑浊状态，而且发现此过程不可逆。当温度高于70℃，微乳液的浊度迅速上升，在85℃浊度达到6.9 cm^{-1}。添加抗氧化剂可以明显减缓微乳液中枸杞色素的降解，在55℃氧化6 d后，添加脂溶性抗氧化剂的微乳液体系的色素保留率为73.8%～81%；VC的添加浓度为2 g/kg时，色素保留率约为33%；添加0.05 g/kg的EDTA可轻微提高枸杞色素微乳液的稳定性。该研究为非离子型表面活性剂稳定的微乳液在食品环境条件中的应用提供了可靠依据。

诸多研究通过叶黄素和玉米黄素视网膜组织积累，研究其生物利用度。高效液相色谱法和非侵入性评估解剖组织中的叶黄素和玉米黄素积累水平研究结果均表明，叶黄素和玉米黄素积累在个体之间变化差异显著。大量证据表明，饮食、代谢和遗传对叶黄素和玉米黄素在血液中的运输和眼中的积累、吸收均具有影响。枸杞中主要的类胡萝卜素成分为棕榈酸酯化的玉米黄素，关于其生物利用度研究报道较少。恒河猴（*Macacamulatta*）连续服用枸杞子提取物6周后（每日约2 mg枸杞类胡萝卜素），血浆、肝脏、肾脏、黄斑中玉米黄素的含量相较对照组均有显著上升，而大脑中的含量并未有显著变化。而另一项针对人类的研究发现，当受试者服用一次（5 mg）来自宁夏枸杞的3R, 3'R–枸杞类胡萝卜素后9～24 h血浆中该化合物达到峰值，说明酯化的枸杞类胡萝卜素比非酯化形式的枸杞类胡萝卜素生物利用率更高。也有研究发现，健康志愿者连续28 d服用宁夏枸杞干果后，其血浆中玉米黄素的浓度比对照组高出2.5倍。且研磨过的枸杞子与热牛奶（80℃）共同服用后，其玉米黄素的生物利用率要显著高于与热水（80℃）共同服用的方式。因此，推测枸杞类胡萝卜素在生物体中发挥作用的单体可能是脱去双棕榈酸基团的玉米黄素，其在体内的功能受饮食影响，但需要进一步研究以了解枸杞果实植物中类胡萝卜素的代谢和利用的途径和机制。

枸杞果实类胡萝卜素组成复杂，在不同种或变种和品种之间差异很大。系统了解不同枸杞种或变种和品种类胡萝卜素的合成机制，有利于功能基因的有效开发和利用。此外，枸杞中类胡萝卜素的生物活性、健康益处和代谢途径需要进一步研究。需要进行更多的研究工作来提高枸杞中类胡萝卜素的稳定性和活性，开发分离这些化合物的新技术，将它们作为组合物应用于保健品，以及综合利用加工副产物。这将有利于开发枸杞的活性成分，促进枸杞产业的可持续发展。

第六节　枸杞中的生物碱

生物碱是指存在于植物或动物体内的一类含氮有机化合物，大多数有较复杂的环状结构，氮原子常结合在环内，多呈碱性，可与酸成盐，多具有显著而特殊的生物活性。大多数生物碱为无色结晶形固体，不溶于水，但与酸结合后易溶于水，有明显的熔点，味苦，挥发性不强。生物碱类是枸杞属植物的主要化学成分，种类多样，在枸杞果实、根皮中均存在，其主要包括托品类生物碱、酰胺类生物碱、其他类生物碱。其中，酰胺类生物碱是枸杞中研究较多、含量最高的一类生物碱。此外，从枸杞属植物中还分离到了甜菜碱，是枸杞果、叶、柄中主要的生物碱之一，有一定表面活性作用和药用功能，被中国药典载入作为判断枸杞质量标准的重要物质之一。

一、提取及测定

枸杞中生物碱的提取及测定方法如表13-12所示。

（一）枸杞中生物碱的提取

基于生物碱组成及性质的多样性，常见的有酸水提取法、醇类溶剂提取法和亲脂性有机溶剂提取法等。甜菜碱类生物碱溶解性良好，枸杞甜菜碱在乙醇溶液中的平均提取率为99.8%。枸杞中生物碱的提取常以醇类作为提取溶剂反复提取，因原料、提取方法和提取试剂的差异，枸杞生物碱的粗提取率为2.7%～32%。以乙醇作为提取溶剂时，乙醇的体积浓度从60%～95%不等，

Zhu 等使用93%乙醇从枸杞果实中回流提取得到酚胺类物质。有时也将乙醇进行酸化后再用于提取，Liu等首先将枸杞果实用二氯甲烷在水浴60℃回流提取30 min除去脂溶性物质，随后将残渣用80%乙醇（用盐酸将pH调到1）80℃水浴回流提取30 min得到枸杞甜菜碱。甲醇作为提取溶剂时的体积浓度为30%～100%。Liu等用30%的甲醇提取*Lycium barbarum* L. 中的甜菜碱。

（二）枸杞中生物碱含量的测定

目前报道的关于枸杞生物碱含量的测定方法主要运用于甜菜碱含量的测定，对其他生物碱的研究主要集中在分离纯化和结构鉴定方面。根据甜菜碱的化学结构特点，主要采用氨基柱、亲水性色谱柱，并结合蒸发光散射检测器、质谱检测器等进行检测。

（1）高效液相色谱－蒸发光散射检测器测定方法（HPLC-ELSD）

该法适用于无紫外吸收或紫外末端吸收的样品检测。该法具有极大的优越性：响应值不依赖于样品的光学性质，不论具有何种官能团，所有样品检测几乎具有相同的响应分子，未知物和纯度测定比紫外检测更容易与准确。目前，该检测方法广泛应用于医药、食品、化工等行业。

刘灵卓等建立枸杞子中甜菜碱含量的HPLC-ELSD测定方法，采用HypersilNH_2色谱柱（4.6 mm × 250 mm，5 μm），流动相为甲醇－四氢呋喃－0.2%三氟乙酸（30∶60∶10），流速1.0 mL/min，柱温25℃。甜菜碱进样量为1.28～12.80 μg时，色谱峰面积具有良好的线性关系（r=0.9992）；平均加样回收率为98.60%，RSD为2.8%（n=6）；样品中甜菜碱的含量为0.5281～1.2054 mg/g。梁景辉等采用HPLC-ELSD测定枸杞子中甜菜碱的含量，色谱柱选用VenusilHILIC丙基酰胺键合硅胶色谱柱（4.6 mm × 250 mm，5 um），流动相为乙腈－0.2%冰醋酸溶液（87∶13）。测定结果表明，甜菜碱在0.4036～5.045 μg呈良好线性关系，y=1.5425x+4.0724，r=0.9999，平均回收率101.57%，RSD=1.05%（n=6）。

（2）高效液相色谱法－电喷雾电离质谱法

由于甜菜碱结构中无共轭体系，仅在紫外低波长处测定，灵敏度低。《中国药典》（2020版）测定方法中规定甜菜碱采用HPLC法测定，即以氨基键合硅胶为填充剂；以乙腈－水（85∶15）为流动相；检测波长为195 nm。理论板数按甜菜碱峰计算应不低于3000。对照品溶液的制备如下：甜菜碱对照品适量，精密称定，加水制成每1 mL含0.17 mg的溶液，即得。供试品溶液的制备：取一定量枸杞粉碎，取约1 g，精密称定，置具塞锥形瓶中，精密加入甲醇50 mL，密塞，称定重量，加热回流1 h，放冷，再称定重量，用甲醇补足减失的重量，摇匀，滤过。精密量取续滤液2 mL，置碱性氧化铝固相萃取柱（2 g）上，用乙醇30 mL洗脱，收集洗脱液，蒸干，残渣加水溶解，转移至2 mL量瓶中，加水至刻度，摇匀，滤过，取续滤液，即得。然后，分别精密吸取对照品溶液与供试品溶液各10 μL，注入液相色谱仪，测定。可见，该方法样品制备步骤较烦琐。快速原子轰击（FAB）MS分析可能对这类化合物具有良好的敏感性，但是，这些方法的缺点也需要使用甜菜碱的羧酸与正烷基醇酯化的衍生步骤。除了使用MS的方法（在记录选定的离子时可以提高特异性）之外，其他检测方法在确定样品时也会遇到干扰化合物的困扰。通过选择离子监测（SIM）可增强甜菜碱中甜菜碱选择性和灵敏度的LC-MS方法。

李元元等采用LC-MS法测定宁夏枸杞子提取物中甜菜碱的含量，色谱柱选用氨基柱（2.1 mm × 150 mm，3 μm），柱温35℃，流动相为乙腈∶水（80∶20），流速为0.3 mL/min，进样量5 μL。质谱条件为电喷雾离子源（ESI），正离子模式（Positive），多反应监测（MRM），干燥气350℃，雾化器压力50 psi，干燥气流速12 L/min，毛细管电压4000 V，AgilentUV检测器，Agilent三重四级杆质子检测器。试验结果表明，甜菜碱线性范围20～700 ng/mL，平均回收率为99.77%，RSD为2.1%（*n*=6）。

（3）高效毛细管电泳法(HPCE）

高效毛细管电泳法测定枸杞中甜菜碱含量的方法。选择硼砂溶液作为缓冲溶液，在20 kV恒压下浓度为40 mmol/L，在20℃下注入时间为10 s。甜菜碱的浓度保持在0.0113～1.45 mg的线性范围内，相关系数为0.9，回收率在97.95%～126%（*n*=4）。甜菜碱的样品含量为29.3 mg/g，RSD为6.4%（*n*=6）。该方法特异、简便、快速、准确，适用于枸杞中甜菜碱含量的检测。

二、分离纯化及鉴定

枸杞中的生物碱多采用silica gel CC，Sephadex LH-20 CC，ODS开放柱色谱，MCI CC，RP-MPLC，semipreparative HPLC等为色谱柱，以不同配比的二氯甲烷、三氯甲烷、甲醇、乙腈、水等为洗脱溶剂进行梯度或等度洗脱，经多次、反复地分离纯化，获得单一组分。最后利用旋光谱、紫外光谱、红外光谱、核磁共振、质谱等多谱学技术对分离得到的化合物进行结构鉴定。

Dong Gun等用甲醇萃取根皮中的生物碱后，依次用二氯甲烷、乙酸乙酯和正丁醇萃取，将乙酸乙酯萃取物在硅胶上进行柱色谱分离，并用二氯甲烷:甲醇:H_2O=8：1：0.1(v/v）→6：1：0.1→4：1：0.1→2：1：0.1→纯甲醇梯度系统。根据它们的TLC图谱，将这些馏分合并为8个主要馏分（E1-E8）。通过在硅胶柱色谱（100 g，2.8 cm×40 cm）上用二氯甲烷：甲醇：水=3：1：0.1(v/v）洗脱，通过重复柱色谱法进一步纯化亚级分E4（960 mg）。用2-丙醇:甲醇：H_2O=3：24：73，（v/v）洗脱，得到化合物1（106 mg）、3（19.6 mg）、4（14.8 mg）和5（9.2 mg）。使用Radialpak（类型：8NVC186，25 mm×200 mm，Waters）柱进行制备型HPLC。在预涂硅胶F254板（Merck），RP-18F254板和硅胶60（Merck，230～400目）上进行TLC和柱色谱分析。

《中华人民共和国药典》中枸杞甜菜碱分离纯化采用薄层扫描法，该法具有灵敏、选择性好、显色方便等优点，但层析过程易出现拖尾，从而影响分离效果和方法的重现性。

（一）枸杞根及根皮中酰胺类生物碱

枸杞根皮中的生物碱物质包括grossamide、大麻酰胺、枸杞酰胺、羟基肉桂酸酰胺等49余种化合物（表13-13）。韩国学者Han等在室温下，用MgOH萃取枸杞根皮，将甲醇提取物悬浮在水中，然后依次用二氯甲烷、乙酸乙酯和正丁醇分配。将EtOA馏分经过多级洗脱纯化得到4种酚胺类化合物，dihydro-N-caffeoyltyramine，trans-N-caffeoyltyramine，cis-N-caffeoyltyramine，lyoniresinol 3*α*-O-*β*-D-glucopyranoside。陈芳等采用硅胶柱色谱及制备高效液相色谱等方法对化合物进行分离纯化，通过从枸杞根部分离得到了12个化合物，大部分为酰胺类化合物，包括大麻酰胺H、大麻酰胺D等。兰婷等采用硅胶柱、ODS开放柱、Sephadex LH-20葡聚糖凝胶柱及半制备反相高效液相等色谱手段，对宁夏枸杞根和茎部乙醇提取物的石油醚部位及乙酸乙酯部位化学成分进行分离纯化，根据其理化性质以及波谱数据鉴定得到12个化合物，其中包括4个酰胺类生物碱。WangSiyu等采用UPHLCTripleQMS/MS相结合对枸杞根皮和叶中的氢化物原子吸收光谱进行了鉴定和定量分析，最先在根皮中发现了10个羟基肉桂酸酰胺类物质，其中*N-trans*-caffeoyl tyramine，*N-trans*-feruloyl tyramine，*N-trans*-feruloyl 3-methoxytyramine和*N*-3, 4-Dihydroxyhydrocinnamoyl tyramine含量较高，分别为26446.0 ng/g，10600 ng/g，5392.1 ng/g，4864.0 ng/g。

表13-12　枸杞中生物碱的提取及测定方法

材料	提取方法	粗提物含量（%）	分离方法	鉴定	定量
枸杞果实	用100 L的60%乙醇-水回流提取3次，每次2 h	—	HP-20大孔树脂柱；开放式硅胶色谱柱；MPLC-ODSCC，PHPLC-CosmosilC18色谱柱；PHPLC-PhenomenexC18色谱柱；用不同比例的$CHCl_3$-甲醇-水或甲醇-水-TFA或乙腈-水-TFA洗脱	旋光度；UV；IR（KBr），ESIMS，^1H NMR，^{13}C NMR	—
中华枸杞的根皮	0.8 kg根皮，用甲醇在室温提取3次	17	硅胶柱，PHPLC，二氯甲烷/甲醇/水，甲醇，异丙醇/甲醇/水洗脱	Mp，UV，IR（KBr），HR-FABMS，^1H NMR，^{13}C NMR	—
中华枸杞的根皮	0.8 kg根皮，用甲醇在室温下提取3次	17.16	硅胶柱，二氯甲烷-甲醇-水梯度洗脱，硅胶柱氯仿-丙酮-甲醇-水梯度洗脱，硅胶柱，PHPLC，用丙二醇-甲醇-水梯度洗脱，$CHCl_3$-Me_2CO-甲醇-水梯度洗脱，LichroprepRP-18色谱柱，丙二醇-甲醇-水梯度洗脱	mp，UV，IR（KBr），HR-FABMS，^1H NMR，^{13}C NMR	—
宁夏枸杞的茎	10 kg粉末用85%乙醇（40L）回流提取，每次3 h	6.07	用硅胶柱重复纯化，HPLC，MCI色谱柱，SephadexLH-20，RPMPLC，聚酰胺色谱柱，甲醇/水，氯仿-丙酮，氯仿-甲醇，乙腈/水，梯度洗脱	^{13}C NMR，HR-ESI-MS UV IR	—
宁夏枸杞果实	93%乙醇（50L×3次）回流提取，每次3 h	32	D101大孔树脂，硅胶色谱柱，MCICC，硅胶CC，SephadexLH-20CC，半制备RP-MPLC，不同比例的$CHCl_3$-甲醇梯度洗脱	TLC和HPLC，旋光性，UV，IR（KBr），ESIMS，^1H NMR，^{13}C NMR	—
宁夏枸杞的干燥根和茎	10 kg，10倍体积的95%乙醇，热回流提取2次，80%乙醇热回流提取，2 h/次	6.4	硅胶色谱柱，半制备液相色谱，LH-20凝胶色谱柱，ODS开放色谱柱，多梯度洗脱，纯甲醇洗脱	HR-ESI-MS，^1H NMR，^{13}C NMR	—
宁夏枸杞根皮、叶片	10～100 mg叶片和根用5 mL甲醇超声辅助提取40 min，随后搅拌提取60 min	—	—	UHPLC-MS/MS	UHPLC
宁夏枸杞果实	用80 L的85%乙醇于85℃回流提取2 h，重复3次	2.7	硅胶柱色谱（1400 g，15 cm×120 cm），$CHCl_3$/甲醇/水梯度洗脱；LH-20凝胶色谱柱（1000 g，5 cm×120 cm），甲醇洗脱；开放式反相硅胶色谱柱（RP-18，300 g，2 cm×90 cm），甲醇/水梯度洗脱；半制备HPLC，甲醇/水洗脱	ESIMS，^1H NMR，^{13}C NMR	—

（续）

材料	提取方法	粗提物含量（%）	分离方法	鉴定	定量
宁夏枸杞的果实、叶片和根皮	宁夏枸杞的干燥果实（5 kg）用25 L的70%乙醇/水超声提取1 h×2次	—	大孔树脂色谱柱（AB-8），用0%，20%，80%乙醇/水连续洗脱；收集80%乙醇/水洗脱组分，减压浓缩，继续用3倍体积的正丁醇提取3次，减压浓缩后用甲醇溶解，再用高效制备液相纯化获得目标组分	UPLC-HR-MS. MRM	UPLC-Orbitrap-MS
枸杞属的果实	用25 mL二氯甲烷水浴（60℃）回流提取30分钟，残渣用25 mL的80%乙醇（pH1）水浴回流（80℃）提取30 min，	—	将残渣溶解于2mL无水乙醇（80%，v/v），上清液装入氧化铝色谱柱（OH-，内径10～12 mm，长度20 cm，其中，10 cm部分装有氧化铝），用40 mL乙醇（含5%$NH_3 \cdot H_2O$）洗脱，收集并浓缩洗脱液，随后溶解于10 mL乙醇	HPLC-DAD	HPLC-DAD
中华枸杞果实	固液比1：100，甲醇室温浸提30 min，重复3次	—	—	LC-MS	LC-MS
枸杞果实	1：50，甲醇，超声处理40 min，重复2次	—	—	—	HPLC-ELSD
枸杞果实	1：25，80%甲醇为溶剂，水浴回流提取1 h	—	—	—	HPLC-ELSD
枸杞果实	50 mg，5 mL水+45 mL60%甲醇，静置10 min	—	—	—	HPLC-MS
宁夏枸杞	5.342 g枸杞果实粉末，加入30 mL30%甲醇水溶液，冷浸12 h	—	—	—	高效毛细管电泳法

表13-13　枸杞根中酰胺类化合物

序号	来源	化合物	形态	分子式	分类
1	中华枸杞	dihydro-*N*-caffeoyltyramine	淡黄色片状物	$C_{17}H_{20}NO_4$	酰胺
2	中华枸杞	*trans*-*N*-feruloyloctopamine		$C_{18}H_{20}NO_5$	酰胺
3	中华枸杞，宁夏枸杞	*trans*-*N*-caffeoyltyramine	无定形粉末	$C_{17}H_{18}NO_4$	酰胺
4	中华枸杞	*cis*-*N*-caffeoyltyramine	黄色油状物	—	酰胺
5	中华枸杞	lyoniresinol 3α-*O*-β-*D*-glucopyranoside	无定形粉末	—	酰胺
6	中华枸杞	grossamide K	淡黄色粉末（甲醇）	$C_{28}H_{29}NO_7$	酰胺
7	中华枸杞	grossamide	淡黄色油状物（甲醇）	$C_{36}H_{36}N_2O_8$	酰胺
8	中华枸杞	dihydrogrossamide	淡黄色粉末（甲醇）	$C_{36}H_{38}N_2O_8$	酰胺
9	中华枸杞	cannabisin H	黄色油状物（甲醇）	$C_{28}H_{31}NO_8$	酰胺
10	中华枸杞	1,2-dihydro-6,8-dimethoxy-7-hydroxy-1-(3,4-dihydroxyphenyl)-N_1,N_2-*bis*[2-(4-hydroxyphenyl) ethyl]-2,3-naphthalene dicarboxamide	白色粉末（甲醇）	$C_{36}H_{36}N_2O_9$	酰胺
11	中华枸杞	cannabisin D	白色无定形粉末（甲醇）	$C_{36}H_{36}N_2O_8$	酰胺
12	中华枸杞	(1,2-*trans*)-N_3-(4-acetamidobutyl)-1-(3,4-dihydroxyphenyl)-7-hydroxy-N_2-(4-hydroxyphenethyl)-6,8-dimethoxy-1,2-dihydronaphthalene-2,3-dicarboxamide	黄色油状物（甲醇）	$C_{34}H_{39}N_3O_9$	酰胺
13	中华枸杞	cannabisin F	无定形粉末（甲醇）	$C_{36}H_{36}N_2O_8$	酰胺
14	中华枸杞	(*E*)-2-(4,5-dihydroxy-2-{3-[(4-hydroxyphenethyl) amino]-3-oxopropyl}phenyl)-3-(4-hydroxy-3-methoxyphenyl)-*N*-(4-acetamidobutyl)acrylamide	黄色油状物（甲醇）	$C_{33}H_{39}N_3O_8$	酰胺
15	中华枸杞	(*E*)-2-(4,5-dihydroxy-2-{3-[(4-hydroxyphenethyl) amino]-3- oxopropyl}phenyl)-3-(4-hydroxy-3,5-dimethoxyphenyl)-N-(4-hydroxyphenethyl) acrylamide	黄色油状物（甲醇）	$C_{36}H_{38}N_2O_9$	酰胺
16	宁夏枸杞	*N*-*trans*-caffeoyl phenethylamine	—	—	酰胺
17	宁夏枸杞	*N*-*trans*-caffeoyl tryptamine	—	—	酰胺
18	宁夏枸杞	*N*-*trans*-caffeoyl dopamine	—	—	酰胺

（续）

序号	来源	化合物	形态	分子式	分类
19	宁夏枸杞	*N-trans*-feruloyl phenethylamine	—	—	酰胺
20	宁夏枸杞	*N-trans*-feruloyl 3,4-dimethoxyphenethylamine	—	—	酰胺
21	宁夏枸杞	*N-trans*-feruloyl tryptamine	—	—	酰胺
22	宁夏枸杞	*N-trans*-feruloyl tyramine	—	—	酰胺
23	宁夏枸杞	*N-trans*-feruloyl 3-methoxytyramine	—	—	酰胺
24	宁夏枸杞	*N-trans*-feruloyl dopamine	—	—	酰胺
25	宁夏枸杞	*N*-3,4-Dihydroxyhydrocinnamoyl phenethylamine	—	—	酰胺
26	宁夏枸杞	*N*-3,4-Dihydroxyhydrocinnamoyl tryptamine	—	—	酰胺
27	宁夏枸杞	*N*-3,4-Dihydroxyhydrocinnamoyl tyramine	—	—	酰胺
28	宁夏枸杞	*N*-3,4-Dihydroxyhydrocinnamoyl dopamine	—	—	酰胺
29	宁夏枸杞	*N*-[2(3,4-dihydroxyphenyl)2hydroxyethyl]3(4-methoxyphenyl)prop2-enamide	黄色油状物（甲醇）	$C_{18}H_{19}NO_5$	酰胺
30	宁夏枸杞	3(4-hydroxy3-methoxy phenyl)-*N*-[2(4-hydroxyphenyl)2-methoxyethyl] acrylamide	淡黄色粉末（甲醇）	$C_{19}H_{21}NO_5$	酰胺
31	宁夏枸杞	*N-trans*-coumaroyloctopamine	白色粉末（甲醇）	$C_{17}H_{17}NO_4$	酰胺
32	宁夏枸杞	(*E*)-2-(4,5-dihydroxy-2-[3-(4-hydroxyphenethyl)amino]-3-oxopropyl]phenyl)-3-(4-hydroxy3,5-dimethoxyphenyl)-*N*(4-acetamidobutyl) acrylamide	黄色油状物（甲醇）	$C_{34}H_{41}N_3O_9$	酰胺
33	宁夏枸杞	1,2-dihydro-6,8-dimethoxy-7-hydroxy1-1-(3,4-dihydroxyphenyl)-N_1,N_2-*bis*[2-(4-hydroxyphenyl)ethyl]-2,3-naphthalene dicarboxamide	白色粉末 (DMSO）	$C_{36}H_{37}N_2O_9$	酰胺
34	中华枸杞	*N*-(*α*,*β*-Dihydrocaffeoyl)tyramine	—	$C_{17}H_{19}NO_4$	酰胺
35	中华枸杞	*N*-[(*E*)-Caffeoyl]tyramine	—	$C_{17}H_{17}NO_4$	酰胺
36	中华枸杞	*N*-[(*Z*)-Caffeoyl]tyramine	—	$C_{17}H_{17}NO_4$	酰胺
37	中华枸杞	*N*-[(*E*)-Feruloyl]octopamine	—	$C_{18}H_{19}NO_5$	酰胺

（续）

序号	来源	化合物	形态	分子式	分类
38	中华枸杞	Aurantiamide acetate	—	$C_{28}H_{29}NO_4$	酰胺
39	中华枸杞	(*E*)-2-[4,5-Dihydroxy-2-[3-[2-(4-hydroxyphenyl) ethylamino]-3-oxopropyl]phenyl]-3-(4-hydroxy3,5-dimethoxyphenyl)-*N*-[2-(4-hydroxyphenyl) ethyl]prop-2-enamide	—	—	酰胺
40	中华枸杞	(*E*)-*N*-(4-Acetamidobutyl)-2-[4,5-dihydroxy2-[3-[2-(4-hydroxyphenyl)ethylamino]-3oxopropyl]-phenyl]-3-(4-hydroxy-3methoxyphenyl)prop-2-enamide	—	—	酰胺
41	中华枸杞	(*E*)-*N*-(4-Acetamidobutyl)-2-[4,5-dihydroxy2-[3-[2-(4-hydroxyphenyl)ethylamino]-3oxopropyl]-phenyl]-3-(4-hydroxy-3,5dimethoxyphenyl)prop-2-enamide	—	—	酰胺
42	中华枸杞	(1R,2S)-1-(3,4-Dihydroxyphenyl)-7-hydroxyN_2,N_3-*bis*(4-hydroxyphenethyl)-6,8-dimethoxy1,2-dihydro-naphthalene-2,3-dicarboxamide	—	—	酰胺
43	中华枸杞	(1S,2R)-N_3-(4-Acetamidobutyl)-1-(3,4dihydroxy-phenyl)-7-hydroxy-N_2-(4hydroxyphenethyl)-6,8-dimethoxy-1,2dihydro-naphthalene-2,3-dicarboxamide	—	—	酰胺
44	中华枸杞	(2,3-*E*)-3-(3-Hydroxy-5-methoxyphenyl)-*N*-(4hydroxyphenethyl)-7-[(*E*)-3-[(4hydroxyphenethyl)-amino]-3-oxoprop-1-en-1yl]-2,3-dihydrobenzo-[b][1,4]dioxine-2carboxamide	—	—	酰胺
45	中华枸杞	(2,3-*E*)-3-(3-hydroxy-5-methoxyphenyl)-*N*(4-hydroxyphenethyl)-7-[(*Z*)-3-[(4-hydroxyphenethyl)amino]-3-oxoprop-1-en-1-yl]-2,3dihydrobenzo[b][1,4]dioxine-2-carboxamide	—	—	酰胺
46	中华枸杞	(*Z*)-3-[(2,3-*E*)-2-(4-hydroxy-3-methoxyphenyl)-3hydroxymethyl-2,3-dihydrobenzo[b][1,4]dioxin-6yl]-*N*-(4-hydroxyphenethyl)acrylamide	—	—	酰胺
47	中华枸杞	(*E*)-3-[(2,3-*E*)-2-(4-hydroxy-3-methoxyphenyl)- 3-hydroxymethyl-2,3-dihydrobenzo[b][1,4] dioxin-6-yl]-*N*-(4-hydroxyphenethyl)acrylamide	—	—	酰胺
48	中华枸杞	Indole glycoside	—	—	酰胺
49	中华枸杞	*Lycium*amide D	—	$C_{30}H_{30}N_2O_7$	酰胺

（二）枸杞叶（茎叶）中生物碱

有关枸杞茎叶中生物鉴定研究相对较少，Wang等从枸杞叶中分离鉴定出10种酰胺类化合物，分别为*N*-*trans*-caffeoyl tyramine，*N*-*trans*-caffeoyl dopamine，*N*-*trans*-feruloyl phenethylamine，*N*-*trans*-feruloyl 3,4-dimethoxyphenethylamine，*N*-*trans*-feruloyl tryptamine，*N*-*trans*-feruloyl tyramine，*N*-*trans*-feruloyl 3-methoxytyramine，*N*-*trans*-feruloyl dopamine，*N*-3,4-Dihydroxyhydrocinnamoyl tyramine，*N*-3,4-Dihydroxyhydrocinnamoyl dopamine，这10种物质在枸杞果实中均有存在。Zhu P F等从*Lycium barbarum*的茎中分离鉴定了17种酚胺类物质，并最先发现了4种酚酰胺物质：4-*O*-methylgrossamide、(*E*)-2-(4,5-dihydroxy-2-[3-[(4-hydroxyphenethyl) amino] -3-oxopropyl]-phenyl)-3-(4-hydroxy-3-methoxyphenyl)-*N*-(4-hydroxyphenethyl) acryl-amide、(*Z*) lyciumamideC、(*Z*) -thoreliamideB。Wang Siyu等最先在枸杞中发现了10个酰胺类化合物，其中，*N*-*trans*-feruloyl 3-methoxytyramine，*N*-*trans*-feruloyl tyramine，*N*-*trans*-caffeoyl tyramine，和*N*-3,4-Dihydroxyhydrocinnamoyl tyramine含量较高，分别为42200.3 ng/g，20762.2 ng/g，2143.2 ng/g和1694.2 ng/g。

枸杞茎、叶中的酰胺类化合物如表13-14所示。

表13-14　枸杞茎、叶中的酰胺类化合物

序号	来源	化合物	形态	分子量	分类
1	叶片	*N*-*trans*-caffeoyl tyramine	—	—	酰胺
2	叶片	*N*-*trans*-caffeoyl dopamine	—	—	酰胺
3	叶片	*N*-*trans*-feruloyl phenethylamine	—	—	酰胺
4	叶片	*N*-*trans*-feruloyl 3,4-dimethoxyphenethylamine	—	—	酰胺
5	叶片	*N*-*trans*-feruloyl tryptamine	—	—	酰胺
6	叶片	*N*-*trans*-feruloyl tyramine	—	—	酰胺
7	叶片	*N*-*trans*-feruloyl 3-methoxytyramine	—	—	酰胺
8	叶片	*N*-*trans*-feruloyl dopamine	—	—	酰胺
9	叶片	*N*-3,4-Dihydroxyhydrocinnamoyl tyramine	—	—	酰胺
10	叶片	*N*-3,4-Dihydroxyhydrocinnamoyl dopamine	—	—	酰胺
11	茎	4-*O*-methylgrossamide	白色粉末	$C_{37}H_{39}N_2O_8$	酰胺
12	茎	(*E*)-2-(4,5-dihydroxy-2-[3-[(4-hydroxyphenethyl)amino]-3-oxopropyl]-phenyl)-3-(4-hydroxy-3-methoxyphenyl)-*N*-(4-hydroxyphenethyl)acryl-amide	黄色粉末	$C_{35}H_{36}N_2O_8Na$	酰胺
13	茎	(*Z*)-*Lycium*amide C	白色粉末	$C_{28}H_{30}NO_7$	酰胺
14	茎	(*Z*)-thoreliamide B	淡黄色粉末	$C_{28}H_{28}NO_8$	酰胺
15	茎	grossamide	—		酰胺
16	茎	*Lycium*amide C		$C_{28}H_{30}NO_7$	酰胺
17	茎	(*Z*)-3-[(2,3-*trans*)-2-(4-hydroxy-3-methoxy-phenyl)-3-hydroxymethyl-2,3-dihydrobenzo[1,4]-dioxin-6-yl]*N*-(4-hydroxyphenethyl)acrylamide	—	—	酰胺

（续）

序号	来源	化合物	形态	分子量	分类
18	茎	(*E*)-3-[(2,3*trans*)-2-(4-hydroxy-3-methoxyphenyl)-3-hydroxy-methyl-2,3-dihydrobenzo[1,4]dioxin-6-yl]-*N*-(4-hydroxyphene thyl) acryl-amide	—	—	酰胺
19	茎	(*E*)-thoreliaide B	—	$C_{28}H_{28}NO_8$	酰胺
20	茎	cannabisin E	—	—	酰胺
21	茎	cannabisin D	—	—	酰胺
22	茎	1,2-dihydro-6,8-dimethoxy-7-hydroxyl-(3,5-dimethoxy-4-hydroxyphenyl)*N*', *N*-2-*bis*[2-(4-hydroxyphenyl)ethyl]-2,3-naphthal-enedicarboxamide	—	—	酰胺
23	茎	cannabisin G	—	—	酰胺
24	茎	*N*-*E*-p-coumaroyl tyramine	—	—	酰胺
25	茎	*N*-*E*-caffeoyl tyramine	—	—	酰胺
26	茎	*N*-*E*-feruloyl tyramine	—	—	酰胺

（三）枸杞果实中的生物碱

枸杞果实中共检测到49余种生物碱化合物，以酚胺类化合物为主。Zhu PF等最先从枸杞果实中获得了3种酚酰胺，lyciumamide L，lyciumamide M和Lyciumamide N，并同时检测到12种已报道的酚酰胺物质。Gao等从枸杞的果实中分离出lyciumamide A、lyciumamide B、lyciumamideC、*N*-*E*-coumaroyltyramine和*N*-*E*-feruloyltyramine，且这几种化合物均具有较强的抗氧化活性。Qian Dan等检测到枸杞果实中有Cannabisin F，(±)-Grossamide，(±)-Cannabisin E，(±)-Cannabisin D，(±)-Melongenamide D及其他酚胺类化合物。不同种质枸杞中的生物碱化合物有一定的差异，中华枸杞中含有2种脑苷脂，包括Cerebrosides A和Cerebrosides B，以及17种羟基肉桂酸酰胺。

枸杞果实中的生物碱化合物如表13-15所示。

表13-15　枸杞果实中的生物碱化合物

序号	来源	化合物	形态	分子式	分类
1	宁夏枸杞	Lyciumamide L	黄色无定形粉末	$C_{37}H_{38}N_2O_8Na$	酚胺
2	宁夏枸杞	Lyciumamide M	黄色无定形粉末	$C_{37}H_{40}N_2O_9Na$	酚胺
3	宁夏枸杞	Lyciumamide N	黄色无定形粉末	$C_{35}H_{32}N_2O_8Na$	酚胺
4	宁夏枸杞	(*E*,*E*)-*N*,*N*-dityramin-4,4'-dihydroxy-3,5'-dimethoxy3 -*β*,3'-bicinnamamide	—	—	酰胺
5	宁夏枸杞	grossamide K	—	—	酰胺
6	宁夏枸杞	*N*-*Z*-feruloyloctopamine	—	—	酰胺
7	宁夏枸杞	*N*-trans-cinnamoyltyramine	—	—	酰胺
8	宁夏枸杞	*N*-trans-p-coumaroyltyramine	—	—	酰胺

（续）

序号	来源	化合物	形态	分子式	分类
9	宁夏枸杞	*N–E*–feruloyl–3–*O*–methyldopamine	—	—	酰胺
10	宁夏枸杞	*N–E*–Coumaroyl tyramine	淡黄色粉末	$C_{17}H_{17}NO_3Na$	酚胺
11	宁夏枸杞	*N–E*–feruloyl tyramine	淡黄色粉末	$C_{18}H_{19}NO_4Na$	酚胺
12	宁夏枸杞	*Lycium*amide A	黄色粉末	$C_{36}H_{36}N_2O_8Na$	酚胺
13	宁夏枸杞	*Lycium*amide B	黄色粉末	$C_{36}H_{36}N_2O_8Na$	酚胺
14	宁夏枸杞	*Lycium*amide C	黄色粉末	$C_{28}H_{29}NO_7Na$	酚胺
15	宁夏枸杞	*Lycium*ide A	—	$C_{18}H_{19}NO_4$	酰胺
16	宁夏枸杞	*N–Z–p*–coumaroyl–tyramine	—	—	酰胺
17	宁夏枸杞	*N–Z*–feruloyl–tyramine	—	—	酰胺
18	宁夏枸杞	*N–E–p*–coumaroyl–tyramine	—	—	酰胺
19	宁夏枸杞	*N–E*–feruloyl–tyramine	—	—	酰胺
20	宁夏枸杞	(±)–(7″S*,8″R*)–Canabisine H	—	—	酰胺
21	宁夏枸杞	Cannabisin F	—	—	酰胺
22	宁夏枸杞	(±)–Grossamide	—	—	酰胺
23	宁夏枸杞	*N–Z*–feruloyl–4–*O*–(*β*–D–glucopyranosyl) tyramine	—	—	酰胺
24	宁夏枸杞	*N*–(4–*O*–(*β*–D–Glucopyranosyl)–*E*–feruloyl)tyramine	—	—	酰胺
25	宁夏枸杞	*N–E*–feruloyl–4–*O*–(*β*–Dglucopyranosyl)tyramine	—	—	酰胺
26	宁夏枸杞	(±)–(7″*R**,8″R*)–Canabisine H	—	—	酰胺
27	宁夏枸杞	(±)–Cannabisin E	—	—	酰胺
28	宁夏枸杞	(±)–Cannabisin D	—	—	酰胺
29	宁夏枸杞	(±)–Melongenamide D	—	—	酰胺
30	宁夏枸杞	*N*–(4–*O*–(*β*–D–Glucopyranosyl)–*Z*–eruloyl)–tyramine	—	—	酰胺
31	中华枸杞	Cerebrosides A	—	—	脑苷脂
32	中华枸杞	Cerebrosides B	—	—	脑苷脂
33	枸杞	*N–trans*–caffeoyl phenethylamine	黄色粉末	$C_{17}H_{17}NO_3$	羟基肉桂酸酰胺
34	枸杞	*N–trans*–caffeoyl 3,4–dimethoxyphenethylamine	黄色粉末	$C_{19}H_{21}NO_5$	羟基肉桂酸酰胺
35	枸杞	*N–trans*–caffeoyl tryptamine	深黄色粉末	$C_{19}H_{18}N_2O_3$	羟基肉桂酸酰胺
36	宁夏枸杞，枸杞	*N–trans*–caffeoyl tyramine	黄色粉末	$C_{17}H_{17}NO_4$	羟基肉桂酸酰胺
37	枸杞	*N–trans*–caffeoyl dopamine	黄色粉末	$C_{17}H_{17}NO_5$	羟基肉桂酸酰胺
38	枸杞	*N–trans*–feruloyl phenethylamine	无色粉末	$C_{18}H_{19}NO_3$	羟基肉桂酸酰胺
39	枸杞	*N–trans* –feruloyl 3,4–dimethoxyphenethylamine	无色粉末	$C_{20}H_{23}NO_5$.	羟基肉桂酸酰胺

（续）

序号	来源	化合物	形态	分子式	分类
40	枸杞	*N-trans*-feruloyl tryptamine	淡黄色粉末	$C_{20}H_{20}N_2O_3$	羟基肉桂酸酰胺
41	宁夏枸杞，枸杞	*N-trans*-feruloyl tyramine	无色粉末	$C_{18}H_{19}NO_4$.	羟基肉桂酸酰胺
42	枸杞	*N-trans*-feruloyl 3-methoxytyramine	无色粉末	$C_{19}H_{21}NO_5$	羟基肉桂酸酰胺
43	枸杞	*N-trans*-feruloyl dopamine	无色粉末	$C_{18}H_{19}NO_5$	羟基肉桂酸酰胺
44	枸杞	*N*-3,4-Dihydroxyhydrocinnamoyl phenethylamine	无色液体	$C_{17}H_{19}NO_3$	羟基肉桂酸酰胺
45	枸杞	*N*-3,4-Dihydroxyhydrocinnamoyl 3,4-dimethoxyphenthylamine	黄色无定形粉末	$C_{19}H_{23}NO_5$	羟基肉桂酸酰胺
46	枸杞	*N*-3,4-Dihydroxyhydrocinnamoyl tryptamine	黄色无定形粉末	$C_{19}H_{20}N_2O_3$	羟基肉桂酸酰胺
47	枸杞	*N*-3,4-Dihydroxyhydrocinnamoyl tyramine	无色无定形粉末	$C_{17}H_{19}NO_4$	羟基肉桂酸酰胺
48	枸杞	*N*-3,4-Dihydroxyhydrocinnamoyl dopamine	无色液体	$C_{17}H_{19}NO_5$	羟基肉桂酸酰胺

三、小结

酰胺类化合物主要存在于枸杞根皮中，其次是枸杞果实中，最后是枸杞叶中。近年来，对枸杞中的甜菜碱含量测定的研究取得了较大进展，包括高效液相色谱法、液相色谱-质谱联用法、电泳法等。然而，还需要通过大量试验进行深入研究，探索更为精准、快速的检测方法，为枸杞资源的进一步开发利用提供理论基础。

第七节　枸杞中的其他化学成分

一、苯丙素

苯丙素是一类含有一个或几个 C_6～C_3 的天然成分。这类成分有单独存在的，也有以2～4个甚至多个单元聚合存在的，母核上常连接有酚羟基、甲氧基、甲基、异戊烯基等助色官能团。常见的香豆素和木脂素属此类化合物。

香豆素为邻经基桂皮酸内酯具有苯骈a-吡喃酮的母核。香豆素具芳香气味。游离香豆素溶于沸水、乙醇和乙醚，香豆素苷类则溶于水、甲醇和乙醇。在碱性溶液中，内酯环水解开环，生成能溶于水的顺邻轻桂皮酸盐，加酸又环合为原来的内酯。

木脂素是由苯丙素氧化聚合而成的一类化合物。多数呈游离状态，只有少数与糖结合成苷而存在。木脂素分子中具有手性碳，故大多具有光学活性。游离的木脂素亲脂性较强，难溶于水，能溶于三氯甲烷、乙醚等有机溶剂。木脂素苷类水溶性增大。

Forino Martino等研究者从宁夏枸杞果实中分

离出苯丙素类化合物，分别是反-对香豆酸（1）、咖啡酸（2）、顺-对香豆酸（3）、东莨菪亭（4）、东莨菪苷（5）、3-羟基-1-（4-羟基苯基）-丙基-1-酮（6）、阿魏酸（7）、3-羟基-1-（3-甲氧基-4-羟基-苯基）-丙基-1-酮（8）、木脂素（9）等（图13-1）。

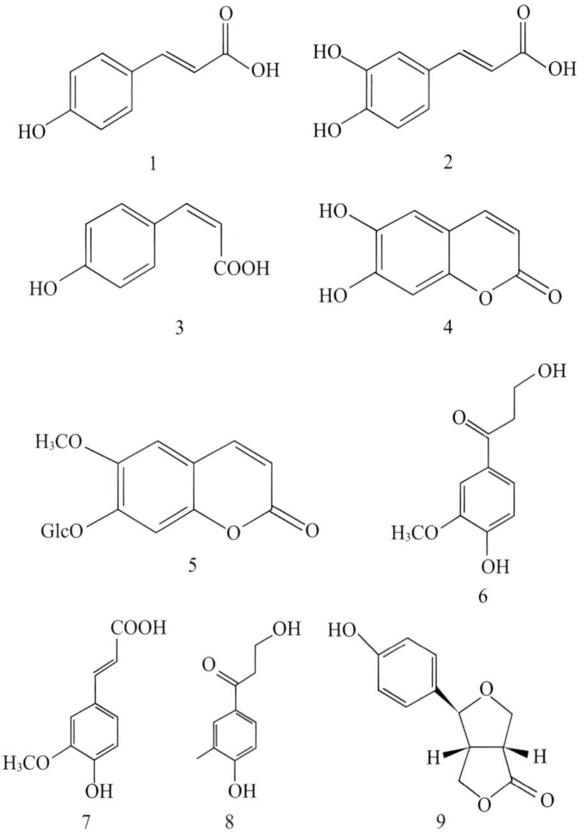

图13-1　化合物1～9的结构式

二、萜类

萜类化合物是指由甲戊二羟酸衍生、分子式符合 $(C_5H_8)_n$ 通式的衍生物。根据分子结构中异戊二烯单位的数目，分为单萜、倍半萜、二萜、三帖等。萜类多数是含氧衍生物，常形成醇、醛、酮、羧酸、酯及苷等行生物。小分子的单帖、倍半萜多具有挥发性，是挥发油的主要成分。二萜和三萜多为结晶性固体。游离萜类化合物亲脂性强，易溶于有机溶剂，难溶于水。含内酯结构的萜类化合物能溶于碱水，酸化后又从水中析出。萜类苷化后亲水性增强，能溶于热水、甲醇、乙醇等极性溶剂。

Yahara等研究者从枸杞中分离出二萜苷类化合物lyciumosides I-VI（10-14）。Sannai等研究者从枸杞中分离出倍半萜类化合物螺岩兰草酮（16）和1,2-dehydro-a-cyperone（17）等（图13-2）。

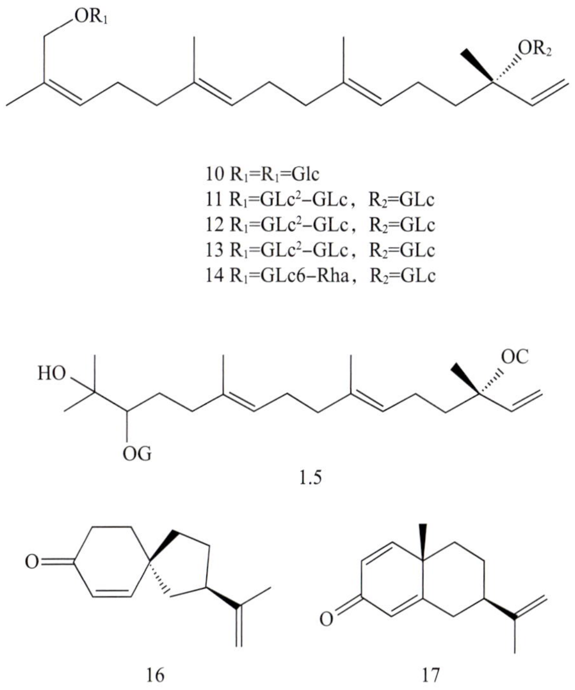

10 R_1=R_1=Glc
11 R_1=GLc^2-GLc，R_2=GLc
12 R_1=GLc^2-GLc，R_2=GLc
13 R_1=GLc^2-GLc，R_2=GLc
14 R_1=GLc6-Rha，R_2=GLc

图13-2　化合物10～17的结构式

三、多肽类

日本学者Yahara等从枸杞的根皮分离出4个环肽类化合物，它们分别是lyciuminA（18）、lycium B（19）、lycium C（20）、lycium D（21）（图13-3）。

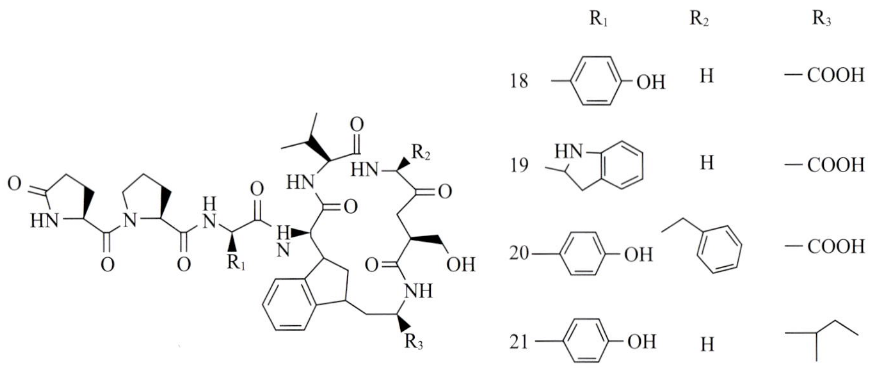

图13-3　化合物18～21的结构式

四、2-*O*-*β*-D-葡萄糖基-L-抗坏血酸（AA-2*β*G）

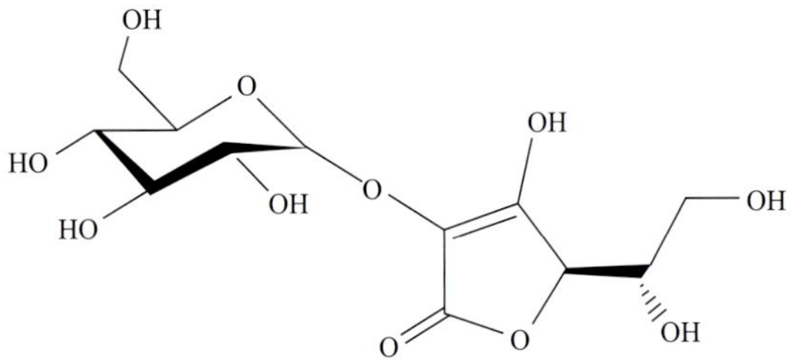

图13-4　AA-2*β*G的结构式

维生素C（L-抗坏血酸，AA）有很多重要的生理作用，但在人体中不能内源性合成，在植物中普遍存在，因为它对活性氧和自由基具有清除作用，特别是在光合作用活跃的组织中。AA是食品和化妆品工业中应用最广泛的抗氧化剂之一，然而在水溶液中容易被氧化脱水成脱氢型抗坏血酸（DHA）。2-*O*-*β*-D-葡萄糖基-L-抗坏血酸（AA-2*β*G）是近年从枸杞干果中获取的纯天然维生素C衍生物，结构如图13-4所示，由于在维生素C分子的C2羟基上有葡萄糖基存在，使抗坏血酸母环固有的连烯二醇结构得以掩蔽，从而不易被氧化为脱氢型抗坏血酸，提高了维生素C的稳定性。

（一）AA-2*β*G的提取

Toyoda-ono等从成熟的宁夏枸杞干果中分离到稳定的AA-2*β*G，通过仪器分析推断其化学结构，这种物质在枸杞干果中大约占0.5%。其主要通过强碱性阴离子交换树脂Dowex 1-X8分离（蒸馏水洗涤并用0～1 mol/L冰乙酸溶液梯度洗脱，波长280 nm检测并收集分离组分），并通过制备型色谱（HPLC）进一步纯化得到高纯度AA-2*β*G并利用FAB-MS和NMR方法鉴定结构。

（二）AA-2*β*G的合成

（1）AA-2*β*G的化学合成

Toyoda-ono等首次尝试化学法合成了AA-2*β*G，但化学合成法步骤复杂烦琐，产率较低（13%），不易工业化。马济美等在此基础上重新探索条件，在糖苷化反应中使用二氯甲烷和水作为溶剂，同时控制水解条件，提高了反应的总收率，总收率为53%。

（2）AA-2*β*G的酶法合成

Toyoda-ono等从22种相关的酶，筛选出6种来自木霉属的纤维素酶，能催化合成AA-2*β*G。酶法合成后，通过超滤膜及Dowex 1-X8树脂纯化，得到未知组分、AA和AA-2*β*G，再利用制备型HPLC进一步纯化，^{1}H和^{13}C核磁共振验证结构。

五、其他化学成分

枸杞还富含微量营养素，包括牛磺酸、维

生素C、硫胺素、核黄素、烟酸、维生素A、维生素E、镁、钙、铜、钾、硒、磷、铁、锌、锰等。枸杞所含丰富的营养成分决定了其具有重要的营养药用价值。枸杞中维生素、牛磺酸等功能性成分可采用高效液相色谱法、分光光度法测定；镁、钙、铜、钾、硒、磷、铁、锌、锰等微量元素可采用ICP/MS或原子吸收、原子荧光法等检测。

参考文献

陈芳，郑新恒，王瑞，等. 枸杞根化学成分研究 [J]. 中草药，2018，49(5): 1007-1012.

陈菲. 枸杞花粉多糖对前列腺癌细胞PI3K/AKT信号通路的作用研究 [D]. 银川：宁夏医科大学，2019.

龚桂萍. 枸杞叶多糖LBLP5-A的分离纯化与结构解析 [D]. 西安：西北大学，2015.

国家药典委员会. 中华人民共和国药典[M]. 北京：中国医药科技出版社，2010.

江磊，梅丽娟，刘增根，等. 响应面法优化枸杞叶粗多糖提取纯化工艺及其降血糖活性 [J]. 食品科学，2013，34(4): 42-46.

兰婷，黄远鹏，梁秋萍，等. 宁夏枸杞根和茎的化学成分及抗炎活性研究 [J]. 天然产物研究与开发，2019，31(9): 1491-1497.

李元元，定天明，魏柳珍，等. 液-质联用法测定枸杞子提取物中甜菜碱的含量 [J]. 中国医院药学杂志，2012，32(19): 1587-1588.

梁景辉，贾芙蓉，时璐，等. HPLC-ELSD测定枸杞子中甜菜碱的含量 [J]. 中国处方药，2016，14(2): 32-33.

刘建飞，巩媛，杨军丽，等. 枸杞属植物中生物碱类成分研究进展 [J]. 科学通报，2022，67(Z1):332-350.

刘灵卓，李文霞，宋平，等. HPLC-ELSD法测定枸杞子中甜菜碱的含量 [J]. 药学进展，2012，36(8): 370-372.

刘涛，王清，夏新奎，等. 响应面法优化地骨皮多糖提取工艺 [J]. 西华大学学报(自然科学版)，2019，38(2): 52-56.

刘洋，殷璐，龚桂萍，等. 黑果枸杞叶多糖LRLP3的结构、抗氧化活性及免疫活性 [J]. 高等学校化学学报，2016，37(2): 261-268.

马济美，谢凌云，王龙文，等. 三种抗坏血酸糖苷的合成及其α-糖苷酶抑制活性 [J]. 有机化学，2017，37(6): 1426-1432.

米佳，杨雪莲，禄璐，等. 枸杞蜂花粉多糖的超声波提取工艺优化及抗氧化活性 [J]. 食品科学技术学报，2020，38(1): 97-103.

全娜. 枸杞叶多糖的分离纯化、结构表征及降血糖活性分析 [D]. 西安：陕西师范大学，2018.

魏秀丽，梁景辉. 地骨皮的化学成分研究 [J]. 中草药，2003，7: 7-8.

武芸，曾文齐，王丽朋，等. 溶剂法与超声辅助法提取黑果枸杞多酚的工艺比较 [J]. 食品工业科技，2021，42(4): 108-114.

项艳曾，李进贵，廖国玲，等. 桑叶及枸杞叶多糖的降糖降脂作用研究[J]. 长治医学院学报，2018，32(6): 404-407.

杨立风，方双杰，吴茂玉，等. 微波辅助提取黑枸杞多酚及抗氧化活性研究 [J]. 食品科技，2020，45(2): 258-263+271.

张凡，林娅，张华峰，等. 枸杞叶多糖的超声波辅助提取 [J]. 光谱实验室，2012，29(4): 2176-2181.

张俊艳，彭珊珊，方园，等. 枸杞叶、无花果叶多糖的超声波提取和测定 [J]. 食品工业，2011，32(12): 98-100.

周艳华，李涛，覃世民，等. 枸杞活性成分提取分离方法研究进展 [J]. 食品研究与开发，2014，35(24): 163-166.

AKIYOSHI S, TAKANE F, KUNIO K, et al. Isolation of 1,2-dehydro-α-cyperone and solavetivone from *Lycium chinense* [J]. Phytochemistry, 1980, 21(12): 2986-2987.

ALI M C, CHEN J, ZHANG H, et al. Effective extraction of flavonoids from *Lycium barbarum* L. fruits by deep eutectic solvents-based ultrasound-assisted extraction [J]. Talanta, 2019, 203: 16-22.

BENZIE I, CHUNG W Y, WANG J, et al. Enhanced bioavailability of zeaxanthin in a milk-based formulation of Goji berry (Gou Qi Zi; *Fructus barbarum* L.) [J]. British Journal of Nutrition, 2006, 96(1): 154-160.

BREITHAUPT D E, WELLER P, WOLTERS M, et al. Comparison of plasma responses in human subjects after the ingestion of 3R, 3R’-zeaxanthin dipalmitate from Goji berry (*Lycium barbarum*) and non-esterified 3R, 3R’-zeaxanthin using chiral high-performance liquid chromatography [J]. British Journal of Nutrition, 2004, 91(5): 707-713.

CHEN H. Comparative analysis of carotenoid accumulation in two goji (*Lycium barbarum* L. and *L. ruthenicum* Murr.) fruits [J]. BMC Plant Biology, 2014, 14(1): 269.

CHEN P Y, SHIH T H, CHANG K C, et al. Potential of galled leaves of Goji (*Lycium chinense*) as functional food [J]. BMC nutrition, 2020, 6(1): 1-10.

CHENG C Y, CHUNG W Y, SZETO Y T, et al. Fasting plasma zeaxanthin response to *Fructus barbarum* L. (Goji berry; Kei Tze) in a food-based human supplementation trial [J]. British Journal of Nutrition, 2005, 93: 707-713.

CHOI E H, LEE D Y, PARK H S, et al. Changes in the profiling of bioactive components with the roasting process in *Lycium chinense* leaves and the anti-obesity effect of its bioaccessible fractions [J]. Journal of the Science of Food and Agriculture, 2019, 99(9): 4482-4492.

CHUNG I M, ALI M, KIM E H, et al. New tetraterpene glycosides from the fruits of *Lycium chinense* [J]. Journal of Asian Natural Products Research, 2013, 15(2): 136-144.

CHUNG I M, ALI M, PRAVEEN N, et al. New polyglucopyranosyl and polyarabinopyranosyl of fatty acid derivatives from the fruits of *Lycium chinense* and its antioxidant activity [J]. Food Chemistry, 2014, 151(4): 435-443.

COSSIGNANI L, BLASI F, PERINI M, et al. Characterisation and geographical traceability of Italian goji berries [J]. Food Chemistry, 2019.

DONG G L, YOONKYUNG P, MI-RAN K, et al. Anti-fungal effects of phenolic amides isolated from the root bark of *Lycium chinense* [J]. Biotechnology Letters, 2004, 26(14): 1125 - 1130.

DONG J Z, LU D Y, WANG Y. Analysis of flavonoids from leaves of cultivated *Lycium barbarum* L [J]. Plant Foods for Human Nutrition, 2009, 64(3): 199–204.

DONG J Z, WANG S H, ZHU L Y, et al. Analysis on the main active components of *Lycium barbarum* fruits and related environmental factors [J]. Journal of Medicinal Plant Research, 2012, 6(12): 2276–2283.

DUNCAN S J, LEWIS R, BERNSTEIN M A, et al. Selective excitation of overlapping multiplets; the application of doubly selective and chemical shift filter experiments to complex NMR spectra [J]. Magnetic Resonance in Chemistry, 2007, 45(4): 283–288.

FORINO M, TARTAGLIONE L, DELL' AVERSANO C, et al. NMR–based identification of the phenolic profile of fruits of *Lycium barbarum* (goji berries). Isolation and structural determination of a novel N–feruloyl tyramine dimer as the most abundant antioxidant polyphenol of goji berries [J]. Food Chemistry, 2016, 194: 1254–1259.

FORINO M, TARTAGLIONE L, DELL'AVERSANO C, et al. NMR–based identification of the phenolic profile of fruits of *Lycium barbarum* (goji berries). Isolation and structural determination of a novel N–feruloyl tyramine dimer as the most abundant antioxidant polyphenol of goji berries [J]. Food Chemistry, 2016, 194: 1254–1259.

GAN L, ZHANG S H, LIU Q, et al. A polysaccharide–protein complex from *Lycium barbarum* upregulates cytokine expression in human peripheral blood mononuclear cells [J]. European Journal of Pharmacology, 2003, 471(3): 217–222.

GAO K, MA D W, CHENG Y, et al. Three new dimers and two monomers of phenolic amides from the fruits of *Lycium barbarum* and their antioxidant activities [J]. Journal of Agricultural and Food Chemistry, 2015, 63(4): 1067–1075.

GONG G P, FAN J B, SUN Y J, et al. Isolation, structural characterization, and antioxidativity of polysaccharide LBLP5–A from *Lycium barbarum* leaves [J]. Process Biochemistry, 2016, 51(2): 314–324.

HAN S H, LEE H H, LEE I S, et al. A new phenolic amide from *Lycium chinense* Miller [J]. Archives of Pharmacal Research, 2002, 25(4): 433–437.

HAN S L, LEE H H, LEE I, et al. A new phenolic amide from *Lycium chinense* miller [J]. Archives of Pharmacal Research, 2002, 25(4):433–437.

HAO W, WANG S–F, ZHAO J, et al. Effects of extraction methods on immunology activity and chemical profiles of *Lycium barbarum* polysaccharides [J]. Journal of Pharmaceutical and Biomedical Analysis, 2020, 185: 113–219.

HE N W, YANG X B, JIAO Y D, et al. Characterisation of antioxidant and antiproliferative acidic polysaccharides from Chinese Goji berry fruits [J]. Food Chemistry, 2012, 133(3): 978–989.

HEMPEL J, SCHDLE C N, SPRENGER J, et al. Ultrastructural deposition forms and bioaccessibility of carotenoids and carotenoid esters from goji berries (*Lycium barbarum* L.) [J]. Food Chemistry, 2016, 218: 525–533.

HUANG C, YAO R Y, ZHU Z K, et al. A pectic polysaccharide from water decoction of Xinjiang *Lycium barbarum* fruit protects against intestinal endoplasmic reticulum stress [J]. International Journal of Biological Macromolecules, 2019, 130: 508–514.

INBARAJ B S, LU H, HUNG C F, et al. Determination of carotenoids and their esters in fruits of *Lycium barbarum* Linnaeus by HPLC–DAD–APCI–MS [J]. Journal of Pharmaceutical & Biomedical Analysis, 2008, 47(4–5): 812–818.

INBARAJ B S, LU H, KAO T H, et al. Simultaneous determination of phenolic acids and flavonoids in *Lycium barbarum* Linnaeus by HPLC–DAD–ESI–MS [J]. Journal of Pharmaceutical and Biomedical Analysis, 2009, 51(3): 549–556.

ISABELLE M, LEE B L, MENG T L, et al. Antioxidant activity and profiles of common fruits in Singapore [J]. Food Chemistry, 2010, 123(1): 77–84.

JIA Y P, SUN L, YU H S, et al. The Pharmacological Effects of Lutein and Zeaxanthin on Visual Disorders and Cognition Diseases [J]. Molecules, 2017, 22(4): 1–22.

KARIOTI A, BERGONZI M C, VINCIERI F F, et al. Validated Method for the Analysis of Goji Berry, a Rich Source of Zeaxanthin Dipalmitate [J]. Journal of Agricultural and Food Chemistry, 2014, 62(52): 12529.

LEI J W, MI J, LUO Q, et al. Composition and Antioxidant Activity of Carotenoids from Different Varieties of *Lycium* [J]. The Food Industry, 2015, 36(12):5–8.

LEUNG I, TSO M, LI W, et al. Absorption and tissue distribution of zeaxanthin and lutein in rhesus monkeys after taking *Fructus* lycii (Gou Qi Zi) extract [J]. Invest Ophthalmol Vis, 2001, 42(2): 466–471.

LI H, XU Y J, WANG M A, et al. Separation and identification of carotenoids and carotenoid esters in Fructus (*Lycium barbarum* L.) by HPLC coupled to DAD and APCI mass spectrometric detection [C]//Proceedings of 2009 International Conference of Natural Products and Traditional Medicine(ICNPTM' 09). 2009: 703–707.

LI X L, ZHOU A G, LI X M. Inhibition of *Lycium barbarum* polysaccharides and Ganoderma lucidum polysaccharides against oxidative injury induced by γ–irradiation in rat liver mitochondria [J]. Carbohydrate Polymers, 2007, 69(1): 172–178.

LIANG B, JIN M L, LIU H B. Water–soluble polysaccharide from dried *Lycium barbarum* fruits: Isolation, structural features and antioxidant activity [J]. Carbohydrate Polymers, 2011, 83(4): 1947–1951.

LIU H, FAN Y, WANG W, et al. Polysaccharides from *Lycium barbarum* leaves: Isolation, characterization and splenocyte proliferation activity [J]. International Journal of Biological Macromolecules, 2012, 51(4): 417–422.

LIU W J, XIA M Q, YANG L, et al. Development and optimization of a method for determining betaine and trigonelline in the fruits of *Lycium* species by using solid-phase extraction combined with high–performance liquid chromatography - diode array detector [J]. Journal of Separation Science, 2020, 43(11): 2073–2078.

LIU W, LIU Y, ZHU R, et al. Structure characterization, chemical and enzymatic degradation, and chain conformation of an acidic polysaccharide from *Lycium barbarum* L [J]. Carbohydrate Polymers, 2016, 147: 114–124.

LU S P, ZHAO P T. Chemical characterization of *Lycium barbarum* polysaccharides and their reducing myocardial injury in ischemia/reperfusion of rat heart [J]. International Journal of Biological Macromolecules, 2010, 47(5): 681–684.

LUO Q, CAI Y, YAN J, et al. Hypoglycemic and hypolipidemic effects and antioxidant activity of fruit extracts from *Lycium barbarum* [J]. Life Sciences, 2004, 76(2): 137–49.

LUO Q, MI J, ZHANG L S, et al. Research on Composition and Antioxidant Activity of Carotenoids from *Lycium* L. and Different Fruits & Vegetables [J]. Food Research and Development, 2015, 36: 39–42.

MI J, LU L, DAI G L, et al. Study on the correlations between skin colors and the contents of carotenoids compounds in Goji berry [J]. Food Science, 2018, 39(5):81–86.

MI J, YAN Y M, QIN K, et al. Effect of Saponification on the *Lycium barbarum* L. Carotenoids [J]. The Food Industry, 2017, 38(6): 152–154.

MOCAN A, VLASE L, VODNAR D C, et al. Antioxidant, antimicrobial effects and phenolic profile of *Lycium barbarum* L. flowers [J]. Molecules, 2015, 20(8): 15060–15071.

MOCAN A, VLASE L, VODNAR D C, et al. Polyphenolic content, antioxidant and antimicrobial activities of *Lycium barbarum* L. and *Lycium chinense* Mill. leaves [J]. Molecules, 2014, 19(7): 10056–10073.

PENG X M, TIAN G Y. Structural characterization of the glycan part of glycoconjugate LbGp2 from *Lycium barbarum* L [J]. Carbohydrate Research, 2001, 331(1): 95–99.

PIRES T C S P, DIAS M I, BARROS L, et al. Phenolic compounds profile, nutritional compounds and bioactive properties of *Lycium barbarum* L.: A comparative study with stems and fruits [J]. Industrial Crops and Products, 2018, 122: 574–581.

POLLINI L, ROCCHI R, COSSIGNANI L, et al. Phenol profiling and nutraceutical potential of *Lycium spp.* leaf extracts obtained with ultrasound and microwave assisted techniques [J]. Antioxidants, 2019, 8(8): 260.

PROTTI M, GUALANDI I, MANDRIOLI R, et al. Analytical profiling of selected antioxidants and total antioxidant capacity of goji (*Lycium spp.*) berries [J]. Journal of Pharmaceutical and Biomedical Analysis, 2017, 143: 252–260.

PUTNIK P, KOVAČEVIĆ D B, JEŽEK D, et al. High-pressure recovery of anthocyanins from grape skin pomace (Vitis vinifera cv. Teran) at moderate temperature [J]. Journal of Food Processing & Preservation, 2018, 42(1): e13342.

QI C H, HUANG L J, ZHANG Y X, et al. Chemical structure and immunoactivity of the glycoconjugates and their glycan chains from the fruit of *Lycium barbarum* L [J]. Chinese Journal of Pharmacology and Toxicology, 2001, 15(3): 185–190.

QIAN D, ZHAO Y, YANG G, et al. Systematic Review of Chemical Constituents in the Genus *Lycium* (Solanaceae) [J]. Molecules, 2017, 22(6): 911.

REDGWELL R J, CURTI D, WANG J, et al. Cell wall polysaccharides of Chinese Goji berry (*Lycium barbarum*): Part 2. Characterisation of arabinogalactan–proteins [J]. Carbohydrate Polymers, 2011, 84(3): 1075–1083.

REN L P, LI J J, XIAO Y Y, et al. Polysaccharide from *Lycium barbarum* L. leaves enhances absorption of endogenous calcium, and elevates cecal calcium transport protein levels and serum cytokine levels in rats [J]. Journal of Functional Foods, 2017, 33: 227–234.

SHIN Y G, CHO K H, KIM J M, et al. Determination of betaine in *Lycium chinense* fruits by liquid chromatography–electrospray ionization mass spectrometry [J]. Journal of Chromatography A, 1999, 857(1–2): 331–335.

SMIRNOFF N. Ascorbic acid metabolism and functions: A comparison of plants and mammals [J]. Free Radical Biology and Medicine, 2018, 122: 116–129.

SUN Y, SUN W, GUO J, et al. Sulphation pattern analysis of chemically sulphated polysaccharide LbGp1 from *Lycium barbarum* by GC - MS [J]. Food Chemistry, 2015, 170: 22–29.

TANG H L, CHEN C, WANG S–K, et al. Biochemical analysis and hypoglycemic activity of a polysaccharide isolated from the fruit of *Lycium barbarum* L [J]. International Journal of Biological Macromolecules, 2015, 77: 235–242.

TIAN Z, AIERKEN A, PANG H, et al. Constituent analysis and quality control of anthocyanin constituents of dried *Lycium ruthenicum* Murray fruits by HPLC - MS and HPLC - DAD [J]. Journal of Liquid Chromatography & Related Technologies, 2016, 39(9): 453–458.

TOYADA–ONO Y, MAEDA M, NAKAO M, et al. A novel vitamin C analog, 2–O–(beta–D–Glucopyranosyl) ascorbic acid: examination of enzymatic synthesis and biological activity [J]. Journal of Bioscience & Bioengineering, 2005, 99(4): 361–365.

TOYODA–ONO Y, MAEDA M, NAKAO M, et al. 2.O(*β*–D–Glucopyranosyl) ascorbic Acid, a Novel Ascorbic Acid Analogue Isolated from *Lycium* Fruit[J]. Journal of Agricultural and Food Chemistry, 2004, 52(7): 2092–2096.

VARELA M C, ARSLAN I, REGINATO M A, et al. Phenolic compounds as indicators of drought resistance in shrubs from Patagonian shrublands (Argentina) [J]. Plant Physiology and Biochemistry, 2016, 104: 81–91.

WANG C C, CHANG S C, CHEN B H. Chromatographic determination of polysaccharides in *Lycium barbarum* Linnaeus [J]. Food Chemistry, 2009, 116(2): 595–603.

WANG S Y, SUHJ H, HUNG W L, et al. Use of UHPLC–TripleQ with synthetic standards to profile anti–inflammatory hydroxycinnamic acid amides in root barks and leaves of *Lycium barbarum* [J]. Journal of Food and Drug Analysis, 2018, 26(2):572–582.

WANG S, SUH J H, ZHENG X, et al. Identification and Quantification of Potential Anti–inflammatory Hydroxycinnamic Acid Amides from Goji berry [J]. Journal of Agricultural and Food Chemistry, 2017, 65(2): 364–372.

WU H T, HE X J, HONG Y K, et al. Chemical characterization of *Lycium barbarum* polysaccharides and its inhibition against liver oxidative injury of high–fat mice [J]. International Journal of Biological Macromolecules, 2010, 46(5): 540–543.

WU T, LV H, WANG F, et al. Characterization of polyphenols from *Lycium ruthenicum* fruit by UPLC–Q–TOF/MSE and their antioxidant activity in Caco–2 cells [J]. Journal of Agricultural and Food Chemistry, 2016, 64(11): 2280–2288.

XIAO X, REN W, ZHANG N, et al. Comparative study of the chemical constituents and bioactivities of the extracts from fruits, leaves and root barks of *Lycium barbarum* [J]. Molecules, 2019, 24(8): 1585.

YAHARA S, SHIGEYAMA C, NOHARA T, et al. Structures of anti–

ace and-renin peptides from lycii radicis cortex[J]. Tetrahedron Letters, 1989, 30(44): 6041-6042.

YAHARA S, SHIGEYAMA C, URA T, et al. Cyclic peptides, acyclic diterpene glycosides and other compounds from *Lycium chinense* Mill [J]. Chemical & Pharmaceutical Bulletin, 1993, 41(4): 703-709.

YANG R F, ZHAO C, CHEN X, et al. Chemical properties and bioactivities of Goji (*Lycium barbarum*) polysaccharides extracted by different methods [J]. Journal of Functional Foods, 2015, 17: 903-909.

YAO R Y, HUANG C, CHEN X F, et al. Two complement fixing pectic polysaccharides from pedicel of *Lycium barbarum* L. promote cellular antioxidant defense [J]. International Journal of Biological Macromolecules, 2018, 112: 356-363.

YAO R, HUANG C, CHEN X, et al. Two complement fixing pectic polysaccharides from pedicel of *Lycium barbarum* L. promote cellular antioxidant defense [J]. International Journal Of Biological Macromolecules, 2018, 112: 356-363.

YOSSA N I B, XIA Y, QIAO Z, et al. Comparison of the origin and phenolic contents of *Lycium ruthenicum* Murr. by high-performance liquid chromatography fingerprinting combined with quadrupole time-of-flight mass spectrometry and chemometrics [J]. Journal of Separation Science, 2017, 40(6): 1234-1243.

YU D H, WU J M, NIU A J. Health-promoting effect of LBP and healthy Qigong exercise on physiological functions in old subjects [J]. Carbohydrate Polymers, 2009, 75(2):312-316.

YUAN Y, WANG Y B, JIANG Y M, et al. Structure identification of a polysaccharide purified from *Lycium barbarium* fruit [J]. International Journal of Biological Macromolecules, 2016, 82: 696-701.

YUN J, MULLARKY E, LU C Y, et al. Vitamin C selectively kills KRAS and BRAF mutant colorectal cancer cells by targeting GAPDH [J]. Science, 2015, 350(6266): 1391-1396.

ZHANG B, WANG M, WANG C, et al. Endogenous calcium attenuates the immunomodulatory activity of a polysaccharide from *Lycium barbarum* L. leaves by altering the global molecular conformation [J]. International Journal of Biological Macromolecules, 2019, 123: 182-188.

ZHANG J, JIA S Y, LIU Y, et al. Optimization of enzyme-assisted extraction of the *Lycium barbarum* polysaccharides using response surface methodology [J]. Carbohydrate Polymers, 2011, 86(2): 1089-1092.

ZHANG M, WANG F, LIU R, et al. Effects of superfine grinding on physicochemical and antioxidant properties of *Lycium barbarum* polysaccharides [J]. LWT - Food Science and Technology, 2014, 58(2): 594-601.

ZHANG Q, CHEN W, ZHAO J, et al. Functional constituents and antioxidant activities of eight Chinese native goji genotypes [J]. Food Chemistry, 2016, 200: 230-236.

ZHANG Q, LV X L, WU T, et al. Composition of *Lycium barbarum* polysaccharides and their apoptosis-inducing effect on human hepatoma SMMC-7721 cells [J]. Food & Nutrition Research, 2015, 59(28696):1-8.

ZHANG X R, QI C H, CHENG J P, et al. *Lycium barbarum* polysaccharide LBPF4-OL may be a new Toll-like receptor 4/MD2-MAPK signaling pathway activator and inducer [J]. International Immunopharmacology, 2014, 19(1): 132-141.

ZHAO C J, HE Y Q, LI R Z, et al. Chemistry and pharmacological activity of peptidoglycan from *Lycium barbarum* [J]. Chinese Chemical Letters, 1996, 7(11): 1009-1010.

ZHAO X Q, GUO S, YAN H, et al. Analysis of phenolic acids and flavonoids in leaves of *Lycium barbarum* from different habitats by ultra-high-performance liquid chromatography coupled with triple quadrupole tandem mass spectrometry [J]. Biomedical chromatography, 2019, 33(8): e4552.

ZHOU L S, HUANG L L, YUE H, et al. Structure analysis of a heteropolysaccharide from fruits of *Lycium barbarum* L. and anti-angiogenic activity of its sulfated derivative [J]. International journal of biological macromolecules, 2018, 108: 47-55.

ZHOU Z Q, FAN H X, HE R R, et al. Lycibarbarspermidines A-O, New Dicaffeoylspermidine Derivatives from Goji berry, with Activities against Alzheimer's Disease and Oxidation [J]. Journal of Agricultural & Food Chemistry, 2016, 64(11): 2223.

ZHOU Z Q, XIAO J, FAN H X, et al. Polyphenols from Goji berry and their bioactivities [J]. Food Chemistry, 2017, 214: 644-654.

ZHU J, LIU W, YU J P, et al. Characterization and hypoglycemic effect of a polysaccharide extracted from the fruit of *Lycium barbarum* L [J]. Carbohydrate Polymers, 2013, 98(1): 8-16.

ZHU M Y, MO J G, HE C S, et al. Extraction, characterization of polysaccharides from *lycium barbarum* and its effect on bone gene expression in rats [J]. Carbohydrate Polymers, 2010, 80(3): 672-676.

ZHU P F, DAI Z, WANG B, et al. The Anticancer Activities Phenolic Amides from the Stem of *Lycium barbarum* [J]. Natural Products and Bioprospecting, 2017, 7(6): 421-431.

ZHU P F, ZHAO Y L, DAI Z, et al. Phenolic Amides with Immunomodulatory Activity from the Nonpolysaccharide Fraction of *Lycium barbarum* Fruits [J]. Journal of Agricultural and Food Chemistry, 2020, 68(10): 3079-3087.

ZOU S, ZHANG X, YAO W B, et al. Structure characterization and hypoglycemic activity of a polysaccharide isolated from the fruit of *Lycium barbarum* L [J]. Carbohydrate Polymers, 2010, 80(4): 1161-1167.

第十四章 枸杞的功效作用

枸杞是中国传统药食同源物质中常见的一味药材，具有上佳的营养价值，在国内外均享誉盛名，其果实、根、叶、芽、花粉以及枸杞籽等均可入药，受到历代养生家、医学家的喜爱与推崇。现代研究表明，枸杞具有广泛的保健与药用功效，包括抗氧化、预防心脑血管疾病、增强免疫、抗疲劳、降血糖、抗肿瘤、护眼等作用。

一、抗氧化活性

人体因与外界的持续接触包括呼吸（氧化反应）、外界污染、放射线照射等因素不断地在人体体内产生自由基，而许多研究表明一系列慢性疾病如阿尔茨海默病、肾炎、癌症、动脉硬化和糖尿病大都与过量的自由基产生有关。因此，具抗氧化性能的天然产物可有效克服自由基所带来的危害。

枸杞，由于其富含多糖、多酚及类胡萝卜素等物质，具有良好的抗氧化功效。在正常条件下，枸杞的摄入能使受试者血清抗氧化能力增加近10%。通过超氧阴离子自由基清除活性、总还原力、β-胡萝卜素-亚油酸盐模型、由过氧自由基介导的小鼠红细胞溶血、DPPH自由基清除活性和金属螯合活性的测定，已经证实枸杞多糖的体外抗氧化活性，并且对DPPH自由基、超氧阴离子自由基的清除作用及对金属的螯合活性呈剂量依赖性关系。枸杞多糖在250 mg/mL浓度下对DPPH自由基、超氧阴离子自由基的清除率和对金属的螯合活性分别为46.7%、85.4%和89.7%。如图14-1所示，从枸杞多糖中纯化的一个多糖组分（PLBP）对DPPH自由基表现出显著的清除作用（浓度600 mg/mL时清除率为70.09%）。研究结果表明，枸杞的抗氧化活性主要归功于其对抗氧化酶活性的改善，如提高机体内的超氧化物歧化酶（SOD）、过氧化氢酶（CAT）的活性，增强总抗氧化能力（T-AOC）、降低丙二醛（MDA）水平、降低肌酸激酶的活性、内源性脂质过氧化和力竭运动产生的氧化应激；利用PLBP对动物进行30 d的饮食干预后，发现老年化动物皮肤中的MDA含量显著降低而抗氧化酶水平显著增加（图14-2）。另外，枸杞多糖可有效增加用双酚A处理过的小鼠的睾丸及附睾重量，同时促进谷胱甘肽（GSH）及SOD活性，提高促黄体激素的水平，促性腺释放激素，以及增加Bcl-2/Bax的表达。

枸杞中的黄酮类化合物也具有抗氧化作用，且在枸杞中抗氧化能力中占比最大，可达枸杞果实总抗氧化能力的96%。黄元庆等人通过老龄小鼠证明枸杞黄酮能显著清除OH·和O^{2-}自由基的产生：枸杞黄酮浓度在7.5～200 mg/mL时，OH·自由基清除率为20%～72%；枸杞黄酮浓度

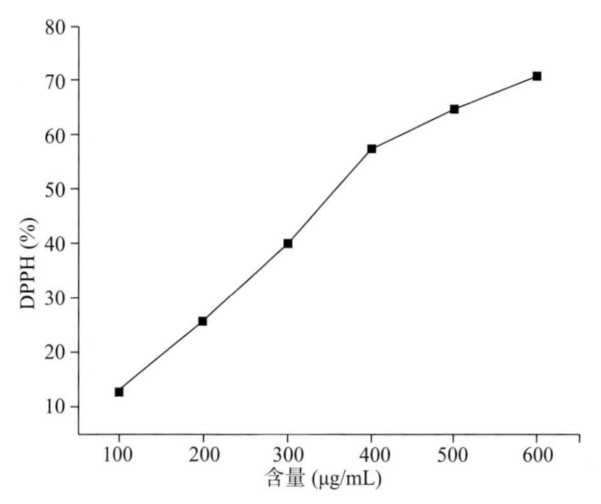

图14-1　枸杞多糖纯品（PLBP）对DPPH自由基的清除能力

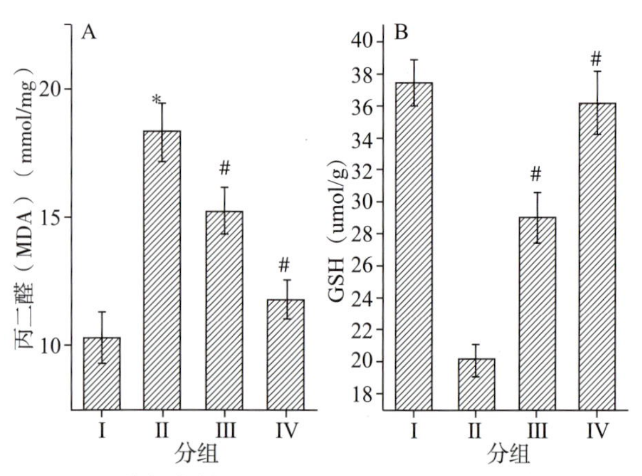

图14-2　枸杞多糖纯品（PLBP）干预小鼠与未干预小鼠血液中MDA（A）和GSH（B）的水平

注：*P<0.01，表示组I和组II之间的比较；#P<0.01，表示组III、组IV与组II之间的比较。

在0～217 mg/mL时，O^{2-}自由基清除率为0～51%。此外，枸杞黄酮还能明显延长递增游泳训练小鼠力竭游泳运动时间，同时抑制MDA的产生及提高小鼠体内抗氧化酶活性（表14-1）。

黑果枸杞与红果枸杞最大不同是黑果枸杞富含花色苷类物质，黑果枸杞的营养价值已被人们广泛认同和接受，并已成为药效研究领域的热点之一。研究表明，黑果枸杞具有比红果枸杞更高的抗氧化活性。李进等报道黑果枸杞花色苷具有很强的DPPH自由基清除活性，能显著抑制小鼠红细胞溶血且增强小鼠血清抗氧化活性能力，抑制小鼠肝组织脂质过氧化产物MDA生成和小鼠肝线粒体肿胀度，并显示出一定的量-效关系。如表14-2和表14-3所示，在高脂饮食小鼠模型中，黑果枸杞干预的小鼠血清中总胆固醇（TG）、总甘油三酯（TC）、低密度脂蛋白（LDL-C）的含量下降；血清和肝组织中的T-AOC、谷胱甘肽过氧化物酶（GSH-Px）活性增强；肝组织中MDA

表14-1　3组小鼠腓肠肌SOD、GSH-PX活性及MDA含量比较($x \pm s$)

组别	n	SOD/(IU/mg)	GSH-Px/(mmol/g)	MDA/(mmol/g)
安静对照组	20	377.92 ± 19.28	613.34 ± 23.67	6.85 ± 0.82
递增游泳训练组	18	396.33 ± 24.9	626.76 ± 17.42	13.78 ± 0.49①
递增游泳训练+TFL组	20	437.3 ± 27.71①②	704.05 ± 14.67①②	8.04 ± 0.81②

注：TFL,枸杞黄酮;①与安静对照组比较，$P < 0.05$；②与递增游泳训练组比较，$P < 0.05$。

表14-2　黑果枸杞色素对高血脂小鼠血清中TG、TC和LDL-C的影响

组别	动物数	TG (mmol/L)	TC (mmol/L)	LDL-C (mmol/L)
NG	10	0.96 ± 0.37	3.12 ± 0.43	0.62 ± 0.35
HF	11	1.12 ± 0.25	4.08 ± 0.47[aa]	1.62 ± 0.54[aa]
HF+Simvastain（5mg/kg）	11	1.05 ± 0.28	3.08 ± 0.63[b]	0.7 ± 0.45[bb]
HF+PLR（100mg/kg）	11	1.19 ± 0.15	3.61 ± 0.53[b]	0.93 ± 0.44[bb]
HF+PLR（200mg/kg）	11	0.87 ± 0.26[b]	3.41 ± 0.55[b]	0.86 ± 0.37[bb]
HF+PLR（400mg/kg）	11	0.84 ± 0.18[b]	3.21 ± 0.45[b]	0.65 ± 0.28[bb]

注:PLR.黑果枸杞色素;HF.高脂饲料;Simvastain.辛伐他汀；以普通组为对照,a. $P < 0.05$、aa. $P < 0.01$；以HF组为对照,b. $P < 0.05$、bb: $P < 0.01$。

表14-3　黑果枸杞色素对高血脂小鼠肝脏T-AOC、SOD、GSH-PX和MDA的影响

组别	动物数	T-AOC (U/mg prot)	GSH-PX (U/mg prot)	MDA (nmol/L)
NG	10	0.97 ± 0.34	209.55 ± 19.79	3.36 ± 0.81
HF	11	1.06 ± 0.36	168.05 ± 15.13[aa]	4.45 ± 0.43
HF+Simvastain（5mg/kg）	11	1.54 ± 0.3[b]	174.11 ± 9.94	3.49 ± 0.77[bb]
HF+PLR（100mg/kg）	11	1.57 ± 0.23[b]	196.35 ± 18.45[b]	4.74 ± 0.61
HF+PLR（200mg/kg）	11	1.73 ± 0.18[b]	186.9 ± 12.4[b]	3.65 ± 0.78[bb]
HF+PLR（400mg/kg）	11	1.37 ± 0.27[b]	182.3 ± 14.11[b]	3.7 ± 0.41[bb]

注：PLR.黑果枸杞色素；HF.高脂饲料；Simvastain.辛伐他汀；以普通组为对照，a. $P < 0.05$、aa. $P < 0.01$；以HF为对照，b. $P < 0.05$、bb. $P < 0.01$。

含量降低（$P<0.05$）。黑果枸杞多酚还能促使Caco-2细胞生成更多的活性氧簇（ROS），使细胞拥有较强的自由基清除能力，从而免受外界的不良刺激作用。唐骥龙等从黑果枸杞果实中分离纯化出一种花色苷单体（矮牵牛素3-*O*-芸香糖（反式-香豆酰基）-5-*O*-葡萄糖苷，黑果枸杞花色苷中最主要的一种花色苷），经体外抗氧化性实验验证了此花色苷单体具有较强的DPPH自由基清除力、超氧根阴离子清除力、ABTS清除力和总抗氧化能力，并显著优于黑果枸杞花色苷粗提物。此外，花色苷的抗氧化能力与其结构中A、B环上的羟基基团数目、酰化程度、糖配基种类有关。

此外，枸杞中还含有一种抗坏血酸（AA）衍生物2-*O*-*β*-D-葡萄糖基-L-抗坏血酸（AA-2*β*G），此化合物其目前仅在枸杞中被发现，含量约为红果枸杞干重的0.5%。由于AA分子的C2羟基上有葡萄糖基存在，AA-2*β*G使AA母环的连烯二醇结构得以掩蔽，从而不易被氧化为脱氢型AA，提高了AA的稳定性。已有研究表明，C2羟基被取代的AA衍生物具有清除自由基活性，其可作为抗氧化剂降低氧化应激。如张自萍等的研究结果表明AA-2*β*G能够清除各种氧化剂，并在体外抑制过氧化氢（H_2O_2）诱导的氧化溶血；在体内AA-2*β*G能保护肝脏免受体内急性四氯化碳（CCl_4）诱导的损伤。Wang等也通过H_2O_2诱导的细胞氧化损伤模型证实AA-2*β*G可以显著降低细胞内ROS的水平，同时显著提高GSH、SOD和CAT水平，降低氧化型谷胱甘肽（GSSG）、乳酸脱氢酶（LDH）、TNF-*α*水平，表现出较强的抗氧化能力。因此，AA-2*β*G也是枸杞果实中重要的抗氧化成分。

二、心脑血管疾病的预防和治疗作用

心脑血管疾病是心脏血管和脑血管疾病的统称，泛指由于高脂血症、血液黏稠、动脉粥样硬化、高血压等所导致的心脏、大脑及全身组织发生的缺血性或出血性疾病。我国心脑血管疾病的发病率和死亡率一直居高不下，近几年更是趋于年轻化。因此，对有助于预防和治疗心脑血管类疾病的一些食物，例如浆果类水果、橄榄油、豆类等的研究，更是受到了广泛的关注。

研究表明，氧化反应与抗氧化作用的失调是造成心脑血管内皮细胞功能障碍从而引发心脑血管系统病变的主要原因，如动脉粥样硬化、高血压等，且上述病变也会增加机体组织的氧化应激水平。有一项研究表明，大鼠在接受阿霉素治疗前服用枸杞，可有效地防止胶原纤维的损害改善心脏功能、降低死亡率、改善血清谷草转氨酶和肌酸激酶活性以及心律失常和传导异常。体外细胞毒性研究也显示，阿霉素的抗肿瘤活性不受枸杞的影响。因此，枸杞也被推荐为阿霉素化学治疗的辅助药物。同时，枸杞多糖具有保护心血管内皮细胞功能损伤、预防高脂血症引起的动脉粥样硬化以及降低高血压大鼠平滑肌细胞凋亡，其最主要的作用机制就是抗氧化。如表14-4，在心肌缺血再灌注（IR）大鼠中，枸杞多糖能显著降低IR大鼠心肌中的LDH水平，增加Na^+-K^+-ATPase和Ca^{2+}-ATPase活性。此外，枸杞多糖还显著降低心肌Bax阳性率和心肌细胞凋亡，并以剂量依赖方式增加Bcl-2阳性率，这对预防心血管疾病的发展起着重要作用（表14-5）。代谢综合征患者在长期摄入枸杞后，血清抗氧化能力和GSH增加，脂质过氧化、LDL-C和腰围减少。这表明枸杞能作为一种有效的膳食补充剂，可以用于预防代谢综合征患者的心血管疾病。在H_2O_2损伤大鼠血管内皮细胞模型中，H_2O_2产生的各种氧自由基破坏了血管内皮细胞的正常活动，而枸杞多糖可以有效清除血管内皮细胞的氧自由基，降低自由基和铁离子的结合率，保证细胞自身的活力。如表14-6所示，枸杞总黄酮对H_2O_2损伤的人脐静脉内皮细胞（HUVEC）也能起到保护作用。枸杞黄酮干预组中的MDA含量、LDH活性均下降，而NO生成量、SOD活性较H_2O_2损伤模型组明显增高（$P<0.01$），通过抑制损伤细胞的脂质过氧化，提高机体抗氧化酶的活性达到保护作用。

同样，黑果枸杞对心脑血管疾病也有很好地预防保护作用。林丽等通过使用氧化低密度脂蛋白(ox-LDL)诱导HUVEC产生损伤，将细胞分为6组（正常组、ox-LDL组、辛伐他汀组、低剂量花色苷+ox-LDL组、中剂量花色苷+ox-LDL组、高剂量花色苷+ox-LDL组），采用流式细胞术(FCM)测量血管内皮细胞增殖周期和凋亡率。结果表明经过高剂量花色苷预处理后的细胞能有效减少ox-LDL损伤，降低细胞的凋亡率，提高细胞（S期）比率，提升细胞代谢过程中过氧化物酶、GSH-Px和SOD的活性，减少MDA含量，同时还能保护细胞形态（图14-3）。黑果枸杞中的黄酮类物质，如芦丁、槲皮素、木犀草素、异鼠李素和山柰素等，都具有抗氧化和降血脂的作用，从而可以用于预防粥样动脉硬化。

表14-4　枸杞多糖对乳酸脱氢酶和NO、Na^+-K^+-ATP酶和Ca^{2+}-ATP酶活性的影响

分组	乳酸脱氢酶 (mmol/L)	Na^+-K^+-ATPase (U/mg prot)	Ca^{2+}-ATPase (U/mg prot)	NO (μmol/g prot)
正常组	0.16 ± 0.02	51.32 ± 15.24	39.27 ± 2.11	93.41 ± 19.55
模型组	0.38 ± 0.02	24.51 ± 1.54	13.73 ± 1.17	68.59 ± 4.07
枸杞多糖处理组(150 mg/kg·bw)	0.24 ± 0.01	39.45 ± 1.78	27.93 ± 1.09	86.92 ± 5.37
枸杞多糖处理组(300 mg/kg·bw)	0.18 ± 0.02	49.54 ± 2.36	36.88 ± 1.54	95.58 ± 4.58

表14-5　枸杞多糖对心肌Bax和Bcl-2阳性率的影响

分组	Bax阳性率(%)	Bcl-2阳性率(%)
正常组	8.98 ± 0.53	10.74 ± 1.21
模型组	49.62 ± 2.53	28.92 ± 1.68
枸杞多糖处理组(150 mg/kg bw)	30.17 ± 1.86	36.27 ± 2.52
枸杞多糖处理组(300 mg/kg bw)	24.74 ± 1.95	47.09 ± 2.77

表14-6　枸杞总黄酮对1 mmol/L H_2O_2损伤的人脐静脉内皮细胞的影响

组别	浓度（mg/L）	MDA（mmol/L）	LDH（U/mL）	NO（mmol/L）	SOD（U/mL）
正常	-	0.418 ± 0.042	44.2 ± 5.5	55.69 ± 8.12	18.837 ± 0.456
H_2O_2模型	-	2.216 ± 0.062①	174.8 ± 8.8①	19.05 ± 6.27①	13.323 ± 0.320①
VitC	20	1.304 ± 0.105②	81.6 ± 6.4②	39.11 ± 3.09②	17.076 ± 0.063②
H_2O_2+枸杞黄酮	100	1.796 ± 0.155②	86.2 ± 7.8②	28.15 ± 5.71②	15.084 ± 0.569②
	200	1.674 ± 0.054②	80.4 ± 7.3②	33.25 ± 3.94②	16.080 ± 0.328②
	400	1.427 ± 0.106②	50.0 ± 6.8②	37.27 ± 3.72②	16.616 ± 0.313②

注：VitC，维生素C；与正常组比较①$P<0.01$；与模型组比较②$P<0.01$。

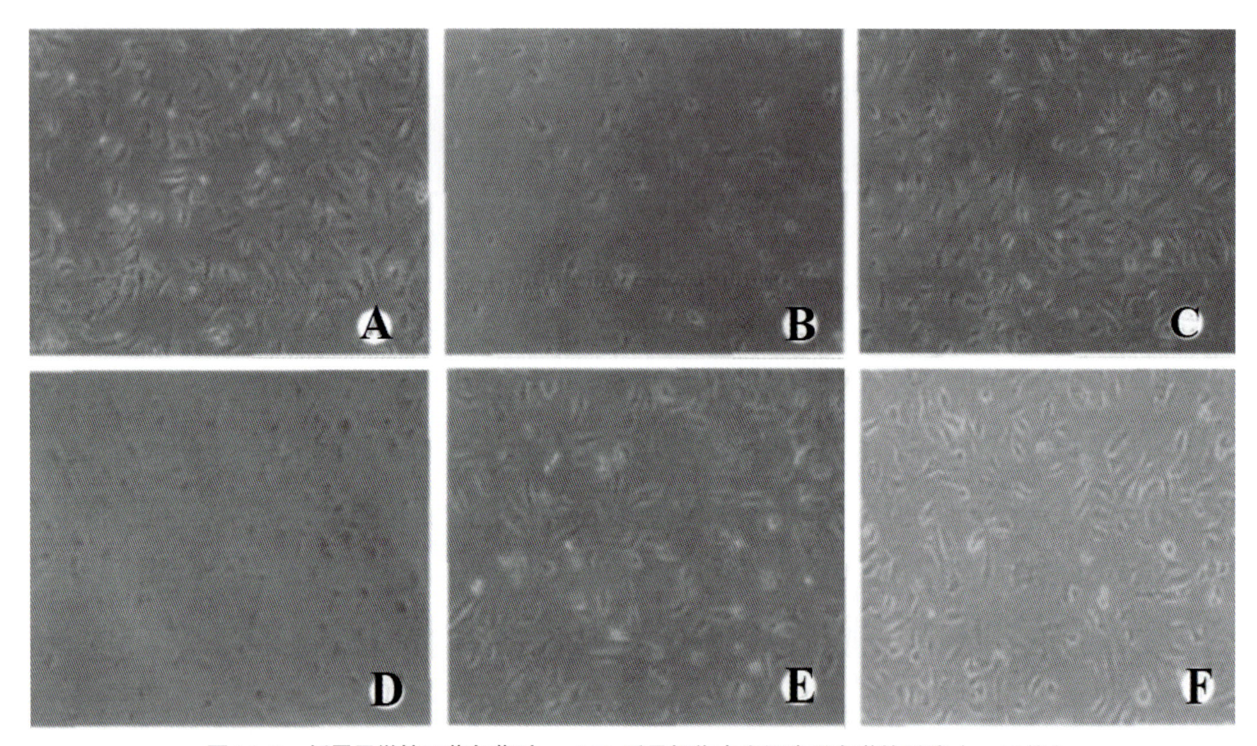

图14-3　倒置显微镜下花色苷对ox-LDL诱导损伤内皮细胞形态学的影响（×40倍）
注：A.正常组；B.损伤组；C.辛伐他汀组；D.花色苷20 mmol/L组；E.花色苷40 mmol/L组；F.花色苷80 mmol/L组。

三、免疫增强作用

免疫调节是指免疫系统参与机体整体功能的调节过程，若调节机制失控或异常，便可能引起各种免疫疾病的发生。目前，大量临床试验研究表明，枸杞对机体的免疫功能具有显著调节作用，普遍认为枸杞的免疫调节活性与其中活性成分枸杞多糖有着密切的联系，而枸杞多糖能通过多条途径、在多个层面对免疫系统发挥调节作用。其作用机制主要表现如下。

（1）促进细胞增殖与成熟

促进巨噬细胞、树突细胞、中性粒细胞、肥大细胞、自然杀伤细胞等细胞的增殖与成熟，激活免疫系统。枸杞多糖（LBP）和分级醇沉的LBP-l-1、LBP-l-2、LBP-l-3在浓度为12.5～200 mg/mL，均可显著提高RAW264.7细胞的酸性磷酸酶活性、吞噬中性红能力以及NO分泌量（图14-4），其中LBP-l-3对巨噬细胞的免疫促进能力最强。体内研究也证实连续给予BALB/c小鼠腹腔注射50 mg/kg/d的LBP 7 d，可显著增强体内巨噬细胞的内吞和吞噬能力（图14-5）。此外，LBP也可促进树突细胞的成熟，提高其抗原呈递功能。如扫描电镜结果所示（图14-6），LBP（100 mg/mL）处理7 d后的树突细胞具有长的突起，显示出成熟的形态；而未经处理的、LBP+ anti-TLR2受体处理和LBP+anti-TLR4处理的树突细胞，均显示较短的突起，表明枸杞多糖可能通过NF-κB途径诱导Toll样受体TLR2或TLR4介导的小鼠树突状细胞的表型和功能成熟。

（2）激活B淋巴细胞与T淋巴细胞，调控细胞因子的分泌，参与机体的免疫应答

如图14-7所示，LBP、LBPF4和LBPF5均可刺激T细胞活化标记物CD25的表达，分别将CD25的表达量由4.3%增加至12.5%、18.7%和10.9%。PCR结果也显示（图14-8），LBP、

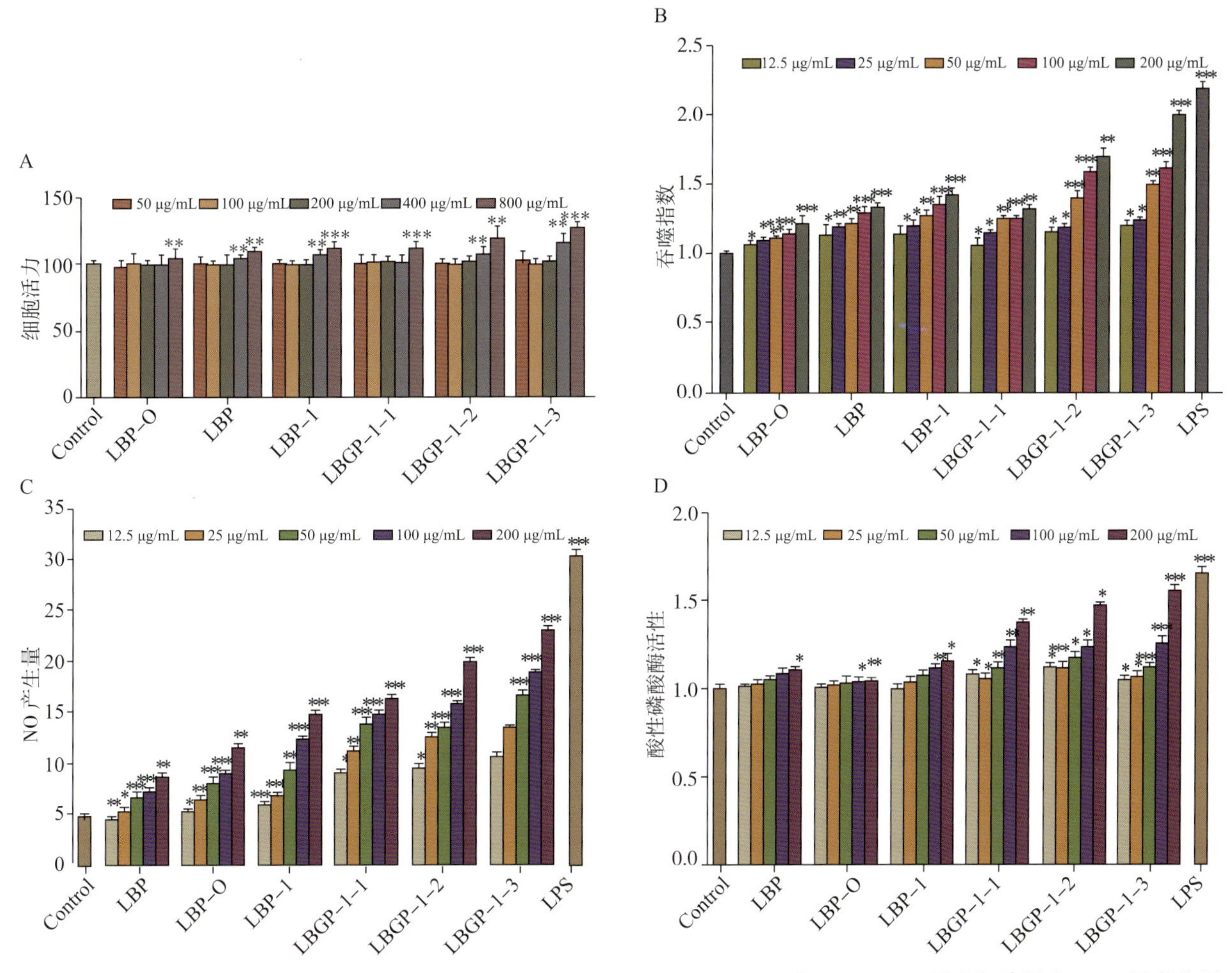

图14-4 LBP-O、LBP、LBP-I、LBGP-I-1、LBGP-I-2和LBGP-I-3对RAW264.7巨噬细胞活力(A)、吞噬作用(B)、NO产生(C)、酸性磷酸酶（D）的影响

注：以LPS（10 mg/mL）作为阳性对照组。

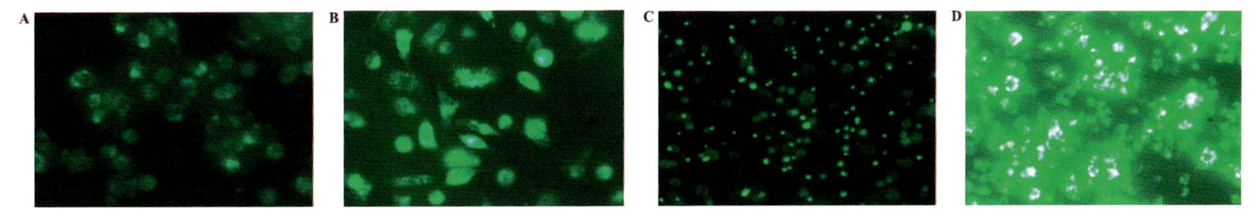

图14-5 枸杞多糖（LBP）的体内内吞和吞噬增强作用

注：将BALB/c小鼠以50 mg/kg的剂量腹腔注射LBP；（A）盐水+葡聚糖；（B）LBP+葡聚糖；（C）盐水+金黄色葡萄球菌；（D）LBP+金黄色葡萄球菌。

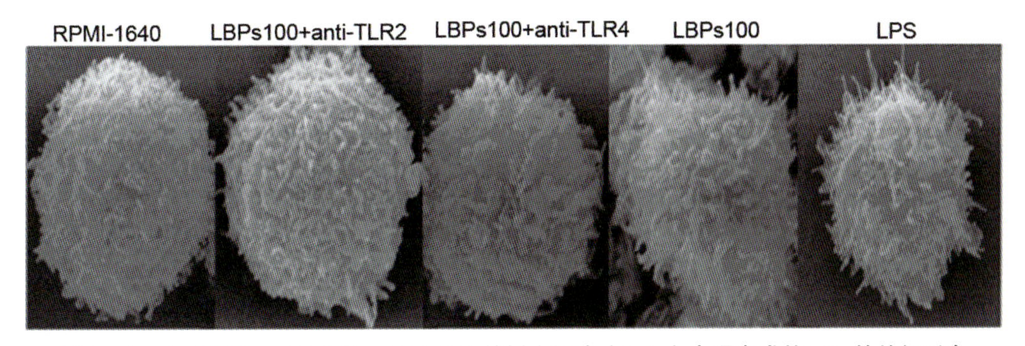

图14-6 与RPMI-1640相比，LBP处理的树突细胞（DCs）表现出成熟DCs的特征形态

LBPF4和LBPF5均可促进细胞因子IL-2、IL-4、IFN-γ和TNF-α mRNA的表达。值得注意的是，LBP、LBPF4和LBPF5刺激后淋巴细胞中IFN-γ mRNA表达量分别增加了200000、120000和1700倍，这与未活化的淋巴细胞中IFN-γ表达量极低有关。另一项研究发现LBP以及LBP脂质体均可通过调节T细胞亚群上调$CD4^+/CD8^+$的比例（图14-9），表现出免疫促进作用。此外，枸杞多糖可促进B淋巴细胞活性，增加血浆中IgG等免疫球蛋白含量，提高机体的免疫和监视功能。

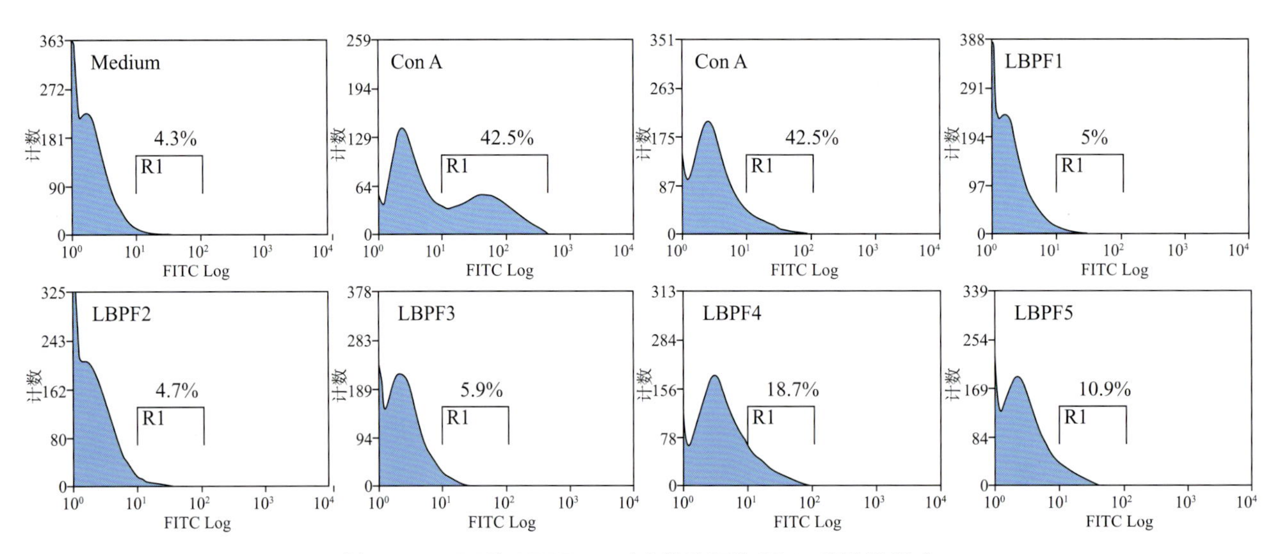

图14-7 LBP和LBPF1-5对小鼠脾细胞CD25表达的影响

注：以2×10^6脾细胞数种板，用100 μg/mL LBP或LBPF1-5刺激48 h。

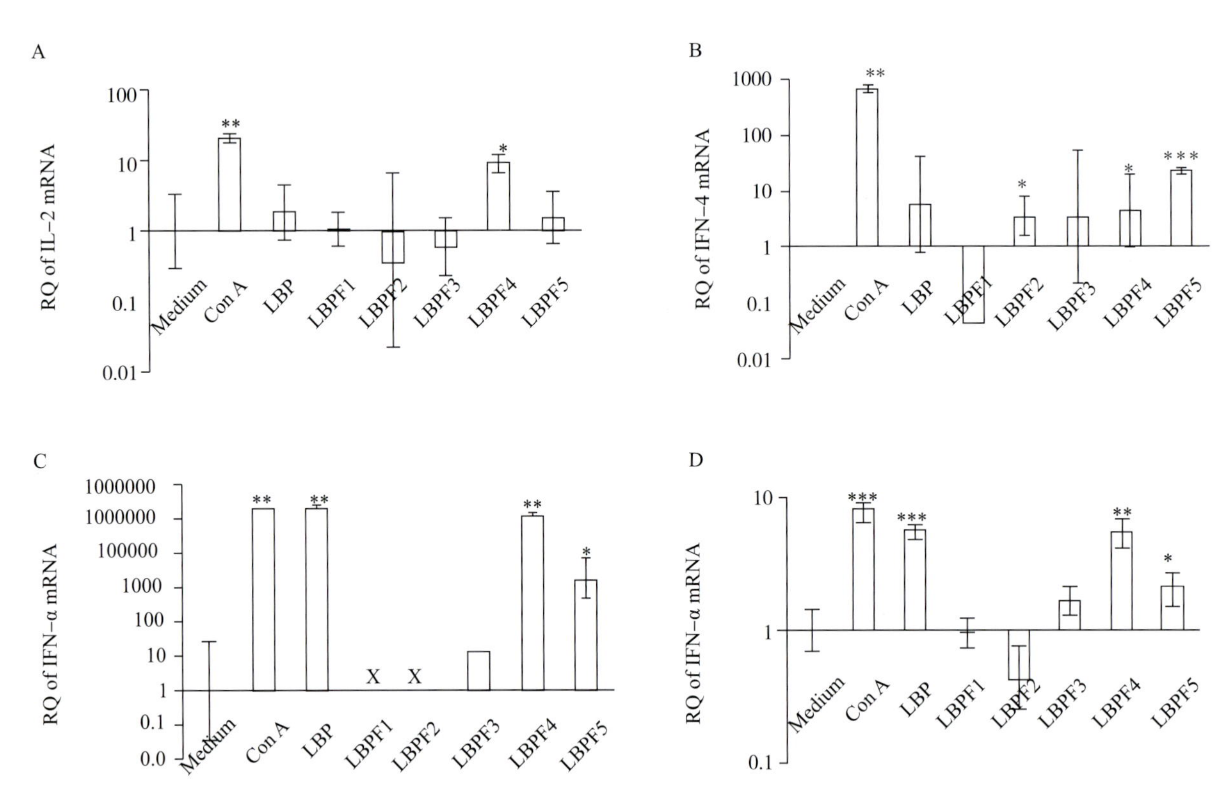

图14-8 LBP或LBPF1-5处理后细胞因子mRNA的相对表达量

注：2×10^6小鼠脾细胞用100 μg/mL LBP或LBPF1-5刺激48 h。

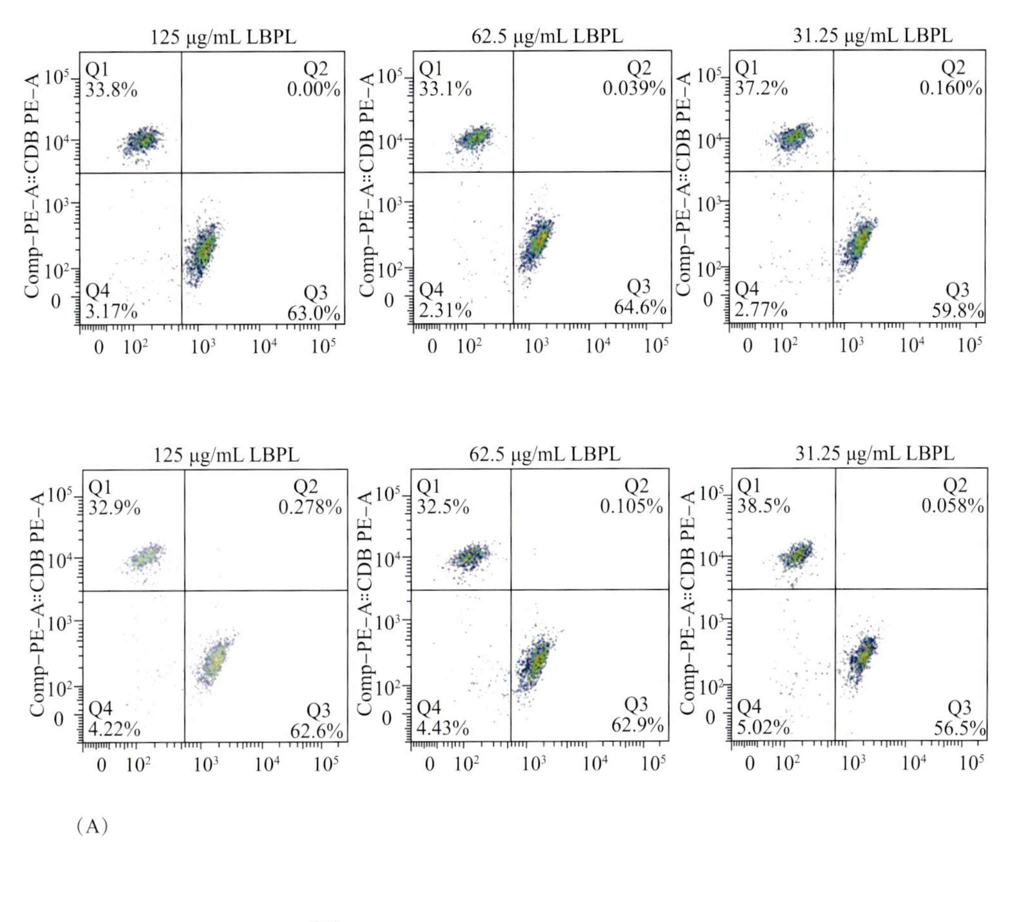

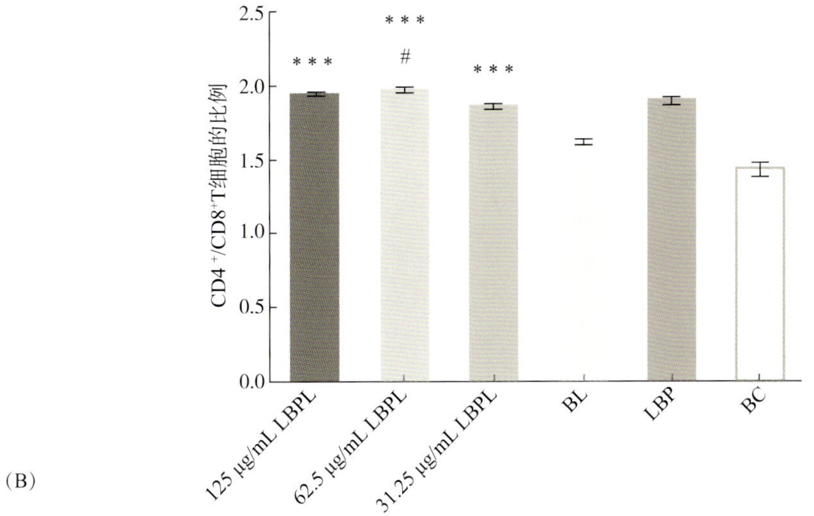

图 14-9　Q1 和 Q3 代表 CD8⁺ T 细胞和 CD4⁺ T 细胞的百分比（A），以及每组 CD4⁺ T 细胞与 CD8⁺ T 细胞的比例（B）

注：与 BL 组相比，*P<0.05，**P<0.01，***P<0.001；与 LBP 组相比，#P<0.05，##P<0.01，###P<0.001。

（3）介导免疫相关通路，维持免疫系统稳态

如 LBPF4-OL 可显著上调 RAW264.7 细胞中 TLR4/MD2 的表达，进而促进 p38-MAPK 的磷酸化，这表明枸杞多糖可能是 TLR4/MD2/p-38 MAPK 通路的激动剂，可影响机体内的免疫功能。另有研究表明，LBP 可抑制 NF-κB 信号通路的激

活，下调促炎介质和趋化因子，缓解肝脏炎症，保证机体的免疫稳态。

（4）调节外周免疫器官，提高机体免疫能力

高剂量枸杞多糖（400 mg/kg体重）和低剂量枸杞多糖（200 mg/kg体重）连续给予亚健康小鼠灌胃21 d，小鼠的胸腺指数与脾脏指数显著提高，B细胞增殖能力增强，体液免疫能力提高，而枸杞多糖高剂量组的$CD4^+/CD8^+$也显著提高（表14-7），表明给药后显著改善了小鼠的免疫失衡状态。

表14-7 枸杞多糖对亚健康小鼠免疫功能的影响

组别	胸腺指数	脾脏指数	T细胞刺激指数	B细胞刺激指数	$CD4^+/CD8^+$值
对照组	2.79 ± 0.44	3.66 ± 0.43	1.19 ± 0.04	1.70 ± 0.26	2.36 ± 0.24
模型组	1.79 ± 0.54^{aa}	2.75 ± 0.59^{a}	1.19 ± 0.05	1.09 ± 0.15^{a}	0.97 ± 0.06^{a}
枸杞多糖高剂量组	2.50 ± 0.24^{b}	3.36 ± 0.40^{b}	1.15 ± 0.05	1.45 ± 0.05^{b}	2.09 ± 0.06^{bb}
枸杞多糖低剂量组	2.24 ± 0.37	2.93 ± 0.31	1.19 ± 0.08	1.08 ± 0.18^{a}	–

注：与对照组比较，a表示$P < 0.05$，aa表示$P < 0.01$；与模型组比较，b表示$P < 0.05$，bb表示$P < 0.01$。“–”表示未检测。

（5）LBP通过维持肠道免疫稳态发挥其免疫功效

近年来研究表明，肠道是一个强大而独立的免疫系统，其发育与成熟受到肠道微生态的调控，而肠道可能成为膳食多糖调节免疫作用的重要靶点。因此，多数学者认为枸杞多糖可能通过维持肠道免疫稳态，从而发挥其免疫功效。如LBP通过调节肠道菌群的组成，显著上调门水平*Bacteroidaceae*数量，下调*Firmicutes*和*Proteobacteria*数量（图14-10），间接发挥免疫调节作用；通过促进肠道中乙酸、丙酸和异丁酸等短链脂肪酸的产生（表14-8），为肠道上皮细胞提供能量，促进T细胞分化为效应T细胞、调节性T细胞，维持肠道的健康；通过结合肠上皮细胞的模式识别受体（PRRs），提高肠黏膜上皮中杯状细胞的数量和黏蛋白的表达，从而影响屏障功能；通过调节淋巴细胞亚群的平衡，促进肠黏膜分泌型免疫球蛋白A（sIgA）分泌；通过提高结肠抗炎症因子IL-10的水平，降低促炎症因子TNF-α、IL-6的水平。

除枸杞多糖具有免疫增强作用外，枸杞及其他活性成分，也可呈现出一定免疫调节作用。如有研究表明，给小鼠喂食黑果枸杞饲料10周后，可下调血清中脂多糖（LPS）、D-乳酸（DLA）、二胺氧化酶(DAO)含量（表14-9），降低肠黏膜通透性，同时可提高结肠黏膜中IgA表达水平以及胸腺指数，改善肠道屏障。黑果枸杞中的花色苷可下调炎症细胞因子表达，增加紧密连接蛋白含量以及调节肠道菌群结构，从而改善葡聚糖硫酸钠（DSS）诱导小鼠结肠炎（图14-11），发挥抗炎症作用。枸杞中AA-2βG也能够显著改善DSS诱导的结肠炎症状，包括提高肠道组织完整性（图14-12），抑制炎症因子的分泌和表达（图14-13），AA-2βG还可以调节与结肠炎相关的关键细菌*Porphyromonadaceae*、*Prevotellaceae*、*Rikenellaceae*、*Parasutterella*、*Parabacteroides*和*Clostridium*（图14-14）的相对丰度来改善肠道炎症。另一项研究表明AA-2βG对环磷酰胺（Cy）诱导的免疫抑制小鼠的结肠和小肠菌群起显著调节作用并发挥免疫调节作用。

黑果枸杞中花色苷能显著提高雏鸡血清HI效价、T淋巴细胞、B淋巴细胞数目及红细胞免疫黏附功能，显著增强雏鸡体液免疫和细胞免疫功能。枸杞中的锌、铁、铜等微量元素，也具有提高机体免疫功能、增强抗病毒能力的作用；枸杞中含有的必需脂肪酸如亚麻油仁酸、次亚麻油仁酸、花生四烯酸等是合成各种荷尔蒙与前列腺素的前体物质，这些不饱和脂肪酸的摄入，可保护免疫系统的健全，防止疾病的发生。

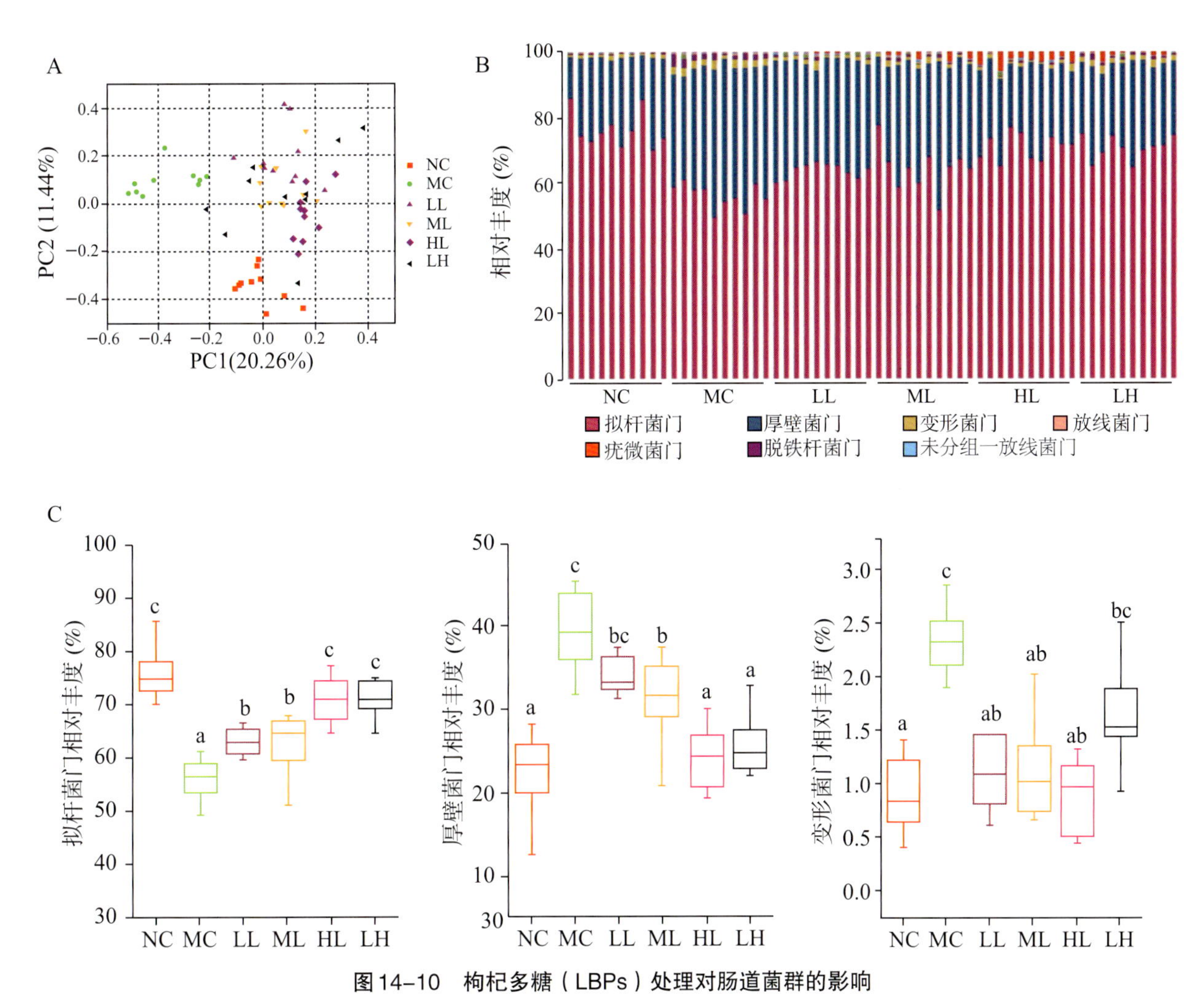

图14-10　枸杞多糖（LBPs）处理对肠道菌群的影响

注：PCA主成分分析（A）比较各组之间的细菌组成；肠道菌群门水平相对丰度分布（B）；Bacteroides、Firmicutes和Proteobacteria的相对丰度（C）。模型组（MC）、低剂量LBPs组（LL）、中剂量LBP组（ML）、高剂量LBP组（HL）和阳性对照组（LH）。

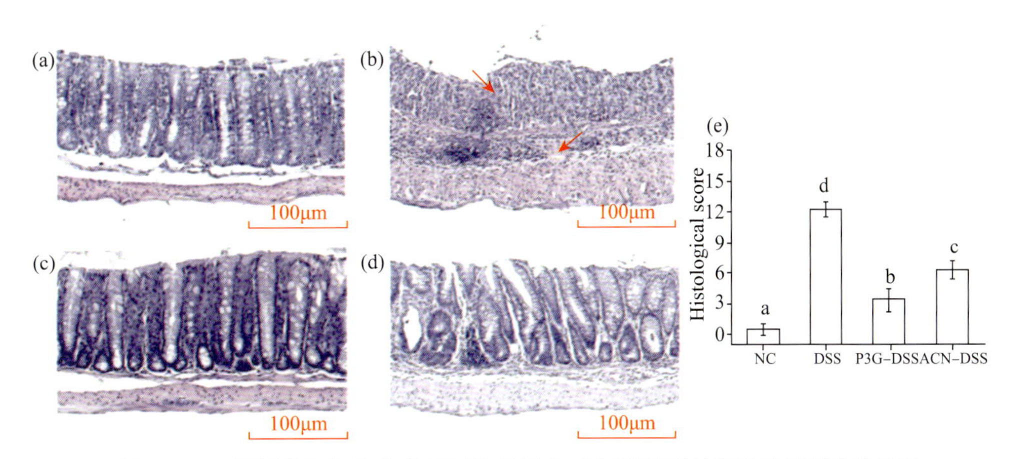

图14-11　黑果枸杞花色苷（ACN和P3G）对DSS诱导的肠道炎症的改善作用

注：a. 正常组；b. DSS组；c. P3G处理组；d. ACN处理组；e. 各组小鼠炎症严重程度评分。

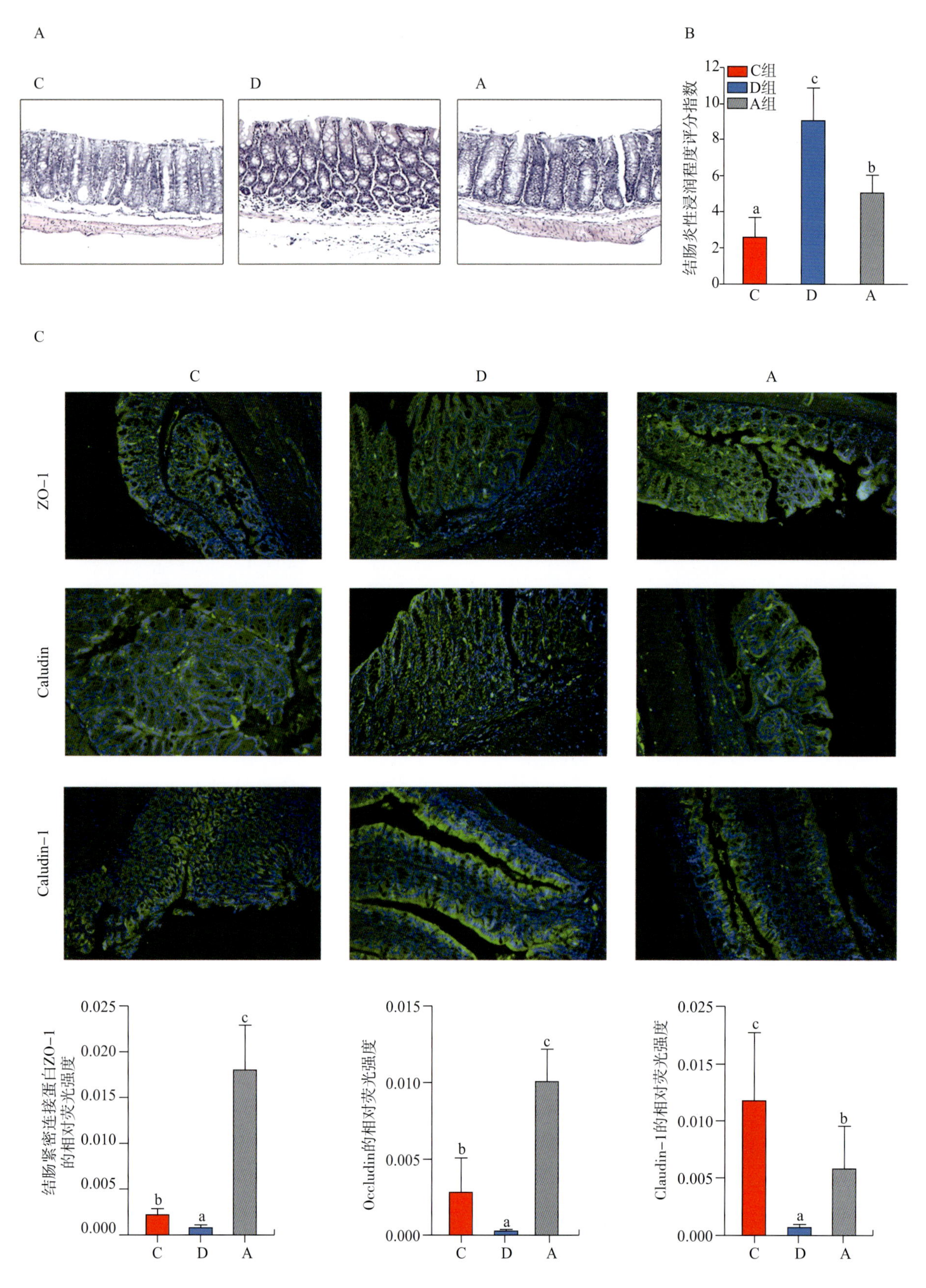

图14-12　枸杞AA-2βG对DSS诱导的肠道炎症的改善作用

注：A. 不同组结肠组织的组织切片；B. 各组小鼠炎症严重程度评分；C. 各组ZO-1、Claudin-1和Occludin的免疫荧光代表性图像。a～c的字母代表通过单因素方差分析和Duncan检验（$P < 0.05$）不同组之间的显著差异。

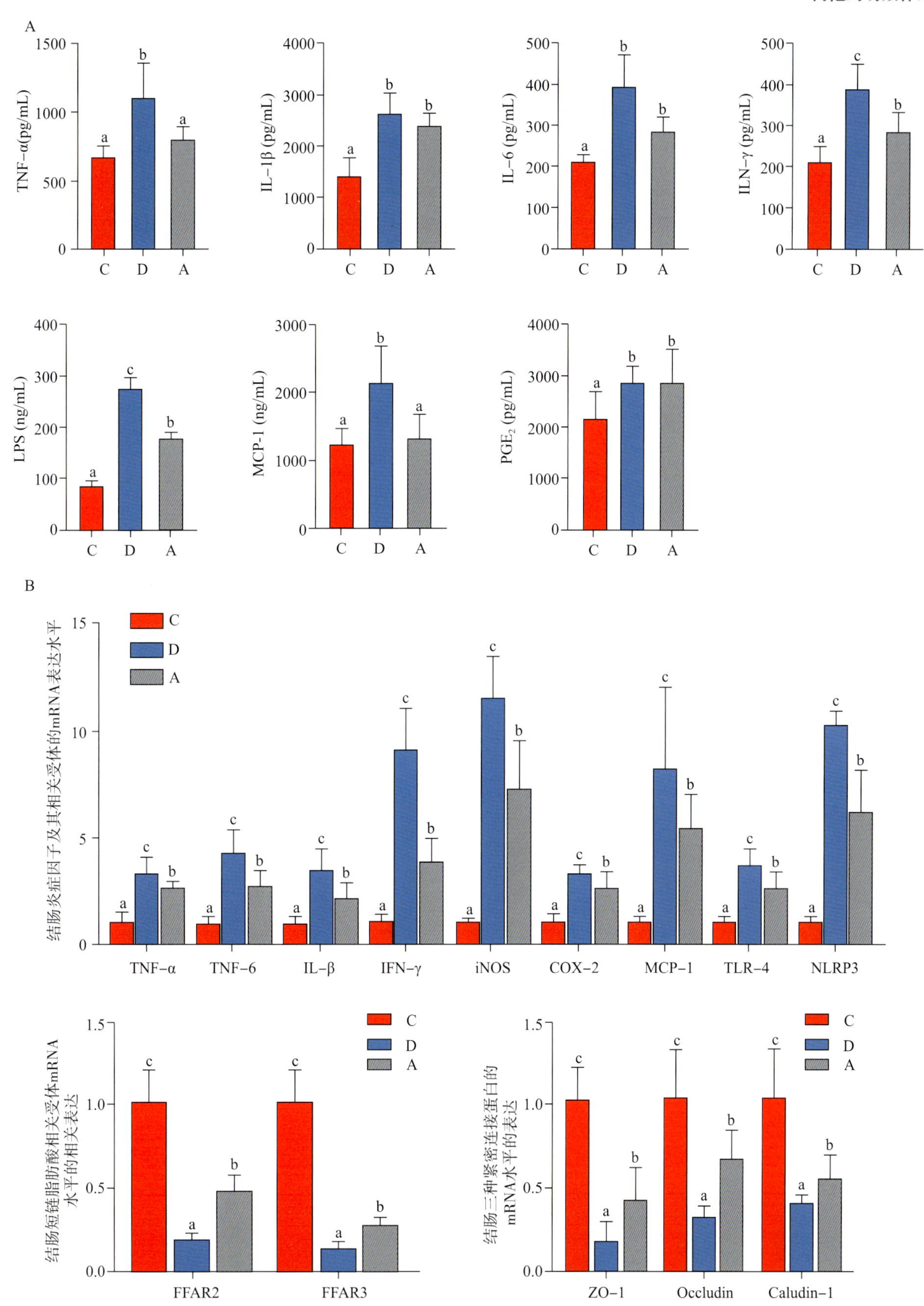

图14-13　枸杞AA-2βG对DSS诱导的肠道炎症血清炎性细胞因子含量（A）及结肠炎性相关mRNA相对表达量（B）的影响

注：a～c的字母代表通过单因素方差分析和Duncan检验（$P < 0.05$）不同组之间的显著差异。

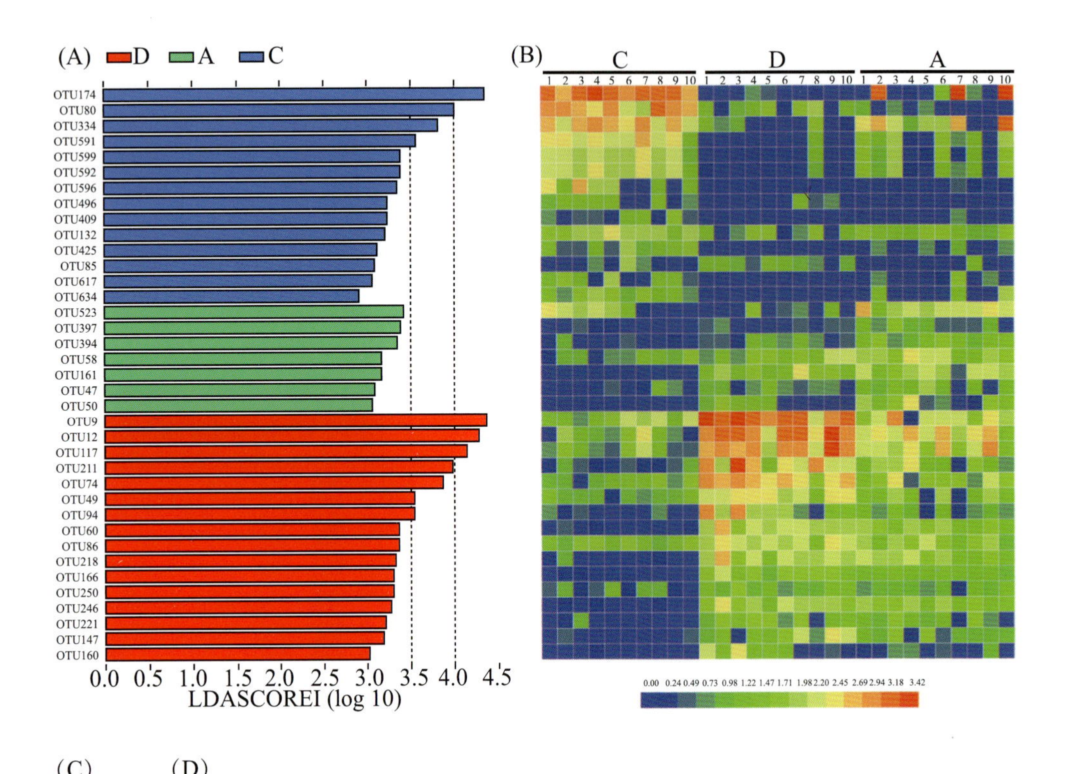

(C) (D)

	C	A	Species	Genus	Family	Phylum
	●		uneultured_organism		Porphyromonadaceae	
	●	○	Unassigned		Porphyromonadaceae	
	●		Unassigned		Porphyromonadaceae	
★	●	●	Unassigned	Unassigned	Porphyromonadaceae	Bacteroidetes
★	●	●	Unassigned	Unassigned	Porphyromonadaceae	
★	●	●	Unassigned	Unassigned	Porphyromonadaceae	
			uncultured_bacterium	Alistipes	Rikenellaceae	
	●		uncultured_bacterium		Porphyromonadaceae	
			uncultured_bacterium	Pseudoflavonifactor	Ruminococcaceae	Firmicutes
	●		Unassigned	Unassigned	Porphyromonadaceae	Bacteroidetes
	●		uncultured_bacterium	Oscillibacter	Ruminococcaceae	
			uncultured_baeterium	Butyricicoccus	Ruminococcaceae	Firmicutes
	●		uncultured_Clostridiales bacterium			
	●		uncultured_organism		Porphyromonadaceae	Bacteroidetes
★	●	●	Unassigned	Helicobacter	Helicobacteraceae	Proteobacteria
			Unassigned	Unassigned	Ruminococcaceae	Firmicutes
		●	Clostridiales bacterium CIEAF 029		Lachnospiraceae	
	○		Parabacteroides distasonis	Parabacteroides	Porphyromonadaceae	Bacteroidetes
	○		Unassigned	Unassigned	Lachnospiraceae	
			Unassigned	Clostridium_IV	Ruminococcaceae	Firmicutes
	○		Unassigned	Unassigned	Lachnospiraceae	
★	○	○	Unassigned	Parabacteroides	Porphyromonadaceae	
★	○	○	Unassigned	Bacteroides	Bacteroidaceae	Bacteroidetes
★	○	○	Unassigned	Bacteroides	Bacteroidaceae	
	○		Escherichia_coli_K-12	Escherichia/Shigella	Enterobacteriaceae	Proteobacteria
★	○	○	Parabacteroides_distasonis_ATCC_8503	Parabacteroides	Porphyromonadaceae	Bacteroidetes
★	○	○	Unassigned	Oscillibacter	Ruminococcaceae	Firmicutes
			Bacteroides xylanisolvens	Bacteroides	Bacteroidaceae	Bacteroidetes
★	○	○	uncultured_bacterium	Parasutterella	Sutterellaceae	Proteobacteria
★	○	○	uncultured_organism	Clostridium_XIVb	Lachnospiraceae	Firmicutes
	○		uncultured_bacterium	Parasutterella	Sutterellaceae	Proteobacteria
★	○	○	uncultured_bacterium	Parasutterella	Sutterellaceae	
	○		uncultured_Firmicutes_baeterium	Anaerovorax	Clostridiales_Incertae_Sedis_XIII	Firmicutes
	○		uncultured_bacterium	Parasutterella	Sutterellaceae	Proteobacteria
	○		uncultured_Desulfovibrionaceae_bacterium	Bilophila	Desulfovibrionaceae	
	○		Clostridium_scindens	Clostridium_XIVa	Lachnospiraceae	Firmicutes
			Unassigned	Bacteroides	Bacteroidaceae	Bacteroidetes

○ **More abundant in group D to group C and group A**

● **Less abundant in group D to group C and group A**

★ **OUT in group C changed by DSS was reserved by AA-2βG**

图 14-14 AA-2β G在OTU水平上对IBD小鼠肠道微生物的影响

注：（A）线性判别分析（LDA）；（B）基于LDA分析热图，显示不同组中37个OTUs相对丰度的差异；（C）DSS或AA-2βG干预诱导调节的OTUs；（D）被调节OTUs代表细菌分类信息（门、科、种）。用圆（○）和点（●）分别表示C组和A组相对于D组OTUs的相对丰度的减少和增加。★表示DSS干预后改变的OTUs被AA-2βG逆转；使用Tukey's HSD检验计算OTUs相对丰度的差异。$P < 0.05$被认为存在显著差异。

表 14-8 枸杞多糖对环磷酰胺处理小鼠盲肠内容物中SCFAs含量的影响

组别	SCFAs(μmol/g)						
	乙酸	丙酸	异丁酸	正丁酸	异戊酸	正戊酸	总酸
NC	112.57 ± 7.02[c]	22.63 ± 3.18[bc]	0.91 ± 0.37[ab]	45.75 ± 1.71[e]	1.42 ± 0.56[ab]	1.32 ± 0.12[b]	184.59 ± 8.47[d]
MC	64.51 ± 14.58[a]	12.48 ± 2.94[a]	0.58 ± 0.19[a]	15.11 ± 2.68[a]	1.15 ± 0.32[a]	0.82 ± 0.19[a]	94.65 ± 18.19[a]
LL	90.68 ± 12.71[b]	22.56 ± 3.01[bc]	0.85 ± 0.13[ab]	29.54 ± 2.07[b]	1.77 ± 0.26[ab]	1.01 ± 0.13[ab]	146.42 ± 12.96[b]
ML	94.85 ± 16.5[bc]	24.15 ± 4.93[bc]	0.87 ± 0.15[ab]	33.10 ± 1.58[c]	1.61 ± 0.36[ab]	0.96 ± 0.32[a]	155.52 ± 17.17[bc]
HL	96.34 ± 14.46[bc]	19.75 ± 3.16[b]	0.69 ± 0.19[a]	35.97 ± 0.91[c]	1.33 ± 0.33[ab]	1.10 ± 0.17[ab]	155.17 ± 13.58[bc]
LH	105.27 ± 14.48[bc]	26.30 ± 4.00[c]	1.13 ± 0.26[b]	39.39 ± 2.72[d]	1.97 ± 0.64[b]	1.11 ± 0.30[ab]	175.16 ± 14.32[cd]

注：[a~e]同一列不同字母表示样品组间存在显著性差异（$P < 0.05$）。MC. 模型组；LL. 低剂量组；ML. 中剂量组；HL. 高剂量组；LH. 阳性对照（盐酸左旋咪唑）组。

表 14-9 黑果枸杞对小鼠肠道通透性和免疫屏障的影响

Items	C	BL	BH	BC	CA	HA
血清 LPS(EU/L)	1060.00 ± 22.54[aA]	895.97 ± 13.45[bcAB]	811.32 ± 30.92[cB]	1036.32 ± 56.13[abA]	1024.80 ± 35.84[abA]	1003.42 ± 36.48[abA]
血清 DLA(ummol/L)	149.12 ± 6.09	131.02 ± 4.18	136.94 ± 3.96	140.64 ± 6.74	135.54 ± 3.53	133.28 ± 5.12
血清 DAO(pg/mL)	116.51 ± 5.10	103.19 ± 3.58	93.83 ± 5.47	111.17 ± 10.65	105.74 ± 6.68	99.49 ± 9.33
脾脏指数	0.23 ± 0.01	0.25 ± 0.03	0.23 ± 0.01	0.24 ± 0.01	0.21 ± 0.01	0.23 ± 0.00.652
胸腺指数	0.13 ± 0.01[bcAB]	0.18 ± 0.01[aA]	0.16 ± 0.01[abA]	0.13 ± 0.01[bcAB]	0.10 ± 0.01[cB]	0.14 ± 0.01[abcAB]
血清 IgA(ug/mL)	29.87 ± 4.76[bB]	33.22 ± 2.72[bB]	38.31 ± 2.03[abAB]	31.17 ± 5.10[bB]	55.17 ± 2.57[aA]	37.85 ± 3.21[bAB]
结肠 IgA(ug/g)	11.83 ± 1.13[abAB]	13.33 ± 0.73[bB]	9.55 ± 1.36[bB]	11.64 ± 0.56[abAB]	17.21 ± 1.65[aA]	13.77 ± 1.07[abAB]

注：LPS. 脂多糖；DLA. D-乳酸；DAO. 二胺氧化酶；IgA. 免疫球蛋白 A；C. 正常饲料；BL. 1.5% 黑果枸杞饲料；BH. 3% 黑果枸杞饲料；BC. 50% 的 1.5% 黑果枸杞饲料与 50% 的正常饲料；CA. 正常饲料加抗生素；HA. 1.5% 黑果枸杞饲料加抗生素. 同一列不同小写字母（$P < 0.05$）与大写字母（$P < 0.01$）表示样品组间存在显著性差异。

此外，AA-2βG 对高果糖饮食 (HFrD) 诱导的小鼠神经炎症具有一定的改善作用。AA-2βG 对 HFrD 诱导的认知障碍有抑制作用，显著增强肠道屏障的完整性，减少脂多糖进入循环，进而抑制神经胶质细胞的激活和神经炎症反应（图 14-15、图 14-16）。AA-2βG 显著增加潜在益生菌 *Lactobacillus* 和 *Akkermansia* 的相对丰度（图 14-17）。这些有益作用可通过粪菌移植转移，从 AA-2βG 喂养的小鼠转移到 HFrD 喂养的小鼠（图 14-18）。AA-2βG 可通过调节肠道失调和预防肠漏而改善认知和神经炎症。

最新研究表明，摄入富含枸杞玉米黄素双棕榈酸酯的乳液可显著降低结肠炎小鼠血清中 TNF-α、IL-6、IFN-g、MCP-1、LPS 和 PGE2 的水平；促进盲肠内容物中短链脂肪酸含量增加；调节肠道菌群，提高 *Akkermansia*、*Lactobacillus* 和 *Clostridium_IV* 等有益菌的相对丰度；在一定程度上改善结肠炎小鼠的健康状况（图 14-19）。

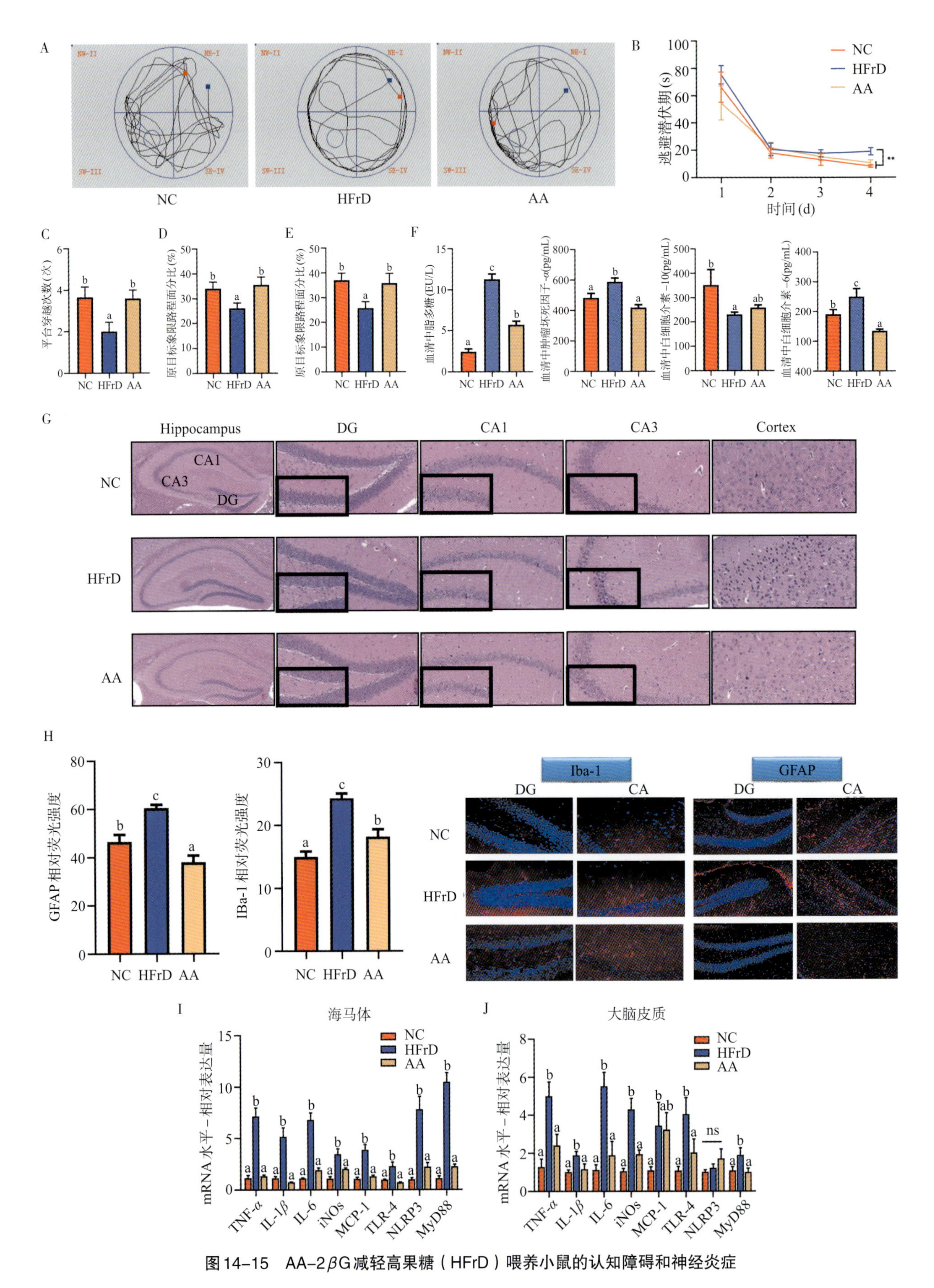

图 14-15　AA-2βG 减轻高果糖（HFrD）喂养小鼠的认知障碍和神经炎症

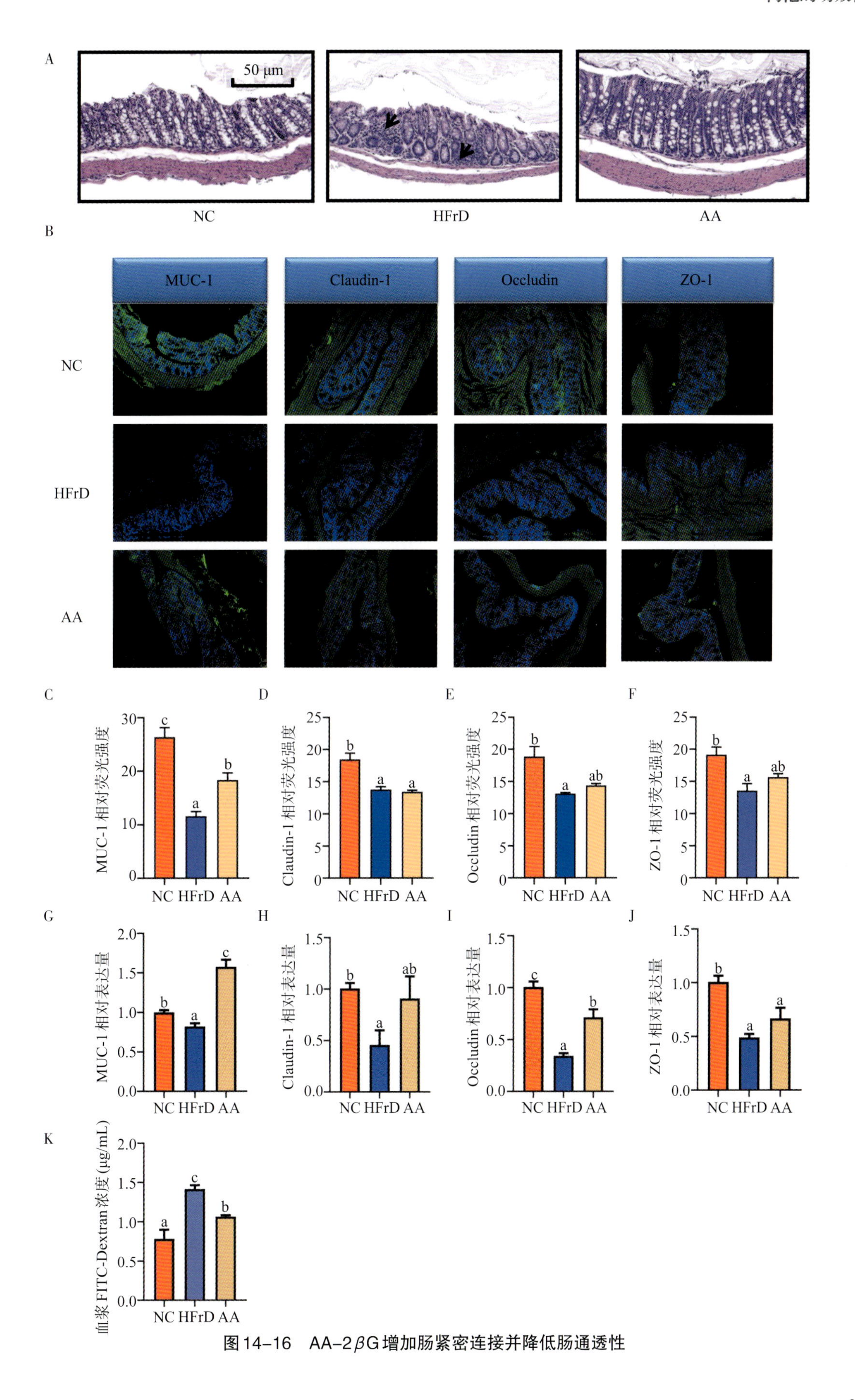

图14-16　AA-2βG增加肠紧密连接并降低肠通透性

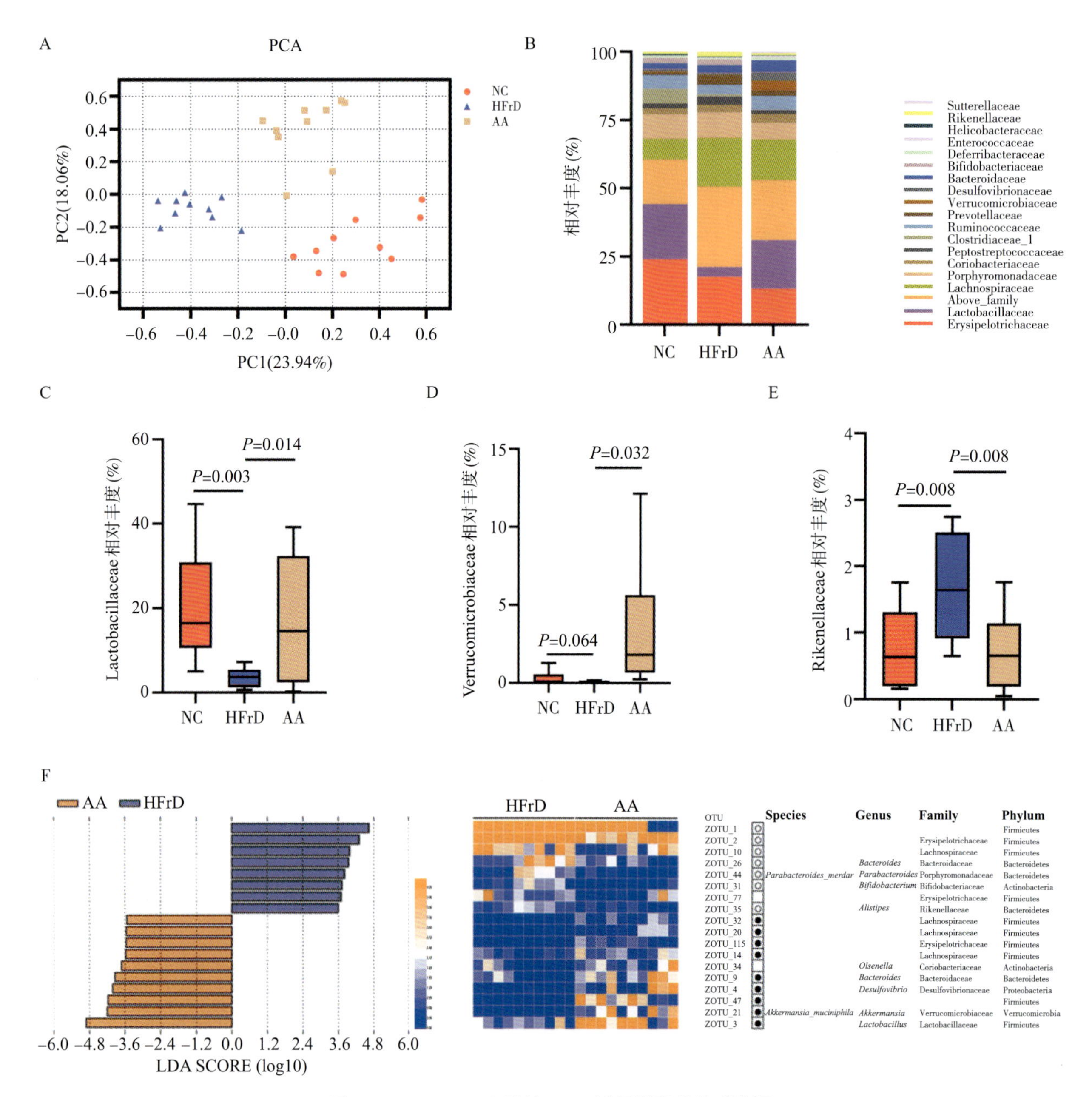

图 14-17　AA-2βG 逆转 HFrD 诱导的肠道菌群失调

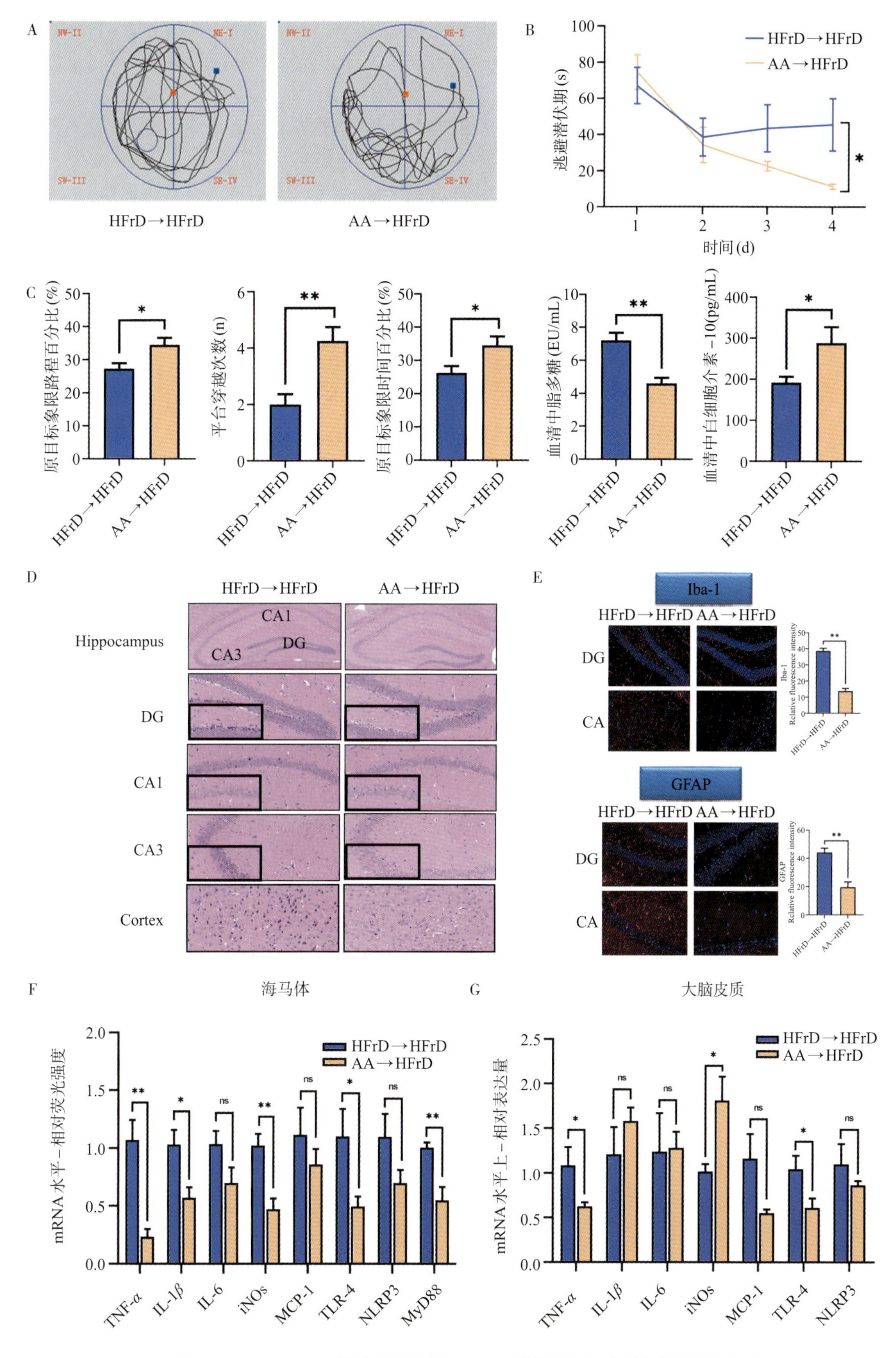

图14-18　AA-2βG粪菌移植逆转了HFrD诱导的记忆障碍并抑制神经炎症

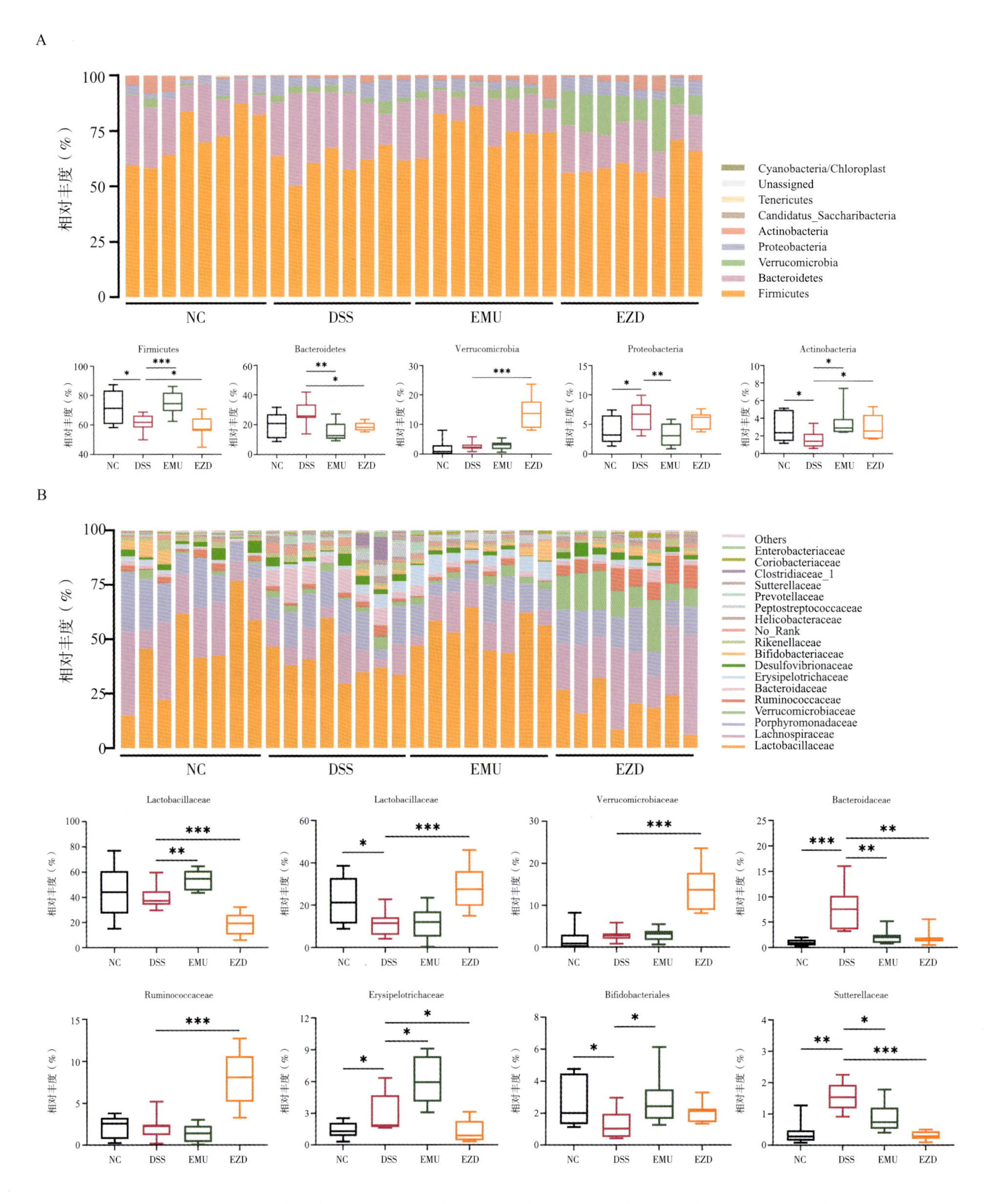

图14-19 不含（EMU）/含玉米黄素双棕榈酸酯乳液（EZD）在门（A）和科（B）水平对小鼠肠道微生物群落变化的影响

注：相对丰度（%）表示为平均值 ± 标准偏差（n = 8）*代表$P < 0.05$，**代表$P < 0.01$，***代表$P < 0.001$。

四、抗疲劳作用

疲劳是指人身体或精神极度疲倦后所产生的不适感，是机体复杂生理生化过程失衡的结果。早在20世纪90年代，WHO的一项调查结果显示全球处于疲劳状态的人数已占总人数的35%以上，且中年男性的人数占近60%。近年来，随着生活节奏的加快，人们生活压力愈发增大，导致人们饮食和睡眠的不规律，使人体出现疲劳等亚健康状态。因此，急需寻求某种天然活性物质，能在富集或某种手段合成后添加到食品中，使食品成为功能性食品，并通过饮食的方式摄入到人体中，从而达到缓解人体疲劳的目的。枸杞作为中国传统中药材，其含有的枸杞多糖、原花青素、甜菜碱、牛磺酸、γ-氨基丁酸、植物甾醇等天然活性物质具有一定的抗疲劳效果。

运动性疲劳产生的主要原因是机体所产生的大量ROS打破了细胞内外正常的氧化还原过程，造成氧化损伤和氧化胁迫。LBP具有清除ROS的功能，防止体内脂质过氧化，减少MDA生成，防止机体发生氧化损伤，从而改善疲劳。LBP还可以通过增加骨骼肌中肌/肝糖原的含量和抗氧化酶的活性，减少血乳酸和血清尿素氮等机体致疲劳物质的生成，改善细胞内钙稳态失衡和增加线粒体膜电位，调节机体能量代谢，最终缓解运动后疲劳。

精神性疲劳即慢性疲劳综合征（CFS）产生的原因是机体免疫、神经、内分泌等系统发生紊乱，CFS在临床上以持续至少6个月的深度疲劳为特征，并伴有一定的神经精神状况发生。目前已有研究表明，LBP可以促使机体多巴胺合成（表14-10），上调脑部海马区谷氨酸受体NR2A mRNA的表达水平，降低抑制性神经递质5-羟色胺含量，改善机体睡眠质量，调节躯体运动和神经活动，保障兴奋性神经递质的传导，从而改善机体CFS症状。

表14-10　LBP对亚健康小鼠的抗疲劳作用

组别	力竭时间(min)	5-羟色胺(μg/g)	多巴胺(μg/g)
正常组	25.23 ± 8.63	163.78 ± 13.92	351.7 ± 5.31
亚健康组	9.68 ± 3.1[a]	282.38 ± 12.6[aa]	241.51 ± 45.88[a]
LBP(400 mg/kg)	29.04 ± 10.81[b]	210.89 ± 22.73[a,bb]	358.84 ± 35.19[b]

注：与正常组比较，a表示$P<0.05$，aa表示$P<0.01$；与模型组比较，b表示$P<0.05$，bb表示$P<0.01$。

五、降血糖作用

糖尿病是一种普遍存在的全球性疾病，具有慢性高血糖的特点，发病率正在逐年增加，其中II型糖尿病在成年人中发病率高，且患者呈现出年轻化的趋势。糖尿病由于体内胰岛素相对或绝对缺乏，除形成持续高血糖外，还伴随有各种并发症，如糖尿病肾病、脑病、眼病、足病、肝病等。目前，对糖尿病的治疗多采用传统的化疗手段，如服用二甲双胍、罗格列酮、格列本脲等药物，但均对机体有一定的副作用。而随着人们崇尚自然、回归自然理念的日益提升，人们逐渐把眼光投向天然产物。近年来，枸杞的营养与药用价值备受国内外研究者的关注，已有大量研究表明枸杞及其多糖具有降血糖、降血脂功效。其中，LBP主要是通过以下几点发挥作用。

（1）改善胰岛细胞形态功能、修复受损胰岛细胞、促进胰岛细胞再生。

（2）提高机体对胰岛素的敏感度，降低胰

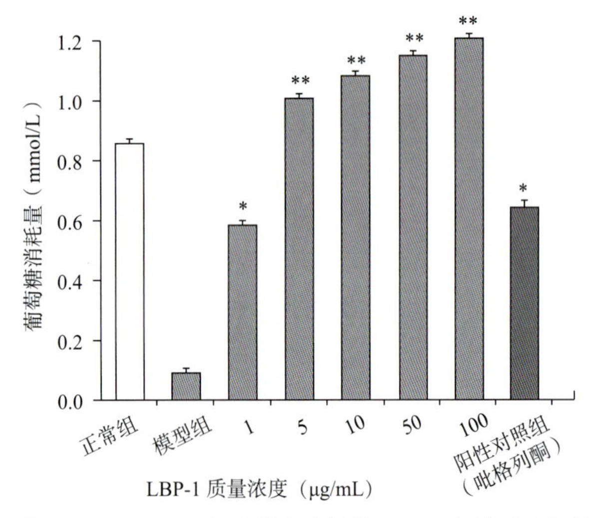

图14-20 LBP-1处理胰岛素抵抗HepG2细胞对外源性胰岛素敏感性的影响

岛素抵抗。如经1～100 mg/mL的LBP-1处理具有胰岛素抵抗HepG2细胞24 h，葡萄糖消耗量与LBP-1处理浓度呈剂量依赖性（图14-20）。另一项研究表明，LBP-4a可促使脂肪细胞中葡萄糖转运蛋白4（GLUT4）从细胞质易位至细胞膜表面，刺激葡萄糖的摄取，改善胰岛素抗性。

（3）提高机体的糖原耐受量，具有促进糖原的转化、合成和存贮作用。

（4）抑制α-葡萄糖苷酶活性，减少葡萄糖在肠道的吸收。如LBP在0.4～2 mg呈剂量关系抑制α-葡萄糖苷酶活性，当浓度为0.4 mg时α-葡萄糖苷酶活性抑制率达到52%，2 mg时抑制率高达88%。另据报道，LBP在3～100 mmol/L呈剂量关系抑制α-葡萄糖苷酶活性以及小肠刷状缘囊泡（BBMV）对葡萄糖的吸收，当浓度为100 mmol/L时α-葡萄糖苷酶活性抑制率达到76.58%，葡萄糖吸收率下降至53.98%（表14-11）。

（5）增加SOD、GSH、CAT等活性（表14-12），提高胰岛细胞的抗氧化能力，减轻过氧化物对胰岛细胞的损伤，降低氧化应激的发生。

（6）降低血液中TG、TC、LDL-C的含量，改善机体中脂代谢紊乱，进而促进糖代谢恢复正常。如在用链脲佐菌素（STZ）诱导的糖尿病大鼠模型中，灌胃LBP（50、100、200 mg/kg/d）30 d后，可显著降低血浆中葡萄糖、TG、TC和LDL-C水平，同时呈剂量依赖性提高其中胰岛素和HDL-C水平（表14-13）。

（7）调节肠道菌群组成，维持肠道屏障功能，进而调控血糖。如在高脂饮食（HFD）和STZ联合诱导的糖尿病小鼠模型中，灌胃高剂量LBPs（200 mg/kg/d）6周后糖尿病小鼠血糖和糖化血红蛋白显著降低（图14-21），胰岛β细胞的形态和功能显著恢复（图14-22）。高通量测序分析发现LBPs干预能显著提高肠道微生物中分类学单元OTU_5（*Allobaculum*属）的相对丰度（图14-23）。通过组织形态学观察和相关生化指标测定发现，LBPs对糖尿病小鼠肠道屏障功能具有保护作用，降低了全身性炎症（图14-24）。

LBP除具有降血糖功效，对糖尿病并发症也具有一定缓解作用。如LBP可改善糖尿病大鼠视网膜氧化应激，发挥神经保护作用；通过维持线粒体分裂和融合的平衡，减少高血糖引起的缺血性脑损伤；通过抑制NF-κB和血管紧张素II（AngII）的表达，改善四氧嘧啶诱导的糖尿病肾病家兔肾脏损伤和炎症反应；通过抑制PI3K/Akt通路，减轻糖尿病小鼠睾丸功能障碍等。此外，黑果枸杞多糖能减少糖尿病小鼠进食量和饮水量、增加体重，对糖尿病多饮多食、体重减轻症状有一定缓解功效，具有较好的糖尿病防治作用。枸杞能够改善II型糖尿病小鼠体内的玉米黄质、叶黄素水平，上调AMPKα2的表达，降低缺氧诱导因子以及热休克蛋白含量，促进能量代谢以及改善机体氧化应激，展现出降血糖功效。

此外，枸杞中含有丰富的黄酮类物质，对血糖的控制也有一定的作用。有研究表明，枸杞黄酮提取物种主要含有瑞香素（Daphnetin）、6,7-二羟基香豆素（6,7-dihydroxycoumarin）、芦丁（rutin）、山柰酚-3-*O*-芸香糖苷（kaempferol-3-*O*-rutinosid）和紫云英苷(astragalin)等黄酮成分。

当用枸杞黄酮提取物干预糖尿病小鼠6周小鼠的血糖、糖化血红蛋白和胰岛素抵抗指数等显著改善，而这与其提高了抗氧化、抗炎症和肠道菌群调节作用相关。

表14-11 枸杞多糖对α-糖苷酶活性及小肠刷状缘囊葡萄糖吸收的影响

组别	α-葡萄糖苷酶		放射性葡萄糖	
	光密度	抑制率（%）	放射强度	吸收率（%）
空白对照组	0.301 ± 0.002	-	6397 ± 717	100
枸杞多糖（100 mmol/L）组	0.070 ± 0.014**	76.58	2745 ± 346	53.98**
枸杞多糖（30 mmol /L）组	0.163 ± 0.006**	45.61	3093 ± 212	60.04**
枸杞多糖（10 mmol /L）组	0.213 ± 0.001**	29.19	3933 ± 679	81.22**
枸杞多糖（3 mmol /L）组	0.271 ± 0.008*	9.87	4616 ± 203	87.09*

表14-12 枸杞多糖对糖尿病大鼠肝、肾中抗氧化酶活性及MDA水平的影响

	正常组	模型对照组	低剂量处理组	中剂量处理组	高剂量处理组
	肝脏				
MDA (nmol/mg protein)	6.83 ± 0.57	9.28 ± 0.45[a]	8.86 ± 0.23[b]	6.71 ± 0.51[c]	5.05 ± 0.68[c]
SOD (U/mg protein)	12.54 ± 2.54	6.89 ± 0.84[a]	7.68 ± 0.93[b]	8.93 ± 0.94[c]	10.97 ± 6.54[c]
CAT (U/mg protein)	19.43 ± 2.76	12.73 ± 2.11[a]	14.52 ± 1.28	17.32 ± 2.04[c]	20.84 ± 2.54[c]
GSH-Px (U/mg protein)	3.75 ± 0.45	1.07 ± 0.13[a]	1.54 ± 0.16[b]	2.15 ± 0.18[c]	3.24 ± 0.37[c]
谷胱甘肽还原酶(U/mg protein)	5.64 ± 0.6	3.05 ± 0.26[a]	3.88 ± 0.3[b]	4.32 ± 0.41[c]	5.97 ± 0.42[c]
	肾脏				
MDA (nmol/mg protein)	1.65 ± 0.2	3.59 ± 0.12[a]	3.21 ± 0.32	2.78 ± 0.22[c]	1.87 ± 0.22[c]
SOD (U/mg protein)	10.56 ± 1.98	4.98 ± 0.64[a]	5.63 ± 0.61[b]	8.76 ± 0.93[c]	11.65 ± 1.8[c]
CAT (U/mg protein)	14.67 ± 1.96	8.95 ± 0.67[a]	12.76 ± 1.86[c]	15.32 ± 2.05[c]	17.86 ± 1.53[c]
GSH-Px (U/mg protein)	7.57 ± 1.06	4.11 ± 0.52[a]	4.88 ± 0.55[b]	5.94 ± 0.51[c]	6.83 ± 0.51[c]
谷胱甘肽还原酶(U/mg protein)	3.98 ± 0.27	1.32 ± 0.11[a]	1.91 ± 0.08[b]	2.54 ± 0.22[c]	3.44 ± 0.26[c]

注：a表示$P < 0.01$，与正常组比；b表示$P < 0.05$，与正常组比；c表示$P < 0.01$，与模型组比。

表14-13 枸杞多糖对糖尿病大鼠血液SOD活性及其他生化指标的影响

	正常组	模型对照组	低剂量处理组	中剂量处理组	高剂量处理组
SOD (U/mL)	120.65 ± 15.53	88.87 ± 7.63[a]	93.65 ± 8.73	116.7 ± 17.21[b]	132.74 ± 10.74[c]
MDA (nmol/mL)	2.21 ± 0.24	4.85 ± 0.53[a]	4.24 ± 0.55[b]	3.17 ± 0.38[b]	2.53 ± 0.31[c]
TC (mmol/L)	4.78 ± 0.52	6.95 ± 0.57[a]	6.05 ± 0.63	5.67 ± 0.6[b]	4.95 ± 0.32[c]
HDL-C (mmol/L)	0.41 ± 0.03	0.24 ± 0.02[a]	0.28 ± 0.02	0.34 ± 0.02[b]	0.38 ± 0.03[c]
TG (mmol/L)	0.46 ± 0.03	0.75 ± 0.06[a]	0.68 ± 0.07	0.54 ± 0.04[c]	0.49 ± 0.04[c]
LDL-C (mmol/L)	2.85 ± 0.23	3.97 ± 0.32[a]	3.67 ± 0.44	3.45 ± 0.26[b]	2.98 ± 0.37[c]

注：a表示$P < 0.01$，与正常组比；b表示$P < 0.05$，与正常组比；c表示$P < 0.01$，与模型组比。

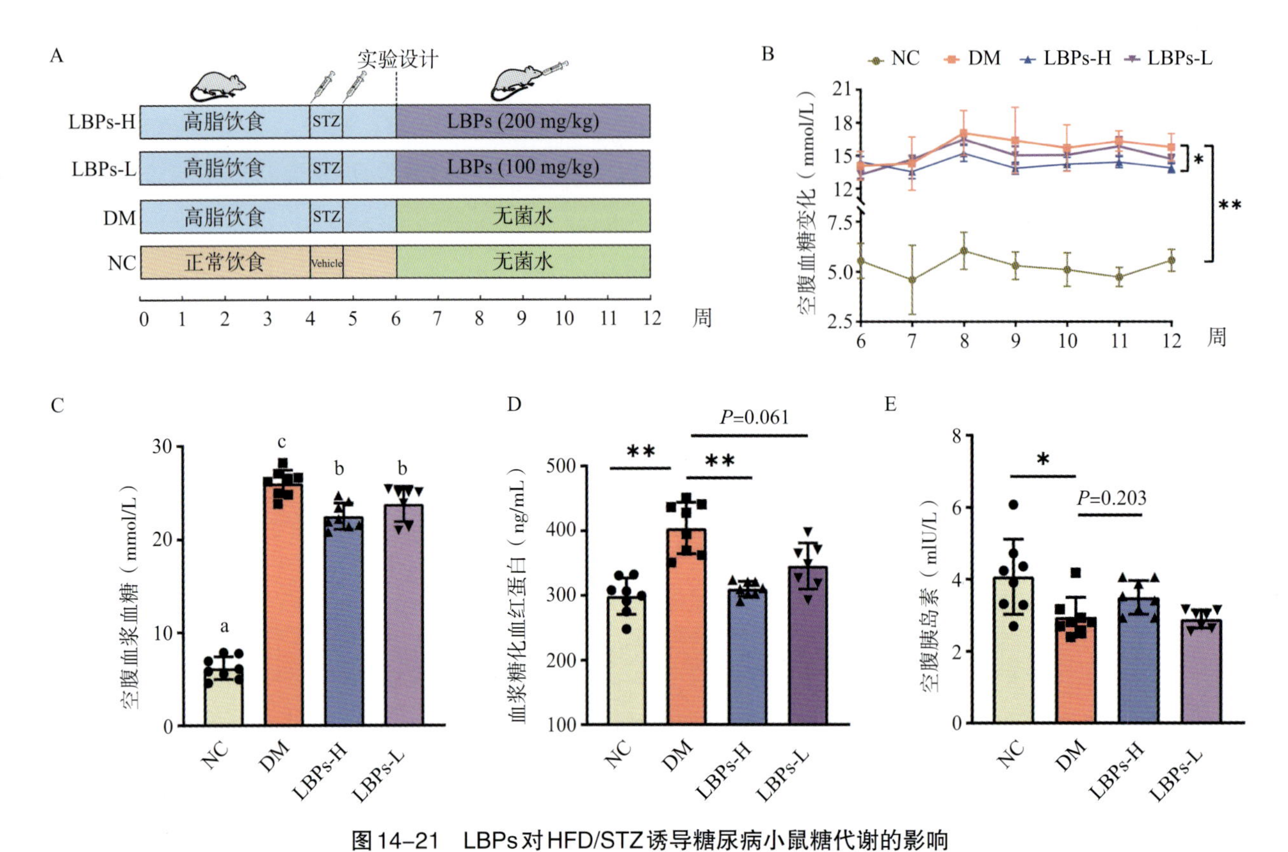

图14-21 LBPs对HFD/STZ诱导糖尿病小鼠糖代谢的影响

注：（A）实验设计；（B）空腹血糖变化曲线；（C）空腹血浆血糖；（D）血浆糖化血红蛋白；（E）空腹血浆胰岛素。与DM组比较，*代表 $P<0.05$，**代表 $P<0.01$。

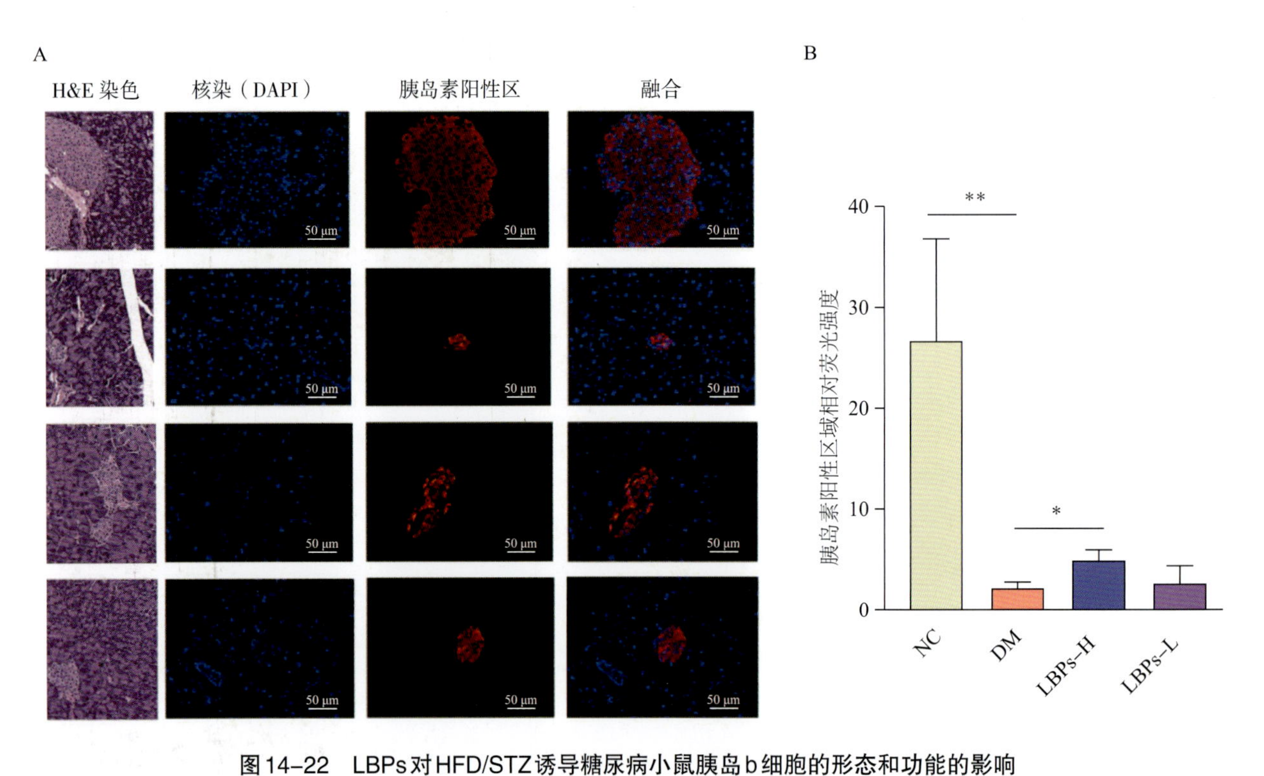

图14-22 LBPs对HFD/STZ诱导糖尿病小鼠胰岛b细胞的形态和功能的影响

注：（A）不同组结肠组织的H&E组织切片和Insulin的免疫荧光代表性图像；（B）胰岛素阳性区域的相对荧光强度。与DM组比较，*代表 $P<0.05$，**代表 $P<0.01$。

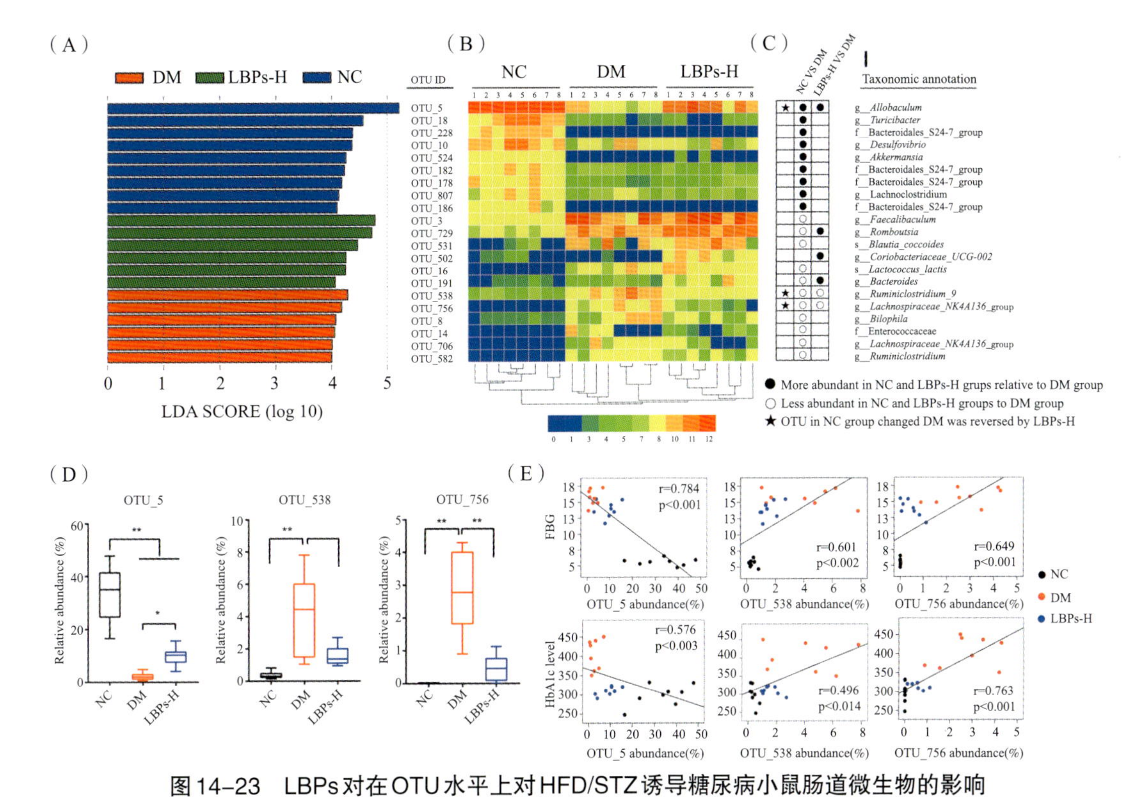

图14-23 LBPs对在OTU水平上对HFD/STZ诱导糖尿病小鼠肠道微生物的影响

注：（A）线性判别分析（LDA）。（B）基于LDA分析热图。（C）LBP干预诱导调节的OTUs；用圆（○）和点（●）分别表示NC组和LBP组相对于DM组OTUs的相对丰度的减少和增加。★表示HFD/STZ干预后改变的OTUs被LBP逆转。（D）差异OUT的相抵丰度；（F）差异OUT与空腹血糖和HBA1c的斯皮尔曼相关性分析。与DM组比较，*代表$P<0.05$，**代表$P<0.01$。

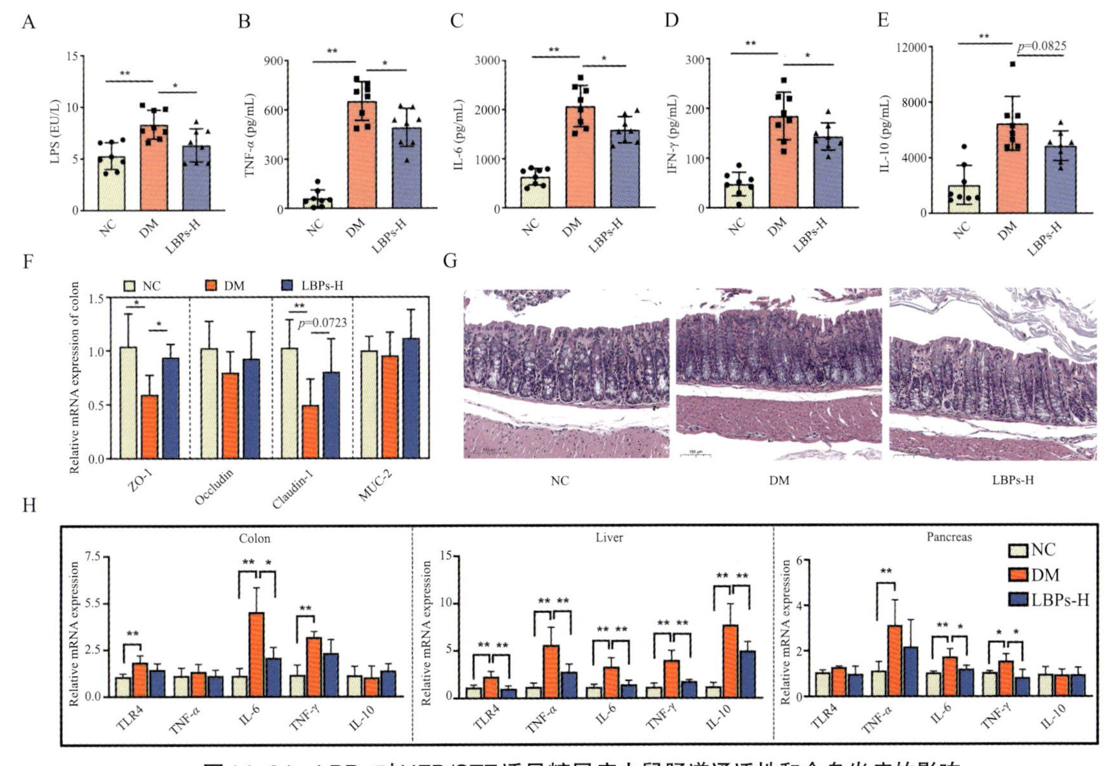

图14-24 LBPs对HFD/STZ诱导糖尿病小鼠肠道通透性和全身炎症的影响

注：（A-E）血浆中LPS，TNF-a，IL-6，IFN-γ和IL-10的水平。（F）肠道组织中ZO-1、Occludin、Claudin-1和MUC-2的基因相对表达量。结肠组织的H&E检测代表性图片。（H）炎症相关基因*TLR4*, *TNF-α*, *IL-6*, *IFN-g*和*IL-10*的基因表达量。与DM组比较，*代表$P<0.05$，**代表$P<0.01$。

六、抗肿瘤作用

癌症是当今导致死亡的主要原因之一。癌症的研究主要集中在寻找治愈性治疗方法，而寻找天然活性物质并开发功能性食品来降低患癌症的风险则是近年食品领域的研究热点。大量研究表明，枸杞中的活性物质对抗肿瘤具有良好的效果。

肿瘤细胞的高增殖能力是导致肿瘤形成的原因，而细胞凋亡被认为是治疗癌症的一种有效机制。通过清除已坏死的细胞以及一些过量异常细胞，达到抗肿瘤的目的。LBP可调节细胞周期相关蛋白而诱导肿瘤细胞周期停滞在G0/G1期、S期或G2/M期，或通过调节Bcl-2、Bax、ERK1/2、p53等分子水平促使肿瘤细胞凋亡，从而达到抗肿瘤的效果。针对人前列腺癌细胞（PC-3、DU-145）的体外试验结果表明，LBP可以抑制PC-3和DU-145的生长，使两种细胞的DNA链发生断裂，并通过调节蛋白表达有效诱导细胞凋亡；体内试验结果则表明，LBP可有效降低小鼠异种移植肿瘤模型中PC-3肿瘤的体积和重量。而从枸杞中分离出的一种水溶性多糖（LBPF5）则可以抑制膀胱癌细胞的生长，并诱导细胞凋亡。另有研究表明，LBP可以在G0/G1期和S期有效抑制人胃癌细胞MGC-803及SGC-7901的生长，在G0/G1期以一种剂量依赖型的方式抑制结肠癌细胞SW480和Caco-2细胞的生长。通过对人乳腺癌细胞MCF-7进行的体外试验证实，LBP可以抑制促MCF-7细胞增殖的胰岛素生长因子（IGF-1），抑制磷脂酰肌醇3激酶（PI3K）活性以及磷酸化磷脂酰肌醇3激酶（p-PI3K）蛋白水平的表达，抑制低氧诱导因子-1（HF-1）蛋白质积累，抑制血管内皮生长因子（VEGF）mRNA的表达和蛋白质的合成。这些结果表明，LBP可以通过PI3K/HIF-1/VEGF信号传导途径抑制IGF-1诱导的血管生成，从而抑制肿瘤细胞的生长。

已有研究表明某些类胡萝卜素可抑制癌细胞的增殖活性，类胡萝卜素的摄入量或血浆类胡萝卜素水平与乳腺癌、膀胱癌、宫颈癌、胃癌、前列腺癌等肿瘤的发生率呈负相关。类胡萝卜素对癌症的化学预防机制包括细胞周期停滞、诱导癌细胞凋亡、抗癌细胞转移、抗血管生成等。

（1）细胞周期和控制增殖速度失控是癌细胞的特征之一。已有证据表明类胡萝卜素可以通过干扰细胞周期来抑制肿瘤细胞的生长。β-胡萝卜素被认为是一种抗人类早幼粒细胞白血病（HL-60）细胞的潜在抗癌化合物，可改变HL-60细胞G1期的细胞周期；在人结肠腺癌细胞模型中，可通过降低细胞周期蛋白A的表达诱导G2/M期细胞周期停滞；在垂体腺瘤细胞中，β-胡萝卜素通过下调S期激酶相关蛋白2（Skp2）诱导S和G2/M期细胞的增加。

（2）细胞凋亡是程序性细胞死亡的代表形式，其特征在于细胞形态变化，如膜起泡、细胞核萎缩和凋亡小体的形成。癌细胞通过抗凋亡蛋白的过度表达或促凋亡蛋白中的突变获得对细胞凋亡的抗性，类胡萝卜素则可通过控制细胞凋亡分子作用靶点降低人类癌症发病率。

（3）肿瘤转移是癌症患者死亡的主要原因之一，影响转移能力的主要因素是转移抑制基因 Nm23-H1、基质金属蛋白酶（MMP）和一些血管生成因子如血管内皮生长因子（VEGF）和白细胞介素。研究报道，β-胡萝卜素可以通过下调MMP-2 的蛋白表达和酶活性，并抑制缺氧诱导因子 1α（HIF-1α）的表达来减弱高度恶性神经母细胞瘤细胞的迁移和侵袭能力。枸杞中抗肿瘤物质及其潜在机制总结如表14-14所示。

表14-14　枸杞中抗肿瘤物质及潜在机制

抗癌抗肿瘤机制	物质	细胞系	效果
细胞周期停滞	β胡萝卜素	HL-60，U937	G1期停滞
诱导细胞凋亡	玉米黄质	SP6.6，C918	激活内在途径
抗转移	β胡萝卜素	SK-N-BE（2）C	下调基质金属蛋白酶-2（MMP-2）蛋白表达，抑制缺氧诱导因子1α（HIF-1α）及其下游基因VEGF和GLUT-1的表达
抗血管生成	β胡萝卜素	SK-Hep-1，PC-3	抑制血管内皮生长因子（VEGF）的分泌
诱导细胞凋亡	枸杞多糖	PC-3，DU-145	诱导DNA链断裂

此外，也有研究证明枸杞中的AA-2βG对癌细胞生长具有抑制作用。如Zhang等发现AA-2βG对宫颈癌细胞（Hela）活力的抑制呈时间和剂量依赖性。与维生素C类似，AA-2βG通过下调Hela中c-Jun、AP-1的表达，上调p53蛋白的表达，诱导Hela细胞周期停滞和细胞凋亡，从而发挥抗肿瘤活性。

七、眼睛保护作用

枸杞中丰富的类胡萝卜素对眼睛保护起重要作用。叶黄素和玉米黄质是存在于人体视网膜黄斑区域的两种类胡萝卜素，也被称为黄斑色素。研究表明，视网膜凹处的类胡萝卜素含量约为13 ng/mm^2，而其周围区域约为0.05 ng/mm^2。黄斑色素可以吸收蓝光，其紫罗酮环上的功能性羟基水平且垂直地伸向细胞膜外，能吸收所有可能方向的光，从而避免视网膜受到光损伤。此外，黄斑色素具有一定的抗氧化特性，能够中和单线态氧和活性氧（如羟基自由基和超氧阴离子），防止紫外线引起的过氧化并减少氧化应激诱导的损伤。现代医学可利用黄斑色素的光学特性来量化其密度，产生被称作“黄斑色素光密度值”（MPOD）的测量值。MPOD在人体黄斑中的测定值通常为0～1，较高的MPOD水平与年龄相关黄斑变性和白内障的产生呈负相关。一般来说，黄斑色素光密度值（MPOD）在0.4～0.6较为理想，但在具有年龄相关性黄斑变性（老年人，女性）风险的人群中，光密度值较低。在膳食中补充叶黄素及玉米黄质可以增加黄斑色素的光密度，改善视觉表现（如敏感度、眩光耐受性和光应激恢复）并降低白内障风险与老年性黄斑变性的可能性。研究表明，受试者通过膳食补充枸杞（15 g/d，约含有3 mg玉米黄质）28 d后，血浆中的玉米黄质含量增加了2.5倍，具有积极的促进眼睛健康作用。类胡萝卜素对眼睛的保护作用如表14-15所示。

表14-15　类胡萝卜素对眼睛的保护作用

研究者（年）	受试对象	补充剂	时长	主要考察指标	结果
Hammond等(2014)	100位年轻成年人	叶黄素10 mg+玉米黄质2 mg	1年	对比敏感度；炫光耐受性；光应力恢复	对光敏感度及光应力恢复得到改善
Yao等(2013)	120位成年司机	叶黄素20 mg	1年	对比敏感度	对光敏感度得到改善
Stringham等(2008)	40位健康成年人	叶黄素+玉米黄质12 mg	6个月	炫光耐受性；光应力恢复	炫光耐受性及光应力恢复得到改善
Nolan等(2016)	100位健康成年人	叶黄素10 mg+玉米黄质12 mg	1年	对比敏感度	对比敏感度得到改善
Olmedilla等(2003)	17位白内障患者	叶黄素15 mg	2年	炫光耐受性	炫光耐受性得到改善

已有研究表明LBP可以在急性眼高压模型、慢性眼高压模型、大脑中动脉闭塞模型、完全视神经横断模型和局部视神经横断模型等模型中起到保护眼睛的作用。LBP可以减轻急性眼高压引起的视网膜神经节细胞减少、视网膜内层厚度减小、视网膜血管密度下降、节细胞层和内核层中凋亡细胞的增加等症状，并通过下调视网膜中晚期糖基化末端产物与内皮素的水平，上调血红素氧合酶-1的表达，激活氧化应激中的关键转录因子Nrf2等方式来对抗视网膜损伤。在慢性眼高压模型中，LBP同样可以通过减少视网膜神经元的损失而起到神经保护作用。在大脑中动脉闭塞模型中，LBP可以减轻动脉闭塞诱导造成的视网膜节细胞层活细胞数减少，节细胞层与内核层的凋亡细胞增多，双极细胞标志蛋白激酶C、无长突细胞中钙网蛋白表达减少等现象。在完全视神经横断和局部视神经横断模型中，LBP可以通过抑制氧化压力，削减JNK通路以及瞬时增加胰岛素样生长因子的表达来减少视网膜神经节细胞的次级损伤。

黑果枸杞是我国西部特有的珍稀植物，具有高含量的花青素。研究表明，花青素可用于白内障、角膜病和视网膜病等疾病的治疗，可有效改善视疲劳症状，早期近视和轻度近视，对视网膜神经节细胞损伤具有一定的拮抗作用。相关动物实验也证明，花青素可提高兔子晶状体的抗氧化能力，降低脂质过氧化物水平，减轻晶状体的氧化损伤。此外有研究指出，长期服用花青素制剂可明显抑制高度近视幼儿的眼轴增长，有效矫正高度近视弱视，提高该类弱视的治疗效果。

参考文献

邓宏伟，陈青山，刘春民，等.口服递法明片对控制儿童高度近视回顾性研究[J].中国实用眼科杂志，2013, 31(8): 1006-1008.

郝文丽，陈志宝，赵蕊，等.枸杞多糖对亚健康小鼠免疫功能及抗疲劳作用的影响[J].中国生物制品学杂志，2015, 28(7): 693-697.

郝文丽.枸杞多糖对亚健康小鼠改善作用的研究[D].大庆：黑龙江八一农垦大学，2015.

黄元庆，谭安民，沈泳，等.枸杞黄酮类化合物清除氧自由基及对小鼠L1210癌细胞能量代谢的抑制作用[J].卫生研究，1998, 27(2): 109-115.

黄欣，赵海龙.枸杞总黄酮对运动小鼠腓肠肌抗氧化能力的影响[J].现代中西医结合杂志，2008, 7(15): 2280-2281.

姜清茹，姚成立，李桂忠.枸杞多糖对高脂血症大鼠血脂及主动脉氧化应激的影响[J].宁夏医学杂志，2010, 32(6): 504-506.

李进，瞿伟菁，张素军，等.黑果枸杞色素的抗氧化活性研究[J].中国中药杂志，2006, 31(14): 1179-1183.

李进，瞿伟菁，刘丛，等.黑果枸杞色素对高脂血症小鼠血脂及脂质过氧化的影响[J].食品科学，2007, 28(9): 514-518.

林丽，李进，李永洁，等.黑果枸杞花色苷对氧化低密度脂蛋白损伤血管内皮细胞的保护作用[J].中国药学杂志，2013, 48(8): 606-611.

廖国玲，杨风琴，王伟.宁夏枸杞总黄酮对H_2O_2损伤人脐静脉内皮细胞的保护作用[J].中国实验方剂学杂志，2014, 20(24): 139-142.

刘春民，王抗美，邹玲.花青素对近视青少年视疲劳症状及视力的影响[J].中国实用眼科杂志，2005(6): 607-609.

吕海英，林丽，潘云，等.黑果枸杞叶黄酮抗氧化和降血脂成分测定[J].新疆师范大学学报（自然科学版），2012, 31(2): 43-48.

潘虹，施真，杨泰国，等.枸杞多糖对糖尿病大鼠视网膜神经元的保护作用及其机制[J].中国应用生理学杂志，2019, 35(1): 55-59.

唐华丽，孙桂菊，陈忱.枸杞多糖的化学分析与降血糖作用研究进展[J].食品与机械，2013, 29(6): 244-247.

田丽梅，王旻，陈卫.枸杞多糖对a—葡萄糖苷酶的抑制作用[J].华西药学杂志，2006, 21(2): 131-133.

李朝晖，马晓鹏，吴万征.枸杞多糖降血糖作用的细胞实验研究[J].中药材，2012, 35(1): 124-127.

王昌禄，王昵霏，李贞景.枸杞多糖的研究与应用[J].食品科学技术学报，2017, 35(3): 43-49.

汪建红，陈晓琴，张蔚佼.黑果枸杞果实多糖降血糖生物功效及其机制研究[J].食品科学，2009, 30(5): 244-248.

吴庆秋，何兰杰.枸杞多糖对2型糖尿病大鼠周围神经病变的保护作用[J].中国糖尿病杂志，2013, 21(7): 647-650.

薛姝婧.枸杞多糖对过氧化氢致血管内皮细胞损伤保护作用的研究[D].银川：宁夏医科大学，2017.

张崇坚.宁夏枸杞的综合开发利用研究[D].武汉：湖北工业大学，2015.

张俊鸽，李平华.原花青素抗晶状体氧化损伤的实验研究[J].重庆医科大学学报，2007, 32(4): 387-391.

BI M C, ROSEN R, ZHA R Y, et al. Zeaxanthin induces apoptosis in human uveal melanoma cells through Bcl-2 family proteins and intrinsic apoptosis pathway [J]. Evid-based Complementary and Alternative Medicine, 2013: 205082.

BERNSTEIN P S, LI B X, VACHALI P P, et al. Lutein, zeaxanthin, and meso-zeaxanthin: The basic and clinical science underlying carotenoid-based nutritional interventions against ocular disease [J]. Progress in Retinal and Eye Research, 2016, 50:34–66.

BO R N, ZHENG S S, XING J, et al. The immunological activity of *Lycium barbarum* polysaccharides liposome *in vitro* and adjuvanticity against PCV2 *in vivo* [J]. International Journal of Biological Macromolecules, 2016, 85:294–301.

BO R, ZHENG S, XING J, et al. The immunological activity of *Lycium barbarum* polysaccharides liposome *in vitro* and adjuvanticity against PCV2 *in vivo* [J]. International Journal of Biological Macromolecules, 2016, 85: S0141813.

BONE R A, LANDRUM J T, FERNANDEZ L, et al. Analysis of the macular pigment by HPLC: retinal distribution and age study [J]. Investigative Ophthalmology & Visual Science, 1988, 29(6): 843–849.

CHAN H C, CHANG R C C, IP A K C, et al. Neuroprotective effects of *Lycium barbarum* Lynn on protecting retinal ganglion cells in an ocular hypertension model of glaucoma [J]. Experimental Neurology, 2007, 203(1): 269–273.

CHEN H, HUANG S, YANG C, et al. Diverse effects of β–carotene on secretion and expression of VEGF in human hepatocarcinoma and prostate tumor cells [J]. Molecules, 2012, 17(4): 3981–3988.

CHEN Z S, SOO M Y, SRINIVASAN N, et al. Activation of macrophages by polysaccharide–protein complex from *Lycium barbarum* L. [J]. Phytotherapy Research, 2009, 23(8): 1116–1122.

CHEN Z S, TAN B K H, CHAN S H. Activation of T lymphocytes by polysaccharide–protein complex from *Lycium barbarum* L. [J]. International Immunopharmacology, 2008, 8(12): 1663–1671.

DING Y, YAN Y, CHEN D, et al. Modulating effects of polysaccharides from the fruits of *Lycium barbarum* on the immune response and gut microbiota in cyclophosphamide–treated mice [J]. Food & Function, 2019, 10(6): 3671–3683.

DONG W, PENG Y J, CHEN G J, et al. 2–O–β–D–Glucopyranosyl–L–ascorbic acid, an ascorbic acid derivative isolated from the fruits of *Lycium barbarum* L., ameliorates high fructose–induced neuroinflammation in mice: involvement of gut microbiota and leaky gut [J]. Food Science and Human, 2022, 8(30): 1155.

FUKUDA K, STRAUS S E, HICKIE I, et al. The chronic fatigue syndrome – A comprehensive approach to its definition and study [J]. Annals of Internal Medicine, 1994, 121(12): 953–959.

GIGLIO R V, PATTI A M, NIKOLIC D, et al. The effect of bergamot on dyslipidemia [J]. Phytomedicine, 2016, 23(11): 1175–1181.

GOSSLAU A, CHEN K Y. Nutraceuticals, apoptosis, and disease prevention [J]. Nutrition, 2004, 20(1): 95–102.

GONG G P, DANG T T, DENG Y N, et al. Physicochemical properties and biological activities of polysaccharides from *Lycium barbarum* prepared by fractional precipitation [J]. International Journal of Biological Macromolecules, 2018, 109: 611–618.

HAMMOND B R, JOHNSON B A, GEORGE E R. Oxidative photodegradation of ocular tissues: Beneficial effects of filtering and exogenous antioxidants [J]. Experimental Eye Research, 2014, 129: 135–150.

HAN Q A, YU Q Y, SHI J A, et al. Structural characterization and antioxidant activities of 2 water–soluble polysaccharide fractions purified from tea (*Camellia sinensis*) flower [J]. Journal of Food Science, 2011, 76(3): C462–C471.

HADDAD N F, TEODORO A J, DE O F L, et al. Lycopene and β–carotene induce growth inhibition and proapoptotic effects on ACTH–secreting pituitary adenoma cells [J]. PLoS One, 2013, 8(5): 12.

HWANG D. Fatty acids and immune responses – A new perspective in searching for clues to mechanism [J]. Annual Review of Nutrition, 2000, 20:431–456.

HU N, ZHENG J, LI W C, et al. Isolation, stability, and antioxidant activity of anthocyanins from *Lycium ruthenicum* Murray and *Nitraria Tangutorum* Bobr of Qinghai–Tibetan Plateau [J]. Separation Science & Technology, 2014, 49(18): 2897–2906.

HUANG C S, LIAO J W, HU M L. Lycopene inhibits experimental metastasis of human hepatoma SK–Hep–1 cells in athymic nude mice [J]. Journal of Nutrition, 2008, 138(3): 538–543.

HUANG K Y, DONG W, LIU W Y, et al. 2–*O*–β–D–Glucopyranosyl–l–ascorbic acid, an ascorbic acid derivative isolated from the fruits of *Lycium Barbarum* L., modulates gut microbiota and palliates colitis in dextran sodium sulfate–induced colitis in mice [J]. Journal of Agricultural and Food Chemistry, 2019, 67(41): 11408–11419.

HUANG K Y, YAN Y M, CHEN D, et al. Ascorbic acid derivative 2–O–β–D–glucopyranosyl–l–ascorbic acid from the fruit of Lycium barbarum modulates microbiota in the small intestine and colon and exerts an immunomodulatory effect on cyclophosphamide–treated BALB/c Mice[J]. Journal of Agricultural and Food Chemistry, 2020, 68(40): 11128–11143.

HUANG X, ZHANG Q Y, JIANG Q Y, et al. Polysaccharides derived from *Lycium barbarum* suppress IGF–1–induced angiogenesis via PI3K/HIF–1 alpha/VEGF signalling pathways in MCF–7 cells [J]. Food Chemistry, 2012, 131(4): 1479–1484.

HUGEL H M, JACKSON N, MAY B, et al. Polyphenol protection and treatment of hypertension [J]. Phytomedicine, 2016, 23(2): 220–231.

ISLAM T, YU X M, BADWAL T S, et al. Comparative studies on phenolic profiles, antioxidant capacities and carotenoid contents of red goji berry (*Lycium barbarum*) and black goji berry (*Lycium ruthenicum*) [J]. Chemistry Central Journal, 2017, 11: 59.

JIN M L, HUANG Q S, ZHAO K, et al. Biological activities and potential health benefit effects of polysaccharides isolated from *Lycium barbarum* L. [J]. International Journal of Biological Macromolecules, 2013, 54: 16–23.

JIN M L, ZHAO K, HUANG Q S, et al. Isolation, structure and bioactivities of the polysaccharides from *Angelica sinensis* (Oliv.) Diels: A review [J]. Carbohydrate Polymers, 2012, 89(3): 713–722.

KAHKONEN M P, HEINONEN M. Antioxidant activity of anthocyanins and their aglycons [J]. Journal of Agricultural and Food Chemistry, 2003, 51(3): 628–633.

KAN X H, ZHOU W T, XU W Q, et al. Zeaxanthin dipalmitate–enriched emulsion stabilized with whey protein isolate–gum Arabic Maillard conjugate improves gut microbiota and inflammation of colitis mice [J]. Foods, 2022, 11: 3670.

KE M, ZHANG X J, HAN Z H, et al. Extraction, purification of *Lycium barbarum* polysaccharides and bioactivity of purified fraction [J]. Carbohydrate Polymers, 2011, 86(1): 136–141.

KIM Y S, LEE H A, LIM J Y, et al. β–Carotene inhibits neuroblastoma cell invasion and metastasis in vitro and in vivo by decreasing level of hypoxia–inducible factor–1α [J]. Journal of Nutritional Biochemistry, 2014, 25(6): 655–664.

KOH A, DE V F, KOVATCHEVA D P, et al. From dietary fiber to host physiology: Short–chain fatty acids as key bacterial metabolites [J]. Cell, 2016, 165(6): 1332–1345.

LEE H A, PARK S, KIM Y. The effect of β–carotene on migration and invasion in SK–N–BE(2) C neuroblastoma cells [J]. Oncology Reports, 2013, 30:1869–1877.

LI H Y, LIANG Y X, CHIU K, et al. *Lycium barbarum* (Wolfberry) reduces secondary degeneration and oxidative stress, and inhibits JNK pathway in retina after partial optic nerve transection [J]. PLoS One, 2013, 8(7): 13.

LI S Y, YANG D, YEUNG C M, et al. *Lycium barbarum* polysaccharides reduce neuronal damage, blood–retinal barrier disruption and oxidative stress in retinal ischemia/reperfusion injury [J]. PLoS One, 2011, 6(1): 13.

LI X M. Protective effect of *Lycium barbarum* polysaccharides on streptozotocin–induced oxidative stress in rats[J]. International Journal of Biological Macromolecules, 2007, 40(5): 461–465.

LI X M, LI X L, ZHOU A G. Evaluation of antioxidant activity of the polysaccharides extracted from *Lycium barbarum* fruits in vitro [J]. European Polymer Journal, 2007, 43(2): 488–497.

LIANG B, JIN M L, LIU H B. Water–soluble polysaccharide from dried *Lycium barbarum* fruits: Isolation, structural features and antioxidant activity [J]. Carbohydrate Polymers, 2011, 83(4): 1947–1951.

LIN C L, WANG C C, CHANG S C, et al. Antioxidative activity of polysaccharide fractions isolated from *Lycium barbarum* Linnaeus [J]. International Journal of Biological Macromolecules, 2009, 45(2): 146–151.

LIU W J, JIANG H F, UL REHMAN F, et al. *Lycium barbarum* polysaccharides decrease hyperglycemia–aggravated ischemic brain injury through maintaining mitochondrial fission and fusion balance [J]. International Journal of Biological Science, 2017, 13(7): 901–910.

LUO Q, LI Z N, YAN J, et al. *Lycium barbarum* polysaccharides induce apoptosis in human prostate cancer cells and inhibits prostate cancer growth in a xenograft mouse model of human prostate cancer [J]. Journal of Medicinal Food, 2009, 12(4): 695–703.

LU S P, ZHAO P T. Chemical characterization of *Lycium barbarum* polysaccharides and their reducing myocardial injury in ischemiareperfusion of rat heart [J]. International Journal of Biological Macromolecules, 2010, 47(5): 681–684.

MACLAREN D P, GIBSON H, PARRY–B M, et al. A review of metabolic and physiological factors in fatigue [J]. Exercise and Sport Science Reviews, 1989, 17:29–66.

MADHYASTHA H K, RADHA K S, Upadhyaya K R. Cell cycle regulation and induction of apoptosis by β–carotenein U937 and HL–60 leukemia cells [J]. Journal of Biochemistry and Molecular Biology, 2007, 40(6): 1009–1015

MAO F, XIAO B X, JIANG Z, et al. Anticancer effect of *Lycium barbarum* polysaccharides on colon cancer cells involves G0/G1 phase arrest [J]. Medical Oncology, 2011, 28(1): 121–126.

MEYDANI M. Antioxidants in the prevention of chronic diseases [J]. Nutr Clin Care, 2002, 5(2): 47–49.

MEYDANI S N. Vitamin mineral supplementation, the aging immune–response, and risk of infection [J]. Nutrition Reviews, 1993, 51(4):106–115.

MI X S, FENG Q, LUO A C Y, et al. Protection of retinal ganglion cells and retinal vasculature by *Lycium barbarum* polysaccharides in a mouse model of acute ocular hypertension [J]. PLoS One, 2012, 7(10): 12.

NIRANJANA R, GAYATHRI R, MOL S N, et al. Carotenoids modulate the hallmarks of cancer cells [J]. Journal of Functional Foods, 2015, 18:968–985.

NIU A J, WU J M, YU D H, et al. Protective effect of *Lycium barbarum* polysaccharides on oxidative damage in skeletal muscle of exhaustive exercise rats [J]. International Journal of Biological Macromolecules, 2008, 42(5): 447–449.

NOLAN J M, POWER R, STRINGHAM J, et al. Enrichment of macular pigment enhances contrast sensitivity in subjects free of retinal disease: Central retinal enrichment supplementation trials – Report 1 [J]. Investigative Ophthalmology & Visual Science, 2016, 57(7): 3429–3439.

OLMEDILLA B, GRANADO F, BLANCO I, et al. Lutein, but not alpha–tocopherol, supplementation improves visual function in patients with age–related cataracts: A 2–y double–blind, placebo–controlled pilot study[J]. Nutrition, 2003, 19(1): 21–24.

PALOZZA P, SERINI S, MAGGIANO N, et al. Induction of cell cycle arrest and apoptosis in human colon adenocarcinoma cell lines by β–carotene through down–regulation of cyclin A and Bcl–2 family proteins [J]. Carcinogenesis, 2002, 23(1): 11–18.

PENG Y J, YAN Y M, WAN P, et al. Gut microbiota modulation and anti–inflammatory properties of anthocyanins from the fruits of *Lycium ruthenicum* Murray in dextran sodium sulfate–induced colitis in mice [J]. Free Radical Biology and Medicine, 2019, 136:96–108.

SHAN X Z, ZHOU J L, MA T, et al. *Lycium barbarum* polysaccharides reduce exercise–induced oxidative stress [J]. International Journal of Molecular Sciences, 2011, 12(2): 1081–1088.

SHI G J, ZHENG J, HAN X X, et al. *Lycium barbarum* polysaccharide attenuates diabetic testicular dysfunction via inhibition of the PI3K/Akt pathway–mediated abnormal autophagy in male mice [J]. Cell Tissue Research, 2018, 374(3): 653–666.

STRINGHAM J M, HAMMOND B R, Nolan J M, et al. The utility of using customized heterochromatic flicker photometry (cHFP) to measure macular pigment in patients with age–related macular degeneration [J]. Experimental Eye Research, 2008, 87(5): 445–453.

SUN Y X. Structure and biological activities of the polysaccharides from the leaves, roots and fruits of *Panax ginseng* CA Meyer: An overview [J]. Carbohydrate Polymers, 2011, 85(3): 490–499.

TANG J L, YAN Y M, RAN L W, et al. Isolation, antioxidant property and protective effect on PC12 cell of the main anthocyanin in fruit of *Lycium ruthenicum* Murray [J]. Journal of Functional Foods, 2017, 30:97–107.

TIAN B M, ZHAO J H, AN W, et al. *Lycium ruthenicum* diet alters the gut microbiota and partially enhances gut barrier function in male C57BL/6 mice [J]. Journal of Functional Foods, 2019, 52:516–528.

TOME C J, VISIOL I. Polyphenol–based nutraceuticals for the prevention and treatment of cardiovascular disease: Review of human evidence [J]. Phytomedicine, 2016, 23(11): 1145–1174.

TOYODA O Y, MAEDA M, NAKAO M, et al. 2–*O*–(*β*–D–Glucopyranosyl)–ascorbic acid, a novel ascorbic acid analogue isolated from *Lycium* fruit [J]. Journal of Agricultural and Food Chemistry, 2004, 52(7): 2092–2096.

TOYADA O Y, MAEDA M, NAKAO M, et al. A novel vitamin C analog, 2–*O*–(*β*–D–glucopyranosyl)ascorbic acid: Examination of enzymatic synthesis and biological activity [J]. Journal of Bioscience and Bioengering, 2005, 99(4): 361–365.

WANG S F, LIU X, DING M Y, et al. 2–*O*–*β*–D–glucopyranosyl–(L)–ascorbic acid, a novel vitamin C derivative from *Lycium barbarum*, prevents oxidative stress [J]. Redox Biology, 2019, 24: 101173.

WILSON M R, SANDBERG K A, Foutch B K. Macular pigment optical density and visual quality of life[J]. Journal of Optometry, 2020, 14(1): 92–99.

WU D M, CHEN S G, YE X Q, et al. Protective effects of six different pectic polysaccharides on DSS–induced IBD in mice [J]. Food Hydrocolloids, 2022, 127: 107–209.

WU H T, HE X J, HONG Y K, et al. Chemical characterization of *Lycium barbarum* polysaccharides and its inhibition against liver oxidative injury of high–fat mice [J]. International Journal of Biological Macromolecules, 2010, 46(5): 540–543.

WU M, GUO L Q. Anti–Fatigue and Anti–hypoxic effects of *Lycium barbarum* polysaccharides. Proceedings Of the International Conference on Advances In Energy, Environment And Chemical Engineering [M]. Paris, Atlantis Press, 2015.

WU T, LV H Y, WANG F Z, et al. Characterization of polyphenols from *Lycium ruthenicum* fruit by UPLC–Q–TOF/MS^E and their antioxidant activity in Caco–2 Cells [J]. Journal of Agricultural and Food Chemistry, 2016, 64(11): 2280–2288.

XIA H, TANG H L, WANG F, et al. An untargeted metabolomics approach reveals further insights of *Lycium barbarum* polysaccharides in high fat diet and streptozotocin–induced diabetic rats [J]. Food Research International, 2019, 116:20–29.

XIN Y F, ZHOU G L, DENG Z Y, et al. Protective effect of *Lycium barbarum* on doxorubicin–induced cardiotoxicity [J]. Phytotherapy Research, 2007, 21(11): 1020–1024.

YANG T, ZHOU W T, XU W, et al. Modulation of gut microbiota and hypoglycemic/hypolipidemic activity of flavonoids from the fruits of *Lycium barbarum* on high–fat diet/streptozotocin–induced type 2 diabetic mice[J]. Food & Function, 2022, 13(21): 11169–11184.

YANG Y, LI W, LI Y, et al. Dietary *Lycium barbarum* polysaccharide induces Nrf2/ARE pathway and ameliorates insulin resistance induced by high–fat via activation of PI3K/AKT signaling [J]. Oxidative Med Cell Longev, 2014: 145641.

YAO Y, QIU Q H, WU X W, et al. Lutein supplementation improves visual performance in Chinese drivers: 1–year randomized, double–blind, placebo–controlled study [J]. Nutrition, 2013, 29(7–8): 958–964.

YU H F, WARK L, JI H, et al. Dietary wolfberry upregulates carotenoid metabolic genes and enhances mitochondrial biogenesis in the retina of db/db diabetic mice [J]. Molecular Nutrition & Food Research, 2013, 57(7): 1158–1169.

ZANCHET M Z D, NARDI G M, BRATTI L D S, et al. *Lycium barbarum* reduces abdominal fat and improves lipid profile and antioxidant status in patients with metabolic syndrome [J]. Oxidative Medicine and Cellular Longevity, 2017: 9763210.

ZHANG M, TANG X L, WANG F, et al. Characterization of *Lycium barbarum* polysaccharide and its effect on human hepatoma cells [J]. International Journal of Biological Macromolecules, 2013, 61： 270–275.

ZHANG X R, QI C H, CHENG J P, et al. *Lycium barbarum* polysaccharide LBPF4–OL may be a new Toll–like receptor 4/MD2–MAPK signaling pathway activator and inducer [J]. International Immunopharmacology, 2014, 19(1): 132–141.

ZHANG Z P, LIU X M, WU T, et al. Selective suppression of cervical cancer Hela cells by 2–*O*–*β*–D–glucopyranosyl–l–ascorbic acid isolated from the fruit of *Lycium barbarum* L. [J]. Cell Biology and Toxicology, 2011, 27(2): 107–121.

ZHANG Z P, LIU X M, ZHANG X, et al. Comparative evaluation of the antioxidant effects of the natural vitamin C analog 2–*O*–*β*–D–glucopyranosyl–L–ascorbic acid isolated from Goji berry fruit [J]. Archives of Pharmacal Research, 2011, 34(5): 801–810.

ZHAO R, CAI Y P, SHAO X Y, et al. Improving the activity of *Lycium barbarum* polysaccharide on sub–health mice [J]. Food & Function, 2015, 6(6): 2033–2040.

ZHAO Q H, LI J J, YAN J, et al. *Lycium barbarum* polysaccharides ameliorates renal injury and inflammatory reaction in alloxan–induced diabetic nephropathy rabbits [J]. Life Science, 2016, 157:82–90.

ZHAO R, QIU B, LI Q W, et al. LBP–4a improves insulin resistance via translocation and activation of GLUT4 in OLETF rats [J]. Food & Function, 2014, 5(4): 811–820.

ZHOU W T, YANG T, XU W, et al. The polysaccharides from the fruits of Lycium barbarum L. confer anti–diabetic effect by regulating gut microbiota and intestinal barrier [J]. Carbohydrate Polymers, 2022, 291: 119626.

ZOU S, ZHANG X, YAO W B, et al. Structure characterization and hypoglycemic activity of a polysaccharide isolated from the fruit of *Lycium barbarum* L. [J]. Carbohydrate Polymers, 2010, 80(4): 1161–1167.

ZHU J, ZHANG Y Y, SHEN Y S, et al. *Lycium barbarum* polysaccharides induce Toll–like receptor 2– and 4–mediated phenotypic and functional maturation of murine dendritic cells via activation of NF–κB [J]. Molecular Medicine Reports, 2013, 8(4): 1216–1220.

ZHU W, ZHOU S X, LIU J H, et al. Prebiotic, immuno–stimulating and gut microbiota–modulating effects of *Lycium barbarum* polysaccharide [J]. Biomedicine & Pharmacotherapy, 2020, 121, 109591.

第十五章 枸杞贮藏保鲜与初级加工

第一节　枸杞鲜果的形态与结构

枸杞果实是枸杞的主要经济部位，果实成熟后为鲜红色浆果，色泽明亮，果肉柔软且富有弹性，果皮含水量达到78%～82%，富含枸杞多糖、类胡萝卜素、氨基酸、矿物质元素及其他生物活性成分，具有抗氧化、养肝明目、提高机体免疫力等功效。随着“天然食疗”的健康理念深入人心，枸杞鲜果市场需求旺盛。

一、果实形成

受精是植物结果和形成种子的必要条件。枸杞开花后，花粉传到柱头上，卵细胞受精后，子房膨大成绿色幼果，花柱干萎，花冠和花丝脱落，幼果逐步长出花萼。枸杞从受精、幼果形成、青果生产到果实成熟，一般需要28～40 d。

二、果实形态与结构

（一）枸杞果实的形态特征

枸杞果实的形态有广椭圆形、矩圆形、卵形和近球形（图15-1）。顶端钝尖或圆，也有稍凹，果熟时色泽鲜红，表皮光亮，手感滑软；长2.5～2.8 cm，横径0.5～1.2 cm，内含种子20～50粒。

图15-1　‘宁杞1号’枸杞鲜果

枸杞果形是品种固有特性，但果实大小受品种、栽培条件与生境、树龄等因素影响。例如，‘宁杞1号’成熟果实为棱柱形，表面有4～5条纵棱，顶端截平，果粒大，鲜果百粒重590.5 g。而大麻叶枸杞鲜果为准柱形，顶端多有钝尖，果粒小于前者，百粒重502 g。

枸杞鲜果大小与栽培年限（树龄）关系密切。虽然枸杞结果盛期一般从栽植后5～6年到20～25年，但有研究表明，枸杞树龄对果粒大小有显著影响，二者间关系表现为，果粒重随树龄增加而降低，即树龄与粒重呈反比（表15-1）。其中，在栽植13年以后，果粒严重变小。因此，有人提议将枸杞淘汰树龄确定在13年，最多不超过17年。

表15-1　不同树龄果实百粒重

g

树龄	5年	8年	13年	17年	20年以上
鲜果	587.67	516.64	445.54	441.34	419.51
干果	126.77	115.41	114.15	102.63	99.48

栽培条件对枸杞果实大小也有重要影响。一般情况下，肥水条件优越时，果实粒度大，制干后优等果率越高。有研究表明，当实施优质高产栽培技术时，枸杞果实的优等品占总产量的60%以上。反之，果实小、优等品率低。此外，虽然枸杞有较强的抗逆性，但适宜的土肥条件更有利于果实生长发育，因而果实更大。

（二）枸杞果实结构

枸杞果实内部结构包括果皮、果肉和果心三

部分组成，果心含种子（图15–2）。果皮除外部几层细胞外，其余部分都肉质化，充满汁液，内含种子。果实外果皮很薄，与果肉不易分离，故果肉厚度一般指果皮和果肉的总称。枸杞果肉厚度一般在0.1～0.2 cm，果实含水量78%～82%，可溶性固性物15%～18.4%。果肉鲜红、果腔膨大、多汁；口感甘甜，果蒂松动。

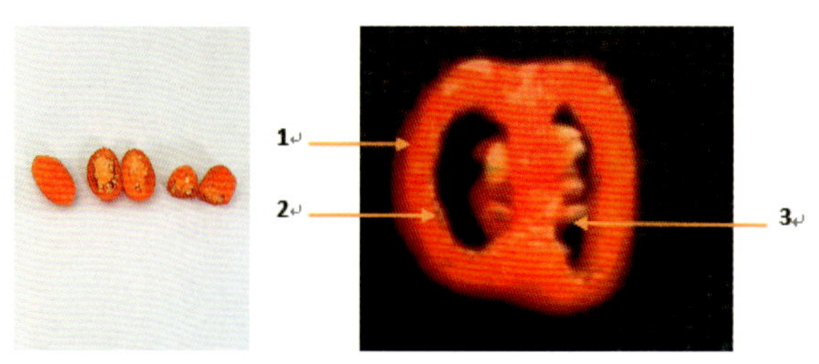

图15–2　枸杞鲜果纵切面

注：1.果皮；2.果肉；3.果心及种子。

三、果实发育及成熟规律

枸杞果实的发育始于花朵雌蕊受精后。雌蕊受精后子房开始膨大，从子房开始膨大至果熟前都属于果实发育期。一朵花在开放后1 d内受粉受精率高，3 d后柱头干萎，幼果在发育过程中体积不断增大而萼片缩存，整个生长过程从受精到果熟需28～40 d。

（一）枸杞果实生长发育规律

枸杞果实生长发育始于开花受精，到果实完全成熟，果实从孕育到成熟期间包括果实外部形态、果腔果肉、种子发育程度、溶性固形物含量等一系列变化。从果实外部形态特征，结合果内组织和成分变化，将枸杞果实生长发育阶段分为5个时期。

果实发育时期：对‘宁杞1号’枸杞果实发育时期的观察表明，枸杞果实从开花受精到果实成熟，需要28～40 d，包括青果期（20～24 d）、变色期（3～5 d）、绿熟期（1～2 d）、黄熟期（2～4 d）、红熟期（1 d）。

1.枸杞各发育时期的主要特征

（1）青果期

此期果实表现为：全果青绿色至浅绿色，青果末期，果实平均长度1.15 cm，横径0.51 cm，此时果实以长度生长为主，横径生长相对较慢，纵横比为2.65∶1，裸果单重0.127 g。果体手感硬实，感观瘦长，与果柄附着紧密。果实口感涩酸；果瓤小、绿色，内腔无汁，完全被种子占据；种子乳白色，略小，瘦瘪，胚乳发育不完全。

（2）变色期

距开花24～27 d，本时期需3～5 d。此期典型特征是：果口（与萼片接触处）开始呈绿黄色，但果身大部分为绿色，且果实手感较硬，感观较瘦，与果柄附着紧密。果瓤开始增大，变为黄色至黄红色，种子呈白色至浅黄色，较前期的大，略显饱满，胚乳发育接近完全。果实内腔无汁或有极少汁，口感酸涩；可溶性固形物为5.5%，果实平均长度1.26865 cm，横径0.5679 cm，长宽比为2.234∶1，裸果单重0.205 g。果体手感紧实，外表增速不大。

（3）绿熟期

距开花25～28 d，本时期1～2 d。此时果实典型特征为：果口黄红，果身呈绿至黄色，显色率20%～50%；果体增大明显，手感较柔软，感官丰满，手感富有弹性；果实与果柄附着紧；果腔内壁绿黄色，果肉密致，果瓤继续增大，变为黄红色；果汁极少；种子白色至浅黄色，大小接近成熟种子，幼胚已形成，胚乳饱满；果实口感酸，可溶性固形物含量为9.35%。果长1.4786 cm，横径0.6476 cm；长宽比为2.28∶1，裸果单重0.2965 g。

（4）黄熟期

距开花22～27 d，本发育阶段持续1～2 d。此期果实典型特征是：果体外表黄红色，果瓤黄红色，果腔内壁黄红色至红色；种子浅黄色，饱满，已成熟；果实口感酸甜，果实口感酸，可溶性固形物含量为11.34%；果汁适中；果体长度为1.5578 cm，横径0.7343 cm，生长速度加剧，长宽比为2.12：1，裸果单重0.37 g；果体感官丰满，手感富有弹性；果实与果柄附着紧密度降低。

（5）红熟期

距开花一般在28～35 d，距黄熟期1～2 d。此时，果实迅速膨大，颜色从里到外呈鲜红色，有光泽，有弹性，果体丰满。果实与果柄结合度显著降低，易于从果柄上脱落。口感甜酸，多汁；可溶性固形物含量为14.25%。果实平均果长1.843 cm,横径0.925 cm，长宽比为1.99：1，裸果单重0.648 g。果肉密致，果瓤黄红色，内腔充实。幼胚成熟，种子浅黄色，饱满，坚硬。

如上所述，伴随枸杞果实的发育和成熟，果实不仅在体积、颜色、与果柄附着程度等外部特征上产生明显变化，包括体积增大、颜色变红等。在果瓤、果汁及种子成熟等果实内部特征方面，变化也十分明显，如果瓤变色、膨大，果汁增多，可溶性固形物含量增加，果实适口性增强等。

（二）果实不同发育阶段与果实生长间的关系

1.发育时期与生长量的关系

从枸杞开花到果实成熟，果实生长时间在28～35 d，青果期、变色期、绿熟期、黄熟期、红熟期所持续的天数，分别为20～24 d、3～5 d、2～4 d、1～2 d、1 d左右（表15-2）。在5个发育时期中，随着果实逐步成熟，发育时期需要的天数逐步缩短。与各时期对应的果实粒重增加0.127 g、0.205 g、0297 g、0.370 g、0.648 g，果实生长速度加快。总体呈现早期发育，需要时间长，生长速度慢；后期发育需要时间短，生长速度快的特点。

表15-2　不同发育时期果实生长量

发育时期	经历天数（d）	单果生长量		
		重量（g）	生长量（g）	占总量比例（%）
青果期	20～24	0.127	0	19.6
变色期	3～5	0.205	0.078	31.64
绿熟期	2～4	0.297	0.092	45.68
黄熟期	1～2	0.37	0.073	57.1
红熟期	1	0.648	0.278	100

2.发育时期与体积变化的关系

从各发育时期果实体积变化看，果实体积变化表现为果体生长与膨大，即果体纵径和横径的增加。然而，纵径和横径的生长并非同步，而是前期偏重果体长度增加，后期偏重横径增加，即在果实生长过程中，时间上纵径生长略早于横径，直观上表现为先开始长度增加，再进行横向生长和果腔膨大。例如，在青果期末，果体长度增加到1.15 cm，宽度仅增加0.51 cm，果实纵横比达到2.65：1，果体长度已占总长的62.5%，宽度仅占总宽的54.8%。相反，在红熟期，果实纵横比缩小为1.99：1。

从增大速度看，呈前慢后快的趋势，如青果期持续天数为20～24 d，占总发育时期的68.5%，果体生长量占总量的19.6%。而到果实红熟期，持续天数只有1 d，但生长日期占总发育期的2.9%，果体重却占重量的42.9%。

枸杞果实生长包括长度增长和宽度增加，从生长顺序看，果实生长表现为长度增加早于宽度增加。例如，青果期末，果实纵横径生长量占总生长量的比重分别达总量的62.8%和55.0%，变色期为68.8%和61.4%，绿熟期为80.1%和70.0%，黄熟期为84.5%和79.4%。到红熟期，果实纵径生长量占总生长量的15.5%，而横径生长量却占总生长量的20.6%。因此，果实纵横比有随发育时期的进展逐步下降的趋势，青果期果实纵横为2.65：1，而红熟期果实纵横为1.99：1（表15-3）。

表 15-3　果实不同发育时期特征

发育时期	果体纵径		果体横径		纵横比
	长度（cm）	占总长比例（%）	宽度（cm）	占总长比例（%）	
青果期	1.15	62.8	0.51	55	2.65：1
变色期	1.27	68.8	0.57	61.4	2.23：1
绿熟期	1.48	80.1	0.65	70	2.28：1
黄熟期	1.56	84.5	0.73	79.4	2.12：1
红熟期	1.84	100	0.92	100	1.99：1

3. 颜色变化特点

枸杞果实从开始发育到完全成熟，包括体积变化、色泽变化、口感变化等，从外表看，观察枸杞果实颜色变化，遵循由上到下的原则，先从果口（即果实与果柄结合处）开始变色，由上而下逐步扩展到整个果体。从果体剖面看，枸杞果实发育表现为果瓤成熟早于果皮，对果体解剖发现，果瓤变色先于果皮，整个过程果体色泽由绿色→黄红色→红色。在果体变色后期，果体体积迅速膨大，完全成熟的枸杞果实色泽鲜红，皮色发亮，这是成熟果实的基本特征。

（三）果实不同发育阶段与果实内物质变化的关系

随着果实逐步成熟，内在物质也发生显著变化。在口感上，由初期的干涩到成熟果的酸甜适口，果实可溶性固形物在5个发育时期的含量分别为1.22%、5.52%、9.35%、11.34%、14.25%，含量呈不断上升的趋势（图15-3）。进入绿熟期以后，可溶性固形物增长速度明显加快。由于果实可溶性固形物含量高低，直接反映果实糖分含量水平、糖酸比等，因此果实可溶性固形物含量增高，是果实适口性提高的重要指标之一。红熟期随着果实可溶性固形物含量增加，果实水分含量的增加，适口性显著高于其他时期。

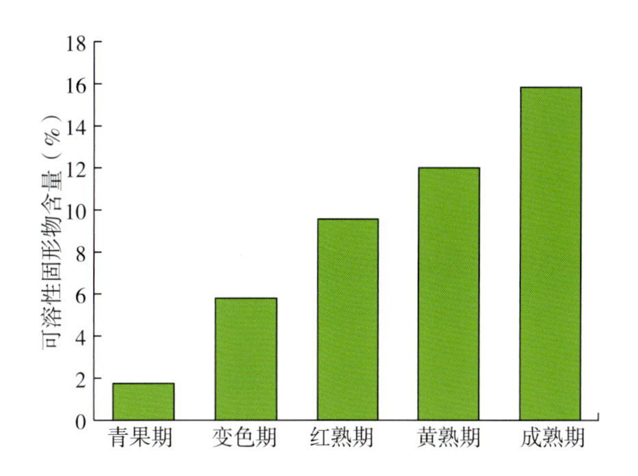

图 15-3　不同发育时期果实可溶性固形物

（四）枸杞成熟果实的特征

一般情况下，果实成熟过程中不同表型都有与之对应的内部组织结构变化特点。因此，实际生产上，判断枸杞果实成熟，主要依据果实特征进行判断果实成熟状况（表15-4）。

表 15-4　不同成熟度果实的特征

特 征	青果期	变色期（黄果）	变色期（红黄果）	红果期
果实颜色	果体青绿色	果体黄色或黄红色	果实微红	果实鲜红
果实形态	细瘦	略膨大	膨大不完全	完全膨大
果实光泽度	无光泽	无光泽	有光泽	表面光亮
结合力（N）	3.01	1.08	0.82	0.74

枸杞果实成熟后具有以下典型特征，①果实外形特征：果实色泽鲜红，表皮光亮，手感软滑，果体完全膨大。②内部组织特点：果体变软，富有弹性，果内果肉增厚，果腔空心度大。③口感：口感甘甜，多汁。④结合力：果实与果柄结合力下降，果蒂松动，易于摘下。

枸杞果实成熟时，应实施采摘，如延时采摘，则造成果实过熟，果内营养物质贮藏形式发生转化，极易形成果汁反渗，轻则油果量增多，重则果实破裂，形成烂果。

由于枸杞果实成熟后期进度极快（约1 d），

准确掌握成熟度，进行适时采摘在实际生产上不易实现。因为枸杞是无限生长花序，不仅果实之间的发育进度有差异，且采摘也需要时间过程，所以为了避免果实过熟形成残次产品，生产上一般都在果实即将完全成熟时，提前开始采摘，也就是通常所说的“八成熟”采摘。

第二节　鲜果采收

成熟果实的采收和加工，是枸杞生产过程的重要环节，分为采果、干燥、脱把、分级和包装等工序。

一、成熟期与采摘时期

枸杞是喜强光性树种，果实生长发育与气温关系密切，一般表现为气温高时成熟快、果粒大，气温低时成熟慢、果粒小；日夜温差大的地方果实偏大；一般夏果比秋果大。但温度太高时，果实表面温度比内部高，会使蒸腾作用加强，果实暂处于收缩状态。此外，光照好的条件下，比遮阴条件下的果实大。在果实成熟期，光照充足的晴朗天气，有利于果实生理成熟和表面着色。

一年中枸杞鲜果成熟期大约有5个月，从6月中旬到10月上旬，枸杞采摘期与果实成熟期一致，其中，大批量集中成熟在6月中旬至8月上旬，为大量采摘期（生产上称盛果期），其余时间果量相对较少。

枸杞果实采摘时期取决于成熟度和成熟量。当果实发育至黄熟期时，体积迅速膨大，颜色为黄红或红色，手感软滑，果腔膨大，果肉增厚、变红，口感变为甘甜，果蒂较松，即已经进入生理成熟期，可实施采摘。由于果实生理成熟略早于表型，果实的生理成熟期对应为表型上“八成熟”阶段。过早或过晚采摘，都会影响果实干燥后的色泽，进而影响质量和商品性。

枸杞无限生长花序的特点，决定了其果实成熟的分散性。但对生产而言，枸杞果实采摘期多指集中成熟时期，而成熟前期、后期（6月上旬和10月下旬后），果实成熟量少、成熟分散，采摘将浪费大量人力，生产上多放弃采摘。所以，果实大量成熟期就是采摘期，第一阶段一般在6月中旬至8月初，40～50 d，果实为夏果，产量占总产量的60%～70%；第二阶段在9月中下旬至10月中下旬，约30 d，果实为秋果，占总产量的30%～40%。夏果果实特点是粒大、肉厚、色深、制干果实为紫红色；秋果果粒较小、果色微黄、果肉较薄、籽粒多。

枸杞成熟期与果枝类型直接相关。生产上按枸杞枝龄将枸杞果枝分为老眼枝和七寸枝，老眼枝是当年以前生长的果枝，含二年和二年以上生果枝，七寸枝是当年内形成的果枝，其中包括七寸春枝和七寸秋枝。不同果枝的果实成熟时间、果实数量不同。老眼枝果实在6月中旬开始成熟，一般为15～20 d，采摘3～4次，产量占总产量的20%～30%；春梢果实成熟期在6月下旬至8月初，30～40 d，产量占60%～70%。

在宁夏，产量形成的重要时期在6月上中旬至8月初，平均气温为22.7℃，平均最高气温29.3℃，平均最低气温16.5℃。而秋季产量形成期9月下旬平均气温仅为13.6℃，10月上中旬平均气温为11℃。气温高时，果实生长快，成熟和采摘周期在5～7 d。而9～10月，随着气温降低、果实成熟和采摘周期相应延长，有时达半个月左右。

光照和水分条件对枸杞果实的成熟有一定影

响，枸杞成熟期极短，成熟2～3 d内必须采摘。但如遇阴雨天气，势必会因采果延迟而使果实烂裂枝头，不仅影响品质和商品性，也给下次采摘带来不便。

二、鲜果采收方法

如前所述，由于枸杞枝条稠密、细软、多刺；叶片嫩脆、密集；无限生长花序导致果实间歇性成熟、红绿相间，给采摘方式的改进带来极大困难。近年来，虽然在枸杞采摘机的研制上取得了较大进展，但目前尚未广泛应用于生产。所以，至今仍然沿用人工手采方式进行果实采摘。

人工采果实行分株、单枝采摘。成年枸杞树的单株果枝在200～400条，枝条多而密度大。就枸杞树而言，采摘顺序应该是从上到下，从外到内；而就单个果枝来讲，采摘顺序是从上到下。

采摘方法是一手拿起枝条，使果实自然下垂，另一只手选择成熟果实并逐个将其采下。

由于人工采果是选择性单果采摘，外加枝条密集、多刺等影响，使采摘效率很难提高，以‘宁杞1号’为例，在盛果期（果实集中成熟期），每个熟练采果工的采摘量也只有2.2～3 kg/h，日均（10 h）为25～30 kg。

三、采摘时间与技术要求

一是枸杞叶片脆嫩，易于折断和脱落；二是枸杞果实又是间歇性成熟，后期果实的生长发育需要足够叶片来维持；三是枸杞果实属于浆果，自身水分含量高、果实质地软，在高水分环境下采摘，会加剧果实损伤，也会使叶片脆性增加；四是枸杞无论是作为药材，还是食品，其安全性都不可忽视。

根据上述要求，为了达到保质量、少损伤、安全性的原则。在实际生产中，枸杞采摘有“三轻二净三不采”原则。“三轻”是轻采、轻拿、轻放；“二净”树上采净、地上拣净；“三不采”是果实未熟不采、雨天和露水未干不采、喷施农药不到间隔期不采。

枸杞果实附着在果柄上，采果时手指用力的大小对采摘量、果实质量都有很大影响，用力过小果实采不下或采摘效率低，用力过大果实容易捏烂。因此，在采果时，手指用力一定要适度；此外，采果时手里一次捏的果实不能太多，否则会因为过于拿捏、挤压而使果实组织损坏；另外，果筐中盛放的果实不能太多，一次放置果量在5～7 kg，放置过多容易使底部果实受压，因组织受损而果汁反渗，使制干后油果率增加。最后，在鲜果搬运过程中，要避免过量堆积，注意轻搬轻放，否则也会伤及果实，影响质量。所以，在枸杞采摘中，必须遵循轻采、轻拿、轻放原则。

在20世纪60～70年代，生产上要求枸杞必须带柄采摘，待枸杞制干后再脱去果柄，目的是为了避免手指用力过度而挤压果实，影响果实质量。近年来，随着枸杞产量的提高和采摘劳力的极度紧缺，生产中对枸杞采果方式已经无法严格要求，加上裸果采摘可提高采摘效率，裸果采摘日渐流行，已成为枸杞果实的主流采摘方式。

从果实质量上讲，带柄采摘的干果油果率要低于裸果采摘。因为带柄采摘的果实，由于与手指不直接接触，避免了手指用力过大造成果实挤压和果汁外溢，所以制干果实后的油果率低。而裸果采摘需手指直接接触果实，成熟果实松软的果体和丰富的果汁在果体受到压力时，组织就会受伤和汁液反渗；使制干后油果率增加。尤其是，果实成熟状态不同，果体的耐力不同，且不同采摘工手指力度也有差别的情况下，很难控制采摘用力。

但就采摘速度而言，裸果采摘速度要明显高于带柄采摘的速度，因为裸果采摘是将果实从果柄上摘下，而带柄采摘则是将果实和果柄从叶腋上摘下。在同等成熟条件下，果实与果柄的结合力明显降低，果口松动更易于采摘，但果实成熟期果柄与叶腋的结合力降低不明显，即果实成熟时果实与果柄间的结合力明显小于果柄与叶腋之间的结合力。因此，裸果采摘不仅用力小，果实易于脱落，且可以多果并采，能提高采果效率。带柄采摘用力大于前者，且只能实施单果单采，所以采摘效率较低。

第三节　枸杞鲜果贮藏保鲜

随着保鲜技术的开发，浆果在新鲜水果市场中的数量每年都在增加。枸杞鲜果作为一种营养价值极高的水果（图15-4），避免了枸杞干果制干过程中功效成分的损失，具有强身生精、滋补元气等功效，还因其独特品位而被认为是“超级水果”。

图15-4　枸杞鲜果

一、鲜果采后生理特征

（一）内含物的变化

枸杞鲜果采摘后呼吸作用依然活跃，各种内含物质随着新陈代谢发生变化。采摘后糖类物质依然积累，随着时间推移，微生物开始迅速繁殖，消耗大量糖类、果胶等大分子物质，因此，可溶性固形物、可溶性糖呈现先升高后降低的趋势；果肉维生素C、类黄酮含量和含水量呈下降趋势；贮藏后期果肉可滴定酸含量增加。细胞中的碳水化合物在采摘后逐渐氧化分解，呼吸作用使参与该化学反应的营养物质发生质变，乙烯使细胞膜透性大大增加，CO_2更易进入细胞增加氧化分解，加速鞣质和有机物的消耗，淀粉水解酶的活性增强，从而促使果肉变软。

（二）呼吸作用

枸杞采后呼吸类型为呼吸跃变形。以‘宁杞1号’为材料，滴定法测定枸杞鲜果呼吸强度，具体方法如下。

移液管吸取0.4 mol/L NaOH溶液10 mL于培养皿中，并将培养皿放到干燥器底部，取20粒刚采摘的枸杞鲜果称重后（W）放于隔板上，用凡士林密封，每隔4 h取出培养皿，并换入新的盛有同浓度10 mL NaOH溶液的培养皿中。取出的碱液立即用0.1 mol/L草酸滴定，记录消耗草酸的体积，得到滴定体积V_1。空白对照同样吸取0.4 mol/L NaOH于培养皿中，放置于另一干燥器中密封，待4 h后取出，滴定步骤如上，得到滴定体积V_2。测定结果均重复3次，取平均值。

$$呼吸强度[mg/(kg \cdot h)]=\frac{(v_1-v_2)\times 0.1\times 44}{W\times H}$$

注：V_1为所测样品滴定碱液所消耗草酸的体积（mL）；V_2为空白对照滴定碱液所消耗草酸的体积（mL）；W为样品重量（kg）；H为测定时间（h）。

‘宁杞1号’符合跃变形果实特征。采收后4 h内呼吸速率为172.43 mg/(kg·h)，此后呼吸速率有2个高峰，分别在16 h和32 h。采后枸杞鲜果在0～12 h内的呼吸速率逐渐降低，在12～16 h内呼吸速率有明显回升，16～28 h又迅速下降，28～32 h呼吸速率第2次明显升高，32～76 h持续缓慢下降（图15-5）。在呼吸速率的动态变化过程中出现明显的呼吸高峰，表现为跃变形果实呼吸特征。

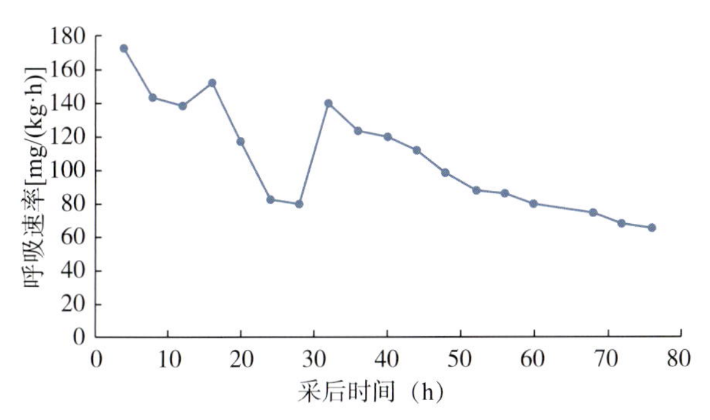

图15-5 ‘宁杞1号’采后呼吸速率变化

（三）乙烯

采摘后的枸杞鲜果在存储过程中会不断释放乙烯。作为一种催熟激素，乙烯的增加会破坏贮藏期间枸杞鲜果细胞膜的完整性，软化果实，加速呼吸作用，促进果实成熟。其释放量与保鲜效果之间存在一定关系，乙烯释放量越低呼吸高峰出现越晚。一般来说，枸杞鲜果乙烯产生速率约在第2天达到最高水平，之后逐渐降低。

（四）酶

室温（25℃）下，以‘宁杞1号’为材料，枸杞鲜果采后相关抗氧化物酶的变化大致如下。

超氧化物歧化酶（SOD）：采后前5 d急剧上升，之后趋于平缓。SOD是自然界中唯一能清除超氧根阴离子的酶。SOD活性高峰出现在果实完全软化以后，此酶活性上升是果实软化衰老的结果，是过量的自由基诱导的结果。

过氧化氢酶（CAT）：采后前5 d内快速下降，之后下降缓慢。CAT是一种四聚体血红素酶，又被称为触酶。CAT可促使 H_2O_2 分解为分子氧和水，清除体内的过氧化氢，从而使细胞免于遭受 H_2O_2 的毒害，是生物防御体系的关键酶之一。

多酚氧化酶（PPO）：采后10 d内持续上升，之后趋于平缓。PPO通过催化木质素及形成醌类化合物，使细胞免受病菌的侵害，也可通过形成醌类物质直接发挥抗病作用。PPO活性一定程度上反映细胞的抗逆性和自身免疫力，PPO活性保持得越好，果蔬细胞抵抗病原菌的能力就越强。同时，随着PPO酶活性的升高，PPO酶与多酚物质结合，使果蔬发生褐变，致使枸杞鲜果颜色变深。

过氧化物酶（POD）：采后10 d内持续下降，之后趋于平缓。POD活性是果实成熟衰老的主要标志，并伴随着果实成熟衰老而发生变化，所表现出的伤害效应或保护作用因植物种类和品种不同而异。

二、鲜果贮藏方法

（一）物理方法

枸杞鲜果采后物理保鲜方法主要包括以下3种。①低温冷藏：一般最佳冷藏温度在1～8℃，温度过低可能会使果实受到冷害。②气调冷藏：通过降低呼吸作用、蒸发作用来抑制微生物的侵染和滋生，延缓生理代谢、推迟后熟，防止其衰老和腐烂变质。结合其他保鲜技术可取得更好的保鲜效果。③热处理：指在枸杞鲜果贮藏前将其置于非致死高温环境中进行短时间处理，通过降低鲜果的呼吸作用，抑制乙烯释放，从而延缓其衰老，是延长枸杞果实贮藏期的一种方法。

（二）化学方法

枸杞鲜果采后化学方法主要包括2种。①植物生长调节剂：是指能够调节植物生长发育的化学物质或纯天然植物提取物，它通过人为干预的方式来调节并抑制植物生命过程的某些环节，从而达到保鲜目的。目前，应用于枸杞保鲜中的植物生长调节剂一般有防落素、赤霉素、6-苄基腺嘌呤等。②化学保鲜剂；化学保鲜是在果实表面涂抹化学保鲜剂，对其细胞膜进行保护，达到延缓果实衰老与变质的目的。常用的有1-MCP（1-甲基环丙烯）、CF保鲜剂、壳聚糖、ClO_2等。枸杞鲜果的化学保鲜方法具有使用方便、效果显著、低耗能等优势，但化学保鲜剂的滥用、残留超标极易对人体健康产生威胁，引发食品安全问题。

（三）生物方法

枸杞鲜果采后生物方法主要是用从天然物质中提取的生物活性物质来保鲜枸杞。常用的有荷叶乙醇提取物、柠檬油、马铃薯糖苷生物碱、玉米醇溶蛋白、肉桂油、丁香叶油、香紫苏油、卡楠加油、丹参提取物和知母提取物等。相比化学保鲜剂，生物保鲜剂更加高效、安全、天然、无毒副残留，保鲜技术更加符合人们对食品安全的要求，并且更大程度地保留果蔬原有的外观、风味和营养，具有较大应用空间和发展潜能。

目前，枸杞鲜果的保鲜方法大多还处在研究阶段，生产上尚未见到广泛应用，耐储性差仍是枸杞鲜果市场化的重要瓶颈之一。研究出有效、低成本、大批量处理的枸杞保鲜技术仍是枸杞保鲜业的一大难题。

三、鲜果品种（系）

不同品种（系）枸杞鲜果耐储性有较大差异。通常采用腐烂指数或腐烂率评价枸杞鲜果的耐储性。腐烂率是指无论腐烂或损伤面积大小，鲜果表面有腐烂或损伤部分即计一个腐烂数，腐烂率计算公式如下：

腐烂率（%）=（腐烂个数/总果数）×100

耐储性=1-腐烂率

腐烂指数是按照鲜果表面腐烂程度分级，计算公式如下：

腐烂指数（%）=（腐烂级别×该级别果数）/（最高级别×总果数）×100

耐储性=1-腐烂指数

由腐烂率来评价鲜果耐储性，工作程序简单，耗时少，适用于大量枸杞鲜果的筛选工作。腐烂指数是对枸杞鲜果腐烂程度细化，评价指标相对细致、可靠。作为商品，有腐烂损伤即可能失去商品价值，腐烂率更能评价枸杞鲜果的商品价值。对枸杞鲜果耐储性研究，腐烂指数能更加清晰地描述枸杞鲜果的腐烂速度。两种方法结合，能更加准确地评价枸杞鲜果耐储性的差异。

摘取31个品系成熟、无病虫害的枸杞各50粒，放置于底部尺寸10 cm×20 cm的保鲜盒中，铺平底面，尽量不要挤压，每个品系3个重复。将保鲜盒放置于6℃保鲜柜中，每隔24 h取出并数出腐烂果数，计算腐烂率，结果如表15-5所示。结果表明，不同品系的枸杞鲜果耐储性差异较大。按照采后144 h的耐储性排名，排名靠前的‘14-87’‘14-20’等品系比排名靠后的‘16-23-7-8’‘宁杞7号’等品种（系）达到同一腐烂率的时间长8 d左右；枸杞果实腐烂率增加集中在采后48～192 h。

从枸杞果实基因根源出发，选育、开发适宜鲜食、耐储性较好的新品种，不仅能降低成本、适宜生产，更可能在贮藏时间上有突破性进展，这将会是枸杞鲜果耐贮藏研究的新途径（图15-6）。

表15-5　31个种（系）枸杞鲜果采后耐储性（腐烂率计算）

品系	腐烂率（%）							排名
	48 h	72 h	96 h	120 h	144 h	168 h	192 h	
‘14-87’	2	2	2	4	4	14	26	1
‘14-20’	0	0	0	0	8	14	24	2
‘16-14-5-4’	0	2	2	4	8	26		3
‘14-401’	2	2	4	4	10	26		4
‘16-1-4-3’	6	6	6	8	10	18	30	5
‘09-02’	0	4	4	6	14	26		6
‘14-2-3-20’	0	0	2	4	16	30		7
‘14-104’	0	2	2	6	16	32		8
‘16-1-3-5’	0	2	2	4	16	28		9
‘16-16-7-6’	2	0	2	6	16	30		10
‘宁1’	0	0	4	6	18	28		11
‘F1-14-1’	4	6	6	8	20	36		12
‘精杞4号’	0	0	0	4	22			13
‘宁5’	8	10	10	16	22			14
‘14-402’	0	2	4	6	24			15
‘14-404’	6	6	6	8	24			16
‘白花2015’	6	10	10	14	24			17
‘14-Z-222’	0	4	8	10	26			18
‘Z46’	2	2	2	8	26			19
‘13-11’	0	2	10	16	28			20
‘14-16’	0	2	2	6	28			21
‘16-23-8-10’	0	6	8	10	28			22
‘404’	0	2	2	6	28			23
‘Z44’	0	0	2	8	28			24
‘405’	0	2	2	10	30			25
‘13-19’	16	20	28	28	32			26
‘16-16-9-2’	2	6	6	12	32			27
‘Z168’	2	2	6	18	32			28
‘F1-14-5’	0	4	6	10	34			29
‘16-23-7-8’	0	2	8	32	40			30
‘宁杞7号’	32	40	48	52	52			31

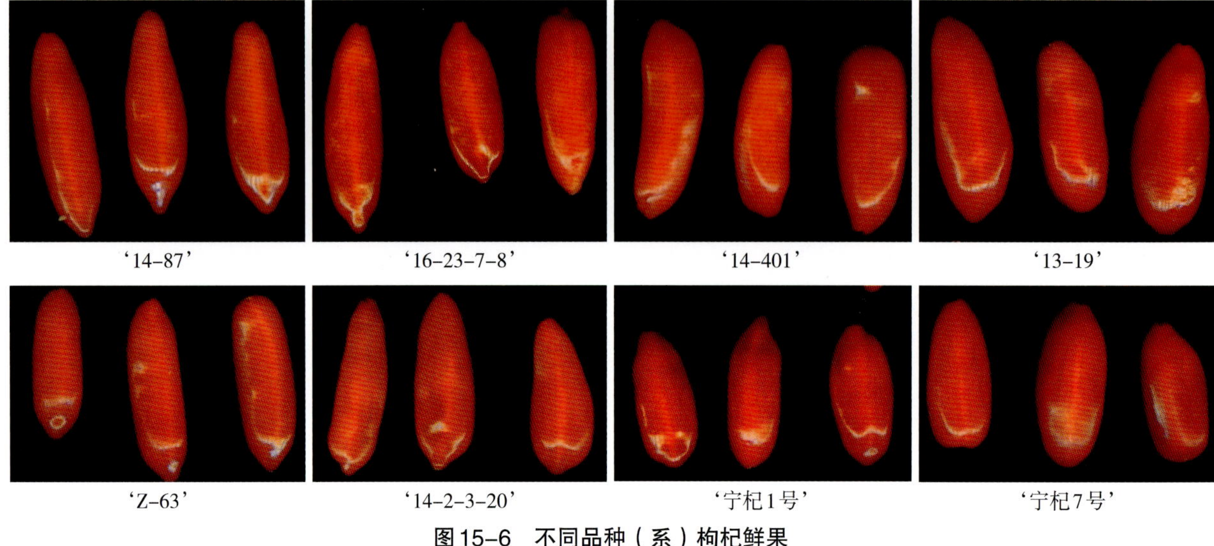

图15-6　不同品种（系）枸杞鲜果

第四节　枸杞制干

采摘后的枸杞鲜果含水量高、质地柔软，很容易发霉变质，不耐贮藏和长距离运输，需要及时制成枸杞干果。制干是将鲜果通过干燥方法脱出一定的水分，将可溶性物质的浓度提高到微生物难以利用的程度。枸杞制干一方面延长枸杞贮藏时间，便于贮藏和运输；另一方面完成了从枸杞鲜果到中药材枸杞子的炮制过程。枸杞的制干过程，主要有传统的自然晾晒（自然制干）和设施制干（人工制干）两种方法。

一、制干工艺

（一）自然晾晒（自然制干）

自然晾晒是一种利用自然风和太阳光照射进行的一种干燥方法。选择空旷通风之处，将刚采集的新鲜枸杞平摊在防潮塑料布或果栈上，将果栈支架起来晾晒。在晴天，7～8月的枸杞鲜果3～5 d可完成干制，9～10月的枸杞鲜果7～9 d可完成干制。此方法操作简单、成本较低，通过太阳光中紫外线可进行晾晒过程中的自然消毒。但

图15-7　枸杞鲜果烘干房制干

其干燥时间较长，主要功能性成分损失较大，遇到阴雨天气易霉烂变质，且易被灰尘、蝇、鼠污染。干制后的枸杞子表面的有害微生物多，枸杞等级低。

（二）设施制干（人工制干）

设施制干是指人工增加制干设备，控制干燥条件，缩短干燥时间，获得较高质量的产品。目前，已发生的设施制干主要有以下3种。

1. 热风干燥及其相关的组合干燥法

热风干燥是以热空气作为传热传质的介质，通过加热的空气连续流过枸杞鲜果表面，促使水分由毛细孔隙向外扩散，完成干燥的一种方式。热风温度是影响干燥速度的主要因素，风速是次要因素。热风干燥一般经历3个升温阶段：第一个阶段，温度升至40～45℃，烘4～10 h，出现皱纹；第二个阶段，温度升至45～60℃，烘8～12 h，全部呈现皱纹，体积显著缩小；后期采用温度60～65° C，烘8～10 h，便可以达到安全水分。主要参考工艺见表15-6，根据地方标准DB64/T 678-2013制干温度：进风口60～65℃，出风口40～45℃。制干时间在35～40 h。制干指标：果实含水率≤13.0%。热风干燥是目前枸杞广泛采用的制干方式，虽能满足工业化生产需求，但耗时长，营养成分散失多，且能源利用率低，污染环境。基于热源供给不同，枸杞热风相关干燥主要有以下几种。

（1）燃煤干燥房制干法

燃煤烘干房采用保温结构，热源由燃煤炉提供，采用较先进的温控器，且部分烘干房安装有换热器，提高了燃料利用效率。但燃煤烘干房干燥枸杞的运行成本较高，需要锅炉工人进行看管，并且燃煤产生大量二氧化硫、烟尘、灰渣等。这不仅严重污染环境，而且也污染枸杞，降低枸杞等级，不顺应当今社会的发展趋势。根据农户反映，由于设备普及度及稳定性较低，使得其售后一直跟不上，认可程度较低。

（2）烘灶干燥方法

采用厢式干燥器方法，厢体内设置加热装置，厢体内逐步升温，干燥鲜果枸杞至要求含水率。烘灶干燥方法的温度可以控制和调节，湿度和风速不进行控制和调节，主要烘干工艺参考表15-6。由于没有风速调节，干燥速度较慢，烘干周期相对较长，枸杞皱缩较严重。

（3）热泵制干法

热泵干燥就是典型的吸收环境热能为热源的热风干燥，其系统由热泵供热系统、排湿系统、电控系统组成，在干燥室内采用气流上升式对流干燥。小型热泵干燥房，系统温度精度在±0.8℃，整个热泵干燥阶段为无恒速干燥阶段，可分为升速干燥阶段、缓慢降速干燥阶段及快速降速干燥阶段。参考工艺为前期升温速率为3℃/2 h，降湿速率为5%/2 h，装载量在6.3～8.4 kg/m^3。大型热泵烘房，在干燥前期工艺参照小型热泵烘

表15-6　枸杞烘干参考工艺

干制阶段		干球温度（℃）	湿度控制	目标任务	参考时间（h）	备注
升温段		室温至47			0.5	为了保温节能，设定湿度40%以上间隔排湿，按40%湿度设定相应干球温度下的湿球温度
干燥段	一阶段	47	排湿量大，全力排湿	表皮失水发亮发软	4	
	二阶段	58	40%以上间隔排湿	表皮皱缩	10	
	三阶段	62	40%以上间隔排湿	内外全干	8～10	

房，当温度升至52℃时，检测干基含水量，若高于1 db时，维持设定温度不变，已到达或低于1 db即可继续升温，最高温度不得高于64℃。相对于燃煤烘房，这种方法的主要特点是干燥介质的温度和湿度容易控制，可避免物料发生过热而降低品质。热泵烘房烘干枸杞整体品质较高，干制时间缩短了20%，烘烤成本降低19%，说明制定工艺合理，可应用于生产实践。

（4）太阳能干燥法

太阳能干燥设备是一种新型高效的枸杞干燥设备，以高效光热转化技术为依托，能够在低成本运行的前提下，有效地缩短干燥时间，提高干制枸杞的品质，是一种绿色低碳、节能减排的生产加工设备。但是太阳辐射能分散性大，升温慢，且受季节、天气、地区纬度、时间等因素影响，具有间歇性和不稳定性。为了提高太阳能利用效率，控制温度，降低成本，有时需要辅助热源。

目前，大多采用太阳能和其他热源设备联合，例如，太阳能—空气源热泵联合干燥系统、太阳能—燃气锅炉组合干燥系统、混联式太阳能干燥设备、智能多段式变温变湿太阳能枸杞烘干设备等。优化后的干燥设备夜间温度一般可达55～65℃，烘干后含水率12.9%～13.4%，烘干时间在24～36 h。利用太阳能与常规热源结合设计的新型组合干燥装置不仅可以解决自然摊晒中出现的脱水效果差、容易返潮、易结块和霉变等问题，而且可以克服风沙、灰尘、苍蝇、虫蚁污染等的不利因素，更重要的是较之其他能源的干燥方法，其作业成本可以大大降低，具有很强的市场竞争力。

（5）微波热风联合干燥法

微波干燥法是一项应用于枸杞的新型干燥技术。它利用微波发生器将电功率转换成微波功率，通过波导输送到微波加热器，微波直接透入枸杞果实内部被水分吸收而转化为热能，实现加热干燥。

同样，枸杞的微波干燥分为加速、恒速和降速3个干燥阶段，一般采用热风联合间歇干燥。微波输出功率、物料初始含水率、脉冲比和物料堆叠厚度是影响枸杞干燥效果的主要因素。一般采用微波功率185～216 w，脉冲比为1.8，风速为 0.7 m/s，初始含水率48%～50%。实际操作中需要根据物料厚度和枸杞鲜果的初始含水率来确定最适宜的微波功率和脉冲比。该技术制干效率高、制干均匀、节能减排、操作安全方便，且枸杞子不易被污染，产品质量、等级高。但该技术所需设备价格高、投资成本大，对监控手段和供电条件要求苛刻，目前还没有得到推广。

（6）远红外热风干燥法

它是一项较为理想的新兴起的制干方法，其干燥设备是远红外烘干机。在枸杞接收具有很大穿透功能的远红外线的条件下使枸杞果实内温度升高、水分蒸发，实现加热干燥。短波红外干燥与热风干燥相结合，对枸杞的干燥速率、多糖含量、复水性、色泽都能产生良好的改善作用。此方法简单、加热均匀、节省能源、可连续操作、易实现自动控制，干燥后的枸杞子质量较高（图15-8）。但枸杞在远红外升温过程中物化性质会产生改变，且因枸杞含水量的不同会造成辐射特性的改变，成本较高，目前很少有农户采用此方法进行干燥。

热风干燥　　真空冷冻干燥　　真空脉动干燥

图15-8　不同制干工艺下的枸杞干果

2. 真空干燥法及其相关的组合干燥法

（1）真空冷冻干燥法

真空冷冻干燥技术采用迅速冻结的方法使枸

杞内的水分快速冷冻，并利用强大的真空度使小结晶很快升华为水蒸气而排出。在冷冻干燥过程中温度、时间、真空度的控制直接影响枸杞子的出糖率、等级率等，最终影响感官品质和组织形态。其过程是，先将鲜果速冻至–30℃，再减压升温(＜70℃)，然后恒压保持20 h，最后密封保存。冷冻干燥法制得的枸杞子色泽比较接近鲜枸杞，口感酥脆，手捏易碎，功能性成分损失低，且干燥后的枸杞子含水量低（约3%），易于保存，增值率高。但设备昂贵，能耗大，成本高，故未能在枸杞制干领域广泛应用。

（2）真空微波干燥法

真空微波干燥法是将真空、微波传热、机械和控制等多门技术相结合的新型干燥技术。在真空状况下，枸杞鲜果中水的沸点变低，当枸杞果实内的温度比较高时，枸杞果实表面的水分能够很快汽化并带走大部分热量，从而使枸杞果实内部的温度稳定，避免了微波中枸杞果实内温度过高而导致的干燥过度。同时，在真空环境中，枸杞果实中的氧化酶活性降低，抑制了各种活性物质酶促氧化，减少因热作用与氧化作用引起的枸杞子变色和品质降低等问题。因此，微波真空干燥具有加热速度快，能量利用率高，干燥效率高等优点，可实现物料的快速低温干燥。但微波真空干燥更适合枸杞的后期干燥，而不适合新鲜枸杞的直接干燥加工。

（3）真空远红外干燥法

真空远红外干燥是在真空室内进行的远红外辐射加热干燥过程。真空干燥时物料处于低温、低氧环境下，其内部的湿分通过压力差或浓度差扩散至表面，在克服分子间的相互吸引力后脱离物料，被真空泵抽走，可有效保证产品质量，传质效率高。

（4）真空脉动干燥法

真空脉动干燥技术是在一次干燥过程中连续进行升降压循环，直到物料达到目标含水率的干燥技术。该技术通过调节干燥仓内压力状态，依循“最高负压–常压–最高负压–常压”的周期性变化规律，实现真空干燥与间歇式干燥的结合。真空脉动干燥过程中，被干燥的物料经历了干燥仓内压力的周期性变化，从而完成传热传质过程。

在枸杞真空脉动干燥中，真空保持时间、常压保持时间和干燥温度对枸杞子的干燥时间和品质有显著影响。有研究初步获得了其最佳干燥工艺：在干燥温度固定为62℃时，真空保持时间15 min，常压保持时间2 min。

枸杞真空脉动干燥是在低温、真空、短时状态下进行的。整个过程采用智能化自动控制，枸杞子没有经过碱化或熏硫过程，不添加防腐剂，适度保留高于传统枸杞干果2%～3%的含水量，并且完整保留了枸杞鲜果天然的保护膜——蜡被层，制干过程几乎未造成枸杞色素及有效成分的流失。此方法获得的枸杞子无论是色泽还是口感，都接近于鲜果枸杞。但该方法设备价格高，成本高，且干燥后的枸杞子保质期较短，因此，只有少数企业采用此方法进行干燥。

3.低温气流膨化干燥法

低温气流膨化干燥法是将枸杞鲜果中的水分加热成水蒸气状态，水蒸气再蒸发至枸杞果实外的空间里，枸杞果实内强大的水蒸气压力造成枸杞膨化。枸杞经低温气流膨化后具有酥脆的口感、鲜艳的色泽、良好的风味等优良品质。采用此方法加工的枸杞，其膨化后多糖的浸出量要显著高于未膨化的枸杞鲜果。但低温膨化技术加工时间长，保温定型时间长，能耗随之增加，生产成本高；长时间加热情况下，部分枸杞果实容易发生褐变，影响其外观。低温气流膨化技术是一项比较新的技术，对它的研究应用尚处于边缘状态，目前在宁夏地区几乎无人使用此制干技术。

二、促干剂

目前，宁夏地区最普遍使用的制干方法是热风制干。而这种方法需要去除枸杞表面的蜡质层。蜡质层是覆盖在枸杞外果皮角质层表面的一个保护层，主要成分为烷烃、卤代烷烃类化合物，是枸杞内部水分排出的主要障碍。如果将覆盖于角质层外面的蜡质层溶解除去，枸杞外果皮的角质层细胞间就会出现微米左右的间隙，从而使枸杞内部的水分易于排除。因此，促干剂的选择对枸杞排水制干尤为重要。

传统促干剂主要针对枸杞表面脱蜡，将食用碱配置成2.5%～3.0%的碱溶液，将鲜果浸泡其中15～20 s或在鲜果中加入鲜果数量0.2%的食用碱拌匀，放置20～30 min之后铺在果栈上晾晒或送入烘干房制干。食用碱的有效成分主要为碳酸钠或碳酸氢钠，其水溶液呈碱性，对主要成分为长链脂肪烃类化合物的蜡质层具有一定的溶解作用，使蜡质层变薄、断裂，加速枸杞水分排出。同时，碱性剂的使用可以增加食品的弹性和延展性。但枸杞制干后，部分干果在表皮上会出现白色斑点，影响产品外观。

随着人们对脱蜡步骤的重视，含有更多有效成分的促干剂被开发，主要添加成分有以下几种。

（1）酒精

在制干过程中有溶解油脂兼杀菌的作用，促进反应迅速完成，使促干剂均匀留在制干后枸杞干果表面，制干后枸杞子表面无可视残留。

（2）植物油

在充分皂化后可转变为碱金属脂肪酸盐。碱金属脂肪酸盐具有良好的水溶性，是一种长链极性分子，其结构特点是链上具有两种功能相反的官能基——亲水基、亲脂基。用这种脂肪酸钠盐溶液浸泡枸杞鲜果，浸泡液填充于表皮细胞的蜡质间隙中，其亲水基朝向间隙排列，随着表皮水分的蒸腾，枸杞表皮层好似具有多个类似筒状的小通道，使鲜果内的水分得以不断排出，从而加速了鲜枸杞的干燥速度，缩短了制干时间。

（3）碳酸钾

碳酸钾溶解蜡质层的作用强于碳酸钠，因为干燥过程与离子半径有关，离子半径越大干燥效果越好（钠离子半径0.186 nm，钾离子半径0.227 nm）。另外，钾离子有助于气孔地张开，也能起到促进枸杞鲜果水分蒸散的作用，加速枸杞干燥过程。

（4）蔗糖酯（SE）

是蔗糖与食用脂肪酸的脂类，蔗糖酯结构中存在亲水基的蔗糖基团和疏水性的脂肪酸基团。蔗糖酯是一种非离子型表面活性剂，具有很强大的表面活性，在人体内被分解成蔗糖和脂肪酸而被人体吸收，对人体没有危害。它对皮肤和黏膜没有刺激性，所以在医药、食品和日用化妆品行业应用广泛。但它较难溶解，促干剂中如果配合乙醇使用，可促进枸杞制干反应迅速完成，并且制干后的枸杞子表面无可视残留。

（5）抗坏血酸钠/异抗坏血酸钠

是食品行业中经常用到的防腐保鲜助色剂，对食品具有很强的抗氧保鲜作用，在促干剂中添加可延长保质期且无任何毒副作用。

柠檬酸钠/柠檬酸：酸碱调节剂，避免太强的碱性产生不良效果；抑制细菌繁殖，利于枸杞后期贮藏保存；抗氧化剂的增效剂、色素稳定剂，防止枸杞干燥过程中颜色变暗、发黑，维持枸杞鲜艳本色；可解除农药残留，保留枸杞果的原有味道，使枸杞表面圆润。

（6）山梨酸钾

起到护色、增色和保鲜作用，且不破坏枸杞果实的营养成分。

（7）明矾

主要作用是固形，使枸杞色泽鲜艳、个大、不皱缩。

在传统脱蜡剂的基础上加上日常广泛接触的食品添加剂进行科学复配，制成枸杞促干剂。这样既能使枸杞鲜果干燥较快，又能较好地保全枸杞鲜果原有的色泽和营养保健成分，提高枸杞的品级率。

三、制干品种

除了干燥方法和促干剂在枸杞制干中的重要影响外，枸杞本身的品种特性是影响枸杞制干后品质至关重要的因素。目前，制干方法及促干剂的研究一般都采用宁夏地区广泛种植的品种‘宁杞1号’为材料，但在‘宁杞1号’之后，有许多优良品种例如‘宁杞5号’‘宁杞7号’‘宁杞9号’等相继被审定，并大面积种植。不同品种在同一种工艺制干后，枸杞子有较大差异。针对不同品种，开发适宜品种的促干剂、制干方法是制干产业需要补充的空缺。同样，选育宜干燥，干果品相好，颜色佳，有效成分损失较少的枸杞品种是从根本上解决枸杞制干问题的重要方向（图15-9）。

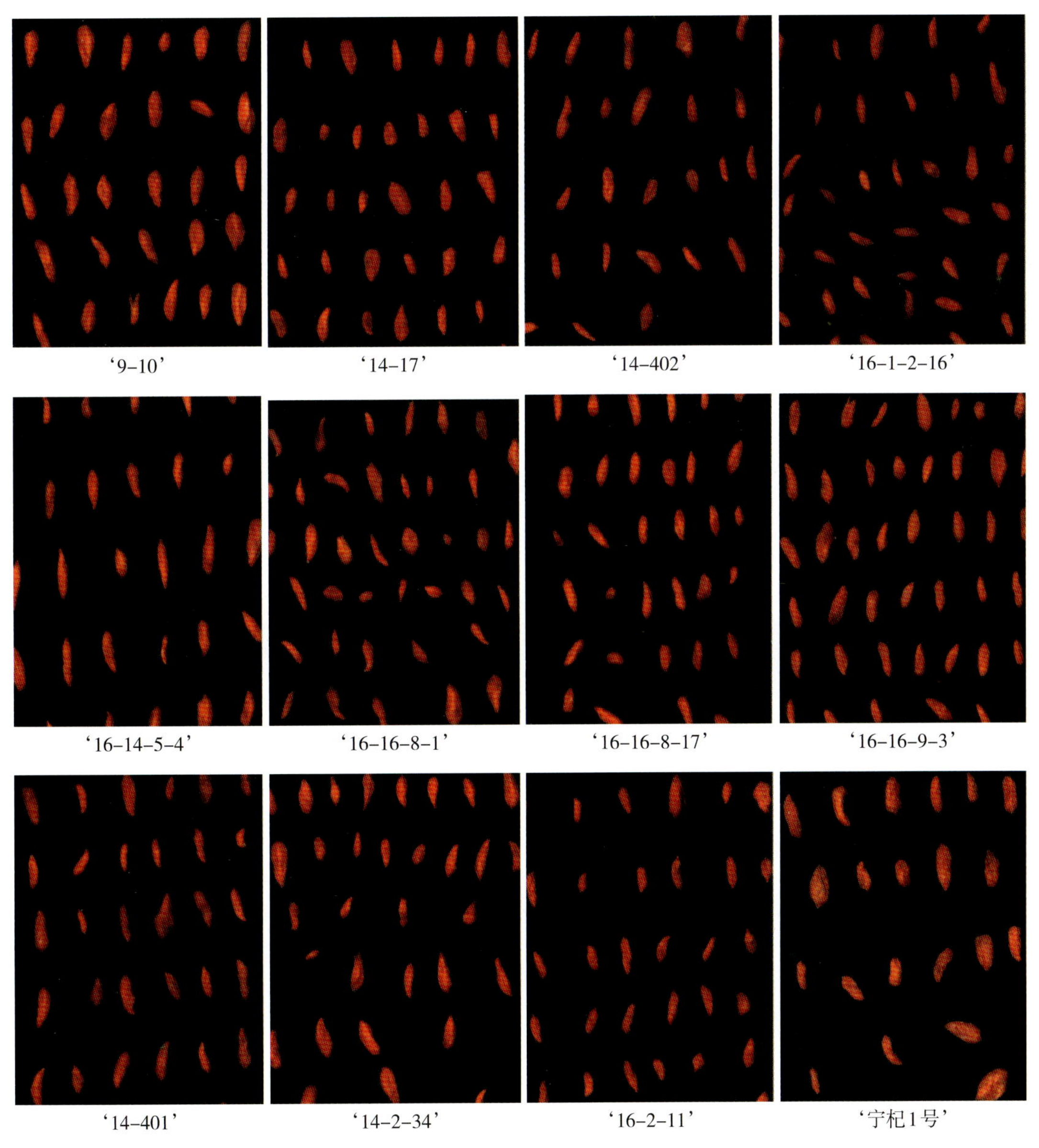

图15-9　热风烘干的不同品种（系）枸杞干果

四、分级包装

制干后枸杞子为避免返潮与二次污染，最好尽快去杂与包装。

（一）去杂

杂质是指一切非枸杞本身的物质，主要有采摘时带入的枸杞果柄、叶子等。在枸杞原产地中宁县，小规模枸杞生产者多采用长布袋装枸杞脱把法，即将已干燥的枸杞果实装在一个长约1.8 m、宽0.5 m的布袋里，由两人拉住袋子两头来回拉动，促使果把与果实分离，然后将果实放入风车，通过风车转动扬去果把、树叶及其他杂物。对于大规模经营者，采用脱把机脱把后，将脱把后的果实和果把一同倒入风车，通过风车转动扬去果把、树叶及其他杂物。

（二）分级

按照中国国家标准《枸杞》GB/T 18672-2014，将制干后的枸杞分为4个等级：特优、特级、甲级、乙级，具体评价标准如表15-7所示。

除外观品质外（图15-10），营养与功效成分对枸杞分级也具有重要的影响作用。不同等级的枸杞理化指标如表15-8所示。

表15-7　枸杞果实不同等级感官指标

项目	等级及要求			
	特优	特级	甲级	乙级
形状	类纺锤形，略扁，稍皱缩	类纺锤形，略扁，稍皱缩	类纺锤形，略扁，稍皱缩	类纺锤形，略扁，稍皱缩
杂质	不得检出	不得检出	不得检出	不得检出
色泽	果皮鲜红、紫红或枣红	果皮鲜红、紫红或枣红	果皮鲜红、紫红或枣红	果皮鲜红、紫红或枣红
滋味、气味	具有枸杞应有的滋味、气味	具有枸杞应有的滋味、气味	具有枸杞应有的滋味、气味	具有枸杞应有的滋味、气味
不完善粒质量分数（%）	≤1.0	≤1.5	≤3.0	≤3.0
无使用价值颗粒	不允许有	不允许有	不允许有	不允许有

正品

病果

破损粒

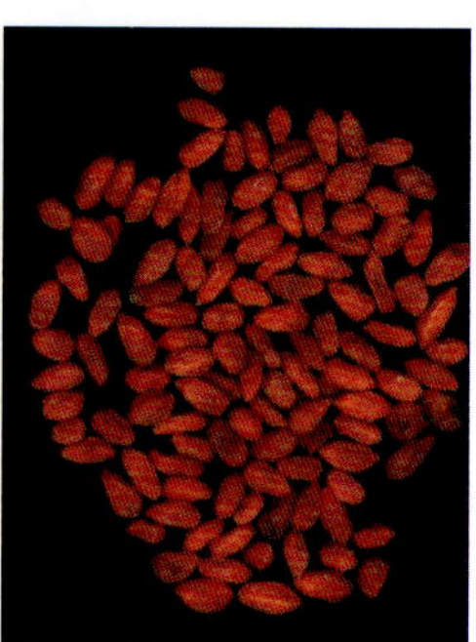
油果

图15-10　枸杞干果中正品及不完善粒

表 15-8　不同等级枸杞理化指标

项目	等级及要求			
	特优	特级	甲级	乙级
粒度（粒/50 g）	≤280	≤370	≤580	≤900
水分（g/100 g）	≤13	≤13	≤13	≤13
灰分（g/100 g）	≤6	≤6	≤6	≤6
脂肪（g/100 g）	≤5	≤5	≤5	≤5
总糖（以葡萄糖计）（g/100 g）	≥45	≥39.8	≥24.8	≥24.8
蛋白质（g/100 g）	≥10	≥10	≥10	≥10
枸杞多糖（g/100 g）	≥3	≥3	≥3	≥3
百粒重（g/100粒）	≥17.8	≥13.5	≥8.6	≥5.6

注：①不完善粒：尚有使用价值的枸杞破碎粒、未成熟粒和油果。②破碎粒：失去部分颗粒体积1/3以上的颗粒。③未成熟粒：颗粒不饱满，果肉少而干瘪，颜色过淡，明显与正常枸杞不同的颗粒。④油果：成熟过度或雨后采摘的鲜果因烘干或晾晒不当，保管不好，颜色变深，明显与正常枸杞不同的颗粒。⑤无使用价值枸杞：被虫蛀、粒面病斑面积达2 mm^2以上，发霉、黑变、变质的颗粒。

（三）包装

分级后枸杞要严格按照包装要求包装，避免包装过程中的二次污染。根据地方标准《枸杞干果储藏管理技术规程》（DB64/T 399-2004），包装材料应选用枸杞干果专用包装袋，符合安全、卫生、防蛀、经济、坚固耐用、可印刷、可重复使用的要求。

包装后的枸杞进入库房前，要将库房彻底清洁、消毒。入库后，关闭库房向阳门窗，避免和减少阳光直射，保持库内温度在20℃以下，相对湿度50%以下。贮藏是枸杞商品质量保证的最后环节，要严格把控，避免二次污染。

第五节　枸杞汁

枸杞汁富含矿物质、维生素、糖类、有机酸等，营养或风味都接近枸杞鲜果，附加值高市场潜力大。近年的消费调查表明，随着生活水平的不断提高，纯果汁消费人群逐年扩大，果汁生产技术工艺日臻完善。枸杞作为保健作用极高的功能食品植物性原料，近些年在生产和消费方面呈强劲的增长势头，深受国际社会好评，并呈现出“绿色、营养、环保、健康”的特点。

目前，生产中已出现了丰富多样的枸杞汁产品供消费者选择，如枸杞原浆、枸杞浓缩汁、枸杞复合果汁等（图15-11）。

图15-11　不同加工工艺生产的枸杞果汁（浆）

一、加工对原料的要求

（一）适宜的成熟度

加工枸杞汁一般要求果实达到最佳加工成熟度。因此，生产枸杞果汁的原料应该在果实适宜的成熟期收获。采收过早，则果实色泽浅，风味平淡，酸度大，肉质生硬，出汁率低，品质较差；采收过晚，则组织变软，酸度降低，且不耐贮藏。

（二）高度新鲜

在采摘后，枸杞果实内部立即开始进行一系列生物化学反应，呼吸代谢、水分活度、果实质地、色泽和营养都会发生变化。随着采后贮藏时间延长，果实新鲜度降低，品质劣变程度加快。因此，枸杞果实采摘后应立即进行加工或预处理。

（三）安全卫生

枸杞在种植阶段可能被喷施了农药或被环境中的有毒有害物质所污染，如重金属、致病微生物等。这些都对人体的健康构成一定威胁。因此，一方面要在枸杞种植和病虫害防护上考虑食用的安全性，另一方面在加工前进行充分有效的清洗，以达到安全卫生的要求。

二、加工工艺流程

枸杞汁的加工工艺流程如下所示。

枸杞鲜果采摘→清洗→破碎→打浆→过滤成分调整→均质→脱气→杀菌冷却→无菌灌装检验→成品→贮藏

（一）原料的选择

只有优质的制汁原料与合理的加工工艺相结合，才能得到优质的枸杞汁产品。因此，选用当年自然成熟的枸杞鲜果，并保证采摘前一星期未喷施过农药，采摘前3 d未雨淋，采摘时应人为去除烂果、霉果、青果，不含果柄、枝叶，否则影响枸杞汁的风味。

（二）清洗

通过清洗工艺环节可去除枸杞果实80%以上的表面附着微生物、泥沙、农药残留等。枸杞原料清洗一般通过物理方法（浸泡、喷淋）和化学方法（清洗剂、表面活性剂等）进行。残留农药的清洗效果取决于农药种类、施用剂量、清洗工艺等因素，一般在清洗水中添加0.5%～1%的盐酸或0.05%高锰酸钾溶液或600 mg/kg的漂白粉等浸泡后冲洗，再经清水淋洗，沥干水分。清洗时应注意洗涤水的清洁，不可重复使用。此外，由于枸杞果实质地柔软、易破裂，在清洗时应尽量避免或减少果实之间或果实与洗涤设备之间的碰撞。洗涤前后均应分选果实，除去腐烂果、果柄、叶等杂物，这是生产优质枸杞果汁的重要工序和必要步骤。否则，即便是少量霉果混入原料中，也会影响果汁的整体风味与品质。

（三）破碎

打浆前一般先将果实破碎，降低颗粒大小，再选择性地进行打浆和均质。原料破碎的颗粒大小会影响出汁率。颗粒太大，压榨取汁时不容易使内层果肉组织被充分压榨，出汁率低。枸杞可用打浆机破碎取汁，破碎时喷入适量NaClO与维生素C配制的抗氧化剂防止果汁氧化褐变，也可以先经过热烫处理再进行破碎，加热软化后能提高出汁（浆）率，但加热后对枸杞的营养成分、色泽、风味有一定影响。研究表明，加热时间越长，褐变程度越重，60℃下加热20 min，5-羟甲基糠醛（5-HMF）生成量为14.26 mg/L，随着加热温度升高，5-HMF含量显著增加，90℃加热

20 min，5-HMF含量已超过150 mg/L, 由此引发了美拉德反应。为了提高产品品质，减轻破碎过程氧化对枸杞汁品质的影响，可采用瞬时加热破碎装置，该装置包括蒸汽加热、破碎和冷却部分，设备中通入热蒸气，钝化多酚氧化酶，同时对鲜果进行破碎，然后冷却，获得枸杞果肉浆。

（四）取汁或打浆

果蔬取汁主要有打浆、压榨和浸提3种方式。枸杞属于浆果，组织柔软，生产中广泛采用打浆的方式取汁。将破碎后的果肉浆通过双道打浆机分离成颗粒细化的果肉汁和皮渣籽，果肉汁输送至缓冲罐，用于制汁。皮籽输送至洗籽处，用水选法将皮渣和籽分离，籽晾干后用于提取枸杞籽油。

（五）高出汁率和果汁品质

压榨层厚度、毛细管半径、挤压压力、速度和时间、果浆预加工颗粒大小、物料温度、果汁黏度都是影响出汁率的重要因素。降低压榨层厚度，即减小毛细管长度，加入一些疏松物质，增加毛细管半径，有利于提高出汁率。

枸杞果实破碎后，打浆前适当进行加热处理，可以提高出汁率和汁液品质。加热改变细胞组织结构，使果肉组织软化，同时，又能抑制各种水解酶和氧化酶类，使产品不致发生分层、变色变味及其他不良变化。但加热不可过度，否则会使组织糊化，反而降低出汁率，增加过滤难度，并破坏营养成分。一般热处理条件以60～70℃、15～30 min为宜。为改善组织结构、提高出汁率或缩短榨汁时间，可以使用榨汁助剂。同时，可添加果胶酶来提高出汁率，研究表明，酶解工艺参数为初始pH3.9，果胶酶用量43 mg/L，酶解温度47℃，酶解时间1 h，在此工艺条件下得到枸杞果浆出汁率为80.68%，澄清度为94.1%。

出汁率的计算方法如下。

①重量法：

$$出汁率（\%）=\frac{m_{果汁质量}}{m_{原料质量}}\times 100$$

②可溶性固形物重量法：

$$出汁率（\%）=\frac{C_{果汁可溶性固形物}}{C_{原料可溶性固形物}}\times 100$$

（六）过滤

对于浑浊的枸杞汁，主要在于去除分散于枸杞汁中的粗大颗粒和悬浮物等，同时又保存色素微粒以获得色泽、风味和香气。枸杞浆汁中的粗大颗粒和悬浮物主要来自果肉组织的细胞壁、果皮、种子和其他纤维组织。生产上，粗滤可在压榨或打浆过程同步完成，也可在压榨或打浆后单独进行，根据设备选型和配置而定。

（七）成分调整

由于不同批次原料可能在成分含量上有差异，为了使产品符合一定的规格要求，对枸杞汁要进行适当的调配。调配方式可以直接添加糖或酸，也可以与其他批次果汁混合，通过互补而达到一致的规格。调配的基本原则是，一方面要实现产品的标准化，使不同批次产品保持一致性；另一方面是为了提高枸杞汁产品的风味、色泽、口感、营养和稳定性等。

（八）均质

枸杞汁初出后呈浑浊状态，为了提高果肉微粒的均匀性、细度和口感，需要进行均质处理。常用的均质设备是高压均质机，一般均质压力为30～40 MPa。

（九）脱气

脱气是为了脱除枸杞汁中的空气。脱气有几方面的作用。首先，消除氧对果汁营养成分、色素、芳香成分等的氧化作用，保持品质稳定。其次，可以除去附着在微粒上的气体，有利于生产澄清汁时果肉颗粒的沉降，也有利于保持浑浊枸杞果汁中果肉微粒的悬浮稳定。但脱气过程容易使挥发性芳香成分挥发。因此，根据需要，在选择脱气方式上应予以考虑。必要时，在脱气过程进行芳香物质回收，然后加进脱气后的果汁中。

生产中一般常用的是真空脱气法，做法是将果汁引入真空锅内，然后被喷成雾状或分散成液膜，使果汁中的气体迅速逸出。

（十）杀菌

果汁的变质一般是由微生物的代谢活动所引起的，因此杀菌是果汁饮料生产中的关键技术之一。食品工业中采用的杀菌方法主要有热杀菌和非热杀菌两大类。与非热杀菌相比，热杀菌具有方便、杀菌效果稳定、成本低的特点，在杀菌的同时较大程度保留产品中营养物质，是果汁生产中使用较为成熟的杀菌方式。方法是先将产品加热到85℃以上，趁热罐装密封，在热蒸气或沸水浴中杀菌一定时间，然后冷却到38℃以下。果汁杀菌的微生物对象主要为好氧性微生物，如酵母和霉菌，酵母在66℃、1 min内，霉菌在80℃、20 min内即可被杀灭，一般巴氏杀菌条件（80℃、30 min）即可将其杀灭。

高温短时杀菌（HTST）或超高温瞬时杀菌（UHT）主要是指在未罐装的状态下，直接对果汁进行短时或瞬时加热，由于加热时间短，对产品品质影响较小。而这两种杀菌方式必须配合热灌装或无菌灌装设备，否则灌装过程还可能导致二次污染。

此外，目前超高压杀菌应用也较为广泛，它是一种非热力杀菌技术，可在较低温度（<60℃）下杀灭食品中致病菌和腐败菌的营养体，保证食品安全并延长产品货架期，同时与传统热杀菌相比能较好地保持食品品质。研究表明，500 MPa压力下5 min，可达到杀菌效果（菌落总数＜100 CFU/mL，霉菌酵母未检出），且能够减少营养及功效成分损失，但产品在贮藏期内色泽变化较大，推测可能是由于超高压未能完全钝化多酚氧化酶等酶活性，因而发生酶促褐变导致的产品色泽变化。

（十一）浑浊枸杞果汁的澄清

生产澄清果汁须经过澄清和过滤工序，通过物理化学或机械方法除去果汁中含有的或易引起浑浊的各种物质，果汁澄清效果直接影响产品的品质和外观。生产中常用的方法有以下几种。

（1）果胶酶澄清法

果胶是一类广泛存在于植物细胞壁的初生壁和细胞中间片层的杂多糖，是造成果蔬汁饮料浑浊的主要原因之一。果胶酶能够酶降解果实细胞壁，水解果汁中的果胶物质，使果汁中其他大分子和颗粒失去果胶的保护，果汁中的非可溶性悬浮颗粒会聚集在一起，共同沉淀，达到澄清目的。果胶酶处理枸杞汁既能获得良好的澄清效果和感官质量，又不会导致枸杞清汁中营养成分出现较大损失。通常，果胶酶与纤维素酶共同作用，以提高果汁澄清度。

（2）壳聚糖澄清法

用壳聚糖对果汁进行澄清处理，效果明显，透光率大于95%，果汁中的营养不受损失或损失较小，不易产生二次沉淀，成本低，效果较为理想。其原理是果胶、蛋白质及微小颗粒等物质，在果汁中都带有负电荷，壳聚糖溶于稀盐酸成盐后，壳聚糖上的氨基酸与质子结合而带有正电荷，是天然的阳离子型絮凝剂，无毒，无味，可生物降解，不会造成二次污染。研究表明，采用响应面优化枸杞汁澄清工艺，超声温度50.51℃，超声时间64.61 min，壳聚糖固定化复合酶用量

24.03 g/L（纤维素酶：果胶酶=1：2，W/W），透光可达84.51%。

（3）PVPP澄清法

PVPP(交联乙烯吡咯烷酮）是一种不溶性的、高分子量交联化合物，具有很好的吸附性能，能够选择性络合花色苷、单宁等成分。在果汁澄清工艺中加入万分之一的PVPP，可使果汁透光率提高1%～2%，色泽特征值提高6%～8%，且产品浊度明显降低，改善果汁存放的后浑浊问题。

（4）硅藻土澄清法

硅藻土是一种多孔物质，具有密度小、稳定性高、耐热、吸附性与分散性好等优点。其表面积大，能够吸附单宁、色素等大分子物质悬浮物，是一种常用的果汁澄清剂。采用硅藻土处理枸杞汁虽然可以获得较好的透光率，但是会降低可滴定酸和可溶性固形物的含量。

（5）超滤法

超滤是在常温下利用膜两侧的压力差为驱动力，对相对分子质量大的物质进行截留，从而对果汁进行过滤和澄清的一种技术。超滤技术在果汁澄清方面的应用，不仅有效地保留了原果汁的色泽风味，还可以在工业化生产中实现持续作业，为澄清果汁的出口贸易发展提供强有力的技术支持。

三、浓缩枸杞果汁及其他果汁类产品

浓缩枸杞果汁是在其澄清汁或浑浊汁的基础上脱除大量水分，使果汁体系缩小、固形物浓度提高。一般固形物从5%～20%提高到65%～70%。理想的浓缩枸杞果汁，在稀释和复原后应和原汁的风味、色泽、浑浊度相似。浓缩枸杞汁节省包装和运输费用，便于贮运；品质更加均匀一致；糖酸含量高，增加了产品保存性；用途广泛，可以用于各种饮料的基础配料。

生产上常用的浓缩方法如下。

（1）真空浓缩

真空浓缩是通过负压降低枸杞果汁的沸点，使果汁中的水分在较低温度下快速蒸发。由此提高浓缩效率，减少热敏性成分损失，提高产品品质。真空浓缩是目前生产中广泛使用的一种浓缩方式。

（2）冷冻浓缩

冷冻浓缩是应用冰晶与水溶液的固-液相平衡原理，将果汁中的水分以冰晶形式排除。当水溶液中所含溶质浓度低于共溶浓度时，溶液被冷却后，水（溶剂）部分成冰晶析出，剩余溶液的溶质浓度则由于冰晶数量和冷冻次数的增加而大大提高，这就是冷冻浓缩果汁的基本原理。其过程包括三步：结晶（冰晶的形成）、重结晶（冰晶的成长）、分离（冰晶与液相分开）。目前有部分加工企业应用冷冻浓缩，因其避免了热力及真空的作用，没有热变性，挥发性芳香物质损失少，产品质量高，特别适用于热敏感性果汁的浓缩，但其效率不高，且除去冰晶时会带走部分果汁而造成损失。此外，冷冻浓缩时不能破坏微生物和酶的活性，浓缩汁还必须再经杀菌处理或冷冻保存。

（3）反渗透和超滤浓缩

膜分离技术，是伴随现代生物技术产业发展产生的新兴技术，其用于果汁浓缩一般采用反渗透浓缩技术。它适用于分子量小于500的低分子无机物或有机物水溶液的分离，操作压力容易控制，具有较好的品质，但由于投入成本高，且目前还不能把果汁浓缩到较高浓度而很少被广泛应用。

此外，枸杞原浆是近年来迅速崛起的一种加工产品形式，以枸杞鲜果为唯一原料，经打浆、粗滤、均质、巴氏杀菌、灌装等工序制成，不复配，不调配，最大限度地保持枸杞鲜果的营养成分和风味，区别于市场已有相关产品，如枸杞果汁、枸杞浓缩汁、枸杞复合果浆等，目前已成为新型枸杞消费市场的主体产品。据宁夏回族自治区林业和草原局数据显示，截至2020年，仅枸杞原浆生产线已达到10条、分装线已达到32条，枸杞原浆产能达到1万t以上。同时，国家和地方先后出台了枸杞浆行业标准（GH/T 1237-2019）、枸杞原浆团体标准（T/NXFSA 003S-2020）和枸杞原浆地方标准（DBS64/008-2022），规范枸杞浆及枸杞原浆生产。禄璐等针对全国范围内的16个生产厂家的46款市售枸杞原浆产品，系统分析了其营养与功效成分、感官风味，初步构建了枸杞原浆品质评价标准（图15-12）。

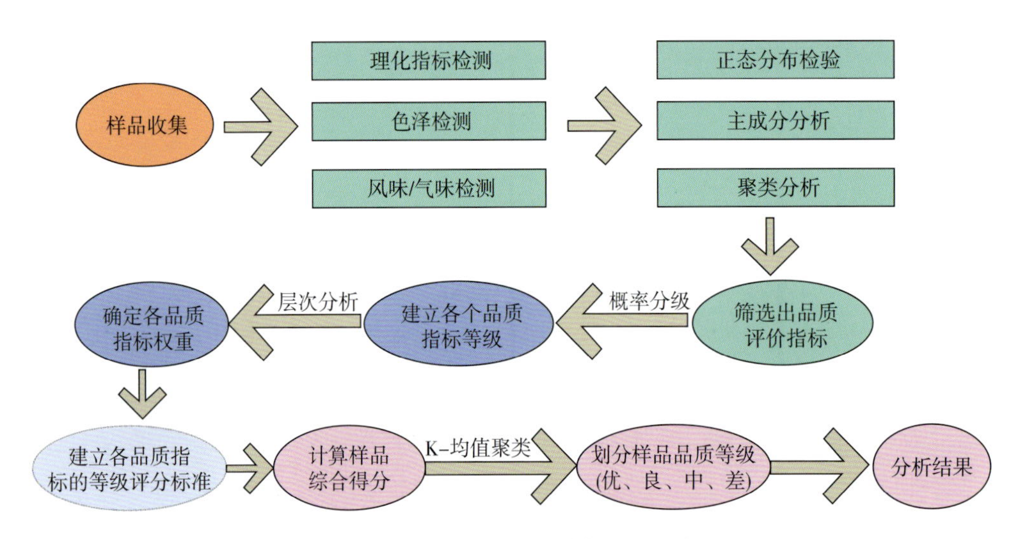

图15-12　枸杞原浆品质评价标准建立流程图

第六节　枸杞酒

枸杞酒按照生产工艺不同可以分为3种：调配酒、浸泡酒和发酵酒。调配酒是取枸杞汁，辅以一定比例酒精、糖、酸等调配而成；浸泡酒是将枸杞置于高浓度酒精浸泡一定时间获得；发酵酒则是由鲜或干枸杞在酿酒酵母菌作用下经酒精发酵等工艺而成。不同的工艺，赋予枸杞酒不同的酒体风格。

由于前两种枸杞酒制作方法较为简单，本文在此不做赘述，着重对发酵型枸杞酒制作工艺进行阐述。

发酵型枸杞酒的酿造是利用酿酒酵母菌将果汁中可发酵性糖类经酒精发酵作用生成酒精，或经后发酵、澄清、杀菌等过程酿造而成。酒体色泽明亮、清香怡人，保留了枸杞原有的风味，其工艺流程为（图15-13）。

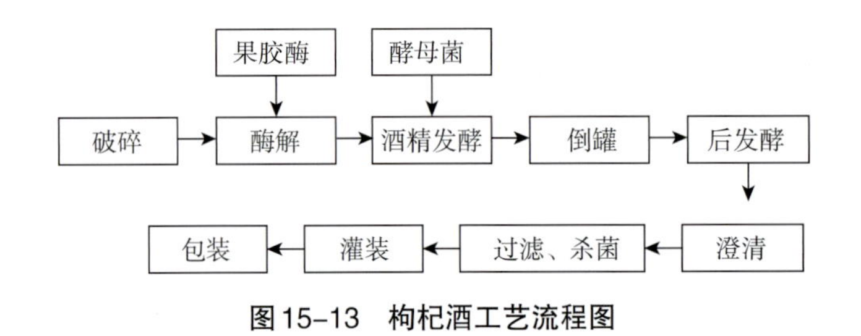

图15-13　枸杞酒工艺流程图

一、酒精发酵机理

酒精发酵一般是利用果实中的糖分，在酿酒酵母菌的代谢作用下，通过复杂的化学变化，最终产生乙醇和二氧化碳的过程。简单反应式为：

$$C_6H_{12}O_6 \rightarrow 2CH_3CH_2OH + 2CO_2 \uparrow$$

酿酒酵母菌的酒精发酵过程一般为厌氧发酵，需要在密闭条件下进行。有氧气存在时，酵母菌不能完全进行酒精发酵，而是部分进行呼吸作用，将糖类转化成二氧化碳和水，使酒精含量减少。

果实原料中的葡萄糖和果糖可直接被酿酒酵母发酵利用，蔗糖和麦芽糖在发酵过程中需通过分解酶和转化酶的作用生成葡萄糖和果糖后，才可参与酒精发酵。果蔬中的戊糖、木糖和酮糖等则不能被酵母菌发酵利用。

二、酒精发酵的主要产物

1. 高级醇

醇类物质是酒精发酵的主要产物，也是酒体最为重要的组成成分之一，同时也是酒体香气成分的重要组成部分，主要有异丁醇、异戊醇、苯乙醇、丙醇等，具有一定的花果香气，是发酵酒中最具代表性的醇类物质，多为酿酒酵母酒精发酵的次生代谢产物。其通过葡萄糖同化作用或是相关氨基酸（亮氨酸、异亮氨酸、苯丙氨酸等）脱羟基、脱氢代谢反应，或生物大分子物质（如嘌呤、嘧啶）降解。

2. 酯类物质

酯类物质是酒体最为重要的香气成分，主要为脂肪酸在乙酰辅酶A作用生成的中间代谢产物，如乙酸乙酯、己酸乙酯、辛酸乙酯等，通常与酵母菌株、发酵温度、氧浓度等因素密切相关，为酒体提供丰富的香气结构，是评价酒体好坏的重要参考依据。

3. 有机酸

有机酸可以平衡酒体口感，增加清爽口感，减少不良风味对酒体的影响。枸杞果实含有柠檬酸、咖啡酸、绿原酸、阿魏酸等有机酸，发酵后会产生琥珀酸，并通过二次发酵将苹果酸转化为乳酸，酒体整体pH降低，使酒体变得更加柔和。绿原酸是枸杞汁在预处理过程中参与酶促褐变的主要酚类物质，加之抗坏血酸的氧化作用，因此，在发酵前加入一定量的SO_2可以有效阻止褐变的发生，同时防止细菌微生物的生长繁殖和野生酵母菌的启动。

4. 酚类物质

酚类物质是酒体的重要物质组成，构成酒体的口感结构和香气结构。其中，芦丁、(+)-儿茶素、槲皮素、山柰酚是枸杞中较为丰富的多酚组成。采用GC-MS技术检测出的挥发性酚类物质共3种：2,5-二叔丁基酚、4-乙基苯酚和2,4-二叔丁基苯酚。其中，4-乙基苯酚和2,4-二叔丁基苯酚主要是由一种野生酵母菌酒香酵母所致，众多的果酒文献中均有记载，黑果枸杞果酒中均检测到这种物质。在发酵期，酵母菌的代谢产物与花色苷若能形成吡喃型花色苷，可抑制陈酿期乙基苯酚的形成。

5. 类胡萝卜素

类胡萝卜素是枸杞中重要的一类物质，其中，含量最多的是玉米黄素双棕榈酸酯，约占总类胡萝卜素含量的80%以上。类胡萝卜素在果酒发酵的过程中随着酵母生长变化及产物的形成，温度不断上升，酒精度不断增高，β-类胡萝卜素含量随之呈现先减少后增加的趋势，而酯类类胡萝卜素、总类胡萝卜素的含量均持续降低，发酵后羧酸及醛酮类物质对类胡萝卜素的含量影响最大，使之造成一定降解，并且使酒体色泽发生变化。

此外，发酵期还会产生甘油、乙醛这两种重要物质。甘油是在发酵时由磷酸二羟丙酮转化而来，可赋予果酒以清甜味，并且可使果酒口味圆润；而乙醛是主要发酵过程中丙酮酸脱羧产生的，也可能是发酵后由乙醇氧化而产生。游离的乙醛存在会使果酒具有不良的氧化味，可用二氧化硫处理，以消除此味。

酒精发酵是枸杞酒生产最为重要的工艺，控制不当易产生不良物质如甲醇、醋酸、氨基甲酸乙酯等。这不仅影响酒体风味和口感，还会对人体健康造成一定危害。

三、发酵过程中的影响因素

1. 氧气含量

氧气含量对枸杞酒预处理前阶段及发酵中期影响较大，枸杞破碎后至发酵前这段时间易发生酶促褐变，主要是多酚氧化酶在有氧条件下，作用于酚类物质，并产生醌类物质，进一步聚合形成黑色素。枸杞中酚酸含量减少越多，类胡萝卜素被破坏的程度越大，褐变值就越高。酒精发酵中期，酵母菌代谢作用需要一定的氧气，以促进酵母菌的繁殖，但过高的氧含量，会加速酒体的氧化，生成乙醛等氧化产物。因此，一般每天定时搅拌1～2次发酵液，搅拌后迅速加盖轻放，让酒体继续缓慢发酵。

2. 酵母菌

酵母菌是酒精发酵的重要因素。酵母菌的区别不仅表现为产生香气物质在数量（含量）上的差异，同时还在于香气物质的多样性。与非酿酒酵母菌相比，大多数酿酒酵母菌能够产生更丰富的醇类、酯类、糠醛等物质，目前已有报道的EC1118酿酒酵母就是其中最具代表性的一种菌株。此外，不同菌属酵母菌、同一菌属、不同企业生产的酵母菌其作用产生的代谢物（如高级醇、酯类）及酒体香气物质的含量和组成均有所不同。目前，许多酵母菌株已被开发，用于不同果酒的酿造，尤其在葡萄酒的酿造中，因此被分得更为细致，例如酿酒酵母Y3401和异常威克汉姆酵母Y3604混合后酒精发酵可显著提高酒体中的重要呈香物质乙酸乙酯的含量；采用非酿酒酵母和酿酒酵母共发酵酒体比单一酿酒酵母发酵酒体具有更低的挥发性酸和更丰富的香气化合物。

3. 游离 SO_2 含量

在枸杞酒的酿造过程中一般使用焦亚硫酸钾平衡抑制杂菌的生长。焦亚硫酸钾溶于水后可生成游离 SO_2，在果酒酿造及贮存过程中具有杀菌、澄清、抗氧化、增酸，以及使色素和单宁物质溶出等重要作用。贺芳等研究了枸杞果酒生产过程中游离 SO_2 和总 SO_2 的动态变化过程，发现均呈先增后减的趋势。

4. 枸杞果成熟度

用于酿造枸杞酒的原料可以是夏秋时节枸杞鲜果，也可以是经烘干后的枸杞干果。对比而言，枸杞鲜果发酵酒有更清新的花果香，而枸杞干果发酵酒则会表现出焦糖香，酒体更加醇厚。一般企业通过采用储备原浆酒对不同时期生产的果酒进行复配调整，以保持每批果酒色泽、香气接近。

枸杞鲜果成熟度不同，发酵酒体形成的香气、酒体组成及口感均有所不同。正常成熟度枸杞发酵的枸杞酒黄酮含量较高，且酒体表现出较好的果香味、花香味等，过度成熟的枸杞果发酵后酒体中多糖含量较高，但酒体香气成分不如正常成熟度发酵的枸杞酒。

5. 发酵温度

香气物质和有机酸在不同的发酵温度下，其种类和含量各不同，且大部分物质的含量和种类在20～25℃时达到最大值。因此，一般酒精发酵的温度控制在20～25℃条件下进行，温度过低，挥发性芳香物质的损失较少，但发酵很难进行；温度过高，会加速发酵过程，不利于酵母菌的代谢活动，同时产生不良代谢物，如杂醇、乙醛等，出现类似煮酒的不良口感。

综上所述，枸杞酒具有如下优点：一是营养丰富，含有多种有机酸、芳香酯、维生素、氨基酸和矿物质等营养成分，适量饮用，能更多提供人体营养素；二是酒精含量低，刺激性小，既能提神、消除疲劳，又不伤身体；三是果酒在色、香、味上别具韵味，体现出色泽鲜艳、果香浓郁、口味清爽、醇厚柔和、回味绵长等风格，可满足不同消费者的饮酒享受。

通过发酵工艺将枸杞酿制成果酒后，减少枸杞中功效成分因热加工引起的氧化、降解，保留更多枸杞功效成分和风味物质，且酒精含量低，具有预防和治疗酒精性肝损伤、心血管疾病、抗氧化等显著作用，更具药理保健和时尚健康的双重特点。自宁夏红枸杞产业集团研制出宁夏红枸杞酒后，枸杞酒作为新生酒品成了人们身体保健与馈赠亲友的新宠，也带动了宁夏枸杞产业的巨大发展（图15-14）。2022年4月15日，国家市场监督管理总局发布公告，由全国酿酒标准技术委员会归口制定为GB/T41405.1—2022《果酒质量要求第1部分：枸杞酒》国家标准正式发布，实施日期为2022年11月1日，文件规定了枸杞酒的质量要求，包括术语和定义、产品分类、要求、试验方法、检验规则和标志、包装、运输、贮存等。适用于枸杞酒的生产、检验与销售。

图15-14　枸杞酒

第七节　枸杞茶与菜

在各种古籍中有关枸杞叶的异名繁多，有天精草、地仙苗、甜菜、枸杞尖、枸杞菜等。枸杞叶在我国应用历史悠久，自古便做药用，始见于魏晋时期的《名医别录》：“冬采根，春夏采叶，秋采茎实。阴干。”《药性论》云：“枸杞，臣，子、叶同说，味甘，平。能补益精，诸不足，易颜色，变白，明目，安神，令人长寿。”元朝忽思慧在《饮膳正要》中写道：“枸杞叶能令人筋骨壮，除风补益，去虚劳，易阳事。春夏秋采叶，冬采子，可久食之。”《本草纲目》记载枸杞叶功效为：“除烦益志，补五劳七伤，壮心气，除热毒，散疮肿，除风明目。”

除药用之外，枸杞叶也可作为时鲜蔬菜食用。唐宋以来，有关菜类枸杞叶的记载颇多，《本草经集注》《食疗本草》《圣济总录》《卫生易简方》中均有食用记载。研究发现，每百克枸杞嫩茎叶含蛋白质5.8 g、脂肪1.0 g、糖类6.0 g、胡萝卜素3.9 mg、抗坏血酸3 mg、钙155 mg、磷67 mg、铁3.4 mg等。大量研究表明，枸杞叶富含多糖、多酚和黄酮类、氨基酸、生物碱、甾体类化合物、褪黑素、精胺和亚精胺类等多种活性成分，具有抗氧化、预防肥胖、抗炎、提高免疫力、预防糖尿病、抗衰老等多种功效作用。

近年来，为充分利用枸杞资源，进一步提高枸杞整体附加值，对枸杞叶、芽等部位进行了深度开发利用，枸杞芽茶、叶茶就是以枸杞叶按照传统制茶工艺加工而成的一种新茶品。枸杞叶经过炒制成茶，茶色泽褐绿，茶汁为绿黄色，长期饮用具有健胃、安神助眠等作用。

一、枸杞芽茶与叶茶

（一）加工工艺流程

原料采摘→摊放→杀青→揉捻→理条→干燥→冷却→检验→包装→成品

（二）加工技术要点

（1）原料采摘

为确保鲜叶的有效成分和药用价值，使成品茶达到清香甘醇，应从春、夏修剪的枸杞枝条上采摘色泽嫩绿、质地肥厚、完整、无病虫害，长度为2 cm、有4个叶片的嫩芽作为原料。

（2）摊放

将采摘的新鲜嫩芽在阴凉处摊放，摊放时厚度不超过2 cm，摊放时间为6～8 h，摊放至含水率为70%～75%。

（3）杀青

将摊放后的嫩芽进行滚筒杀青，筒体温度为220～240℃，杀青时间为50～60 s，滚筒杀青后控制芽茶含水率为50%～55%。

（4）揉捻

将杀青达到标准的叶冷却后放入揉捻机中进行揉捻，首先要均匀地将杀青叶装入揉捻桶，以轻松装满为宜，待开机揉捻的同时，可将杀青叶手工从揉捻盘加入，加量为揉捻桶的1/2为宜。微揉10 min左右，再加压轻捻7～8 min反复2～3次，进行加压重揉2～3 min，反复2次为宜，即可出机。

（5）理条

采用多功能理条机对杀青后的芽茶进行理条整形，理条温度为 130～150℃，理条时间为4～6 min，理条后含水率为40%～45%，茶叶形状为扁茶型或卷曲型。

（6）干燥

采用微波干燥对芽茶进行干燥，功率为470 W，时间为8～10 min，干燥后芽茶的含水率为8%～12%。

（三）茶叶加工中的品质控制

（1）原料选择

制茶工艺中，原料的品质直接影响茶叶的最终品质。因此，原料选择至关重要。过早采摘，芽体过嫩，难以炒制出理想的茶形；若采摘较晚，芽体已木质化，会有刺产生。在最佳采摘时间内采集长度为2 cm的嫩芽，颜色碧绿、完整、无病虫害。

（2）茶形确定

茶叶有多种茶形，如扁形茶、针形茶、卷曲形茶。同一个品种在不同的时期可适制不同的茶。在茶季早期和中期时，芽头饱满，适宜制作扁形茶。在后期，芽头粗松（俗称空心芽），不能达到制作扁形茶的光滑、饱满、平整的要求，但利于成卷，所以可以改制卷曲形茶。同时，根据百芽重也可以判断适合制作哪一种产品，即在原料中称取5 g芽头，分析其机械组成：若5 g芽头中含70～95个芽头，则适合制作扁形茶；若含120～151个芽头，且含单片叶较多，则适合制作卷曲形茶。

（3）杀青方式的选择

杀青是制作枸杞叶茶的重要工序，可以破坏鲜叶中酶的活性，避免芽叶中多酚类物质氧化而使叶变色，从而保持茶的绿色，固定原料的新鲜度，保持绿茶清汤叶绿的品质特征，同时，具有散发水分、挥发青草气、发展香气、使叶质柔软的目的。枸杞茶杀青有两种方法，漂烫杀青（烫青）、炒青法。烫青法是将枸杞叶置于90～100℃热水中烫煮1～2 min后迅速捞出（依据原料的老嫩等情况），并立即投入冷水中浸泡冷却。烫煮时间过长，会致使枸杞叶烂掉，颜色丧失且有效成分流失，成品冲泡后，茶汤味淡，茶底颜色不美观。在炒青过程中，需将枸杞叶在炙热的锅底（滚筒）内翻炒，以达到迅速灭酶，保持茶叶色泽的作用。如采用锅炒青，温度控制在100～110℃，需要5～7 min，若采用滚筒杀青，筒体温度达220～240℃，1 min左右即可完成。目前，生产上多采用滚筒杀青，时间短，灭酶迅速，且能更好地保留茶叶的色泽、香气和水溶性成分。

（4）干燥方式的选择

枸杞叶茶加工中常采用微波干燥和热风干燥两种干燥方式。研究表明：热风干燥工艺的最佳温度100℃，平铺厚度1 cm，烘干时间60 min，微波干燥的最佳功率540 W，平铺厚度1 cm，烘干时间6 min。两种干燥方法所得枸杞叶茶比较发现，其中，微波干燥处理的枸杞叶茶色泽较绿，口感较好，营养成分较高，有利于获得高品质的枸杞叶茶。

（四）实例——黑果枸杞芽茶制备工艺研究

目前，消费市场绝大多数枸杞芽茶产品是以红枸杞（*Lycium barbarum*）嫩芽加工制成，鲜见黑果枸杞（*Lycium ruthenicum*）芽茶产品。宁夏农林科学院枸杞科学研究所以黑枸杞新鲜芽、叶为原料，经摊放（萎凋）、杀青、理条、干燥、提香等工艺研发了黑果枸杞芽茶、叶茶，茶清新、味甘甜，汤色明亮，富含氨基酸与茶多酚，适宜各类人群饮用（图15-15）。下面具体阐述黑果枸杞芽茶的制备工艺。

图15-15　黑果枸杞芽茶

（1）原材料最佳采摘时间

黑果枸杞发芽时间多在5月上旬。若过早采摘，芽体过嫩，难以炒制出理想茶形；若采摘较晚，芽体已木质化，会有刺产生。通过多次实验证明，5月中下旬为黑果枸杞嫩芽最佳采摘期。在此期间，采集长度为2 cm的嫩芽，颜色碧绿、完整、无病虫害。

（2）选择适合黑果枸杞芽茶的茶形

茶叶有多种茶形，如扁形茶、针形茶、卷曲形茶，市场上销售的红果枸杞芽茶多为卷曲形茶。黑果枸杞叶细长，光滑饱满，5 g芽头中含87个芽头，适合制作成扁形茶，美观大方。但扁形茶对嫩芽采摘的长度要求严格，增加了采摘难度。

（3）不同杀青方式对黑果枸杞芽茶品质的影响

叶绿素是形成绿茶干茶色泽和叶底颜色的主要物质。叶绿素含量高，则茶色碧绿，品质较好。

游离氨基酸是一类以鲜味为主的物质，与芽茶滋味品质呈显著正相关。可溶性糖可使茶叶滋味呈现出甘甜的口感，是形成醇柔感的关键物质。结果如表15-9所示，采用微波杀青有利于叶绿素、可溶性糖的保留，采用蒸汽杀青的芽茶游离氨基酸含量较高。另有研究表明，滚筒热空气杀青可促进绿茶产生强烈而持久的栗子香气和花香。

对不同杀青处理的黑果枸杞芽茶的感官品质进行评分，结果如表15-10所示。蒸气杀青的黑果枸杞芽茶感官品质评分最高（94.3分），漂烫杀青的芽茶感官品质评分最低（91.2分）。

结合不同杀青工艺对芽茶主要化学成分的影响，最终选择采用蒸气杀青1.5 min制备黑果枸杞芽茶。

（4）不同干燥方式对黑果枸杞芽茶品质的影响

茶叶中水浸出物对茶叶香气有重要影响，一般水浸出物含量越高，茶叶的品质就越好。由表15-11可知，热风干燥60 min后，黑果枸杞芽茶的游离氨基酸、水浸出物含量都比较高。

对不同干燥方式处理的黑果枸杞芽茶的感官品质进行评分。如表15-12所示，从外形来看，热风干燥后的样品外形紧密，为深绿色；微波干燥后的样品外形卷曲，呈青绿色。汤色方面，两种样品的茶汤均清澈明亮，但热风干燥所制样品尤其鲜明。从香气和滋味来说，热风干燥的样品香气纯正，滋味醇厚，与微波干燥的样品品质接近，只是比微波干燥的样品滋味更加醇和一些。叶底方面，样品之间差异不大，嫩匀舒展。因此，热风干燥60 min是黑果枸杞芽茶的最佳干燥方式。

（5）不同温度和时间对黑果枸杞芽茶香味的影响

从表15-13可知，不同提香温度对芽茶的外形有显著影响。以140℃提香会导致干茶发白，而80℃提香时干茶外形略显卷曲。提香温度对芽茶的内质香气和滋味都有影响，80℃提香时香气低、滋味欠醇，140℃提香有明显的高火香和高火味。黑果枸杞芽茶的感官审评得分以120℃提香工艺感官得分最高。

从表15-14可知，不同提香时间对芽茶的色泽和香气都有明显的影响；提香5 min不会影响茶的色泽，但香味不明显，滋味较淡；提香15 min和20 min，茶色变暗，并有不同程度的发白，茶汤滋味醇厚带高火香。黑果枸杞芽茶以提香10 min的感官得分最高，提香20 min的最低。由此可知，120℃下加热10 min提香，可显著提高黑果枸杞芽茶的香味。

表15-9　不同杀青方法对黑果枸杞芽茶主要化学成分的影响（%）

成分	漂烫杀青			蒸气杀青			微波杀青		
	0.5 min	1 min	1.5 min	1 min	1.5 min	2 min	30 s	45 s	60 s
可溶性糖	28.47	23.11	29.27	24.35	28.91	20.95	26.23	24.31	27.03
叶绿素A	1.94	1.95	1.9	1.92	1.99	1.96	1.99	2	2.02
游离氨基酸	2.46	2.39	2.48	2.5	2.51	2.55	2.6	2.54	2.52

表15-10　不同杀青工艺黑果枸杞芽茶感官品质的影响

工艺	审评内容及评分					
杀青工艺	外形（20%）	香气（30%）	汤色（10%）	滋味（30%）	叶底（10%）	总分
漂烫杀青	色泽浅绿，条形松散	清香	较明亮，淡绿色	较醇厚	较明亮，绿色	91.2
蒸气杀青	色泽翠绿，紧细略卷	清香	黄绿明亮	鲜爽醇和	明亮 绿色	94.3
微波杀青	色泽翠绿，条形紧索	清香、高火香	嫩绿明亮	醇厚、高火香	黄绿色	93.2

表 15-11　不同干燥方式对黑果枸杞芽茶主要化学成分的影响

%

方式	热风干燥			微波干燥		
	40 min	60 min	80 min	4 min	6 min	8 min
游离氨基酸	2.17	2.93	2.37	2.34	2.78	2.46
水浸出物	29.47	37.46	26.75	29.18	35.76	31.33

表 15-12　不同干燥方式黑果枸杞芽茶感官品质的影响

方式	外形（20分）	汤色（10分）	香气（30分）	滋味（30分）	叶底（10分）	感官得分（分）
热风干燥	17	8	27	27	8	87
微波干燥	15	7	27	26	7	82

表 15-13　不同提香温度下黑果枸杞芽茶感官品质

提香温度（℃）	干茶外形（20分）	香气（30分）	汤色（10分）	滋味（30分）	叶底（10分）	感官得分（分）
80	色泽翠绿，紧细略卷	清香淡	较明亮，绿色	较醇厚	较明亮，绿色	91.2
100	色泽翠绿，紧细圆直	清香	明亮绿色	醇厚	明亮绿色	95.3
120	色泽翠绿，紧细圆直	清香	明亮绿色	醇厚	明亮绿色	95.7
140	色泽浅绿，发白，紧细圆直	清香，有高火香	黄绿色	醇厚，有高火香	黄绿色	89.8

表 15-14　不同提香时间下黑果枸杞芽茶感官品质

提香时间（min）	干茶外形（20分）	香气（30分）	汤色（10分）	滋味（30分）	叶底（10分）	感官得分（分）
5	色泽翠绿，紧细略卷	清香淡	较明亮，绿色	较醇厚	较明亮，绿色	91.3
10	色泽翠绿，紧细圆直	清香	明亮绿色	醇厚	明亮绿色	94.6
15	色泽翠绿，紧细圆直	清香	明亮绿色	醇厚	明亮绿色	92.1
20	色泽浅绿，发白，紧细圆直	清香有高火香	明亮，黄绿色	醇厚，有高火香	黄绿色	86.7

但由于黑果枸杞的种植面积有限，加之人工采摘嫩芽难度大，人工采摘成本高，因此，黑果枸杞芽茶还未实现产业化生产。

二、枸杞芽菜

无果枸杞芽是宁夏农林科学院科研人员采用深山中生长的野生枸杞与优质品种‘宁杞1号’进行种间杂交，培育出的菜用枸杞新品种‘宁杞菜1号’。该品种具有抗干旱、耐贫瘠、抗病虫性强、物候期早、产菜量高等特点。研究表明，枸杞鲜嫩的叶、芽含有丰富的蛋白质、维生素C，对人体有益的微量元素、矿物质及多种氨基酸，可达到一级蔬菜评分标准。现在枸杞嫩芽已成为当地宴会上的一道高级菜肴。

近年来，随着人们生活水平的快速提高，消费者对营养、保健、绿色蔬菜及其制品的品质要求越来越高。但目前，国内外针对枸杞芽/叶的研发还处于初步阶段，生产上多以鲜食或初级加工产品为主，精深加工方面尚属空白，因此，枸杞芽/叶领域有待更深层次的研究与利用。

参考文献

白小鸣，王华，曾小峰，等．果蔬浓缩技术概述 [J]. 食品与发酵工业，2014, 40(7): 131–135.

卜宁霞，徐昊，赵宇慧，等．不同成熟度枸杞采后品质及生理变化研究 [J]. 保鲜与加工，2019, 19(1): 1–8.

陈伟．马铃薯糖苷生物碱对枸杞鲜果采后诱导抗病性及保鲜作用研究 [D]. 兰州：甘肃农业大学，2018.

陈雅林，谭芳，彭勇，等．枸杞叶的研究进展 [J]. 中国药学杂志，2017, 52(5): 358–361.

程丽娟，袁静．发酵食品工艺学 [M]. 咸阳：西北农林科技大学出版社，2002.

党军，王瑛，陶燕铎，等．微波法提取枸杞叶甜菜碱工艺的研究 [J]. 氨基酸和生物资源，2011, 3: 27–29.

董建方，冯天霞，刘乐，等．响应面法优化枸杞果浆酶解工艺参数的研究 [J]. 饮料工业，2020, 23(03): 16–22.

杜静．枸杞表皮蜡质及制干技术研究 [D]. 兰州：兰州理工大学，2010.

段月．真空微波干燥对枸杞干果品质的影响 [D]. 银川：宁夏大学，2017.

冯美，张宁．一氧化氮处理对采后枸杞鲜果生理效应的影响 [J]. 北方园艺，2016, (12): 135–138.

高月．枸杞干燥方法及其促干剂的研究 [D]. 保定：河北农业大学，2015.

葛洪．抱朴子内篇 [M]. 北京：北京燕山出版社，1995.

葛向珍，郭宗林，杨静，等．低温和常温贮藏对去梗大果枸杞保鲜效果影响的比较 [J]. 食品与发酵科技，2018, 54(6): 16–21.

巩鹏飞．超声真空干燥及应用研究 [D]. 北京：中国科学院大学，2017.

韩怀钦，卢经纬，陈海军，等．宁夏无果枸杞叶提取物对衰老小鼠海马神经细胞增殖及凋亡的影响 [J]. 神经解剖学杂志，2017, 33(1): 29–35.

何谏．生草药性备要 [M]. 北京：中国中医药出版社，2015.

贺芳，崔振华，余昆，等．枸杞果酒中SO_2的存在和变化动态研究 [J]. 酿酒，2016, 43(2): 97–100.

忽思慧．饮膳正要 [M]. 南京：江苏凤凰科学技术出版社，2017.

胡灯运，何伟，张世超，等．太阳能－空气源热泵联合干燥系统设计及干燥枸杞的实验研究 [J]. 新能源进展，2018, 6(2): 83–89.

胡凤巧．几种枸杞干燥方法的综述 [J]. 黑龙江农业科学，2018, (8): 135–139.

胡盼盼，刘新民，白建，等．杀菌技术对鲜榨砀山酥梨汁贮藏品质的影响 [J]. 食品工业，2018, 39(5) : 151–154.

胡文瑾，毕阳，李颖超，等．采后热水和乙醇处理对枸杞鲜果腐烂的控制及品质的影响 [J]. 食品工业科技，2013, 34(12): 308–311.

胡濙．卫生简易方 [M]. 北京：人民卫生出版社，2016.

胡云峰，于淑艳，王荣倩，等．果胶酶对枸杞汁澄清效果研究 [J]. 中国食品添加剂，2013, (11): 123–126.

蒋波，陈建阳，郑传祥．枸杞真空常压脉动干燥设备的设计 [J]. 化工机械，2018, 45(6): 709–712.

颉向红，刘军，徐昊，等．超声波辅助壳聚糖固定化复合酶澄清枸杞汁的响应面优化 [J]. 西北农业学报，2019, 28(1): 146–154.

兰茂．滇南本草 [M]. 北京：中国中医药出版社，2013.

李克剑，李伊娇，王储，等．菜用枸杞叶的营养价值及营养等级评价 [J]. 中国食物与营养，2016, 22(4): 69–73.

李若兰．空气能热风式枸杞烘干机流场均匀性模拟研究 [D]. 西安：西安科技大学，2019.

李时珍．本草纲目 [M]. 北京：中国文联出版社，2016.

李天聪．枸杞微波间歇干燥特性研究与试验 [D]. 银川：宁夏大学，2017.

李文丽．枸杞脱蜡剂及促干机理研究 [D]. 天津：天津科技大学，2016.

李新，周宜洁，唐瑞芳，等．贮藏温度对鲜枸杞生理指标和营养品质的影响 [J]. 食品工业科技，2018, 39(14): 264–269+281.

李勇，聂永华，崔振华，等．果胶酶澄清枸杞汁最佳工艺条件研究 [J]. 食品科技，2012, 37(6): 113–115.

禄璐，米佳，李晓莺，等．喷雾干燥对枸杞功效成分的影响．中国食品科学技术学会（Chinese Institute of Food Science and Technology). 中国食品科学技术学会第十五届年会论文摘要集 [C]// 中国食品科学技术学会（Chinese Institute of Food Science and Technology): 中国食品科学技术学会，2018.

禄璐，闫亚美，米佳，等．枸杞原浆品质分析与评价标准构建 [J]. 食品工业科技，2022, 43(21): 271–281.

禄璐，张曦燕，李晓莺，等．壳聚糖－山梨酸钾复合涂膜对鲜果枸杞保鲜品质的影响 [J]. 食品工业科技，2017, 38(09): 257–260.

马宝龙，屈旭斌．高效液相色谱法测定枸杞叶中精胺和亚精胺 [J]. 宁夏工程技术，2011, 1: 48–50.

茅玉炜．枸杞子炮制工艺及其科学内涵研究 [D]. 北京：北京中医药大学，2018.

孟诜．食疗本草 [M]. 北京：人民卫生出版社，1984.

宁夏农林科学院枸杞科学研究所．一种黑果枸杞芽茶及其制备方法：CN108029814A [P]. 2018–05–15.

秦垦，闫亚美，米佳，等．制干方式对枸杞品质的影响 [J]. 宁夏农林科技，2015, 56(12): 26–27+44.

曲云卿，张同刚，刘威，等．枸杞汁热处理过程中非酶褐变的研究 [J]. 食品科技，2015, 40(4): 112–117.

全娜，王琦，李宣仪，等．枸杞叶、果的抗氧化和抗 DNA 损伤活性研究 [J]. 天然产物研究与开发，2018, 30: 134–140.

任旭桐，崔振华，邱佳，等．枸杞汁澄清工艺研究 [J]. 农产品加工，2019, 7: 43–45.

日华子．日华子本草 [M]. 芜湖：皖南医学院科研出版社，1983.

施杨，危春红，陈志杰，等．枸杞鲜果采后生理及保鲜技术研究进展 [J]. 保鲜与加工，2016, 16(3): 102–106.

宋方圆，李冀新，邓小蓉，等．不同贮藏温度下不同充气包装处理对鲜食枸杞贮藏品质的影响 [J]. 食品工业科技，2018, 39(21): 270–274+279.

宋慧慧，陈芹芹，毕金峰，等．不同干燥方式对鲜枸杞干燥品质的影响．中国食品科学技术学会（Chinese Institute of Food Science and Technology)、美国食品科技学会（Institute of Food Technologists). 2017 中国食品科学技术学会第十四届年会暨第九届中美食品业高层论坛论文摘要集 [C]// 中国食品科学技术学会（Chinese Institute of Food Science and Technology）、美国食品科技学会（Institute of Food Technologists）：中国食品科学技术学会，2017.
宋慧慧，陈芹芹，毕金峰，等．干燥方式及碱液处理对鲜枸杞干燥特性和品质的影响 [J]．食品科学，2018，39(15)：197–206.
宋慧慧．枸杞干燥与制粉技术及品质分析研究 [D]．北京：中国农业科学院，2018.
苏颂．本草图经 [M]．安徽：安徽科学技术出版社，1994.
陶弘景．本草经集注 [M]．芜湖：皖南医学院科研科，1985.
陶弘景．名医别录 [M]．北京：人民卫生出版社，1986.
汪昂．本草备要 [M]．山西：山西科学技术出版社，2012.
王鹤．枸杞热风与微波组合干燥设备开发及应用 [D]．银川：宁夏大学，2018.
王建宏，杨涓．玉米醇溶蛋白对枸杞鲜果贮藏期生理指标及其保鲜作用的研究 [J]．宁夏农林科技，2018，59(7)：58–59+62.
王金童，王秀娟．枸杞的化学成分和药理研究概况 [J]．天津药学，1999，11(3)：14–16.
王瑞庆，冯建华，魏雯雯，等．1–MCP处理和气调包装对枸杞鲜果低温贮藏品质的影响 [J]．农业工程学报，2012，28(19)：287–292.
王尚银，孙睿霞．太阳能枸杞鲜果干燥机的研究 [J]．中国农机化学报，2018，39(5)：48–51.
王周利，伍小红，岳田利，等．苹果酒超滤澄清工艺的响应面法优化 [J]．农业机械学报，2014，45(1)：209–213.
谢超，刘鹭．食品冷杀菌方法及运用前景 [J]．食品科技，2003，2：22–24.
谢龙．枸杞真空脉动干燥特性及干燥品质的研究 [D]．北京：中国农业大学，2017.
谢志镭，林露，严维凌．不同澄清剂对黑莓果汁澄清效果的影响 [J]．中国食品学报，2013，13(4)：132–136.
徐邢燕．基于代谢组学的武夷肉桂茶不同烘焙程度、等级及地域品质差异研究 [D]．福州：福建农林大学，2020.
许英一，吴红艳．枸杞澄清汁加工工艺的研究 [J]．食品工业，2009，5：194–196.
杨丽丽，马奇虎，李重，等．枸杞真空脉动干燥工艺优化研究 [J]．食品工业，2018，39(11)：74–77.
张超，王玉霞，尹旭敏，等．柑橘果酒澄清工艺及稳定性研究 [J]．食品研究与开发，2014，35(24)：29–33.
张慧玲．枸杞的综合开发利用 [J]．食品研究与开发，2012，2(2)：223–227.
张盛贵，魏苑．不同澄清方法对枸杞汁中营养成分的影响 [J]．食品工业科技，2011，32(6)：276–280.
张蕴．枸杞干燥用上空气式太阳能光热系统 [J]．农村百事通，2018(4)：15.
张占权，马金平，王孝，等．植物源物质对枸杞鲜果保鲜活性的作用 [J]．林业勘察设计，2018(1)：95–97.
赵丹丹，彭郁，李茉，等．枸杞热泵干燥室系统设计与应用 [J]．农业机械学报，2016，47(S1)：359–365+373.
赵丹丹，彭郁，李茉，等．枸杞热泵烘房系统理论分析及应用研究．中国农业机械学会、亚洲农业工程学会、中国农业机械化科学研究院．2016中国农业机械学会国际学术年会—分会场2：现代食品及农产品加工科技创新论文集 [C]//中国农业机械学会、亚洲农业工程学会、中国农业机械化科学研究院：中国机械工程学会，2016.
赵凤，梅潇，张焱，等．超高压和热杀菌对枸杞汁品质的影响 [J]．中国食品学报，2018，18(3)：169–178.
赵佶敕．圣济总录 [M]．北京：科学出版社，1998.
赵嘉庆，史春丽，王立英，等．枸杞酒多糖的提取、成分测定及其对酒精性肝病的影响研究 [J]．中国酿造，2020，39(10)：114–118.
赵建芬，杨海贵，李静仪．H PLC–UV法检测芦荟、枸杞叶和桑叶中的褪黑素 [J]．食品工业，2015，36(2)：266–269.
赵丽娟，王丹丹，李建国，等．枸杞真空远红外干燥特性及品质 [J]．天津科技大学学报，2017，32(5)：17–22.
赵荣祥，范小静，郝佳，等．18种植物源物质对枸杞鲜果的保鲜活性 [J]．西北农业学报，2014，23(9)：147–151.
赵智慧．蛋白酶处理枸杞汁对枸杞酒质量的影响研究 [J]．酿酒，2017，44(2)：102–105.
甄权．药性论 [M]．芜湖：皖南医学院科研科，1983.
郑丽红，郭建业，杜彬，等．不同干燥方法对枸杞叶茶品质影响的研究 [J]．中国食品学报，2012，12(10)：149–153.
周志阳，曹有龙，王艺涵，等．枸杞芽茶与叶茶的化学成分和抗氧化活性分析 [J]．食品工业技，2017，38(10)：129–134+145.
BAE S M, KIM J E, BAE E Y, et al. Anti–inflammatory effects of fruit and leaf extracts of *Lycium barbarum* in lipopolysaccharide–stimulated RAW264. 7 cells and animal model [J]. Journal of Nutrition and Health, 2019, 52(2): 129.
BAN Z J, WEI W W, YANG X Z, et al. Combination of heat treatment and chitosan coating to improve postharvest quality of goji berry (*Lycium barbarum*) [J]. Food Science and Technology, 2015, 10: 2727–2734.
BENDJEDOU H, BARBONI L, MAGGI F, et al. Alkaloids and sesquiterpenes from roots and leaves of *Lycium* europaeum L. with antioxidant and anti–acetylcholinesterase activities [J]. Natural Product Research, 2019, 129(1): 1–5.
BENITO S, PALOMERO F, MORATA A, et al. Minimization of ethylphenol precursors in red wines via the formation of pyranoanthocyanins by selected yeasts [J]. International Journal of Food Microbiology, 2009, 132(2): 145–152.
BULENS I, POEL B V D, HERTOG M L A T M, et al. Influence of harvest time and 1–MCP application on postharvest ripening and ethylene biosynthesis of ‘jonagold’ apple [J]. Postharvest Biology and Technology, 2012, 72: 11–19.
CHEN Z S, TAN B K H, CHAN S H, et al. Activation of T lymphocytes by polysaccharide–protein complex from *Lycium barbarum* [J]. International Immunopharmacology, 2008, 8: 1663–1671.
CHOI E H, LEE D Y, PARK H S, et al. Changes in the profiling of bioactive components with the roasting process in *Lycium* chinense leaves and the anti–obesity effect of its bio–accessible fractions [J]. Journal of the Science of Food and Agriculture, 2019, 99(9): 4482–4492.
DANG J, WEN H X, WANG W D, et al. Isolation and identification of water–soluble components of *Lycium barbarum* leaves [J]. Chemistry of Natural Compounds, 2019, 55(1): 138–140.
DONG J Z, LU D Y, WANG Y. Analysis of flavonoids from leaves of cultivated *Lycium barbarum* [J]. Plant Foods for Human Nutrition, 2009, 64(4): 199–204.
DONNO D, MELLANO M G, RAIMONDO E, et al. Influence of applied

drying methods on phytochemical composition in fresh and dried goji fruits by HPLC fingerprint [J]. European Food Research and Technology, 2016, 242(11): 1961–1974.

DUAN H T, CHEN Y, CHEN G. Far infrared–assisted extraction followed by capillary electrophoresis for the determination of bioactive constituents in the leaves of *Lycium barbarum* [J]. Journal of Chromatography A, 2010, 1217(27): 4511–4516.

FAN G S, TENG C, XU D, et al. Enhanced production of ethyl acetate using co–culture of wickerhamomyces anomalus and saccharomyces cerevisiae [J]. Journal of Bioscience and Bioengineering, 2019, 128(5): 564–570.

GONG G P, FAN J B, SUN Y J, et al. Isolation, structural characterization, and antioxidant activity of polysaccharide LBLP5–A from *Lycium barbarum* leaves [J]. Process Biochemistry, 2015, 51(2): 314–324.

HU L L, LIU R, WANG X H, et al. The sensory quality improvement of citrus wine through co–fermentations with selected non–saccharomyces yeast strains and saccharomyces cerevisiae [J]. Microorganisms, 2020, 8(3): 323.

JATOI M A, FRUK M, BUHIN J, et al. Effect of different storage temperatures on storage life, physio–chemical and sensory attributes of goji berry (*Lycium barbarum* L.) fruits [J]. Erwerbs Obstbau, 2017, 60(2): 119–126.

JATOI M A, JURIĆ S, VIDRIH R, et al. The effects of postharvest application of lecithin to improve storage potential and quality of fresh goji (*Lycium barbarum* L.) berries [J]. Food Chemistry, 2017, 230: 241–249.

JIN M N, HUANG Q S, ZHAO K, et al. Biological activities and potential health benefit effects of polysaccharides isolated from *Lycium barbarum* [J]. International Journal of Biological Macromolecules, 2013, 54: 16–23.

KAFKALETOU M, CHRISTOPOULOS M V, TSANTILI E, et al. Short–term treatments with high CO_2 and low O_2 concentrations on quality of fresh goji berries (*Lycium barbarum* L.) during cold storage [J]. Journal of the Science of Food and Agriculture, 2017, 97: 5194–5201.

LI B L, DENG J L, CAI X, et al. Studies on aroma components in pure grape juice by HS–SPME–GC–MS coupled with PCA [J]. Food Science and Technology of Chinese Institute, 2016, 16(4): 258–270.

Liu H H, Fan Y L, Wang W H, et al. Polysaccharides from *Lycium barbrarum* leaves: Isolation, charaterization and splenocyte proliferation activity [J]. International journal of biological macromolecules, 2012, 51(4): 417–422.

LIU H, ZHOU X, HUANG S W, et al. *Lycium barbarum* polysaccharides and goji berry juice prevent dehp–induced hepatotoxicity via pxr–regulated detoxification pathway [J]. Molecules, 2021, 26(4): 859.

LIU S, YANG M K, LI Y L, et al. Variance analysis on polysaccharide, total flavonoids and total phenols of *Lycium barbarum* leaves from different production areas [J]. China Journal of Chinese Materia Medica, 2019, 44(9): 1774–1780.

LU L, MI J, CHEN X Y, et al. Analysis on volatile components of co–fermented fruit wines by *Lycium ruthenicum*Murray and wine grape [J]. Food Science and Technology, 2021, 4.

LV Y Y, ZHU T. Polyethyleneimine–modified porous aromatic framework and silane coupling agent grafted graphene oxide composite materials for determination of phenolic acids in goji berry drink by HPLC [J]. Journal of Separation Science, 2020, 43(4): 774–781.

MIYAWAKI O, KATO S, WATABE K. Yield improvement in progressive freeze–concentration by partialmelting of ice [J]. Journal of Food Engineering, 2012, 108(3): 377–382.

MOCAN A, VLASES L, RAITA O, et al. Comparative studies on antioxidant activity and polyphenolic content of *Lycium barbarum*and*Lycium* chinese leaves [J]. Pakistan Journal of Pharmaceutical Sciences, 2015, 28(4): 1511–1515.

MOCAN A, VLASES L, VODNAR D, et al. Polyphenolic content, antioxidant and antimicrobial activities of *Lycium barbarum* and *Lycium* leaves [J]. Molecules, 2014, 19(7): 10056–10073.

NI J B, DING C J, ZHANG Y M, et al. Electrohydrodynamic drying of goji berry in a multiple needle to plate electrode system [J]. Foods (Basel, Switzerland), 2019, 8(5): 152.

NIU M C, HUANG J, JIN Y, et al. Volatiles and antioxidant activity of fermented goji (*Lycium* Chinese) wine: Effect of different oak matrix (barrel, shavings and chips [J]. International Journal of Food Properties, 2017, 20: 2057–2069.

ÖLMEZ H, KRETZSCHMAR U. Potential alternative disinfection methods for organic fresh–cut industry for minimizing water consumption and environmental impact [J]. LWT–Food Science and Technology, 2009, 42(3): 686–693.

OZTURK A, YILDIZ K, OZTURK B, et al. Maintaining postharvest quality of medlar (Mespilus germanica) fruit using modified atmosphere packaging and methyl jasmonate [J]. LWT–Food Science and Technology, 2019, 111: 117–124.

POLLINI L, ROCCHI R, COSSIGNANI L, et al. Phenol profiling and nutraceutical potential of *Lycium* spp. leaf extracts obtained with ultrasound and microwave assisted techniques [J]. Antioxidants, 2019, 8(8): 260.

POTTERAT O. Goji (*Lycium barbarum* and L. chinense): phytochemistry, pharmacology and safety in the perspective of traditional uses and recent popularity [J]. Planta Medica, 2010, 76(1): 7–19.

ŞANLIER N, GÖKCEN B B, SEZGIN A C. Health benefits of fermented foods [J]. Critical Reviews in Food Science and Nutrition, 2019, 59(3): 506–527.

TAO Y S, LI H, WANG H, et al. Volatile compounds of young cabernet sauvignon red wine from Changli county (China) [J]. Journal of Food Composition and Analysis, 2008, 21: 689–694.

TRIPODO G, IBÁÑEZ E, CIFUENTES A, et al. Optimization of pressurized liquid extraction by response surface methodology of goji berry (*Lycium barbarum* L.) phenolic bioactive compounds [J]. Electrophoresis, 2018(13): 1673–1682.

WANG H J, HUA J J, JIANG Y W, et al. Influence of fixation methods on the chestnut–like aroma of green tea and dynamics of key aroma substances [J]. Food Research International, 2020, 136:109479.

XIAO X, REN W, ZHANG N, et al. Comparative study of the chemical constituents and bioactivities of the extracts from fruits, leaves and root barks of *Lycium barbarum* [J]. Molecules, 2019, 24(8): 1585.

YANG M S, DING C J. Electrohydrodynamic (EHD) drying of the goji berry fruits [J]. Springer Plus, 2016, 5(1): 909.

ZHANG B, WANG M Z, WANG C, et al. Endogenous calcium attenuates the immunomodulatory activity of a polysaccharide from *Lycium barbarum* L. leaves by altering the global molecular conformation [J]. International Journal of Biological Macromolecules, 2019, 123: 182–188.

ZHANG X K, LAN Y B, ZHU B Q, et al. Changes in monosaccharides, organic acids and amino acids during cabernet sauvignon wine ageing based on a simultaneous analysis using gas chromatography–mass spectrometry [J]. Journal of the Science of Food and Agriculture, 2018, 98(1): 104–112.

ZHAO J F, LI H X, XI W P, et al. Changes in sugars and organic acids in goji berry (*Lycium barbarum* L.) fruit during development and maturation [J]. Food Chemistry, 2015, 173: 718–724.

ZHAO X Q, GUO S, LU Y Y, et al. *Lycium barbarum* L. leaves ameliorate type 2 diabetes in rats by modulating metabolic profiles and gut microbiota composition [J]. Biomedicine & Pharmacotherapy, 2019, 121: 109559.

ZHOU L S, LIAO W F, CHEN X, et al. An arabinogalactan from fruits of *Lycium barbarum* L. inhibits production and aggregation of Aβ42 [J]. Carbohydrate Polymers, 2018, 195: 643–651.

第十六章 枸杞精深加工利用

第一节　枸杞多糖的提取利用

枸杞多糖是枸杞中含量最多的功效成分，占干果质量分数的5%～8%。现代研究表明，枸杞多糖是枸杞发挥调节机体免疫、抗炎、抗肿瘤和抗氧化等作用的主要功效成分之一，已成为保健食品的一种重要功能性添加剂。近年来，国内外对枸杞多糖的研究进展较多，枸杞多糖的提取分离、化学分析、药理作用及临床应用都已具有较广泛的研究基础，并且显示出良好的应用前景。

一、提取与制备

（一）枸杞多糖的常规制备方法

常规制备流程如下：枸杞干果→预处理→粉碎→提取、分离→纯化→干燥→产品制备→纯度检验。

（二）破碎

目前枸杞多糖制备中常用的破碎方法主要有机械方法，即运用机械力的作用使组织粉碎。粉碎少量原料时，可选用组织捣浆机、匀浆器、研钵等。工业生产可选用电磨机、万能粉碎机等。

除了机械破碎方法，由于枸杞果实属浆果，易破碎，且在冻结状态下，呈现较好程度的低温脆性。因此，也可选用冷冻粉碎法，即将冷冻与粉碎两种单元操作相结合。这种破碎方法具有很多优点，可以使物料颗粒流动性更好，粒度分布更理想，活性成分受损失较小，不会因粉碎时物料发热而出现氧化、分解、变色等现象。

（三）提取方法

1.水或溶剂浸渍法

将经处理的枸杞果实置于有盖容器中，加入规定量的溶剂盖严，浸渍一定时间，使有效成分浸出。为了提高活性成分的浸出率，往往需要多次浸渍和选择适宜的溶剂配比，目前，水提醇沉法是常用的枸杞多糖提取分离方法，主要溶剂为水或80%乙醇。温度是多糖提取得率的主要影响因素之一。一般来说，枸杞多糖用90℃以上的水提取。但考虑到枸杞多糖结合有蛋白，为避免糖蛋白稳定性受影响，有的枸杞多糖在生产研发提取中选择温度低于60℃。

2.其他辅助萃取技术

微波提取这一概念首次被甘扎勒（Ganzler）提出时是作为分析化学中的一种新型的样品预处理手段。枸杞多糖提取时也可将微波作为预处理的选择之一。微波萃取具有萃取时间短、溶剂用量少、提取率高、溶剂回收率高、所得产品品质好、成本低、投资少等特点。但微波提取辐射不均匀，容易造成局部温度过高，导致有效成分变性、损失。此外，超声波、高压脉冲电场、微生物发酵法、亚临界水提取法、双水相萃取等一些新兴方法和技术手段在枸杞多糖的提取中发挥着重要作用，为枸杞多糖的制取提供了更加高效有力的支持，但目前多数仍处于实验室研究阶段。

（四）枸杞多糖的分离

1.枸杞多糖的生产工艺

如图16-1枸杞多糖生产工艺流程图所示，枸杞多糖的生产用到的主要设备有多功能提取罐、旋转蒸发器、离心机、酒精蒸馏回收塔、卷式超滤器、真空干燥器、喷雾干燥设备等。目前，多数生产企业在提取后，采用1000～10000分子量段的膜进行分离，经膜分离后的多糖经过冷冻干

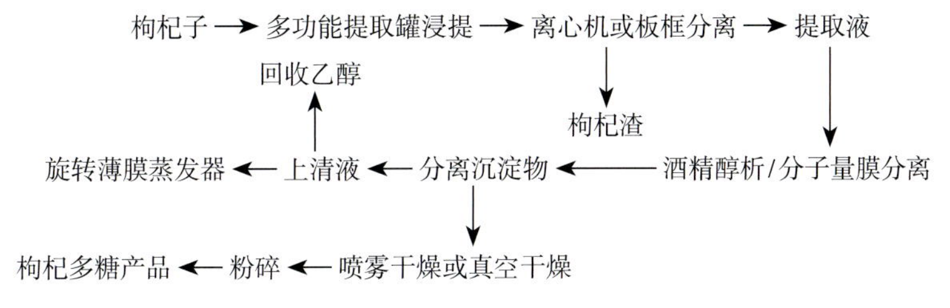

图16-1　枸杞多糖生产工艺流程图

燥或喷雾干燥即得枸杞多糖产品。实际生产中，所采用的膜分子量越小，多糖得率越大，但所得的多糖黏度也会随之升高。也有商家将不经过膜分离的粗提取物直接进行干燥。因此，部分生产商家根据多糖提取物的工艺及黏度，复配糊精等添加剂进行喷雾干燥，喷雾干燥条件为进风温度150～180℃，排风温度75～95℃。

在生产研发中，枸杞多糖提取的工艺多限于枸杞多糖的得率、生产周期的优化，鲜见多糖药理活性的保留或增强等关键问题的研究及相关标准。这在一定程度上削弱了提取工艺的合理性，成为阻碍枸杞多糖产业化的一个重要因素。

2.枸杞多糖的实验室分离纯化工艺

实验室多糖的制备工艺多经过粗提、醇沉、多级纯化、透析、浓缩、冷冻干燥等工艺，用以进一步的化学分析与功效评价。

一般来说，枸杞多糖粗提取物先上DEAE柱，用0～0.5 mol/L的不同浓度盐溶液层析脱色得半纯品。然后经SephadexG-100柱层析得纯品。洗脱过程中，枸杞多糖的含量用苯酚硫酸法检测，收集浓度较高的组分，5000分子量的透析袋透析后，浓缩冷冻干燥得白色絮状固体即为枸杞多糖不同纯度的枸杞多糖。具体纯化方法详见本书第十三章。

脱色处理是困扰枸杞多糖纯化的难题之一，结合大孔树脂，经乙醇、丙酮-石油醚等多种洗脱方法联合脱除色素后，枸杞粗多糖也往往由于提取条件限制，呈现出较深的颜色，影响感官和对各种组分的精确定量。此外，由于色素附着层析填料的再生也是一个难点。

二、多糖/糖肽的标准

由工业和信息化部颁布的行业标准QB/T 5176-2017《枸杞多糖》，规定了枸杞多糖是仅以枸杞为原料，通过提取、过滤、乙醇沉淀、干燥等工艺制得的多糖产品，产品应为黄色至深褐色粉末。其多糖含量（以葡聚糖计）应≥45%、水分含量≤6%、灰分含量≤12%，并规定了枸杞多糖的微生物、污染物等的要求、实验方法、检测规则及标志、包装、运输和贮存等。

由中国医药保健品进出口商会颁布的团体标准T/CCCMHPIE 1.77-2022《植物提取物——枸杞糖肽》，规定了以枸杞为原料，经水提、精制、冷冻干燥等工序制成的枸杞提取物——枸杞糖肽，其多糖和蛋白质的含量均应≥25%、水分和灰分含量均应≤10%，并规定了其他感官理化指标、微生物指标、生产加工过程的卫生要求及试验方法、检验规则、标志、包装、运输、贮存和保质期。

可见，现有标准仅涉及枸杞多糖或蛋白质含量的定量测定内容，没有将多糖结构相关的特征性检测指标列入标准，因此，鉴别的专属性不强。而对于枸杞多糖的评价标准仅围绕总多糖及总蛋白的定量测定，在测定中采用葡萄糖为标准品。这与枸杞多糖本身复杂的单糖组成情况及糖蛋白大分子结构相差甚远，影响了测定的可靠性和准确性，使得枸杞多糖的准确定量和质量控制还远不能满足现代药学研究的要求，也阻碍了枸杞多糖的产业化发展进程。

三、应用

（一）药品研发

枸杞多糖研发速度较为缓慢，目前尚未以成熟的药品形式面世，也缺乏相关临床研究的数据报告。但枸杞多糖在抗肿瘤、抗病毒、抗衰老、抗氧化、降血糖及神经保护等多方面具有活性，使其具备较大的药物开发潜力。

（二）保健食品研发

枸杞多糖作为保健食品或食品原料被广泛应用。枸杞多糖粗提液可加工制成保健酒、口服液、饮料，也可以作为营养强化剂直接加入食品，改善食品感官及营养价值，实现枸杞多糖向功能性食品的转化。此外，将枸杞多糖与其他不同来源的天然植物多糖按照功效进行配比组成复合活性多糖，可协同发挥各活性组分的功效，是近年功能性食品的重要发展方向。

（三）化妆品添加剂

枸杞多糖具有明显的保护皮肤细胞免受光损害的能力、优越的保湿性和吸附性，被认为是优质的功能性化妆品添加剂。如法国欧莱雅公司已申请了将枸杞多糖粗提物作为美颜抗皱复颜水等高端化妆品的有效添加物的相关专利，体现出枸杞多糖在日化领域的新用途。

第二节　枸杞类胡萝卜素的提取利用

一、枸杞类胡萝卜素

随着科学技术的发展和人们对于健康意识的加强，合成色素对人体的危害已日益引起人们的重视。所以，目前世界各国使用合成色素的品种和数量日趋减少，而天然色素不仅使用安全，还具有一定的营养或药理作用，深受消费者的信赖和欢迎。因此，开发安全可靠的天然色素对保障国民健康和促进食品工业发展具有十分重要的意义。

枸杞中含有的主要植物色素为类胡萝卜素，基于枸杞类胡萝卜素总体上以极性小的脂溶性化合物为主，近年来其提取制备工艺从单一溶剂法过渡发展到亚临界萃取和超临界萃取。

二、亚临界提取工艺

（一）亚临界状态的定义及性质

物质的亚临界状态是相对于临界状态和超临界状态的一种形态。当溶剂物质的温度高于其沸点时，以气态存在，此时对其施以一定的压力压缩使其液化，此状态即被称为物质的亚临界状态。当温度不超过某一数值，对气体进行加压，可以使气体液化，而在该温度以上，无论加多大压力都不能使气体液化，这个温度叫该气体的临界温度。在临界温度下，使气体液化所必需的压力叫临界压力。当物质以亚临界流体状态存在时，其分子的扩散性能增强，传质速度加快，对天然产物中弱极性及非极性物质的渗透性和溶解能力显著提高。

（二）枸杞类胡萝卜素的亚临界萃取原理

根据相似相溶原理，利用上述亚临界流体的特殊性质，使亚临界状态溶剂分子与固体原料充分接触中发生分子扩散作用，使物料中可溶成分迁移至萃取溶剂中。萃取混合液经过固液分离后进入蒸发系统，在压缩机和真空泵的作用下，根据减压蒸发的原理将萃取剂由液态转为气态，从而得到目标提取物——枸杞类胡萝卜素。常用溶剂主要为（环）直链烷烃化合物如丙烷、丁烷等，溶剂气体经压缩机压缩、冷凝液化回收，再循环使用。

（三）主要设备结构和工作原理

亚临界萃取的主要设备为压力容器、压缩机和真空泵。其结构和工作原理如下。

1. 压力容器

压力容器是一种在一定压力下工作的容器设备。我国压力容器按压力分为三类：一类为低压（压力小于1.6 MPa），二类为中压（1.6～9.9 MPa），三类为高压（大于9.9 MPa）。但是，当容器内的工作介质为易燃易爆物质时，容器的类别将相应提高。常用溶剂是以丁烷为主要化学成分的四号溶剂，其萃取工艺中的设备为低压容器，但由于四号溶剂易燃易爆且为液化气体，所以均属于二类压力容器。

2. 压缩机

压缩机由曲轴、活塞、气缸、吸排气环阀及壳体等组成，活塞在曲轴的带动下进行往复运动。当活塞向下运动时，气缸内容积增大，吸气环阀被进气顶开，气体被吸入气缸内；然后活塞向上运动，气缸内压力高于进气压力，使吸气环阀自动关闭。由于活塞不断向上运动，使气缸内压力不断升高，气体温度同时升高。当缸内压力高于排气管道的压力时，排气环阀被顶开，气体排入排气管道；当活塞运动到最上端时，缸内气体被全部排出，活塞又向下运动，排气环阀被排气管中高压气体压迫而自动关闭，气缸进入下一个吸气、压缩周期。

3. 真空泵

真空泵由气室和气缸铸成一个整体，气室上面装有进气阀为进气口，气室下面装有排气阀为排气口，在阀的气槽上有阀片和螺旋弹簧组成逆止阀，以控制进排气和自动完成配气作用。真空泵则借助于曲轴上偏心轮转动，通过偏心圈和气阀杆，带动在阀座上进行往复运动的移动气阀，加上逆止阀的联合作用，以控制进排气和完成配气作用。气缸内有一个活塞，活塞上装有活塞环，保证被活塞间隔的气缸两端气密。活塞在气缸内进行往复运动时，不断地改变气缸两端的容积，一端容积扩大吸入气体，另一端容积缩小排出气体。活塞和气阀联合作用，周期地完成真空泵的吸气和排气作用。

（四）枸杞类胡萝卜素亚临界萃取工艺流程及实例

亚临界萃取工艺是单一溶剂法提取工艺的延伸，其一般工艺流程为：原料→粉碎→萃取罐→蒸发罐→脱溶剂→浸膏或干燥成粉→产品。

实例：萃取溶剂丁烷。称取24 kg枸杞经-18℃过夜冷冻后，粉碎至40目，装入亚临界萃取罐中。开机，萃取罐升温至60℃，压力约0.5 MPa，萃取1 h，减压至常压。脱溶剂后，取出枸杞类胡萝卜素萃取物，重复萃取1次，合并萃取物共计0.72 kg，萃取率为3%。

目前，常用于类胡萝卜素提取的亚临界溶剂有丙烷和丁烷，这两种溶剂是国家卫生部允许使用的食品加工助剂，这两种溶剂均属于甲级防爆级别，丙烷的危险度是2.96，丁烷是4.31，从生产安全方面考虑，丙烷的危险度要小一些。另外，为了提高目标产物的萃取率，可以在萃取过程中加入特定的夹带剂，通过影响溶剂的极性、密度或者增加内部分子间的相互作用，得以显著增加对这一物料的溶解能力，从而提高萃取率。

萃取条件对萃取率有一定的影响。从理论上来说，料液比、萃取时间和萃取次数等的升高都会提高亚临界的萃取效率，但在工业化生产过程中需要控制成本，一般将这些因素控制在一定范围内。提高萃取温度能增加分子的运动速率，从而提高萃取的速度，但是，过高的温度又会造成类胡萝卜素的降解，生产过程中通常将温度控制在60℃以下。压力与温度呈正相关关系，萃取温度上升，则萃取压力相应提高，压力升高有助于提高萃取效果，但在规模化生产中并不将压力作为调控参数，只是控制萃取压力不要高于萃取罐的设计压力。目前，国内广泛使用的由河南省亚临界生物技术有限公司生产制造的亚临界萃取设备萃取类胡萝卜素物质时，压力一般在0.6 MPa左右。国内有部分高校或科研院所自行设计的亚临界萃取装置，配备了单独的控压装置，萃取压力可以达到2.5 MPa；国外的亚临界萃取装置，使用丙烷为溶剂时，压力可达到10 MPa以上。

亚临界萃取的产物得率和质量与其他萃取方式获得的产物有所差别，有报道比较研究了亚临界正丁烷、超临界二氧化碳（SC-CO_2）和索氏方法萃取文冠果的种子油。其中，亚临界正丁烷萃取得率（58.79%）高于SC-CO_2萃取（56.47%），但低于索氏提取法（97.29%）。3种方法提取的油都富含亚油酸（379.61～385.86 mg/g）和油酸（276.58～285.77 mg/g），具有较高的热稳定性和牛顿流体特性。亚临界正丁烷萃取的油的生育酚含量、抗氧化活性和氧化稳定性均是最高的。用亚临界正丁烷和SC-CO_2提取3种藻类中脂肪酸组成和总类胡萝卜素，亚临界正丁烷萃取物中的多不饱和脂肪酸（PUFAs ω3+ω6）含量突出，并且具有较高的DPPH自由基清除力，这可能和其提取物中总类胡萝卜素含量较高有关[8]。用亚临界丙烷萃取低脂蛋黄粉中的蛋黄油，在萃取温度313.15 K、萃取时间120 min，固液比1:9（g/mL）时，其蛋黄油的残油率为21.04%，远低于乙醇萃取（39.24%）。扫描电子显微镜揭示了亚临界丁烷萃取后蛋黄球的结构严重破坏，也就有利于蛋黄油的提取，此外，亚临界提取的油的酸价和过氧化值均比乙醇提取的低[9]。有报道，亚临界丙烷、丁烷等对β-胡萝卜素的萃取率远远高于SC-CO_2，这主要是由于β-胡萝卜素在SC-CO_2中的溶解度极低。此外，萃取中其他脂类成分（尤其是三酰甘油）的存在可充当夹带剂，有助于其萃取。

三、超临界提取

（一）超临界状态的定义及性质

超临界流体（superitical fluid，SCF）是指处于临界温度（T_C）和临界压力（P_c）以上，其物理性质介于气体与液体之间的流体。SCF兼有气液两重性的特点，既有与气体相当的高渗透能力和低的黏度，又兼有与液体相近的密度和对许多物质优良的溶解能力。可作为SCF的物质很多，如二氧化碳、一氧化亚氮、六氟化硫、乙烷、甲醇、氨和水等。其中，二氧化碳临界温度低（T_c=31.3℃），接近室温，临界压力小（P_c=7.15 MPa），且具有无色、无味、无毒、不易燃烧、化学惰性、低膨胀性、价廉、易制得高纯气体等特点。因此，超临界二氧化碳流体萃取具有低温下提取、没有溶剂残留和选择性分离等特点，是一项应用广泛的实用新技术，受到越来越多的重视。

（二）超临界二氧化碳萃取技术的原理及其影响因素

1.超临界二氧化碳（SC-CO_2）萃取原理

超临界二氧化碳流体萃取分离过程的基本原理是利用超临界流体的溶解能力与其密度的关系，即利用压力和温度对超临界流体溶解能力的影响而进行的。在超临界状态下，将超临界流体与待分离的物质接触，使其有选择性地把极性、沸点和分子量各不相同的成分依次萃取出来。

2. 影响超临界萃取的主要因素

（1）密度。溶剂强度与SCF的密度有关。温度一定时，密度（压力）增加，可使溶剂强度增加，溶质的溶解度增加。

（2）夹带剂。适用于超临界流体萃取的大多数溶剂是极性小的溶剂，这有利于选择性地提取，但限制了其对极性较大溶质的应用。

（3）粒度。溶质从样品颗粒中的扩散，可用Fick（费克）第二定律加以描述。粒子的大小可影响萃取的收率。一般来说，粒度小有利于SC-CO_2萃取。

（4）流体体积。提取物的分子结构与所需的SCF的体积有关。

（5）压力和温度。压力和温度都可以成为调节萃取过程的参数，通过改变温度和压力达到萃取的目的。压力固定，通过改变温度也同样可以将物质分离开来；反之，将温度固定，通过降低压力使萃取物分离。

（三）超临界二氧化碳萃取装置

由于超临界流体萃取设备的压力很高，超临界流体萃取设备多为中小型装置。固体物料的萃取釜是超高压设备，以现有的技术条件，在高压下连续进出固体物料是不可能的。为了适应固体物料频繁装卸的要求，目前国际上几乎所有的固体二氧化碳超临界萃取设备，都采用全镗式-快开式萃取釜。采用快开式结构，可以提高生产效率及产品质量。

1. 国内开发的超临界二氧化碳萃取设备

图16-2所示为国内某公司所开发二氧化碳超临界萃取设备的工艺流程：液体二氧化碳由高压泵2加压到萃取工艺要求的压力并传送到换热器3，将二氧化碳流体控制在萃取工艺所需温度，然后进入萃取釜4，在此完成萃取过程。负载溶质的二氧化碳流体减压进入分离釜，二氧化碳减压后溶解度降低使萃取物在分离釜5中得以分离。分离萃取物后的二氧化碳流体再经换热器6冷却液化后回到储罐1中循环使用。

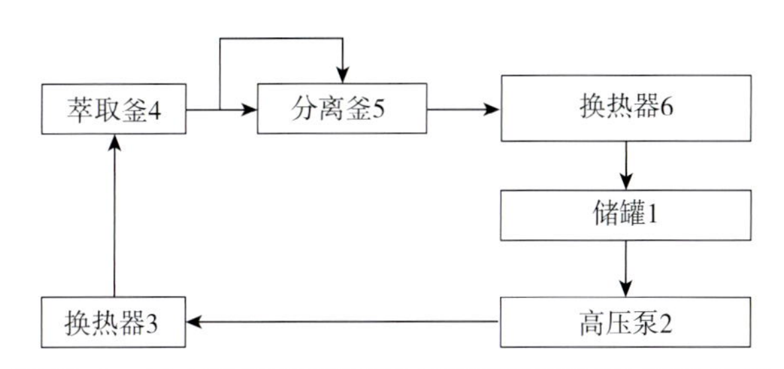

图16-2　国内某公司超临界二氧化碳萃取设备工艺流程图

2. 国外开发的超临界二氧化碳萃取设备

如图16-3所示为美国某公司萃取设备工艺流程图：2个973 L的萃取釜串联，被萃取的物料装在原料筐中被放入萃取釜，密闭釜口，系统抽真空，然后开启阀门，启动循环泵升压。超临界二氧化碳流体由高压泵加压送到萃取釜，经过高压过滤器后，用阀门控制流量降压，加热后进入一

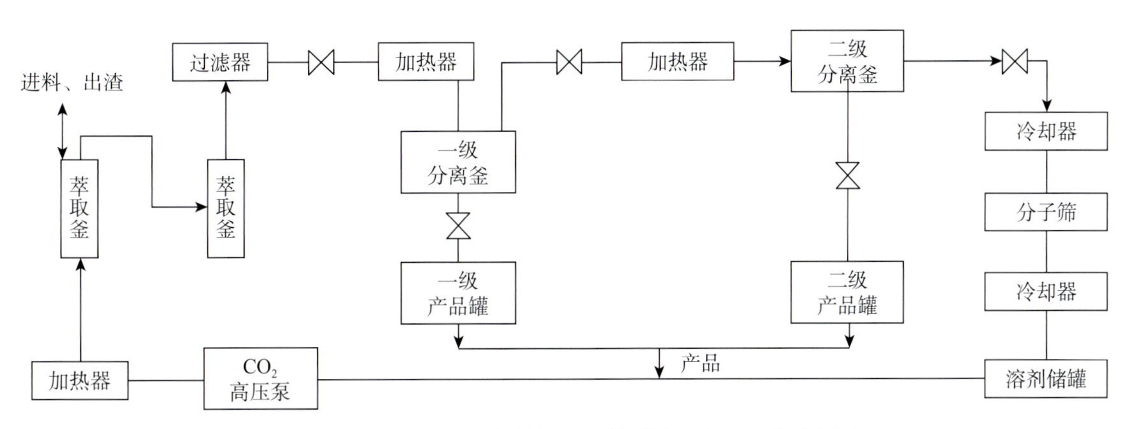

图16-3　美国某公司超临界二氧化碳萃取设备工艺流程图

级分离釜，解析出被萃取物质，剩余未被分离的物质被流体带出，再用阀门控制流量降压，加热后进入二级分离釜，解析出剩余的被萃取物质。经过低压过滤器后，将二氧化碳流体冷却，用分子筛除水，再全部冷凝为液态的二氧化碳，送入溶剂储罐中再循环使用。

（四）枸杞类胡萝卜素超临界萃取工艺流程及实例

枸杞类胡萝卜素超临界二氧化碳萃取的一般工艺流程为：原料→水提脱糖→粉碎→萃取釜→分离釜→萃取液或浸膏→产品。

实例：首先将枸杞子除杂后置于5倍体积的温水（45℃）中浸泡，每10 min搅拌一次，浸泡0.5 h后沥水，重复操作4次，除掉大部分的水溶性糖，沥水后的枸杞用50℃热风干燥。取20 kg降糖后的枸杞粉碎至40目，加入5%（w/w）的乙醇拌匀后装入萃取罐中，在萃取压力30 MPa、萃取温度45℃、分离压力8 MPa、分离温度46℃、CO_2流量300 L/h、萃取2.5 h后得类胡萝卜素粗提物，得到萃取物1.496 kg，萃取率为7.48%。

在枸杞中加入枸杞籽、万寿菊等含水量和含糖量均较低的原料，混合萃取物料中的色素和油脂成分。加入此类辅料的萃取方法避免了枸杞原料脱糖的工艺，在枸杞类胡萝卜素浓度要求较低的前提下，可大幅节约成本。

温度、压力、萃取夹带剂、物料粒度等因素均能影响超临界萃取的萃取率，压力-温度组合对提取率的影响大于单一的温度和压力影响。在80℃、50 MPa和70/30的果皮/种子比下，番茄红素的最大产量为1.32 mg/kg原料。用SC-CO_2提取虾青素，随着温度和压力的提高，提取量和提取物内虾青素含量均有所增加。在最高温度和压力的条件下，虾青素的提取量及提取物中虾青素含量分别为77.9%和12.3%。在相同条件下，添加乙醇为夹带剂能使虾青素的提取量提高到2倍以上。添加不同的助溶剂会影响SC-CO_2的萃取效率，通过汉森溶解度理论预测了丙酮、乙醇、正己烷、甲醇作为助溶剂对SC-CO_2萃取杜氏盐藻中β-胡萝卜素的提取效果，预测乙醇是最好的助溶剂，并通过平衡数据和微藻提取曲线验证了预测结果。乙醇的添加降低了气泡压力，增加了β-胡萝卜素的溶解度，当乙醇的质量分数为5%时，温度为45℃、压力为20 MPa时，每千克微藻可获得25 g类胡萝卜素，远高于纯SC-CO_2。

四、产品研发

在枸杞类胡萝卜素深加工方面研究和开发应用鲜见，仅在部分的枸杞籽油的保健产品中少量含有。究其原因，笔者认为，一方面，枸杞类胡萝卜素中的玉米黄素双棕榈酸酯的功效作用及其体内代谢途径等相关机理需要进一步发掘，枸杞类胡萝卜素提取物的安全性尚需进一步加以评价；另一方面，稳定性和活性保持技术成为其进一步深加工利用的关键。此外，在枸杞的综合利用研发中，如何先提取枸杞色素，后提取枸杞多糖工艺，达到生产效率的最优化，还有待进一步研究。

第三节　枸杞籽油的提取利用

一、枸杞籽油

枸杞的种子中含有18%左右的油，这些油含有丰富的油脂和蛋白质，而且还含有一般植物少有的亚油酸、γ-亚麻酸、维生素E、棕榈酸和多种微量元素及活性物质。经不断研究探索，人们对枸杞籽油在人体生理、生化过程中药理作用认识的逐步深入，使枸杞籽油在医药、保健品、化妆品等领域的应用逐步拓展，生产向产业化与商品化发展，特别是随枸杞原浆等饮品市场化发展，枸杞籽油的提取与应用成为枸杞综合利用的重要途径之一。

二、提取工艺

枸杞籽油的制备一般采用溶剂提取法，出油率约为15%。

（一）溶剂提取工艺流程

枸杞籽 → 机械破碎 → 有机溶剂提取 → 提取液处理 → 蒸馏 → 枸杞油 → 脱水精制 → 枸杞油精制品

蒸馏 ↓ 溶剂回收

（二）溶剂提取法技术要点

1. 破碎

将枸杞籽用风力或人力分选，基本不含杂质后用破碎机破碎。枸杞籽细胞破碎得越彻底，油脂的浸出分离效率越好，出油率越高，出油率与破碎细度呈正相关。但超过60目过筛困难，因为枸杞籽磨碎后很油腻，易堵塞筛孔。研究表明，采用40目筛最为适宜。

2. 软化

破碎后，将破碎的枸杞籽投入软化锅内软化，条件是水分12%～15%，温度65～75℃，时间40 min，必须达到全部软化。

3. 浸提

若采用浸提法，经过软化后就可以加有机溶剂进行浸提，有机溶剂有己烷、石油醚、二氯乙烷、三氯乙烯、苯、乙醇、甲醇、丙酮等。浸提液经压榨、过滤、分离即可得到毛油，其操作过程与精油的提取过程基本相似。生产中常用的枸杞籽油浸提有机溶剂是石油醚。

在浸提枸杞籽油过程中，浸出温度对枸杞籽油得率也有很大影响。按油脂浸出基本原理，提高温度可以增加分子动能，加速分子运动，促进扩散作用，从而达到提高浸出效果的目的。研究发现，在室温条件下（15～25℃），油脂的浸出率变化不大，再相应地提高温度可提高油脂得率；温度在30℃以上时，温度每增加5℃，枸杞油得率相应增加0.5%左右，但温度超过50℃时，溶剂挥发过速，不宜采用（表16-1）。

表16-1　不同浸提温度枸杞籽的出油率

溶剂温度（℃）	15	20	25	30	40	50
出油率（%）	9.9	11.1	11.5	11.7	12.6	14

4. 炒坯

炒坯的作用是使枸杞籽粒内部的细胞进一步破裂，蛋白质发生变性，磷脂等离析、结合，从而提高毛油的出油率和质量。一般将软化后的油料装入蒸炒锅内进行加热蒸炒（加热必须均匀）。炒料后立即用压饼机压成圆形饼，操作要迅速，压力要均匀，中间厚，四周稍薄，饼温在100℃为好。压好后趁热装入压榨机进行榨油。榨油时室温控制在35℃，以免降低饼温而影响出油率。出油的油温在80～85℃为好，再经过过滤去杂就成为毛油。由于枸杞籽坚硬，用压榨法并不适宜，且出油率太低，为了能提高出油率，可采用有机溶剂浸提，但炒坯环节仍然是关键。

5. 精炼

枸杞籽油的精炼与其他油脂的精炼方法类似。生产中也可采用离心脱水的方法进行精炼，精炼后的枸杞籽油还需经脱臭处理，间接蒸汽加热至100℃，喷入直接蒸汽，真空度800～1000 Pa，时间4～6 h，最后加入适量抗氧化剂即得成品。

（三）超临界CO_2（SC-CO_2）萃取枸杞籽油

1.萃取工艺条件

（1）萃取工艺

枸杞籽→破碎（40～60目）→装料→萃取（温度40～50℃，压力40 MPa）→分离（温度35～40℃，压力10 MPa）→枸杞籽油

（2）萃取控制条件（表16-2）

表16-2　枸杞籽油萃取控制条件

装置	压力（MPa）		温度（℃）		
	起始	终止	起始	中间	终止
萃取釜	25	25.5	37	38.4	36.6
解析釜Ⅰ	8	8.2	32	33.2	31.7
解析釜Ⅱ	6	6	32	29.6	24.7

2.枸杞籽油理化指标

表16-3　枸杞籽油常规理化指标检测

序号	理化指标	单位	石油醚萃取（沸程60～90℃）	SC-CO_2萃取
1	得率	%	10.7	15.11
2	水分及挥发物	%	0.35	1.47
3	酸价（以KOH计）	mg/g	4.7	5.8
4	碘价	g/100 g	126.7	138.8
5	皂化价（以KOH计）	mg/g	171.95	200
6	杂质	%	0.1	0.05
7	色泽	/	黄28.9，红0.72	黄70，红3
8	加热试验	/	油色稍浅，有析出物	油色变浅，无析出物，有白烟刺激气管
9	气味、滋味	/	正常，无异味	正常，无异味
10	比重	/	0.9233	0.9189
11	折光	/	1.4762	1.475
12	黏度	/	8.5	6.66

注：色泽采用罗维朋比色法测定；黏度采用恩氏黏度计测量；比重、折光及黏度测量均在20℃下进行；加热试验在280℃下进行。

表16-4　微量元素检测

mg/100 g

序号	元素名称	石油醚萃取	SC-CO_2萃取	序号	元素名称	石油醚萃取	SC-CO_2萃取
1	钾K	32.35	5.38	10	铝Al	0.20	5.63
2	钙Ca	24.95	10	11	钛Ti	0.115	＜0.01
3	镁Mg	14.93	1.38	12	铬Cr	0.019	3
4	钠Na	6.83	10	13	镍Ni	0.005	＜0.01
5	铁Fe	1.49	5.88	14	锡Sn	0.005	＜0.01
6	硅Si	1.45	0.88	15	钒V	0.0047	＜0.01
7	锌Zn	1	1.63	16	钼Mo	0.004	0.013
8	锶Sr	0.5	0.83	17	锂Li	痕迹	0.05
9	锰Mn	0.35	0.33	18	硒Se	痕迹	0.0093

表16-5　脂肪酸检测（%）

序号	组分	石油醚萃取	SC-CO_2萃取
1	棕榈酸	6.9	7.3
2	硬脂酸	3.01	3.2
3	油酸	17.6	16.8
4	亚油酸	66.5	67.8
5	亚麻酸	3.4	3.4
6	花生烯酸	1.4	1.5

表16-6　重金属、有害物质检测

序号	项目	单位	石油醚萃取	SC-CO_2萃取
1	铜Cu	mg/kg	0.125	0.37
2	铅Pb	mg/kg	0.01	未检出
3	砷As	mg/kg	未检出	0.0025
4	黄曲霉毒素B_1	μg/kg	未检出	未检出
5	石油醚溶剂残留量	mg/kg	5	—

表16-7　生物活性成分检测

序号	成分	单位	石油醚萃取	SC-CO_2萃取
1	磷脂	%	0.25	0.23
2	维生素E	mg/100 g	42.02	7.524
3	β-胡萝卜素	mg/100 g	0.73	260

3.枸杞籽油的微胶囊化

应用喷雾干燥技术制备枸杞籽油微胶囊。一般来说，以微胶囊的包埋率为评价指标，以大豆分离蛋白、乳清蛋白、改性淀粉、麦芽糊精等为壁材，黄原胶、阿拉伯胶等为稳定剂，大豆卵磷脂为乳化剂喷雾干燥制备。

加工实例：喷雾干燥条件为物料温度 50～60℃，进风口温度180℃，出风口温度85℃，雾化器24000 r/min，进料速度 40 mL/min。大豆分离蛋白:麦芽糊精为1∶1，芯材:壁材为1∶2，乳液浓度为25%，在此条件下包埋率为 88.55%。对微胶囊产品的外观形态进行电镜分析得，微胶囊粒径大小为10～30 μm，外形接近球状，大部分颗粒表面光滑、紧密、连续，无明显凹陷、破裂情况。采用Schaal烘箱法进行枸杞籽油及其微胶囊耐贮藏性研究，结果表明，未经包埋的枸杞籽油氧化迅速，60℃下贮存6 d后过氧化值已超出食用油卫生标准的要求；微胶囊化技术可减缓枸杞籽油的氧化速度，经推算，在20℃下的枸杞籽油微胶囊可贮存240 d。

三、枸杞籽油标准

由宁夏回族自治区卫生健康委员会颁布的地方标准DBS 64/412-2016《超临界CO_2萃取枸杞籽油》规定了超临界CO_2萃取枸杞籽油是以枸杞籽为原料，经超临界CO_2萃取工艺制取的食用枸杞籽油，产品为橙黄色或橙红色，色泽均匀，透明无杂质。其水分及挥发物≤0.2%，不溶性杂质≤0.2%，酸值（以KOH计）≤10 mg/g，过氧化值≤0.25 g/100 g，折光指数（n^{20}）1.4755～1.4765，相对密度（d20 20）0.9224～0.9243，碘值124～149 g/100 g，皂化值（以KOH计）181～194 mg/g，不皂化物≤18 g/kg，棕榈酸（$C_{16:0}$）含量为6%～7%，硬脂酸（$C_{18:0}$）3%～4%，油酸（$C_{18:1}$）19%～23%，亚油酸（$C_{18:2}$）63%～67%，γ-亚麻酸（$C_{18:3}$）2%～3%，α-亚麻酸（$C_{18:3}$）含量为0.5%～1.5%，并规定了超临界CO_2萃取枸杞籽油的相关技术要求、食品添加剂、生产加工过程的卫生要求、试验方法、检验规则、标志、包装、运输、贮存标准。

四、开发应用现状

枸杞籽油具有辅助降血脂等作用，目前已用于医药和保健产品的开发，具体应用可分为三类。

（1）枸杞籽油可作为功能性植物油脂产品或食品、美容护肤品、药品的生产原料。

（2）枸杞籽油软胶囊是将枸杞籽油与鱼油、灵芝孢子油、维生素E、明胶、纯化水、甘油等复配，利用原辅料间的相乘作用，使各自的功效最大化，进而制作可以辅助降血脂及增强免疫力的枸杞油胶丸产品，且便于携带和食用。

（3）枸杞籽油微胶囊可应用到食品加工中，例如开发保健奶粉、保健乳饮料、婴幼儿营养米粉、营养面包等产品，以增加枸杞籽油的附加值和市场竞争力（图16-4）。目前市场化的产品较少见。

图16-4　宁夏农林科学院枸杞科学研究所研发的枸杞明目胶囊

第四节　黑果枸杞的开发利用

现代研究表明，黑果枸杞具有延缓老化、降低血脂、抗疲劳、预防和治疗糖尿病等生物活性。其主要功效成分是花色苷类物质，结构有别于其他果蔬中富含的花色苷。因此，近年来，除干果外，黑果枸杞花色苷也被广泛应用到食品加工业和保健品行业。

一、采收与制干

1. 采收晾晒

这是一种利用通风和光照进行的自然干燥方法。宁夏农民常选择一空旷通风之处，将刚采收的鲜果摊在果栈上，厚度约为2 cm，将果栈支架起来晾晒。一般夏果4～5 d，秋果7～9 d即可干透。鲜果最初两天不宜强光暴晒。此法简便、经济，但干燥时间长，有效成分损失大，脱水效果差，且易返潮、结块和霉变，干果品质不佳，易被灰尘、蝇、鼠污染。

2. 热风干燥法

这是一种使用热风干燥机械设备进行干燥的方法。有研究资料建议，在干燥初期先用温度40～45℃、风速0.35 m/s的热风干燥6 h左右，再用温度60℃、风速0.35 m/s的热风干燥6 h左右，最后用温度65℃、风速0.15～0.25 m/s的热风干燥20 h即可。该方法成本较低，处理量大，易于操作，可实现自动化，但有效成分损失较大，品质较差。

剪枝制干法多见于青海、新疆等产区，即将成熟后的黑果枸杞连同枝条剪下，进行整枝晾晒或进入烘干房进行烘干，干燥后采用风选设备等进行脱粒。

3. 其他干燥方式

真空冷冻干燥法先以速冻的手段使果实所含的水分冻结。目前，生产上多采用整枝剪下后经清洗、入冷库-18℃冷冻后进行敲打脱粒，除去多数枝叶后的黑果枸杞果实经冷冻干燥后，即通过高真空度将冰晶迅速升华，达到干燥的目的。

微波干燥、远红外干燥及冷冻干燥等方法仅有少量的研究与探讨，但尚未在黑果枸杞的生产中得以应用。

二、花色苷的提取及其利用

（一）工艺流程

黑果枸杞→破碎/粉碎→酶解→水提或醇提→大孔树脂分离→浓缩→干燥→黑果枸杞花色苷（粉体）

（二）技术要点

（1）原料预处理：取黑果枸杞鲜果或干果，清洗除杂备破碎/粉碎备用。

（2）酶解：向处理过的原料喷洒浓度为0.1%左右的生物酶，加入量约为原料的1%，然后在室温下避光静置2～3 h。生物酶可为纤维素酶、果胶酶、果汁酶、复合果浆酶、葡聚糖酶等中的一种或两种以上的组合。

（3）酸性醇溶液（pH=3～4）：可用盐酸、硫酸、三氟乙酸、柠檬酸、酒石酸、甲酸、乙酸或丙酸的一种调节pH；醇可用甲醇、乙醇、丙醇或丁醇等中的一种，醇含量为60%～70%，溶液pH保持在3～4。

（4）酸性水溶液（pH=1～3）：盐酸、硫酸、三氟乙酸、柠檬酸、酒石酸、甲酸、乙酸或丙酸等其中一种的水溶液。

（5）大孔树脂：用于花色苷纯化的大孔树脂包括D101、D3520、D4020、DA201、HPD-100、XAD-7、X-5、AB-8、H103、NKA-9、S-8等。

（6）浓缩干燥：浓缩采用减压浓缩装置，温度控制在45℃以下为宜。干燥可以选择冷冻干燥，以利于花色苷的稳定性。

三、产品的研发与生产

（一）黑果枸杞果粉

研发和生产黑果枸杞速溶粉可以大大提升黑果枸杞的食用方便性、营养性。喷雾干燥技术是一种可以提高天然产物稳定性的微胶囊包埋技术，作为目前果粉大规模生产的主要工艺之一，具有效率高、成本低的特点，在工业化生产中占有非常明显的优势，因此，在黑果枸杞鲜果果粉的加工中得以广泛应用。

以黑果枸杞为原料获得黑果枸杞果粉的最佳方法有喷雾干燥、冷冻干燥和超微粉碎3种。超微粉碎不改变物料状态，适用于黑果枸杞干果，操作简便，易制备，但粉末颗粒较大，溶解后会产生沉淀，因此，在食品领域应用有限。真空冷冻干燥技术对原料中的热敏物质影响较小，但生产周期长，能耗大，生产费用高，因此，在黑果枸杞粉的生产上较为受限。喷雾干燥技术是全球应用最为广泛的一种干燥技术，对物料要求低，能将液体物料在几秒内瞬间转化为固体粉末，且可连续作业，适宜工业化大型生产。具体生产工艺流程如下：

{黑枸杞鲜果 → ；黑枸杞干果 —复水→} 护色打浆 → {浸提；匀浆} → 喷雾干燥 → 集粉包装

经喷雾干燥工艺所生产的黑果枸杞花色苷粉，色泽鲜艳，呈亮紫色，较好地保留了黑果枸杞原有的色泽及风味；质地细腻柔软，流动性、溶解性均较好，具有良好的组织状态，因此，可作为食品级原料应用于黑果枸杞食品研制，也可作为中间原料用于保健食品的研发。

目前，黑果枸杞果浆或提取物在喷雾干燥时面临两大技术难题：一是黑果枸杞中含有大量花色苷，对高温及氧气极不稳定，降解后呈现棕黄色，严重影响产品外观品质和功效成分含量，降低生物活性；二是喷雾干燥常会出现黏壁问题，造成出粉率低，甚至影响产品外观和口感。因此，需着重优化喷雾干燥工艺参数，并结合活性保持技术，降低黑果枸杞花色苷降解。

研究结果表明，对黑果枸杞花色苷进行微胶囊化，再进行喷雾干燥，可有效提高黑果枸杞花色苷对光、热、空气中氧等外界条件影响的稳定性。此外，体外消化试验表明，通过内源乳化法结合喷雾干燥法制备花色苷微胶囊经人工模拟胃液消化2 h后，其保存率为83.7%，显著高于花色苷（45.3%）。

随着真空干燥技术的发展，为物料干燥提供了更多选择。黑果枸杞花色苷提取液经浓缩、真空冷冻干燥后，花色苷含量为19.8～22.1 mg/g，得率为32%～35.4%。

（二）黑果枸杞果汁

黑果枸杞成熟果实为紫黑色浆果，形态饱满，色泽亮丽，富含以花青素为主的多酚类物质，对降压降脂、保护血管、调节肠道菌群均有较好功效。黑果枸杞果汁的加工生产包括护色、打浆、过滤或高压均质、杀菌、灌装等环节。但由于黑果枸杞缺少水果香气，因此，在果汁饮品开发上受到一定局限。目前，市场销售的相关产品多数是黑果枸杞原浆，以鲜果或干果为原料经打浆灌装而成，由于花色苷容易发生降解、变色等问题，不易贮藏，因此，货架期较短，产品生命周期受限。

（三）黑果枸杞果酒

虽然黑果枸杞富含丰富的花色苷物质，具有非常好的生物活性，但黑果枸杞的花色苷类物质对外界条件极为敏感，温度、氧浓度、光照、pH、金属离子等都会影响到花色苷的保存率。果酒发酵属于非热力加工，较低的pH、温和的发酵温度、丰富的有机酸及微生物环境均有利于花色苷类营养物质的保存，所以对于黑果枸杞原料而言，发酵无疑是最为有效的一种加工方式。目前，此类产品还处于研发阶段，尚未有市场流通产品，以下综述研发进展情况。

1.黑果枸杞单一原料果酒

庞志国通过在高压（80～100 MPa）下均质，破坏黑果枸杞的细胞壁，释放细胞壁养分和细胞养分并将其溶解在酒中，最终制得黑果枸杞果酒。董建芳以黑枸杞干果为原料进行复水浸提，补加白砂糖，筛选最合适的酿酒活性干酵母进行发酵。通过实验确定了黑果枸杞果酒的最佳工艺条件为：黑果枸杞复水比例为1∶15，浸渍温度为5℃，补加白砂糖200 g/L，将温度控制在22 ± 2℃条件下恒温发酵，使用0.3 g/L蛋清粉对黑果枸杞果酒进行澄清稳定化处理，得到黑果枸杞果酒。陶燕铎等发明了一种短酿造期的黑果枸杞发酵酒的制备方法：将黑果枸杞洗净，添加乳链菌肽和果胶酶，两次压榨所得汁液和皮渣混合发酵。常洪娟等使用延时采收完熟的冷冻黑果枸杞制备黑果枸杞冰酒。

2.黑果枸杞与其他果蔬复配酿造果酒

李文新等以黑枸杞汁和葡萄汁为原料，通过响应面法优化了黑枸杞葡萄复合酒的发酵工艺条件。宁夏农林科学院枸杞科学研究所发明了一种利用新鲜的黑果枸杞与酿酒葡萄共同发酵、提高花色苷的稳定性的复合果酒的制备方法。蒲青等发明了一种涉及制浆、酶解、混合、发酵和后处理步骤的黑果枸杞酿造方法，该方法的特点是在混合过程中将茶、蓝莓和蔗糖依次添加到酶解后的黑果枸杞果肉中。罗铁柱在黑果枸杞干果中添加传统中草药和营养成分，并调整其种类和含量，以改善黑果枸杞酒的营养价值。李文新利用新疆黑果枸杞和和田红葡萄为酿造原料，研究了黑果枸杞复合果酒的酿造工艺。史晓华等用仙人掌果和黑果枸杞果干制作复合果酒。徐世清提出了黑果枸杞猕猴桃复合果酒及制备方法（图16–5）。

图16–5　宁夏农林科学院枸杞科学研究所研发的黑果枸杞果酒

四、其他产品研发

（一）黑果枸杞片

将黑果枸杞超微粉碎粉与越橘提取物、糊精、微晶纤维素、羧甲基淀粉钠和硬脂酸镁等混合后制粒，干燥后压片即可。该产品形式有利于黑果枸杞花色苷的长期保存，有效保持黑果枸杞功效成分的活性。根据复配成分的协同作用，可具有抗疲劳、降血压、降血脂等辅助作用（图16-6）。

（二）黑果枸杞泡腾片

以黑果枸杞多酚/花色苷提取物为原料，与柠檬酸、碳酸氢钠、聚乙二醇6000（PEG 6000）、硬脂酸镁等混合，制备黑果枸杞泡腾片。产品具有花色苷含量高、色泽鲜艳、营养成分丰富、食用简便等特点（图16-7）。

图16-6　宁夏农林科学院枸杞科学研究所研发的枸杞花色苷糖肽片

图16-7　宁夏农林科学院枸杞科学研究所研发的黑果枸杞花色苷泡腾片

第五节　枸杞化妆品

化妆品是用以清洁和美化人体皮肤、面部、毛发或牙齿等部位而使用的日常用品。它能充分改善人体的外观，修饰容貌，增加魅力，可以培养人们讲究卫生，给人以容貌整洁的好感，还有益于人们的健康。希腊文中“化妆”一词的含义即“装饰的技巧”，意思是把人体自身的优点多加发扬，而把缺陷加以弥补。

一、化妆品行业概况

目前，化妆品已深入到人们日常生活中，成为现代文明社会中各个年龄层的人群均不可缺少的日常用品，是人们生活美化、职业文明等的必须消费品。我国化妆品行业相较于欧美国家起步较晚，但化妆品市场发展势头迅猛，已成为国内发展最快速的行业之一。到2025年，化妆品行业的预计价值将达到7854亿美元，拥有巨大的市场需求。随着消费者对化妆品安全性的关注逐步提升，全球范围内对天然护肤品的需求随之普遍上升，形成了以“天然、绿色、安全、有效”为导向的化妆品趋势。

二、化妆品行业发展趋势

近年来，植物提取物逐渐引起化妆品行业的重视。据统计，美国化妆品市场超过75%的产品含有天然植物提取物。在亚洲，天然护肤品的需求以每年15%以上的速度增长，中国则是天然植物化妆品增长最快的国家。21世纪化妆品将进入化妆品硬件和使用化妆品的人类相互融合的新阶段，制造对于顾客真正有价值的商品，将逐渐成为化妆品企业追求的目标。

三、枸杞化妆品的研发现状

研究表明，植物中含有大量的植物化学物质。植物化学物质是指植物为应对复杂的环境压力代谢合成的一系列小分子刺激代谢产物，是一类非营养类活性物质。庞大的结构多样性赋予植物化学物质广泛的生物活性：抗氧化、美白、保湿、防腐等，不仅受到食品工业和制药工业的重视，而且在化妆品领域迅速发展。

枸杞是我国独特的药食同源植物资源，含有多糖、多酚、氨基酸、维生素等丰富的生物活性物质，具有抗氧化、清除体内自由基、延缓衰老等功效。黑果枸杞富含花青素，花青素是现代人们崇尚的天然色素，是当今人类发现的最有效的抗氧化剂。花青素在欧洲被称为“口服的皮肤化妆品”，可防止皮肤皱纹的提早生成，清除自由基，还具有防辐射功效。自2000年以来，国内外研发人员逐步将枸杞提取物和黑果枸杞花青素应用于化妆品的研发，其复配成分有银杏、金盏菊、红景天、何首乌、葛根、燕麦等多种植物活性成分，产品类型涉及面膜、喷雾、精华液、素颜霜、眼霜以及洁面膏等。研究表明添加枸杞提取物的护肤品具有提升皮肤含水量、抑制黑色素、增强皮肤弹性、抗氧化、抗衰老等功效，适于工业化生产，对于化妆品行业具有广泛的实用性和开发价值。

四、枸杞花色苷面膜的研制

宁夏农林科学院枸杞科学研究所科研团队采用黑果枸杞为原料，低温萃取其中活性成分花青素，添加玉米提取物、光果甘草提取物等天然植物成分，精选配方配以蚕丝面膜纤维，研发了一款枸杞花色苷独立包装面膜。该产品是一款“零化学添加”植物面膜，适合任何肌肤，能够深入肌底，深层补水，改善肤色不均，天然蚕丝膜纤，质感轻薄，丝滑亲肤（图16-8）。

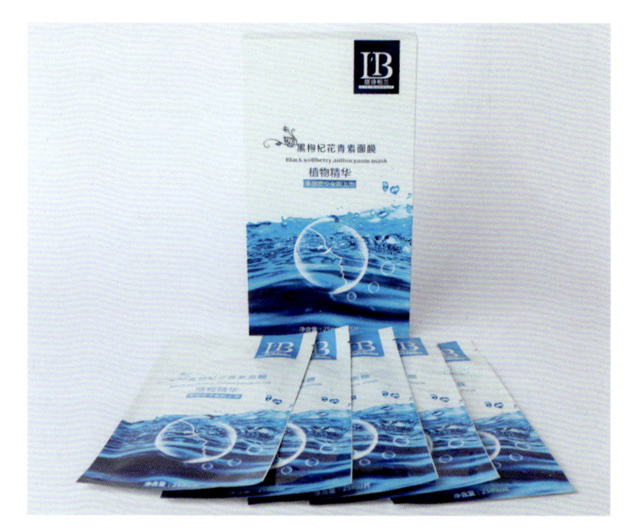

图16-8　黑枸杞花青素面膜

1.枸杞花色苷面膜产品原料组成及加工工艺流程

（1）原料组成

水、聚甘油-10、玉米提取物、丁二醇、烟酰胺、生物糖胶-1、糖类同分异构体、甜菜碱、水解珍珠、光果甘草提取物、透明质酸钠、小核菌（SCLEROTIUM ROLFSSII）胶、黑果枸杞花青素、宁夏枸杞果提取物、芍药提取物、卡波姆钠、羟乙基纤维素、甘油辛酸酯、辛甘醇、乙基己基甘油。

（2）加工工艺流程

聚甘油-10+水+生物糖胶 → 脱泡 → 保温 →
混合乳化 → 灭菌 → 过滤 → 无菌灌装 →
↑
植物提取物原料混合
检验 → 成品 → 包装 → 入库

2.理化指标及稳定性分析

产品理化指标，包括产品pH值、耐热性、耐寒性、重金属铅、汞、砷含量，以及微生物指标分析。

（1）pH值分析

产品pH为6.68，符合面膜产品相关标准规定（表16-8）。

表16-8 面膜pH值测定结果

编号	1	2	3	4	5	6	平均值
pH	6.68	6.74	6.64	6.72	6.67	6.63	6.68

（2）稳定性测试

将枸杞花色苷面膜在40℃和-18℃分别存放24 h后，取出与对照比较发现其形状及颜色未发生明显差异，无分层变色等情况，说明产品的耐热性及耐寒性较好。将面膜液经离心处理后，观察发现无分层现象，说明产品稳定性较好。

（3）产品微生物及重金属含量分析

表16-9 微生物检验结果

检验项目	检验结果	限值
菌落总数（CFU/g）	＜10	≤1000
霉菌和酵母菌总数（CFU/g）	＜10	≤100
粪大肠菌群/g	未检出	不得检出
金黄色葡萄球菌/g	未检出	不得检出
铜绿假单胞菌/g	未检出	不得检出

表16-10 卫生学检验结果

检验项目	单位	检验结果	检测方法	检出浓度	限值
铅	mg/kg	未检出	火焰原子吸收	5	≤40
砷	mg/kg	未检出	氢化物原子荧光	0.01	≤10
汞	mg/kg	未检出	氢化物原子荧光	0.01	≤1

3.产品安全性及功效评价

委托中国检疫检验科学院对枸杞花色苷面膜产品进行安全性、保湿改善肤色和抗氧化功效评价，主要包括8周保湿改善肤色功效测试，测试项目有面部数字成像，皮肤水分含量测试，皮肤颜色测试，皮肤黑色素测试。①人体贴斑测试；②8 h保湿测试；③8周保湿功效测试；④抗氧化功效评价（体外测试）包括ABTS总抗氧化能力、DPPH自由基清除能力，羟自由基清除能力测试。

（1）安全性评价—贴斑测试

依据《化妆品安全技术规范》2015版，国家食品药品监督管理总局发布。参加测试人为25～59岁30名女性，测试部位背部。评价时间点，去除斑试器0.5 h、24 h、48 h。斑试器为斑贴试验胶带。

（2）保湿功能评价

采用8 h动态保湿测试，测试产品及空白对照随机分布于受试者两侧前臂内侧大小为4 cm×4 cm的区域。在产品使用前和产品单次使用后2 h、4 h和8 h分别对每一测试区域进行皮肤水分含量测试，每个测试区测试5次取平均值。共24名符合条件的女性受试者参加测试，受试者的数据纳入统计结果。

（3）保湿和改善肤色功效评价

30名符合条件的女性受试者参加测试。测试期间受试者随机一侧脸使用测试面膜，连续使用8周，第1周使用4次（前3 d每天使用1次，后4 d使用1次），第2～8周每周使用3次；另一侧脸不使用测试面膜作为对照。测试期间，受试者不可改变原有的面部清洁方式和习惯，并且每天早、晚全脸使用配套提供的没有美白功效的面霜，每天早上使用配套提供的防晒霜，除此之外，不可使用除测试产品、配套产品外的其他化妆品。在产品使用前、产品单次使用后立即、产品使用4周后和产品使用8周后，对两侧脸颊分别进行皮肤水分含量测试（Corneometer）、皮肤颜色测试（Chromameter）及皮肤黑色素测试（Mexameter），对整个面部进行面部成像（VISIA CR）。本次测试完全依照测试方案执行，无任何偏离和修订。

4. 抗氧化能力测定

产品的抗氧化能力以体外清除ABTS自由基能力、DPPH自由基能力、羟自由基能力进行测定分析。

经测试，枸杞花色苷面膜安全性良好，不产生任何刺激皮肤的不良反应。产品经单次试用2 h、4 h、8 h后皮肤水分含量较试用前提升60%、41%、30%。产品具有显著提升皮肤水分含量功效。产品单次使用后立即和使用4周和8周后，皮肤黑色素值均显著性降低。面膜产品原液清除ABTS、DPPH和羟自由基能力分别为62.25%、90.58%、80.54%。

第六节 枸杞修剪枝条废弃物发酵生物饲料

枸杞枝条中含有丰富的营养成分，包括粗蛋白、粗纤维、粗脂肪、枸杞多糖、总黄酮、甜菜碱等物质，利用枸杞修剪枝条进行发酵处理作为生物饲料，为畜牧业饲料资源的开发提供了新思路，同时，也提高了枸杞资源的综合利用。研究表明，饲料中添加枸杞多糖可提高肉牛免疫球蛋白水平，促进细胞因子的分泌，激活体内淋巴细胞和白细胞，提高肉牛机体免疫力。但由于枸杞枝条木质坚硬，含刺较多，适口性差和难以消化，直接作为草料喂养反刍动物存在极大的弊端。因此，通过适当的加工技术，研究一种利用枸杞枝条制备生物饲料的方法，具有极为重要的现实意义。

一、枝条收集与预处理

收集田中修剪后的枸杞枝条，就地晾干水分，用切割机（型号）切至2～5 cm长度的细小枝条，用锤式粉碎机粉碎至0.5～1 cm长度。

二、枝条生物酶解

枸杞枝条中含有大量的纤维素和木质素，经过简单物理粉碎处理后，并不能破坏其微观的纤维木质结构（图16–9），难以被微生物降解和利用，也不利于后续的厌氧发酵过程。因此，需要进一步破坏这种微观结构，促进其分解，便于后续发酵。生物酶法是一种广泛应用的生物降解方法，性质温和，无二次污染，可促进枸杞枝条纤维素和木质素的快速分解，且不会造成枸杞枝条中营养物质的损失。为此，可使用木质素降解酶对粉碎后的枸杞枝条进行生物预处理。

图16–9　粉碎后枸杞枝条

将粉碎后的枸杞枝条调节水分至60%，pH为5，漆酶添加量为50 IU/g，40℃酶解2 d，预处理前后枸杞枝条中半纤维素、纤维素和木质素含量变化如表16–11所示。枸杞枝条中半纤维素含量有少量上升，而纤维素和木质素分别降低了18.23%和21.13%，这是因为添加了木质素降解酶，对枸杞枝条中的木质素和纤维素进行分解，木质纤维素总量减少，但半纤维素含量变化不大，所以其百分比含量有所上升。

表16-11　枸杞枝条生物预处理结果分析

%

成分	预处理前	预处理后
半纤维素	17.36 ± 0.48	18.30 ± 0.83
纤维素	33.31 ± 2.52	27.24 ± 0.46
木质素	22.67 ± 1.32	17.88 ± 0.52

木质素由于其结构复杂不易水解，且对纤维素和半纤维素的天然屏障作用，使得堆肥过程中木质纤维素难于降解，因此，木质素的生物降解成为堆肥过程的限速步骤。利用木质素降解酶对粉碎后的枸杞枝条进行预处理后，纤维素和木质素等大分子的结构被破坏，分解成为容易被微生物利用的小分子糖类，同时枸杞枝条外表发生变化，颜色加深，质地变得疏松、柔软，利于后续的生物厌氧发酵。

三、枝条厌氧发酵

以木质素降解酶预处理后的枝条为发酵底物，添加适量玉米粉调节底物碳氮比至25：1，用去离子水和发酵营养液调节水分至60%，接种5%乳酸－酵母菌（1：1，V/V），混合均匀后置于发酵罐中，厌氧发酵30 d（图16-10）。

发酵完成后的枸杞枝条粉末呈深黄褐色，有浓烈的酸香味，质地松散柔软、不黏手，营养成分检测结果如表16-12所示。

表16-12　枸杞枝条发酵品质指标测定

%

序号	发酵指标	测定结果
1	干物质（DM）	51.22 ± 021
2	灰分（Ash）	8.7 ± 1.33
3	中性洗涤纤维（NDF）	68.18 ± 0.52
4	酸性洗涤纤维（ADF）	49.93 ± 1.25
5	酸洗木质素（ADL）	17.55 ± 2.02
6	粗蛋白（CP）	9.76 ± 0.14
7	枸杞多糖（LBP）	3.14 ± 0.02
8	总黄酮（LBF）	0.05 ± 0.02

枸杞枝条厌氧发酵后的营养指标，大部分符合《中国饲料成分及营养价值表2016》所述要求，但粗蛋白含量（9.76%）低于国家标准《绵羊用精饲料》（GB/T20807-2006）中的要求（≥16%），表明枸杞枝条厌氧发酵物需要搭配其他含氮饲料（如豆粕、玉米粉等）一起饲喂，以满足动物的营养需求。

通过将废弃的枸杞修剪枝条加工成具有较高营养价值的生物饲料，不仅能极大程度地提高枸杞资源的综合利用，减少环境污染，而且能有效减少牲畜常规饲料的使用量，是一种绿色环保、清洁生产的利用方式。

图16-10　枸杞枝条生物厌氧发酵

第七节 枸杞其他副产品加工利用及存在的问题与展望

自1982年始，宁夏科学技术厅已组织多家科研单位进行“枸杞综合开发利用”课题的联合攻关。目前，在枸杞深加工产品开发领域陆续取得研究成果并推广应用。随后，国内一些地区的科研院所和当地企业也加大了枸杞资源的开发力度，对相关成熟技术进行示范应用，加快了枸杞产业链的升级与转型，枸杞资源的应用范围也由过去单一的食品、中药领域扩展到功能性保健食品、营养强化食品、园林绿化、畜禽饲料等各领域。

一、枸杞蜂花粉的开发利用

枸杞蜂花粉除富含氨基酸、蛋白质、矿质元素外，还含有黄酮类化合物、甾醇、多糖等多种生物活性成分，同时也是一种“天然的多种维生素浓缩物”，具有抗氧化、抗炎、预防前列腺疾病等功效作用。

枸杞花粉是另一类可利用的枸杞副产物资源，闫亚美等根据我国枸杞产量推算出每年我国有超过120000 t的枸杞蜂花粉潜在生产能力。枸杞蜂花粉的营养价值高，具有较好的开发价值。该团队通过高效液相色谱法（HPLC法）、分光光度法、电感耦合等离子体-原子发射光谱法（ICP-AES法）测定了枸杞蜂花粉中可溶性总糖量质量分数为44.8%，蛋白质质量分数为25.0%，总多酚含量为22.95 mg/g，总黄酮含量为21.17 mg/g，葡萄糖质量分数为15.2%。Chen F等获得了均一的花粉多糖CF1，该多糖具有体外抑制前列腺癌细胞增生的作用。枸杞蜂花粉中也富含多酚黄酮类物质，实验研究表明，优化后的提取工艺所获得的总黄酮含量的平均值为3.03%。此外，枸杞蜜是西北特有的一种蜂花蜜，富含丰富的营养物质与功效成分。研究表明，枸杞蜜具有较强的还原能力、DPPH自由基的清除活性和抗氧化能力。

国家枸杞工程技术研究中心科技人员以天然枸杞蜂花粉为原料，开发出了枸杞花粉片剂产品，有效保持了天然枸杞蜂花粉的生物活性，提高了蜂花粉功效成分在体内的消化吸收率。细胞与动物试验研究表明，该枸杞花粉片剂具有良好的抗氧化和治疗前列腺炎的功效作用，市场发展潜力巨大。目前，该产品已获得国家发明专利。

二、新型枸杞食品及保健品的开发

迄今为止，枸杞食品与保健品是枸杞产业实现高值化加工增长最快的领域，尤其是枸杞食品，产品形式多种多样，有以枸杞鲜果为原料加工而成的枸杞汁、枸杞原浆、浓缩汁等果汁类产品，也有以枸杞芽加工而成的花果茶、芽茶、叶茶等茶类产品，还有品种繁多的复合营养饮料，如枸杞酸奶、枸杞杏仁露、参杞蛋白奶茶、枸杞菊花核桃乳等，极大地丰富了枸杞产品类型。近几年来，主打“营养+功效”概念的枸杞产品逐渐增多，如杞动力，可增强免疫力的能量型枸杞饮品；氨基酸枸杞片，可提高中老年免疫力的保健品；枸杞肽片，以枸杞糖肽为核心成分的新型枸杞食品等。随着枸杞功效成分提制技术的日益完善和推广应用，以及枸杞功效成分作用机制的深入研究，开发类型多样性和功能针对性的枸杞大健康产品将会成为枸杞产业高质量发展新的突破点。

虽然枸杞在不同领域的应用逐步拓宽，但在其他副产品加工利用上还存在以下问题。

（一）副产物资源综合利用率偏低

相关科研单位开展了枸杞副产物资源综合利用方面的研究，部分企业也建成了枸杞籽油、类胡萝卜素等的规模化生产线。但枸杞加工副产物（枸杞原浆、糖肽、类胡萝卜素等）及种植副产物（根、茎、叶及残次果等）资源利用率低，产物资源利用主要集中于单一成分，缺乏副产物及多种生物活性成分综合利用的基础研究及富集、高值化利用关键技术。同时，缺乏对其全组分的梯次链式转化利用，未能形成有效的多级联产加工技术体系，直接导致综合利用率不高和资源浪费，严重制约产业的可持续健康发展。

（二）高附加值功能型产品略少

目前，虽然利用枸杞及其副产物资源提取制备了枸杞多糖、类黄酮、玉米黄素等多种成分，并开发了相应的产品，但这些产品大多是一些中间体或中间产品。枸杞功能物质基础研究薄弱，功能成分的结构表征、构效关系、生物功效与药理作用机制不明确：如大分子物质糖肽活性片段、活性中心与其活性之间的关系，多糖、多酚及枸杞玉米黄素类物质在机体内的吸收分布、代谢途径等尚无较为详尽的研究数据。因此，现阶段利用枸杞副产物资源制备的产品，其功能特性还有待进一步挖掘，尤其对人体的健康功效需开展更深入的研究。

（三）关键技术工艺和核心装备缺乏

在枸杞主产区宁夏虽已形成枸杞多糖（糖肽）、类胡萝卜素、籽油等的提取制备工艺与产业布局，但仍存在行业集中度低、规模小而分散，单机多、自动化成套装备少，原始创新不足、高质量技术供给不够等问题。枸杞多糖、类胡萝卜素等功效成分的提取工艺研究多限于验证粗放的得率、生产周期的优化，药理活性保留或增强等关键问题的基础理论缺乏，在一定程度上削弱了提取工艺的合理性，致使规模化且标准化制备工艺欠缺，产品质量难以控制。另外，加工副产物利用后产生的二次废渣、废水缺乏有效利用的关键技术与集成装备，直排后对环境影响大。如枸杞多糖传统方法是水提醇析工艺，产生大量的废水废气，若不进行合理处理，会造成环境的二次污染。因此，关键技术工艺和核心装备缺乏成为限制枸杞高附加值深加工产品的研发，且阻碍枸杞功效成分产业化的一个重要因素。

枸杞是重要的药食两用植物资源。枸杞副产物资源包括：枸杞初加工副产物，包括枸杞初级加工副产物残次果和果汁、果酒等饮品加工后含种子皮渣等副产物；枸杞深加工如糖肽、类胡萝卜素等深加工提取功效成分后的副产物；枸杞种植副产物根、茎、叶及蜂花粉等。随着人们对健康的需求，枸杞在我国宁夏、新疆、青海、甘肃等地区得到了迅速发展，枸杞种植过程中产生的副产物资源也随之增多，如何综合高效地利用这些副产物已成为枸杞加工产业发展亟待解决的难题，而高效高值、综合利用将会成为枸杞开发利用新的发展趋势。

参考文献

常洪娟，王佐民，赵云财．黑果枸杞冰酒[J]. 酿酒，2017, 44(3): 103-104.

陈晨，刘增根，张琳，等．黑果枸杞果汁生产工艺研究[J]. 食品与发酵科技，2011, 47(2): 94-97.

丹凤县商山红葡萄酒有限公司．一种黑枸杞果酒及其制备方法：CN 108441383[P]. 2018-08-24.

董建芳．黑枸杞果酒的酿造工艺研究[J]. 酿酒科技，2019, 10(304): 73-78.

范长征．堆肥过程中木质素降解及甲烷排放相关功能基因研究[D]. 长沙：湖南大学，2015.

冯海萍，杨冬艳，白生虎，等．枸杞枝条发酵木质纤维素降解与微生物群落多样性研究[J]. 农业机械学报，2017, 48(05): 313-319.

付艳秋，陈仁财，韩静，等．黑枸杞泡腾片的制备[J]. 食品与发酵业，2015, 41(12): 176-179.

何亮亮．枸杞蜜的理化性质及其抗氧化活性谱效关系研究[D]. 西安：西北大学，2019.

黄延年，刘婵，冯波，等．喷雾干燥法制备蓝靛果花色苷粉末工艺[J]. 食品工业科技，2014, 35(8): 286-289.

李文新，陈计峦，唐凤仙，等．响应面法优化黑枸杞-葡萄复合果酒发酵[J]. 中国酿造，2017, 36, 5(303): 187-191.

李文新．黑果枸杞复合果酒及轻度发酵果汁饮料加工工艺的研究[D]. 石河子：石河子大学，2017.

马吉锋，王建东，于洋，等．饲喂枸杞多糖对架子牛免疫球蛋白水平和细胞因子分泌的影响[J]. 畜牧与兽医，2019(3): 3.

马晓燕．枸杞籽油的超临界萃取及其微胶囊化技术的研究[D]. 济南：齐鲁工业大学，2014.

毛莹，帅晓艳，王惠玲，等．基于内源乳化法和喷雾干燥优化制备花色苷微胶囊及其稳定性分析[J]. 食品科学，2020, 41(2): 267-27.

宁夏农林科学院枸杞科学研究所．一种利用新鲜黑果枸杞制备黑果枸杞果酒的方法：CN 207254376 A [P]. 2017-10-17.

宁夏农林科学院枸杞科学研究所．一种枸杞花粉片剂：CN102697038A [P]. 2012-10-03.

宁夏农林科学院枸杞科学研究所．一种黑果枸杞片剂 CN104383116A [P]. 2015-3-4.

潘秋月，刘悦，黄伟素．超临界流体萃取活性脂质的研究进展[J]. 中国粮油学报，2010, 25(5): 120-128.

庞志国．一种黑果枸杞果酒的制备方法：CN1030606161A [P]. 2013-4-24.

青海昆仑河枸杞有限公司．一种黑枸杞养生果酒的酿造方法：CN 109181979 [P]. 2019-1-11.

冉林武，闫亚美，曹有龙，等．响应面试验优化超声波法提取枸杞蜂花粉黄酮类化合物工艺[J]. 食品科学，2012, 33 (12) : 37-40.

史晓华，于磊娟，邱磊．仙人掌果黑果枸杞复合果酒的发酵工艺研究[J]. 中国酿造，2017, 36(309): 175-179.

汪河滨，白红进，王金磊．超声-微波协同萃取法提取黑果枸杞多糖的研究[J]. 西北农业学报，2007(1): 157-158+175.

王青霞，李建颖，杨航．黑果枸杞提取物泡腾片的制备及其质量评价[J]. 天然产物研究与开发，2019, 31(6): 1030-1037.

徐世清．黑枸杞猕猴桃复合果酒及制备方法：CN108048270 [P]. 2018-5-18.

徐延梅，白寿宁．枸杞油提取试验与研究[J]. 日用化学工业，1996(4).

闫亚美，冉林武，曹有龙，等．枸杞蜂花粉功效研究及开发应用前景[J]. 宁夏农林科技，2014, 55(2): 83-84+89.

中国科学院西北高原生物研究所．一种黑果枸杞发酵果酒的制备方法：CN107699420 [P]. 2018-2-16.

周望庭，米佳，禄璐，等．枸杞蜂花粉主要化学成分与抗氧化作用[J]. 食品科学，2018,39 (4) : 219-222.

CHEN F, RAN L W, MI J, et al. Isolation, Characterization and Antitumor Effect on DU145 Cells of a Main Polysaccharide in Pollen of Chinese Wolfberry [J]. Molecules, 2018, 23 (10): 2430.

FENG H P, YANG D Y, BAI H, et al. Degradation of lignocellulose and diversity of microbial community in *Lycium barbarum* L. shoot fermentation [J]. Journal of Agricultural Machinery. 2017, 48(5): 313-319.

GAN L, ZHANG S H, LIU Q, et al. A polysaccharide-protein complex from *Lycium barbarum* upregulates cytokine expression in human peripheral blood mononuclear cells [J]. European Journal of Pharmacology, 2003, 471(3): 217-222.

GU L B, GUANG J Z, LEI D, et al. Comparative study on the extraction of xanthoceras sorbifolia Bunge (yellow horn) seed oil using subcritical n-butane, supercritical CO_2, and the Soxhlet method [J]. LWT Food Science and Technology, 2019, 111: 548-554.

HATAMI T, MEIRELES M A A, CIFTCI O N. Supercritical carbon dioxide extraction of lycopene from tomato processing by-products: Mathematical modeling and optimization[J]. Journal of food engineering, 2019, 241: 18-25.

HUANG L J, TIAN G Y, JI G Z. Structure elucidation of glycan of glycoconjugate LbGp3 isolated from the fruit of *Lycium barbarum* [J]. Journal of Asian Natural Products Research, 1999, 1(4): 259-267.

LUO Q, CAI Y Z, YAN J, et al. Hypoglycemic and hypolipidemic effects and antioxidant activity of fruit extracts from *Lycium barbarum* [J]. Life Sciences, 2004, 76(2): 259-267.

RAFAEL F, ÂNGELO P, MATOS S M, et al. Polyunsaturated ω-3 and ω-6 fatty acids, total carotenoids and antioxidant activity of three marine microalgae extracts obtained by supercritical CO_2 and subcritical n-butane[J]. Journal of Supercritical Fluids, 2018, 133(1): 437-443.

RAN L W, CHEN F, ZHANG J, et al. Antitumor effects of pollen polysaccharides from Chinese wolfberry on DU145 cells via the PI3K/AKT pathway in vitro and in vivo[J]. International Journal of Biological Macromolecules, 2020, 152: 1164-1173.

REGINA C, DIEGO A, VITAL L, et al. Natural Pigments: Stabilization methods of anthocyanins for food applications [J]. Comprehensive Reviews in Food Science and Food Safety, 2017, 16(1): 180-198.

SITI M, ARTIWAN S, MOTONOBU G, et al. Extraction of astaxanthin from haematococcus pluvialis using supercritical CO_2 and ethanol as entrainer [J]. Industrial & Engineering Chemistry Research, 2006. 45, 10: 3652 - 3657.

SU Y J, JI M Y, LI J H, et al. Subcritical fluid extraction treatment on egg yolk: product characterization [J]. Journal of Food Engineering, 2020, 274: 109805.

TIRADO D F, CALVO L. The Hansen theory to choose the best cosolvent for supercritical CO_2 extraction of β-carotene from *Dunaliella salina*[J]. Journal of Supercritical Fluids, 2018.

WU H T, HE X J, HONG Y K, et al. Chemical characterization of *Lycium barbarum* polysaccharides and its inhibition against liver oxidative injury of high-fat mice[J]. International Journal of Biological Macromolecules, 2010, 46(5): 540–543.

ZHOU W T, ZHAO Y, YAN Y M, et al. Antioxidant and immunomodulatory activities in vitro of polysaccharides from bee collected pollen of Chinese wolfberry [J]. International Journal of Biological Macromolecules, 2020, 163: 190–199.

ZHOU W, YAN Y, MI J, et al. Simulated digestion and fermentation in vitro by human gut microbiota of polysaccharides from bee collected pollen of Chinese wolfberry [J]. Journal of Agricultural and Food Chemistry, 2018, 3166(4): 898–907.

ZHU J, LIU W, YU J P, et al. Characterization and hypoglycemic effect of a polysaccharide extracted from the fruit of *Lycium barbarum* [J]. Carbohydrate Polymers, 2013, 98(1): 8–16.

第十七章 枸杞专用机械

枸杞是宁夏地区的传统优势特色产业，当前枸杞生产过程正面临着由传统劳动密集型的农艺模式向现代“农机农艺融合”模式转型的关键期。为了提高枸杞生产的机械化水平，实现农机农艺的高度融合，目前宁夏农林科学院枸杞科学研究所联合区内外科研院校和相关企业，已研发出链式定植开沟机、偏置双圆盘式旋转开沟机、偏置单圆盘式开沟机、双绞龙可调整追肥机、跨行施肥机、合沟机、智能触感犁刀式株行间锄草机、机械触感旋刀式株行间锄草机、可升降折叠式双翼防风植保机、枝条粉碎还田机等枸杞系列专用机械。计划研发枸杞采摘、整形修剪、育苗自动化扦插和苗木定植等专用系列机械，逐步实现枸杞生产全程机械化。研发的具有自主知识产权的枸杞专用机械在生产中得到应用，极大地提高了枸杞生产的机械化程度，田间管理效率提高了30%～50%，深受广大农民和种植企业的欢迎。

第一节　枸杞专用苗木定植设备

枸杞苗木定植设备主要用于建园、苗木定植等环节，主要机型有2Z-1枸杞专用苗木定植机（图17-1）。

一、性能特点

（1）适用于枸杞苗木的定植作业。

（2）开沟、定植、栽杆、合沟一体化作业，提高了枸杞苗的栽种效率。

（3）利用电子感应，定植距离可调（图17-2）。

二、技术参数

技术参数见表17-1。

表17-1　2Z-1枸杞专用苗木定植机技术参数

技术参数	内容
作业宽（m）	3
拖拉机配套动力（马力）	≥50
工作效率	每6～8亩/h
使用形式	拖拉机后输出轴驱动液压泵，带动摆臂运动
主要用途	枸杞苗木定植
机械人工效率比	12：1

图17-1　枸杞专用苗木定植机整机图

图17-2　定植作业效果图

第二节　枸杞专用开沟设备

枸杞专用开沟设备主要用于建园、苗木定植、施肥、灌水等环节，主要有以下几种机型。

一、专用链式定植开沟机

（一）性能特点

（1）适用于不同土壤条件的枸杞定植开沟作业。

（2）链条系统由传统中置改为偏置设计，更加适合枸杞地及果园地定植开沟使用（图7-3）。

（3）结构紧凑，调整操作方便；开沟尺寸稳定，质量好；开沟尺寸可调，土壤适应性好。

（4）在普通拖拉机上通过安装超低速变速器实现低速缓行，保证沟深上下统一，宽度左右匀称（图17-4）。

（5）利用北斗导航卫星定位系统，实现开沟机的智能开沟。

图17-3　枸杞专用链式定植开沟机整机图

（二）技术参数（表17-2）

表17-2　12KL-200枸杞专用链式定植开沟机技术参数

技术参数	内容
沟宽（mm）	400～600
沟深（mm）	0～1000
工作效率	3亩/h（配套拖拉机动力越大作业效率越高）
拖拉机配套动力（马力）	≥70
与动力机连接形式	三点悬挂，利用拖拉机动力输出轴驱动链式开沟机作业
主要用途	枸杞定植开沟
机械人工效率比	7∶1

图17-4　开沟作业效果图

二、专用偏置双刀盘式旋转开沟机

（一）性能特点

（1）适用于疏松土壤的开沟作业（图17-5，图17-6）。

（2）传动系统采取一级螺旋伞齿轮传动，承载力强，机型重量适中，操作灵活。

（3）采用立式双面铣抛盘，可开矩形沟；双面挡土罩，沟深稳定性好；双面作业，作业效率高。

（4）爪式弧形碎土刀，碎土能力强。

（5）可调节深浅，双犁结构，降低了土壤的阻力，提高了输土量。

图17-5 枸杞专用偏置双刀盘式开沟机整机图

图17-6 开沟作业效果图

（二）技术参数（表17-3）

表17-3 12KP-60枸杞专用偏置双刀盘式开沟机技术参数

技术参数	内容
沟宽（mm）	200～300
沟深（mm）	0～400
拖拉机配套动力（马力）	≥50
工作效率	2.5～3.0亩/h
与动力机连接形式	后悬挂，利用拖拉机动力输出轴驱动开沟机作业
主要用途	疏松土壤枸杞地的开沟作业
机械人工效率比	6∶1

三、专用偏置单刀盘式开沟机

（一）性能特点

（1）适用于硬质沙石土壤的开沟作业（图17-7，图17-8）。

（2）机架采用槽钢框架结构，整机刚性好；传动系统采取一级螺旋伞齿轮传动，承载力强。

（3）工作装置偏置配置，作业适应性好。

（二）技术参数（表17-4）

表17-4 12KP-60枸杞专用偏置单刀盘式开沟机技术参数

技术参数	内容
沟宽（mm）	200～300
沟深（mm）	0～400
拖拉机配套动力（马力）	≥50
偏置距离（mm）	中心线到拖拉机后输出轴的中心线距离为850 mm
工作效率	6～10亩/h
与动力机连接形式	后悬挂，利用拖拉机动力输出轴驱动开沟机作业
主要用途	用于硬质沙石土壤的开沟
机械人工效率比	8∶1

图 17-7 枸杞专用偏置单刀盘式开沟机整机图

图 17-8 开沟作业效果图

图 17-9 枸杞专用双盘梯字式开沟机整机图

图 17-10 开沟作业效果图

四、专用双盘梯字式开沟机

（一）性能特点

（1）适用于软质土壤的定植开沟作业（图 17-9，图 17-10）。

（2）相对于链式开沟机，故障率低，工作效率高；适用于枸杞园的定植开沟作业。

（3）相对于链式开沟机整机长度较短，适用于转弯半径小的地块。

（4）相对倾斜的双圆盘开沟器，机身稳定，易于操作。

（二）技术参数（表 17-5）

表 17-5 枸杞专用双盘梯字式开沟机技术参数

技术参数	内容
沟宽（mm）	500～800
沟深（mm）	0～600
拖拉机配套动力（马力）	≥50
工作效率	8～10 亩/h
与动力机连接形式	后悬挂，利用拖拉机动力输出轴驱动开沟机作业
主要用途	用于软质沙石土壤的开沟
机械人工效率比	10：1

第三节　枸杞专用合沟设备

枸杞专用合沟设备主要用于建园、苗木定植、施肥、灌水等合沟作业环节，主要有以下几种机型。

一、专用单边合沟机

（一）性能特点

（1）适用于施肥作业后的沟道合沟作业（图图17–11，17–12）。

（2）合沟后地面均匀平整。

（3）驾驶操作简单，机械效率高。

图17–11　枸杞专用单边合沟机整机图

图17–12　合沟作业效果图

（二）技术参数（表17–6）

表17–6　12H–35枸杞专用单边合沟机技术参数

技术参数	内容
作业宽（m）	3
拖拉机配套动力（马力）	≥35
偏移距离（mm）	中心线到前输出轴的中心线距离为50 mm
工作效率	6～8亩/h
与动力机连接形式	拖拉机后动力输出轴输出动力，驱动作业装置作业
主要用途	配合开沟机实现施肥作业
机械人工效率比	6∶1

二、专用前置绞龙合沟器

（一）性能特点

（1）适用于链式开沟机和双盘梯字式开沟机的合沟作业（图17–13，图17–14）。

（2）动力前引，更利于操作。

图17–13　枸杞专用前置绞龙合沟机整机图

图 17–14　合沟作业效果图

（二）技术参数（表17–7）

表 17–7　枸杞专用前置绞龙合沟器技术参数

技术参数	内容
作业宽（m）	3
拖拉机配套动力（马力）	≥ 40
工作效率	6～8 亩 /h
与动力机连接形式	拖拉机后动力前引，驱动作业装置作业
主要用途	配合开沟机实现合沟作业
机械人工效率比	10 ∶ 1

三、专用八字回填机

（一）性能特点

（1）适用于链式开沟机和双盘梯字式开沟机的合沟作业（图 17–15，图 17–16）。

（2）动力前引，更利于操作。

（二）技术参数（表17–8）

表 17–8　枸杞专用八字回填机技术参数

技术参数	内容
作业宽（m）	3
拖拉机配套动力（马力）	≥ 60

（续）

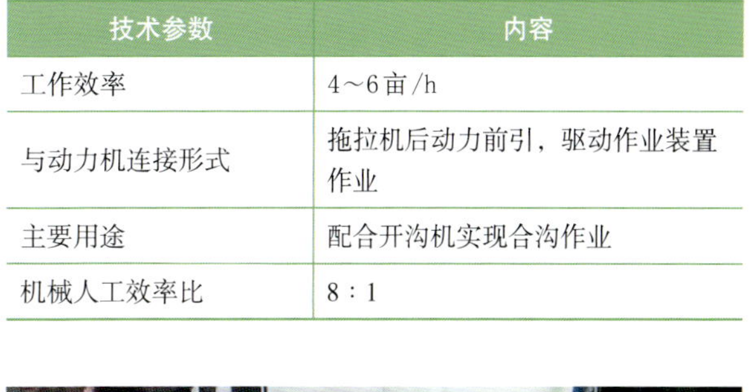

技术参数	内容
工作效率	4～6 亩 /h
与动力机连接形式	拖拉机后动力前引，驱动作业装置作业
主要用途	配合开沟机实现合沟作业
机械人工效率比	8 ∶ 1

图 17–15　枸杞专用八字回填机整机图

图 17–16　合沟作业效果图

第四节　枸杞专用施肥追肥设备

枸杞专用施肥追肥设备主要用于施肥追肥等环节，主要有以下几种机型。

一、专用双绞龙可调整追肥机

（一）性能特点

（1）适用于颗粒肥料的施肥作业（图17–17，图17–18）。

图17–17　枸杞专用双绞龙可调整追肥机整机图

图17–18　追肥作业效果图

（2）利用双绞龙可调整施肥装置，能够有效调节设备和枸杞树之间的距离，解决了低矮植物施肥难以调节、肥料浪费的难题。

（3）利用可变量播肥设备和大容量肥料箱，可根据植物特性和肥料需求，合理控制施肥量，保证施肥均匀度，节省人工成本。

（4）双向开沟器设置，提高了效率。

（二）技术参数（表17–9）

表17–9　2BF–1枸杞专用双绞龙可调整追肥机技术参数

技术参数	内容
规格（cm）	120×50×60
施肥量（kg）	25～125 kg/h
施肥深度（mm）	0～350
拖拉机配套动力（马力）	≥35
工作效率	5～8亩/h
与动力机连接形式	双绞龙驱动链条输出动力
主要用途	枸杞中耕追肥（颗粒肥料）
机械人工效率比	8∶1

二、专用跨行施肥机

（一）性能特点

（1）适用于枸杞施肥作业（图17–19，图17–20）。

（2）将原来的开沟播肥一体化作业改造成开沟、播肥分别作业，解决了开沟播肥一体化机所造成的播肥不均匀，开沟深度不达标，机械功率大等问题。

（3）采用跨行施肥作业，解决了开沟后机械不能二次进入作业行间的问题。

（4）双绞龙传送系统，将肥料进行水平和垂直传送，实现远程跨行施肥。

图 17-19　枸杞专用跨行施肥机整机图

图 17-20　施肥作业效果图

（二）技术参数（表 17-10）

表 17-10　2F-2.5 枸杞专用跨行施肥机技术参数

技术参数	内容
作业宽度（m）	3
拖拉机配套动力（马力）	≥35
工作效率	5～10 亩 /h（具体根据开沟机深度和施肥量定）
与动力机连接形式	拖拉机后输出轴驱动带动水平与垂直双绞龙实现传送施肥
主要用途	枸杞施肥作业
机械人工效率比	5 : 1

三、专用农家肥播肥机

（一）性能特点

（1）适用于枸杞园的农家肥、有机肥的施肥作业（图 17-21）。

（2）皮带传送解决了农家肥中沙石卡机的问题（图 17-22）。

（3）传送带能更好地将肥料撒至沟内，避免肥料漏在行间。

图 17-21　枸杞专用农家肥播肥机整机图

图 17-22　施肥作业效果图

（二）技术参数（表 17-11）

表 17-11　2FJ—0.4B 枸杞专用农家肥播肥机技术参数

技术参数	内容
作业宽（m）	3
拖拉机配套动力（马力）	≥50
工作效率	每 15～20 亩 /h
使用形式	拖拉机后输出轴驱动传送带进行肥料传送
主要用途	枸杞园施肥作业
机械人工效率比	15 : 1

四、施肥农机农艺融合作业规范

（一）基本要求

按照基肥、追肥的管理要求，根据肥料种类和施肥量选用适宜机型。

（二）机械作业程序方法

（1）机组沿枸杞种植沟两侧轮流进行作业，逐渐向外延伸。

（2）机组作业过程中，定期检查肥箱内的肥料，不得少于肥箱容积的1/3。

（3）机组转弯、掉头或转移时应切断动力输出轴，有机肥施肥机停止施肥作业。

（三）作业质量要求

（1）排肥稳定性。施肥机在正常作业速度下排肥，排肥量稳定性变异系数应不大于10%。

图17-23　新型高效干湿厩肥可变量施肥机械

（2）施肥均匀性。施肥机按正常作业速度前进施肥，其施肥量均匀度变异系数应不大于40%。

（3）施肥深度。施肥深度为40～50 cm，施肥深度合格率应不小于80%。

（4）断条率。长度在10 cm以上的无肥料区段为断条，断条率应不大于2%。

第五节　枸杞专用锄草设备

枸杞专用锄草设备主要用于枸杞行间锄草、株间锄草和株行间锄草等环节，主要有以下几种机型。

一、专用液电感应行间中耕株间锄草机

（一）性能特点

（1）适用于各种土壤条件的株行间锄草作业（图17-24，图17-25）。

（2）锄草机采用电子传感器，锄草装置从侧面伸入枸杞株间进行锄草，在传感系统的作用下，当锄草装置挨近植株时退出以避开植株。

（3）作物的识别与定位是株间机械锄草的关键点，本机械主要采用负压传感器，用于杂草和作物的传感器检测，遇到作物自动回弹，以此清除株间杂草（图17-26）。

图17-24　枸杞专用液电感应行间中耕株间除草机整机图

图 17–25　株间感应除草系统

图 17–26　行间中耕株间除草作业效果图

（4）锄草装置采用犁刀式，利用传感器控制液压油缸带动犁刀水平反复摆动，有效解决了爪式旋转刀造成杂草缠绕等诸多问题。

（二）技术参数（表 17–12）

表 17–12　3Z–40 枸杞专用液电感应行间中耕株间锄草机技术参数

技术参数	内容
作业宽（m）	3
拖拉机配套动力（马力）	≥ 30
偏移距离（mm）	中心线到后输出轴的中心线距离为 350 mm
工作效率	6～10 亩 /h
与动力机连接形式	拖拉机后输出轴驱动液压油泵，利用电子传感器控制液压传动实现作业
主要用途	枸杞行株间锄草作业（各种土壤条件，包括沙石土质）
机械人工效率比	5 : 1

二、专用机械触感旋刀式株行间锄草机

（一）性能特点

（1）适用于不含沙石的土壤条件下株行间锄草作业（图 17–27）。

（2）作物的识别与定位是株间机械锄草的关键点，本机械主要采用液压感应装置，机械触杆可有效回避作物（图 17–28）。

（3）锄草装置采用旋刀式，利用液压油缸带动旋耕刀水平反复摆动。

图 17–27　枸杞专用机械触感旋刀式株行间除草机整机图

图 17–28　株行间除草作业效果图

（二）技术参数（表17-13）

表17-13　3Z-40枸杞专用机械触感旋刀式株行间锄草机技术参数

技术参数	枸杞专用机械触感旋刀式株行间锄草机
作业宽（m）	3
拖拉机配套动力（马力）	≥35
工作效率	6～10亩/h
与动力机连接形式	拖拉机后输出轴驱动液压油泵，利用液压传动实现作业
主要用途	枸杞行株间锄草作业（沙石土质除外）
机械人工效率比	5∶1

三、单边可调幅自动株间锄草机

针对枸杞树下株间除草、中耕、松土作业研制（图17-29，图17-30，图17-31）。

图17-29　单边可调幅自动株间除草机整机图

图17-30　株间除草作业效果图

图17-31　株间可更换避让除草系统

四、锄草农机农艺融合作业规范

（一）基本要求

按照枸杞除草作业要求，根据株间除草、行间除草、株行间除草的技术环节选用适宜机型清除杂草，实现枸杞地株间、行间一次性除草，减少用工投入。

（二）机械作业程序方法

1.作业机组准备

（1）优先选择获得省部级农机推广鉴定证书的旋耕除草机械。

（2）选择的旋耕除草机械的工作幅宽应与枸杞种植行距相适应。

（3）配套拖拉机必须经过安全技术检验合格，技术参数应符合旋耕机的配套要求。

（4）拖拉机连接好机具后，机组停放在平整的地面上，观察左右旋耕部分刀尖离地高度是否一致，通过调节拖拉机下拉杆提升杆使旋耕部分处于左右水平状态，调节拖拉机上拉杆，使机具处于前后水平状态，调节限位链使机具左右对称并锁紧。

（5）拖拉机驾驶员应具有拖拉机驾驶证，掌握旋耕机的操作、维护保养、常见故障排除技能及相关安全知识。

2. 作业程序及操作方法

（1）机组顺着枸杞行间方向，从地块一侧按行开始采用梭形方式作业。

（2）作业开始，应将旋耕机处于提升状态，先结合动力输出轴，使刀轴转速增至额定转速，然后下降旋耕机，使刀片逐渐入土至所需深度。严禁刀片入土后再结合动力输出轴或急剧下降旋耕机，以免造成刀片弯曲或折断，并加重拖拉机的负荷。

（3）在作业中，应尽量低速慢行，这样既可保证作业质量，使土块细碎，又可减轻机件的磨损。要注意倾听旋耕机是否有杂音或金属敲击音，并观察碎土、耕深及除草情况。如有异常应立即停机进行检查，排除后方可继续作业。

（4）在地头转弯时禁止作业，应将旋耕机升起，使刀片离开地面至少20 cm，并减小拖拉机油门，以免损坏刀片。提升旋耕机时，万向节运转的倾斜角应小于30°，过大时会产生冲击噪声，使其过早磨损或损坏。

（5）在倒车、过田埂和转移地块时，应将旋耕机提升到最高位置，并切断动力，以免损坏机件。如向远处转移，要用锁定装置将旋耕机固定好。

（三）作业质量要求

（1）碎土率不小于60%。

（2）旋耕后地表植被残留量不大于200 g/m^2。

（3）旋耕松土除草的作业深度为15 cm左右。

第六节　枸杞专用植保设备

枸杞专用植保设备主要用于枸杞病虫害防治，主要有以下几种机型。

一、专用可升降折叠式双翼防风植保机

（一）性能特点

（1）适用于枸杞园的喷药植保作业（图17-32，图17-33）。

图17-32　枸杞专用可升降折叠式双翼防风植保机整机图

（2）根据枸杞的行距、株距可以上下、左右调节喷药支架。

（3）利用可升降折叠式防风翼及立体式喷药系统，能够有效防止吹风对喷药的影响，提高喷药安全性及药剂利用率。

图17-33　枸杞专用可升降折叠式双翼防风植保机二次改进整机图

（4）采用了立体式喷头设计，喷药方向更加全面，有上、下方向喷药喷头，左、右喷药喷头，前、后喷药喷头，喷药效果更加优良。节药效果达到20%以上，病虫害防治提高程度10%以上（图17-34）。

图17-34　防风植保作业效果图

（二）技术参数（表17-14）

表17-14　3WP-2000枸杞专用可升降折叠式双翼防风植保机技术参数

技术参数	内容
规格（m）	2.1×0.8×1.2
药箱容积	2000 L
拖拉机配套动力（马力）	≥30
适用范围	3 m宽标准化种植园
工作效率	12～15亩/h
与动力机连接形式	拖拉机后输出轴驱动液泵加压输药
主要用途	枸杞园喷施农药
机械人工效率比	8∶1

二、专用自走式防风植保机

（一）性能特点

（1）适用于短地头枸杞园的喷药植保作业（图17-35，图17-36）。

（2）由牵引式改进而来，更易于操作。

（3）利用折叠式防风翼及立体式喷药系统能够有效防止吹风对喷药的影响，提高喷药安全性及药剂利用率。

（4）采用了立体式喷头设计，喷药方向更加全面，有上、下方向喷药喷头，左、右喷药喷头，前、后喷药喷头，喷药效果更加优良。节药效果

图17-35　枸杞专用自走式防风植保机整机图

图17-36　自走式防风植保作业效果图

达到20%以上，病虫害防治提高程度10%以上。

（二）技术参数（表17-15）

表17-15　3WP-2000枸杞专用自走式防风植保机技术参数

技术参数	内容
药箱容积	2000 L
拖拉机配套动力（马力）	≥30
适用范围	3 m宽标准化种植园
工作效率	15～17亩/h
与动力机连接形式	拖拉机后输出轴驱动液泵加压输药
主要用途	枸杞园喷施农药
机械人工效率比	8∶1

三、专用牵引可升降折叠式植保机

（一）性能特点

（1）适用于枸杞园的喷药植保作业（图17-37，图17-38）。

（2）操作简易、灵活。

图 17-37　枸杞专用牵引可升降折叠式植保机整机图

图 17-38　植保作业效果图

（3）可升降和折叠系统能更好地适应不同的枸杞园。

（4）采用了立体式喷头设计，喷药方向更加全面，有上、下方向喷药喷头，左、右喷药喷头，前、后喷药喷头，喷药效果更加优良。节药效果达到20%以上，病虫害防治提高程度10%以上。

（二）技术参数（表17-16）

表 17-16　枸杞专用牵引可升降折叠式植保机技术参数

技术参数	内容
药箱容积	2000 L
拖拉机配套动力（马力）	≥ 30
适用范围	3 m宽标准化种植园
工作效率	13～17亩/h
与动力机连接形式	拖拉机后输出轴驱动液泵加压输药
主要用途	枸杞园喷施农药
机械人工效率比	9∶1

四、专用背负式植保机

（一）性能特点

（1）适用于枸杞园的喷药植保作业（图17-39，图17-40）。

（2）采用拖拉机背负形式进行作业，操作简易，地头转弯灵活。

（3）采用立体式喷头设计，喷药方向更加全面，有上、下方向喷药喷头，左、右喷药喷头，前、后喷药喷头，喷药效果更加优良。节药效果达到20%以上，病虫害防治提高程度10%以上。

图 17-39　枸杞专用背负式植保机整机图

图 17-40　背负式植保作业效果图

（二）技术参数（表17-17）

表17-17　枸杞专用背负式植保机技术参数

技术参数	内容
药箱容积	300 L
拖拉机配套动力（马力）	≥30
适用范围	3 m宽标准化种植园
工作效率	6～8亩/h
与动力机连接形式	拖拉机后输出轴驱动液泵加压输药
主要用途	枸杞园喷施农药
机械人工效率比	5∶1

五、太阳能光伏板枸杞种植专用植保机械

针对用于太阳能光伏板枸杞种植植保作业研制，专为光伏板下种植枸杞的新模式定制研发的植保机，为建立农光一体化种植技术体系提供技术支撑（图17-41，图17-42）。

图17-41　太阳能光伏板枸杞种植专用植保机整机图

图17-42　太阳能光伏板枸杞种植基地

六、植保农机农艺融合作业规范

（一）基本要求

按照枸杞病虫害防治要求，适宜机型打药，提高施药靶标精准性和防控效果，实现减药节本。

（二）机械作业程序方法

1. 作业机组准备

（1）优先选择获得省部级农机推广鉴定证书，且满足枸杞施药作业要求的喷杆式喷雾机（自走式或悬挂式）。

（2）配套拖拉机必须经过安全技术检验合格，技术参数应符合喷杆式喷雾机的配套要求。

（3）喷杆式喷雾机应调整到良好的技术状态，调整相关参数满足农艺要求。

（4）拖拉机驾驶员应具有拖拉机驾驶证，掌握喷杆式喷雾机的操作、维护保养、常见故障排除技能及相关安全知识。

2. 作业程序和方法

（1）机组沿枸杞种植行方向，从地块一侧按行开始采用梭形方式作业。作业中应尽量采用出地转弯方式，对不能出地转弯的地块，在留好的作业道转弯。

（2）根据病虫害发生的轻重程度，适当提高或降低作业速度，一般保持在4 km/h左右。

（3）拖拉机配套机组转弯、掉头或转移时应升起喷杆式喷雾机并停止喷雾作业。

（三）作业质量要求

（1）作业中保证不重复作业，不遗漏作业。

（2）喷雾机在额定工作压力下喷雾时，施药液量误差率应不大于10%。

（3）机具在额定工作压力下工作时雾滴连续、均匀，雾形完整。

（4）用低容量喷雾治虫时，喷洒在作物叶面上的雾粒数应不小于25粒/cm^2；用常量喷雾防虫或治病时，喷洒在作物上的雾粒数应不小于30粒/cm^2。

第七节　枸杞专用枝条粉碎还田机

枸杞专用枝条粉碎还田机主要用于枸杞整形修剪的废弃枝条粉碎还田等田间操作环节（图17-43）。

一、性能特点

（1）适用于多种作物的茎秆、枝条的粉碎还田，机械部件通用性强，适用面广（图17-44）。

（2）粉碎还田一体化作业设计，方便操作，提高作业效率。

（3）利用双面反向刀头实现枝条粉碎，粉碎后碎枝能与土壤均匀混合。

二、技术参数

技术参数见表17-18。

表17-18　4J-2.5枝条粉碎还田机技术参数

技术参数	内容
作业宽（m）	3
拖拉机配套动力（马力）	≥50
偏移距离（mm）	中心线到拖拉机后输出轴的中心线距离为750 mm
工作效率	每6～10亩/h
使用形式	拖拉机后输出轴驱动动粉碎刀反向旋转
主要用途	枸杞枝条还田
机械人工效率比	9:1

图17-43　枸杞专用枝条粉碎还田机整机图

图17-44　枝条粉碎还田作业效果图

第八节　枸杞采摘机

针对枸杞采摘研发枸杞鲜果采摘机，通过机械化采摘提高劳动生产率，降低生产成本。

一、研究进展

宁夏农林科学院枸杞中心2012年自主投入50万元，针对枸杞生长具有“无序花序、连续花果”的特点，采用振动原理，与宁夏吴忠绿源公司研制开发出枸杞便携式采收机4ZGB-30（图17-45），授权专利4项，采净率达90%左右，果实破损率不足5%，采摘效率是人工的5倍左右，亩节约采摘费200元左右，在区内推广300台，区外推广300台，获宁夏科技进步三等奖1项。

图17-45　4ZGB-30型便携式枸杞采收机现场演示会

宁夏农林科学院枸杞科学研究所2014年投入80万元，将枸杞采摘机研制列为院科技先导重点攻关项目，与农业农村部南京机械化研究所合作研制的自走式枸杞采摘机为基础（图17-46），研制开发隧道式、多频率、高风压组合型自走式枸杞鲜果采摘样机（图17-47）。

图17-46　大型自走式枸杞采摘机样机

宁夏农林科学院枸杞科学研究所联合农业部南京机械化研究所、无锡华源凯马发动机有限公司合作，承担国家重点研发计划项目“农特产品收获技术与装备研发”课题“枸杞收获技术与装备研发”，已完成第四代样机生产（图17-48），并进行田间试验，对参数进行进一步优化，取得积极进展。

图17-47　4GQB-3300型枸杞采摘机

图17-48　第四代大型枸杞鲜果采摘机

图17-49　枸杞专用机械化作业种植示范基地

二、建立适宜机械采收的农机农艺新模式

宁夏农林科学院枸杞科学研究所石志刚、万如等人，通过机械化作业的枸杞建园模式、树型培养、施肥灌溉方式及田间管理等配套农艺措施的组装集成，建立枸杞鲜果机械化采收种植模式（图17-49）。

三、发展趋势

枸杞采摘机尚处于科研和小试生产阶段，但有巨大的市场潜力。

（一）向大型自走式方向发展

小型便携式枸杞采摘机对提高采摘效率作用不明显，且对人工依赖程度大，不能满足枸杞采摘较高的时间要求。而大型自走式枸杞采摘机多个采摘头同时作用于挂果枝条，能大大提高采摘效率，只需一人驾驶兼操作，可保证在短时间内完成大面积的工作任务。

（二）向仿生采摘机械手方向发展

仿生枸杞采摘机械手模拟人工采摘枸杞的动作，对枸杞进行有选择性地采摘。其研制建立在对人工采收过程的高度研究基础上，能够大幅提高枸杞的采摘效率和采净率，大大降低对成熟枸杞的破损率，对未成熟枸杞的损伤率。

（三）向智能化采摘的方向发展

智能化枸杞采摘机采用计算机智能视觉系统，根据果实颜色确定其成熟度，再由计算机控制系统决定是否采摘及采摘部位。这种智能采摘机械可以实现精确的“标靶”采摘和最佳采摘期采摘，确保果实品质优良。

（四）向自动分离、分装方向发展

由于枸杞果粒小，分类工作耗时耗力，而具有分类、分装功能的枸杞采摘机在采摘收集的同时将枸杞鲜果按体积大小分离、分装，降低采摘成本，提高采摘效率和质量。

（五）向安全舒适的方向发展

设计与枸杞采摘机相配套的安全设施和舒适的工作环境，如灭火、降温、隔噪音、防尘、防晒等各种设备，使操作人员能够安全舒适地采摘枸杞。

附录

相关标准

INTERNATIONAL STANDARD

ISO 23193

First edition
2020-08

Traditional Chinese medicine — *Lycium barbarum* and *Lycium chinense* fruit

Médecine traditionnelle chinoise — Baie de goji (baie de Lycium barbarum *et de* Lycium chinense*)*

Reference number
ISO 23193:2020(E)

Contents

ISO 23193:2020(E)

Foreword

ISO (the International Organization for Standardization) is a worldwide federation of national standards bodies (ISO member bodies). The work of preparing International Standards is normally carried out through ISO technical committees. Each member body interested in a subject for which a technical committee has been established has the right to be represented on that committee. International organizations, governmental and non-governmental, in liaison with ISO, also take part in the work. ISO collaborates closely with the International Electrotechnical Commission (IEC) on all matters of electrotechnical standardization.

The procedures used to develop this document and those intended for its further maintenance are described in the ISO/IEC Directives, Part 1. In particular, the different approval criteria needed for the different types of ISO documents should be noted. This document was drafted in accordance with the editorial rules of the ISO/IEC Directives, Part 2 (see www.iso.org/directives).

Attention is drawn to the possibility that some of the elements of this document may be the subject of patent rights. ISO shall not be held responsible for identifying any or all such patent rights. Details of any patent rights identified during the development of the document will be in the Introduction and/or on the ISO list of patent declarations received (see www.iso.org/patents).

Any trade name used in this document is information given for the convenience of users and does not constitute an endorsement.

For an explanation of the voluntary nature of standards, the meaning of ISO specific terms and expressions related to conformity assessment, as well as information about ISO's adherence to the World Trade Organization (WTO) principles in the Technical Barriers to Trade (TBT), see www.iso.org/iso/foreword.html.

This document was prepared by Technical Committee ISO/TC 249, *Traditional Chinese medicine*.

Any feedback or questions on this document should be directed to the user's national standards body. A complete listing of these bodies can be found at www.iso.org/members.html.

Introduction

Lycium barbarum and *Lycium chinense* fruit, commonly called Lycium fruit or *Lycii Fructus*, is the dr fruit of *Lycium barbarum* Linné or *Lycium chinense* Mill. (Fam. Solanaceae). Lycium fruit was firs recorded in the book '*Divine Farmer's Classic of Materia Medica*', and it has a long history in China, Kor Japan and other Southeast Asian nations, where it is used to nourish the liver and kidneys and replen essence to improve vision. Clinically, owing to its medicinal properties, it plays an important role in treatment of diseases such as immune suppression, cancer and diabetic retinopathy.

Additionally, *Lycium barbarum* and *Lycium chinense* fruit, with its sweet taste and warming prope is widely used in functional food and cosmetics. Lycium fruit and its finished products also hav very high reputation worldwide for their effectiveness, and account for a large market share in international trade of Chinese herbal medicines.

Lycium barbarum and *Lycium chinense* fruit is widely cultivated in the northwest of China, Korea a Canada, among other places. However, the quality of Lycium fruit provided from different areas or different cultivators is quite different. In addition, though *Lycium barbarum* and *Lycium chinense* fr has been recorded in several pharmacopeia and standards, specifications and quality requireme in these standards vary. Thus, there is a clear and urgent need to develop an international stand for harmonizing the existing standards, as well as ensuring the safety and effectiveness of *Lyci barbarum* and *Lycium chinense* fruit.

As national implementation may differ, national standards bodies are invited to modify the val given in 5.3, 5.4, 5.5, 5.6, 5.8 and Clause 9 in their national standards. Examples of national and regio values are given in Annex E.

Traditional Chinese medicine — *Lycium barbarum* and *Lycium chinense* fruit

1 Scope

This document specifies the minimum requirements and test methods for *Lycium barbarum* and *Lycium chinense* fruit, which is derived from the plant of *Lycium barbarum* L. or *Lycium chinense* Mill.

It is applicable to *Lycium barbarum* and *Lycium chinense* fruit that is sold and used as herbal raw materials in the international trade, including unprocessed and traditionally processed materials.

2 Normative references

The following documents are referred to in the text in such a way that some or all of their content constitutes requirements of this document. For dated references, only the edition cited applies. For undated references, the latest edition of the referenced document (including any amendments) applies.

ISO 1575, *Tea — Determination of total ash*

ISO 1577, *Tea — Determination of acid-insoluble ash*

ISO 18664, *Traditional Chinese Medicine — Determination of heavy metals in herbal medicines used in Traditional Chinese Medicine*

ISO 20409, *Traditional Chinese medicine — Panax notoginseng root and rhizome*

ISO 21371, *Traditional Chinese medicine — Labelling requirements of products intended for oral or topical use*

ISO 22258, *Traditional Chinese medicine — Determination of pesticide residues in natural products by gas chromatography*

ISO 22590, *Traditional Chinese medicine — Determination of sulfur dioxide in natural products by titration*

World Health Organization *Quality control methods for herbal materials,* 2011

3 Terms and definitions

For the purposes of this document, the following terms and definitions apply.

ISO and IEC maintain terminological databases for use in standardization at the following addresses:

— ISO Online browsing platform: available at https://www.iso.org/obp

— IEC Electropedia: available at http://www.electropedia.org/

3.1
***Lycium barbarum* fruit**
dried ripe fruit of *Lycium barbarum* L. (Fam. Solanaceae)

3.2
***Lycium chinense* fruit**
dried ripe fruit of *Lycium chinense* Mill. (Fam. Solanaceae)

3.3
batch
samples collected from the same particular place at the same time, of no more than 1 000 kg

3.4
final sample
samples for the test required in this document

Note 1 to entry: Final samples may be packed in different materials meeting conditions for specific tests (e.g. moisture or total ash).

4 Descriptions

The structure of *Lycium barbarum* L., *Lycium chinense* Mill. and the dried ripe fruit are shown in Figure 1. Different features such as leaves, flowers and fruits in *Lycium barbarum* L. and *Lycium chinense* Mill., and methods for differentiating these two species, are given in Annex F.

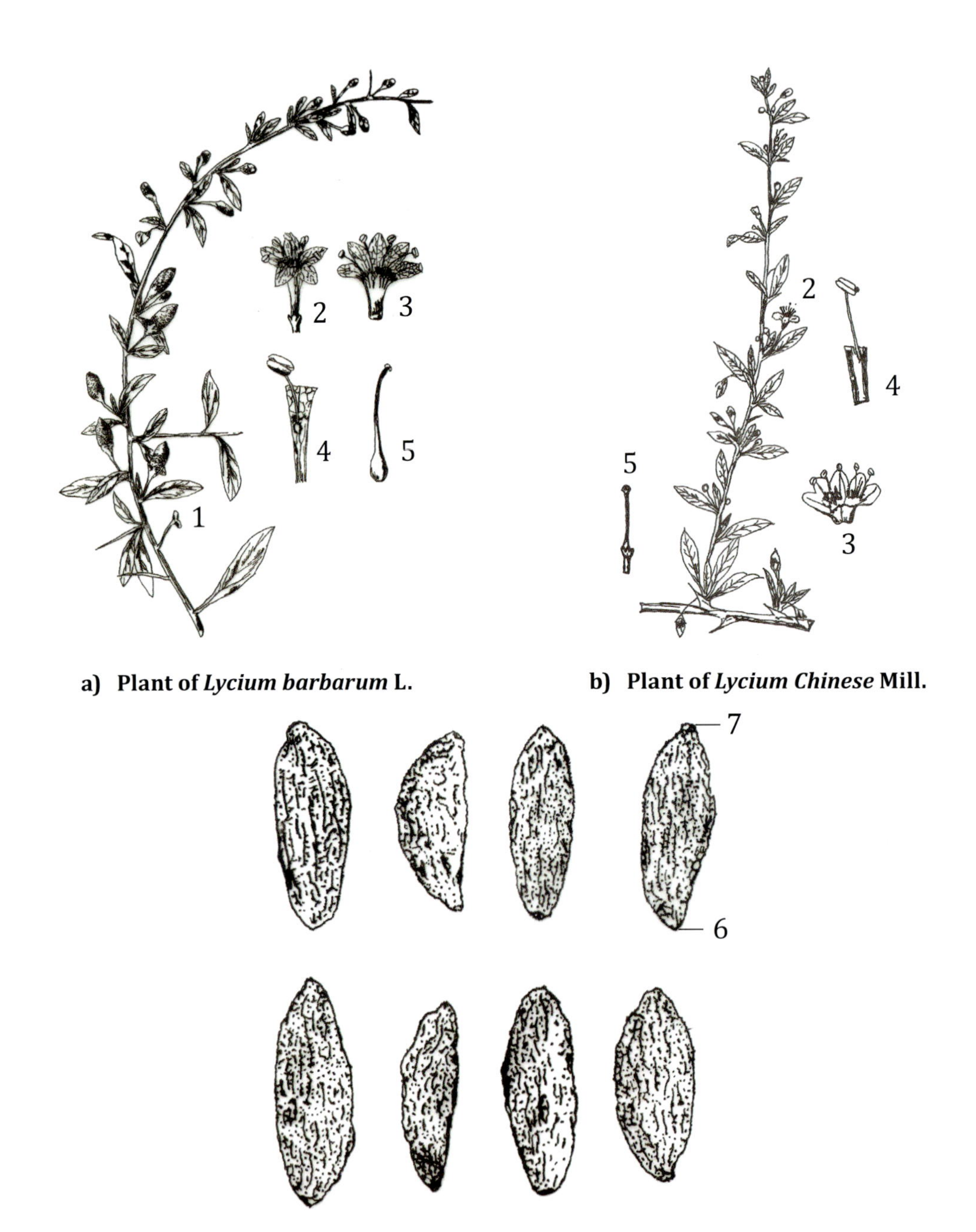

a) Plant of *Lycium barbarum* L.

b) Plant of *Lycium Chinese* Mill.

c) Dried ripe fruits (upper: *Lycium barbarum* fruit; lower: *Lycium chinense* fruit)

Key

1 fruit spur
2 flower
3 corolla expended to show stamens
4 stamen
5 pistil
6 pistil stalk scar
7 fruit stalk scar

Figure 1 — Structure of *Lycium barbarum* and *Lycium chinense* fruit

5 Requirements

5.1 Morphological features

5.1.1 Appearance

The fruit is nearly fusiform or elliptical. Pericarp is soft and externally roughly wrinkled. Sarcocarp is pulpy, soft and tender.

5.1.2 Colour

The external surface is red or dark red with a pistil stalk scar (6) at the apex and a white fruit stalk scar (7) at the base, as in Figure 1 c).

5.1.3 Dimensions

The fruit is 6 mm to 20 mm in length measured from the base to the end of the fruit and 3 mm to 10 mm in diameter measured at the base of the fruit.

5.1.4 Fracture

20 to 50 seeds are present inside one fruit, kidney-shaped and nearly flat, ca. 2 mm; the external surface of the seeds is pale yellow or yellowish brown in the fruit of *Lycium barbarum* L., while the seeds in one fruit of *Lycium chinense* Mill. are numerous, kidney-shaped and nearly flat, 2,5 mm to 3 mm; the external surface colour of the seeds is yellow.

5.1.5 Odour

The odour is slight, and the taste is at first sweet and then slightly bitter for *Lycium chinense* fruit, and sweet and not bitter for *Lycium barbarum* fruit.

5.2 Microscopic characteristics

See Figure 2. The powder is yellowish-orange or reddish-brown. Epidermal cells of outer pericarp (1) are polygonal or elongated-polygonal, about 60 μm in diameter, with straight or slightly wavy walls, covered with a thick cuticle, with distinct, more-or-less parallel striations. Parenchymatous cells of mesocarp (2) are thin-walled subpolygonal, containing reddish-orange or brownish-red spherical aleurone granules (3). Fragments of starchy endosperm cells (4) contain oil droplets. Stone cells of testa (5) are irregular polygonal, with distinct striations, thickened or slightly wavy walls.

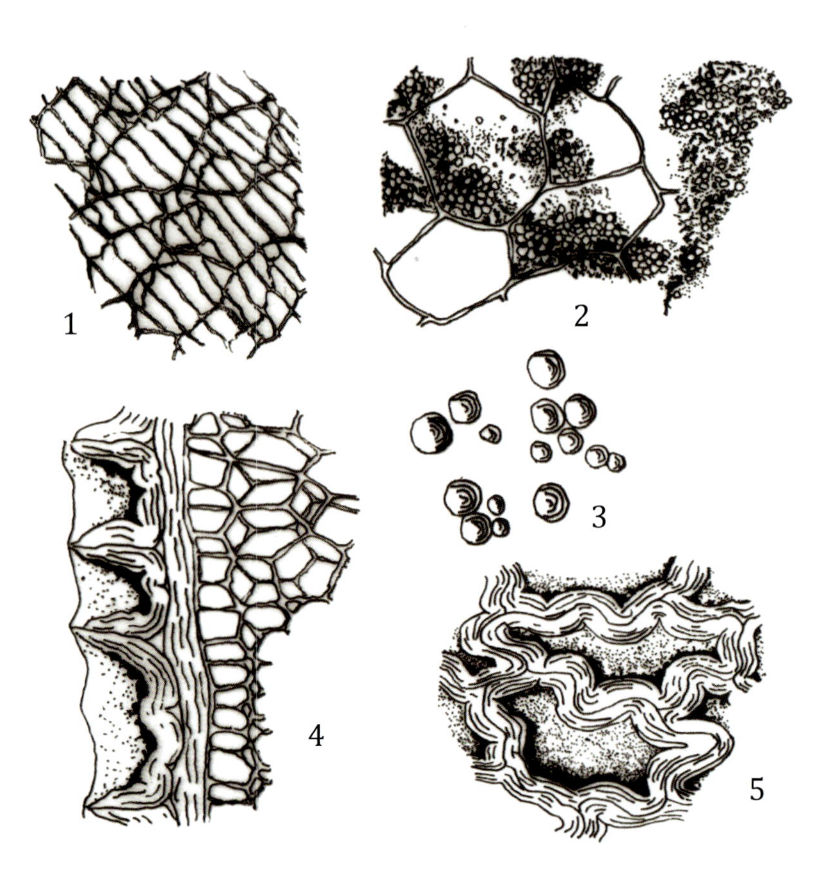

Key

1 epidermal cells of outer pericarp
2 parenchymatous cells of mesocarp
3 aleurone granules
4 starchy endosperm cells
5 stone cells of testa

Figure 2 — Structure of powdered Lycium fruit

5.3 Moisture

The mass fraction of moisture should not be more than 13,0 %.

5.4 Total ash

The mass fraction of total ash should not be more than 6,0 %.

5.5 Acid-insoluble ash

The mass fraction of total ash should not be more than 1,0 %.

5.6 Water-soluble extractives

The mass fraction of water-soluble extractives should not be less than 45,0 %.

5.7 Thin-layer chromatogram (TLC) identification

The identification of *Lycium barbarum* and *Lycium chinense* fruit with TLC shall present spots or brands obtained from the test and reference drug solution in the same position with the same colour.

5.8 Content of polysaccharide

The content of polysaccharide should be determined.

5.9 Content of marker compound

The content of marker compound such as Betaine shall be determined.

5.10 Heavy metals

The content of heavy metals such as arsenic, mercury, lead and cadmium shall be determined.

5.11 Pesticide residues

The content of pesticide residues such as Benzex, DDT and quintozene shall be determined.

5.12 Sulfur dioxide residues

The content of sulfur dioxide residues shall be determined.

6 Sampling

Sampling of *Lycium barbarum* and *Lycium chinense* fruit shall be in accordance with the World Health Organization's *Quality control methods for herbal materials.*

a) From a batch of five containers or packaging units, take a sample from each.

b) From a batch of six to 50 units, take a sample from five.

c) From a batch of over 50 units, sample 10 %, rounding up the number of units to the nearest multiple of 10. For example, a batch of 51 units would be sampled as for 60, i.e. take samples from six packages.

d) From each container or package selected, take three original samples from the top, middle and bottom of the container or package. The three original samples should then be combined into a pooled sample that should be mixed carefully.

e) The average sample is obtained by quartering. From the pooled sample, adequately mix into an even and square-shaped heap and divide this diagonally into four equal parts. Take two diagonally opposite parts and mix carefully.

f) Repeat the process as necessary until the required quantity, to within ± 10 %, is obtained.

g) Using the same quartering procedure, divide the average sample into four final samples, taking care that each portion is representative of the bulk material.

h) The final samples shall be tested for the measurement and analyses specified in Table 1.

Table 1 — Maximum weight of batch and minimum weight of the final sample

Maximum weight of fruit per batch kg	Minimum weight of the final sample g		
	For macroscopic identification	For determination of marker compound	For other analyses
1 000	500	250	250

NOTE 1 The requirements are based on samples collected from different production regions of *Lycium barbarum* and *Lycium chinense* fruit.

NOTE 2 Other analyses include the determination of moisture content, total ash, acid-insoluble content, water-soluble extractives, heavy metals and pesticide residues.

7 Test methods

7.1 Macroscopic identification

Samples of not less than 500 g shall be taken from each batch randomly. These samples shall be examined by naked eye observation, smell and taste.

7.2 Determination of moisture content

The testing method specified in ISO 20409 applies.

7.3 Determination of total ash content

The testing method specified in ISO 1575 applies.

7.4 Determination of acid-insoluble ash content

The testing method specified in ISO 1577 applies.

7.5 Determination of water-solution extractives content

See Annex A for additional information.

7.6 TLC identification

See Annex B for additional information.

7.7 Determination of polysaccharide content

See Annex C for additional information.

7.8 Determination of marker compound content

See Annex D for additional information.

7.9 Determination of heavy metals contents

The testing method specified in ISO 18664 applies.

7.10 Determination of pesticide residues contents

The testing method specified in ISO 22258 applies.

7.11 Determination of sulfur dioxide residues contents

The testing method specified in ISO 22590 applies.

8 Test report

For each test method, the test report shall specify the following:

a) all the information necessary for the complete identification of the sample;

b) the sampling method used;

c) the test method used;

d) a reference to this document, i.e. ISO 23193:2020,

e) the test result(s) obtained;

f) all operating details not specified in this document, or regarded as optional, together with details of any incidents which may have influenced the test result(s);

g) any unusual features (anomalies) observed during the test;

h) the date of the test.

9 Packaging, storage and transportation

Packaging should not transmit any odour or flavour to the product and shall not contain substances which may damage the product or constitute a health risk. The packaging shall be strong enough to withstand normal handling and transportation.

The product shall be sealed and stored in a dry, shady and cool place. The storage temperature should be no higher than 25 °C.

The *Lycium barbarum* and *Lycium chinense* fruit shall be protected from light, moisture, pollution and entry of foreign substances during long-distance delivery.

10 Marking and labelling

Refer to the method specified in ISO 21371. The following items shall be marked or labelled on the packages:

a) product name and Latin scientific name;

b) all quality features indicated in Clause 5, determined in accordance with the methods specified in Clause 7;

c) gross weight and net weight of the products;

d) country of origin and province/state of the products;

e) date of production, batch number and expiry date of the products;

f) storage and transportation methods;

g) any items required by the regulatory bodies of the destination country.

Annex A
(informative)

Determination of water-soluble extractives

a) Weigh 250 g of sample to grind and pass it through a 24-mesh or coarse sieve. Dry the powder in a desiccator to a constant weight. Weigh approximately 4 g of the dried powder into a 250 ml stopper conical flask. Accurately add 100 ml water.

b) Allow the mixture of the powder and water to stand at room temperature for 18 h. Stir the mixture from time to time within the first 6 h, then filter rapidly with a dry filter.

c) Weigh a dried evaporating dish. Transfer 25 ml of the successive filtrate into the evaporating dish. Evaporate the filtrate to dryness on a water bath.

d) Dry at 105 °C for 3 h and allow to cool for 30 min in a desiccator. Weigh the extracts rapidly and accurately.

e) Calculate the mass fraction of water-soluble extractives, m_{wse}, on the dried basis (%) with Formula (A.1).

$$m_{wse}\ (\%) = (m_1 - m_0) \times 4/m_s \times 100 \qquad \text{(A.1)}$$

where

m_s is the mass of the sample (g);

m_0 is the mass of the evaporating dish (g);

m_1 is the mass of the evaporating dish and residue after drying (g).

Annex B
(informative)

TLC identification

B.1 Preparation of test solution

Respectively weigh 250 g of *Lycium barbarum* and *Lycium chinense* fruit to grind and pass it through an 80-mesh or finer sieve. Weigh approximately 0,5 g of the powder, add 35 ml of water, reflux for 15 min and filter. Extract the filter with 15 ml of ethyl acetate three times and evaporate the extracted solution to dryness. Subsequently dissolve the residue with 1 ml of methanol as the sample solution.

B.2 Preparation of reference solution

Respectively weigh 0,5 g of *Lycium barbarum* and *Lycium chinense* fruit reference drug and treat it in the same manner as in B.1 as the reference drug solution.

B.3 Developing solvent system

Prepare a mixture of ethyl acetate and dichloromethane with a volume ratio of 2:15 as the mobile phase.

B.4 Procedure

Apply 5,0 µl each of the reference drug solution and the test solution on the same TLC plate (silica gel G) previously dried at 110°C for 15 min in the oven. Develop the plate in the mobile phase of ethyl acetate and dichloromethane (2:15 volume ratio), then remove the plate and dry in air. Examine the plate under ultraviolet light at 365 nm. Identify the spots of the test solution by comparing the positions and colours with those of the reference drug solution.

A typical reference TLC chromatogram is shown in Figure B.1.

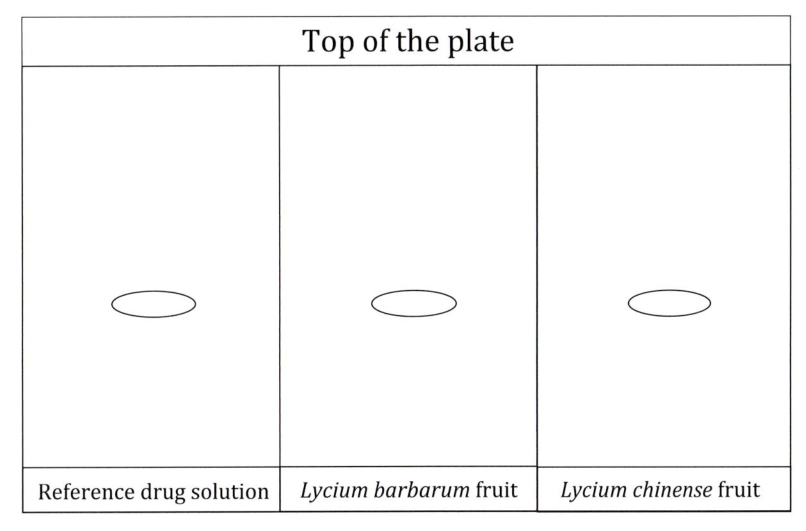

Figure B.1 — Schematic diagram of typical TLC chromatogram of *Lycium barbarum* and *Lycium chinense* fruit

Annex C
(informative)

Determination of polysaccharide content

C.1 Principle of the test method

The phenol-sulfuric acid method is employed to determine the content of polysaccharides. In this method, the concentrated sulfuric acid breaks down the polysaccharides to monosaccharides. Pentoses (5-carbon monosaccharides) are then dehydrated to furfural, and hexoses (6-carbon monosaccharides) to hydroxymethyl furfural. These compounds then react with phenol to produce orange-yellow complexes that can be measured spectrophotometrically. Glucose is generally used as the reference standard in this method. Therefore, in this method, the content of the monosaccharide (glucose) can reflect the content of polysaccharides.

C.2 Preparation of reference standard solution

Accurately weigh 25 mg of anhydrous glucose to a 250 ml volumetric flask, add water to dissolve, dilute to volume, and mix well (containing 0,1 mg anhydrous glucose per ml).

C.3 Preparation of test solution

Accurately weigh 0,5 g of *Lycium barbarum* and *Lycium chinense* fruit to flask, add 200 ml of water, heat and reflux for 2 h then cool. Transfer the solution to a 250 ml volumetric flask, rinse the flask three times with 5 ml of water and transfer the washings to the volumetric flask. Dilute with water to volume, mix and filter. Discard the first portion of the filtrate and transfer 2 ml of the filtrate to a 15 ml centrifugal tube. Add 10 ml of alcohol to the centrifugal tube, mix and chill for 1 h. Centrifuge at 4 000 rpm for 20 min, discard the supernatant and wash the precipitate with 8 ml of 80 % alcohol twice. Centrifuge again and discard the supernatant. Dissolve the precipitate with hot water and transfer the solution to a 25 ml volumetric flask, cool, dilute with water to volume and mix.

C.4 Construction of calibration curve

Transfer separately 0,2 ml, 0,4 ml, 0,6 ml, 0,8 ml and 1,0 ml of the standard solution to 10 ml test tubes with glass stoppers, dilute with water to 1,0 ml, add 1,0 ml of freshly prepared 5 % phenol solution and mix. Add 5,0 ml of sulfuric acid and mix. Heat for 20 min in a boiling water bath and cool the tube in an ice bath for 5 min. Determine the absorbance of the samples at 488 nm using an ultraviolet-visible spectrophotometer. Construct the calibration curve by plotting the absorbance (y-axis) against the concentration of the glucose (x-axis).

C.5 Content of polysaccharides

Transfer 1,0 ml of the sample solution to a 10 ml test tube with a glass stopper and determine the absorbance according to the preparation of the test method in C.4 (beginning from “add 1,0 ml of freshly prepared 5 % phenol solution"). Calculate the content of glucose in sample solutions by the calibration curve. The content of polysaccharides, W_{pol} (%), is calculated with Formula (C.1):

$$W_{pol} = \frac{\frac{(a-b)}{c} \times 250 \times 25}{m_s \times 2 \times 10^6 \times (1 - W_m)} \qquad (C.1)$$

where

a is the absorbance of the test solution;

b is the intercept of the calibration curve;

c is the slope of the calibration curve;

m_s is the mass of the sample (g);

W_m is the moisture content of the sample (%).

Annex D
(informative)

Determination of betaine content

D.1 Preparation of reference standard solution

Dissolve a quantity of betaine CRS with methanol in a brown cliometric flask to produce a solution containing 0,1 mg of each per ml as the reference solution.

D.2 Preparation of test solution

2,0 g of the fine-grained *Lycium barbarum* and *Lycium chinense* fruit was accurately weighed and extracted with 25 ml of dichloromethane by refluxing in a water bath at 60 °C for 30 min, cooled and filtered. The filtrate was discarded and the residue extracted with 25 ml of 80 % ethanol (adjust to pH 1,0 with hydrochloride acid) by refluxing in a water bath at 80 °C for 30 min, cooled and filtered. The filtrate was evaporated to dryness, and the residue was dissolved with 2 ml aqueous ethanol (80 % volume fraction). The supernatant was packed into an aluminium oxide column (OH^- form, a glass tube 10 mm to 15 mm in internal diameter and 20 cm in length, packed 10 cm with aluminium oxide) and eluted with 40 ml ethanol containing 5 % ammonium hydroxide. Subsequently, the eluted solution was evaporated to dryness and then dissolved with 10 ml ethanol. The supernatant was then filtered through a 0,22 μm Millipore filter unit prior to the HPLC analysis.

D.3 Chromatographic system

D.3.1 Column.

D.3.1.1 Stationary phase: HILIC dihydroxypropyl group bonded to porous silica particles, 5 μm in diameter as analysing column or equivalent.

D.3.1.2 Size: l = 250 mm, Φ = 4,6 mm.

D.3.2 Mobile phase.

D.3.2.1 Mobile phase A: water for chromatography R.

D.3.2.2 Mobile phase B: acetonitrile for chromatography R.

D.3.2.3 Isocratic elution: a mixture of mobile phases A and B (19:81).

D.3.3 Flow rate: 0,7 ml/min.

D.3.4 Detector: 195 nm.

D.3.5 Column temperature: 30 °C.

D.3.6 Injection volume: 10 μl.

D.4 Content calculation of betaine

D.4.1 The content of betaine, C_{bet} (%) is calculated with Formula (D.1).

$$C_{bet} = \frac{c_s \times 10^{-3} \times 100}{M \times (1 - C_m)} \times 100\,\% \qquad (D.1)$$

where

C_s is the average content of the sample (mg/ml);

M is the mass of *Lycium barbarum* and *Lycium chinense* fruit taken to prepare the sample solution (g);

C_m is the moisture content of the sample (%).

D.4.2 A typical reference HPLC chromatogram is shown in Figure D.1.

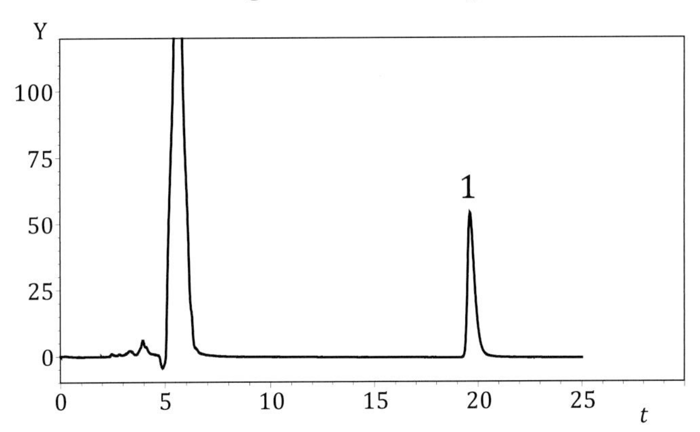

a) Betaine reference standard

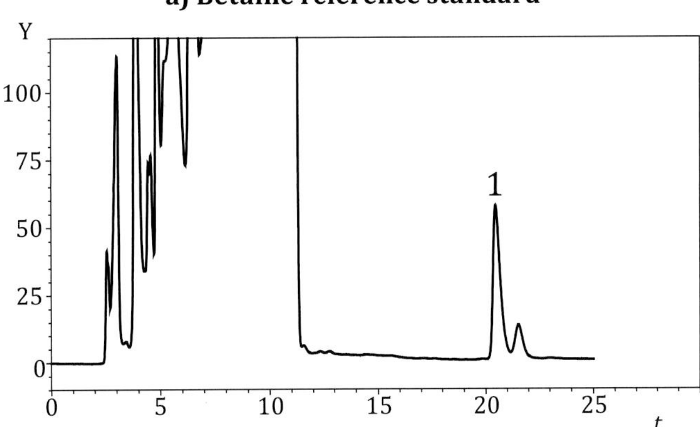

b) *Lycium barbarum* fruit

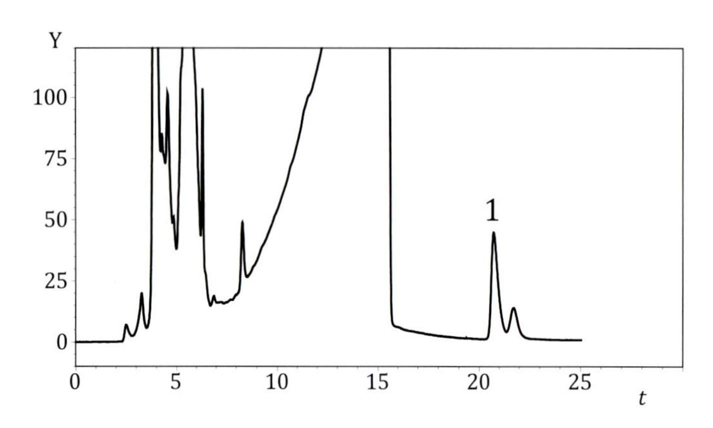

c) *Lycium chinense* fruit

Key

t time, in min

Y intensity of absorbance, in mAU

1 peak of betaine

Figure D.1 — Typical reference HPLC chromatogram of *Lycium barbarum* and *Lycium chinense* fruit

Annex E
(informative)

Reference values of national and regional limits of moisture, total ash, water-soluble extractives, polysaccharides, betaine contents in *Lycium barbarum* and *Lycium chinense* fruit

Different countries and regions have their own limits for moisture, total ash, acid-insoluble ash, and water-soluble extractives, polysaccharide and betaine contents in *Lycium barbarum* and *Lycium chinense* fruit. These are shown in Table E.1.

Table E.1 — Reference values of national and regional limits of moisture, total ash, water-soluble extractives, polysaccharides and betaine contents in *Lycium barbarum* and *Lycium chinense* fruit

Items	Authority regulation	Chinese Pharmacopoeia[3]	European Pharmacopoeia[4]	British Pharmacopoeia[5]	Japanese Pharmacopoeia[6]	Korean Pharmacopoeia[7]
Species		*L. barbarum* L.	*L. barbarum* L.	*L. barbarum* L.	*L. barbarum* L. *L. chinense* Mill.	*L. barbarum* L. *L. chinense* Mill.
Identification	Description	√	√	√	√	√
	Microscopy	√	√	√	–	–
	TLC	√	√	√	√	√
Examination	Moisture content (%)	≤ 13,0	≤ 11,0	≤ 13,0	–	–
	Total ash (%)	≤ 5,0	≤ 5,0	≤ 5,0	≤ 8,0	≤ 8,0
	Acid-insoluble ash (%)	–	–	–	≤ 1,0	–
Extractives	Water-soluble (%)	≥ 55,0	≥ 55,0	≥ 55,0	–	–
Assay	Polysaccharide (%)	≥ 1,8	–	–	–	–
	Betaine (%)	≥ 0,3	–	–	–	≥ 0,5

NOTE The analytical methods for the determination of moisture, total ash, acid-insoluble ash, and water-soluble extractives, polysaccharide and betaine contents are in accordance with the latest edition of pharmacopoeias of different countries or regions.

Key

√ The index is set in the pharmacopeia.

– The index is not set in the pharmacopeia.

Annex F
(informative)

Reference information and methods for differentiating *Lycium barbarum* L. and *Lycium chinense* Mill.

Different features such as leaves, flowers, fruits in *Lycium barbarum* L. and *Lycium chinense* Mill., and methods for differentiating these two species, are shown in Table F.1.

Table F.1 — Reference information and methods for differentiating *Lycium barbarum* L. and *Lycium chinense* Mill.[8]-[10]

Items	Species	*L. barbarum* L.	*L. chinense* Mill.
Morphological features[8]	Leaves	lanceolate or oblong-lanceolate	solitary or fasciculate; oval, ovate-rhomboid, ovate-lanceolate or long elliptic
	Calyx	campanulate, 4 mm to 5 mm; usually two-lobed; lobes with two or three teeth at the apex	campanulate, 3 mm to 4 mm; usually three-lobed; lobes sometimes with four or five irregular teeth; lobes with densely ciliate
	Corolla	purple, funnel-form; tube 8 mm to 10 mm; obviously longer than limb and lobes	pale purple; tube funnel-form, shorter than or sub-equalling with lobes
	Seeds of fruit	brown-yellow; 20 mm to 50 mm; flat kidney-shaped; ca 2 mm	yellow; numerous; flat kidney-shaped; 2,5 mm to 3 mm
Odour and taste[3][8]	Odour	slight	slight
	Taste	sweet and not bitter	at first sweet and then slightly bitter
Methods for differentiating		RAPD (random amplified polymorphic DNA)[9]	
		complete chloroplast genomes through high-throughput sequencing technology[10]	

Bibliography

[1] ISO 10241-1, *Terminological entries in standards — Part 1: General requirements and examples of presentation*

[2] ISO 17217-1, *Traditional Chinese medicine — Ginseng seeds and seedlings — Part 1: Panax ginseng C.A. Meyer*

[3] *Chinese Pharmacopoeia,* 2015 (English Edition), Volume 1, *Lycium barbarum* Linné

[4] *European Pharmacopoeia*, 2016, 9th edition, *Lycium barbarum* Linné

[5] *British Pharmacopoeia*, 2017, *Lycium barbarum* Linné

[6] *Japanese Pharmacopoeia*, 2016, 17th edition, *Lycium barbarum* Linné or *Lycium chinense* Miller

[7] *Korean Herbal Pharmacopoeia*, 2002 (English Edition), *Lycium barbarum* Linné or *Lycium chinense* Miller

[8] Yao R., Heinrich M., Weckerle C.S., The genus *Lycium* as food medicine: A botanical, ethnobotanical and historical review. *J. Ethnopharmacol.* 2018, **212** pp. 50–66

[9] Zhang Y.B., Leung H.W., Yeung H.W., Wong R.N., Differentiation of Lycium barbarum from its related Lycium species using random amplified polymorphic DNA. *Planta Med.* 2001, **67** pp. 379–381

[10] Cui Y.X., Zhou J.G., Chen X.L., Xu Z.C., Wang Y., Sun W., Song J.Y., Yao H., Complete chloroplast genome and comparative analysis of three Lycium (Solanaceae) species with medicinal and edible properties. *Gene Reports.* 2019, **17** pp. 100464

ISO 23193:2020(E)

ICS 11.120.10

Price based on 19 pages

ICS 11.120.01
B 38

中华人民共和国国家标准

GB/T 18672—2014
代替 GB/T 18672—2002

枸　　杞

Wolfberry

2014-06-09 发布　　2014-10-27 实施

中华人民共和国国家质量监督检验检疫总局
中国国家标准化管理委员会　发布

GB/T 18672—2014

前　　言

本标准按照GB/T 1.1—2009给出的规则起草。

本标准代替GB/T 18672—2002《枸杞(枸杞子)》。与GB/T 18672—2002相比，主要技术变化如下：

——修改了标准名称；

——修改了理化指标项目，调整了总糖的指标数值；

——删除了卫生指标及相关内容；

——修改了附录A测定步骤中“样品溶液的制备”的部分内容；

——修改了附录B的全部内容。

本标准由国家林业局提出并归口。

本标准起草单位：农业部枸杞产品质量监督检验测试中心、宁夏轻工设计研究院食品发酵研究所、宁夏农林科学院枸杞研究所、宁夏标准化协会。

本标准起草人：张艳、程淑华、伊倩如、李润淮、耿万成、李艳萍、冯建华、张运迪、何仲文。

本标准所代替标准的历次版本发布情况为：

——GB/T 18672—2002。

枸　　杞

1　范围

本标准规定了枸杞的质量要求、试验方法、检验规则、标志、包装、运输和贮存。

本标准适用于经干燥加工制成的各品种的枸杞成熟果实。

2　规范性引用文件

下列文件对于本文件的应用是必不可少的。凡是注日期的引用文件，仅注日期的版本适用于本文件。凡是不注日期的引用文件，其最新版本(包括所有的修改单)适用于本文件。

GB 5009.3　食品安全国家标准　食品中水分的测定

GB 5009.4　食品安全国家标准　食品中灰分的测定

GB 5009.5　食品安全国家标准　食品中蛋白质的测定

GB/T 5009.6　食品中脂肪的测定

GB/T 6682　分析实验室用水规格和试验方法

GB 7718　食品安全国家标准　预包装食品标签通则

SN/T 0878　进出口枸杞子检验规程

定量包装商品计量监督管理办法　国家质量监督检验检疫总局令〔2005〕第75号

3　术语和定义

下列术语和定义适用于本文件。

3.1

外观　appearance

整批枸杞的颜色、光泽、颗粒均匀整齐度和洁净度。

3.2

杂质　impurity

一切非本品物质。

3.3

不完善粒　imperfect dried berry

尚有使用价值的枸杞破碎粒、未成熟粒和油果。

3.3.1

破碎粒　broken dried berry

失去部分达颗粒体积三分之一以上的颗粒。

3.3.2

未成熟粒　immature berry

颗粒不饱满，果肉少而干瘪，颜色过淡，明显与正常枸杞不同的颗粒。

3.3.3

油果　over-mature or mal-processed dried berry

成熟过度或雨后采摘的鲜果因烘干或晾晒不当，保管不好，颜色变深，明显与正常枸杞不同的颗粒。

3.4

无使用价值颗粒　non-consumable berry

被虫蛀、粒面病斑面积达 2 mm^2 以上、发霉、黑变、变质的颗粒。

3.5

百粒重　weight of one hundred dried berries

100 粒枸杞的克数。

3.6

粒度　granularity

50 g 枸杞所含颗粒的个数。

4 质量要求

4.1 感官指标

感官指标应符合表 1 的规定。

表 1　感官指标

项　目	等级及要求			
	特优	特级	甲级	乙级
形状	类纺锤形略扁稍皱缩	类纺锤形略扁稍皱缩	类纺锤形略扁稍皱缩	类纺锤形略扁稍皱缩
杂质	不得检出	不得检出	不得检出	不得检出
色泽	果皮鲜红、紫红色或枣红色	果皮鲜红、紫红色或枣红色	果皮鲜红、紫红色或枣红色	果皮鲜红、紫红色或枣红色
滋味、气味	具有枸杞应有的滋味、气味	具有枸杞应有的滋味、气味	具有枸杞应有的滋味、气味	具有枸杞应有的滋味、气味
不完善粒质量分数/%	≤1.0	≤1.5	≤3.0	≤3.0
无使用价值颗粒	不允许有	不允许有	不允许有	不允许有

4.2 理化指标

理化指标应符合表 2 的规定。

表 2　理化指标

项　目	等级及指标			
	特优	特级	甲级	乙级
粒度/(粒/50 g)	≤280	≤370	≤580	≤900
枸杞多糖/(g/100 g)	≥3.0	≥3.0	≥3.0	≥3.0
水分/(g/100 g)	≤13.0	≤13.0	≤13.0	≤13.0
总糖(以葡萄糖计)/(g/100 g)	≥45.0	≥39.8	≥24.8	≥24.8
蛋白质/(g/100 g)	≥10.0	≥10.0	≥10.0	≥10.0

表 2（续）

项 目	等级及指标			
	特优	特级	甲级	乙级
脂肪/(g/100 g)	≤5.0	≤5.0	≤5.0	≤5.0
灰分/(g/100 g)	≤6.0	≤6.0	≤6.0	≤6.0
百粒重/(g/100 粒)	≥17.8	≥13.5	≥8.6	≥5.6

5 试验方法

5.1 感官检验

按 SN/T 0878 规定执行。

5.2 粒度、百粒重的测定

按 SN/T 0878 规定执行。

5.3 枸杞多糖的测定

按附录 A 规定执行。

5.4 水分的测定

按 GB 5009.3 减压干燥法或蒸馏法规定执行。

5.5 总糖的测定

按附录 B 规定执行。

5.6 蛋白质的测定

按 GB 5009.5 规定执行。

5.7 脂肪的测定

按 GB/T 5009.6 规定执行。

5.8 灰分的测定

按 GB 5009.4 规定执行。

6 检验规则

6.1 组批

由相同的加工方法生产的同一批次、同一品种、同一等级的产品为一批产品。

6.2 抽样

从同批产品的不同部位经随机抽取 1‰，每批至少抽 2 kg 样品，分别做感官、理化检验，留样。

6.3 检验分类

6.3.1 出厂检验

出厂检验项目包括：感官指标、粒度、百粒重、水分。产品经生产单位质检部门检验合格附合格证，方可出厂。

6.3.2 型式检验

型式检验每年进行一次，在有下列情况之一时应随时进行：

a) 新产品投产时；

b) 原料、工艺有较大改变、可能影响产品质量时；

c) 出厂检验结果与上次型式检验结果差异较大时；

d) 质量监督机构提出要求时。

6.4 判定规则

型式检验项目如有一项不符合本标准，判该批产品为不合格，不得复验。出厂检验如有不合格项时，则应在同批产品中加倍抽样，对不合格项目复验，以复验结果为准。

7 标志、包装、运输和贮存

7.1 标志

标志应符合 GB 7718 的规定。

7.2 包装

7.2.1 包装容器（袋）应用干燥、清洁、无异味并符合国家食品卫生要求的包装材料。

7.2.2 包装要牢固、防潮、整洁、美观、无异味，能保护枸杞的品质，便于装卸、仓储和运输。

7.2.3 预包装产品净含量允差应符合《定量包装商品计量监督管理办法》的规定。

7.3 运输

运输工具应清洁、干燥、无异味、无污染。运输时应防雨防潮，严禁与有毒、有害、有异味、易污染的物品混装、混运。

7.4 贮存

产品应贮存于清洁、阴凉、干燥、无异味的仓库中。不得与有毒、有害、有异味及易污染的物品共同存放。

附　录　A
（规范性附录）
枸杞多糖测定

A.1　原理

用80%乙醇溶液提取以除去单糖、低聚糖、甙类及生物碱等干扰性成分，然后用水提取其中所含的多糖类成分。多糖类成分在硫酸作用下，先水解成单糖，并迅速脱水生成糖醛衍生物，然后和苯酚缩合成有色化合物，用分光光度法于适当波长处测定其多糖含量。

A.2　仪器和设备

A.2.1　实验室用样品粉碎机。
A.2.2　分析天平，感量0.000 1 g。
A.2.3　分光光度计，用10 mm比色杯，可在490 nm下测吸光度。
A.2.4　玻璃回流装置。
A.2.5　电热恒温水浴。
A.2.6　玻璃仪器，250 mL容量瓶、各规格移液管、25 mL具塞试管。

A.3　试剂配制

除非另有说明，在分析中仅使用确认为分析纯的试剂和GB/T 6682中规定的至少三级的水。
A.3.1　80%乙醇溶液：用95%乙醇或无水乙醇加适量水配制。
A.3.2　硫酸。
A.3.3　苯酚液：取苯酚100 g，加铝片0.1 g与碳酸氢钠0.05 g，蒸馏收集172 ℃馏分，称取此馏分10 g，加水150 mL，置于棕色瓶中即得。

A.4　试样的选取和制备

取具有代表性试样200 g，用四分法将试样缩减至100 g，粉碎至均匀，装于袋中置干燥皿中保存，防止吸潮。

A.5　测定步骤

A.5.1　样品溶液的制备

准确称取样品粉末0.4 g（精确到0.000 1 g），置于圆底烧瓶中，加80%乙醇溶液200 mL，回流提取1 h，趁热过滤，烧瓶用80%热乙醇溶液洗涤3次～4次，残渣用80%热乙醇溶液洗涤8次～10次，每次约10 mL，残渣用热水洗至原烧瓶中，加水100 mL，加热回流提取1 h，趁热过滤，残渣用热水洗涤8次～10次，每次约10 mL，洗液并入滤液，冷却后移入250 mL容量瓶中，用水定容，待测。

A.5.2 标准曲线的绘制

准确称取 105 ℃干燥恒重的标准葡萄糖 0.1 g(精确到 0.000 1 g),加水溶解并定容至 1 000 mL。准确吸取此标准溶液 0.1、0.2、0.4、0.6、0.8、1.0 mL 分置于具塞试管中,各加水至 2.0 mL,再各加苯酚液 1.0 mL,摇匀,迅速滴加硫酸 5.0 mL,摇匀后放置 5 min,置沸水浴中加热 15 min,取出冷却至室温;另以水 2 mL 加苯酚和硫酸,同上操作为空白对照,于 490 nm 处测定吸光度,绘制标准曲线。

A.5.3 试样的测定

准确吸取待测液一定量(视待测液含量而定),加水至 2.0 mL,以下操作按标准曲线绘制的方法测定吸光度,根据标准曲线查出吸取的待测液中葡萄糖的质量。

A.6 测定结果的计算

A.6.1 计算公式

多糖含量按式(A.1)计算:

$$w = \frac{\rho \times 250 \times f}{m \times V \times 10^6} \times 100 \qquad \cdots\cdots(A.1)$$

式中:

w ——多糖含量,单位为克每百克(g/100 g);
ρ ——吸取的待测液中葡萄糖的质量,单位为微克(μg);
f ——3.19,葡萄糖换算多糖的换算因子;
m ——试样质量,单位为克(g);
V ——吸取待测液的体积,单位为毫升(mL)。

A.6.2 重复性

每个试样取两个平行样进行测定,以其算术平均值为测定结果,小数点后保留 2 位。在重复条件下两次独立测定结果的绝对差值不得超过算术平均值的 10%。

附 录 B
（规范性附录）
总 糖 测 定

B.1 原理

在沸热条件下，用还原糖溶液滴定一定量的费林试剂时，将费林试剂中的二价铜还原为一价铜，以亚甲基蓝为指示剂，稍过量的还原糖立即使蓝色的氧化型亚甲基蓝还原为无色的还原型亚甲基蓝。

B.2 仪器设备

B.2.1 实验室用样品粉碎机。
B.2.2 电热恒温水浴。
B.2.3 100 W～200 W 小电炉。
B.2.4 玻璃仪器：100 mL、250 mL 容量瓶，250 mL 锥形瓶，半微量滴定管。

B.3 试剂配制

除非另有说明，在分析中仅使用确认为分析纯的试剂和 GB/T 6682 中规定的至少三级的水。
B.3.1 费林试剂甲液：称取 34.6 g 硫酸铜($CuSO_4 \cdot 5H_2O$)溶于水中并定容至 500 mL，贮存于棕色瓶中。
B.3.2 费林试剂乙液：称取 173 g 酒石酸钾钠及 50 g 氢氧化钠，溶于水中并定容至 500 mL，贮存于橡胶塞试剂瓶中。
B.3.3 乙酸锌溶液：称取 21.9 g 乙酸锌，溶于水中，加入 3 mL 冰乙酸，加水定容至 100 mL。
B.3.4 10%亚铁氰化钾溶液：称取 10.0 g 亚铁氰化钾溶于水中并定容至 100 mL。
B.3.5 6 mol/L 盐酸：量取 50 mL 浓盐酸(相对密度 1.19)，加水定容至 100 mL。
B.3.6 200 g/L 氢氧化钠溶液：称取 20 g 氢氧化钠溶于水中并定容至 100 mL。
B.3.7 0.1%甲基红溶液：称取 0.1 g 甲基红溶于乙醇中并定容至 100 mL。
B.3.8 亚甲基蓝指示剂：称取 0.1 g 亚甲基蓝溶于水中并定容至 100 mL。
B.3.9 葡萄糖标准溶液：精密称取 1 g(精确到 0.000 1 g)，经过 98 ℃～100 ℃干燥至恒重的葡萄糖，加适量水溶解，再加入 5 mL 盐酸，加水定容至 1 000 mL。此溶液每毫升相当于 1 mg 葡萄糖。

B.4 样品溶液制备

B.4.1 取具有代表性试样 200 g，用四分法将试样缩减至 100 g，粉碎至均匀，准确称取 2.00 g～3.00 g 样品，转入 250 mL 容量瓶中，加水至容积约为 200 mL，置 80 ℃±2 ℃水浴保温 30 min，期间摇动数次，取出冷却至室温，加入乙酸锌及亚铁氰化钾溶液各 5 mL 摇匀，用水定容。过滤(弃去初滤液约 30 mL)，滤液备用。
B.4.2 吸取滤液 50 mL 于 100 mL 容量瓶中，加入 6 mol/L 盐酸 10 mL，在 75 ℃～80 ℃水浴中加热水解 15 min，取出冷却至室温，加甲基红指示剂一滴，用 200 g/L 氢氧化钠溶液中和，然后用水定容，备用。

B.5 测定步骤

B.5.1 标定碱性酒石酸铜溶液

吸取费林试剂甲液、乙液各2.0 mL，置于250 mL锥形瓶中，再补加15.0 mL葡萄糖标准溶液，从滴定管中加入比预测量少1 mL～2 mL葡萄糖标准溶液，将此混合液置于小电炉加热煮沸，立即加入亚甲基蓝指示剂5滴，并继续以2滴/s～3滴/s的滴速滴定至二价铜离子完全被还原生成砖红色氧化亚铜沉淀，溶液蓝色褪尽为终点，记录消耗葡萄糖标准溶液总体积(V_0)。

B.5.2 样品溶液测定

吸取费林试剂甲液、乙液各2.0 mL，置于250 mL锥形瓶中，再吸待测液5.0 mL～10.0 mL(V_1)(吸取量视样品含量高低而定)，补加适量葡萄糖标准溶液(如果样品含量高则不补加)，然后从滴定管中加入比预测量少1 mL～2 mL的葡萄糖标准溶液，将此混合液置于小电炉加热煮沸，立即加入亚甲基蓝指示剂5滴，并继续以2滴/s～3滴/s的滴速滴定至二价铜离子完全被还原生成砖红色氧化亚铜沉淀，溶液蓝色褪尽为终点，记录消耗葡萄糖标准溶液总体积(V_2)。

B.6 测定结果的计算

B.6.1 计算公式

总糖含量按式(B.1)计算：

$$w=\frac{(V_0-V_2)\times\rho\times A\times 250}{m\times V_1\times 10^3}\times 100 \qquad \text{(B.1)}$$

式中：

w ——总糖含量(以葡萄糖计)，单位为克每百克(g/100 g)；
V_0 ——标定费林试剂消耗的葡萄糖标准溶液总体积，单位为毫升(mL)；
V_1 ——吸取样品溶液体积，单位为毫升(mL)；
V_2 ——样品溶液所消耗的葡萄糖标准溶液总体积，单位为毫升(mL)；
250——定容体积，单位为毫升(mL)；
A ——稀释倍数；
m ——样品质量单位为克(g)；
ρ ——葡萄糖标准溶液的质量浓度，单位为克每升(g/L)；
10^3 ——由毫克换算为克时的系数。

B.6.2 重复性

每个试样取两个平行样进行测定，以其算术平均值为测定结果，小数点后保留1位。在重复条件下两次独立测定结果的绝对差值不得超过算术平均值的10%。

ICS 67.160.10
CCS X 62

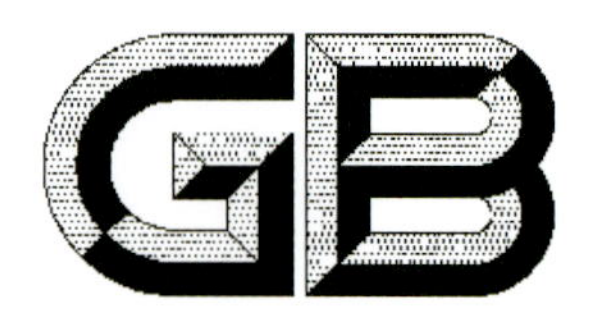

中华人民共和国国家标准

GB/T 41405.1—2022

果酒质量要求
第1部分:枸杞酒

Quality requirements for fruit wine—
Part 1: Wolfberry wine

2022-04-15 发布　　2022-11-01 实施

国家市场监督管理总局
国家标准化管理委员会　发布

GB/T 41405.1—2022

前　言

本文件按照GB/T 1.1—2020《标准化工作导则　第1部分：标准化文件的结构和起草规则》的规定起草。

本文件是GB/T 41405《果酒质量要求》的第1部分。GB/T 41405已经发布了以下部分：

——第1部分：枸杞酒。

请注意本文件的某些内容可能涉及专利。本文件的发布机构不承担识别专利的责任。

本文件由中国轻工业联合会提出。

本文件由全国酿酒标准化技术委员会(SAC/TC 471)归口。

本文件起草单位：宁夏红枸杞产业有限公司、中国食品发酵工业研究院有限公司、中国酒业协会、宁夏食品安全协会、中国长城葡萄酒有限公司、广东省食品工业研究所有限公司、青海杞九庄园生物科技有限公司、宁夏回族自治区药品审评查验和不良反应监测中心、宁夏建投设计研究总院(有限公司)、无限极(中国)有限公司、民权县综合检验检测中心、吐鲁番市林果业技术推广服务中心、北京林业大学、清华大学、宁夏农林科学院、银川市市场监督管理局兴庆区分局。

本文件主要起草人：赵智慧、孟镇、火兴三、董建方、郭新光、张慧玲、孙建平、王定坤、刘明、夏莉娟、伊倩如、刘凤松、耿红玲、刘丽媛、朱保庆、曹森、邢新会、季瑞、雍彤五、庄俊钰、孙红梅、李素琼、任怡莲、李国荣。

引　　言

我国是水果资源大国，可用于生产果酒的水果种类丰富。不同果酒的风格特征受原料、工艺、菌种等因素影响而千差万别，针对利用不同水果原料生产的果酒，GB/T 41405 系列标准分别对其质量提出要求，拟由两个部分组成。

——第 1 部分：枸杞酒。

——第 2 部分：蓝莓酒。

GB/T 41405.1—2022

果酒质量要求 第1部分:枸杞酒

1 范围

本文件规定了枸杞酒的质量要求,包括术语和定义、产品分类、要求、试验方法、检验规则和标志、包装、运输、贮存等。

本文件适用于枸杞酒的生产、检验与销售。

2 规范性引用文件

下列文件中的内容通过文中的规范性引用而构成本文件必不可少的条款。其中,注日期的引用文件,仅该日期对应的版本适用于本文件;不注日期的引用文件,其最新版本(包括所有的修改单)适用于本文件。

GB/T 191 包装储运图示标志

GB 5009.225 食品安全国家标准 酒中乙醇浓度的测定

GB/T 15038 葡萄酒、果酒通用分析方法

GB/T 27588 露酒

JJF 1070 定量包装商品净含量计量检验规则

QB/T 5476 果酒通用技术要求

定量包装商品计量监督管理办法(国家质量监督检验检疫总局〔2005〕第75号令)

3 术语和定义

QB/T 5476 界定的以及下列术语和定义适用于本文件。

3.1

枸杞酒 wolfberry wine

以枸杞为原料或以枸杞为主要原料并加入其他水果,加糖或不加糖,经发酵酿制而成或枸杞酒(发酵型)直接与其他果酒(发酵型)调配而成的发酵酒;或以发酵酒、蒸馏酒、食用酒精等为酒基,加入枸杞进行再加工而成的配制酒。

3.2

枸杞酒(发酵型) wolfberry wine(fermented type)

以枸杞为原料,加糖或不加糖,经全部或部分酒精发酵酿制而成的发酵酒。

3.3

枸杞果酒 wolfberry fruit wine

以枸杞为主要原料,加入其他水果,加糖或不加糖,经全部或部分酒精发酵酿制而成,或枸杞酒(发酵型)直接与其他果酒(发酵型)调配而成的发酵酒。

3.4

枸杞酒(配制型) wolfberry wine(integrated type)

以发酵酒、蒸馏酒、食用酒精等为酒基,加入枸杞,可加入其他辅料和食品添加剂,经再加工制成的

GB/T 41405.1—2022

配制酒。

4 产品分类

4.1 按生产工艺和原料可分为：

——枸杞酒(发酵型)；

——枸杞果酒；

——枸杞酒(配制型)。

4.2 按总糖含量可分为：

——干型；

——半干型；

——半甜型；

——甜型。

5 要求

5.1 原料要求

5.1.1 枸杞果酒

枸杞或枸杞酒(发酵型)比例不低于60%(质量分数或体积分数)。

5.1.2 枸杞酒(配制型)

枸杞(以干枸杞计,水分含量为13 g/100 g)用量不低于3%(质量分数)。

5.2 感官要求

5.2.1 枸杞酒(发酵型)、枸杞果酒

应符合表1的规定。

表1 感官要求

项目	要求	
	枸杞酒(发酵型)	枸杞果酒
色泽和外观	具有本品应有的色泽,外观澄清,无明显悬浮物(允许有少量沉淀)	
香气	具有枸杞的特有香气,果香与酒香协调	具有枸杞和所加入其他水果特有的香气,果香与酒香协调
口味口感	具有纯正、优雅、爽怡的口味和悦人的果香味,酒体完整	
风格	具有本品典型风格	

5.2.2 枸杞酒(配制型)

应符合GB/T 27588等的规定。

5.3 理化要求

5.3.1 枸杞酒(发酵型)、枸杞果酒

应符合表2的规定。

表2 理化要求

项目		要求
酒精度(20 ℃)(体积分数)[a]/(%vol)		≥2.0
总糖(以葡萄糖计)/(g/L)	干型	≤12.0
	半干型	>12.0~50.0
	半甜型	>50.0~80.0
	甜型	>80.0
挥发酸(以乙酸计)/(g/L)		≤1.2
干浸出物/(g/L)		≥10.0
[a] 酒精度实测值与标签标示值允许差为±1.0% vol。		

5.3.2 枸杞酒(配制型)

应符合GB/T 27588等的规定。

5.4 净含量

应符合《定量包装商品计量监督管理办法》的规定。

6 试验方法

6.1 感官要求

按GB/T 15038执行。

6.2 理化要求

6.2.1 酒精度

按GB 5009.225执行。

6.2.2 总糖、挥发酸、干浸出物

按GB/T 15038执行。

6.3 净含量

按JJF 1070执行。

7 检验规则

7.1 组批

同一生产日期生产的、同一类别的、具有同样质量符合证明的产品为一批。

7.2 抽样

7.2.1 按表3抽取样本，单件包装净含量小于500 mL，总取样量不足1 500 mL时，可按比例增加抽样量。

表3 抽样表

批量范围/箱	样本数/箱	单位样本数/瓶
≤50	3	3
51～1 200	5	2
1 201～3 500	8	1
≥3 501	13	1

7.2.2 采样后应贴上标签，注明：样品名称、品种规格、数量、制造者名称、采样时间与地点、采样人。将两瓶样品封存，保留两个月备查。其他样品进行检验。

7.3 检验分类

7.3.1 出厂检验

7.3.1.1 产品出厂前，应由生产厂的检验部门按本文件规定逐批进行检验，检验结果符合本文件，方可出厂。

7.3.1.2 检验项目包括感官要求、酒精度、总糖、干浸出物、挥发酸、净含量。

7.3.2 型式检验

7.3.2.1 检验项目包括5.2～5.4的全部项目。

7.3.2.2 一般情况下，同一类产品的型式检验每年进行一次，有下列情况之一者，亦应进行：

a) 原辅材料有较大变化时；
b) 更改关键工艺或设备时；
c) 新试制的产品或正常生产的产品停产三个月后，重新恢复生产时；
d) 出厂检验与上次型式检验结果有较大差异时；
e) 国家监管机构按有关规定需要抽检时。

7.4 判定规则

7.4.1 不合格项目分为：

——A类不合格：感官要求、酒精度、干浸出物、挥发酸、净含量；
——B类不合格：总糖。

7.4.2 检验结果有两项以下（含两项）不合格项目时，应重新自同批产品中抽取两倍量样品对不合格项目进行复检，以复检结果为准。

7.4.3 复检结果中如有以下情况之一时，则判该批产品不符合本文件：

——一项以上(含一项)A类不合格；

——总糖超过规定值的50%以上。

7.4.4 检验结果有两项以上(不含两项)不合格项目时，判该批产品不符合本文件。

8 标志

8.1 预包装产品应按4.1标示产品类型，其中枸杞酒(发酵型)可标示为枸杞酒；并按总糖含量标示产品类型或标示总糖含量。

8.2 包装储运图示标志应符合GB/T 191要求。

8.3 外包装纸箱上除标明产品名称、制造者(或经销商)名称和地址外，还应标明单位包装的净含量、规格、生产日期和总数量。

9 包装、运输、贮存

9.1 包装

9.1.1 包装容器应清洁，封装严密，无漏酒现象。

9.1.2 外包装应使用合格的包装材料，并符合相应的标准。

9.2 运输、贮存

9.2.1 用软木塞或其替代品封装的酒，在贮运时宜"倒放"或"卧放"。

9.2.2 运输和贮存时应保持清洁，避免强烈振荡、日晒、雨淋，防止冰冻，装卸时应轻拿轻放；存放地点应阴凉、干燥、通风良好；不应与火种同运同贮。

9.2.3 成品不应与潮湿地面直接接触。

9.2.4 运输温度宜保持在5 ℃～35 ℃；贮存温度宜保持在5 ℃～25 ℃。

ICS 67.080.10
CCS B31

GH

中华人民共和国供销合作行业标准

GH/T 1302—2020

鲜枸杞

Fresh wolfberry

2020-12-07 发布　　2021-03-01 实施

中华全国供销合作总社　发布

GH/T 1302—2020

前　言

本文件按照GB/T 1.1—2020《标准化工作导则　第1部分：标准化文件的结构和起草规则》的规定起草。

本文件由中华全国供销合作总社提出。

本文件由全国果品标准化技术委员会贮藏加工分技术委员会（SAC/TC501/SC1）归口。

本文件起草单位：中华全国供销合作总社济南果品研究院、山东兴合农业科技服务有限公司、玉林师范学院、深圳市普尔西药业有限公司。

本文件主要起草人：曹宁、刘雪梅、郑晓冬、闫新焕、潘少香、孟晓萌、宋烨、谭梦男、汪磊、宁芯、朱风涛、徐燕来。

鲜枸杞

1 范围

本标准规定了鲜枸杞的术语和定义、质量要求、试验方法、检验规则、包装和标签、贮存和运输。

本标准适用于红枸杞鲜果的收购与销售。

2 规范性引用文件

下列文件中的内容通过文中的规范性引用而构成本文件必不可少的条款。其中，注日期的引用文件，仅该日期对应的版本适用于本文件；不注日期的引用文件，其最新版本（包括所有的修改单）适用于本文件。

GB/T 191 包装储运图示标志

GB/T 18672 枸杞

NY/T 1778 新鲜水果包装标识　通则

NY/T 2637 水果和蔬菜可溶性固形物含量的测定　折射仪法

3 术语和定义

下列术语和定义适用于本文件。

3.1 无食用价值果粒 non-edibility berry

因虫蛀、病斑、霉变等因素造成的无食用价值的果粒。

3.2 百粒重 hundred-grain weight

100粒鲜枸杞的重量，单位为g。

3.3 容许度 tolerances

低于本等级质量要求的允许限度。

4 质量要求

4.1 基本要求

4.1.1 果粒呈鲜红或橙黄色。

4.1.2 果实微甜、多汁、无异味。

4.1.3 无杂质和无食用价值果粒。

4.2 等级要求

在符合基本要求的前提下，可分为特等品、一等品、二等品三种等级，各等级应符合表1的规定。

表1　等级要求

项目		特等品	一等品	二等品
外观要求	果面缺失	长椭圆形、矩圆形或近球形，表面无皱缩，顶端无凹陷	长椭圆形、矩圆形或近球形，表面有少许皱缩，顶端无凹陷	长椭圆形、矩圆形或近球形，表面有少许皱缩，顶端允许出现轻微凹陷
	果梗	果梗完整	果梗完整	允许有少量果粒果梗缺失
	成熟度	不允许有未熟果和过熟果	允许有不超过1%未熟果和过熟果	且允许有不超过2%未熟果和过熟果
理化要求	百粒重，g	≥80	≥65	≥50
	可溶性固形物，%	15	15	15
	枸杞多糖，%	0.7	0.7	0.7

4.3　容许度要求

4.3.1　特等品

按重量计，允许不符合该质量等级要求的果粒为5%。

4.3.2　一等品

按重量计，允许不符合该质量等级要求的果粒为10%。

4.3.3　二等品

按重量计，允许不符合该质量等级要求的果粒为10%。

5　试验方法

5.1　百粒重

随机取鲜枸杞100粒，称其重量（精确到0.1 g）重复两次取平均值。

5.2　可溶性固形物

按NY/T 2637规定执行。

5.3　枸杞多糖

按GB/T 18672规定执行。

5.4　容许度

检验时，将不符合规定的果实捡出，称量，按下式计算：

$$X = \frac{m_1}{m} \times 100\% \quad (1)$$

式中：

X ——试样不合格率，单位为百分号（%）；

m_1 ——试样不合格果重，单位为克（g）；

m ——试样总重量，单位为克（g）。

计算结果表示到小数点后一位。

6 检验规则

6.1 检验批次

同一品种、同一等级、同一批采摘和包装的鲜枸杞作为一个检验批次。

6.2 抽样方法

6.2.1 抽取的样品必须具有代表性，应在全批货物的不同部位随机抽取样品。

6.2.2 抽样数量：50 件以内的抽取 2 件（不足 2 件者全部抽检），51～100 件的抽取 3 件，100 件以上，每增加 100 件增抽 3 件。分散零星收购的可在装果容器的上、中、下各部位随机抽取，样果数量不得少于整批货物 3%。

6.2.3 在检验中发现鲜枸杞质量有问题，允许在原批包装中以双倍量取样复验。

6.3 判定规则

6.3.1 在同一果实上兼有二项及其以上不同缺陷者，只记录其影响较重的一项。

6.3.2 交售产品时，必须分清等级及执行标准、定量包装，写明交售件数和重量，不合规定者应由交货者重新整理后再抽样验收。

6.3.3 检验不符合等级规定，交易双方可协商重新定级验收，如果交售方不同意变更等级时，可将整批次果实整理后复检，以复检结果做为评定等级的最终依据。

6.3.4 理化指标出现不合格时，允许另取一份样品复检，以复检结果作为评定等级的最终依据。

6.3.5 对于有特殊要求的按双方合同规定执行。

7 包装和标签

7.1 包装

7.1.1 包装应满足全程冷链运输的需求，每个独立包装的净含量不宜超过 250 g。

7.1.2 包装其他要求应符合 NY/T 1778 中的相关规定。

7.2 标签

标签上标明名称、品种、等级及执行标准、净重、产地名称、包装日期以及封装人员代号。包装储运图示标志应符合GB/T 191的规定。

8 贮存和运输

8.1 产品采收后尽快预冷包装后运输、销售。

8.2 运输工具应清洁、干燥、无异味、无污染。运输时应全程冷链（宜控制在 0 ℃～3 ℃）、防雨防潮，严禁与有毒、有害、有异味、易污染的物品混装、混运。

8.3 产品贮存时间不宜超过 7 d，且应充分预冷后贮存于清洁、阴凉、干燥、无异味、温度适宜（宜控制在 0 ℃～3 ℃）的冷库中。不得与有毒、有害、有异味、易污染的物品共同存放。

ICS 65.020.20
B 05

DB64

宁 夏 回 族 自 治 区 地 方 标 准

DB64 /T 772—2012

宁杞7号枸杞栽培技术规程

2012-03-28 发布　　　　2012-03-28 实施

宁夏回族自治区质量技术监督局　发布

DB64/ T 772—2012

前　言

本标准的编写格式符合GB/T1.1-2009《标准化工作导则　第1部分：标准的结构和编写》的要求。

本标准由宁夏农林科学院提出。

本标准由宁夏回族自治区林业局归口。

本标准主要起草单位：宁夏农林科学院枸杞工程技术研究中心、银川育新枸杞种业公司、宁夏经济林研究中心。

本标准主要起草人：秦垦、刘元恒、唐慧锋、戴国礼、何军、李云翔、李瑞鹏、李丁仁、闫亚美、焦恩宁、王兵、田英、王自贵、杨玲、吴广生、杨立云。

宁杞 7 号枸杞栽培技术规程

1　范围

本标准规定了宁杞7号枸杞栽培技术的品种特征特性、优质丰产指标、苗木培育、适宜栽培区域、建园、整形修剪、土、肥、水管理、病虫害防治、果实采摘制干与贮藏。

本标准适用于宁杞7号的栽培和管理。

2　规范性引用文件

下列文件对于本文件的应用是必不可少的。凡是注日期的引用文件，仅所注日期的版本适用于本文件。凡是不注日期的引用文件，其最新版本（包括所有的修改单）适用于本文件。

GB/T 8321.1-2000　农药合理使用准则（一）

GB/T 8321.2-2000　农药合理使用准则（二）

GB/T 8321.3-2000　农药合理使用准则（三）

GB/T 8321.4-2006　农药合理使用准则（四）

GB/T 8321.5-2006　农药合理使用准则（五）

GB/T 8321.6-2000　农药合理使用准则（六）

GB/T 8321.7-2002　农药合理使用准则（七）

GB/T 8321.8-2007　农药合理使用准则（八）

GB/T 8321.9-2009　农药合理使用准则（九）

GB/T 18672-2002　枸杞(枸杞子)国家标准

GB/T 19116-2003　枸杞栽培技术规程

NY/T 5249-2004 无公害食品 枸杞生产技术规程

SN/T 0878-2000　进出口枸杞子检验规程

DB64/T 676-2010　枸杞苗木质量

3　品种特征与特性

3.1　品种特征

3.1.1　枝

二年生枝灰白色，当年生枝未木质化时青绿色，稍端微具紫色条纹，枝条粗长，节间较长。

3.1.2　叶

当年生枝成熟叶片宽披针形，成熟叶片青灰绿色叶脉清晰，叶片较厚。

3.1.3　花

花冠檐部裂片背面中央有1条绿色维管束；花展开后2h～3h，花冠瑾紫色自花冠边缘向喉部逐渐消退，远观花冠外缘近白色。

3.1.4 果

幼果粗直、花冠脱落处无果尖，鲜果无清晰果棱、长圆柱型、暗红色，果表无光泽。平均鲜果单果重0.71g，横纵经比值2.0。

3.2 品种特性

3.2.1 生长习性

发芽较宁杞1号早4d左右，2年生枝花量极小、当年生枝起始着果节位3左右、每节花果数2个左右；剪截成枝力4.5左右。

3.2.2 繁育系统类型

自交亲和，可单一品种建园。

3.2.3 果实习性

鲜果耐挤压，果实鲜干比4.3～4.7：1，自然晾晒制干需时与宁杞1号基本相当；雨后易裂果。

3.2.4 病虫害抗性

瘿螨、白粉病抗性较弱，对蓟马抗性弱。

3.2.5 适应性

喜光照，耐寒、耐旱，不耐阴、湿。

4 适宜栽培区域

GB/T 19116-2003 规定的宁夏枸杞适生区。

5 优质丰产指标

5.1 树体指标

成龄树树型为低干矮冠自然半圆型，株高1.5m左右，冠幅1.5m左右，结果枝250条～300条，基茎粗5cm以上。

5.2 产量指标

栽植第1年产干果≥20kg/667m²，第2年≥75kg/667m²，第3年≥150kg/667m²，第4年≥200kg/667m²，第5年进入成龄期≥250kg/667m²。

5.3 质量指标

枸杞质量按GB/T18672-2002的规定执行。

6 苗木培育

6.1 种苗繁殖

扦插育苗按NY/T 5249-2004中4.3的规定执行。

6.2　种苗规格、检验方法与包装运输

按 DB64/T676-2010 的规定执行。

7　建园

7.1　园地选择与规划

按 GB/T 19116-2003 中 7.1、7.2 规定的方法执行。

7.2　定植

7.2.1　种苗

DB64/T676-2010规定的特级、一级种苗。

7.2.2　密度

小面积分散栽培以1.5m×2.0m为宜，大面积种植1.2m×3m为宜，早期为提高产量可株间加倍密植。

7.2.3　起苗与定植时间

解冻后至萌芽前起苗，种苗吐芽、抽枝前可定植。

7.2.4　定植方法

定植前种苗预处理、定植底肥投放及定植水按GB/T 19116-2003中7.1、7.2规定的方法执行

8　整形修剪技术

8.1　适宜树型与幼树整形

8.1.1　矮干两层自然半圆形树型

成龄树冠面距地表1.5m。单主干**基层有主枝4个～5个，冠幅**1.5m，基层冠面高1.1m～1.2m；单中心延长杆，顶层有主枝3个～4个，冠幅1.3m，两层间距40cm，盛果期单株枝量200条～250条。

8.1.2　幼龄树整形

1年定干，第2年～第3年夏季培养基层，第3年秋季～第4年培养第2层。

8.2　适宜修剪方法

休眠期修剪坚持“疏、截”二字法，枝枝动剪不甩放，留枝以水平弱枝为主，中、重度短截，留枝长度20cm左右，春、夏、秋生长期抹芽、修剪方法按GB/T 19116-2003的规定执行。

9　土肥水管理

9.1　土壤耕作

按GB/T 19116-2003的规定执行。

9.2　施肥

9.2.1　基肥

10月中下旬株施饼肥1kg～1.5kg或厩肥0.01m³，商品有机肥按说明。具根茎50cm外开50cm深沟，将肥料施入后覆土。

9.2.2　土壤追肥

9.2.2.1　时间

萌芽前后、当年生枝盛花期、果实初熟期。

9.2.2.2　单株施肥量

9.2.2.2.1　第1年：尿素0.099 kg，磷酸二铵0.083 kg，硫酸钾0.051 kg。
9.2.2.2.2　第2年：尿素0.266 kg，磷酸二铵0.222 kg，硫酸钾0.135 kg。
9.2.2.2.3　第3年：尿素0.332 kg，磷酸二铵0.278 kg，硫酸钾0.169 kg。
9.2.2.2.4　第4年：尿素0.498 kg，磷酸二铵0.417 kg，硫酸钾0.253 kg。
9.2.2.2.5　第4年往后：同四龄。

9.2.2.3　各时期追肥占全年总肥量比例

9.2.2.3.1　萌芽前：N施入全年总量60%；P施入全年总量40%、K施入全年总量40%。
9.2.2.3.2　当年生枝盛花期：清明追肥，N施入全年总量20%；P施入全年总量30%、K施入全年总量30%。
9.2.2.3.3　夏季果实初熟期：N施入全年总量20%；P施入全年总量30%、K施入全年总量30%。

9.2.3　叶面追肥

按GB/T 19116-2003的规定执行。喷施时间以傍晚为宜。

9.3　灌水

按GB/T 19116-2003的规定执行。

10　病虫害防治

病虫害预防关键期以物候期为准，使用药剂应符合GB 8321。

10.1　蚜虫

防治关键期与使用药剂按GB/T 19116-2003的规定执行，也可参见附录A。

10.2　枸杞木虱

防治关键期与使用药剂按GB/T 19116-2003的规定执行，其它药剂参见附录A。

10.3 黑果病

防治关键期与使用药剂按GB/T 19116-2003执行，其它药剂参见附录A。

10.4 瘿螨

防治关键期：展叶及新梢生长的期。适用药剂：石硫合剂及硫悬浮剂有良好防效，其它药剂见附录A。

10.5 锈螨

防治关键期与使用药剂按GB/T 19116-2003的规定执行，其它药剂参见附录A。

10.6 红瘿蚊

防治关键期与使用药剂按GB/T 19116-2003的规定执行，其它药剂参见附录A。

10.7 红瘿蚊

防治关键期与使用药剂按GB/T 19116-2003的规定执行，其它药剂参见附录A。

10.8 根腐病

防治关键期与使用药剂按GB/T 19116执行-2003的规定，其它药剂参见附录A。

10.9 白粉病

防治关键期：枸杞开花及幼果期，防治药剂见附录 A。

10.10 黑果病

防治关键期与使用药剂按GB/T 19116-2003的规定执行，其它药剂参见附录A。

11 鲜果采收与制干

11.1 鲜果采收

11.1.1 适宜采收时机

果柄微红时采摘最佳，预报有雨时可提前采摘以免裂果。

11.1.2 适宜盛载深度

果筐盛载深度 30 cm～40 cm为宜。

11.2 脱蜡

浸入已配好的 3%碳酸钠水溶液中浸泡 30s，提起控干后，倒入果栈上，均匀铺平，厚度 2 cm～3cm。

11.3 制干

11.3.1 自然晾晒

按GB/T 19116-2003的规定执行。

11.3.2 热风通热风隧道烘干法

11.3.2.1 温度指标

烘道首次进料时，前10h进风温度45℃，而后每5h提高5℃直至升至65℃，出风口温度把握在40℃为宜。

11.3.2.2 干燥时间

36h～48h。

11.3.2.3 干燥指标

按SN/T0878-2000规定的测定方法，果实含水量13%以下。

12 包装和贮存

按GB/T 19116-2003的规定执行。

附 录 A
（资料性附录）
主要病虫害建议使用防治药剂

A.1 主要病虫害防治建议使用药剂见表A.1。

表 A.1 主要病虫害防治建议使用药剂

病虫害	化学药剂	复配药剂	生物药剂	微生物药剂	矿物药剂
蚜虫	吡虫啉、啶虫咪、烯啶虫胺、吡蚜酮、抗蚜威、噻虫嗪、毒死蜱、高效氯氰菊酯、溴氰菊酯、甲氨基阿维菌素苯甲酸盐	小蘖碱·吡虫啉、阿维·印楝、苦参素·印楝	苦参碱、藜芦碱、印楝素、小蘖碱烟碱、鱼藤酮	苏云金杆菌	石硫合剂
瘿螨	四螨嗪、阿维菌素、哒螨酮、杀螨隆	小蘖碱·阿维菌素	印楝素、苦参碱、藜芦碱、小蘖碱	浏阳霉素、农抗120 华光霉素	硫磺胶悬剂、石硫合剂
木虱	同蚜虫	同蚜虫	同蚜虫	同蚜虫	同蚜虫
蓟马	高效氯氰菊酯		印楝素、斑蝥素		硫磺胶悬剂
白粉病	白粉病	三唑酮、甲基托布津、代森锰锌、百菌清、世高	硫磺·三唑酮	多抗霉素、农抗120、武夷霉素、宁南霉素	硫磺胶悬剂
黑果病	同白粉病			武夷霉素、中生霉素	硫磺胶悬剂
上述只是建议用药，具体浓度计量因厂家的不同而不同，除上述药剂外可选择符合GB/T 8321.1-2000、GB/T 8321.2-2000、GB/T 8321.3-2000、GB/T 8321.4-2006、GB/T 8321.5-2006 、GB/T 8321.6-2000 、GB/T 8321.7-2002、GB/T 8321.8-2007、GB/T 8321.9-2009的当地技术人员的推荐药剂。					

ICS 65.020.01
B05

DB64

宁 夏 回 族 自 治 区 地 方 标 准

DB 64/ T678—2013

枸杞热风制干技术规程

2010－12－17 发布　　2010－12－17 实施

宁夏回族自治区质量技术监督局　发布

前　　言

本标准的编写格式符合GB/T1.1—2009《标准化工作导则　第1部分：标准的结构和编写》的要求。

本标准由宁夏农林科学院提出。

本标准由宁夏回族自治区农牧厅归口。

本标准起草单位：宁夏枸杞工程技术研究中心、宁夏农产品质量标准与检测技术研究所。

本标准主要起草人：石志刚、王晓菁、李云翔、苟春林、安　巍、葛　谦、
赵建华、姜　瑞、王亚军、王晓静、焦恩宁、赵银宝。

DB64/ T678—2013

枸杞热风制干技术规程

1 范围

本标准制定了枸杞热风制干的术语和定义、鲜果采收、预处理、制干工艺。

本标准适用于枸杞鲜果制干的生产。

2 规范性引用文件

下列文件对于本文件的应用是必不可少的。凡是注日期的引用文件，仅所注日期的版本适用于本文件。凡是不注日期的引用文件，其最新版本（包括所有的修改单）适用于本文件。

GB/T18672—2002　枸杞（枸杞子）

GB/T19116-2003　枸杞栽培技术操作规程

GB1886　食品添加剂 碳酸钠

GB25588　食品添加剂 碳酸钾

3 术语和定义

下列术语和定义适用于本标准

热风制干

由热风炉将冷风变为热风，用引风机将热风送入烘道，使鲜果水分排出的制干方法。

4 鲜果采收

4.1 成熟期

果实呈现出果色鲜红、果面明亮、果蒂疏松、果肉软化、甜度适宜等特征。

4.2 最佳采收期

4.2.1 外部特征

果身具4条～5条纵棱、果形柱状，顶端有短尖或平截，表皮明亮、果肉软化、富有弹性，甜度适宜。果蒂疏松，果柄较易从着生点处摘下。

4.2.2 内部特征

此期种子成熟，呈黄色或浅黄褐色，扁肾形，种皮骨质化。

5 预处理

5.1 干粉处理法

按3g-5g碳酸钾或碳酸钠粉末处理1kg枸杞鲜果的比例，在常温条件下，于盆内将碳酸钾或碳酸钠粉末均匀撒在枸杞鲜果上，来回轻轻倒动，放置15-20min即可薄层均匀摊在干燥器皿上，厚度1cm～2cm。

5.2 溶液浸渍法

将采收后的鲜果倒入容器后，浸入3%～5%的碳酸钠或碳酸钾溶液浸泡1min～2min，然后捞出淋去多余溶液，用生活饮用水淋洗后，控干倒入干燥器皿上，均匀铺平，厚度1cm～2cm。

6 制干工艺

6.1 制干方法

将处理后的鲜果均匀轻轻地摊放在干燥器皿上，厚度1cm～2cm，将干燥器皿放在搬运车后送入制干装置，达到制干标准后，打开烘道门，拉出搬运车，取出干燥器皿。

6.2 制干温度

进风口60℃～65℃，出风口40℃～45℃。

6.3 制干时间

35h～40h。

6.4 制干指标

果实含水率≤13.0%。

ICS 65.020.20
B05

DB64

宁 夏 回 族 自 治 区 地 方 标 准

DB 64/940-2013

宁夏枸杞栽培技术规程

2013-12-25 发布　　2013-12-25 实施

宁夏回族自治区质量技术监督局　发 布

前　言

本标准的编写格式符合GB/T1.1—2009《标准化工作导则 第1部分：标准的结构和编写》的要求。

本标准由宁夏回族自治区林业局提出并归口。

本标准起草单位：国家枸杞工程技术研究中心、宁夏葡萄花卉产业发展局。

本标准主要起草人：何军、曹有龙、安巍、石志刚、焦恩宁、夏道芳、李瑞鹏、秦垦、戴国礼。

DB64/T940-2013

宁夏枸杞栽培技术规程

1 范围

本标准规定了宁夏枸杞栽培的适宜区域、优良品种、育苗、建园、土肥水管理、整形修剪、病虫害防治、鲜果采收、制干。

本标准适用于宁夏境内枸杞生产及管理。

2 规范性引用文件

下列文件对于本文件的应用是必不可少的。凡是注日期的引用文件，仅所注日期的版本适用于本文件。凡是不注日期的引用文件，其最新版本（包括所有的修改单）适用于本文件。

GB 3095 环境空气质量标准

GB 4285 农药安全使用标准

GB 5084 农田灌溉水质标准

GB 15618 土壤环境质量标准

GB/T 18672-2002 枸杞(枸杞子)

GB/T 19116-2003 枸杞栽培技术规程

NY/T 1276-2007 农药安全使用规范总则

DB 64/ T676-2010 枸杞苗木质量

DB 64/ T850-2013 枸杞病害防治技术规程

DB 64/ T851-2013 枸杞虫害防控技术规程

DB 64/ T852-2013 枸杞病虫害监测预报技术规程

3 适宜区域

3.1 地理位置

北纬35°14′～39°23′，东经104°17′～107°39′之间。

3.2 气候条件

年平均气温6.0℃～9.4℃，大于等于10℃年有效积温2100℃～3500℃，年日照时数2200h以上。

3.3 立地条件

土壤类型为淡灰钙土、灌淤土、黑沪土；土质为轻壤、中壤或沙壤土，pH值为7.0～8.5，含盐量0.5%以下；地下水位100 cm以下，引水灌区水矿化度1g/L，苦水地区水矿化度3g/L～6g/L。

3.4 环境质量

3.4.1 农田灌溉水质达到GB 5084二级以上标准。

3.4.2 大气环境达到GB 3095二级以上标准。

3.4.3 土壤质量达到GB 15618二级以上标准。

4 品种选择

选用优质、抗逆性强、适应性广的宁夏枸杞(*Lycium barbarum* L.)的优良品种：宁杞 1 号、宁杞 4 号、宁杞 7 号。也可根据生产需要选用其他品种。

5 扦插育苗

5.1 苗圃地准备

5.1.1 苗圃地选择

苗圃地选择地势平坦、排灌方便、活土层深30cm以上，土质为轻壤、中壤或沙壤，含盐量0.2％以下。

5.1.2 整地

育苗前进行深耕、耙地，翻耕深度20cm以上，清除石块、杂草，以达到土碎、地平。

5.1.3 土壤处理

用5%辛硫磷颗粒剂2.5kg/666.7m^{2}或者毒死蜱颗粒剂2kg/666.7m^{2}拌土撒施，防治以金龟子幼虫(蛴螬)为主要种群的地下害虫。

5.1.4 施肥

结合翻地每667m^{2}施腐熟厩肥3000kg～5000kg。

5.1.5 做床

嫩枝扦插按宽1.0m~1.4m规格作床，床上面铺约3cm厚的细风沙，用多菌灵或百菌清500倍液喷洒苗床灭菌。

5.2 育苗方法

5.2.1 硬枝扦插

5.2.1.1 扦插时间

春季的3月底或4月初枸杞萌芽前，秋季可以利用设施扦插育苗。

5.2.1.2 插条准备

在优良品种的母树上，剪下0.5cm～0.8cm粗的枝条，截成13cm的插穗，每100根一捆。将成捆的插穗下端5cm放入150mg/L吲哚乙酸（IAA）水溶液或ABT生根粉（说明书中浓度）溶液中浸泡4小时。

5.2.1.3 扦插方法

按50cm行距开沟，沟深12cm，将插条按8cm株距摆在沟壁一侧，覆湿润土踏实，插条上端露出地面约lcm，插后覆地膜。

5.2.1.4 苗圃管理

覆盖地膜的硬枝插条60％发芽后及时揭膜放苗。待新枝生长到20cm以上时可顺扦插行灌第一水。在苗高生长达到30～40cm时，要在苗行间开沟施入磷酸二铵，每亩30kg，封沟灌水。采用3%吡虫啉2000倍液或1.5%苦参素1000倍液苗圃内喷雾防治蚜虫；发生蝼蛄或蛴螬等地下害虫咬食幼根时，采用50%辛硫磷1kg加50kg炒香的麦麸皮拌匀，撒在苗根颈处诱杀成虫。

5.2.2 嫩枝扦插

5.2.2.1 扦插时间

利用设施温棚一年四季均可进行。

5.2.2.2 插穗准备

采集半木质化枝条，剪成6cm长插穗，上端至少留2片叶。

5.2.2.3 扦插方法

配制含萘乙酸（NAA）250mg/L、吲哚丁酸（IBA）150mg/L的水溶液，并用滑石粉调成糊状，插穗下端1.0cm～1.5cm速沾药糊后按5cm×10cm株行距扦插。苗床提前用做好的5cm×10cm株行距的钉板打好孔，插条插入孔内，用手指按实。整床插完后喷水，遮荫，拱棚内自然光透光率为30%左右，相对湿度80%以上，最高温度控制在35℃以下。

5.2.2.4 苗床管理

插后全棚喷完当天最后一次水后喷洒杀菌剂灭菌，15天内每天喷雾状水4～5次，每次喷水量以叶片湿润为准，阴雨天减少喷水次数和喷水量。视情况进行全棚检查喷洒杀菌剂。15天后喷水次数可以减少，生根率达到80%后开始通风，并逐渐延长通风时间，增加光照时间。

5.3 苗木出圃

5.3.1 出圃时间

春季出圃时间在苗木萌芽前，秋季在落叶后至土壤封冻前。

5.3.2 苗木分级

5.3.2.1 硬枝扦插苗

参照DB 64/ T676-2010标准。

5.3.2.2 嫩枝扦插苗

一级：株高≥60cm，地径≥0.4cm，根幅≥20cm，长度大于5cm侧根条数≥6条；
二级：株高≥50cm，0.3cm≤地径<0.4cm，根幅≥15cm，长度大于5cm侧根条数≥4条。

5.3.3 假植

苗木起挖后，如暂不定植或外运，应及时选地势高、排水良好、背风的地方假植。假植时应掌握苗头向南，疏摆，分层，培湿土，踏实。

5.3.4 包装和运输

长途运输的苗木要用草袋包装，保持根部湿润，并用标签注明品种名称、起苗时间、等级、数量。

6 建园

6.1 园地选择

选择地势平坦，有排灌条件，地下水位100cm～150cm，土壤较肥沃的沙壤、轻壤或中壤；

土壤含盐量0.5%以下，pH值8左右。

6.2 园地规划

集中连片，规模种植，也可因地制宜分散种植，园地应远离交通干道100m以上。

6.2.1 设置沟、渠、路、林

沟、渠、路、林配套，便于排灌、机械化作业。

6.2.2 整地开沟

先进行平整土地，平整高差在5cm以内，深耕25cm。使用大型机械按行距开定植沟，沟宽40cm，深40cm，沟底施肥，每667m²施腐熟的有机肥3～4方，复合肥100kg。

6.3 栽植

6.3.1 栽植时间

3月下旬至4月上旬土壤解冻30cm以上时栽植，必须边栽苗边灌水，才能保证苗木的成活率。

6.3.2 栽植密度

株行距1m×3m，每667m²栽植222株。

6.3.3 栽植方法

苗木定植前根部用100mg/L萘乙酸（NAA）水溶液沾根5s后，按株距在沟内定植，定植好后将沟填平并及时灌水。

6.4 定干修剪

栽植的苗木萌芽后，将主干根颈以上40cm以下的芽、枝抹去，40cm以上选留生长不同方向并有3cm～5cm间距的侧芽或侧枝3～5条作为形成小树冠的骨干枝，于株高60cm处剪顶定干，设杆绑缚扶正。

6月～7月待新枝长到20cm～30cm时，及时打顶，促发二次枝，8～9月即可结果。

7 土肥水管理

7.1 土壤耕作

7.1.1 春季浅耕

3月下旬，行间浅耕10cm，将在土内羽化的成虫翻到地面晒死，清除杂草，同时提高地温和松土保墒，促进根系早生长。

7.1.2 夏季中耕

夏季每月中耕1次，行间用农机旋耕，树冠下用锄头或铁锹铲除杂草，并扶土于根颈处，不要碰伤树干和根颈。

7.1.3 秋季深耕

秋季深耕20～25cm，树冠下浅耕15cm左右，不要碰伤根颈。

7.2 土壤培肥

7.2.1 施肥原则

依据产量进行营养平衡施肥。

7.2.2 施肥方法和数量

7.2.2.1 基肥

7.2.2.1.1 施肥时间

10月中旬～11月上旬灌冬水前。

7.2.2.1.2 施肥方法

沿树冠外缘下方开半环状或条状施肥沟，沟深20cm～30cm。成年树每667m²施优质腐熟的农家肥2000kg～3000kg，并施入多元素复合肥100kg，1年～3年幼树施肥量为成年树的1/3～1/2。

7.2.2.2 追肥

7.2.2.2.1 土壤追肥

施肥量按产量进行控制，按每千克枸杞干果施入纯氮0.3kg、纯磷0.2kg、纯钾0.12kg确定化肥施用量。4月中下旬，以氮、磷肥为主，约占追肥总量的50%，6月中下旬以磷钾肥为主，约占追肥总量的30%，8月下旬以氮磷为主。约占追肥总量的20%。

7.2.2.2.2 叶面喷肥

于5月～8月中，每半月喷施一次枸杞叶面肥，时间在晴天傍晚，用量依照说明使用。

7.3 水分管理

7.3.1 灌水时期

采果前20～25天灌一次，采果期15～20天灌一次。

7.3.2 灌水方法

采用节水灌溉方法，缺水地区采用滴灌，其他地区采用沟灌。

7.3.3 灌水量

每667m²全年滴灌120m³，沟灌350m³。

8 树体管理

8.1 适宜树形

自然半圆形：主干高60cm，树冠直径较大，基层有主枝3～5个，整个树冠由两层一顶组成。下层冠幅200cm左右，上层冠幅150cm左右，树高160cm左右，树冠成半圆形。

8.2 树形培养

自然半圆形：第1年于苗高60cm处剪顶定干，在其顶部选留3～5个分枝作主枝，第2年～第3年培养基层树冠，第4年放顶成形。

8.3 整形修剪

8.3.1 休眠期修剪

2～3月份进行休眠期修剪，剪除植株萌蘖、徒长枝、以及细、弱、老化的结果枝，短截树冠层中上部直立、斜生的中间枝，留下孤垂、顺直、粗壮的新结果枝。

8.3.2 春季修剪

以抹芽为主，抹去植株上无用的萌芽，剪除干枯枝。

8.3.3 夏季修剪

5月～6月每10～15天剪除一次树体上萌发的徒长枝，同时将树冠中上部萌发的中间枝于枝长20～25cm处打顶或短截，促发二次枝结果。一般树冠中部的中间枝留枝长度为25cm左右，树冠上部留枝长20cm左右。

9 病虫害防控

9.1 加强病虫害预测预报

参照DB64 /T 852-2013标准。

9.2 病虫害防治方法

参照DB64 /T 850-2013和DB 64/T 851-2013标准。

10 鲜果采收

10.1 采果时期

初期6月中旬～7月初；盛期7月上旬～8月上旬；秋果期9月下旬～10月下旬。

10.2 间隔时间

初期7～9天一蓬；盛期5～6天一蓬；秋果期10～12天一蓬。

10.3 采果要求

鲜果成熟8～9成(红色)，轻采、轻拿、轻放，树上采净、地下拣净，果筐容量为10kg左右。下雨天或刚下过雨不采摘，早晨待露水干后再采摘，喷洒农药不到安全间隔期不采摘。

11 鲜果制干

11.1 脱蜡

将采回的鲜果在油脂冷浸液或3%的碳酸钠水溶液中浸泡30秒左右，提起控干后，倒入制干用的果栈上，均匀地铺平，厚度2cm～3cm。

11.2 制干

枸杞制干分自然干燥和烘干两种。

11.2.1 自然干燥法

将经过脱蜡处理铺在果栈上的鲜果，在专用晾晒场上，放在自然光下进行干燥。在果实干操未达到指标前，不能随便翻动果实，遇降雨要及时防雨，切忌淋雨。自然干燥一般需4～6天。

11.2.2 烘干

分太阳能烘干、温棚烘干、热风炉烘干等方式，将经过脱蜡处理铺在果栈上的鲜果放进烘干室，温度控制指标为：进风口60～65℃，出风口40～45℃，经24～50小时可烘干枸杞，含水量在13%以下。干操后的果实，经脱柄去杂，包装贮存。

ICS 65.020.01

B05

DB64

宁 夏 回 族 自 治 区 地 方 标 准

DB64/T 1160—2015

枸杞滴灌高效节水技术规程

Technical standard for water saving irrigation on Lycium barbarum L.

2015－12－04 发布　　2015－12－04 实施

宁夏回族自治区质量技术监督局　　发 布

前　　言

本标准的编写格式符合GB/T1.1-2009《标准化工作导则　第1部分：标准的结构和编写》的要求。

本标准由宁夏农林科学院提出。

本标准由宁夏回族自治区林业厅归口。

本标准起草单位：宁夏枸杞工程技术研究中心。

本标准主要起草人：石志刚、曹有龙、安　巍、王亚军、赵建华、李云翔、秦　垦、张曦燕、戴国礼、赵全仁、夏道芳、刘兰英、焦恩宁、巫鹏举。

枸杞滴灌高效节水技术规程

1 范围

本标准规定了枸杞滴灌高效节水技术的术语和定义、节水与优质指标、灌溉方式、节水灌溉技术、水肥一体化、枸杞田间操作及管理。

本标准适用于宁夏中部干旱带和宁南山区枸杞种植区进行高效节水规范化种植。

2 规范性引用文件

下列文件对于本文件的应用是必不可少的。凡是注日期的引用文件，仅注日期的版本适用于本文件。凡是不注日期的引用文件，其最新版本（包括所有的修改单）适用于本文件。

GB3095 国家环境空气质量标准

GB5084 国家农田灌溉水质标准

GB15618 国家土壤质量标准

GB/T17187-2009 农业灌溉设备 滴头和滴灌管技术规范和试验方法

GB/T18672-2014 枸杞（枸杞子）

GB/T19116-2003 枸杞栽培技术操作规程

GB/T50363-2006 节水灌溉工程技术规范

DB64/T677-2010 清水河流域枸杞规范化种植技术规程

3 术语和定义

下列术语和定义适用于本标准。

3.1

润湿层

占根系吸水量95%同时占垂直分布层95%的根系密集层的深度为润湿层，枸杞润湿层达到40cm。

4 节水与优质指标

4.1 环境质量

4.1.1水质达到国家农田灌溉水质标准GB5084二级以上标准。

4.1.2大气环境达到国家环境空气质量GB3095二级以上标准。

4.1.3土壤质量达到国家质量GB15618二级以上标准。

4.2 节水指标

全年灌水定额240m^3/667m^2～350m^3/667m^2。

4.3 优质指标

枸杞的感官要求和理化要求按照GB/T18672-2014和GB/T19116-2003执行。

5 灌溉方式

5.1 管道输水工程

按照GB/T50363-2006和GB/T17187-2009执行。

5.2 滴灌管（带）铺设

5.2.1 沿枸杞行直接在地表铺设；
5.2.2 采用膜下滴灌；
5.2.3 采用篱架栽培模式，沿枸杞行铺设滴灌管，将滴灌管固定于枸杞行间高于地面 20cm 处。
5.2.4 滴灌管铺设长度控制在 80m～100m，长度大于 100m 时，应采用压力补偿式滴头。

6 节水灌溉技术

6.1 灌水关键期

萌芽期、春稍生长期、始花期、结果期、秋稍生长期。

6.2 滴灌

6.2.1 单次灌水定额 18m^3/667m^2～36m^3/667m^2。
6.2.2 滴头间距：0.5m～1.0m。
6.2.3 滴灌管间距:3m。
6.2.4 滴头流量:4L/h～6L/h。
6.2.5 单次灌水时间:4h～5h。

6.3 灌溉制度

根据土壤深度20cm～30cm处的土壤含水量小于等于田间持水量的60%时适时灌溉，灌溉制度具体见表1。

表1 枸杞灌溉制度表

灌溉时期	灌溉间隔时间（天）	灌水次数（次）	灌水定额（m^3/667m^2）
萌芽期（3 月下旬～4 月下旬）	5～10	2～4	40～80
春稍生长期(5 月上旬～6 月上旬）	5～10	2～4	40～80
始花期（6 月上旬～6 月中旬）	5～10	1	18～36
结果期（6 月中旬～8 月中旬）	5～10	5～8	100～200
秋稍生长期(8 月中旬～9 月下旬）	10～15	2～4	40～80
全年			240～350

6.4 定期检查

在灌溉期定期检查水泵、滴灌管（带）、滴头有无破损、堵塞、漏水，以免影响正常灌水。

7 水肥一体化技术

7.1 肥料种类

N、P、K水溶肥、微量元素水溶肥、氨基酸肥、腐殖酸肥。

7.2 肥料量

在春梢生长期、始花期、果实膨大期、结果期，配合灌溉追肥5-8次，每667m^{2}每次施纯氮3kg -5kg，纯磷2kg-3kg，纯钾2kg-3kg，适时补充微量元素、氨基酸肥、腐殖酸肥等。

7.3 施肥方法

将水溶性肥溶解于施肥罐中，通过滴灌管施入，肥料浓度小于千分之一。

8 枸杞田间操作及管理

枸杞整地、修剪、中耕除草、病虫害防治、采收、制干、贮存等田间操作及管理均按照GB/T19116-2003和DB64/T677-2010规定执行。

ICS 65.020.02
B 05

DB64

宁 夏 回 族 自 治 区 地 方 标 准

DB64/T 1203—2016

枸杞品种鉴定技术规程 SSR分子标记法

2016-12-28发布 2017-03-28实施

宁夏回族自治区质量技术监督局 发布

前　　言

本标准按照GB/T 1.1—2009给出的规则起草。

本标准由宁夏回族自治区林业厅提出并归口。

本标准起草单位：宁夏农林科学院枸杞工程技术研究所、国家枸杞工程技术研究中心。

本标准主要起草人：安巍、尹跃、赵建华、曹有龙、李彦龙、戴国礼、何军、焦恩宁、王亚军、樊云芳、张曦燕、梁晓婕。

DB64/T 1203—2016

枸杞品种鉴定技术规程 SSR分子标记法

1 范围

本标准规定了利用简单重复序列（Simple sequence repeats，SSR）分子标记进行枸杞品种DNA指纹鉴定的试验方法、数据记录格式和判定标准。

本标准适用于枸杞SSR标记分子数据采集和品种鉴定。

2 规范性引用文件

下列文件对于本文件的应用是必不可少的。凡是注日期的引用文件，仅注日期的版本适用于本文件。凡是不注日期的引用文件，其最新版本（包括所有的修改单）适用于本文件。

GB/T 19557.1—2004 植物新品种特异性、一致性和稳定性测试指南 总则

NY/T 2558—2013 植物新品种特异性、一致性和稳定性测试指南 枸杞

3 术语和定义

下列术语和定义适用于本标准。

3.1

特定引物

本文件中所指引物专门适合于枸杞 SSR 扩增的引物。

3.2

参照品种

具有所用 SSR 位点上不同等位变异的品种。参照品种用于辅助确定待测样品的等位变异，校正仪器设备的系统误差。

3.3

待检样品

送检单位提供的待鉴定的枸杞种质、品系、品种。

4 原理

SSR 广泛分布于枸杞基因组中，不同枸杞品种每个 SSR 位点重复基元重复次数可能不同。设计特异性引物对 SSR 进行聚合酶链式反应（polymerase chain reaction , PCR）扩增，扩增产物的片段长度通过毛细管电泳技术，或变性聚丙烯酰胺凝胶电泳和硝酸银染色加以区分。不同的枸杞品种间遗传组成存在差异，某些 SSR 位点重复次数不同显示不同条带，从而实现品种差异鉴定。

5　仪器设备及试剂

仪器设备及试剂见附录A。

6　溶液配制

溶液配制方法见附录 B。

7　SSR 特定引物

引物相关信息见附录 C。

8　参照品种及其使用

参照品种见附录 D。

在进行等位变异检测时，应同时包括参照品种的 PCR 扩增产物。

注1：同一名称不同来源的参照品种的某一位点上的等位变异可能不相同，在使用其他来源的参照品种时，应与原参照品种核对，确认无误后使用。

注2：对于附录 C 未包括的等位变异，应按本标准方法，重新设计引物，确定大小。

9　操作程序

9.1　样品准备

试验样品为待测枸杞样品和参照品种的组织。参照品种采用 3 个以上重复，同时进行分析。

9.2　DNA 提取

DNA 提取方法及步骤如下：

a）选取 100mg 枸杞组织置于 2 mL 离心管中，加液氮研磨至粉末；

b）离心管中加入 800 μL 预热（65℃）2% CTAB 提取液，轻摇混匀；

c）65 ℃水浴 1 h，期间每隔 10 min 轻摇 1 次；

d）冷却至室温后加入 800 μL 氯仿：异戊醇（24:1），混匀 20 min；

e）1 0000 rpm 离心 10 min；

f）吸取 200 μL 上清液移到 1.5 mL 的离心管中，加入 600 μL 预冷的异丙醇，混匀后置于 4 ℃沉淀 1 h 或-20 ℃ 30 min；

g）1 0000 rpm 离心 10 min；

h）弃上清液，沉淀用 70%乙醇洗涤 3 次，自然晾干；

i）加入 100 μL ddH20，1 μL RNAase，37 ℃水浴 30 min；

j）待充分溶解后，用 0.8%琼脂糖凝胶电泳检测 DNA 的浓度和纯度；DNA 原液-20 ℃保存备用。

注：以上为推荐的一种DNA提取方法。所获DNA质量能够符合PCR扩增需要的DNA提取方法都适用于本标准。

DB64/T 1203—2016

9.3 PCR 扩增

9.3.1 SSR 引物

使用的特定引物及其序列见附录C。

9.3.2 反应体系

9.3.2.1 利用变性聚丙烯酰胺凝胶电泳检测时，PCR 反应体系为 20 μL，包括 20 ng~50 ng 基因组 DNA，Taq DNA 聚合酶 1.0 U，10×PCR 缓冲液 2 μL，dNTP0.2 mmol/L，正向引物和反向引物各 0.3 μmol/L，剩余体积用超纯水补足至 20 μL。
9.3.2.2 利用毛细管电泳检测时，PCR 反应体系为 20 μL，包括 20 ng~50 ng 基因组 DNA，Taq DNA 聚合酶 1.0 U，10×PCR 缓冲液 2 μL，dNTP0.2 mmol/L，M13 荧光标记引物和反向引物各 0.4 μmol/L，正向引物 0.4 μmol/L，剩余体积用超纯水补足至 20 μL。

9.3.3 反应程序

9.3.3.1 变性聚丙烯酰胺凝胶电泳检测时，PCR 扩增程序为：94 ℃预变性 5 min；94 ℃变性 30 s，58 ℃~60 ℃（根据附录 C 引物退火温度设定）退火 30 s，72 ℃延伸 1 min，共 30 个循环；72 ℃延伸 5 min，4 ℃保存。
9.3.3.2 毛细管电泳检测时，PCR 扩增程序为：94 ℃预变性 5 min；94 ℃变性 30 s，58~60℃（根据附录 C 引物退火温度设定）30 s，72 ℃延伸 30 s，共 30 个循环；94 ℃变性 30 s，53 ℃退火 30 s，72 ℃延伸 30 s，10 个循环；72℃延伸 5 min，4℃保存。

9.4 PCR 扩增产物检测

9.4.1 变性聚丙烯酰胺凝胶电泳（PAGE）与银染检测

9.4.1.1 清洗玻璃板

用去污剂和清水将玻璃板洗涤干净并晾干。用无水乙醇擦洗 2 遍，吸水纸擦干。小玻璃板用 1 mL 剥离硅烷处理，大玻璃板用 2 mL 预混的亲和硅烷工作液处理。操作过程中防止两块玻璃相互污染。

9.4.1.2 组装电泳板

将两块玻璃板晾干，以0.4 mm的边条置于大玻璃板左右两侧，将小玻璃板压于其上并固定，用胶条封住底部，在两块玻璃板两侧在有边条处用夹子夹住，注意间距。

9.4.1.3 灌胶

按附录 B 配置 60 mL 6%的变性 PAGE 胶溶液，轻轻混匀后灌胶。灌胶过程中防止出现气泡。待胶液充满玻璃夹层，将 0.4 mm 厚鲨鱼齿梳平齐端向里轻轻插入胶液约 0.5 cm 处。室温下聚合 1 h 以上。待胶聚合后，清理胶板表面溢出的胶液，轻轻拔出梳子，用清水洗干净备用。

9.4.1.4 预电泳

正极槽（下槽）中加入 1×TBE 缓冲液（没过下槽高度的 80%），在负极（上槽）加入 1×TBE 缓冲液（没过短玻璃板上端 1 cm），60 W 恒功率预电泳 30 min。

9.4.1.5 变性

把PCR扩增产物与凝胶加样缓冲液按5:1（体积比）混合，95℃变性5 min，立即置于冰上冷却待用。

9.4.1.6 电泳

用吸球吹吸加样槽，清除气泡和残胶。将梳子反过来，把梳齿端插入凝胶 2 mm，形成加样孔。每个加样孔点入 3 μL 扩增产物，在胶板两侧点入 DNA 分子量标准。60 W 恒功率电泳，溴酚蓝至胶的四分之三处时，终止电泳。

9.4.1.7 银染

按以下步骤进行银染：

① 固定：撬下胶板，放入固定液盒中，直到溴酚蓝指示剂褪色为止。
② 漂洗：去离子水冲洗两次，每次 2 min。
③ 染色：转入银染液，染色 30 min。
④ 漂洗：去离子水冲洗 10 s。
⑤ 显影：转入预冷的显影液，直到扩增条带清晰可见，加入固定液，终止显影。
⑥ 固定：最后放入终止液，10 min。
⑦ 漂洗：去离子水冲洗 30 s。

9.4.2 毛细管电泳荧光检测

9.4.2.1 样品准备

对 6-FAM 和 HEX 荧光标记的 PCR 产物用超纯水稀释 30 倍，ROX 和 TAMRA 荧光标记的 PCR 扩增产物用超纯水稀释 10 倍。混合等体积的上述四种稀释液，从混合液中吸取 1μL 加入到 DNA 分析仪专用深孔板中，在各孔中分别加入 0.1 μL 的 LIZ-500 分子量内标和 8.9 μL 去离子甲酰胺，置于离心机中 1 0000 rpm 下离心 10 s。将样品在 PCR 仪上 95℃变性 5 min，取出后迅速置于冰水中，冷却 10 min 以上。离心 10 s 后上机电泳。

9.4.2.2 开机准备

打开 DNA 分析仪，检查仪器工作状态，更换缓冲液，灌胶。将装有样品的深孔板置放于样品基座上。打开数据收集软件。

9.4.2.3 编板

按照仪器操作程序，创建电泳板名称，选择合适的程序和电泳板类型，输入样品编号或名称。

9.4.2.4 运行程序

启动运行程序，DNA 分析仪自动收集记录毛细管电泳数据。

10 等位变异数据采集

10.1 数据表示

样品每个SSR位点的等位变异采用扩增片段大小的形式表示。

10.2 变性聚丙烯酰胺凝胶电泳与银染检测

将待测样品某一位点扩增片段的带型和移动位置与对应的参照品种进行比较，与待测样品扩增片段带型和移动位置相同的参照品种的片段大小即为待测样品该引物位点的等位变异大小。

10.3 毛细管电泳荧光检测

使用DNA分析仪的片段分析软件，读出每个位点每个样品等位变异大小数据。通过使用参照品种，消除不同型号DNA分析仪间可能存在的系统误差（比较待测品种的等位变异大小数据与附录C中的相应数据，两者的差数为系统误差的大小）。从待测样品的等位变异数据中去除该系统误差，获得的数据即为待测样品的等位变异大小。

10.4 结果记录

纯合位点的等位变异大小数据记录为X/X，其中X为该位点等位变异的大小；杂合位点的等位变异数据记录为X/Y，其中X,Y分别为该位点上两个不同的等位变异，小片段在前，大片段在后；无效等位变异的大小记录为0/0。

示例1：

一个品种的一个SSR位点为纯合位点，等位变异大小为120 bp，则该品种在该位点上的等位变异记录为120/120。

示例2：

一个品种的一个SSR位点为杂合位点，两个等位变异大小分别为120 bp和126 bp，则该品种在该位点上的等位变异数据记录为120/126。

11 判定标准

11.1 结果判定

对待测样品和参照品种以附录C中的引物进行标记检测，获得待测样品和参照品种在这些位点的等位变异数据，利用附录C中6对核心引物检测，获得待测品种在这些位点的等位变异数据，利用这些数据进行品种间比较，判定方法如下：

a) 品种间差异位点数≥3；判定为不同品种；
b) 品种间差异位点数=2或1；判定为相近品种；
c) 品种间差异位点数=0，判定为疑同品种。

注3：对于11.1b）或11.1c）的情况，按照GB/T 19557.1—2004和NY/T 2558—2013的规定进行田间鉴定。

11.2 结论

按照附录E填写检测报告。

附　录　A
（规范性附录）
仪器设备及试剂

A.1　主要仪器设备

主要仪器设备如下：
——PCR 扩增仪；
——高压电泳仪；
——垂直电泳槽及配套的制胶附件；
——普通电泳仪；
——水平电泳槽及配套的制胶附件；
——电子天平（精确到 0.0001g）；
——微波炉；
——微量移液器(2.5 μL、10 μL、20 μL、100 μL、200 μL、1000 μL）；
——高压灭菌锅；
——台式高速离心机；
——制冰机；
——凝胶成像系统；
——水浴锅；
——冰箱：最低温度-20℃；
——紫外分光光度计；
——磁力搅拌器；
——DNA 分析仪：基于毛细管电泳，由 DNA 片段分析功能和数据分析软件，能够分辨 1 个核苷酸的差异；
——酸度计；
——研钵；
——研锤。

A.2　试剂

除非另有说明，在分析中均使用分析纯试剂。主要试剂如下：
——氯化钠（NaCl）；
——氢氧化钠（NaOH）；
——氯仿；
——三羟甲基氨基甲烷（Tris-base）；
——乙二胺四乙酸二钠盐（EDTA-Na2・2H2O）；
——十六烷基三乙基溴化铵（CTAB）；
——聚乙烯吡咯烷酮（PVP）；
——无水乙醇；
——盐酸（37%）；

——β-巯基乙醇；
——溴化乙锭（EB）；
——Taq DNA 聚合酶；
——琼脂糖；
——DNA 分子量标准：DL2000、pUC18 DNA/MsIp；
——四种脱氧核苷酸（dNTP）；
——10×PCR 缓冲液；
——亲和硅烷；
——剥离硅烷；
——尿素；
——过硫酸铵（APS）；
——四甲基乙二胺（TEMED）；
——甲醛（37%）；
——剥离硅烷；
——冰醋酸；
——硝酸银；
——异戊醇；
——异丙醇；
——甲叉双丙烯酰胺（Bis）；
——去离子甲酰胺；
——丙烯酰胺（Acr）；
——尿素；
——二甲苯菁（FF）；
——LIZ-500 分子量内标；
——硫代硫酸钠；
——DNA 分析仪用丙烯酰胺凝胶液；
——DNA 分析仪用光谱校准基质，包括 FAM 和 HEX 两种荧光标记的 DNA 片段；
——DNA 分析仪专用电泳缓冲液。

A.3 引物

引物类型如下：
——SSR 引物；
——M13 荧光标记引物。

A.4 耗材

耗材如下：
——离心管（1.5 mL、2 mL）；
——移液枪吸头（10 μL 、200 μL 、1000 μL）；
——200 μL PCR 薄壁管；
——96 孔 PCR 板；
——一次性手套。

附 录 B
（规范性附录）
溶液配制

B.1 DNA提取溶液配制

DNA提取溶液的配制使用超纯水。

B.1.1 DNA裂解液

称取Tris-base 12.114 g、NaCl 18.816 g、EDTA-Na_2·$2H_2O$ 7.455 g、CTAB 20.0 g、PVP 20.0 g，溶于适量水中，搅拌溶解，定容至1 000 mL。用前加入β-巯基乙醇。

B.1.2 0.5 mol/L EDTA溶液

称取EDTA-Na_2·$2H_2O$ 186.1 g溶于800 mL水中，用固体NaOH调至pH=8.0，定容至1 L，高压灭菌后备用。

B.1.3 70%（体积分数 V/V）乙醇溶液

量取无水乙醇700 mL，加超纯水定容至1 000 mL。

B.1.4 1×TE缓冲液

称取Tris-base 0.606 g、EDTA-Na_2·$2H_2O$ 0.186 g，加入适量水溶解，加浓盐酸调至pH至8.0，定容至500 mL，高压灭菌后备用。

B.2 电泳缓冲液

电泳缓冲液的配置使用超纯水。

B.2.1 6×加样缓冲液

分别称取溴酚蓝0.125 g和二甲苯菁0.125 g，置于烧杯中，加入去离子甲酰胺49 mL和EDTA溶液1 mL（0.5 mol/L，pH 8.0），搅拌溶解。

B.2.2 10×TBE 浓贮液

称取 Tris-base108.0 g、硼酸55.0 g、0.5 mol/L EDTA 37.0 mL，加水定容至1 000 mL，室温保存，出现沉淀予以废弃。

B.2.3 1×TBE使用液

量取10×TBE浓贮液100 mL，加水定容至1 000 mL。

B.3 SSR引物溶液的配制

引物干粉10000 rpm离心10 s，加入相应体积的超纯水，稀释成100μmol/L分装保存，避免反复冻融。取10 μL加水超纯水100 μL，配制成10 μmol/L的工作液。

B.4 变性聚丙烯酰胺凝胶电泳相关溶液的配制

变性聚丙烯酰胺凝胶电泳相关溶液的配制使用超纯水。

B.4.1 40%（W/V）丙烯酰胺溶液

分别称取Acr 190.0 g 和Bis 10.0 g溶于约400 mL水中，加水定容至500 mL，置于棕色瓶中4 ℃避光储存。

B.4.2 10%（W/V）APS溶液

称取APS 0.1g溶于1mL水中。

B.4.3 6%变性PAGE胶溶液

称取42.0 g 尿素溶于约60 mL水中，分别加入10×TBE缓冲液10 mL、40%丙烯酰胺溶液15 mL、10％ APS150 μL（新鲜配制）和TEMED50 μL，加水定容至100 mL。

B.4.4 剥离硅烷工作液

量取98mL氯仿，加入二氯二甲基硅烷2mL，混匀。

B.4.5 亲和硅烷工作液

量取无水乙醇3.0 mL，加入亲和硅烷15 μL和冰醋酸15 μL，混匀。

B.5 银染溶液的配制

银染溶液的配制使用超纯水。

B.5.1 1%硫代硫酸钠溶液

称取硫代硫酸钠1g，溶解于100mL双蒸水，搅拌溶解。

B.5.2 固定液

量取冰醋酸2 00 mL，用水定容至1800 mL。

B.5.3 染色液

称取硝酸银2.0 g，并加入37％甲醛3 mL，溶于2 000 mL水中。

B.5.4 显影液

称取无水碳酸钠60.0 g ，溶解于2 000 mL双蒸水，冷却到 4 ℃，使用之前加入37%甲醛3mL和1%的硫代硫酸钠200 μL。

附　录　C
（规范性附录）
特定引物

C.1　特定引物

特定引物（6对）见表C.1。

表C.1 特定引物（6 对）

引物名称	引物序列（5´→3´）	推荐荧光类型	退火温度/℃	等位变异bp	参照品种
SF15	F：CAAAGAACAAAAGGGCTAGGA R：TTTGTTGTTGTATCAGATCCCA	FAM	58	179	宁杞菜 1 号
SF34	F：TCATGCAAAATCAGACCACTAT R：TTACGATGTGGGATTTCAC	FAM	60	163	蒙杞 1 号
SF14	F：TTCAGTTCCCTCTCAGCCA R：TTGTTCTTGCATAAGAAATTGG	FAM	59	170	宁农杞 9 号
SF92	F：CGGGTTTCTAATGGTACCTCTA R：TGACTCTACAAATTTGAAAAACAA	HEX	57	150 152 158	宁杞菜 1 号 宁杞 5 号 宁杞 3 号
SF30	F：TATTTCACGTTGCTCCAGAAAG R：ATCGCCCCCTGAATTAAAG	HEX	60	180	宁杞 1 号
SF20	F：TGTGGAATTACACTGGGTATGT R：GAGAACCGTTTCATTGATATAC	FAM	61	178	宁杞 7 号

附　录　D
（规范性附录）
参照品种名单

D.1　参照品种

参照品种名单见表D.1。

表D.1　参照品种名单

品种代码	参照品种名称	品种代码	参照品种名称
1	宁杞 1 号	5	宁杞菜 1 号
2	宁杞 3 号	6	蒙杞 1 号
3	宁杞 5 号	7	宁农杞 9 号
4	宁杞 7 号		

附　录　E
（资料性附录）
枸杞待测样品检测报告

E.1　枸杞待测样品报告

枸杞待测样品检测报告见表E.1。

表E.1　枸杞待测样品检测报告

待测样品编号		待测样品名称	
参照样品编号		参照样品名称	
送检单位			
测试单位		依据标准	
检测引物数量： 检测引物编号： DAN 指纹图谱检测结果： 检测差异引物和谱带： 结论：			

ICS 65.020.01
B 05

DB64

宁 夏 回 族 自 治 区 地 方 标 准

DB64 /T 1210—2016

枸杞优质苗木繁育技术规程

2016-12-28 发布 2017-03-28 实施

宁夏回族自治区质量技术监督局 发 布

前　言

本标准的编写格式符合GB/T1.1-2009《标准化工作导则　第1部分：标准的结构和编写》的要求。

本标准由宁夏农林科学院提出。

本标准由宁夏回族自治区林业厅归口。

本标准起草单位：宁夏农林科学院枸杞工程技术研究所、国家枸杞工程技术研究中心、宁夏枸杞工程技术研究中心。

本标准主要起草人：安 巍、王亚军、梁晓婕、曹有龙、石志刚、张 波、尹 跃、张曦燕、赵建华、何 军、罗 青、万 如、李越鲲。

DB64/T 1210—2016

枸杞优质苗木繁育技术规程

1 范围

本标准规定枸杞优质苗木繁育的术语和定义、环境质量、圃地准备、品种选择、建采穗圃、硬枝扦插、嫩枝扦插、病虫害防治、壮苗培育、苗木出圃、等外苗归圃、包装、运输、档案管理。

本标准适用于宁夏枸杞种植区。

2 规范性引用文件

下列文件对于本文件的应用是必不可少的。凡是注日期的引用文件，仅注日期的版本适用于本文件。凡是不注日期的引用文件，其最新版本（包括所有的修改单）适用于本文件。

GB 3095 环境空气质量标准

GB 5084 农田灌溉水质标准

GB 15618 土壤环境质量标准

GB/T 19116 枸杞栽培技术操作规程

NY/T 5249 无公害食品 枸杞生产技术规程

DB64/T 676 枸杞苗木质量

DB64/T 771 宁杞5号枸杞栽培技术规程

DB64/T 772 宁杞7号枸杞栽培技术规程

DB64/T 850 枸杞病害防治技术规程

DB64/T 851 枸杞虫害防治技术规程

3 术语与定义

下列术语和定义适用于本标准。

3.1

枸杞良种

通过良种审定、经济性状优良稳定、广泛种植的枸杞品种。

3.2

优质苗木

地径粗度≥0.5 cm、主干高度≥60 cm，且定植当年能形成稳定冠层的规格苗木。

3.3

品种纯度

品种种性的一致性程度。

3.4

插穗

用作扦插繁殖的枝条。

3.5

采穗圃

按照规范株行距建立，用于提供种性纯真、健康枝条的枸杞良种无性系苗圃。

3.6

硬枝扦插

利用母树完全木质化的枝条进行苗木繁育的方法。

3.7

嫩枝扦插

利用母树生长发育期半木质化的嫩枝进行苗木繁育的方法。

4 环境质量

4.1 水质

达到GB 5084 农田灌溉水质标准二级以上。

4.2 空气质量

达到GB 3095 环境空气质量标准二级以上。

4.3 土壤质量

质地为轻壤、中壤或砂壤土，疏松肥沃，有机质含量≥0.5%，土层深厚，活土层≥30.0 cm，地下水位≤120.0 cm，含盐量≤0.2%。

5 圃地准备

5.1 圃地选择

地势平坦，灌排方便，pH≤8.5，含盐量≤0.2%。

5.2 整地

深耕、耙地，翻耕深度≥20.0 cm，清除石砾、杂草，耙平。

5.3 土壤处理

在苗圃地撒施腐熟羊粪或牛粪，施肥量3 000 kg/667m²～5 000 kg/667m²，深翻、平整，并用2.0 kg/667m²～3.0 kg/667m²辛硫磷或2.0 kg/667m²毒死蜱或0.5 kg吡虫啉＋1.0 kg多菌灵/667m²拌土撒施，耙入土壤。

6 品种选择

选用通过品种审定并在生产上应用的枸杞品种。

7 建采穗圃

3月～4月，按照宽窄行带状模式建采穗圃。采穗圃行向为南北向，宽行距100 cm，窄行距50 cm,株距50 cm,宽行窄行交替种植。定植后，幼苗定干高度为50 cm，主干30 cm以下剪除分枝；主干30 cm～50 cm处培养树冠层，冠幅为50 cm。土肥水管理按照GB/T 19116 执行。采穗3 d前，利用“阿维菌素＋百菌清＋叶面肥”对采穗圃进行杀菌、除虫和壮苗。

8 硬枝扦插

8.1 采条时间

3月中旬～4月上旬树液流动至萌芽前。

8.2 插条选择

在采穗圃中，选择健壮、无病害、无破皮的植株，采集树冠中、上部着生的一年生中间枝和徒长枝为种条，粗度0.5 cm～1.2 cm。

8.3 插条存放

插条采集后，利用当地果窑、菜窑等，将插条沙藏于窑内，保持窑内湿度在80%左右，温度在0 ℃～5 ℃。

8.4 插条短截

插条采集后剪去针刺或小枝，短截成13.0 cm～15.0 cm插穗，上剪口剪成平口，并刷红色漆标明极性，下剪口剪成马蹄形，按50 根或100 根绑扎成一捆。

8.5 插条处理

将按照1:1比例配制的α-萘乙酸和吲哚丁酸先用75%酒精溶解后，配制成20 mg/kg生根液，再将绑成捆的种条基部1/3处置入生根液中浸泡12 h。

8.6 插条催根

选择向阳背风的苗圃地，铺湿度为80%、厚20.0 cm的河沙，将经过生根剂处理后的成捆种条梢部朝下依次倒置在河沙上，用潮湿河沙填充种条间和种条捆间空隙，四周围30 cm厚河沙，压实，上盖10.0 cm厚的潮湿河沙。河沙上铺5.0 cm厚的潮湿锯末和2.0 cm厚草木灰，覆棚膜。在种条基部生根部位、梢部发芽部位和锯末层依次插温度计。种条基部生根部位的温度控制在15 ℃～25 ℃，种条梢部发芽部位的温度≤12 ℃。当膜下温度＞40 ℃或种条梢部发芽部位的温度＞12 ℃时，可揭棚膜散热，也可适当洒水降温。每隔2 d检查1次，补充水分。催根时间为7 d。

8.7 苗床准备

在准备好的苗圃地，做苗床。苗床宽60.0 cm～70.0 cm，高10.0 cm～15.0 cm。苗床间设置30.0 cm～40.0 cm宽过道，要求床面高低一致，上虚下实。

8.8 扦插方法

按株行距10.0 cm×30.0 cm在苗床上打孔，孔深10.0 cm～12.0 cm。将处理好的插条下部轻轻插入孔中，直至基部接触孔底，注意保护种条愈伤组织和已生成的不定根。然后踏实插条四周湿土，地上部留2.0 cm～3.0 cm，外露2个～3个饱满芽。扦插完成后，按株行覆盖地膜，苗床两头及两边的地膜用土压实，用喷雾器或水管喷插孔处土壤，封闭插孔。

8.9 插后管理

8.9.1 破膜

在扦插后15 d～20 d左右，检查萌芽情况，有萌芽则破膜，放芽。破膜后用土压实膜孔处地膜。

8.9.2 灌水

待插条萌芽后新梢长10.0 cm～15.0 cm时，依据土壤墒情，及时灌水。灌水至沟内见水即可，灌水深的地方要灌后即撤。以后灌水可依据土壤墒情每隔25 d～30 d灌水1 次，整个生育期灌水4 次～5 次。

8.9.3 松土除草

灌水后要及时松土除草，松土除草时防止碰松种条或带掉幼苗。

8.9.4 追肥

根据苗木长势追肥2～3次。第一次追肥，每667m^{2}用尿素20 kg＋复合肥20 kg＋硫酸钾5 kg；第二次追肥，每667m^2 用腐殖酸有机肥40 kg＋磷酸二铵20 kg＋尿素20 kg。

8.9.5 抹芽壮苗

当苗木新梢长度≥10.0 cm时，选留一个直立强壮枝，其余抹去。

9 嫩枝扦插

9.1 育苗设施

9.1.1 拱棚建设

高度200 cm～250 cm、跨度600 cm～800 cm的拱形钢架棚。拱棚外覆聚乙烯（PE）长寿膜，厚度在8 mm～12 mm。拱棚两侧设封口膜，高度为100 cm，可随时进行通风透气。

9.1.2 管道设置

9.1.2.1 管道选择

主管道及支管道用φ50PE管，外径5 cm，壁厚0.29 cm，承压0.47 Mpa，流量5.9 m^3/h～13.4 m^3/h。毛管道用φ25PE管，外径2.5 cm，壁厚0.15 cm，承压0.4 Mpa，流量1.3 m^3/h～3.0 m^3/h。

9.1.2.2 喷头选择

高度在250.0 cm以上的拱棚，选用倒挂折射防滴微喷头，喷嘴半径0.5 cm，工作压力0.2 Mpa，喷射半径115 cm，流量55 L/h；高度在200 cm以上的拱棚，选用地插式G型折射喷头，喷嘴半径0.5 cm，工作压力0.15 Mpa，喷射半径120 cm，流量70 L/h。

9.1.2.3 水泵选择

清水潜水泵，功率1.5 KW，扬程＞3 000 cm。

9.1.2.4 蓄水容器规格

依据育苗规模的大小，准备蓄水容器。每667m^2的育苗棚可选用贮水量1.0吨的加厚塑料水桶或水池。

9.1.2.5 管道铺设

将水泵放置在蓄水容器中，与棚内主管道连接。主管道沿拱棚一侧底部纵向铺设，每隔20 m设一支管道，作为一个区。按照拱棚的大小，设置为若干区，并在每个区对应的主管道处设置一个三通和阀门，与其他区分开并可单独控制该区的开关。支管道沿弧形棚架布设。在支管道上与主管道同方向布设毛管道。毛管道行距为200 cm，毛管道上加装喷头。喷头的布设间距为100 cm。每个区的喷头量为60个。

9.1.3　遮阳网

6月之前采用遮光率为75%的遮阳网；7月-8月采用遮光率为90%的遮阳网。遮阳网与棚膜分开，间距在5 cm以上，并固定。

9.2 苗床准备

做苗床，土厚度5 cm。苗床上铺设纯河沙，厚度4 cm，刮平，先用0.5%高锰酸钾消毒杀菌。过半个小时后用1 000倍液多菌灵进行杀菌处理，放置半天，于当天用百菌清烟剂处理。烟剂使用量为4 个/667m^2。在使用前，要充分喷湿苗床，并按照8.0 cm×10.0 cm的株行距进行打孔。孔径为0.4 cm，深度为3.0 cm。

9.3　插穗准备

9.3.1　采穗方法

选择采穗圃苗木树体上的半木质化枝条作为种条。采集的种条存放于阴凉通风处，堆放厚度为10 cm，并用喷雾器喷雾一次，覆盖棚膜或地膜，不封闭。

9.3.2　扦插剪截

长度为6 cm～10 cm，剪掉下部叶片，顶部留2个～3个芽眼和叶片。

9.4　插穗处理

配制200 mg/L萘乙酸＋250 mg/L吲哚丁酸的生根剂，与滑石粉拌成糊状。扦插前，插穗下部2 cm处速蘸生根剂，然后扦插。

9.5　扦插方法

将处理好的插穗，插在沙床插孔中，使插穗的端部接触孔底，并用手轻轻挤捏孔口，封闭插口。

9.6 温湿度控制

依据天气情况而定。晴天从上午10:00开始喷水，喷水间隔65 min～70 min，每次喷水时间18 s～20 s，下午17:00后，棚内温度≤35 ℃，不再喷水；多云天气从上午11:00开始喷水，喷水间隔90 min～100 min，每次喷水时间8 s～10 s，下午16:00后，棚内温度≤35 ℃，不再喷水；阴雨天气喷一次水，在中午12:00～13:00喷水时间8 s～10 s。

9.7 杀菌

育苗完成当天，在拱棚内喷洒多菌灵或百菌清对拱棚进行全面杀菌，此后，每隔5 d，采用多菌灵、甲基托布津、代森锰锌等杀菌剂对插好的育苗棚交替杀菌；每隔7 d，采用百菌清烟剂对插好的育苗棚进行烟熏杀菌，烟剂的使用量为4 个/667m^2。

9.8 炼苗

扦插封闭温棚6 d后，选择上午7:00～8:00，对温棚进行通风换气，然后封闭；30 d后，不撤遮阳网，阶梯式揭棚，逐步进行通风炼苗；45 d后，撤掉遮阳网。

10 病虫害防治

主要防治病害为白粉病等，按照DB64/T 850 的规定执行；主要防治虫害为瘿螨、蚜虫、木虱、负泥虫等，按照DB64/T 851 的规定执行。

11 壮苗培育

炼苗后，剪除苗木根基分枝和主干上分枝，留1枝直立粗壮枝；每隔10 d，再次剪除根基分枝和主干上分枝，并喷施以氮肥和KH_2PO_4为主的叶面肥；按照每3行铺设1滴灌带的密度，在苗床的苗木行间铺设内镶贴片式滴灌带，每隔20 d～25 d进行灌水和追肥。滴灌带的规格为：管径φ1.6 cm，壁厚0.06 cm，工作压力150 KPa，滴头间距15 cm，滴头流量1.38 L/h。追肥肥料种类为K_2SO_4＋$NH_4H_2PO_4$＋尿素，比例为K_2SO_4：$NH_4H_2PO_4$：尿素＝1:1:2。施肥量为10 kg/667m^2。追肥至8月下旬，则不再追肥。

12 苗木出圃

当苗木地径≥0.5 cm，高度≥60 cm，主根数量≥3 条，须根数量≥5 条时即可出圃。规格以外的苗木则进行苗木归圃、壮苗。

13 等外苗归圃

按照25 cm×40 cm的株行距，将不符合优质苗木标准的规格外苗木定植归圃。病虫害防治依据“10 病虫害防治”的方法执行。

14 包装、运输

按照DB64/T 676 的规定执行。

DB64/T 1210—2016

15 档案管理

建立苗木管理档案，对出圃和归圃苗木进行登记造册，记录枸杞品种、种植地、苗木量、负责人等信息。

ICS 65.020.20
B 05

DB64

宁 夏 回 族 自 治 区 地 方 标 准

DB64 /T 1212—2016

枸杞篱架栽培技术规程

2016-12-28 发布　　2017-03-28 实施

宁夏回族自治区质量技术监督局　发布

DB64/T 1212—2016

前　言

本标准的编写格式符合GB/T1.1—2009《标准化工作导则 第1部分：标准的结构和编写》的要求。

本标准由宁夏农林科学院提出。

本标准由宁夏回族自治区林业厅归口。

本标准起草单位：宁夏农林科学院枸杞工程技术研究所、国家枸杞工程术研究中心、宁夏枸杞工程技术研究中心、宁夏中杞枸杞贸易集团有限公司。

本标准主要起草人：戴国礼、张 波、周 旋、秦 垦、焦恩宁、何昕孺、尹 跃、米 佳、石志刚、曹有龙、闫亚美、何 军、安 巍、陈清平、李云翔、刘 俭、刘 娟、夏道芳、贾占魁。

枸杞篱架栽培技术规程

1 范围

本标准规定了枸杞篱架栽培技术的范围、规范性引用文件、术语与定义、建园、土肥水管理、整形修剪、病虫害防治、采收制干、档案建立。

本标准适用于宁夏枸杞栽培区。

2 规范性引用文件

下列文件对于本文件的应用是必不可少的。凡是注日期的引用文件，仅所注日期的版本适用于本文件。凡是不注日期的引用文件，其最新版本（包括所有的修改单）适用于本文件。

GB/T 18672 枸杞(枸杞子)国家标准

GB/T 19116 枸杞栽培技术规程

NY/T 5249 无公害食品枸杞生产技术规程

DB64/T 676 枸杞苗木质量

DB64/T 1160 枸杞滴灌高效节水技术规程

3 术语和定义

下列术语和定义适用于本文件。

3.1

枸杞篱架栽培

枸杞篱架栽培是利用金属篱架进行枸杞树型培养的一项技术措施。

4 建园

4.1 园地选择

4.1.1 选址

具有灌溉条件的滩地、坡地，栽培适宜区域按照GB/T 19116 的规定执行。

4.1.2 行向

南北行建园，每100 m设置人行通道与行垂直，行头留6 m机耕作业道。

4.2 苗木准备

DB64/T 676 规定的特级苗、一级苗，苗高0.8 m以上。

DB64/T 1212—2016

4.3 定植

按照GB/T 19116 执行。

4.4 篱架设置

4.4.1 架杆

在定植行每隔10.0 m埋设一根三角铁支架（高度：2.0 m，埋入地下0.4 m）。

4.4.2 架丝

在据地面0.4 m、0.8 m、1.2 m处横向拉三根12#金属丝。

4.4.3 绑杆

每株枸杞栽植时帮扶直立竹竿（高度：1.4 m，埋入地下0.2 m）与金属丝形成90° 夹角。

4.4.4 铺设滴灌

将滴灌管通过滴灌管夹铺设在0.4 m金属丝上。

4.5 枸杞篱架构成图

枸杞篱架构成图见图1。

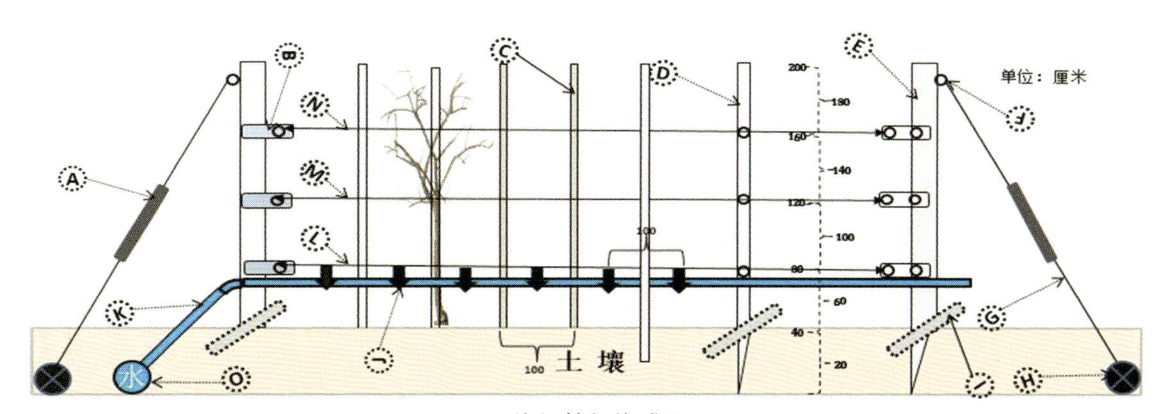

图1 枸杞篱架构成图

5 土肥水管理

土肥管理按照GB/T 19116 的规定执行；滴灌管理按照DB64/T 1160 的规定执行。

6 整形修剪

6.1 “工”字树型

树型高度1.2 m，单主干，整个树冠由基层（0.8 m）与顶层（1.2m）组成，每层有2个主枝，4个～6个二级主枝，二级主枝均匀分布于主枝两侧。

6.2　一龄树整形修剪

6.2.1　定干修剪

栽植的苗木萌芽后，于株高0.8 m处剪顶，选留3 个～5 个侧芽。

6.2.2　临时辅养层培养

5月下旬至7月下旬，将主干上的侧枝于枝长0.15 m～0.2 m处摘心，并剪除向上生长的中间枝，促其萌发二次结果枝。

6.2.3　秋季绑缚

8月下旬至9月上旬，选择2根平行于拉丝的枝条进行绑缚，于0.4 m～0.5 m处短截，培养2个基层主枝，见图A.1。

6.3　二龄树整形修剪

6.3.1　休眠期修剪

休眠期去除临时临时辅养层。

6.3.2　夏季修剪

5月下旬至7月下旬，每隔7天剪除主干上的萌芽，基层主枝上的徒长枝、中间枝；对基层主枝上的侧枝于枝长0.15 m～0.2 m处摘心，培养4根～6根基层二级主枝。

6.3.3　秋季修剪

8月下旬至9月上旬，剪除植株根茎、主干、基层主枝上的徒长枝，扩充壮实基层不放顶，见图A.2。

6.4　三龄树整形修剪

6.4.1　休眠期修剪

疏剪，留基层主枝及二级主枝。

6.4.2　夏季放顶

5月下旬至7月下旬，选择主干中心处萌芽进行培养，待其长至1.2 m时剪顶，选留3 个～5 个侧芽。

6.4.3　秋季绑缚

8月下旬至9月上旬，选择2根平行于拉丝的枝条进行绑缚，于0.4 m～0.5 m处短截，培养顶层主枝，见图A.3。

6.5　四龄树整形修剪

6.5.1　休眠期修剪

疏剪，留顶层主枝、基层主枝及二级主枝。

6.5.2 夏季修剪

5月下旬至7月下旬，每隔7天剪除主干上的萌芽，对顶层主枝上的侧枝于枝长0.15 m～0.2 m处摘心，培养3根～5根顶层二级主枝。

6.5.3 秋季修剪

8月下旬至9月上旬，剪除植株根茎、主干、基层、顶层主枝所抽生的徒长枝，控顶层壮基层，见图A.4。

7 病虫害防治

防治药剂选择与方法按 NY/T 5249 的规定执行。

8 采收及制干

按 GB/T 18672 的规定执行。

9 包装和贮存

按GB/T 19116 的规定执行。

10 档案建立

建立了篱架设置、“工”字树型培养过程的档案。

附 录 A
（资料性附录）

篱架二层“工”字型树型培养图例

A.1 一龄树修剪图

一龄树修剪图见图A.1。

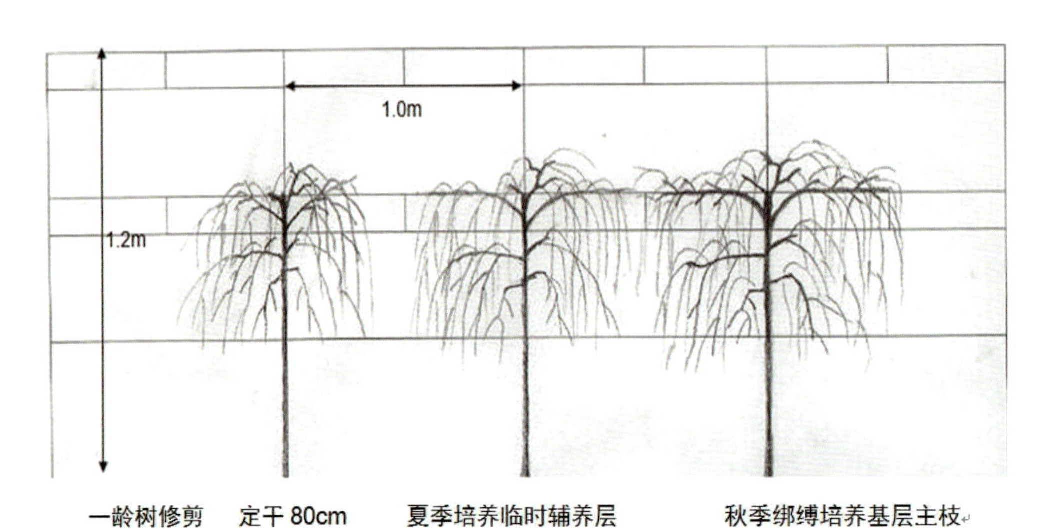

图A.1 一龄树修剪图

A.2 二龄树修剪图

二龄树修剪图见图A.2。

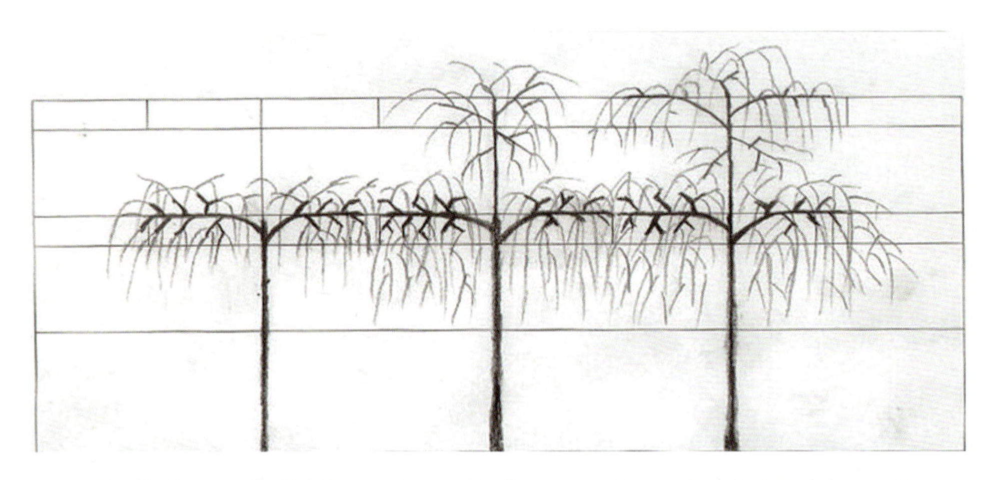

图A.2 二龄树修剪图

DB64/T 1212—2016

A.3 三龄树修剪图

三龄树修剪图见图A.3。

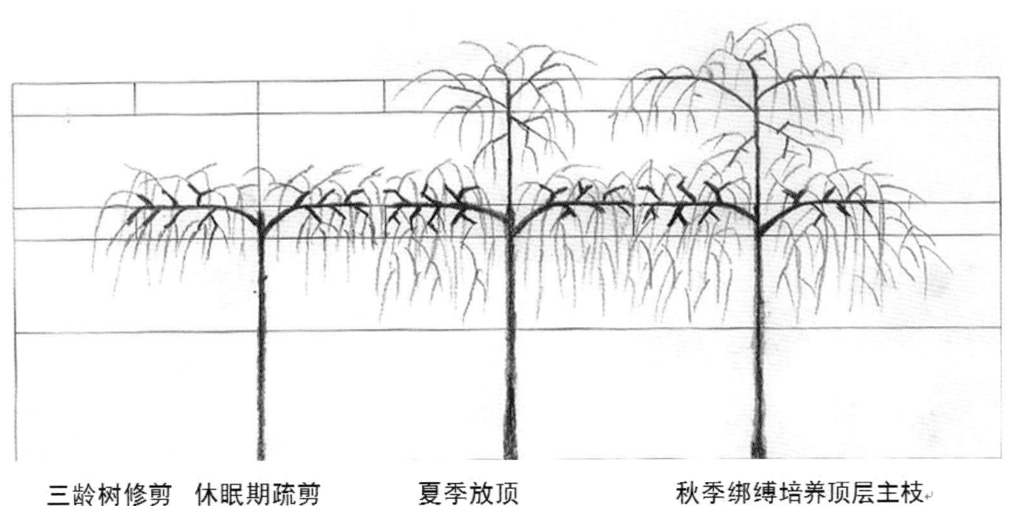

图A.3 三龄树修剪图

A.4 成龄树修剪

成龄树修剪图见图A.4。

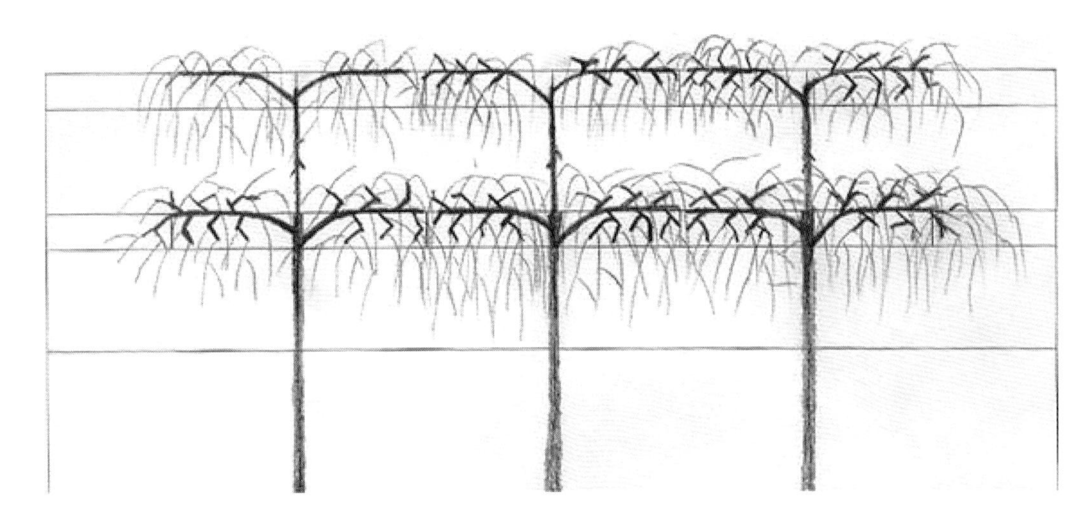

图A.4 成龄树修剪图

ICS 67.080.10
X 24

DB64

宁 夏 回 族 自 治 区 地 方 标 准

DB 64/T 1648—2019

枸杞加工企业良好生产规范

2019-11-01 发布　　2020-02-01 实施

宁夏回族自治区市场监督管理厅　发布

前　言

本标准是依据GB/T 1.1—2009《标准化工作导则 第1部分：标准的结构和编写》给出的规则起草。

本标准由宁夏枸杞产业发展中心提出。

本标准由宁夏回族自治区林业和草原局归口。

本标准实施单位：宁夏枸杞产业发展中心。

本标准起草单位：宁夏食品安全协会、宁夏枸杞产业发展中心、宁夏农林科学院农产品质量标准与检测技术研究所、百瑞源枸杞股份有限公司、宁夏中宁国际枸杞交易中心、宁夏食品检测研究院。

本标准主要起草人：张慧玲、祁伟、张艳、李惠军、张军、丁晖、叶进军、张金宏、乔彩云、吴明、樊桂红、杨建兴、李建荣、张学玲、季瑞、马利奋、胡学玲、张雨、王迪、马雅芹、赵佳鹏、董婕、李嘉欣、贾占魁、董思文。

枸杞加工企业良好生产规范

1 范围

本标准规定了枸杞加工企业的厂区环境、厂房和车间、设备和用具、卫生管理、加工过程的食品安全管理、产品管理、检验、产品追溯与召回、机构与职责、记录和文件管理的基本要求。

本标准适用于枸杞加工企业。

2 规范性引用文件

下列文件对于本文件的应用是必不可少的。凡是注日期的引用文件，仅注日期的版本适用于本文件。凡是不注日期的引用文件，其最新版本（包括所有的修改单）适用于本文件。

GB/T 191 包装储运图示标志

GB 5749 生活饮用水卫生标准

GB 7718 食品安全国家标准 预包装食品标签通则

GB 8978 污水综合排放标准

GB 14881 食品安全国家标准 食品生产通用卫生规范

3 厂区环境

3.1 厂区周围应清洁卫生，无物理、化学、生物等污染源，不得有昆虫大量孳生的潜在场所。

3.2 厂区应合理布局，各功能区域划分明显，有适当的分离或分隔措施。

3.3 厂区内的道路应铺设混凝土、沥清或其他硬质材料。

3.4 厂区空地应绿化，绿化应与生产车间保持适当的距离，植被应定期维护。

3.5 厂区排水系统应保持顺畅，不应有严重积水、渗漏、淤泥或污秽。

3.6 厂区内垃圾应密闭式存放，不得散发出异味。

3.7 生活区、生产区应相互隔离；生产区内不得饲养动物。

4 厂房和车间

4.1 设置与布局

4.1.1 新建、扩建、改建的厂房及设施应按本标准进行设计和施工，并符合 GB 14881 的规定。

4.1.2 厂房设置应按生产工艺流程需要和卫生要求，有序、整齐、科学布局，工序衔接合理，避免人流和物流之间的交叉污染。

4.1.3 厂房布局应考虑相互间的地理位置及朝向。锅炉房、厕所应处于生产车间的下风口，锅炉间应单独设置，蒸汽管道设置合理。仓库应设在干燥处。

4.1.4 厂房设置应包括洗手更衣间、生产场所和辅助场所。

4.2 内部建筑结构

4.3.5.3 仓库应有防火、防潮、防霉、防蝇、防虫和防鼠设施。仓库地面应设置垫板，其高度不低于10cm。储存的物品离墙不小于20cm，离地不小于10cm。
4.3.5.4 贮存包装材料的仓库应清洁，并有防尘、防污染设施。

4.3.6 防护设施

车间和仓库应有防火、防爆、防水、防鼠、防蝇、防虫，以及防止动物出入的相应设施。

5 设备和用具

5.1 基本要求

5.1.1 根据生产工艺和产品的实际需要配备必要的、数量相适应的加工设备和用具，且各个设备的能力应相互匹配。
5.1.2 与原料、半成品、成品直接接触或间接接触的所有设备和用具，材质应符合食品相关产品的有关标准。
5.1.3 加工用设备和用具的构造应有利于保证食品卫生，易于清洗消毒，易于检查。食品容器、用具和设备与食品的接触面平滑，无凹陷或裂缝。
5.1.4 各种管道应明显区分，且不宜架设于裸露的食品、食品接触面的上方，食品输送带上方应安设输送带防护罩等设施。
5.1.5 与食品接触的设备所用润滑剂应为食品级。

5.2 清洁与维护

5.2.1 应建立设备清洁、保养、维修制度，并严格执行，做好记录。
5.2.2 设备和用具每次使用前，应清洁干净。新设备和用具应清除防锈油等不洁物，旧设备和用具应除锈、除尘、除异物。
5.2.3 设备应定期采用妥善的方式维护，确保使用性能。

5.3 质量检验设备

5.3.1 应根据原辅料、半成品及产品质量、卫生检验的需要配置检验设备。
5.3.2 检验设备应按相关规定定期检定或校准，做好维护工作，确保检验数据准确。
5.3.3 不能检验的项目应委托具有资质的检验机构进行检验。

6 卫生管理

6.1 管理要求

6.1.1 应制定卫生管理制度及考核标准，并实行岗位责任制。
6.1.2 应制定卫生检查计划，并对计划的执行情况进行记录并存档。

6.2 厂区环境卫生管理

6.2.1 厂区及邻近厂区的区域，应保持清洁。厂区内道路、地面养护良好，无破损，无积水，不扬尘。
6.2.2 厂区内草木应定期修剪，保持环境整洁；不得堆放杂物。
6.2.3 排水系统应保持通畅，不得有污泥淤积。
6.2.4 应设置废弃物临时存放设施。废弃物存放设施应为密闭式，污物不得外溢，做到日产日清。

6.6.4 可采用物理、化学或生物制剂进行处理，其灭除方法应不影响枸杞的安全，不污染食品接触面及包装材料。

6.6.5 使用各类杀虫剂或其他药剂前，应做好防止人身、产品、设备、用具的污染和中毒的预防措施。

6.6.6 厂区应定期进行有害生物治理工作，但不在生产过程中进行，且应有相应的记录。

6.7 工作服管理

6.7.1 进入作业区域应穿着工作服。

6.7.2 穿工作服时不应进入卫生间、餐厅，非生产区域人员、维修人员、参观人员等进入生产区域前应在该区域所属的更衣室更换工作服。

6.8 污水和废弃物处理

6.8.1 污水排放应符合 GB 8978 规定，达标后排放。

6.8.2 废弃物应定期清除；易腐败的废弃物应尽快清除。

6.8.3 车间外废弃物放置场所应与食品加工场所隔离，防止污染；应防止不良气味或有害有毒气体溢出；应防止虫害孳生。

7 加工过程的食品安全管理

7.1 原辅料管理

7.1.1 待加工的枸杞应来源明确、可溯源。

7.1.2 枸杞原料应符合验收标准要求。

7.1.3 原料应有专用库房保管，标识清晰，离地离墙、通风防潮。

7.1.4 验收不合格的原料，应单独存放，并明确标示“检验不合格”，作不合格处理并记录。

7.1.5 原料储存场所应有有效防止有害生物孳生繁殖措施，并应防止其外包装破损而造成污染。

7.1.6 加工用水水质应符合 GB 5749 的要求。

7.1.7 包装材料应清洁、无毒，符合国家相关规定。

7.1.8 应对即将投入使用的包装材料标识进行检查，并予以记录，避免包装材料的误用。

7.2 加工过程安全控制

7.2.1 加工过程中，原料和在制品不应与地面直接接触。

7.2.2 加工过程中，不得使用灭蚊药、灭鼠药、驱虫剂、消毒剂等易污染枸杞的物品。

7.2.3 加工废弃物应及时清理出现场，妥善处理，以免污染枸杞和环境。

8 产品管理

8.1 标志、标签

运输包装标志应符合GB/T 191的规定。产品标签应符合GB 7718的规定。

8.2 包装

产品应包装出厂，产品包装应符合相关标准要求。

8.3 贮存

11.2 人员与资格

11.2.1 企业负责人应具有食品安全和生产、加工等专业知识。
11.2.2 生产管理负责人应具有相应的工艺及生产技术与食品安全知识。
11.2.3 质量管理人员应具有发现、鉴别各生产环节以及产品中潜在不符合的能力。
11.2.4 产品检验人员应掌握枸杞出厂检验项目的基本知识和操作技能，并获得培训合格证明。
11.2.5 食品安全管理人员应具备食品安全或相关专业大专以上学历或同等能历。
11.2.6 特种岗位操作人员须经过职业技能培训，持证上岗。

11.3 教育培训

11.3.1 应建立食品生产相关岗位的培训制度，对食品加工人员以及相关岗位的从业人员进行遵守食品安全相关法律法规标准、执行各项食品安全管理制度和相应的食品安全知识的培训。
11.3.2 应根据食品生产不同岗位的实际需求，制定和实施食品安全年度培训计划并进行考核，做好培训记录。
11.3.3 当食品安全相关法律法规标准更新时，应及时开展培训。
11.3.4 应定期审核和修订培训计划，评估培训效果，并进行常规检查，确保培训计划的有效实施。

12 记录和文件管理

12.1 记录管理

12.1.1 应建立记录制度，对采购、加工、贮存、检验、销售、客户投诉处理、产品召回等环节进行记录。记录内容应完整、真实，确保对产品从原辅料采购到产品销售的所有环节进行有效追溯。记录应包括以下内容：

a) 应有原辅料进货查验记录。如实记录原料和包装材料等相关产品的名称、规格、数量、供货者名称及联系方式，进货日期和验收等内容；
b) 应有产品加工记录。如实记录产品的加工过程；
c) 应有产品贮存记录。如实记录产品贮存的规格、数量及贮存情况；
d) 应有产品检验记录。如实记录产品的批次、检验项目、检验方法、检验结果、检验日期、检验人员等内容；
e) 应有产品销售记录。如实记录出厂产品的名称、规格、数量、生产日期、生产批号、检验合格证、销售日期等内容；
f) 应有客户投诉处理记录。对客户提出的书面或口头意见、投诉，企业相关管理部门应作记录并查找原因。
g) 应有不合格产品召回记录。如实记录发生召回的产品名称、批次、规格、数量、发生召回的原因及后续整改方案等内容。

12.1.2 记录应有记录人和审核人的签名，保存期不得少于 2 年。

12.2 文件管理

12.2.1 应建立文件的管理制度，对文件进行有效管理，确保各相关场所使用的文件均为有效版本。
12.2.2 鼓励采用先进手段（如计算机信息系统），进行记录和文件管理。

ICS 67.080.01
CCS X24

DB 64

宁 夏 回 族 自 治 区 地 方 标 准

DB 64/T 1764—2020

宁夏枸杞干果商品规格等级规范

2020-12-29 发布　　　　2021-03-29 实施

宁夏回族自治区市场监督管理厅　　发 布

DB 64/T 1764-2020

前　言

本文件按照GB/T 1.1—2020《标准化工作导则　第1部分：标准化文件的结构和起草规则》的规定起草。

请注意本文件的某些内容可能涉及专利。本文件的发布机构不承担识别专利的责任。

本文件由宁夏回族自治区林业和草原局提出、归口并组织实施。

本文件起草单位：宁夏农产品质量标准与检测技术研究所、宁夏枸杞产业发展中心、宁夏回族自治区市场监督管理厅、宁夏标准化研究院、宁夏农林科学院枸杞科学研究所、宁夏食品安全协会、宁夏医科大学药学院、百瑞源枸杞股份有限公司、中宁县枸杞产业发展服务中心、宁夏卿用枸杞有限公司、宁夏沃福百瑞生物食品工程有限公司 宁夏中宁枸杞产业发展股份有限公司、宁夏早康枸杞股份有限公司、宁夏润德生物科技有限责任公司、玺赞庄园枸杞有限公司、宁夏中杞枸杞贸易集团有限公司、宁夏全通枸杞供应链股份有限公司、中宁县杞鑫枸杞苗木专业合作社、宁夏杞泰农业科技有限公司、宁夏菊花台枸杞有限公司、宁夏白尖枸杞实业有限公司。

本文件主要起草人：张艳、祁伟、张军、塔娜、安巍、苟春林、乔彩云、季瑞、唐建宁、王汉卿、董婕、张金宏、王晓静、单巧玲、张静、董思文、刘娟、胡忠庆、潘泰安 周佳奇、朱彦华、郭嘉、张旭、贾占奎、雍跃文、朱金忠、雍政、吕健、高峰。

宁夏枸杞干果商品规格等级规范

1 范围

本文件规定了宁夏枸杞干果商品规格等级的术语和定义、要求、检验、标志、包装、运输和贮存。

本文件适用于宁夏境内北纬36° 45′～39° 30′，东经105° 16′～106° 80′区域范围内种植，并经热风干燥或自然干燥加工制成的宁夏枸杞干果商品规格等级的划分。

2 规范性引用文件

下列文件中的内容通过文中的规范性引用而构成本文件必不可少的条款。其中，注日期的引用文件，仅该日期对应的版本适用于本文件；不注日期的引用文件，其最新版本（包括所有的修改单）适用于本文件。

GB 7718 食品安全国家标准 预包装食品标签通则

GB/T 18672 枸杞

NY/T 2947 枸杞中甜菜碱含量的测定 高效液相色谱法

SN/T 0878 进出口枸杞子检验规程

《中华人民共和国药典》

原国家质量监督检验检疫总局令（2005）第75号《定量包装商品计量监督管理办法》

3 术语和定义

GB/T 18672界定的以及下列术语和定义适用于本文件。

3.1

宁夏枸杞干果 dried Lycium barbarum L.

茄科植物宁夏枸杞*Lycium barbarum L.*的干燥成熟果实。

3.2

宁杞1号 NingQi 1

人工采用单株选优方法，从宁夏枸杞（*Lycium barbarum L.*）群体中选育出的第一个丰产、优质品种。

3.3

其他枸杞良种 other improved variety of Lycium barbarum L.

人工通过遗传育种或单株选优等方法，从宁夏枸杞（*Lycium Barbarum L.*）中选育的优良品种。

4 要求

4.1 基本要求

宁夏枸杞干果应符合下列基本要求：

a) 枸杞经捏实，松开后不结块，易散开；

b） 无虫蛀，无霉变，无损伤，颗粒完整；
c） 果面清洁，无正常视力可见外来异物。

4.2 规格等级

宁夏枸杞干果商品规格等级按个体大小划分，以每50g枸杞干果所含颗粒个数确定，等级分为特优、特级、甲级、乙级，同规格等级个体大小应基本均匀。

4.3 感官要求

感官要求应符合表1的规定。

表1 感官要求

项目	特优	特级	甲级	乙级
形状	类纺锤形略扁，长椭圆形，表面皱缩，条纹清晰			
色泽	果皮暗红色、紫红色或枣红色，果实基部多具白色果梗痕			
滋味、气味	甘甜，味微苦，余味甘，具有枸杞特有的果香味			
杂质	不得检出			
无使用价值颗粒	不允许有			
不完善粒（%）m/m	≤1.0	≤1.5	≤3.0	≤3.0

4.4 理化要求

理化要求应符合表2的规定。

表2 理化要求

项目		特优	特级	甲级	乙级
粒度/（粒/50g）	宁杞1号	≤350	351～580	581～900	＞900
	其他枸杞良种	≤280	281～350	351～580	581～900
总糖（以葡萄糖计）/（g/100g）		≥39.8	≥39.8	≥24.8	≥24.8
枸杞多糖/（g/100g）		≥3.3			
甜菜碱/（g/100g）		≥0.5			
水分/（g/100g）		≤13.0			
蛋白质/（g/100g）		≥10.0			
脂肪/（g/100g）		≤5.0			
灰分/（g/100g）		≤6.0			

4.5 安全指标

安全指标应符合相应的食品安全国家标准或《中华人民共和国药典》，也应符合国家相关规定及宁夏食品安全地方标准的要求。

5 检验

5.1 检验规则

由相同的加工方法生产的同一批次、同一品种、同一等级的产品为一批产品，从同批产品的不同部位经随机抽取1‰，每批至少抽2kg样品作为检验样品。检验如有不合格项，可在同批产品中加倍抽样 ，对不合格项目复验，以复验结果为准。

5.2 试验方法

5.2.1 感官要求的各项目的检验按 SN/T 0878 规定执行。

5.2.2 粒度、总糖、蛋白质、脂肪、灰分的检验按 GB/T 18672 规定执行。

5.2.3 枸杞多糖的检验按 GB/T 18672 或《中华人民共和国药典》枸杞子项下规定执行。

5.2.4 甜菜碱的检验按 NY/T 2947 或《中华人民共和国药典》枸杞子项下规定执行。

5.2.5 水分的检验按 GB/T 18672 或《中华人民共和国药典》枸杞子项下规定执行。

6 标志、包装、运输、贮存

6.1 标志

标志应符合GB 7718的规定。

6.2 包装

6.2.1 包装容器（袋）应用干燥、清洁、无异味并符合国家食品卫生要求的包装材料。

6.2.2 包装要牢固、防潮、整洁、美观、无异味，能保护枸杞的品质，便于装卸、仓储和运输。

6.2.3 预包装产品净含量允差应符合原国家质量监督检验检疫总局令（2005）第 75 号。

6.3 运输

运输工具应清洁、干燥、无异味、无污染。运输时应防雨防潮，严禁与有毒、有害、有异味、易污染的物品混装、混运。

6.4 贮存

产品应贮存于清洁、阴凉、干燥、无异味的仓库中。不得与有毒、有害、有异味及易污染的物品共同存放。

DBS64

宁 夏 回 族 自 治 区 地 方 标 准

DBS 64/412—2016

食品安全地方标准
超临界CO_2萃取枸杞籽油

Supercritical carbon dioxide extraction wolfberry seed oil

2016-01-01 发布 2016-06-30 实施

宁夏回族自治区卫生和计划生育委员会 发布

前　　言

本标准的卫生指标是按照GB 2716-2005 《食用植物油卫生标准》确定。

本标准是按照GB/T 1.1-2009《标准化工作导则 第1部分：标准的结构和编写》规定编写。

本标准代替DB 64/412-2005《超临界CO_2萃取枸杞籽油卫生标准》。

本标准与DB 64/412-2005相比，主要变化如下：

——更改了标准名称；

——增加了特征性指标；

——增加了质量指标；

——修改了酸值的限量指标；

——完善了食品安全要求。

本标准由宁夏回族自治区卫生和计划生育委员会提出并归口。

本标准起草单位：宁夏食品检测中心、宁夏卫生和计划生育监督局、宁夏疾病预防控制中心、银川泰丰生物科技有限公司、宁夏杞明生物食品有限公司、宁夏沃福百瑞枸杞产业股份有限公司。

本标准主要起草人：张慧玲、吴明、樊桂红、黄锋、詹军、赵生银、马桂娟、高琳、龚慧、李京宁、吴少涛、李谦、杨建兴、张茹、龚艳茹、高俊峰、邓军、张金宏、王玉玲、毛忠英、潘泰安。

DBS64/ 412—2016

食品安全地方标准

超临界CO_2萃取枸杞籽油

1 范围

本标准规定了超临界CO_2萃取枸杞籽油的术语和定义、技术要求、食品添加剂、生产加工过程的卫生要求、试验方法、检验规则、标志、包装、运输、贮存。

本标准适用于以枸杞籽为原料，经超临界CO_2萃取工艺制取的食用枸杞籽油。

2 规范性引用文件

下列文件对于本文件的应用是必不可少的。凡是注日期的引用文件，仅所注日期的版本适用于本文件。凡是不注日期的引用文件，其最新版本（包括所有的修改单）适用于本文件。

GB 2716　食用植物油卫生标准
GB 2760　食品安全国家标准 食品添加剂使用标准
GB/T 5009.37　食用植物油卫生标准的分析方法
GB/T 5524　动植物油脂　扦样
GB/T 5525　植物油脂　透明度、气味、滋味鉴定法
GB/T 5526　植物油脂检验　比重测定法
GB/T 5527　动植物油脂　折光指数的测定
GB/T 5528　动植物油脂　水分及挥发物含量测定
GB/T 5529　植物油脂检验　杂质测定法
GB/T 5530　动植物油脂　酸值和酸度测定
GB/T 5532　动植物油脂　碘值的测定
GB/T 5534　动植物油脂　皂化值的测定
GB/T 5535.1　动植物油脂　不皂化物测定　第1部分：乙醚提取法
GB/T 5535.2　动植物油脂　不皂化物测定　第2部分：已烷提取法
GB/T 5538　动植物油脂　过氧化值测定
GB/T 5539　粮油检验　油脂定性试验
GB 7718　食品安全国家标准 预包装食品标签通则
GB 8955　食用植物油厂卫生规范
GB 14881　食品安全国家标准 食品生产通用卫生规范
GB/T 17374　食用植物油销售包装
GB/T 17376　动植物油脂　脂肪酸甲酯制备
GB/T 17377　动植物油脂　脂肪酸甲酯的气相色谱分析
GB 28050　食品安全国家标准 预包装食品营养标签通则
国家质量监督检验检疫总局令（2005）第75号《定量包装商品计量监督管理规定》

3 术语和定义

下列术语和定义适用于本标准。

3.1

超临界 CO_2 萃取　supercritical carbon dioxide extraction

在超临界状态下以二氧化碳为溶剂，利用其高渗透性和高溶解能力来提取分离混合物的过程。

3.2

超临界 CO_2 萃取枸杞籽油　supercritical carbon dioxide extraction wolfberry seed oil

以枸杞籽为原料，采用超临界 CO_2 萃取工艺制取的食用枸杞籽油。

3.3

折光指数　refractive index

光线从空气中射入油脂时，入射角与折射角的正弦之比值。

3.4

相对密度　relative density

规定温度下的植物油的质量与同体积 20℃蒸馏水的质量之比值。

3.5

碘值　iodine value

在规定条件下与 100g 油脂发生加成反应所需碘的克数。

3.6

皂化值　saponification value

皂化 1g 油脂所需的氢氧化钾毫克数。

3.7

不皂化物　unsaponifiable matter

油脂中不与碱起作用、溶于醚、不溶于水的物质，包括甾醇、脂溶性维生素和色素等。

3.8

脂肪酸　fatty acid

脂肪族一元羧酸的总称，通式为 R—COOH。

3.9

色泽　colour

油脂本身带有的颜色和光泽，主要来自于油料中的油溶性色素。

3.10

透明度　transparency

油脂可透过光线的程度。

3.11

水分及挥发物　moisture and volatile matter

油脂在一定的温度条件下加热损失的物质。

3.12

不溶性杂质　insoluble impurity

油脂中不溶于石油醚等有机溶剂的物质。

3.13

酸值　acid value

中和1g油脂中所含游离脂肪酸需要的氢氧化钾毫克数。

3.14

过氧化值　peroxide value

100g油脂中过氧化物的克数。

4 技术要求

4.1 特征指标

特征指标见表1。

表1　特征指标

项　目		指　标
折光指数（n^{20}）		1.4755～1.4765
相对密度（d_{20}^{20}）		0.9224～0.9243
碘值 /（g/100g）		124～149
皂化值（以KOH计）/（mg/g）		181～194
不皂化物/(g/kg)		≤18
脂肪酸组成	棕榈酸（$C_{16:0}$）/%	6.0～7.0
	硬脂酸（$C_{18:0}$）/%	3.0～4.0
	油酸（$C_{18:1}$）/%	19.0～23.0
	亚油酸（$C_{18:2}$）/%	63.0～67.0
	γ-亚麻酸（$C_{18:3}$）/%	2.0～3.0
	α-亚麻酸（$C_{18:3}$）/%	0.5～1.5

4.2 质量指标

质量指标见表2。

表2　质量指标

项　目	指　标
色泽	橙黄色或橙红色，色泽均匀
气味、滋味	具有枸杞籽油固有的气味和滋味，无异味

表 2（续）

项　目	指　标
透明度	透明
水分及挥发物/%	≤0.20
不溶性杂质/%	≤0.20
酸值（以 KOH 计）/mg/g	≤10.0
过氧化值/g/100g	≤0.25

4.3　食品安全要求

按GB 2716和国家有关标准规定执行。

4.4　真实性要求

枸杞籽油中不得掺有其他食用油和非食用油，不得添加任何香精和香料。

5　食品添加剂

食品添加剂的使用应符合 GB 2760 的规定。

6　生产加工过程的卫生要求

应符合GB 8955和GB 14881的规定。

7　检验方法

7.1　透明度、气味、滋味按 GB/T 5525 规定方法检验。
7.2　色泽按 GB/T 5009.37 规定方法检验。
7.3　相对密度按 GB/T 5526 规定方法检验。
7.4　折光指数按 GB/T 5527 规定方法检验。
7.5　水分及挥发物按 GB/T 5528 规定方法检验。
7.6　不溶性杂质按 GB/T 5529 规定方法检验。
7.7　酸值检验按 GB/T 5530 规定方法检验。
7.8　碘值按 GB/T 5532 规定方法检验。
7.9　皂化值按 GB/T 5534 规定方法检验。
7.10　不皂化物按 GB/T 5535.1 或 GB/T 5535.2 规定方法检验。
7.11　过氧化值按 GB/T 5538 规定方法检验。
7.12　油脂定性试验按按 GB/T 5539 规定方法检验。以油脂定性试验和枸杞籽油特征指标作为综合判定依据。
7.13　脂肪酸组成按 GB/T 17376、GB/T 17377 规定方法检验。
7.14　食品安全要求按 GB 2716 规定方法检验。

8　检验规则

8.1 扦样、分样

枸杞籽油扦样与分样按GB/T 5524规定执行。

8.2 产品组批

以同一批原料生产加工的产品为一批。

8.3 检验

8.3.1 出厂检验

每批产品须经检验合格后附有合格证方可出厂。出厂检验项目为：色泽、气味、滋味、透明度、酸值、过氧化值。

8.3.2 型式检验

正常生产时每6个月进行1次，在有下列情况之一时亦应随时进行：

a）新产品投产时；

b）正式生产后，原料、工艺有较大变化时；

c）产品长期停产后，恢复生产时；

d）出厂检验结果与上次型式检验有较大差异时；

e）国家监管部门提出进行型式检验要求时。

8.4 判定规则

出厂检验时如有不合格项目可在同批产品中加倍抽样，对不合格项目进行复核，以复核结果为准。

9 标志、包装、运输、贮存

9.1 标志

按GB 7718和GB 28050规定执行。

9.2 包装

包装容器应符合GB/T 17374及国家的有关规定和要求。包装定量误差应符合国家质量监督检验检疫总局令（2005）第75号。

9.3 运输

应使用食品专用运输车，运输中应防止日晒、雨淋。不得与有毒、有害及有异味的物品一同运输。

9.4 贮存

应贮存于阴凉、干燥及避光处。不得与有毒、有害及有异味的物品一同存放。产品码放应离地面10cm以上、离墙壁20cm以上。

ICS 65.100
CCS G25

DBS64

宁 夏 回 族 自 治 区 地 方 标 准

DBS64/ 005—2021

食品安全地方标准
枸杞干果中农药最大残留限量

2021 - 01 - 01 发布　　　　2021 - 06 - 01 实施

宁夏回族自治区卫生健康委员会
宁夏回族自治区农业农村厅 发布
宁夏回族自治区市场监督管理厅

DBS64/ 005—2021

前　言

本文件按照GB/T 1.1—2020《标准化工作导则　第1部分：标准化文件的结构和起草规则》的规定起草。

本文件由宁夏回族自治区卫生健康委员会提出。

本文件由宁夏回族自治区卫生健康委员会、宁夏回族自治区农业农村厅归口。

本文件起草单位：宁夏农林科学院植物保护研究所、宁夏回族自治区农业技术推广总站、宁夏枸杞产业发展中心。

本文件主要起草人：张蓉、王芳、何嘉、刘畅、李欣、李华、于丽、周兴隆、祁伟、乔彩云、董婕。

引　言

为进一步完善宁夏枸杞现代生产技术标准体系，使枸杞产品质量安全评估有据可依，推动宁夏枸杞产业高质量发展，特制定本文件。

本文件中除氟吡呋喃酮、双丙环虫酯、丁氟螨酯3种农药的ADI值查阅自有关文献，其余37种农药的ADI值均引用GB 2763。

本文件中氟啶虫胺腈、乙基多杀菌素、氟吡呋喃酮、双丙环虫酯、乙唑螨腈目前无标准的检测方法，依据《食品中农药残留风险评估指南》定为临时限量值(标注*)。

DBS64/ 005—2021

食品安全地方标准
枸杞干果中农药最大残留限量

1 范围

本文件规定了枸杞干果中吡虫啉等40种农药最大残留限量。

本文件适用于枸杞干果。

2 规范性引用文件

下列文件中的内容通过文中的规范性引用而构成本文件必不可少的条款。其中，注日期的引用文件，仅该日期对应的版本适用于本文件；不注日期的引用文件，其最新版本（包括所有的修改单）适用于本文件。

GB 2763 食品中农药最大残留限量

GB 23200.8 食品安全国家标准 水果和蔬菜中500种农药及相关化学品残留量的测定 气相色谱-质谱法

GB 23200.11 食品安全国家标准 桑枝、金银花、枸杞子和荷叶中413种农药及相关化学品残留量的测定 液相色谱-质谱法

GB 23200.13 食品安全国家标准 茶叶中448种农药及相关化学品残留量的测定 液相色谱-质谱法

GB 23200.19 食品安全国家标准 水果和蔬菜中阿维菌素残留量的测定 液相色谱法

GB 23200.20 食品安全国家标准 食品中阿维菌素残留量的测定 液相色谱-质谱/质谱法

GB 23200.29 食品安全国家标准 水果和蔬菜中唑螨酯残留量的测定 液相色谱法

GB 23200.47 食品安全国家标准 食品中四螨嗪残留量的测定 气相色谱-质谱法

GB 23200.49 食品安全国家标准 食品中苯醚甲环唑残留量的测定 气相色谱-质谱法

GB 23200.53 食品安全国家标准 食品中氟硅唑残留量的测定 气相色谱-质谱法

GB 23200.75 食品安全国家标准 食品中氟啶虫酰胺残留量的检测方法

GB 23200.113 食品安全国家标准 植物源性食品中208种农药及其代谢物残留量的测定 气相色谱-质谱联用法

GB/T 5009.102 植物性食品中辛硫磷农药残留量的测定

GB/T 5009.146 植物性食品中有机氯和拟除虫菊酯类农药多种残留量的测定

GB/T 20769 水果和蔬菜中450种农药及相关化学品残留量的测定 液相色谱-串联质谱法

GB/T 23204 茶叶中519种农药及相关化学品残留量的测定 气相色谱-质谱法

GB/T 23379 水果、蔬菜及茶叶中吡虫啉残留的测定 高效液相色谱法

SN 0157 出口水果中二硫代氨基甲酸酯残留量检验方法

SN/T 1541 出口茶叶中二硫代氨基甲酸酯总残留量检验方法

SN/T 1976 进出口水果和蔬菜中嘧菌酯残留量检测方法 气相色谱法

SN/T 3539 出口食品中丁氟螨酯的测定

SN/T 3860 出口食品中吡蚜酮残留量的测定 液相色谱-质谱/质谱法

SN/T 4891 出口食品中螺虫乙酯残留量的测定 高效液相色谱和液相色谱-质谱/质谱法

NY/T 761 蔬菜和水果中有机磷、有机氯、拟除虫菊酯和氨基甲酸酯类农药多残留的测定

NY/T 1453 蔬菜及水果中多菌灵等16种农药残留测定 液相色谱-质谱-质谱联用法

NY/T 1680 蔬菜水果中多菌灵等4种苯并咪唑类农药残留量的测定 高效液相色谱法

3 术语和定义

下列术语和定义适用于本文件。

3.1

残留物 residue definition

由于使用农药而在食品、农产品和动物饲料中出现的任何特定物质，包括被认为具有毒理学意义的农药衍生物，如农药转化物、代谢物、反应产物及杂质等。

[来源：GB 2763]

3.2

最大残留限量 maximum residue limit（MRL）

在食品或农产品内部或表面法定允许的农药最大浓度，以每千克食品或农产品中农药残留的毫克数表示（mg/kg）。

[来源：GB 2763]

3.3

每日允许摄入量 acceptable daily intake（ADI）

人类终生每日摄入某物质，而不产生可检测到的危害健康的估计量，以每千克体重可摄入的量表示（mg/kg bw）。

[来源：GB 2763]

4 技术要求

应符合表1的规定。

表1 枸杞干果中农药最大残留限量

主要用途	农药名称	每日允许摄入量 ADI （mg/kg bw）	最大残留限量 MRL （mg/kg）	残留物	检测方法
杀虫剂	吡虫啉 imidacloprid	0.06	1	吡虫啉	GB/T 20769 GB/T 23379
	吡蚜酮 pymetrozine	0.03	0.07	吡蚜酮	GB 23200.13 SN/T 3860

表 1 枸杞干果中农药最大残留限量（续）

主要用途	农药名称	每日允许摄入量 ADI (mg/kg bw)	最大残留限量 MRL (mg/kg)	残留物	检测方法
杀虫剂	除虫菊素 pyrethrins	0.04	0.2	除虫菊素 I 与除虫菊素 II 之和	GB/T 20769
	啶虫脒 acetamiprid	0.07	2	啶虫脒	GB/T 20769
	毒死蜱 chlorpyrifos	0.01	0.2	毒死蜱	GB 23200.8 GB 23200.113 NY/T 761
	氟吡呋喃酮 flupyradifurone	0.08	2*	氟吡呋喃酮	——
	氟啶虫胺腈 sulfoxaflor	0.05	3*	氟啶虫胺腈	——
	氟啶虫酰胺 flonicamid	0.07	3	氟啶虫酰胺	GB 23200.75
	甲氨基阿维菌素苯甲酸盐 emamectin benzoate	0.0005	0.05	甲氨基阿维菌素 B1a	GB/T 20769
	螺虫乙酯 spirotetramat	0.05	0.3	螺虫乙酯及其烯醇类代谢产物之和，以螺虫乙酯表示	SN/T 4891
	氯氟氰菊酯和高效氯氟氰菊酯 cyfluthrin and beta-cyflufhthrin	0.02	0.1	氯氟氰菊酯（异构体之和）	GB 23200.8 GB 23200.113 GB/T 5009.146 NY/T 761
	氯氰菊酯和高效氯氰菊酯 cypermethrin and beta-cypermethrin	0.02	2	氯氰菊酯（异构体之和）	GB 23200.8 GB 23200.113 GB/T 5009.146 NY/T761
	氰戊菊酯和 S-氰戊菊酯 fenvalerate and esfenvalerate	0.02	0.3	氰戊菊酯（异构体之和）	GB 23200.8 GB 23200.113 GB/T 23204 NY/T 761
	辛硫磷 phoxim	0.004	0.01	辛硫磷	GB/T 5009.102 GB/T 20769
	噻虫嗪 Thiamethoxam	0.08	1	噻虫嗪	GB 23200.11 GB/T 20769
	双丙环虫酯 afidopyrope	0.07	0.05*	双丙环虫酯	——
	乙基多杀菌素 spinetoram	0.05	0.3*	乙基多杀菌素	——
	溴氰虫酰胺 cyantraniliprole	0.03	0.01	溴氰虫酰胺	DB37/T 3991
杀螨剂	阿维菌素 abamectin	0.002	0.1	阿维菌素	GB 23200.19 GB 23200.20
	哒螨灵 pyridaben	0.01	3	哒螨灵	GB 23200.8 GB 23200.113 GB/T 20769
	丁氟螨酯 cyflumetofen	0.1	0.7	丁氟螨酯	SN/T 3539
	联苯肼酯 bifenazate	0.01	0.5	联苯肼酯	GB 23200.8

DBS64/ 005—2021

表 1 枸杞干果中农药最大残留限量（续）

主要用途	农药名称	每日允许摄入量 ADI（mg/kg bw）	最大残留限量 MRL（mg/kg）	残留物	检测方法
杀螨剂	螺螨酯 spirodiclofen	0.01	2	螺螨酯	GB 23200.8 GB/T 20769
	噻螨酮 hexythiazox	0.03	0.2	噻螨酮	GB 23200.8 GB/T 20769
	双甲脒 amitraz	0.01	0.02	双甲脒及 N-（2,4-二甲苯基）-N′-甲基甲脒之和，以双甲脒表示	GB/T 5009.143
	四螨嗪 clofentezine	0.02	0.5	四螨嗪	GB 23200.47 GB/T 20769
	乙螨唑 etoxazole	0.05	0.05	乙螨唑	GB 23200.8 GB 23200.113
	唑螨酯 fenpyroximate	0.01	2	唑螨酯	GB 23200.8 GB 23200.29 GB/T 20769
	乙唑螨腈 acetonitrile	0.1	1*	乙唑螨腈	——
杀菌剂	百菌清 chlorothalonil	0.02	2	百菌清	GB/T 5009.105 NY/T 761
	苯醚甲环唑 difenoconazole	0.01	0.3	苯醚甲环唑	GB 23200.8 GB 23200.49 GB 23200.113 GB/T 5009.218
	吡唑醚菌酯 pyraclostrobin	0.03	1	吡唑醚菌酯	GB 23200.8
	丙环唑 propiconazole	0.07	1	丙环唑	GB 23200.8 GB 23200.113
	代森锰锌 mancozeb	0.03	3	二硫代氨基甲酸盐（或酯），以二硫化碳表示	SN 0157 SN/T 1541
	多菌灵 carbendazim	0.03	5	多菌灵	GB/T 20769 NY/T 1453
	氟硅唑 flusilazole	0.007	0.05	氟硅唑	GB 23200.8 GB 23200.53 GB/T 20769
	甲基硫菌灵 thiophanate-methyl	0.08	0.5	甲基硫菌灵和多菌灵之和，以多菌灵表示	NY/T 1680
	嘧菌酯 azoxystrobin	0.2	0.2	嘧菌酯	GB 23200.54 NY/T 1453 SN/T 1976
	三唑酮 triadimefon	0.03	0.2	三唑酮和三唑醇之和	GB 23200.8 GB 23200.113 GB/T 20769
	戊唑醇 tebuconazole	0.03	0.5	戊唑醇	GB 23200.8 GB 23200.113 GB/T 20769

附 录 A
（规范性）
食品中溴氰虫酰胺残留量的测定 液相色谱-质谱/质谱法（DB37/T 3991-2020）

1 标准品

溴氰虫酰胺（Cyantraniliprole，$C_{19}H_{14}BrClN_6O_2$，CAS号：736994-63-1），纯度≥98.0 %。

2 测定

2.1 液相色谱参考条件

条件如下：

a) 色谱柱：C_{18} 柱，柱长 150 mm，内径 2.1 mm，粒径 3 μm，或等效柱；

b) 流速：0.25 mL/min；

c) 进样量：5 μL；

d) 柱温：30 ℃；

e) 流动相及梯度洗脱条件见表 1。

表1 流动相及梯度洗脱条件

时间 min	甲醇 %	乙酸铵溶液 %
0	25	75
0.5	25	75
2.5	90	10
6.0	90	10
6.1	25	75
10	25	75

2.2 质谱参考条件

条件如下：

a) 电离方式：电喷雾电离（ESI）；

b) 毛细管电压：4.0 kV；

c) 干燥气温度：350 ℃；

d) 辅助气（鞘气）温度：350 ℃；

e) 雾化气、干燥气、辅助气（鞘气）均为高纯氮气，使用前应调节各气体流量以使质谱灵敏度达到检测要求；

f) 扫描方式：正离子扫描；

g) 检测方式：多反应监测，参数见表 2。

表2 多反应监测条件

中文名称	英文名称	母离子 m/z	子离子 m/z	驻留时间 s	裂解电压 V	碰撞能量 eV
溴氰虫酰胺	Cyantraniliprole	475.0	285.8[a]	0.2	110	10
			443.9	0.2	110	15

[a]为定量子离子

2.3 标准曲线的制作

按浓度由小到大的顺序，依次分析基质标准溶液，得到相应的峰面积。以基质标准溶液的浓度为横坐标，以相应的峰面积为纵坐标，绘制标准曲线。

2.4 试样溶液的测定

将试样溶液注入液相色谱-质谱仪中，得到相应的峰面积，由标准曲线得到试样溶液中溴氰虫酰胺的浓度。如果试样溶液浓度超过标准曲线的上限，须用乙腈稀释试样溶液至线性范围后再进行测定。在上述仪器条件下，溴氰虫酰胺的参考保留时间为4.4 min。

2.5 定性

如果样品的质量色谱峰保留时间与基质标准溶液一致，定性离子对的相对丰度与浓度相当的基质标准溶液的相对丰度一致，相对丰度偏差不超过表3的规定，则可判断样品中存在相应的被测物。

表3 定性测定时相对离子丰度的最大允许偏差

相对离子丰度	＞50%	20%~50%	10%~20%	≤10%
允许的相对偏差	±20%	±25%	±30%	±50%

2.6 空白试验

除不称取试样外，均按上述步骤进行。

3 结果计算和表述

试样中溴氰虫酰胺的含量按式（1）计算：

$$X = \frac{p \times V}{m \times 1000} \times 1000 \quad \text{.........(1)}$$

式中：

X ——试样中溴氰虫酰胺的含量，单位为毫克每千克（mg/kg）；

p ——从基质标准曲线得到的试样测定液中溴氰虫酰胺的浓度，单位为微克每毫升（μg/mL）；

V ——试样测定液的最终定容体积，单位为毫升（mL）；

m ——最终样液所代表的试样质量，单位为克（g）。计算结果应扣除空白值，保留两位有效数字。

DBS64

宁夏回族自治区地方标准

DBS 64/001—2022

食品安全地方标准
枸杞

2022-02-10 发布 2022-05-01 实施

宁夏回族自治区卫生健康委员会 发布

前　言

本文件按照 GB/T 1.1—2020《标准化工作导则 第1部分：标准化文件的结构和起草规则》的规定起草。

本文件代替 DBS64/001-2017《食品安全地方标准 枸杞》，与DBS64/001-2017相比，除结构调整和编辑性改动外，主要技术变化如下：

——更改了感官要求（见4.3，2017年版的3.2）；

——更改了理化指标（见4.4，2017年版的3.3）；

——更改了食品安全指标中的二氧化硫（见4.5表1，2017年版的3.4表1）；

——删除了食品安全指标中的毒死蜱（见2017年版的3.4表1）；

——删除了食品安全指标中的氰戊菊酯（见2017年版的3.4表1）；

——删除了食品安全指标中的哒螨灵（见2017年版的3.4表1）；

——增加了基本要求（见4.2）；

——增加了食品安全指标中的阿维菌素（见4.5表1）；

——增加了食品安全指标中的吡蚜酮（见4.5表1）；

——增加了食品安全指标中的除虫菊素（见4.5表1）；

——增加了其他农药的使用规定（见4.5表1的注3）；

——更改了试验方法中感官要求、理化指标的检验依据（见7.1，2017年版的6.1）；

——删除了出厂检验项目中的百粒重（见2017年版的7.3.1）。

请注意本文件的某些内容可能涉及专利。本文件的发布机构不承担识别专利的责任。

本文件由宁夏回族自治区卫生健康委员会提出并归口。

本文件起草单位：宁夏食品安全协会、宁夏食品标准化技术委员会、宁夏食品检测研究院、宁夏农产品质量标准与检测技术研究所、宁夏卫生健康综合服务中心、宁夏疾病预防控制中心、百瑞源枸杞股份有限公司、宁夏中宁枸杞产业创新研究院有限公司、宁夏枸杞产业发展中心。

本文件主要起草人：吴明、张艳、张慧玲、黄锋、袁秀娟、张金宏、余君伟、季瑞、陆文静、苟春林、祁伟、王宏亮。

DBS64/ 001—2022

食品安全地方标准

枸杞

1 范围

本文件规定了枸杞的技术要求、食品添加剂、生产加工过程的卫生要求、试验方法、检验规则、标志、包装、运输、贮存。

本文件适用于经热风干燥或自然干燥加工制成的各品种的枸杞干果。

2 规范性引用文件

下列文件中的内容通过文中的规范性引用而构成本文件必不可少的条款。其中,注日期的引用文件,仅该日期对应的版本适用于本文件;不注日期的引用文件,其最新版本(包括所有的修改单)适用于本文件。

GB 2760 食品安全国家标准 食品添加剂使用标准

GB 2763 食品安全国家标准 食品中农药最大残留限量

GB 5009.12 食品安全国家标准 食品中铅的测定

GB 5009.15 食品安全国家标准 食品中镉的测定

GB 5009.34 食品安全国家标准 食品中二氧化硫的测定

GB 7718 食品安全国家标准 预包装食品标签通则

GB 14881 食品安全国家标准 食品生产通用卫生规范

GB 23200.10 食品安全国家标准 桑枝、金银花、枸杞子和荷叶中488种农药及相关化学品残留量的测定 气相色谱-质谱法

GB 23200.11 食品安全国家标准 桑枝、金银花、枸杞子和荷叶中413种农药及相关化学品残留量的测定 液相色谱-质谱法

GB 29921 食品安全国家标准 食品中致病菌限量

DB 64/T 1764 宁夏枸杞干果商品规格等级规范

原国家质量监督检验检疫总局令(2005)第75号《定量包装商品计量监督管理规定》

3 术语和定义

本文件没有需要界定的术语和定义。

4 技术要求

4.1 原料要求

原料应符合相应的食品安全标准和有关规定。

4.2 基本要求

应符合 DB 64/T 1764中的相关规定。

4.3 感官要求

应符合 DB 64/T 1764 中的相关规定。

4.4 理化要求

应符合DB 64/T 1764 中的相关规定。

4.5 食品安全要求

食品安全要求应符合表1规定。

表 1 食品安全要求

项 目	要 求
铅（以 Pb 计）/（mg/kg）	≤ 1.0
镉（以 Cd 计）/（mg/kg）	≤ 0.3
二氧化硫/（mg/kg）	应符合 GB 2760 水果干类规定
啶虫脒/（mg/kg）	≤ 2
吡虫啉/（mg/kg）	≤ 1
多菌灵/（mg/kg）	≤ 5
氯氰菊酯/（mg/kg）	≤ 2
氯氟氰菊酯/（mg/kg）	≤ 0.1
苯醚甲环唑/（mg/kg）	≤ 0.3
克百威/（mg/kg）	≤ 0.02
吡蚜酮/（mg/kg）	≤ 2
阿维菌素/（mg/kg）	≤ 0.1
除虫菊素/（mg/kg）	≤ 0.5
致病菌	应符合 GB 29921 即食果蔬制品规定

注 1：根据《中华人民共和国农药管理条例》，剧毒和高毒农药不得在生产中使用。

注 2：如食品安全国家标准及相关国家规定中上述项目和限量值有调整，且严于本标准规定，按最新国家标准及规定执行。

注 3：其他农药的残留量应符合 GB 2763 的规定。

5 食品添加剂

5.1 食品添加剂质量应符合相应的标准和有关规定。

5.2 食品添加剂的品种和使用量应符合 GB 2760 的规定。

6 生产加工过程的卫生要求

应符合GB 14881的规定。

7 试验方法

7.1 感官要求、理化要求按 DB 64/T 1764 中规定方法检验。

7.2 铅按 GB 5009.12 规定方法检验。

7.3 镉按 GB 5009.15 规定方法检验。

7.4 二氧化硫按 GB 5009.34 规定方法检验。

7.5 农药残留按 GB 23200.10 或 GB 23200.11 规定方法检验。本文件规定的农药残留限量检测方法，如有其他国家标准，行业标准以及部门公告的检测方法，且其检出限和定量限能满足限量值要求时，在检测时可采用。

7.6 致病菌按 GB 29921 规定方法检验。

8 检验规则

8.1 组批

在同一生产周期内，由相同的加工方法生产的同一质量等级的产品为一批。

8.2 抽样

在每批产品中随机抽取样品，所抽样品应满足检验要求。

8.3 检验分类

8.3.1 出厂检验

出厂检验项目包括净含量、感官要求、粒度、水分、二氧化硫。每批产品须经检验合格后方可出厂。

8.3.2 型式检验

型式检验每年进行一次，在有下列情况之一时亦应随时进行：

a) 新产品投产时；

b) 原料、工艺有较大改变，可能影响产品质量时；

c) 出厂检验结果与上次型式检验结果差异较大时；

d) 监管部门提出要求时。

8.4 判定规则

检验如有不合格项，可在同批产品中加倍抽样，对不合格项目复检，以复检结果为准。微生物指标不合格不得复检。

9 标志、包装、运输、贮存

9.1 标志

标志应符合GB 7718的规定。

9.2 包装

应使用符合国家食品卫生要求的包装材料，包装严密，能保护产品质量。包装定量误差应符合原国家质量监督检验检疫总局令（2005）第75号。

9.3 运输

应使用食品专用运输车，运输中应防止日晒、雨淋。不得与有毒、有害及有异味的物品一同运输。

9.4 贮存

应贮存在清洁、卫生、阴凉、干燥处。不得与有毒、有害及有异味的物品一同存放。产品码放应离地面10 cm以上、离墙壁20 cm以上。

DBS64

宁 夏 回 族 自 治 区 地 方 标 准

DBS 64/684—2022

食品安全地方标准
枸杞叶茶

2022-02-10 发布　　2022-05-01 实施

宁夏回族自治区卫生健康委员会　发 布

前　言

本文件按照 GB/T 1.1—2020《标准化工作导则 第1部分：标准化文件的结构和起草规则》的规定起草。

本文件代替DBS 64/684—2018《食品安全地方标准 宁夏枸杞茶》，与DBS 64/684-2018相比，除结构调整和编辑性改动外，主要技术变化如下：

——更改了文件名称（见封面，2018年版的封面）；

——删除了术语和定义（见2018年版的3 术语和定义）；

——删除了理化指标中的氰戊菊酯（见2018年版的5.4表3）；

——删除了理化指标中的哒螨灵（见2018年版的5.4表3）；

——增加了理化指标中的吡蚜酮（见5.4表3）；

——增加了理化指标中的甲氨基阿维菌素苯甲酸盐（见5.4表3）；

——增加了剧毒和高毒农药不得在生产中使用的规定（见5.4表3注1）；

——增加了国家最新标准严于本文件时按最新标准执行的规定（见5.4表3注2）；

——增加了其他农药的使用规定（见5.4表3注3）。

请注意本文件的某些内容可能涉及专利。本文件的发布机构不承担识别专利的责任。

本文件由宁夏回族自治区卫生健康委员会提出并归口。

本文件起草单位：宁夏食品安全协会、宁夏食品标准化技术委员会、宁夏食品检测研究院、宁夏农产品质量标准与检测技术研究所、宁夏卫生健康综合服务中心、宁夏疾病预防控制中心、百瑞源枸杞股份有限公司、宁夏中宁枸杞产业创新研究院有限公司、宁夏枸杞产业发展中心。

本文件主要起草人：吴明、张慧玲、张艳、黄锋、袁秀娟、张金宏、余君伟、季瑞、陆文静、苟春林、祁伟、王宏亮。

DBS 64/684—2022

食品安全地方标准
枸杞叶茶

1 范围

本文件规定了枸杞叶茶的产品分类、技术要求、生产加工过程的卫生要求、试验方法、检验规则、标志、包装、运输、贮存。

本文件适用于以枸杞树新梢的芽或嫩叶为原料，经萎凋、杀青、揉捻、炒干等工艺加工制成的枸杞叶茶。

2 规范性引用文件

下列文件中的内容通过文中的规范性引用而构成本文件必不可少的条款。其中，注日期的引用文件，仅该日期对应的版本适用于本文件；不注日期的引用文件，其最新版本（包括所有的修改单）适用于本文件。

GB 5009.3 食品安全国家标准 食品中水分的测定

GB 5009.4 食品安全国家标准 食品中灰分的测定

GB 5009.12 食品安全国家标准 食品中铅的测定

GB 7718 食品安全国家标准 预包装食品标签通则

GB/T 8302 茶 取样

GB/T 8305 茶 水浸出物测定

GB/T 8310 茶 粗纤维测定

GB/T 8311 茶 粉末和碎茶含量测定

GB 14881 食品安全国家标准 食品生产通用卫生规范

GB 23200.113 食品安全国家标准 植物源性食品中208种农药及其代谢物残留量的测定 气相色谱-质谱联用法

GB 23200.121 食品安全国家标准 植物源性食品中331种农药及其代谢物残留量的测定 液相色谱-质谱联用法

GB/T 23776 茶叶感官审评方法

原国家质量监督检验检疫总局令（2005）第75号《定量包装商品计量监督管理办法》

3 术语和定义

本文件没有需要界定的术语和定义。

4 产品分类

4.1 根据加工工艺不同，产品分为条形茶和圆形茶。

4.2 根据采用的原料不同，产品分为以下两类：

a) 以枸杞树新梢的嫩叶加工的茶为枸杞叶茶；

b) 以枸杞树新梢的芽加工的茶为枸杞芽茶。

5 技术要求

5.1 原料要求

应为正常枸杞树上的嫩、鲜、净的芽叶，无污染、无黄叶、病叶，无异种植物叶。

5.2 基本要求

5.2.1 品质正常，无劣变、无异味。

5.2.2 不含非枸杞茶类夹杂物。

5.2.3 不着色，不含添加剂。

5.3 感官要求

5.3.1 条形茶感官要求

条形茶感官要求应符合表1规定。

表 1 条形茶感官要求

项 目		要 求	
		叶茶	芽茶
外 形	条索	尚紧实	尚紧实
	整碎	尚匀整	尚匀整
	色泽	深绿	深绿
	净度	有片梗	有嫩茎
内 质	香气	清香，香气较浓	清香
	滋味	微甜	微甜
	汤色	绿黄	黄绿
	叶底	稍有摊张，深绿	芽叶尚完整，绿

5.3.2 圆形茶感官要求

圆形茶感官要求应符合表2规定。

表 2 圆形茶感官要求

项 目		要 求	
		叶茶	芽茶
外 形	颗粒	粗圆	粗圆
	整碎	尚匀	尚匀
	色泽	深绿	深绿
	净度	稍有梗杂	无梗杂
内 质	香气	清香，香气较浓	清香
	滋味	微甜	微甜
	汤色	绿黄	黄绿
	叶底	稍有摊张，深绿	芽叶尚完整，绿

5.4 理化指标

理化指标应符合表3的规定。

表3 理化指标

项目	指标	
	叶茶	芽茶
水分/%（质量分数）	≤8.0	≤8.0
总灰分/%（质量分数）	≤18.0	≤16.0
水浸出物/%（质量分数）	≥30.0	≥28.0
粗纤维/%（质量分数）	≤16.0	≤12.0
碎末茶/%（质量分数）	≤6.0	

5.5 食品安全指标

食品安全指标应符合表4的规定。

表4 食品安全指标

项目	指标	
	叶茶	芽茶
铅（以 Pb 计）/(mg/kg)	≤5.0	
啶虫脒/（mg/kg）	≤10	
吡虫啉/（mg/kg）	≤0.5	
甲氨基阿维菌素苯甲酸盐/（mg/kg）	≤0.5	
多菌灵/（mg/kg）	≤5	
氯氰菊酯/（mg/kg）	≤20	
氯氟氰菊酯/（mg/kg）	≤15	
吡蚜酮/（mg/kg）	≤2	
苯醚甲环唑/（mg/kg）	≤10	
克百威/（mg/kg）	≤0.02	
毒死蜱/（mg/kg）	≤2	
注1：根据《中华人民共和国农药管理条例》，剧毒和高毒农药不得在生产中使用。 注2：如食品安全国家标准及相关国家规定中上述项目和限量值有调整，且严于本标准规定，按最新国家标准及规定执行。 注3：其他农药的残留量应符合 GB 2763 规定。		

6 生产加工过程的卫生要求

应符合GB 14881规定。

7 试验方法

7.1 感官要求

按 GB/T 23776 规定的方法检验。

7.2 水分

按 GB 5009.3 规定的方法检验。

7.3 水浸出物

按 GB/T 8305 规定的方法检验。

7.4 总灰分

按 GB 5009.4 规定的方法检验。

7.5 碎末茶

按 GB/T 8311 规定的方法检验。

7.6 粗纤维

按 GB/T 8310 规定的方法检验。

7.7 铅

按 GB 5009.12 规定的方法检验。

7.8 农药残留

农药残留按GB 23200.113或GB 23200.121规定方法检验。本文件规定的农药残留限量检测方法，如有其他国家标准，行业标准以及部门公告的检测方法，且其检出限和定量限能满足限量值要求时，在检测时可采用。

8 检验规则

8.1 组批

在同一生产周期内，以同一批原料生产加工的同一品种的产品为一批。

8.2 抽样

抽样方法按GB/T 8302的规定执行。

8.3 检验

8.3.1 出厂检验

产品应逐批检验，合格后方能出厂。出厂检验项目为净含量、感官要求、水分。

8.3.2 型式检验

型式检验每年进行一次，在有下列情况之一时亦应随时进行：

a) 新产品投产时；

b) 原料、工艺有较大改变，可能影响产品质量时；

c) 出厂检验结果与上次型式检验结果差异较大时；

d) 监管部门提出要求时。

8.4　判定

8.4.1　检验结果全部符合本标准要求的，判该批产品为合格。
8.4.2　检验结果中有任何一项不符合本标准规定要求的，均判为不合格产品。
8.4.3　对检验结果有争议时，应对留存样品进行复检，以复检结果为准。

9　标志、包装、运输、贮存

9.1　标志

应符合GB 7718的规定。

9.2　包装

9.2.1　内包装用符合食品卫生要求和相关规定的材料包装，包装定量误差应符合原国家质量监督检验检疫总局令（2005）第75号。
9.2.2　外包装用纸箱装或其他符合相关要求的容器装。

9.3　运输

9.3.1　运输工具应清洁卫生，不得与有毒、有害及有异味的物品一起运输。
9.3.2　运输过程中应防止日晒、雨淋、重压，搬运时应轻拿轻放，不得抛摔。

9.4　贮存

应贮存在阴凉、通风、干燥的库房内，不得与有毒、有害及有异味的物品共同存放。产品码放应离地面10cm以上，离墙壁20cm以上。

DBS64

宁 夏 回 族 自 治 区 地 方 标 准

DBS 64/008—2022

食品安全地方标准
枸杞原浆

2022 -06-20 发布　　2022-09- 20 实施

宁夏回族自治区卫生健康委员会　发 布

前　　言

本文件按照 GB/T 1.1—2020《标准化工作导则 第1部分：标准化文件的结构和起草规则》的规定起草。

本文件由宁夏回族自治区卫生健康委员会提出并归口。

请注意本文件的某些内容可能涉及专利。本文件的发布机构不承担识别专利的责任。

本文件起草单位：宁夏食品安全协会、宁夏枸杞产业发展中心、宁夏药品检验研究院、宁夏农产品质量标准与检测技术研究所、中宁县枸杞产业发展服务中心、宁夏杞乡生物食品工程有限公司、早康枸杞股份有限公司、百瑞源枸杞股份有限公司、宁夏华宝枸杞产业有限公司、宁夏沃福百瑞枸杞产业股份有限公司、宁夏中宁枸杞产业发展股份有限公司、宁夏全通枸杞供应链管理股份有限公司、宁夏润德生物科技有限责任公司、宁夏得养生庄园枸杞种植有限公司、宁夏中农艾森检测有限公司、宁夏中杞枸杞贸易集团有限公司、宁夏宝丰生态牧场有限公司、宁夏华信达健康科技有限公司。

本文件主要起草人：张慧玲、祁伟、薛瑞、张艳、何鹏力、唐建宁、乔彩云、董婕、凌锡喆、刘娟、王自贵、朱彦华、张金宏、王方舟、潘泰安、周佳奇、雍跃文、郭嘉、吕健、余君伟、贾占奎、石磊、武康宁、俞建中、张雨、马利奋、张明。

DBS64/ 008—2022

食品安全地方标准

枸杞原浆

1 范围

本文件规定了枸杞原浆的技术要求、食品添加剂、生产加工过程的卫生要求、试验方法、检验规则、标志、包装、运输、贮存。

本文件适用于以枸杞鲜果为原料，经清洗、破碎、打浆、研磨、调配、均质、杀菌、无菌灌装等工艺制成的适用于直接饮用的枸杞原浆。

2 规范性引用文件

下列文件中的内容通过文中的规范性引用而构成本文件必不可少的条款。其中，注日期的引用文件，仅该日期对应的版本适用于本文件；不注日期的引用文件，其最新版本（包括所有的修改单）适用于本文件。

GB 2760 食品安全国家标准 食品添加剂使用标准

GB 5749 生活饮用水卫生标准

GB 7101 食品安全国家标准 饮料

GB 7718 食品安全国家标准 预包装食品标签通则

GB/T 12143 饮料通用分析方法

GB 12456 食品安全国家标准 食品中总酸的测定

GB 12695 食品安全国家标准 饮料生产卫生规范

GB/T 18672 枸杞

GB 28050 食品安全国家标准 预包装食品营养标签通则

NY/T 2947 枸杞中甜菜碱含量的测定 高效液相色谱法

国家质量监督检验检疫总局令〔2005〕第75号《定量包装商品计量监督管理办法》

3 术语和定义

下列术语和定义适用于本文件。

3.1

枸杞原浆

以枸杞鲜果为原料，采用机械方法制成的可发酵但未发酵的浆液制品。

4 技术要求

4.1 原料要求

4.1.1 枸杞鲜果应成熟适度、去掉果柄，无病虫害、无腐烂变质、无污染，并应符合相关标准要求。

4.1.2 生产清洗用水应符合 GB 5749 要求。

DBS64/ 008—2022

4.2 感官要求

应符合表1规定。

表1 感官要求

项　目	要　求
色　泽	橘红色或橙红色
滋味气味	具有枸杞原浆特有的滋味与气味，无异味
形　态	浑浊状液体，静置后允许有沉淀分层现象，无正常视力可见外来异物

4.3 理化指标

应符合表2规定。

表2 理化指标

项　目	指　标
可溶性固形物（20℃，以折光计）/(%)	≥15.0
总酸（以柠檬酸计）/(g/100g)	≥0.4
枸杞多糖/(g/100g)	≥0.5
甜菜碱/(g/100g)	≥0.15

4.4 食品安全指标

应符合GB 7101规定。

5 食品添加剂

5.1 食品添加剂质量应符合相应标准和有关规定。

5.2 食品添加剂的使用品种和使用量应符合 GB 2760 规定。

6 生产加工过程的卫生要求

应符合 GB 12695 规定。

7 试验方法

7.1 感官要求按 GB 7101 规定方法检验。

7.2 可溶性固形物按 GB/T 12143 规定方法检测。

7.3 总酸按 GB 12456 第二法规定方法检测。

7.4 枸杞多糖按 GB/T 18672 附录 A 规定方法检测。

7.5 甜菜碱按 NY/T 2947 规定方法检测。

7.6 食品安全指标按 GB 7101 中规定方法检测。

8 检验规则

8.1 组批与抽样

以同一生产设备同一班次连续生产的产品为一批，在每批产品中随机抽取10个最小包装（总量不少于500mL）进行检验。每批产品须经检验合格后方可出厂。

8.2 检验分类

8.2.1 出厂检验

出厂检验项目包括感官要求、净含量、可溶性固形物、总酸、菌落总数、大肠菌群。

8.2.2 型式检验

型式检验每 6 个月进行 1 次，有下列情况之一时应随时进行：

a）新产品投产时；

b）正式生产后，原料、工艺有较大变化时；

c）停产 12 个月以上，恢复生产时；

d）出厂检验结果与上次型式检验有较大差异时；

e）国家监管部门提出要求时。

8.3 判定

检验项目全部合格判定产品合格，检验如有不合格项目判定产品不合格。

9 标志、包装、运输、贮存

9.1 标志

按 GB 7718 和 GB 28050 规定执行。

9.2 包装

内包装材料应符合食品安全要求，并应符合相关标准要求。包装定量误差应符合国家质量监督检验检疫总局令〔2005〕第75号。

9.3 运输

应使用食品专用运输车，不得与有毒、有害及有异味的物品共同运输。运输过程中应防止日晒、雨淋、避免强烈震荡。搬运时应轻拿、轻放，不得抛摔。

9.4 贮存

应存放于清洁、阴凉、干燥的库房中，不得与有毒、有害、有异味物品共同存放，产品码放应离地面 10 cm以上，离墙壁 20 cm以上。

ICS 67.080.20
B 38

中华人民共和国农业行业标准

NY/T 1051—2014
代替 NY/T 1051—2006

绿色食品　枸杞及枸杞制品

Greed food—Wolfberry and its products

2014-10-17 发布　　2015-01-01 实施

中华人民共和国农业部 发布

前　言

本标准按照GB/T 1.1—2009给出的规则起草。

本标准代替NY/T 1051—2006《绿色食品　枸杞》。与NY/T 1051—2006相比，除编辑性修改外，主要技术变化如下：

——适用范围增加了枸杞鲜果、枸杞原汁、枸杞原粉；

——术语和定义增加了枸杞鲜果、枸杞原汁、枸杞干果、枸杞原粉；

——产地环境和生产过程增加了相关要求；

——感官指标增加了枸杞鲜果、枸杞原汁、枸杞原粉相关要求；

——修改了理化指标，增加了枸杞鲜果、枸杞原汁、枸杞原粉相关要求；

——修改了安全指标，删除了六六六、滴滴涕、敌敌畏、乐果、马拉硫磷、甲拌磷、对硫磷、久效磷、三氯杀螨醇项目，增加了多菌灵、吡虫啉、啶虫脒、氯氟氰菊酯、三唑酮、唑螨酯、苯醚甲环唑、三唑磷、阿维菌素、哒螨灵项目及其限量；

——修改了微生物指标，增加了大肠菌群项目及其限量；

——修改了净含量的相关要求；

——删除了试验方法，将检测方法与指标列表合并；

——修改了检验规则；

——增加了附录A。

本标准由农业部农产品质量安全监管局提出。

本标准由中国绿色食品发展中心归口。

本标准起草单位：农业部枸杞产品质量监督检验测试中心、宁夏农产品质量标准与检测技术研究所。

本标准主要起草人：张艳、苟金萍、王晓菁、李淑玲、苟春林、姜瑞、王彩艳、单巧玲、王晓静、赵银宝。

本标准的历次版本发布情况为：

——NY/T 1051—2006。

NY/T 1051—2014

绿色食品 枸杞及枸杞制品

1 范围

本标准规定了绿色食品枸杞及枸杞制品的术语和定义、要求、检验规则、标志和标签、包装、运输与贮存。

本标准适用于绿色食品枸杞及枸杞制品(包括枸杞鲜果、枸杞原汁、枸杞干果、枸杞原粉)。

2 规范性引用文件

下列文件对于本文件的应用是必不可少的。凡是注日期的引用文件,仅注日期的版本适用于本文件。凡是不注日期的引用文件,其最新版本(包括所有的修改单)适用于本文件。

GB/T 191 包装储运图示标志

GB 4789.3 食品安全国家标准 食品微生物学检验 大肠菌群计数

GB 4789.4 食品安全国家标准 食品微生物学检验 沙门氏菌检验

GB 4789.10 食品安全国家标准 食品微生物学检验 金黄色葡萄球菌检验

GB 4789.36 食品安全国家标准 食品微生物学检验 大肠埃希氏菌 O157:H7/NM 检验

GB 5009.3 食品安全国家标准 食品中水分的测定

GB/T 5009.11 食品中总砷及无机砷的测定

GB 5009.12 食品安全国家标准 食品中铅的测定

GB/T 5009.15 食品中镉的测定

GB/T 5009.34 食品中亚硫酸盐的测定

GB 7718 食品安全国家标准 预包装食品标签通则

GB/T 8858 水果、蔬菜产品中干物质和水分含量测定方法

GB 14881 食品安全国家标准 食品企业通用卫生规范

GB/T 18672—2002 枸杞(枸杞子)

GB/T 20769 水果和蔬菜中 450 种农药及相关化学品残留量的测定 液相色谱—串联质谱法

GB/T 23200 桑枝、金银花、枸杞子和荷叶中 488 种农药及相关化学品残留量的测定 气相色谱—质谱法

GB/T 23201 桑枝、金银花、枸杞子和荷叶中 413 种农药及相关化学品残留量的测定 液相色谱—串联质谱法

JJF 1070 定量包装商品净含量计量检验规则

NY/T 391 绿色食品 产地环境质量

NY/T 392 绿色食品 食品添加剂使用准则

NY/T 393 绿色食品 农药使用准则

NY/T 658 绿色食品 包装通用准则

NY/T 1055 绿色食品 产品检验规则

NY/T 1056 绿色食品 贮藏运输准则

SN/T 0878 进出口枸杞子检验规程

SN/T 1973 进出口食品中阿维菌素残留量的检测方法 高效液相色谱—质谱/质谱法

国家质量监督检验检疫总局令 2005 年第 75 号 定量包装商品计量监督管理办法

中国绿色食品商标标志设计使用规范手册

3 术语和定义

下列术语和定义适用于本文件。

3.1

枸杞鲜果 fresh wolfberry

野生或人工栽培，经过挑选、预冷、冷藏和包装的新鲜枸杞产品。

3.2

枸杞原汁 wolfberry juice

以枸杞鲜果为原料，经过表面清洗、破碎、均质、杀菌、灌装等工艺加工而成的枸杞产品。

3.3

枸杞干果 dried wolfberry

以枸杞鲜果为原料，经预处理后，自然晾晒、热风干燥、冷冻干燥等工艺加工而成的枸杞产品。

3.4

枸杞原粉 wolfberry powder

以枸杞干果为原料，经研磨、粉碎等工艺加工而成的粉状枸杞产品。

3.5

不完善粒 imperfect dried berry

破碎粒、未成熟粒、油果尚有使用价值的枸杞颗粒为不完善粒。

3.6

破碎粒 broken dried berry

失去部分达颗粒体积1/3以上的颗粒。

3.7

未成熟粒 immature berry

颗粒不饱满，果肉少而干瘪，颜色过淡，明显与正常枸杞不同的颗粒。

3.8

油果 over-mature or mal-processed dried berry

成熟过度或雨后采摘的鲜果因烘干或晾晒不当，保管不好，颜色变褐，明显与正常枸杞不同的颗粒。

3.9

无使用价值颗粒 non-consumable berry

虫蛀、病斑、霉变粒为无使用价值的颗粒。

3.10

粒度 granularity

50 g枸杞所含颗粒的个数。

4 要求

4.1 产地环境

枸杞人工栽培或野生枸杞的产地环境应符合NY/T 391的规定。

4.2 原料

枸杞制品加工原料应符合绿色食品质量安全要求。

4.3 生产过程

枸杞生产过程中农药使用应符合NY/T 393的规定；食品添加剂使用应符合NY/T 392的规定；加工过程应符合GB 14881的规定。

4.4 感官

应符合表1的规定。

表1 感官

项目	指标				检验方法
	枸杞鲜果	枸杞原汁	枸杞干果	枸杞原粉	
形状	长椭圆形、矩圆形或近球形，顶端有尖头或平截或稍凹陷	液体	类纺锤形，略扁，稍皱缩	粉末状，少量结块	SN/T 0878
杂质	不得检出	—	不得检出	—	
色泽	果粒鲜红或橙黄色	红色或橙黄色	果皮鲜红、紫红色或枣红色	红色或橙黄色	
滋味、气味	具有枸杞应有的滋味、气味	具有枸杞应有的滋味、气味	具有枸杞应有的滋味、气味	具有枸杞应有的滋味、气味	
不完善粒，%	不允许	—	≤1.5	—	
无使用价值颗粒	不允许	—	不允许	—	

4.5 理化指标

应符合表2的规定。

表2 理化指标

项目	指标				检验方法
	枸杞鲜果	枸杞原汁	枸杞干果	枸杞原粉	
粒度，粒/50 g	≤100	—	≤580	—	称取样品50 g精确到0.01 g，数个数，重复两次，取平均值
水分，%	—	—	≤13.0	≤13.0	GB 5009.3减压干燥法或蒸馏法
干物质，%	—	≥20.0	—	—	GB/T 8858
枸杞多糖，%	≥0.7	≥0.7	≥3.0	≥3.0	GB/T 18672附录A
总糖(以葡萄糖计)，%	≥10.0	≥10.0	≥40.0	≥40.0	GB/T 18672附录B

4.6 污染物、农药残留、食品添加剂限量

应符合相关食品安全国家标准及相关规定，同时符合表3的规定。

表3 污染物、农药残留、食品添加剂限量

项目	指标				检验方法
	枸杞鲜果	枸杞原汁	枸杞干果	枸杞原粉	
砷(以As计)，mg/kg	—	—	≤1	≤1	GB/T 5009.11
铅(以Pb计)，mg/kg	≤0.2	≤0.2	≤1	≤1	GB 5009.12
镉(以Cd计)，mg/kg	≤0.05	≤0.05	≤0.3	≤0.3	GB/T 5009.15
多菌灵(carbendazim)，mg/kg	≤1				GB/T 20769
吡虫啉(imidacloprid)，mg/kg	≤5				GB/T 23201
毒死蜱(chlorpyrifos)，mg/kg	≤0.1				GB/T 23200
氯氟氰菊酯(cyhalothrin)，mg/kg	≤0.2				GB/T 23200
氯氰菊酯(cypermethrin)，mg/kg	≤0.05				GB/T 23200
三唑酮(triadimefon)，mg/kg	≤1				GB/T 23200
唑螨酯(fenpyroximate)，mg/kg	≤0.5				GB/T 23200
氧化乐果(omethoate)，mg/kg	≤0.01				GB/T 23200

表 3（续）

项　　目	指　　标				检验方法
	枸杞鲜果	枸杞原汁	枸杞干果	枸杞原粉	
三唑磷(triazophos),mg/kg	≤0.01				GB/T 23200
阿维菌素(abamectin),mg/kg	≤0.01				SN/T 1973
克百威(carbofuran),mg/kg	≤0.01				GB/T 23201
哒螨灵(pyridaben),mg/kg	≤0.01				GB/T 20769
苯醚甲环唑(difenoconazole),mg/kg	≤0.01				GB/T 23200
二氧化硫(sulfur dioxide),mg/kg	—	≤50	≤50	≤50	GB/T 5009.34
如食品安全国家标准及相关国家规定中上述检验项目和限量值有调整，且严于本标准规定，按最新国家标准及规定执行。					

4.7　微生物限量

应符合表 4 的规定。

表 4　微生物限量

项　　目	指　　标	检验方法
大肠菌群，MPN/g	≤3.0	GB 4789.3

4.8　净含量

应符合国家质量监督检验检疫总局令 2005 年第 75 号的规定，检测方法按照 JJF 1070 的规定执行。

5　检验规则

申报绿色食品的枸杞产品应按照本标准 4.4～4.8 以及附录 A 所确定的项目进行检验。其他要求应符合 NY/T 1055 的规定。本标准规定的农药残留限量检测方法，如有其他国家标准、行业标准以及部文公告的检测方法，且其检出限和定量限能满足限量值要求时，在检测时可采用。

6　标志和标签

6.1　标志使用应符合《中国绿色食品商标标志设计使用规范手册》规定。

6.2　标签应符合 GB 7718 的规定。

7　包装、运输和贮存

7.1　包装应符合 NY/T 658 的规定，储运图示应符合 GB/T 191 的规定。

7.2　运输和贮存应符合 NY/T 1056 的规定。枸杞鲜果运输前还应进行预冷，运输和贮藏时应保持适当的温、湿度，不得露天堆放。

NY/T 1051—2014

附 录 A
（规范性附录）
绿色食品枸杞及枸杞制品申报检验项目

表A.1和表A.2规定了除4.4～4.8所列项目外，依据食品安全国家标准和绿色食品生产实际情况，绿色食品枸杞及枸杞制品申报检验还应检验的项目。

表 A.1 农药残留项目

序号	项　目	指　标				检验方法
		枸杞鲜果	枸杞原汁	枸杞干果	枸杞原粉	
1	氰戊菊酯(fenvalerate)，mg/kg	≤0.2				GB/T 23200
2	啶虫脒(acetamiprid)，mg/kg	≤2				GB/T 23201
如食品安全国家标准及相关国家规定中上述检验项目和限量值有调整，且严于本标准规定，按最新国家标准及规定执行。						

表 A.2 致病菌项目

项　目	采样方案及限量(若非指定，均以/25 g或/25 mL表示)				检验方法
	n	c	m	M	
沙门氏菌	5	0	0	—	GB 4789.4
金黄色葡萄球菌	5	1	100 CFU/g(mL)	1 000 CFU/g(mL)	GB 4789.10 第二法
大肠埃希氏菌 O157:H7[a]	5	0	0	—	GB 4789.36
如食品安全国家标准及相关国家规定中上述检验项目和限量值有调整，且严于本标准规定，按最新国家标准及规定执行。 **注**：n 为同一批次产品应采集的样品件数；c 为最大可允许超出 m 值的样品数；m 为致病菌指标可接受水平的限量值；M 为致病菌指标的最高安全限量值。					
[a] 大肠埃希氏菌 O157:H7 仅适用于枸杞鲜果、枸杞干果。					

TB

宁 夏 食 品 安 全 协 会 团 体 标 准

T/NXSPAQXH 001—2019

枸杞中12种农药残留快速检测方法 胶体金免疫层析法

2019-05-01 发布　　2019-06-01 实施

宁夏食品安全协会　发 布

前　言

本标准是按照 GB/T 1.1-2009《标准化工作导则第 1 部分：标准的结构和编写》给出的规则编写。

本标准由杞源堂（宁夏）生物科技有限公司提出，宁夏食品安全协会归口。

本标准主要起草单位：杞源堂（宁夏）生物科技有限公司、宁夏中农艾森检测有限公司、深圳市易瑞生物技术股份有限公司、宁夏食品安全协会、宁夏食品检测研究院、宁夏食品质量监督检验二站、中宁县枸杞产业发展服务局、宁夏百瑞源枸杞产业发展有限公司、宁夏红枸杞产业有限公司。

本标准主要起草人：余君伟、金虹、孟跃军、乔长晟、岳苑、伊倩茹、张慧玲、凌锡喆、付辉、刘娟、严立宁、王文辉、张金宏、周学义、张美娟、曾楚怡、曹琛、马涛、严义勇、井辉隶、王炳志、沈晗、朱嘉辉、严海霞、马莹、郭小瑞。

枸杞中12种农药残留快速检测方法 胶体金免疫层析法

1 范围

本标准规定了枸杞鲜果、干果中啶虫脒、吡虫啉、毒死蜱、多菌灵、氯氰菊酯、氯氟氰菊酯、氰戊菊酯、苯醚甲环唑、克百威、哒螨灵、甲基对硫磷、炔螨特残留的胶体金免疫层析快速检测方法。

本标准适用于枸杞鲜果和干果中啶虫脒、吡虫啉、毒死蜱、多菌灵、氯氰菊酯、氯氟氰菊酯、氰戊菊酯、苯醚甲环唑、克百威、哒螨灵、甲基对硫磷、炔螨特12种农药残留的快速检测。

2 原理

应用胶体金竞争抑制免疫层析法的原理，样品中残留的待测物与检测线上的待测物抗原共同竞争胶体金标记的特异性抗体，通过检测线与控制线颜色深浅比较，对样品中待测物进行定性半定量判定。

3 试剂与材料

3.1 胶体金免疫层析试剂盒

农药残留胶体金免疫层析检测试剂盒，含胶体金试纸条及配套试剂。

3.2 提取液

3.2.1 水溶性农药提取液：啶虫脒、吡虫啉、毒死蜱、多菌灵、克百威、哒螨灵、甲基对硫磷、炔螨特，应用纯水或蒸馏水为提取液。

3.2.2 不溶或难于水农药提取液：氯氰菊酯、氯氟氰菊酯、氰戊菊酯、苯醚甲环唑，应用体积比为1:1水与无水乙醇（分析纯）混合液为提取液。

4 仪器设备

4.1 电子天平（感量0.1g）。

4.2 温育器：40℃±2℃（可选）。

4.3 便携式读数仪。测量波长：525nm。

4.4 移液器：300 μL。

5 测定步骤

5.1 样品前处理

选取代表性枸杞样品，称取20g ± 1.0 g整粒样品，放入约120mL带盖容器中，加入提取液。

Q/NXSPAQXH 001—2019

枸杞干果，直接加入80mL提取液；枸杞鲜果，应捣碎后加入80mL提取液。拧紧容器盖，充分震荡混匀3min，再浸泡5min～10min后摇匀，用移液器移取上清液3-5ml至5mL离心管中，即为待测液。

5.2 测定

5.2.1 检测卡法测定

取出检测卡，水平放置，用吸管吸取一定量待测液，滴2～3滴到加样孔，滴加时须缓慢逐滴加入。在滴加样品后应在5min～10min内读结果，10min后结果无效。

5.2.2 试纸条与金标微孔（试剂瓶）法测定

吸取制备好的样品待测液 9～10 滴（约 300μL）于含胶体金的微孔或试剂瓶中，并上下抽吸 5～10 次混匀或摇晃试剂瓶 6～8 次充分溶解混匀。于 20℃～40℃开始第一次温育 2 分钟；取出试纸筒中的试纸条，将测试条插入微孔或试剂瓶中；于 20℃～40℃开始第二次温育 5 分钟；从微孔或试剂瓶中取出测试条，轻轻刮去测试条下端的吸水海绵，进行结果判读。.

6 结果判读

6.1 目视判定

6.1.1 通过对比控制线（C线）和测试线（T线）的颜色深浅来进行结果判定。由于长时间放置会引起测试线颜色的变化，应在5 min内进行结果判读。
6.1.2 首先查看控制线是否有颜色显现。如果不显色，检测无效，需另取测试条进行测试。
6.1.3 控制线正常显色的情况下，按表 1 进行结果判断，示意图见图 1。

表1 结果判断依据

测试线（T 线）与控制线（C 线）颜色深浅比较	结果判断	结果分析
T 线颜色深于 C 线	阴性	说明被测样品中未检出被测农药
T 线颜色浅于 C 线或 T 线不显色	阳性	说明检测样品中检出被测农药
注：“空白”系未滴加任何试剂的全新测试条图样。		

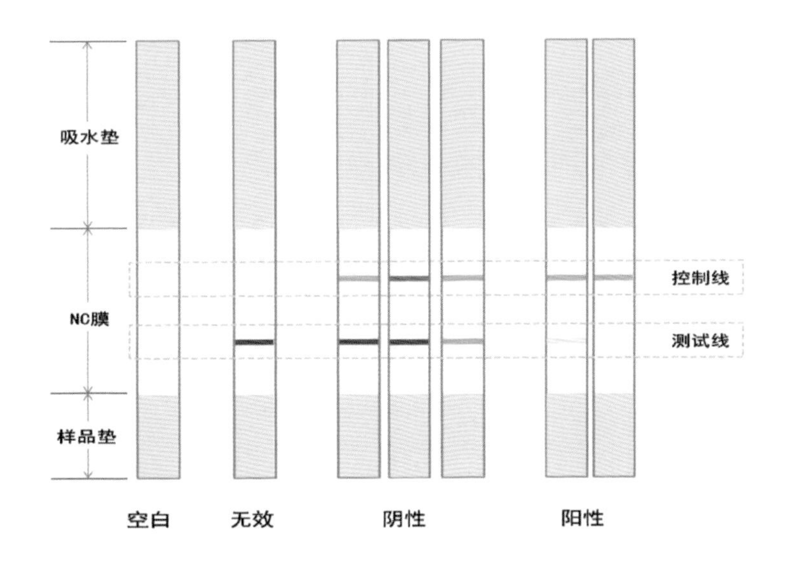

图1 目视判定示意图

6.2 读数仪判定

6.2.1 如果使用读数仪进行结果判断，应于反应完成5min内读取结果。
6.2.2 应按照读数仪的使用说明书读数。
6.2.3 阴性结果 R≥1.0，阳性结果 R＜1.0。计算方式：峰面积分析，计算检测线峰面积/控制线峰面积比值。

7 检出限

检出限应符合表2规定。

表2 胶体金免疫层析检测方法检出限

检测农药名称	检出限（mg/kg）	检测农药名称	检出限（mg/kg）
啶虫脒	2.0	吡虫啉	1.0
毒死蜱	0.1	多菌灵	1.0
氯氰菊酯	2.0	氯氟氰菊酯	0.2
氰戊菊酯	0.2	苯醚甲环唑	0.1
克百威	0.02	哒螨灵	0.5
甲基对硫磷	0.02	炔螨特	3.0

8 确证实验

如被测样品中试纸条检测结果为阳性时，应采用国标方法进行确证检测。

9 其它

本方法的测定步骤和结果判读也可以根据厂家试剂盒的说明书进行。

ICS 11.120.01
C 23

团　　体　　标　　准

T/CACM 1020.53—2019

道地药材　第53部分：宁夏枸杞

Daodi herbs—Part 53: Ningxiagouqi

2019-08-13 发布　　2019-08-13 实施

中华中医药学会　发布

前　言

T/CACM 1020《道地药材》标准分为157个部分：

——第1部分：标准编制通则；

……

——第52部分：岷当归；

——第53部分：宁夏枸杞；

——第54部分：西甘草；

……

——第157部分：汉射干。

本部分为T/CACM 1020的第53部分。

本部分按照GB/T 1.1—2009给出的规则起草。

本部分由道地药材国家重点实验室及国家中医药管理局道地药材生态遗传重点研究室提出。

本部分由中华中医药学会归口。

本部分起草单位：宁夏回族自治区药品检验研究院、中国中医科学院中药资源中心、中药材商品规格等级标准研究技术中心、宁夏医科大学药学院、国家枸杞工程技术研究中心、中宁县枸杞产业发展服务中心、中国中药协会枸杞专业委员会、宁夏回族自治区中宁县卫生健康局、宁夏回族自治区中宁县枸杞产业发展服务局、百瑞源枸杞股份有限公司、玺赞庄园枸杞有限公司、华润三九医药股份有限公司、无限极（中国）有限公司、北京中研百草检测认证有限公司。

本部分主要起草人：王英华、王庆、王汉卿、黄璐琦、郭兰萍、詹志来、金艳、马玲、曹有龙、安巍、余建强、梁建宁、刘峰、祁伟、李惠军、郝向峰、高贵武、王忠和、尚明远、赵殿龙、胡忠庆、张万昌、刘娟、聂正宝、张金宏、张旭、谭沛、张辉、余意、马方励、郭亮。

T/CACM 1020.53—2019

道地药材　第53部分：宁夏枸杞

1　范围

T/CACM 1020的本部分规定了道地药材宁夏枸杞的来源及形态、历史沿革、道地产区及生境特征、质量特征。

本部分适用于中华人民共和国境内道地药材宁夏枸杞的生产、销售、鉴定及使用。

2　规范性引用文件

下列文件对于本文件的应用是必不可少的。凡是注日期的引用文件，仅注日期的版本适用于本文件。凡是不注日期的引用文件，其最新版本（包括所有的修改单）适用于本文件。

T/CACM 1020.1—2016　道地药材　第1部分：标准编制通则

中华人民共和国药典一部

3　术语和定义

T/CACM 1020.1—2016界定的以及下列术语和定义适用于本文件。

3.1

宁夏枸杞　ningxiagouqi

产于以宁夏中宁为核心产区及其周边地区的栽培枸杞子。

4　来源及形态

4.1　来源

本品为茄科植物宁夏枸杞 *Lycium barbarum* L. 的干燥成熟果实。

4.2　形态特征

落叶灌木或小乔木，高0.8m～2.5m。茎直立，灰黄色至灰褐色，上部多分枝，常形成伞状树冠，枝条细长、柔弱，先端常下垂，有纵棱纹，无毛而微显光泽，有不生叶的短棘和生叶、花的长棘刺。叶互生或簇生，披针形或长椭圆状披针形，先端短渐尖或急尖，基部楔形稍下延，全缘，长2cm～3cm，宽4mm～6mm，栽培者长达12cm，宽1.5cm～2cm，略带肉质，侧脉不明显。花腋生，常2朵～8朵簇生；花枝长1cm～2cm，向先端渐增粗；花萼钟状，长4mm～5mm，通常2中裂，裂片边缘具半透明膜质，先端边缘具纤毛；花冠漏斗状，紫红色，筒部长8mm～10mm，5裂，裂片较花冠筒短，卵形，先端圆钝，边缘无缘毛；雄蕊5，较花冠稍短，花丝下端与花冠筒基部相连，基部稍上处的花冠筒内壁生有一圈白色绒毛；雌蕊1，较雄蕊略短，花柱线形，柱头头状，2浅裂。浆果红色或橙红色，倒卵形至卵形，长1cm～2.5cm，直径6mm～9mm，萼宿存。种子20～50，扁平肾形。花期5月～10月，果期6月～10月。

5 历史沿革

5.1 品种沿革

我国春秋时期的《诗经》中有不少枸杞的记载，由此可见早在2000多年前的西周时期就已开始种植枸杞。枸杞药用最早记载于《神农本草经》，被列为上品，但《神农本草经》对其原植物形态未加描述，只指出它“生平泽”。从古至今枸杞的产地并非一成不变。《名医别录》记载：“枸杞，生常山平泽及诸丘陵阪岸。”《名医别录》记载中的“常山”即现今河北曲阳西北的恒山一带。《本草经集注》记载：“今出堂邑（今南京附近），而石头烽火楼下最多。”从所记载的区域来看，上述所分布的是枸杞 *Lycium chinense* Mill. 及其变种北方枸杞 *Lycium chinense* Mill. var. *potaninii*（Pojark.）A. M. Lu，至今河北巨鹿一带仍有栽培，近代商品中的“血枸杞”也是同种。至唐代孙思邈《千金翼方》云：“甘州者为真，叶厚大者是。大体出河西诸郡，其次江池间圩埂上者。实圆如樱桃。全少核，暴干如饼，极膏润有味。”甘州即今之甘肃张掖中部，河西走廊中段。河西泛指黄河以西，汉唐时代指现今甘肃、青海黄河以西的地区，即河西走廊和湟水流域。随着历朝历代行政区划的变化，甘州后曾隶属陕西、甘肃等地。北宋时期《梦溪笔谈》曰：“枸杞，陕西极边生者，高丈余，大可作柱，叶长数寸，无刺，根皮如厚朴，甘美异于他处者。”陕西指现在的河南陕县西部。

明代《本草纲目》记载：“古者枸杞、地骨，取常山者为上，其他丘陵阪岸者皆可用，后世惟取陕西者良，而又以甘州者为绝品，今陕之兰州（今兰州周边）、灵州（今宁夏灵武西南）、九原（今内蒙古五原）以西，枸杞并是大树，其叶厚，根粗。河西（今甘肃省西部、内蒙古西部等黄河以西一带）及甘州者，其子圆如樱桃，暴干紧小，少核，干亦红润甘美，味如葡萄，可作果食，异与他处者，则入药大抵以河西者为上。”《物理小识》中记载“西宁子少而味甘，他处子多。惠安堡枸杞遍野，秋熟最盛”。

清代，枸杞产区相对集中，王孟英在《归砚录》里认为“甘枸杞以甘州得名，河以西遍地皆产，惟凉州镇番卫瞭江石所产独佳”。乾隆年间的《中卫县志》称：“宁安一带，家种杞园，各省入药甘枸杞皆宁产也。”由此可见，枸杞子分布品种与产地，古之多以“常山为上”，但随着枸杞的栽培，清代后期被推崇的枸杞主产自宁安（今宁夏中宁）一带，且被广泛认可。

古籍中对枸杞子的基原植物未做明确注明，植物形态描述的文字基本类似且简短粗糙，但结合附图可判断为茄科枸杞属植物，尤以《植物名实图考》中的枸杞图最为准确。同时按照古籍中对枸杞子的果实颜色、形状、叶片着生方式、花的数量等形态特征，在《中国植物志》中分布于中国的7个种、3个变种枸杞属植物中进行筛查，发现最早分布的枸杞子是宁夏枸杞 *Lycium barbarum* L.、中华枸杞 *Lycium chinense* Mill. 及其变种北方枸杞 *Lycium chinense* Mill. var. *potaninii*（Pojark.）A. M. Lu 的果实，结合滋味特征可判断其中味甘美者为宁夏枸杞 *Lycium barbarum* L.。从物种的变迁及性状与滋味的描述来看，枸杞产区已转移至西北等地，药用品种变迁为宁夏、甘肃等地的宁夏枸杞 *Lycium barbarum* L.。

枸杞子入药，经历野生、人工驯化、传统栽培、规范化种植的阶段。《中华人民共和国药典》收载品种从1963年版的茄科植物宁夏枸杞 *Lycium barbarum* L. 或枸杞 *Lycium chinense* Mill. 的干燥成熟果实，到1977年版至今规定为茄科植物宁夏枸杞 *Lycium barbarum* L. 的干燥成熟果实，认可了宁夏枸杞的药用主流。《中药大辞典》收录枸杞子药材主产于宁夏。2008年《中华人民共和国国家标准》（GB/T 19742—2008）中地理标志产品宁夏枸杞批准保护的范围是位于宁夏境内北纬36°45′~39°30′，东经105°16′~106°80′的区域。

5.2 产地沿革

自《名医别录》开始有产地记载直到今天，枸杞子的品质优劣均与产地相结合进行阐述，且从古至今枸杞子的产地不断变迁。在几千年的应用过程中，经过漫长的临床优选，枸杞由全国广泛分布的枸杞 *Lycium chinense* Mill. 等逐步变迁为宁夏中宁及其周边的宁夏枸杞 *Lycium barbarum* L.，且形成规模种植，以宁夏为道地产区，体现了道地药材“经中医临床长期优选出来”的特点，具体详见品种沿革。宁夏枸杞产地沿革见表1。

表1　宁夏枸杞产地沿革

年代	出处	产地及评价
南北朝	《名医别录》	枸杞，生常山平泽及诸丘陵阪岸
	《本草经集注》	今出堂邑，而石头烽火楼下最多
唐	《千金翼方》	甘州者为真，叶厚大者是。大体出河西诸郡，其次江池间圩埂上者。实圆如樱桃。全少核，暴干如饼，极膏润有味
宋	《梦溪笔谈》	枸杞，陕西极边生者，高丈余，大可作柱，叶长数寸，无刺，根皮如厚朴，甘美异于他处者
明	《本草纲目》	古者枸杞、地骨，取常山者为上，其他丘陵阪岸者皆可用，后世惟取陕西者良，而又以甘州者为绝品，今陕之兰州、灵州、九原以西，枸杞并是大树，其叶厚，根粗，河西及甘州者，其子圆如樱桃，暴干紧小，少核，干亦红润甘美，味如葡萄，可作果食，已与他处者，则入药大抵以河西者为上
	《物理小识》	西宁子少而味甘，他处子多。惠安堡枸杞遍野，秋熟最盛
清	《归砚录》	甘枸杞以甘州得名，河以西遍地皆产，惟凉州镇番卫瞭江石所产独佳
	《中卫县志》	宁安一带，家种杞园，各省入药甘枸杞皆宁产也
现代	《中华人民共和国国家标准》（GB/T 19742－2008）	《地理标志产品　宁夏枸杞》：批准保护的范围，位于北纬36°45′～39°30′，东经105°16′～106°80′

6　道地产区及生境特征

6.1　道地产区

以宁夏中宁为核心产区及其周边地区。

6.2　生境特征

宁夏中宁及其周边地区大陆性气候明显，温差大、日照充足，气候干燥。年平均降水量200mm～400mm，多集中在7月～9月。年平均气温5.4℃～12.5℃，年平均日照时数2600h～3000h。土壤多为土粒分散、疏松多孔、排水良好的轻壤土，pH 7.5～8.5，有利于枸杞喜光、喜肥、耐寒、耐旱、耐盐碱的特点。此外，宁夏枸杞生长区域地处宁夏平原，黄河与清水河的交汇提供了优良的水利与土质资源，贺兰山山脉作为天然屏障阻挡了寒冷的空气和风沙，从而形成了“塞上江南”——宁夏枸杞道地产区独特的区域生态环境。

7 质量特征

7.1 质量要求

应符合《中华人民共和国药典》一部对枸杞子的相关质量规定。

7.2 性状特征

枸杞呈类纺锤形或椭圆形、卵圆形、类球形、长椭圆形，长6mm～20mm，直径3mm～10mm。表面红色或暗红色，先端有小突起状的花柱痕，基部有白色的果梗痕。果皮柔韧，皱缩；果肉肉质，柔润，果实轻压后结团，不易松散。种子20～50，类肾形，扁而翘，长1.5mm～1.9mm，宽1mm～1.7mm，表面浅黄色或棕黄色。气微，味甜或甘甜或味甘而酸。

宁夏枸杞呈类纺锤形或椭圆形。果实轻压后结团，易松散。种子表面棕黄色。气微，味甜。以粒大、色红、肉厚、籽少、味甜者为佳。

宁夏枸杞与其他产地枸杞性状鉴别要点见表2。

表2 宁夏枸杞与其他产地枸杞性状鉴别要点

比较项目	宁夏枸杞	其他产地枸杞
形状	类纺锤形或椭圆形	类纺锤形或椭圆形、卵圆形、类球形、长椭圆形
颜色	红色或暗红色	红色或暗红色
滋味	味甜	味甜或甘甜或微甘而酸
质地	柔润，果实轻压后结团，易松散	柔润，果实轻压后结团，不易松散
种子颜色	棕黄色	浅黄色或棕黄色

T/CACM 1020.53—2019

参 考 文 献

[1] 吴其濬. 植物名实图考校释 [M]. 张瑞贤，王家葵，张卫校注. 北京：中医古籍出版社，2008：561.

[2] 马继兴. 神农本草经辑注 [M]. 北京：人民卫生出版社，2013：91.

[3] 陶弘景. 名医别录（辑校本）[M]. 尚志钧辑校. 北京：中国中医药出版社，2013：37 -38.

[4] 陶弘景. 本草经集注（辑校本） [M]. 尚志钧，尚元胜辑校. 北京：人民卫生出版社，1994：228.

[5] 张印生，韩学杰. 孙思邈医学全书 [M]. 北京：中国中医药出版社，2009：743.

[6] 中国科学技术大学，合肥钢铁公司《梦溪笔谈》译注组. 《梦溪笔谈》译注（自然科学部分）[M]. 合肥：安徽科学技术出版社，1978：263.

[7] 李时珍. 本草纲目（校点本）：下册 [M]. 2 版. 北京：人民卫生出版社，2004：2112 -2113.

[8] 方以智. 物理小识下 [M]. 上海：商务印书馆，1937：240 -241.

[9] 盛增秀. 王孟英医学全书 [M]. 北京：中国中医药出版社，1999：418.

[10] 宁夏中卫县县志编纂委员会. 校点注释中卫县志 [M]. 银川：宁夏人民出版社，1990：116.

[11] 邢世瑞. 宁夏中药志：下卷 [M]. 2 版. 银川：宁夏人民出版社，2006：322 -329.

[12] 白寿宁. 宁夏枸杞研究 [M]. 银川：宁夏人民出版社，1999：819 -972.

ICS 65.060.99
B 93

团　体　标　准

T/CAMA 29—2020

枸杞真空脉动干制技术规范

Technical specifications of pulsed vacuum drying of wolfberry

2020-03-24 发布　　2020-04-24 实施

中国农业机械化协会　发布

T/CAMA 29—2020

目　　次

T/CAMA 29—2020

前　言

本标准按照GB/T 1.1—2009给出的规则起草。

本标准由中国农业机械化协会提出并归口。

本标准起草单位：农业农村部农业机械试验鉴定总站，中国农业大学、百瑞源枸杞股份有限公司、新疆希望田野农业科技有限公司、苏州大学、中华全国供销合作总社济南果品研究院、农业部南京农业机械化研究所、中联重机股份有限公司。

本标准主要起草人：高振江、金红伟、肖红伟、张金宏、孙冬、陈立丹、李飞、周波、刘子良、王军、薛令阳、李星仪、周钰浩、傅楠、葛邦国、颜建春、李小化。

T/CAMA 29—2020

枸杞真空脉动干制技术规范

1 范围

本标准规定了枸杞真空脉动干制技术的术语和定义、生产要求、品质指标与检测方法、包装与设备保养要求。

本标准适用于枸杞真空脉动干制。

2 规范性引用文件

下列文件对于本文件的应用是必不可少的。凡是注日期的引用文件，仅注日期的版本适用于本文件。凡是不注日期的引用文件，其最新版本（包括所有的修改单）适用于本文件。

GB/T 4789.33 食品卫生微生物学检验 粮谷、果蔬类食品检验

GB 5009.3 食品安全国家标准 食品中水分的测定

GB/T 5009.34 食品中亚硫酸盐的测定

GB/T 13306 标牌

GB/T 14048.1 低压开关设备和控制设备 第1部分：总则

GB 14881 食品安全国家标准 食品生产通用卫生规范

GB/T 18672-2014 枸杞

SN/T 0878 进出口枸杞子检验规程

3 术语和定义

下列术语和定义适用于本文件。

3.1

新鲜枸杞 fresh fruit of wolfberry

在成熟期采收后未经处理且保存不超过12 h的枸杞果实。

3.2

杂质 impurity

果粒以外的物质。

3.3

不完善粒 imperfect dried berry

尚有利用价值的枸杞破碎粒、未成熟粒和油果。

3.3.1

破碎粒 broken dried berry

失去部分达完整颗粒体积三分之一以上的果粒。

3.3.2

未成熟粒 immature berry

果粒不饱满，果肉少而干瘪，颜色过淡，明显与正常枸杞不同的果粒。

3.3.3

油果 over-mature or mal-processed dried berry

成熟过度或雨后采摘的鲜果因烘干或晾晒不当，保管不好，颜色变深，明显与正常枸杞颜色不同的果粒。

3.4

无使用价值果粒 non-consumable berry

被虫蛀、粒面病斑面积达2 mm^2以上、发霉、黑变、变质的果粒。

3.5

百粒重 weight of one hundred dried berries

100粒枸杞果粒的质量。

3.6

粒度 granularity

50 g枸杞所含果粒的个数。

3.7

真空脉动干燥 pulsed vacuum drying

在真空和常压交替循环脉动变化的密闭干燥室内干燥物料的工艺过程。

4 生产要求

4.1 生产工艺

4.1.1 鲜枸杞→清洗→分选→装盘→干燥→冷却→卸料→分级→包装→检验→入库。
4.1.2 原料——鲜枸杞应色泽鲜红、果蒂疏松、无腐烂、无破损，无病虫害。不同品种、不同采收批次的原料应分别暂存于通风良好处，依次及时干燥。

4.2 工艺要求

4.2.1 清洗——用清水轻轻冲洗枸杞果粒，除去表面灰尘、泥土等杂质，自然沥水晾干。
4.2.2 分选——将异物、霉果、烂果去除。
4.2.3 装盘将清洗晾干后的枸杞均匀分布在带有防粘垫的物料盘中，单层分布。
4.2.4 干燥——将装盘后的物料盘放入真空脉动干燥室内，密闭，设置工艺参数，根据物料盘放置情况依次选择需要工作的加热板，完成参数设置，启动设备，干燥至湿基含水率为13%以下为止，推荐干燥工艺为干燥温度为65℃、真空常压脉动比为12 min：3 min、干燥时间7h-9 h（依枸杞品种和大小确定）；

4.2.4.1 设备组成——真空脉动干燥机由干燥室、料架、红外板加热系统、控制系统、真空泵、循环水冷却系统和进气辅助加热装置组成。

4.2.4.1.1 与枸杞接触的器具，其材质应符合GB 14881的规定。

4.2.4.1.2 干燥设备应设置急停装置和安全保护装置，在危险区域应有醒目警示标示，严谨拆除安全保护装置和警示标示。

4.2.4.1.3 应在机器明显位置安装永久性标牌，标牌应符合GB/T 13306的规定。

4.2.4.2 设备功能——干燥室应有温度、湿度、真空度在线检测能力，红外加热板置于每层料架中，每层红外加热板应单独控制。

4.2.4.3 设备参数——干燥室内处于真空阶段的绝对压力应小于10kPa（绝对压力值，以绝对真空为0kPa）；干燥室内加工温度控制范围应为室温到80℃之间；红外板加热系统的温度调节精度应为±0.3℃；干燥过程中设定的真空保持时间以及常压（大气压）保持时间应在1min～180min范围内。

4.2.4.4 干燥设备控制器的安装、操作和管理应符合GB/T 14048.1的规定。

4.2.4.5 干燥机工作出现异常或发生故障时应立即按急停按钮并切断电源，排除故障及隐患并确认干燥室密闭后方可再次启动。

4.2.5 冷却——干燥结束后，关闭真空泵和干燥系统，取出物料盘放入洁净的室内冷却，冷却室内相对湿度应低于40%，温度应为20℃-30℃。

4.2.6 卸料——将冷却后的枸杞倒入干净的容器中，用工具将粘在物料盘上的果粒同时剥落。

4.2.7 分级——将干品按照果粒形状、粒度、色泽等指标进行分级。

4.2.8 包装——对分级后的干品进行罐（包）装，密封。

5 品质指标与检测方法

5.1 感官要求

感官指标应符合表1的规定，按SN/T 0878 规定进行检验。

表 1 感官指标

项目	等级要求			
	特优	特级	甲级	乙级
形状	类纺锤形略扁稍皱缩			
杂质	不得检出			
色泽	果皮鲜红、紫红色或枣红色			
滋味、气味	具有枸杞应有的滋味和气味			
不完善粒质量含量	≤1.0%	≤1.5%	≤3.0%	≤3.0%
无使用价值颗粒	不允许有			

5.2 理化要求

理化指标应符合表2的规定。粒度、百粒重的测定按照SN/T 0878 规定进行，枸杞多糖的测定按GB/T 18672-2014规定进行，水分的测定按GB 5009.3 规定进行，总糖的测定按GB/T 18672-2014规定进行，二氧化硫残留量的测定按GB/T 5009.34规定的方法进行。

表 2 理化指标

项目	等级及指标			
	特优	特级	甲级	乙级
粒度，粒/50 g	≤280	≤370	≤580	≤900
枸杞多糖，g/100g	≥3.0	≥3.0	≥3.0	≥3.0
水分，g/100g	≤13.0	≤13.0	≤13.0	≤13.0
总糖（以葡萄糖计），g/100g	≥45.0	≥39.8	≥24.8	≥24.8
二氧化硫（以SO_2计）	不得检出			

5.3 微生物要求

微生物指标应符合表3的规定并按GB/T 4789.33规定的方法检验。

表3 微生物指标

项 目	指 标
菌落总数/（cfu/g）	≤500
大肠菌群/（MPN/g）	≤0.3
致病菌（沙门氏菌、志贺氏菌、金黄色葡萄球菌）	不得检出

6 包装

6.1 包装应按照GB/T 18672-2014的规定执行。

6.2 包装容器（袋）应用干燥、清洁、无异味并符合国家食品卫生要求的包装材料。

6.3 包装要牢靠、防潮、整洁、美观、无异味，能保护枸杞干品的品质，便于装卸、仓储和运输。

7 设备保养要求

干燥设备长期不使用或停用后再次使用前，应进行安全检查、检修和清理，保证设备洁净和正常使用。

ICS 67.080.01
CCS X 80

T/NXFSA

宁夏食品安全协会团体标准

T/NXFSA 021—2022

枸杞提取物 枸杞红素油

2022-05-01 发布 2022-05-01 实施

宁夏食品安全协会 发布

前　言

本文件按照GB/T 1.1—2020《标准化工作导则 第1部分：标准化文件的结构和起草规则》的规定起草。

请注意本文件的某些内容可能涉及专利，本文件的发布机构不承担识别专利的责任。

本文件由宁夏农林科学院枸杞科学研究所提出。

本文件由宁夏食品安全协会归口。

本文件起草单位：宁夏农林科学院枸杞科学研究所、宁夏中杞生物科技有限公司、百瑞源枸杞股份有限公司、宁夏沃福百瑞枸杞产业股份有限公司、中宁县枸杞产业发展服务中心、宁夏农产品质量标准与检测技术研究所、宁夏中宁枸杞产业创新研究院有限公司。

本文件主要起草人：闫亚美、曹有龙、米佳、禄璐、罗青、安巍、何月红、张曦燕、石志刚、何军、李晓莺、尹跃、金波、刘兰英、曾乐、贾占魁、潘嘉钰、郭荣、郝万亮、张锋锋、苟春林、余君伟。

T/NXFSA 021—2022

枸杞提取物 枸杞红素油

1 范围

本文件规定了枸杞红素油的术语和定义、质量要求、食品添加剂、生产加工过程的卫生要求、试验方法、检验规则、包装、标志、运输及贮存。

本文件适用于以枸杞的干燥果实为原料，经预处理后，用超临界二氧化碳或亚临界丁烷萃取制得的枸杞提取物 枸杞红素油。

2 规范性引用文件

下列文件中的内容通过文中的规范性引用而构成本文件必不可少的条款。其中，注日期的引用文件，仅该日期对应的版本适用于本文件；不注日期的引用文件，其最新版本（包括所有的修改单）适用于本文件。

GB 2716 食品安全国家标准 植物油
GB 2760 食品安全国家标准 食品添加剂使用标准
GB 5009.11 食品安全国家标准 食品中砷的测定
GB 5009.12 食品安全国家标准 食品中铅的测定
GB 5009.22 食品安全国家标准 食品中黄曲霉毒素B族和G族的测定
GB 5009.27 食品安全国家标准 食品中苯并（a）芘的测定
GB 5009.227 食品安全国家标准 食品中过氧化值的测定
GB 5009.229 食品安全国家标准 食品中酸价的测定
GB 5009.262 食品安全国家标准 食品中溶剂残留量的测定
GB/T 6682 分析实验室用水规格和试验方法
GB 7718 食品安全国家标准 预包装食品标签通则
GB 8955 食品安全国家标准 食用植物油及其制品生产卫生规范
GB 28050 食品安全国家标准 预包装食品营养标签通则

3 术语和定义

下列术语和定义适用于本文件。

3.1

枸杞红素油 the Goji berry carotenoids oil

以枸杞全果为原料，经萃取制得的含有枸杞红素和枸杞籽油的产品。

4 质量要求

4.1 原料要求

枸杞干果成熟适度、干燥、无污染、无杂质，并应符合相关的标准要求。

4.2 产品要求

4.2.1 感官要求

应符合表1的规定。

表1 感官要求

项 目	要 求
色 泽	深红色
滋味气味	具有产品应有的滋味气味
组织状态	具有产品应有的状态，无正常视力可见外来异物

4.3 理化指标

应符合表2的规定。

表2 理化指标

项 目	指标
玉米黄素双棕榈酸酯，g/100g	≥1
总类胡萝卜素，g/100g	≥2
酸价（KOH），mg/g	≤10
过氧化值，g/100g	≤0.25
溶剂残留量，mg/kg	≤10
铅（以Pb计），mg/kg	≤0.1
总砷（以As计），mg/kg	≤0.1
黄曲霉毒素B_1，μg/kg	≤10
苯并（a）芘，μg/kg	≤10

5 食品添加剂

5.1 食品添加剂质量应符合相应的标准和有关规定。
5.2 食品添加剂的品种和使用量应符合 GB 2760 的规定。

6 生产加工过程中的卫生要求

食品生产加工过程中的卫生要求应符合 GB 8955 的规定。

7 试验方法

7.1 感官检验

按 GB 2716 规定的方法检验。

7.2 玉米黄素双棕榈酸酯

按附录 A 规定的方法检验。

7.3 总类胡萝卜素

按附录 B 规定的方法检验。

7.4 酸价

按 GB 5009.229 规定的方法检验。

7.5 过氧化值

按 GB 5009.227 规定的方法检验。

7.6 溶剂残留

按 GB 5009.262 规定的方法检验。

7.7 铅

按 GB 5009.12 规定的方法检验。

7.8 总砷

按 GB 5009.11 规定的方法检验。

7.9 黄曲霉毒素 B_1

按 GB 5009.22 规定的方法检验。

7.10 苯并（a）芘

按 GB 5009.27 规定的方法检验。

8 检验规则

8.1 组批

同一工艺、同一批投料生产，混合均匀的产品为一检验批次。

8.2 出厂检验

8.2.1 产品须逐批检验，检验合格并签发合格证后方可出厂。
8.2.2 出厂检验项目为净含量、感官要求、酸价、过氧化值。

8.3 型式检验

型式检验项目包括本文件中规定的全部项目。正常生产时每年应进行一次型式检验。有下列情况之一时亦应随时进行：

a） 原料来源变动较大时；
b) 正式投产后，如生产工艺有较大变化，可能影响产品质量时；
c) 出厂检验与上一次型式检验结果有较大差异时；
d) 停产6个月以上，恢复生产时；

e) 国家监管部门提出要求时。

8.4 判定规则

检验如有不合格项，可在原批次产品中双倍抽样复检，以复检结果为准。复检后仍有不合格项，判定该批产品为不合格品。

9 包装、标志、运输、贮存

9.1 包装

包装材料应避光，封装严密，无泄露，并应符合相关食品安全国家标准要求。

9.2 标志

应符合 GB 7718 和 GB 28050的规定。

9.3 运输

应使用食品专用运输车，不得与有毒、有害和易污染物品混装混运，运输中应防止挤压、日晒、雨淋，搬运时应轻装轻卸。

9.4 贮存

应贮存于避光、阴凉、干燥的仓库中，禁止与有毒、有害、易污染的物品一起存放。产品码放应距墙壁和地面各20 cm以上。

附 录 A
（规范性附录）
玉米黄素双棕榈酸酯测定方法

A.1 原理

枸杞红素油用二氯甲烷溶解后，经液相色谱法C30色谱柱分离，紫外检测器在450 nm 处检测，外标法定量。

A.2 仪器和设备

A.2.1 高效液相色谱仪：配有二元及以上梯度泵，附紫外检测器或其他等效检测器。
A.2.2 超声波清洗机。
A.2.3 恒温水浴锅。
A.2.4 分析天平，感量0.1 mg。

A.3 试剂和材料

A.3.1 水：GB/T 6682一级。
A.3.2 甲醇（CH_3OH）：色谱纯。
A.3.3 乙腈（CH_3CN）：色谱纯。
A.3.4 甲基叔丁基醚（$C_5H_{12}O$）：色谱纯。
A.3.5 二氯甲烷（CH_2Cl_2）：色谱纯。
A.3.6 三乙胺（$C_6H_{15}N$）：色谱纯。
A.3.7 二丁基羟基甲苯（$C_{15}H_{24}O$，BHT）：分析纯。
A.3.8 玉米黄素双棕榈酸酯标准物质（$C_{72}H_{116}O_4$，CAS号144-67-2），纯度≥98%。
A.3.9 0.22 μm 滤膜：有机系。
A.3.10 玉米黄素双棕榈酸酯储备液（0.1 g/L）：用分析天平（A.2.4）准确称取1 mg（精确至0.1 mg）玉米黄素双棕榈酸酯（A.3.8），加0.1 mg BHT（A.3.7），用二氯甲烷（A.3.5）溶解并定容至10 mL（棕色容量瓶），摇匀。该标准储备液应充氮后在低于-20℃冰箱中避光保存，有效期6个月。
A.3.11 玉米黄素双棕榈酸酯标准工作液：准确移取玉米黄素双棕榈酸酯储备液（A.3.10）0.05 mL、0.25 mL、0.50 mL、1.00 mL、1.50 mL分别置于5 mL棕色容量瓶中，用二氯甲烷（A.3.5）定容至刻度，摇匀，得到质量浓度为1 mg/L、5 mg/L、10 mg/L、20 mg/L、30 mg/L的标准工作液，临用前配置，用0.22 μm滤膜（A.3.9）过滤后待测。

A.4 操作方法

A.4.1 试样溶液的制备

取试样于室温搅拌均匀，用分析天平（A.2.4）称取 30 mg（精确到 0.1 mg），加 3 mg BHT（A.3.7），用二氯甲烷（A.3.5）溶解并定容至 100 mL 棕色容量瓶中，摇匀后精密吸取 0.5 mL，置于 10 mL 棕色容量瓶中，用二氯甲烷（A.3.5）稀释至刻度，用 0.22 μm 滤膜（A.3.9）过滤后待测。

A.4.2 高效液相色谱条件

高效液相色谱仪（A.2.1）的色谱条件如下：

a) 色谱柱：C30色谱柱（4.6 mm×250 mm，粒径5 μm），或其他等效的色谱柱；
b) 流动相A：甲醇（A.3.2）+乙腈（A.3.3）+水（A.3.1）+三乙胺（A.3.6）（81∶14∶5∶0.08）；
流动相B：甲基叔丁基醚（A.3.4）+二氯甲烷（A.3.5）（1∶1）；
c) 柱温：25 ℃；
d) 流速：1.0 mL/min；
e) 进样量：20 μL；
f) 检测波长：450 nm；
g) 梯度洗脱条件如表A.1。

表A.1 梯度洗脱条件

时间/min	0	22	40	55	60	70
流动相 A%	84	83	45	25	84	84
流动相 B%	16	17	55	75	16	16

A.4.3 标准曲线的制作

按照A.4.2的测试条件，将玉米黄素双棕榈酸酯标准工作液（A.3.11）注入高效液相色谱仪（A.2.1）中进行测试，测定相应的峰面积，以玉米黄素双棕榈酸酯标准工作液（A.3.11）的浓度为横坐标，对应的峰面积为纵坐标，绘制标准曲线。

A.4.4 试样溶液的测定

按照A.4.2的测试条件，将试样溶液（A.4.1）注入高效液相色谱仪（A.2.1）中进行测试，测定相应的峰面积。试样溶液中目标物质的响应值应在仪器线性相应范围内，否则应适当稀释。根据标准工作液色谱峰的保留时间和峰面积，对试样溶液的色谱峰根据保留时间进行定性，外标法定量。

A.5 结果计算

试样中玉米黄素双棕榈酸酯的含量，按式（A.1）计算：

$$w=\frac{c\times V\times n}{m}\times 10^{-3}\times 100 \qquad (A.1)$$

式中：

w — 试样中玉米黄素双棕榈酸酯含量，单位为克每百克（g/100g）；
c — 从标准工作曲线计算得到的试样溶液中玉米黄素双棕榈酸酯浓度，单位为毫克每升(mg/L)；
V — 试样溶液的定容体积，单位为毫升（mL）；
n — 稀释倍数；
m — 试样的称样量，单位为毫克（mg）；
10^{-3} — 换算系数；
100 — 换算系数。

计算结果以重复条件下获得的两次独立测定结果的算数平均值表示，计算结果保留小数点后两位有效数字。

A.6 精密度

在重复条件下获得的两次独立测定结果的相对误差不超过10%。

A.7 枸杞红素油的 HPLC 图谱

玉米黄素双棕榈酸酯对照品的HPLC图谱见图A.1。

枸杞红素油中玉米黄素双棕榈酸酯的HPLC图谱见图A.2。

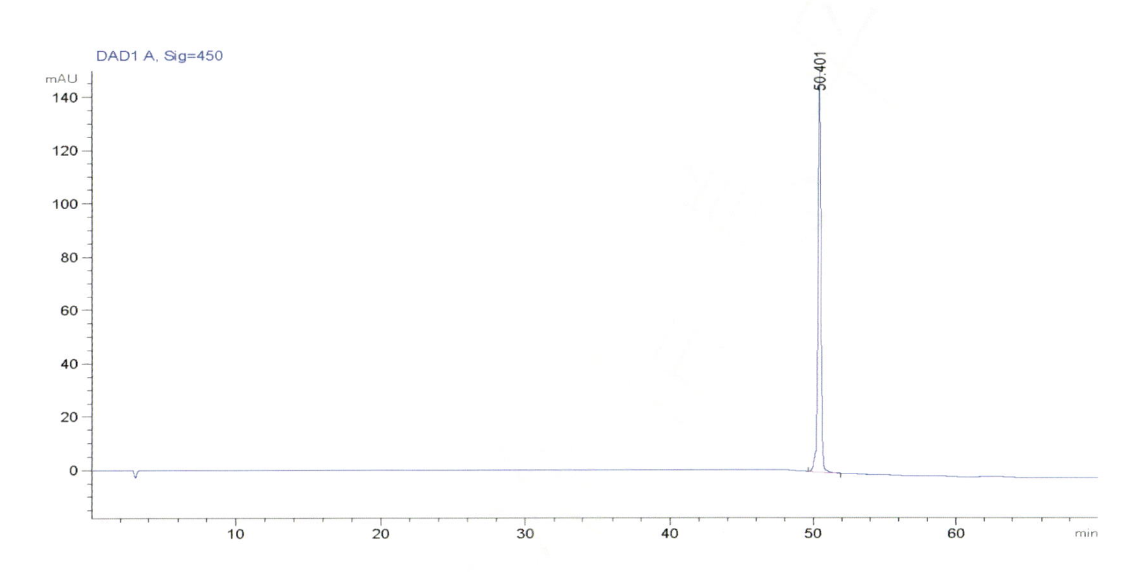

图A.1 玉米黄素双棕榈酸酯标准物质的 HPLC 图谱

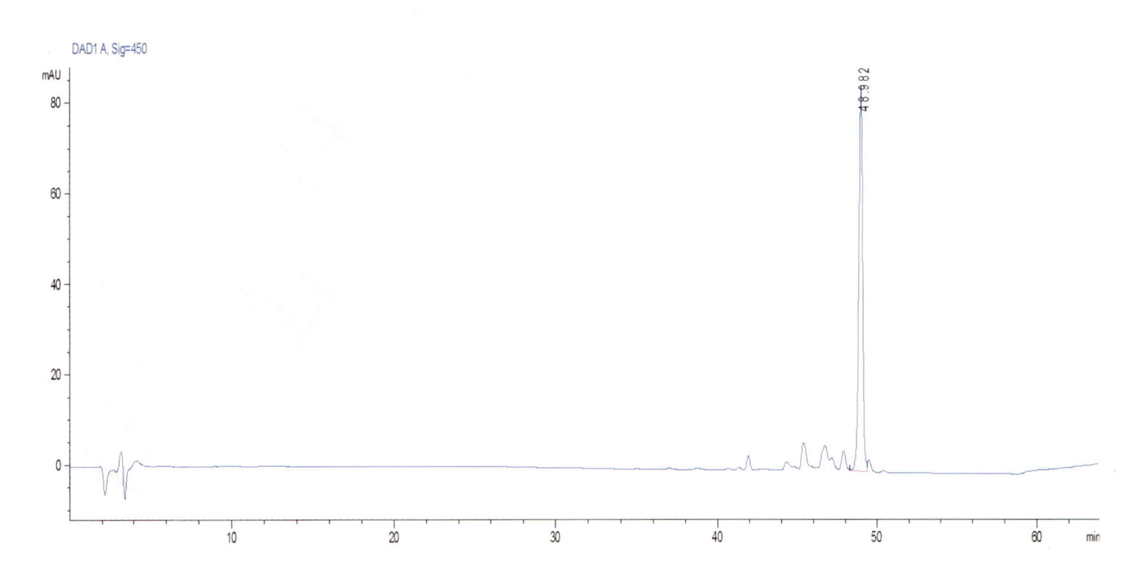

图A.2 枸杞红素油中玉米黄素双棕榈酸酯的 HPLC 图谱

附　录 B
（规范性附录）
总类胡萝卜素测定方法

B.1　原理

枸杞红素油经二氯甲烷溶解后，紫外检测器在460 nm 处检测，外标法进行定量。

B.2　仪器和设备

B.2.1　分析天平，感量0.1 mg。
B.2.2　紫外-可见分光光度计。

B.3　试剂和溶液

B.3.1　二氯甲烷（$C_2H_2Cl_2$）：分析纯。
B.3.2　2,6-二叔丁基对甲酚（$C_{15}H_{24}O$，BHT）：分析纯。
B.3.3　β胡萝卜素标准物质（$C_{40}H_{56}$，CAS号7235-40-7），纯度≥95%。
B.3.4　β胡萝卜素储备液（1 g/L）：用分析天平（B.2.1）准确称取10 mgβ-胡萝卜素（B.3.3），加1 mg BHT（B.3.2），用二氯甲烷（B.3.1）溶解并定容至10 mL，摇匀。该标准储备液应充氮后在低于-20℃冰箱中避光保存，有效期6个月。
B.3.5　β胡萝卜素标准工作液：精密移取标准β胡萝卜素储备液（B.3.4）0.02 mL、0.05 mL、0.10 mL、0.15 mL、0.20 mL分别置于5 mL棕色容量瓶中，用二氯甲烷（B.3.1）定容至刻度，摇匀，配置成浓度为4 mg/L、10 mg/L、20 mg/L、30 mg/L、40 mg/L的标准工作液。

B.4　操作方法

B.4.1　试样溶液的制备

用分析天平（B.2.1）准确称取试样200 mg（精确至0.1mg），加20 mg BHT（B.3.2），用二氯甲烷（B.3.1）溶解并定容到50 mL，摇匀后取0.5 mL置于10 mL棕色容量瓶中，用二氯甲烷（B.3.1）稀释至刻度，待测。

B.4.2　标准曲线的制作

将β胡萝卜素工作液（B.3.5）分别置于1 cm比色皿中，以二氯甲烷（B.3.1）做空白调零，用紫外-可见分光光度计（B.2.2）在460 nm处测定吸光度值，以标准工作液（B.3.5）的浓度为横坐标，以吸光度值为纵坐标，绘制标准曲线。

B.4.3　试样溶液的测定

将试样溶液（B.4.1）置于1 cm比色皿中，以二氯甲烷（B.3.1）做空白调零，用紫外-可见分光光度计在460 nm处测定吸光度值。试样溶液的吸光度值应在仪器线性相应范围内，否则应适当稀释。

B.5　结果计算

试样中总类胡萝卜素的含量，按式（B.1）计算：

T/NXFSA 021—2022

$$w = \frac{c \times V \times n}{m} \times 10^{-3} \times 100 \quad \text{(B. 1)}$$

式中：

w — 试样中总类胡萝卜素含量，单位为克每百克（g/100g）；

c — 从标准工作曲线计算得到的试样溶液中总类胡萝卜素浓度，单位为毫克每升（mg/L）；

V — 试样溶液的定容体积，单位为毫升（mL）；

n — 稀释倍数；

m — 试样的称样量，单位为毫克（mg）。

10^{-3} — 换算系数；

100 — 换算系数。

计算结果以重复条件下获得的两次独立测定结果的算数平均值表示，计算结果保留小数点后两位有效数字。

B.6 精密度

在重复条件下获得的两次独立测定结果的相对误差不超过10%。

ICS 67.080.01
CCS X 80

T/NXFSA

宁夏食品安全协会团体标准

T/NXFSA 022—2022

黑果枸杞提取物 花色苷

2022-05-01 发布　　2022-05-01 实施

宁夏食品安全协会　发布

T/NXFSA 022—2022

前　　言

本文件按照GB/T 1.1—2020《标准化工作导则　第1部分：标准化文件的结构和起草规则》的规定起草。

请注意本文件的某些内容可能涉及专利，本文件的发布机构不承担识别专利的责任。

本文件由宁夏农林科学院枸杞科学研究所提出。

本文件由宁夏食品安全协会归口。

本文件起草单位：宁夏农林科学院枸杞科学研究所、宁夏沃福百瑞枸杞产业股份有限公司、宁夏中杞生物科技有限公司、百瑞源枸杞股份有限公司、中宁县枸杞产业发展服务中心、宁夏农产品质量标准与检测技术研究所、宁夏中宁枸杞产业创新研究院有限公司、宁夏灏瀚生物科技产业有限公司、新疆黑果枸杞生物科技有限公司。

本文件主要起草人：闫亚美、曹有龙、米佳、禄璐、罗青、安巍、何月红、张曦燕、石志刚、何军、李晓莺、何昕孺、金波、刘兰英、潘嘉钰、郭荣、曾乐、贾占魁、郝万亮、张锋锋、苟春林、余君伟、李想、陈晓燕。

T/NXFSA 022—2022

黑果枸杞提取物 花色苷

1 范围

本文件规定了黑果枸杞提取物 花色苷的术语和定义、质量要求、食品添加剂、生产加工过程的卫生要求、试验方法、检验规则、包装、标志、运输及贮存。

本文件适用于以黑果枸杞的干燥果实为原料，经提取、树脂精制后，干燥而成的黑果枸杞提取物 花色苷。

2 规范性引用文件

下列文件中的内容通过文中的规范性引用而构成本文件必不可少的条款。其中，注日期的引用文件，仅该日期对应的版本适用于本文件；不注日期的引用文件，其最新版本（包括所有的修改单）适用于本文件。

GB 2760 食品安全国家标准 食品添加剂使用标准

GB 5009.3 食品安全国家标准 食品中水分的测定

GB 5009.12 食品安全国家标准 食品中铅的测定

GB/T 6682 分析实验室用水规格和试验方法

GB 7101 食品安全国家标准 饮料

GB 7718 食品安全国家标准 预包装食品标签通则

GB 12695 食品安全国家标准 饮料生产卫生规范

GB 28050 食品安全国家标准 预包装食品营养标签通则

GB 29921 食品安全国家标准 预包装食品中致病菌限量

3 术语和定义

下列术语和定义适用于本文件。

3.1

花色苷 the anthocyanins

以黑果枸杞为原料，经提取、精制、干燥而成的花色苷产品。

4 质量要求

4.1 原料要求

黑果枸杞成熟适度、干燥、无污染、无杂质，并应符合相关的标准要求。

4.2 产品要求

4.2.1 感官要求

应符合表 1 的要求。

表1　感官要求

项　　目	要　　求
色　泽	紫黑色
滋味气味	具有产品应有的滋味气味
组织状态	均匀粉末，无结块，无正常视力可见外来异物

4.2.2　理化指标

应符合表 2 规定。

表2　理化指标

项　　目	指　　标
花色苷，g/100g	≥13
总多酚（以没食子酸计），g/100g	≥25
水分，g/100g	≤5.0
铅（以Pb计），mg/kg	≤1.0

4.2.3　微生物指标要求

4.2.3.1　致病菌按照 GB 29921 饮料的规定执行。
4.2.3.2　其他微生物指标按照 GB 7101 固体饮料的规定执行。

5　食品添加剂

5.1　食品添加剂质量应符合相应的标准和有关规定。
5.2　食品添加剂的品种和使用量应符合 GB 2760 的规定。

6　生产加工过程中的卫生要求

食品生产加工过程中的卫生要求应符合 GB 12695 的规定。

7　试验方法

7.1　感官检验

按 GB 7101 规定的方法检验。

7.2　花色苷

按附录 A 中规定的方法检验。

7.3　总多酚

按附录 B 中规定的方法检验。

7.4　水分

按 GB 5009.3 规定的方法检验。

7.5 铅

按 GB 5009.12 规定的方法检验。

7.6 致病菌

按 GB 29921 规定的方法检验。

7.7 微生物

按 GB 7101 规定的方法检验。

8 检验规则

8.1 组批

同一工艺、同一批投料生产，混合均匀的产品为一检验批次。

8.2 出厂检验

8.2.1 产品须逐批检验，检验合格并签发合格证后方可出厂。

8.2.2 出厂检验项目为净含量、感官要求、水分、菌落总数、大肠菌群。

8.3 型式检验

型式检验包括本标准中规定的全部项目。正常生产时每年应进行一次型式检验。有下列情况之一时亦应随时进行：

a） 原料来源变动较大时；

b） 正式投产后，如生产工艺有较大变化，可能影响产品质量时；

c） 出厂检验与上一次型式检验结果有较大差异时；

d） 停产6个月以上，恢复生产时；

e） 国家监管部门提出要求时。

8.4 判定规则

检验如有不合格项，可在原批次产品中双倍抽样复检，以复检结果为准。复检后仍有不合格项，判定该批产品为不合格品。

9 包装、标志、运输、贮存

9.1 包装

包装材料应避光，封装严密，无泄露，并应符合相关食品安全国家标准要求。

9.2 标志

应符合 GB 7718 和 GB 28050 的规定。

9.3 运输

应使用食品专用运输车，不得与有毒、有害和易污染物品混装载运。运输中应防止挤压、日晒、雨淋，搬运时应轻装轻卸。

9.4 贮存

应贮存于避光、阴凉、干燥的仓库中，禁止与有毒、有害、有污染的物品一起存放。产品码放应距墙壁和地面各20 cm以上。

附 录 A
（规范性附录）
花色苷含量测定方法

A.1 原理

花色苷的色调和色度随pH值的不同而发生改变，而干扰物质特征光谱不随pH的改变而改变。当pH为1.0时，花色苷以红色的2-苯基苯并吡喃的形式存在，当pH为4.5时，花色苷以无色的甲醇假碱的形式存在。结合朗伯-比尔定律可得出，在两个不同的pH值下，花色苷溶液的吸光度的差值与花色苷的含量成比例，用示差法可以计算出花色苷的总含量（以矢车菊素-3-O-葡萄糖苷计，分子量为449.2 g/mol）。

A.2 仪器和设备

A.2.1 分析天平，感量为0.1 mg。
A.2.2 紫外可见分光光度计。
A.2.3 酸度计。

A.3 试剂和溶液

A.3.1 水：GB/T 6682三级。
A.3.2 无水乙醇（C_2H_6O）：分析纯。
A.3.3 浓盐酸（HCl）：分析纯。
A.3.4 氯化钾（KCl）：分析纯。
A.3.5 醋酸（CH_3COOH）：分析纯。
A.3.6 醋酸钠（CH_3COONa）：分析纯。
A.3.7 配置酸性乙醇溶液：准确量取无水乙醇（A.3.2）70 mL，用水（A.3.1）定容至100 mL,并量取0.5 mL浓盐酸（A.3.3）加入其中，摇匀。
A.3.8 配制pH=1的盐酸-氯化钾溶液：准确量取浓盐酸（A.3.3）1.7 mL用水（A.3.1）稀释定容至100 mL配成盐酸溶液，准确称量氯化钾（A.3.4）1.49 g用水（A.3.1）溶解并定容至100 mL配成氯化钾溶液；量取盐酸溶液67 mL，加入氯化钾溶液25 mL，摇匀即得。
A.3.9 配制pH=4.5的醋酸-醋酸钠缓冲溶液：用分析天平（A.2.1）称取醋酸钠（A.3.6）1.8 g用少量水（A.3.1）溶解，量取0.49 mL醋酸（A.3.5）加入醋酸钠溶液中，用水定容至100 mL。

A.4 操作方法

A.4.1 试样溶液的制备

用分析天平（A.2.1）准确称取试样5 mg（精确至0.1mg），用酸性乙醇（A.3.7）溶解定容至25 mL棕色容量瓶中，摇匀后待测。

A.4.2 测定

A.4.2.1 取两支 10 mL 的刻度试管，分别记为 A 管和 B 管，于 A 管和 B 管中分别加入 A.4.1 中的试样溶液 1 mL，A 管继续加盐酸-氯化钾（A.3.8）溶液 9 mL，B 管继续加醋酸-醋酸钠缓冲液（A.3.9）9 mL，此时 A 管的 pH 约为 1，B 管的 pH 约为 4.5。
A.4.2.2 分别测定 A 试管溶液和 B 试管溶液在 530 nm 和 700 nm 处的吸光值。

T/NXFSA 022—2022

A.5 结果计算

黑果枸杞提取物中的总花色苷含量，按式（A.1）计算：

$$w = \frac{[(A_{530}-A_{700}) - (A'_{530}-A'_{700})]\times V\times M}{\varepsilon\times L\times m}\times 100 \quad \text{(A.1)}$$

式中：

w — 试样中的花色苷含量，单位为克每百克（g/100g）；
A_{530} — A管溶液在波长530 nm处的吸光度值；
A_{700} — A管溶液在波长700 nm处的吸光度值；
A'_{530} — B管溶液在波长530 nm处的吸光度值；
A'_{700} — B管溶液在波长700 nm处的吸光度值；
V — 试样溶液的体积，单位为毫升（mL）；
M — 矢车菊-3-O-葡萄糖苷的分子质量= 449.2 g/mol；
ε — 消光系数= 29600 L/(mol·cm)；
L — 光程，1 cm；
m — 试样的称样质量，单位为毫克（mg）；
10^{-3} — 换算系数；
100 — 换算系数。

计算结果以重复条件下获得的两次独立测定结果的算数平均值表示，计算结果保留小数点后两位有效数字。

A.6 精密度

在重复条件下获得的两次独立测定结果的相对误差不超过10%。

附 录 B
（规范性附录）
总多酚含量测定方法

B.1 原理

福林酚试剂氧化样品中多酚的-OH基团并显蓝色，最大吸收波长为765 nm，采用紫外可见分光光度计进行测定，采用多点回归曲线法测定总多酚含量。

B.2 仪器和设备

B.2.1 分析天平，感量为0.1 mg。
B.2.2 紫外可见分光光度计。

B.3 试剂和溶液

B.3.1 水：GB/T 6682三级。
B.3.2 福林酚：分析纯。
B.3.3 无水碳酸钠（Na_2CO_3）：分析纯。
B.3.4 12%碳酸钠溶液：用分析天平（B.2.1）称取12.0 g无水碳酸钠（B.3.3），用水（B.3.1）溶解并定容于100 mL容量瓶中。
B.3.5 没食子酸标准物质（$C_7H_6O_5$，CAS号：149-91-7），纯度≥98%。
B.3.6 没食子酸储备液（0.1 g/L）：用分析天平（B.2.1）准确称量没食子酸（B.3.5）25 mg（精确至0.1 mg），用水（B.3.1）溶解后定容于250 mL容量瓶中。
B.3.7 没食子酸工作液：准确移取没食子酸储备液（B.3.6）0.25 mL、0.50 mL、0.75 mL、1.00 mL、1.25 mL和1.50 mL分别置于25 mL容量瓶中，用水（B.3.1）定容至刻度，得到质量浓度为 1 mg/L、2 mg/L、3 mg/L、4 mg/L、5 mg/L和6 mg/L的标准工作液。

B.4 操作方法

B.4.1 供试液的制备

用分析天平（B.2.1）称取试样 10 mg 左右（精确至 0.1 mg），用水（B.3.1）溶解定容于 25 mL 棕色容量瓶中，摇匀后吸取 1.00 mL 置于 25 mL 棕色容量瓶中，用水（B.3.1）稀释至刻度，待测。

B.4.2 标准曲线的制作

准确移取没食子酸标准工作液（B.3.7）、水（B.3.1）各 1 mL 分别于刻度试管中，在每个试管内分别加入福林酚试剂 1 mL，摇匀后反应 3 min ～8 min，再加入 12% Na_2CO_3溶液（B.3.4）2 mL，摇匀，室温下避光放置 2 h，以水溶液反应管的溶液调零，用 1 cm 比色皿在 765 nm 波长下检测标准工作液的吸光度值。以没食子酸工作液（B.3.7）的浓度为横坐标，对应的吸光度值为纵坐标，绘制标准曲线。

B.4.3 试样溶液的测定

准确移取试样溶液（B.4.1）、水（B.3.1）各 1 mL 于刻度试管中，在每个试管内分别加入福林酚试剂 1 mL，摇匀后反应 3 min ～8 min，再加入 12% Na_2CO_3溶液（B.3.4）2 mL，摇匀，室温下避光放置 2 h，以水溶液反应管的溶液调零，用 1 cm 比色皿在 765 nm 波长下检测试样吸光度值。试样溶液的吸光度值应在仪器线性相应范围内，否则应适当稀释。

T/NXFSA 022—2022

B.5 结果计算

黑果枸杞提取物中的总多酚含量，按式（B.1）计算：

$$w=\frac{c\times V\times n}{m}\times 10^{-3}\times 100 \quad \text{(B.1)}$$

式中：

w — 试样中总多酚含量，单位为克每百克（g/100g）；

c — 从标准工作曲线计算得到的试样溶液中总多酚浓度，单位为毫克每升（mg/L）；

V — 试样溶液的定容体积，单位为毫升（mL）；

n — 稀释倍数；

m — 试样的称样量，单位为毫克（mg）；

10^{-3} — 换算系数；

100 — 换算系数。

计算结果以重复条件下获得的两次独立测定结果的算数平均值表示，计算结果保留小数点后两位有效数字。

B.6 精密度

在重复条件下获得的两次独立测定结果的相对误差不超过10%。

ICS 67.140.10
CCS X 55

团　　体　　标　　准

T/NXFSA 059—2023

锁鲜枸杞

2023-03-06 发布　　2023-04-01 实施

宁夏食品安全协会　发布

T/NXFSA 059—2023

前 言

本文件按照GB/T 1.1—2020《标准化工作导则 第1部分：标准化文件的结构和起草规则》的规定起草。

请注意本文件的某些内容可能涉及专利，本文件的发布机构不承担识别专利的责任。

本文件由百瑞源枸杞股份有限公司提出。

本文件由宁夏食品安全协会归口。

本文件主要起草单位：百瑞源枸杞股份有限公司、国家枸杞工程技术研究中心、中宁县百瑞源枸杞产业发展有限公司。

本文件主要起草人：杨丽丽、容春娟、陆文静、胡涛、陈玉娜、杨娜、张金宏、郝向峰、曹有龙、郝万亮、张丽、严瑶、吕云云、张莹中、勉嘉伟。

锁鲜枸杞

1　范围

本文件规定了锁鲜枸杞的技术要求、生产加工过程的卫生要求、试验方法、检验规则、标志、包装、运输、贮存。

本文件适用于以枸杞鲜果为原料，经清洗、采用真空干燥技术加工制成的枸杞。

2　规范性引用文件

下列文件中的内容通过文中的规范性引用而构成本文件必不可少的条款。其中，注日期的引用文件，仅该日期对应的版本适用于本文件；不注日期的引用文件，其最新版本（包括所有的修改单）适用于本文件。

GB 5009.3　食品安全国家标准 食品中水分的测定

GB 7718　食品安全国家标准　预包装食品标签通则

GB 14881　食品安全国家标准　食品生产通用卫生规范

GB/T 18672　枸杞

GB 28050　食品安全国家标准　预包装食品营养标签通则

NY/T 2947　枸杞中甜菜碱含量的测定 高效液相色谱法

SN/T 0878　进出口枸杞子检验规程

DBS64/ 001　食品安全地方标准　枸杞

《中国药典》　2020年版

国家质量监督检验检疫总局令（2005）第75号　《定量包装商品计量监督管理办法》

3　术语和定义

GB/T 18672界定的以及下列术语和定义适用于本文件。

3.1

锁鲜枸杞　lock fresh Chinese wolfberry

以宁夏区域内采摘的枸杞鲜果为原料，不使用任何食品添加剂，经清洗、无需脱蜡，完整保留鲜果天然保护膜，采用真空干燥技术加工制成的不易吸潮、口感柔软甘甜、色泽自然、红润的枸杞。

4　技术要求

4.1　原料要求

宁夏区域内采摘的枸杞鲜果应新鲜，成熟适度、无霉变，并应符合相关标准要求。

4.2　感官指标

应符合表1的规定。

表 1　感官指标

项目	等级及要求	
	特优级	特级
形状	类纺锤形略舒展	
色泽	果皮呈鲜红色或橙红色，色泽自然、红润	
滋味、气味	口感柔软甘甜、具有锁鲜枸杞特有的滋味、气味	
杂质	不得检出	
不完善粒（%）	≤1.0	≤1.5
无使用价值颗粒	不允许有	
冲泡汤色	基本无色	

4.3　理化指标

应符合表 2 的规定。

表 2　理化指标

项目	等级及要求	
	特优级	特级
粒度/（粒/50g）	≤280	281～350
百粒重/（g/100 粒）	≥17.8	≥13.5
总糖（以葡萄糖计）/(g/100g)	≥39.8	
蛋白质/(g/100g)	≥10.0	
枸杞多糖/(g/100g)	≥3.0	
脂肪/(g/100g)	≤5.0	
甜菜碱/（g/100g）	≥0.5	
水分/(g/100g)	≤15.0	
灰分/(g/100g)	≤6.0	

4.4　食品安全指标

应符合表3的规定。

表 3　食品安全指标

项　　目	指　　标
二氧化硫/（mg/kg）	≤30.0
其他安全指标	按 DBS64/ 001 中相关规定执行

5　生产加工过程的卫生要求

按 GB 14881 的规定执行。

6　试验方法

6.1 感官检验

按 SN/T 0878 规定方法检验。

6.2 冲泡汤色测定

称取约 10 g(精确至 0.01)样品于 500 mL 烧杯中，加入 80 ℃的实验用水 300 mL，冲泡后静置 5 min 后，观察汤液颜色。

6.3 粒度、百粒重、总糖、蛋白质、枸杞多糖、脂肪、灰分测定

按 GB/T 18672 规定方法测定。

6.4 水分测定

按GB 5009.3蒸馏法测定。

6.5 甜菜碱测定

按 NY/T 2947 或《中国药典》2020年版枸杞子项下规定方法测定。

6.6 食品安全指标的测定

按DBS 64/ 001规定方法测定。

7 检验规则

7.1 组批

同一批原料生产的同一质量等级的产品为一批。

7.2 抽样

在同批产品的不同部位随机抽取样品1‰，每批抽取样品量不少于1 kg，所抽样品应满足检验、留样需要。

7.3 检验分类

7.3.1 出厂检验

出厂检验项目包括：感官指标、净含量、粒度、百粒重、水分、二氧化硫。每批产品须经检验合格后方可出厂。

7.3.2 型式检验

正常生产时应每年进行一次，在有下列情况之一时应随机进行：

a）新产品投产时；

b）原料、工艺、设备有较大变化，可能影响产品质量时；

c）长期停产后重新恢复生产时；

d）出厂检验结果与上次型式检验有较大差异时；

e）监管部门提出要求时。

7.4 判定规则

型式检验项目如有一项不符合标准，判该批产品为不合格，不得复检。出厂检验如有一项不符合本标准，则应在同批产品中加倍抽样，对不合格项目复检，以复检结果为准。微生物指标不合格，不得复检。

8 标志、包装、运输、贮存

8.1 标志

预包装产品的标志应符合 GB 7718 和 GB 28050 的规定。

8.2 包装

8.2.1 应使用符合国家食品卫生要求的包装材料。包装应牢固、干燥、防潮、防压、整洁、无异味，能保护枸杞的品质，便于装卸、仓储和运输。

8.2.2 包装定量误差应符合国家质量监督检验检疫总局令（2005）第 75 号的规定。

8.3 运输

8.3.1 运输工具应使用食品专用车，应清洁、卫生，不应与有毒、有害、有异味的物品混装运输。

8.3.2 运输过程中应防止日晒、雨淋、重压，搬运时应轻拿轻放，不得抛摔。

8.4 贮存

应贮存于阴凉、通风、干燥、避光处，不应与有毒、有害、有异味的物品混放，产品码放应离地面 10 cm 以上，离墙壁20 cm 以上。